DEUTSCHE AKADEMIE DER WISSENSCHAFTEN ZU BERLIN
INTERNATIONALES BÜRO FÜR GEBIRGSMECHANIK

BERICHT

ÜBER DAS
10. LÄNDERTREFFEN DES INTERNATIONALEN BÜROS FÜR GEBIRGSMECHANIK

Rahmenthema

Wissenschaftliche Entwicklung der Gebirgsmechanik in den letzten 10 Jahren

Leipzig, 27. bis 31. Oktober 1968

Herausgegeben von
Prof. Dr.-Ing. Dr. e. h. GEORG BILKENROTH
Leiter des Internationalen Büros für Gebirgsmechanik

Bearbeitet von
Dr.-Ing. KARL-HEINZ HÖFER
Wissenschaftlicher Sekretär des Internationalen Büros für Gebirgsmechanik

Mit 551 Abbildungen, 37 Tabellen und 2 Formblättern

AKADEMIE-VERLAG · BERLIN
1970

Erschienen im Akademie-Verlag GmbH, 108 Berlin, Leipziger Straße 3–4

Lizenznummer: 202 · 100/518/70
Gesamtherstellung: VEB Druckerei „Thomas Müntzer", 582 Bad Langensalza
Bestellnummer: 2001/69/III/2 · ES 20 F 1, 18 F 2, 18 E 2
EDV 761 306 6
148,–

INHALTSVERZEICHNIS

Festigkeit von Gestein und Gebirge

Messungen der Bewegungen, Verformungen und Spannungen im Gebirge

Gebirgsmechanische Modellversuche und Analytik

Schlußfolgerungen aus gebirgsmechanischen Erkenntnissen für die Konstruktion und Standfestigkeit von untertägigen Hohlräumen

Anhang

Arbeitsprogramm für 1969 — Abschlußprotokoll und Schlußwort

BEGRÜSSUNGSANSPRACHE

des Leiters des Internationalen Büros für Gebirgsmechanik bei der Deutschen Akademie der Wissenschaften zu Berlin

Herrn Prof. Dr.-Ing. Dr. e. h. G. Bilkenroth

Meine Herren Präsidenten!
Sehr geehrte Herren!

Das Internationale Büro für Gebirgsmechanik veranstaltet in diesem Jahr sein 10. Ländertreffen. Es ist mir eine große Freude, Sie alle als Teilnehmer hier recht herzlich begrüßen zu können.

Seit 10 Jahren arbeiten führende Wissenschaftler der Gebirgsmechanik aus aller Welt in diesem Kreise zusammen, und wir glauben, Grund genug zu haben zu der Feststellung, daß durch diese enge Zusammenarbeit beachtliche Erfolge für die Entwicklung der Gebirgsforschung zur echten wissenschaftlichen Gebirgsmechanik erbracht werden konnten.

Obwohl das 10jährige Bestehen einer internationalen wissenschaftlichen Institution an und für sich zeitmäßig nicht viel bedeutet, so besteht doch in unserer schnellebigen Zeit, in der sich der Wissensschatz alle 5 Jahre etwa verdoppelt, Grund genug, dieses Ereignis in einem feierlicheren Rahmen als unsere üblichen Arbeitstagungen, die wir mit „Ländertreffen" bezeichnen, zu begehen. Wir haben deshalb zu dem 10. Ländertreffen nicht nur die Wissenschaftler zur Teilnahme eingeladen, die ständig an der Arbeit des Plenums beteiligt oder in den Arbeitsgruppen des IBG tätig waren, sondern auch Persönlichkeiten aus Wirtschaft und Wissenschaft, die in Erkenntnis der wissenschaftlichen Durchdringung der Geomechanik in weitestem Sinne und durch ihr verständnisvolles Handeln in dieser Hinsicht die Arbeit des Internationalen Büros für Gebirgsmechanik unterstützten.

Die Deutsche Akademie der Wissenschaften zu Berlin, der unser Büro zugeordnet ist, hat auch im vergangenen Jahr wie bisher unsere Arbeit in jeder Hinsicht gefördert und unterstützt. Der Herr Präsident der Akademie, Herr Prof. Dr. Klare, hatte die Absicht, heute persönlich zu unserem 10jährigen Bestehen zugegen zu sein. Leider wurde er durch eine unaufschiebbare Auslandsreise daran gehindert. Ich begrüße deshalb seinen

1. Stellvertreter, den Generalsekretär der Deutschen Akademie der Wissenschaften,
Herrn Prof. Dr. rer. nat. habil. Lauter,

der unseren Aufgaben als Naturwissenschaftler sehr nahe steht und den Arbeiten des Internationalen Büros für Gebirgsmechanik großes Verständnis entgegenbringt. Ich bitte Sie, Herr Prof. Lauter, dem Präsidium der Deutschen Akademie der Wissenschaften unseren Dank für die bisherige Unterstützung unserer Arbeit zu überbringen. Wir hoffen, daß auch in Zukunft das Internationale Büro für Gebirgsmechanik mit der Deutschen Akademie der Wissenschaften zu Berlin verbunden bleiben wird.

Unter unseren Gästen begrüße ich mit besonderer Freude den

Leiter der Obersten Bergbehörde der Deutschen Demokratischen Republik,
Herrn Berging. Dörfelt,

der den Arbeiten unseres Büros stets aufgeschlossen gegenüberstand und sie in jeder Hinsicht gefördert hat.

Eine ganz besondere Ehre und Freude ist es mir,

Herrn Vizeminister Prof. Dr.-Ing. Krupinski,
Mitglied der Polnischen Akademie der Wissenschaften,
Präsident des Weltbergbaukongresses und
Vorsitzender der Kohlekommission der ECE in Genf,

begrüßen zu können. Ihre Anwesenheit, sehr geehrter Herr Prof. Krupinski, die sie trotz Ihrer so vielfältigen Arbeiten möglich gemacht haben, ist uns ein Beweis dafür, daß Sie die Arbeiten des Internationalen Büros für Gebirgsmechanik für den gesamten Bergbau der Welt hoch einschätzen. Aus diesem Grunde möchte ich Ihnen für Ihr Kommen ganz besonders danken.

Von den befreundeten internationalen Gesellschaften darf ich begrüßen:

Herrn Ing. Rocha aus Lissabon,
Präsident der Internationalen Gesellschaft für Felsmechanik,

mit der uns vielfältige Beziehungen und enge Zusammenarbeit verbinden.

Der Präsident der Internationalen Gesellschaft für Bodenmechanik,
Herr Dr. Bjerrum aus Oslo,

mit dem ebenfalls enge Kontakte bestehen, hat leider absagen müssen.

Erstmalig in unserem Kreis begrüße ich die Vizepräsidenten der Internationalen Gesellschaft für Felsmechanik:

Herrn Prof. da Costa Nunes aus Rio de Janeiro,
Vizepräsident für Südamerika;

Herrn Dr. Endersbee aus Hobart,
Vizepräsident für Australien

und

den Generalsekretär dieser internationalen Gesellschaft,
Herrn Prof. Mello-Mendes aus Lissabon.

Ich begrüße weiter unter unseren Gästen:

Herrn Sektionschef Dr. Kern,
bisheriger Leiter der Obersten Bergbehörde in Österreich,

die Herren

Prof. Dr.-Ing. Härtig
und
Prof. Dr.-Ing. Dr. h. c. Rammler
von der Deutschen Akademie der Wissenschaften zu Berlin, Klasse für Bergbau, Hüttenwesen und Montangeologie;

Herrn Prof. Dr.-Ing. habil. Strzodka,
Mitglied und Gruppenleiter des Forschungsrates der Deutschen Demokratischen Republik.

Leider kann ich die Paten, die 1958 unser Büro aus der Taufe gehoben haben, heute hier nicht begrüßen:

Herrn Prof. Dr. Panov, Moskau
und
Herrn Prof. Dr. Schwartz, Nancy.

Herr Prof. PANOV ist — wie Sie wissen — im Jahre 1963 verstorben; Herr Prof. SCHWARTZ hat alles, obwohl ohne Erfolg, versucht, trotz anderweitiger Verpflichtungen nach Leipzig zu kommen.

Beide Herren hatten 1958 auf der Gebirgsdrucktagung in Leipzig den Antrag gestellt, eine zentrale Stelle für Gebirgsmechanik auf internationaler Ebene zu schaffen, also den Gründungsgedanken für das Internationale Büro für Gebirgsmechanik gebracht. Für diese fruchtbringende Idee gebührt beiden Herren zum 10jährigen Bestehen des Internationalen Büros für Gebirgsmechanik unser Dank.

Die Tagungen des Internationalen Büros für Gebirgsmechanik waren stets Arbeitstagungen mit einem ausgefüllten wissenschaftlichen Programm. Sie dienten dazu, in der Gebirgsmechanik durch weltweite internationale Zusammenarbeit Grundlagen für die Weiterentwicklung dieser Wissenschaft zu schaffen, die in den verschiedenen Bergbauzweigen für die Praxis nutzbringend angewendet werden konnten.

Gemäß dem Leitspruch der Deutschen Akademie der Wissenschaften zu Berlin „Theoria cum praxi" schaffte sich das Internationale Büro für Gebirgsmechanik seinen eigenen Arbeitsstil, der international viel Beachtung gefunden hat. Es wurden keine internationalen Tagungen im großen Stil durchgeführt, sondern im kleinen Kreis mit höchstens 40 Teilnehmern, den Ländertreffen, bei gemeinsamer Aufgabenstellung, begrenzter Thematik, festgelegten Untersuchungen und Verteilung von Spezialaufgaben auf kleine Arbeitsgruppen, gearbeitet. Diese Arbeitsweise und die daraus resultierenden Arbeitsergebnisse des Internationalen Büros für Gebirgsmechanik begründen seine wissenschaftliche Anerkennung.

Zu unserem 10. Ländertreffen haben wir diese Arbeitsweise insofern abgeändert, als wir durch eine Einteilung in vier Themengruppen, für die langjährige Mitarbeiter als verantwortliche Berichterstatter zeichnen, einen möglichst umfassenden Überblick über die Ergebnisse in den verschiedenen Disziplinen der Gebirgsmechanik geben wollen. Dadurch ist es möglich, viele Mitarbeiter durch ihre Beiträge indirekt zu Worte kommen zu lassen. Wir machen also Bilanz über das Ergebnis zehnjähriger Arbeit und ziehen Schlußfolgerungen für neue künftige Aufgaben, indem die noch ungelösten Probleme klar herausgestellt werden. Wir wollen außerdem unseren Gästen zum 10. Ländertreffen, die nicht ständig an unserer Arbeit teilnehmen, zeigen, wie und was wir gearbeitet haben und was wir dabei zu leisten imstande waren.

Ich hoffe, daß für alle Teilnehmer des 10. Ländertreffens die Tage in Leipzig interessant und fruchtbar sein mögen.

Am 10. Ländertreffen des Internationalen Büros für Gebirgsmechanik nehmen außer den Gästen Wissenschaftler aus 19 Ländern teil, die ich als Mitglieder, Mitarbeiter und als wissenschaftliche Referenten nochmals ganz besonders herzlich begrüße. Es sind:

aus der Volksrepublik Bulgarien

die Herren	GANEV,	Sofia
	PARAŠKEVOV,	Sofia

aus der Deutschen Bundesrepublik

die Herren	BRÄUNER,	Essen
	DREYER,	Clausthal-Zellerfeld
	EVERLING,	Essen
	Jacobi,	Essen
	WÖHLBIER,	Clausthal-Zellerfeld

aus Frankreich

die Herren	CHAMBON,	Nancy
	VIGIER,	Mulhouse

aus Großbritannien

die Herren	BERRY,	Nottingham
	EYNON,	Newcastle, Staffs

aus Holland

Herr	GRAMBERG,	Delft

aus der Sozialistischen Förderativen Republik Jugoslawien

Herr	KOBLISKA,	Belgrad

aus Kanada

Herr	SCHWELLNUS,	Montreal

aus Österreich

die Herren	HOCHSTETTER,	Perchtoldsdorf/Wien
	JABUREK,	Leoben
	MÜLLER,	Salzburg
	WAGNER,	Leoben

aus der Volksrepublik Polen

die Herren	GOCMAN,	Katowice
	KNOTHE,	Kraków
	SMOLARSKI,	Kraków
	ZNAŃSKI,	Katowice

aus der Sozialistischen Republik Rumänien

Herr	FODOR,	Bukarest

aus Schweden

die Herren	HELFRICH,	Boliden
	JANELID,	Stockholm

aus der Sowjetunion

die Herren	KUZNECOV,	Leningrad
	TEDER,	Moskau
	VOLAROVIC,	Moskau

aus Spanien

Herr	SERAFIM,	Madrid

aus der Tschechoslowakischen Sozialistischen Republik

die Herren	KOHOUTEK,	Prag
	MENCL,	Brno

aus der Volksrepublik Ungarn

die Herren	MARTOS,	Budapest
	RICHTER,	Miskolc

aus den Vereinigten Staaten von Amerika

die Herren	FAIRHURST,	Minnesota
	GRAY,	Austin

aus der Deutschen Demokratischen Republik

die Herren	BERGER,	Leipzig
	BUCHHEIM,	Freiberg
	DÖRING,	Freiberg

GIMM,	Freiberg
HÖFER,	Leipzig
LOOCK,	Naumburg
MENZEL,	Leipzig
MILITZER,	Freiberg
NEUBERT,	Freiberg
PFORR,	Freiberg
ROTTER,	Freiberg
SCHMIDT,	Berlin
THOMA,	Leipzig
WATZNAUER,	Freiberg.

Meine sehr geehrten Herren!

Nachdem — wie bereits angegeben — wir uns in neun Ländertreffen jeweils mit speziellen Problemen, d. h. einer besonderen Thematik der gebirgsmechanischen Forschung beschäftigt und in den Arbeitsgruppen spezielle und dringliche Aufgaben einer Lösung oder zumindest Teillösung zugeführt hatten, steht das Rahmenthema dieses Ländertreffens unter dem Motto

„Wissenschaftliche Entwicklung der Gebirgsmechanik in den letzten 10 Jahren".

Wir glauben, daß in den vergangenen 10 Jahren der große Umschwung in der wissenschaftlichen Durchdringung aller Dinge sich auch auf unserem Fachgebiete vollzog und zur Lösung zahlreicher Probleme beigetragen hat. Wir wissen aber auch, daß es noch viele offene Fragen gibt, die uns tagtäglich in der Praxis in den verschiedensten Bergbaurevieren oder bei sonstigen Bauten im Fels entgegentreten. Das Erreichte klar zu umreißen und die ungelösten oder neuen Probleme rechtzeitig zu erkennen, dazu soll unsere 10. Arbeitstagung dienen.

Mit dem Wunsch für einen erfolgreichen Verlauf des Ländertreffens 1968 zum 10jährigen Bestehen des Internationalen Büros für Gebirgsmechanik eröffne ich unsere Tagung mit einem herzlichen

Glückauf!

ANSPRACHE

von Herrn Prof. Dr. Dr. B. Krupinski, Warschau
Mitglied der Polnischen Akademie der Wissenschaften.
Vorsitzender des Weltbergbaukongresses
Vorsitzender des Bergbaurates beim Staatsrat der Volksrepublik Polen
Vorsitzender der Kohlekommission der ECE, Genf

Meine Herren!

Ich interessiere mich besonders für die Fragen der Sicherheit und kann einschätzen, welche wichtige Rolle die Gebirgsmechanik auf diesem Gebiet spielt. Ich kann auch einschätzen, welche große Rolle das Internationale Büro für Gebirgsmechanik spielt, das von Herrn Professor Bilkenroth organisiert und geleitet wird.

Ich nehme an, daß ich im Namen aller hier Anwesenden die Dankbarkeit an die Deutsche Akademie der Wissenschaften und ihrem Präsidenten und ganz besonders den Dank an Professor Bilkenroth für die große internationale Arbeit, die diese Organisation leistet, ausdrücken kann. Wenn wir imstande sind, die geleistete Arbeit vom wissenschaftlichen Standpunkt zu beurteilen, dann wird der Fakt noch wichtiger sein, mit dem wir uns hier an diesem Tisch beschäftigen. Schauen Sie auf die Flaggen, die hier aufgestellt sind! Sie sind ein Beweis für die Zusammenarbeit der Wissenschaft auf internationaler Ebene. Das ist der Ausdruck der Wichtigkeit und der Ergebnisse der Arbeit von Professor Bilkenroth und des Büros.

Ich habe ihn gestern gefragt, warum die einzelnen Mitglieder keine Karten mit Familiennamen an der Kleidung haben. Er hat mir gesagt, daß wir uns alle einander kennen. Tatsächlich, an diesem Tisch sitzen Menschen mit bedeutenden Familiennamen. Wir brauchen an der Kleidung keine Karten. Wissenschaft und Leben schätzen sie sehr hoch ein.

Ich wünsche diesem großartigen Treffen und allen weiteren Treffen vollen Erfolg und danke der Deutschen Akademie der Wissenschaften und Professor Bilkenroth für die Möglichkeit, an dieser interessanten und wichtigen Tagung teilnehmen zu können. Ich danke dem Herrn Präsidenten.

ANSPRACHE

von Herrn Prof. Dr.-Ing. Dr. h. c. E. RAMMLER, Freiberg/Sa.
im Auftrage des Präsidenten der Deutschen Akademie der Wissenschaften zu Berlin,
Herrn Prof. Dr. KLARE

Meine Herren Präsidenten!
Hochverehrte Damen und Herren!

Der Präsident der Deutschen Akademie der Wissenschaften zu Berlin, Prof. Dr. Hermann KLARE, hat mich beauftragt, Sie zu diesem Empfang herzlich willkommen zu heißen. Durch eine dringliche Auslandsreise verhindert, bedauert es der Herr Präsident sehr, Sie nicht persönlich begrüßen zu können. Er bedauert es um so mehr, als das diesjährige Ländertreffen des Internationalen Büros für Gebirgsmechanik die Nummer 10 trägt — eine Jubiläumszahl, die von einer Tradition kündet, die aus erfolgreicher Arbeit erwachsen ist.

In der Tat — der Kreis von Experten der Gebirgsmechanik und verwandter Gebiete, der hier alljährlich zu weltweiter und weltoffener Zusammenarbeit sich vereinigt, hat es, wie Herr BILKENROTH schon heute vormittag hervorhob, verstanden, der Devise von LEIBNIZ, die er bei der Gründung der DAW aussprach, Genüge zu leisten, nämlich „theoria cum praxi" zu verbinden.

Die wertvollen Arbeiten Ihres Gremiums in diesen 10 Jahren lassen erkennen, wie immer strengere Anforderungen an die Untersuchungsmethoden, Meßverfahren und Meßgeräte,

— an die Klarstellung und Präzisierung von Begriffsinhalten,
— an die Fixierung und Vereinheitlichung von Kenngrößen

und an die mathematische Erfassung der Gesetzmäßigkeiten der Erscheinungen gestellt wurden. Die harten Diskussionen in ihren Arbeitsgruppen förderten diese Entwicklung in Breite und Tiefe; immer wieder sprühte der zündende Funke des Fortschritts empor. Gerade durch die wissenschaftliche Ausrichtung Ihrer Gemeinschaftsarbeit wurde die praktische Anwendbarkeit gebirgsmechanischer Erkenntnisse zum Schutz und zur Sicherheit von Leben und Gesundheit der Bergleute und Felsbauer und zur Beherrschung von Arbeitsverfahren mit erhöhter Leistung verbreitert.

Alle Länder, deren Experten sich an diesen Arbeiten Ihres Gremiums beteiligen, schulden Ihnen Dank. Für die Deutsche Akademie der Wissenschaften zu Berlin ist es eine Genugtuung, daß die wissenschaftsorganisatorische Förderung durch das Internationale Büro für Gebirgsmechanik unter der bewährten Leitung des Akademiemitgliedes, Herrn BILKENROTH, die Entwicklung katalysiert hat und daß die Deutsche Demokratische Republik zum Mittler in dieser so fruchtbaren internationalen Zusammenarbeit wurde.

Meine Damen und Herren!

In der munteren und lebenstüchtigen Stadt Leipzig, die Sie als Tagungsort wählten, hat vor genau 200 Jahren Johann Wolfgang Goethe als Student gelebt. Er, der Dichter und Naturforscher, hat sich Zeit seines Lebens um die poetische Darstellung und die wissenschaftliche Erkenntnis der Kräfte der Erde bemüht, und er hat dem Bergbau praktisches Interesse entgegengebracht. Aber Goethe war auch einem guten Bissen und vor allem einem guten Tropfen nicht abgeneigt. Was könnten wir in dieser Stunde besseres tun, als ihn auch in diesen Dingen des Lebens als Vorbild zu betrachten? In unseren Gläsern wartet der Sonnengeist der Weintrauben in einer spezifischen Offenbarungsform. Lassen Sie uns daher diese Gläser erheben und auf das 10. Ländertreffen des Internationalen Büros für Gebirgsmechanik trinken, dem der Herr Präsident der DAW, Prof. KLARE, beste Erfolge wünscht — zum Nutzen und zum friedlichen Fortschritt der Völker.

GLÜCKWUNSCHADRESSEN

an das Internationale Büro für Gebirgsmechanik

Prof. Dipl.-Ing. M. Borecki, Warschau

Stellvertreter des Ministers für Bergbau und Energie der Volksrepublik Polen

Die natürlichen Verhältnisse der polnischen Steinkohlen- und Erzbergbaugebiete sind durch starke Unterschiedlichkeiten sowohl im Hinblick auf die Teufe als auch auf die Mächtigkeit der hereingewonnenen Flöze gekennzeichnet. Der Hauptzweig des polnischen Bergbaues, der Steinkohlenbergbau, zeichnet sich zusätzlich durch mächtige Sandsteinschichten aus. Das bedeutet eine zusätzliche bedeutende Gefährdung von seiten des Gebirges, und zwar durch Gebirgsschläge. Diese komplizierten natürlichen Bedingungen brachten es mit sich, daß schon am Anfang unseres Jahrhunderts die polnischen Bergbaupraktiker nach Lösungen suchten, die eine Beherrschung des durch den Abbau gestörten Gebirges ermöglichten. Die breite Entwicklung von Industrie und Besiedlung und damit die Notwendigkeit, die bergmännische Tätigkeit unter Objekten an der Tagesoberfläche zu führen, verstärkten zusätzlich die Bemühungen, die im gestörten Gebirge vor sich gehenden Erscheinungen zu beherrschen, um dadurch den Einfluß der untertägigen Arbeiten auf die Tagesoberfläche weitestmöglich zu verringern.

Die Namen vieler polnischer Wissenschaftler könnten an dieser Stelle angeführt werden, welche dank ihrer hervorragenden Leistungen auf dem Gebiete der Gebirgsmechanik weit bekannt sind. Auch heute werden großzügig Untersuchungen von der Polnischen Akademie der Wissenschaften, von den Bergbaufakultäten der Technischen Hochschulen wie auch vom Bergbauhauptinstitut ausgeführt. Die grundsätzlichen Probleme dieser Untersuchungen konzentrieren sich in Polen hauptsächlich auf:

- die Bestimmung der Gebirgsdruckerscheinungen, die auf Grund der bergmännischen Tätigkeit unter Tage hervorgerufen werden;
- die Erklärung des Abbaueinflusses auf das Gebirge und die Tagesoberfläche, wobei eine ganze Reihe prognostischer Methoden entwickelt wurde;
- die Bestimmung der Grundsätze der Zusammenarbeit zwischen Grubenausbau und dem durch den Abbau gestörten Gebirge;
- die Bestimmung der Methoden und Meßapparatur für die Bestimmung der wichtigsten Parameter des Gebirgszustandes und seiner physiko-mechanischen Eigenschaften.

Eine ähnliche Problematik war und ist noch heute das Ziel wissenschaftlicher Untersuchungen in fast allen Bergbau treibenden Ländern der Welt. Um so wertvoller ist die Initiative von Herrn Professor Dr. Dr. G. Bilkenroth zu bewerten, die zum Ziel hatte, eine internationale Zusammenarbeit auf dem Gebiet der Gebirgsdruckforschung zu schaffen. Dadurch wurde die Möglichkeit gegeben, einen Erfahrungsaustausch und — was besonders hervorzuheben ist — gewisse gemeinsame Arbeiten durchzuführen. Daher erlaube ich mir, im Namen des polnischen Bergbaues für diese für die Entwicklung der bergmännischen Wissenschaft grundlegende Leistung Herrn Professor Bilkenroth und der Deutschen Akademie der Wissenschaften zu Berlin, bei der das Internationale Büro für Gebirgsmechanik seine wissenschaftliche Heimstatt gefunden hat, meinen herzlichsten Dank auszusprechen.

Das heutige 10. Ländertreffen des Internationalen Büros für Gebirgsmechanik ist Anlaß, einen Rückblick auf seine Tätigkeit in den vergangenen Jahren vorzunehmen. Es scheint mir, daß es sehr zweckmäßig ist, die Arbeitsorganisation des IBG hervorzuheben, welche im Verhältnis zu ähnlichen permanenten wissenschaftlichen Einrichtungen völlig anders ist. Ich denke hierbei an den kameralen Charakter unserer Zusammenkünfte und Diskussionen wie auch — was besonders hervorzuheben ist — an die sorgfältige Auswahl der jeweiligen Thematik aller Ländertreffen. Da an den Tagungen im allgemeinen eine nicht allzu große Anzahl von Spezialisten teilnimmt, konnte jedesmal ein allseitiger und nahezu erschöpfender Erfahrungsaustausch auf einem bestimmten Gebiet der Gebirgsmechanik erzielt werden. Daher war die Initiative der Leitung des IBG richtig, für jede Tagung ein bestimmtes Rahmenthema aufzustellen und die Teilnahme entsprechender Wissenschaftler sicherzustellen, wodurch eine sehr umfassende und fruchtbare wissenschaftliche Aussprache im Rahmen dieses Themas möglich war.

Es ist sicher nicht nötig, hier nochmals auf die Themen der einzelnen Ländertreffen einzugehen. Die allseits bekannte Thematik der Ländertreffen beweist, daß damit die wesentlichsten Probleme der Gebirgsmechanik angeschnitten wurden, die für die weitere Entwicklung der Bergtechnik besonders im Hinblick auf die Arbeitssicherheit ausschlaggebend sind.

Darüber hinaus erlaube ich mir. die Tätigkeit der Arbeitsgruppen zu erwähnen, die vom IBG zur Lösung ganz bestimmter gebirgsmechanischer Probleme ins Leben gerufen wurden. Diese Arbeitsgruppen haben im engen Kreise der besten Spezialisten große Erfolge aufzuweisen. Vor allem möchte ich an dieser Stelle die erstmalige Erarbeitung des viersprachigen Lexikons der Gebirgsmechanik erwähnen. Der Arbeitsgruppe ,,Begriffsbestimmungen", deren entscheidender Verdienst diese Ausgabe ist, soll damit ein Dank ausgesprochen werden. Große Bedeutung besitzt weiterhin die von der Arbeitsgruppe ,,Festigkeitsuntersuchungen" entwickelte Methodik der Untersuchungen physiko-mechanischer Gesteinseigenschaften, welche bereits weite praktische Anwendung gefunden hat.

Mir persönlich war es eine Ehre, die Arbeitsgruppe ,,Gerätetechnik für Untertagemessungen" zu leiten. Bisher konzentrierten sich unsere Arbeiten auf eine Typisierung der Meßmethoden und dazu angewandte Meßgeräte. Wenn man berücksichtigt, daß die Erkenntnis der Parameter des gestörten Gebirgszustandes eine ganze Reihe verschiedener Messungen benötigt, haben wir folgende physikalische Größen als grundsätzliche Meßwerte unterschieden:

1. Spannungen
2. Belastungen
3. Verformungen
4. Verschiebungen
5. Schwingungen
6. Materialkonstanten

Diese Größen bestimmen zugleich die grundsätzlichen Gebirgsdruckerscheinungen wie auch den Charakter und die Größe der Kontaktreaktionen zwischen den Gebirgsschichten in bestimmten Punkten.

Auf Initiative des Internationalen Büros für Gebirgsmechanik wurde erstmalig eine Zusammenfassung der im Bergbau unter Tage eingesetzten Meßgeräte durchgeführt. Als Ergebnis einer Rundfrage wurden 71 Meßgeräte aus neun Ländern angemeldet, die nach den bereits erwähnten Kriterien eingeteilt und mit Angabe ihrer technischen Charakteristik und des Anwendungsbereiches in einem Katalog zusammengefaßt wurden. Dieser Katalog gebirgsmechanischer Meßgeräte wurde vom IBG herausgegeben und kann zum diesjährigen Ländertreffen der Fachwelt vorgelegt werden.

Die bisher erwähnten fruchtbaren Errungenschaften erschöpfen bei weitem nicht die gesamte Tätigkeit des IBG. Sie sind nicht denkbar ohne aktive Teilnahme hervorragender Bergbauwissenschaftler aus allen Ländern, die im IBG vertreten sind. Es ist mir eine besondere Ehre, an dieser Stelle der Deutschen Akademie der Wissenschaften zu Berlin und besonders Ihren Mitgliedern, den Herren Professor Dr. Dr. Bilkenroth und Dr. K.-H. Höfer für ihren großen wissenschaftlichen und organisatorischen Erfolg im Rahmen des Internationalen Büros für Gebirgsmechanik den allerherzlichsten Dank auszusprechen.

Die zehnjährige Tätigkeit des IBG ist nicht nur Anlaß, auf die Vergangenheit zurückzuschauen, sondern noch viel mehr Ansporn, an die weitere Entwicklung und Aktivierung zu denken. Die enorme Entwicklung der Bergtechnik stellt immer neue und schwierigere Probleme und Anforderungen besonders im Hinblick auf die Gebirgsmechanik, die die grundsätzliche Wissenschaft des Bergbaues darstellt. Das Anwachsen der Abbauteufe, die Intensivierung der Gewinnung wie auch die Betriebskonzentration verlangen eine schnelle und effektive Lösung gebirgsmechanischer Probleme, um dadurch den technischen Fortschritt und die volle Sicherheit der Bergleute zu gewährleisten. Die immer stärkere Zusammenarbeit der Wissenschaftler aus allen Bergbau treibenden Ländern wird damit zur zwingenden Notwendigkeit.

In diesem Sinne wünsche ich dem Internationalen Büro für Gebirgsmechanik in den kommenden Jahren eine weitere fruchtbare und erfolgreiche Tätigkeit.

Nationales Komitee für Gebirgsdruckforschung bei der Tschechoslowakischen Akademie der Wissenschaften in Prag

Jedes Wissensgebiet, das bereits auf breiterer Grundlage entwickelt ist und ein hohes Niveau erreicht hat, muß aus internationaler Sicht beurteilt und weiter entfaltet werden. Ein glänzendes Beispiel dafür ist auf dem Gebiete der Gebirgsmechanik das von Professor Dr. Dr. BILKENROTH als Vorsitzendem und Dr.-Ing. K. -H. HÖFER als Wissenschaftlichem Sekretär geführte Internationale Büro für Gebirgsmechanik der Deutschen Akademie der Wissenschaften zu Berlin seit nunmehr 10 Jahren.

Die Tschechoslowakei hat sich in diese internationale Tätigkeit voll eingeschaltet, die sie vom wissenschaftlichen Gesichtspunkt als sehr nützlich betrachtet. Sie ist im Internationalen Büro für Gebirgsmechanik durch zwei Ländervertreter und weitere Mitglieder in den Arbeitsgruppen ,,Gerätetechnik für Untertagemessungen", ,,Festigkeitsuntersuchungen" (der Leiter dieser Gruppe ist ein Wissenschaftler aus der ČSSR) und ,,Analytische Gebirgsmechanik" vertreten. Auch an der Herausgabe des sechssprachigen Wörterbuches für Gebirgsdruckfragen, das im Jahre 1965 vom Internationalen Büro für Gebirgsmechanik veröffentlicht wurde, war die ČSSR mit der Erarbeitung der tschechischen Terminologie beteiligt.

Tschechoslowakische Fachleute nehmen an der Arbeit in den Arbeitsgruppen sowohl mit zahlreichen wissenschaftlichen Vorträgen als auch mit Diskussionsbeiträgen und Bereitstellung von Unterlagen teil. So wurden z. B. für die Herausgabe des internationalen Katalogs von gebirgsmechanischen Meßgeräten 9 Katalogblätter von in der ČSSR entwickelten Geräten übergeben.

Um die Arbeit zwischen dem Internationalen Büro für Gebirgsmechanik bei der Deutschen Akademie der Wissenschaften zu Berlin und den tschechoslowakischen wissenschaftlichen Organisationen zu koordinieren, wurde bei der Tschechoslowakischen Akademie der Wissenschaften in Prag bereits im Jahre 1959 ein ,,Nationales Komitee für Gebirgsdruckforschung" gegründet. Zum Leiter dieses Komitees wurde Dipl.-Ing. E. PETYREK, Korrespondierendes Mitglied der Tschechoslowakischen Akademie der Wissenschaften und Direktor des Bergbauinstitutes der Tschechoslowakischen Akademie der Wissenschaften in Prag, und zum Wissenschaftlichen Sekretär Dipl.-Ing. V. SIBEK, CSc. aus demselben Institut ernannt. Dem Komitee gehören insgesamt 24 Mitglieder aus verschiedenen wissenschaftlichen Organisationen und Hochschulen an.

In der ČSSR ist die Tätigkeit auf dem Gebiet der Geomechanik im Einvernehmen mit den Vorstellungen des Internationalen Büros für Gebirgsmechanik sehr umfangreich. Dazu tragen die verschiedenen bergbaulichen und geologischen Bedingungen von sehr weichen Gesteinen der Lignit- und Braunkohlenreviere über mittlere und feste Gesteine der Steinkohlen- und

Erzreviere bis zu den sehr festen Gesteinen des Příbramer Reviers mit der gebirgsschlaggefährdeten tiefsten Grube in Europa von 1620 m bei.

Im Bergbauinstitut der Tschechoslowakischen Akademie der Wissenschaften in Prag und in den Instituten der einzelnen Reviere wie auch in den Hochschulen wurden Forschungsabteilungen und Arbeitsgruppen eingerichtet, die sich sowohl aus theoretischer Sicht als auch unter betriebspraktischen Gesichtspunkten mit der Geomechanik befassen.

Um die neuen wissenschaftlichen und praktischen Erkenntnisse unter weitesten Kreisen aus Forschung und Praxis zu verbreiten, werden in der ČSSR regelmäßig Konferenzen über Gebirgsdruck und Gebirgsmechanik und über die mit diesen Wissensgebieten zusammenhängenden Problematiken veranstaltet. Für einen ausgesuchten Kreis wissenschaftlich Arbeitender werden regelmäßig engspezialisierte Symposien und Seminare aus den Gebieten der Spannungsoptik, Gebirgsmodellierung, untertägigen Geophysik, analytischer Methoden usw. organisiert.

Die tschechoslowakische Forschung auf dem Gebiet der Geomechanik befaßt sich mit Aufgaben sowohl angewandter Forschung für konkrete Grubenbedingungen als auch mit der Grundlagenforschung.

Die Aufgaben der Grundlagenforschung werden im gesamtstaatlichen Umfang von der Tschechoslowakischen Akademie der Wissenschaften durch sein Bergbauinstitut koordiniert. Diese Forschung umfaßt den gesamten Bereich theoretischer und experimenteller Arbeiten, die sowohl in Laboratorien und Versuchsanlagen als auch in situ durchgeführt werden. Für die Lösung dieser Probleme werden analytische Methoden, Untersuchungen an Gesteinsproben, Untersuchungen auf Grund der Modellähnlichkeit sowohl mit spannungsoptischen als auch mit äquivalenten Materialien, weiter Verformungsmessungen und markscheiderische Methoden und schließlich geophysikalische Verfahren verwendet.

In der tschechoslowakischen Forschung werden auf dem Gebiet der Geomechanik ausschließlich die vom Internationalen Büro für Gebirgsmechanik für die Bestimmung der mechanischen Eigenschaften der Gesteine herausgegebenen Richtlinien benutzt, und zwar sowohl im Bergbauinstitut der Tschechoslowakischen Akademie der Wissenschaften als auch in den übrigen Instituten und Hochschulen. Die dabei mit diesen Richtlinien gewonnenen Erfahrungen, die sich aus der Laborpraxis ergeben, wurden anläßlich der Sitzung der Arbeitsgruppe III „Festigkeitsuntersuchungen“ des Internationalen Büros für Gebirgsmechanik in Clausthal behandelt, wobei es zweckmäßig wäre, einige Richtlinien sowohl aus theoretischen Gesichtspunkt als auch praktischen Erkenntnissen zu ändern.

In der ČSSR wurden weiterhin Katalogblätter über gebirgsmechanische Meßgeräte herausgegeben, die bisher 22 in der Tschechoslowakei entwickelte Geräte enthalten. Außerdem wurden 13 Methodiken über gebirgsmechanische Forschung in Form von Katalogen herausgegeben. Diese beiden Kataloge werden fortlaufend ergänzt.

Gegenwärtig bereitet eine Gruppe von Fachleuten die Erweiterung und Verbesserung des tschechischen Teiles des bisherigen sechssprachigen Wörterbuches für Gebirgsdruckfragen vor. Auch die vom Internationalen Büro für Gebirgsmechanik vorbereitete Herausgabe des gebirgsmechanischen Lexikons wird in die tschechische Sprache übersetzt und damit der tschechoslowakischen Forschung nutzbar gemacht werden.

Auf dem Gebiet der Geomechanik werden gegenwärtig vor allem Probleme der Verformungs- und Festigkeitseigenschaften der Gesteine, der Bedingungen für Gebirgszerstörung, der Klassifikation der Gebirgsschichten in gebirgsschlaggefährdeten Lagerstätten, der Standfestigkeit von Grubenbauen in großen und kritischen Teufen, der Bedingungen, Entstehung sowie des Mechanismus der Gebirgsschläge und ihre Vorhersage, der Standfestigkeit von Zwischenkammerpfeilern u. a. bearbeitet.

Unsere Forschung auf dem Gebiet der Geomechanik erfordert eine breite Zusammenarbeit mit Wissenschaftlern aus anderen Staaten. Die in ausländischen Forschungsinstituten angewandten Forschungsmethoden und gewonnenen Erkenntnisse sollen unter den spezifischen Bedingungen des tschechoslowakischen Bergbaus erprobt und angewandt werden. Und umgekehrt halten wir es für richtig und notwendig, die positiven Ergebnisse und Methoden unserer Forschung unter ausländischen Bergbaubedingungen erprobt und angewandt zu sehen. Diese Art der wissenschaftlichen Zusammenarbeit wurde vor allem in der Gebirgsschlagforschung unter Beteiligung ausländischer Fachleute, Geräte und Vorrichtungen in der ČSSR bereits durchgeführt und hat sich sehr gut bewährt.

Das Internationale Büro für Gebirgsmechanik bei der Deutschen Akademie der Wissenschaften zu Berlin ermöglicht durch seinen umfangreichen Mitgliederkreis bei den jährlich stattfindenden Ländertreffen, auf denen die neuesten Erkenntnisse der Forschung aus den einzelnen Mitgliedsstaaten diskutiert werden, diese erfolgreiche Form der Zusammenarbeit und bietet daher alle Voraussetzungen für eine weitere erfolgreiche Tätigkeit in der internationalen wissenschaftlichen Zusammenarbeit auf dem Gebiet der Geomechanik.

Prof. Dr. A. Omeltschenko, Leningrad

Direktor des Allunions-Forschungsinstitutes für Gebirgsmechanik
und Markscheidewesen VNIMI, Leningrad

Hochverehrter Herr Präsident!

Im Namen des Allunionsforschungsinstitutes für Gebirgsmechanik und Markscheidewesen des „VNIMI" übersende ich Ihnen und allen Mitgliedern des Internationalen Büros für Gebirgsmechanik, des „IBG", Glückwünsche zum 10jährigen Bestehen und erfolgreicher Arbeit des Büros.

Das im Jahre 1958 auf Initiative der Deutschen Akademie der Wissenschaften in der Deutschen Demokratischen Republik gegründete Büro war die einzige, ständig wirkende internationale Organisation, welche Fachleute verschiedener Länder vereinigt, die sich mit der Untersuchung des komplizierten und im Bergbau äußerst wichtigen Problems der Gebirgsmechanik und Beherrschung des Gebirgsdruckes befassen.

Die Tätigkeit des Internationalen Büros für Gebirgsmechanik schuf die Möglichkeit für eine breite gegenseitige Information und persönliche Kontakte zwischen den Fachleuten verschiedener Länder zu diesen Problemen.

Außerdem besitzen die Ergebnisse einzelner Arbeitsgruppen des Büros eine große praktische Bedeutung, wie die Aufstellung eines viersprachigen terminologischen Lexikons zu den Fragen der Gebirgsmechanik, die Aufstellung eines Kataloges der Geräte mit ihrer technischen Beschreibung, die in den einzelnen Ländern zur Untersuchung der Gebirgsdruckwirkungen Anwendung finden sowie die Entwicklung einheitlicher Methoden zur Bestimmung der mechanischen Eigenschaften von Gestein.

Zusammen mit der Gratulation übermittle ich dem Internationalen Büro für Gebirgsmechanik die besten Wünsche für eine weitere erfolgreiche Entwicklung seiner Tätigkeit und für große Erfolge der Ergebnisse seiner Arbeit.

Prof. Dr.-Ing. B. Almășan, Bukarest

Minister für Bergbau der Volksrepublik Rumänien

Hochverehrter Herr Bilkenroth!

Ich bemühe mich, meine Dankbarkeit zu erneuern für die liebenswürdige Einladung zur Teilnahme am Ländertreffen des Internationalen Büros für Gebirgsmechanik, welches in diesen Tagen in Leipzig stattfindet und an dem ich leider nicht teilnehmen kann. Mit diesem Brief drücke ich die Hoffnung aus, daß mit den bis jetzt erreichten Ergebnissen auf dem Gebiet der Gebirgsmechanik das IBG einen besonderen Anteil daran hat, der dazu beiträgt, daß dieses Gebiet zu einem der wichtigsten Bergbauwissenschaften wird.

Zum 10. Ländertreffen des IBG wünsche ich Ihnen volle Erfolge und versichere Ihnen, verehrter Herr Bilkenroth, meine Unterstützung und Mitarbeit in der Zukunft.

Prof. P. Stassen, Lüttich

Direktor des INICHAR in Liège

Infolge wichtiger Aufgaben, die im Zusammenhang stehen mit der Reform der belgischen Bergbauforschung, wird es uns nicht möglich sein, am 10. Ländertreffen teilzunehmen.

Wir bedauern das sehr, denn wir hätten Ihnen sehr gern persönlich unsere herzlichsten Glückwünsche für die sehr wichtige und fruchtbare Arbeit, die durch das IBG im Laufe der letzten 10 Jahre auf den verschiedensten Gebieten geleistet wurde, übermittelt. Wir äußern den Wunsch, daß die Arbeiten dieser 10. Tagung einen noch erfolgreicheren Ablauf als üblich haben und bitten Sie, in unserem Namen allen Teilnehmern unsere herzlichsten Grüße zu übermitteln.

Weitere Glückwünsche erhielt das Internationale Büro für Gebirgsmechanik anläßlich seines 10jährigen Bestehens von:

Minister J. Mitrenka, Katowice
  Minister für Bergbau und Energie der Volksrepublik Polen

Prof. Dr. N. V. Mjelnikov, Moskau
  Ordentliches Mitglied der Akademie der Wissenschaften der UdSSR

Prof. B. Schwartz, Nancy
  Mitbegründer des IBG

Prof. E. Tincelin, Paris

Prof. E. Szardecky-Kardoss, Budapest
  Vorsitzender der Sektion Geowissenschaften der Ungarischen Akademie der Wissenschaften

Dipl.-Ing. E. Petyrek, Prag
  Korrespondierendes Mitglied der tschechoslowakischen Akademie der Wissenschaften und Direktor des Bergbauforschungsinstitutes

Prof. G. A. Kiersch, Ithaca
  Dekan der Geologischen Fakultät der Cornell University Ithaca, U.S.A.

Prof. Th. R. Seldenrath, Delft

sowie aus der Deutschen Demokratischen Republik von:

Dr. K. Fichtner
  Stellvertreter des Vorsitzenden des Ministerrates

Dr. K. Singhuber
  Minister für Erzbergbau, Metallurgie und Kali

Prof. Dr. Dr. M. Steenbeck
  Vorsitzender des Forschungsrates der DDR

Prof. Dr. rer. oec. habil. J. Köhler
  Rektor der Bergakademie Freiberg

10 Jahre wissenschaftliche Arbeit des Internationalen Büros für Gebirgsmechanik

Ansprache des Wissenschaftlichen Sekretärs des Internationalen Büros für Gebirgsmechanik
Herrn Dr.-Ing. K.-H. Höfer

Meine Herren Präsidenten!
Sehr geehrte Herren!

Die Menschheit strebt nach den Sternen; aber sie lebt von der Erde. Die Erde gibt uns die notwendige Energie in Form von Kraft, Wärme, Licht und Nahrung durch die Bodenschätze: Kohle, Öl, Gas, Uran und Wasser, durch Kalisalze, Kalke, Phosphate u. a. Die Erde liefert nach wie vor die Grundstoffe für alle nachverarbeitenden Industrien. Der Erde die Bodenschätze abzuringen bedeutet aber Kampf mit wissenschaftlichen Waffen, der nur dann erfolgreich und ohne Verluste geführt werden kann, wenn wir die Gesetzmäßigkeiten, die in der Erdkruste herrschen, genau kennen und sie in unserer Arbeit auch anwenden können. Diese Gesetzmäßigkeiten zu erforschen, das Gebirge in seinem mechanischen Verhalten bei der Hohlraumschaffung zu erkennen und die Erkenntnisse auf die praktische Arbeit in der Erdkruste anzuwenden, ist die Aufgabe der Gebirgsmechanik.

Obwohl die Geschichte des Bergbaues in den verschiedenen Ländern nach Jahrhunderten gezählt werden kann, ist die wissenschaftliche Behandlung gebirgsmechanischer Probleme noch sehr jung. Der Ausdruck Gebirgsmechanik selbst wird überhaupt erst seit etwa einem Jahrzehnt in der internationalen Fachwelt gebraucht und ist eng verbunden mit dem Internationalen Büro für Gebirgsmechanik. Gestatten Sie mir, bevor ich auf die eigentliche Arbeit unseres Büros eingehe, einen kurzen historischen Rückblick, der nämlich geeignet ist, die Bedeutung der Arbeit des IBG in den letzten 10 Jahren noch mehr zu unterstreichen, als dies nur auf Grund der nüchternen Aufzählung der vom IBG durchgeführten Arbeiten möglich wäre, zu geben.

Zu diesem Zwecke möchte ich drei Perioden der Gebirgsdruckforschung vor der Gründung des IBG kurz skizzieren. Die Urperiode gebirgsmechanischer Arbeiten vor der Jahrhundertwende bis etwa zum Jahre 1925 ist gekennzeichnet durch einzelne Arbeiten von Bergbauingenieuren und Geologen, wie Fayol in Frankreich, Heim in der Schweiz, Kegel und Trompeter in Deutschland sowie Protodjakonov der Ältere in der Sowjetunion, dessen Gesteinsklassifikation mit entsprechenden Erweiterungen noch heute gültig ist. Aus dem Felsbau sind die Arbeiten von Stiny sowie von Willmann und Kommerell zu erwähnen.

Die Untersuchungsergebnisse des technischen Mechanikers Kirsch bildeten die Grundlage für spätere Bestimmungen der Spannungsverteilung um Hohlräume im elastischen Gebirge. Die Arbeiten von Karman und Boeker in Deutschland sowie die von Adams in den USA waren richtungsweisend für künftige hochdruckphysikalische Untersuchungen an Gesteinen.

Von O. Mohr und A. A. Griffith wurden Bruchtheorien aufgestellt, die sich als wesentliche Grundlagen späterer gebirgsmechanischer Forschungen erwiesen.

Von einer zielgerichteten systematischen gebirgsmechanischen Forschung kann man zu jener Zeit noch nicht sprechen. Von seiten der technischen Mechanik wurden jedoch schon grundlegende Arbeiten durchgeführt, die selbst die Forschung der Jetztzeit noch beeinflussen.

Die folgenden 20 Jahre sind durch eine stürmische Entwicklung der „Gebirgsdruckforschung" in allen Bergbauzweigen vieler Länder gekennzeichnet, die jedoch durch den zweiten Weltkrieg stark gehemmt wurde. Ein besonderes Kennzeichen dieser Zeit war es, daß aufbauend auf den praktischen Erfahrungen aus dem untertägigen Bergbau versucht wird, allgemeingültige Hypothesen — oftmals als Theorien bezeichnet — über die gebirgsmechanischen Erscheinungen aufzustellen. In Frankreich wird von JARLIER eine Theorie über den Mechanismus der Gebirgsschläge aufgestellt, aus den USA berichtet RICE über Gebirgsschläge, in Deutschland beginnt die streitbare Auseinandersetzung zwischen den Anhängern der Platten- bzw. Schichtensenkungstheorie einerseits und den Anhängern der Gewölbetheorie andererseits. Zahlreiche Arbeiten von KEGEL, SPACKELER, GILLITZER, HAACK, STÖCKE, HERRMANN und UDLUFT in Deutschland, von VAN ITERSON und SELDENRATH in Holland, DINNIK, ŠEVJAKOV, SLESAROV, ZIMBAREWITSCH u. a. in der Sowjetunion, zeugen von dem Bemühen, das Wesen des Gebirgsdruckes zu erkennen. Erste mathematische Untersuchungen über die Spannungsverteilung um Hohlräume von KÜHN und FENNER zeigen, daß auch der mathematischen Behandlung gebirgsmechanischer Probleme ein weites Betätigungsfeld offensteht, indes werden auch diese Ergebnisse in den Theorienstreit mit einbezogen. In der Sowjetunion entwickelt G. N. KUZNECOV die Methode der Modellierung mit äquivalenten Materialien, die erst über 20 Jahre später auch außerhalb der Sowjetunion angewandt wird. In Deutschland führte DORSTEWITZ, in Frankreich PIRARD erstmalig spannungsoptische Modellversuche zur Ermittlung der Spannungsverteilung um Hohlräume durch.

Zahlreiche Festigkeitsuntersuchungen an den verschiedenartigsten Gesteinen werden durchgeführt, um die Gebirgsdruckerscheinungen mehr auf mechanischer Grundlage deuten zu können. Stellvertretend für viele andere seien genannt BORCHERT, WÖHLBIER, FLEISCHER und MÜLLER in Deutschland, STAMATIU in Rumänien, PHILLIPS in England, GRIGGS in den USA, GUINARD und GUERONIK in Frankreich und DESSARD in Belgien.

Bei den untertägigen meßtechnischen Untersuchungen ergibt sich ein weites Betätigungsfeld für die Bergleute, insbesondere aber für die Markscheider. Namen wie NIEMCZYK, HOFFMANN, BALS, KEINHORST, FLÄSCHENTRÄGER, INNERLING und NEUBERT in Deutschland, GROND und SELDENRATH in Holland, ORCHARD, ALDER und WALKER in England, BUDRYK in Polen sowie die zahlreichen Mitarbeiter des VNIMI unter der damaligen Leitung von BACHURIN sind aus dieser Periode bekannt geworden.

In Polen wurden von PARYSTIEWICZ, URBAN, SALUSTOWICZ und NEYMAN wertvolle Arbeiten zur Gebirgsschlagforschung durchgeführt.

Während dieses Stadiums der Gebirgsforschung waren die internationalen wissenschaftlichen Verbindungen immer mehr erschwert worden, bis sie mit dem Ausbruch des zweiten Weltkrieges völlig zum Erliegen kamen. Die Entwicklungen neuer Arbeitsmethoden verliefen praktisch unabhängig voneinander in den verschiedenen Ländern entsprechend den jeweiligen Möglichkeiten und Verhältnissen. So wurden z. B. fast gleichzeitig sowohl in der UdSSR als auch in den USA und in Deutschland Grundlagen für die Ermittlung der Spannungen im Gebirge erarbeitet, die jedoch erst Jahrzehnte später ihre praktische Anwendung fanden.

Nachdem schon 1928 in der Sowjetunion von M. M. PROTODJAKONOV sen. das Werk „Grubenausbau" und 1940 ein Buch gleichen Namens von SLESAREV herausgegeben worden war, erschien 1942 von KEGEL die „Bergmännische Gebirgsmechanik" im Abbau bei festem und losem Gebirge als erste zusammenfassende Darstellung in der Gebirgsmechanik überhaupt. Interessant übrigens, daß KEGEL die Gebirgsmechanik nicht nur als eine Angelegenheit des Abbaues im festem Gebirge betrachtete.

Die Zeit nach dem zweiten Weltkrieg bis zur Gründung des IBG ist gekennzeichnet durch eine zunehmende meßtechnische Aktivität in der „Gebirgsdruckforschung", insbesondere für Fragen des Grubenausbaues, aber auch in einem sich ständig steigernden Bedürfnis aus der bisherigen isolierten Einzelarbeit herauszukommen und durch internationalen Erfahrungsaustausch schneller zu einer Lösung der schwierigen Probleme der Beherrschung des Gebirges beim Abbau nutzbarer Mineralien zu kommen. Die in kurzen Abständen durchgeführten internationalen Tagungen in Heerlen 1947, Leoben 1950 und 1952, Lüttich 1951 und Essen 1956 und Leipzig 1958 bestätigen das. Während die Internationale Tagung über Gebirgsdruckforschung in Essen 1956 an Hand der Forschungsgemeinschaft Neumühl die große Bedeutung einer Gemeinschaftsforschung für den Steinkohlenbergbau unterstrich, war die Internationale Gebirgsdrucktagung 1958 in Leipzig die erste Tagung überhaupt, auf der Wissenschaftler aus sozialistischen und kapitalistischen Ländern die Probleme der Gebirgsmechanik in allen Bergbauzweigen mit den verschiedensten Bedingungen erörterten.

Ich glaube, daß die Zeit reif war, daß der Vorschlag von Dr. Panov, Moskau, zu ständiger internationaler Zusammenarbeit in der Gebirgsdruckforschung von allen Teilnehmern an der Leipziger Tagung mit Zustimmung aufgenommen und von unserem hochverehrten Herrn Prof. Bilkenroth aufgegriffen und mit größter Unterstützung der Regierung der DDR realisiert werden konnte.

Meine sehr geehrten Damen und Herren!

Entschuldigen Sie bitte, daß ich diesen Fragen der Entwicklung der Gebirgsdruckforschung bis zur Gründung des IBG so viel Raum gewidmet habe. Ich glaube jedoch, daß hierdurch die Bedeutung unserer wissenschaftlichen Gemeinschaftsarbeit besser ersichtlich wird.

Das IBG hatte sich von Anfang an nicht die Aufgabe gestellt, große internationale Kongresse zu veranstalten, sondern wollte ein internationales Arbeitsgremium aller auf dem nicht nur für den Bergbau wichtigen Gebiete der Gebirgsmechanik werden. Es organisierte daher die internationale Gemeinschaftsarbeit der führenden Wissenschaftler dieses Gebietes der wichtigsten bergbautreibenden Länder und suchte darüber hinaus den Kontakt zu den Fachleuten der Felsmechanik und der Bodenmechanik. Auf jährlichen Zusammenkünften in Leipzig, den sogenannten Ländertreffen, wurden nach vorheriger Beratung allgemein interessierende Themen in den Mittelpunkt der Diskussion gestellt und durch Referate von Fachleuten zum gewählten Thema wurde die Grundlage zur freimütigen wissenschaftlichen Aussprache gelegt. Zur Lösung von Spezialaufgaben wurden Arbeitsgruppen gebildet, deren Mitglieder freiwillig die ihnen angebotenen Verpflichtungen übernahmen. Die Wahl der Rahmenthemen war nicht Zufälligkeiten unterworfen, sondern entsprach der wissenschaftlichen Notwendigkeit, die aufgeworfenen Fragen in einem kompetenten internationalen Gremium zu beraten.

Das erste Ländertreffen im Jahre 1959 stellte die Methoden zur Messung von Verformungen und Spannungen unter Tage in den Mittelpunkt der Diskussion. Die Referate und Diskussionen trugen wesentlich dazu bei, die meßtechnischen Untersuchungen in situ auf eine wissenschaftlichere Basis zu stellen, wodurch sich die Effektivität dieser Forschungsrichtung in der Gebirgsmechanik bedeutend erhöhte.

Die seit dem Jahre 1961 datierende Tätigkeit der Arbeitsgruppe „Meßgerätetechnik für Untertagemessungen" unter der Leitung von Herrn Prof. Borecki, jetzt Stellvertreter des Ministers für Bergbau und Energie der VR Polen, zeugt von dem Bemühen, auf diesem Gebiete nicht nur zu einer Bestandsaufnahme, sondern möglichst auch zu einer Unifizierung der angewandten Methoden zu kommen. Der Ihnen hier vorliegende Katalog mit Meßgeräten für Untertagemessungen ist ein anschauliches Beispiel für die auf diesem Gebiete geleistete Arbeit.

Das 2. Ländertreffen mit dem Rahmenthema „Methodik der Festigkeitsuntersuchungen", das 5. Ländertreffen, das die Festigkeit von Gebirgskörpern behandelte, das 6. Ländertreffen, auf dem der Zeitfaktor in der Gebirgsmechanik ausgiebig erörtert wurde, und auch das 8. Treffen des IBG, mit der Behandlung gebirgsmechanischer Vorgänge bei mehrachsiger Beanspruchung, beschäftigten sich mit den physikalisch-mechanischen Eigenschaften des Gebirges, und auch das 9. Ländertreffen, auf dem der Bruchmechanismus im Gebirge diskutiert wurde, galt diesem Thema. Die Bedeutung dieses naturgegebenen Faktors gebirgsmechanischer Probleme muß immer wieder besonders herausgestellt werden, und dieser Faktor wirkt zurück auf alle anderen Fragestellungen der Gebirgsmechanik — unter Berücksichtigung der Beanspruchung des Gebirges; denn nach dem Altmeister der Gebirgsmechanik Karl Kegel sind maßgebend für die Druckwirkungen im Bergwerksbetrieb die Beschaffenheit des Gebirges und seine Beanspruchung.

Die Tätigkeit der Arbeitsgruppe „Festigkeitsuntersuchungen", vielleicht ein etwas zu eng eingegrenzter Name für die unter der Leitung von Dr. Kvapil geleistete Arbeit, schuf Vergleichsmöglichkeiten der verschiedenen Gesteins- und Gebirgsarten durch die Aufstellung einheitlicher Richtlinien zur Durchführung von Festigkeitsuntersuchungen an Gesteinen und durch die Vorschläge einer einheitlichen Gebirgsbeschreibung zum Zwecke einer Gebirgsklassifikation. An dieser Stelle sei bemerkt, daß eine derartige Aufgabe überhaupt nur in einem großen wissenschaftlichen Kollektiv gelöst werden kann, das dank seiner Zusammensetzung weit über die Zäune des Bergwerksreviers des Einzelmitglieds sehen kann. Daß diese Arbeit für jeden Beteiligten und darüber hinaus für alle, die mit diesen Fragen konfrontiert werden, von Nutzen ist, versteht sich von selbst.

Die kritische Einschätzung gebirgsmechanischer Modellversuche sowie die Last- und Kraftannahmen in der Gebirgsdruckforschung und die mathematische Behandlung gebirgsmechanischer Probleme waren Themen des 3. und 4. Ländertreffens unseres IBG. Es wurden Möglichkeiten und Grenzen dieser Wissenschaftsgebiete für die Gebirgsmechanik aufgezeigt.

Die Arbeitsgruppe „Analytische Gebirgsmechanik" unter der Leitung von Akademiker Prof. Averšin, Vizepräsident der Kirgisischen Akademie der Wissenschaften in Frunse/UdSSR, die als jüngstes Kind des IBG tätig ist, zeigte insbesondere für die Anwendung im Kammer-Pfeiler-Bau gute Resultate. Das Programm dieser Arbeitsgruppe läßt hoffen, daß der angewandten Gebirgsmechanik bald noch mehr gebrauchsfähige mathematisch formulierte Lösungen zur Verfügung stehen. Vor fast 10 Jahren sagte mir einmal ein sowjetischer, international anerkannter Spezialist der Gebirgsmechanik: „Ein Mathematiker in der Gebirgsmechanik ist kein Mathematiker". Da nicht alle Mathematiker in der Gebirgsmechanik arbeiten können, haben wir das Problem so gelöst, daß wir die „ein Mathematiker", die in den verschiedensten Ländern und gebirgsmechanischen Instituten arbeiten, zusammengeführt haben. Daß dabei die moderne Rechentechnik nicht zu kurz kommt, zeigen die ersten Ergebnisse der FINITE ELEMENTS Methode, die über das IBG auch Einzug in die bergmännische Gebirgsmechanik hält.

Das Ziel aller gebirgsmechanischen Arbeiten muß es sein, zu praktisch verwertbaren Regeln und Konstruktionsvorschriften für die sichere Gewinnung nutzbarer Mineralien zu kommen. Die Schwierigkeit dieses Problems wurde besonders durch die Behandlung des Mechanismus der Gebirgsschläge ersichtlich. Obwohl es möglich ist, für bestimmte Bergwerksreviere schon Abbau- und Verhaltensregeln aufzustellen, zeigt es sich doch, daß uns die Natur es sehr schwer macht, tiefer — im wahrsten Sinne des Wortes — in sie hineinzudringen. Diese Frage spielt eine besondere Rolle im Zusammenhang mit der Frage des Mechanismus der Gebirgsschläge, die auf dem 7. Ländertreffen behandelt wurde. Die Erfahrungen aus allen Gebirgsschlagrevieren der Welt halfen jedoch, die eigenen Probleme besser lösen zu können.

Gestatten Sie mir, zum Schluß noch auf ein Problem einzugehen, das in allen Ländern in gleichem Maße interessant ist. Es ist das Problem der gegenseitigen Verständigung! Nachdem es das IBG schon unternommen hatte, das vom NCB, CERCHAR, INICHAR und Steinkohlenbergbauverein herausgegebene Wörterbuch über Gebirgsdruckfragen mit den Sprachen russisch, tschechisch und spanisch zu ergänzen, nahm es mit seiner Arbeitsgruppe „Begriffsbestimmungen" die sehr schwere Aufgabe auf sich, ein Internationales Lexikon der Gebirgsmechanik mit Definitionen in deutsch, englisch, französisch und russisch zu erarbeiten. Diese unter der Leitung des leider verstorbenen Vorsitzenden Prof. F. MOHR geleistete Arbeit war nur in diesem großen internationalen Rahmen möglich.

Die in neun Ländertreffen erzielten wissenschaftlichen Ergebnisse wurden in ausführlichen Berichten mit sämtlichen Referaten und Diskussionen in über 2000 Druckseiten veröffentlicht. Diese Berichte des IBG stellen Standardwerke der gebirgsmechanischen Forschung dar. Die halbjährlich vom IBG herausgegebenen „Informationen" vermitteln den Fachleuten einen Überblick über die neuesten wissenschaftlichen Arbeiten auf dem Gesamtgebiet der Geomechanik.

Obwohl die Arbeit des IBG nur in großen Zügen gestreift werden konnte, glaube ich doch, feststellen zu können, daß

1. das IBG unter der bewährten Leitung von Prof. Dr. Dr. GEORG BILKENROTH einen wesentlichen Anteil an der Entwicklung der Gebirgsdruckforschung zur wissenschaftlich fundierten Gebirgsmechanik hat;
2. durch die Arbeit des IBG der dauernde kontinuierliche Weltstandsvergleich gesichert wurde und
3. neue Methoden und Erkenntnisse schnell Verbreitung und Eingang in die Praxis finden.

Diese unter der Leitung des IBG geleistete wissenschaftliche Arbeit wäre ohne die großzügige Unterstützung durch die Regierung der Deutschen Demokratischen Republik nicht möglich gewesen, wofür an dieser Stelle nochmals herzlichst gedankt sei.

Generalreport, Referate und Diskussionen

zum Thema:

Festigkeit von Gestein und Gebirge

Generalreporter: G. Everling, Essen
W. Dreyer, Clausthal

Generalreport zum Thema

Festigkeit von Gestein und Gebirge

von G. EVERLING, Essen und W. DREYER, Clausthal

Einleitung

Grundlage jeder Ingenieurarbeit ist die Kenntnis der mechanischen Eigenschaften des Materials, mit dem sich der Ingenieur zu befassen hat. In der Gebirgsmechanik sind die Forderungen des Ingenieurs an die Beschreibung seines ,,Materials", des Gebirges, aus 3 Gründen wesentlich weitergehend als in Bauwesen und Maschinenbau:

1. Das Gebirge ist außerordentlich heterogen und daher nicht mit wenigen Kennzahlen beschreibbar. Diese Tatsache braucht hier nicht näher erläutert zu werden.
2. Die Beanspruchung großer und kleiner Gebirgsteile ist nach Art, Gleichmäßigkeit und Zeitabhängigkeit der Spannungen außerordentlich vielfältig. Auch dies ist allgemein bekannt.
3. Es interessiert nicht nur die Sicherheit gegen Erreichen der Festigkeit, also das Verhalten *vor* dem Bruch (a), sondern auch der Bruch*vorgang* selbst (b) sowie die weiteren Bewegungsvorgänge *nach* dem Bruch (c). Hierzu einige Beispiele:

Zu a) Die Standfestigkeit des Gesteins muß bekannt sein, wenn es

- über Tage als Fundament für große Bauwerke (Brücken, Staumauern) dienen,
- nahe der Oberfläche große Hohlräume (Tunnel, Kavernen) aufnehmen,
- in größeren Teufen mit Schächten, Strecken und anderen bergmännischen Hohlräumen durchbaut werden soll.

In diesen Fällen wird angestrebt, die Beanspruchungen so klein zu halten oder das Gebirge durch verschiedene Maßnahmen so zu festigen, daß *keine* Zerstörung eintritt. Mit der Ermittlung der Beanspruchungen, also der Spannungen im Gebirge, befaßt sich der Themenkreis 2 dieses Ländertreffens; die Bestimmung der Festigkeit des Gesteins gehört dagegen in das Thema dieses Berichtes. Ihr gelten so viele Beiträge der letzten 10 Jahre, daß sie den Hauptteil dieses Reports ausmachen wird. Dabei braucht nicht verschwiegen zu werden, daß viele ins einzelne gehende Untersuchungen reine Grundlagenforschung darstellen und nicht unmittelbar der Beurteilung der Standfestigkeit des Gebirges dienen können.

Zu b) Bei Bauwerken in großen Teufen ist es meist nicht wirtschaftlich, das Erreichen der Festigkeit ganz zu verhindern. Insbesondere bei

- Schächten und Hauptstrecken im Bergbau unter Tage

wird im allgemeinen ein *Überschreiten* der Festigkeit zugelassen. Der Ausbau hat die Aufgabe, Gleichgewicht nach Eintritt des Bruches, aber vor dem Entstehen unzulässiger Verformungen zu verhindern.
Eine Zerstörung von Gestein, Kohle oder Erz ist ferner erforderlich bei

- allen Gewinnungs- und Auffahrungsmaßnahmen (Bohren, Schneiden, Schälen, Sprengen);
- Aufbereitung und Verarbeitung bergmännischer Gesteine.

Zu c) Im Bergbau sind schließlich die „Bruchbewegungen", also Verformungen des Gebirges *nach* Überschreiten der Festigkeitsgrenzen, entscheidend wichtig.

- Im Strebbau (= longwall-mining) muß das Hangende im Bruchfeld planmäßig fallen; die Bruchbewegungen im Strebhangenden sind ein wesentliches Teilgebiet der Gebirgsmechanik;
- die Abbaustrecken erleiden „Konvergenzen", die beherrscht werden müssen, und schließlich ist
- die Verformung des gesamten Gebirgskörpers auf Klüften und Rissen eine „Bruchbewegung" in diesem Sinne.

Außerdem können hier die mehr oder weniger echt plastischen Verformungen mancher Gesteinsarten, besonders der Salze, eingeordnet werden. —
Dieses Teilgebiet „Festigkeit gebrochener Gebirgsteile" ist daher für die meisten praktischen Probleme das bedeutungsvollste.

Wegen dieser Vielfalt der Fragestellungen des Ingenieurs beschäftigt die Erforschung der Festigkeit von Gestein und Gebirge die Institute aller Welt seit langen Jahren. Vielerlei Meßverfahren an Proben oder am anstehenden Gebirge (= in situ) sind entwickelt, unzählige Gesteinsarten untersucht worden. Es ist das Verdienst des IBG, sich ständig um die Vereinfachung und die Vereinheitlichung dieser Verfahren bemüht zu haben. Das 2. und das 5. Ländertreffen waren ausschließlich diesem Thema gewidmet, und auch die weiteren Ländertreffen berührten eng die Fragen der Gebirgsfestigkeit. Durch Gründung einer besonderen Arbeitsgruppe „Festigkeitseigenschaften" hat das IBG der Bedeutung dieser Aufgaben Rechnung getragen und eine gründliche Diskussion der Fachleute dieses Teilgebietes auf bisher 8 dreitägigen Sitzungen ermöglicht.

Im folgenden soll der Stand der Arbeiten beschrieben werden. Es ist bemerkenswert, daß sich auch in unseren Ländertreffen das Schwergewicht immer mehr von der Grundlagenforschung an *Gesteinsproben* in Richtung auf die Grundlagen der Standfestigkeit des gebrochenen, zerklüfteten *Gebirgskörpers* verschoben hat. Aus dem Stand des heutigen Wissens ergibt sich zugleich ein Überblick über die noch ungelösten Aufgaben.

Die Ergebnisse der dem IBG vorgetragenen wissenschaftlichen Arbeiten über die Festigkeit von Gestein und Gebirge im Laufe der letzten 10 Jahre

Zum heutigen Ländertreffen haben die Sowjetunion (Protodjakonov) und Südafrika (Denkhaus) Berichte eingereicht, die vorzüglich die Entwicklung der Arbeiten ihrer Institute in den vergangenen Jahren zusammenfassen. Die übrigen zum 10. Ländertreffen eingesandten Berichte betreffen interessante neue Einzeluntersuchungen. Um einen Gesamtüberblick der Arbeiten aller beteiligten Länder zu gewinnen, haben die Generalreporter daher auch alle Berichte über die vorausgegangenen 9 Ländertreffen ausgewertet.

1. Bruchtheorien und Grenzhypothesen für Gesteine

Die Festigkeitstheorien spröder Stoffe, wie der Gesteine, waren in den letzten 10 Jahren Gegenstand vieler eingehender Untersuchungen. Ausgangspunkte waren in den meisten Fällen die klassischen Grenzhypothesen von Coulomb, Mohr und Griffith. Besonders umfangreiche Forschungen über Gültigkeit, Grenzen und erforderliche Abwandlungen dieser Hypothesen wurden von Denkhaus und Hoek (Südafrika), Fairhurst und Cook (USA), Gramberg (Holland) und Protodjakonov (UdSSR) durchgeführt, doch verdienen auch die dem IBG vorgetragenen Arbeiten von Averšin und Stavrogin (UdSSR), Dreyer und Ever-

LING (DBR), GIMM (DDR), HOUSKA, KOHOUTEK und MENCL (ČSSR), WARDELL und EYNAN (Großbritannien) und die kritischen Stellungnahmen u. a. von WÖHLBIER (DBR) zu den Folgerungen von PROTODJAKONOV, hervorgehoben zu werden.

Wegen ihrer großen Anpassungsfähigkeit ist die MOHR*sche Grenzhypothese* in guter Näherung für die Gesteine brauchbar. Voraussetzung für ihre Gültigkeit ist allerdings Homogenität des Gesteins und Gleichförmigkeit der Spannungen innerhalb des jeweils betrachteten Bereiches. Wenn das Gestein ungleichförmig oder anisotrop ist, oder wenn Kräfte an Punkten oder Kanten angreifen, wie beim Scherversuch, gilt die MOHRsche Hypothese jeweils nur für einzelne kleine Bereiche. Hierauf wird unter 7. noch eingegangen.

Der Verlauf der MOHRschen Hüllkurve kann empirisch nur durch eine große Zahl triaxialer Versuche festgelegt werden. Deshalb wurde versucht, ihren Verlauf durch mathematische Funktionen mit möglichst wenigen Parametern zu beschreiben, die sich leicht messen lassen. Funktionen dieser Art wurden von einigen Forschern empirisch aufgestellt, von anderen physikalisch abgeleitet. In diesem Zusammenhang hat die *Hypothese von* GRIFFITH, die das

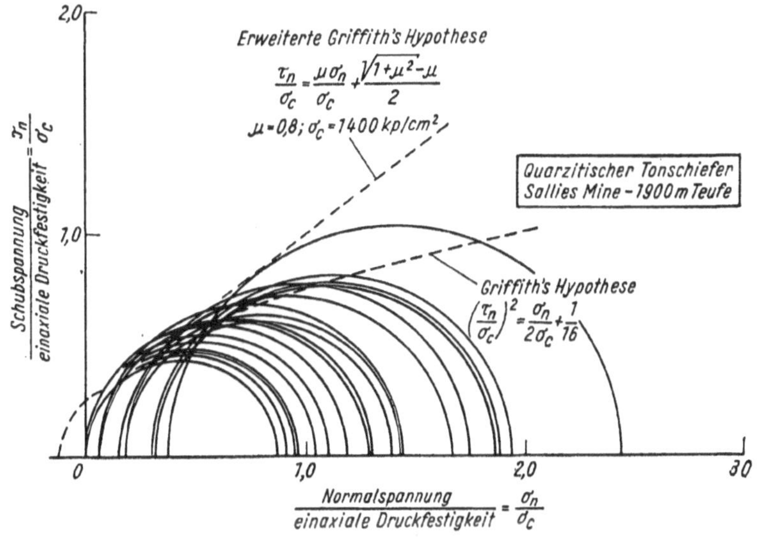

Bild 1. Erweiterte MOHR-GRIFFITH-Hypothese (DENKHAUS)

Beachte hohe Druckspannung nahe Lasteinleitung. Geht Bruch von Mitte aus ($y = 0$), so Festigkeit für Spannungszustand $\sigma_1 : \sigma_2 : \sigma_3 = (+\,1/3) : 0 : (-1)$ etwa gleich $\sigma_{1,B} = 2\,F_B/\pi$ Dt und $\sigma_{3,3} = -\,6\,F_B/\pi$ Dt Spannungsverteilung

Vorhandensein kleiner Hohlräume im spröden Gestein berücksichtigt, große Bedeutung gewonnen. MOHRS und GRIFFITHS Kriterien sind in einer Weise modifiziert und miteinander verbunden worden, daß sehr befriedigende Grenzhypothesen für Gesteine entstanden sind (Bild 1). Weitere Verbesserungsvorschläge aus den USA wurden zum 10. Ländertreffen vorgelegt. Aus diesen Arbeiten ergaben sich zugleich Anregungen für vergleichende Betrachtungen über Zug-, Druck-, Schubfestigkeit und die Bruchlasten bei unterschiedlich geformten Proben. Theoretische und empirische Untersuchungen betrafen vor allem die Festigkeitsverhältnisse beim brasilianischen *Spaltzugversuch* (disc-test, Bild 2) und verschiedene Arten von Biegeversuchen zur Ermittlung der Zugfestigkeit. Aber auch Relationen zur Festigkeit bei anderen Beanspruchungsarten, u. a. von unregelmäßig geformten Prüfkörpern sind aufgestellt worden. Der ursprünglich aus Druckversuchen an Würfeln ermittelte *Festigkeitskoeffizient f* wurde als Kennwert für die verschiedensten technischen Fragen bis zur Bohrbarkeit erweitert. Die in allen Ländern in großer Zahl durchgeführten Versuche erwiesen immer mehr, daß

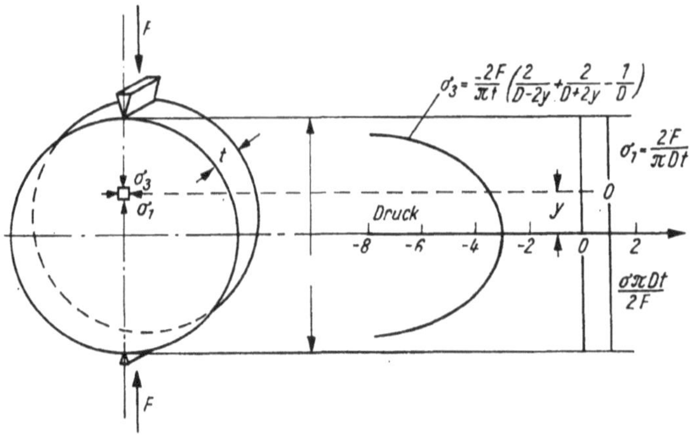

Bild 2. Spaltzugversuch (DENKHAUS)

Festigkeitsbetrachtungen mit Methoden der mathematischen Statistik durchzuführen und die Meßverfahren daher weniger auf hohe Präzision als auf Großzahlen auszurichten sind.

2. Verfahren für Festigkeitsmessungen am Gestein

Auf Grund der genannten Überlegungen hat man sich international bemüht, Meßmethoden zu entwickeln, die eine möglichst einfache und schnelle Bestimmung der wichtigsten Festigkeitsparameter der Gesteine erlauben. Hier sind in erster Linie die Arbeiten von DREYER (DBR), HEYNE (DDR) und PROTODJAKONOV (UdSSR) hervorzuheben. Daneben wurden wertvolle Vorschläge von DENKHAUS (Südafrika), HÖFER (DDR), HOUSKA und PETÝREK (ČSSR), KVAPIL und SUNDKVIST (Schweden), MARTOS (Ungarn) und WÖHLBIER (DBR) sowie aus Großbritannien dem IBG vorgetragen, vor allem auf dem 2. Ländertreffen des IBG. Nachdem zur Ermittlung der Zugfestigkeit anfangs Proben mit besonderer Form („Knochen", „dog bone") vorgesehen wurden, deren Herstellung einen hohen Arbeitsaufwand erfordert, konzentrierten sich die Arbeiten später mehr und mehr auf den *Spaltzugversuch*. Seine Anwendung an Bohrkernen wurde auch in einer *Richtlinie* der Arbeitsgruppe III des IBG empfohlen. Seither sind noch sehr viele gute wissenschaftliche Untersuchungen zur Verfei-

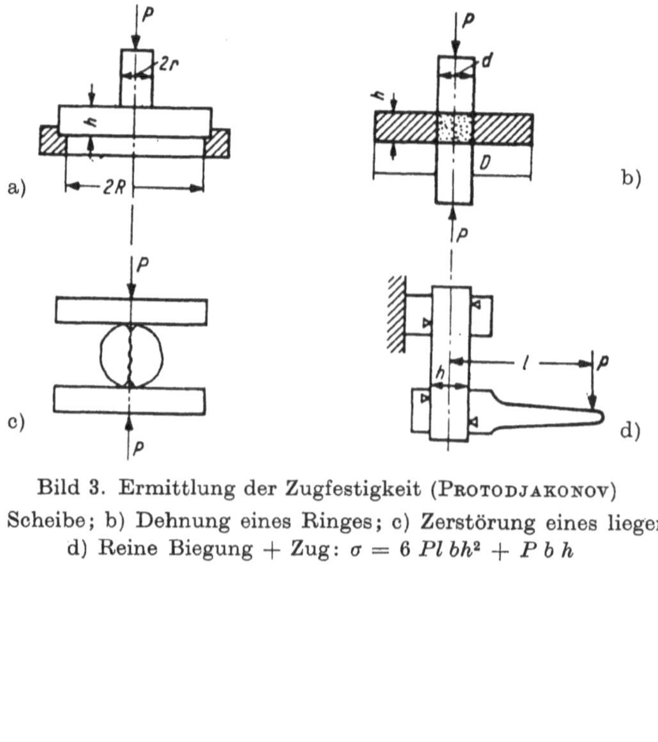

Bild 3. Ermittlung der Zugfestigkeit (PROTODJAKONOV)

a) Biegung einer Scheibe; b) Dehnung eines Ringes; c) Zerstörung eines liegenden Zylinders; d) Reine Biegung + Zug: $\sigma = 6\,Pl\,bh^2 + P\,b\,h$

nerung des Spaltzugversuches ausgeführt worden; sie zielten großenteils darauf hin, wirklich einen Zugbruch zu erhalten. Zum 10. Ländertreffen liegt ein ausführlicher Beitrag vor (HOUSKA), der im wesentlichen die Richtlinie des IBG rechtfertigt.

Dennoch sind, vor allem in der UdSSR, einige weitere Verfahren zur einfachen Ermittlung der Zugfestigkeit entwickelt und erprobt worden (Bild 3). Ein Vorschlag für *Biegeversuche* an kreisförmigen Platten (aus Bohrkernen herzustellen) wurde als *vorläufige Richtlinie* zur Erprobung empfohlen. In der letzten Zeit ist wieder vorgeschlagen worden, die Zugfestigkeit doch in echten Zugversuchen zu ermitteln und dabei die Enden der zylindrischen Proben mit Kunstharzklebern anzuschließen.

Wesentlich größere Verbreitung als Messungen der Zugfestigkeit haben allgemein die Druckversuche. Für näherungsweise einachsige *Druckversuche* an Bohrkernstücken sind wiederum von der Gruppe III *Richtlinien* aufgestellt worden. Dabei wurde ein Kompromiß zwischen den Anforderungen der Mechanik und dem Wunsch nach Einfachheit erstrebt. Als Probekörper dienen Bohrkernstücke von einer Länge gleich dem Bohrkerndurchmesser.

Bemerkenswert sind die Vorschläge noch einfacherer Verfahren zum Abschätzen der Druckfestigkeit oder gleichwertiger Kenngrößen. Druckversuche an *unregelmäßig geformten Probestücken* haben sich in der UdSSR und in Großbritannien eingeführt und wurden als weitere *Empfehlung* von der Arbeitsgruppe III vereinheitlicht. Für Messungen mit dem *Prallhammer*, System Schmidt, hat das IBG die vom Steinkohlenbergbauverein, Essen, aufgestellten vorläufigen *Richtlinien* übernommen. Sie setzen allerdings größere Prüfkörper voraus und sind vornehmlich für Messungen in situ entworfen worden. Darüber hinaus sind Verfahren zum Zerschlagen kleiner Probestückchen, Bohrversuche und andere Methoden dem IBG vorgetragen worden. Es ist vorgesehen, eine vergleichende Zusammenstellung aller Verfahren anzufertigen und Beziehungen zwischen den auf unterschiedliche Weise ermittelten Festigkeitswerten abzuleiten.

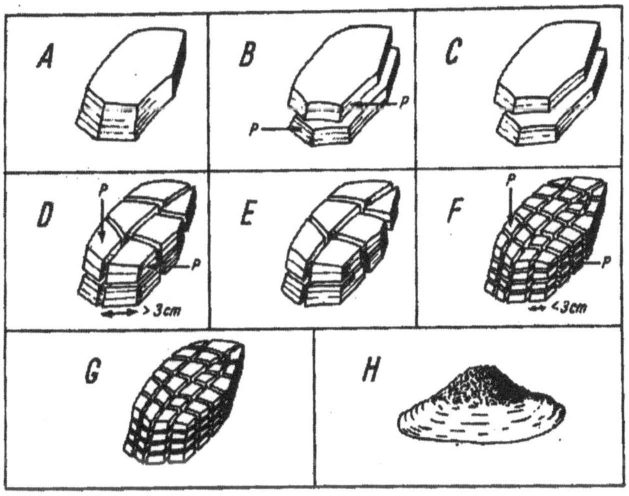

Bild 4. Wasserempfindlichkeit (SKUTTA-HOFFMANN)

Der Wert von Scherversuchen an festen Gesteinen wird noch nicht einheitlich beurteilt. Trotzdem hat die Arbeitsgruppe III einen Vorschlag aus der UdSSR für *Scherversuche* an Bohrkernen präzisiert und zur Anwendung *empfohlen*, damit international vergleichbare Erfahrungen damit gesammelt werden können.

Schließlich müssen noch die von vielen Seiten vorgetragenen Beispiele für Meßverfahren unter besonderen Bedingungen erwähnt werden: Festigkeit unter Feuchtigkeitseinfluß, Zerfallverhalten unter Wasser (Bild 4), Quellen unter Wasser, Einflüsse von Zeit und Temperatur. Hierauf sowie auf Triaxialversuche wird noch besonders eingegangen.

3. Ergebnisse von Festigkeitsmessungen im Laboratorium

Ergebnisse von Festigkeits-Untersuchungen an Gesteinen der verschiedensten Art sind im IBG während der ganzen Zeit seines Bestehens diskutiert worden, vornehmlich jedoch auf dem 8. Ländertreffen; auch zum 10. Ländertreffen liegen besonders viele Arbeiten hierzu vor. Wir erinnern uns an Beiträge von Bodonyi und von Martos (Ungarn), Denkhaus und Mitarb. (Südafrika), Dreyer, Jahns, Wöhlbier sowie Jacobi und Mitarb. (DBR), Gramberg und Seldenrath (Holland), Hansági, Helfrich und Kvapil (Schweden), Höfer und vielen Mitarbeitern (DDR), Houska (ČSSR), Kidybiński und Znański (Polen), Murrell (Großbritannien), Olsen (USA), Paraškevov (Bulgarien), Protodjakonov und Volarovič (UdSSR), Serafim (Portugal) und Vigier (Frankreich). Es kann nicht Ziel dieses Überblicks sein, alle Ergebnisse wiederzugeben oder auch nur alle Autoren, die hier stellvertretend für viele weitere Forscher in ihren Heimatländern zu Wort gekommen sind, gebührend zu würdigen. Wir können nur allgemein feststellen, wie sehr sich die Kenntnis der Festigkeitseigenschaften der vielen Gesteine erweitert hat, aus denen sich die feste Erdkruste in bergbaulich erreichbaren Tiefen zusammensetzt.

Es ist bemerkenswert, daß sich nur wenige der genannten Autoren mit einfachen Routinemessungen, z. B. der Druckfestigkeit von Würfeln, begnügt haben. Fast immer wurden mit den Messungen im Labor wissenschaftliche Untersuchungen besonderer Blickrichtung verbunden.

Sehr intensiv befaßten sich mehrere Forschungsinstitute mit dem Einfluß der Probenbearbeitung auf die *Streuung der Ergebnisse*, und es wurden Verfahren entwickelt, Prüfkörper maschinell präzise zu bearbeiten und zu schleifen. Der Erfahrungsaustausch darüber im IBG war für alle Beteiligten sehr nutzbringend. Daneben wurde über viele Meßreihen an Proben verschiedener Abmessungen berichtet. Die Proben*größe* beeinflußt das Ergebnis von Festigkeitsmessungen in zwei Richtungen, die sich gegenseitig teilweise aufheben können (Bild 5). Je größer die Probe, desto geringer wird der die Festigkeit herabsetzende Einfluß ungenauer Oberflächenbearbeitung. Zugleich aber wächst der Einfluß der zunehmenden Zahl von Schwachflächen in der Probe, der ebenfalls die Festigkeit herabsetzt. Im allgemeinen überwiegt dieser letztere Einfluß, so daß die Festigkeit mit wachsender Prüfkörpergröße asymptotisch auf einen Mindestwert fällt, der je nach Gesteinsart bei unterschiedlicher Probengröße erreicht wird.

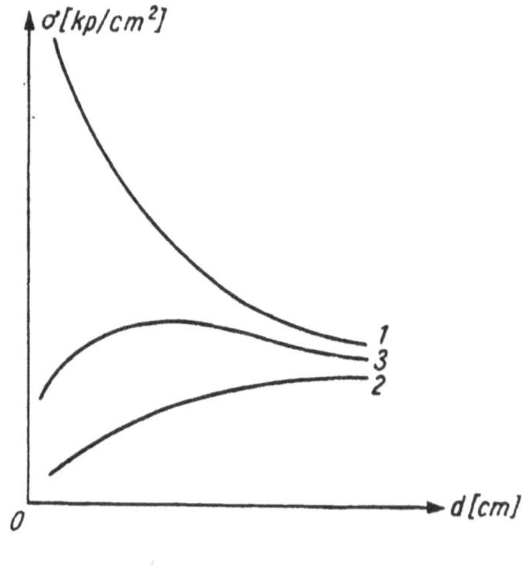

Bild 5. Einfluß der Probengröße auf die Festigkeit (Protodjakonov)

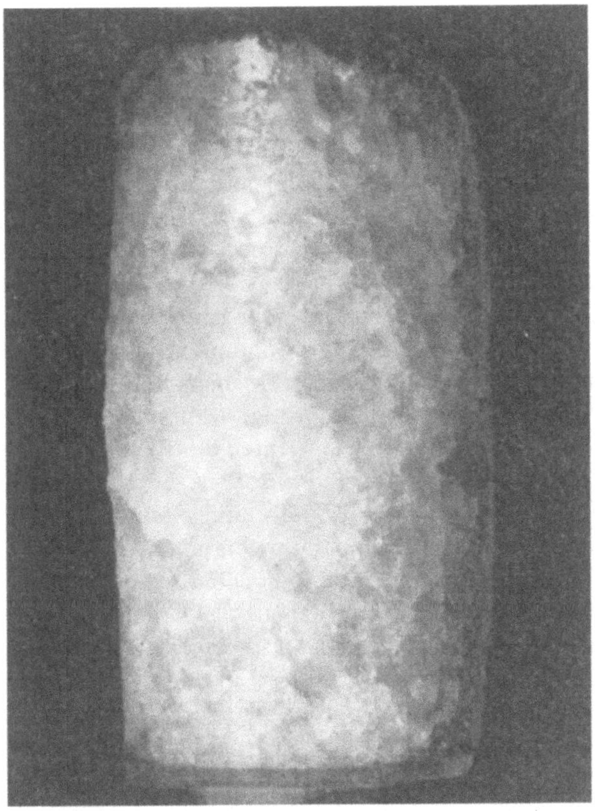

Bild 6. Einfluß der Belastungsgeschwindigkeit, Carnallit (HÖFER-KNOLL)
a) Langsame Belastung: Ausbauchung; b) Schnelle Belastung: Sprödbruch

Die Proben*form* interessiert besonders bei dem Bestreben, die Laborversuche als Modell aufzufassen und ihre Ergebnisse auf größere Gebirgsteile wie Pfeiler und Flözinseln zu übertragen. Deshalb wurden von einigen der genannten Autoren „Prüfkörperformeln" empirisch abgeleitet, die für Kohle, Salz oder Festgestein den Einfluß des Verhältnisses Länge zu Breite zu Höhe auf die Bruchlast angeben. Dabei wurde der Begriff des „Brikettier-Effektes" für die Tatsache geprägt, daß ein sehr breiter, niedriger Gesteinskörper letztlich eine über alle Maße ansteigende Belastung ertragen kann. Diese Untersuchungen haben breite Nutzanwendung, z. B. im Pfeiler-Kammerbau (Erz, Salz, Kohle) gefunden.

Eine andere vielfach untersuchte Fragestellung ist die nach den Voraussetzungen eines plötzlichen, *spröden Bruches*, wie er im Kalibergbau und auch in der Steinkohle auftritt und im ungünstigsten Fall als Gebirgsschlag bekannt ist. Im Kalibergbau ist es besonders der Carnallit, der zum Sprödbruch neigt, doch haben sehr gründliche Untersuchungen ergeben, daß die *Belastungsgeschwindigkeit* und die Art des Spannungszustandes vor dem Bruch einen entscheidenden Einfluß auf die Plötzlichkeit des Zerbrechens haben (Bild 6). Unter langsamer Belastung verformt sich die Salzprobe tonnenförmig, während sie bei schneller Belastung schlagartig zerbirst. Wenn im 1. Teil unseres Berichtes die Arbeiten zur Theorie des Sprödbruches hervorgehoben worden sind, so müssen wir hier die zahllosen empirischen Labor-Untersuchungen würdigen, die vor allem für Kali- und Steinkohlenbergbau die gesteinsmechanischen Grundlagen schlagartiger Entspannungen geklärt haben (DDR-Polen).

Schließlich können in diesem Zusammenhang nochmals die großen Versuchsreihen in mehreren Ländern erwähnt werden, die dazu dienen, die Ergebnisse *unterschiedlicher Meßverfahren in Beziehung* zueinander zu bringen. In Osteuropa wird als Bezugsgröße meist der Festigkeitskoeffizient f nach Protodjakonov gewählt, in den meisten anderen Ländern dient die Druckfestigkeit von Würfeln genormter Größe als Vergleichsmaß. Es zeigte sich, daß Zug-, Schub- und Druckfestigkeit eng miteinander verbunden sind und in vielen praktischen Fällen nur einer dieser Werte ermittelt zu werden braucht.

Zusammenfassend ist festzustellen, daß durch die Messungen in den vergangenen 10 Jahren die Kenntnis der Festigkeitseigenschaften unserer Gesteine und der Einflüsse, von denen sie abhängt, entscheidend zugenommen hat. Überall sind Einrichtungen entstanden, die für jeden Einzelfall kurzfristige Messungen der jeweils erforderlichen Werte ermöglichen.

4. Besondere Einflüsse

(Mineralogischer Aufbau, Gefüge; Anisotropie; Wasserempfindlichkeit, Temperatur)

Mit den genannten Einflüssen haben sich im Rahmen des IBG unter anderem Helfrich und Kvapil (Schweden), Höfer und Mitarbeiter sowie Watznauer (DDR), Kidybiński (Polen), Martos (Ungarn), Volarovič, Protodjakonov (UdSSR), Serafim (Portugal), Wöhlbier und Dreyer (DBR) befaßt.

Es zeigte sich, daß anhand des *mineralogischen Aufbaus* und des *Gefüges* grob angenäherte Voraussagen der Festigkeitseigenschaften eines Gesteins möglich sind. Die Festigkeit z. B. steigt bei Sandsteinen mit wachsendem Quarzgehalt, Verwachsungsgrad und zunehmender Feinkörnigkeit der Mineralkomponenten. Es kommt aber sehr darauf an, wie das Bindemittel beschaffen ist; der Homogenitätszustand und der Isotropiezustand müssen durch eine *Gefügeanalyse* ermittelt werden. Diese neue Methode ist schon heute geeignet, Aussagen über den Zustand des Gebirges zu machen, die bei Projektierung und Durchführung felsmechanischer Aufgaben helfen können.

Bei der Prüfung der Festigkeit und des Gleitwiderstandes von tonigen Gesteinen zeigte sich der erhebliche Einfluß des *Feuchtigkeitsgehaltes*. Feuchtigkeitsempfindliche Gesteine sind stets unter Naturfeuchte zu prüfen, was durch eine Isolierung bei der Probennahme erreicht wird. Die Zunahme des Wassergehaltes führt normalerweise zur Abnahme der Festigkeit. Erhebliche Schwierigkeiten in der Unterhaltung von Grubenbauen und die damit verbundenen zusätzlichen Kosten lösten weitreichende Untersuchungen zur Klärung und Beherrschung des Feuchtigkeitseinflusses auf die Gesteinsfestigkeit aus. Auf ihrer Grundlage wurde von der Arbeitsgruppe III des IBG eine einfache Methode für die *Ermittlung der Wasserempfindlichkeit* vorgeschlagen.

Der *Temperatureinfluß* scheint in bergmännischen Teufen vergleichsweise unbedeutend zu sein. Interessant ist aber der Versuch von WILLIAMSON (USA), die Festigkeit des Gesteins mit Hilfe eines LASER-Strahles herabzusetzen und dadurch die Auffahrung von Strecken und Tunneln zu erleichtern.

5. Erweiterung auf Triaxialversuche im Labor

Der Erfahrungsaustausch im IBG hat immer wieder bestätigt, daß zur Beurteilung des Gesteinsverhaltens im Gebirgsverband die Kenntnis der Festigkeit des Gesteins unter einachsiger Beanspruchung nicht ausreicht. Die eingangs erwähnten Grenzhypothesen und Festigkeitskriterien verlangen sämtlich die Kenntnis mehrerer Parameter, die sich nur mit Triaxialversuchen ermitteln lassen. Triaxialversuche an kleinen Proben oder Modellkörpern stellen somit einen wertvollen ersten Schritt auf dem Wege zu einer richtigen Beurteilung des Gebirgskörpers dar. In diesem Zusammenhang sind Arbeiten der folgenden Autoren zu nennen, die großenteils auf dem 8. Ländertreffen vorgetragen wurden: AVERŠIN, PROTODJAKONOV, VOLAROVIČ (UdSSR), BODONYI (Ungarn), DENKHAUS (Südafrika), DREYER, JACOBI und Mitarbeiter, WÖHLBIER (DBR), GRAMBERG (Holland), HEYNE, HÖFER, THOMA und Mitarbeiter (DDR), MENCL (ČSSR), MURRELL (Großbritannien), OLSEN (USA), SERAFIM (Portugal).

Weitaus der größte Teil der Triaxial-Druckversuche fand und findet in sogenannten KÁRMÁN-*Geräten* statt, in denen auf den Mantel der zylindrischen Probenkörper ein Flüssigkeitsdruck und auf die Stirnflächen ein zusätzlicher mechanischer Druck ausgeübt wird. Bei dieser Anordnung werden störende Spannungskonzentrationen an den Kanten der Probe geringgehalten, so daß Festigkeitsmessungen z. B. zur Ermittlung der MOHRschen Hüllkurve mit guter Näherung möglich sind. In einigen Instituten sind abgewandelte Anordnungen erprobt worden, mit denen als Längskraft auch Zug aufgebracht werden kann. Die Versuchsserien ergaben für fast alle Gesteine Hüllkurven, die von der COULOMBschen Geraden abweichen und einen mit steigendem allseitigen Druck abnehmenden Winkel der inneren Reibung erweisen. Nach Ansicht einiger Forscher strebt die Hüllkurve asymptotisch einem Grenzwert der Schubspannung zu (Bild 7), was mit den Ergebnissen anderer nicht vereinbar ist (Bild 8).

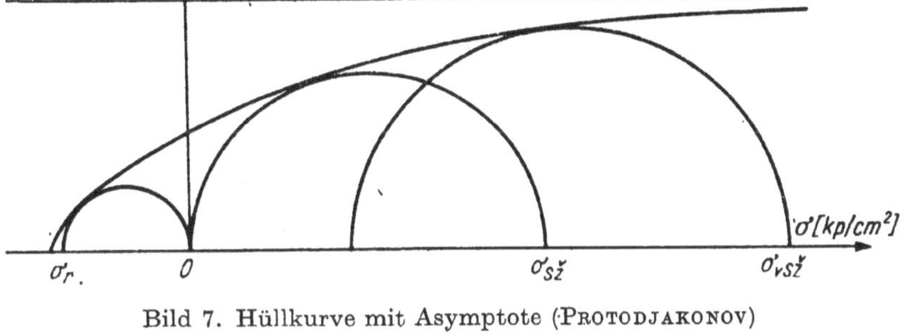

Bild 7. Hüllkurve mit Asymptote (PROTODJAKONOV)

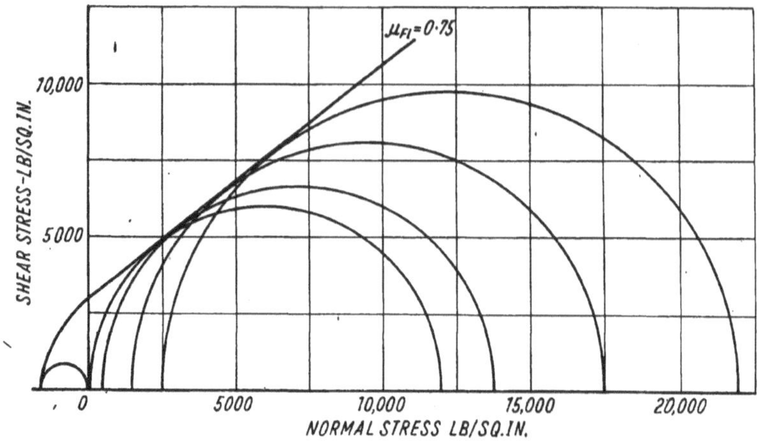

Bild 8. Hüllkurve ohne Asymptote (Bieniawski)

Wichtig ist, daß Bruchwinkel und Bruchlasten bei *anisotropem Gestein* von der Lage der Schwachflächen beeinflußt werden. Dieser Frage galten Untersuchungen in mehreren Ländern (USA, Portugal, DBR). Es ist deshalb nicht ohne weiteres möglich, aus der Richtung von Bruchflächen unter Tage auf den Spannungszustand zu schließen, der zu den Brüchen geführt hat. Sehr gründliche Untersuchungen (Holland, DBR) haben dagegen Aufschluß über den Einfluß des dreiachsigen Spannungszustandes auf die Art des Bruchvorganges gebracht (vgl. 7.).

In dem Bestreben, Druckversuche mit drei voneinander *verschiedenen Hauptspannungen* durchzuführen, haben einige Institute Triaxialgeräte für größere, würfelförmige Prüfkörper entworfen (Bild 9). Leider lassen sich dabei Spannungskonzentrationen an den Würfelkanten nicht vermeiden. Für *Festigkeits*untersuchungen, z. B. über den Einfluß der mittleren der drei Hauptspannungen, sind diese sogenannten „echten" Triaxialgeräte daher nur beschränkt brauchbar. Dagegen können sie sehr nützlich sein zur Ermittlung der *Verformungs*parameter anisotroper Gesteine.

Eine besondere Bedeutung für die praktische Gebirgsmechanik haben Triaxial-Druckversuche an größeren, quaderförmigen *Gebirgsmodellen* erlangt. Da hierbei die Brucherscheinungen in der Nähe der bergmännischen Hohlräume im Innern der Modelle beginnen, spielt der störende Einfluß der Modellkanten keine große Rolle. Auf diese Modellversuche kommen wir noch zurück (9.).

Bild 9. Triaxialgerät für 3 verschiedene Hauptspannungen (Dreyer)

6. Zeiteinfluß, rheologisches Verhalten

Die Diskussionen der Arbeitsgruppe III und auf den Ländertreffen führten immer wieder auf die Frage des Zeiteinflusses auf Festigkeit und Verformungen von Gesteinen. Es ist bekannt, daß bei schlagartiger Belastung wie Bohren und Schießen viele Gesteine eine höhere Festigkeit aufweisen als bei Dauerlast. Vor allem aber interessiert, wie eingangs ausgeführt wurde, gerade in der Gebirgsmechanik auch das Verhalten der Gesteine nach Überschreiten der Festigkeit, und es erscheint sinnvoll, hier das Fließverhalten einzubeziehen.

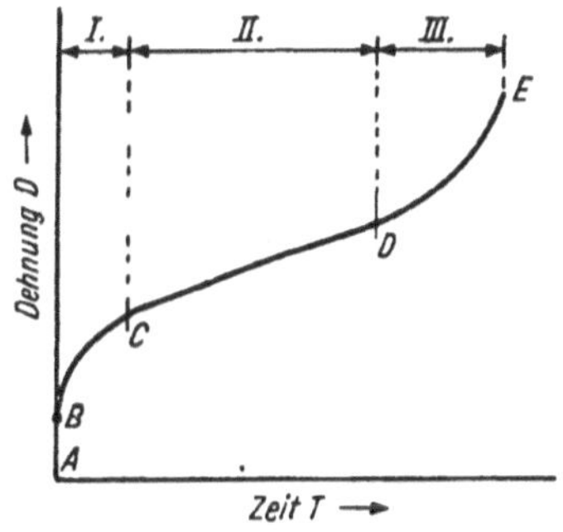

Bild 10. Kriechkurve (Höfer)

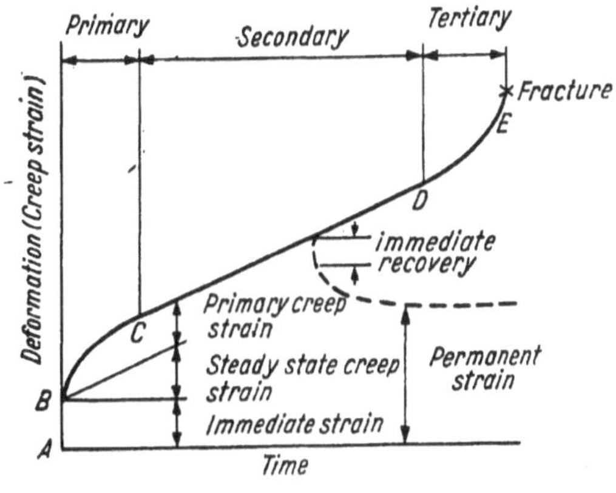

Bild 11. Kriechkurven (Murrel)

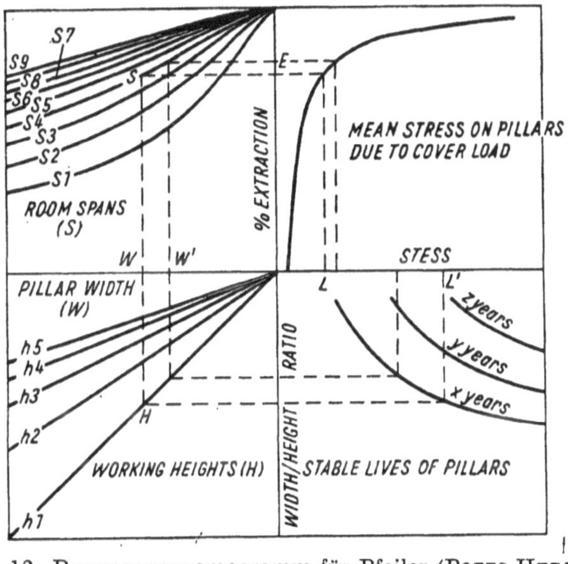

Bild 12. Bemessungsnomogramm für Pfeiler (Potts-Hedley)

Zu diesem Problem sind wertvolle Forschungsbeiträge vor allem von Döring, Gimm, Höfer und vielen Mitarbeitern (DDR), Dreyer (DBR), Kidybiński (Polen), Murrell und Potts (Großbritannien), Paraškevov (Bulgarien), Protodjakonov (UdSSR) und Sundquist (Schweden) vorgetragen worden. Sie wurden bevorzugt zum 6. Ländertreffen referiert, das die Erfassung des Zeitfaktors zum Rahmenthema hatte, und beziehen sich zum weitaus größeren Teil auf den *Kalibergbau*. Diese Kriechkurve (Bild 10) zeigt den grundsätzlichen Verlauf zeitabhängiger Verformungen bei Belastung bis zum Bruch, das nächste Bild (Bild 11) enthält den Verformungsverlauf bei einer Entlastung vor Eintritt des Bruches.

Kriechversuche an *Kohle* und *Karbongesteinen* sind in Großbritannien und vor allem in Polen mit großer Sorgfalt ausgeführt worden. Die zeitabhängige Verformung war dabei aber wesentlich kleiner als bei den Salzgesteinen. Aus Bulgarien wurde von *Biegeversuchen* über das Kriechen berichtet.

Die wichtigen Fragen, in welcher Art und Größe die zeitabhängigen Verformungen und Bewegungen auftreten, ob sie unter den herrschenden Belastungsbedingungen zum Stillstand kommen können oder schließlich zum Bruch führen müssen, nach welchen Gesetzmäßigkeiten sie verlaufen, wie sie die Spannungsverteilung im Gebirge beeinflussen und wie ihr Einfluß auf den Ausbau ist, konnten weitgehend gelöst werden. Dem praktischen Bergmann wurde aufgezeigt, wie die *Standfestigkeit* von Grubenpfeilern aus deren Kriechverhalten abgeleitet werden kann (Bild 12). Die Arbeitsgruppe III konnte auf Grund dieser Anregungen 1967 *Richtlinien* für die Festlegung und Ermittlung einer *Norm-Fließgrenze* für Gesteine vorschlagen.

7. Bruchformen, Rißausbreitung, Verhalten der Bruchstücke

Zu diesem Teilthema, das vor allem Gegenstand des 9. Ländertreffens gewesen ist, sind dem IBG in den vergangenen Jahren grundlegende Untersuchungen von Bieniawski und Denkhaus (Südafrika), Fairhurst (USA), Gimm (DDR), Gramberg (Holland), Hobbs und Shepherd (Großbritannien), Houska und Mencl (ČSSR), Jacobi und Mitarbeitern (DBR), Kvapil (Schweden), Volarovič (UdSSR) und französischen Forschern vorgetragen worden. Auf weitere Berichte zum 9. Ländertreffen, die die Anwendung derartiger Untersuchungen

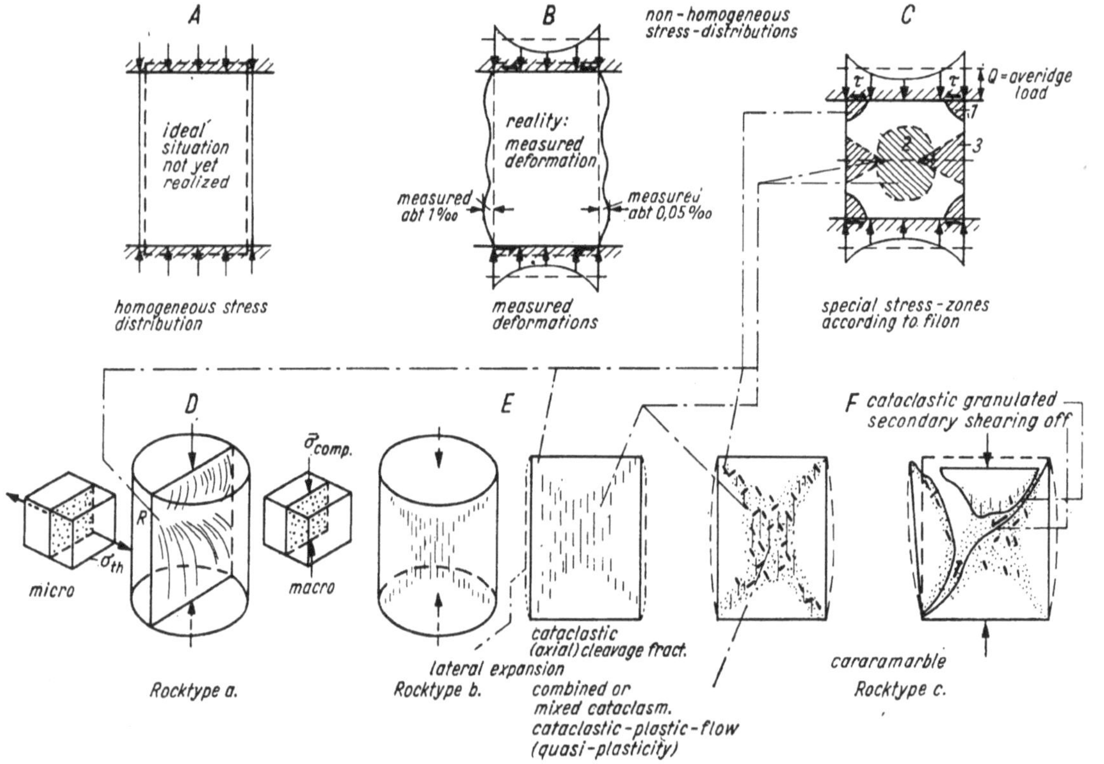

Bild 13. Formen von Trenn- und Scherbrüchen (Gramberg-Seldenrath)

1 — sehr starke axiale Druckspannungszone; *2* — starke axiale Druckspannungszone; *3* — Zone wechselnder axialer Druckspannungen kombiniert mit ziemlich niedrigen Zugspannungen in lateraler Richtung

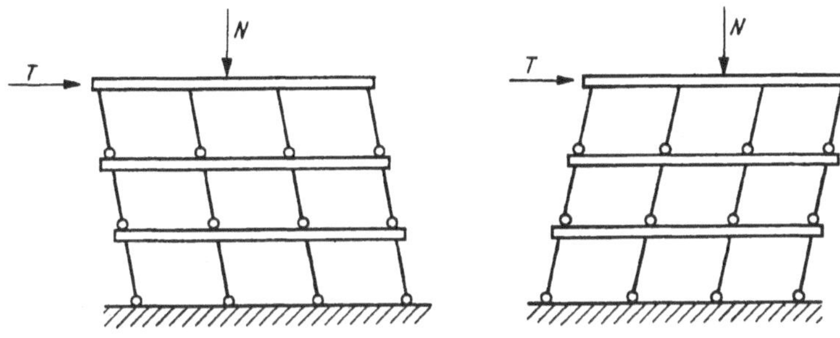

Bild 14. Dilatanz und Kontraktanz (MENCL)
a) Gedankenmodell für dilatantes Material; b) Gedankenmodell für kontraktantes Material

auf das Verhalten des zerbrochenen Gebirges unter Tage betragen, wird an späterer Stelle (9./10.) noch eingegangen.

Ausgesprochene Grundlagenforschung sind die bereits erwähnten Untersuchungen über Einzelheiten des Bruchverlaufs bei *Spaltzugversuch* (disc-test), die besonders eingehend in Großbritannien und der ČSSR durchgeführt worden sind. Bemerkenswert erscheint uns daran vor allem, wie empfindlich die Ausbreitung eines Bruches auf kleinste Änderungen des Spannungsverlaufs reagiert. Eine unmittelbare Übertragung der Bruchformen beim Spaltzugversuch auf Vorgänge unter Tage ist nicht möglich, da dort ähnliche Beanspruchungen nicht auftreten; die Untersuchung ist nur für den Spaltzugversuch selbst bedeutsam.

Die gründlichen holländischen Arbeiten über Entstehung und Ausbreitung von Brüchen im Gestein bei *Druckbeanspruchung* (Bild 13) gelten dagegen auch im Gestein unter Tage. Sie haben ergeben, daß bei einachsiger Druckbeanspruchung von Poren ausgehende *Trennbrüche* entstehen können, die parallel zur Druckrichtung verlaufen und sich zu größeren Spalten verbinden können. Solche Zugbrüche sind immer Sprödbrüche. Bei behinderter Querdehnung entstehen dagegen zunächst *Schubbrüche*, die sich bei noch stärkerem Seitendruck in Scherzonen anordnen und zu keilförmigen Bruchstücken führen. Diese Beobachtungen wurden auf viele weitere Einzelheiten erweitert und ließen sich unter Tage bestätigen.

Es war für alle Anwesenden ein Höhepunkt wissenschaftlicher Gemeinschaftsarbeit, als MENCL (ČSSR) eigene Forschungsergebnisse vortrug, die aus ganz anderem Blickwinkel zu ähnlichen Ergebnissen geführt haben und eine Begründung für die verschiedenen Scherbruchformen in der Dilatanz bzw. Kontraktanz des Gesteins fanden (Bild 14). Bei dilatantem Gesteinsverhalten, also wenn die Scherbeanspruchung mit einer Volumen*vergrößerung* verbunden ist (z. B. in dichtem Sand), entsteht ein einzelner Scher*bruch*; bei kontraktantem Gesteinsverhalten, d. h. wenn die Scherbeanspruchung zu Volumen*minderung* führt (z. B. lockerer Sand), erfaßt eine Scher*zone* den ganzen Körper. Dasselbe Material kann sich bei geringem Druck dilatant verhalten (Scherbruch), bei hohem Druck aber kontraktant werden (Scherzone). Hieraus folgt, daß eine seitliche Stützung oft wichtiger ist als eine senkrechte Unterstützung. — In den USA wurde gefunden, daß die Entstehung axialer Spaltbrüche auch durch die dynamische Belastungsweise der meisten herkömmlichen Prüfmaschinen gefördert wird (FAIRHURST).

Über das Verhalten der Bruchstücke *nach dem Bruch* können nur Versuche unter allseitigem Druck etwas aussagen, da auf den Bruchflächen nur Druckkräfte übertragen werden. Über erste Triaxialversuche, die die Bewegungen nach dem Bruch einschlossen, ist dem IBG aus Großbritannien berichtet worden. Hier ist noch ein weites Arbeitsfeld offen.

Die Gesetze der Bruchformen und der Bruchbewegungen (Bild 15) sind nicht zuletzt auch in der DBR Hauptgegenstand langjähriger intensiver Forschungsarbeit gewesen. Bemerkenswert erscheint die experimentell erwiesene Feststellung, daß sich auch bei heterogenem Gestein und ungleichförmiger Spannungsverteilung die Rißrichtung zunächst *gemäß der* MOHR*schen*

Theorie einstellt. Diese Theorie muß dabei allerdings punktweise angewendet werden. Besondere Arbeit galt dem Übergang vom Mikrobereich des Bruches in kleinen Gesteinsproben zum Bruchsystem der Schichten unter der Wirkung des Bergbaus unter Tage. Bevor wir hierauf eingehen, sollen jedoch einige Festigkeitsmessungen unter Tage erwähnt werden.

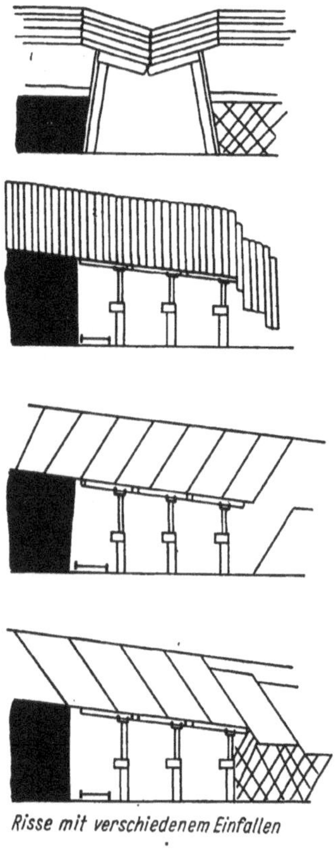

Bild 15. Einige Rißarten und Bruchbewegungen im Hangenden (Jacobi)
*R*1 — Trennung in den Sedimentationsflächen; bankparallele Risse; *R*2 — bankrechte Risse; *R*3 — bankschräge Risse; Einfallen zum Flöz; *R*4 — bankschräge Risse; Einfallen zum Versatz

8. Verfahren und Ergebnisse von Messungen in situ

Die Berichter halten es für angemessen, an dieser Stelle von der alphabetischen Nennung der Autoren abzuweichen und als prominenten Pionier der Messungen am und im Gebirgsmassiv, ja der Gebirgsmechanik überhaupt, Prof. Müller (Österreich-DBR) zu nennen. Er ist nicht nur stets mit großer Energie für eine ingenieurmäßige Behandlung der gebirgsmechanischen Aufgaben eingetreten und hat gerade die Notwendigkeit von Messungen in situ immer wieder herausgestellt. Darüber hinaus sind von ihm in aller Welt Großversuche geplant und ausgeführt worden. -- In den Ländertreffen des IBG, besonders dem 9., sind aber auch von vielen anderen Forschern und Ingenieuren Berichte über Messungen und Beobachtungen am anstehenden Gebirge über oder unter Tage vorgetragen worden, so von Berger, Gimm, Höfer, Knoll (DDR), Dreyer, Jahns, Jacobi und Mitarbeitern (DBR), Fodor (Rumänien), von Gramberg (Holland), Hanšagi und Helfrich (Schweden), Judd (USA), Mencl (ČSSR), Petuchov, Bič und Protodjakonov (UdSSR), Serafim (Portugal), Tincelin und anderen französischen Herren und Znański (Polen). Um eine Übersicht über die Verfahren und die dabei benutzten Geräte zu schaffen, hat das IBG die Arbeitsgruppe II gegründet, für die es eine schwere Aufgabe ist, mit der ständigen stürmischen Entwicklung auf diesem Gebiete schrittzuhalten.

Fragestellung, Arbeits- oder Meßverfahren und Ergebnisse bei den vielen vorgetragenen Untersuchungen über Festigkeitseigenschaften des Gebirges waren außerordentlich unterschiedlich.

Bereits erwähnt worden sind Prallhammermessungen, die wie viele andere Verfahren mit Penetrometern, Stanzpressen, Zugankern u. a. nur Auskunft über Eigenschaften eines sehr *kleinen Gebirgsausschnittes* an einer zugänglichen Oberfläche geben. Trotzdem haben auch diese wenig aufwendigen Verfahren ein breites Anwendungsfeld z. B. im Zusammenhang mit dem Grubenausbau im Steinkohlenbergbau gefunden.

Weiter ins unberührte Gebirge reichen Geräte wie das in den USA erprobte Bohrloch-Torsionsgerät und viele andere Bohrlochsonden, die in der UdSSR, England, Österreich entwickelt worden sind. Bemerkenswert sind die Versuche in der DBR, Druckbeanspruchung

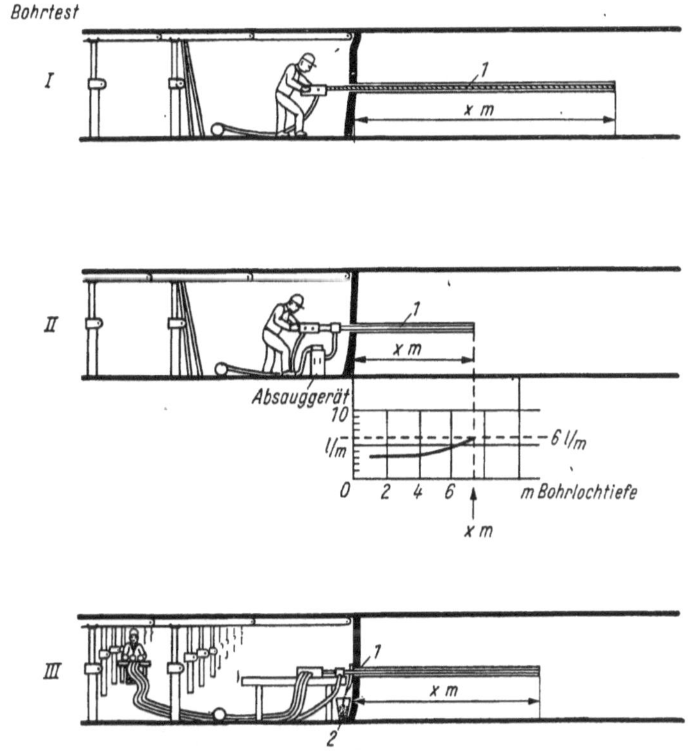

Bild 16. Bohrtests zum Abschätzen von Beanspruchung und Standfestigkeit der Kohle (Jahns)
I — Wie tief kann man bohren? *1* — Schlangenbohrer; II — In welcher Tiefe erreicht man 6 *l* Bohrklein pro Meter? (Bei Gebirgsschlagverdacht Fernsteuerung 20 m); *1* — Hohlbohrgestänge; *2* — Absauggerät; III — Vertiefen eines Bohrloches mit Preßluftlanze bei feuchter Kohle (stets mit Fernsteuerung 20 m); *1* — Haube mit Nebeldüse; *2* — Auffangkasten

und Standfestigkeit anstehender Kohle mit einem einfachen, billig durchzuführenden Bohrtest abzuschätzen (Bild 16), bei dem die anfallende Menge Bohrklein gemessen wird. Auch hier sagen aber die Ergebnisse wenig über die Festigkeitseigenschaften *größerer* Gebirgsbereiche aus.

Erst die Großversuche der letzten Jahre haben hier einen wesentlichen Fortschritt gebracht. *Großscherversuche* sind vor dem Bau von Talsperren, Brückengründungen und Kavernen ausgeführt worden. Im IBG haben die diese Versuche leitenden Herren ausführlich darüber berichtet und den Wert solcher Messungen nachweisen können. Wegen ihrer hohen Kosten kommen solche Versuche aber nur bei großen, teuren Bauwerken mit langer Lebensdauer in Frage.

Aus dem Kali-, dem Erz- und dem Steinkohlenbergbau (Bild 17) sind mehrere Messungen der Standfestigkeit von Pfeilern unter Tage bei zusätzlicher künstlicher *Druckbelastung* bekanntgeworden. Da sich im Bergbau die Belastungen mit dem Fortschreiten des Abbaus laufend verändern und auf andere Pfeiler verlagern, dienen hier die Messungen dazu, Bemessungsgrundlagen aufzustellen, die dann auf andere ähnliche Pfeiler angewandt werden können. Sehr interessant ist das übereinstimmende Ergebnis mehrerer derartiger Messungen an großen Gesteinsblöcken, daß ihre Druckfestigkeit nur in der Größenordnung von 1/3 der Festigkeit kleiner Probenwürfel des gleichen Gesteins liegt (Bild 18).

Im Bergbau, wie überhaupt in der Geologie, liegt das Interesse — wie eingangs gesagt — nicht nur auf der Ermittlung der Festigkeit, sondern auch auf den Vorgängen und Bewegungen *nach* dem Zerbrechen des Gesteins. Auch derartige Vorgänge sind von vielen Forschern beobachtet und aufgenommen worden: Gebirgsbewegungen bei Tagesbrüchen in den USA

Bild 17. Druckversuch in situ an Kohlepfeiler (Denkhaus-Bieniawski)

und in der DDR, Vorgänge bei Gebirgsschlägen in Steinkohle, Kali und Erz, *Bruchbewegungen* um Strecken und Streben in Frankreich, Holland, der DBR und anderen Ländern. Besonders die letztgenannten Aufnahmen im Nebengestein der Steinkohlenflöze sind in so großer Zahl erfolgt, daß eine Auswertung nach den Regeln der *mathematischen Statistik* möglich wurde. Unter Zuhilfenahme von Elektronenrechnern ist es gelungen, Gesetzmäßigkeiten über die Standfestigkeit des hangenden Gebirges in Abhängigkeit von Zusatzdruck, Flözmächtigkeit, Ausbau und Versatz abzuleiten (Bild 19); hier ein Beispiel einer statistischen Beobachtung des Strebhangenden: Die Ausbrüche aus dem Hangenden sind deutlich stärker an den Stellen, die unter Zusatzdruck aus Abbaukanten im Hangenden stehen.

Mit allen diesen Arbeiten hat die Gebirgsmechanik Eingang in die Praxis der Ingenieurgeologie und des Bergbaus gefunden und ist zum unentbehrlichen Hilfsmittel der ingenieur-

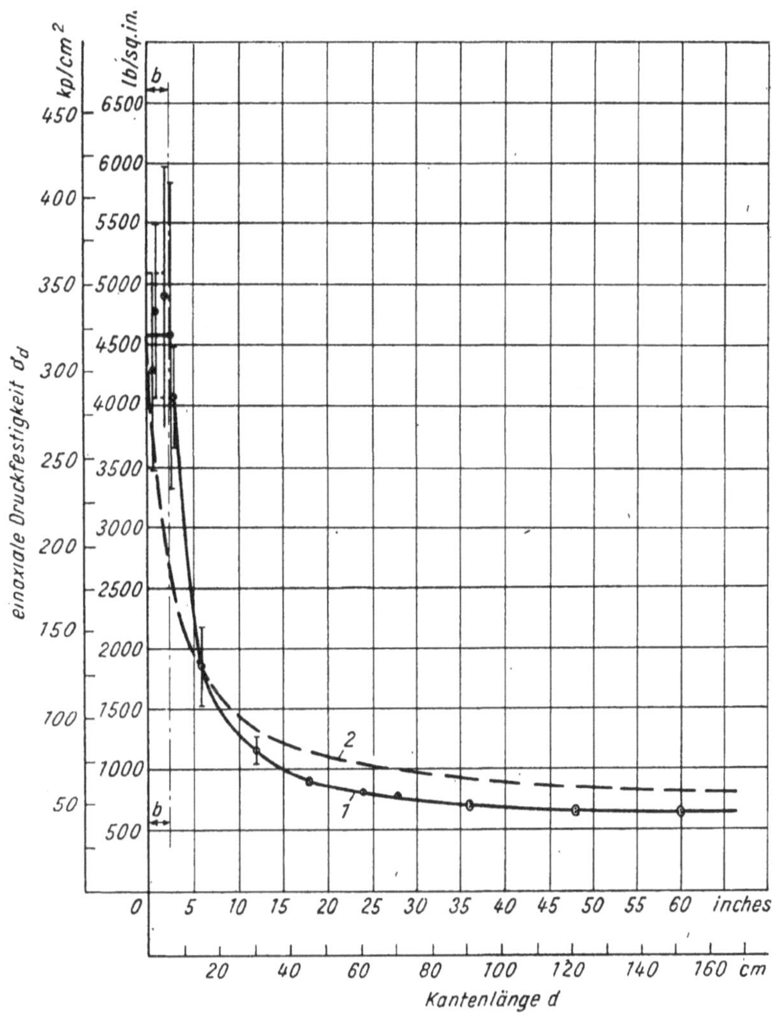

Bild 18. Probengröße und Druckfestigkeit (DENKHAUS-BIENIAWSKI)

1 — experimentell festgestellt; *2* — PROTODJAKONOV-Formel: $\sigma_d = \frac{d + m b}{d + b} - \sigma_M$; $b = 6{,}6$ cm, $m = \sigma_0/\sigma_M = 7{,}1$, $\sigma_0 = 321{,}7$ kp/cm², $\sigma_M = 45{,}2$ kp/cm²

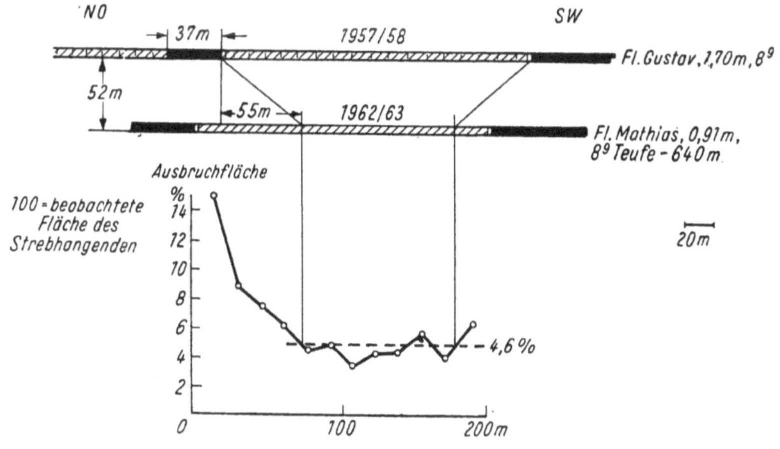

Bild 19. Statistische Auswertung von Bruchvorgängen im Streb (JACOBI)
0 = Mittel aus 52 Messungen

mäßigen Planung geworden, wie KOHOUTEK (ČSSR) schon auf dem 4. Ländertreffen überzeugend gefordert und vorausgesagt hatte.

9. Berücksichtigung von Klüften und Rissen im Gebirge

In den vorher erwähnten Großversuchen wurde der Einfluß von Schwächeflächen (Bild 20) im Gebirge schon teilweise erfaßt. Beobachtungen unter Tage betreffen ja stets das Verhalten des Gebirgsverbandes im ganzen, und sicherlich sind Klüfte und Schwachflächen ein Grund dafür, daß die Festigkeit von Gesteinsproben mit wachsender Größe abnimmt.

Klüfte, Schichtebenen und andere das Gebirge durchsetzende Trennflächen bewirken aber nicht nur eine allgemeine Minderung der Festigkeit, sondern einen ganz speziellen *anisotropen Verformungsmechanismus*, der von Richtung, Durchgängigkeit und Ausbildung der Trennflächen abhängt.

Zu diesen Problemen haben HANSÁGI und HELFRICH (Schweden), JACOBI und Mitarbeiter (DBR), KOHOUTEK und MENCL (ČSSR), KUZNECOV und PROTODJAKONOV (UdSSR), MILITZER und WATZNAUER (DDR) und vor allem MÜLLER (Österreich) wesentliche Arbeiten beigetragen.

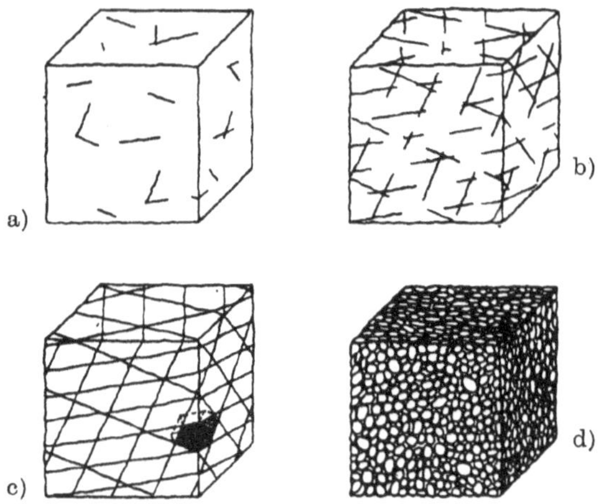

Bild 20. Zerklüftung des Gebirges (MÜLLER)
a) Einkörper-, b) Mehrkörper-, c) Vielkörpersystem im Festgestein, d) Lockergesteinvielkörpersystem

Schwierigkeiten bereitet es schon, die Klüfte und *Trennflächen* im Gebirge zu *erkennen* und zu lokalisieren. Die bereits erwähnten optischen Bohrlochsonden können dabei helfen, doch kann man an der Bohrlochwand nicht erkennen, wie weit sich eine Trennfläche erstreckt, und gerade dies ist entscheidend für die Bewegungen von Gebirgsteilen. Auch die Trennflächen in Bohrkernen geben hierüber keine eindeutige Auskunft.

Es bleibt deshalb meist nur der Weg, an größeren freigelegten Oberflächen die Klüfte aufzunehmen und in geeigneter Weise darzustellen. Ob dieselbe Kluftanordnung auch im Innern des betrachteten Gebirgsausschnittes vorhanden ist, muß dann nach geologischen und betrieblichen Gesichtspunkten angenommen werden.

Einen wesentlichen Fortschritt bedeutet daher das auf dem 9. Ländertreffen beschriebene Verfahren, Klüfte mit Mitteln der Geophysik einzumessen. Den Berichtern sind auch noch andere Versuche in mehreren Ländern (Südafrika, DBR) bekanntgeworden, Störungen und Klüfte mit seismischen Methoden zu orten; darüber wird im 2. Generalreport des 10. Ländertreffens berichtet werden. Leider kann man mit allen erwähnten Methoden nur deutlich ausgeprägte, geöffnete Klüfte und Schichtflächen feststellen; es ist bisher nicht möglich, im Gebirgsinnern Schwachflächen aufzufinden, die sich erst bei Zug- oder Scherbeanspruchung trennen oder verschieben. Hier sehen wir noch schwierige Aufgaben.

Bild 21. Teilbeweglichkeit durch Klüfte (MÜLLER)
a) anisotropes Körperelement, S — Schicht- oder Schieferungsfugen, K_1 — Großklüfteschar;
b) τ — Schubwiderstand im homogenen Körper, T_w — Schubwiderstand des anisotropen Körpers;
c) V — Verformungsmodul (schematisch)

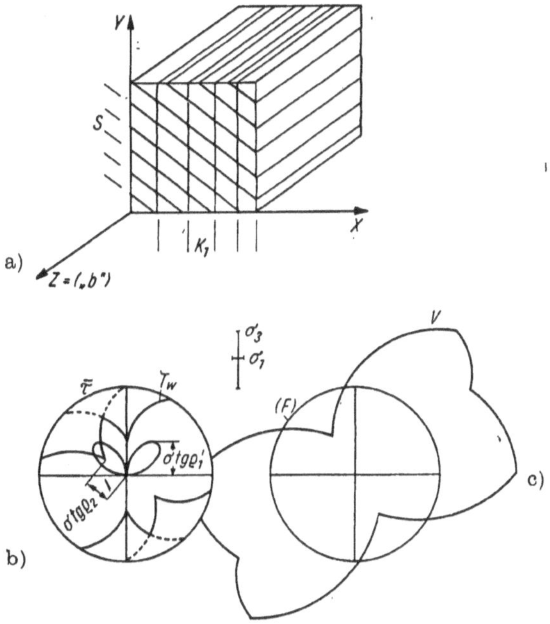

Sofern Lage, Abstand und Ausbildung von Klüften bekannt sind, kann man auf Grund der internationalen Forschungsergebnisse der letzten Jahre schon einiges über die Standfestigkeit und die *Beweglichkeit* des aus „Kluftkörpern" zusammengesetzten *Gebirgs*verbandes aussagen. MÜLLER und Mitarbeiter haben hierzu mathematisch-graphische Verfahren ausgearbeitet (Bild 21), die in jüngster Zeit durch Arbeiten u. a. in England (BRAY bzw. LAJTAI) ergänzt worden sind. Die modernen *Rechenhilfsmittel* werden sicherlich die Möglichkeit bieten, derartige Berechnungen künftig in erweitertem Umfang anzuwenden. Die mathematische Statistik wird gerade hier ein großes Anwendungsgebiet finden.

Daneben sind *Modellversuche* über das Verhalten geklüfteter Gebirgsteile ausgeführt worden, so in Polen, der UdSSR (Bild 22), Österreich und der DBR. Sie bestätigten quantitativ, wie

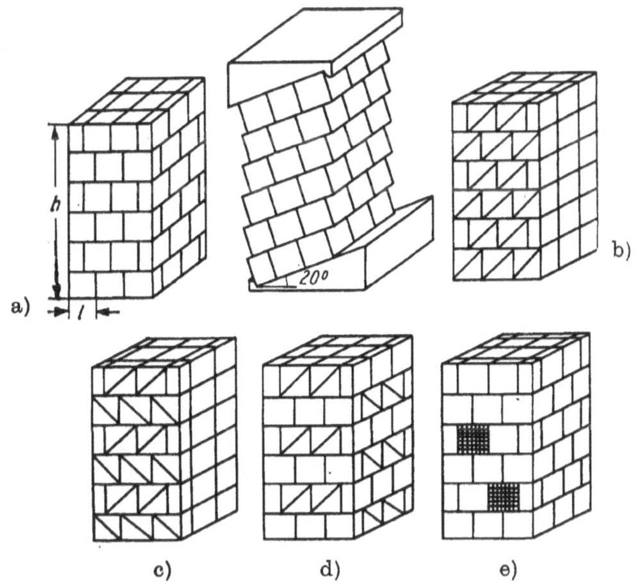

Bild 22. Modelle geklüfteten Gebirges (KUZNECOV)

groß der Einfluß der Kluftrichtungen auf die Festigkeit und den Bewegungsmechanismus des Gebirges ist. — Weitere Anregungen hierzu erhielt die Gebirgsmechanik von der Seite der Gefügekunde (Helfrich, Watznauer), wo bereits Verfahren für die statistische Auswertung von Kluftaufnahmen vorliegen.

Den besten Überblick über Bruch- und Bewegungsvorgänge des geschichteten und geklüfteten Gebirges geben wohl Großmodelle aus äquivalentem Material, wie sie zuerst Kuznecov (UdSSR), später Oberti (Italien), Jacobi und Mitarbeiter (DBR, Bild 23) ausgeführt haben.

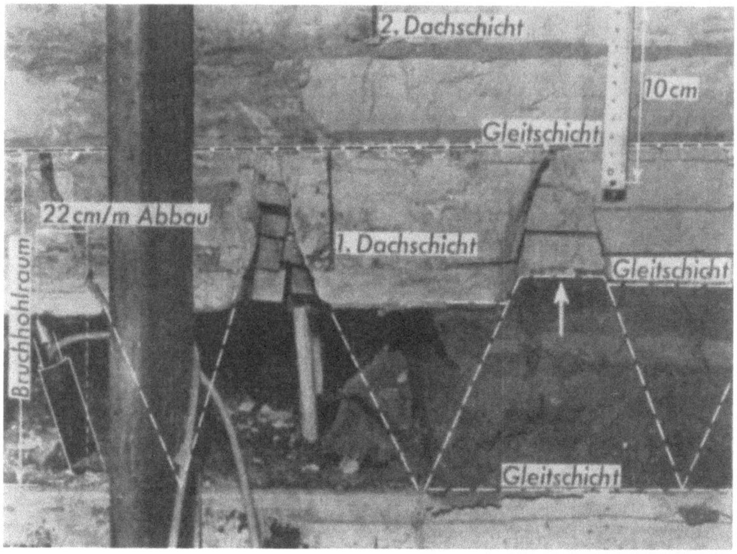

Bild 23. Bruchbewegungen im Strebmodell (Jacobi)

Die dem IBG vorgetragenen Berichte darüber werden im 3. Generalreport zusammengefaßt; hier soll nur grundsätzlich festgestellt werden, daß die wichtigsten Fragen über die Standfestigkeit bergmännischer Hohlräume und über die Brucherscheinungen z. B. im Streb mit derartigen Modellen weitgehend geklärt werden können. Es sind schon viele Vorschläge und Empfehlungen für den praktischen Ingenieur aus diesem Teil der Gebirgsdruckforschung entstanden, und wir sehen alle Veranlassung, auf diesem Weg fortzufahren und unsere Erfahrungen so weit wie möglich auch international auszutauschen.

10. Beispiele für die Anwendung der Ergebnisse von Festigkeitsmessungen über und unter Tage

Der 4. Generalreport wird „Schlußfolgerungen aus gebirgsmechanischen Erkenntnissen für Konstruktion und Standfestigkeit von untertägigen Hohlräumen" bringen. Zum Abschluß des Berichtes über „Festigkeit von Gestein und Gebirge" sollen daher nur einige Worte vorweg gesagt werden, die den praktischen Wert des hier dargestellten Teils der Gebirgsmechanik beleuchten mögen.

Ein echtes Festigkeitsproblem ist die *Bemessung von Pfeilern* im Kammerbau. Die vorher besprochenen Festigkeitsmessungen an unterschiedlich großen Proben haben zu Ergebnissen geführt, die bei der Wahl der Abmessungen und Abstände von Pfeilern angewendet werden konnten. Beim Erzbergbau in Frankreich, Schweden und der DBR, im Kohlenbergbau Südafrikas und anderer Länder, vor allem aber im Kali- und Steinsalz Englands, der DDR und der DBR sind Pfeiler erfolgreich auf Grund von Festigkeitsmessungen und mit Berücksichtigung von Zeiteinfluß und Formfaktor bemessen worden. Die Generalreporter sind überzeugt, daß auch aus den anderen im IBG vertretenen Ländern viele Beispiele über die Anwendung von Festigkeitsmessungen auf Pfeiler und Festen genannt werden können.

Bauwerke auf und im Gebirge, die Standsicherheit verlangen, sind ferner u. a. Staumauern, Brückenpfeiler, Stollen und Kavernen. MÜLLER, SERAFIM, DREYER und andere haben eindrucksvoll über die erfolgreiche Planung derartiger Bauwerke auf Grund von Festigkeitsmessungen im Labor oder in situ berichtet, und es wird mehr und mehr zur Selbstverständlichkeit werden, daß man solche *Planungsaufgaben* nur nach sorgfältigen Festigkeitsuntersuchungen des Gebirgskörpers beginnt.

Von den vielen weiteren Anwendungsbeispielen seien hier nur noch die Erfolge in der *Gebirgsschlagbekämpfung* erwähnt, die nicht zuletzt auf den eingehenden Studien der Vorgänge beim Sprödbruch beruhen, über die DENKHAUS, KVAPIL, ZNAŃSKI u. a. berichtet haben. Schließlich führen wir als Beispiel aus dem *Strebbau* (longwall-mining) an, daß KUZNECOV eine Formel für die Tragfähigkeit der Dachschichten über dem Streb aufgestellt hat, die neben Einspannung und Ausbaustützkraft insbesondere die Festigkeit der Schichten enthält. Auch in den Arbeiten von JACOBI und Mitarbeitern über die Anordnung des Grubenausbaus spielen die unter Tage beobachteten Bruchvorgänge die entscheidende Rolle.

11. Klassifizierung der Gebirgstypen

Unser zusammenfassender Bericht über die Gebirgsfestigkeit hat gezeigt, daß je nach Fragestellung die verschiedenartigsten Wege gegangen werden, das Gebirge zu beschreiben. Es hängt ganz vom technischen Ziel einer Arbeit ab, welche der mechanischen Eigenschaften des Gesteins oder des Gebirgsverbandes jeweils interessieren.

Jeder Versuch, die ganze Vielfalt der vorkommenden Gebirgsformen *bewertend* einzuteilen, d. h. zu klassifizieren, ist daher zum Scheitern verurteilt, da eine Bewertung je nach *Aufgabenstellung unterschiedlich* ausfallen müßte.

Für die Standfestigkeit kleiner Gebirgsausschnitte kann eine Klasseneinteilung nach der Druckfestigkeit genügen, wie sie z. B. PROTODJAKONOV schon 1960 vorgeschlagen hat und wie sie ähnlich in die Richtlinie des IBG für die Ermittlung der Druckfestigkeit aufgenommen worden ist. Zur Beurteilung des Gebirges vom Standpunkt des Bauingenieurs, Geologen, Bergmanns oder Aufbereiters reicht aber eine solche Klassifizierung nicht aus. Für den einen ist statt der Druckfestigkeit der petrographische Aufbau, für den anderen die Wasserempfindlichkeit das wesentliche Einteilungsmerkmal, für Großbauwerke auf der Erde ist das Kluftsystem wichtiger als die Festigkeit des Gesteins, und was in einer Hinsicht günstig genannt wird, kann für den anderen besonders unerwünschte Eigenschaft des Gebirges sein. Die vorzügliche Klassifizierung des Strebhangenden durch KIDYBIŃSKI (Polen) in 4 Gruppen nach dem Volumen des je m^2 hereingebrochenen Hangenden, die der Beurteilung in der DBR sehr nahe kommt, ist ein solches Beispiel einer zweckgebundenen Einteilung.

Die Arbeitsgruppe III hat daher eine *Klassifikation* vorgeschlagen, die unabhängig von Aufgabenstellung und Belastungsart Gesteine und Gebirge nach *sachlichen Gesichtspunkten* einordnet. Dabei wurden Vorschläge berücksichtigt von COATES, PARSONS, HEDLEY (Canada, England), DENKHAUS (Südafrika), DREYER und BORCHERT sowie JOHN (DBR), GANEV (Bulgarien), GIMM und Mitarbeitern sowie WATZNAUER (DDR), HELFRICH (Schweden), HOUSKA, POLÁK und MENCL (ČSSR) und MARTOS (Ungarn).

Zunächst wurde ein „Skelett“ über Kennzeichnung und Klassifizierung von Gestein und Gebirge zusammengestellt und dem IBG auf dem 8. Ländertreffen vorgelegt. Darin waren alle kennzeichnenden Merkmale von Gestein und Gebirge aufgezählt, ohne daß jedoch eine „Klassifizierung“ innerhalb der Merkmale vorgenommen wurde. In den folgenden beiden Sitzungen der Arbeitsgruppe III wurden sodann Vorschläge für eine einfache, aber für alle technischen Zwecke ausreichend differenzierte Klassifizierung der folgenden 6 Merkmalsgruppen ausgearbeitet:

Geologische Situation und Gesteinsart,
Mineralbestand von Korn und Bindemittel,
Körnigkeit,
Homogenität (makroskopisch),
Festigkeitseigenschaften,
Beschreibung des Gebirgsverbandes.

Die Einzelheiten des Vorschlages liegen zum 10. Ländertreffen vor. Es muß sich erweisen, ob sich diese Einteilungs- und Bezeichnungsverfahren international durchsetzen können.

12. Offene Fragen zum Thema „Festigkeitseigenschaften"

Einige der Beiträge zum 10. Ländertreffen, insbesondere der von Protodjakonov (UdSSR), enthalten Hinweise auf weitere Aufgaben der Forschung über die Festigkeit von Gestein und Gebirge. Auch in dem vorliegenden Bericht ist an mehreren Stellen angeklungen, wo noch Fragen offen sind.

Wenn im folgenden einige solche Punkte aufgeführt werden, so sollen diese weder eine vollständige Liste aller Probleme darstellen, noch können sie eine Bewertung der Wichtigkeit enthalten, denn diese ist je nach Blickrichtung unterschiedlich zu beurteilen.

Anstehende Fragen sind z. B. die folgenden:

a) Wie hängen die mechanischen Eigenschaften von Gesteinen mit dem physikalischen Grundaufbau (interatomare Bindungskräfte, molekularer Aufbau) zusammen?

b) Welche Abhängigkeiten bestehen zwischen mineralogisch-petrographischem Aufbau und Struktur der Gesteine und ihren Festigkeitseigenschaften?

c) Wie läßt sich das Verhalten inhomogener und geklüfteter Medien in einer geschlossenen Theorie beschreiben? Hierbei sind gewisse Widersprüche in den Anschauungen einiger Mitarbeiter des IBG zu klären.

d) Kann man zur Berechnung der Festigkeit und der Teilbeweglichkeit von Kluftkörpersystemen bereits Rechenprogramme aufstellen?

e) Wie lassen sich die zur Beschreibung des Kluftverbandes benötigten Angaben über Lage, Erstreckung und Ausbildung von Klüften im Gebirgsinnern ermitteln?

f) Welche Gesetzmäßigkeiten bestehen für die Bewegungen von Gesteinsbruchstücken bei dreiachsiger Beanspruchung?

g) Wie lassen sich die fortlaufenden Änderungen der Gebirgseigenschaften durch das Vorrücken des Bergbaus erfassen?

h) Wie sind die Festigkeitseigenschaften des Gebirges in sehr großen Teufen?

13. Diskussionsthemen

Das IBG hat die Berichter gebeten, am Schluß die Punkte besonders aufzuführen, über die nunmehr diskutiert werden soll. Die vorstehend genannten offenen Fragen geben vielleicht schon einige Anregungen dazu.

An dieser Stelle möchten die Generalreporter ihr Bedauern darüber ausdrücken, daß sie wegen der erdrückenden Vielfalt des Materials außerstande waren, alle Arbeiten der letzten

10 Jahre so wiederzugeben, wie es der Wert dieser Arbeiten verlangt hätte; ja nicht einmal die Beiträge zum 10. Ländertreffen, die sich auf spezielle Fragen der Festigkeitsmessungen beziehen, konnten wir dem vollen Inhalt nach wiedergeben. Alle Texte liegen jedoch im Wortlaut vor. Falls erforderlich, besteht in der Diskussion Gelegenheit, daß die Autoren ihre Arbeiten ein wenig erläutern und damit den gemeinsamen Bericht ergänzen oder berichtigen. Wir bitten das Präsidium und die Anwesenden um ihre freundliche Stellungnahme.

Literatur

1. Bruchtheorien und Grenzhypothesen für Gesteine

AVERŠIN, S. G.: Die Möglichkeit der analytischen Untersuchung der Gebirgsdruckwirkung und deren zweckmäßiger Anwendungsbereich. Bericht 4. Ländertreffen IBG. Akademie-Verlag, Berlin, S. 24 bis 31.

COULOMB, C. A.: Essai sur une application des règles de maximis et minimis à quelques problèmes de statique rélatifs à architecture. Mém. Acad. Roy. Sci. **7** (1776) S. 4–113.

DENKHAUS, H. G.: Gebirgsfestigkeit und Gesteinsfestigkeit. CSIR special Report MEG **291** (1963) S. 1–17.

DENKHAUS, H. G.: Strength of rock material and rock systems. Int. J. Rock Mech. Mining Sci. **2** (1965) S. 111–126.

DREYER, W.: Zum Problem der experimentellen Bestimmung der Schubbruch-Hüllkurve. Bericht 8. Ländertreffen IBG. Akademie-Verlag, Berlin 1967, S. 137–142.

EVERLING, G.: Triaxial-Druckversuche an Gesteinsproben und an Gebirgsmodellen. Bericht 8. Ländertreffen IBG. Akademie-Verlag, Berlin 1967, S. 59–61.

GIMM, W., DÖRING, T., FÖRSTER, W. und MARGGRAF, P.: Betrachtungen über Brucherscheinungen beim Kammerbau im Salzgebirge. Bericht 9. Ländertreffen IBG. Akademie-Verlag, Berlin 1968, S. 28–41.

FAIRHURST, C., HUDSON, J. A., und WAWERSIK, W. R.: The mechanics of deformation and failure of laboratory specimens of rock. Bericht 10. Ländertreffen IBG. Akademie-Verlag, Berlin 1970, S. 206–225.

FAIRHURST, C.: The phenomenon of rock splitting parallel to the direction of maximum compression in the neighbourhood of a surface. Proc. 1. Congr. Int. Soc. of Rock Mech. **1** (1966), S. 687–692.

GRAMBERG, J.: The axial cleavage fracture. Techn. Univ. Delft Report (1962) 107, S. 1–36.

GRAMBERG, J.: Bruchsysteme in sprödem Gestein und im Gebirge. Bericht 9. Ländertreffen IBG. Akademie-Verlag, Berlin 1968, S. 13–27.

GRAMBERG, J.: Nachprüfung der Theorie von GRIFFITH mit Bezug auf die Axialsprödbruchbildung. Bericht 10. Ländertreffen IBG. Akademie-Verlag, Berlin 1970, S. 94–108.

GRIFFITH, A. A.: The phenomena of rupture and flow in solids. Phil. Trans. Roy. Soc. A **221** (1920) S. 163–198.

GRIFFITH, A. A.: Theory of rupture. Proceedings 1. Internat. Congr. Appl. Mechn. **1** (1925) S. 53–64.

HOEK, E.: Fracture of anisotropic rock. J. S. Afr. Inst. Min. Metall. **64** (1964) S. 501–518.

HOUSKA, J.: Beitrag zu den Spaltversuchen an Gesteinen. Bericht 10. Ländertreffen IBG. Akademie-Verlag, Berlin 1970, S. 137–148.

KOHOUTEK, J.: Zur rechnerischen Erfassung der Grenzzustände in der Gebirgsmechanik. Bericht 4. Ländertreffen IBG. Akademie-Verlag, Berlin 1963, S. 173–178.

MENCL, V., und PASEKA, A.: Zwei Faktoren bei der Festigkeit von Gebirgskörpern. Bericht 5. Ländertreffen IBG. Akademie-Verlag, Berlin 1964, S. 89–92.

MENCL, V.: Die Ausbildung der Scherzone bei mehrachsiger Beanspruchung des Karbongebirges. Bericht 8. Ländertreffen IBG. Akademie-Verlag, Berlin 1967, S. 56–58.

MOHR, O.: Welche Umstände bedingen die Elastizitätsgrenze und den Bruch eines Materials? Zschr. VDI **44** (1900) S. 1520–1525.

PROTODJAKONOV, M. M.: Methods of evaluating the cracked state and strength of rock in situ. 4. Intern. Conf. Strata Contr. Rock Mech. DR FMP **1** (1965) S. 1–30.

PROTODJAKONOV, M. M.: Einheitliche Gleichung der Hüllkurve der größten MOHRschen Spannungskreise für rolliges, sprödes und plastisches Gestein. Bericht 5. Ländertreffen IBG. Akademie-Verlag, Berlin 1964, S. 178–189.

PROTODJAKONOV, M. M.: Verallgemeinerung der Gleichung der Hüllkurve zu den Grenzspannungskreisen von MOHR. Untersuchung physikalisch-mechanischer Gesteinseigenschaften in Anwendung auf die Aufgaben zur Beherrschung des Gebirgsdruckes im Verlag d. Akad. d. Wiss. d. UdSSR **1** (1962).

Stavrogin, A. N.: Bedingungen der Grenzzustände und Verformungen des Gebirges. Bericht 10. Ländertreffen des IBG. Akademie-Verlag, Berlin 1970, S. 77–86.

Wardell, K., und Eynon, P.: The strengths of mine pillars and their effects on mine design. 3. Sitzung Arbeitsgruppe IV IBG (1966), S. 1–16.

Wöhlbier, H.: Methoden der Festigkeitsuntersuchungen in verschiedenen Ländern. Bericht 2. Ländertreffen IBG. Akademie-Verlag, Berlin 1961, S. 38–47.

Wöhlbier, H., und Henning, D.: Untersuchungen über den Verlauf der Bruchhüllkurve von Gesteinen. Bericht 10. Ländertreffen IBG. Akademie-Verlag, Berlin 1970, S. 183–193.

2. Verfahren für Festigkeitsmessungen am Gestein

Denkhaus, H. G.: Gebirgsfestigkeit und Gesteinsfestigkeit. CSIR Spezial Report MEC **291** (1963) S. 1–17.

Denkhaus, H. G.: Bemerkungen 4. Sitzung Gruppe III IBG. 4. Sitzung Arbeitsgruppe III IBG (1964) S. 1–6.

Dreyer, W.: Über das Festigkeitsverhalten sehr verschiedenartiger Gesteine. Bergbauwiss. **2** (1955) S. 183–191.

Dreyer, W.: Über die Bruchfestigkeit mono- und polykristallinen Gesteins in Abhängigkeit von Prüfkörperform, Belastungsgeschwindigkeit und Art der Einspannung. Bergbauwiss. **5** (1958) S. 15–22.

Dreyer, W.: Die Bedeutung der Festigkeit des Gebirges im Kali- und Steinsalzbergbau. Bericht 5. Ländertreffen IBG. Akademie-Verlag, Berlin 1964, S. 68–88.

Dreyer, W.: Verformungs- und Festigkeitsverhalten von Salzgesteinen bei unterschiedlicher Lastaufgabe unter Laborbedingungen und in situ. III. Internat. Kalisymposium 1965, Kalibücher **5** (1967) S. 116–146.

Heyne, K.-H.: Beitrag zur Zugfestigkeit von Gesteinen und Vergleich verschiedener Methoden der Zugfestigkeit von Gesteinen. Bergakad. **5** (1963) S. 367–370.

Heyne, K.-H.: Zur Bestimmung der Fließgrenze von Gesteinen. 7. Sitzung Arbeitsgruppe III IBG (1967) S. 1–12.

Höfer, K.-H.: Methoden gebirgsmechanischer Festigkeitsuntersuchungen in der Deutschen Demokratischen Republik. Bericht 2. Ländertreffen IBG. Akademie-Verlag, Berlin 1961, S. 30–37.

Höfer, K.-H., und Heyne, K.-H.: Das Verhalten von polykristallinen Steinsalzproben bei Wiederbelastung in Abhängigkeit von der Ruhezeit. Bergakad. **8** (1963) S. 579–583.

Houska, J.: Festigkeitsuntersuchungen der Gesteine im Laboratorium. Methodik der ingenieur-geologischen Erforschung fester Gesteine im Verlag der Tschech. Akad. d. Wissensch. Prag **1** (1963) S. 50–76.

Houska, J.: Verfahren zur Bestimmung der Zugfestigkeit der Gesteine im Laboratorium. 3. Sitzung Arbeitsgruppe III IBG (1963) S. 1–31.

Houska, J.: Beitrag zu den Spaltzugversuchen an Gesteinen. Bericht 10. Ländertreffen IBG. Akademie-Verlag, Berlin 1970, S. 137–148.

Kvapil, R.: Zur Problematik der Festigkeitsuntersuchungen der Gesteine. Bericht 2. Ländertreffen IBG. Akademie-Verlag, Berlin 1961, S. 25–29.

Martos, F.: Untersuchungen zur Ermittlung der Festigkeitskennziffern von Gesteinen im Forschungsinstitut für Bergbau der Volksdemokratie Ungarn. Bericht 2. Ländertreffen IBG. Akademie-Verlag, Berlin 1961, S. 106–115.

Martos, F.: Die Bestimmung der Spannungs-Deformations-Kennwerte im Laboratorium an Gesteins-Testkörpern. 7. Sitzung Arbeitsgruppe III IBG (1967) S. 1–34.

Petýrek, E.: Einheitliche Methoden zur Bestimmung der physikalischen und mechanischen Eigenschaften des Gesteins. Bericht 2. Ländertreffen IBG. Akademie-Verlag, Berlin 1961, S. 104–105.

Protodjakonov, M. M.: Methoden zur Ermittlung der Scherfestigkeit von Gesteinen. Bergakad. 8 (1962) S. 570–576.

Protodjakonov, M. M., und Koifman, M. I.: Über den Maßstabseffekt bei Untersuchung von Gesteinen und Kohle. Bericht 5. Ländertreffen IBG. Akademie-Verlag, Berlin 1964, S. 97–108.

Protodjakonov, M. M.: Die Bestimmung der Härte von Kohle auf den Gruben. Ugol **25** (1950) S. 20–24.

Protodjakonov, M. M.: Vorläufige Forderungen über Aufbau und Methoden mechanischer Gesteinsuntersuchungen bei Erkundung von Lagerstätten für die Projektierung untertägiger Gewinnungsarbeiten. VNIMI, Leningrad, **1** (1966).

Protodjakonov, M. M., Čirkow, S. E., Kuntyš, M. F., und Teder, R. I.: Festigkeitspässe der Gesteine und Methoden ihrer Bestimmung. Moskau Nauka **1** (1964).

Sundkvist, H.: Kriechversuchseinrichtungen für Gesteine. Bericht 6. Ländertreffen IBG. Akademie-Verlag, Berlin 1965, S. 175–179.

WÖHLBIER, H.: Methoden gebirgsmechanischer Festigkeitsuntersuchungen in verschiedenen Ländern. Bericht 2. Ländertreffen IBG. Akademie-Verlag, Berlin 1961, S. 38–47.

WÖHLBIER, H., und AMBATIELLO, D.: Stand der Gebirgsdruckforschung im russischen Bergbau. Bergbauwiss. **3** (1956) S. 282–290.

3. Ergebnisse von Festigkeitsmessungen im Laboratorium

BODONYI, J.: Über einige Experimente an Marmor- und Sandsteinproben. Bericht 8. Ländertreffen IBG. Akademie-Verlag, Berlin 1967, S. 143–145.

DENKHAUS, H. G.: Gebirgsfestigkeit und Gesteinsfestigkeit. CSIR Special Report MEG **291** (1963) S. 1–17.

DENKHAUS, H. G., und BIENIAWSKI, Z. T.: Wissenschaftliche Entwicklung der Gebirgsmechanik in den letzten 10 Jahren, Teilthema „Festigkeit von Gestein und Gebirge". Bericht 10. Ländertreffen des IBG. Akademie-Verlag, Berlin 1970, S. 109–121.

DREYER, W., und BORCHERT, H.: Gesteinsmechanik und Gebirgsdruck, ein Überblick über einige Entwicklungen in Deutschland. Bergbauwiss. **7** (1960) S. 237–241.

DREYER, W., und BORCHERT, H.: Zur Druckfestigkeit von Salzgesteinen. Kali und Steinsalz **3** (1961) S. 234–241.

DREYER, W., und BORCHERT, H.: Kritische Betrachtung zur Prüfkörperformel von Gesteinen. Bergbautechnik **12** (1962) S. 265–272.

DREYER, W., und BORCHERT, H.: Ähnlichkeitsmechanik. Bergbauwiss. **9** (1965) S. 3–13.

DREYER, W.: Ansätze für eine Vorausberechnung der Festigkeitseigenschaften polykristalliner Gesteine aus den Festigkeitsparametern der Mineralkomponenten. Bergbauwiss. **12** (1965) S. 3–13.

DREYER, W.: Quantitative Untersuchungen über die Festigkeit einfach strukturierter Gesteinsarten in Korrelation zu den Gefügeparametern und dem Mineralgehalt der Accessorien. Sitzungsber. 1. Internat. Kongr. Int. Ges. f. Felsmechanik **1** (1966) S. 133–142.

DREYER, W.: Die Festigkeitseigenschaften natürlicher Gesteine, insbesondere der Salz- und Karbongesteine. Clausthaler Hefte **5** (1967) S. 1–247.

EVERLING, G.: Gesteinsmechanische Untersuchungen und Grundlagen zur Ermittlung des Gebirgsdruckes aus Bohrlochverformungen. Glückauf **96** (1960) S. 390–409.

EVERLING, G.: Gesteinsmechanische Untersuchungen an Bohrkernen und bearbeiteten Handstücken aus dem Flöz Girondelle und seinem Nebengestein auf der Schachtanlage Neumühl. Glückauf **92** (1956) S. 380–388.

EVERLING, G.: Bemerkungen zu der Arbeit von W. BECKMANN „Festigkeitsuntersuchungen an Gesteinen des Ruhrkarbons". Bergbauwiss. **8** (1961) S. 295–296.

EVERLING, G.: Das Endflächenproblem beim Druckversuch. Bergbau-Archiv **22** (1961) S. 27–37; sowie Bericht 2. Ländertreffen IBG. Akademie-Verlag, Berlin 1960, S. 15–17.

EVERLING, G.: Zum Schubfestigkeitsproblem. Bericht 2. Ländertreffen IBG. Akademie-Verlag, Berlin 1960, S. 141–144.

EVERLING, G.: Zur Definition der Schubfestigkeit. Glückauf **98** (1962) S. 1110–1117; sowie Intern. J. Rock Mech. Min. Sci. **1** (1964) S. 145–157.

EVERLING, G.: Ein Vorschlag zur Definition der Schubfestigkeit und damit zusammenhängender Begriffe. Felsmechanik **1** (1963) S. 181–185.

EVERLING, G.: Der Festigkeitskoeffizient. Glückauf **100** (1964) S. 155–156.

EVERLING, G.: Richtlinien für Festigkeitsuntersuchungen an Gesteinen; Entwurf 1963 des Internationalen Büros für Gebirgsmechanik. Bergbau-Archiv **25** (1964) S. 85–91.

EVERLING, G.: Plastizität der Festgesteine in technologischer Sicht. Inst. f. Bodenmech. und Felsmech. T. H. Karlsruhe, **27** (1967) S. 117–138.

GRAMBERG, J.: The axial cleavage fracture. Tech. Univ. Delft. Report **107** (1962) S. 1–35.

HANSÁGI, I.: Eine praktische und zahlenmäßige Bestimmung der Beziehung zwischen der Gesteinsfestigkeit und Gebirgsfestigkeit. 5. Sitzung Arbeitsgruppe III IBG (1965) S. 1–6.

HANSÁGI, I.: Numerical determination of mechanical properties of rock and of rock masses. Int. J. Rock Mech. Mining Sci. **2** (1965) S. 219–223.

HELFRICH, H. K.: Geologische Gesichtspunkte zur Gesteins- und Gebirgsfestigkeit mit Beispielen von Renström, Adak und Laisvall. Eng. Geol. **2** (1967) S. 27–28.

HELFRICH, H. K.: Festigkeit von Gestein und Gebirge. Bericht 10. Ländertreffen IBG. Akademie-Verlag, Berlin 1970, S. 87–93.

HÖFER, K.-H., und PICKERT, W.: Untersuchungen über das Festigkeitsverhalten von Carnallit, Kriechversuche und zügige schnelle Belastung. Bergakad. **12** (1960) S. 370–376.

HÖFER, K.-H.: Beitrag zur Kenntnis des grauen Salztons. Bergakad. **13** (1961) S. 16–23.

HÖFER, K.-H., und HEYNE, K.-H.: Das Verhalten von polykristallinen Steinsalzproben bei Wiederbelastung in Abhängigkeit von der Ruhezeit. Bergakad. **8** (1963) S. 579–583.

Höfer, K.-H.: Grundprobleme der Gebirgsmechanik. Sitzungsber. Dt. Akad. Wiss. Berlin, Klasse Bergbau, Hüttenw. und Montangeol. **2** (1965) S. 1–24.

Höfer, K.-H.: Beitrag zur Zugfestigkeit von Gesteinen, Vergleich verschiedener Methoden der Zugfestigkeitsbestimmung. Bergakad. **11** (1967) S. 667–672.

Houska, J.: Festigkeitsuntersuchungen der Gesteine im Laboratorium. Methodik der ingenieurgeologischen Erforschung fester Gesteine im Verlag der Tschech. Akad. d. Wissensch. Prag, **1** (1963) S. 50–76.

Houska, J.: Ergebnisse der Biegezugversuche an harten Gesteinen. 3. Sitzung Arbeitsgruppe III IBG (1963) S. 1–9.

Houska, J.: Bemerkungen 6. Sitzung Gruppe III IBG. 6. Sitzung Arbeitsgruppe III IBG (1966) S. 1–5.

Houska, J.: Beitrag zu den Spaltzugversuchen an Gesteinen. Bericht 10. Ländertreffen des IBG. Akademie-Verlag, Berlin 1970, S. 137–148.

Jacobi, O., und Holtz, G.: Die Ableitung von Gesetzmäßigkeiten aus den Druck- und Konvergenzmessungen im Blasversatz. Glückauf **96** (1960) S. 419–428.

Jahns, H.: Messung der Gebirgsfestigkeit in situ bei wachsendem Maßstabsverhältnis. 1. Kongr. f. Felsmechanik, Lissabon 1966, S. 477–482.

Kvapil, R.: Zur Problematik der Festigkeitsuntersuchungen der Gesteine. Bericht 2. Ländertreffen IBG. Akademie-Verlag, Berlin 1961, S. 25–29.

Kvapil, R.: Mechanical properties of rock. Techn. Digest **9** (1961) S. 3–13.

Martos, F.: Untersuchungen zur Ermittlung von Festigkeitskennziffern von Gesteinen im Forschungsinstitut für Bergbau der Volksdemokratie Ungarn. Bericht 2. Ländertreffen IBG. Akademie-Verlag, Berlin 1961, S. 106–115.

Martos, F.: Beeinflussende Faktoren der einaxialen Druckfestigkeit von Gesteinen, mit besonderer Berücksichtigung der an den Druckflächen auftretenden Reibung. Mitt. Ungar. Forschungsinst. Bergbau **5** (1961) S. 83–88.

Murrell, S. A. F.: Mechanical properties of non-metallic brittle materials **1** (1958) S. 122–135.

Olsen, O. J.: Beobachtungen über die Anisotropie von Glimmerschiefern bei Triaxial- und anderen Untersuchungen an Gesteinskernen. Bericht 8. Ländertreffen IBG. Akademie-Verlag, Berlin 1967, S. 98–108.

Paraškevov, R. D., Kolev, K. L., und Kazakov, B. K.: Untersuchung der physikalisch-mechanischen Eigenschaften des Gesteins der Braunkohlenlagerstätte „Bistrica" VR Bulgarien bei Kurz- und Dauerbelastung. Bericht 10. Ländertreffen IBG. Akademie-Verlag, Berlin 1970, S. 126–136.

Protodjakonov, M. M.: Die Bestimmung der Härte von Kohle auf den Gruben. Ugol **25** (1950) S. 20–24.

Protodjakonov, M. M., und Logunov, B. M.: Bohrbarkeit und Festigkeit der Gesteine. Bergbaufragen, Moskau, **1** (1958).

Protodjakonov, M. M.: Untersuchung physikalischer und mechanischer Eigenschaften von Gesteinen. Arb. Inst. Geol. d. Erzlagerst. Petrogr. Miner. und Geoch. Akad. d. Wiss. der UdSSR **13** (1957).

Protodjakonov, M. M., und Voblikov, V. S.: Bestimmung der Festigkeit von Gesteinen an Proben unregelmäßiger Form. Ugol **4** (1957).

Protodjakonov, M. M., und Teder, R. S.: Anwendbarkeit des Stoßverfahrens zur Bestimmung der Festigkeit harter Gesteine. Gorn. ž. **4** (1962).

Protodjakonov, M. M., und Teder, R. I.: Die Entwicklung der Untersuchungen physikalisch-mechanischer Eigenschaften der Gesteine in der UdSSR in den letzten 10 Jahren. Bericht 10. Ländertreffen IBG. Akademie-Verlag, Berlin 1970, S. 66–76.

Seldenrath, T. R.: Diskussionsbemerkungen zu Ergebnissen von Festigkeitsuntersuchungen. Bericht 5. Ländertreffen IBG. Akademie-Verlag, Berlin 1964, S. 203–205.

Seldenrath, T. R.: Zum Endflächenproblem. Bericht 8. Ländertreffen IBG. Akademie-Verlag, Berlin 1967, S. 149–154.

Serafim, J. L.: Erste Forschungsergebnisse über das Vorformungs- und Bruchverhalten transversal isotroper Materialien. Bericht 8. Ländertreffen IBG. Akademie-Verlag, Berlin 1967, S. 109–114.

Vigier, G.: Diskussionsbeitrag zum 2. Ländertreffen IBG. Bericht 7. Ländertreffen IBG. Akademie-Verlag, Berlin 1966, S. 282–291.

Volarovič, M. P., und Bajuk, E. I.: Der Einfluß eines Druckes von 4000 kp/cm² auf die elastischen Eigenschaften von Gesteinen. Doklady Akademii nauk SSSR **135** (1960) S. 65–68.

Volarovič, M. P.: Untersuchung von Elastizitätseigenschaften der Gesteine bei hohen Drücken. Arb. Inst. Phys. der Erde **23** (1962) S. 190–197.

Volarovič, M. P.: Erforschung elastischer Gesteinseigenschaften bei hohem Druck. Freiberger Forschungsh. C **81** (1960) S. 232–242.

WÖHLBIER, H.: Untersuchungen an Gesteinen der Zechsteinformation zur Klärung von Gebirgsdruckfragen im Mansfelder Kupferschieferbergbau. Kali, Steinsalzind., Salinenwes. **25** (1931) S. 167–263.

ZNAŃSKI, J.: Formänderungskomponenten und Festigkeitswerte im Flöz, in der Entfernung von einigen Metern vom Abbaustoß. Bericht 8. Ländertreffen IBG. Akademie-Verlag, Berlin 1967, S. 49–55.

4. Besondere Einflüsse (Mineralogischer Aufbau, Gefüge; Anisotropie; Wasserempfindlichkeit; Temperatur)

DREYER, W.: Ansätze für eine Vorausberechnung der Festigkeitseigenschaften polykristalliner Gesteine aus den Festigkeitsparametern der Mineralkomponenten. Bergbauwiss. **12** (1965) S. 3–13.

DREYER, W.: Quantitative Untersuchungen über die Festigkeit einfacher strukturierter Gesteinsarten in Korrelation zu den Gefügeparametern und dem Mineralgehalt der Accessorien. Sitzungsber. 1. Internat. Kongr. Internat. Ges. Felsmechanik 1966, S. 133–142.

DREYER, W.: Neuere Forschungsergebnisse auf dem Gebiet der Gesteinsphysik. Bergbauwiss. **14** (1967) S. 299–308.

DREYER, W.: Die Festigkeitseigenschaften natürlicher Gesteine, insbesondere der Salz- und Karbongesteine. Clausthaler Hefte **5** (1967) S. 1–247.

DREYER, W.: Der „materielle" Ablauf im beanspruchten Gestein. Bericht 9. Ländertreffen des IBG. Akademie-Verlag, Berlin 1968, S. 221–224.

HELFRICH, H. K.: Zur Gefügeanisotropie des Granites der Bleierzlagerstätte Laisvall und deren Beziehung zu den horizontalen Hauptspannungsrichtungen. Felsmech. Ing. III **2** (1965) S. 50–57.

HELFRICH, H. K.: Geologische Gesichtspunkte zur Gesteins- und Gebirgsfestigkeit mit Beispielen von Renström, Adak, Laisvall. Eng. Geol. **2** (1967) S. 27–38.

HELFRICH, H. K.: Festigkeit von Gestein und Gebirge. Bericht 10. Ländertreffen IBG. Akademie-Verlag, Berlin 1970, S. 87–93.

HÖFER, K.-H., und KNOLL, P.: Untersuchungen zum Mechanismus der Kriechverformung von Carnallit und praktische Anwendungen. Bericht 10. Ländertreffen IBG. Akademie-Verlag, Berlin 1970, S. 194–205.

KIDYBIŃSKI, A.: Einleitende Untersuchungen über den Einfluß der Feuchtigkeit auf die Sandsteinfestigkeit. Bericht 7. Ländertreffen IBG. Akademie-Verlag, Berlin 1966, S. 228–231.

KVAPIL, R.: Mechanical properties of rock. Techn. Digest **9** (1961) S. 3–13.

KVAPIL, R.: Einfluß der Strahlungsenergie auf die Gesteinseigenschaften. Geol. und Bauwes. **2/3** (1960) S. 142–147.

MARTOS, F.: Wassergehalt und Gesteinsfestigkeit. Bericht 7. Ländertreffen IBG. Akademie-Verlag, Berlin 1966, S. 232–243.

PROTODJAKONOV, M. M.: Untersuchung der physikalisch-mechanischen Eigenschaften von Kohlen und Gesteinen und die Aufgaben weiterer Forschungen. Verlag der Akad. d. Wiss. d. UdSSR 1963.

PROTODJAKONOV, M. M., und VATOLIN, E. S.: Die Untersuchung der physikalisch-mechanischen Eigenschaften von Gesteinen. Sowj. Bergbauwiss. Moskau, Nauka, **1** (1967).

PROTODJAKONOV, M. M., und TEDER, R. I.: Die Entwicklung der Untersuchungen physikalisch-mechanischer Eigenschaften der Gesteine in der UdSSR in den letzten 10 Jahren. Bericht 10. Ländertreffen IBG. Akademie-Verlag, Berlin 1970, S. 66–76.

SERAFIM, J. L.: Der Einfluß von Porenwasser auf das Verhalten von Gebirgskörpern. Bericht 10. Ländertreffen IBG. Akademie-Verlag, Berlin 1970, S. 226–243.

SERAFIM, J. L.: Rock mechanics in engineering practice. New York, Willey, **3** (1968).

WATZNAUER, A.: Gebirgsmechanische Probleme in gefüge-analytischer Sicht. Bericht 5. Ländertreffen IBG. Akademie-Verlag, Berlin 1964, S. 147–152.

WATZNAUER, A.: Diskussionsbemerkungen über die Bedeutung der Gefügeanalyse im Bereich der Gebirgsmechanik. Bericht 8. Ländertreffen IBG. Akademie-Verlag, Berlin 1967, S. 189–190.

WILLIAMSON, R. B., MOAVENZADEH, F., und MCGARRY, F. J.: Laser assisted and chemically assisted rock fracture. Bericht 9. Ländertreffen IBG. Akademie-Verlag, Berlin 1968, S. 143–168.

WÖHLBIER, H., und HENNING, D.: Untersuchungen über den Verlauf der Bruchhüllkurve von Gesteinen. Bericht 10. Ländertreffen IBG. Akademie-Verlag, Berlin 1970, S. 183–193.

5. Erweiterung auf Triaxialversuche im Labor

AVERŠIN, S. G.: Die Möglichkeit der analytischen Untersuchung der Gebirgsdruckwirkung und deren zweckmäßiger Anwendungsbereich. Bericht 4. Ländertreffen IBG. Akademie-Verlag, Berlin 1963, S. 24–31.

BODONYI, J.: Über einige Experimente an Marmor- und Sandsteinproben. Bericht 8. Ländertreffen IBG. Akademie-Verlag, Berlin 1967, S. 143–145.

Denkhaus, H. G., und Bieniawski, Z. T.: Der triaxiale Spannungszustand im Gebirge. Bericht 8. Ländertreffen IBG. Akademie-Verlag, Berlin 1967, S. 17–40.

Denkhaus, H. G.: Strength of rock material and rock systems. Int. J. Rock Mech. Mining Sci. **2** (1965) S. 111–126.

Denkhaus, H. G., und Bieniawski, Z. T.: Wissenschaftliche Entwicklung der Gebirgsmechanik in den letzten 10 Jahren. Teilthema 1 „Festigkeit von Gestein und Gebirge", CSIR Report MEG **648** (1968) S. 1–10.

Dreyer, W., und Borchert, H.: Die meßtechnische Erfassung des Gebirgsdrucks. Kali und Steinsalz **1** (1955) S. 3–16.

Dreyer, W.: Das elasto-plastische Hohlraumproblem. Die Naturwissenschaften **42** (1955) S. 386–387.

Dreyer, W., und Borchert, H.: Die Bestimmung des Gebirgsdrucks nach dem Knickpunkt-Verfahren. Kali und Steinsalz **2** (1957) S. 159–165.

Dreyer, W., und Borchert, H.: Gesteinsmechanik und Gebirgsdruck, ein Überblick über einige Entwicklungen in Deutschland. Bergbauwiss. **7** (1960) S. 237–241.

Dreyer, W.: Die Bedeutung der Festigkeit des Gebirges im Kali- und Steinsalzbergbau. Bericht 5. Ländertreffen IBG. Akademie-Verlag, Berlin 1964, S. 68–88.

Dreyer, W.: Konvergenz und Standdauer von Bohrungen im Salzgebirge. Bericht 6. Ländertreffen IBG. Akademie-Verlag, Berlin 1965, S. 42–57.

Dreyer, W.: Verformungsmessungen unter ellipsoidischen Beanspruchungsverhältnissen. Bericht 7. Ländertreffen IBG. Akademie-Verlag, Berlin 1966, S. 255–262.

Dreyer, W.: Festigkeitsuntersuchungen zur Erkundung des Verformungsverhaltens verschieden vorgeregelter Gesteinsproben bei rotationssymmetrischer und echt triaxialer Beanspruchung. Bericht 8. Ländertreffen IBG. Akademie-Verlag, Berlin 1967, S. 72–87.

Dreyer, W.: Zum Problem der experimentellen Bestimmung der Schubbruch-Hüllkurve. Bericht 8. Ländertreffen IBG. Akademie-Verlag, Berlin 1967, S. 137–142.

Dreyer, W.: Diskussionsbemerkungen zum Triaxialversuch. Bericht 8. Ländertreffen IBG. Akademie-Verlag, Berlin 1967, S. 179–182.

Dreyer, W.: Die Festigkeitseigenschaften natürlicher Gesteine, insbesondere der Salz- und Karbongesteine. Clausthaler Hefte **5** (1967) S. 1–247.

Everling, G.: Gesteinsmechanische Untersuchungen an Bohrkernen und bearbeiteten Handstücken aus dem Flöz Girondelle und seinem Nebengestein auf der Schachtanlage Neumühl. Glückauf **92** (1956) S. 380–388.

Everling, G.: Gesteinsmechanische Untersuchungen und Grundlagen zur Ermittlung des Gebirgsdruckes aus Bohrlochverformungen. Glückauf **96** (1960) S. 390–409.

Everling, G.: Zur Definition der Schubfestigkeit. Glückauf **98** (1962) S. 1110–1117.

Everling, G.: Ein Vorschlag zur Definition der Schubfestigkeit und damit zusammenhängender Begriffe. Felsmech. Ing. Geol. **1** (1963) S. 181–185.

Everling, G.: Zur Terminologie mehrachsiger Spannungszustände. Bericht 8. Ländertreffen IBG. Akademie-Verlag, Berlin 1967, S. 157–158.

Gramberg, J.: The axial cleavage fracture. Techn. Univ. Delft Report **107** (1962) S. 1–136.

Gramberg, J.: Bruchsysteme in sprödem Gestein und im Gebirge. Bericht 9. Ländertreffen IBG. Akademie-Verlag, Berlin 1968, S. 13–27.

Heyne, K.-H.: Zur Bestimmung der Fließgrenze von Gesteinen. 7. Sitzung Arbeitsgruppe III IBG (1967) S. 1–12.

Höfer, K.-H., und Heyne, K.-H.: Zur Durchführung echter Triaxialversuche. Bergakad. **20** (1968) S. 9–11.

Höfer, K.-H., und Thoma, K.: Triaxial-Versuche an Salzgesteinen. Bericht 8. Ländertreffen IBG. Akademie-Verlag, Berlin 1967, S. 62–71.

Höfer, K.-H., und Thoma, K.: Das Verhalten verschiedener Salzgesteine bei ein- und mehrachsiger Druckbeanspruchung. Bergakad. **11** (1967) S. 667–672.

Jacobi, O.: Neue Wege zur Beherrschung des Gebirgsdrucks im Ruhrbergbau. Bericht 10. Ländertreffen IBG. Akademie-Verlag, Berlin 1970.

Mencl, V.: Proportions of cohesion and of internal friction in the strength of rocks. Kollkv. Norges Geot. Inst., Oslo, **1** (1962).

Mencl, V., und Paseka, A.: Zwei Faktoren bei der Festigkeit von Gebirgskörpern. Bericht 5. Ländertreffen IBG. Akademie-Verlag, Berlin 1964, S. 89–92.

Mencl, V.: Dilatancy of rocks. Felsmech. Ing.-Geol. III, **2** (1965), S. 58–61.

Mencl, V.: Zur Kontraktanz und Dilatanz. Bericht 6. Ländertreffen IBG. Akademie-Verlag, Berlin 1965, S. 207–208.

MENCL, V.: Die Ausbildung der Scherzone bei mehrachsiger Beanspruchung des Karbongebirges. Bericht 8. Ländertreffen IBG. Akademie-Verlag, Berlin 1967, S. 56–58.

MENCL, V.: Über die Dicke der Bruchzone im Gebirge. Bericht 9. Ländertreffen IBG. Akademie-Verlag, Berlin 1968, S. 81–84.

MURRELL, S. A. F.: Die Wirkung triaxialer Spannungssysteme auf die Gesteinsfestigkeit bei atmosphärischen Temperaturen. Bericht 8. Ländertreffen IBG. Akademie-Verlag, Berlin 1967, S. 88–97.

OLSEN, O. J.: Beobachtungen über die Anisotropie von Glimmerschiefern bei Triaxial- und anderen Untersuchungen an Gesteinskernen. Bericht 8. Ländertreffen IBG. Akademie-Verlag, Berlin 1967, S. 98–108.

SERAFIM, J. L., und DE URENA, R.: Erste Forschungsergebnisse über die Verformungs- und Brucheigenschaften transversal isotroper Körper. Bericht 8. Ländertreffen IBG. Akademie-Verlag, Berlin 1967, S. 109–114.

PROTODJAKONOV, M. M., und ILNICKAJA, E. I.: Der Einfluß des Maßstabeffekts auf die Gesteinsfestigkeit bei allseitigem Druck. Bericht 8. Ländertreffen IBG. Akademie-Verlag, Berlin 1967, S. 41–48.

VOLAROVIČ, M. P., und BAJUK, E. I.: Der Einfluß eines allseitigen Druckes von 4000 kp/cm² auf die elastischen Eigenschaften von Gesteinsproben. Doklady Akademii nauk SSSR **135** (1960) S. 65–68.

VOLAROVIČ, M. P.: Untersuchung von Elastizitätseigenschaften der Gesteine bei hohen Drücken. Arb. Inst. Phys. der Erde Akad. Wiss. UdSSR **23** (1962) S. 190–197.

VOLAROVIČ, M. P., ZARUBIŠVILI, I. I., TOMAŠEVSKAJA, I. S., MATARADZE, E. D., und NADIRAŠVILI, N. R.: Studium der elastischen Eigenschaften von Gesteinsproben zur Ermittlung der Art des Spannungszustandes des Gebirges der Čiaturskер Manganlagerstätte. Fiziko-techn. probl. razrab. polenz. iskop. **3** (1966).

VOLAROVIČ, M. P.: Erforschung elastischer Gesteinseigenschaften bei hohem Druck. Freiberger Forschungsh. C **81** (1960) S. 231–242.

VOLAROVIČ, M. P.: Über experimentelle Anwendung von hohen Drücken in Geologie und Geophysik. Izvest. Akad. nauk SSSR **1** (1940) S. 981–992.

VOLAROVIČ, M. P., und BALAŠEV, D. B.: Untersuchung des Einflusses allseitigen Druckes bis 1000 kp/cm² auf die Ausbreitungsgeschwindigkeit elastischer Wellen in Kohleproben. Tr. geofiz. Inst. Akad. nauk SSSR **161** (1956) S. 161–166.

VOLAROVIČ, M. P., und BALAŠEV, D. B.: Untersuchung von Geschwindigkeiten elastischer Wellen in Gesteinsproben bei Drücken bis 5000 kp/cm². Izvest. Akad. nauk SSSR **1** (1957) S. 318–320.

VOLAROVIČ, M. P., STACHOVSKAJA, Z. I., und BALAŠEV, D. B.: Untersuchung elastischer Gesteinseigenschaften bei hohem Druck. Publ. Bureau central seismologique internat. A **20** (1959) S. 276–281.

VOLAROVIČ, M. P., und STACHOVSKAJA, Z. I.: Untersuchung der *E*-Moduli bei Gesteinen unter allseitiger Druckbesanpruchung bis 5000 kp/cm² nach der Biegungsmethode. Izvest. Akad. nauk SSSR **5** (1958) S. 580–585.

VOLAROVIČ, M. P., TOMAŠEVSKAJA, I. S., und STACHOVSKAJA, Z. I.: Untersuchung der Zerstörung von Gesteinsproben sowie der Geschwindigkeit der elastischen Wellen bei dreiachsigem Spannungszustand. Bericht 8. Ländertreffen IBG. Akademie-Verlag, Berlin 1967, S. 113–120.

WÖHLBIER, H., und HENNING, D.: Untersuchungen über den Verlauf der Bruchhüllkurve von Gesteinen. Bericht 10. Ländertreffen IBG. Akademie-Verlag, Berlin 1970, S. 183–193.

6. Zeiteinfluß, rheologisches Verhalten

DÖRING, T., HEINRICH, F., und PFORR, H.: Zur Frage des Verformungs- und Festigkeitsverhaltens statistisch isotroper und homogener Gesteine mit inelastischen Verformungseigenschaften. Bericht 6. Ländertreffen IBG. Akademie-Verlag, Berlin 1965, S. 68–80.

DREYER, W.: Konvergenz und Standdauer von Bohrungen im Salzgebirge. Bericht 6. Ländertreffen IBG Akademie-Verlag, Berlin 1965, S. 42–57.

DREYER, W.: Die Festigkeitseigenschaften natürlicher Gesteine, insbesondere der Salz- und Karbongesteine. Clausthaler Hefte **5** (1967) S. 1–247.

DREYER, W.: Der Zeitfaktor in der Gebirgsmechanik. Bericht 6. Ländertreffen IBG. Akademie-Verlag, Berlin 1965, S. 231–234.

GIMM, W.: Abbauverfahren und Laugengefahr im Kalibergbau. Freiberger Forschungsh. A **114** (1959) S. 5–48.

HÖFER, K.-H., Beitrag zur Frage der Standfestigkeit von Bergfesten im Kalibergbau. Freiberger Forschungsh. A **100** (1958) S. 1–148.

HÖFER, K.-H., und PICKERT, W.: Untersuchungen über das Festigkeitsverhalten von Carnallit, Kriechversuche und zügige schnelle Belastung. Bergakad. **12** (1960) S. 370–376.

HÖFER, K.-H.: Beitrag zur Kenntnis des grauen Salztones. Bergakademie **13** (1961) S. 16–23.

Höfer, K.-H., Berthold, E., und Menzel, W.: Rheologische Modelle und in-situ-Messungen im Salzgebirge. Bericht 6. Ländertreffen IBG. Akademie-Verlag, Berlin 1965, S. 58–67.

Höfer, K.-H.: Results of rheological studies in potash mines. 4. Internat. Conf. Strata Contr. Rock Mech. New York 1964, S. 62–69.

Höfer, K.-H.: Grundprobleme der Gebirgsmechanik. Sitzungsber. Dt. Akad. Wiss. Berlin, Klasse Bergbau, Hüttenw., Montangeol. **2** (1965) S. 3–24.

Höfer, K.-H., und Knoll, P.: Untersuchungen zum Mechanismus der Kriechverformung von Carnallitit und praktische Anwendungen. Bericht 10. Ländertreffen IBG. Akademie-Verlag, Berlin 1970, S. 194–205.

Kidybiński, A.: Untersuchungen der rheologischen Eigenschaften von Karbongesteinen. 5. Sitzung Arbeitsgr. III IBG (1965) S. 1–21.

Kidybiński, A.: Verfahren zum Bestimmen der momentanen Standfestigkeit von Firsten auf Grund der Ergebnisse der rheologischen Gesteinsforschung. Rudy **12** (1964) S. 239–242.

Kidybiński, A.: Modele reologiczne skal karbońskich świetle badań laboratoryjnych, Dokum. GIG Pion. Górniczy **1** (1963) S. 1–24.

Kidybiński, A.: Modele reologiczne skal karbońskich. Komitetu Redakcyjnego **360** (1964) S. 269–279.

Paraškevov, R. D., Kolev, K. L., und Kazakov, B. K.: Untersuchung der physikalisch-mechanischen Eigenschaften des Gesteins der Braunkohlenlagerstätte „Bistrica" bei Kurz- und Dauerbelastung. Bericht 10. Ländertreffen IBG. Akademie-Verlag, Berlin 1970, S. 126–136.

Paraškevov, R.: Die Gesteine als elastisches, viskoses und plastisches Medium. Annaire de l'Institut minier et geologique, Sofia **9** (1962) S. 1–12.

Potts, E. L. J.: An investigation into the design of room and pillar workings in rock salt. Paper North of England Institute Min. Mech. Engrs. **1** (1964) S. 22–31.

Potts, E. L. J., und Hedley, D. G. F.: Der Einfluß zeitabhängiger Effekte auf die Dimensionierung von Grubenpfeilern. Bericht 6. Ländertreffen IBG. Akademie-Verlag, Berlin 1965, S. 30–41.

Protodjakonov, M. M.: Untersuchung physikalischer und mechanischer Eigenschaften von Gesteinen. Arb. Inst. f. Geol. d. Erzlagerst. Petrogr., Miner. Geoch. Akad. d. Wiss. der UdSSR **13** (1958).

Protodjakonov, M. M., und Teder, R. I.: Die Entwicklung der Untersuchungen physikalisch-mechanischer Eigenschaften der Gesteine in der UdSSR in den letzten 10 Jahren. Bericht 10. Ländertreffen IBG. Akademie-Verlag, Berlin 1970, S. 66–76.

Sundquist, H.: Kriechversuchseinrichtung für Gesteine. Bericht 6. Ländertreffen IBG. Akademie-Verlag, Berlin 1965, S. 175–179.

7. Bruchformen, Rißausbreitung, Verhalten der Bruchstücke

Bieniawski, Z. T.: Determination of rock properties. CSIR-Report MEG **518** (1967) S. 1–49.

Bieniawski, Z. T.: Mechanism of brittle fracture of rock. CSIR-Report MEG **580** (1967) S. 1–226.

Bieniawski, Z. T.: Eine Studie des Bruchmechanismus von Kohle in situ. CSIR-Report **598** (1967) S. 1–9.

Denkhaus, H. G.: Gebirgsschläge im Goldbergbau großer Teufe. Sitzung Aussch. Gebirgsdruckf. **22** (1956) S. 1–27.

Denkhaus, H. G., Roux, A. J. A., und Grobbelaar, C.: A study into the mechanical properties of rock with special reference to their bearing on the occurrence of rockburst. South African Mech. Engr. **1** (1958) S. 67–85.

Denkhaus, H. G., Hill, F. G., und Roux, A. J. A.: Review of recent research into rockburst and strata movement in deep level mining in South Africa. South Afr. CSIR Bulletin **629** (1959) S. 285–310.

Denkhaus, H. G., und Hill, F. G.: The conditions of the ground around excavations in hard rock at great depth. CSIR-Report RN **123** (1960) S. 243–252.

Denkhaus, H. G.: Gebirgsfestigkeit und Gesteinsfestigkeit. CSIR Special Report MEG **291** (1963) S. 1–17.

Denkhaus, H. G.: Critical review of strata movement theories and their application to practical problems. J. South Afr. Inst. Min. Met. **64** (1964) S. 310–332.

Denkhaus, H. G.: Erfahrungen und Gedanken zum Problem der Gebirgsschläge in Südafrika. CSIR-Report MEG **360** (1965) S. 1–19.

Denkhaus, H. G.: Strength of rock-materials and rock properties. Int. J. Rock Mech. Mining Sci. **2** (1965) S. 111–126.

Everling, G.: Modellversuche über das Zusammenwirken von Gebirge und Ausbau in Abbaustrecken. Glückauf **98** (1962) S. 319–326.

Fairhurst, C., und Cook, N. G. W.: The phenomenon of rock splitting parallel to the direction of maximum compression in the neighbourhood of a surface. Proc. 1. Congr. Internat. Soc. of Rock Mech. Lisboa, 1966, S. 687–692.

FAIRHURST, C.: On the validity of the „Brazilian“ Test for brittle material. Intern. J. Rock. Mech. & Min. Sci. **1** (1964) S. 535–546.

FAIRHURST, C.: Failure and breakage of rocks. Proc. 8. Symposium Rock Mech. I, **8** (1967) S. 3–164.

FAIRHURST, C., HUDSON, J. A., und WAWERSIK, W. R.: The mechanics of deformation and failure of laboratory specimens of rock. Bericht 10. Ländertreffen IBG. Akademie-Verlag, Berlin 1970, S. 206–225.

GIMM, W.: Gebirgsmechanische Beobachtungen beim Pfeilerrückbau in Bleicherode und Schlußfolgerungen für die Abbauverfahren im Kalibergbau. Neue Hütte **6** (1961) S. 4–17.

GIMM, W.: Überblick über die von der Forschungsgemeinschaft „Mineralgebundene Gase“ bearbeiteten Probleme sowie Ergebnisse der Forschungsarbeiten. Freiberger Forschungsh. **A 304** (1964) S. 5–51.

GIMM, W., und PFORR, H.: Gebirgsschläge im Kalibergbau unter Berücksichtigung von Erfahrungen des Kohlen- und Erzbergbaus. Freiberger Forschungsh. **A 178** (1961) S. 1–190.

GIMM, W., und PFORR, H.: Bruchverhalten von Salzgesteinen bei Gebirgsschlägen und Gasausbrüchen. 4. Internat. Conf. Strata Contr. Rock Mech. New York 1964, S. 434–449.

GIMM, W., PFORR, H., KRAUSSE, A., und ECKART, D.: Probleme und Fortschritte der Gebirgsmechanik im Kalibergbau der DDR. Bergakad. **10** (1965) S. 600–610.

GIMM, W., PFORR, H., und KRAUSSE, A.: Über den gegenwärtigen Stand der Erkenntnisse und Untersuchungsmethoden bei der Erforschung der Gebirgsschläge im Kalibergbau der DDR. Bericht 7. Ländertreffen IBG. Akademie-Verlag, Berlin 1966, S. 63–89.

GIMM, W., DÖRING, T., FÖRSTER, W., und MARGGRAF, P.: Betrachtungen über Bruchersoheinungen beim Kammerbau im Salzgebirge. Bericht 9. Ländertreffen IBG. Akademie-Verlag, Berlin 1968, S. 28–41.

GRAMBERG, J.: The axial cleavage fracture. Techn. Univ. Delft Report 107 (1962) S. 1–36.

GRAMBERG, J.: Bruchsysteme in sprödem Gestein und im Gebirge. Bericht 9. Ländertreffen IBG. Akademie-Verlag, Berlin 1968, S. 13–27.

HOBBS, D. W.: A study of the behaviour of a broken rock under triaxial compression, and its application to mine roadways. Int. J. Rock Mech. Min. Sci. **3** (1966) S. 11–43.

HOBBS, D. W.: The strength and stress-strain characteristics of coal in triaxial compression. J. Geol. **72** (1964) S. 214–231.

HOBBS, D. W.: The strength of rectangular blocks of Barnsley Hard Coal crushed parallel to the bedding planes. Proc. Phys. Soc. Lond. **80** (1962) S. 497–507.

HOBBS, D. W.: The tensile strength of rocks. Intern. J. Rock Mech. Min. Sci. **1** (1964) S. 385–396.

HOUSKA, J.: Festigkeitsuntersuchungen der Gesteine im Laboratorium. Methodik der ingenieurgeologischen Erforschung fester Gesteine im Verlag der Tschech. Akad. d. Wissensch. Prag, **1** (1963) S. 50–76.

HOUSKA, J.: Verfahren zur Bestimmung der Zugfestigkeit der Gesteine im Laboratorium. 3. Sitzung Arbeitsgr. III IBG (1963) S. 1–31.

HOUSKA, J.: Beitrag zu den Spaltzugversuchen an Gesteinen. Bericht 10. Ländertreffen IBG. Akademie-Verlag, Berlin 1970, S. 137–148.

JACOBI, O., und G. EVERLING: Die Wirkung unterschiedlichen Streckenausbaus in Modellversuchen. Internat. Kongr. Gebirgsdruckf. Paris, 1960, S. 115–131.

JACOBI, O., und HOLTZ, G.: Die Ableitung von Gesetzmäßigkeiten aus den Druck- und Konvergenzmessungen im Blasversatz. Glückauf **96** (1960) S. 419–428.

JACOBI, O.: Zur Entstehung von Strebbrüchen in anlaufenden Bruchbaubetrieben. Glückauf **98** (1962) S. 1479–1484.

JACOBI, O.: Ausbrüche aus dem Hangenden bei schreitendem Ausbau und ein Vorschlag für ihre Bekämpfung. Glückauf **99** (1963) S. 740–744.

JACOBI, O., EVERLING, G., und IRRESBERGER, H.: Forschungsarbeiten zur Entwicklung des mechanisierten Strebausbaus. Internat. Gebirgsdrucktagung New York, 1964, S. 166–185.

JACOBI, O.: Die Ermittlung des Ausbauwiderstandes bei der Planung von Bruchbaustrecken. Glückauf **100** (1964) S. 337–342.

JACOBI, O.: Gefährlicher oder ungefährlicher Bruchhohlraum? Bergfreiheit **29** (1964) S. 67–68.

JACOBI, O.: Auftreten, Ursachen und Bekämpfung von Gebirgsschlägen im Ruhrgebiet. Glückauf **100** (1964) S. 741–750.

JACOBI, O.: Das Sichern der Bruchkante in Bruchbaustreben bei festen Dachschichten. Glückauf **100** (1964) S. 914–915.

JACOBI, O., EVERLING, G., und IRRESBERGER, H.: Ausbrüche aus dem Strebhangenden unter Tage und im Modell und Folgerungen für den schreitenden Ausbau. Glückauf **100** (1964) S. 1413–1424.

JACOBI, O.: Die Zunahme der Ausbrüche im Strebhangenden beim Unterbauen von Abbaukanten und bei Randeinfluß durch benachbarten Abbau. Glückauf **101** (1965) S. 564–568.

JACOBI, O.: Neue Wege zur Beherrschung des Gebirgsdruckes im Ruhrbergbau. Bericht 10. Ländertreffen IBG. Akademie-Verlag, Berlin 1970.

Kvapil, R., und Pforr, H.: Über statische Bedingungen zur Entstehung des Gebirgsschlages Merkers vom 8. Juli 1958. Freiberger Forschungsh. A **173** (1961) S. 3–12.

Kvapil, R.: Arten des Bruchmechanismus und Tragfähigkeit von zerstörten Gesteinskonstruktionen. Bericht 9. Ländertreffen IBG. Akademie-Verlag, Berlin 1968, S. 123–127.

Kvapil, R.: Über den Mechanismus der Gesteinszerstörung durch Zersplittern bei Gebirgsschlägen. Freiberger Forschungsh. A **156** (1961) S. 1–124.

Kvapil, R.: Zur Theorie der Gesteinszerstörung. Gebirgsdrucktagung 1958, Leipzig 1958, S. 36–42.

Kvapil, R.: Theorie der Gebirgsschläge. Allunionskongreß in Moskau SNTL **1** (1957) S. 1–23.

Kvapil, R.: Gesteinszerstörung vom Gesichtspunkt der potentiellen Spannungsenergie aus. Uhlí SNTL **9** (1957) S. 285–291.

Kvapil, R.: Theorie der Gebirgsschläge von Kladno und Brezove Hori. Uhlí I **5** (1958) S. 148–156.

Kvapil, R.: Tectonic experiments on natural rocks. Rock Mech. and Min. Sci. **1** (1964) S. 17–30.

Mencl, V., und Paseka, A.: Zwei Faktoren bei der Festigkeit von Gebirgskörpern. Bericht über das 5. Ländertreffen des IBG. Akademie-Verlag, Berlin 1964, S. 89–92.

Mencl, V.: Die Ausbildung der Scherzone bei mehrachsiger Beanspruchung des Karbongebirges. Bericht 8. Ländertreffen IBG. Akademie-Verlag, Berlin 1967, S. 56–58.

Mencl, V.: Klassifikation von festen Felsmassen. Bericht 10. Ländertreffen IBG. Akademie-Verlag, Berlin 1970, S. 122–125.

Mencl, V.: Über die Dicke der Bruchzone im Gebirge. Bericht 9. Ländertreffen IBG. Akademie-Verlag, Berlin 1968, S. 81–84.

Shepherd, R.: Diskussionsbeitrag. Bericht 8. Ländertreffen IBG. Akademie-Verlag, Berlin 1967, S. 146–147.

Volarovič, M. P., Tomaševskaja, I. S., und Stachovskaja, Z. I.: Untersuchung der Zerstörung von Gesteinsproben sowie der Geschwindigkeit der elastischen Wellen bei dreiachsigem Spannungszustand. Bericht 8. Ländertreffen IBG. Akademie-Verlag, Berlin 1967, S. 115–120.

8. Verfahren und Ergebnisse von Messungen in situ

Berger, H.: Zur Problematik des Bruchverhaltens im Gebirge über Auslaugungshohlräumen und Lockerzonen. Bericht 9. Ländertreffen IBG. Akademie-Verlag, Berlin 1968, S. 92 - 203.

Berger, H.: Gewölbewirkungen und Scherzonenbereiche in Abhängigkeit der Druckphasen bei Tagebrüchen und Erdfällen hinsichtlich der Deutung von Vorsenkungen und Nachsetzungen. Bericht 10. Ländertreffen IBG. Alkademie-Verlag, Berlin 1970.

Dreyer, W.: Die Bedeutung von Modellversuchen an Salzgesteinen für die Beurteilung gebirgsmechanischer Probleme im Kalibergbau. Bergakad. **16** (1964) S. 157–162.

Dreyer, W.: Die Bedeutung der Festigkeit des Gebirges im Kali- und Steinsalzbergbau. Bericht 5. Ländertreffen IBG. Akademie-Verlag, Berlin 1964, S. 68–88.

Dreyer, W.: Konvergenz und Standdauer von Bohrungen im Salzgebirge. Bericht 6. Ländertreffen IBG. Akademie-Verlag, Berlin 1965, S. 42–57.

Dreyer, W., und Borchert, H.: Messung der Bohrlochkonvergenz in Pfeiler- und Streckenstößen. Kali und Steinsalz **4** (1965) S. 112–116.

Dreyer, W.: Verformungs- und Festigkeitsverhalten von Salzgesteinen bei unterschiedlicher Lastaufgabe unter Laborbedingungen und in situ. 3. Internat. Kalisymp. 1965, Kalibücher **5** (1967) S. 116–146.

Dreyer, W., und Borchert, H.: Durch Kammerbau bedingte Hohlraumwirkungen auf eine Vorrichtungsstrecke. Kali und Steinsalz **4** (1967) S. 322–325.

Dreyer, W.: Neuere Untersuchungen auf dem Gebiet der Modellmechanik zur Erfassung der Standfestigkeit von Grubenbauen. Freiberger Forschungsh. C **226** (1967) S. 51–67.

Everling, G.: Spannungsänderungen im Einflußbereich eines Abbaubetriebes. Glückauf **96** (1960) S. 428–434.

Everling, G.: Modellversuche über das Zusammenwirken von Gebirge und Ausbau in Abbaustrecken. Glückauf **98** (1962) S. 1471–1479.

Everling, G.: Model tests on the co-action of rock pressures and road supports in gate-roads. Mining Engr. **1** (1963) S. 621–623.

Everling, G.: Der Periodendruck. Glückauf-Forschungsh. **26** (1965) S. 257–271.

Everling, G., und Baethmann, H. J.: Vorteile des rechteckigen Querschnitts von Abbaustrecken. Glückauf **101** (1965) S. 1531–1538.

Fodor, J., und Vescan, D.: Der Bruchmechanismus beim Abbau von in weichem Nebengestein lagernden Kohlenflözen. Bericht 9. Ländertreffen IBG. Akademie-Verlag, Berlin 1968, S. 183–186.

Gimm, W.: Ankerausbau im Tiefbau. Bergbautechnik **8** (1958) S. 451–460.

Gimm, W.: Abbauverfahren und Laugengefahr im Kalibergbau. Freiberger Forschungsh. A **114** (1959) S. 1–72.

GIMM, W.: Gebirgsmechanische Beobachtungen beim Pfeilerrückbau in Bleicherode und Schlußfolgerungen für die Abbauverfahren im Kalibergbau. Neue Hütte **6** (1961) S. 4–17.

GIMM, W., und PFORR, H.: Gebirgsschläge im Kalibergbau unter Berücksichtigung von Erfahrungen des Kohlen- und Erzbergbaus. Freiberger Forschungsh. A **173** (1961) S. 1–190.

GIMM, W.: Wechselwirkung zwischen Gebirgsmechanik und Gasausbrüchen im Kohlen- und Salzbergbau. Freiberger Forschungsh. A **183** (1960) S. 20–45.

GIMM, W., und MEYER, H.: Die Besonderheiten der Laugengefahr im Südharzkalirevier. Bergakad. **6** (1962) S. 403–407.

GIMM, W.: Überblick über die von der Forschungsgemeinschaft „Mineralgebundene Gase" bearbeiteten Probleme sowie Ergebnisse der Forschungsarbeiten. Freiberger Forschungsh. A **304** (1964) S. 5–51.

GIMM, W.: Vergleichende Betrachtungen über Gasausbrüche in verschiedenen europäischen Kohlen- und Salzrevieren. Bergbautechnik **11** (1961) S. 96–102.

GIMM, W., und PFORR, H.: Bruchverhalten von Salzgesteinen bei Gebirgsschlägen und Gasausbrüchen. 4. Internat. Conf. Strata Contr. Rock Mech. New York 1964, S. 434–449.

GIMM, W., PFORR, H., und ECKART, D.: Probleme und Fortschritte der Gebirgsmechanik im Kalibergbau der DDR. Bergakad. **10** (1965) S. 660–710.

GIMM, W., PFORR, H., und KRAUSSE, A.: Erkenntnisse und Methoden bei der Erforschung von Voraussetzungen und Mechanismus der Gebirgsschläge im deutschen Kalibergbau. Mitt. Arbeitsst. Geomech. Dt. Akad. Wiss. Berlin **1** (1965) S. 1–23.

GIMM, W., PFORR, H., und KRAUSSE, A.: Über den gegenwärtigen Stand der Erkenntnisse und Untersuchungsmethoden bei der Erforschung der Gebirgsschläge im Kalibergbau der DDR. Bericht 7. Ländertreffen IBG. Akademie-Verlag, Berlin 1966, S. 63–89.

GIMM, W., DÖRING, T., FÖRSTER, W., und MARGGRAF, P.: Betrachtungen über Bruchorscheinungen beim Kammerbau im Salzgebirge. Bericht 9. Ländertreffen IBG. Akademie-Verlag, Berlin 1968, S. 28–41.

GRAMBERG, J.: Nachprüfung der Theorie von GRIFFITH mit Bezug auf die Axialsprödbruchbildung. Bericht 10. Ländertreffen IBG. Akademie-Verlag, Berlin 1970, S. 94–108.

HANSÁGI, I.: Eine praktische und zahlenmäßige Bestimmung der Beziehung zwischen der Gesteinsfestigkeit und Gebirgsfestigkeit. 5. Sitzung Arbeitsgr. III IBG (1965) S. 1–6.

HANSÁGI, I.: Numerical determination of mechanical properties of rock and of rock masses. Int. J. Rock. Mech. Mining Sci. **2** (1965) S. 219–223.

HELFRICH, H. K.: Zur Gefügeanisotropie des Granites der Bleierzlagerstätte Laisvall und deren Beziehung zu den horizontalen Hauptspannungsrichtungen. Felsmech.-Geol. **3** (1965) S. 50–57.

HELFRICH, H. K.: Geologische Gesichtspunkte zur Gesteins- und Gebirgsfestigkeit mit Beispielen von Renström, Adak und Laisvall. Eng. Coll Geol. **2** (1967) S. 27–38.

HELFRICH, H. K.: Schlußfolgerungen aus gebirgsmechanischen Erkenntnissen für die Konstruktion und Standfestigkeit von untertägigen Hohlräumen. Bericht 10. Ländertreffen IBG. Akademie-Verlag, Berlin 1970.

HÖFER, K.-H.: Beitrag zur Frage der Standfestigkeit von Bergfesten im Kalibergbau. Freiberger Forschungsh. A **100** (1958) S. 1–148.

HÖFER, K.-H.: Über den Mechanismus der Bildung der sogenannten „Trompeterschen Zone". Geol. u. Bauw. **26** (1960) S. 2–13.

HÖFER, K.-H., und MENZEL, W.: Vergleichende Betrachtungen über die mathematisch und aus Messungen unter Tage ermittelten Pfeilerbelastungen im Kalibergbau. Bergakad. **15** (1963) S. 326–334.

HÖFER, K.-H.: Untersuchungen über Verformungen und Spannungen um Hohlräume in visko-elastisch-plastischen Medien. Bergakad. **3** (1964) S. 153–156.

HÖFER, K.-H., BERTHOLD, E., und MENZEL, W.: Rheologische Modelle und in situ-Messungen im Salzgebirge. Bericht 6. Ländertreffen IBG. Akademie-Verlag, Berlin 1965, S. 58–67.

HÖFER, K.-H.: Results of rheological studies in potash mines. 4. Internat. Conf. Strata Contr. Rock Mech., New York 1964, S. 62–69.

HÖFER, K.-H., DUCHROW, G., HOTTEWITZ, K., und SEIDL, K.-H.: Wege zur Senkung der Abbauverluste im Kalibergbau der DDR. Bergakad. **19** (1967) S. 381–389.

HÖFER, K.-H., und KNOLL, P.: Untersuchungen zum Mechanismus der Kriechverformung von Carnallitit und praktische Anwendungen. Bericht 10. Ländertreffen IBG. Akademie-Verlag, Berlin 1970, S. 194–205.

JACOBI, O., und EVERLING, G.: Die Wirkung unterschiedlichen Streckenausbaus in Modellversuchen. Internat. Kongr. Gebirgsdruckfragen, Paris 1960, S. 115–131.

JACOBI, O., und HOLTZ, G.: Die Ableitung von Gesetzmäßigkeiten aus den Druck- und Konvergenzmessungen im Blasversatz. Glückauf **96** (1960) S. 419–428.

JACOBI, O.: Der Druck auf Flöz und Versatz. Glückauf **96** (1960) S. 409–418.

JACOBI, O.: Zur Entstehung von Strebbrüchen in anlaufenden Bruchbaubetrieben. Glückauf **98** (1962) S. 1479–1484.

Jacobi, O.: Die Konvergenzwelle, eine Erscheinung beim schreitenden Strebausbau. Glückauf **99** (1963) S. 636–639.

Jacobi, O.: Ausbrüche aus dem Hangenden bei schreitendem Ausbau und ein Vorschlag für ihre Bekämpfung. Glückauf **99** (1963) S. 740–744.

Jacobi, O., Everling, G., und Irresberger, H.: Forschungsarbeiten zur Entwicklung des mechanisierten Strebausbaus. Internat. Gebirgsdrucktagung New York 1964, S. 166–185.

Jacobi, O.: Die Ermittlung des Ausbauwiderstandes bei der Planung von Bruchbaustreben. Glückauf **100** (1964) S. 337–342.

Jacobi, O.: Gefährlicher oder ungefährlicher Bruchhohlraum? Bergfreiheit **29** (1964) S. 67–68.

Jacobi, O.: Auftreten, Ursachen und Bekämpfung von Gebirgsschlägen im Ruhrgebiet. Glückauf **100** (1964) S. 741–750.

Jacobi, O.: Die Zusammendrückung durchörterter und nichtdurchörterter Gebirgsschichten über einem Abbauvorfeld und ihre Darstellung mit Hilfe von Kennlinien. Bergbau-Archiv **25** (1964) S. 17–26.

Jacobi, O.: Das Sichern der Bruchkanten in Bruchbaustreben bei festen Dachschichten. Glückauf **100** (1964) S. 914–915.

Jacobi, O., Everling, G., und Irresberger, H.: Ausbrüche aus dem Strebhangenden unter Tage und im Modell und Folgerungen für den schreitenden Ausbau. Glückauf **100** (1964) S. 1413–1424.

Jacobi, O.: Die Zunahme der Ausbrüche im Strebhangenden beim Unterbauen von Abbaukanten und bei Randeinfluß durch benachbarten Abbau. Glückauf **101** (1965) S. 564–568.

Jacobi, O.: Automatisierung des Strebausbaus zur besseren Pflege des Hangenden. Glückauf **101** (1965) S. 860–867.

Jacobi, O.: Die gebirgsmechanisch günstige Führung von Abbaustrecken. Glückauf **103** (1967) S. 1302 bis 1309.

Jacobi, O.: Neue Wege zur Beherrschung des Gebirgsdruckes im Ruhrbergbau. Bericht 10. Ländertreffen IBG. Akademie-Verlag, Berlin 1970.

Jahns, H.: Messung der Gebirgsfestigkeit in situ bei wachsendem Maßstabsverhältnis. 1. Internat. Kongress f. Felsmechanik, Lissabon 1966, S. 477–482.

Judd, W. R.: Rock stress, rock mechanics, and research. Proc. State of Stress in the Earth's Crust **1** (1964) S. 5–54.

Judd, W. R.: Einige felsmechanische Probleme über die Beziehungen zwischen Laboratoriumsergebnissen und dem Verhalten von Bauwerken. Bericht 5. Ländertreffen IBG. Akademie-Verlag, Berlin 1964, S. 109–126.

Kohoutek, J.: Zur rechnerischen Erfassung der Grenzzustände in der Gebirgsmechanik. Bericht 4. Ländertreffen IBG. Akademie-Verlag, Berlin 1963, S. 173–178.

Mencl, V., und Paseka, A.: Zwei Faktoren bei der Festigkeit von Gebirgskörpern. Bericht 5. Ländertreffen IBG. Akademie-Verlag, Berlin 1964, S. 89–92.

Mencl, V.: Die Ausbildung der Scherzone bei mehrachsiger Beanspruchung des Karbongebirges. Bericht 8. Ländertreffen IBG. Akademie-Verlag, Berlin 1967, S. 56–58.

Mencl, V.: Über die Dicke der Bruchzone im Gebirge. Bericht 9. Ländertreffen IBG. Akademie-Verlag, Berlin 1968, S. 81–84.

Mencl, V., und Zaruba, Q.: Ingenieurgeologie. Verlag Tschechoslow. Akad. Wiss., Prag 1961, S. 1–606.

Müller, L.: Von den Unterschieden geologischer und technischer Beanspruchungen. Geol. u. Bauw. **16** (1948) S. 106–161.

Müller, L.: Technologie der Erdkruste. Geol. u. Bauw. **17** (1950) S. 97–108.

Müller, L.: Der Kluftkörper. Geol. u. Bauw. **18** (1950) S. 52–60.

Müller, L.: Die Darstellung geologischer Flächen in Bauplänen. Geol. u. Bauw. **20** (1953) S. 6–10.

Müller, L.: Nachweis der Spannungsverteilung in Lockermassen. Geol. u. Bauw. **19** (1952) S. 245–253.

Müller, L.: Technische Auswirkungen der Gesteinsanisotropie. Geol. u. Bauw. **23** (1957) S. 1–3.

Müller, L.: Geomechanische Auswertung gefügekundlicher Details. Geol. u. Bauw. **24** (1958) S. 4–21.

Müller, L.: Beispiele für den Einfluß der Gebirgs-Anisotropie auf Talsperrengründungen. Geol. u. Bauw. **24** (1958) S. 82–94.

Müller, L.: Der Mehrausbruch in Tunneln und Stollen. Geol. u. Bauw. **24** (1959) S. 204–222.

Müller, L.: Die Geomechanik in der Praxis des Ingenieur- und Bergbaues. Geol. u. Bauw. **25** (1960) S. 203–214.

Müller, L.: Das Kräftespiel im Untergrund von Talsperren. Geol. u. Bauw. **26** (1961) S. 142–151.

Müller, L.: Grundsätzliches über gebirgstechnologische Großversuche. Geol. u. Bauw. **27** (1961) S. 3–8.

Müller, L.: Über die Entstehung oberflächenparalleler Klüfte, Versuch einer geomechanischen Erklärung. Geol. u. Bauw. **27** (1962) S. 146–152.

Müller, L.: Die Standfestigkeit von Felsböschungen als spezifisch geomechanische Aufgabe. Felsmech. Ing. Geol. **1** (1963) S. 50–71.

Müller, L.: The rock slide in the Vajont Valley. Felsmech. Ing. Geol. 2 (1964) S. 148–212.
Müller, L.: Der Felsbau. Ferd. Enke Verlag, Stuttgart 1 (1963) S. 1–624.
Müller, L., und Pacher, F.: Modellversuche zur Klärung der Bruchgefahr geklüfteter Medien. Felsmech. Ing.-Geol., Suppl. 2 (1965) S. 7–24.
Müller, L.: Beeinflussung der Gebirgsfestigkeit durch Sprengarbeiten. Felsmech. Ing.-Geol., Suppl 1. (1964) S. 162–177.
Müller, L.: New considerations on the Vaiont Slide. Felsmech. Ing.-Geol. 6 (1968) S. 1–91.
Petuchov, J. M., und Bič, J. A.: Gebirgsschläge u. Maßnahmen zu ihrer Bekämpfung in der Sowjetunion. Bericht 7. Ländertreffen IBG. Akademie-Verlag, Berlin 1966, S. 30–55.
Protodjakonov, M. M., und Logunov, B. M.: Bohrbarkeit und Festigkeit der Gesteine. Bergbaufragen, Moskva Ugletechizdat 1 (1958).
Protodjakonov, M. M.: Vorläufige Forderungen über Aufbau und Methoden mechanischer Gesteinsuntersuchungen bei Erkundung von Lagerstätten für die Projektierung untertägiger Gewinnungsarbeiten. VNIMI Leningrad 1 (1966).
Protodjakonov, M. M., Čirkov, S. L., Kuntyš, M. F., und Teder, R. I.: Festigkeitspässe der Gesteine und Methoden ihrer Bestimmung. Moskva Nauka 1 (1964).
Protodjakonov, M. M., und Čirkov, S. E.: Klüftigkeit und Festigkeit der Gesteine im Massiv. Moskva Nauka 1 (1964).
Protodjakonov, M. M., und Teder, R. I.: Die Entwicklung der Untersuchungen physikalisch-mechanischer Eigenschaften der Gesteine in der UdSSR in den letzten 10 Jahren. Bericht 10. Ländertreffen IBG. Akademie-Verlag, Berlin 1970, S. 66–76.
Serafim, J. L.: Rock mechanics considerations in the design of concrete dams. State of Stress in the Earth's Crust 1964, S. 611–650.
Serafim, J. L., und Guerreiro, M.: In situ-Versuche über die Verformbarkeit von Felsmassen. Bericht 10. Ländertreffen IBG. Akademie-Verlag, Berlin 1970, S. 149–172.
Serafim, J. L., und Guerreiro, M.: In situ-Messungen für die Gründung großer Staumauern. Bericht 10. Ländertreffen IBG. Akademie-Verlag, Berlin 1970, S. 352–368.
Tincelin, E., und Sinou, P.: Der Einsturz des Hangenden bei Örterbau. Int. Kongr. f. Gebirgsdruckfragen, Paris 1960, S. 605–625.
Tincelin, E., und Sinou, P.: Die Beherrschung des schwierigen Hangenden in den Eisenerzgruben der Lorraine. Bericht 4. Ländertreffen IBG. Akademie-Verlag, Berlin 1963, S. 114–159.
Znański, J.: Polnische Untersuchungen auf dem Gebiet der Gebirgsschläge. Bericht 7. Ländertreffen IBG. Akademie-Verlag, Berlin 1966, S. 56–62.
Znański, J.: Formänderungskomponenten und Festigkeitswerte im Flöz, in der Entfernung von einigen Metern vom Abbaustoß. Bericht 8. Ländertreffen IBG. Akademie-Verlag, Berlin 1967, S. 49–55.
Znański, J.: Die Zerstörung des Flözes hinter der verfestigten Verrückungszone um Grubenbaue. Bericht 9. Ländertreffen IBG. Akademie-Verlag, Berlin 1968, S. 52–59.
Znański, J.: Simulierung der dynamischen Bedingungen des Gebirges bei Spannungsschlägen im Labor und unter Tage. Bericht 10. Ländertreffen IBG. Akademie-Verlag, Berlin 1970.

9. Berücksichtigung von Klüften und Rissen im Gebirge

Bray, J. W.: A Study of jointed and fractured rock. Felsmech. Ing.-Geol. 5 (1967) S. 117–136; 197–216.
Everling, G.: Modellversuche über das Zusammenwirken von Gebirge und Ausbau in Abbaustrecken. Glückauf 98 (1962) S. 1471–1479.
Everling, G.: Model tests on the co-action of rock ressures and road supports in gate-roads. Mining Engr. 1 (1963) S. 621–623.
Hansági, I.: Eine praktische und zahlenmäßige Bestimmung der Beziehung zwischen der Gesteinsfestigkeit und Gebirgsfestigkeit. 5. Sitzung Arbeitsgr. III IBG (1965) S. 1–6.
Hansági, I.: Numerical determination of mechanical properties of rock and of rock masses. Int. J. Rock Mech. Mining Sci. 2 (1965) S. 219–223.
Hansági, I.: Eine praktische Methode der Gebirgsklassifizierung. Bericht 7. Ländertreffen IBG. Akademie-Verlag, Berlin 1966, S. 209–213.
Helfrich, H. K., und Stephansson, O.: Eine Kennziffer für die Stabilität von Pfeilern im Kammerbau. Proc. 1. Congr. Intern. Soc. of Rock Mech. Lisboa 2 (1966) S. 239–242.
Helfrich, H. K.: Geologische Gesichtspunkte zur Gesteins- und Gebirgsfestigkeit mit Beispielen von Renström, Adak und Laisvall. Eng. Geol. 2 (1967) S. 27–38.
Helfrich, H. K.: Schlußfolgerungen aus gebirgsmechanischen Erkenntnissen für die Konstruktion und Standfestigkeit von untertägigen Hohlräumen. Bericht 10. Ländertreffen IBG. Akademie-Verlag, Berlin 1970.

Jacobi, O., und Everling, G.: Die Wirkung unterschiedlichen Streckenausbaus in Modellversuchen. Internat. Kongr. Gebirgsdruckfragen Paris 1960, S. 115—131.

Jacobi, O.: Der Druck auf Flöz und Versatz. Glückauf **96** (1960) S. 409—418.

Jacobi, O.: Zur Entstehung von Strebbrüchen in anlaufenden Bruchbaubetrieben. Glückauf **98** (1962) S. 115—131.

Jacobi, O.: Ausbrüche aus dem Hangenden bei schreitendem Ausbau und ein Vorschlag für ihre Bekämpfung. Glückauf **99** (1963) S. 740—744.

Jacobi, O., Everling, G., und Irresberger, H.: Forschungsarbeiten zur Entwicklung des mechanisierten Strebausbaus. Internat. Gebirgsdrucktagung, New York 1964, S. 166—185.

Jacobi, O.: Die Ermittlung des Ausbauwiderstandes bei der Planung von Bruchbaustreben. Glückauf **100** (1964) S. 337—342.

Jacobi, O.: Gefährlicher oder ungefährlicher Bruchhohlraum? Bergfreiheit **29** (1964) S. 67—68.

Jacobi, O.: Auftreten, Ursachen und Bekämpfung von Gebirgsschlägen im Ruhrgebiet. Glückauf **100** (1964) S. 741—750.

Jacobi, O.: Die Zusammendrückung durchörterter und nichtdurchörterter Gebirgsschichten über einem Abbauvorfeld und ihre Darstellung mit Hilfe von Kennlinien. Bergbau-Archiv **25** (1964) S. 17—26.

Jacobi, O.: Das Sichern der Bruchkanten in Bruchbaustreben bei festen Dachschichten. Glückauf **100** (1964) S. 914—915.

Jacobi, O., Everling, G., und Irresberger, H.: Ausbrüche aus dem Strebhangenden unter Tage und im Modell und Folgerungen für den schreitenden Ausbau. Glückauf **100** (1964) S. 1413—1424.

Jacobi, O.: Die Zunahme der Ausbrüche im Strebhangenden beim Unterbauen von Abbaukanten und bei Randeinfluß durch benachbarten Abbau. Glückauf **101** (1965) S. 564—568.

Jacobi, O.: Automatisierung des Strebausbaus zur besonderen Pflege des Hangenden. Glückauf **101** (1965) S. 860—867.

Jacobi, O.: Die gebirgsmechanisch günstige Führung von Abbaustrecken. Glückauf **103** (1967) S. 1302 bis 1309.

Jacobi, O.: Neue Wege zur Beherrschung des Gebirgsdruckes im Ruhrbergbau. Bericht 10. Ländertreffen IBG. Akademie-Verlag, Berlin 1970.

Kohoutek, J.: Zur rechnerischen Erfassung der Grenzzustände in der Gebirgsmechanik. Bericht 4. Ländertreffen IBG. Akademie-Verlag, Berlin 1963, S. 173—178.

Kuznecov, G. N.: Grenzzustände fester Gesteine unter Berücksichtigung der räumlichen Orientierung natürlicher Schwächungsflächen. Sammelband zu Fragen der Untersuchung des Gebirgsdrucks und der Gebirgsbewegungen **18** (1961).

Kuznecov, G. H.: Modellversuche zum Einfluß der Gesteinszerklüftung auf die Pfeilerstandfestigkeit beim Kammerbau. Bericht 5. Ländertreffen IBG. Akademie-Verlag, Berlin 1964, S. 133—146.

Kuznecov, G. N.: Einige Elemente des Bruchmechanismus klüftiger Schichtgesteine über Abbauen und die Bedingungen der Standfestigkeit des Hangenden. Bericht 9. Ländertreffen IBG. Akademie-Verlag, Berlin 1968, S. 104—122.

Lajtai, E. Z.: The influence of interlocking rock discontinuitese on compressive strength. Felsmech. Ing.-Geol. **5** (1967) S. 217—228.

Mencl, V., und Paseka, A.: Zwei Faktoren bei der Festigkeit von Gebirgskörpern. Bericht 5. Ländertreffen IBG. Akademie-Verlag, Berlin 1964, S. 89—92.

Mencl, V.: Die Ausbildung der Scherzone bei mehrachsiger Beanspruchung des Karbongebirges. Bericht 8. Ländertreffen IBG. Akademie-Verlag, Berlin 1967, S. 56—58.

Mencl, V.: Über die Dicke der Bruchzone im Gebirge. Bericht 9. Ländertreffen IBG. Akademie-Verlag, Berlin 1968, S. 81—84.

Militzer, H.: Zur Problematik der Klüftigkeitsbestimmung im Gebirge mit Hilfe geophysikalischer Untersuchungsmethoden. Bericht 9. Ländertreffen IBG. Akademie-Verlag, Berlin 1968, S. 85—91.

Militzer, H., Manthey, W., Rotter, H., und Stoll, R.: Zur Untersuchung von Bewegungs- und Verformungsvorgängen im Gestein und Gebirge mit Hilfe geophysikalischer Methoden. Bericht 10. Ländertreffen IBG. Akademie-Verlag, Berlin 1970, S. 333—346.

Müller, L.: Geomechanische Auswertung gefügekundlicher Details. Geol. u. Bauw. **24** (1958) S. 4—21.

Müller, L.: Die Geomechanik in der Praxis des Ingenieur- und Bergbaues. Geol. u. Bauw. **25** (1960) S. 203—214.

Müller, L.: Der Mehrausbruch in Tunneln und Stollen. Geol. u. Bauw. **24** (1959) S. 204—222.

Müller, L.: Grundsätzliches über gebirgstechnologische Großversuche. Geol. u. Bauw. **27** (1961) S. 3—8.

Müller, L.: Über die Entstehung oberflächenparalleler Klüfte. Versuch einer geomechanischen Erklärung. Geol. u. Bauw. **27** (1962) S. 146—152.

Müller, L.: Der Felsbau. Ferd. Enke Verlag, Stuttgart 1963, S. 1—624.

Müller, L.: Die Standfestigkeit von Felsböschungen als spezifisch geomechanische Aufgabe. Felsmech. Ing.-Geol. **1** (1963) S. 50–71.

Müller, L.: The rock slide in the Vajont Valley. Felsmech. Ing.-Geol. **2** (1964) S. 50–71.

Müller, L.: New considerations on the Vaiont Slide. Felsmech. Ing.-Geol. **6** (1968) S. 1–91.

Müller, L., und Pacher, F.: Modellversuche zur Klärung der Bruchgefahr geklüfteter Medien. Felsmech. Ing.-Geol. Suppl. **2** (1965) S. 7–24.

Müller, L.: Beeinflussung der Gebirgsfestigkeit durch Sprengarbeiten. Felsmech. Ing.-Geol. Suppl. **1** (1964) S. 162–177.

Oberti, G.: Die Theorie der Modelle unter besonderem Hinweis auf Probleme der Geomechanik. Bericht 3. Ländertreffen IBG. Akademie-Verlag, Berlin 1962, S. 101–105.

Protodjakonov, M. M.: Vorläufige Forderungen über Aufbau und Methoden mechanischer Gesteinsuntersuchungen bei Erkundung von Lagerstätten für die Projektierung untertägiger Gewinnungsarbeiten. VNIMI Leningrad **1** (1966).

Protodjakonov, M. M., und Čirkov, S. E.: Klüftigkeit und Festigkeit der Gesteine im Massiv. Moskva Nauka **1** (1964).

Protodjakonov, M. M., und Teder, R. I.: Die Entwicklung der Untersuchungen physikalisch-mechanischer Eigenschaften der Gesteine in der UdSSR in den letzten 10 Jahren. Bericht 10. Ländertreffen IBG. Akademie-Verlag, Berlin 1970, S. 66–76.

Watznauer, A.: Gebirgsmechanische Probleme in gefügeanalytischer Sicht. Bericht 5. Ländertreffen des IBG. Akademie-Verlag, Berlin 1964, S. 147–152.

Die Entwicklung der Untersuchungen physikalisch-mechanischer Eigenschaften der Gesteine in der UdSSR in den letzten 10 Jahren

von M. M. Protodjakonov und R. I. Teder, Moskau

Der Erfolg der Tätigkeit in einer Reihe von Industriezweigen hängt entscheidend von den Eigenschaften der Gesteine ab. Dies bezieht sich auf geologische Erkundungsarbeiten, das Bohren zur Gewinnung von Erdöl und Erdgas, das Abteufen von Schachtröhren, das Auffahren von Vorrichtungsbauen, den Abbau von Lagerstätten, und die Beherrschung des Gebirgsdruckes, den Bau von Wasserkraftwerken, Kanälen und Tunneln, den Bau verschiedener über- und untertägiger Anlagen, den Transport, die Lagerung und Verladung von Mineralien und Gesteinen, auf ihre Aufbereitung, Verarbeitung u. a.

Die in diesen Industriezweigen eingesetzten Maschinen zermahlen jedes Jahr Milliarden Tonnen nutzbarer Mineralien und tauber Gesteine, wobei mehr als die Hälfte der in der UdSSR hergestellten Hartlegierungen verbraucht werden. Für den gleichen Zweck werden große Mengen an Sprengstoffen und Elektroenergie eingesetzt sowie ein Großteil der menschlichen Arbeit aufgewendet.

Die Richtigkeit der Berechnung bergmännischer Gewinnungsmaschinen und ihrer Arbeitsweise, ihrer Leistungsfähigkeit und von Leistungsnormen hängt wesentlich von den physikalisch-mechanischen Eigenschaften der Gesteine ab. Ohne Kenntnis dieser Eigenschaften sind alle Berechnungen von Werten des Gebirgsdruckes und der Standsicherheit von Tagebauböschungen sowie die Wahl von Ausbautypen und ihren Abmessungen unbegründet. Fehler bei solchen Berechnungen führen entweder zu großen finanziellen Verlusten wegen unnormal hoher Bruchsicherheiten oder zu Abbaubrüchen, Zerstörungen von Schachtröhren, zu Rutschungen an Böschungen von Tagebauen und Gewässern, zur Zerstörung von Talsperrenmauern u. a. Deshalb schenkte und schenkt man der Untersuchung von physikalisch-mechanischen Eigenschaften der Gesteine sowohl in der UdSSR als auch im Ausland große Beachtung.

Die Grundlagen der Lehre von der Gesteinsfestigkeit wurden von Prof. M. M. Protod'jakonov sen. (1874—1930) gelegt. Er stellte fest, daß die Gesteinsfestigkeit unter verschiedenen Bedingungen, wie z. B. beim Bohren, beim Ausbauen usw. annähernd gleich ist und schlug die Bruchfestigkeiten der Gesteine f zur Beurteilung ihrer relativen Festigkeit sowie die bekannte Festigkeitsskala der Gesteine, in welcher f sich zwischen 0,3 und 20,0 ändert, vor [1]. Diese Bruchfestigkeiten und die Skala haben einer langzeitlichen Prüfung standgehalten und in der UdSSR sowie in einigen anderen Ländern breite Anwendung in der Bergbauwissenschaft sowie in der Produktion gefunden. Sie sind gegenwärtig noch in Anwendung [2].

In Verbindung mit der Entwicklung des mechanisierten Abbaues von Lagerstätten entstanden zahlreiche Parameter für die Gewinnbarkeit von Gesteinen, speziell Parameter und Tabellen der Schrämbarkeit, Sprengbarkeit, Bohrbarkeit, Gewinnbarkeit usw., die auf den Vorschubgeschwindigkeiten von Schräm- und Gewinnungsmaschinen, dem spezifischen Verbrauch von Meißeln oder Sprengstoffen, den Geschwindigkeiten des Bohrens von Sprenglöchern, den Leistungen von Preßlufthämmern u. a. basieren. Nach der großen Verbreitung superharter Legierungen ging der spezifische Verbrauch an Instrumenten sehr stark zurück und die ihm entsprechenden Parameter verloren ihre Bedeutung. Die Tabellen der Bohrbarkeit und Sprengbarkeit existieren in der UdSSR jedoch bis heute noch.

Die auf diesen Kennwerten beruhenden zahlreichen lokalen Bohrbarkeitstabellen für Gesteine waren unzureichend miteinander abgestimmt. Sie hingen nicht nur von den Gesteinseigenschaften ab, sondern auch von Konstruktion, Zustand und Arbeitsweise der Bohrmaschinen. Deshalb waren diese Kennwerte nicht stabil. Bei ihrer Verwendung mußte man viele Verbesserungen anbringen, was keinen Vorteil für diese Kennwerte bedeutete, welche unmittelbar unter reellen Betriebsbedingungen erhalten wurden.

Die durchgeführten Untersuchungen zeigten, daß zwischen verschiedenen Bohrbarkeitstabellen der Gesteine sehr enge Korrelationsbeziehungen bestehen. Deshalb entstanden Bestrebungen zur Vereinheitlichung der verschiedenen Bohrbarkeitstabellen zu einer, die auf der oben genannten Bruchfestigkeit beruht [3].

Zuerst erfolgten Untersuchungen über die physikalisch-mechanischen Eigenschaften von Gesteinen in der UdSSR hauptsächlich am Moskauer Bergbauinstitut und in anderen Laboratorien höherer technischer Lehranstalten mit Bergbaucharakter, anschließend auch in Industriezweigforschungsinstituten: im Allunionsinstitut für Kohleforschungen VUGI, im Donezker Kohleforschungsinstitut DONUGI, im Allunionsforschungsinstitut für Markscheidewesen VNIMI u. a. Breite Untersuchungen dieser Art erfolgten im Bergbauinstitut der Akademie der Wissenschaften der UdSSR, später im Bergbauinstitut „A. A. Skočinskij", im Institut für Physik der Erde der Akademie der Wissenschaften der UdSSR u. a. Außerdem befaßten sich mit der Untersuchung von Gesteinseigenschaften das Allunionsinstitut für Mineralrohstoffe VIMS, das Institut für Geologie und Abbau von Brennstofflagerstätten, Gidroprojekt und viele andere Institute und Laboratorien.

Die Hauptprobleme der Untersuchung physikalisch-mechanischer Eigenschaften von Gesteinen wurden schon oft auf wissenschaftlichen Allunionskonferenzen und Koordinierungsbesprechungen über Gebirgsmechanik, Gebirgsdruck und Gesteinszerstörungen sowie auf speziellen Tagungen über physikalisch-mechanische Eigenschaften der Gesteine im Bergbauinstitut der Akademie der Wissenschaften der UdSSR, im VUGI, im VNIMI und in einer Reihe anderer Einrichtungen in Moskau und Leningrad oder auch in Donezk, Dnepropetrovsk, Kiew, Alma-Ata, Novosibirsk u. a. diskutiert.

Die auf solchen Tagungen gehaltenen Vorträge wurden in zahlreichen Sammelbänden gedruckt. Gegenwärtig beträgt die Anzahl der veröffentlichten Monographien, Sammelbände und Zeitschriftenartikel weit mehr als 3000. Zu den Fragen der physikalisch-mechanischen Eigenschaften von Gesteinen wurden viele Dissertationen und Habilitationen verteidigt.

In den letzten Jahren wurde in einer Reihe von Bergbauhochschulen die Fachrichtung Gesteinsphysik aufgebaut, im Rahmen welcher Diplombergingenieur-Physiker ausgebildet werden. Einige Forschungsinstitute der Akademien der Wissenschaften in den Unionsrepubliken spezialisierten sich auf Fragen der Physik der Gesteine und Prozesse. Die Untersuchungen der physikalisch-mechanischen Eigenschaften von Gesteinen und nutzbaren Mineralien machen einen beträchtlichen Teil ihrer Arbeit aus.

Sowjetische Wissenschaftler beteiligten sich schon oft an einer Reihe internationaler Konferenzen, Symposien und Tagungen, besonders an den jährlich stattfindenden Ländertreffen des Internationalen Büros für Gebirgsmechanik bei der Deutschen Akademie der Wissenschaften, auf denen ein Erfahrungsaustausch zu den Untersuchungen von Gesteinseigenschaften stattfand und Standardentwürfe für Untersuchungsmethoden erarbeitet wurden. Diese Standards fanden ihre Anwendung in der UdSSR.

Aus dem oben Dargelegten kann man schlußfolgern, daß in der UdSSR in den letzten Jahren die Untersuchung von physikalisch-mechanischen Eigenschaften der Gesteine sich in einen großen Zweig der Bergbauwissenschaften verwandelte.

In der Entwicklung der Untersuchung von Gesteinseigenschaften kann man folgende Hauptetappen herausstellen, die sich zeitlich oft überdeckten:

a) Bestimmung der Gesteinseigenschaften zur Normierung bergmännischer Arbeiten. In dieser Anfangsperiode betrachtete man als Grundlage lediglich die Bruchfestigkeit und einige Abarten des Parameters der Gewinnbarkeit.

b) Untersuchung der Festigkeitseigenschaften von Gesteinsproben nach den Methoden der Baumechanik im Laboratorium.

c) Entwicklung und breite Anwendung von Schnellverfahren zur Beurteilung der Bruchfestigkeit von Kohlen und Gesteinen.

d) Komplexe Untersuchung der Gesteinseigenschaften gleichzeitig nach mehreren Verfahren und Auffinden von Korrelationsbeziehungen zwischen ihnen.

e) Tiefgehende Untersuchungen der Gesteinseigenschaften im dreiaxialen Spannungszustand, Untersuchung der rheologischen Eigenschaften von Gesteinen und ihrer Eigenschaften im Massiv.

f) Untersuchung der physikalischen Eigenschaften der Gesteine und gesteinsbildenden Mineralien.

Alle bisher durchgeführten Untersuchungen der physikalisch-mechanischen Eigenschaften von Gesteinen konzentrierten sich auf folgende Hauptrichtungen:

a) Entwicklung rationeller Methoden und Geräte zur Untersuchung von Gesteinseigenschaften;

b) Analyse und Sammlung von Erfahrungswerten über die physikalisch-mechanischen Eigenschaften von Gesteinen;

c) Aufstellung rationeller Gesteinsklassifikationen nach den physikalisch-mechanischen Eigenschaften;

d) Schaffung einer Theorie über Festigkeit und Verformbarkeit von Gesteinen.

Ursprünglich bestanden alle Untersuchungen der Eigenschaften von Gesteinen in der Bestimmung ihrer Festigkeit bei einachsigem Druck nach Methoden, die der Baumechanik entstammen. Zug- und Scherversuche kamen fast nicht zur Anwendung.

Vor nicht allzu langer Zeit wurde im VNIMI durch B. V. Matveev [5] eine angenehme Variante der Methode des unmittelbaren Zuges zylindrischer Gesteinsproben entwickelt, deren Enden durch eine Woodsche Legierung in die zentrierenden Rohrmatrizen eingegossen werden, welche hydraulisch auseinander bewegt werden.

Das früher von G. L. Fisenko (VNIMI) und E. I. Il'nizkaja (Bergbauinstitut der Akademie der Wissenschaften der UdSSR) entwickelte Scherverfahren mit Druck in geneigten Matrizen hat breite Anwendung gefunden.

Dadurch, daß der Anteil des Gesteines in Kernen aus Erkundungsbohrlöchern gewöhnlich sehr begrenzt ist, strebten die Wissenschaftler zur Entwicklung von Methoden der Untersuchung von Gesteinseigenschaften an kleinen Proben. G. N. Kusnezov und B. V. Matveev (VNIMI) entwickelten das Verfahren der koaxialen Druckstempel, welches die Gesteinsfestigkeitsbestimmung bei einachsigem Druck und Zug an kleinen Proben in Form dünner Scheiben gestattet [6]. K. V. Ruppenejt (VUGI) verwendete ebenfalls solche Scheiben, auf deren Perimeter zum Zwecke von Biegeversuchen eine Zentralkraft einwirkte [7]. Beide Methoden haben in der UdSSR eine beachtliche Verbreitung erfahren.

Alle Methoden zur Untersuchunge von Proben mit regelmäßiger geometrischer Form sind sehr arbeitsintensiv auf Grund der Notwendigkeit der Herstellung solcher Proben. Durch breitere Anwendung von diamantbestückten Geräten verringerte sich in den letzten Jahren diese Schwierigkeit etwas.

M. M. PROTOD'JAKONOV und V. S. VOBLIKOV entwickelten ein Verfahren zur Untersuchung der Gesteinsfestigkeit an Proben unregelmäßiger Form, wodurch diese Schwierigkeit vollkommen entfiel, während die erforderliche Genauigkeit der Mittelwerte durch Erhöhung der Zahl zu untersuchender Proben erreicht wurde. Zur Bestimmung des mittleren Querschnittes einer solchen Probe nahm man ihr Volumen in die Potenz 2/3. Auf Grund der großen Einfachheit findet dieses Verfahren breite Anwendung in der Praxis und wurde vom Internationalen Büro für Gebirgsmechanik bei der Deutschen Akademie der Wissenschaften als freiwilliger internationaler Standard empfohlen.

Das Prinzip der Verwendung von Proben unregelmäßiger Form wurde von anderen Wissenschaftlern weiterentwickelt. G. I. JAGODKIN, A. N. ČEKANOV und A. M. TERPIGOREV haben vorgeschlagen, Proben unregelmäßiger Form, die in Betonmatrizen eingegossen sind, Zugversuchen, Doppelscherversuchen und Scherversuchen mit Druck unter einem Winkel zur wirkenden Kraft zu unterwerfen. Dieses Verfahren kann für Gesteine von relativ geringer Festigkeit Verwendung finden [9].

Große Verbreitung fand in den letzten Jahren in der UdSSR ein von M. I. KOJFMAN [10] unter Mitwirkung von S. E. ČIRKOV vom Bergbauinstitut A. A. SKOČINSKIJ [11] entwickeltes Komplexverfahren der mehrfachen Spaltung und des Zerdrückens von Proben halbregelmäßiger Form. Bei diesem Verfahren werden flache Gesteinsscheiben zwischen zwei koaxialen Keilen in zahlreiche würfelartige Proben mit zwei präzisen und vier groben Kanten zertrümmert, die anschließend auf einachsigen Druck geprüft werden. Der Arbeitsaufwand ist bei diesem Verfahren 10- bis 15mal geringer als bei Proben regelmäßiger Form.

Hinsichtlich der Härte existieren in der Literatur widersprüchliche Meinungen. Am besten begründet erwies sich die Meinung von M. I. KOJFMAN, der vorschlug, unter der Härte der Gesteine ihren Widerstand gegenüber der lokalen Zerstörung oder Verformung zu sehen.

Auf Grund der hohen Sprödheit der meisten Gesteine schlugen die Versuche zur Anwendung von Härtebestimmungsverfahren mit Hilfe von Eindrückgeräten der Typen Brinel, Rockwell und Vickers, die für die Untersuchung plastischer Metalle geschaffen wurden, fehl. Gute Ergebnisse erzielte man im Institut für Geologie und Abbau von Brennstofflagerstätten (IGIRGI) in einem Kollektiv unter Leitung von L. A. SCHREINER [12], das ein Verfahren zur Härtebestimmung der Gesteine mittels Eindringen unter Druck der geschliffenen Endfläche eines zylindrischen Druckstempels bei Messung der Achsverformungen entwickelte. Nach diesem Prinzip wurden von diesem Kollektiv die Geräte UMGP-3 und UMGP-4 entwickelt, die in der UdSSR serienmäßig hergestellt werden und Eingang im Staatlichen Allunionsstandard (GOST) gefunden haben.

L. I. BARON und L. B. GLATMAN vom Bergbauinstitut A. A. Skočinskij änderten etwas das Verfahren von L. A. SCHREINER ab und begannen den zylindrischen Druckstempel in die unbearbeitete Oberfläche der Gesteine einzupressen.

Die Notwendigkeit der Berücksichtigung des Zermahlungsgrades der Gesteine bei ihrer Zerstörung führte zum Entstehen zahlreicher Gesteinsuntersuchungsverfahren durch Zerkleinern. Vom Zentralen Kesselturbineninstitut (CKTI) und vom Thermotechnischen Allunionsinstitut (VTI) sowie vom Allunionsinstitut für mineralische Rohstoffe (VIMS) wurden schon vor langer Zeit verschiedene Varianten einer Methode zur Bestimmung der Mahlbarkeit von Kohlen und Erzen in Trommelmühlen entwickelt. Entwickelt worden sind auch Methoden des Herabwerfens von Kohle in Kisten oder im Stück auf eine Metallplatte, welche standardisiert wurden. Letzteres Verfahren wurde von E. Z. POSIN vervollkommnet [14].

Das einfachste Verfahren zur Bestimmung der Festigkeit ist das Verfahren des Zerstoßens, welches von M. M. PROTOD'JAKONOV zuerst für Kohlen und später auch für Gesteine erarbeitet wurde [15]. Bei diesem Verfahren wird der Zermahlungsgrad des Untersuchungsgutes aus dem Schüttvolumen der sich bildenden feinkörnigen Fraktion bestimmt. Das Zerstoßverfahren mit einem fallenden Gewicht gestattet die Bestimmung des Wertes der Bruchfestigkeit f. Das genannte Verfahren fand große Verbreitung in der UdSSR sowie in einigen anderen Ländern. Die Hauptbesonderheit dieses Verfahrens besteht in seiner Einfachheit und der Kompaktheit der Geräte sowie in der hohen Aussagekraft der Ergebnisse.

Die ersten ernsthaften Untersuchungen der Abrasionseigenschaften der Gesteine, von denen in starkem Maße der Verschleiß der Schneidwerkzeuge abhängt, führte M. I. Kojfman vom VIMS durch. Er schlug die Beurteilung dieser Eigenschaften nach dem Abfall der Bohrgeschwindigkeit und dem Geräteverschleiß an einem speziellen Bohrgerüst mit standardisierter Bohrweise vor. Eine große Arbeit auf diesem Gebiet leistete in den letzten Jahren das Kollektiv unter Leitung von L. A. Schreiner [12], das ein Verfahren zur Beurteilung der Abrasivität nach dem Verschleiß von Metallscheiben am Gestein erarbeitete.

Bekanntlich befinden sich die Gesteine in situ im allgemeinen im Zustand des ungleichmäßigen dreiaxialen Druckes. Ursprünglich wurde in der UdSSR bei Untersuchung dieser Frage als Grundlage das bekannte Verfahren von Karman angenommen, bei welchem eine zylindrische Gesteinsprobe im Stabilitätsmesser einem hydrostatischem Druck und außerdem durch eine Presse einem zusätzlichen Axialdruck unterworfen wird. Im VNIMI wurden von A. N. Stavrogin Anlagen dieses Typs für Drücke bis 30000 atü [10, 16] geschaffen. Eine Besonderheit dieser Anlagen besteht in der direkten proportionalen Vergrößerung des seitlichen und axialen Druckes auf die Probe, was die Erhaltung der Homogenität seines Spannungszustandes gewährleistet. Weniger leistungsfähige Karmankammern wurden im Bergbauinstitut A. A. Skočinskij, im IGIRGI sowie im Institut für die Geologie von Erzlagerstätten, Petrographie, Mineralogie und Geochemie gebaut. In den letzten Jahren bauten wir zusammen mit Mitarbeitern aus dem Bergbauinstitut A. A. Skočinskij eine Anlage, mit der man unterschiedliche Drücke in den drei Koordinatenachsen ($\sigma_1 \neq \sigma_2 \neq \sigma_3$) auf die Probe aufbringen kann. Jeder dieser Drücke ändert sich nach einem vorher festgelegtem Belastungsprogramm [17]. In dieser Anlage wurden die Belastungen auf die Probe mit Hilfe elastischer Behälter, die mit Öl gefüllt waren, übertragen.

Zur Untersuchung der Verformungseigenschaften der Gesteine wurden an Stelle der bei Untersuchung von Metallen Verwendung findenden Spiegelextensometer von Martens und anderen von K. V. Ruppenejt Vorrichtungen entwickelt, die mit Uhrenindikatoren zur Messung sowohl der Quer- als auch der Längsverformungen der untersuchten Gesteinsproben ausgerüstet waren. Diese Vorrichtungen fanden später in einer Reihe von Laboratorien Verwendung.

In den letzten Jahren verwendet man in der UdSSR zur Messung von Verformungen an Gesteinsproben häufig ebenfalls Drahtwiderstandsgeber, die über eine Brückenschaltung mit einem Elektronenverstärker verbunden sind.

Im VNIMI wurde eine originelle Karmankammer entwickelt. Sie weist automatische Regelung des Seitendruckes auf, was eine Konstantheit der vorgegebenen Querverformungen der Probe gewährleistet. Die Kammer verwendet man zur Untersuchung des Seitenschubkoeffizienten [18]. Eine analoge Anlage wurde ebenfalls von E. I. Il'nickaja im Bergbauinstitut A. A. Skočinskij entwickelt [17].

M. P. Volarovič hat mit seinen Mitarbeitern im Institut für Physik der Erde der Akademie der Wissenschaften der UdSSR [19] eine Anlage zur Untersuchung elastischer Eigenschaften von Gesteinen bei allseitigem Druck bis 5000 atü in Kombination mit einachsigem Druck oder Biegebeanspruchungen geschaffen, in welcher die Ausbreitungsgeschwindigkeit der Längs- und Querultraschallwellen ermittelt wird. Dafür findet eine Apparatur vom Typ IPA-Verwendung, die früher im gleichen Institut [20, 21] von Ju. V. Rizničenko und seinen Mitarbeitern geschaffen wurde. In den letzten Jahren fand in der UdSSR ebenfalls das Verfahren des kritischen Winkels zur Bestimmung der elastischen Konstanten von Gesteinen nach dem Ultraschallverfahren Verbreitung.

Zur Untersuchung rheologischer Eigenschaften von Gesteinen wurden von K. V. RUPPENEJT im VUGI Federpressen für einachsige Druckversuche an zylindrischen Gesteinsproben entwickelt. Noch leistungsfähigere Federpressen wurden von A. N. STAVROGIN im VNIMI hergestellt. Ebenfalls dort wurden vereinfachte hydraulische Vorrichtungen zur rheologischen Untersuchung von Gesteinen geschaffen. Analoge Vorrichtungen kamen in einer Reihe anderer Institute zur Anwendung, so z. B. durch Z. S. JERŽANOV in Alma-Ata [22] und durch V. T. GLUŠKO in Dnepropetrovsk [23].

Die kompaktesten Hebelpressen für rheologische Untersuchungen wurden am Bergbauinstitut A. A. Skočinskij durch M. I. KOJFMAN entwickelt [24]. Die Versuche zeigten, daß die Feuchtigkeit stark die Dauerfestigkeit der Gesteine herabsetzt und ihre Verformung erhöht.

Man muß hervorheben, daß die Untersuchung der Verformungseigenschaften der Gesteine eine etwas geringere Entwicklung erfahren hat als die Untersuchung ihrer Festigkeitseigenschaften.

M. I. KOJFMAN hat vorgeschlagen, die spröd-plastischen Eigenschaften der Gesteine nach dem Verfahren des mehrmaligen Stoßens auf einen Punkt aus der Messung der Rückschlagzunahme des Rückprallhammers im Verhältnis zum ersten Rückschlag abzuleiten.

In den letzten Jahren schenken viele Wissenschaftler der Entwicklung von Methoden zur Bestimmung der Gesteinseigenschaften in situ immer größere Aufmerksamkeit. Die ersten einachsigen Druckversuche an kleinen Pfeilern mit hydraulischen Hebeböcken führte E. A. GERČIKOV durch. Später benutzten Mitarbeiter des VNIMI und anderer Institute Hebeböcke nicht nur für einachsige Druckversuche in situ, sondern auch für Scherversuche mit Druck sowie zum Eindrücken in das Gebirgsmassiv [25]. Im VNIMI wurden hydraulische Kissen entwickelt, die in einen Schrämschlitz eingeführt werden, sowie Systeme mit niedrigen hydraulischen Hebeböcken, die zwischen Stahlplatten zur Untersuchung von Pfeilern in situ eingebracht werden. Diese Methoden kamen auch im Bergbauinstitut A. A. Skočinskij durch K. I. IVANOV und andere zur Anwendung.

Das VNIMI erarbeitete ebenfalls eine Methode zur Biegefestigkeitsbestimmung in situ durch allmähliche Vergrößerung der unterbauten Sohlenpfeilerfläche. Dabei wies der Sohlenpfeiler die Form eines Trägers auf, der durch seine Eigenmasse belastet war.

Zur Härtebestimmung der Gesteine in situ nach dem Bohrverfahren entwickelten A. M. JANČUR und A. N. KUL'BAČNYJ [26] ein spezielles Gerät, mit welchem die Achsbelastungen gemessen werden, die beim Bohren entstehen. Ein analoges Gerät wurde von uns und V. I. KARPOV gebaut [24], welches außer der Härtebestimmung auch die Ermittlung der Abriebshärte der Gesteine im Massiv gestattet. In diesen Geräten war ein konstanter Vorschub für eine Umdrehung des Bohrers festgelegt. Beide Geräte erfuhren eine gewisse Verbreitung in der Praxis.

Zur Beurteilung der Schneidfestigkeit von Kohlen und Gesteinen wurden von vielen Wissenschaftlern verschiedenartige Geräte und Anlagen gebaut, von denen die Vorrichtung DKS-2 VUGI [27] hervorzuheben ist, welche einen drehbaren Hebel mit Schneidwerkzeug darstellt, der auf einem Stahlstempel montiert ist und eine Serie von kreisförmigen Einschnitten im Flöz unter Messung der dabei entstehenden Kräfte gestattet. Später wurde diese ziemlich sperrige Vorrichtung durch einen bequemeren und leichteren dynamometrischen Bohrer SDM-1 ersetzt, mit dessen Hilfe eine Vielzahl von Schneidfestigkeitswerten für die Flöze verschiedener Kohlebecken erhalten wurde.

Zur Beurteilung der elastischen Eigenschaften der Gesteine im Massiv und ihrer Klüftigkeit wendet man in der UdSSR häufig Methoden zur Bestimmung der Ausbreitungsgeschwindigkeit und Dämpfung elastischer Wellen an.

In der letzten Zeit führten und führen viele Laboratorien Paralleluntersuchungen für eine große Zahl von Parametern der Eigenschaften von Kohlen und Gesteinen zur Ermittlung von

Korrelationsbeziehungen zwischen ihnen durch. Zur Erleichterung solcher Untersuchungen bauten G. I. Jagodkin und M. P. Mochnačev aus dem Bergbauinstitut A. A. Skočinskij ein universelles Gerät für mechanische Gesteinsuntersuchungen UPMI, welches einen Satz auswechselbarer Zubehörteile für die Bestimmung einer Reihe von Festigkeits- und Verformungskennwerten besitzt. Dieses Gerät fand eine gewisse Verbreitung.

Die Bergbauwissenschaften richteten ihr Hauptaugenmerk bis zur letzten Zeit nur auf die Ermittlung der mechanischen Eigenschaften von Gesteinen. Die physikalischen hingegen wurden hauptsächlich von Wissenschaftlern des Erkundungs- und Erdölsektors sowie der Geophysik untersucht. Die durch sie erhaltenen Ergebnisse fanden Verwendung in der physikalischen Bohrlochvermessung. Von diesen Arbeiten sind die Untersuchungen von V. N. Dachnov sowie spätere Untersuchungen von V. N. Kobranov [28], E. I. Parchomenko [29], M. P. Volarovič u. a. hervorzuheben. Die physikalischen Eigenschaften der gesteinsbildenden Mineralien wurden hauptsächlich von Kristallographen und zum Teil von Festkörperphysikern erforscht.

Auf Grund der Entwicklung von Methoden des thermischen Bohrens von Bohrlöchern, der elektromagnetischen Zerkleinerung großer Gesteinsbrocken und anderer physikalischer Methoden der Zerstörung von Gesteinen gingen die Bergbauspezialisten in den letzten Jahren zur Untersuchung der thermischen, elektrischen und magnetischen Eigenschaften der Gesteine über. Die Ausbreitung der hydraulischen Kohlegewinnung erweckte erhöhtes Interesse an der Untersuchung des Einflußes von Wasser auf die Eigenschaften der Kohlen und Gesteine. Zur Vervollkommnung der Spezialverfahren des Schachtabteufens unter komplizierten hydrogeologischen Verhältnissen, speziell des Gefrierverfahrens sowie zum Abbau von Lagerstätten in Gebieten ewigen Eises sind Untersuchungen über die Eigenschaften feuchter Gesteine bei niedrigen Temperaturen erforderlich.

Zur Vorbereitung des Abbaues von Lagerstätten in großen Teufen und zum Bohren von Erkundungsbohrlöchern in Zonen hoher Drücke und Temperaturen ist das Studium der thermischen Gesteinseigenschaften notwendig.

In den letzten Jahren erprobt man die Anwendung neuer, sogenannter, geotechnologischer Verfahren des Abbaues von Lagerstätten durch Vergasung, Schmelzen, Auslaugen u. a. Die Entwicklung solcher Verfahren erforderte die Untersuchung einer Reihe physikalischer und chemischer Eigenschaften der Gesteine und nutzbaren Komponenten.

Mit Vergrößerung der Abbauteufe erhöhen sich der Gasgehalt der Schachtanlagen sowie die Anzahl plötzlicher Kohle- und Gasausbrüche. Dies zwingt die Wissenschaftler zur Untersuchung der Durchlässigkeits- und Sorptionseigenschaften von Kohlen und einigen Gesteinen. Hier muß man besonders die Arbeiten von V. V. Chodot und I. L. Ettinger aus dem Bergbauinstitut A. A. Skočinskij unterstreichen. In einer Reihe von Fällen muß man auch ernsthaft die Neigung von Kohlen und schwefelhaltigen Erzen zur Selbstentzündung unter dem Einfluß von Luftsauerstoff untersuchen (Arbeiten von V. V. Veselovskij aus dem Bergbauinstitut A. A. Skočinskij).

In Verbindung mit dem oben Dargelegten begannen in einer Reihe von Instituten der UdSSR die Untersuchungen der physikalischen Eigenschaften von Gesteinen. Hierzu gehören die Arbeiten von V. S. Kravčenko und seiner Mitarbeiter aus dem Skočinskij-Bergbauinstitut, von V. V. Rževskij u. a. aus dem Moskauer Bergbauinstitut [30], von I. A. Turčaninov von der Außenstelle der Akademie der Wissenschaften der UdSSR auf der Kolahalbinsel [31] und von einer Reihe anderer Bergbauwissenschaftler. Die genannten Arbeiten befinden sich zur Zeit noch im Anfangsstadium. Prinzipiell bestehen sie in der Beherrschung und Anpassung der Geräte und Methoden, wie sie in der Metallphysik zur Anwendung kommen, an die Untersuchung der physikalischen Eigenschaften von Gesteinen und im Sammeln von Erfahrungswerten.

In den langen Jahren durchgeführter Untersuchungen hat das Kollektiv der Wissenschaftler der UdSSR ein umfangreiches und wichtiges Faktenmaterial über die Eigenschaften einer großen Anzahl verschiedenartiger Gesteine gesammelt. Dieses umfassende Material bedarf noch einer Verallgemeinerung. Einige allgemeine Gesetzmäßigkeiten und Entwicklungstendenzen, die für dieses charakteristisch sind, kann man bereits jetzt hervorheben. Sie bestehen im Folgenden:

Die Eigenschaften der Gesteine hängen von den Eigenschaften des Ausgangsmateriales, seinen Bildungsbedingungen und späteren Umwandlungen ab. Eruptions- und Umwandlungsgesteine sind gewöhnlich bedeutend fester als Sedimentgesteine. Das Vorhandensein fester Mineralien, z. B. von Quarz, erhöht meist die Härte und Abriebwirkung von Gesteinen. Mit Verringerung der Kristallabmessungen nimmt gewöhnlich die Gesteinsfestigkeit zu. Das Vorhandensein von Poren und Klüften verringert die Festigkeit der Gesteine und verleiht ihnen Sprödheit. Die Abhängigkeit der Gesteinseigenschaften von ihrer Zusammensetzung und den Bildungsbedingungen trägt den Charakter einer Tendenz und ordnet sich bisher keiner genauen zahlenmäßigen Beschreibung unter.

Die Werte der physikalisch-mechanischen Eigenschaften der Gesteine kann man nicht als physikalische Konstanten auffassen. Sie schwanken gewöhnlich sehr stark. Für das Studium der Gesteinseigenschaften ist die Anwendung statistischer Untersuchungsmethoden erforderlich. Man kann sich dabei nicht nur auf die Bestimmung von Mittelwerten beschränken. Man muß ebenso die Veränderlichkeit der Gesteinseigenschaften untersuchen.

Zwischen den verschiedenen Parametern der Gesteinseigenschaften bestehen Korrelationsbeziehungen. Um so näher untereinander die physikalische Natur der zu vergleichenden Parameter ist, desto enger ist ihre Beziehung.

Gesteine im Massiv in der Nähe von Grubenbauen befinden sich gewöhnlich im ungleichmäßigen triaxialen Spannungszustand. Die Eigenschaften der Gesteine von Laborproben und im Massiv sind gewöhnlich nicht gleich. Die Festigkeit der Gesteine im Massiv ist in den meisten Fällen geringer als die von Laborproben, was vor allem durch die Klüftigkeit der Gesteine erklärt werden kann.

Beobachten kann man die Bestrebungen der Forscher zur Vereinheitlichung der Gesteinsklassifikationen nach den physikalisch-mechanischen Eigenschaften der Gesteine und zur Standardisierung der Verzeichnisse der wichtigsten Parameter der Gesteinseigenschaften und ihrer Untersuchungsmethoden.

Auf dem Gebiet der theoretischen Untersuchung physikalisch-mechanischer Gesteinseigenschaften muß man für die letzten Jahre folgende Ideen unterstreichen:

Man verbindet die Festigkeitseigenschaften der Gesteine untereinander mit Hilfe der Hüllkurve der MOHRschen Grenzspannungskreise oder mit Hilfe des sogenannten Festigkeitspasses. Von den Vorstellungen über eine geradlinige Hüllkurve, welche durch die Kohäsion und den inneren Reibungswinkel charakterisiert wird, gingen die Forscher zur gekrümmten Hüllkurve über. Die Theorie einer einheitlichen Hüllkurve für rollige, spröde und plastische Gesteine wurde in [32] entworfen. Die Gleichung einer solchen Hüllkurve in den Koordinaten der Normal- und Tangentialspannungen besitzt die Form:

$$\tau = \tau_{\max} \left(\frac{x^2}{x^2 + q^2} \right)^{3/8} ; \qquad \delta = x - \delta_0 \ \text{kp/cm}^2 .$$

Diese Theorie ist auf den Vorstellungen über das Schließen der Klüfte bei Druck und ihr Öffnen bei Zug begründet. Sie gestattet die Konstruktion einer Hüllkurve nach den Gesteinsfestigkeitswerten bei einachsigem Druck und Zug.

Von M. I. KOJFMAN aus dem Skočinskij-Bergbauinstitut [33] wurde eine verallgemeinerte Theorie zweier Maßstabseffekte entwickelt — des Haupt- oder räumlichen und des zusätzlichen oder Oberflächenmaßstabseffektes. Nach dieser Theorie ändert sich die Gesteinsfestigkeit mit Änderung der Probenabmessungen durch die Wechselwirkung beider Maßstabsfaktoren, die sowohl von der inneren Klüftigkeit der Proben als auch von der Änderung der Oberflächeneigenschaften der Proben bei ihrer Herstellung abhängen. Es zeigte sich, daß der Maßstabsfaktor am stärksten bei Zug wirkt, weniger bei einachsigem Druck und fast gar nicht bei triaxialem Druck. Er ist am meisten zu bemerken in klüftigen und inhomogenen Gesteinen. Die genannte Theorie ermöglichte die Beseitigung der auf diesem Untersuchungsgebiet existierenden Widersprüche.

Zum Übergang von Laborergebnissen bei der Bestimmung der einachsigen Druckfestigkeit und Zugfestigkeit von Proben mit unterschiedlichen Abmessungen zur Festigkeit und Klüftigkeit der Gesteine im Massiv wurde im Skočinskij-Bergbauinstitut eine Theorie entwickelt, die auf der komplexen Berücksichtigung des Maßstabsfaktors, des Festigkeitspasses der Gesteine und der Veränderlichkeit der Prüfwerte beruht [34].

Z. S. JERŽANOV vom Institut für Mechanik der Akademie der Wissenschaften der Kasachischen SSR [22] entwickelte eine Theorie der linearen Übertragung für das Gebiet des Kriechverhaltens der Gesteine.

M. M. PROTOD'JAKONOV und N. F. KENŽIGLOV erarbeiteten ein vollständiges System rheologischer Schemata für Gesteine, welches auf der Kombinatorik dreier Grundelemente dieser Schemata beruht — des elastischen, viskosen und plastischen Elementes bei ihrer Hintereinander- und Parallelschaltung.

In den letzten Jahren begann man mit der Entwicklung theoretischer Untersuchungen über die Eigenschaften gesteinsbildender Mineralien in Verbindung mit ihrem Elektronenaufbau [35]. Diese Untersuchungen werden gegenwärtig im Sektor für physikalisch-technische Bergbauprobleme des Institutes für Physik der Erde der Akademie der Wissenschaften der UdSSR fortgesetzt.

In der UdSSR existiert eine sehr umfassende Literatur über physikalisch-mechanische Eigenschaften von Gesteinen mit Überblickscharakter. Zur Zahl dieser Arbeiten muß man das Buch von L. I. BARON, B. M. LOGUNZOV und L. Z. POZIN [36] über die Bestimmung der Gesteinseigenschaften zählen. Der neueste Überblick über die Untersuchung von Gesteinseigenschaften ist in der Arbeit [37] zu finden.

Die Hauptaufgaben weiterer Forschungen auf dem Gebiet der Gesteinseigenschaften kann man kurz folgendermaßen formulieren:

a) Untersuchung der Abhängigkeit physikalischer (und mechanischer) Eigenschaften der Gesteine von ihrer Struktur, den Eigenschaften der gesteinsbildenden Mineralien und den petrographischen Besonderheiten.

b) Entwicklung einer physikalischen Theorie der Gesteinseigenschaften (der Physik der Gesteine) und der Grundlagen der künstlichen Beherrschung dieser Eigenschaften im Massiv.

c) Schaffung einer Theorie der Festigkeit und Verformbarkeit der Gesteine als inhomogene und klüftige Medien.

d) Untersuchung der Eigenschaften von Gesteinen in großen Teufen.

e) Untersuchung der grundlegenden Eigenschaften gesteinsbildender Mineralien auf der Grundlage ihres Elektronenaufbaues.

Literatur

[1] PROTOD'JAKONOV, M. M.: Materialien zum genauen Stand bergmännischer Arbeiten. Teil 1, Ausgabe des Zentralvorstandes der Bergleute, Moskau 1926.

[2] Fragen der Zerstörung und des Druckes von Gesteinen. Sammelband, Ugletechizdat, Moskva 1955.

[3] PROTOD'JAKONOV, M. M., und LOGUNOV, B. M.: Bohrbarkeit und Festigkeit der Gesteine. Sammelband: „Bergbaufragen", Ugletechizdat, Moskva 1958.

[4] Untersuchung physikalischer und mechanischer Eigenschaften von Gesteinen. Arbeiten des Institutes für Geologie der Erzlagerstätten, Petrographie, Mineralogie und Geochemie der Akad. d. Wiss. der UdSSR, **13** (1958); **43** (1961).

[5] Vorläufige Forderungen über Aufbau und Methoden mechanischer Gesteinsuntersuchungen bei Erkundung von Lagerstätten für die Projektierung untertägiger Gewinnungsarbeiten. Ausgabe des VNIMI, Leningrad, 1966.
[6] Matveev, B. V.: Mechanische Untersuchung von Gesteinen nach der Methode koaxialer Druckstempel. Ugletechizdat, Moskva 1937.
[7] Ruppenejt, K. V.: Die mechanischen Eigenschaften der Gesteine. Ugletechizdat, Moskva 1956.
[8] Protod'jakonov, M. M., und Voblikov, V. S.: Bestimmung der Festigkeit von Gesteinen an Proben unregelmäßiger Form. Ugol 4 (1957).
[9] Jagodkin, G. I., Čekanov, A. N., und Terpigorev A. M.: Bestimmung der mechanischen Kennwerte von Kohlen an Proben beliebiger Form. Sammelband „Zerstörung von Kohlen und Gesteinen". Ugletechizdat, Moskva 1958.
[10] Kojfman, M. I.: Komplexschnellverfahren zur Bestimmung der mechanischen Eigenschaften von Gesteinen. Sammelband „Mechanische Eigenschaften der Gesteine." Verlag d. Akad. d. Wiss. der UdSSR, Moskva 1963.
[11] Protod'jakonov, M. M., Čirkov, S. E., Kuntyš, M. F., und Teder, R. I.: Festigkeitspässe der Gesteine und Methoden ihrer Bestimmung. Nauka, Moskva 1964.
[12] Šrejner, L. A., Petrov, O. P., Jakušev, V. P., u. a.: Mechanische und abrasive Eigenschaften der Gesteine. Gostoptechizdat, Moskva 1958.
[13] Baron, L. I., und Glatman, I. B.: Methoden der Prüfung von Gesteinen auf Kontaktfestigkeit. Gornye mašiny 2 (1901).
[14] Pozin, E. Z.: Methode zur Bestimmung der Klüftigkeit von Kohlen. Wissenschaftl. Arbeiten des KNIUI. Bd. 3, Ugletechizdat Moskva 1958.
[15] Protod'jakonov, M. M., und Teder, R. I.: Anwendbarkeit des Stoßverfahrens zur Bestimmung der Festigkeit harter Gesteine. Gorn. ž. 4 (1962).
[16] Stavrogin, A. N.: Untersuchung von Gesteinen unter komplizierten Spannungszuständen. Gorn. ž. 3 (1961).
[17] Kojfman, M. I., Il'nickaja, E. I., und Karpov, V. I.: Die Festigkeit der Gesteine im triaxialen Spannungszustand. Nauka, Moskva 1964.
[18] Anleitung zur Prüfung von Gesteinen geringer Festigkeit auf Seitenschub. Verlag des VNIMI, Leningrad 1961.
[19] Volarovič, M. P., Balšov, D. B., und Pavlogradskij, V. I.: Untersuchung der Zusammendrückbarkeit von Eruptivgesteinen bei Drücken bis 5000 kp/cm². Nachr. d. Akad. d. Wiss. der UdSSR, Serie Geophysik 5 (1959).
[20] Rizničenko, Ju. V., Ivakin, B. N., und Burov, V. R.: Modellierung seismischer Wellen mit Hilfe von Ultraschallimpulsen. Nachr. d. Akad. d. Wiss. der UdSSR, Serie Geophysik 3 (1952).
[21] Silaeva, O. L.: Untersuchung der Ausbreitung elastischer Wellen und elastischer Parameter in Gesteinsproben bei einseitigem Druck mit Hilfe von Ultraschallgeschwindigkeiten. Arbeiten des Institutes für Physik der Erde der Akad. d. Wiss. der UdSSR 27 (1962).
[22] Jeržanov, Z. S.: Theorie des Kriechens der Gesteine und ihre Anwendungen. Nauka, Alma-Ata 1964.
[23] Gluško, V. T., und Sirokov, A. V.: Mechanik der Gesteine und Schutz von Grubenbauen. Naukova dumka, Kiev 1967.
[24] Protod'jakonov, M. M.: Untersuchung der physikalisch-mechanischen Eigenschaften von Kohlen und Gesteinen und die Aufgaben weiterer Forschungen. Verlag der Akad. d. Wiss. der UdSSR, Moskva 1963.
[25] Zakutskij, I. A.: Untersuchung des Widerstandes der Liegendgesteine gegenüber dem Eindrücken des Ausbaues auf den Schachtanlagen des Donbass. Sammelband „Abbau von Kohlelagerstätten". Ugletechizdat, Bd. 13, Moskva 1958.
[26] Jančur, A. M., und Kul'bačnyj, A. N.: Bestimmung der mechanischen Eigenschaften von Gesteinen des Donbass. Verlag VNIOMSS, Charkov 1958.
[27] Beron, A. I., Kazanskij, A. S., und Lejbov, B. M.: Das Schneiden von Kohle. Gosgortechizdat, Moskva 1962.
[28] Kobranova, V. I.: Die physikalischen Eigenschaften der Gesteine. Gostoptechizdat, Moskva 1962.
[29] Parchomenko, E. I.: Die elastischen Eigenschaften der Gesteine. Nauka, Moskva 1965.
[30] Rževskij, V. V., und Novik, G. Ja.: Grundlagen der Gesteinsphysik. Nauka, Moskva 1964.
[31] Turčaninov, I. A., Medvedev, R. V., und Panin, V. I.: Moderne Methoden der komplexen Bestimmung physikalischer Eigenschaften von Gesteinen. Nedra, Moskva 1967.
[32] Protod'jakonov, M. M.: Verallgemeinerung der Gleichung der Hüllkurven zu den Grenzspannungskreisen von Mohr. Sammelband „Untersuchung physikalisch-mechanischer Gesteinseigenschaften in Anwendung auf die Aufgaben zur Beherrschung des Gebirgsdruckes". Verlag d. Akad. d. Wiss. der UdSSR, Moskva 1962.

[33] KOJFMAN, M. I.: Zur Untersuchung des Maßstabsfaktors in Arbeiten über den Gebirgsdruck. Sammelband „Die mechanischen Eigenschaften der Gesteine". Verlag der Akad. d. Wiss. der UdSSR, Moskva 1963.
[34] PROTOD'JAKONOV, M. M., und ČIRKOV, S. E.: Klüftigkeit und Festigkeit der Gesteine im Massiv. Nauka, Moskva 1964.
[35] PROTOD'JAKONOV, M. M.: Die Eigenschaften gesteinsbildender Mineralien und ihr Elektronenaufbau. Nauka, Moskva 1965.
[36] BARON, L. I., LOGUNCOV, B. M., und POZIN, E. Z.: Die Bestimmung der Eigenschaften von Gesteinen. GNTI, Moskva 1962.
[37] PROTOD'JAKONOV, M. M., und VATOLIN, E. S.: Die Untersuchung der physikalisch-mechanischen Eigenschaften von Gesteinen. Die sowjetische Bergbauwissenschaft. Nauka, Moskva 1967.

Bedingungen der Grenzzustände und Verformungen des Gebirges

von A. N. Stavrogin, Leningrad

Vorliegender Bericht enthält die Ergebnisse der auf Veranlassung von S. G. Averšin im Institut VNIMI angestellten Untersuchungen der mechanischen Gesteinseigenschaften im Zusammenhang mit dem Fragenkomplex des Gebirgsdrucks, insbesondere mit dem Problem der Gebirgsschläge und plötzlichen Ausbrüche. Ziel der Untersuchungen war die Feststellung der Bedingungen des Überganges in Grenzzustände und ihre Formulierung in einfacher, für mathematische Berechnungen geeigneter Weise, wobei gleichzeitig die physikalische Seite der Erscheinungen, die in einem so inhomogenen Material, wie es das Gebirge ist, auftreten, besser zum Ausdruck kommen sollte.

Die vorhandenen Festigkeitstheorien bringen die realen Eigenschaften des Materials nicht genügend genau und allseitig zum Ausdruck, woraus sich die Notwendigkeit der eingeleiteten Arbeiten ergab. Andererseits bestand die Aufgabenstellung in der Untersuchung der Natur der Gesteinsverformung, da aus vielen indirekten und zum Teil auch direkten Angaben ersichtlich wurde, daß der Verformungsprozeß von inhomogenem Material in der Art von Gesteinen sich wesentlich von den Anforderungen unterscheidet, die z. B. an ein Modell des plastischen Mediums gestellt werden, das solche Erscheinungen und Kennziffern, wie Vergrößerung des Umfangs bei Druck, Erreichung von Werten über 0,5 durch den Koeffizienten der Querverformung usw., nicht aufweist.

Die Untersuchung der mechanischen Gesteinseigenschaften erfolgte mittels einer hierfür entwickelten hydraulischen Spezialanlage für proportionale Belastung (GUPN) [1], deren Schema von G. N. Kuznecov vorgeschlagen wurde [2]. Die Untersuchungen wurden bei folgenden Spannungszuständen durchgeführt: einachsiger Druck und Zug, flacher Spannungszustand „Zug — Druck", Zug und Druck bei Seitendruck, der in der Anlage GUPN 10 bis 12 Tausend Atm erreicht. Für die Versuche bei flachem Spannungszustand wurden die Proben röhrenförmig vorbereitet, bei allen übrigen Versuchen hatten sie die Form von Vollzylindern mit 30 mm Durchmesser. Die Länge des untersuchten Probenabschnitts betrug mindestens 2,5 des Durchmessers. Sämtliche Hauptspannungen und Hauptverformungen wurden während der Versuche fortlaufend registriert, das Verhältnis der Hauptspannungen wurde zu Beginn der Versuche vorgegeben und dann bis zu ihrer Beendigung automatisch konstant gehalten.

Untersucht wurden vier Gesteinsarten:

a) weißer Marmor I, feinkörnig, Korngröße 0,1 bis 0,2 mm;
b) weißer Marmor II, mittlerer Körnung, Korngröße 0,2 bis 0,5 mm;
c) Talkchlorit aus der Lagerstätte Seg-Ozero, Korngröße 0,5 mm;
d) Diabas aus der Lagerstätte im Revier des Bratsker Wasserkraftwerks, Korngröße 1,2 mm.

Sämtliche Gesteine wiesen eine Porosität unter 1% auf.

Zu Beginn wurden die Werte der Elastizitäts- und Festigkeitsgrenze ermittelt, die auf Bild 1 a—d in Form Mohrscher Hüllkurven dargestellt sind. Die Elastizitätsgrenzen wurden nach dem Eintrittsmoment der Restverformungen bestimmt.

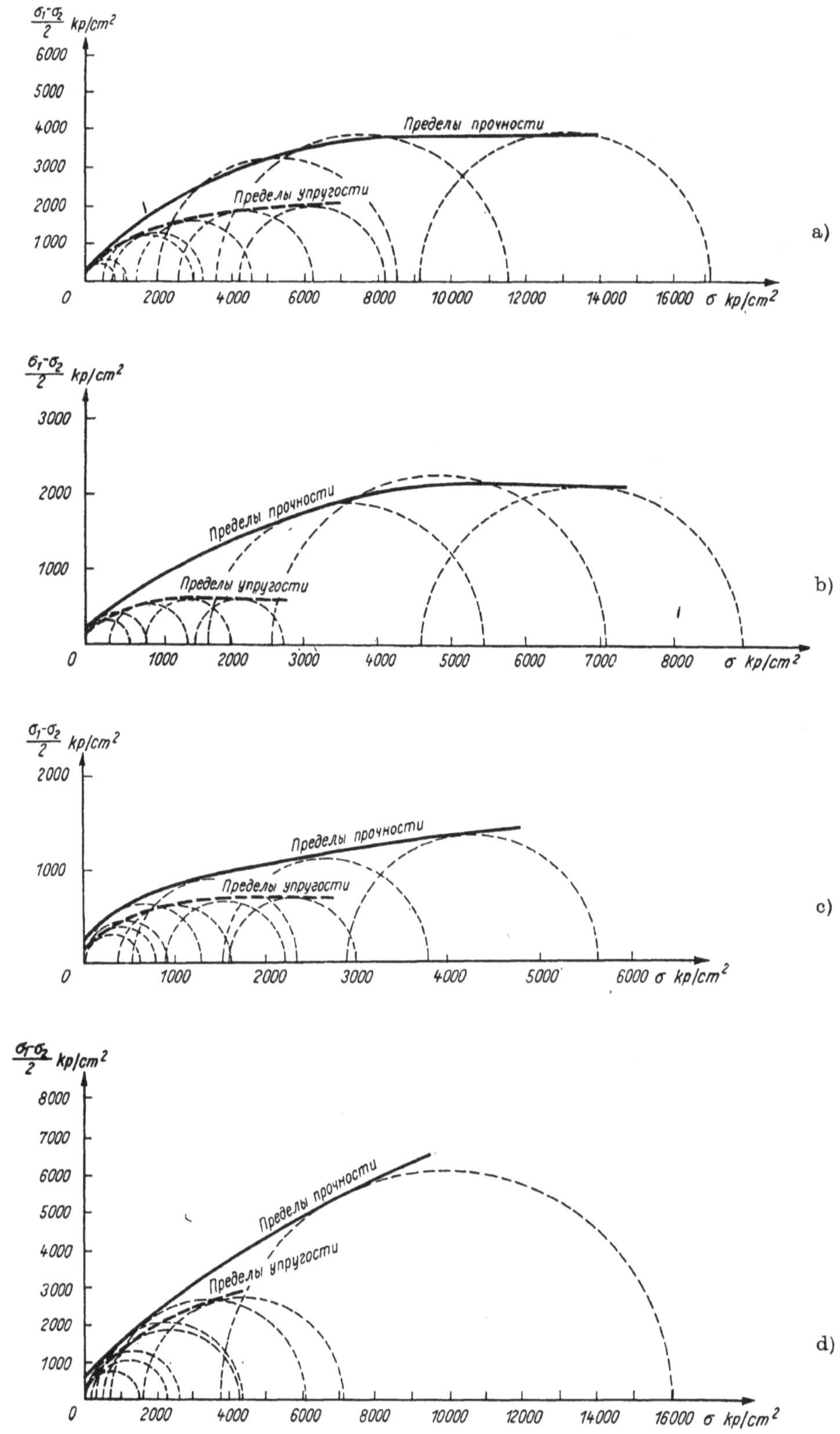

Bild 1a—d. MOHRsche Hüllkurven

a) für Marmor I; b) für Marmor II; c) für Talkchlorit; d) für Diabas

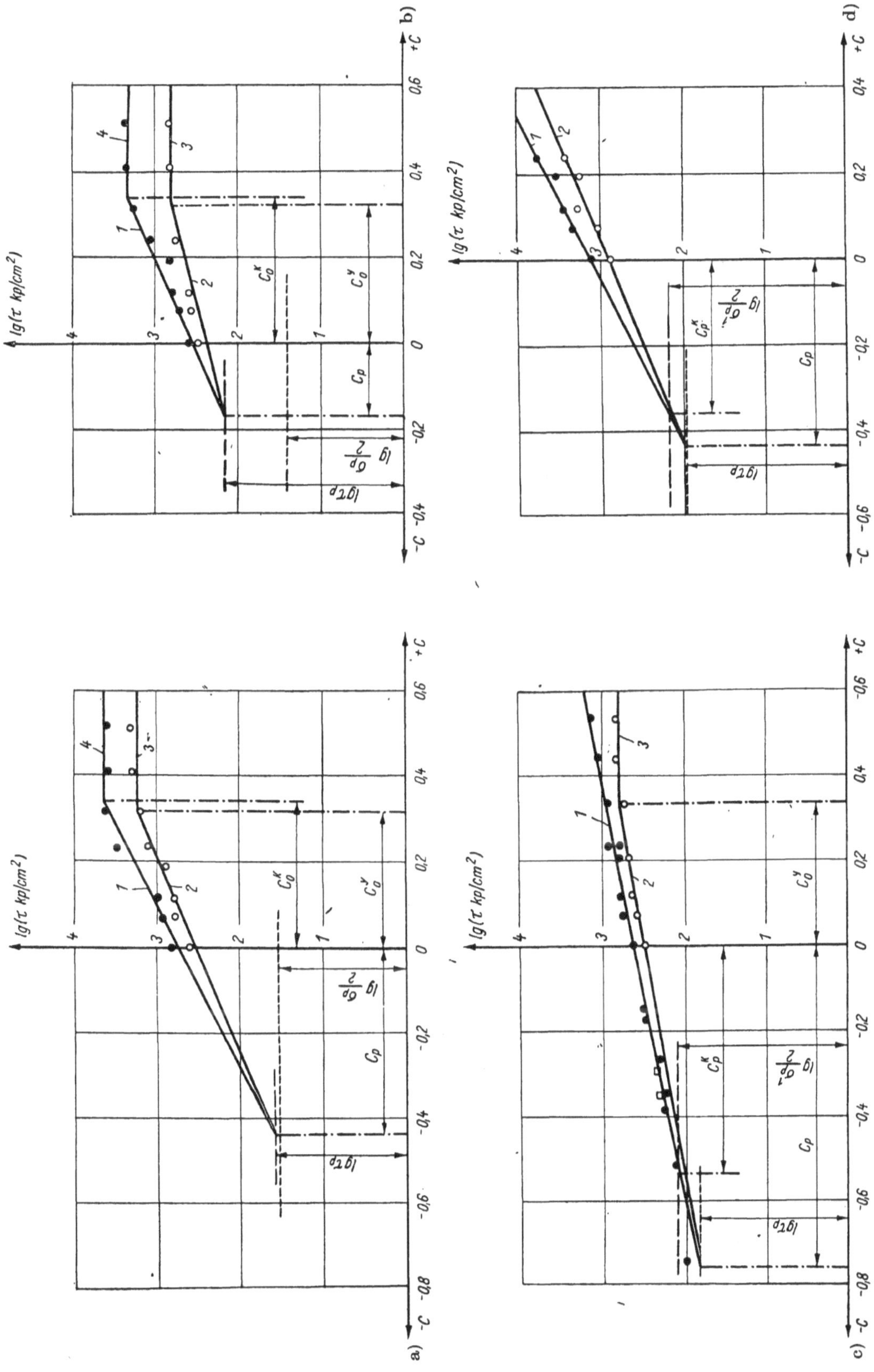

Bild 2a–d. Neue Bedingungen von Grenzzuständen a) bei Marmor I; b) bei Marmor II; c) bei Talkchlorit; d) bei Diabas

Die Koordinaten der MOHRschen Hüllkurven haben den Nachteil, daß sie keine analytische Darstellung der Kurve ermöglichen, was einerseits für einen großen Kreis von Bedingungen und zahlreiches Material recht und billig wäre, andererseits günstig in mathematischer Hinsicht. Unter Berücksichtigung dieser Tatsache werden in vorliegender Arbeit neue Bedingungen für Grenzzustände dargelegt, konstruiert mit den Koordinaten ($\lg \tau_{max}$; C), wobei

$$\tau_{max} = \frac{\sigma_{max} - \sigma_{min}}{2} \text{ und } C = \frac{\sigma_{min}}{\sigma_{max}} .$$

Im allgemeinen wird die Kenngröße C als Verhältnis von zwei Komponenten der Hauptspannungssumme bestimmt, die die maximale Schubspannung τ_{max} erzeugen. Die Gestaltung des Verhältnisses erfolgt dabei in der Weise, daß einachsiger Druck $C = 0$ ergeben würde.

Die Werte der Festigkeits- und Elastizitätsgrenze mit den neuen Koordinaten für die vier Gesteinsarten werden auf Bild 2 dargestellt. Die positiven Werte C beziehen sich auf Druck bei Seitendruck, die negativen — auf Zug bei Seitendruck und auf „Zug — Druck". Einachsigem Zug entspricht $C = -\infty$. Allseitiger hydrostatischer Druck ergibt $C = 1$.

Der Wert $C = 1$ des Diagramms auf Bild 2 a—d ist jedoch nicht erreichbar, da die Schubspannung gleich Null ist und in diesem Falle trotz der hohen Druckwerte kein Bruch erfolgt.

Der überwiegende Teil der Versuche wurde im Bereich der positiven C-Werte durchgeführt. Bei negativen C-Werten wurde für sämtliche Gesteine die Festigkeit bei einachsigem Zug festgestellt. Die Zugfestigkeit von Talkchlorit wurde bei Seitendruck untersucht (Quadrate bezeichnen die experimentellen Punkte), mit flachem Spannungszustand „Zug — Druck" (die experimentellen Punkte sind durch schwarze Kreise bezeichnet). Wie aus dem Diagramm ersichtlich, fallen die Punkte der letzten beiden Versuche zusammen und ergeben eine allgemeine Abhängigkeit.

Bei den zugrunde gelegten Koordinaten befinden sich die Versuchspunkte an den geraden geneigten Linien *1* und *2* und an den horizontalen Linien *3* und *4*. Die Linien *1* und *4* stellen die Festigkeitsgrenzen, die Linien *2* und *3* die Elastizitätsgrenzen dar.

Der bei einachsigem Zug ermittelte Festigkeitswert wird durch eine gestrichelte horizontale Gerade auf der Ebene $\lg\left(\frac{\sigma_p}{2}\right) < \lg \tau_p$ für die zwei verschiedenen Marmorarten und auf der Ebene $\lg\left(\frac{\sigma_{p^1}}{2}\right) < \lg \tau_p$ für Talkchlorit und Diabas dargestellt. Hier sind $-\sigma_p$ und σ_{p^1} — die Festigkeit bei einachsigem Zug.

Dementsprechend können die Linien *1* und *2* analytisch mit Hilfe der Gleichungen

$$\tau_p = \tau_{p^0} l , \tag{1}$$

$$\tau_y = \tau_{y^0} l \tag{2}$$

beschrieben werden.

Hierbei sind:

τ_p — die Festigkeitsgrenze,

τ_y — die Elastizitätsgrenze und

τ_{p^0}, τ_{y^0} — A und B, die von den Gesteinseigenschaften abhängigen Konstanten.

Die Größen τ_{p^0} und τ_{y^0} sind entsprechend der Festigkeits- und Elastizitätsgrenze bei einachsigem Druck gleich, und die Konstanten A und B bestimmen die Neigung der Geraden in halblogarithmischen Koordinaten.

Bei den beiden Marmorarten sind die horizontalen Abschnitte 3 und 4 klar ausgeprägt, während bei Talkchlorit die Horizontallage der Linie der Elastizitätsgrenze kaum angedeutet ist. Für Diabas wurden die horizontalen Abschnitte nicht erreicht, da mit der Anlage GUPN die dafür erforderlichen, sehr hohen Drücke nicht erzeugt werden konnten.

Die geneigten Geraden *1* und *2* wurden bis zur Überschneidung der Koordinaten C_p und $\lg \tau_p$ in einem Punkt extrapoliert; ihre Größen können mit Hilfe der Gln. (1) und (2) berechnet werden, ausgehend von der Voraussetzung $\tau_p = \tau_y$. Die Formel zur Berechnung von C_p hat die Form

$$C_p = \ln\left(\frac{\tau_{p^0}}{\tau_{y^0}} \cdot \frac{1}{B - A}\right). \tag{3}$$

Die Größe τ_p wird aus den Gln. (1) oder (2) nach Einfügung von $C = C_p$ aus (3) in dieselben bestimmt.

Am Schnittpunkt der Linien *1* und *2* fallen Elastizitätsgrenze und Festigkeitsgrenze zusammen. Auf diese Weite tritt ein makroskopisch vollkommener Sprödbruch ein, mit dem vollen Charakter eines Abrisses, ausgelöst durch den Einfluß der normalen Zugspannung, die hier die Grenze der Reißfestigkeit σ_p erreicht. Hier werden die Kriterien der Festigkeit und die linken Schnittpunkte nach der Theorie der maximalen normalen Zugspannungen (1. Festigkeitstheorie) [3, 4] bestimmt.

Bei bekannten C_p und τ_p wird die Reißfestigkeit nach der Formel

$$\sigma_p = \frac{2\,\tau_p}{\left(\frac{1}{C_p} - 1\right)} \tag{4}$$

bestimmt.

Formel (4) ist jedoch nur dann anwendbar, wenn die Festigkeit bei einachsigem Zug gleichzeitig die Reißfestigkeit ist, was in dem Verhältnis

$$\lg \tau_p \geqq \lg\left(\frac{\sigma_p}{2}\right)$$

zum Ausdruck kommt.

Wenn die Festigkeit bei einachsigem Zug σ_p^1 die Bedingung $\lg \tau_p < \lg\left(\frac{\sigma_{p^1}}{2}\right)$ erfüllt, ist die Größe σ_{p^1} nicht mehr die Reißfestigkeit des betreffenden Materials σ_p.

Die Größe σ_p kann in diesem Falle experimentell unter den im Vergleich zum einachsigen Zug härteren Bedingungen des dreiachsigen ungleichmäßigen Zugs (nach Ja. B. Fridman [5]) bestimmt werden.

Die Formel zur Berechnung von σ_p nimmt unter diesen Bedingungen folgende Form an:

$$\sigma_p = \frac{2\,\tau_p}{(C_p^1 - 1)}. \tag{5}$$

Hier ist $C_p^1 = C_p - C_{p^1}$, wobei C_{p^1} auf den Diagrammen von Bild 2c und d die horizontale Koordinate der Überschneidung der Linie 1 mit der gestrichelten Linie auf der Ebene $\lg\left(\frac{\sigma_p^1}{2}\right) > \lg \tau_p$ ist.

Formel (5) ermöglicht die Bestimmung der Reißfestigkeit σ_p und der Art des Spannungszustandes C_p^1 im Bereich des dreiachsigen Zugs, wo, wie bekannt, die experimentelle Bestimmung außerordentlich umständlich ist, auf dem Berechnungswege.

Die Berechnung nach Formel (5) beruht auf Extrapolation der Abhängigkeiten (1) und (2) in den Bereich, wo experimentelle Punkte fehlen, und in diesem Sinne ist das Vorgehen als hypothetisch zu bezeichnen, obwohl es vom Gesichtspunkt der vorgeschlagenen Konstruktion folgerichtig ist. Die Größe C_p^1 hat ein Pluszeichen und kann quantitativ als Beziehung zwischen minimaler und maximaler Zugspannung dargestellt werden.

Bei vielen Gesteinsarten genügen Versuche bei einachsigem Zug zur Ermittlung der Reißfestigkeit; es gibt jedoch auch solche Gesteine, wie z. B. Talkchlorit und Diabas, die diese Regel nicht erfüllen. Die Härte der Belastung bei ein- und zweiachsigem Zug nach Ja. B. Fridman [5] erweist sich hier als nicht ausreichend, und daher ist es zur Ermittlung einer Kennlinie für σ_p erforderlich, derartiges Material bei dreiachsigem Zug zu untersuchen.

Die experimentell bestimmten Werte $\sigma_{p_p}^{\circledcirc}$ und die nach den angeführten Formeln berechneten Werte σ_p^τ der Reißfestigkeit für die vier Gesteinsarten sind folgende:

für Marmor I	$\sigma_{p^э} = 45\ \mathrm{kp/cm^2}$,	$\sigma_{p^\tau} = 60\ \mathrm{kp/cm^2}$,
für Marmor II	$\sigma_{p^э} = 50\ \mathrm{kp/cm^2}$,	$\sigma_{p^\tau} = 60\ \mathrm{kp/cm^2}$,
für Talkchlorit	$\sigma_{p^э} = 130\ \mathrm{kp/cm^2}$,	$\sigma_{p^\tau} = 115\ \mathrm{kp/cm^2}$,
für Diabas	$\sigma_{p^э} = 150\ \mathrm{kp/cm^2}$,	$\sigma_{p^\tau} = 120\ \mathrm{kp/cm^2}$.

Die Vorbedingungen der Grenzzustände (1) und (2) beziehen sich auf den Schubbereich und stehen mit den Auswirkungen der Schubspannungen im Zusammenhang. In den horizontalen Abschnitten *3* und *4* gehen die Bedingungen (1) und (2), wie auch die Mohrsche Theorie, in den horizontalen Abschnitten der Hüllkurven in die Theorie der maximalen Schubspannungen über (3. Festigkeitstheorie). Bei den vorliegenden Bedingungen ist, wie auch bei der Mohrschen Festigkeitstheorie, die These der Unabhängigkeit der mittleren Hauptspannung wesentlich. Diese These wird jedoch zum großen Teil noch als hypothetisch betrachtet, obwohl eine Reihe experimenteller Überprüfungen erfolgte, die die Richtigkeit der Hypothese bestätigten.

In der letzten Zeit führte G. N. Kuznecov [6] eine Versuchsreihe mit würfelförmigen Proben bei Spannungszuständen durch, wobei die drei Druckspannungen ungleichartig waren. Die Versuche erfolgten mit einer eigens von ihm entwickelten Anlage. Dabei wurde festgestellt, daß die Größe der mittleren Hauptspannung auf die auf den Scherflächen verlaufenden Prozesse keinen Einfluß ausübt.

Die während des Versuchs mit der Anlage GUPN registrierten Hauptverformungen des Gesteins ε_1, $\varepsilon_2 = \varepsilon_3$ bilden die Summe der elastischen Komponenten ε_1^Γ, ε_2^Γ, $= \varepsilon_3^\Gamma$ und der Restkomponenten $\Delta\varepsilon_2$, $\Delta\varepsilon_2 = \Delta\varepsilon_3$:

$$\Delta\varepsilon_3 = \varepsilon_3 - \varepsilon_1^\Gamma \,, \qquad (6)$$
$$\Delta\varepsilon_2 = \Delta\varepsilon_3 = \varepsilon_2 - \varepsilon_2^\Gamma = \varepsilon_3 - \varepsilon_3^\Gamma \,.$$

Die elastischen Verformungen werden vollkommen von dem bekannten Hookeschen Gesetz beschrieben. Die Art der Restverformungen wurde bedeutend weniger untersucht und daher wird in dieser Arbeit das Hauptaugenmerk auf ihre Analyse gerichtet.

Wenn wir mit den Komponenten $\Delta\varepsilon_1$, $\Delta\varepsilon_2 = \Delta\varepsilon_3$ operieren und den Begriff eines Koeffizienten der transversalen Restverformung $\mu = \frac{\Delta\,\varepsilon_2}{\Delta\,\varepsilon}$ einführen, erhalten wir in Übereinstimmung mit der Verformungstheorie zur Bestimmung der Größe der Restveränderung des Umfangs $\Delta\Theta$ die Formel

$$\Delta\Theta = \Delta\varepsilon_1\,(1 - 2\,\mu)\,. \qquad (7)$$

Bild 3a zeigt die experimentell ermittelten Abhängigkeiten der maximalen Restveränderung des Umfangs $\Delta\Theta$ (festgestellt bei Spannungen, die mit der Festigkeitsgrenze zusammenfallen) von der Kenngröße C (Kurve *1* und *2*). Die Veränderung des Umfangs hat das Merkmal einer Erweiterung, was darauf hinweist, daß der Prozeß der Restverformung des Gesteins von der Entwicklung eines Systems von Mikrorissen begleitet wird. Die Vergrößerung des Umfangs erreicht ihr Maximum nicht bei einachsigem Druck, sondern bei Seitendruck. Dabei beträgt der Maximalwert $\Delta\Theta$ bei Marmor I etwa das 30fache und bei Marmor II das 20fache der bei einachsigem Druck bei diesem Gestein beobachteten Umfangsvergrößerung. Die Vergrößerung des Umfangs von Gesteinen bei einachsigem Druck beobachtete Bridgeman [7], die Vergrößerung des Umfangs von Betonproben bei einachsigem Druck wurde von O. Ja. Berg untersucht [8]. Die Vergrößerung des Umfangs von Gesteinen in Hochdruckkammern beobachtete L. A. Schreiner mit seinen Mitarbeitern [9]. M. P. Volarovič untersuchte zusammen mit seinen Mitarbeitern die Verminderung der Fortpflanzungsgeschwindigkeit von Längswellen in Gesteinsproben, die über die Elastizitätsgrenze hinaus belastet waren [10].

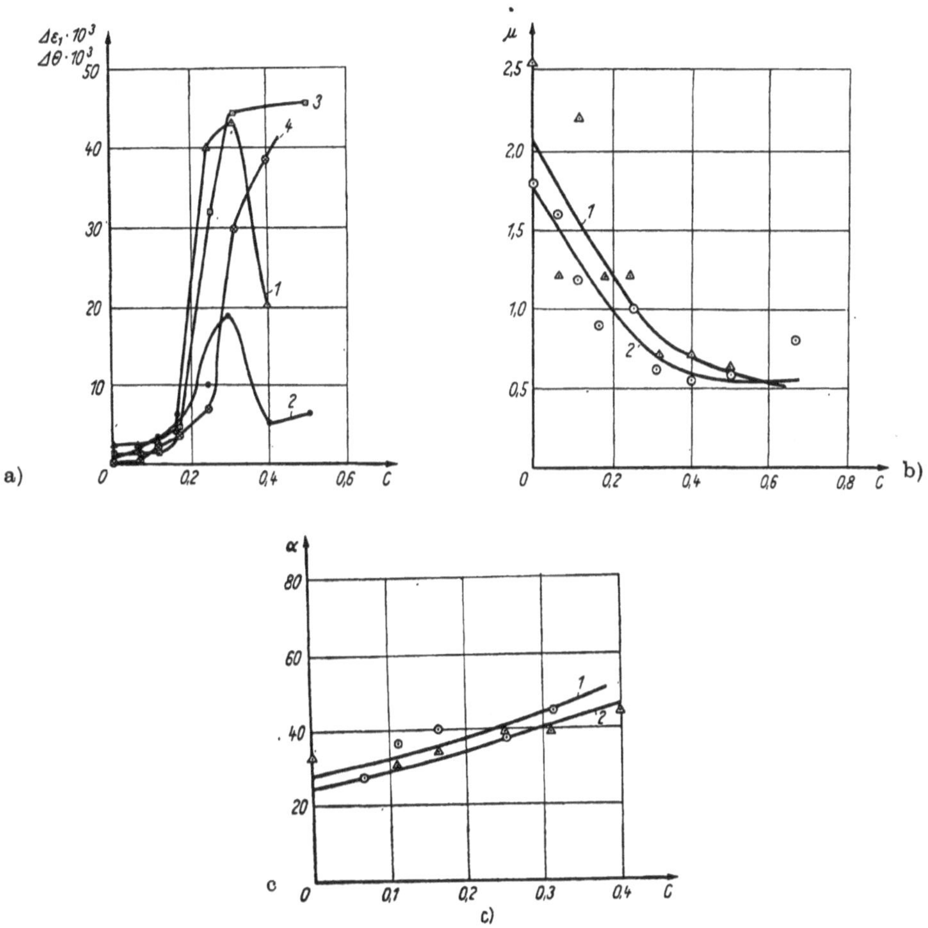

Bild 3a--c. Experimentelle Abhängigkeiten für Marmor I (Kurve 1) und Marmor II (Kurve 2)

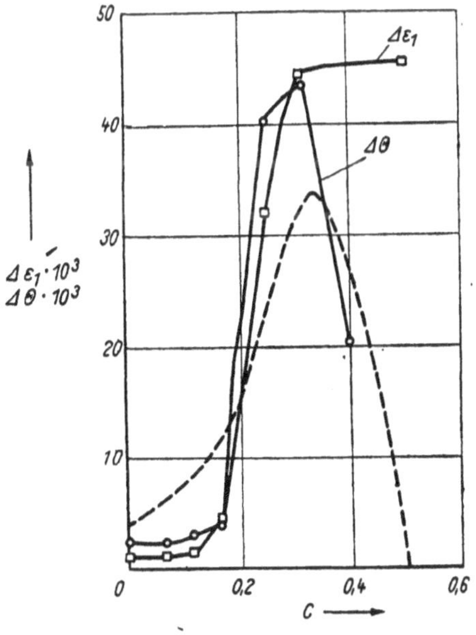

Bild 4. Umfangsveränderung bei Marmor I

Die Vergrößerung des Umfangs einer Reihe von Gesteinen wurde in den Arbeiten des Verfassers festgestellt [11, 12]. MENCL behandelte in seiner Arbeit [13] theoretisch die Frage der räumlichen Gesteinsverformung.

Das Diagramm in Bild 3a veranschaulicht die Grenzwerte der Restverformung $\Delta\varepsilon_1$ für Marmor I (Kurve *3*) und für Marmor II (Kurve *4*) bei gleichem C. Bild 3b zeigt die Abhängigkeit des Koeffizienten μ von C und Bild 3c die Abhängigkeit des Winkels α der Neigung der Scherfläche zur Probenachse von C.

Die analytischen Formeln obiger Abhängigkeiten sind folgende:

$$\Delta\varepsilon_1 = \Delta\varepsilon_1{}^0 \, e^{MC} , \tag{8}$$

$$\mu = \mu_0 \, e^{-\Gamma C} , \tag{9}$$

$$\alpha = \alpha_0 \, e^{DC} , \tag{10}$$

wobei $\Delta\varepsilon^0$, M, μ_0, Γ, α_0, D — die von den Gesteinseigenschaften abhängigen Konstanten.

Nach Einfügung der Formeln (8) und (9) in Gl. (7) erhalten wir die Formel zur Bestimmung der Grenzwerte $\Delta\Theta$:

$$\Delta\Theta = \Delta\varepsilon_1^0 \, e^{MC} \, (1 - 2 \, \mu_0 \, e^{-\Gamma C}) . \tag{11}$$

Auf Bild 4 wird zur Veranschaulichung die aus dem Diagramm von Bild 3a entnommene, experimentell ermittelte Abhängigkeit $\Delta\Theta$ von C für Marmor I mit ausgezogenen Linien dargestellt; sowie die gleiche, nach Formel (11) berechnete Abhängigkeit mittels gestrichelter Linie. Wie daraus ersichtlich, führen die experimentelle und die rechnerische Ermittlung zu ähnlichen Abhängigkeiten.

Gl. (11) ermöglicht die Bestimmung der Koordinate der maximalen Umfangsvergrößerung $C\,m$ nach der Methode der Ermittlung des Extremwerts von Funktionen

$$C_m = \frac{1}{\Gamma} \ln \left[2 \, \mu_0 \left(\frac{M - \Gamma}{M} \right) \right] . \tag{12}$$

Tab. 1 enthält die Grenzwerte der Umfangsvergrößerung des untersuchten Gesteins bei einachsigem Druck $\Delta\Theta_1$ und die Werte der maximalen Umfangsvergrößerung C_m, die Konstanten zu den Gln. (1), (2), (8), (9) und (10) sowie die Werte der Kenngröße C, bei denen der horizontale Abschnitt der Linien der Elastizitätsgrenze C_0^y und der Festigkeitsgrenze C_0^n erscheint.

Tabelle 1

Gesteinsarten	$\Delta\Theta_1$ $x\,10^{-3}$	$\Delta\Theta_m$ $x\,10^{-3}$	C_m	$\tau_p{}^0$ kp/cm²	A	$\tau_1{}^0$ kp/cm²	B	μ_0	Γ	α_0	D	$\Delta\varepsilon_1{}^0$ $x_1\,10^{-3}$	M	C_0^p	C_0^p
Marmor I	1,5	45	0,29	600	5.0	400	3,6	2,1	3,2	31	1,2	1,3	12	0,35	0,32
Marmor II	1	20	0,30	375	4,8	300	2,1	1,8	3,1	27	1,25	0,3	13,8	0,34	0,32
Talkchlorit	0,7	1,3	0,16	450	2,6	300	2,2	1,65	3,5	27	1,4	0,28	10,6	0,38	0,32
Diabas	0,6	2,0	0,11	1300	7,1	750	6,5	2,0	2,5	24	1,26	0,26	9,4	0,42	—

Anmerkung: Für Talkchlorit und Diabas wurde die Größe C_0^p auf dem Berechnungswege durch Extrapolation der Abhängigkeit (10) des Scherwinkels α von C_{σ_0} des Wertes $\alpha = 45°$ ermittelt.

Ausgehend von Gl. (11) erklärt sich die Entstehung der maximalen Umfangsvergrößerung durch das Anwachsen der Restverformung $\Delta\varepsilon_1$ und die Verkleinerung des Koeffizienten μ bei Vergrößerung der Kenngröße C. Bei den Werten $C > C_m$ werden die Näherungen $\Delta\Theta \to 0$, $\mu \to 0{,}5$ und $\alpha \to 45°$ beobachtet. Wenn sämtliche erwähnten Größen ihre Grenze erreicht haben, entspricht das Gesteinsmaterial seinen Eigenschaften nach dem Modell eines kompakten plastischen Körpers. Diese Grenze tritt ein, wenn die Vorbedingungen der Grenzzustände im horizontalen Abschnitt erscheinen.

Schlußfolgerungen

1. Die Bedingungen elastischer und fester Grenzzustände im breiten Bereich der Spannungszustände werden mit Hilfe von Gleichungen exponentieller Art beschrieben: als äußerste Fälle werden die Bedingungen der Grenzzustände im Bereich der Rißbildung mittels der Festigkeitstheorie maximaler Normalspannungen beschrieben und im Scherbereich mittels der Festigkeitstheorie maximaler Schubspannungen. Der Bereich der Zerstörung des Gebirges durch Abreißen wird vom Fehlen von Restverformungen gekennzeichnet, was sich aus dem Zusammenfallen von Elastizitäts- und Festigkeitsgrenze erklärt.

2. Die dargelegten Bedingungen der Grenzzustände (1) und (2) enthalten vier Gesteinskonstanten, die bei zwei Versuchen experimentell festgestellt werden können: bei einachsigen Druckversuchen und bei Versuchen mit Seitendruck, wenn die Kennlinie von C z. B. 0,3 beträgt. Bei den zugrunde gelegten Annahmen ermöglichen die Bedingungen (1) und (2) die Bestimmung der Reißfestigkeit auf dem Berechnungswege, ohne Durchführung entsprechender Experimente.

3. Die Verformung des Gesteinsmaterials wird von der Erscheinung der Umfangsvergrößerung durch Bildung eines Systems von Mikrorissen begleitet. Die funktionelle Beziehung zwischen der Umfangsvergrößerung und der Art des Spannungszustandes weist ein für jedes Gesteinsmaterial charakteristisches Maximum auf, das beim Spannungszustand unter ungleichmäßigem Druck eintritt. Solange der Verformungsprozeß von der Vergrößerung des Umfangs begleitet wird, fällt die Scherfläche nicht mit den Einwirkungsflächen maximaler Schubspannungen zusammen. Der Koeffizient der transversalen Restverformung hängt von der Kenngröße C ab und hat einen Wert von über 0,5; die Vorbedingungen der elastischen und festen Grenzzustände befinden sich im Abschnitt der Hüllkurve der Mohrschen Hauptkreise, wo der innere Reibungswinkel nicht gleich Null ist. Sofern sich der Wert des inneren Reibungswinkels in Null verwandelt, beginnt die Kongruenz zwischen Scherfläche und Einwirkungsflächen der maximalen Schubspannungen, der Koeffizient der transversalen Restverformung nähert sich 0,5 und der Effekt der Umfangsvergrößerung verschwindet praktisch. In diesem Falle nähert sich das Material seinen Eigenschaften nach dem Modell eines kompakten plastischen Körpers.

Literatur

[1] Stavrogin, A. N.: Untersuchung des Gebirges bei komplizierten Spannungszuständen. Gornyj zurnal **3** (1961).

[2] Kuznecov, G. N.: Mechanische Eigenschaften des Gesteins. Ugletechizdat 1947.

[3] Davidenkov, N. N., und Stavrogin, A. N.: Kriterien des Sprödbruchs bei flachem Spannungszustand. Izvestija A. N. SSSR, O. T. N. Nr. 8 (1954).

[4] Davidenkov, N. N., Stavrogin, A. N., und Petrova, N. A.: Kriterien der Festigkeit bei Sprödbruch. Vorträge d. Akad. d. Wiss. d. UdSSR, **99**, Nr. 1/54.

[5] Fridman, Ja. B.: Mechanische Eigenschaften der Materialien. Oborongiz (1952).

[6] Kuznecov, G. N.: Untersuchung der Grenzzustände von sprödem, durch Risse geschwächtem Material bei unterschiedlichen Bedingungen des dreiachsigen Drucks. Referate von der Allunions-Konferenz über Gebirgsmechanik und Gebirgsdruck in Novosibirsk vom 12. bis 15. Februar 1968.

[7] Bridgeman, P.: Untersuchung großer plastischer Verformungen und von Rissen. Verlag für fremdsprachige Literatur 1955.

[8] Berg, O. Ja.: Physikalische Grundlagen der Festigkeitstheorie von Beton und Stahlbeton. Gosstrojizdat 1962.

[9] Schreiner, L. A., Bajdjuk, B. V., und Logun, L. I.: Untersuchung der Verformungseigenschaften des Gebirges des Volgo-Uralsker erdöl- und erdgasführenden Reviers. Experimentelle Untersuchungen auf dem Gebiet der Gewinnung tiefer Erdöl- und Erdgasvorkommen. Izd. Nauka 1964.

[10] Volarovič, M. P., Tomaševskaja, I. S., und Bručev, I. G.: Untersuchung der Fortpflanzungsgeschwindigkeit von Längswellen und der Druckfestigkeit von Proben des bulgarischen Gebirges bei allseitigem Druck bis 9000 kp/cm².
[11] Stavrogin, A. N.: Einige Besonderheiten der Gesteinszerstörung. Gesammelte Arbeiten über das Gebirgsschlagproblem. Sammelband XLIX, VNIMI, Leningrad 1962.
[12] Stavrogin, A. N.: Über Grenzzustände und Gesteinsverformungen. Sammelband LIX, VNIMI, Leningrad 1965.
[13] Mencl, V., und Paseka, A.: Zwei Faktoren der Festigkeit von Gebirgskörpern. Bericht 5. Ländertreffen IBG, Akademie-Verlag, Berlin 1964, S. 89–92.

Festigkeit von Gestein und Gebirge

von N. K. HELFRICH, Boliden

Die Erkenntnis, daß es neben der Gesteinsfestigkeit eine Gebirgsfestigkeit gibt (STINI), war für die wissenschaftliche und praktische Entwicklung der Gebirgsmechanik von entscheidender Bedeutung. Man kann ohne Übertreibung feststellen, daß ohne diese Erkenntnis die Gebirgsmechanik ein Schattendasein in der bergbaulichen Praxis führen würde. Diesem Umstand wurde auch vom Internationalen Büro für Gebirgsmechanik Rechnung getragen, welches in seinem 5. Ländertreffen die Festigkeit von Gebirgskörpern zum Rahmenthema wählte [3].

Der Verfasser bedankt sich für die Einladung, zu diesem Thema einen Beitrag zu stellen, und möchte diesen Anlaß dazu benutzen, um dasselbe aus zwei Gesichtswinkeln zu betrachten. Es wird an Hand eines Beispieles aus der Bleierzgrube Laisvall in Nordschweden auf die Bedeutung der geologischen Situation für die Festigkeit des Gebirges und auf die Bedeutung der Gebirgsfestigkeit für die optimale Dimensionierung und Orientierung von Gebirgsfesten hingewiesen.

Der Gebirgskörper in Laisvall

Die Bleierzgrube Laisvall liegt in Nordschweden im sogenannten Gebirgsvorland der Kale doniden. Die Vererzung sitzt eokambrischen, quarzitischen Sandsteinen auf, die autochthon auf Granit und Arkosen liegen, selbst von kambrischen Schiefern und den Decken der kaledonischen, hochmetamorphen Seveeinheit überlagert werden [5, 10].

Ein Detailprofil durch den Lagerstättenkörper und von seinem geologischen Milieu wird in Bild 1 dargestellt. Es zeigt, daß der Gebirgskörper aus mehreren Sandsteinlagen aufgebaut ist, die durch Tonschichten voneinander getrennt sind. Dieselben sind als tonige Häute oder Zwischenlagen ausgebildet und von technischer Bedeutung. Auch die einzelnen Sandsteinbänke sind geschichtet. Diese Schichtung ist aber oft nicht durchgehend entwickelt. Sie kann sowohl in horizontaler als auch vertikaler Richtung aussetzen bzw. wechselnde Abstände aufweisen. Diese Inhomogenität ist sehr charakteristisch und kennzeichnet teilweise die Verbandsstrukturen [8].

Das Erz wird im Kammer- und Pfeilerbau [1] abgebaut, für das sogenannte Kautskyerz doch mit der Variante, daß in der ersten Etappe Balkenpfeiler abgesetzt werden, und erst in der letzten Etappe, dem Restbau, die Pfeilerdurchschläge gebaut werden sollen.

Für die Bestimmung der Parameter der Balkenpfeiler und deren Raumorientierung war es notwendig, die Festigkeit des Gebirgskörpers zu bestimmen.

Bestimmung der Festigkeit des Gebirgskörpers

Nach einer ersten überschläglichen Schätzung der Festigkeitsverhältnisse für das Öffnungsfeld konnten an Hand der Auffahrungen wichtige geologische Erkenntnisse über die Klufttektonik gewonnen werden, die für die Orientierung der Balkenpfeiler von Bedeutung war.

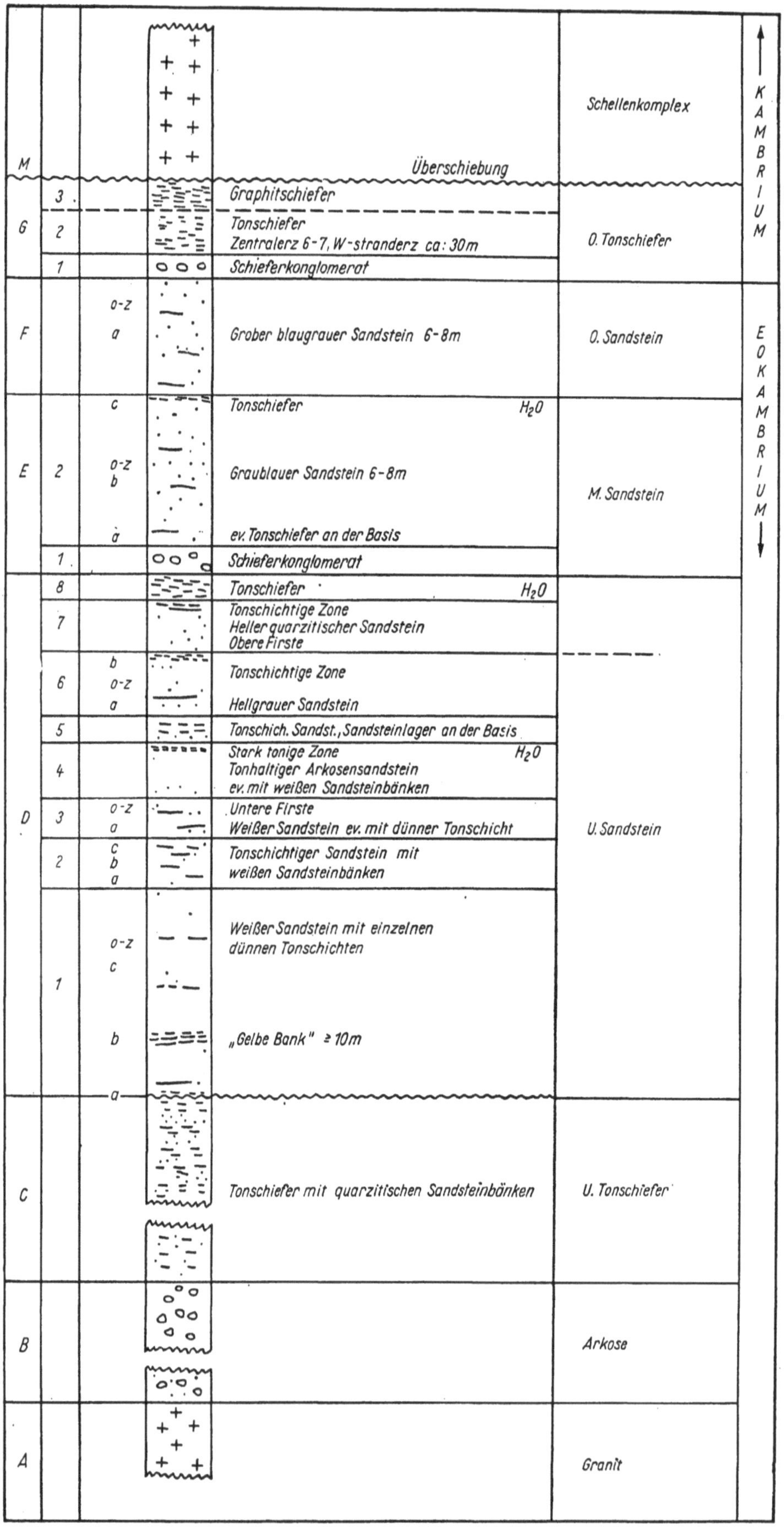

Bild 1. Stratigraphisches Detailprofil durch die Bleierzgrube Laisvall (Nordschweden) mit Schichtenindex

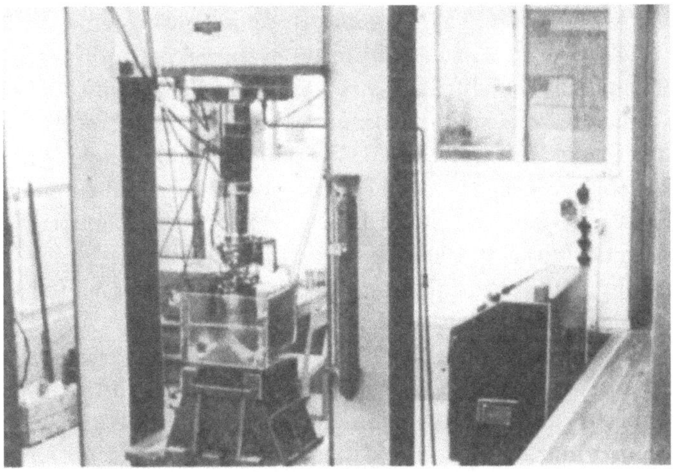

Bild 2a. 150-ton-Presse der Firma Materialtest AB (Valdemarsvik)

Bild 2b. Meßvorrichtung für die Bestimmung von E-Modul und POISSONsche „Konstante" an Bohrkernen mit Inductive Displacement Transducers, Typ PR 9310 (Philips)

Bild 2c. Registrierungseinheit mit Mosely-7000 A x−y Schreiber

Um die Gebirgsdruckfestigkeit (nach Müller: Bruchspannung eines (gedachten) einachsig druckbelasteten und etwa prismatisch geformten Gebirgskörper hinreichender Größe [11]) quantitativ erfassen zu können, wurden vom gesamten Gesteinsprofil serienmäßig die Gesteinsdruckfestigkeit an Bohrkernen bestimmt. Die Festigkeitsbestimmungen wurden in einer 150-t-Presse der Firma Materialtest AB, Valdemarsvik, durchgeführt. Die Probenkörperabmessungen, vorgegeben durch die Dimensionen der Kernbohrungen, betrugen für die Länge 44 mm, für die Breite 22 mm (Höhe: Breite = 2:1). Die Registrierung der Festigkeitswerte erfolgte über einen Moseley 7000 A x-y-Schreiber (Bild 2).

Eine Zusammenstellung der Festigkeitswerte für die einzelnen Horizonte (siehe Bild 1: Indexbezeichnungen) nach Helfrich wird in Bild 3 dargestellt. Aus diesem Diagramm ist ersichtlich, daß die Druckfestigkeiten der Gesteine sowohl in vertikaler als vor allem auch in horizontaler Richtung starken Veränderungen unterworfen sind. Besonders auffallend ist die regionale Veränderung, die ein Absinken der Festigkeitswerte $\sigma_{D\text{-Gestein}}$ von Osten nach Westen zum Ausdruck bringt.

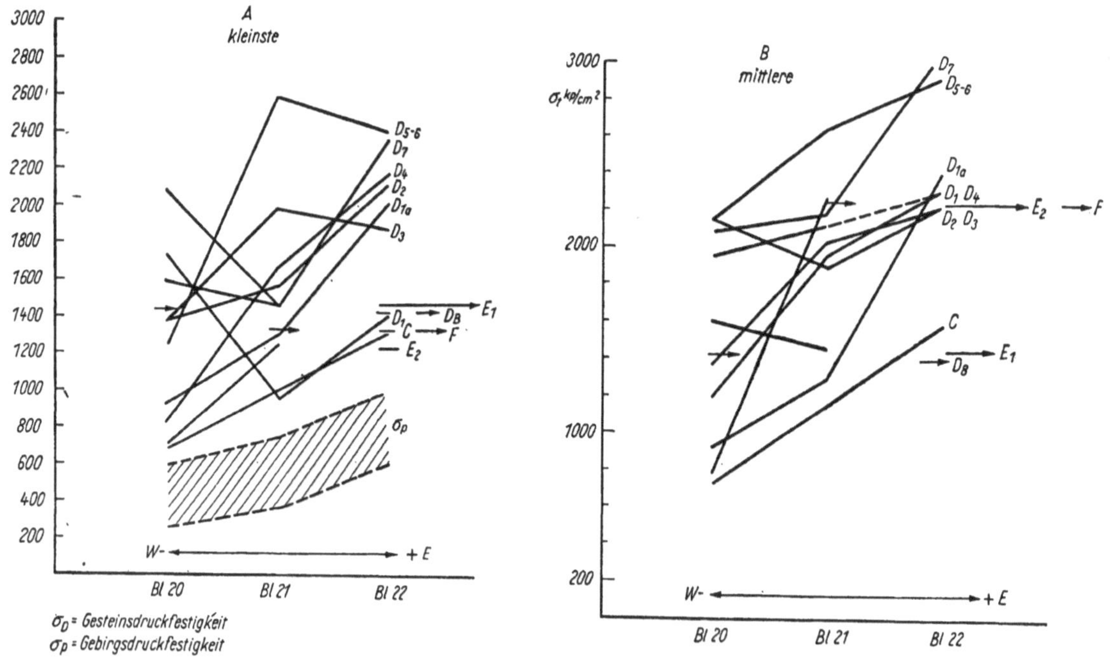

Bild 3. Zusammenstellung über Festigkeitswerte in Abhängigkeit von geologischen Schichten und deren regionale Verteilung

Diese Abnahme der Gesteinsdruckfestigkeit steht offenbar mit faziellen Veränderungen innerhalb des Gesteinskomplexes im Zusammenhang. Wie aus der geologischen Detailaufnahme [2] hervorgeht, wechseln der Tongehalt der Sandsteine, die Korngröße, der Packungsgrad und die Schichtfugenfrequenz. Auch der Tonbelag innerhalb der einzelnen Schichtfugen ist wechselnd mächtig entwickelt (mm — cm). Hinzu kommt noch lokal eine tektonische Zerbrechung, die auf die regionale Überschiebungstektonik zurückzuführen ist [10]. Da gleichzeitig die Störungstätigkeit mit der Annäherung an die Westrandstörung des Kautskyerzes zunimmt, sind mehrere regionalgeologische Faktoren als Ursache für die Abnahme der Gesteinsdruckfestigkeit mit Sicherheit anzusprechen.

Mit den vorgelegten Festigkeitswerten als Unterlage wurde nach der Methode I. Hansagi eine Gebirgsdruckfestigkeit ermittelt. Hansagis Arbeit, veröffentlicht im Bericht über das 7. Ländertreffen des IBG in Leipzig [6], bedarf keiner eingehenden Präsentation. Sie zielt darauf ab, aus Relationen zwischen Bohrkernlängen und daraus erhaltenen Probenkörpern einen sogenannten Gefügefaktor zu errechnen, wonach aus

$$\sigma_{D\text{-Gestein}} \cdot \text{Gefügefaktor} = \sigma_{p\text{-Gebirge}}$$

ein Wert für die Druckfestigkeit von Gebirgskörpern erhalten wird. Da der Gefügefaktor, erhalten aus dem natürlichen Gesteinskörper im Vergleich mit einem Idealgebirge, immer kleiner als 1 ist, stellt derselbe einen Reduktionsfaktor dar.

Vom Verfasser [7] wurden Bedenken gegen die Benennung dieser Größe als Gefügefaktor vorgebracht. Unter Gefüge versteht man die Summe aller Raumdaten in einem betrachteten Bereich [12]. Im vorliegenden Falle trifft das nur bedingt zu, weshalb der Verfasser den Ausdruck Kernlängenfaktor als neutralen Begriff vorgeschlagen hat.

Im aktuellen Beispiel wurden folgende Kernlängenfaktoren für nachstehende Horizonte berechnet:

D 1a	0,28	E 1–2	0,29
D 1–3	0,43	F	0,39
D 4–8	0,34		

Wird die Gesteinsdruckfestigkeit durch die Kernlängenfaktoren reduziert, so ergeben sich die in Bild 3 dargestellten Werte. Aus dieser Zusammenstellung ist ersichtlich, daß die Gebirgsdruckfestigkeit nur 28—43% der Gesteinsdruckfestigkeit beträgt, ein Wert der sicherlich noch zu hoch ist.

Bestimmung der Bergfestenparameter

Nach KVAPIL [9] wird die Breite von rechteckigen Balkenpfeilern wie folgt berechnet:

$$b = \frac{a}{\left(\frac{\sigma_p}{n \cdot \gamma_F \cdot H}\right) - \left(\frac{h \cdot \gamma_p}{\gamma_F \cdot H}\right) \cdot \left(1 + \frac{a}{L}\right) - 1} .$$

In dieser Gleichung bedeuten:

H = Teufe der Pfeiler unter der Tagesoberfläche [m]
h = Höhe der Pfeiler [m]
a = Breite der Kammer [m]
L = Breite des Panels (Abbaufeldes) [m]
γ_F = Mittleres Volumengewicht der Gebirgsarten der Firste [t/m³]
γ_p = Mittleres Volumengewicht der Gebirgsarten des Pfeilers [t/m²]
τ_p = Gebirgsfestigkeit des Pfeilerkörpers [t/m²]
n = Sicherheitskoeffizient, welcher bei den Pfeilerberechnungen gewöhnlich mit 3 angenommen wird.

Da die Methode der Festigkeitsbestimmung von Gebirgskörpern nicht als genügend quantitativ aufgefaßt werden kann, ist die Einführung eines Sicherheitsfaktors gerechtfertigt. Daraus ergibt sich eine Grenzfestigkeit des Gebirges nach

$$\sigma_{\text{G.G.F}} = \frac{\sigma_P}{n} .$$

Betrachten wir eine Zusammenstellung verschiedener Überlagerungshöhen, Vertikalbelastung und Pfeilerbalkenbelastungen, so kann man leicht die ökonomische Bedeutung der optimalen Bestimmung der Gebirgsfestigkeit erkennen. Einerseits ist diese von der Wahl des bestimmenden Festigkeitswertes für den Gesteinsverband, andererseits von der Notwendigkeit der Einführung eines Sicherheitsfaktors abhängig. Kann die Gebirgsfestigkeit optimal quantitativ erfaßt werden, so kann ein kleinerer Sicherheitsfaktor gewählt werden. Dem Wert der Grenzfestigkeit fällt bei der Berechnung des Prozentsatzes abzusetzender Pfeiler größte Bedeutung zu. Das soll im folgenden Beispiel demonstriert werden (Tab. 1):

Tabelle 1

Überlagerungshöhe [m]	Vertikalbelastung [t/m²] $\gamma_F = 2{,}7$	Balkenpfeilerbelastung [kp/cm²] *)
90	243	61
130	351	88
200	540	135
150	675	169

*) Voraussetzung 40% Pfeilerabsetzung

Bei einer Überlagerungshöhe von 200 m beträgt die Vertikalbelastung bei $\gamma_F = 2{,}7$ 540 t/m² bzw. 54 kp/cm².

Tabelle 2

Pfeilerabsatz [%]	Pfeilerbelastung [kp/cm²]
50	108
40	135
30	180
20	270
10	540

Aus Tab. 2 ist die jeweilige Pfeilerbelastung bei entsprechendem Pfeilerabsatz zu entnehmen. In Bild 3 ist die kleinste $\sigma_P = 260$ kp/cm². Bei dieser Festigkeit könnte der Pfeilerabsatz knapp über 20% betragen, wenn die Gebirgsdruckfestigkeit optimal quantitativ bekannt wäre. Die Einführung eines Sicherheitsfaktors $n = 3$ würde einen Pfeilerabsatz von über 50% erfordern.

Besonders bedeutungsvoll erweist sich die genaue Bestimmung der Gebirgsfestigkeit bei der Wahl von kleinen Pfeilerabsatzprozenten, da die spezifische Belastung in diesen Bereichen rasch ansteigt.

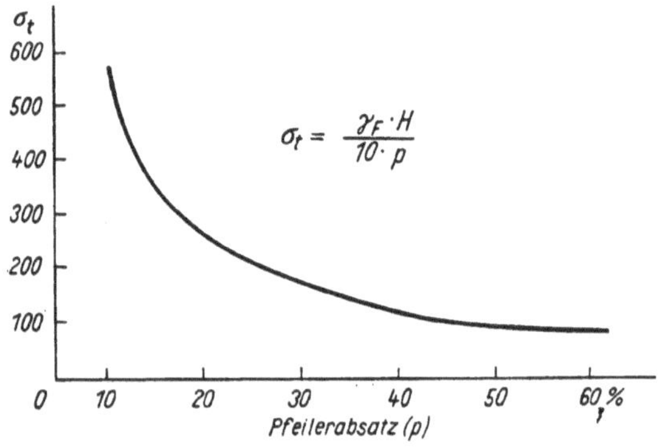

Bild 4. Zusammenhang zwischen Pfeilerabsatz und Belastung

Abschließend sei noch auf folgendes hingewiesen: Die einmal bestimmte Gebirgsfestigkeit ist keine konstante Größe (Hansagi — Helfrich). Dieselbe verändert sich akzelerierend vor allem durch dynamische Einwirkung ($\sigma_{p\text{-Gebirge}}\ \sigma_{P(t)}$), verursacht durch Sprengarbeiten. Aber nicht nur diese, sondern auch zeitlich bedingte Stoff- und Verbandseigenschaften [4], wie beispielsweise das Kriechen, müssen hier mit einbezogen werden. Es ergibt sich von selbst die Notwendigkeit, auf diese Tatsache bei der Planung des Pfeilerabsatzes in Erzgruben Rücksicht zu nehmen.

Schlußfolgerungen

Aus den vorliegenden Ausführungen können folgende Schlußsätze gezogen werden:

1. Eine detaillierte geologische Kartierung ist die Voraussetzung für die Bestimmung der Gebirgsfestigkeit.
2. Die HANSAGI-Methode, angewandt auf sedimentäre, geschichtete Gesteine, mit Probenkörpern senkrecht zur Schichtung orientiert, hat Kernlängenfaktoren geliefert, die eine halbquantitative Bestimmung der Gebirgsfestigkeit im aktuellen Falle gestatten.
3. In dieser Methode werden noch nicht alle auf die Gebirgsfestigkeit einwirkenden Faktoren erfaßt. Es wird daher zusätzlich mit einem Sicherheitsfaktor gearbeitet.
4. Es ist leicht einzusehen, daß die Erfassung aller Faktoren, die auf die Gebirgsfestigkeit einwirken, praktisch-ökonomische Konsequenzen zeigt, die alle Anstrengungen zur Erreichung dieses Zieles gerechtfertigen.
5. Die Erkenntnis, daß die Gebirgsfestigkeit keine Konstante ist, sondern durch den fortschreitenden bergbaulichen Eingriff Veränderungen unterworfen ist, eröffnet weitere Perspektiven, deren Erfassung wohl als eines der wichtigsten Nahziele der gebirgsmechanischen Forschung erscheint.

Literatur

[1] ANDO, S.: Einige charakteristische Züge der heutigen Abbautechnik bei der Bolidens Gruv AB, Erzmetall **16** (1963) S. 11.

[2] BARKEY, L. A.: Laisvall. Unveröffentlichter Jahresbericht der Boliden Aktiengesellschaft (1964) S. 7.

[3] Bericht 5. Ländertreffen IBG. Akademie-Verlag, Berlin 1964.

[4] DENKHAUS, H. G.: Gebirgsfestigkeit und Gesteinsfestigkeit. Bericht 5. Ländertreffen IBG. Akademie-Verlag, Berlin 1964.

[5] GRIP, E.: The lead deposits of the eastern border of the Caledonides in Sweden. Int. Geol. Congr. XXI session, Norden 1960, Part XVI.

[6] HANSAGI, I.: Eine praktische Methode der Gebirgsklassifizierung. Bericht 7. Ländertreffen IBG. Akademie-Verlag, Berlin 1966.

[7] HELFRICH, H. K.: Die Gefügeanisotropie als mechanisch wirksamer Faktor beim Gebirgsschlag. Bericht 7. Ländertreffen IBG. Akademie-Verlag, Berlin 1966.

[8] Geologische Gesichtspunkte zur Gesteins- und Gebirgsfestigkeit mit Beispielen von Renström, Adak und Laisvall. Engineering Geol. **2** (1967) S. 1.

[9] KVAPIL, R.: Pfeiler in Erzgruben. Unveröffentlichter Bericht der Boliden Aktiengesellschaft, Boliden 1965.

[10] MARKLUND, N.: A study in a Caledonian Major Thrust Plane. Bull. of geol. Inst. of the Univ. of Uppsala XXXIV.

[11] MÜLLER, L.: Der Felsbau. Bd. 1. Ferdinand Enke Verlag, Stuttgart 1963.

[12] SANDER, B.: Die Gefügekunde der geologischen Körper, Teil I und II. Springer Verlag, Wien 1948/1950.

Nachprüfung der Theorie von GRIFFITH mit Bezug auf die Axialsprödbruchbildung

von J. GRAMBERG, Delft/Niederlande

Zusammenfassung

Die Erscheinung des „axialen Spaltbruchs" als Primärbruchform in sprödem Material ist eindeutig durch Versuche nachgewiesen worden. Diese Bruchform steht aber zum zweiten Teil der Sprödbruchtheorie von GRIFFITH in Widerspruch. Dieser zweite Teil der Theorie von GRIFFITH ist aber falsch. Die bekannten Formeln

$$(P - Q)^2 + 8\,K\,(P + Q) = 0$$

und

$$\cos 2\,\Theta = -\frac{1}{2}\,(P - Q)/(P + Q)$$

sind von GRIFFITH und seinen Nachfolgern in unrichtiger Weise angewandt worden und in bezug auf primären Sprödbruch bei Druck deshalb falsch. Eine neue Theorie für den „axialen Spaltbruch" wird angegeben. Diese Theorie, die Ellipse-mit-Kerbe-Theorie, beruht auf einer konsequenten Anwendung der eigenen theoretischen Darlegungen von GRIFFITH bezüglich Sprödbruchbildung.

1. Einleitung

In massigem Gestein entsteht bei unterschiedlicher Druckbeanspruchung, wenn der Seitendruck nicht zu hoch ist, als Primärbruch der axiale Sprödbruch oder axiale Spaltbruch (Bild 1 e, f, g).

Dieser Bruch zeigt die Merkmale des Zugbruches, der entwickelt sich in der Richtung des größten Druckes. Es ist ein einzelner Bruchvorgang, d. h., es entwickelt sich dabei nur ein einzelner Bruch. Dem muß der Sekundärprozeß des Gleitens gegenübergestellt werden. Dabei entsteht in schräger Richtung eine Bruchebene komplexer Art (Bild 1 h, j). Über diese Bruchphänomene ist beim 9. Ländertreffen des Internationalen Büros für Gebirgsmechanik 1967 berichtet worden [1].

Der Unterschied zwischen primären und sekundären Erscheinungen ist bisher aber niemals in den Vordergrund gestellt worden. Die Theoretiker und Techniker [13] haben die Gleitung immer für den einzig möglichen Bruchvorgang angesehen. Ihr Gedankengang wird in dieser Hinsicht beherrscht durch die klassische Auffassung nach COULOMB (1784) und MOHR (1914), (Bild 1 a, b, c, d) [2]. Selbstverständlich galt das auch für den Physiker A. A. GRIFFITH, Spezialist auf dem Gebiet des Sprödbruches (1924) [3]. Es ist also verständlich, daß er geglaubt hat, den zweiten Teil seiner Sprödbruchtheorie, den Teil, wo er Sprödbruchbildung bei Druckbeanspruchung behandelt, der schrägen Gleitung anpassen zu müssen. Jetzt aber ist unwiderleglich festgestellt worden, daß der primäre Sprödbruch bei Druck in axialer Richtung verläuft. Deshalb ist klar, daß dieser zweite Teil der Theorie nicht richtig sein kann. Den Ergebnissen seiner Untersuchungen entsprechend ist aber der Verfasser davon überzeugt, daß der allgemein bekannte erste Teil (die Theorie GRIFFITH I) bezüglich Sprödbruch bei Zugbeanspruchung nach wie vor Gültigkeit hat.

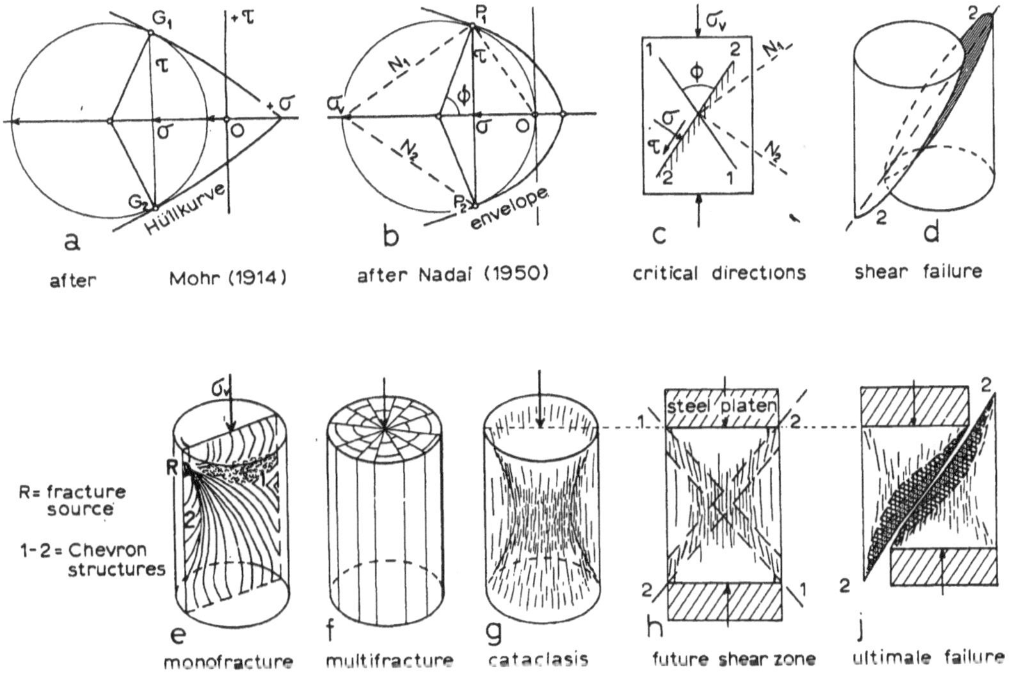

Bild 1a—d. Der MOHRsche Kreis mit Hüllkurve und kritischen Richtungen für Scherbruch, nach der Auffassung der Techniker und Theoretiker [14]

e—f. Der axiale Spaltbruch oder Sprödbruch als primäre Bruchform. Bruchquelle *R*, und Chevronstrukturen, gebildet durch Radialspuren [1]

h—j. Die Bildung sekundärer Abscherung

Bei der Anwendung dieser Theorie auf druckbeanspruchtes Material aber ist GRIFFITH getäuscht worden durch die schräge Richtung der sekundären Gleitung. Dieser Teil enthält dann auch verschiedene unrichtige Auffassungen, wie im folgenden gezeigt wird.

Dazu wird zuerst die Theorie GRIFFITH I behandelt werden, nachfolgend die Theorie GRIFFITH II untersucht. Die Unkorrektheiten werden danach gezeigt. Danach wird eine neue Theorie der wirklich primären Bruchform des axialen Spaltbruches aufgezeigt. Diese Theorie, die „Ellipse-mit-Kerbe-Theorie", kann als eine Fortsetzung der Theorie GRIFFITH I aufgefaßt werden.

2. Die Theorie GRIFFITH I

Der Physiker A. A. GRIFFITH veröffentlichte 1922 seine bekannte Theorie über Sprödbruchbildung bei Zugbeanspruchung [4]. Diese Theorie ist als GRIFFITHsche Theorie allgemein bekannt. Er experimentierte u. a. mit Stahldraht, Glasfasern, Glasstäben und gläsernen Glocken. Er führte diese Untersuchungen vor allem zur Beurteilung der Sprödbruchgefahr in Kolbenstangen von Flugzeugmotoren durch. Diese Theorie, die „Theorie GRIFFITH I" genannt werden soll, ist sachlich fundamentiert, sie bildet eine richtige Grundlage. GRIFFITH ging davon aus, daß jedes Material eine große Menge winzig kleiner Unregelmäßigkeiten enthält, die sogenannten GRIFFITH-Risse oder Mikrorisse („Griffith flaw").

Diese stellte er sich als sehr kleine, offene Risse mit annähernd elliptischem Querschnitt vor. Die Voraussetzung war, daß diese Risse willkürlich verteilt im Material vorkamen. An der Peripherie dieser Risse war die Zugspannung größer als die mittlere Zugbelastung des Materials. Die Darstellung der Unregelmäßigkeiten als elliptische Hohlräume ermöglichte die Berechnung der örtlich erhöhten Zugspannungen. Bei einem einzelnen Riß mit der Längs-

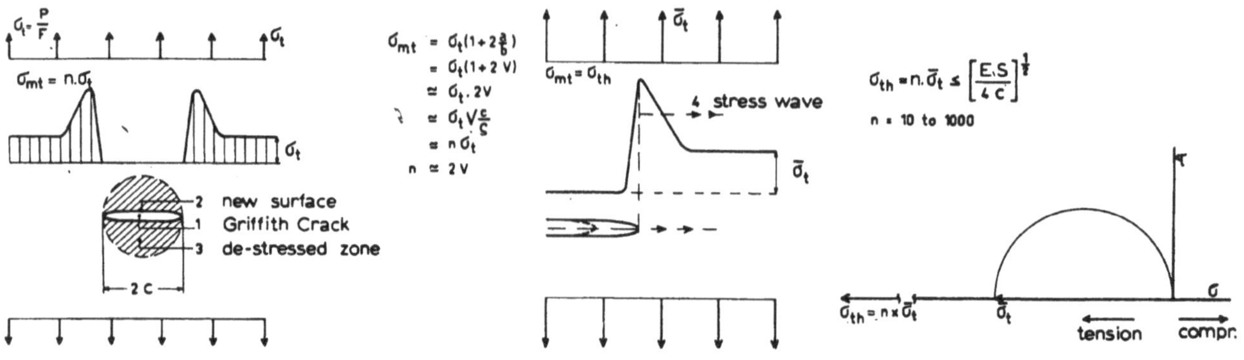

a) b)

Bild 2. Darstellung der GRIFFITHschen Theorie für Zugbeanspruchung (GRIFFITH I)
a) Gleichgewicht bei einem Mikroriß, *1* Mikroriß, *2* Neugebildete Oberfläche, *3* Entspannte Zone;
b) Erweiterung einer Sprödbruchebene

achse senkrecht zur Zugbelastung war diese Spannung am größten. In diesem Punkte fing dann die Bruchbildung an. Die Bruchebene erweiterte sich von dort in die Richtung senkrecht zur Zugbelastung (Bild 2 a, b). Der Bruchrand oder die Bruchfront konnte auch wieder mit einer Ellipse, der Bruchellipse, verglichen werden, so daß die Berechnung auch dafür gültig war (Bild 2 b).

Bei dieser Theorie sind die folgenden Elemente für uns wichtig:

1. Sprödbruch entsteht durch Zugspannung ohne Anwesenheit einer Schubspannungskomponente. Sprödbruch ist reiner Zugbruch.
2. Der Mechanismus dieser Bruchbildung beruht darauf, daß die Atome so weit auseinander gezogen werden, daß sie sich voneinander lösen. Das geschieht durch Zugkräfte.
3. Die dazu erforderlichen Zugkräfte sind sehr viel größer als die mittlere Zugfestigkeit. GRIFFITH schloß daraus, daß an gewissen Stellen am Rande der Bruchebene eine hohe Spannungskonzentration vorgelegen haben mußte.
4. Der Sprödbruch fängt in einem Punkt an, die Bruchebene erweitert sich von dort in mehr oder weniger konzentrischer Weise. Beweis dafür ist die Lineatur auf der Bruchebene (Bruchquelle und Radialspuren, Bild 1e). Darauf hat SMEKAL schon hingewiesen [5].
5. Nachdem die Bruchfront passiert ist, verschwindet die örtlich stark erhöhte Zugspannung, und das Material entspannt sich unter Energieabgabe.
6. An der Bruchfläche ist neue Oberfläche unter Energieaufnahme entstanden.
7. Die Bruchebene steht senkrecht zur Richtung der Zugbeanspruchung und auch senkrecht zur erhöhten Zugspannung am Bruchrande.
8. Der Bruch ist einzel und nicht komplex, d. h., daß hinter den Bruchwänden keine strukturellen Änderungen in dem Material entstehen.

Hier muß darauf aufmerksam gemacht werden, daß die Oberfläche des Sprödbruches alle Merkmale vom Zugbruch zeigt, während jeder Hinweis auf Scherung völlig fehlt. Als Ergebnis dieses Merkmals von reinem Zugbruch gilt, daß der Sprödbruch einer Hauptspannungsebene im Material folgt.

GRIFFITH stellte in einer Bilanz die freigesetzte Energie der aufgenommenen gegenüber. Aus physikalischen Gründen zog er die Schlußfolgerung, daß die theoretische maximale atomare Kohäsionskraft σ_{th} das n-fache der Zugfestigkeit σ_t sein müßte (Bild 2). Die Konzentrationszahl n wurde von ihm auf 10 bis 1000 geschätzt. Die Zugspannung am Scheitel der Ellipse in der kritischen Lage beträgt $1 + 2\,(a/b)\,\sigma_t$.

Darin sind a und b die große bzw. kleine Ellipsenachse, σ_t ist die Zugbelastung. Zur Veranlassung der Spannungskonzentrationszahl $n = 10$ bis 1000 muß $2\,a/b$ also 10 bis 1000 sein. Das Achsenverhältnis $V = a/b$ läßt sich also auf 5 bis 500 berechnen. Die Modellellipse mußte also sehr platt, aber trotzdem offen sein. Während der Wirkung der Zugbeanspruchung ist das gut vorstellbar. Die Darstellung des Risse durch eine sehr flache offene Ellipse ist durchaus verständlich.

3. Eine nähere Betrachtung der Form des Bruchrandes

Für ein besseres Verständnis ist es notwendig, den Bruchrand mehr in Einzelheiten darzustellen. Der Theorie GRIFFITH I entsprechend werden bei Bruchbildung die Atome durch Zugkräfte von der Größe der maximalen atomaren Kohäsionskraft auseinandergezogen. Dieser Prozeß ist in Bild 3 schematisch dargestellt. Aus dem bekannten Diagramm der atomaren Kohäsionskräfte als Funktion des atomaren Abstandes a zeigt sich (Bild 3c), daß diese Kraft ihr Maximum σ_{th} erreicht, wenn der Abstand bis 2a etwa verdoppelt ist. Bei weiterer Vergrößerung dieses Abstandes vermindert sich die Kohäsion; bei etwa $3a$ ist sie etwa Null. Die Bruchebene hat sich um einen Atomabstand erweitert. In Bild 3b sind die Atome am Bruchrand in schematischer Weise dargestellt. Die mittlere Zugbruchspannung veranlaßt eine mittlere Dehnung von z. B. 500 μ/m. Der Atomabstand wächst dadurch bis zu 1,0005 a. Am Bruchrand aber wächst der Abstand zuerst auf 2 a, dann auf 3 a, d. h. bis auf $2 \cdot 10^6$ μ/m, und der Bruchzustand tritt ein. Während dieses Prozesses gehen die Atome von einem stabilen Zustand innerhalb des Kristallgitters in einen neuen stabilen Zustand an der neugebildeten Oberfläche über. Dabei wird Oberflächenenergie gebunden, wobei Energie durch örtliche Materialentspannung freigesetzt worden ist.

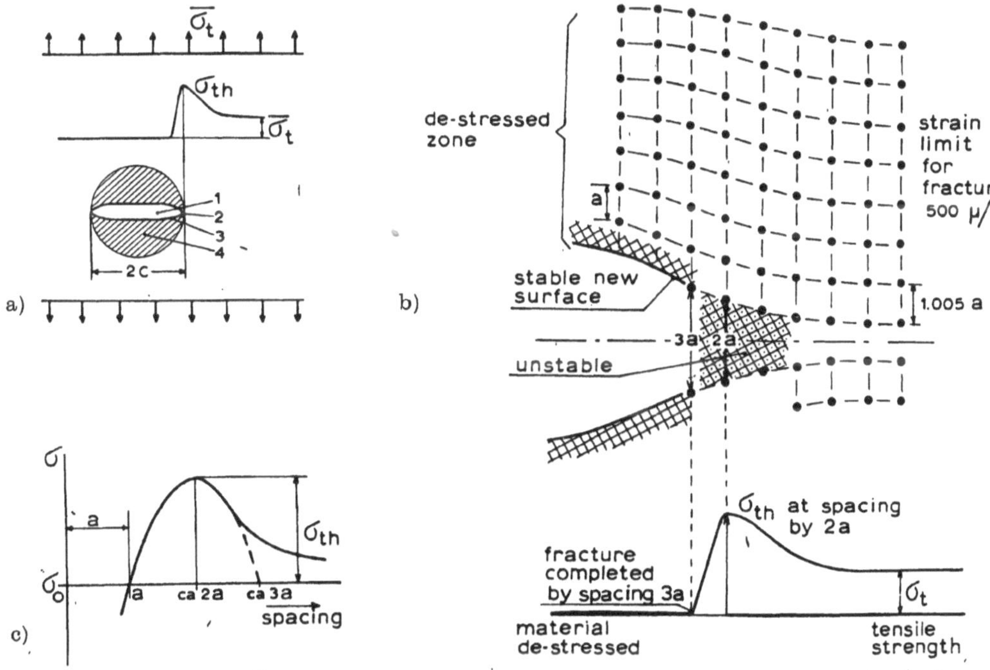

Bild 3. Konsequente Durchführung der GRIFFITHschen Theorie leitet zur Schnabelform der Bruchrandspitze

a) Die GRIFFITHsche Darstellung

b) Detailbild der Bruchspitze; bei Atomabstand 3a ist der Bruch gebildet. Das Gebiet zwischen 3a und 2a ist weniger stabil

c) Die interatomaren Kohäsionskräfte

Im Gebiet, wo der Atomabstand zwischen 2 a und 3 a beträgt, ist das Material wahrscheinlich weniger stabil und deshalb für Bruch viel stärker zugänglich. Aus dieser logischen Darstellung ergibt sich, daß angenommen werden muß, daß der äußerste Bruchrand Schnabelform hat. Dieser Schnabel ist eine interatomare Kerbe, die selbstverständlich eine genügend hohe Spannungskonzentration verursacht, erforderlich um den hohen Wert σ_{th} zu erreichen. Der schnabelförmige äußere Bruchrand paßt als Detail sehr gut an das Ellipsemodell der Theorie Griffith I.

Bild 4 enthält eine Zusammenstellung von mehreren Bruchrandformen, wie sie in der Literatur mitgeteilt wurden. Griffith selbst hat den Bruchrand als unverletzten Scheitel einer sehr flachen Ellipse dargestellt (Bild 4a). Diese Darstellung stimmt eigentlich mit seiner eigenen Auffassung über Sprödbruchbildung, wie sie auch Bild 3 zeigt, nicht überein. Am äußersten Bruchrand muß sich eine instabile Zone befinden, in der sich der Energieübergang vollzieht. Die Modellellipse muß also in der Scheitelregion in die Schnabelkerbe übergehen.

Barenblatt [6] skizziert den Bruchrand in Form eines Schnabels, der sich bei Zugbeanspruchung weiter öffnet (Bild 4b und c).

De Waal [7] hat versucht, die Kontur des Bruchrandes in Glas zu berechnen auf Grund pannungsoptischer Wahrnehmungen. Diese Form erinnert ebenfalls an einen Schnabel Bild 4d).

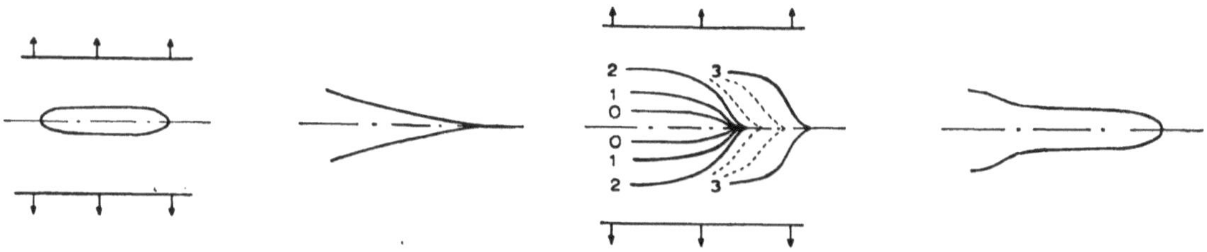

a) b) c) d)

Bild 4. Unterschiedliche Auffassungen der Form der Spitze des Bruchrandes
a) Nach Griffith: die ununterbrochene Ellipseform
b–c) Nach Barenblatt: die Schnabelform, ungespannt und gespannt (6)
d) Nach De Waal: auf Grund spannungsoptischer Untersuchungen berechnete Form der Spitze (7)

Die Schlußfolgerung ist, daß die Ellipse als ungefähres Modell für den Bruchrand akzeptiert werden kann, aber die Darstellung muß mit der Schnabelkerbe im Scheitel noch ergänzt werden. Die analytische Funktion der Ellipse kann allein für die Wände des Bruches, aber nicht mehr für den äußeren Bruchrand gültig sein. Diese Zone muß für sich selbst betrachtet werden. Für die Theorie Griffith I ist diese Frage nicht unbedingt wichtig, für die Theorie Griffith II aber hat sie grundsätzliche Bedeutung.

4. Die Theorie Griffith II

Im Jahre 1924 erweiterte Griffith seine Theorie über Sprödbruch bei Zug und bezog sie auch auf Druckbeanspruchung. Ihm war nur die schräge Bruchrichtung bekannt. Offenbar hat er angenommen, daß das die Primärform für Bruch in sprödem Material war. Daraus glaubte er schließen zu dürfen, daß es sich hier auch um reinen Zugbruch handeln mußte. In seinen Veröffentlichungen formuliert er das aber nicht eindeutig, wobei er, wenn er das getan hätte, ohne Zweifel auf sehr ernsthafte Bedenken der Mechaniker und Techniker gestoßen wäre, da es sich bekanntlich bei Schrägbruch um Abscherung handelt. Griffiths Gedankengang ergibt sich aber ganz deutlich aus seiner Berechnungsweise, wie sie hier erläutert werden wird.

Es ist aus der Spannungslehre bekannt, daß am Rande eines elliptischen Hohlraumes in druckbeanspruchtem Material auch Zugspannungen auftreten können. Die Größe dieser Zugspannungen ist von drei Faktoren abhängig: 1. von der Schräglage $-\alpha$ mit Bezug auf die Druckachsen; 2. vom Achsenverhältnis der Ellipse $V = a/b$; 3. vom Seitendruckkoeffizienten $k = \sigma_3/\sigma_1$, das Verhältnis zwischen der geringsten und der größten Druckbeanspruchung. Es hat sich gezeigt, daß sich der berechnete Wert der Zugspannung bis zu jeder willkürlichen Höhe steigern läßt, also auch bis zum Wert σ_{th}, wenn nur die drei genannten Faktoren richtig gewählt werden. Dazu muß die Schräglage $-\alpha = 60°$ betragen, d. h., daß die große Achse einen Winkel von 30° mit der größten Druckrichtung bilden muß.

Das Achsenverhältnis $V = a/b$ muß sehr groß sein, z. B. $V = 500$ bis 1000 oder noch größer. Schließlich muß der Seitendruck gleich Null sein, also $k = 0$. Unter diesen Umständen entsteht dicht am Scheitel der Ellipse ein Gebiet sehr hoher Zugspannung.

Diese Tatsache legte GRIFFITH zugrunde. Er setzte voraus, daß dieses Zugspannungsgebiet bei der sehr flachen Ellipse den Scheitel so dicht nähert, daß die Richtung des Zugbruches wohl mit der großen Ellipsenachse zusammenfallen würde. Auf diese Weise war die schräge Bruchrichtung als reiner Zugbruch unter Druckbeanspruchung anscheinend erklärt (Bild 5c, d).

Diese Voraussetzung war aber unrichtig, wie Bild 5e und 5b zeigen. GRIFFITH verfolgte diese falsche Voraussetzung und benutzte sie als Grundlage seiner Bedingung für Sprödbruch bei Druckbeanspruchung. Er stellte dafür die folgende vielgebrauchte Formel auf:

$$(P - Q)^2 + 8\,K\,(P + Q) = 0\,. \tag{1}$$

Bei der Ableitung dieser Formel sind Annäherungen infolge des sehr großen Achsenverhältnisses der Bruchellipse, z. B. $V = 500$ bis 1000, angewandt worden. Weiter ist damit die vorgenannte falsche Voraussetzung verbunden. Obwohl die Ableitung dieser Formel algebraisch richtig ist (z. B. HOEK und BIENIAWSKI [8]), ist ihre Anwendung unrichtig. Für die Schräglage der Achse der kritischen flachen Ellipse gab er die Formel an:

$$\cos 2\,\Theta = -\frac{1}{2}(P - Q)/(P + Q)\,. \tag{2}$$

Hier ist Θ der Komplementwinkel des Schräglagewinkels $-\alpha$. Für $k = 0$ ist $\Theta = 30°$ oder $-\alpha = 60°$.

Diese Formel an sich ist richtig. Die Schlußfolgerung aber, daß die Bruchrichtung dann auch schräg sein muß, ist unrichtig (Bild 5d, e).

Obwohl GRIFFITHS Gedankengang nicht einwandfrei war, ist er von vielen Wissenschaftlern akzeptiert worden. Die Formeln sind z. B. durch OROWAN [9], MURRELL [10], ODE [11], MCCLINTOCK und WALSH [12], HOEK und BIENIAWSKI [8] benutzt worden. Außer den hier angedeuteten Fehlern gibt es aber noch weitere Bedenken gegen die Theorie GRIFFITH II.

5. Kritik der Theorie GRIFFITH II

Seit 1924 sind gegen die Theorie GRIFFITH II fast niemals Bedenken erhoben worden. Bei genauer Prüfung aber geben nicht weniger als sechs oder sieben Punkte Anlaß zur Kritik.

5.1. GRIFFITH hat nicht berücksichtigt, daß die Schrägbruchebene gar keine Merkmale des spröden Zugbruches zeigt. Auch stimmt die Richtung nicht mit der einer Hauptspannungsebene überein. Der Schrägbruch zeigt dagegen alle Eigenschaften der Gleitung in vollständiger Übereinstimmung mit der Theorie nach MOHR-COULOMB. Mit der Betrachtung des Schrägbruches als reinen Zugbruchs hat GRIFFITH also einen fundamentalen Beurteilungsfehler gemacht.

5.2. GRIFFITH hat den schrägen Abgleitungsbruch als primäre Bruchform aufgefaßt. In Wirklichkeit aber ist er ein Sekundäreffekt, weil der axiale Spaltbruch die Primärerscheinung ist. Diese Verwechselung ist die Folge mangelhafter, unvollständiger Wahrnehmung.

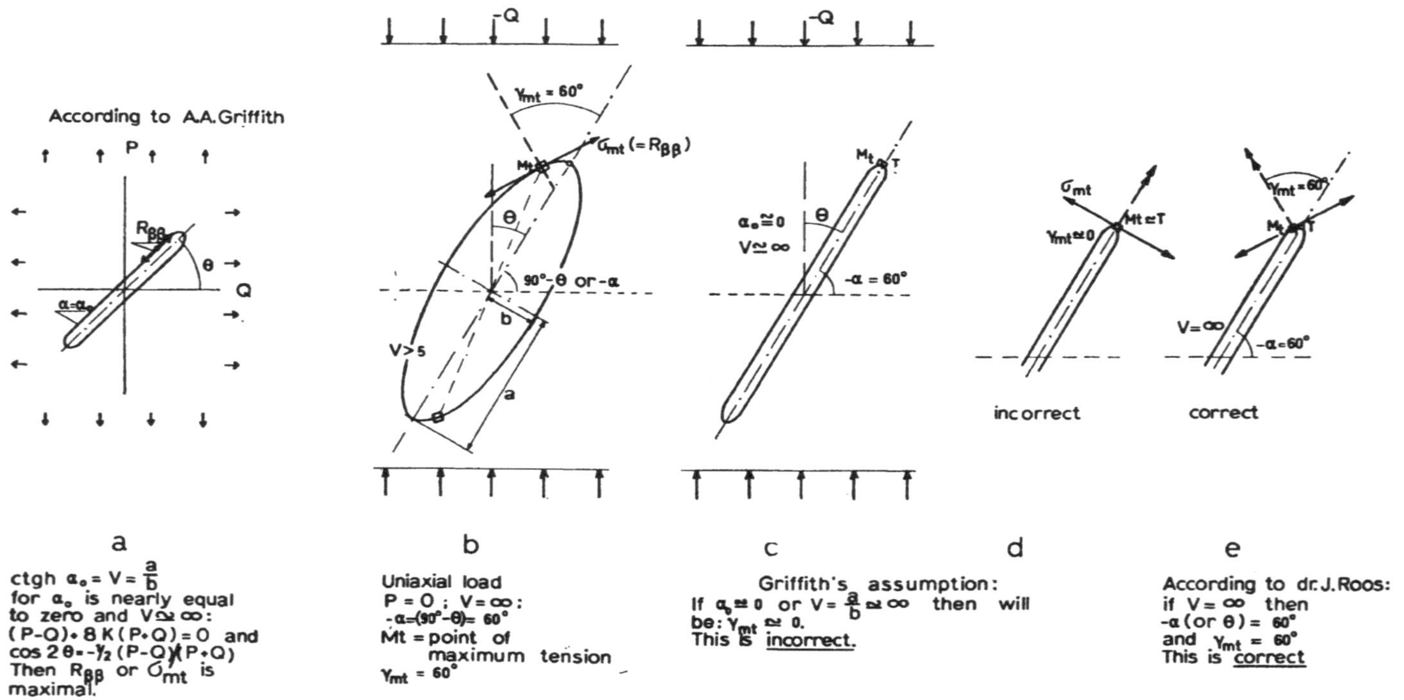

Bild 5. Unrichtige und richtige Richtung des Radius in Punkt M_t

a) Ursprüngliche GRIFFITHsche Darstellung, bei zweiseitig unterschiedlichen Zugbeanspruchungen P und Q (3)

b) Die Lage von M_t bei Maximalwert von σ_{mt}; d. h. bei Schräglage $\alpha = 60°$. Dann ist $\gamma_{mt} = 60°$

c—d) Unrichtige Darstellungen, konsequent nach GRIFFITH c. s.

e) Richtige Darstellung nach J. Roos (13)

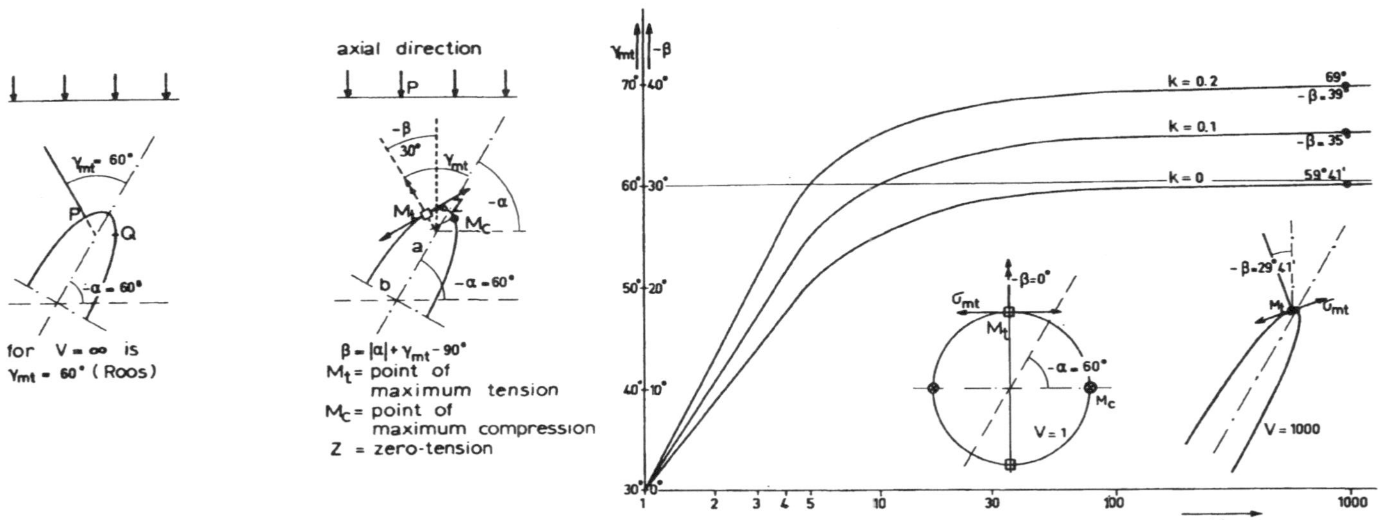

a) b) c)

Bild 6. Werte des Abweichungswinkels γ_{mt} und $-\beta$ bei $V = a/b = \infty$ (nach Roos (13) und für Werte von V zwischen 1 und 1000, wenn die Schräglage der Ellipsachse 60° beträgt.

Nur wenn $V = 1$ (die Kreisform), wird $-\beta = 0°$ sein, und erst dann könnte die Bruchebene sich in axialer Richtung erweitern. Die GRIFFITHsche Voraussetzung ist hiermit streitig

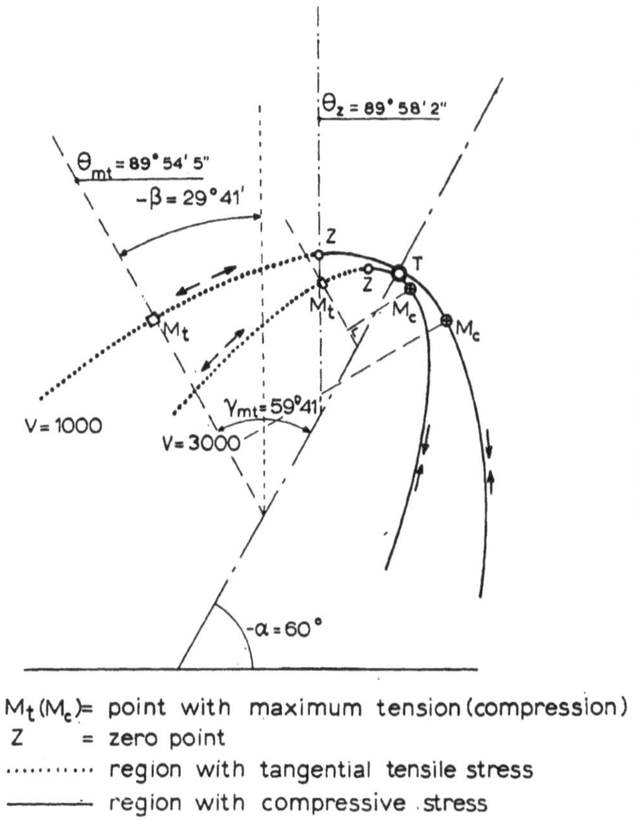

a)

Bild 7a–c.

a) Konstruierte Formen der Scheitel von Ellipsen mit $V = a/b = 1000$ und $V = 3000$. Die Lage der Extrema M_t und M_c für bzw. maximalen Zug und Druck sind eingetragen, ebenfalls Punkt Z, wo Zug übergeht in Druck

b–c) Modelle von Bruchrandspitzen nach der Griffithschen, als unmöglich zu betrachtenden Voraussetzung der offenen, sehr flachen, Ellipseform in der kritischen Schräglage von 60° in einem Druckspannungsfeld.

Der Atomdurchmesser ist a; bei Abstand 3a hat sich der Bruch geformt; neue Oberfläche ist gebildet. Zwischen 2a und 3a befindet sich ein problematisches Gebiet. Dieses Gebiet befindet sich immer rechts von Z, also immer in der berechneten Druckzone. Deshalb kann die Griffithsche Brucherweiterung nicht von diesem Modell erklärt werden.

Die Abmessung der Atome darf auch nicht vernachlässigt werden

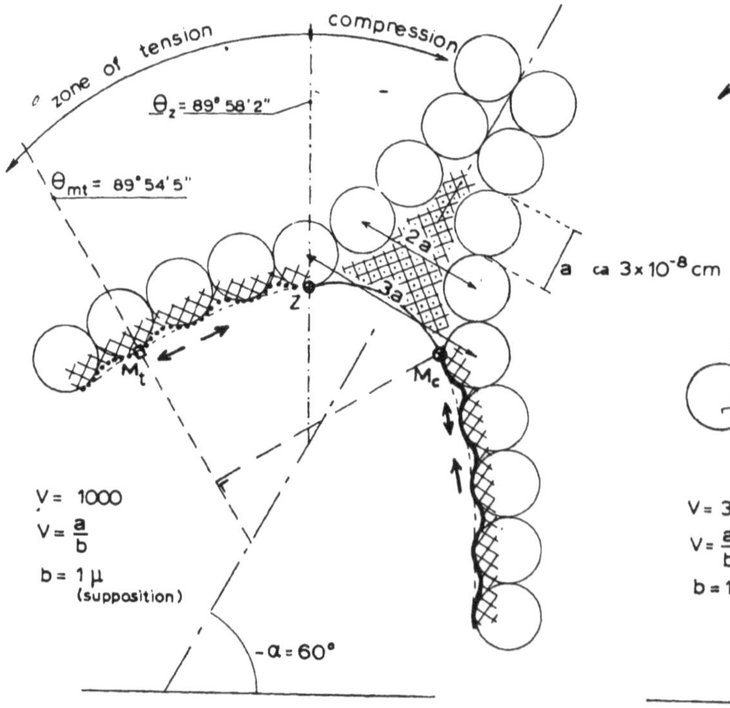

b)

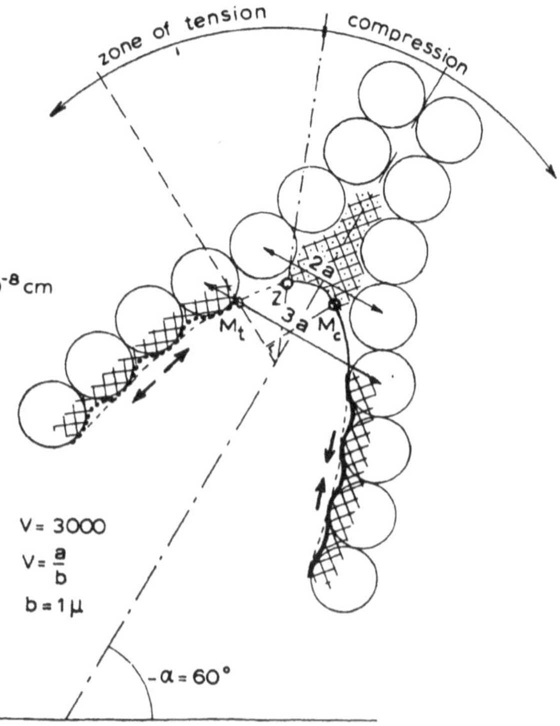

c)

5.3. Bei der Berechnung hat GRIFFITH angenommen, daß die Bruchellipse ein sehr großes Achsenverhältnis hat, d. h., daß sie sehr flach ist. Im Falle einer schrägen Lage dieser Ellipse im Material kann sie unmöglich offen bleiben. Die Mittelzone wird unbedingt zusammengedrückt, dann aber ist das Gebilde keine Ellipse mehr. Die Identifizierung eines schrägen Risses mit einer offenen, sehr flachen Ellipse bildet ein unlogisches Element in der Auseinandersetzung.

5.4. Bei seiner Argumentation hat GRIFFITH vorausgesetzt, daß die analytische Funktion der Ellipse auch für den äußersten Scheitelpunkt der sehr flachen Bruchellipse gültig sein würde. Der Konsequenz seiner eigenen Bruchtheorie nach muß der Scheitel der Bruchellipse aber durch eine schnabelförmige Kerbe unterbrochen sein. Die Theorie enthält also einen Widerspruch zwischen Mathematik und Darstellung.

5.5. Der Punkt auf der Ellipse, wo die Zugspannung maximal ist, ist das Extremum M_t. GRIFFITH stellte fest, daß M_t bei der sehr flachen schrägen Ellipse sich sehr nahe beim Gipfelpunkt des Scheitels befindet (Bild 5e). Dann setzte er voraus, daß die Bruchrichtung mit der großen Ellipsachse zusammenfallen würde. Seiner Bruchdefinition nach folgt der Sprödbruch der Richtung des Radius oder der Senkrechten in M_t. Also müßte die Richtung dieses Radius mit der langen Ellipsenachse (Bild 5d) zusammenfallen. Die Senkrechte in M_t macht einen Winkel γ_{mt} mit der großen Ellipsenachse. Bei einer Schräglage $-\alpha = 60°$, keinem Seitendruck ($k = 0$) und einem Achsenverhältnis $V = \infty$ nähert sich der Winkel γ_{mt} dem Wert 60°. Von J. ROOS [13] ist dies analytisch nachgewiesen worden. Der Autor hat das mit numerischen Methoden für V bis zu 1000 nachgewiesen (siehe Bild 5 und 6).

5.6. Außer dem Punkt M_t gibt es auch noch die Punkte M_0 (Extremum für Druckspannung) und den Nullpunkt Z (zero, wo Zug übergeht in Druck). Der Punkt M_0 liegt näher bei T als der Punkt M_t, und Z bleibt immer links von T (Bild 6 und 7a). Bei einer Schräglage von $-\alpha = 60°$ wird sich in T deshalb niemals eine Zugspannung bilden können. Bei der mathematischen Bearbeitung ist dieser Umstand von GRIFFITH und seinen Nachfolgern gar nicht beachtet worden.

6. Der „Schnabel" als Detail beim Modell GRIFFITH II

Für die Entwicklung der Ansichten des Autors ist es aufschlußreich, die Schnabelkerbe in das Modell GRIFFITH II einzupassen und dann die Konsequenz davon zu untersuchen. Der Einwand, daß die lange flache Ellipse bei Schräglage unmöglich offen bleiben kann, wird vorläufig nicht weiter beachtet.

Die Bruchellipse wird jetzt also als eine lange flache offene Ellipse mit der Schräglage $-\alpha = 60°$ betrachtet. Die Druckbeanspruchung ist einseitig ($k = 0$). Diese Situation wird für zwei verschiedene Ellipsenformen untersucht: eine mit $V = 1000$, die andere mit $V = 3000$.

Die Scheitel dieser Ellipsen sind durch Koordinatenberechnung genau konstruiert worden. Sie sind in Bild 7a dargestellt. Die Lage des Extremums der Zugspannung M_t, der Druckspannung M_0 und des Punktes Z, wo die Zugspannung in Druckspannung übergeht, ist mit Hilfe der Methode KOLOSOV-MUSKHELISHVILI [15] genau berechnet worden. Es zeigt sich, daß bei $V = 1000$ der Unterschied zwischen dem Winkel Θ_{mt}, der die Lage von M_t ($\Theta_{mt} = 89° 54' 5''$), und dem, der den Scheitelgipfel T bestimmt ($\Theta_T = 90°$), weniger als 6' beträgt. Dieser kleine Unterschied ist von GRIFFITH vernachlässigt worden. Um die Bedeutung dieser Vernachlässigung beurteilen zu können, sind in Bild 7b und c die Atome in gleichem Maßstab eingezeichnet worden. Die Öffnung der Risse ist mit 1 μ angenommen worden, die Rißlänge würde dann 1 mm betragen bei $V = 1000$ und 3 mm bei $V = 3000$. Für den Atomdurchmesser wurde $3 \cdot 10^{-8}$ cm angenommen.

Bild 7b zeigt, daß bei $V = 1000$ das Extremum M_t noch außerhalb des „Schnabels" liegt. Bei $V = 3000$ fällt der Punkt M_t noch eben in seinen Bereich. Das Extremum M_0 für Druck liegt in beiden Fällen innerhalb dieser „Schnabelzone", und zwar näher bei T als der Punkt M_t. Damit ist wohl ganz deutlich geworden, daß die Darstellung mit Ellipsen und den Punkten M_t und M_0 in diesem Fall, also bei Schräglage, nicht mehr mit der reellen Darstellung des schnabelförmigen Bruchrandes übereinstimmt.

Die Vernachlässigung des kleinen Unterschieds von 6' hat dazu geführt, diesem wichtigen Detail keine Aufmerksamkeit zu schenken.

6.1. Als siebenter Einwand muß hervorgehoben werden, daß die Abmessungen des Atoms in bezug auf den Bruchrand nicht vernachlässigt werden dürfen. In der Nähe des Scheitelgipfels T ist das Material kein Kontinuum mehr, weil dort die Modellellipse in die Schnabelkerbe übergeht. Gegen das Modell Griffith II mit der asymmetrisch schrägen Lage formt dies ein grundlegendes Argument. Für die symmetrische Lage der Modellellipse aber entfällt dieser Einwand. Der Punkt M_t fällt dann mit dem Punkt T und M_0 mit dem Ende der kleinen Ellipsachse zusammen. Es ist darauf Rücksicht zu nehmen, daß auf die Resultate der Spannungsberechnung mittels des Ellipsenmodells für die Schnabelzone in quantitativer Hinsicht kein Wert gelegt werden darf.

Die Schlußfolgerung muß sein, daß im Gegensatz zur Theorie Griffith I die zweite Theorie, die Theorie Griffith II, mit schräger, sehr flacher Modellellipse, nicht akzeptabel ist; sie muß abgelehnt werden.

7. Numerische Analyse der Zugspannungsmaxima

Die Aufgabe besteht jetzt darin, eine Theorie für die wirkliche primäre Erscheinung des axialen Spaltbruches aufzubauen. Dabei ist es zweckmäßig, diese Theorie an die erprobte allgemeingültige Theorie Griffith I über den Sprödbruchvorgang bei Zugbeanspruchung anschließen zu lassen, wobei die Ellipse als Modell für den Bruchrand jetzt mit der Schnabelkerbe ergänzt werden muß.

Um alle Möglichkeiten zu überprüfen, ist eine numerische Analyse hinsichtlich der Spannungsextremwerte am Rande der Modellellipse (Bild 8) durchgeführt worden. Die Relativwerte von $-\sigma/P$ oder σ_{mt}/P im Extremum M_t wurden für Ellipsen mit verschiedenen Achsenverhältnissen $V = a/b$ bei verschiedenen Seitendruckwerten $k = \sigma_3/\sigma$ oder kP/P berechnet. Weiterhin wurde der Abweichungswinkel β zwischen dem Radius in M_t und der Vertikalen bestimmt. Denn nach der Darstellung von Griffith über den Sprödbruchvorgang zeigt dieser Radius die Richtung der Brucherweiterung. Für die Axialbruchrichtung soll also $\beta = 0$ sein. Dies wird der Ausgangspunkt unserer Betrachtung hinsichtlich einer neuen Theorie sein. Die Ergebnisse sind für einachsige Druckbeanspruchung ($k = 0$) in den Bildern 8a und 8b dargestellt. Die Grundflächen beider Darstellungen sind identisch. Auf die Koordinaten ist in der Richtung OB (oder AC) die Schräglage $-\alpha$ eingetragen. In der Richtung OC (oder AB) ist das Achsenverhältnis $V = a/b$ zwischen den Werten 1 und 1000 angegeben. In vertikaler Richtung OD und $O'D'$ sind die Zugspannungsmaxima $-\sigma/P$ bzw. σ_{mt}/P und der Abweichungswinkel β eingetragen. Aus Bild 8a ergibt sich, daß die hohen Werte der Zugspannung σ_{mt}/P immer nur im Gebiete der großen Achsenverhältnisse auftreten, d. h. bei schrägstehenden sehr flachen Ellipsen. Die dazugehörenden Werte von β, angegeben in Bild 8b, sind immer negativ ($-\beta = 22°$ bis $39°$). Das Minuszeichen weist darauf hin, daß der Radius nach der anderen Seite als die schrägstehende große Ellipsenachse weist. Innerhalb des untersuchten Gebietes fällt das Extremum M_t also niemals mit positiven Werten von β zusammen, d. h., daß der Radius niemals im gleichen Sinne überhängt wie die lange Achse der Ellipse. Dies zeigt nochmals, daß die Theorie Griffith II in mathematischer Hinsicht nicht stimmt.

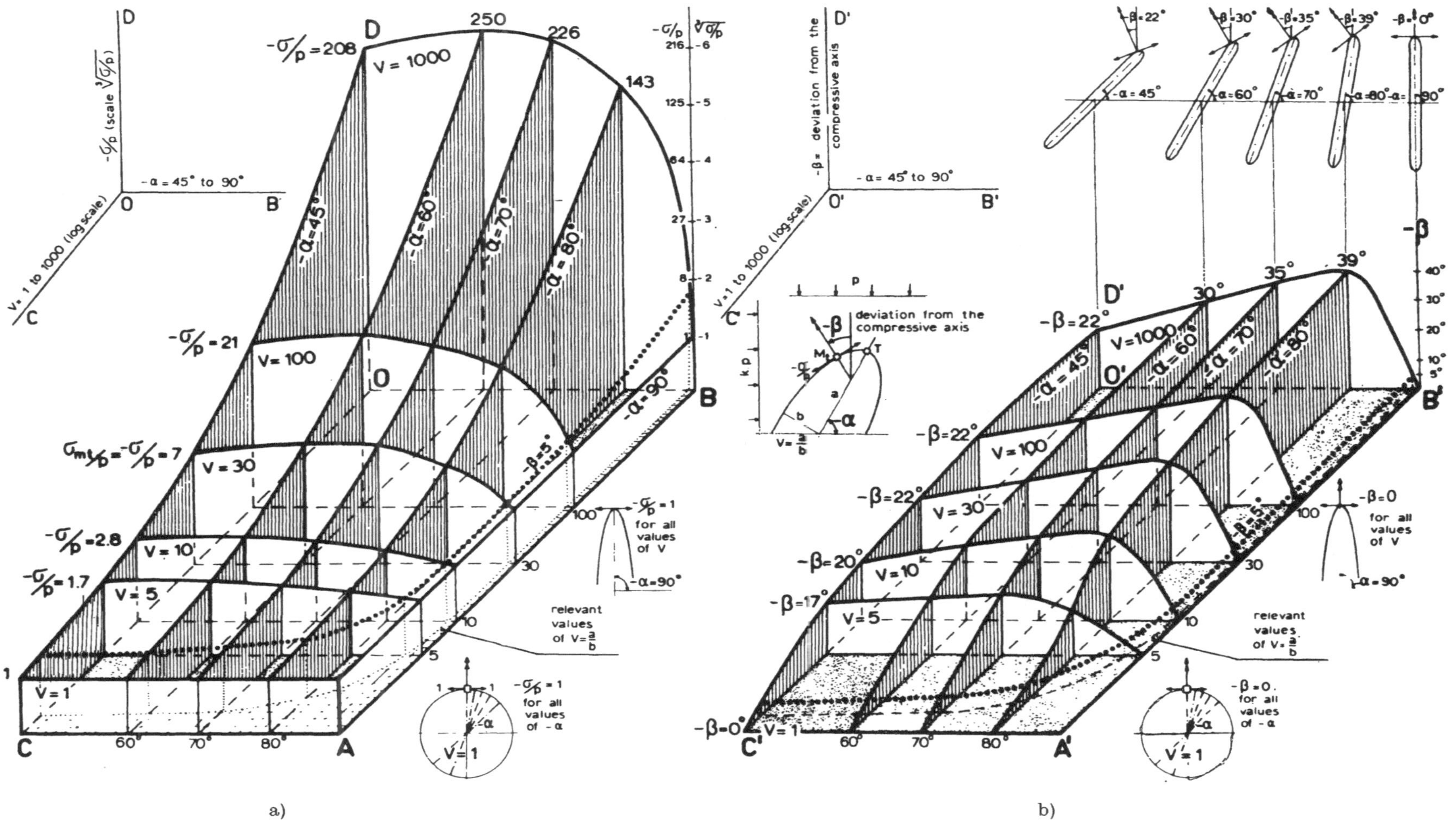

Bild 8a. Werte der maximalen Zugspannung σ/P oder σ_{mt}/P bei einseitiger Druckbeanspruchung ($k = 0$) und (8b), die dazugehörigen Abweichungswinkel β, berechnet bei variablen Achsenverhältnissen $V = a/b$ und variablen Schräglagen α ($k = 0$)

Weiter fällt es auf, daß die Werte $\beta = 0$, zur vertikalen Lage des Radius gehörend, nur längs der Koordinaten AB (also bei vertikaler Achsenlage und AC mit $V = 1$ (Kreisform) vorkommen. Auch zeigt sich, daß hohe Werte von σ_{mt}/P niemals mit $\beta = 0$, zur axialen Lage der Ellipse gehörend, zusammenfallen. Damit wird beim neuen Modell gerechnet werden müssen.

8. Das Modell der „Ellipse-mit-Kerbe"

Zur Erklärung der primären Brucherscheinung des axialen Spaltbruches soll von der Axialrichtung ausgegangen werden. In Übereinstimmung mit Griffiths Grundgedanken wird vorausgesetzt, daß der Bruch sich in der Richtung des Radius in M_t erweitert, d. h., daß $\beta = 0$ sein soll. Aus Bild 8a und 8b kann abgelesen werden, daß $\beta = 0$ nur mit der Axiallage der Ellipsenachse ($-\alpha = 90°$, Linie AB) und mit dem kreisförmigen Querschnitt ($V = 1$, Linie AC) zusammenfällt. In Wirklichkeit schwankt die Bruchrichtung um die axiale Lage, vielleicht um etwa 5°. Längs den Koordinatenachsen AB und AC entsteht dann eine Zone. Die Ellipsenformen innerhalb dieser Zone sind die möglichen Modellellipsen für den Bruchrand des axialen Spaltbruches. Die Achsenverhältnisse schwanken zwischen $V = 1$ bis $V = \infty$. Die induzierte Zugspannung $-\sigma/P$ oder σ_{mt}/P ist anscheinend niedrig, aber da sie als relativer Wert zum Axialdruck P angegeben ist, ist sie im absoluten Betrag doch höher, als man zuerst zu denken geneigt ist. Die induzierte Zugspannung ist im allgemeinen aber doch noch nicht genügend hoch, um Brucherweiterung zu veranlassen. Dazu ist noch eine gewisse Spannungskonzentration erforderlich. Beim Präzisieren von Griffiths Auffassung über Sprödbruch ist in Bild 3b schon auf die interatomare Kerbe, die Schnabelform, hingewiesen worden. Diese Kerbe ist natürlich auch bei axialer Lage des Bruches vorhanden. Sie ist symmetrisch mit Bezug auf die Druckbeanspruchung. In dieser Weise ist das Modell der „Ellipse-mit-Kerbe" entstanden, das in Bild 9 gezeigt wird.

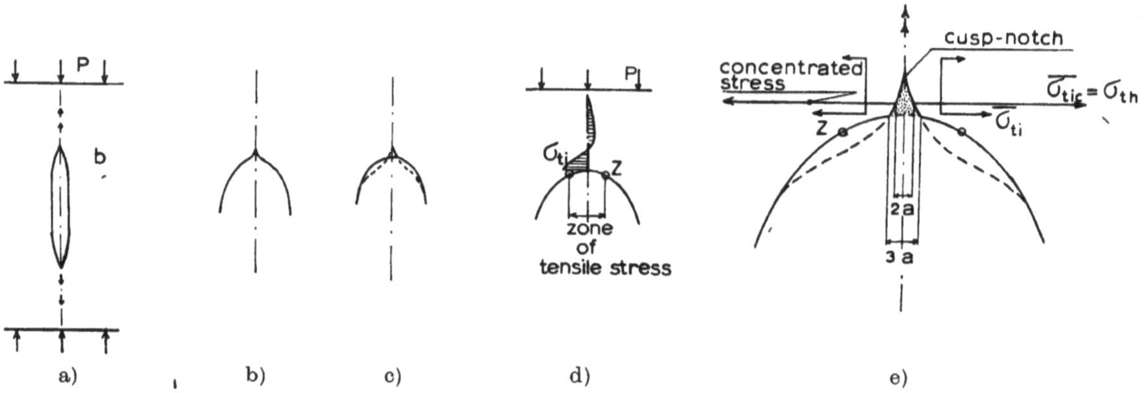

Bild 9. Die Entwicklung der Ellipse mit Kerb-Modell

a) Der axiale Sprödbruch

b) Die schnabelförmige Spitze

c) Die Ellipse mit Schnabelkerbe-Modell

d–e) Induktion eines Zugspannungsfeldes σ_{ti} zwischen den Punkten Z, veranlaßt durch Druckbeanspruchung P

e) Der Bruchrand wird schematisch zusammengestellt gedacht aus einem elliptischen Teil, der irgendwo, bei 3a, übergeht in eine interatomare Kerbe. Da wird die induzierte Zugspannung σ_{ti} durch Kerbewirkung vergrößert bis σ_{tio} (konzentrierte induzierte Zugspannung).

Für den Bruchspannungswert σ_{ti} ist $\sigma_{tio} = \sigma_{th}$ und der Bruch erweitert sich

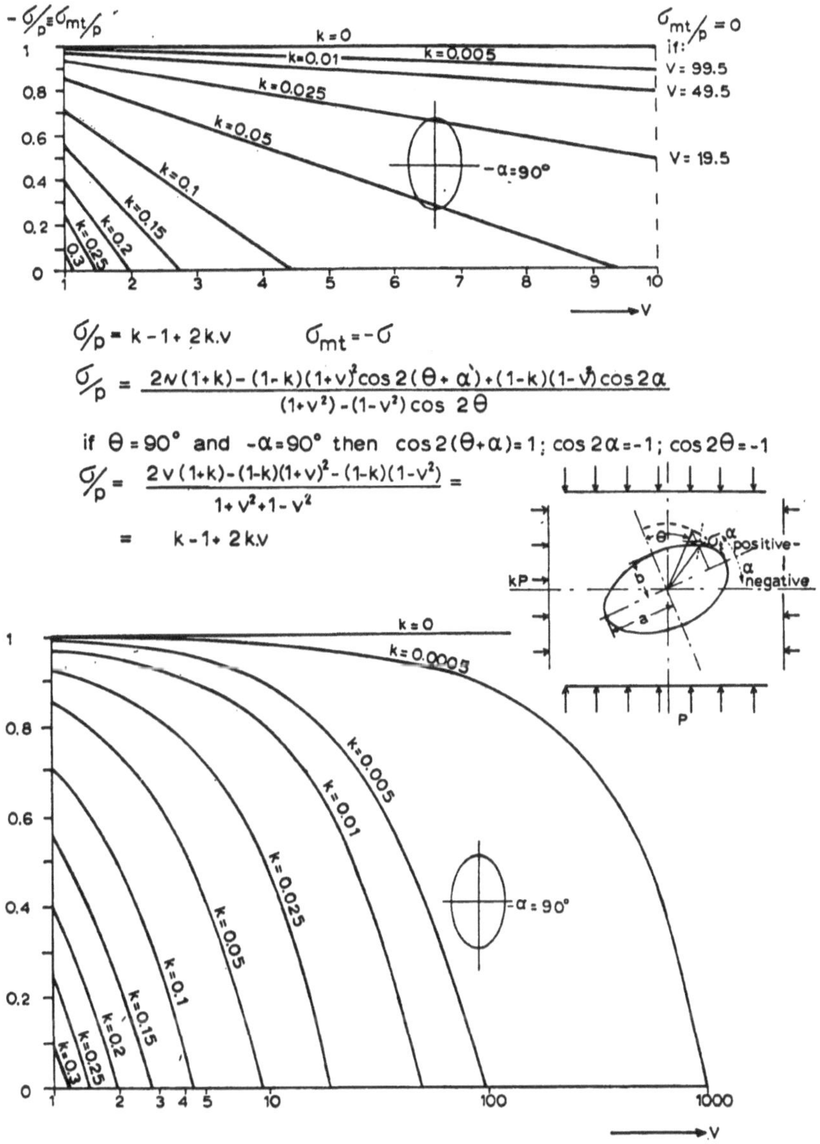

Bild 10. Diagramme für σ_{mt}/P als Funktion vom Achsenverhältnis $V = a/b$ bei axialer Lage, d. h. $\alpha = 90°$ (nach DENKHAUS [16])

9. Der Einfluß des Seitendrucks

Die axiale Lage der Modellellipsen erleichtert in hohem Maße die Untersuchung des Einflusses des Seitendruckes. In Bild 10 ist dieser Einfluß auf die induzierte Zugspannung dargestellt.

Bei unserem Modell wird vorausgesetzt, daß der Riß nur bei Fehlen von Seitendruck ($k = 0$) über die ganze Länge offenbleiben kann. Wenn der Seitendruck einen bestimmten Wert hat, wird die Mittelzone des Risses zusammengedrückt. An der Peripherie des Risses bleibt aber ein offener Hohlraum mit elliptischem oder rundem Querschnitt bestehen. Dieser Hohlraum formt den Bruchrand, der mit der Bruchellipse dargestellt wird. Das Achsenverhältnis $V = a/b$ kann in dieser Darstellung als Anpassungskoeffizient dienen, um das Modell den beobachteten Ergebnissen anzupassen. In dieser Weise kann z. B. erklärt werden, daß ein Riß mit einer Öffnung von z. B. 1 μ bei einem Seitendruck $k = 0{,}005$ in Wirklichkeit eine größere Länge haben kann als $< 99{,}5 \cdot 1\ \mu$ (oder etwa 0,1 mm) in Übereinstimmung mit $V = 99{,}5$ aus Bild 10. Es ist sehr gut möglich, daß dieser Riß eine Länge von 10 mm zeigt. Die Mittelzone ist dann aber über eine Länge von mehr als etwa $10 - 2 \cdot 0{,}1$ mm $= 9{,}8$ mm zusammengedrückt worden. Am Rande stehen dann Hohlräume weniger als 0,1 mm offen mit V kleiner als 99,5.

10. Schlußbemerkung

Von diesem Modell der axialen Ellipse mit Kerbe darf nicht erwartet werden, daß es zu quantitativen Zahlenwerten führt. Hauptsächlich dient dieses Modell zur Aufhellung der Vorgänge bei der axialen Spaltbruchbildung. Das Beanspruchungsgebiet, innerhalb dessen die Axialbruchbildung stattfindet, kann nicht durch Berechnung bestimmt werden. Es wird mit Hilfe von Versuchen, Messungen und Beobachtungen untersucht werden müssen. Dabei unterstützt das „Ellipse-mit-Kerbe-Modell" unser Vorstellungsvermögen.

Literatur

[1] Gramberg, J.: Bruch und Bruchsysteme im spröden Gestein. In: Bericht 9. Ländertreffen IBG. Akademie-Verlag, Berlin 1968.

[2] Mohr, O.: Abhandlung aus dem Gebiete der Technischen Mechanik. 2. Aufl. Wilhelm Ernst, Berlin 1914, 567 S.

[3] Griffith, A. A.: The Theory of Rupture. Proc. Intern. Congr. Appl. Mechanics, 1st, Delft 1924, S. 55–63.

[4] Griffith, A. A.: The phenomena of rupture and flow in solids. Phil. Trans. Roy. Sec. London, Ser. A., **221** (1920) S. 163–198.

[5] Smekal, A.: Bruchtheorie spröder Körper. Z. Physik, **103** (1936) S. 172–195.

[6] Barenblatt, G. J.: The mathematical theory of equilibrium cracks in brittle fracture. In: H. L. Dryden, F. H. von Kármán and G. Kuerti (Editors), Advances in Applied Mechanics, Academic Press, New York 1962, pp. 55–121.

[7] De Waal, H.: La Découpe du Verre, La Revue Silicates industriels **12** (1963).

[8] Hoek, E., and Bieniawski, M.: Brittle Fracture Propagation in Rock under Compression. Int. J. Fract. Mech., Vol. **1**, 3 (1965) pp. 137–155.

[9] Korowan, E.: Fracture and strength of solids. Rept Progr. Phys. **12** (1949) S. 185–232.

[10] Murrell, S. A. F.: The strength of coal under triaxial compression. In: W. H. Walton (Editor), Mechanical Properties of Non-Metallic Brittle Materials. Butterworth, London 1958, S. 123–153.

[11] Odé, H.: Faulting as a Velocity Discontinuity in plastic deformation. In: David Griggs and John Haudin (Editors), Rock Deformation, The Geol. Soc. Amer., Memoir **69**, pp. 293–321.

[12] McClintock, F. A., and Walsh, J. B.: Friction on Griffith cracks in rock under pressure. Proc. Fourth U. S. Congress Appl. Mech., Berkeley, 1962, Amer. Soc. Engrs., New York, 1963, pp. 1015 to 1021.

[13] Roos, J.: Over inhomogene plastische vervorming — proeven aan metaalfolies — Proefschrift, Bronderoffset, Rotterdam 1965, pp. 99.

[14] Nedai, N.: Theory of flow and fracture of solids. McGraw-Hill, New York, N. Y. 1950, 567 S.

[15] Muskhelishvili, N. I.: Some problems of the mathematical theory of elasticity. Radok, J. R. M. (Translator), P. Noordhof Ltd., Groningen 1953, 703 S.

[16] Denkhaus, H. G.: The application of mathematical theory of elasticity to problems of stress in hard rock at great depth. Assoc. Mine Managers S. Africa, Papers Discussions (1960) S. 271–310.

Festigkeit von Gestein und Gebirge

von H. G. Denkhaus und Z. T. Bieniawski, Pretoria

1. Einleitung

Die Kenntnis der Festigkeits- und Verformungseigenschaften von Gestein und Gebirge ist eine wesentliche Voraussetzung zum Verständnis des Gebirgsverhaltens um bergmännische Hohlräume und zu seiner Beherrschung. Gebirgsschläge, Brüche des Hangenden, Konvergenz und Abschalen sind Beispiele für Erscheinungen, die unmittelbar von diesen Eigenschaften beeinflußt werden. Kenntnis der Gebirgseigenschaften ist auch im Bergingenieurswesen erforderlich, vor allem beim Entwurf der Fundamente für große Staudämme und beim Tunnelbau. Die Ermittlung des Festigkeits- und Verformungsverhaltens von Gestein und Gebirge ist daher eines der wichtigsten Anliegen der Gebirgsmechanik.

2. Einflußfaktoren

Im frühen Entwicklungsstadium der Gebirgsmechanik glaubte man, daß die Bestimmung der einaxialen Druckfestigkeit an kleinen zylindrischen oder kubischen Proben ausreichende Angaben liefern würde, auf Grund derer man die Sicherheit und Wirtschaftlichkeit der Auslegung von Abbauen hinsichtlich der Gebirgseigenschaften beurteilen könne. Während der letzten zehn Jahre hat man jedoch lernen müssen, daß das Problem weitaus verwickelter ist. Die Spannung in der Teufe ist nicht einaxial, so daß es erforderlich ist, auch mehraxiale Festigkeitswerte zu bestimmen. Weiterhin ist das Gebirge kein perfekt homogenes und isotropes Kontinuum, sondern enthält zahlreiche Schwächestellen wie z. B. Klüfte, so daß seine Festigkeit nicht nur vom petrographischen Typ des Gesteins, sondern auch von der Größe des untersuchten Gebiets (Handstück oder Grubenabteilung) abhängt. Die Mannigfaltigkeit der Einflußfaktoren der Gebirgs- und Gesteinsfestigkeit geht aus der folgenden Aufstellung hervor:

(1) Größe und Gestalt der Probe;
(2) Art der Belastung hinsichtlich der Axialität des Spannungszustandes (einaxial, biaxial, triaxial) und der Spannungsrichtung (Zug-, Druck- und Schubkomponenten);
(3) Verteilung der Belastung (gleichmäßige oder ungleichmäßige Verteilung von Zug, Druck, Biegung oder Torsion);
(4) Belastungsgeschwindigkeit (konstante, allmählich gesteigerte, wechselnde oder stoßartige Belastung);
(5) Temperatur, Feuchtigkeit und chemische Umgebungseinflüsse (z. B. Verwitterung).

3. Gesteinsfestigkeit

3.1. Definition des Begriffes „Gestein“

Wegen des Vorhandenseins von Korngrenzen, Rissen, Klüften und Einschlüssen ist Gestein streng genommen stets ein Diskontinuum. Je nach Art der an diesen Schwächestellen wirkenden verbindenden Kräfte variiert der Grad der Diskontinuität zwischen den beiden Extremen des fast kompakten Gesteins und eines Sandes. Wenn die verbindenden Kräfte stark sind (kompaktes Gestein) und wenn größere Klüfte und Einschlüsse außer acht gelassen werden und nur Korngrenzen und schwächere, materialeigene Risse betrachtet werden, kann ein „kleiner" Gebirgsteil (eine Probe) praktisch als Kontinuum betrachtet werden. Dann kann die Festigkeit an kleinen Proben ermittelt werden, vorausgesetzt, daß die Probe um etliche Ordnungen größer ist als der mittlere Abstand zwischen Schwächestellen (z. B. größer als die Korngröße). Diese Festigkeit heißt Gesteinsfestigkeit. Wegen des Auftretens von Klüften und anderen hochwirksamen Schwächestellen im Gebirge ist die Gebirgsfestigkeit niedriger als die Gesteinsfestigkeit; trotzdem wurden in der Frühzeit der Gebirgsmechanik Festigkeitsversuche meist an Gesteinsproben durchgeführt. Dies war und ist immer noch bis zu einem gewissen Grade berechtigt, weil 1. Großversuche am Gebirge teuer und zeitraubend sind, 2. die Gesteinsfestigkeitswerte zumindest Vergleichsdaten liefern, 3. man zumindest Grenzwerte der Gebirgsfestigkeit erhält — die Gesteinsfestigkeit ist die höchstmögliche Festigkeit eines Gesteinsverbandes — und 4. die Einflußfaktoren und gewisse Verhaltensweisen einfacher an kleinen Proben untersucht werden können, wobei man zumindest gewisse Tendenzen des Gesteinsverhaltens beobachten und für das Gebirge extrapolieren kann (gegebenenfalls unter Anwendung von Modellgesetzen, obwohl dies ein noch weitgehend ungelöstes Problem ist).

Es muß jedoch festgehalten werden, daß die Erfahrung der letzten zehn Jahre gezeigt hat, daß die Streuung der Festigkeitswerte für Gesteine meist größer ist, als man es von anderen Materialien, wie Metallen und Legierungen, gewohnt ist.

3.2. Mehraxialität des Spannungszustandes

Festigkeit ist nicht eine physikalische Größe mit einem bestimmten kritischen Wert, sondern vielmehr gegeben durch eine Familie solcher Werte, bestehend aus den Festigkeiten für einaxialen Druck und Zug und für mehraxiale Spannungszustände mit verschiedenen Verhältnissen der Komponenten. Die Festigkeit eines Gesteins wird daher am besten durch ein räumliches Festigkeitsschaubild dargestellt [1, 2], wofür ein Beispiel in Bild 1 gezeigt ist. Man kann die Festigkeit auch durch Mohrsche Hüllkurven darstellen, die jedoch nicht so übersichtlich sind.

Während ein Festigkeitsschaubild eine zweckmäßige Zusammenstellung für Entwurfsdaten darstellt, ist seine Ermittlung ein zeitraubender Vorgang, der zahlreiche Versuchsreihen erforderlich macht. Es besteht daher der Wunsch, ein sogenanntes Bruchkriterium für Gestein zu finden, d. h. eine in einer Formel kondensierte Bruchhypothese, die es ermöglicht, die Festigkeiten für alle Spannungszustände verschiedener Axialität aus dem kritischen Wert einer physikalischen Größe zu ermitteln, die in *einem* einfachen Versuch, etwa dem einaxialen Zug- oder Druckversuch, bestimmt werden kann.

In ihrem frühen Entwicklungsstadium hat die Gebirgsmechanik einfach ein Bruchkriterium der Bodenmechanik, die sogenannte Coulombsche Hypothese, übernommen. Es stellte sich jedoch heraus, daß die Abweichung vom wirklichen Gesteinsverhalten zu groß war, und weitere Forschung in Südafrika zeigte, daß die sogenannte modifizierte Griffith-Hypothese [3] für Gestein geeigneter ist. Es wurde gefunden, daß der Beginn der Rißfortpflanzung in Gestein bei jedem beliebigen Spannungszustand durch zwei Materialkonstanten bestimmt wird, nämlich die einaxiale Zugfestigkeit (wahlweise auch die einaxiale Druckfestigkeit) und den Koeffizienten der inneren Reibung. Eine Beschreibung der Verfahren zur Ermittlung dieser Werte würden den Rahmen dieses Übersichtsreferates überschreiten und ist a. O. [4] veröffentlicht.

Weitere Untersuchungen zeigten jedoch, daß die Hypothese für den Beginn der Rißfortpflanzung noch nicht den Bruch und damit die Festigkeit bestimmt, weil das Gestein selbst nach dem Auftreten von Rißfortpflanzung noch brauchbar bleibt und Belastung aushalten kann. Die Forschung in Südafrika steckte sich daher das Ziel, den vollständigen Mechanismus

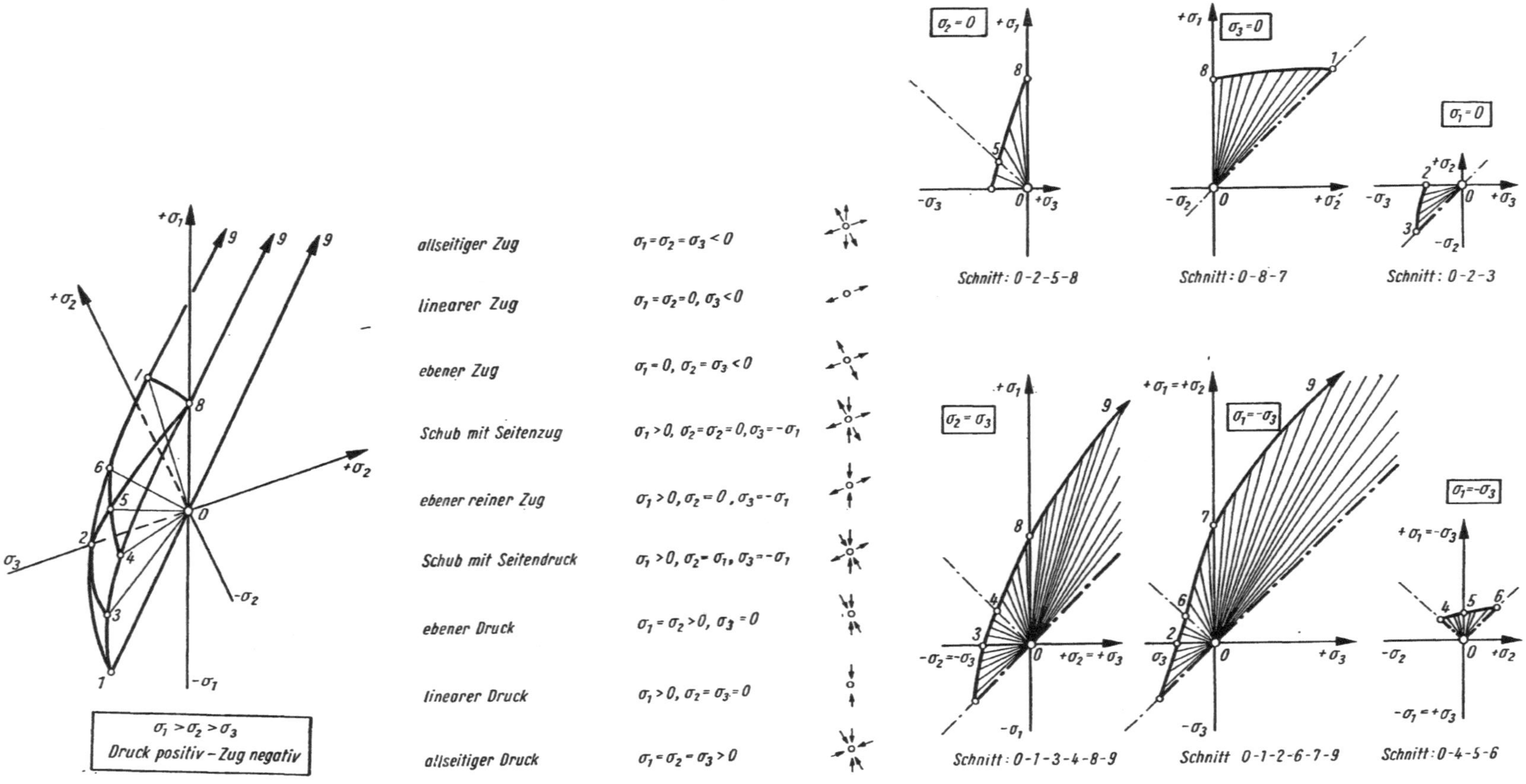

Bild 1. Dreidimensionale Darstellung der Bruchspannungszustände (Festigkeitsschaubild)

des Sprödbruches in Gestein zu untersuchen. Diese Arbeiten [4] haben zu einer Hypothese geführt, welche die Vorgänge im Gestein vom Beginn einer allmählich gesteigerten Belastung bis zur vollständigen Zerstörung des Gesteins beschreibt.

3.3. Mechanismus des Sprödbruches

Bild 2 zeigt die Spannungs–Verformungs-Kurven für die Längs-, Quer- und volumetrische Verformung von Proben aus Witwatersrand-Quarzit bei allmählich gesteigerter einaxialer Druckbelastung. Die kennzeichnenden Stadien, die während dieses Vorgangs durchlaufen werden, sind in dem Schaubild angegeben. Der Vorgang beginnt mit Schließung von Rissen, d. h., die bereits in der Probe vorhandenen Risse schließen sich unter der Einwirkung wachsenden Druckes. Erst nachdem die Risse geschlossen sind, beginnen die Spannungs–Verformungs-Kurven linear zu werden; die Verformung ist elastisch. Weitere Verformung führt zum *Beginn der Rißfortpflanzung* der geschlossenen Risse. Dieses Stadium ist gekennzeichnet durch Linearitätsabweichung der Kurve sowohl für die Quer- als auch für die volumetrische

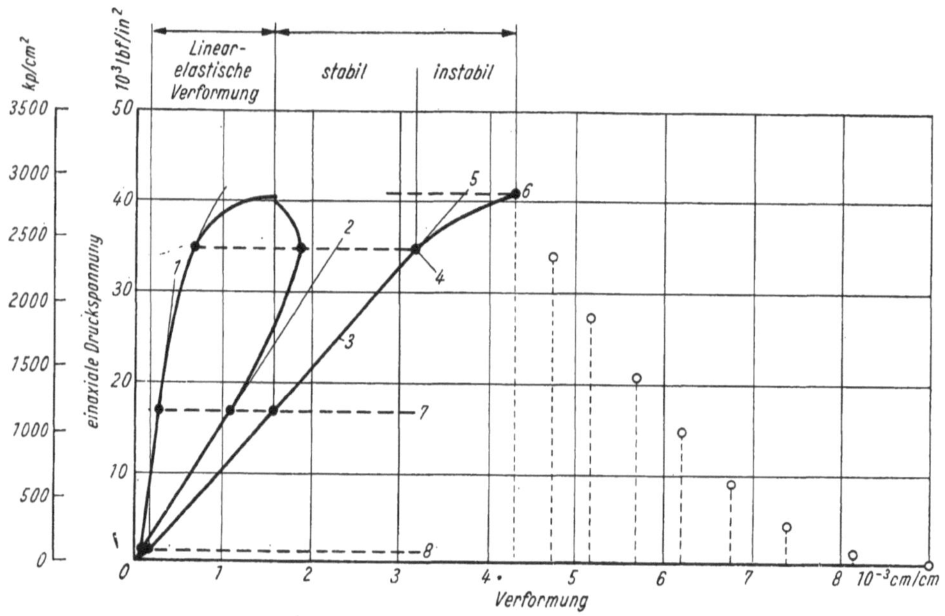

Bild 2. Darstellung des Sprödbruchvorganges für Quarzit bei allmählich gesteigertem einaxialem Druck *1* — Querverformung; *2* — volumetrische Verformung; *3* — Längsverformung; *4* — kritischer Energieumsatz; *5* — Festigkeit; *6* — geometrischer Ort der Bruchgrenze für verschiedene Maschinensteifigkeiten; *7* — Rißfortpflanzung beginnt; *8* — Risse geschlossen

Verformung, jedoch nicht für die Längsverformung. Die Rißfortpflanzung ist *stabil*, d. h., sie kann durch Anhalten der äußeren Belastungssteigerung zum Stillstand gebracht werden. Während dieses Vorgangs wird ein Teil der elastischen Energie zur Bildung neuer Rißoberflächen umgesetzt. Wenn der *Energieumsatz* einen *kritischen* Wert erreicht, beginnt die instabile Rißfortpflanzung, d. h., die Rißfortpflanzung kann nicht mehr nur durch die äußere Belastung beherrscht werden. Jetzt beginnt auch die Längsverformungskurve von der Linearität abzuweichen, und das Krümmungsvorzeichen der Kurve der volumetrischen Verformung ändert sich. Die instabile Rißfortpflanzung führt zum Maximum der Längsverformungskurve, dem Punkt, an dem die maximale Tragfähigkeit des Materials erreicht und als *Festigkeit* des Materials bezeichnet wird. An diesem Punkt zerbrechen die meisten zu Sprödbruch neigenden Proben schlagartig, wenn sie in einer der üblichen (weichen) Prüfmaschinen belastet werden;

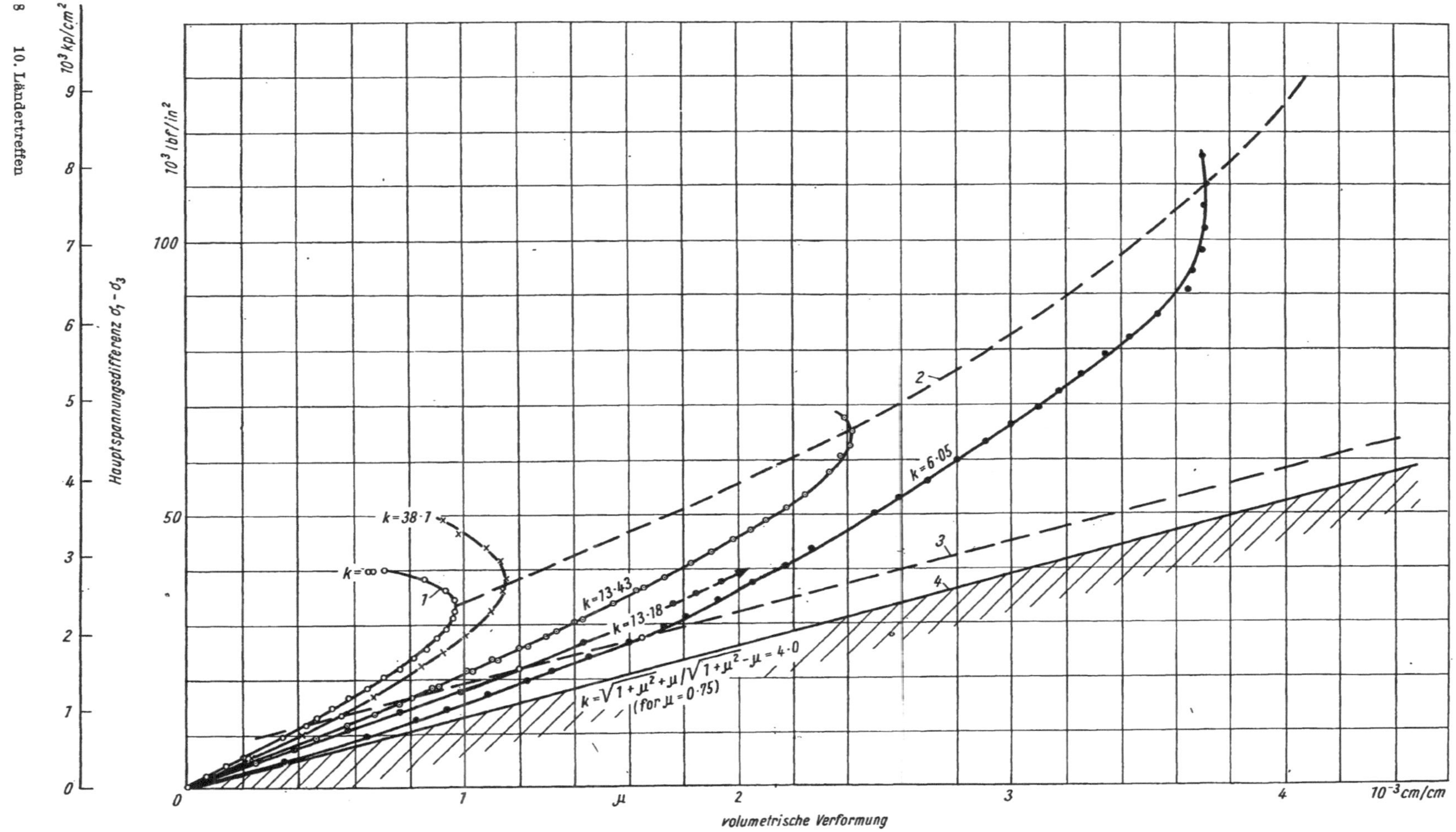

Bild 3. Rißfortpflanzungsbeginn und Beginn instabiler Rißfortpflanzung für Quarzit bei allmählich gesteigertem Druck für verschiedene mehraxiale Spannungszustände

1 — Einaxial; *2* — geometrischer Ort für kritischen Energieumsatz; *3* — geometrischer Ort für Beginn der Rißfortpflanzung; *4* — in diesem Gebiet kann die Rißfortpflanzung nicht beginnen

$k = \sigma_1/\sigma_3$; μ = Koeffizient der inneren Reibung das System „Probe-weiche Maschine" bricht zusammen, und die Festigkeit fällt mit der *Bruchgrenze* zusammen. Für Prüfmaschinen mit größerer Steifigkeit jedoch fällt die Spannung mit zunehmender Verformung entlang der in Bild 2 kreispunktierten Linie ab. Je nach Steifigkeit der Maschine wird die Bruchgrenze an einem bestimmten Punkt dieser Linie erreicht, die Probe zerbricht, und die restliche Spannungs-Verformungs-Kurve wird eine vertikale Gerade. Bei Maschinensteifigkeiten über 1 800 000 kp/cm ($10 \cdot 10^6$ lbf/in) erhält man für Quarzit die vollständige Kurve, d. h., die Bruchgrenze liegt bei der Spannung Null.

Es wird aus obigen Ausführungen deutlich, daß die *Festigkeit* eine kennzeichnende Eigenschaft des Materials ist, wogegen die *Bruchgrenze* das System „Probe-Prüfmaschine" kennzeichnet. Bruch macht das System unbrauchbar, während durch Überschreitung der Festigkeit das Material so verändert wird, daß seine Tragfähigkeit sich zwar mit zunehmender Verformung vermindert, aber immer noch erhalten bleibt. Ersetzt man das System „Probe-Prüfmaschine" etwa durch ein System „Pfeiler – Firste/Sohle" oder auch „Stoß – Firste/Sohle", dann wird die Bedeutung obiger Erkenntnisse deutlich: Man kann bergmännische Hohlräume so auslegen, daß das Berggebäude tragfähig bleibt, obwohl das Gestein seine Festigkeit überschritten hat.

Der Sprödbruchmechanismus, wie er vorangehend für allmählich gesteigerte einaxiale Druckbelastung beschrieben wurde, gilt auch für andere Spannungszustände unter allmählich gesteigerter Belastung. Bei reinem Zug tritt jedoch keine Schließung von Rissen auf, und der Beginn der Rißfortpflanzung, die Festigkeit und die Bruchgrenze treten fast gleichzeitig auf, so daß man hier für praktische Zwecke das Kriterium für den Beginn der Rißfortpflanzung (die modifizierte Griffith-Hypothese) auch als Festigkeits- bzw. Bruchkriterium verwenden kann.

Es wurde durch Versuche bewiesen [4], daß die Spannung bei kritischem Energieumsatz (siehe Bild 2) der Dauerstandfestigkeit des Gesteins entspricht, d. h. der Festigkeit bei konstanter Belastung. Wie aus Bild 2 ersichtlich, kann diese Spannung leicht aus der Kurve ermittelt werden, die den Zusammenhang zwischen Spannung und volumetrischer Verformung angibt, womit eine praktische Methode zur raschen Ermittlung der Dauerstandfestigkeit gefunden ist.

Gegenwärtige Arbeiten zielen nun darauf hin, ein Dauerstandfestigkeitskriterium zu finden. Wie aus Bild 3 ersichtlich, scheint das sogenannte Irwin-Kriterium sich dazu zu eignen. Es spezifiziert den kritischen Energieumsatz als eine Materialkonstante, die für jeden Spannungszustand die Dauerstandfestigkeit bestimmt.

Aufgaben, die noch vorliegen, sind Erforschung des Bruchmechanismus für Stoßbelastung, die für Bohr- und Schießvorgänge wichtig ist, Erforschung des Mechanismus zähen Bruchs, d. h. Bruchs, der von plastischer Verformung begleitet ist, und Erforschung des Einflusses der mittleren Hauptspannung auf die Kriterien des Rißfortpflanzungsbeginns und der Dauerstandfestigkeit, da die heutigen Kriterien von der Annahme ausgehen, daß dieser Einfluß vernachlässigt werden darf. Diese Annahme ist jedoch noch nicht durch Versuche bewiesen. Schließlich sind weitere Untersuchungen über das Verhalten von Gestein, das seine Festigkeit überschritten hat, erforderlich, d. h. Untersuchungen der Gesetzmäßigkeiten der Kurve zwischen Festigkeit und Bruchgrenze in Bild 2.

3.4. Naßfestigkeit

Die Ergebnisse einer Untersuchung [5] des Einflusses der Probenfeuchtigkeit auf die Festigkeit quarzitischen Tonschiefers sind in Bild 4 wiedergegeben. Es geht daraus hervor, daß eine feuchtigkeitsgesättigte Probe nur etwa halb so fest ist wie eine trockene. Die praktische Bedeutung dieses Feuchtigkeitseinflusses liegt in der Gefahr, daß ein normalerweise als stabil anzusehender Hohlraum bei Nässe instabil werden kann. Andererseits hat Nässe

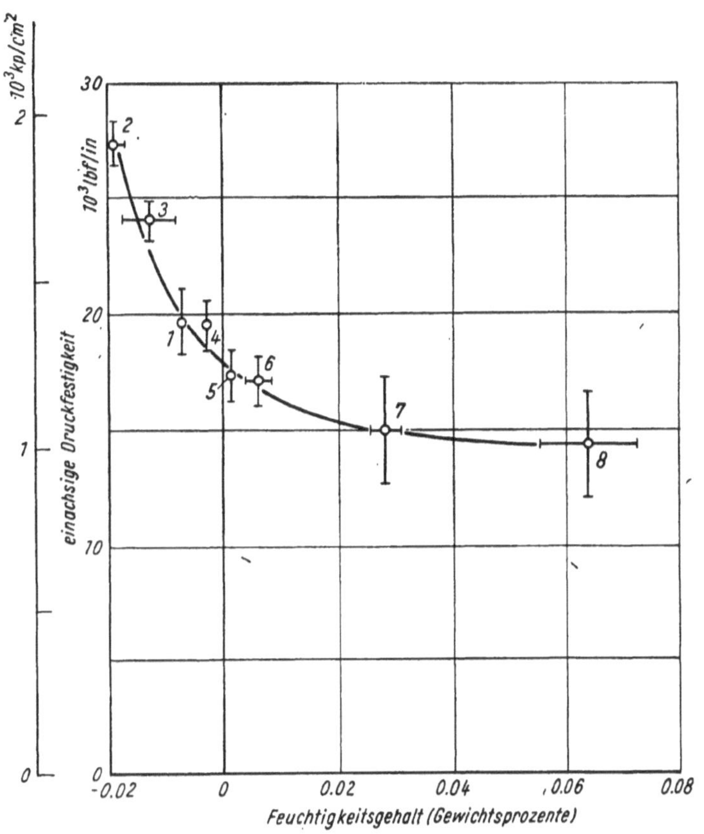

Bild 4. Beziehung zwischen einachsiger Druckfestigkeit und Feuchtigkeitsgehalt von quarzitischen Tonschieferproben

1 — 32,3% rel. Feuchte; *2* — getrocknet über $CaCl_2$; *3* — 15% rel. Feuchte; *4* — 45% rel. Feuchte; *5* — 66% rel. Feuchte; *6* — 79,5% rel. Feuchte; *7* — 98% rel. Feuchte; *8* — eingetaucht in Wasser

einen günstigen Einfluß auf den Wirkungsgrad von Schneide-, Bohr- und Schießvorgängen. Die Abteilung Gebirgsmechanik des Südafrikanischen Landesforschungsinstituts für Ingenieursmechanik trägt den Umwelteinflüssen auf die Gesteinseigenschaften durch transportable Prüfgeräte Rechnung, mit deren Hilfe Proben unter Tage vorbereitet und geprüft werden, so daß Einflüsse der Feuchtigkeit, Temperatur und anderer Bedingungen ausgeschaltet werden.

3.5. Festigkeitsanisotropie

Die erfolgreiche Anwendung der Griffith-Hypothese zur Vorausbestimmung des Rißfortpflanzungsbeginns beruht auf der Tatsache, daß die meisten Gesteine zahlreiche unregelmäßig orientierte Risse enthalten, von denen die Rißausbreitung ausgehen kann.

Versuche an Gesteinen wie Quarzit haben keine nennenswerte Anisotropie bezüglich dieser natürlichen Rißorientierung zutage gebracht. Andererseits zeigen Gesteine wie Schiefer solche Anisotropie sehr deutlich, und die Annahme unregelmäßig orientierter Risse gilt nicht. Wenn man jedoch davon ausgeht, daß Schiefer zwei Systeme von Rissen enthält, das eine hauptsächlich parallel zur Schichtung und das andere bestehend aus unregelmäßig verteilten Korngrenzen, wird es möglich, die Spannungen zu berechnen, bei denen Rißfortpflanzung unter verschiedenen mehraxialen Spannungszuständen auftritt [6]. Es wurde gefunden, daß bei einaxialem Druck, je nach der Orientierung der Schichtflächen zur Belastungsrichtung, die

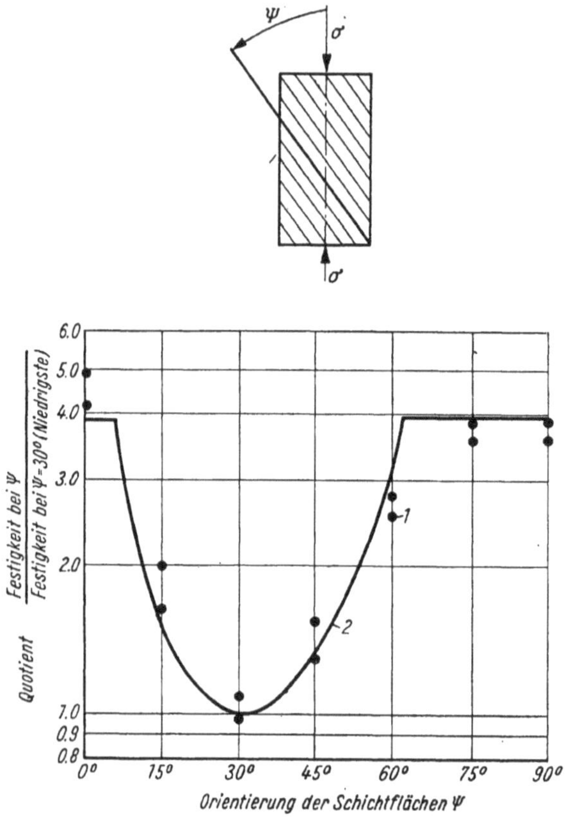

Bild 5. Einfluß der Orientierung der Schichtflächen auf die einaxiale Druckfestigkeit von Schiefer

höchste Festigkeit von Schiefer viermal so hoch sein kann wie seine niedrigste, wie in Bild 5 dargestellt.

Die Bedeutung dieses Ergebnisses liegt darin, daß ein Vergleich der Ergebnisse von Druckversuchen senkrecht und parallel zur Schichtung noch nichts über die Festigkeitsanisotropie des Gesteins aussagt — wie man oft angenommen hat. Im Falle des Schiefers sind die Festigkeiten in diesen beiden Richtungen fast gleich hoch (siehe Bild 5), woraus man auf Isotropie zu schließen geneigt ist. Bild 5 zeigt aber, daß bei einer Orientierung von 30° die niedrigste Festigkeit auftritt, d. h., daß der Schiefer stark festigkeitsanisotrop ist. Dieses Beispiel zeigt wieder einmal, daß man nicht voreilige Schlüsse aus einer ungenügenden Zahl von Versuchsdaten ziehen sollte.

4. Gebirgsfestigkeit

4.1. Definition des Begriffs „Gebirge"

Wenn eine Gesteinsmasse ein Kontinuum ist, so gilt die an kleinen Proben ermittelte Festigkeit für die gesamte Masse. In der Praxis ist diese Situation jedoch selten gegeben, und gewöhnlich unterscheidet sich die Festigkeit einer Gesteinsmasse erheblich von der des Gesteins, aus dem sie besteht. Der Hauptgrund hierfür ist die Schwächung der Gesteinsmasse durch Diskontinuitäten. Die Masse besteht aus Bausteinen, den sogenannten Kluftkörpern, die voneinander durch die Diskontinuitäten getrennt sind, und wird daher als „Gesteinsverband" oder „Gebirge" bezeichnet. Die Gebirgsfestigkeit ist im wesentlichen eine statistische Größe, die von gegenseitigem Abstand, Orientierung und Art der Schwächestellen

(Diskontinuitäten, Klüfte) abhängt. Ein Gebirge sollte daher stets durch Angabe seines Gesteins oder seiner Gesteine *und* zumindest der Klüftigkeit gekennzeichnet werden, welch letztere ein nützlicher Ausdruck für den statistischen Mittelwert der Abstände zwischen Klüften ist und auch die Kluftkörperform beachtet.

4.2. Einfluß der Probengröße

Wie bereits erwähnt, sollte die Festigkeit stets an Proben ermittelt werden, die um viele Ordnungen größer sind als der mittlere Abstand zwischen Schwächestellen. Im Falle eines Gesteinsverbandes (Gebirge) heißt dies, daß die Probe um viele Ordnungen größer sein muß als die Kluftkörpergröße. Es taucht nun die Frage auf, was mit ,,viele Ordnungen größer" gemeint ist.

Man weiß von der Prüfung metallischer Werkstoffe, daß die Festigkeit mit zunehmender Probengröße abnimmt, bis sie einem asymptotischen Wert zustrebt, von dem ab sie praktisch konstant bleibt. Der Grund hierfür ist, daß bei kleinen Proben die Wahrscheinlichkeit für das Vorhandensein von Schwächestellen kleiner ist als bei großen und damit die Wahrscheinlichkeit höherer Festigkeit größer ist. Überdies, je kleiner eine Probe ist, d. h. je besser sie zu hantieren ist, um so sorgfältiger wählt man die Proben aus, damit sie die Bearbeitung vor dem Versuch überstehen, und dies führt auch zu höheren Festigkeitsergebnissen. Bereits 1962 wurde die Vermutung ausgesprochen [7, 8], daß ähnliche Gesetzmäßigkeiten auch für Gesteinsverbände (Gebirge) gelten, obwohl die kritische Probengröße, von der ab die Festigkeit

Bild 6. Probenwürfel untertage von 1,5 m Seitenlänge mit Belastungs- und Verformungsmeßeinrichtung

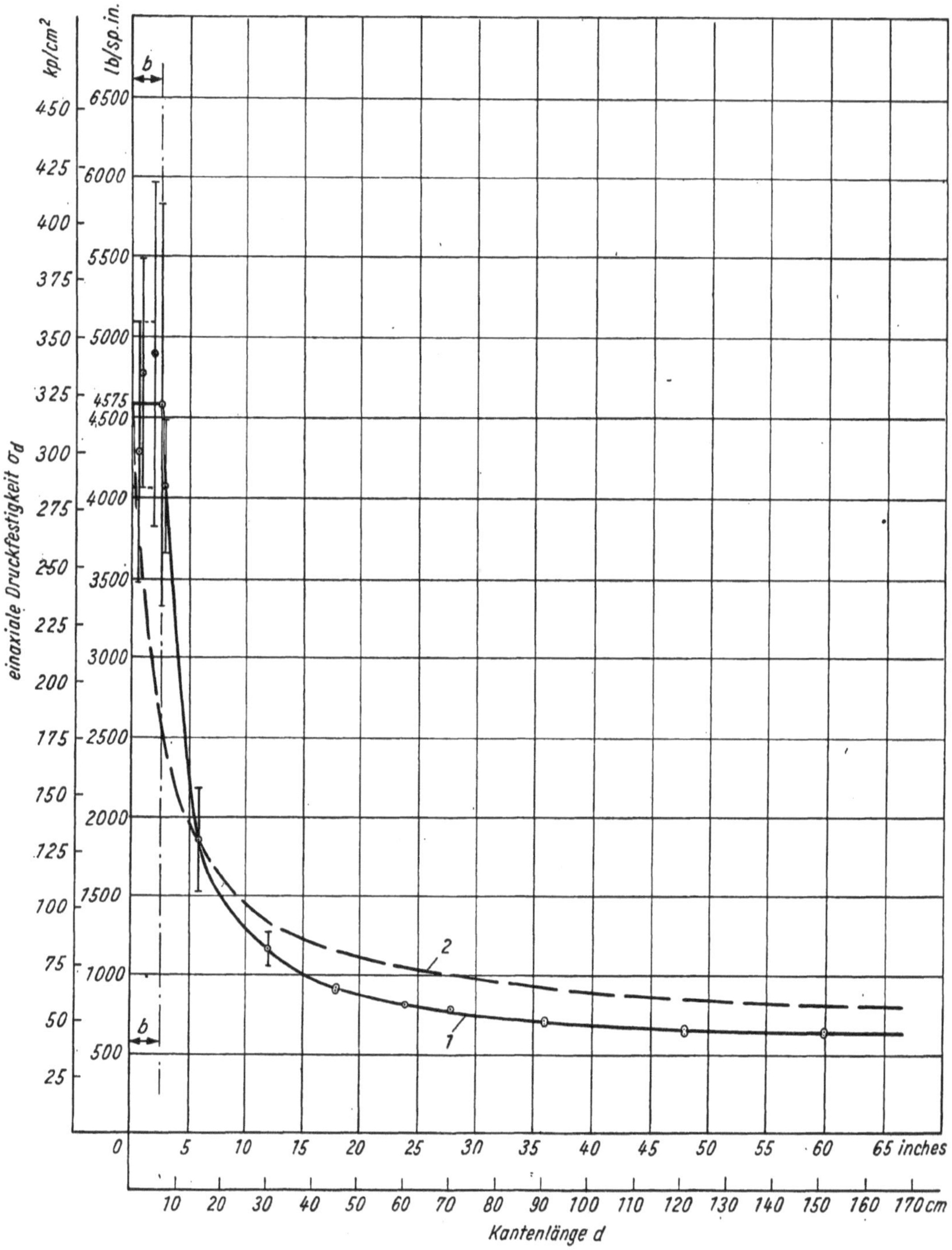

Bild 7. Der Einfluß der Prüfkörpergröße auf die Druckfestigkeit von Kohle

1 – experimentell festgestellt; *2* – PROTODJAKONOV-Formel $\sigma_d = \frac{d + m\,b}{d + b}\,\sigma_M$;
es bedeuten: $b = 6{,}6$ cm; $m = \sigma_0/\sigma_M = 7{,}1$; $\sigma_0 = 321{,}7$ kp/cm²; $\sigma_M = 45{,}2$ kp/cm²

konstant bleibt, wohl höher liegt als für metallische Werkstoffe und überdies für verschiedene Kategorien von Gebirgen verschieden ist. Untersuchungen wurden daher in Südafrika [9] begonnen, um diese kritische Probengröße zumindest für zwei Kategorien, nämlich „hartes" und „weiches" Gebirge, zu ermitteln. Dies führte zu Untertageversuchen an sowohl kleinen als auch großen Proben.

4.3. Gebirgsfestigkeit von Kohle

Kohle wurde als typisch für „weiches" Gebirge angesehen. In Südafrika, wo die Kohle hauptsächlich im Pfeilerbau oder Kammerpfeilerbau gewonnen wird, war es aus praktischen Gründen gerechtfertigt, den Einfluß der Probengröße auf die Gebirgsfestigkeit zu bestimmen, um damit eine Grundlage zur Abschätzung der Festigkeit von Kohlepfeilern zu gewinnen. Folglich begann im Jahre 1964 ein Forschungsprojekt zur Entwicklung von Verfahren und der Ausrüstung für Untertageversuche an kubischen Kohleproben bis zu 2 m (6.6 ft) Kantenlänge. Zu Beginn des Jahres 1968 waren insgesamt 25 solcher Proben, die in Bild 6 gezeigt sind, geprüft, und weitere 8 Versuche sind zur Zeit im Gange. Darüber hinaus wurden zahlreiche Untertageversuche an kleineren Proben mit Hilfe der bereits erwähnten tragbaren Ausrüstung durchgeführt. Einzelheiten der Versuche sind a. O. [10] beschrieben.

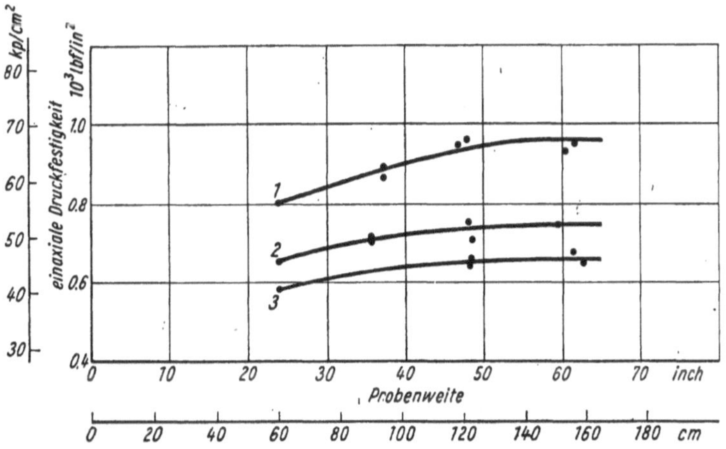

Bild 8. Einfluß der Weite und Höhe auf die Festigkeit von Kohleproben mit quadratischem Querschnitt in situ

1 — Probenhöhe 0,61 m; *2* — Probenhöhe 0,91 m; *3* — Probenhöhe 1,22 m

Die Ergebnisse der Versuche sind in Bild 7 eingetragen, das auch den von Protodjakonov vorläufig vorgeschlagenen Zusammenhang zwischen Festigkeit und Probengröße zeigt. Der Unterschied zwischen dem wirklichen Verhalten und der Protodjakonov-Hypothese ist aus Bild 7 ersichtlich, und man erkennt auch, daß von der Probengröße von etwa 1.5 m (5 ft) an die Gebirgsfestigkeit der Kohle praktisch konstant bleibt. Bild 8 zeigt die in Untertageversuchen ermittelte Beziehung zwischen Festigkeit, Breite und Höhe von Kohleproben mit quadratischem Querschnitt. Es zeigt sich, daß für gleichbleibende Höhe die Festigkeit mit zunehmender Breite ansteigt, daß dieser Anstieg aber bei einer Breite von etwa 1.5 m (5 ft) aufhört und darnach die Festigkeit offenbar konstant bleibt.

Dies bedeutet, daß ein Kohlewürfel von z. B. 10 m (30 ft) Kantenlänge dieselbe Festigkeit hat wie ein Kohlewürfel von 1.5 m (5 ft) Kantenlänge, daß also die Ergebnisse von Festigkeitsversuchen an Kohleproben auch für den gesamten Kohlepfeiler gelten.

4.4. Gebirgsfestigkeit von Norit

Während der Probengrößeneinfluß auf die Gebirgsfestigkeit von Kohle sehr deutlich ist, wobei sich Gesteinsfestigkeit zu Gebirgsfestigkeit wie 7.1:1 verhält, wie Bild 7 zeigt, zeigten Versuche an einem „harten Gebirge", nämlich Norit [11], daß dort der Größeneinfluß verhältnismäßig gering ist, wie aus Bild 9 hervorgeht. Die kritische Probengröße liegt dort bei etwa 13 cm (5 inches).

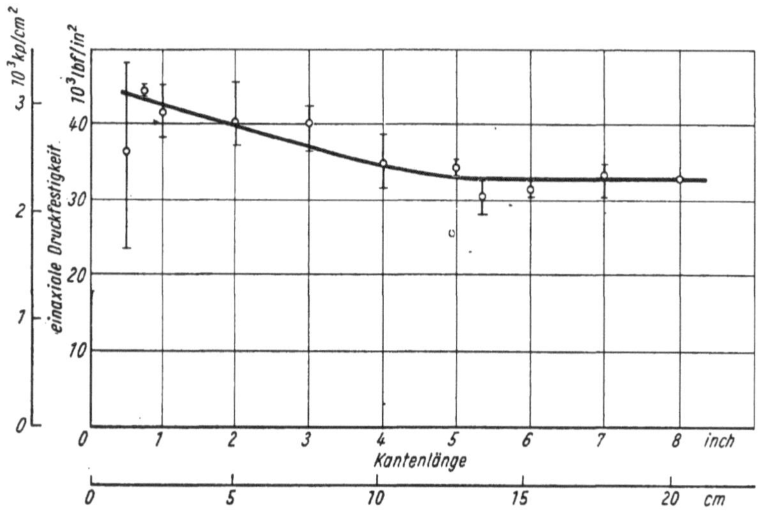

Bild 9. Einfluß der Probengröße auf die einaxiale Druckfestigkeit von Norit

5. Klassifizierung der Gesteine und Gebirge

Wenn man die Anwendbarkeit von Forschungsergebnissen in der Praxis erstrebt, machen es die große Zahl von Einflußfaktoren und die große Mannigfaltigkeit von Gesteins- und Gebirgstypen erforderlich, eine kleine Vergleichsbasis zu schaffen. Überdies werden derart viele Festigkeitsversuchdaten benötigt, daß es für eine einzelne Forschungsgruppe unmöglich ist, alle die vielen erforderlichen Versuchsreihen durchzuführen. Die Lösung dieses Problems liegt in internationaler Zusammenarbeit, und Voraussetzung dafür wiederum ist ein internationales Übereinkommen zur Aufstellung eines Klassifizierungssystems für Gestein und Gebirge im Hinblick auf Festigkeit und andere Eigenschaften. Auch muß man sich über eine Standardisierung der Versuchsmethoden und -geräte einigen. Die Abteilung Gebirgsmechanik des Südafrikanischen Landesforschungsinstituts für Ingenieursmechanik ist stets bereit, ihren Beitrag [12] zu diesem wichtigen Gebiet der Entwicklung in der Gebirgsmechanik zu liefern.

Literatur

[1] Denkhaus, H. G.: Über die Bedeutung einiger Eigenschaften des Gesteins für das Problem der Gebirgsschläge in Gruben großer Teufe. Internat. Gebirgsdrucktagung, Leipzig, Okt. 1958, Akademie-Verlag, Berlin 1958, S. 19–28.

[2] Denkhaus, H. G.: Über Festigkeitsuntersuchungen in der Gebirgsmechanik. Bericht 2. Ländertreffen IBG, (1960). Akademie-Verlag, Berlin 1961, S. 80–95.

[3] Hoek, E., and Bieniawski, Z. T.: Brittle fracture propagation in rock under compression. Int. J. Fracture Mech. 1 (1965) p. 137–155.

[4] Bieniawski, Z. T.: Mechanism of brittle fracture of rock. Int. J. Rock Mech. Min. Sci. 4 (1967) p. 395–430 Oct.

[5] COLBACK, P. S. B., and WIID, B. L.: The influence of moisture content on the compressive strength of rock. Proc. Third Canad. Symp. Rock Mech., Ottawa, Jan. 1965, p. 65/83.

[6] HOEK, E.: Fracture of anisotropic rock. J. South Afr. Inst. Min. Metall. **64** (1964) p. 501/518.

[7] DENKHAUS, H. G.: Gebirgsfestigkeit und Gesteinsfestigkeit. Bericht 5. Ländertreffen IBG (1963) Akademie-Verlag, Berlin 1964, S. 47–61; Strength of rock material and rock systems. Int. J. Rock Mech. Min. Sci. **2** (1965) p. 111/126.

[8] DENKHAUS, H. G.: A critical review of the present state of scientific knowledge related to the strength of mine pillars. J. South Afr. Inst. Min. Metall. **63** (1962) p. 59/75.

[9] BIENIAWSKI, Z. T., and DENKHAUS, H. G.: Der triaxiale Spannungszustand in Gebirge. Bericht 8. Ländertreffen IBG (1966), Akademie-Verlag, Berlin 1967, S. 17–40.
The triaxial state of stress in rock. Rep. South Afr. Counc. Sci. Industr. Res., no. Meg 485 (1966).

[10] BIENIAWSKI, Z. T.: Eine Studie des Bruchmechanismus von Kohle in situ. Bericht 9. Ländertreffen IBG (1967) Akademie-Verlag, Berlin 1968.
Mechanism of brittle fracture of rock. Rep. South Afr. Counc. Sci. Industr. Res., no. Meg 580 (1967).

[11] BIENIAWSKI, Z. T.: The effect of specimen size and shape on the compressive strength of hard rock. Rep. South Afr. Counc. Sci. Industr. Res., no. Meg 634 (1968).

[12] BIENIAWSKI, Z. T.: Determination of rock properties. Rep. South Afr. Counc. Sci. Industr. Res. no. Meg 518 (1967).

Klassifikation von festen Felsmassen

von V. Mencl, Brno

Das Internationale Büro für Gebirgsmechanik hat im Jahre 1967 den Vorschlag der Arbeitsgruppe III über ein System der

Gebirgsklassifikation

provisorisch gebilligt.

Der Text des Vorschlages ist in dem Bericht der Arbeitsgruppe III anläßlich des 9. Ländertreffens 1967 enthalten. Der Verfasser wurde mit der Ausarbeitung der visuellen Beschreibung des Gebirges nach der Charakteristik der Geometrie der Verteilungsflächen beauftragt.

In Bild 1 wird eine mögliche Form dieser Charakteristik vorgelegt. Bei der Wahl der Bezeichnung wurde ein System angestrebt, das alle sprachlichen Schwierigkeiten vermeidet. Es wird vorausgesetzt, daß jeder Techniker imstande ist, die Bezeichnung des Gebirges zu erkennen. Selbstverständlich ist eine vollkommene Vermessung aller Flächen nach den Methoden der Petrographie wünschenswert. Aus wirtschaftlichen Gründen wird diese nicht an jedem Tage möglich sein, daher wurde die visuelle Charakteristik als Vereinfachung zugelassen. Sie ist aber auch als Grundlage für die Beurteilung oder Vorhersage der mechanischen Eigenschaften des Gebirges nötig. Es ist wahrscheinlich, daß sich gerade zu diesem Zwecke zeigen wird, daß eine weitere Verarbeitung nötig ist. Doch diese kann nur auf Grund einer systematischen Konfrontation der im Feld gemessenen Werte mit einer provisorischen Klassifikation des Gebirges durchgeführt werden.

Als erster Schritt sind in Bild 2 die Schubfestigkeitsparameter (c und φ) für die einzelnen Typen angeführt, und zwar für die Druckfestigkeit von Zylinderproben von 100 und 500 kpcm^{-2}. Diese wurden nur teilweise auf Grund von Feldversuchen geschätzt und müssen daher noch teilweise überprüft werden. Der Versuch auch für höhere Druckfestigkeiten ebenso wie für andere mechanische Eigenschaften eine solche Übersicht zusammenzufassen, wird folgen.

Bezeichnung:

Null-Typ

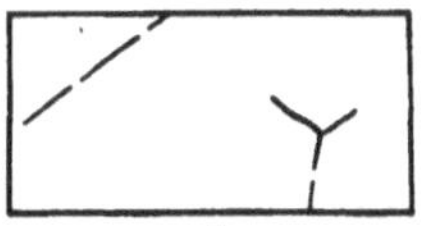

Y-Typ

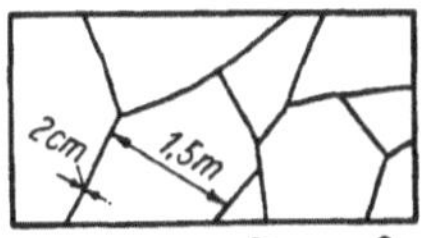

Y – 1,5 m | 2 cm | tonig

H-Typ

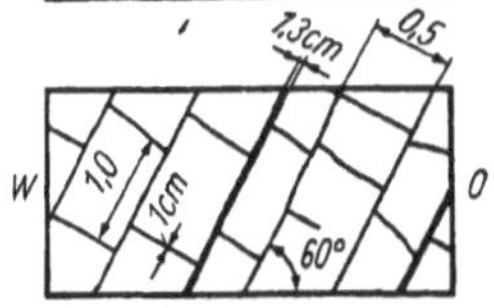

H 60° W | 0,3 ~ 0,5 m | 3 cm | tonig – 1 m | 1 cm | ∅

K-Typ

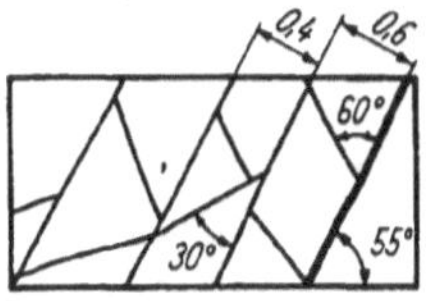

K 55° W | 0,4 ~ 0,6 m | 1 cm | sandig – 30–60° | 0,5 cm | sandig

S-Typ

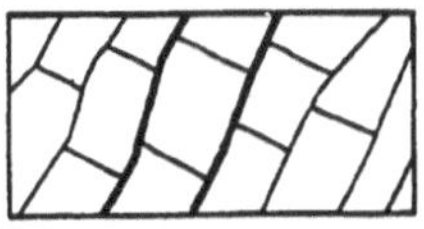

wie bei H-Typ, benütze eher in Kombination: S-H Typ

X-Typ

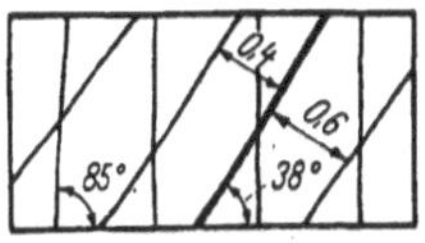

X 38 ° W | 0,4–0,6 m | 1 cm | lehmig L 85° W usw.

I-Typ

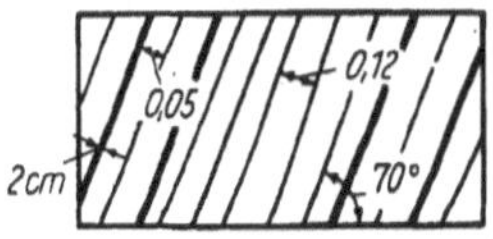

I 70° W | 0,05–0,12 m | 2 cm | schieferig
beschreibe Form und Größe von Fragmenten

O-Typ

O 38–50 cm, sandig

Oft sind Kombinationen notwendig:

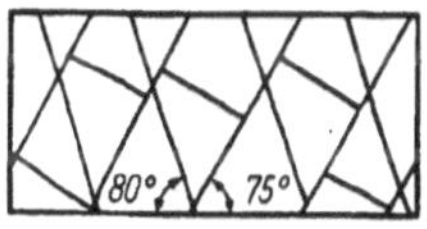

H 75° W | 0,3–0,5 m | 3 cm | lehmig ⊥ 1 m | 1 cm | ∅
+ X 80° O |0,5 m | 1 cm | lehmig

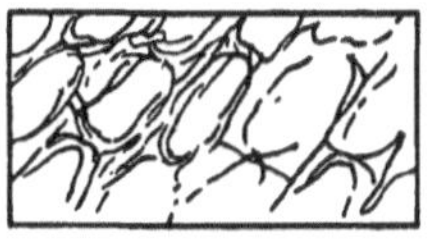

H + O

Störungen:

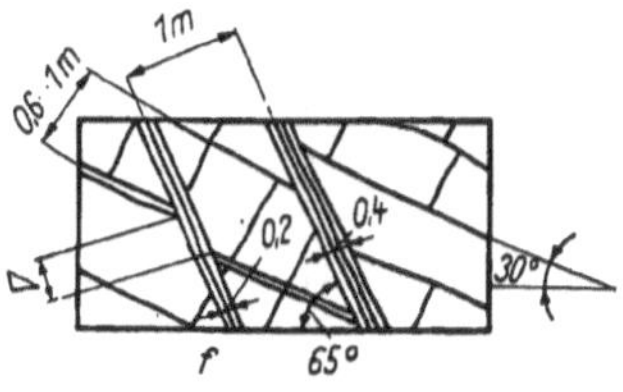

H 30° O | 0,6–1,0 m | 1 cm | sandig ⊥ 1 m 1 |1 cm | lehmig
+ 2 f 65° O 1 m | 0,2– ~0,4 m | lehmig | Δ = 0,3 m

Bild 1

Typ	Öffnung der Diskont.-Fläch.	Ausfüllung*)	Druckfestigkeit des Gesteinmateriales kp cm^{-2}: 100, α *1)						500, α *2)					
			0°	30°	60°	90°	−60°	−30°	0°	30°	60°	90°	−60°	−30°
Y	geschlossen	1			2,5	55°					7	58°		
		2			1	50°					3,5	53°		
	geöffnet	1			0,65	44°					1	48°		
		2			0,2	30°					0,3	33°		
H	geschlossen	1	3 60°	4 44°	35°	2,6 55°	2,2 46°	2 50°	5 65°	6 46°	40°	4 58°	2,5 49°	3 52°
		2	2,6 50°	3 36°	25°	1,8 50°	1,4 39°	1,2 41°	4,8 55°	7 38°	29°	3 53°	2,3 42°	2 44°
	geöffnet	1	2,5 48°	2 40°	29°	1,5 46°	1 38°	1 38°	4 52°	3 42°	35°	2,3 50°	1,5 39°	1,8 40°
		2	1,3 42°	1,1 30°	20° *3)	1 39°	0,6 31°	0,6 32°	1,6 44°	1,7 30°	21° *4)	1,6 40°	1 33°	1 34°
K	geschlossen	1	2,5 40°	2.5 37°	35°	0,7 37°	0,7 38°	0,7 40°	3 40°	3 43°	39°	1 38°	1 39°	1 42°
		2	2,5 35°	2 34°	25°	0,6 26°	0,6 27°	0,6 36°	2 34°	2 36°	28°	0,8 27°	0,8 29°	0,8 38°
	geöffnet	1	2,8 36°	2 35°	29°	0,5 31°	0,5 32°	0,5 37°	2.5 36°	2,5 37°	34°	0,9 32°	0,9 34°	0,9 39°
		2	1,1 31°	1 30°	20° */)	0,4 20°	0,4 24°	0,4 35°	0,7 30°	0,7 35°	21° *4)	0,7 20°	0,7 25°	0,7 36°
S	geschlossen	1	4 55°	1,8 45°	38°	1,5 40°	1,3 42°	1,2 52°	5 60°	6 45°	40°	3,5 55°	2 43°	3 52°
		2	3,8 48°	1,4 38°	28°	1 34°	1 36°	1,1 44°	4,5 52°	7 37°	30°	2,7 50°	1,8 37°	2 45°
	geöffnet	1	3,5 40°	1,1 38°	30°	1 30°	0,8 32°	1,2 40°	4,2 42°	3 40°	35°	2 48°	1,4 35°	1,8 41°
		2	1,2 41°	1 29°	22° *4)	0,6 28°	0,6 30°	1,1 35°	1,8 44°	1,5 29°	23° *4)	1 38°	0,8 32°	1 35°
X	geschlossen	1	0,25 42°	0,15 38°	35°	36°	0,15 36°	0,15 37°	0,28 43°	0,2 39°	40°	42°	0,2 38°	0,2 38°
		2	0,2 30°	0,1 28°	25°	28°	0,1 30°	0,1 32°	0,25 32°	0,15 30°	29°	33°	0,15 32°	0,15 32°
	geöffnet	1	0,2 30°	0,1 29°	29°	30°	0,1 32°	0,1 33°	0,25 32°	0,15 30°	35°	32°	0,15 34°	0,15 35°
		2	0,15 22°	0,05 21°	20° */)	23°	0,05 25°	0,05 26°	0,15 23°	0,05 22°	21° *4)	26°	0,1 27°	0,1 28°

I *3)	geöffnet	1	2 40°	1,5 37°	35°	1 45°	1,8 43°	2 40°	3,3 41°	2,8 39°	38°	2 47°	3,3 46°	4 44°
		2	1,4 39°	1 35°	25°	0,6 38°	1 37°	1 39°	2.2 40°	1,8 37°	27°	1 40°	1,5 39°	2 42°
	geschlossen	1	1,3 39°	1 35°	29°	0,7 38°	1 35°	1,3 40°	2,5 40°	2 37°	34°	1,2 39°	1,8 37°	2,5 41°
		2	0,4 37°	0,3 32°	20° */)	0,2 36°	0,2 35°	0,3 36°	0,7 38°	0,5 35°	21° */)	0,3 37°	0,4 36°	0,6 40°
O	dicht	1			0,3	38°					0,4	40°		
		2			0,2	38°					0,3	38°		
	locker	1			0,04	26°					0,07	38°		
		2				24°						26°		

*1) 1 = ohne Ausfüllung oder grobsandig, 2 = tonige Ausfüllung

*3) Bei diesem Typ ist die Festigkeit entlang der Richtung der Ausbisse größer

*4) φ ändert sich nach dem Typ der Tonausfüllung und kann bei Montmorillonit unter 14° sinken.

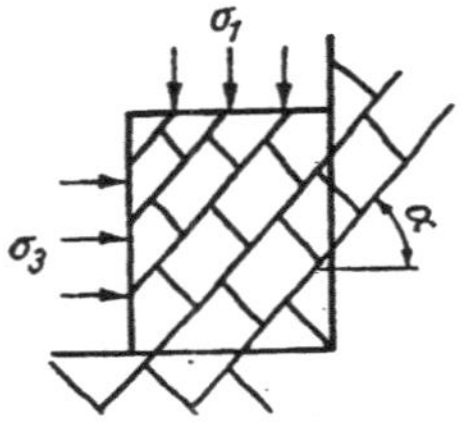

Zwischen $\alpha = 30°$ und $\alpha = 60°$ können sich minimale c' und φ' befinden!

Bild 2

Untersuchung der physikalisch-mechanischen Eigenschaften des Gesteins der Braunkohlenlagerstätte „Bistrica" — VR Bulgarien, bei Kurz- und Dauerbelasstung, Schlußfolgerungen für die Gewährleistung der Standsicherheit von Grubenbauen

von R. D. Paraškevov; K. L. Kolev und B. N. Kazakov, Sofia

I. Grundsätzliche experimentelle Untersuchungen

1. Einführung

Der in relativ geringen Teufen (100 bis 250 m) umgehende untertägige Abbau von Lignit (Lagerstätten-Braunkohle) ist von außerordentlich großen Schwierigkeiten bei der Unterhaltung der Grubenbaue begleitet. Diese Schwierigkeiten bestehen in dem großen Anfall von Reparaturarbeiten, wenn nach dem Auffahren Verformung oder Zerstörung des Ausbaus und ein intensives Quellen der Sohle des Grubenbaus eintritt. Diese Gebirgsdruckerscheinungen sind durch die besonderen physikalisch-mechanischen Eigenschaften des Gebirges und der Kohle bedingt, die das Verhalten des Verformungsprozesses beim Auffahren von Grubenbauen bestimmen.

2. Zweck der Laboratoriumsversuche

Wie bekannt, ist bei der Untersuchung von Gesteinseigenschaften die Belastung vorwiegend statischer Art und wird quasistatisch aufgebracht. Dabei erhält man ausreichende Angaben über die Festigkeitseigenschaften solcher Gesteinsarten, die zu Sprödbruch neigen. Bei einer verhältnismäßig längeren Belastung wird kein auffälliges Kriechen festgestellt.

Beobachtungen in den Grubenbauen des Kohlenreviers „Bistrica" ergaben, daß sich die Verformung des Nebengesteins fast während der gesamten Lebensdauer der Grubenbaue — auch noch nach den Instandsetzungsarbeiten — sehr intensiv steigert. Daher ist für die umfassendere Untersuchung des Charakters der Gebirgsdruckerscheinungen und hinsichtlich begründeter Entscheidungen in bezug auf die Unterhaltung der Grubenbaue die Kenntnis der rheologischen Eigenschaften des Gebirges erforderlich. Aus diesem Grunde bestand das Hauptziel unserer im Laboratorium durchgeführten Untersuchungen im Studium der rheologischen Gesteinseigenschaften bei Dauerstandsversuchen. Damit sollte eine zumindest annähernde Bestimmung der Kennziffern, die diese Eigenschaften am umfassendsten charakterisieren, erzielt werden.

3. Kurze Ausführungen über die skleronomen Eigenschaften der untersuchten Gesteine und Kohlen

Das Gebirge der Braunkohlenlagerstätte „Bistrica" unterscheidet sich wesentlich von dem für Steinkohlenlagerstätten charakteristischen Gestein. Es gleicht in hohem Maße Böden, die nach den Methoden der Ingenieurgeologie untersucht werden. Dies erklärt sich aus der Entstehung und Zusammensetzung dieser verhältnismäßig jungen Ablagerungen, die aus festen Stoffen, deren Porenvolumen mit Wasser und Luft gefüllt sind, bestehen, und auch dadurch, daß die festen Stoffe häufig noch so stark zerkleinert (dispergiert) sind, daß ihre Korngrößen kolloidalen Teilchen entsprechen. Die bisherigen exakten chemischen und mineralogischen Analysen dieser Gesteine vermitteln keinerlei Angaben, die für die Untersuchung

Tabelle 1

Benennung d. Grube	Art des Gesteins	σ_D [kp/cm²]	σ_Z [kp/cm²	C [kp/cm²]	ϱ	$E_{0,2}$ [kp/cm²]	μ
„Skrinjano"	Hangendgestein (Tone, Mergel)	27,77	3,27	6,83	31,0	$7{,}5 \cdot 10^3$	
„Skrinjano"	Sohlengestein (Tone)	10,00	1,38	2,50	27,3	$5{,}4 \cdot 10^3$	—
„Skrinjano"	Braunkohle	66,70	7,57	12,96	32,8	$1{,}0 \cdot 10^4$	—
„Nikoličevci"	Hangendgestein (Tone, Mergel)	54,95	7,13	13,10	32,0	$1{,}3 \cdot 10^4$	0,28
„Nikoličevci"	Sohlengestein (Tone)	23,00	1,87	4,75	33,6	$4{,}1 \cdot 10^3$	0,85
„Nikoličevci"	Braunkohle	91,40	7,27	19,20	34,7	$6{,}3 \cdot 10^3$	0,22
„Nikoličevci II"	Hangendgestein (Tone, Mergel)	21,40	2,30	4,97	30,8	$5{,}1 \cdot 10^3$	0,33
„Nikoličevci II"	Sohlengestein (Tone)	14,10	1,49	3,29	31,8	$5{,}5 \cdot 10^3$	0,28

ihrer mechanischen Eigenschaften von praktischer Bedeutung wären. Vom Gesichtspunkt der Bodenmechanik ist daher die Ermittlung folgender Kennziffern von Interesse: maximale Druckfestigkeit (σ_D), Zugfestigkeit (σ_Z), Kohäsion (C) und innerer Reibungswinkel (ϱ), sowie in einigen Fällen Elastizitätsmodul (E_s) und POISSONzahl (μ). Die im Laboratorium festgestellten Mittelwerte dieser Kennziffern sind aus Tab. 1 ersichtlich. Dazu ist zu bemerken, daß sich die Kennziffern des anstehenden Gebirges von denen für Gesteinsproben ermittelten unterscheiden. Diese ungestörten Gesteinsproben weisen zwar eine natürliche Feuchtigkeit auf, berücksichtigen jedoch den Einfluß der Textur des Gebirges, seiner strukturellen Besonderheiten, das Vorkommen von Klüften, geologischer Störungen u. a. m. nicht. Trotzdem weisen die erzielten Versuchswerte klar darauf hin, daß das untersuchte Gebirge dem gebrächsten und weichsten zuzuordnen ist, in dem Grubenbaue zum Abbau von Kohlenlagerstätten aufgefahren und unterhalten werden.

4. Hauptergebnisse der experimentellen Untersuchung rheologischer Gesteinseigenschaften

Die Untersuchung der rheologischen Gesteinseigenschaften kann verhältnismäßig umfassend durch Versuche erfolgen, die das Kriechen und die Relaxation der Spannungen zum Gegenstand haben.

Das Kriechen des untersuchten Gesteins und der Braunkohle wurde bei Querbiegung festgestellt. Die Proben hatten die Form von Balken (Pridmen); ihre Länge betrug 100—250 mm, die Breite des Querschnitts 20—30 mm. Die Form des Prüfstandes ist aus Bild 1 ersichtlich.

Der Durchbiegungswert wurde mit Hilfe von Meßuhren mit einer Genauigkeit von 0,01 bis 0,001 mm festgestellt.

Seiner petrographischen Zusammensetzung nach besteht das untersuchte Gebirge aus drei Arten: a) aus Tonen (von unterschiedlicher Farbe und Dichte, mit verschiedenen Beimengungen); b) aus Mergel (unterschiedlicher Dichte) und c) aus Braun-(Lignit-)Kohle.

Der Kriechprozeß dieser drei Gesteinsarten ist der gleiche (Bild 2). Der Prozeß verläuft im wesentlichen ohne Abschwächung mit praktisch konstanter Geschwindigkeit.

Die festgestellte Gesamtverformung kann in 3 Stadien unterteilt werden: 1. in die momentane Verformung, 2. in die sich mit abnehmender Geschwindigkeit steigernde (instationäres Kriechen) und 3. in die sich mit konstanter Geschwindigkeit steigernde (stationäres Kriechen). Wie die Kriechkurve ausweist, ist das 3. Stadium das bedeutendste. Es hat den Charakter einer visko-plastischen Verformung, die bei Entlastung nicht umkehrbar ist. Im 2. Kriechstadium ist die Verformung umkehrbar und hat den Charakter einer verzögernden Elastizität. Die ursprüngliche Verformung (die momentane des 1. Stadiums) scheint nicht nur aus einer elastischen, sondern auch aus einer plastischen zu bestehen. Dies wird um so wahrscheinlicher, je größer die Belastung ist und je mehr sie sich der Bruchlast nähert.

Hauptaufgabe der Dauerversuche mit konstanter Belastung des Gesteins ist die Einschätzung, ob die Kriechkurve einem längeren, der Lebensdauer von Grubenbauen entsprechenden Zeitraum angemessen ist.

Es ist vollkommen klar, daß die Feststellung, ob der beim Versuch ermittelte Kriechprozeß des Gesteins auch für einen längeren Zeitraum, als den des Versuchs, zutrifft, mit einer Reihe von Schwierigkeiten verbunden ist.

Die Untersuchung des Kriechens im Laboratorium bei konstanter Belastung besagt nicht, daß auch die Spannung konstant bleibt. Während der Versuche erfolgten keine Messungen des Probenquerschnitts, und daher wurde die Belastung nicht mit der Veränderung des Querschnitts in Übereinstimmung gebracht, zwecks Sicherung einer konstanten Spannung. Trotz-

Bild 1. Gesamtansicht des Prüfstandes

dem wurden die Versuchsergebnisse so analysiert, als wären sie bei konstanter Spannung ermittelt worden. Sowohl in dieser Weise, wie auch bei strenger Sicherung der konstanten Spannung sind die für das Kriechen des Gesteins erzielten Ergebnisse als Einzelfall des komplizierten Kriechprozesses der Gesteine zu betrachten, dem wir in Grubenbauen begegnen. Das Gebirgssystem um Grubenbaue steht in komplizierter Wechselwirkung sowohl mit dem Ausbau wie auch mit anderen Gesteinen des Gebirges, die sich entweder im elastischen Zustand befinden oder nicht in den Kriechzustand übergegangen sind. Daher verteilt sich sogar bei konstanter Größe der geologischen Belastung die Spannung im Gestein in der Zeitfunktion und in einem bestimmten Bereich um den Grubenbau. Außerdem wird sich in einem so langen Zeitraum das Gestein infolge innerer Störungen wahrscheinlich als instabil in struktureller Beziehung erweisen. Es werden weitere strukturelle Veränderungen in ihm entstehen, die die Art des Kriechens beeinflussen und zu einigen Anomalien bei der Entwicklung von

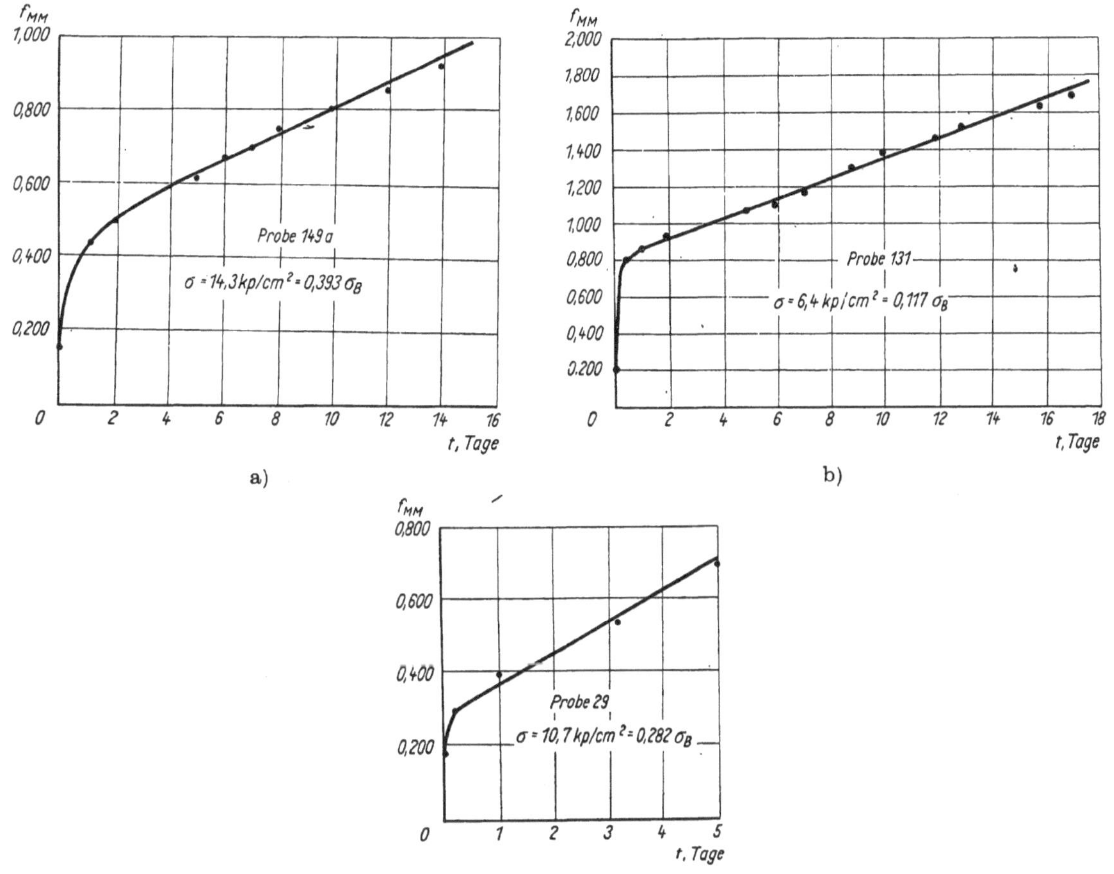

Bild 2a—c. Charakter der Kriechkurve
a) Tone; b) Mergel; c) Braunkohle

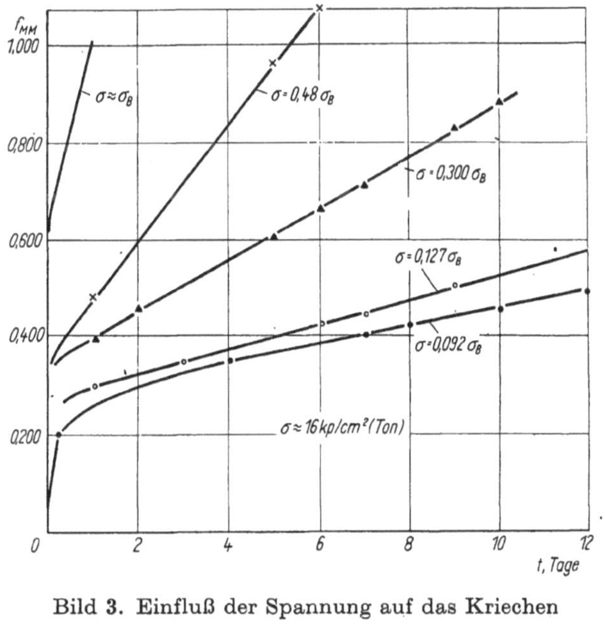

Bild 3. Einfluß der Spannung auf das Kriechen

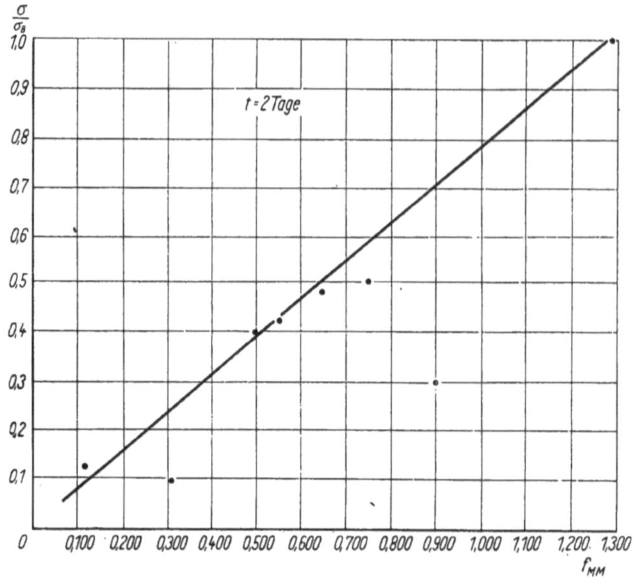

Bild 4. Abhängigkeit der Größe der Verformung während eines bestimmten Zeitraumes von der Spannung

Verformungen führen können. Alle diese Besonderheiten können bei dem heutigen Stand der Erkenntnisse nicht berücksichtigt werden. Um daher irgendwelche qualitativen oder quantitativen Vorhersagen über das Kriechen des Gebirges um Grubenbaue machen zu können, ist es notwendig, die Richtigkeit der experimentellen Kriechkurve, zumindest einiger ihrer Abschnitte, einem längeren Zeitraum anzumessen. Aus den Versuchsergebnissen ist ersichtlich (Bild 3 und 4), daß stabilere Ergebnisse vorwiegend für das 3. Stadium erzielt werden können, d. h. für das Stadium des fortdauernden Kriechens, in dem die Kriechgeschwindigkeit bei vorgegebener Spannungsgröße konstant ist. Diese Tatsache führt zu dem Gedanken, daß das Kriechen dieser Gesteine mit dem quasi-viskosen Fließen von Flüssigkeit verglichen werden kann (bei nichtlinearer Abhängigkeit der Kriechgeschwindigkeit von der Spannung) bzw. mit dem viskosen Fließen, wenn eine lineare Abhängigkeit angenommen wird. Die Resultate der Experimente zeigen, daß die Abhängigkeit der Kriechgeschwindigkeit von der Spannung nichtlinear ist. Die Streuung der für das Kriechen der Gesteine ermittelten Werte ist jedoch sehr groß. Abweichungen der Größenordnungen von 20 bis 25% in den Verformungen sind nicht als sehr groß zu bezeichnen. Daher ist es in der gegenwärtigen Etappe vielleicht nicht einmal zweckmäßig, eine äußerst genaue Beschreibung der Kriechkurven und die Bestimmung der nichtlinearen Abhängigkeit der Verformungsgeschwindigkeit von der Spannung anzustreben. Bei der Beschreibung von Kriechkurven mit Hilfe dieses oder jenen rheologischen Modells ist in hohem Maße von Gesichtspunkten auszugehen, die die Lösung mancher wichtigen technischen Aufgaben ermöglichen würden.

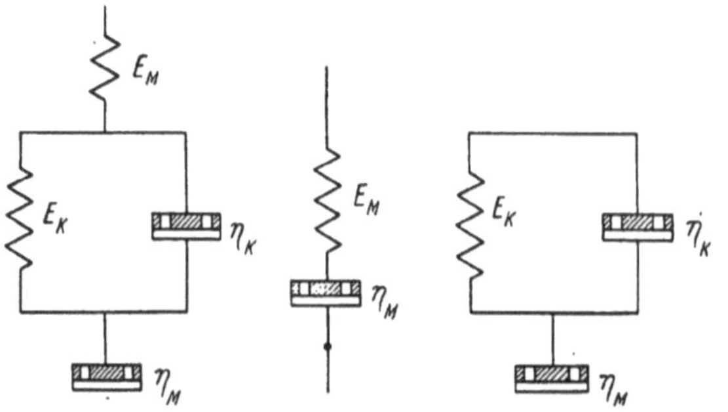

Bild 5. Modelle für die mathematische Beschreibung experimenteller Kriechkurven

In qualitativer Hinsicht können Kriechkurven am besten mit Hilfe der Gleichung für den Zustand des BÜRGERSschen Körpers beschrieben werden (Bild 5a). Bei konstanter Spannungsgröße $S = S_1 =$ const und linearer Abhängigkeit der Verformungsgeschwindigkeit von der Spannung wird der Kriechprozeß mittels folgender Abhängigkeit dargestellt:

$$\alpha = \alpha_0 + A\,(1 - e^{t/T\,\mathrm{Rel}}) + \frac{S_1}{2\,\eta_m}\,t\,. \tag{1}$$

Die drei Glieder der rechten Seite der Gl. (1) entsprechen den drei Kriechstadien: der momentanen Verformung, der verzögernden, elastischen Verformung und dem visko-plastischen Fließen. Im Sonderfall, wenn die momentane Verformung, deren Größe im Vergleich zur Gesamtverformung gering ist, nicht berücksichtigt wird, kann man die Kriechkurve auf Grund des Modells von LESERSIČ (Bild 5b) erhalten. In diesem Falle, wo nur der stabilste Abschnitt der Kurve untersucht wird, das Stadium der sich mit konstanter Geschwindigkeit steigernden Verformung, kann als Äquivalent das Modell des MAXWELLschen Körpers benutzt werden (Bild 5c). In den folgenden Ausführungen benutzen wir die Schlußfolgerungen aus der Analyse des Kriechprozesses entsprechend den drei rheologischen Modellen nach BÜRGERS, LESERSIČ und MAXWELL.

Außer dem Kriechen wurde auch die Relaxation der Spannungen für die oben erwähnten Gesteinsarten untersucht. Wie bekannt, wird der Relaxationsprozeß der Spannungen mit

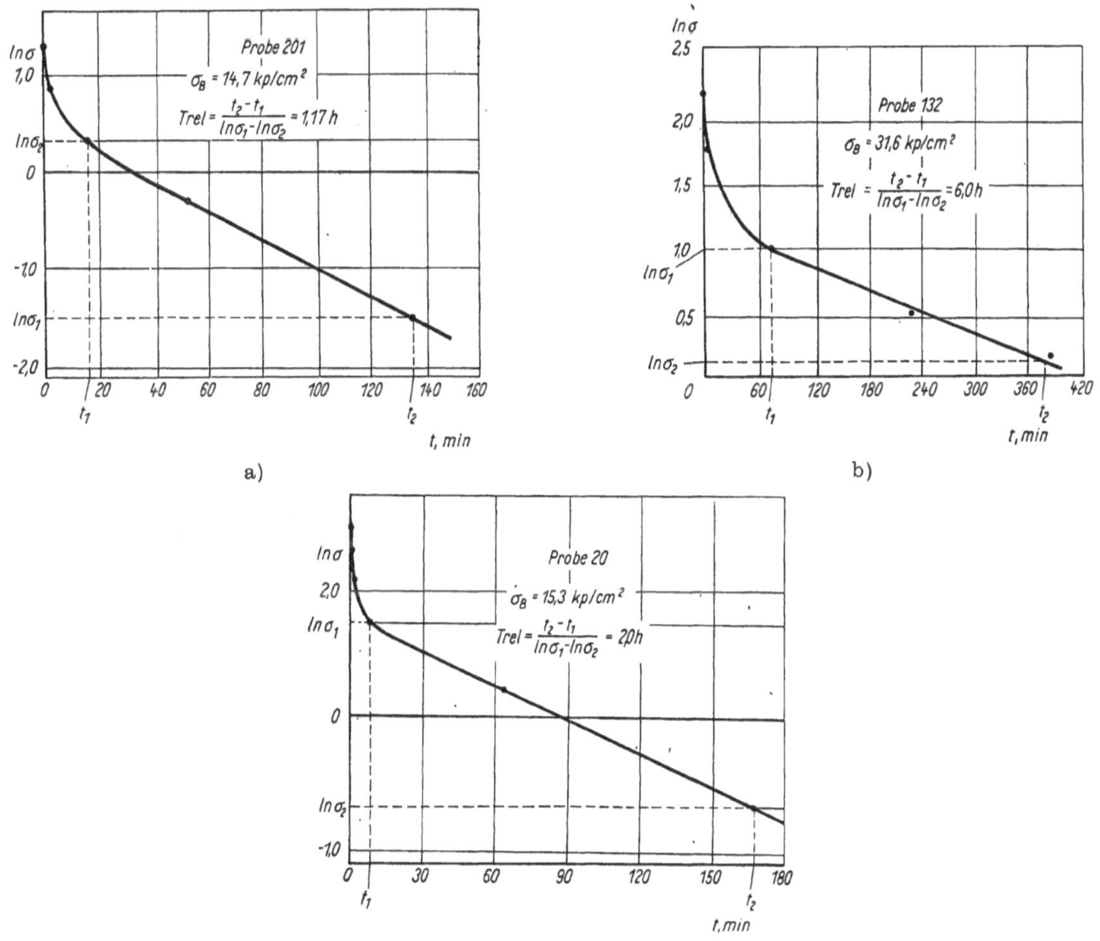

Bild 6a–c. Die Abhängigkeit ln – t
a) für Tone; b) für Mergel; c) für Kohle

Hilfe einer Versuchsanlage untersucht, die einen konstanten Verformungswert (ε = const) gewährleistet. Ein solches System herzustellen, ist ziemlich schwierig. Daher kann die Untersuchung der Relaxation der Spannungen bei gebrächem Gestein, das von einem geringen Elastizitätsmodul gekennzeichnet ist und eine verhältnismäßig hohe elastische Verformung aufweist (im Vergleich zur Verformung der Versuchsanlage), dann durchgeführt werden, wenn die Anforderungen an die Erfüllung der Bedingung ε = const nicht zu groß sind. Ausgehend von diesen Vorstellungen erfolgte die Untersuchung der Relaxation der Spannungen mit der gleichen Anlage, die auch zur Untersuchung des Kriechens benutzt wurde (Bild 1). Dabei wurde zur Sicherung der Größe der konstanten Spannung die Belastung im 3. Kriechstadium verändert. Die Veränderung der Belastung erfolgte stufenweise für verhältnismäßig geringe Intervalle der Verformungsänderung. Auf diese Weise stellt die ermittelte Relaxationskurve der Spannungen eine Kriechkurve mit stufenweiser Veränderung der Belastung dar. Die ermittelten charakteristischen Kurven der Spannungsveränderung in Abhängigkeit von der Zeitfunktion für die zwei Gesteinsarten Tone und Mergel und für Braunkohle werden auf Bild 6 (a, b, c) dargestellt. Die Berechnung der Relaxationsdauer erfolgt nach der Formel

$$T_{\text{Rel}} = \frac{t_2 - t_1}{\ln \sigma_1 - \ln \sigma_2}. \tag{2}$$

Während des Kriechprozesses verändert sich mit der Zeit der Elastizitätsmodul des Gebirges. Im 3. Stadium des fortdauernden Kriechens (des stationären Kriechens) verbleibt der Elastizitätsmodul praktisch konstant. Die Größe dieses langandauernden Elastizitätsmoduls wurde experimentell durch periodische Entlastung bestimmt, wobei sie in Abhängigkeit von der Größe der umkehrbaren Verformung berechnet wurde. Eine der charakteristischen experimentellen Kurven der Verformung und Rückbildung zur Bestimmung der Größe des langandauernden Elastizitätsmoduls ($E\ \infty$) wird auf Bild 7 gezeigt. Wie aus dem Diagramm ersichtlich, bleibt die Größe der umkehrbaren Verformung nach einer verhältnismäßig begrenzten Zeitdauer von 6 bis 7 Tagen konstant. Außerdem ist sie größer als die momentane, was besagt, daß der langandauernde Elastizitätsmodul ($E\ \infty$) etwas kleiner ist als der momentane (E_0): $E\ \infty/E_0 < 1$. Für die untersuchten Gesteine beträgt das Verhältnis im Durchschnitt 0,7 bis 0,9.

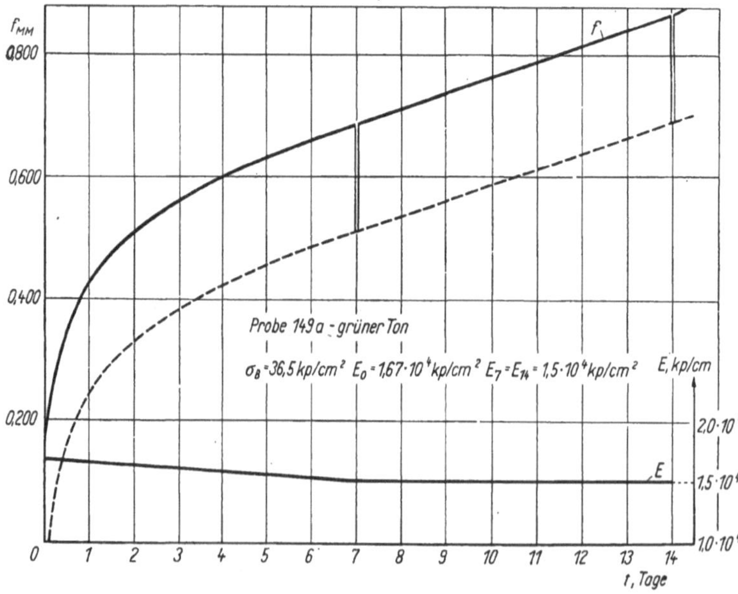

Bild 7. Abhängigkeit der umkehrbaren Verformung und des Elastizitätsmoduls vom Zeitfaktor

Unter Benutzung der Angaben über die Relaxationsdauer (T_{Rel}) und der Größe des langandauernden Elastizitätsmoduls kann auch der Koeffizient der dynamischen Viskosität des Gebirges für die Zeit des stationären Kriechens

$$\eta = E\,\infty \cdot T_{\mathrm{Rel}} \tag{3}$$

berechnet werden. Die mittleren experimentellen Ergebnisse über die Größe der rheologischen Hauptkenngrößen des untersuchten Gesteins sind in Tab. 2 angegeben.

Tabelle 2

Nr. der Probe	Benennung der Grube	Art der Probe	Feuchtigkeit [%]	$E\,\infty$ [N/m^2]	T_{Rel} [s]	η [$N \cdot s/m^2$]
20	„Skrinjano"	Kohle	17,0	$9{,}0 \cdot 10^8$	$7{,}2 \cdot 10^3$	$6{,}5 \cdot 10^{12}$
44	„Skrinjano"	Ton	22,0	$8{,}6 \cdot 10^8$	$1{,}2 \cdot 10^4$	$1{,}0 \cdot 10^{13}$
59	„Skrinjano"	Ton	18,5	$5{,}4 \cdot 10^8$	$3{,}4 \cdot 10^4$	$1{,}8 \cdot 10^{13}$
80	„Skrinjano"	Ton	—	$6{,}0 \cdot 10^9$	$4{,}0 \cdot 10^3$	$2{,}4 \cdot 10^{12}$
87	„Skrinjano"	Ton	18,2	$5{,}0 \cdot 10^8$	$1{,}1 \cdot 10^3$	$5{,}5 \cdot 10^{11}$
131	„Nikoličevci"	Mergel	26,7	$5{,}3 \cdot 10^8$	$1{,}1 \cdot 10^4$	$5{,}8 \cdot 10^{12}$
132	„Nikoličevci"	—	24,1	$8{,}4 \cdot 10^8$	$2{,}1 \cdot 10^4$	$1{,}8 \cdot 10^{13}$
148a	„Nikoličevci"	Ton	16,3	$1{,}5 \cdot 10^9$	$1{,}9 \cdot 10^4$	$2{,}9 \cdot 10^{13}$
149a	„Nikoličevci"	Ton	29,6	$1{,}5 \cdot 10_9$	$2{,}0 \cdot 10^4$	$3{,}0 \cdot 10^{13}$
167	„Nikoličevci" II	Mergel	21,7	$5{,}0 \cdot 10^8$	$8{,}1 \cdot 10^3$	$4{,}1 \cdot 10^{12}$
201	„Nikoličevci"	Ton	10,8	$3{,}2 \cdot 10^8$	$4{,}2 \cdot 10^3$	$1{,}3 \cdot 10^{12}$

II. Schlußfolgerungen für die Gewährleistung der Standsicherheit von Grubenbauen

1. Die voraussichtliche Art des Kriechprozesses des die Grubenbaue umgebenden Gesteins

Die Querschnittsform der Grubenbaue in der Lagerstätte „Bistrica" ist rund. Diese Form entspricht den natürlichen Bedingungen am besten, da hierbei an sämtlichen Punkten des Umfanges des Grubenbaus nur Druckspannungen entstehen. Maßnahmen zur merklichen Verminderung der Spannungskonzentration im Gebirge durch Veränderung der Form der Grubenbaue sind nicht angebracht, da bei den bestehenden Bedingungen die Rundform die kleinste und gleichmäßig verteilte Spannungskonzentration gewährleistet. Infolgedessen ist die anzunehmende Art des Kriechens des Gebirges in bezug auf Grubenbaue mit rundem Querschnitt zu untersuchen. Diese Schlußfolgerung trifft nicht nur für die konkreten Bedingungen der Braunkohlenlagerstätte „Bistrica" zu, sondern für sämtliche Fälle, wo Grubenbaue im ähnlichen Gebirge aufgefahren werden, mit analogem Charakter der bei Laboratoriumsversuchen ermittelten Kriechkurven. Unsere Untersuchungen haben ergeben, daß die Art des Kriechens des Gebirges um untertägige Grubenbaue von den Kennlinien des Ausbaus abhängt [1]. Falls Ausbauarten mit *konstantem Widerstand* verwendet werden, d. h., wenn an der Innenseite des Grubenbaus fortdauernd der konstante Druck $p^x = \mathrm{const}$ aufgebracht wird, dauert das Kriechen des Gebirges an, und die Verschiebung der Punkte am Umfang des Grubenbaus steigert sich ununterbrochen

$$U^x(t) = \frac{P\,a^2}{2\,\sigma_0\,r} + T_{\mathrm{Rel}} \frac{(p - p^x)\,a^2}{2\,\eta_x\,r} (1 - e^{-t/T_{\mathrm{Rel}}}) + \frac{(p - p^x)\,a^2\,t}{2\,\eta_x\,r}\,t\,. \tag{4}$$

Wenn der Ausbau über *zunehmenden Widerstand* verfügt, d. h., wenn der an der Innenseite des Grubenbaus aufgebrachte Druck sich proportional zur Veränderung der Verschiebung steigert, $p^x = K_s U(t)$, dann entwickelt sich das Kriechen des Gebirges mit verminderter Geschwindigkeit, d. h., es ist abnehmender Art.

$$U^x(t) = \frac{P\,a}{K_s\,r} [1 + De^{-\alpha t} \simeq (1 + D)\,e^{-\beta t}]\,, \tag{5}$$

wobei K_s — die Steifeziffer des Ausbaus;
α, β, D — die von den rheologischen Kenngrößen des Gebirges und der Steifeziffer des Ausbaus abhängenden Koeffizienten.

Von besonderem Interesse ist die Frage der Relaxation der Spannungen in dem den Grubenbau umgebenden Gebirge.

Bei Verwendung von Ausbauarten mit konstantem Widerstand, d. h., wenn der an der Innenseite des Grubenbaus aufgebrachte Druck konstant bleibt, $p^x = \text{const}$, erfolgt keine Relaxation der Spannungen im Gebirge

$$\left.\begin{matrix}\sigma_r\\ \sigma_\tau\end{matrix}\right\} = p \mp \frac{(p - p^x)\, a^2}{r^2}. \tag{6}$$

Im Falle der Verwendung von Ausbauarten mit zunehmendem Widerstand, d. h., wenn der an der Innenseite des Grubenbaus aufgebrachte Druck sich mit der Zeit verändert — $p^x = p^x(t)$ — tritt Relaxation der Spannungen im Gebirge ein

$$\left.\begin{matrix}\sigma_r\\ \sigma_\tau\end{matrix}\right\} = p \mp p\frac{a^2}{r^2}\{1 - [1 + De^{-\alpha t} - (1 + D)\, e^{-\beta t}]\}. \tag{7}$$

In der Praxis wird der Kriechprozeß des Gebirges um untertägige Grubenbaue stets von der Relaxation der Spannungen begleitet sein, da die Reaktion des Ausbaus p^x niemals konstant ist, sondern sich mit der Zeit verändert $[p^x = p^x(t)]$. Außerdem steht, wie bereits erwähnt, das in den Kriechzustand übergegangene Gebirge um Grubenbaue in einer komplizierten Wechselwirkung nicht nur mit dem Ausbau, sondern auch mit anderen, im elastischen Zustand befindlichen Gesteinen. Besonders schwierig gestaltet sich der Relaxationsprozeß der Spannungen bei gegenseitiger Beeinflussung benachbarter Grubenbaue oder unter der Einwirkung des Abbaubetriebes.

Aus dem oben Gesagten ist zu schließen, daß für Grubenbaue, die in einem im Kriechzustand befindlichen Gebirge aufgefahren werden, die Verwendung von Ausbauarten mit zunehmendem Widerstand zweckmäßiger ist.

2. Der Kriechbereich des einen Grubenbau umgebenden Gebirges

Wie bekannt, ist die sogenannte *vereinbarte Kriechgrenze* des Gebirges von besonderem Interesse. Bei Anwendung auf die untersuchten Gesteinsarten im stationären Kriechzustand ist unter diesem Begriff die Größe der Spannung σ^x zu verstehen, die während einer bestimmten Zeit t^x zu der vereinbarungsgemäßen Verformung ε^x führt. Da der Kriechprozeß in drei Stadien verläuft und die Größe der Verformung nach Beendigung des 2. Stadiums gering ist, ihre Geschwindigkeit aber abnimmt, erscheint es zweckmäßig, die Kriechgrenze des Gebirges für den Beginn des 3. Stadiums zu bestimmen, d. h. für den Anfang des stationären Kriechens.

Wenn man auf der Basis der Ergebnisse von Dauerstandversuchen ein Diagramm aufstellt und dabei die Spannungen σ (oder $\lg \sigma$) auf die Ordinate bezieht, die Zeit t aber auf die Abszisse, so wird einer bestimmten Größe der Verformung f^x jeder Kriechkurve nur ein Punkt entsprechen (Bild 8). Aus dem Diagramm wird also ersichtlich, daß zur Erreichung einer bestimmten Größe der Verformung desto mehr Zeit erforderlich ist, je kleiner die Spannung.

Um Grubenbaue mit rundem Querschnitt wird die vereinbarte Kriechgrenze des Gebirges zuerst am Umfang des Grubenbaus erreicht, worauf das Gestein innerhalb des anstehenden Gebirges allmählich in den Kriechzustand übergeht

$$K_{\text{Kriech.}} = \frac{r\, p}{1 + 2\, \alpha\, T_{\text{Rel}}}, \tag{8}$$

wobei

r — der Abstand vom Umfang des Grubenbaus,

α — von den Kennlinien des Ausbaus und den rheologischen Kenngrößen des Gebirges abhängender Koeffizient,

T_{Rel} — Relaxationsdauer des Gebirges,

$p = \gamma H$ — Druck im Gebirge in Teufe H.

Wenn Ausbau mit konstantem Widerstand $p^x = \text{const}$ in den Grubenbau eingebracht wurde, beginnt das Kriechen des Gebirges am Umfang des Grubenbaus ($r = a$) in der Zeit t_0, die orientierungsmäßig nach der Formel

$$t_0 = T_{\text{Rel}}\left(1 + \frac{p}{p - p^x}\right) \tag{9}$$

berechnet werden kann.

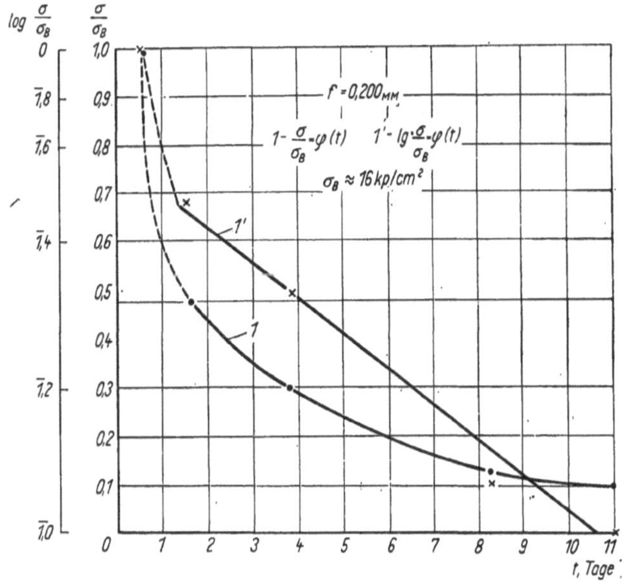

Bild 8. Abhängigkeit der Spannung von der zur Erreichung einer bestimmten Größe der Verformung erforderlichen Zeit

Der Bereich, in dem das Gebirge um den Grubenbau in den Kriechzustand übergeht, wird aus der Abhängigkeit

$$r(t) = \frac{a\,t}{T_{\text{Rel}}\left(1 + \frac{p}{p - p^x}\right)}, \tag{10}$$

wobei $t > t_0$, ermittelt.

Falls der Grubenbau unverfestigt bleibt, beginnt das Kriechen des Gebirges nach der minimalen Zeitdauer

$$t_0^{\min} \cong 2\,T_{\text{Rel}} \tag{11}$$

in Erscheinung zu treten.

Wenn in den Grubenbau Ausbau mit zunehmendem Widerstand eingebracht wurde — $p^x = K_s\,U^x(t)$ —, hängt die Zeit bis zum Beginn des Kriechens des Gebirges von der Steifeziffer des Ausbaues K_s ab

$$t_0 \cong \frac{K_s\,U^x}{\alpha\,(p - K_s\,U^x)}, \tag{12}$$

wobei U^x — die bestimmte anfängliche Nachgiebigkeit des Ausbaus.

Die Vergrößerung des Umfanges, in dem das Gebirge um den Grubenbau stetig in den Kriechzustand übergeht, hängt gleichfalls von der Steifeziffer des Ausbaus ab

$$r(t) \cong \frac{\alpha\, p\, a}{\alpha\, K_s^{-}\, U^x + \frac{K_s\, U^x}{t}}, \tag{13}$$

wobei $t > t_0$.

Die anfängliche Nachgiebigkeit des Ausbaus U^x wird entsprechend der Festlegung der vereinbarten Kriechgrenze aus der Abhängigkeit

$$U^x \cong \frac{p\, a}{2\, \sigma\, \infty} \tag{14}$$

berechnet, wobei $\sigma\infty$ — der dauernde Schubmodul des Gebirges.

Bei Überschreitung der vereinbarten Kriechgrenze des Gebirges kann die Geschwindigkeit der Verschiebungen am Umfang des Grubenbaus nach der Formel

$$\dot{U}^x(t) = \frac{(p - p^x)\, a}{2\, \sigma\, \infty\, T_{\mathrm{Rel}}} \tag{15}$$

berechnet werden.

Beispiel: Ein söhliger Grubenbau mit rundem Querschnitt, mit dem Radius $a = 1{,}1$ m, wird in der Teufe $H = 200$ m in einem Gebirge mit nachstehenden Kennziffern aufgefahren: dauernder Elastizitätsmodul $\sigma\infty = 1 \cdot 10^4$ t/m²/10 · 10⁴ KN [m²], Raumgewicht $\gamma = 2$ t/m³/ 20 KN [m³], Relaxationsdauer $T_{\mathrm{Rel}} = 20$ Tage. Tragfähigkeit des Ausbaus $p^* = 40$ t/m²/ 400 KN [m²].

Falls der Grubenbau unverfestigt bleibt, tritt in Übereinstimmung mit Formel (11) nach etwa 40 Tagen intensives Kriechen des Gebirges ein. Wenn rechtzeitig Ausbau in den Grubenbau eingebracht wird, tritt das intensive Kriechen entsprechend Formel (9) in folgender Zeit ein:

$$t_0 \approx 20\left[1 + \frac{400}{400 - 40}\right] \approx 43 \text{ Tage}.$$

Daraus wird ersichtlich, was auch in der Praxis Bestätigung findet, daß die Einbringung des Ausbaus keinen wesentlichen Einfluß auf den Beginn des Kriechens des Gebirges ausübt.

Nach Ablauf dieser Zeitdauer von 40 Tagen verläuft das Kriechen des Gebirges mit einer relativ konstanten Geschwindigkeit, die annähernd nach Formel (15) errechnet werden kann

$$\dot{U}^x(t) = \frac{[400 - 40]\; 1{,}1 \cdot 360 \cdot 10^3}{2 \cdot 10^4 \cdot 20} \approx 0{,}99 \text{ mm/täglich}.$$

Bei dem sehr gebrächen Gestein der Braunkohlenlagerstätte „Bistrica“, das Gegenstand unserer Untersuchungen war, ist die Relaxationsdauer (T_{Rel}) sehr kurz; sie beträgt einige Stunden bis zu 1 oder 2 Tagen. Daher beginnt das Kriechen des Gebirges praktisch sofort nach Auffahren des Grubenbaus. Wenn z. B. die Relaxationsdauer T_{Rel} 12 Stunden beträgt, beginnt das Kriechen des Gebirges gem. Formel (11) etwa nach einem Tage. Diese Tatsache hat sich in der Praxis des Abbaus der Lagerstätte bestätigt.

Literatur

[1] Paraškevov, R.: Die Gesteine als elastisches, viskoses und plastisches Medium. Annaire de l'Institut minier et geologique, Sofia, vol. IX (1962—1963).

[2] Sałustowicz, A.: Das Gebirge als visko-plastisches Medium. Archiwum gornictwa, Tom III (1958).

[3] Reiner, M.: Rheologie (russisch). Moskau 1961.

[4] Kuznecov, G. N.: Die mechanischen Eigenschaften des Gebirges. Ugletechizdat 1947.

[5] Phillips, D. W.: Tectonics of Mining. Colliery Engineering (1948) Nr. 293—294.

Beitrag zu den Spaltzugversuchen an Gesteinen

von J. Houska, Praha

1. Einleitung

Die Zugfestigkeit[1]) der Gesteine und die Methoden ihrer Ermittlung waren in den letzten Jahren Gegenstand der besonderen Aufmerksamkeit zahlreicher Forscher auf dem Gebiete der Gesteinsmechanik (s. Literatur). Von vielen bekannten Versuchsmethoden [10] wurden vom Internationalen Büro für Gebirgsmechanik in den Jahren 1963 und 1964 zwei zur Standardisierung empfohlen [12, 13]: der Spaltzugversuch für die Bestimmung der Zugfestigkeit und der achsensymmetrische Biegeversuch an Gesteinsscheiben für die Bestimmung der Biegezugfestigkeit.

In der neuesten Zeit haben einige Forscher die Methode des Spaltzugversuches ausführlich einer kritischen, sowohl theoretischen als auch experimentellen Untersuchung unterzogen und gegen diese Methode einige nicht unerhebliche Einwendungen erhoben [1, 2, 6, 9, 15, 17]; gleichzeitig haben aber andere Forscher neue Modifikationen gerade dieses Spaltversuches zur Ermittlung der Zugfestigkeit der Gesteine entworfen [5, 14].

2. Kritik des Spaltversuches

Kritische Betrachtungen gegen den Spaltversuch werden in verschiedenen Richtungen erhoben. In erster Linie geht es darum, daß durch die Versuchsmethodik die Lage der Bruchfläche streng an einer Stelle des Versuchskörpers vorausbestimmt wird, die allerdings nicht — wie bei dem einachsigen Zugversuch — die schwächste Stelle sein muß, welche für die gesuchte Zugfestigkeit von ausschlaggebender Bedeutung ist.

Dieser, dem Spaltversuch anhaftende, fast einzige wesentliche und nicht zu beseitigende Nachteil[2]) tritt wieder in den Vordergrund, nachdem die meisten, aus der Notwendigkeit des einachsigen „klassischen" Zugversuches, durch Anwendung moderner, effektiver Klebemittel aus Epoxidharzen u. dgl. entweder ganz beseitigt oder mindestens wesentlich vermindert worden sind. Aus diesem Grunde tauchen jetzt wieder Bestrebungen auf, den einachsigen Zugversuch von neuem in die Laborpraxis als Standardversuch einzuführen [15, 17].

Weiter wird eingewendet, daß die Formeln zur Berechnung der Gesteinsfestigkeit von der Elastizitätstheorie abgeleitet werden, während sich manche Gesteine in einem gewissen Spannungsgebiet vor dem Bruch plastisch verhalten. Dagegen kann man anführen, daß das plastische Verhalten die Spannungskonzentrationen vermindert und ausgleicht. Bei dem Spaltzugversuch entstehen Spannungsspitzen lediglich als hohe Druckspannungen nur direkt unter den Lastangriffspunkten, während an anderen Stellen des belasteten Durchmessers des

---

[1]) Die Zugspannung wird hier mit (+) Plus, die Druckspannung mit (—) Minus bezeichnet.

[2]) Dazu sei bemerkt, daß der erwähnte Nachteil des Spaltversuches bis zu einem gewissen Maße relativ ist, wenn man erwägt, daß die Versuchsbedingungen den Bedingungen, in welchen sich die Gesteine in natürlicher Lagerung befinden, ähnlich sein sollen; von diesem Gesichtspunkt aus gesehen haben alle Versuchsmethoden mehr oder minder ihre spezifische Berechtigung, abgesehen von der Nichtvergleichbarkeit ihrer Ergebnisse.

Versuchskörpers gleichmäßig verteilte Zugspannungen vorkommen (Bild 1). Die Verminderung der Druckspitzen muß deswegen als günstig und darf nicht als nachteilig angesehen werden.

Sehr wichtig scheinen dagegen die Hinweise auf die Bruchbedingungen und auf den Entstehungsort der Bruchrisse zu sein, von dem sich diese weiter ausbreiten.

Betrachten wir die Verteilung der normalen Hauptspannungen sowie der maximalen Schubspannungen längs des belasteten Durchmessers (Bild 1). Die verschiedenen Belastungsarten (konzentrierte oder gleichmäßig verteilte Last) beeinflussen keineswegs den Spannungszustand um die Scheibenmitte; dagegen bestehen wesentliche Unterschiede in der Nähe der Lastangriffspunkte. Die konzentrierte Last hat eine gleichmäßige Zugspannungsverteilung

a)

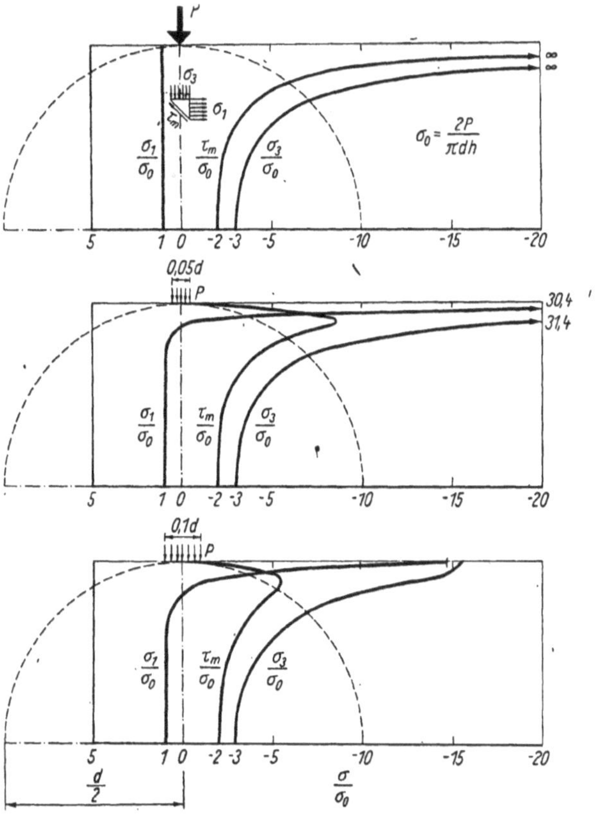

Bild 1a—c. Spannungsverlauf in der Ebene des belasteten Scheibendurchmessers

a) Konzentrierte Last

b) Gleichmäßig verteilte Last (Streifenbreite = 1/20 des Durchmessers)

c) Gleichmäßig verteilte Last (Streifenbreite = 1/10 des Durchmessers)

σ_1 — Maximale Hauptspannung (Zug); σ_3 — Minimale Hauptspannung (Druck); σ_m — Maximale Schubspannung

längs des ganzen Durchmessers, aber theoretisch unendlich hohe Druck- und Schubspannungen unter den Lastangriffspunkten zur Folge. In diesem Falle sollte der erste Bruch infolge der Druck- oder Schubspannungen am Rande der Gesteinsscheibe und nicht in ihrer Mitte durch Zugspannungen erfolgen.

Diesbezügliche Versuche haben Hobbs [9], Addinall und Hackett [1], Colback [4], Heyne und Höfer [8], Brown und Trollope [3] u. a. m. durchgeführt. Als geeignete Maßnahme, die die Entstehung der Bruchrisse in der Scheibenmitte gewährleisten soll, empfehlen einige Forscher [1, 9] Scheiben mit einer Mittelbohrung (den sogenannten Ringversuch). Die

Spannungskonzentrationen am Rande dieser Bohrung sollen die Entstehung des Bruches in nächster Nähe der Scheibenmitte sichern. Andere Forscher [4] empfehlen zu diesem Zwecke nur die Lastverteilung an einem breiteren Streifen, was mit geeigneten Unterlagen aus Holz oder Hartkarton erfolgen kann. Diese können bei weicheren Gesteinen wegen ihrer größeren Verformbarkeit auch wegfallen.

Die Anwendung der Gesteinsscheiben mit Mittelbohrung bringt aber die Gefahr der Biegebeanspruchung mit sich. Das bezeugen einerseits die von ADDINALL und HACKETT [1] aus Ringversuchen gewonnenen Zugfestigkeiten, die sich mehr der Biegezugfestigkeit als der einachsigen Zugfestigkeit nähern, andererseits die Form der Bruchrisse, die ein Kreuz [1, 18] bilden (Bild 2d), dessen waagerechter Arm sich nur unter der Biegebeanspruchung entwickeln kann.

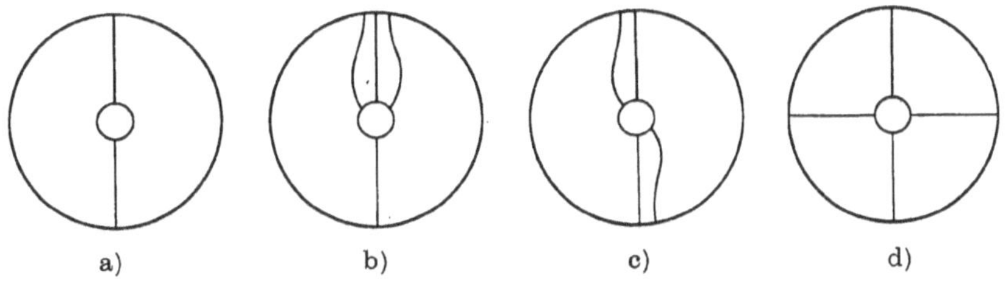

Bild 2a–d. Bruchformen beim Ringversuch (nach PRICE und KNILL [18])
a) ein einziger senkrechter Riß b) ein Dreizahn-Riß
c) ein „S"-Riß d) ein Kreuz-Riß

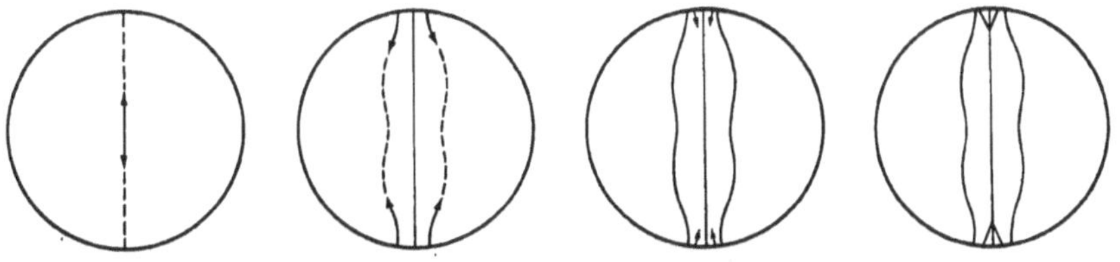

Bild 3a–d. Schematische Darstellung der Nacheinanderfolge, des Entstehungsortes, der Verbreitungsrichtung und der Form der Risse beim Spaltzugversuch (nach COLBACK [4])
a) primärer Zugriß b) sekundärer Schubriß in „Acht"-Form
c) tertiäre schräge Schubrisse d) Endform aller Risse

Aber auch bei normalen Spaltzugversuchen wurden nicht nur die senkrechten Zugrisse, sondern ein ganzes System von Rissen beobachtet (Bild 3). MITCHELL [16] und COLBACK [4] sehen die Ursache für die Bildung des primären senkrechten Risses in der Zugbeanspruchung, während sie die sekundären, seitlichen, in der Form einer „Acht" vorkommenden Risse — und auch die tertiären, kurzen schrägen Risse — der Schubbeanspruchung zuschreiben. Demgegenüber meinen RUDNICK u. a. [19], daß auch die sekundären Risse auf die Zugspannungen zurückzuführen seien.

3. Neue Versuche

Um diese und auch andere, in der Literatur angeführte Angaben, die sich manchmal widersprechen, überprüfen zu können, wurden im Bergbauinstitut der Tschechoslowakischen Akademie der Wissenschaften in Prag in den Jahren 1965 bis 1967 einige Reihen besonderer Versuche durchgeführt. Daneben wurde versucht, auch weitere, aus den geläufigen Zugprüfungen an Gesteinen gewonnene Erkenntnisse zu sammeln, auszuwerten und mit den ersteren zu vergleichen.

3.1. Beschreibung und Ergebnisse der Versuche

Für die besonderen Versuche wurde als Hauptmaterial der sogenannte Prager Pläner gewählt. Petrologisch handelt es sich um einen lichten, gräulichen bis gelblichen sandigen Mergelstein mit zahlreichen Resten der *Spongia* bzw. *Foraminifera*, der makroskopisch sehr homogen aussieht. Stratigraphisch gehört er dem unteren Turon an. Im Hinblick auf sein mechanisches Verhalten ist dieser Pläner ein minder- bis mittelfestes Gestein, elastisch bis fast zum Bruch, mit einem sehr kleinen Anteil dauernder Verformungen nach der Entlastung. Er bricht meistens durch Sprödbruch.

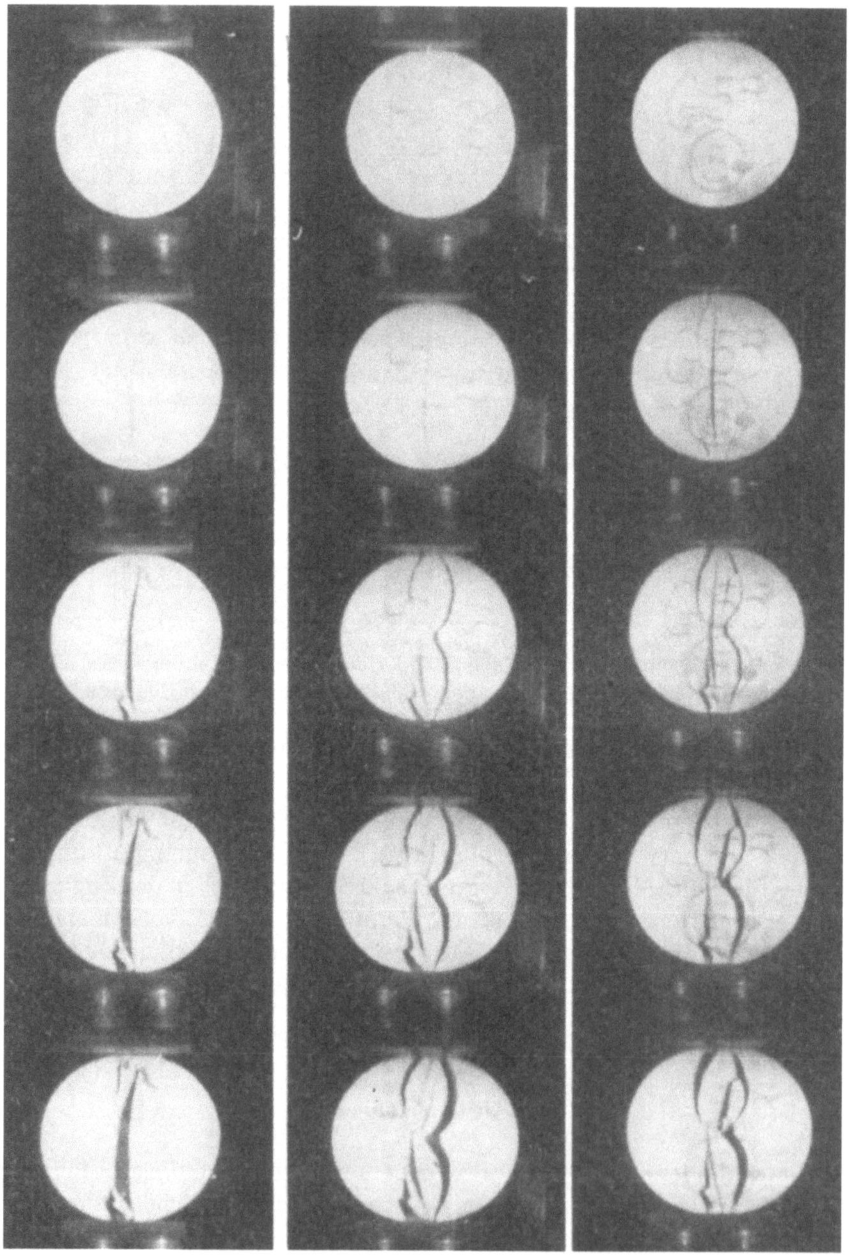

Bild 4a – c. Ausschnitte der ersten Bruchphasen beim Spaltzugversuch (am Prager Pläner) aus dem Filmband. Zeitliche Aufeinanderfolge der Aufnahmen 1/600 s
a) Probe G 45/1 – 1 b) Probe G 55/5 – 2 c) Probe G 55/5 – 3

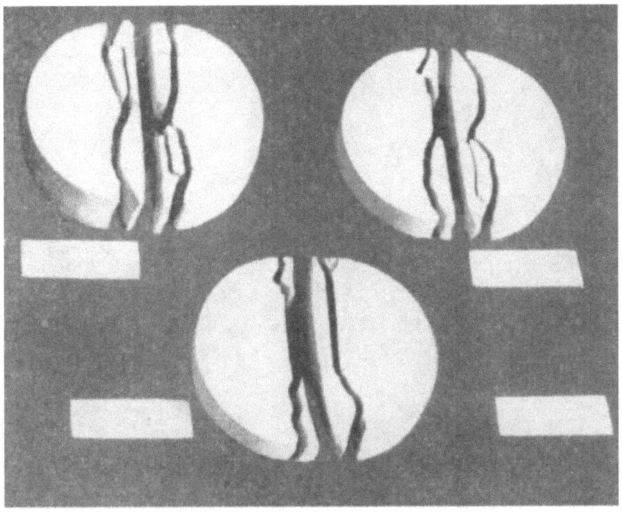

Bild 5. Brucharten der Proben von Bild 4:
links oben: Probe G 55/5—3 (s. Bild 4c) rechts oben: Probe G 55/5—2 (s. Bild 4b)
unten: Probe G 45/1—1 (s. Bild 4a)

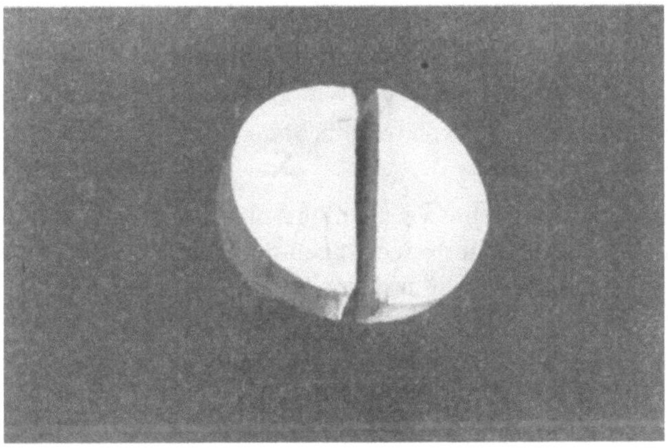

Bild 6. Bruchart der Probe G 55/5—1 (Prager Pläner). Die sekundären Risse sind nur im unteren Teil der Probe entwickelt

Einige physikalische und mechanische Eigenschaften aus den Laborversuchen an Probenkörpern:

Spezifische Wichte	2,66—2,68 g/cm³
Raumwichte im trockenen Zustand	2,20—2,30 g/cm³
Druckfestigkeit	500—600 kp/cm²
Spaltzugfestigkeit	20— 35 kp/cm²
Biegezugfestigkeit	90—140 kp/cm²
Scherfestigkeit	70—150 kp/cm²

Ungefähre Parameter der Scherfestigkeit bei Normalspannungen zwischen 50 und 100 kp/cm²:

Winkel der inneren Reibung	etwa 45°
Kohäsion	etwa 100 kp/cm²
Verformungsmodul	etwa 80 Mp/cm²
Elastizitätsmodul	etwa 90 Mp/cm²
Querdehnungszahl	etwa 0,17.

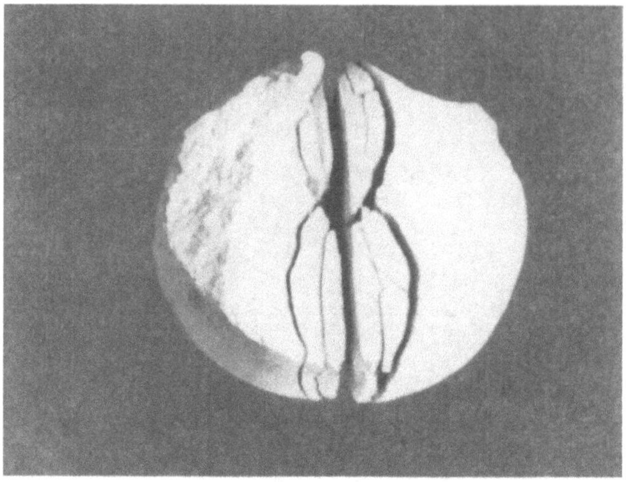

Bild 7. Doppelte sekundäre Risse der Probe V 22—1b (Prager Pläner). Die eine nichtbearbeitete Stirnfläche hatte keinen Einfluß auf die regelmäßige Ausbildung der Risse

Bemerkungen:

1. Die Parameter der Scherfestigkeit wurden durch graphischen Ausgleich aus den Werten der Druck-, Zug- und Scherfestigkeit bestimmt.

2. Bei einem größeren Anteil des Kalksteins erhöhen sich alle Werte der Festigkeits- und Verformungseigenschaften.

Das eigentliche Ziel dieser Versuche waren nicht nur die Werte der Spaltzugfestigkeiten, sondern hauptsächlich ein ausführlicheres Verfolgen der Bruchvorgänge und ihrer Ergebnisse. Zu diesem Zwecke wurden drei Versuche mit der Zeitlupenkamera ZL 16 mit einer Frequenz von 600 Bildern je Sekunde aufgenommen. Ausschnitte aus dem Film mit den ersten Phasen des Bruches werden auf den Bildern 4a, b, c dargestellt. Die Überreste einiger Versuchskörper nach dem Versuch wurden photographiert (Bild 5, 6, 7, 8). Auf diesen Aufnahmen können die Brucharten und -formen gut verfolgt werden.

Die Gesteinsproben wurden bei den Spaltzugversuchen direkt mit den Stahlplatten der Presse, ohne jegliche Einlagen, belastet. Die Zugfestigkeiten samt anderen Angaben sind in Tab. 1 zusammengestellt.

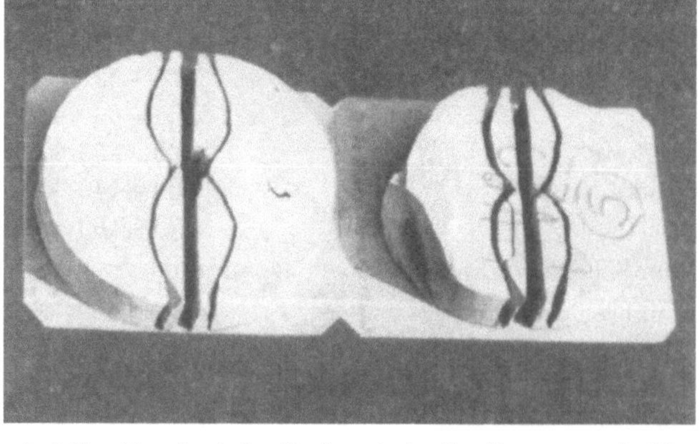

Bild 8. Regelmäßige Bruchart der Proben beim Spaltzugversuch (Prager Pläner).
links: Probe S 15—4a rechts: Probe V 22—5b

Tabelle 1. Ergebnisse der Zugversuche der Gesteine

Ort	Gestein	Bezeichnung der Probe	Z	d [cm]	h [cm]	σ_z [kp·cm^{-2}]	Mittelwerte der Reihen kp·cm^{-2}						τ_0/σ_z	Bild Nr. Bemerkung
							n	σ_z	n	σ_b	n	τ_0		
Praha	Pläner	G 45/1 – 1	A	10,7	2,05	29,0	3	24		—		—	—	4 a, 4
Prosek		G 55/5 – 1	B	10,45	3,13	18,3		—		—		—	—	6
		G 55/5 – 2	A	10,65	2,05	36,0								4 b, 5
		G 55/5 – 3	A	10,65	3,25	35,5	2	36	4	98	6	118	3,3	4 c, 5
		S 15 – 4a	A	12,56	3,15	38,3	3	34		—	3	110	3,2	8
		V 22 – 1b	B	13,33	4,1	64,9		—		—	6	211	3,3	7
		V 22 – 5b	B	11,11	3,0	49,9	3	38		—		—	—	
	Kalkiger Pläner	VG	—	—	—	—	6	104	3	165	13	234	2,25	
Ruzyne	Pläner	—	—	—	—	—		20*)		—		44	2,2	*) einachsige Zugfestigk.
Slany	Sandstein feinkörnig	SA 9 – 813,2	B	8,57	2,98	65,3								10 a
	Sandstein mittel- bis grobkörnig	SA 9 – 880,8	B	8,94	2,95	30,8	5	32		—		—	—	10 a
		915,6	B	8,33	2,2	27,0								
		SA 10 – 126,1	A	16,0	3,9	20,4	3	20		—	2	135	6,8	10 b
			B	16,0	4,9	19,5								

Erläuterungen: d – Durchmesser des Probenkörpers
h – Länge (Höhe) des Probenkörpers
n – Anzahl der Probenkörper in einer Reihe
Z – Zustand der Stirnflächen:
A – beide Stirnflächen bearbeitet
B – nur eine Stirnfläche bearbeitet

σ_z – Zugfestigkeit (einachsiger oder Spaltversuch)
σ_b – Biegezugfestigkeit
τ_0 – Scherfestigkeit

3.2. Auswertung der direkten Beobachtungen

Aus dem angeführten Dokumentationsmaterial können folgende Erkenntnisse und Schlüsse gezogen werden:

Die Reihenfolge der Entstehung der Bruchrisse nach COLBACK [4] kann mit den Filmaufnahmen bestätigt werden. Dasselbe bezeugt auch Bild 6, wo der primäre Bruchriß den ganzen Körper schon durchlaufen hat, während die sekundären Bruchrisse nur teilweise ausgebildet wurden.

Der erste Zugriß, durch den sich der Versuchskörper in zwei Hälften zerspaltet, beginnt in der Scheibenmitte und pflanzt sich zu ihren Rändern fort. Die Fortpflanzungsgeschwindigkeit der Risse konnte bei der benützten Bildfrequenz (600 Bilder je Sekunde) nicht festgestellt werden.

Die sekundären Bruchrisse können sich in der beschriebenen „Acht"-Form sogar verdoppelt ausbilden (Bild 7). Diese vollständigen und vollkommenen „Achter" sind aber sehr selten. Weit öfter kommen Fälle vor, daß irgendein Ast des einfachen oder doppelten „Achters" entweder vollständig oder nur teilweise in einem gewissen Abschnitt fehlt. Verschiedene Fälle sind aus den Bildern 5, 6, 7, 8 zu ersehen.

3.3. Weitere Schlüsse

Die GRIFFITHsche modifizierte Bruchtheorie setzt für den Bruchbeginn neben anderen zwei Hauptbedingungen voraus: einen entsprechenden Spannungszustand und die Anwesenheit eines geeignet orientierten Mikrorisses. Wenn sich ein solcher Mikroriß seitlich von der Scheibenmitte befindet, ist es sehr wahrscheinlich, daß der erste Bruchriß bei diesem Mikroriß beginnt und nicht etwa in der Scheibenmitte, wo nur die andere Bedingung (d. h. die des Spannungszustandes) erfüllt ist. Das zeigen Bild 5 und auch ein Bild in der Arbeit [1], in denen der primäre Zugriß an der Mittelbohrung, die gerade die Entstehung an dieser Stelle sichern soll, ganz vorbeigeht. Die Bilder 4a und b zeigen weiter, daß auch diese gebogenen — und aus der Bedingung des Spannungszustandes gewissermaßen ungehörigen — Zugrisse sich von der Mitte des Versuchskörpers zu den Rändern fortpflanzen.

Diese Verschiebung und Durchbiegung des primären Zugrisses hat gewöhnlich auch die Mißbildung der sekundären Risse (s. Bild 5), nicht aber unbedingt auch eine beträchtliche Abweichung der gemessenen Zugfestigkeit zur Folge. So haben z. B. zwei Versuchskörper einer Reihe (Bild 5 oben), von denen der eine regelmäßige und der andere unregelmäßige Zugrisse aufweist, fast die gleichen Zugfestigkeiten (35,5 bzw. 36,0 $kp \cdot cm^{-2}$). Das Vorkommen der unregelmäßigen Zugrisse muß die Ergebnisse des Spaltzugversuches noch nicht ungültig oder nicht vergleichbar mit den regelmäßigen Brucharten machen.

Die Formen der Bruchrisse können aus den Trajektorien der Hauptspannungen abgeleitet werden. Nach der MOHRschen Bruchtheorie schließen zwei Systeme der möglichen Schublinien (oder besser Schubflächen) mit der Richtung der minimalen (Druck-)Spannung die Winkel $\pm$ (45° — $\varphi/2$) ein, wo φ den Winkel der inneren Reibung bedeutet.

Nach der GRIFFITHschen modifizierten Bruchtheorie sind diese Winkel veränderlich und von dem Verhältnis der Hauptspannungen abhängig. Für $\sigma_1/\sigma_3 > -0{,}17$ sind sie die gleichen wie bei der MOHRschen Theorie; für σ_1/σ_3 von 0,17 bis zu 0,33 sinkt der Wert dieser Winkel allmählich und für $\sigma_1/\sigma_3 = -0{,}33$ sind diese beiden gleich Null. Beide Systeme der Bruchlinien werden mit der Richtung der minimalen Hauptspannung identisch. Für $\sigma_1/\sigma_3 < -0{,}33$ ist für den Bruch nur die Zugfestigkeit des Gesteins selbst entscheidend.

Im Bild 9a sind die Isostaten (Trajektorien der Hauptspannungen) aufgezeichnet, und zwar für die Kreisscheibe, die diametral entweder durch Einzellast (links) oder durch gleichmäßig verteilte Last (rechts) belastet ist. Davon werden graphisch beiläufig mögliche Bruchlinien für $\tan \varphi = 1$ nach der MOHRschen (Bild 9b) und GRIFFITHschen (Bild 9c) Theorie abgeleitet. Der strichpunktierte Grenzkreis (in Bild 9c) teilt die Fläche der Scheibe in einen äußeren Teil, wo beide erwähnte Theorien dieselben Bruchlinien geben, und einen inneren Teil, wo es Unterschiede gibt; am größten sind sie in der Nähe der Scheibenmitte, wo das Verhältnis σ_1/σ_3 gleich $-0,33$ ist; dort ist die Bruchrichtung nach der GRIFFITHschen Theorie mit der der minimalen Hauptspannung (d. h. mit dem belasteten Durchmesser der Scheibe) identisch.

Interessant ist aber, daß der primäre Bruchriß nicht den theoretischen Bruchlinien folgt, sondern von der Scheibenmitte (oder von der Stelle des ersten Bruches) gerade zu den Lastangriffspunkten verläuft. Dies ist offensichtlich auf die Änderungen des Spannungszustandes während des Fortganges des Bruchrisses zurückzuführen. Daraus könnte man schließen, daß die Bruchform auch von dem augenblicklichen Spannungszustand abhängt.

Was die sekundären Schubrisse betrifft, so wurden diesbezügliche Versuche von RUDNICK u. a. [19] mit Gipshalbscheiben vorgenommen. Es wurde dabei festgestellt, daß diese Risse auf dem Umfang der Scheibe in der Nähe der Lastangriffspunkte beginnen und fast parallel mit dem geraden Rand der Halbscheibe verlaufen, aber vollständig der charakteristischen „Acht"-Form entbehren. Dasselbe machte sich auch bei unseren Versuchen mit Pläner-Halbscheiben bemerkbar.

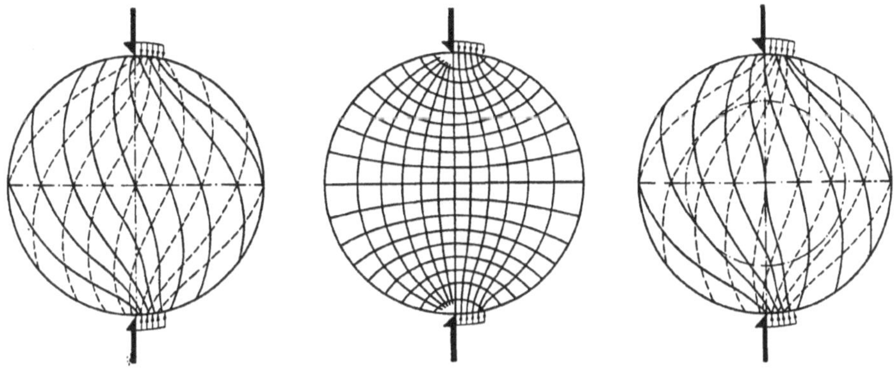

a) b) c)

Bild 9a. Trajektorien der Hauptspannungen (Isostaten) in einer Scheibe bei konzentrierter (links) und gleichmäßig verteilter (rechts) Belastung

Bild 9b. Beiläufige Form zweier Systeme der möglichen Bruchlinien nach der MOHRschen Bruchtheorie für $\tan \varphi = 1$

Bild 9c. Dasselbe nach der GRIFFITHschen Bruchtheorie.
Der strichpunktierte Kreis stellt die Grenze für das Übergangsverhältnis $\sigma_1/\sigma_3 = -0,17$ dar

Dies würde darauf hindeuten, daß verschiedene Spannungszustände in der selbständigen Halbscheibe einerseits und in der sich durch die Spaltung der ganzen Scheibe bildenden Halbscheibe andererseits herrschen.

Es ist möglich, daß in der ganzen Scheibe die sekundären Schubrisse schon in der Zeit entstehen, wenn die durch den primären Zugriß hervorgerufene Änderung des Spannungszustandes noch nicht an den Stellen der sekundären Risse zur Geltung kommen konnte, und zwar wegen ihrer zu kleinen Fortpflanzungsgeschwindigkeit oder aber, weil die sekundären Bruchrisse sich an den Scheibenrändern zu bilden beginnen, wenn die primären Bruchrisse noch nicht ganz entwickelt sind.

Diese Unstimmigkeiten bedürfen einer gründlicheren Untersuchung, deren Ergebnisse neue Einblicke in den Mechanismus des Zugbruches der Gesteine bringen könnten.

Noch eine Beobachtung, die die Form der sekundären Bruchrisse betrifft, ist erwähnenswert. Man könnte erwarten, daß auch die sekundären Risse eine stetige, spitzenlose Form haben werden. In Wirklichkeit weisen alle regelmäßigen sekundären Risse an der waagerechten Achse Spitzen auf und bilden hier einen gewissen Winkel miteinander. Das ergibt sich gesetzmäßig daraus, daß die obere und untere Hälfte eines Risses immer einem anderen System der Bruchlinien angehören, wie aus Bild 9b oder c ersichtlich ist. An der waagerechten Achse müssen sie (wie auch an allen anderen Stellen) den Winkel 90° $\mp \varphi$ einschließen, was sowohl die Mohrsche als auch die Griffithsche Theorie voraussetzen. Dies wäre auch ein Beweis für den Schubursprung der sekundären Risse.

3.4. Ergebnisse aus den Zugversuchen an anderen Gesteinsarten

Sehr interessant scheint auch eine weitere Erkenntnis zu sein, die wir aus den Spaltzugversuchen an verschiedenen Gesteinen gewonnen haben. Bei einigen Gesteinsarten entstehen beim Bruch ausschließlich primäre Zugrisse und niemals sekundäre Schubrisse. Es handelt sich namentlich um Sandsteine aller Arten, Kornfeinheiten und Festigkeiten (Bild 10). Es scheint unbegründet zu sein, darin den Einfluß des spröden oder plastischen Verhaltens zu sehen, weil Teile oder mindestens Andeutungen sekundärer Bruchrisse neben dem primären

a) 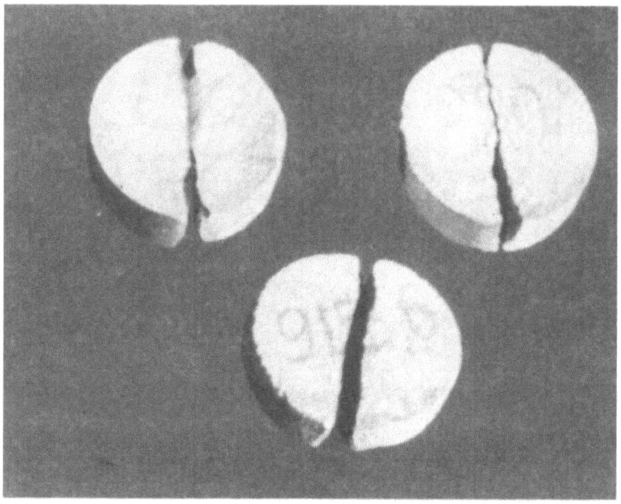

b) 

Bild 10a—b. Brucharten der fein- bis grobkörnigen Sandsteine (Slany) beim Spaltzugversuch.
a) Proben aus der Bohrung SA 9 b) Proben aus der Bohrung SA 10

Zugriß sowohl bei spröden und harten (z. B. Diabas) als auch bei weichen und plastischen Gesteinen (Tonstein) festgestellt wurden.

Die beschriebene Erscheinung könnte man vielleicht durch das verschiedene Verhältnis der Zug- und Schubfestigkeit erklären. In Tab. 1 ist bei einigen Proben, soweit notwendige Angaben zur Verfügung standen, dieses Verhältnis zahlenmäßig errechnet. Es ist auffallend, daß beim Pläner sein Wert gering (2,2 bis 3,3) ist, während er beim Sandstein weit höher (6,8) liegt. Diabas und Grauwacke haben entsprechende Werte von 2,2 bis 2,8, Tonstein etwa von 2,3.

Der niedrige Wert dieses Verhältnisses bezeichnet eine niedrige Schubfestigkeit gegenüber der verhältnismäßig hohen Zugfestigkeit. Dabei können sich sowohl die primären Zugrisse als auch die sekundären Schubrisse ausbilden. Dagegen brechen Gesteine mit diesem hohen Wert nur durch Zugriß, während sie der Schubbeanspruchung infolge ihrer hohen Schubfestigkeit widerstehen.

Die angeführten, unvollständigen und nur zufälligerweise zusammengestellten Angaben können selbstverständlich keine beweiskräftige Bestätigung der angegebenen Hypothese darstellen. Dazu wäre ein umfangreicheres Material nötig.

4. Schlußfolgerungen

Aus den angeführten Angaben und Bildern können folgende Schlüsse gezogen werden:

1. Die Aufeinanderfolge der primären und sekundären (bzw. auch tertiären) Bruchrisse wurde bestätigt.

2. Die sekundären Bruchrisse (in der „Acht"-Form) sind sinnfällig auf die Schubspannungen zurückzuführen. Sie können sich auch doppelt ausbilden, was hier vermutlich zum ersten Mal veröffentlicht wird. Einzelne Bruchrisse oder ihre Äste können sich auch nur teilweise entwickeln.

3. Für die Entstehung des Zugbruches im Innern der Scheibe ist die Verteilung der äußeren Belastung auf einem Streifen von gewisser Breite nötig. Dies kann bei weicheren Gesteinen auch durch ihre höhere Nachgiebigkeit erreicht werden, so daß sich die Verwendung besonderer Einlagen erübrigt.

4. Für die Entstehung des Zugrisses ist die Anwesenheit eines geeigneten GRIFFITHschen Mikrorisses notwendig. Liegt ein solcher Mikroriß außerhalb der Scheibenmitte, bewirkt dies eine Verschiebung und Durchbiegung des primären Zugrisses und Mißbildung der sekundären Schubrisse. Die Zugfestigkeit eines solchen Versuchskörpers muß dadurch aber nicht unbedingt beeinflußt werden.

5. Auch bei Nichtbearbeitung einer oder beider Stirnflächen des Versuchskörpers braucht die regelmäßige Bruchform und die Richtigkeit des Meßergebnisses keine Einbuße zu erleiden.

6. Es wurden Unstimmigkeiten bei der Formung der sekundären Bruchrisse in den Scheiben und in den Halbscheiben festgestellt. Das kann durch das gegenseitige Verhältnis der Geschwindigkeit des Bruchrisses und der Fortpflanzungsgeschwindigkeit der durch den Vorgang der Rißbildung hervorgerufenen Spannungsänderungen bewirkt werden. Auch der Augenblick der Entstehung der sekundären Bruchrisse in bezug auf den Vorgang des primären Zugrisses kann hier von Bedeutung sein. Diese Erscheinung konnte nicht weiter untersucht werden.

7. Es wurde beobachtet, daß sich in einigen Gesteinsarten die sekundären Schubrisse nicht ausbilden. Dazu wird die Hypothese ausgesprochen, daß die Ursache dieser Erscheinung das verschiedene Verhältnis der Schub- und Zugfestigkeit des Gesteins sein könnte.

Zum Schluß sei noch bemerkt, daß der Verfasser sich absichtlich einer ausführlicheren mathematischen Behandlung der einzelnen angedeuteten Fragen enthalten hat. Er ist der

Meinung, daß eine weitere mathematische Präzisierung und Verfeinerung der Berechnungsvorgänge nicht zu einem bedeutsameren Fortschritt führen kann, bevor die physikalischen Grundlagen und Erscheinungen dieser Versuchsmethode nicht besser erkannt, geklärt und erfaßt werden. Dazu beizutragen, war der Autor dieser Arbeit bemüht.

Danksagung. Der Verfasser hält es für seine Pflicht, seinen Kollegen aus dem Bergbauinstitut der Tschechoslowakischen Akademie der Wissenschaften zu Prag für die geleistete Hilfe und Zusammenarbeit in einigen Abschnitten dieser Arbeit zu danken. Namentlich fühlt er sich Dipl.-Ing. F. Dedek CSc. für die Zusammenarbeit bei der Herstellung des Zeitlupenfilms und Dr. J. Matejovsky CSc. für die Hilfe bei der Durchführung einiger Laborversuche und bei der Bearbeitung der Film- und Fotoaufnahmen verpflichtet.

Literatur

[1] Addinall, E., und Hackett, P.: Rock in tension (3 Teile). Colliery Guardian: I. (1964) 5372, S. 446–452; II. (1965) 5412, S. 53–56; III. (1965) 5418, S. 255–259.

[2] Arscott, R. L.: Tensile failure in coal measure rocks. University of Nottingham, Mining department magazine 19 (1967) S. 63–68.

[3] Brown, E. T., und Trollope, D. H.: The failure of linear brittle materials under effective tensile stress. Felsmechanik u. Ingenieurgeologie 5 (1967) 4, S. 229–241.

[4] Colback, P. S. B.: An analysis of brittle fracture initiation and propagation in the Brazilian test. Sitzungsberichte des I. Kongr. der Int. Ges. f. Felsmechanik, Bd. I, S. 385–391. Lisboa 1966.

[5] Fairhurst, Ch.: Laboratory measurement of some physical properties of rock. 4th Symposium on Rock Mechanics, S. 105–118. Pennsylvania State University, 1961.

[6] Fairhurst, Ch.: On the validity of the „Brazilian" test for brittle materials. Intern. J. Rock Mech. & Min. Sci. 1 (1964) 4, S. 535–546.

[7] Fairhurst, Ch. (editor): Failure and breakage of rocks. Part I: Rock failure. Proc. 8th Symposium on Rock Mechanics, S. 3–164. AIME, New York 1967.

[8] Heyne, K. H., und Höfer, K. H.: Der Scheibendruckversuch — eine rationelle Methode zur Bestimmung der Zugfestigkeit von Gesteinen. Bergakademie 15 (1963) 5, S. 367–370.

[9] Hobbs, D. W.: The tensile strength of rocks. Intern. J. Rock Mech. & Mind. Sci. 1 (1964) 3, S. 385 bis 396.

[10] Houska, J.: Verfahren zur Bestimmung der Zugfestigkeit der Gesteine im Laboratorium. Lithographie. Bergbauinstitut der Tsch. Akad. d. Wiss., Prag 1963.

[11] Houska, J.: Betrachtungen zur Richtlinie für die Bestimmung der Zugfestigkeit von Gesteinen. Sammelband „Výsledky bánského výskumu" (Ergebnisse der Bergbauforschung), Nr. 5, S. 108–117. Verlag der Slow. Akad. d. Wiss., Bratislava 1967.

[12] Houska, J., und Polák, V.: Normalizace zkousky pevnosti hornin v tahu (Normung des Zugversuches der Gesteine). Inzenýrské stavby 12 (1964) 2, S. 63–65.

[13] Houska, J., und Polák, V.: Normalizace skousky pevnosti hornin v ohybu (Normung des Biegeversuches der Gesteine). Inzenýraké stavby 13 (1965) 1, S. 4–6.

[14] Jaeger, J. C.: Failure of rocks under tensile conditions. Intern. J. Rock Mech. & Min. Sci. 4 (1967) 2, S. 219–227.

[15] Kadlecek, V., und Spetla, Z.: Zkousení pevnosti betonu v prostém tahu (Prüfung des Betons auf einachsigen Zug). Inzenýrské stavby 13 (1965) 9, S. 377–382.

[16] Mitchell, M. B.: The indirect tension test for concrete. Mager. Res. & Standards 1 (1961) 10, S. 780–788.

[17] Pforr, H., und Rosetz, G.-P.: Kritischer Vergleich von Methoden zur Zugfestigkeitsbestimmung an Gesteinen. Bergakademie 17 (1965) 9, S. 522–528.

[18] Price, D. G., und Knill, J. L.: A study of the tensile strength of isotropic rocks. Sitzungsberichte des I. Kongr. d. Int. Ges. f. Felsmechanik, Bd. I, S. 439–442. Lisboa 1966.

[19] Rudnick, A.; Hunter, A. R., und Holden, F. G.: An analysis of the diametral-compression test. Mater. Res. & Standards 3 (1963) 4, S. 283–289.

In-situ-Versuche über die Verformbarkeit von Felsmassen

von J. L. SERAFIM[1]) und M. GUERREIRO[2]), Madrid

Zusammenfassung

Die Notwendigkeit, die mechanischen Kennwerte von Felsmassen an der Baustelle einer Betonmauer zu kennen, und die Notwendigkeit, eine eingehende Beurteilung der Sicherheitsbedingungen der Staumauer und seiner Gründung als einer strukturellen Einheit abzugeben, wird betont. Mitgeteilt werden die Voraussetzungen, die bei der Ausführung von Verformbarkeitsversuchen in situ von besonderer Bedeutung sind. Einige Gesichtspunkte der Verfahren, die von den Autoren angewendet wurden, werden erläutert. Einige Gesichtspunkte der Vorbereitung des Versuchsprogramms und seine wichtigsten Gesichtspunkte werden angegeben.

Es werden einige neuere Ergebnisse mitgeteilt, von denen die wichtigsten sind:

1. solche, die Beziehung zu einem Fall haben, in dem ein angemessenes Versuchsprogramm und eine sehr sorgfältige Analyse der Daten es ermöglicht haben, die Variation des Elastizitätsmoduls entlang der Gründungsoberfläche, die zu schaffen ist, zu ermitteln;
2. die Untersuchung des besonderen Verhaltens der Gesteinsmassen nach Einleitung der Entlastung, wobei die Druck-Verformungs-Diagramme einen steilen Anstieg zeigen;
3. Werte für die Querdehnungszahlen, die aus den Verformbarkeitsversuchen in situ ermittelt wurden.

Es folgen Hinweise auf die Anisotropie von Gestein und Felsmassen sowie auf ihre Untersuchung sowohl im Laboratorium als auch in situ. Als Beitrag zur Analyse der Ergebnisse dieser Untersuchungen im Lichte der Elastizitätstheorie unter Verwendung der transversalen Isotropie werden einige Daten mitgeteilt.

1. Einführung

Die Kenntnis des mechanischen Verhaltens von Felsmassen, die durch Betonmauern und durch die Anstauung von Wasser beeinflußt werden, ist von größter Wichtigkeit bei der Erzielung technischer und ökonomischer Bestlösungen sowie bei der Beurteilung der Sicherheit des fertiggestellten Bauwerkes. Viele Gründe waren dafür ausschlaggebend, eingehendere Untersuchungen über das Verhalten von Felsmassen durchzuführen. Zu ihnen zählen:

1. die Unglücksfälle, die an Mauern und Tunneln als Ergebnis eines schlechten Gesteinsverhaltens aufgetreten sind;
2. der große Mangel an Kenntnis über das Verhalten von Felsmassen;
3. die Notwendigkeit, höhere und komplexere Staumauern zu bauen;
4. die Notwendigkeit, Mauern an Stellen zu bauen, wo wenig günstige Gründungsverhältnisse vorliegen.

[1]) Consulting Engineer, President, CONSULPRESA, S. A., Madrid.
[2]) Consulting Engineer, Head of Observation and Tests Section, CONSULPRESA, S. A., Madrid.

Bei der Untersuchung bemerkenswerter Fälle von Brüchen von Betonmauern ist die Schwäche der Gründungen als die entscheidende Voraussetzung des Bruchs gefunden worden, beispielsweise bei den Mauern von St. Francis und Malpasset. In vielen dieser Zusammenbrüche wurden die Festigkeit des Felses und die geologischen Einzelheiten, die die Gesamtstabilität der Staumauer beeinflussen konnten, nicht genau genug untersucht.

Zusätzlich besteht ein großer Mangel an Wissen über das hydraulische und mechanische Verhalten von Felsmassen in Hinblick auf ihre heterogene, anisotrope und diskontinuierliche Natur. Aus diesem Grunde sind mehr Untersuchungen notwendig, um die Gesetzmäßigkeiten aufzudecken, die dieses Verhalten bestimmen.

Ergebnisse von Modelluntersuchungen haben gezeigt, daß Betonmauern, insbesondere Bogenmauern und Vielfachbogenmauern mit großer Spannweite, sicher auf Gründungen gebaut werden können, von denen früher angenommen wurde, daß sie dafür nicht geeignet wären. Voraussetzung dazu ist jedoch, daß eingehende Untersuchungen und Versuche an den Baustellen durchgeführt und daß Verfestigung und Entwässerung des Gebirges vorgenommen werden. Modelluntersuchungen haben auch gezeigt, daß in der Mauer Scherspannungen entstehen können, wenn die Verformungen in der Gründungssohle groß sind [1]. Sowohl durch Modellversuche als auch durch analytische Überlegungen konnte bewiesen werden, daß der Elastizitätsmodul des Gesteins von größter Wichtigkeit für die Verteilung der Spannungen an den Basen sowohl von Pfeiler- als auch Gewichtsmauern ist.

Wie auch immer der natürliche Zustand des Gesteins an einer Dammbaustelle sein mag, verlangt die Ermittlung seiner mechanischen Eigenschaften die Durchführung von in-situ-Versuchen. Zusätzlich sind statistische Untersuchungen über die Struktur und die geometrischen Eigenschaften von Felsmassen notwendig. Andererseits ist es auch wichtig, die Verformbarkeit des Gebirges zu bestimmen, und zwar mit Methoden, die die Spannungs-Verformungs-Beziehungen und mögliche Setzungen voraussagen können. Wie bei den mechanischen in-situ-Versuchen verlangt die Deutung der Ergebnisse die Verwendung der geometrischen Eigenschaften des Gesteinsvolumens, das durch den Versuch beeinflußt wurde, seiner Heterogenität und Anisotropie, seiner geologischen und petrographischen Einzelheiten, seiner topographischen Situation usw.

Die Vergleiche der Information, gewonnen an Hand von Modellen, mit denen geotechnische Einzelheiten betrachtet werden, sowie bei in-situ-Versuchen, bei theoretischen Betrachtungen, die auf der Grundlage unterschiedlicher Hypothesen angestellt wurden, sowie der Ergebnisse über das beobachtete Verhalten von Mauergründungen sind von größtem Einfluß. Die Beobachtung von Betonmauern hat ergeben, daß die Gründungssohlen einen bemerkenswerten Einfluß auf das Verhalten von Mauern haben. Oft werden geringe Setzungen von felsigen Gründungen bemerkt werden, die, wenn sie nicht sichtbar sind, manchmal bei der Deutung der Öffnung von Klüften wichtig sein werden. Deswegen haben in-situ-Versuche an sehr großen Flächen, die die Wirkung von Mauern auf die Gründungssohlen darstellen, und neue Beobachtungsverfahren über das Verhalten der Fundamentsohle [2] große Bedeutung.

Dieser Beitrag gibt einen Hinweis auf die Bedingungen, die bei in-situ-Verformbarkeitsversuchen und bei den Verfahren, die von den Verfassern häufig verwendet werden, berücksichtigt werden müssen. Es werden einige Gesichtspunkte angegeben, die bei der Vorbereitung des Versuchsprogramms beachtet werden müssen, weiterhin die wesentlichsten Merkmale, einige Ergebnisse der Untersuchung sowie die Erläuterung von in-situ-Verformbarkeitsversuchen.

2. Bei Verformbarkeitsversuchen zu berücksichtigende Bedingungen

Die grundsätzlichen Elemente bezüglich der Verformbarkeit einer Gründungssohle werden aus der entsprechenden Deutung der Ergebnisse von in-situ-Verformbarkeitsversuchen gewonnen.

Eine kurze Beschreibung der verschiedenen Arten von in-situ-Verformbarkeitsversuchen ist in einer anderen Veröffentlichung enthalten [3]. Dort sind die wichtigsten Voraussetzungen angegeben, die bei Verformbarkeitsversuchen erfüllt sein müssen. Es handelt sich dabei darum:

1. daß die Versuche ein Gesteinsvolumen berühren, das etwa die gleichen mechanischen Eigenschaften des Gebirges besitzt wie jede der Zonen des Gründungsbereiches, die sie vertreten; daß das Gesteinsvolumen statistisch homogen sein sollte und sich in einem mechanischen Zustand befinden muß, der ähnlich dem ist, der an der entsprechenden Gründungszone angetroffen werden wird;
2. daß die Kosten so gering wie möglich sein sollen. Das bedeutet, daß die Vorbereitung in kürzester Zeit abgeschlossen und bei der Ausübung der Versuche Automatisierung angestrebt wird;
3. daß sie so genau wie möglich den grundsätzlichen Hypothesen der Theorie gehorchen müssen, die bei der Interpretation der Ergebnisse verwendet wird, einschließlich der Grenzbedingungen. Besondere Vorsichtsmaßnahmen in der Lage und in der geometrischen Form der Versuchskammern auf der einen Seite und in der Vorbereitung der zu belastenden Flächen andererseits sollten beachtet werden;
4. daß die Messungen der Verformungen auf Festpunkte bezogen werden müssen;
5. daß die Belastungsvorrichtungen und andere notwendige Ausrüstungsgegenstände leicht transportiert und schnell installiert werden können.

3. Verformbarkeitsversuche mit gleichmäßigem Druck

Die Beschreibung der Belastungsvorrichtung und der Meßvorrichtung zur Ermittlung der Verformungen, die bei dieser Versuchsart verwendet wird, wurde in einigen früheren Berichten gegeben [1, 4]. Die folgenden Überlegungen beeinflußten die Untersuchung der Ausrüstung, die in unseren jüngsten Verformbarkeitsversuchen verwendet wurde.

In Anbetracht des Ziels dieser Versuche, die Elastizitätsmodule des Gebirges zu ermitteln, und unter Berücksichtigung des häufigsten mittleren Abstandes zwischen Klüften (ein bis mehrere Dezimeter) entschloß man sich, die belastete Fläche von 1 auf 2 m² zu erhöhen, was einem Kreis mit einem Durchmesser von 1,6 m entspricht.

In einem bereits erwähnten Bericht [3] wurde ein Vergleich zwischen zwei Versuchsarten zur Ermittlung der Verformung entlang einer radialen Linie und der Spannungen σ_z entlang der Achse der belasteten Oberfläche und auf Flächen wirkend, die senkrecht zur Achse liegen, angestellt. In diesen zwei Fällen, dem üblichen Stempelversuch mit 30 cm Dmr. und dem gleichmäßigem Druckversuch, ausgeführt auf einer kreisförmig belasteten Fläche von 2 m², wurde festgestellt, daß der Stempelversuch sehr hohe Drücke ergibt, die aber sehr schnell mit zunehmender Tiefe abnehmen und wodurch nur ein sehr begrenztes Felsvolumen betroffen wird, während der Druckversuch mit gleichmäßiger Last eine wesentlich größere Einflußsphäre hat. Eine Näherungsberechnung der Gesteinsvolumina, die bei diesen beiden Versuchsarten einer Spannung von mehr als 5 kp/cm² ausgesetzt sind, zeigt, daß sich das Verhältnis zwischen beiden Volumina auf annähernd 1:15 beläuft. Das effektive Gesteinsvolumen beim Stempeldruckversuch beträgt lediglich etwa 1 m³. Das Verhältnis nimmt bei Werten für die Spannung σ_z von unter 5 kp/cm² weiter zu. Aus diesen Überlegungen wurde die Schlußfolgerung gezogen, daß der gleichmäßige Druckversuch mit einem Belastungsdurchmesser von 1,6 m besser geeignet für Gesteinsmassen ist, deren Blockvolumen sich bis zu 1 m³ beläuft.

Bild 1 zeigt die verwendete Ausrüstung. Die Anbringung ist im wesentlichen die gleiche, wie sie in [1, 4] beschrieben wurde; an Stelle von zwei 300-Mp-Pressen werden aber vier

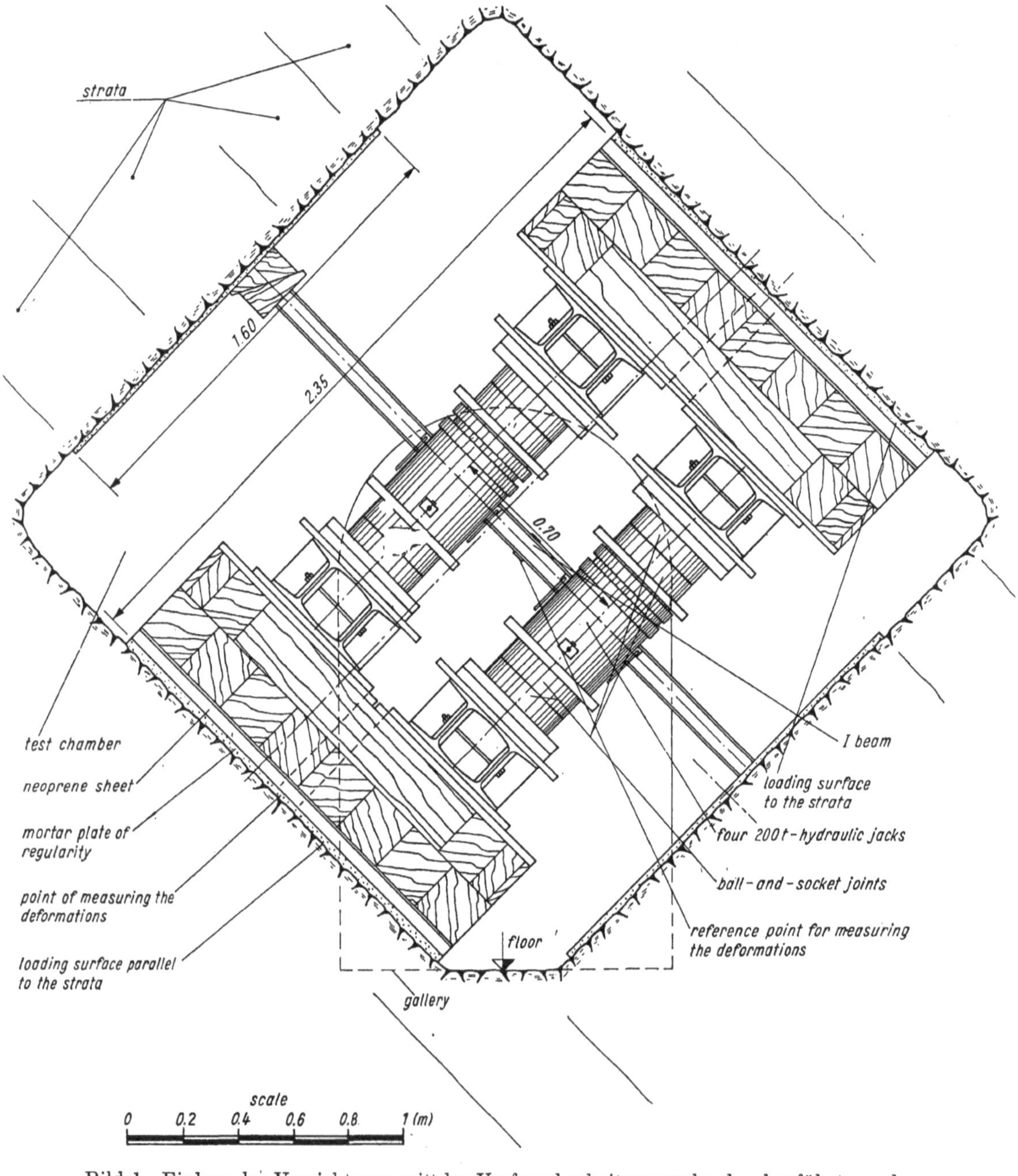

Bild 1. Einbau der Vorrichtung, mit der Verformbarkeitsversuche durchgeführt werden, bei einem Versuch senkrecht zur Schichtung

200-Mp-Pressen verwendet. Maßgebend für diese Tatsache war das geringere Gewicht der Einzelteile. Dabei kann festgestellt werden, daß keines der Einzelteile mehr als rd. 100 kg wiegt, allerdings mit Ausnahme der Pressen. Die Verformungen werden gegenüber Bezugspunkten an Oberflächen der Kammer gemessen, die senkrecht zu den belasteten Flächen stehen, ein Verfahren, das sich als sehr zweckmäßig erwiesen hat. Darüber hinaus vermeidet dieses Verfahren die Notwendigkeit, sehr entfernte Festpunkte zu benutzen.

Entsprechend den Voraussetzungen, die in Abschnitt 2 erwähnt wurden, ist geplant, eine noch einfachere und mehr automatisierte Ausrüstung bei diesen Versuchen zu verwenden. Der Einsatz eines elektronischen Steuergeräts, das es ermöglichen wird, Belastungs- und Entlastungszyklen automatisch ablaufen zu lassen und mit dem die notwendige Druck–Zeit-Abhängigkeit eingehalten werden kann, befindet sich in der Vorbereitung. Weiterhin ist ins Auge gefaßt, einen automatischen Schreiber zu verwenden, der es gestattet, die Druck–Verformungs-Abhängigkeiten während des Versuchs aufzunehmen. Selbstverständlich ergibt sich dadurch die Notwendigkeit, wesentliche Änderungen in diesem Verfahren zur Messung von Verformungen einzuführen.

Ein wichtiger Gesichtspunkt dieser Art von Versuch innerhalb von Strecken ist die mögliche Zugfestigkeit im Gebirge zwischen den Flächen der belasteten Oberflächen. Sollte das eintreten, ist es notwendig, eine Korrektur in dem berechneten Wert des Elastizitätsmoduls vorzunehmen, und zwar unter Verwendung der Formel, die für einen halb-unendlichen Körper abgeleitet wurde (BOUSSINESQsches Problem). Berechnungen zeigen, daß eine solche Korrektur sich auf 3/4 des Werts beläuft, der durch diese Formel ermittelt wurde.

4. Vorbereitung eines Versuchsprogramms

Die Autoren glauben, daß die Vorstellung, man könnte zahlreiche, billige und zufällige Versuche [5] ausführen, irrig ist. Im Gegenteil, Versuche sollten (wenn auch gering an Zahl) ausgeführt werden, die den Abmessungen und der Geometrie des Gebirges angepaßt und die den kritischen Eigenschaften des Gesteins angemessen sind. Die Vorbereitung eines geeigneten Versuchsprogramms ist von grundsätzlicher Bedeutung.

Vier Gesichtspunkte müssen in diesem Programm berücksichtigt werden: geologische Einzelheiten, Angaben in bezug auf Bohrungen, Ergebnisse der geophysikalischen Erkundung und die vorliegende Information über mögliche Lösungswege für die Mauer. Die Kenntnis über den Einfluß der Verformbarkeit der Gründung auf das Verhalten der möglichen Mauer, die mit Hilfe von Modellversuchen gewonnen wurde, sollte auf jeden Fall berücksichtigt werden [4, 6].

Eine Ortsbesichtigung muß vorgenommen werden, wobei besondere Aufmerksamkeit den Strecken geschenkt werden muß, die zur geologischen Untersuchung getrieben werden sollen; dabei ist gleichzeitig ihre mögliche Nutzung für die Versuche zu prüfen. Die Untersuchung des geologischen Aufbaus mit seinen Hauptstörungen soll die Zonen von unterschiedlichem mechanischen Verhalten nachweisen. Zusammen mit den Ergebnissen der geophyikalischen Untersuchung kann man eine Vorstellung über die Zonen starker Verformbarkeit gewinnen. Berücksichtigt werden müssen auch Intensität und Richtung der Kräfte, die durch die Mauer zu jeder dieser Zonen übertragen werden. In jeder dieser Zonen muß eine entsprechende Anzahl von Verformbarkeitsversuchen, die aus einer entsprechenden Anzahl von Be- und Entlastungsspielen bestehen, geplant werden. In diesem Zusammenhang muß man sich der Notwendigkeit erinnern, eine ausreichende Gesteinsüberdeckung in bezug auf die Lastflächen vorzusehen. Diese Überdeckung sollte wenigstens 15 m betragen.

Es ist vorteilhaft, gemeinsam mit den Verformbarkeitsversuchen auch Kriechversuche zu berücksichtigen und Angaben über die Anisotropie des Gebirges zu sammeln, und zwar durch

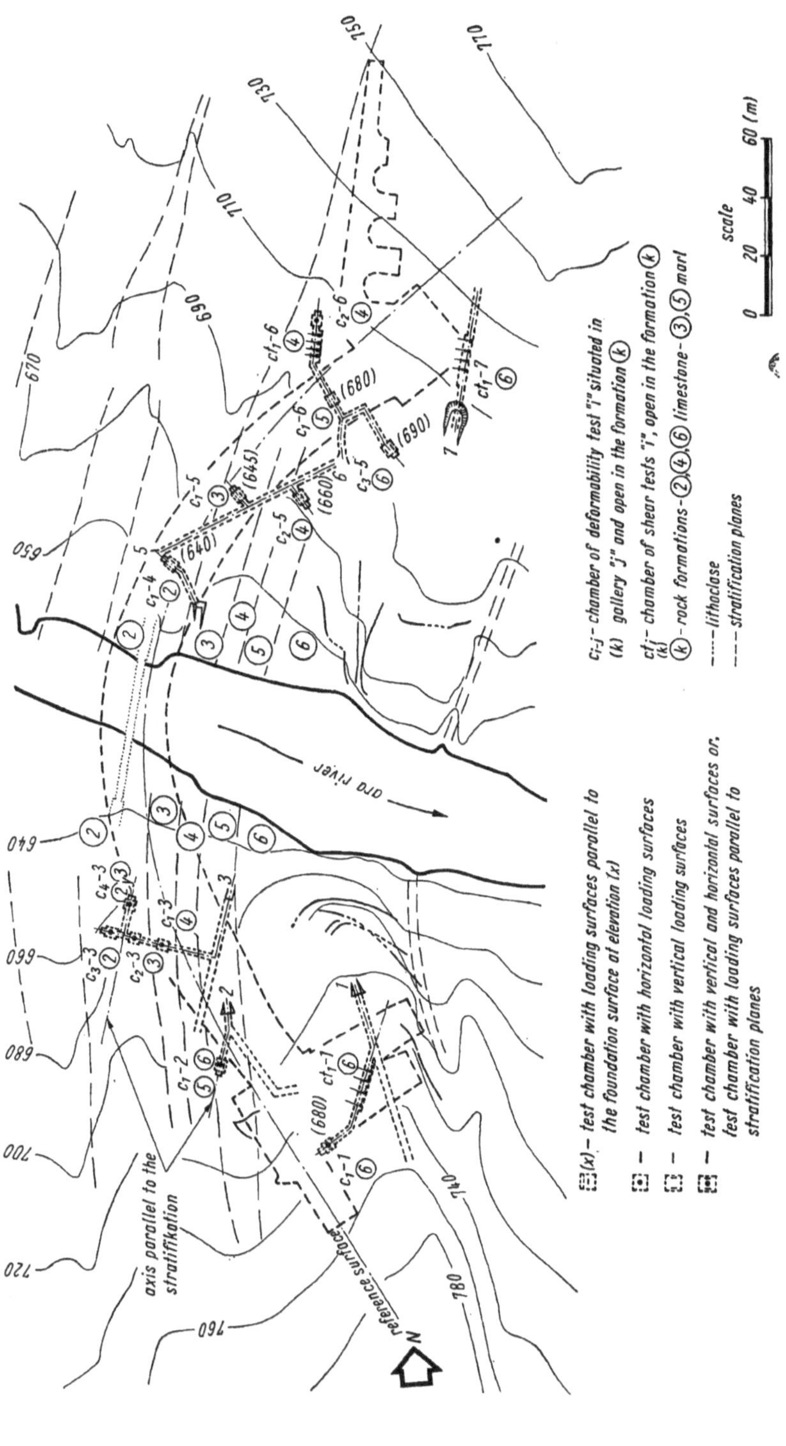

Bild 2. Schematischer Plan der in-situ-Verformbarkeits- und Scherversuche für die Untersuchung der Gründung des Janovas-Damms

Versuche in verschiedenen Richtungen oder durch spezielle Untersuchungen, um die wichtigsten elastischen Konstanten der Anisotropie zu ermitteln. Weiterhin sollen eine ausreichende Anzahl von Scherversuchen und deren zweckmäßigster Ort geplant werden.

Das Versuchsprogramm sollte auch Laboratoriumsversuche enthalten, um zusätzliche Angaben zu erhalten und die Auswertung der Ergebnisse der in-situ-Versuche zu erleichtern.

In Bild 2 ist ein entsprechendes Programm schematisch dargestellt. Es wurde für die Baustelle des Janovas-Damms in Spanien ausgearbeitet.

5. Die Deutung einiger neuerer Ergebnisse

Die Auswertung der Verformungen der Gründungssohle von Mauern in Fels setzt die Kenntnis des tatsächlichen Verhaltens von Felsmassen unter der Wirkung von Belastungen voraus. Es besteht kein Zweifel, daß in-situ-Versuche in wesentlichem Maße bereits dazu beigetragen haben und auch in Zukunft beitragen werden, auf diesem Gebiet noch weitere Fortschritte zu erreichen. In früheren Berichten [1, 4] sind verschiedene Gesichtspunkte der Untersuchung und Deutung von Druck-Verformungs-Abhängigkeiten mitgeteilt und erläutert worden. In diesen Berichten wurden insbesondere die Gesichtspunkte behandelt, die mit den Faktoren in Beziehung stehen, die die Verformbarkeit beeinflussen, wie Mikrorisse, Klüfte, große Klüfte, Verwerfungen, Kluftfüllung, Grad der Gesteinsumwandlung, Anisotropie, innerer Spannungszustand im Gestein und Zementierung. Der Einfluß der örtlichen Situation auf die Untersuchung und auf die Auswertung der Meßergebnisse sowie auf den repräsentativen Wert des gleichförmigen Druckversuchs waren Gegenstand besonderer Aufmerksamkeit in einem früher veröffentlichten Beitrag [3].

5.1. Elastizitätsmodul entlang der Gründungsoberfläche

Hier werden die Ergebnisse eines Falles mitgeteilt, bei dem ein entsprechendes Versuchsprogramm und eine sehr sorgfältige Analyse und Auswertung der ermittelten Angaben die Bestimmung der Schwankung des Elastizitätsmoduls entlang der Gründungsoberfläche ermöglicht haben.

Das dargestellte Beispiel betrifft den Gran Suarna-Damm in Spanien. Die Dammbaustelle besteht aus einem Ausbiß siliziumhaltigen Gesteins quer zum Fluß. Dieser Ausbiß setzt sich hauptsächlich aus mächtigen Schichten harten Quarzits, der mit Schichten von schiefrigem Quarzit wechselt, zusammen und wird von Schiefern an den stromauf und stromab gelegenen Stellen flankiert. Der Fluß schneidet die Schichten senkrecht, wobei ein geometrisch und geologisch symmetrisches Tal entstanden ist. Das Schichteneinfallen stromaufwärts beläuft sich auf etwa 40 bis 45°. Die Schichtflächen bilden die wesentlichsten Diskontinuitäten im Gebirge. Festgestellt wurden drei Hauptkluftsysteme. Die verhältnismäßige Gleichförmigkeit der Schichten und ihre Lage gegenüber dem Fluß hat vermutlich die Gewinnung von Ergebnissen, die dargestellt werden, erleichtert. Das Versuchsprogramm für dieses Beispiel ist in der bereits erwähnten Arbeit [3] beschrieben und schematisch erläutert.

Eine sehr sorgfältige Vergleichsforschung und Analyse der Werte des E-Moduls in bezug auf jede der parallelen Flächen, die in jeder Kammer gleichzeitig belastet wurden, ermöglichte die Ermittlung der E-Werte, die in Bild 3 dargestellt sind, wobei die örtlichen Bedingungen, die diese Werte beeinflußt haben, berücksichtigt wurden. Diese Abbildung stellt einen Aufriß der vertikalen zylindrischen Oberfläche dar, die in einer Ebene hergestellt wurde und deren Leitlinie die Mittellinie der Gründungssohle ist. Die Versuchskammern sind so dargestellt, daß ihre Mittelpunkte senkrecht zu dieser Oberfläche verlaufen, wobei auch deren Gesamtüberdeckung berücksichtigt wurde. Die Kammern sind gegenüber dieser Oberfläche gedreht

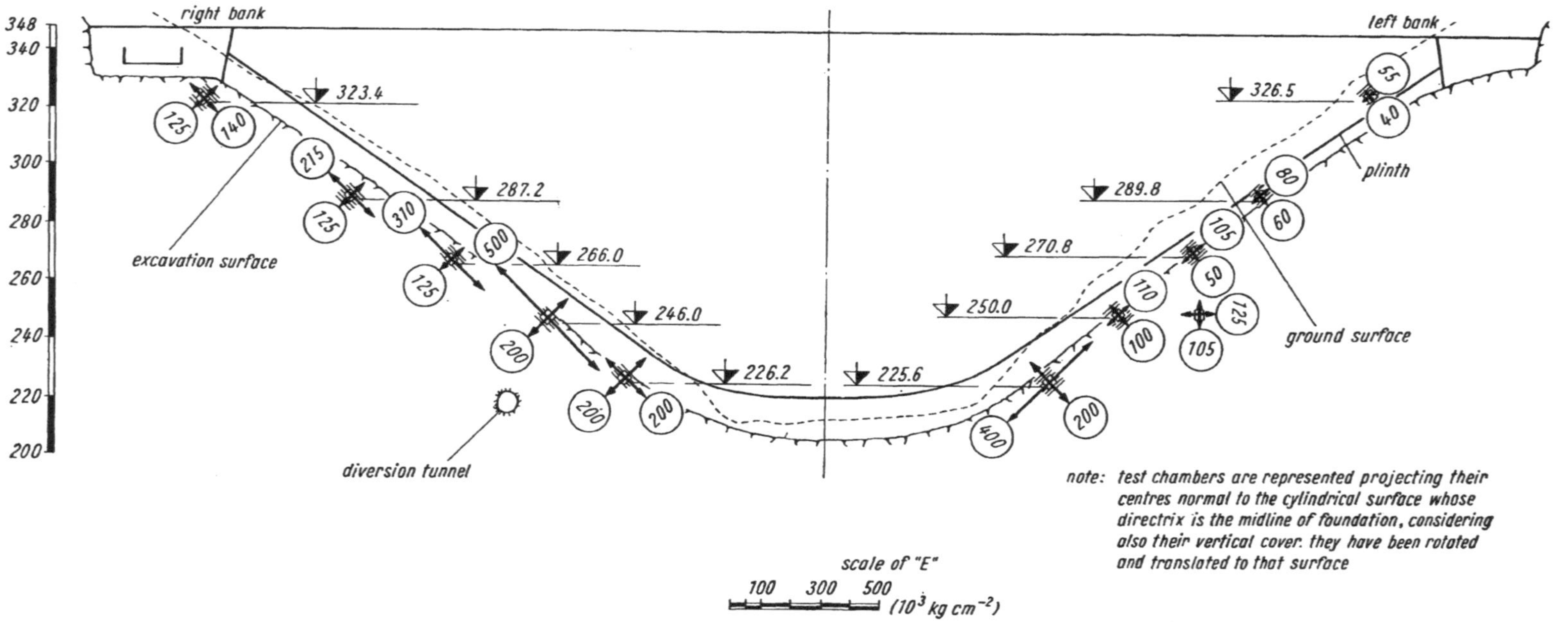

Bild 3. In-situ-Versuche an der Baustelle des Gran Suarna-Damms. Die Elastizitätsmodule E gelten jeweils für ein Paar von parallel belasteten Flächen in jeder Versuchskammer

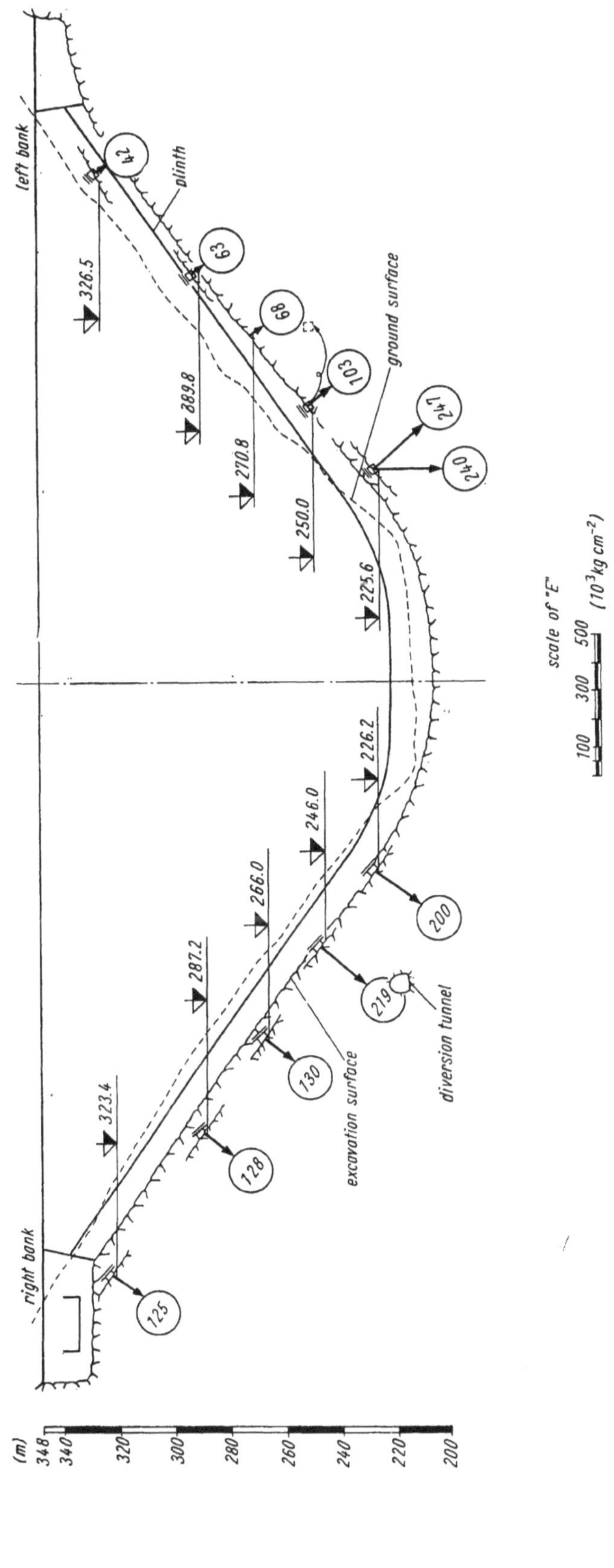

Bild 4. In-situ-Versuche an der Baustelle des Gran Suarna-Damms. Die Elastizitätsmodule E gelten für Flächen parallel zur Gründungssohle für jede Versuchskammer

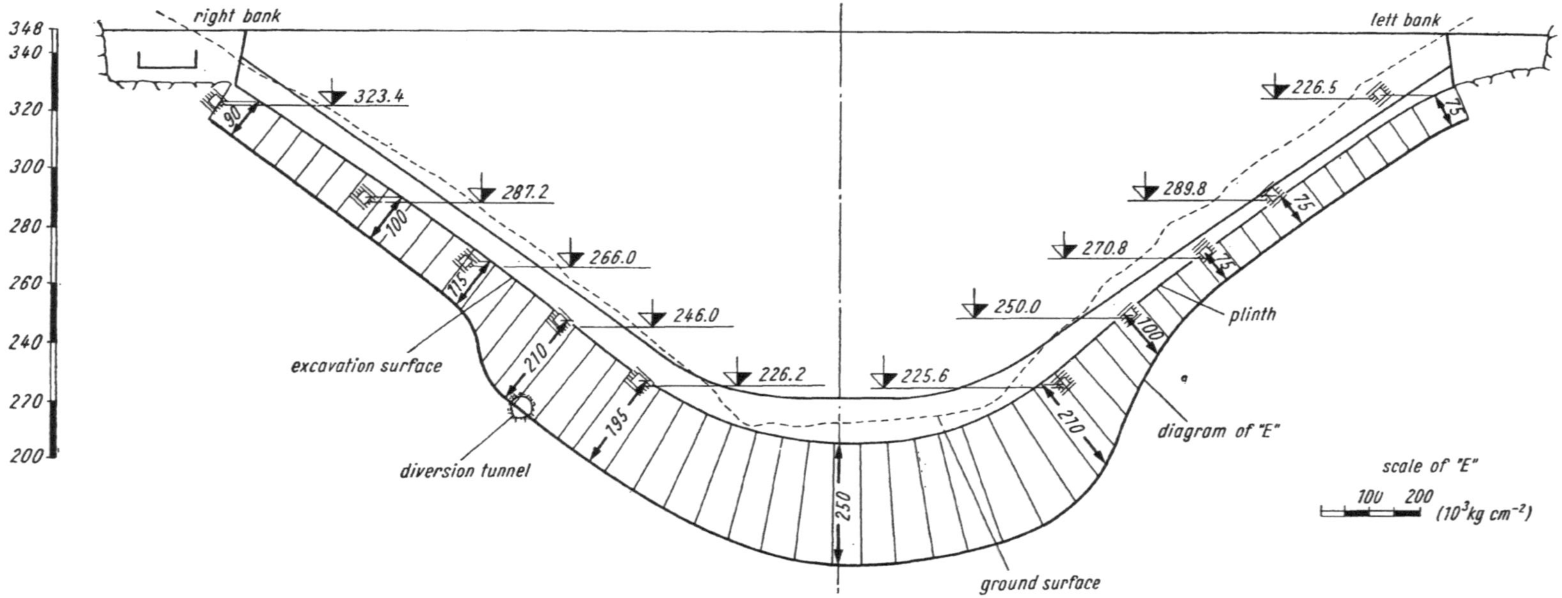

Bild 5. Baustelle des Gran Suarna-Damms. Elastizitätsmodule E entlang der Gründungsoberfläche, ermittelt aus Verformbarkeitsversuchen in situ, nach Korrektur bezüglich Richtung und Tiefeneinflüsse

und verschoben worden. Die Werte des E-Moduls repräsentieren für jede Versuchskammer jeweils ein Paar von belasteten Oberflächen. Daraus wurde folgendes abgeleitet:

1. Die Verformbarkeit des Gebirges ist größer, wenn es auf Flächen belastet wird, die parallel zur Schichtung verlaufen, als bei einer Belastung der Flächen senkrecht zur Schichtung. In beiden Uferböschungen scheint das Verhältnis zwischen den erwähnten Verformbarkeiten mit geringerer Höhe zu wachsen, wobei sich der Wert zwischen 1,2 und 2,4 bewegt (Druckwegnahme und Schwankung vermindern die Anisotropie der Verformbarkeit).
2. Die Elastizitätsmodule nehmen ebenfalls in beiden Fällen bei Flächen parallel oder senkrecht zu den Schichten bei einer geringeren Höhe zu.
3. Die früheren Schlußfolgerungen sind nicht für die untere Strecke in der rechten Uferböschung als eine Folge der Entspannung, die durch das Herausschießen des Ableitungsstollens verursacht wurde, geprüft worden.

In Bild 4 sind die Werte für den E-Modul bezüglich der einzelnen Flächen, die durch die Mitte jeder Kammer und parallel zu der Fläche verlaufen, die die Gründungsfläche in Höhe der Kammer berührt, dargestellt.

Die in Bild 4 dargestellten Werte sind aus denen von Bild 3 abgeleitet worden, wobei berücksichtigt wurde, daß der Verlauf von E entsprechend der Orientierung der belasteten Oberfläche elliptisch ist. Die kleinere Achse der Ellipse entspricht der Richtung senkrecht zur Schichtung, und die gleichen größeren Achsen entsprechen den zwei Richtungen senkrecht zu ersteren und kommen in einer Ebene parallel zur Schichtung vor.

Die Werte des E-Moduls bezüglich der Oberfläche der Gründung, die beim Entwurf berücksichtigt wurde, sind in Bild 5 dargestellt. Diese Werte wurden aus den in Bild 4 dargestellten ermittelt und entsprechend den Unterschieden in der Tiefe zwischen ihren jeweiligen Oberflächen und der Oberfläche der Gründung korrigiert. Die Tiefen wurden horizontal entlang der zylindrischen Oberfläche gemessen, deren Leitlinie die Mittellinie der Gründung ist.

Die erwähnte Korrektur wurde durch eine graphische Darstellung erhalten, in der aus den Werten von E in bezug auf die Oberflächen parallel zur Gründung (Bild 4) die wahrscheinliche Kurve des Verlaufs von E mit horizontaler Überdeckung für jede Versuchshöhe gezeichnet wurde.

In Bild 5 ist das Diagramm von E entlang der Oberfläche der Gründung gezeichnet, wobei als Bezug die Kurve bezüglich der Oberfläche der Gründung gewählt wurde. Aus der Analyse dieses Diagramms kann abgeleitet werden, daß:

1. die Werte von E bezüglich der Oberfläche der Gründungssohle in der oberen Hälfte des Damms fast immer konstant sind, aber die Tendenz zeigen, mit geringerer Höhe anzuwachsen. Diese Werte bewegen sich in der Größenordnung von 100000 kp/cm² in der rechten und 75000 kp/cm² in der linken Böschung;
2. in der unteren Hälfte der Oberfläche der Gründungssohle der linken Böschung, da die Höhe abnimmt, die Werte von E erst langsam (bis zu 100000 kp/cm²) und dann zunehmend schneller steigen, bis sie Werte in der Größenordnung von 250000 kp/cm² im Flußbett erreichen;
3. in der unteren Hälfte der Oberfläche der Gründungssohle der rechten Böschung die Werte von E viel schneller wachsen als in der linken Böschung und eine Größenordnung von 200000 kp/cm² erreichen. Werte von dieser Größenordnung werden im mittleren und unteren Teil dieser Hälfte eher als steigende festgestellt, was der entspannenden Wirkung in dieser Zone infolge der Sprengarbeit zuzuschreiben ist.

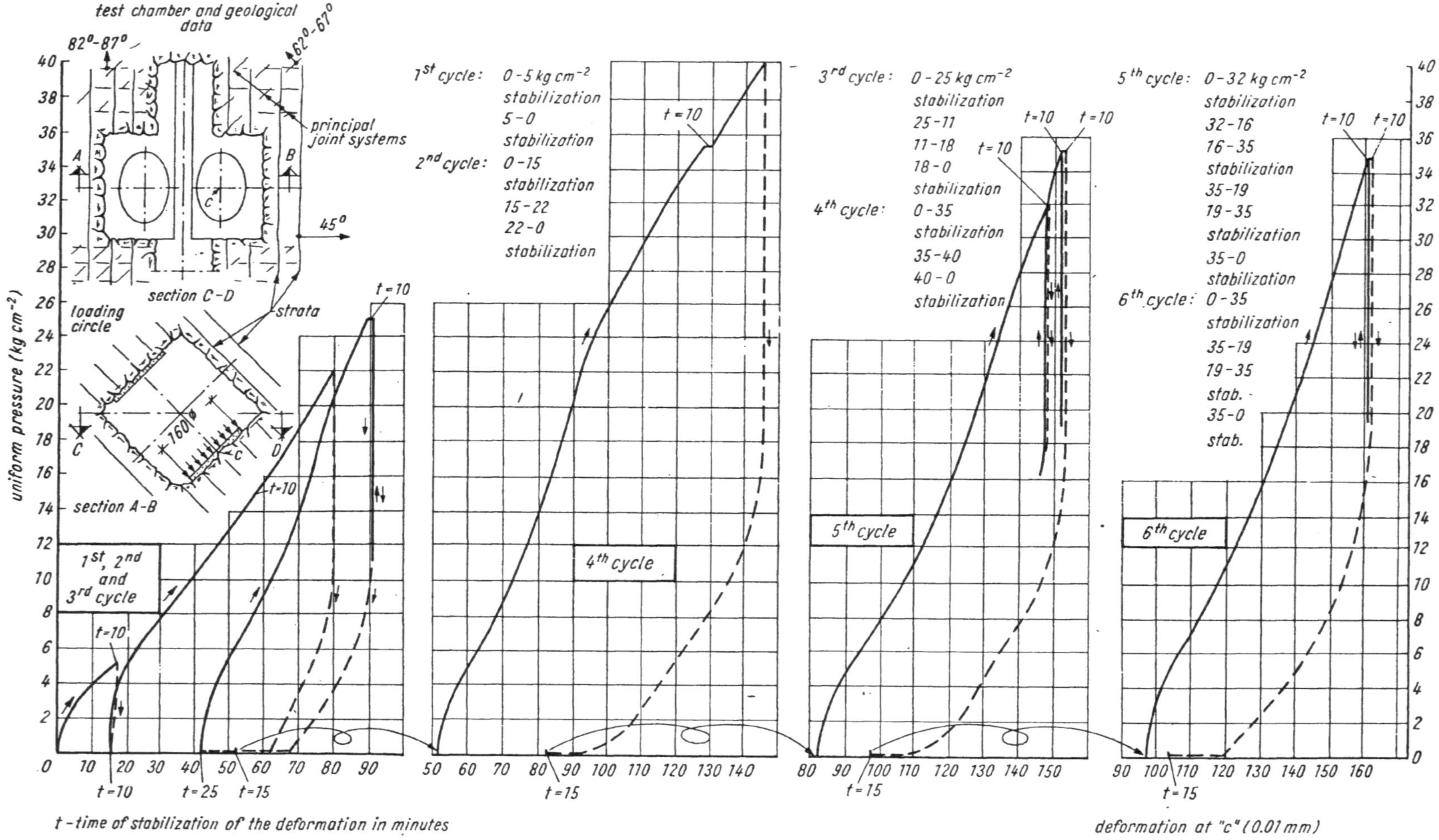

Bild 6. Versuche an der Baustelle des Gran Suarna-Damms. Zu beachten ist das eigentümliche Verhalten der Felsmasse nach Belastung und Stabilisierung der Verformungen

5.2. Analyse der Druck-Verformungs-Abhängigkeiten

Ein Merkmal, das besondere Beachtung zu verdienen scheint, ist der steile Anstieg der Druck–Verformungs-Schaubilder am Beginn der Entlastung nach einer Periode der Stabilisierung der Verformungen. Eine solche steile Neigung entspricht dem Verhalten eines sehr festen Materials. Sie wird über einen sehr wichtigen Abschnitt der Entlastung beibehalten, manchmal nach mehr als 50% der Gesamtentlastung. Dieses Merkmal ist allgemeiner Art und ist bei Versuchen an verschiedenen Arten von Gesteinen beobachtet worden, wenn die Belastung vertikal oder horizontal auf Flächen oder parallel senkrecht oder geneigt zu den Schichtungsflächen aufgebracht wird. Wenn auch immer Versuche in den Quarziten des Gran Suarna-Dammes angestellt wurden, konnte dieses besonders bemerkenswerte Verhalten festgestellt werden.

Bild 6 zeigt Druck–Verformungs-Schaubilder eines Versuchs, bei dem dieser Gesichtspunkt etwas eingehender untersucht worden ist. Man sieht, daß eine solche Besonderheit sogar bei den ersten Belastungs–Entlastungs-Spielen auftritt, wenn die bleibenden Verformungen noch groß sind. Sie ist aber viel wichtiger, wenn die bleibenden Verformungen geringer und die Drücke höher sind, also in den letzten Zyklen.

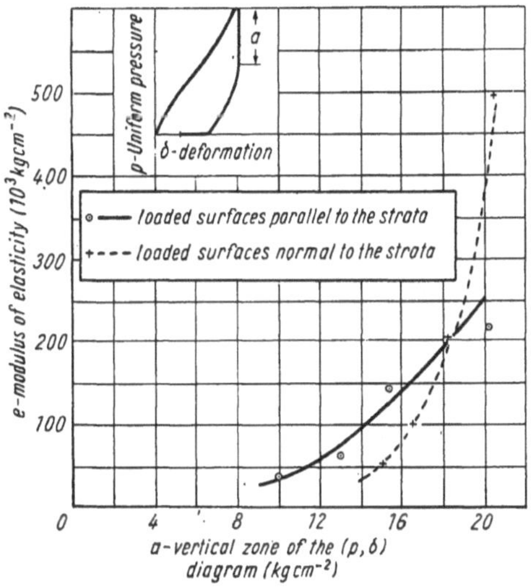

Bild 7. Verformbarkeitsversuche an der Baustelle des Gran Suarna-Damms. Abhängigkeit zwischen Elastizitätsmodul und dem Abschnitt *a*

Beim dritten, fünften und sechsten Zyklus wurden Belastung und Entlastung ausgeübt, nachdem eine teilweise Entlastung in dem Bereich vorgenommen worden war, in dem dieses Verhalten auftritt. Während dieser Perioden verhielt sich das Gebirge gleich einem elastischen Material mit einem hohen Elastizitätsmodul (nahezu wie ein nichtverformbares Material).

Aus diesen Untersuchungen scheint zu folgen, daß Felsmassen, wenn sie sich so verhalten, wie in den entsprechenden Zonen der Schaubilder (Entlastung), Gründungen von geringer Verformbarkeit und elastischem Verhalten entsprechen werden. Deswegen wird es als ratsam betrachtet,

1. die oben erwähnte Zone der Diagramme zu studieren und zu analysieren, um das Wissen um solches mechanisches Verhalten besser zu nutzen;
2. die Felsmassen von Mauergründungen vorzuspannen, so weit das ökonomisch möglich ist, mit dem Ziel, ihre bleibenden Verformungen zu vermindern und ein elastisches und steifes Verhalten herbeizuführen.

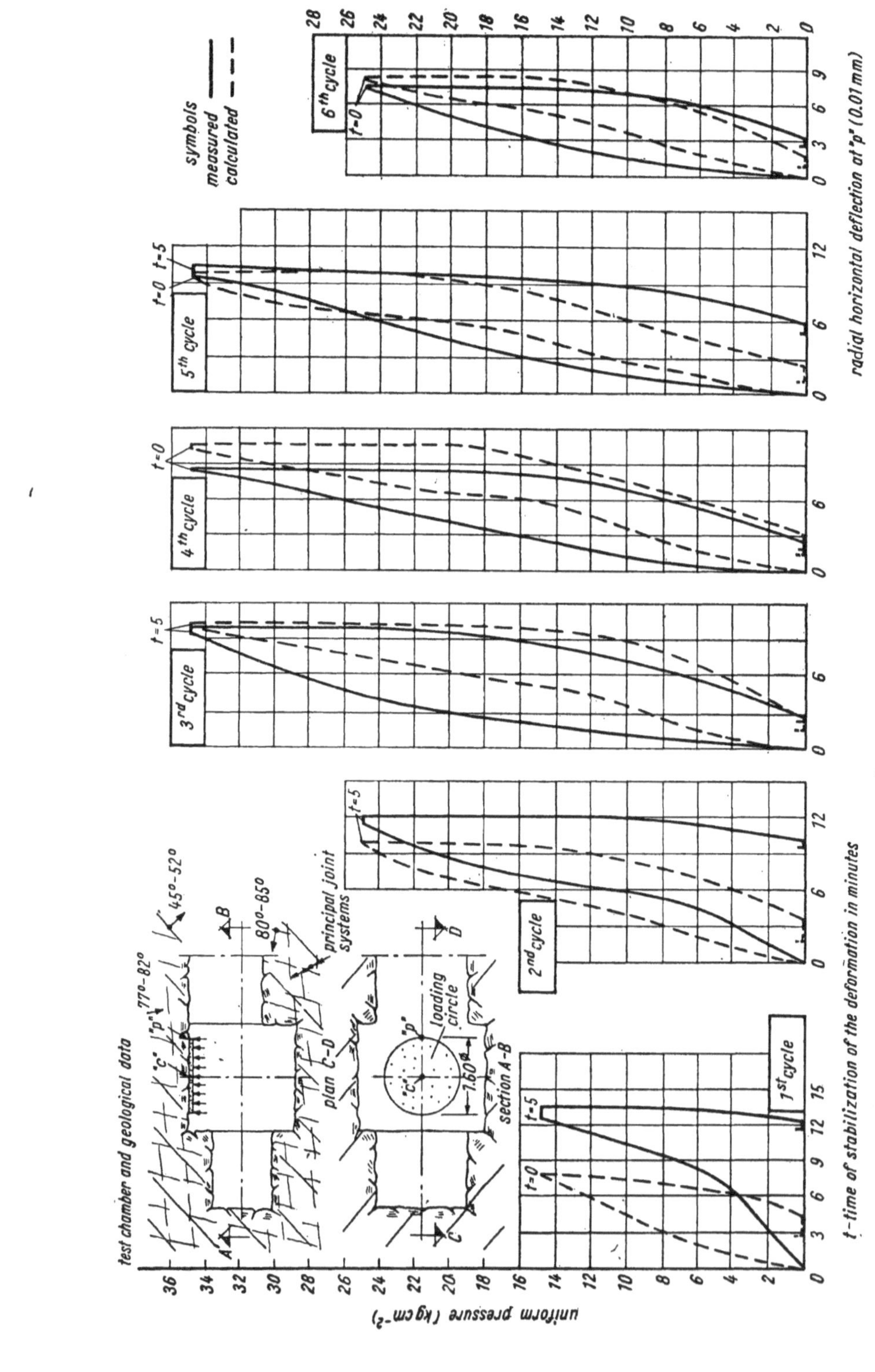

Bild 8. Gemessene radiale Horizontalablenkungen am Punkt P und berechnete Werte aus den gemessenen Normalablenkungen am Punkt C (isotrope Theorie unter Verwendung einer Querdehnungszahl von 0,20)

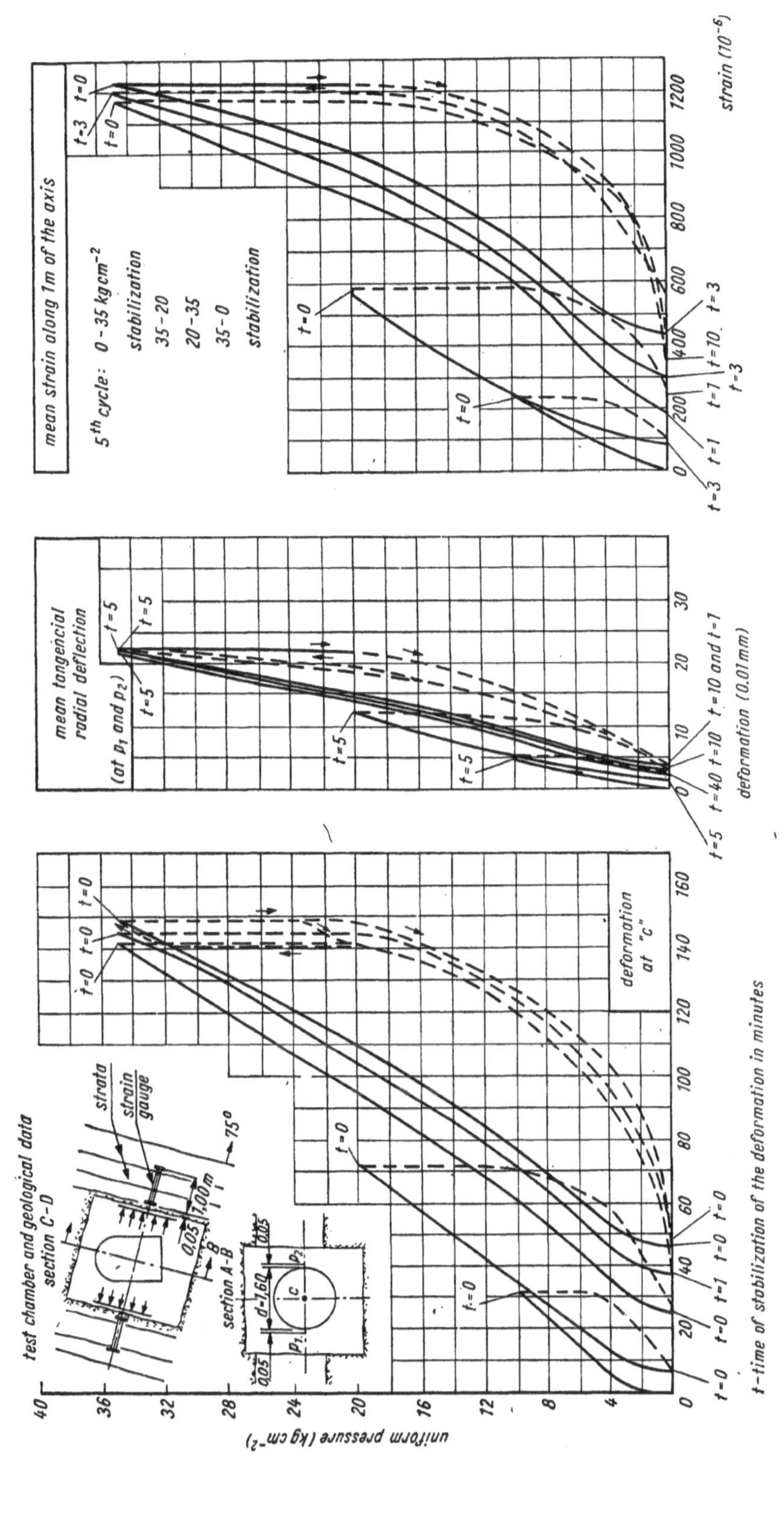

Bild 9. Versuche an der Baustelle des Las Portas-Damms. Typische Diagramme und Normalverformungen, tangentialen Radialablenkungen und Normaldehnungen entlang der Achse des belasteten Kreises

In Übereinstimmung mit der ersten Schlußfolgerung ist im Falle des Gran Suarna-Dammes eine Untersuchung ausgeführt worden (Bild 7) über die Abhängigkeit zwischen den E-Werten und der Größe des Abstandes a in dem sehr steilen Abschnitt des Druck–Verformungs-Diagramms. Eine der Kurven, die in Bild 7 dargestellt ist, betrifft belastete Flächen parallel zur Schichtung, die andere Kurve Flächen, die senkrecht zur Schichtung belastet wurden. Es scheint möglich zu sein zu schlußfolgern, daß bei beiden Arten von Flächen der Abschnitt a mit E wächst und daß bei niedrigen E-Werten der Abschnitt a bei Flächen, die senkrecht zur Schichtung belastet werden, größer ist als bei parallel zur Schichtung belasteten Flächen.

Schließlich wurde bei den Versuchen, die an der Baustelle des Las Portas-Dammes in Spanien ausgeführt wurden, ermittelt, daß dieses besondere Verhalten des Gesteins nicht eine flüchtige Erscheinung ist, die mit Kriechverformungen des Gebirges in Zusammenhang steht. Tatsächlich sind Versuche gemacht worden, bei denen nach der Stabilisierung der Verformungen am Ende der Belastung die Entlastung bei einigen Zyklen mit einer Geschwindigkeit vor sich ging, die fünfmal geringer als üblich ist, so daß für die Strecke a die gleiche Größe wie in den anderen Zyklen erhalten wurde. Bei einem anderen Versuch wurde der Druck, nach dem eine Druckhöhe nahe der unteren Grenze der Strecke a erreicht wurde, für 24 Stunden beibehalten, ohne daß das Gebirge irgend eine Schwankung in der Verformung zeigte.

Weiterhin sind neben der Messung der normalen Ablenkungen in der Mitte der belasteten Fläche andere Messungen ausgeführt worden, wie tangentiale Radialablenkung an Punkten auf der Peripherie des Lastkreises und Verformungen entlang der Achse senkrecht zum Kreis (Bild 8 und 9), die Schaubilder liefern, in denen das Vorhandensein des Abschnitts a nachgewiesen wird. Aus alledem scheint zu folgen, daß dieses Verhalten das gesamte Gebirge betrifft, unabhängig davon, wie die betrachtete Richtung sein mag. Der Abschnitt a kann offensichtlich nicht als eine Erscheinung des Kriechens, die sich in einer Richtung entgegen der Belastung fortsetzt [7], erklärt werden.

5.3. Ermittlung der Querdehnungszahl aus Messungen von in-situ-Versuchen

Messungen der tangentialen Radialverformungen an den Punkten P nahe dem Umfang des belasteten Kreises (mit einem Abstand r vom Mittelpunkt des Kreises) haben die Bestimmung der Querdehnungszahl ϱ ermöglicht.

In Bild 8 sind einige Ergebnisse vom Gran Suarna-Damm enthalten. Es wird ein Vergleich gezogen zwischen den gemessenen tangentialen Radialverformungen u_P an den Punkten P und den berechneten Werten, die aus den gemessenen Normalverformungen w_C ermittelt wurden, wobei das für den isotropen Fall gültige Verhältnis

$$\frac{u_P}{w_C} = \frac{1}{4} \cdot \frac{1 - 2\nu}{1 - \nu} \cdot \frac{a}{r} \tag{1}$$

berücksichtigt wurde, bei dem a der Radius des belasteten Kreises ist. Der Vergleich wurde unter Verwendung eines Wertes für die Querdehnungszahl von 0,2 angestellt. Man kann sagen, daß eine bessere Anpassung des ersten und zweiten Zyklus erreicht werden kann, wenn eine Querdehnungszahl von kleiner als 0,2 verwendet wird. Für fast alle folgenden Zyklen wird jedoch eine bessere Anpassung erzielt, wenn eine größere Querdehnungszahl eingesetzt wird. Es ist zweckmäßig, darauf hinzuweisen, daß bei dem dritten, vierten und fünften Zyklus die Punkte der Diagramme, die dem maximalen Druck entsprechen, auf der Grundlage einer Querdehnungszahl von 0,28 ermittelt wurden. Dieser Wert entspricht genau dem Durchschnittswert der Querdehnungszahlen, die bei Laboratoriumsversuchen [8] in der Schichtungsebene (ν) und in einer Ebene senkrecht zur Schichtung (ν'') ermittelt wurden.

Die Ermittlung der Querdehnungszahl aus in-situ-Messungen ermöglicht ihre Verwendung in dem Ausdruck, mit dem E berechnet wird:

$$E = \frac{2\,q\,a\,(1 - \nu^2)}{w_C}\,; \qquad (2)$$

q ist der gleichförmige Druck. Auf diese Weise wird eine willkürliche Festlegung des ersten ν vermieden und damit erhält man einen korrekteren Wert von E. Die folgende Tabelle enthält in der zweiten und dritten Spalte die Werte von ν bzw. E, die aus den Gln. (1) und (2) für den Fall des Versuchs ermittelt wurden, auf den sich Bild 9 bezieht.

Zyklus	ν	E [kp/cm²]	$E_{(1m)}$ [kp/cm²]
1	0,224	49000	30100
2	0,224	46000	28400
3	0,207	45700	25900
4	0,183	50500	29000
5	0,188	52900	32800

In der letzten Spalte dieser Tafel sind die Werte $E_{(1m)}$ des Elastizitätsmoduls in bezug auf die Oberflächenschichten zwischen 0,05 und 1,05 m Tiefe angegeben. Die Werte von $E_{(1m)}$ wurden aus der mittleren Verformung ε der erwähnten Oberflächenschichten, gemessen entlang der Achse senkrecht zum Lastkreis, ermittelt und mit Hilfe des Ausdrucks

$$E_{(1m)} = q\,\frac{1+\nu}{\varepsilon}\,[0{,}485\,(1 - 2\,\nu) + 0{,}311]$$

errechnet.

Dieser Ausdruck wurde aus der allgemeinen Gleichung abgeleitet, die den Wert ε_z im Verhältnis zur Tiefe z [9] angibt, wobei sein Mittelwert im Bereich von z (0,05 m; 1,05 m) bestimmt wurde. Der Bereich entspricht der Lage, in der das Dehnungsmeßgerät eingebaut war. Das Verformungsmeßgerät ist das gleiche, wie es in einem anderen Bericht, der auf dieser Konferenz vorgelegt wird [10], beschrieben ist.

6. Untersuchung der Anisotropie von Gesteinen im Laboratorium und durch Versuche in situ

Bei der Berechnung von Mauern werden im allgemeinen Felsmassen als elastische isotrope Feststoffe behandelt. Wenn man dagegen das Gefüge und die Klüfte eines Gebirges betrachtet, ist deren Anisotropie augenfällig.

Sedimentäre und metamorphe Gesteine zeigen einen bemerkenswerten anisotropen Charakter im Hinblick auf ihre Klüfte und Spalten. Auch Granite können als anisotrop angesehen werden, da gewöhnlich ihre makroskopische Struktur ein gerichtetes System von Mikrorissen erkennen läßt. Der augenscheinliche anisotrope Charakter von großen Volumina von Felsmassen kommt bei deren Betrachtung auch dadurch zum Ausdruck, daß ein Kluftsystem in mechanischer Hinsicht bedeutungsvoller ist als das andere, und zwar wegen des geringeren Abstandes und/oder der größeren Öffnungsweiten.

Aus diesem Grund ist es sehr zu wünschen, daß die Untersuchungen, gleich, ob im Laboratorium oder in situ durchgeführt, und Beobachtungen einen klärenden Einfluß über die Wichtigkeit der Anisotropie von Felsmassen auf ihr mechanisches Verhalten ergeben, wobei insbesondere solche Klärungen im Vordergrund stehen, die sich auf die Verformbarkeit und die Verformungen beziehen. Die Auswirkungen der Anisotropie auf Spannungen und Verschiebungen sind durch Modelluntersuchungen und Berechnungen geprüft worden. Die Ergebnisse scheinen anzudeuten, daß die Unterschiede in bezug auf den isotropen Fall nicht sehr bedeutend sind.

In schiefrigen Gesteinen kann die Anisotropie, die im Laboratorium oder durch in-situ-Versuche ermittelt wurde, ziemlich gut die Anisotropie des Gesteins oder des Gebirges wiedergeben. In anderen Arten von Gestein, beispielsweise solchen, die durch Schichten unterschiedlicher Zusammensetzung gebildet werden und die durch Klüfte und Sprünge vorbeansprucht sind, sind dagegen die charakteristischen Kennwerte der Schichten kein repräsentatives Abbild der allgemeinen Anisotropie des Gebirges im Gesamtbereich des Dammes. In solchen Fällen kann der Anisotropiecharakter des Gebirges in angenäherter Form durch die Untersuchung des geologischen Baues und durch die Ergebnisse der Versuche in den einzelnen unterschiedlichen Zonen bestimmt werden. Man kann sagen, daß in vielen Fällen die durchschnittlichen mechanischen Kennwerte des Gebirges von der Größenordnung eines Dammes sich von denen unterscheiden, die im Laboratorium oder durch laufende in-situ-Versuche festgestellt wurden. Damit soll nicht die Bedeutung von Versuchen abgeschwächt werden, sondern es soll nur davor gewarnt werden, theoretische Betrachtungen überzubewerten, die zu Gegensätzen mit der Realität führen könnten.

Die Gesichtspunkte der Verformungen werden gegenwärtig untersucht, obgleich dieser Vortrag lediglich die Untersuchungen behandelt, die sich mit den elastischen Eigenschaften von anisotropen Gesteinen befassen.

6.1. Laboratoriumsversuche

Untersuchungen über die Anisotropie werden gewöhnlich mit Hilfe eines mathematischen Modells durchgeführt. Das einfachste Modell ist das der transversalen Isotropie der Monotropie, das durch die folgenden fünf elastischen Konstanten definiert ist:

Elastizitätsmodul in der Ebene der Schichten (E);
Elastizitätsmodul senkrecht zu den Schichten (E');
Querdehnungszahl in der Ebene der Schichten (ν);
Querdehnungszahl zwischen der Schichtungsebene und ihrer Senkrechten (ν');
Schermodul in einer Ebene senkrecht zu den Schichten (G').

In diesem Fall können die Beziehungen zwischen Spannungen und Verformungen in der folgenden Form geschrieben werden, wenn die z-Achse senkrecht zur Querebene (isotrop) steht:

$$\varepsilon_x = \frac{\sigma_x}{E} - \frac{\nu \cdot \sigma_y}{E} - \frac{\nu' \sigma_z}{E} \qquad \varepsilon_y = \frac{\nu \cdot \sigma_x}{E} + \frac{\sigma_y}{E} - \frac{\nu' \cdot \sigma_z}{E} \qquad \varepsilon_z = -\frac{\nu' \cdot \sigma_x}{E} - \frac{\nu' \cdot \sigma_y}{E} + \frac{\sigma_z}{E'}$$

$$\gamma_{yz} = \frac{1}{G'} \tau_{yz} \qquad \gamma_{xz} = \frac{1}{G'} \tau_{xz} \qquad \gamma_{xy} = \frac{2(1+\nu)}{E} \tau_{xy}\,.$$

Die Bestimmung solcher elastischen Konstanten kann in Laboratoriumsversuchen an Gesteinskernen vorgenommen werden.

Bei den Untersuchungen, die an den Gründungsgesteinen des Gran Suarna-Dammes durchgeführt wurden, wurden die Verformungen bei Druckbeanspruchung ohne Manteldruck und bei Triaxialversuchen an Gesteinskernen von 5 cm Dmr. mit Hilfe elektrischer Dehnungsmeßstreifen gemessen. Bei den untersuchten Gesteinen handelt es sich um einen kristallinen Schiefer. Die Probenstücke stellten Kerne dar, bei denen der Winkel zwischen Schichtung (senkrecht zur Schieferungsebene bis parallel dazu) und Achse um jeweils 15° zunahm; insgesamt handelte es sich um neun zylindrische Kerne. An den Mantelflächen jedes Kernes wurden sechs elektrische Dehnungsmeßstreifen in zwei sich diametral gegenüberliegenden Gruppen angebracht. Zwei von diesen dienten zur Messung der Längsverformungen, zwei andere zur Erfassung der Querverformungen und die übrigen zwei dienten zur Messung der Verformungen unter einem Winkel von 45° gegenüber den vorerwähnten Richtungen.

Im Falle des Gesteinskerns mit querlaufender Schieferung (Schieferung senkrecht zur Achse) werden die längs und quer angebrachten Dehnungsmeßstreifen die folgenden Verformungen messen, wenn p der aufgebrachte Druck ist:

$$\varepsilon_z = p \cdot \frac{1}{E'} \qquad \text{und} \qquad \varepsilon_t = -p \cdot \frac{\nu'}{E}.$$

Bei Kernen, deren Schieferungsebenen einen Winkel von $\frac{\pi}{2} - \varphi$ bilden, wird mit den Längs- und Quer-Dehnungsmeßstreifen gemessen:

$$\varepsilon_z = p \cdot \left[\frac{1}{E} \cdot \sin^4 \varphi + \frac{1}{E'} \cdot \cos^4 \varphi + \left(-\frac{2\nu'}{E} + \frac{1}{G'}\right) \cdot \sin^2 \varphi \cdot \cos^2 \varphi\right],$$

$$\varepsilon_t = p \cdot \left(-\frac{\nu}{E} \cdot \sin^2 \varphi - \frac{\nu'}{E} \cdot \cos^2 \varphi\right).$$

Aus den Anzeigen von jedem Paar von entsprechenden Dehnungsmeßstreifen wurden die mittleren Werte der aufeinanderfolgenden Verformungen berechnet. Diese Werte wurden in die Spannungs–Verformungs-Diagramme übernommen. Aus den Werten und Diagrammen wurden die mittleren Werte der fünf elastischen Konstanten ermittelt. Solche Werte wurden an anderer Stelle mitgeteilt [8]. Weiterhin wurde beobachtet, daß die Kerne, deren Achse parallel zur Schieferung liegt, eine höhere Längsverformbarkeit zeigen als die Kerne, deren Achse senkrecht zur Schieferung verläuft. Dieser Gegensatz kann wahrscheinlich durch die Tatsache erklärt werden, daß die Kerne der ersteren Gruppe eine schlechtere Qualität aufwiesen als die der anderen Gruppe, da durch das Herausbohren das Gefüge des Gesteins durch die Öffnung von Mikrorissen wahrscheinlich gestört worden ist. Zukünftig werden Laboratoriumsversuche zur Ermittlung der elastischen Konstanten hauptsächlich an Kernen vorgenommen werden, die einen kleinen Winkel zwischen Achse und Schieferungsebene aufweisen.

6.2. Werte zur Analysierung der Ergebnisse von in-situ-Versuchen unter Verwendung der transversalen isotropen Theorie

Zum Zwecke der Gewinnung von Angaben für eine Analyse unter Verwendung der transversalen Isotropie-Theorie wurden Messungen der tangentialen Radialverformungen u_P an Punkten P am Umfang oder außerhalb der belasteten Kreisfläche ausgeführt.

Die Ausdrücke solcher Verformungen sind bei Wirken einer Punktlast in den Fällen von Isotropie [11] und transversaler Isotropie [12] mitgeteilt worden. Für den Fall eines Kreises mit dem Radius a, der gleichförmig belastet ist, ergeben sich die Verformungen aus der Integration dieser Ausdrücke. Für den Fall der transversalen Isotropie ist der Ausdruck u_P folgender:

$$u_P = \frac{q}{2\sqrt{2}} \cdot \frac{\sqrt{\psi^2 - \eta}}{[(\lambda + \mu) \cdot p - \omega^2][\psi - \sqrt{\psi^2 - \eta}]^{1/2}} \left[\frac{\omega + p(\psi + \sqrt{\eta})}{(\psi - \sqrt{\eta})^{1/2}} - \frac{\omega + p(\psi - \sqrt{\eta})}{(\psi - \sqrt{\eta})^{1/2}}\right] \cdot r, \quad (\text{für } 0 \leqq r \leqq a)$$

$$u_P = \frac{q}{2\sqrt{2}} \cdot \frac{\sqrt{\psi^2 - \eta}}{[(\lambda + \mu) \cdot p - \omega^2][\psi - \sqrt{\psi^2 - \eta}]^{1/2}} \left[\frac{\omega + p(\psi + \sqrt{\eta})}{(\psi + \sqrt{\eta})^{1/2}} - \frac{\omega + p(\psi - \sqrt{\eta})}{(\psi - \sqrt{\eta})^{1/2}}\right] \frac{a^2}{r}; \quad (\text{für } r \geqq a) \tag{3}$$

hierin ist r der Abstand von P vom Mittelpunkt des Kreises und λ, p, ω, μ, ψ und η sind Funktionen der elastischen Konstanten. Für den Fall von Isotropie hat der Ausdruck für u_P folgende Form:

$$u_P = \frac{q}{2} \cdot \frac{(1 - 2\nu) \cdot (1 + \nu)}{E} \cdot r \qquad \text{für } 0 \leqq r \leqq a,$$

$$u_P = \frac{q}{2} \cdot \frac{(1 - 2\nu) \cdot (1 + \nu)}{E} \cdot \frac{a^2}{r} \qquad \text{für } r \geqq a,$$

wobei E bzw. ν der Elastizitätsmodul bzw. die Querdehnungszahl sind.

Die Verhältnisse zwischen u_P und w_C für die Fälle transversaler Isotropie bzw. Isotropie sind:

$$\frac{u_P}{\omega_C} = \frac{1}{4}\left[\frac{\omega + p(\psi + \sqrt{\eta})}{(\psi + \sqrt{\eta})^{1/2}} - \frac{\omega + p(\psi - \sqrt{\eta})}{(\psi - \sqrt{\eta})^{1/2}}\right]\frac{1}{p\sqrt{\eta}}\frac{a}{r},$$

$$\frac{u_P}{\omega_C} = \frac{1}{4}\cdot\frac{1 - 2\nu}{1 - \nu}\cdot\frac{a}{r}.$$

Wie bereits früher erwähnt, sind w_C die Normalverformungen im Mittelpunkt C.

Für den Fall, daß P ein Punkt ist, der an der Peripherie des belasteten Kreises liegt $(r = a)$, erhalten diese Ausdrücke folgende Form:

$$\frac{u_P}{\omega_C} = \frac{1}{4}\cdot\left[\frac{w + p\cdot(\psi + \sqrt{\eta})}{(\psi + \sqrt{\eta})^{1/2}} - \frac{w + p\cdot(\psi - \sqrt{\eta})}{(\psi - \sqrt{\eta})^{1/2}}\right]\frac{1}{p\cdot\sqrt{\eta}},$$

$$\frac{u_P}{w_C} = \frac{1}{4}\cdot\frac{1 - 2\nu}{1 - \nu}. \qquad (4)$$

Wenn die Ausdrücke berücksichtigt werden, die λ, p, w, μ, ψ' und η mit den elastischen Konstanten in Beziehung bringen, kann angenommen werden, daß in dem Fall, in dem isotrope Gestaltänderung in Ebenen senkrecht zu den Isotropieebenen betrachtet wird, das Verhältnis u_P/w_C eine Funktion des Verhältnisses E/E' ist, wobei E bzw. E' den Elastizitätsmodul in den Isotropieebenen bzw. in der Richtung senkrecht dazu darstellen.

Die Hypothesen über die isotrope Gestaltsänderung in Ebenen senkrecht zu den Isotropie-Ebenen besagen, daß der Schermodul G' in diesen Ebenen ist:

$$G' = \frac{E'}{2(1 - \nu'')}.$$

ν'' ist die Querdehnungszahl in den gleichen Ebenen. Das Verhältnis zwischen ν'' und den erwähnten elastischen Konstanten ist

$$\nu'' = \nu'\cdot\frac{E'}{E},$$

wobei ν' die Querdehnungszahl zwischen den Isotropen-Ebenen und der Richtung senkrecht dazu ist.

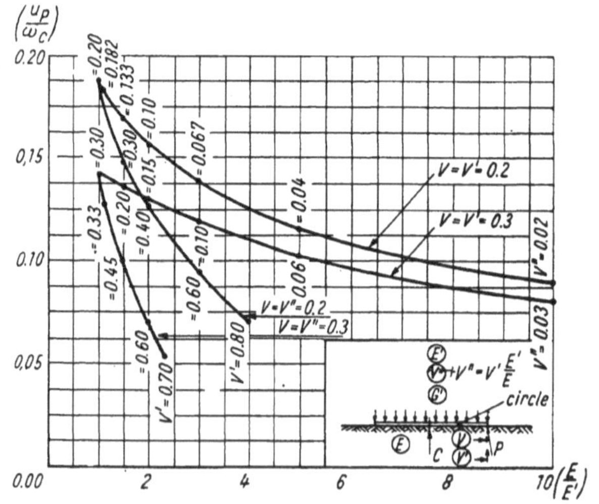

Bild 10. E/E' in Abhängigkeit von u_p/w_c für transversale Isotropie mit isotroper Verzögerung in radialen Ebenen $\left(G' = \frac{E'}{2\,(1 + \nu'')}\right)$

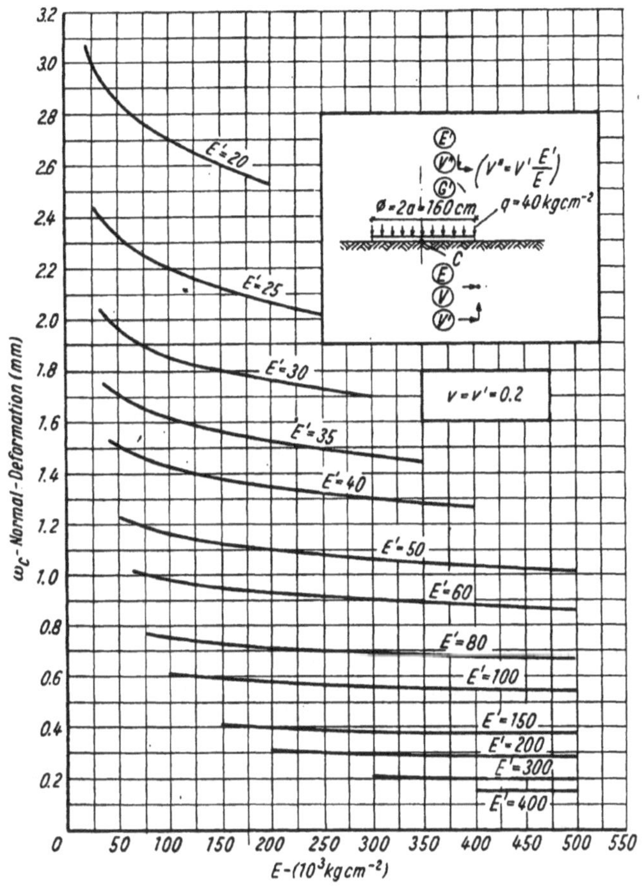

Bild 11. Normalverformung w_C in Abhängigkeit von E für transversale Isotropie mit isotroper Verzögerung in radialen Ebenen $\left(G' = \frac{E'}{2\,(1 + \nu'')}\right)$

In Bild 10 sind einige Kurven u_P/w_C in Abhängigkeit von E/E' dargestellt, wobei jede für jedes gleiche Paar ν und ν' oder ν und ν'' gültig ist. Mehr Kurven könnten für andere gleiche oder unterschiedliche Werte der Paare erhalten werden.

Diese Kurven beweisen, daß das Verhältnis u_P/w_C zunimmt, wenn E/E' oder ein Paar von Querdehnungszahlen ν und ν' oder ν und ν'' kleiner wird. Dabei sollte bemerkt werden, daß der isotrope Fall $E/E' = 1$ entspricht. Damit schneidet sich jedes Kurvenpaar (ν, ν') und (ν, ν''), bezogen auf den gleichen Wert von Querdehnungszahlen, an einem Punkt mit der Abszissenachse $E/E' = 1$, und dessen Ordinate ist der Wert von u_P/w_C, der dem isotropen Fall entspricht und durch den Ausdruck (4) gegeben ist. Es muß auch beachtet werden, daß die Kurven (ν, ν'') in solchen Abszissenwerten enden, daß sie dem theoretischen Grenzwert [12] von $\nu' = 1{,}0$ entsprechen.

Kurven dieser Art ermöglichen die Ermittlung des Verhältnisses E/E', das aus dem experimentell ermittelten Verhältnis u_P/w_C abgeleitet wird. Dazu war es notwendig, entweder ein Paar von Werten (ν, ν') oder (ν, ν'') zu wählen.

Nachdem das Verhältnis E/E' bekannt ist, kann jeder der Werte E und E' leicht aus der graphischen Darstellung des Ausdrucks von u_P oder w_C, bezogen auf das gewählte Paar von Werten (ν, ν') oder (ν, ν''), ermittelt werden. Der Ausdruck für w_C ist

$$w_C = \sqrt{2}\, q \cdot a \cdot \frac{\sqrt{\psi^2 - \eta}}{[(\lambda + \mu) \cdot p - \omega^2]\,[\psi - \sqrt{\psi^2 - \eta}]^{1/2}} \cdot p \sqrt{\eta}\,.$$

Bild 11 bringt die graphische Darstellung bezüglich des Falles $\nu = \nu' = 0{,}2$ und ist gültig für den Fall $a = 0{,}80$ m und $q = 40$ kp/cm², das heißt, gültig für die Art von Verformbarkeitsversuchen, die früher erwähnt wurden.

7. Schlußfolgerungen

Die Kenntnis der mechanischen Kennwerte von Fundamenten für Betonmauern ist für die gesunde Beurteilung über die Sicherheitsbedingungen der Mauer und ihrer Gründung, die als strukturelle Einheit anzusehen sind, unerläßlich. Diese Kenntnis läßt sich nur aus der Durchführung von entsprechenden Versuchen in situ gewinnen. Aus dieser Sicht ist ihre Notwendigkeit und Wichtigkeit zu verstehen.

Wenn Verformbarkeitsprobleme betrachtet werden, ergibt sich die Notwendigkeit von Versuchen in situ, um bessere Information zu erhalten und diese dann mit den Theorien, mit dem beobachteten Verhalten von Mauerfundamenten und mit Modellversuchen, bei denen geotechnische Einzelheiten im Vordergrund stehen, zu vergleichen. Es kann angenommen werden, daß als die wichtigsten Bedingungen, die bei jedem dieser Versuche zu erfüllen sind, folgende angesehen werden können:

1. sie müssen ein ausreichendes Gesteinsvolumen betreffen;
2. die Kosten müssen so niedrig wie möglich sein;
3. sie müssen den grundsätzlichen Hypothesen der Theorie entsprechen, die bei ihrer Auslegung angewandt wird (strenge Kritik der Ergebnisse ist notwendig);
4. die Messung von Verformungen muß sich auf Punkte beziehen, die von den Versuchen nicht beeinflußt werden;
5. sie müssen leicht durchzuführen sein.

Es darf angenommen werden, daß es falsch ist, zahlreiche, billige und zufällige Versuche zu unternehmen. Wohlüberlegt angesetzte Versuche, wenn auch klein an der Zahl, sind notwendig. Ein Versuchsprogramm ist unumgänglich. Der Vorbereitung dieses Versuchsprogramms muß das Studium aller existierenden Angaben über die jeweilige Örtlichkeit vorangehen. Die Kenntnis über den Einfluß der Verformbarkeit der Gründung der wahrscheinlich gewählten Mauerart muß in diesem Programm schon berücksichtigt werden. Ein Versuchsprogramm muß die Gewinnung von Informationen über die Entwicklung der Verformbarkeit und über die Heterogenität und die Anisotropie der Felsmassen berücksichtigen. Zusätzlich sind Laboratoriumsversuche einzuplanen, deren Notwendigkeit sich daraus ergibt, eine ergänzende und erklärende Deutung der Ergebnisse der in-situ-Versuche vornehmen zu können.

Die Deutung der Ergebnisse muß unter Berücksichtigung der örtlichen Bedingungen, die sie beeinflussen können, vorgenommen werden, beispielsweise geometrische Kennwerte des untersuchten Volumens an Gestein, seine Heterogenität und Anisotropie, seine geologischen und petrographischen Besonderheiten, sein Zustand der Entspannung, die zeitliche Entwicklung der Entspannung als Folge der Wirkung häufiger Schießarbeit in nahe gelegenen Bereichen usw. Ein entsprechendes Versuchsprogramm und eine sehr sorgfältig vorgenommene Analyse und Bewertung der erhaltenen Angaben kann in einigen Fällen die Ermittlung der Veränderlichkeit des Elastizitätsmoduls entlang der Gründungsoberfläche gestatten.

Ein Gesichtspunkt, der besondere Aufmerksamkeit verdient, ist der des steilen Anstiegs des Druck–Verformungs-Diagramms am Anfang der Entlastung nach einer Periode der Stabilisierung der Verformungen. Eine solche steile Steigung entspricht dem Verhalten eines sehr starren Materials. Diese Neigung wird über einen sehr wesentlichen Teil der Entlastung beibehalten. Es scheint, daß, wenn die Felsmassen sich wie in den entsprechenden Bereichen des Diagramms verhalten, Gründungen von geringer Verformbarkeit und elastischem Verhalten das Ergebnis sind. Aus diesem Grund ist es angebracht,

1. eingehend diesen Bereich der Diagramme zu untersuchen, um besseren Gebrauch von der Kenntnis des mechanischen Verhaltens zu machen;
2. die Felsmassen der Mauerfundamente, wenn immer möglich, vorzuspannen mit dem Ziel, die Rückverformungen zu vermindern und ein elastisches und starres Verhalten zu erzeugen.

Das Problem der Anisotropie von Felsmassen erlangt zunehmende Bedeutung und verdient besondere Beachtung. Mehr Untersuchungen, Beobachtungen, Laboratoriumsversuche, Versuche in situ und die entsprechende Deutung der Ergebnisse werden dazu beitragen, eine Klärung über die Rückwirkungen der Anisotropie der Felsmassen auf das mechanische Verhalten herbeizuführen. Die Ergebnisse von Untersuchungen über die Auswirkungen der Anisotropie auf die Formen der Spannung und Verschiebung zeigen jedoch, daß die anisotrope Theorie für alle Arten von Vorberechnungen verwendet werden kann.

Die Messung der tangentialen Radialverformungen an Punkten auf dem Umfang der belasteten Kreisfläche parallel zur Schichtung ermöglicht es, Angaben zu sammeln, mit denen eine Analyse unter Verwendung der transversalen Isotropie-Theorie durchgeführt werden kann. Die theoretische Analyse, mit der der Elastizitätsmodul in der Ebene der Schichten und in einer Ebene senkrecht zu den Schichten ermittelt werden kann, ist in diesem Beitrag erläutert worden. Im Falle von Gestein mit isotropem Verhalten gestatten die erwähnten Messungen der tangentialen Radialverformungen, die Querdehnungszahl zu berechnen.

Es ist sehr zweckmäßig, diese theoretische Analyse im Falle von transversaler Isotropie vorzunehmen, um Gleichungen zu erhalten, die vier der elastischen Konstanten (zwei Elastizitätsmodule und zwei Querdehnungszahlen) mit der Ermittlung von Größen aus leicht durchzuführenden Messungen bei den Versuchen betreffen. Solche Größen könnten die Normalverformung im Punkt C eines belasteten Kreises parallel zur Schichtung, die tangentiale Radialverformung in einem Punkt am Umfang des Kreises, die Verformung bei C entlang der senkrecht zum Kreis stehenden Achse und der Verformung bei C entlang einer radialen Richtung sein. Die erwähnten Gleichungen gestatten es, aus den in situ vorgenommenen Messungen an Felsmassen vier elastische Konstanten zu ermitteln.

Literatur

[1] Serafim, J. L.: Rock mechanics consideration in the design of concrete dams, International Conference on State of Stress in the Earth's Crust. The Rand Corp., Santa Monica, 1963.

[2] Schnitter, G.: Physical and mechanical properties of rock in situ, methods for determining and improving such properties, from the standpoint of design and construction of large dams. Trans. VIIIth Congress on Large Dams, Vol. IV, General Report, Question No. 28, S. 377–394. Edinburgh, 1964.

[3] Serafim, J. L., und Guerreiro, M.: In situ tests for the study of rock foundations of concrete dams. Proc. 1th International Congress on Rock Mechanics, Vol. II, Theme 8, C. 12, S. 549–556, Lisboa 1966.

[4] Serafim, J. L.: Étude des fondations rocheuses des barrages en beton, Annales de l'Institut Technique du Bâtiment et des Travaux Publics (1964) 197, S. 472–490.

[5] Habib, P.: Propriétés des roches et des massifs rocheux. Proc. 1st International Congress on Rock Mechanics, General Report, Theme 3, 1966.

[6] Rocha, M.: Mechanical behaviour of rock foundations in concrete dams. VIIIst Congress on Large Dams, Vol. I, Question No. 28, R. 44, S. 785–831. Edinburgh 1964.

[7] Neto, J. M. R.: Características mecânicas das formacoes rochosas perante os problemas da engenharia civil. Tecnica, Nos. 359 and 360, S. 511–525 und 533–553.

[8] Serafim, J. L., und Ureña, R. de: Erstmalige Auskunft über Forschungen der Deformationen und Zerbrechlichkeit der transversalen isotropischen Räume. Bericht 8. Ländertreffen IBG, Akademie-Verlag, Berlin 1967.

[9] Ahlvin, R. G., und Ulery, H. H.: Tabulated values for determining the complete pattern of stresses. strains, and deflections beneath a uniform circular load on a homogeneous half space. Bulletin 342, Highway Research (1962).

[10] Serafim, J. L., und Guerreiro, M.: In situ measurements of deformations underneath large dams. Bericht 10. Ländertreffen IBG, Akademie-Verlag, Berlin 1970.

[11] Timoshenko, S.: Theory of elasticity. First edition. McGraw-Hill Book Company, Inc., New York 1934.

[12] Medelingen, L. G. M.: De spanningsverdeling in een homogeen, anisotroop elastisch halfmedium. Deel, V, No. 2, Oktober 1960.

Scherversuche an Fels

von J. L. Serafim[1]) und M. Guerreiro[2]), Madrid

Zusammenfassung

Das Zusammenspiel einer Mauer mit dem Fels in ihrer Gründung wird betont, wobei besonders die Scherfestigkeitseigenschaften des Felses im Vordergrund stehen. Die Diskontinuitäten, die gewöhnlich die Stabilität beeinflussen, werden erwähnt, und es wird ein Überblick über einige Versuchsmethoden gegeben, mit denen die Scherfestigkeitseigenschaften ermittelt werden.

Wie bei den Versuchen in situ wird die Einstempelpresse, mit der die Belastung unter einem Winkel aufgebracht werden kann, erwähnt. Ihre Vorteile und Grenzen werden erläutert.

Es werden die Gründe angeführt, die die Anwendung der Mohrschen Bruchtheorie bei Versuchen in situ als möglich erscheinen lassen. Auch die verschiedenen Kriterien, mit denen der Moment des Bruchs beschrieben wird, werden angeführt. Zu diesen Kriterien gehören der Augenblick der Aufbringung der größten Last, der Last, die eine Umkehr der Normalverschiebungen des Versuchsblocks bewirkt, und des Moments, bei dem die Ultraschallimpulse des Felses stärker und häufiger werden.

Einige angeführte Ergebnisse zeigen, daß die Größe des Zusammenwirkens von geprüftem Fels und dem darunterliegenden Gestein einen großen Einfluß auf die gemessenen Verschiebungen hat. Falls Diskontinuitäten mit geringem Zusammenwirken von zwei Gesteinsflächen vorliegen oder dieses Zusammenwirken zwischen ihnen überhaupt fehlt, wie zum Beispiel in einer mit Ton gefüllten Diskontinuität, scheint die Gefahr des Bruchs ohne irgendwelche vorhergehende Ankündigung aus Verformungen des Bauwerks zu bestehen. Die Wichtigkeit von Maßnahmen, die die Zusammenarbeit von zwei Gesteinsflächen herbeiführt, wird aus diesem Grund besonders betont.

1. Einführung

Zu den ersten und wichtigsten Angaben, die für den Entwurf einer Betonmauer notwendig sind, gehören solche Werte, die bei Scherversuchen am Fels in der Gründungssohle gewonnen wurden. Es kann festgestellt werden, daß in allen Fällen und für alle Arten von Mauern die Kenntnis der Scherfestigkeit des Gesteins im Fundament von grundlegender Bedeutung ist, wenn dessen Standfestigkeit untersucht wird. Tatsächlich spielen bei der Übertragung von Kräften, die durch Betonmauern auf ihre Fundamente ausgeübt werden, stets Scherspannungen eine Rolle, gleichgültig, welche Form der Damm hat und aus welchem Material er gebaut wurde; Trennbruch im Gebirge geht immer durch Scherung vor sich. Ein Trennbruch infolge Bruchspannungen könnte lediglich bei wesentlich höheren Belastungen auftreten, als sie zur Erzielung eines Bruchs infolge Scherung notwendig sind.

---

[1]) Consulting Engineer, President, CONSULPRESA, S. A., Madrid.
[2]) Consulting Engineer, Head of Observation and Tests Section, CONSULPRESA, S. A., Madrid.

Bei der Konstruktion eines Dammes wird allgemein angenommen, daß Bruch in einer Schwergewichtsmauer (massive Mauer oder Pfeilermauer) durch Gleiten entlang einer Kluft in Nähe der Gründung oder entlang der Gründung selbst eintreten kann [1, 2]. Die gleiche Feststellung gilt auch für Bogenmauern. Bestätigt wurde das durch Brüche, die bisher eingetreten sind.

Die Gründe für die Durchführung von Versuchen, um mechanische Kennwerte von Felsmassen zu gewinnen, wurden in einem anderen Vortrag dieses Ländertreffens erwähnt [3]. In ihm wurden auch die wichtigsten Bedingungen, die bei der Durchführung von Versuchen in situ beachtet werden müssen, erläutert.

Um die Tragfähigkeit von Felsmassen zu ermitteln, scheint das Problem der Ermittlung der Scherfestigkeit große Bedeutung zu besitzen [4], insbesondere der Scherfestigkeit entlang den geometrisch gut ausgebildeten Flächen, die eine Neigung zu leichterem Gleiten zeigten: Verwerfungen, Klüfte, Schichtungsflächen oder Schieferungsflächen, weiterhin ist es manchmal notwendig, die Festigkeit der Verbindung zwischen Beton und Fels und ebenso die Scherfestigkeit entlang bestimmten Bereichen der Gründungssohle zu kennen, besonders dort, wo der Zustand der Verwitterung eine größere Rolle spielt.

Laboratoriumsversuche, die im allgemeinen als Triaxialversuche durchgeführt werden, können nicht mehr als eine Näherungsvorstellung über die Festigkeit einiger Bereiche des Gebirges vermitteln, abgesehen von einigen besonderen Spezialfällen. Im allgemeinen verlangen die Heterogenität und das Bruchverhalten von Felsmassen die Ermittlung ihrer Scherkennwerte durch in-situ-Versuche.

In diesem Vortrag werden einige Gesichtspunkte der allgemeinen Art von in-situ-Scherversuchen angeführt und einige neue Angaben mitgeteilt.

2. Methoden der Ermittlung von Scherfestigkeitskennwerten

Eine der Methoden, Kennwerte der Scherfestigkeit von Diskontinuitäten im Fels zu ermitteln, besteht darin, Laboratoriumsversuche an kleinen Proben oder an Kernen vorzunehmen, die die Diskontinuitätsfläche kreuzen, die zu untersuchen ist. Nichtsdestoweniger können diese Laboratoriumsversuche nur dann als zweckmäßig angesehen werden, wenn Heterogenität und Bruch nicht derart sind, daß die Abmessungen der Proben in-situ-Versuche notwendig machen. Die Laboratoriumsversuche sind besonders zweckmäßig für die Untersuchung des Materials, das die Diskontinuitäten im Gebirge füllt, und für Untersuchungen, die die Ausführung einer großen Anzahl von Versuchen zur Voraussetzung haben, wie die Ermittlung von Einflüssen bestimmter Parameter, also der Einfluß von Zeit und Wassergehalt zum Beispiel.

Ein anderes Verfahren, Kennwerte der Schwerfestigkeit zu erhalten, besteht in Versuchen, die in situ durchgeführt werden. Die Verfahren, die gegenwärtig zu in-situ-Scherversuchen eingesetzt werden, unterscheiden sich nicht wesentlich. Grundsätzlich bestehen sie darin, Scherung der Berührungsfläche zwischen dem Gebirge und entweder einem Gesteinsblock oder einem geformten Betonblock herbeizuführen. Diese Versuche sind an Flächen der Größenordnung von 0,5 bis 1,5 m^2 [5, 6, 7], in einigen Fällen [7, 8, 9, 10] aber auch an größeren Flächen ausgeführt worden. Scherversuche an wesentlich größeren Flächen (bis 100 m^2) sind von einem der Autoren vorgeschlagen worden, insbesondere für die Untersuchung der Scherfestigkeit von Schwächungs- und Verwerfungsflächen. Diese Art von Versuchen ist jedoch im Hinblick auf die ungewöhnlichen Mittel, die zum Schneiden und Belasten der großen zu untersuchenden Blöcke notwendig sind, außergewöhnlich aufwendig.

In Bild 1 sind die Belastungseinrichtung und die Meßvorrichtungen zur Ermittlung der Verschiebung, die von den Autoren gegenwärtig am häufigsten verwendet werden, dargestellt.

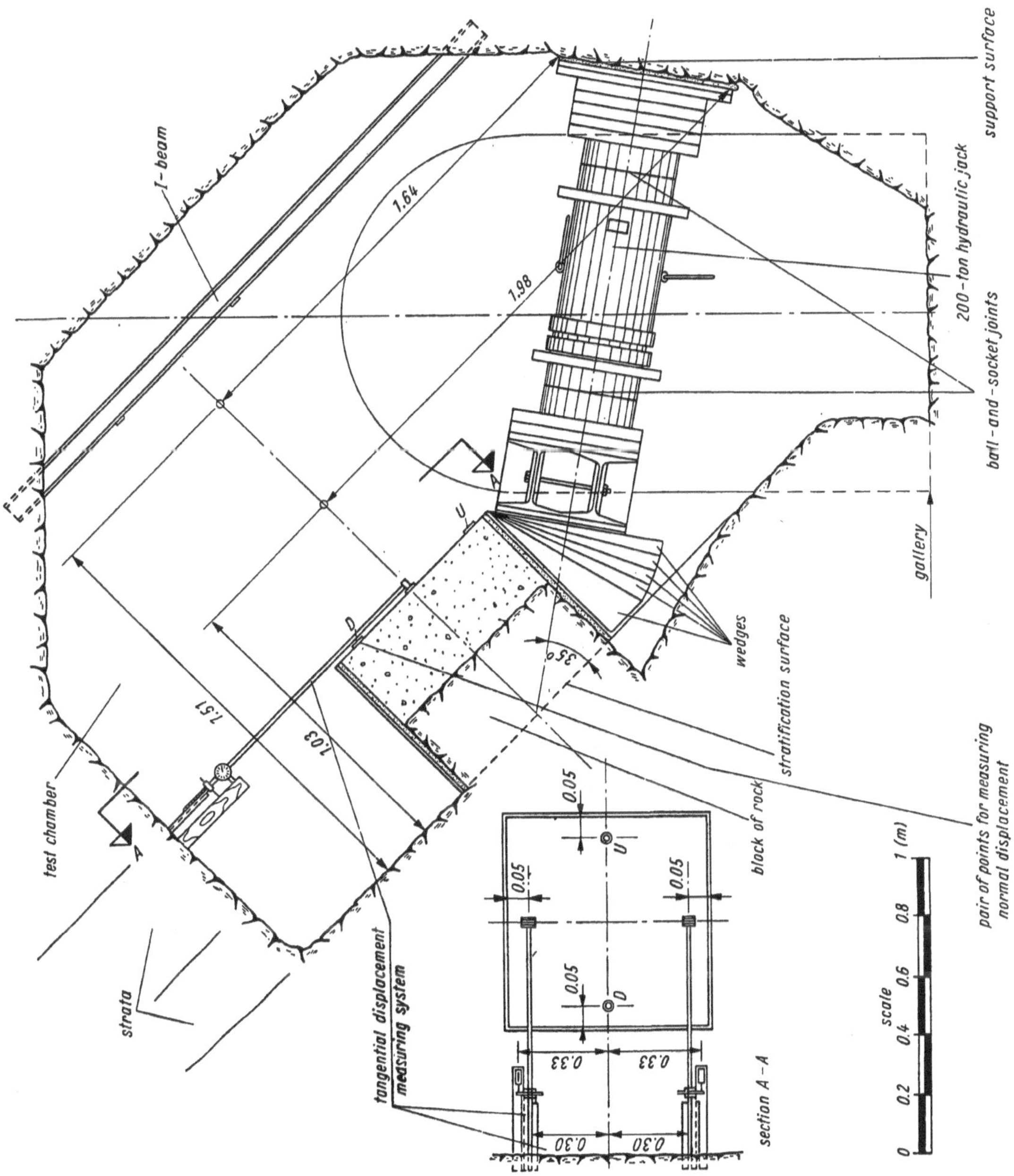

Bild 1. Einbau der Vorrichtung für einen Scherversuch bei Aufbringung der Last unter einem Winkel von 35° zur Scherebene

Diese Ausrüstung entspricht etwa der, die an anderer Stelle [5] beschrieben worden ist, allerdings mit der Ausnahme, daß die Presse zur Aufbringung der senkrechten Last auf die Blöcke nicht vorhanden ist, um die ganze Vorrichtung einfacher zu gestalten; außerdem konnte dadurch das Verhältnis der Tangentialspannung zur Normalspannung bis zum Bruch als konstanter Wert beibehalten werden. Das besagt, daß eine einzelne Presse Belastungen unter verschiedenem Winkel gegenüber der Scherebene aufbringen kann. Bild 1 zeigt die Anordnung bei einem Versuch, bei dem die Belastung unter einem Winkel von 35° zur Scherebene aufgebracht wurde. Ein Satz von Keilen, der aus einem Keil von 15° und verschiedenen Keilen von je 5° besteht, gestattet es, den Winkel, unter dem die Belastung angesetzt wird, bei den Versuchen um jeweils 5° zu erhöhen, wobei der erste Versuch bei einem Winkel von 15° stattfindet.

Die beschriebene Vorrichtung kann immer benutzt werden, wenn die Scherfläche eine gewisse Kohäsion aufweist. Wenn der Verdacht besteht, daß Kohäsion fehlt oder sie nur sehr gering ist, ist es zweckmäßig, eine Presse zu verwenden, die eine senkrechte Belastung aufbringt, wie in diesem Fall die Anbringung entsprechend Bild 1 nur gestatten würde, Punkte der Coulombschen Geraden nahe dem Ausgangspunkt 0 des Achsensystems der Darstellung (τ, σ) zu erhalten. Tatsächlich entspricht bei alleiniger Verwendung der geneigten Presse der Beginn der Aufbringung der unter einem Winkel angesetzten Kraft dem Beginn des Versuchs. Deswegen stellt der Ort die Punkte, die die Spannung in der Scherfläche darstellen, immer eine Gerade dar, die durch den Ausgangspunkt 0 läuft. Diese Gerade weist gegenüber der τ-Achse eine Neigung auf, die gleich dem Winkel α der Aufbringung der geneigten Kraft ist; deswegen entspricht ein Schnittpunkt mit den Coulombschen Geraden nahe 0 sehr geringen Kohäsionen.

Die Verwendung der beschriebenen Vorrichtung ist notwendig, um zu garantieren, daß nicht ein Winkel für die Aufbringung der geneigten Last von mehr als $90° - \varphi$ zustande kommt, wobei φ der Reibungswinkel der Scherfläche ist. Wird ein größerer Winkel verwendet, tritt kein Bruch in der Scherfläche auf. Da φ unbekannt ist — es ist eine der Größen, die aus den Versuchen ermittelt werden soll —, müssen die ersten zwei Versuche bei geringen Werten von α durchgeführt werden, also der erste beispielsweise mit 15° und der zweite mit 25 oder 30°. Die Ergebnisse dieser zwei ersten Versuche gestatten, in erster Annäherung die Coulombsche Gerade zu ermitteln und daraus den Winkel der folgenden Versuche oder von Versuchen zu bestimmen, bei denen mit genügend Sicherheit gewährleistet ist, daß $\alpha < 90° - \varphi$.

Die Normal- und Tangentialverschiebungen von Punkten auf dem Block, der in Bild 1 dargestellt ist, werden gemessen, wenn die unter einem Winkel aufgebrachte Belastung erhöht wird. Die Lastzunahme erfolgt in Stufen, wobei zur Stabilisierung der Verschiebungen bei jeder Stufe eine Pause eingeleitet wird, bis Bruchlast erreicht ist. Wenn eine senkrechte Belastung notwendig ist, wird sie vor der geneigten Last aufgebracht. Auch sie wird in Stufen aufgebracht, wobei die entsprechende Normalverschiebung und die Tangentialverschiebungen, soweit sie auftreten, gemessen werden. Gegenwärtig wird der Versuch fortgesetzt, wenn Trennbruch eingetreten ist, um die Restscherfestigkeit zu ermitteln.

3. Einige Überlegungen zu Scherversuchen

Die Scherversuche beruhen auf der Mohrschen Bruchtheorie, die voraussetzt, daß im Augenblick des Bruchs die Normal- und Tangentialspannungen in der Scherebene gleich sind. Daraus werden die Normal- und Tangentialspannungen an den Basen der Blöcke berechnet, wobei eine gleichmäßige Verteilung dieser Spannungen angenommen wird. Die Vorrichtung, durch die die geneigte Kraft aufgebracht wird, garantiert jedoch nicht die Erzeugung einer gleichmäßigen Tangentialspannung. Aus diesem Grund sind die berechneten Tangentialspannungen nur Durchschnittswerte.

Da eine Theorie über den Bruch von Feststoffen, in denen der Spannungszustand variabel ist, nicht bekannt ist, besteht keine andere Möglichkeit, als die MOHRsche Bruchtheorie anzuwenden und anzunehmen, daß die mittlere Tangentialspannung eine gleichmäßige ist. Aus diesem Grund scheint es, daß vom rein theoretischen Standpunkt gegen diese Versuche nur geringe Einwände vorgebracht werden können.

Trotzdem kann man annehmen, daß kurz vor dem Bruch und im Augenblick des Bruchs sich das Gestein in der Scherebene bereits plastisch verhält und gegenüber dem Zustand einer gleichmäßigen tangentialen Spannung in dieser Ebene keinen großen Unterschied zeigt. Es liegen Anzeichen dafür vor, daß während der Versuche häufig Plastizität eintritt, wenn Bedingungen erreicht werden, bei denen die geneigte Belastung für einen Moment aufhört zuzunehmen, dann ein wenig abnimmt und danach wieder erhöht wird. Auf der anderen Seite, wenn die Versuche mit Sorgfalt durchgeführt werden, besteht nur eine geringe Streuung der repräsentativen Versuchspunkte im Verhältnis zur COULOMBschen Geraden, die durch sie definiert ist. Diese Streuung würde nicht so gering sein, wenn die MOHRsche Bruchtheorie nicht anwendbar wäre.

Die geringe Streuung beweist auch, daß die für diese Versuche gewählten Scherflächen von 70 cm × 70 cm genügend groß sind. Diese niedrige Streuung würde nicht eintreten, wenn die Fläche nicht ausreichte, die Gesteinsfestigkeit entlang den Ebenen in den gewählten Richtungen zu repräsentieren. Wenn bei einer Gruppe von vier Versuchen einige Punkte eines Versuchs einen größeren Abstand zu der Geraden haben, die sich durch die Punkte der anderen Versuche ergibt, kann der Grund dafür in den meisten Fällen leicht nach einer sorgfältigen Untersuchung der Scherfläche gefunden werden. Im allgemeinen befindet sich der Block, zu dem der herausfallende Punkt gehört, in einer unterschiedlichen Situation gegenüber den anderen Blöcken, verursacht durch seine schuppenartige Lagerung gegenüber dem darunterliegenden Gestein oder durch die Art des Zusammenwirkens des Blocks mit dem darunterliegenden Gestein.

Ein anderer Gesichtspunkt, der Erwähnung verdient, ist der Augenblick des eintretenden Bruchs. Hier können verschiedene Kriterien eine Rolle spielen. Eines dieser Kriterien ist die Spitzen- oder Maximallast, das ist die Last, bei der die tangentialen Verschiebungen des Gesteinsblocks ohne Erhöhung der geneigten Last plötzlich zunehmen und danach die Belastung abnimmt. Das ist das Kriterium, dem man sich gewöhnlich angeschlossen hat.

Ein zweites Kriterium kann die Belastung sein, bei der der Sinn der normalen Verschiebung von Punkt D (Bild 1), der an der Seite gelegen ist, die gegenüber der liegt, auf die die geneigte Last aufgebracht wird, sich umkehrt. Im allgemeinen beginnt die Normalverschiebung des Punktes D zur Scherebene hin, wächst dann in einem gewissen Augenblick und entfernt sich von dieser Ebene. Wenn die Bewegung in diesem Sinne verläuft, deutet sie auf eine Volumenzunahme hin, die an die rheologische Eigenschaft der Dilatanz erinnert, d. h. an eine Volumenzunahme von Material, wenn die elastische Grenze überschritten wird.

Ein anderes Bruchkriterium kann aus der Messung des Eigenultraschalls des Gebirges während des Versuchs abgeleitet werden, wobei zu bemerken ist, daß die Ultraschallimpulse vor dem Bruch stärker und häufiger auftreten. Im Moment des Bruchs würde man dann in der Lage sein, diesen Augenblick in bezug auf einen bestimmten Punkt auf dem Diagramm, das die Belastung in Abhängigkeit zur Anzahl der Ultraschallimpulse je Sekunde in Beziehung setzt, darzustellen.

4. Einige neuere Ergebnisse

Verschiedene Ergebnisse und Gesichtspunkte der Untersuchung der Scherfestigkeit in Felsmassen wurden bereits an anderer Stelle dargestellt und erläutert [5, 11, 12]. Die folgenden Gesichtspunkte gehören zu denen, die in diesen Veröffentlichungen erwähnt wurden:

1. die Abhängigkeit zwischen den Scherspannungen, ermittelt aus den ersten beiden Bruchkriterien des vorhergehenden Abschnitts, und die Kenngröße der Schwankung des Granits des Alto Rabagão-Damms (Portugal);
2. der Vergleich der Scherfestigkeiten des Schiefers des Valdecanas-Damms (Spanien), ermittelt in zwei Ebenen und drei Richtungen: in einer Schieferungsebene Scheren in dieser Ebene; und in einer Ebene senkrecht zu den Schieferungsflächen Scheren parallel und senkrecht zu den Schieferungsflächen.

In Bild 2 sind einige neuere Ergebnisse angeführt, die an der Baustelle des Las Portas-Dammes (Spanien) ermittelt wurden, wo das Gestein hauptsächlich aus Schichten von Schiefern, Quarziten und kieseligen Schiefern besteht, die senkrecht vom Fluß durchschnitten werden und ein Einfallen von 70 bis 80° stromaufwärts haben. Die entsprechenden Punkte von jedem Versuch stellen das Bruchkriterium der Maximallast dar. Im Bild 2a sind die Coulombschen Geraden für eine Schichtungsebene der kieseligen Schiefer und für Litho-

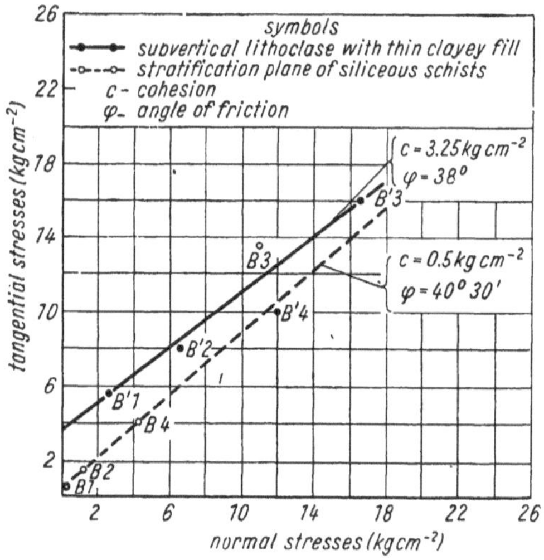

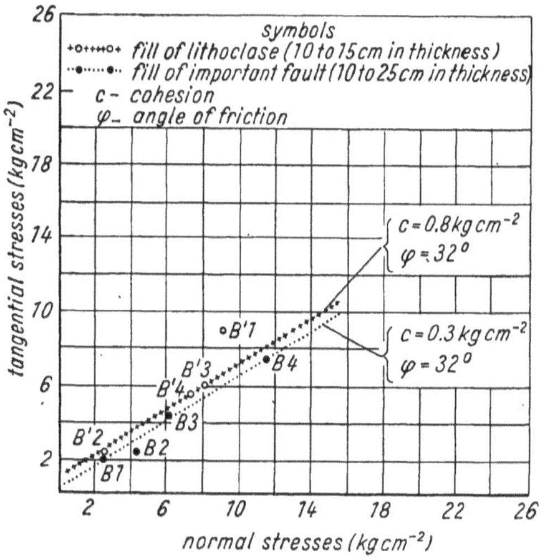

Bild 2. Ergebnisse von Scherversuchen an Störungsflächen, Las Portas-Damm

klase mit einem dünnen Tonbelag, die zu einem wichtigen System von Lithoklasen gehören, die subvertikal und parallel zum Fluß verlaufen, dargestellt. Bild 2b enthält die Coulombschen Geraden für die Ausfüllung einer wichtigen Verwerfung, die den rechten Uferhang beeinflußt, und für eine Ausfüllung einer subhorizontalen Lithoklase, die in der linken Uferböschung existiert. Die Füllung dieser zwei Diskontinuitäten besteht aus einer Tonschicht und einer Schicht von verwandelten Gesteinstrümmern, mit Ton gemischt, in einer Gesamtmächtigkeit von 15 bis 25 cm in der ersten und von 10 bis 15 cm in der zweiten Störung.

Bemerkenswert in Bild 2 ist die Ähnlichkeit der Ergebnisse in der Kohäsion und im Reibungswinkel der Füllung dieser zwei Diskontinuitäten, der Lithoklase und der Verwerfung.

Es muß darauf hingewiesen werden, daß alle die Punkte, die aus den zu ihnen gehörenden Coulombschen Geraden herausfallen, Versuche betreffen, bei denen eine Besonderheit gegenüber den anderen drei Versuchen auftrat:

1. Der Punkt B 3 für die Schichtungsebene gilt für einen Block, dessen Basis von einem Quarzgang geschnitten wurde, der 7% der Scherfläche ausmachte und dazu beitrug, die Bruchgrenze des Blocks zu erhöhen.

2. Der Punkt B'4 für die Lithoklase parallel zum Fluß gehört zu einem Block, der erst einen Monat nach Freilegung getestet werden konnte, ein Zeitraum, in dem das in die Versuchskammer eingedrungene Wasser einen großen Teil der Tonschicht herausgewaschen hatte, wodurch die Kohäsion und damit die Bruchfestigkeit des Blocks vermindert wurde.
3. Der Punkt B'1 für die Füllung der Lithoklase in der linken Uferböschung gehört zu einem Block, dessen Scherebene zur Zeit der Untersuchung einen bemerkenswerten Bereich des Zusammenwirkens mit dem darunterliegenden Gestein zeigte, die zu einer Erhöhung der Bruchfestigkeit des Blocks beitrug.

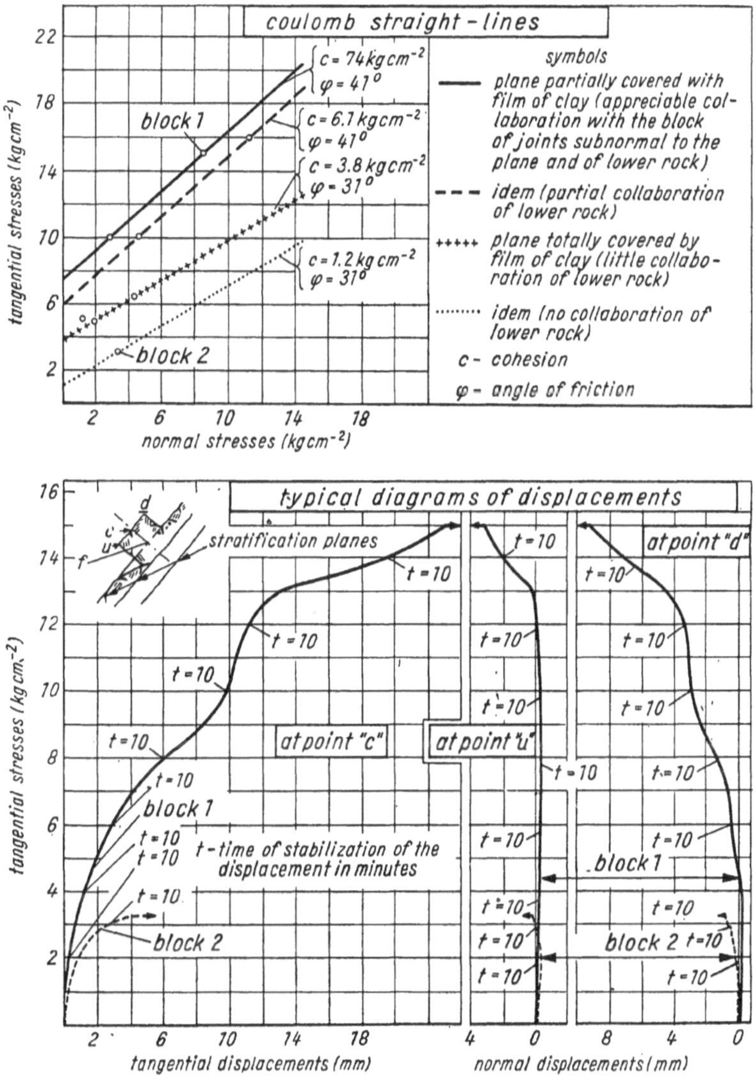

Bild 3. Ergebnisse von Scherversuchen entlang Schichtungsebenen, die den Einfluß des Zusammenwirkens vom darunterliegenden Gestein mit dem Block auf die Kohäsion und die Größe der Verschiebungen zeigen (Gran Suarna-Damm)

Einer der wesentlichen Gesichtspunkte für in-situ-Scherversuche war die Ausführung einer sorgfältigen Untersuchung der Verschiebungen der Versuchsblöcke. Nachdem zahlreiche Versuche entlang von Störungsflächen (Schichtungsebenen, Klüfte und Verwerfungen) durchgeführt worden sind, konnte die Schlußfolgerung gezogen werden, daß für gleiche Spannungszustände in den Scherebenen die Normal- und Tangentialverschiebungen in diesen Fällen systematisch geringer sind als die Verschiebungen, die bei Versuchen entlang nicht gestörten Flächen gemessen wurden. Im Falle von Störungsflächen sind die Verschiebungen sehr unterschiedlich, je nachdem, ob Zusammenwirkung des darunterliegenden Gesteins beim Bruchmechanismus vorliegt oder nicht.

Die Diagramme im unteren Teil von Bild 3 sind typische Beispiele. Sie gelten für Tangential- und Normalverformungen von zwei untersuchten Blöcken. Einer dieser Blöcke (Block *1*) wurde in einer Schichtungsebene hergestellt, die teilweise einen Tonbelag aufwies und bei der Trennbruch unter beträchtlichem Zusammenwirken mit dem Gestein unter dem Block eintrat. Block *2* wurde in einer Schichtungsebene geschnitten, die völlig mit einem Tonbelag bedeckt war und bei der Trennbruch ohne irgendwelches Zusammenwirken mit dem darunterliegenden Gestein stattfand. Im ersten Falle waren die Tangentialverschiebungen siebenmal größer als im zweiten Falle, und auch die Normalverformungen zeigten bezüglich der Größenordnung die gleiche Unterschiedlichkeit. Ähnliche Beobachtungen konnten auch bei Versuchen, die an verschiedenen Dammbaustellen ausgeführt wurden, gemacht werden.

Es scheint möglich zu sein, die Schlußfolgerungen zu ziehen, daß Störungen mit einer ausreichenden Dicke der Tonschicht, um Kontakt von zwei Gesteinsflächen zu verhindern, die Gefahr heraufbeschwören können, daß Bruchbedingungen erreicht werden, ohne daß die erzeugten Verschiebungen eine solche Größe aufweisen, um als eine Warnung auf Grund der Verformungen des Bauwerkes aufgefaßt werden zu können. Wenn das so ist, dann sind alle Vorkehrungen, die eine Vereinigung und Zusammenwirkung von zwei Gesteinsflächen herbeiführen können, unter dem Gesichtspunkt der Sicherheit von großer Wichtigkeit. Tatsächlich könnte ein solches Zusammenwirken dazu beitragen, größere Verformungen zuzulassen, bevor Bruch auftritt; sie könnten deswegen auch als ein warnendes Signal verstanden werden.

Im oberen Teil von Bild 3 sind Ergebnisse zu sehen, die deutlich

1. den Einfluß des Reibungswinkels, wenn die Oberfläche entweder teilweise oder völlig von Ton bedeckt ist,
2. den Einfluß der Kohäsion auf das mehr oder weniger starke Mitwirken des unteren Gesteins beim Trennbruch in der untersuchten Fläche

zeigen.

5. Schlußfolgerungen

Die erste und wichtigste Aufgabe, die für den Entwurf einer Betonmauer notwendig ist, ist die Kenntnis der Schereigenschaften des Felses. Der Trennbruch von Felsmassen geht gewöhnlich entlang von geometrisch gut ausgebildeten Flächen vor sich, so daß die Ermittlung der Scherfestigkeit auf diesen Flächen große Bedeutung besitzt. Zusätzlich kann die Ermittlung der Scherfestigkeit von bestimmten Bereichen der Gründungssohle oder der Bindung zwischen Gestein und Beton notwendig werden.

Laboratoriumsversuche an kleinen Gesteinsproben oder Kernen sollten vorgenommen werden, wenn Heterogenität und Bruchverhalten keine in-situ-Versuche notwendig machen. Diese Versuche sind besonders wertvoll bei der Untersuchung des Füllmaterials von Störungen und des Einflusses von Kennwerten, die viele Versuche zur Voraussetzung haben, beispielsweise des Einflusses der Zeit und des Wassergehaltes.

In-situ-Versuche sind häufig notwendig, um die Scherfestigkeit des Felses selbst und seiner Störungen zu ermitteln. Im Prinzip bestehen sie aus der Scherbeanspruchung der Kontaktflächen zwischen dem Fels und entweder einem Gesteinsblock oder einem geformten Betonblock. Die Belastungsvorrichtung, die gegenwärtig am häufigsten von den Autoren verwendet wird, ist eine Presse mit einem Stempel. Hierbei muß bemerkt werden, daß diese Vorrichtung, die es erlaubt, das Verhältnis zwischen Tangential- und Normalspannung bis zum Bruch auf einen konstanten Wert zu halten, nur verwendet werden sollte, wenn die

Scherebene eine gewisse Kohäsion hat; es muß auch betont werden, daß der Einsatz der beschriebenen Vorrichtung verlangt, daß der Winkel, unter dem die Last aufgebracht wird, nicht größer ist als $90° - \varphi$, wobei φ der Reibungswinkel der Scherfläche ist.

Die Scherversuche beruhen auf der Annahme, daß die MOHRsche Bruchtheorie anwendbar ist, vorausgesetzt, daß die Normal- und Tangentialspannungen in der Scherebene gleich sind. Diese Voraussetzung trifft nicht absolut zu; trotzdem kann das Gestein in der Scherebene kurz vor und im Augenblick des Bruchs als plastisch angenommen werden; außerdem kann angenommen werden, daß es sich nicht weit von einem Zustand gleichmäßiger Tangentialspannung befindet, wie

1. durch das Auftreten von Bedingungen bestätigt wird, daß Plastizität auftritt, d. h., wenn die geneigte Last für einen Augenblick aufhört, erhöht zu werden, etwas absinkt und dann erneut zunimmt;
2. durch die allgemein auftretende geringe Streuung der entsprechenden Versuchspunkte in bezug auf die COULOMBsche Gerade, die durch sie festgelegt ist, bekräftigt wird.

Es kann auch bestätigt werden, daß diese geringe Streuung der Versuchswerte beweist, daß die Versuchsflächen (70 cm × 70 cm) für dieses Gestein aussagekräftig genug sind.

Es können verschiedene Kriterien gewählt werden, um den Augenblick des Bruchs zu bestimmen. Allgemein wird dieses Kriterium als der Moment angenommen, bei dem die maximale Belastung auftritt. Als ein anderes mögliches Kriterium kann der Moment angenommen werden, in dem eine Belastung verzeichnet wird, bei der eine Umkehr in der Normalverschiebung des Punktes auftritt, der gegenüber der Seite liegt, auf die die geneigte Last aufgebracht wird. Ein drittes mögliches Kriterium kann in dem Moment gefunden werden, das einen bestimmten Punkt auf dem Diagramm entspricht, das die Last in Abhängigkeit von der Anzahl der gemessenen Ultraschallimpulse des Gesteins je Sekunde darstellt.

Aus vielen Versuchen in situ auf Störungsflächen ist die Schlußfolgerung gezogen worden, daß die Normal- und Tangentialverschiebungen in diesen Fällen systematisch geringer sind als die Verschiebungen, die bei Versuchen auf störungsfreien Flächen durchgeführt wurden, bei gleichen Spannungszuständen in den Scherflächen. Der Anteil der Mitwirkung des darunterliegenden Gesteins beim Bruchvorgang hat einen großen Einfluß auf die gemessenen Verschiebungen.

Die Versuchsergebnisse haben bestätigt, daß Diskontinuitäten, die mit Ton von solcher Mächtigkeit belegt sind, um den Kontakt von zwei Gesteinsflächen zu verhindern, die Gefahr heraufbeschwören, daß Bruchbedingungen erreicht sind, ohne daß eine Warnung auf Grund von Verformungen im Bauwerk auftritt. Aus diesem Grund sind alle Maßnahmen, die ein Zusammenwirken von Flächen auf diesen Störungen herbeiführen, vom sicherheitlichen Standpunkt von großer Wichtigkeit.

Literatur

[1] OREAGER, W. P., JUSTIN, J. D., und HINDS, J.: Engineering for dams. Bd. II. New York 1946.

[2] GUNG, G., und MORISON, W. G.: Structural behaviour of concrete gravity dams. Ontario Hydro Res. News 6 (1954) 2.

[3] SERAFIM, J. L., und GUERREIRO, M.: In situ deformability tests of rock masses. Bericht 10. Ländertreffen IBG, Akademie-Verlag, Berlin 1970.

[4] ROCHA, M.: Mechanical behaviour of rock foundations in concrete dams. VIIIth Congress on Large Dams, Vol. I, Question No. 28, R. 44, S. 785—831, Edinburgh 1964.

[5] SERAFIM, J. L., und LOPES, J. J. B.: In situ shear tests and triaxial tests of foundation rocks of concrete dams. Proc. 5th int. Cong. Soil Mech. Found. Engng., Paper 2/18, Paris 1961.

[6] BOLLO, M. F.: Cimentaciones de preses. Deformacion y rotura de los cimientos en roca. Publication No. 12, C. E. H., Madrid 1961.

[7] JIMENEZ SALAS, J. A., und SANTIAGO URIEL: Some recent rock mechanics testing in Spain. Trans. VIIIth Congress on Large Dams, Vol. I, Question No. 28, R. 53, S. 995–1021. Edinburgh 1964.

[8] NOSE, M.: Rock test in situ, conventional tests on rock properties and design of Kurobegava No. 4 Dam based thereon. Trans. VIIIth Congress on Large Dams, Vol. I, Question No. 28, R. 15, S. 219–252. Edinburgh 1964.

[9] PIGOT, C. H., und MACKENZIE, I. D.: A method used for an in situ bedrock shear test. Trans. VIIIth Congress on Large Dams, Vol. I, Question No. 28, R. 25, S. 495–512. Edinburgh 1964.

[10] BERNAIX, J.: La mesure de la resistence des roches. Proc. of the Geotechnical Conference on Shear Strength Properties of Natural Soils and Rock, Vol. I, S. 245–257. Oslo 1967.

[11] SERAFIM, J. L.: Rock mechanics consideration in the design of concrete dams. International Conference on State of Stress in the Earth's Crust. The Rand Corp., Santa Monica 1963.

[12] SERAFIM, J. L.: Etude des foundations rocheuses des barrages en beton. Annales de l'Institut Technique du Bâtiment et des Travaux Publics, **197** (1964) S. 472–490.

Untersuchungen über den Verlauf der Bruchhüllkurve von Gesteinen

von H. Wöhlbier und D. Henning, Clausthal-Zellerfeld

Aus der Literatur ist eine Reihe von Vorschlägen bekannt, die Bruchhüllkurve $\tau = f(\sigma)$ von Gesteinen durch eine einheitliche Gleichung zu beschreiben, z. B. [3, 4, 5, 6]. Unterschiedliche Auffassungen über den Verlauf der Bruchhüllkurve sind einerseits wahrscheinlich häufig das Ergebnis sehr verschiedenartiger Versuchsmethoden, die zur Ermittlung der Schubfestigkeit bzw. deren Parameter angewendet werden, andererseits beeinflußt eine Vielzahl von Faktoren die Schubfestigkeit der untersuchten Fest- und Lockergesteine. Die Schubfestigkeit von Gesteinen ist im wesentlichen abhängig von physikalischen und physiko-chemischen Faktoren (d. h. eine Funktion des Mineralbestandes, des Korn-, Richtungs- und Verteilungsgefüges sowie der Hohlraumfüllung und der damit verbundenen Grenzflächeneffekte), von den Anfangsbedingungen sowie den dynamischen und geometrischen Randbedingungen.

Bei Festigkeitsuntersuchungen an Gesteinen bzw. Gesteinsproben in situ oder im Laboratorium können zwei verschiedene Wege und Zielsetzungen unterschieden werden. In vielen Fällen bedient man sich möglichst einfacher, oft weitgehend genormter Verfahren, um gewisse „Festigkeitseigenschaften“ von Gesteinen, die mit der Schubfestigkeit zusammenhängen, zu ermitteln. Derartige Versuchsmethoden sind insbesondere für Zwecke der angewandten Gebirgsmechanik von großer Bedeutung, wenn die gefundenen Meßwerte innerhalb der Grenzen interpretiert werden, die durch das Versuchsschema gesetzt sind.

Zur versuchstechnischen Ermittlung der Schubfestigkeit von Gesteinsproben werden vorzugsweise Druckversuche bei mehrachsiger äußerer Belastung und Zugversuche durchgeführt. Da sich bei herkömmlichen Scherversuchen die Bruchflächen nicht frei ausbilden können, sondern apparativ vorgegeben sind, können die Ergebnisse solcher Versuche in den meisten Fällen nicht mit denen mehrachsiger Druck- oder Zugversuche in Einklang gebracht werden.

Die vorliegende Arbeit befaßt sich mit einigen Fragen, die mit dem Verlauf der Bruchhüllkurven von Gesteinen zusammenhängen. Am Institut für Bergbau der Technischen Universität Clausthal werden seit geraumer Zeit systematisch triaxiale Druckversuche und einachsige Zugversuche an Fest- und Lockergesteinen durchgeführt. Bei der Auswertung solcher Versuche im Rahmen einer Untersuchung über die künstliche Verfestigung von Lockergesteinen [7] ergab sich u. a. das Problem, den Verlauf der Bruchhüllkurve rechnerisch zu ermitteln und durch eine möglichst einfache und einheitliche Gleichung zu beschreiben. Mit Hilfe einer solchen Gleichung bzw. deren Parameter sollte es möglich sein, den Erfolg einer künstlichen Erhöhung der Schubfestigkeit zutreffend zu beschreiben. Über die verschiedenen Möglichkeiten der rechnerischen und graphischen Ermittlung von Hüllkurven um Mohrsche Spannungskreise ist erst vor kurzem von Henning und Zimmermann [3] berichtet worden. Auf die Anwendung einer dort beschriebenen Auswertungsmethode wird im folgenden eingegangen.

Ermittlung der Umhüllenden Mohrscher Spannungskreise

Die Bruchbedingung eines Gesteins kann geometrisch als Umhüllende Mohrscher Spannungskreise angesehen werden. Mit σ_{1i} und σ_{3i} als größter bzw. kleinster Hauptspannung, bei der ein Probenkörper jeweils zu Bruch geht, lassen sich die entsprechenden Spannungskreise in einem σ-τ-Koordinatensystem mit $\frac{1}{2}(\sigma_{1i} + \sigma_{3i}) = \sigma_{0i}$ als Mittelpunktkoordinaten und $\frac{1}{2}(\sigma_{1i} - \sigma_{3i}) = r_i$ als Radien konstruieren. Zur Bestimmung der Bruchhüllkurve ist es sinnvoll, durch eine angepaßte Ausgleichsrechnung eine funktionale Beziehung

$$r = r(\sigma_0) \tag{1}$$

zu ermitteln.

Die Gleichung

$$\tau = f(\sigma) \tag{2}$$

der Bruchhüllkurve ergibt sich aus

$$G(\sigma, \tau, \sigma_0) = (\sigma - \sigma_0)^2 + \tau^2 - r^2(\sigma_0) = 0 \tag{3}$$

und

$$\frac{\partial G}{\partial \sigma_0} = (\sigma - \sigma_0) + r\frac{\partial r}{\partial_0} = 0 \tag{4}$$

durch Eliminieren von σ_0.

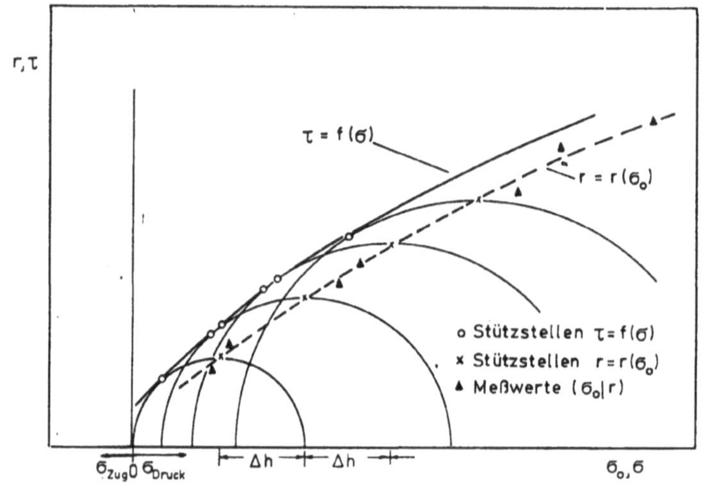

Bild 1. Konstruktion der Bruchhüllkurve $\tau = f(\sigma)$

Aus (4) erhält man

$$\sigma_0 = g(\sigma) \tag{5}$$

und kommt damit zur allgemeinen Gleichung der Bruchhüllkurve von Gesteinen

$$= \pm \{r^2 (g(\sigma) - [\sigma - g(\sigma)]^2\}^{0,5} . \tag{6}$$

In Abhängigkeit von $r = r(\sigma_0)$ erhält man für $\tau = f(\sigma)$ eine mehr oder weniger komplizierte bzw. unübersichtliche Gleichung, In [3] sind Lösungen von verschiedenen Ansätzen für $r = r(\sigma_0)$ untersucht worden.

Sehr einfach ist der Lösungsweg, wenn für (1) ein Geradenansatz in der Form

$$r = a + b \cdot \sigma_0 \tag{7}$$

gewählt wird. Man erhält dann für die Gleichung der Bruchhüllkurve

$$\tau = \pm [a + b \cdot \sigma]\left[\frac{1}{1 - b^2}\right]^{0,5} \tag{8}$$

Die Anwendung des Geradensatzes ist jedoch als Näherung auf Bereiche niedriger Spannungen bei Lockergesteinen bzw. geringer Spannungsdifferenzen bei übrigen Gesteinen beschränkt. Im allgemeinen verläuft die Bruchhüllkurve schwach gekrümmt.

Für praktische Fälle der Auswertung ist es zweckmäßig, die aus Versuchen erhaltenen r_i- und σ_{0i}-Werte durch ein geeignetes Näherungspolynom auszugleichen. Innerhalb des jeweiligen Meßbereiches wählt man zur Ermittlung einer ausreichenden Anzahl von Stützstellen eine genügend kleine Schrittbreite Δh, so daß sich, wie Bild 1 verdeutlicht, die Bruchhüllkurve aus endlichen Tangentenabschnitten an benachbarte MOHRsche Spannungskreise zusammensetzt.

Für numerische Lösungen empfiehlt sich die Benutzung einer elektronischen Datenverarbeitungsmaschine. Ein entsprechendes Programm wird seit geraumer Zeit zur Auswertung von triaxialen Druckversuchen im Rechenzentrum der TU Clausthal angewendet. Die Auswertungsmethode eignet sich insbesondere auch zur graphischen Ermittlung der Bruchhüllkurve, indem an Hand einer näherungsweisen Ausgleichskurve für $r = r(\sigma_0)$ eine Kreiskurvenschar konstruiert wird.

Ansatz einer Potenzfunktion

Zur Beschreibung des Verlaufs der Bruchhüllkurve innerhalb gewisser Grenzen ist häufig der Ansatz einer Potenzfunktion von der Form

$$\tau = k\,(\sigma + \sigma_z^*)^m \tag{9}$$

gut geeignet. In doppeltlogarithmischer Darstellung erhält man eine Geradengleichung

$$\ln \tau = k \ln k + m \cdot \ln\,(\sigma + \sigma_z^*) \tag{10}$$

aus der die Parameter k und m leicht bestimmt werden können.

Mit σ_z^* wird ein rechnerischer Wert der allseitigen Zugfestigkeit eines Gesteins bezeichnet, für die z. B. die im Labor meßbare einachsige Zugfestigkeit ein erster Näherungswert darstellt. Bei (angenähert) isotropen und homogenen Materialien läßt sich σ^* jedoch auch approximativ aus dem Verlauf der Bruchhüllkurve im reinen Druckbereich berechnen.

Trägt man die Ergebnisse von triaxialen Druckversuchen in Form der ausgeglichenen Bruchhüllkurve in doppeltlogarithmischer Darstellung auf, so verläuft die Kurve, wie in Bild 2 dargestellt wird, leicht gekrümmt, da ja willkürlich $\sigma_z^* = 0$ gesetzt wurde. Die wahre Hüllkurve als Potenzfunktion gemäß Gl. (10) ist jedoch eine Gerade, die in einem Abstand von σ_z^* von der gekrümmten Kurve verläuft.

Diese Gerade kann bei graphischer Auftragung näherungsweise durch Probieren gefunden werden. Für numerische Lösungen wird aus jeweils zwei Anfangs- und Endwerten (Pkt. 1, 2 bzw. 3, 4) der Bruchhüllkurve innerhalb des Meßbereiches die Steigung der Sehnen berechnet. Bei gleichen Werten für $\ln \tau$ werden die vier σ-Werte schrittweise um einen konstanten Betrag Δ erhöht und wieder logarithmiert, danach werden die Steigungen erneut berechnet. Das Iterationsverfahren wird abgebrochen, wenn die Steigungen ausreichend gut übereinstimmen. Der Abstand der gesuchten Geraden von der gekrümmten Kurve ist σ_z^*. Für die Berechnung wird zweckmäßigerweise eine elektronische Datenverarbeitungsmaschine benutzt. Ein entsprechendes Programm wird von den Verfassern im Rechenzentrum der TU Clausthal zur Auswertung von triaxialen Druckversuchen benutzt.

Der besondere Vorteil bei der Verwendung einer Potenzfunktion als Gleichung für einen größeren Abschnitt der Bruchhüllkurve besteht darin, daß die Schubfestigkeit als Funktion der Normalspannung durch drei relativ einfach bestimmbare Parameter (k, m, σ_z^*) beschrieben werden kann. Außerdem erfaßt die Gleichung gerade den Teil der Bruchhüllkurve (Bild 3) von σ_z^* bis σ_k^* befriedigend genau, der für die meisten angewandten Zwecke von eigentlichem Interesse ist, d. h.

$$\tau = \pm\,[k\,(\sigma + \sigma_z^*)^m]_{\sigma_z^*}^{\sigma_k^*}\,. \tag{11}$$

Mit σ_k^* wird eine Druckspannung bezeichnet, bei der ein Schließen der „inneren Defekte“ [5] eines Gesteins eingetreten ist und von der ab die Bruchhüllkurve (angenähert) geradlinig

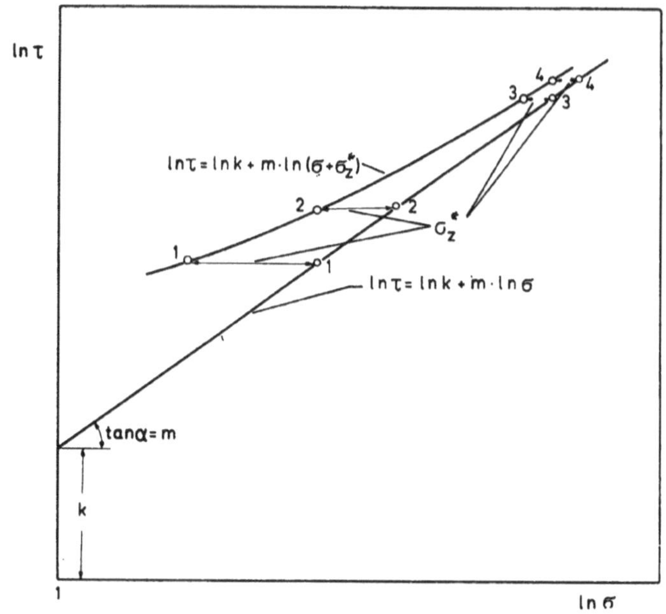

Bild 2. Parameter der Potenzgleichung $\tau = k\,(\sigma + \sigma_z^*)^m$

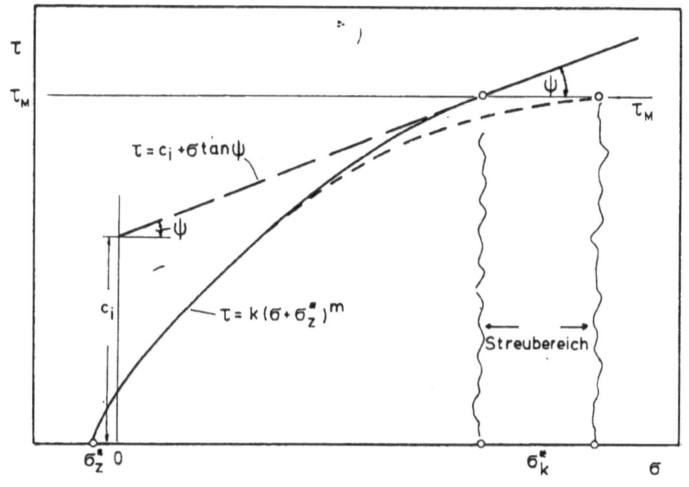

Bild 3. Verlauf der Bruchhüllkurve $\tau = f(\sigma)$

verläuft. Ob sich die Bruchhüllkurve dann schon asymptotisch einer gewissen Grenzschubfestigkeit τ_M genähert hat, wie von PROTODJAKONOV [5] angeführt wird, oder unter einem Winkel ψ (angle of intrinsic friction [6]) zumindest bis in den Bereich sehr hoher Spannungen noch weiter ansteigt, wie die von SKEMPTON [6] zusammenfassend behandelten Ergebnisse verschiedener Forschungsarbeiten zeigen, kann nicht zweifelsfrei entschieden werden. Da jedoch die im folgenden erläuterten Ergebnisse triaxialer Druckversuche nur Anlaß geben, den gekrümmten Verlauf der Hüllkurven im Bereich relativ geringer Spannungen zu diskutieren, braucht auf diese Fragen hier nicht näher eingegangen zu werden.

Versuchsdurchführung und Ergebnisse

Bei Untersuchungen über den Einfluß der wärmetechnischen Vorbehandlung auf die Schubfestigkeit von Proben aus Zettlitzer Kaolin wurden triaxiale Druckversuche mit einem für bodenmechanische Untersuchungen üblichen Gerät mit Manteldrücken bis 25 kp/cm^2 sowie einachsige Zugversuche durchgeführt. Die in einer Vakuum-Strangpresse hergestellten zylindrischen Kaolinproben wurden vor der Weiterbehandlung durchschnittlich 28 Tage luftgetrocknet. Die anschließende wärmetechnische Vorbehandlung erfolgte in einem Elektroofen 48 Stunden lang bei Temperaturen bis 600 °C. Die Proben wurden nach dem Brennen sowohl trocken als auch wassergesättigt hinsichtlich ihrer Schubfestigkeit untersucht.

Bild 4 zeigt den Schnitt durch eine der verwendeten Triaxialzellen. Die (nahezu) wassergesättigten Proben konsolidierten bei allseitigen Drücken von 1, 2, 7, 12 und 25 kp/cm^2 und wurden anschließend mit einer 2-t- oder 5-t-Spindelpresse mit einer Verschiebungsgeschwindigkeit von 0,005 mm/min bei gleichzeitiger Porenwasserdruckmessung zu Bruch gefahren. Die Ergebnisse der triaxialen Druckversuche in Form der Bruchhüllkurven sind in Bild 5 dargestellt.

Bei den genannten fünf verschiedenen Manteldrücken wurden jeweils mindestens zwei Versuche durchgeführt, so daß die Hüllkurven, die im Rechenzentrum der TU Clausthal berechnet wurden, Ausgleichskurven von wenigstens 10 Meßwerten darstellen. Der leicht gekrümmte Verlauf der Bruchhüllkurve gab Anlaß, von der in der Bodenmechanik üblichen Kennzeichnung durch die Parameter Kohäsion und Winkel der inneren Reibung in Form der Coulombschen Gleichung abzugehen und den Ansatz einer Potenzfunktion (s. Gl. (9)) zu wählen.

Der dauerhafte Einfluß der wärmetechnischen Vorbehandlung auf die Schubfestigkeit macht sich erst bei den über 400 °C vorbehandelten Proben deutlich bemerkbar. Der Übergang vom typischen Lockergestein (unvorbehandelte Proben) mit einer großen Axialverfor-

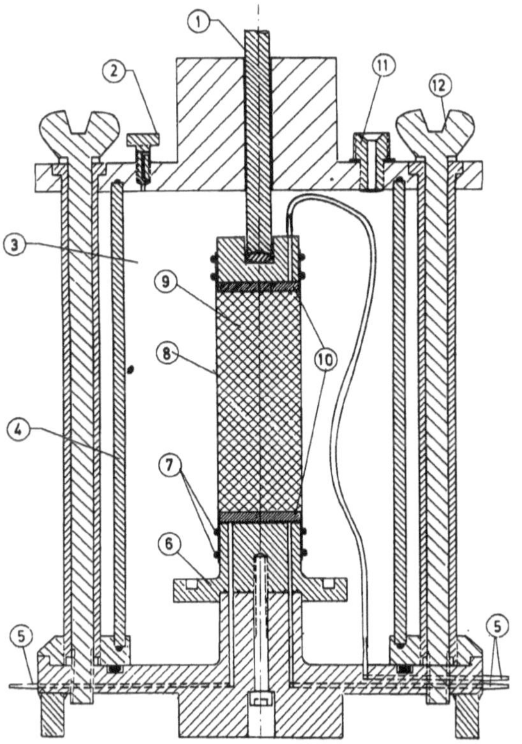

Bild 4. Zelle für triaxiale Druckversuche

1 — Druckstempel *2* — Entlüftung *3* — Wasser *4* — Zellenmantel *5* — Porenwasseranschluß *6* — Unterteil der Konsolidierungs-Zelle *7* — Dichtungsringe *8* — Gummihülle *9* — Gesteinsprobe *10* — Filtersteine *11* — Anschluß für allseitigen Druck *12* — Spannschraube

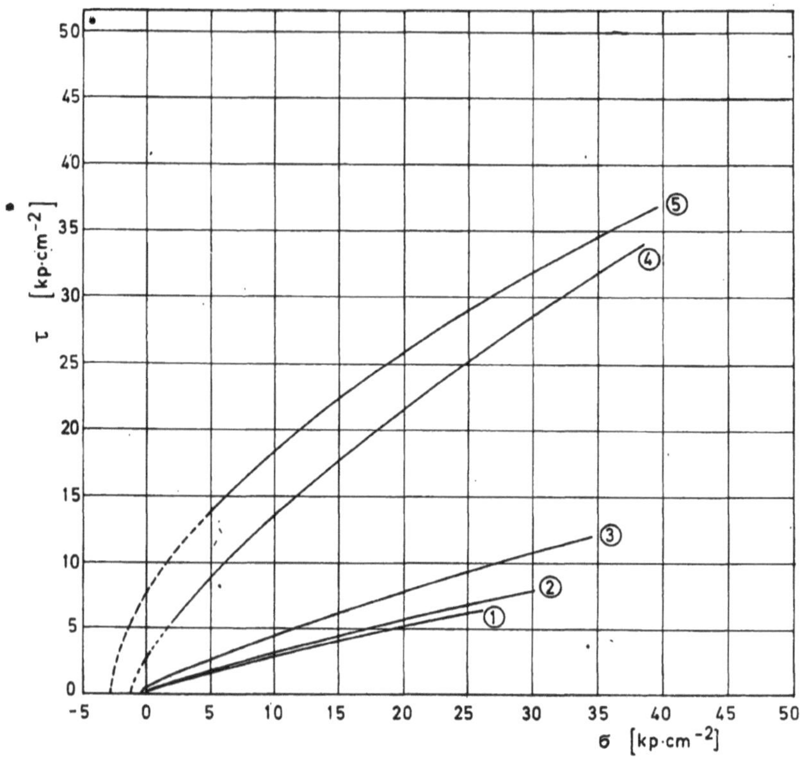

①	$\tau = 0.41(\sigma + 0.10)^{0.84}$	unvorbehandelt	bewässert
②	$\tau = 0.49(\sigma + 0.27)^{0.82}$	48h 300°C	bewässert
③	$\tau = 0.61(\sigma + 0.61)^{0.83}$	48h 400°C	bewässert
④	$\tau = 2.38(\sigma + 1.22)^{0.72}$	48h 500°C	bewässert
⑤	$\tau = 4.26(\sigma + 2.80)^{0.58}$	48h 600°C	bewässert

Bild 5. Bruchhüllkurven von wärmetechnisch vorbehandelten Proben aus Zettlitzer Kaolin als Ergebnis triaxialer Druckversuche

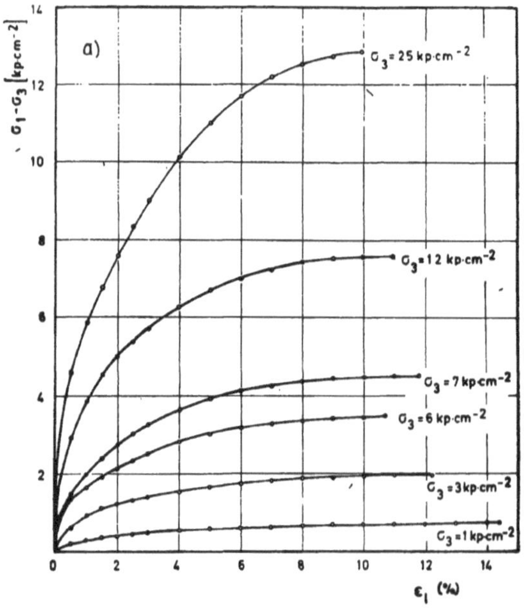

Bild 6a—e. Spannungs-Verformungskurven von wärmetechnisch vorbehandelten Proben aus Zettlitzer Kaolin bei triaxialen Druckversuchen:

Bild 6a. a) unvorbehandelt

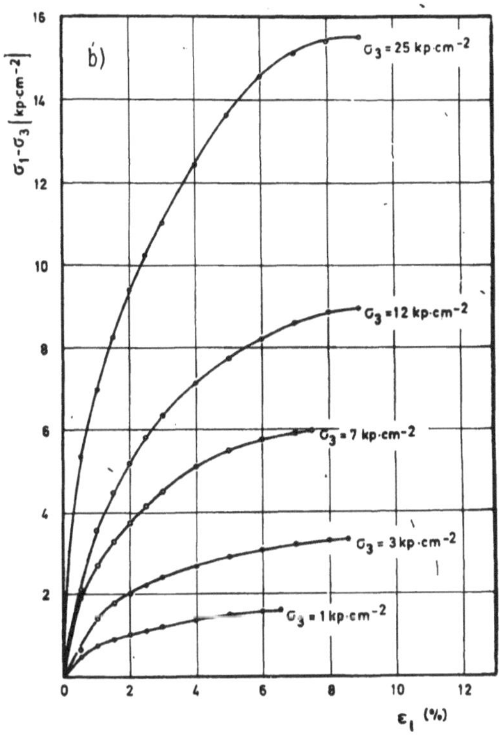

Bild 6b. b) 48 h, 300 °C;

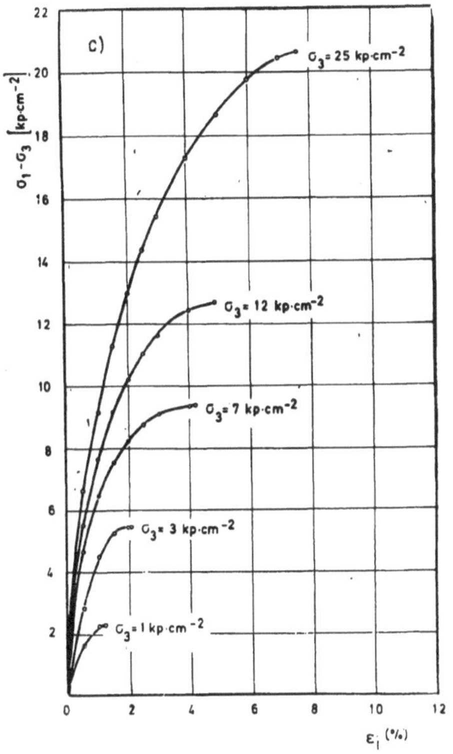

Bild 6c. c) 48 h, 400 °C;

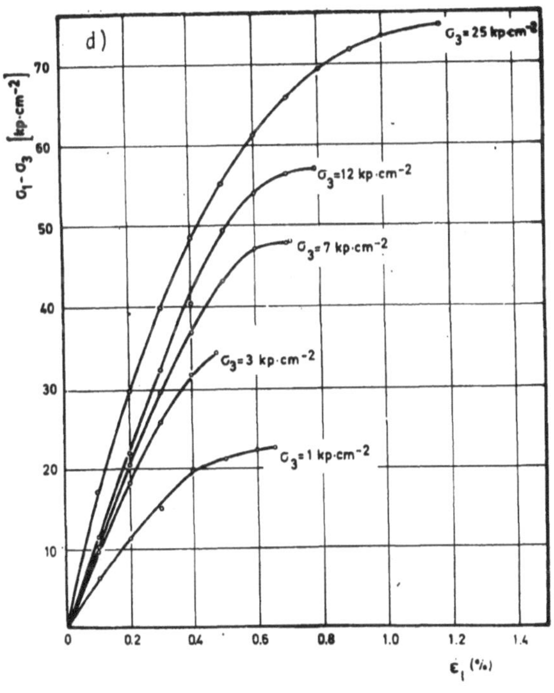

Bild 6d. d) 48 h, 500 °C;

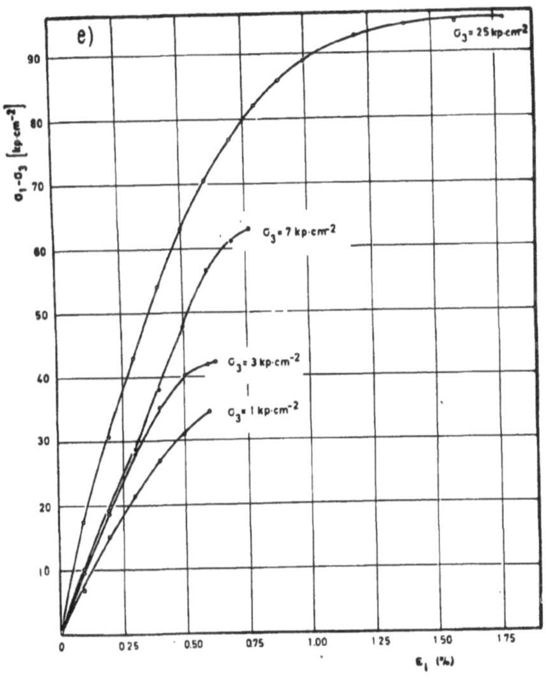

Bild 6e. e) 48 z, 600 °C

mung ε_1 bis zum Erreichen der maximalen Deviatorspannung $(\sigma_1 - \sigma_3)$ zum Quasi-Festgestein (mit 500 °C vorbehandelte Proben) wird besonders durch das unterschiedliche Spannungs–Verformungs-Verhalten gekennzeichnet (Bild 6a—e). Bei den unvorbehandelten Kaolinproben (Bild 6a) ist die maximale Deviatorspannung bei steigendem Manteldruck σ_3 mit einer entsprechend kleineren Axialverformung verbunden. Dies ist auf die stark veränderliche Porenziffer e zurückzuführen, die, wie Bild 7 zeigt, gerade bei unvorbehandelten Proben sehr von der jeweiligen Konsolidationsspannung σ_{3k} abhängt. Schon bei den mit 400 °C vorbehandelten Proben zeigt sich im Spannungs–Verformungs-Verhalten der für Festgesteine

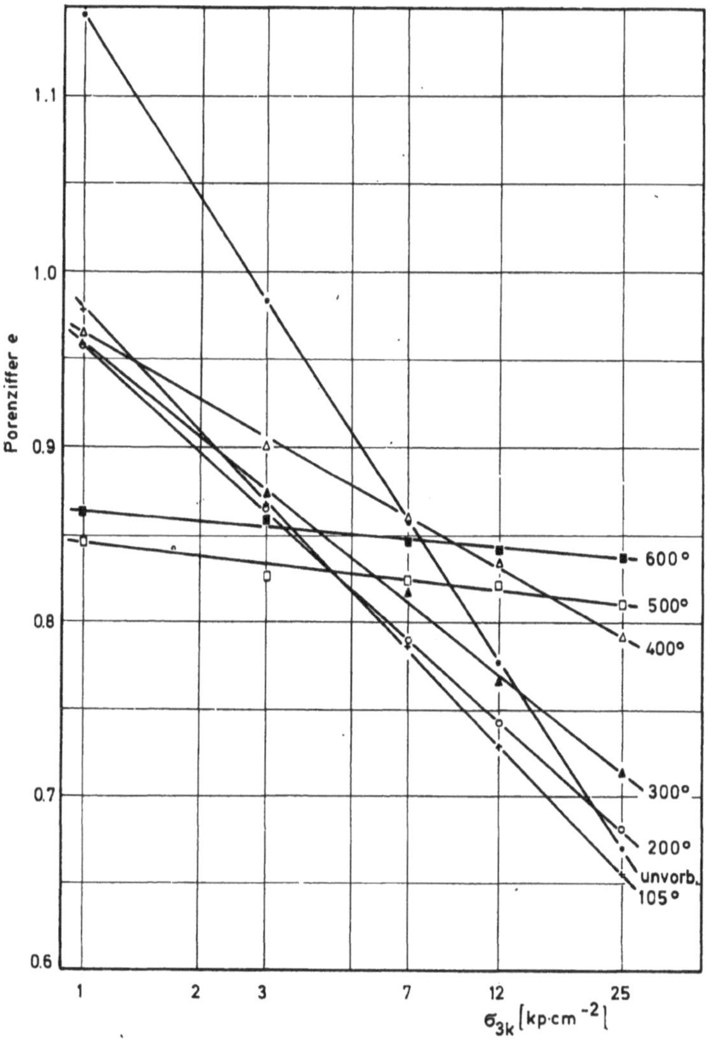

Bild 7. Druck-Porenzifferlinien von wärmetechnisch vorbehandelten und danach bewässerten Proben aus Zettlitzer Kaolin

typische Verlauf der Kennlinien (Bild 6c). Mit wachsendem Manteldruck verschiebt sich das Maximum der Deviatorspannung zu höheren Axialverformungen hin.

Der Grad des Einflusses der Wassersättigung auf die Schubfestigkeit der wärmetechnisch vorbehandelten Proben läßt sich im Vergleich mit den Versuchsergebnissen von vorbehandelten trockenen Proben ablesen. Die Bruchhüllkurven dieser Proben sind in Bild 8 dargestellt. Neben einachsigen und triaxialen Druckversuchen wurden einachsige Zugversuche durchgeführt. Bild 9 gibt einen Eindruck von der Versuchseinrichtung. Die in Metallmatrizen

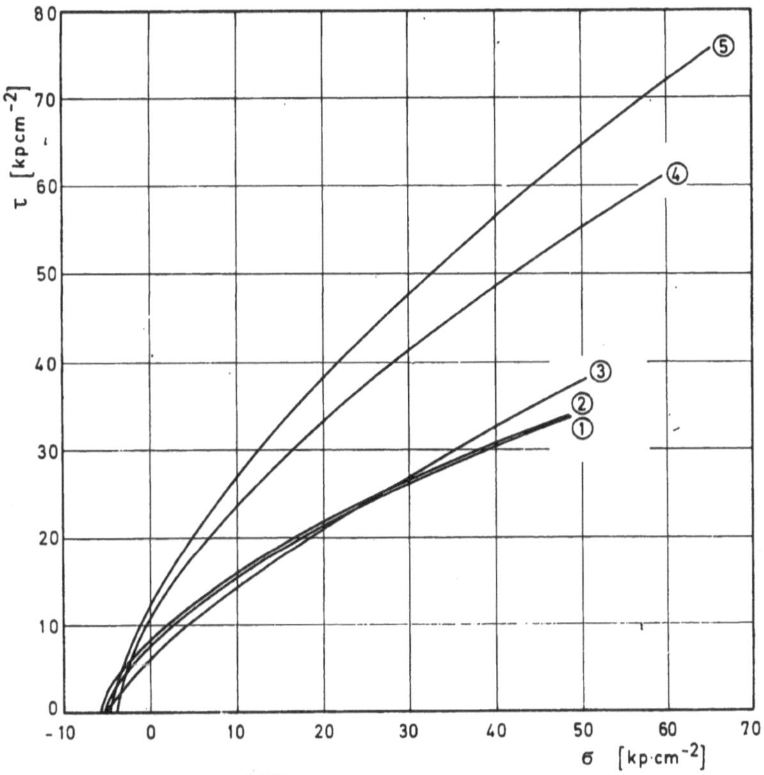

① $\tau = 2.50\,(\sigma + 5.3)^{0.66}$ 48 h 200°C trocken

② $\tau = 2.95\,(\sigma + 5.8)^{0.61}$ 48 h 300°C trocken

③ $\tau = 1.73\,(\sigma + 5.0)^{0.78}$ 48 h 400°C trocken

④ $\tau = 4.38\,(\sigma + 4.0)^{0.64}$ 48 h 500°C trocken

⑤ $\tau = 4.29\,(\sigma + 4.65)^{0.68}$ 48 h 600°C trocken

Bild 8. Bruchhüllkurven von wärmetechnisch vorbehandelten Proben aus Zettlitzer Kaolin als Ergebnis triaxialer Druckversuche

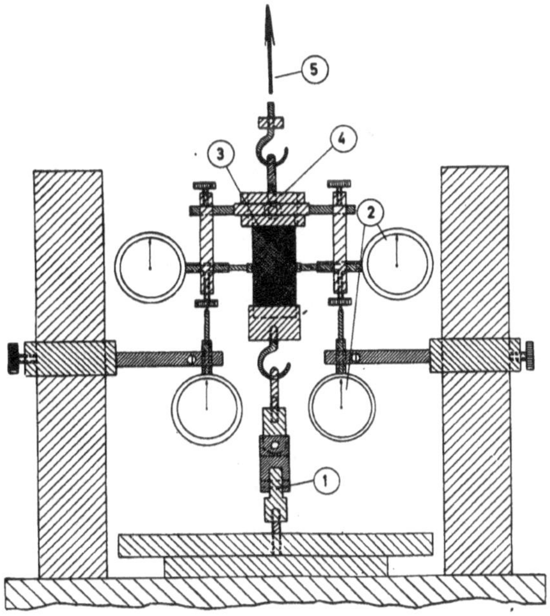

Bild 9. Vorrichtung für einachsige Zugversuche

1 — Kreuzgelenk
2 — Meßeinrichtungen
3 — Gesteinsprobe
4 — Kopfhülse mit Meßhalter
5 — Zur Prüfmaschine

mit Kunstharz (Araldit) eingegossenen trockenen Proben wurden mit einer 2-t-Prüfmaschine bei zwischengeschaltetem Dynamometerring mit einer Verschiebungsgeschwindigkeit von 0,01 mm/min zu Bruch gefahren. Für die Druckversuche wurde die gleiche Verschiebungsgeschwindigkeit gewählt. Die Ergebnisse der Zugversuche bestätigen in sehr befriedigender Weise den in Form einer Potenzfunktion theoretisch beschriebenen Anfangsverlauf der Bruchhüllkurven im Bereich kleiner Druckspannungen sowie Zugspannungen.

Tabelle 1. Bruchhüllkurven einiger Gesteine

Gestein	Bruchhüllkurve $\tau = k\,(\sigma + \sigma_z^*)^m$ [kp/cm²]	Bemerkung
Zettlitzer Kaolin wärmetechnisch vorbehandelt mit nachfolgender Wassersättigung	$\tau = 0{,}41\ (\sigma + 0{,}10)$	unvorbehandelt
	$\tau = 0{,}49\ (\sigma + 0{,}27)$	48 h 300 °C
	$\tau = 0{,}61\ (\sigma + 0{,}61)$	48 h 400 °C
	$\tau = 2{,}38\ (\sigma + 1{,}22)$	48 h 500 °C
	$\tau = 4{,}26\ (\sigma + 2{,}80)$	48 h 600 °C
Zettlitzer Kaolin, wärmetechnisch vorbehandelt, trocken	$\tau = 2{,}50\ (\sigma + 5{,}3)$	48 h 200 °C
	$\tau = 2{,}95\ (\sigma = 5{,}8)$	48 h 300 °C
	$\tau = 1{,}73\ (\sigma + 5{,}0)$	48 h 400 °C
	$\tau = 4{,}38\ (\sigma + 4{,}0)$	48 h 500 °C
	$\tau = 4{,}29\ (\sigma + 4{,}65)$	48 h 600 °C
Quarzsand (0,1 – 1 mm)	$\tau = 1{,}321 \cdot \sigma$	
Ziegeleiton, wassergesättigt	$\tau = 0{,}361\ (\sigma + 0{,}20)$	unvorbehandelt
Ziegeleiton, vorbehandelt, trocken	$\tau = 3{,}10\ (\sigma + 5{,}0)$	48 h 600 °C
Sandstein	$\tau = 10{,}5\ (\sigma + 160)$	Everling (1956)
Quarzit	$\tau = 4{,}75\ (\sigma + 280)$	Bieniawski-Denkhaus (1967)

In Tab. 1 sind die Ergebnisse der Untersuchung über den Verlauf der Hüllkurven tabellarisch zusammengestellt worden. Ergänzend dazu werden in der Tabelle noch einige weitere Beispiele eigner und aus der Literatur bekannt gewordener Untersuchungen angeführt, die zeigen, daß die Anwendung von Potenzfunktionen nicht auf die behandelten Bruchhüllkurven beschränkt ist.

Im Rahmen der hier nur in aller Kürze beschriebenen Untersuchung wurde auch versucht, die vorhandenen Ergebnisse triaxialer Druckversuche sowie einachsiger Zugversuche mit Hilfe der von Protodjakonov [5] vorgeschlagenen einheitlichen Gleichung der Hüllkurve auszuwerten. Es zeigte sich jedoch, daß die von Protodjakonov angegebenen dimensionslosen graphischen Darstellungen bzw. Tabellen zur Ermittlung der Hüllkurvenparameter zu geringe Werte für die Grenzschubfestigkeit τ_M liefern und somit für die vorliegenden Versuchsergebnisse nicht angewendet werden können.

Schlußbemerkung

Die vorgelegten Untersuchungsergebnisse sollten gezeigt haben, daß es mit Hilfe einer Potenzfunktion als Gleichung für die Bruchhüllkurve möglich ist, die Schubfestigkeit von Gesteinen im Übergang von Locker- zu Festgesteinen mit guter Näherung zu charakterisieren. Die Anwendung einer Potenzfunktion von dem hier vorgeschlagenen Typ scheint jedoch nicht auf diese Ergebnisse beschränkt zu sein.

[1] BIENIAWSKI, Z. T., und DENKHAUS, H. G.: Der triaxiale Spannungszustand im Gebirge. Bericht 8. Ländertreffen IBG, Akademie-Verlag, Berlin 1967, S. 17–40.

[2] EVERLING, G.: Neue Untersuchungen an Karbongesteinen unter dreiaxialem Druck im Rahmen der Gebirgsdruckmessung. Dissertation TH Aachen, 1956.

[3] HENNING, D., und ZIMMERMANN, B.: Über die Ermittlung der Bruchhüllkurve von Gesteinen auf der Grundlage von Meßergebnissen. Bergbauwissenschaften **15** (1968) S. 129–133.

[4] MURELL, S. A. F.: Der Effekt triaxialer Spannungssysteme auf die Festigkeit von Gesteinen bei atmosphärischen Temperaturen. Bericht 8. Ländertreffen IBG, Akademie-Verlag, Berlin 1967, S. 88–97.

[5] PROTODJAKONOV, M. M.: Einheitliche Gleichung der Hüllkurve der größten Mohrschen Spannungskreise für rolliges, sprödes und plastisches Gestein. Bericht 5. Ländertreffen IBG, Akademie-Verlag, Berlin 1964, S. 178–189.

[6] SKEMPTON, A. W.: Effective Stress in soils, concrete and rocks. Conf. „Pore pressure and suction in soils". Butterworths Ltd., London 1961, S. 4–16.

[7] WÖHLBIER, H., HENNING, D.: Effect of preliminary heat treatment on the shear strength of kaolinite clay. Beitrag zum Symposium „The effects of temperature and heat on the engineering behaviour of soils". 48th Annual Meeting Highway Research Board, Washington, D. C. 1969, im Druck.

Untersuchungen zum Mechanismus der Kriechverformung von Carnallitit und praktische Anwendungen

von K.-H. Höfer und P. Knoll, Leipzig

Einleitung

Wegen seiner Bedeutung für den Bergbau der DDR und seiner Besonderheiten im Verformungsverhalten, die immer wieder in situ und im Labor zu beobachten sind, wurde der Carnallitit als Gegenstand systematischer Untersuchungen der zeitabhängigen Verformung ausgewählt. Dabei wurde versucht, das Verhalten des polykristallinen Materials physikalisch zu beschreiben, um damit Aussagen zu gewinnen, die die Aufstellung einer Gleichung der zeitabhängigen Verformung gestatten.

Das mechanische Verhalten eines belasteten Materials bezeichnet man als *elastisch*, wenn die im Körper hervorgerufenen Deformationen verschwinden, sobald dieser entlastet wird. Das bedeutet, daß die Beziehung zwischen Spannung und Verformung eindeutig und zeitunabhängig ist. Ausgedrückt wird dieses Verhalten im Hookeschen Gesetz der linearen Elastizität. Für viele reale Werkstoffe stellt dieses Gesetz und die darauf aufbauende lineare Elastizitätstheorie vor allem für kleine Verformungen eine brauchbare und nützliche Näherung dar. Reale Werkstoffe weisen aber in ihrem Deformationsverhalten auch *inelastische* Verformungsanteile auf. Unter inelastisch [1] werden dabei alle Verformungsanteile verstanden, die sich nicht nach der oben angegebenen Definition als elastisch bezeichnen lassen. Wesentlich bei den inelastischen Verformungsanteilen ist, daß sie sich sehr stark von den Belastungsbedingungen beeinflussen lassen. Die Einteilung von Materialien in spröde, zähe oder duktile — je nach dem Anteil der inelastischen Verformung bei bestimmten Belastungsbedingungen — hat deshalb keine grundlegende physikalische Bedeutung.

In der folgenden Untersuchung sollen das inelastische Verhalten des Carnallitits für unterschiedliche Belastungsbedingungen näher untersucht und damit im Zusammenhang Vorstellungen über den Mechanismus der Kriechverformung erarbeitet werden.

Zur analytischen Beschreibung der Kriechverformung

Die Betrachtung des Spannungs–Dehnungs-Diagramms realer Werkstoffe, besonders aber der hier untersuchten Salzgesteine, zeigt, daß das inelastische Verhalten eine große Rolle spielt und daß es im allgemeinen keinen Bereich gibt, der allein durch das Hookesche Gesetz der linearen Elastizität zufriedenstellend beschrieben werden kann. Diesen unbefriedigenden Zustand versucht man zu überwinden, indem man mechanische Modelle entwickelt, mit deren Hilfe das Deformationsverhalten des realen Werkstoffes genauer als mit einem einfachen Elastizitätsgesetz beschrieben werden kann. Diese mechanischen Modelle, deren einfachste Formen unter den Bezeichnungen Maxwell-, Kelvin-, Burgers-Modell usf. bekannt sind, sind natürlich keine echten Strukturmodelle und lassen deshalb auch in keiner Weise Schlüsse auf die Struktur und den Verformungsmechanismus zu. Sie liefern lediglich qualitative Hinweise auf das Verformungsverhalten verschiedener Werkstoffe, von denen man experimentell nachgewiesen hat, daß ihr Deformationsverhalten durch dasselbe Modell beschrieben werden kann. Dennoch vermag die Beschreibung des Verformungsverhaltens eines Materials mit Hilfe solcher mechanischer Modelle den Stoff besser zu charakterisieren als die Annäherung der realen Spannungs–Deformations-Beziehung durch ein lineares Elastizitätsgesetz. Daß diese Modelle den Festkörper nicht exakt beschreiben können, zeigt sich eindeutig darin, daß sich die Konstanten, die in den zu den Modellen gehörenden Spannungs–Verformungs-Zeit-Gleichungen enthalten sind, bei genauer Untersuchung als spannungs- und zeitabhängig herausstellen. Erst in jüngster Zeit ist das bei der Anwendung der mechanischen Modelle auf die Beschreibung des Kriechverhaltens von Steinsalz und Sylvinit von HEINRICH [2] gezeigt worden.

Bei der vorliegenden Arbeit wurde versucht, die Gleichungen der zeitabhängigen Verformung aus neueren Erkenntnissen der Festkörperphysik über das Verformungsverhalten polykristalliner Materialien abzuleiten. Die Behandlung der Kriechverformung auf diese Weise ist gegenüber der Anwendung mechanischer Modelle in verschiedener Hinsicht vorteilhaft. Sie setzt gewisse Kenntnisse über die tatsächlichen physikalischen Vorgänge in jedem einzelnen Korn und Kenntnisse über die gegenseitige Wechselwirkung der Körper des polykristallinen Probenkörpers voraus und steht damit mit dem tatsächlichen Mechanismus der Kriechverformung in engem Zusammenhang. Damit wird es auch möglich, gewisse grundsätzliche Änderungen der Verformungscharakteristik während eines Kriechversuches, die infolge

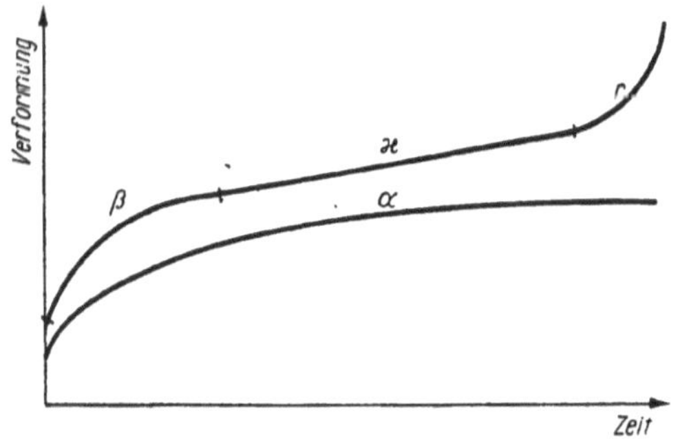

Bild 1. Arten der zeitabhängigen Verformung [(12, 16])

Überschreitung bestimmter Energie- oder Deformationsgrenzen eintreten, zu erkennen oder vorauszusagen; und die Beschreibung der gesamten Kriechkurve vom Belastungsbeginn über alle ihre Stadien (Bild 1) bis zum Bruch wird möglich. Diese Möglichkeiten sind bei der Beschreibung mit mechanischen Modellen von vornherein ausgeschlossen. Die dort abgeleiteten Beziehungen beschränken sich nur auf mehr oder weniger große Zeitbereiche und verlieren darüber hinaus ihre Gültigkeit.

Die Ableitung von Kriechfunktionen

Für unterschiedliche Werte von Spannung und Temperatur ist zu erwarten, daß sich im polykristallinen Festkörper unterschiedliche Verformungsprozesse abspielen. Die möglichen Prozesse sollen einzeln untersucht werden:

Nach den allgemeinen Gesetzen der Versetzungstheorie, auf die hier nicht näher eingegangen werden soll, sind bei niedrigen Temperaturen und Spannungen keine Erholungserscheinungen durch Klettern von Versetzungen oder durch Diffusionsvorgänge (Quergleitung) zu erwarten. Das bedeutet, daß die durch die angelegte äußere Spannung, in ihrem Gleitsystem bewegten Versetzungen an Hindernissen (z. B. Korn- oder Subkorngrenzen) aufgestaut werden und daß sie diese aufgestauten Gruppen nicht mehr verlassen können. Wenn man davon ausgeht, daß zur Bewegung der einzelnen Versetzungen unterschiedliche Aktivierungsenergien erforderlich sind, kann angenommen werden, daß zuerst diejenigen mit niedrigen Aktivierungsenergien bewegt werden und damit zur Gesamtverformung ihren als konstant angenommenen Beitrag leisten. Mit zunehmender Zeit wird sich dieser Vorrat allmählich erschöpfen. Der Kriechvorgang in den einzelnen Körnern und damit auch die Gesamtverformung wird demzufolge bei wachsenden Energiebarrieren und dadurch mit abnehmender Geschwindigkeit verlaufen. MOTT [4] und MOTT und NABARRO [5] haben für diese Erscheinung der Deformationsverfestigung ein Kriechgesetz abgeleitet, das hier, ohne auf die Ableitung näher einzugehen, wiedergegeben werden soll.

Für die Bewegung einer Versetzung soll, wie oben dargelegt, die Aktivierungsenergie $U = U(\sigma_m)$ erforderlich sein, wobei

$$\sigma_m = \sigma_i - \sigma = \Theta\, \varepsilon \tag{1}$$

ist, mit

σ_i — für die Bewegung einer Versetzung erforderliche Spannung,
σ — äußere Spannung,
Θ — experimentell zu bestimmender Verfestigungskoeffizient,
ε — Gesamtkriechverformung.

Indem er für die Aktivierungsenergie $U(\sigma_m)$ für den Fall, daß die Versetzungen an Stellen aufgestaut werden, wo sie andere Versetzungen schneiden, ansetzt:

$$U(\sigma_m) = B \frac{\sigma_m}{\sigma_i} \tag{2}$$

(B — Energie eines Versetzungssprunges),
kommt MOTT auf

$$\frac{d\varepsilon}{dt} = \nu\, N\, b\, l_0^2 \exp\left(-\frac{U}{k\,T}\right) = \nu\, N\, b\, l_0^2 \exp\left(-\frac{B\,\Theta\,\varepsilon}{\sigma_i\, k\, T}\right). \tag{3}$$

Darin bedeuten:

N — Zahl der zur Verformung beitragenden Versetzungen,
b — Betrag des BURGERS-Vektors,
l_0 — mittlere Entfernung zwischen Versetzungsknoten,
ν — Schwingungsfrequenz der Versetzungen.

Nach Integration geht (2) über in

$$\varepsilon \approx \frac{k\,T\,\sigma}{B\,\Theta} \ln(\gamma\, t + 1) \tag{4}$$

mit

$$\gamma = \frac{N\, b\, l_0^2}{\alpha}; \qquad \alpha = \frac{k\,T\,\sigma}{B\,\Theta}$$

oder für hinreichend große t:

$$\varepsilon \approx \alpha \ln \gamma + \alpha \ln t \tag{5}$$

bzw.

$$\varepsilon \approx C_1 + c_2 \ln t\,.$$

Diese Art des Kriechens wird als logarithmisches Kriechen bezeichnet.

Wenn die Versuchstemperaturen bzw. die äußeren Spannungen größer sind, kann man mit Erholungserscheinungen durch Klettern von Versetzungen und Diffusionsprozessen aus aufgestauten Gruppen rechnen. Der die Kriechverformung im Falle des logarithmischen Kriechens behindernde Verfestigungseffekt wird damit zum Teil aufgehoben. Es kommen größere Verformungen zustande. Nach MOTT [4] verändert jede Versetzung, die aus einer aufgestauten Gruppe entweicht, die Spannung in ihrer Nachbarschaft. An einem beliebigen Punkt X im Kristall, an dem sich eine FRANK-READ-Quelle befinden soll, verändert sich auf diese Weise die Spannung jedesmal um σ_l mit beliebigem Vorzeichen.

Nach n solchen Vorgängen ist die Spannungsänderung $n^{1/2} \cdot \sigma_1$. Die Anzahl der Schritte n, die bei X die Spannungsänderung erzeugen soll, die ausreicht, um die FRANK-READ-Quelle zu betätigen, ist dann $(\Delta\sigma/\sigma_1)^2$ bzw. nach (1) $(\Theta\,\varepsilon/\sigma_1)^2$. Wenn ω die Frequenz ist, mit der in der benachbarten Quelle Versetzungen entstehen, ergibt sich für die Kriechgeschwindigkeit

$$\frac{d\,\varepsilon}{d\,t} = N\,L^2\,b\,\omega\,(\sigma_1/\Theta\,\varepsilon)^2 \tag{6}$$

(N = Zahl der Quellen pro Volumeneinheit; L = Gleitlänge einer Versetzung).

Daraus entsteht durch Integration

$$\varepsilon = \beta\,t^{1/3}$$

mit

$$\beta^3 = 3\,N\,L^2\,b\,\omega\,(\sigma_1/\Theta)^2\,.$$

Die oben dargestellten Kriechvorgänge, die mit Klettern oder Diffusion verbunden sind, bewirken nach CRUSSARD und FRIEDEL [6] noch einen weiteren Effekt. Kletter- und Diffusionsvorgänge sind mit der Bildung bzw. Absorption von Leerstellen verbunden. Diese Leerstellen können innerhalb eines Kornes nicht ohne weiteres zu größeren Hohlräumen (Rissen) kondensieren, da sie bzw. die sie umgebenden Spannungsfelder in einer Entfernung von 2—3 Atomabständen miteinander in elastische Wechselwirkung treten. Es ist also eine kleine Potentialbarriere zu überwinden. An der Korngrenze dagegen existiert diese Barriere entweder gar nicht oder sie ist sehr klein, da dort allgemein ein ungeordneter Zustand besteht. Die Aggregation von Leerstellen zu Rissen ist dort demnach viel wahrscheinlicher als im Kristallinneren. Die Auflockerung der Korngrenzen ist die Folge dieser Erscheinung. Diese Auffassung (Leerstellentheorie) ist in der Metallkunde (z. B. [7]) experimentell bestätigt worden.

Zum Mechanismus der Kriechverformung

Die abgeleiteten Kriechfunktionen legen in Verbindung mit Bild 1 und den experimentellen Untersuchungen den Schluß nahe, daß es sich beim logarithmischen Kriechen um das α-creep, und bei der Beschreibung des Kriechens nach der Leerstellentheorie in gewissen Bereichen um das r-creep von Bild 1 handelt.

Damit entstehen folgende Vorstellungen über den Mechanismus des Kriechens (von polykristallinem Carnallitit):

1. Äußere Spannung und Temperatur sind niedrig; die Kriechvorgänge vollziehen sich nach dem Logarithmengesetz (α-creep). Das gesamte Deformationsverhalten ist von Verfestigungserscheinungen ohne Erholung gekennzeichnet. Die Spannungskonzentrationen, die um die an Hindernissen im Gleitsystem aufgestauten Gruppen entstehen, sind nicht groß genug, um das Korn zu zerstören. Die Verformungsbeträge erreichen nur kleine Werte, so daß es an den Korngrenzen nicht zu so großen Zwangskräften kommen kann, die das Korngefüge auflockern können. Im Zeitablauf werden die der Kriechverformung entgegenstehenden Energiebarrieren immer höher und damit die Kriechgeschwindigkeit niedriger. Für den Probenkörper bedeutet das, daß die Gesamtdeformation gering bleibt und er sein makroskopisches Aussehen kaum verändert. Der Kriechbruch kann nicht eintreten.
2. Äußere Spannung und Temperatur sind höher; die Kriechvorgänge vollziehen sich nach dem Potenzgesetz (β-creep). Die äußeren Bedingungen erlauben die Wechselwirkung von Verfestigung und Erholung. Dadurch kommt es zu größeren Verformungsbeträgen. Die damit verbundenen Spannungspitzen können keine ausbreitungsfähigen intragranularen Anrisse erzeugen. Mit zunehmender Belastungszeit bilden sich aber an den Korngrenzen in der oben dargestellten Weise Löcher und Risse infolge Aggregation von Leerstellen. Zu-

sammen mit dem Auftreten von Zwangskräften zwischen benachbarten Körnern wegen ihres unterschiedlichen Verformungsverhaltens führt diese Rißbildung zur allgemeinen Auflockerung des Korngefüges und zur Bewegung der Körner oder ganzer Teile des Probenkörpers gegeneinander. Die gespeicherte und während des Versuchs laufend zugeführte Deformationsenergie wird durch solche Bewegungen schrittweise abgebaut, d. h. in Reibungswärme umgewandelt. Nach hinreichend langer Zeit wird der Probenkörper allmählich unter Bildung verhältnismäßig großer Bruchstücke zu Bruch gehen (r-creep).

3. Die äußeren Spannungen sind sehr hoch und liegen in der Nähe der Bruchspannung σ_B. Die Kriechverformung nach dem Potenzgesetz nimmt rasch zu. Es kommt an den Gleithindernissen (Korngrenzen, Versetzungsknoten u. a.) zu starken Spannungskonzentrationen, die ausreichen, das einzelne Korn stellenweise aufzureißen [8]. Es entstehen intragranulare mikroskopische Anrisse, die sich wegen der hohen äußeren Spannung nach der modifizierten Griffith-Hypothese [9] rasch durch das ganze Korn ausbreiten. Die oben beschriebene Auflockerung der Korngrenzen ist ein langsam ablaufender Prozeß, der von der Zersplitterung der Körner und der damit verbundenen Rißausbreitung durch den gesamten Probenkörper überdeckt wird.

Innerhalb kurzer Zeit wird also der gesamte Probenkörper besonders in den einachsig beanspruchten Bereichen von intragranularen Rissen durchsetzt sein. Die Kohäsion der Körner und Kornbruchstücke wird überwunden und das zerstörte Material infolge der hohen gespeicherten Deformationsenergie (nur wenig Energie wurde durch inelastische Verformung der Körner und Bewegung auf den Korngrenzen abgebaut) weggeschleudert. Ein ausgeprägtes beschleunigtes Kriechstadium (r-creep) ist nicht zu erwarten.

Experimentelle Überprüfung der theoretischen Überlegungen

Das untersuchte Halitgestein besteht aus Carnallit. Der Carnallit ist mineralogisch verhältnismäßig rein und besitzt nur wenig anisotrope, sehr kleine Einschlüsse, welche meist geregelt auftreten. Akzessorisch ist Halit und Kieserit in geringen Mengen enthalten. Das Gestein ist xenomorph-körnig. Die Korngrenzen verlaufen im wesentlichen glatt und sind nur gelegentlich etwas verzahnt. Die Korngrößen liegen oberhalb 2 mm und erreichen maximal 10 mm in einigen Fällen. Carnallit und Halit zeigen deutlich eine Einregelung gelängter Körner [10].

Von einer großen Anzahl von Kriechversuchen an diesem Material sollen einige Ergebnisse mitgeteilt werden:

Die abgeleiteten logarithmischen und Potenzfunktionen wurden tatsächlich beobachtet. In zweistündigen Kurzzeitkriechversuchen an zylindrischen Probekörpern (∅ 42 mm) wurden für verschiedene Verhältnisse von Probenhöhe zu Probendurchmesser (Schlankheitsgrad λ) und damit für verschiedene Spannungszustände diejenigen relativen Belastungen σ_K/σ_B ermittelt, bei denen der Übergang von der logarithmischen Kriechfunktion in die Potenzfunktion stattfand. Diese kritische Belastung σ_K/σ_B erwies sich als stark abhängig vom Schlankheitsgrad (Spannungszustand). Bild 2 zeigt den Zusammenhang zwischen σ_K/σ_B und λ für eine konstante Temperatur und Feuchtigkeit. Kurve *1* im Bild 2 verbindet die Meßpunkte aus den Versuchsreihen, Kurve *2* begrenzt die zugehörigen Fehlerbereiche nach der sicheren Seite hin. Unterhalb der Kurve *2* wird also mit Sicherheit logarithmisches Kriechen angetroffen; oberhalb — nach einem Übergangsbereich — Kriechen nach der Potenzfunktion mit Kriechbrüchen.

Entscheidenden Einfluß auf die kritische Spannung σ_K/σ_B mußte nach den theoretischen Überlegungen die Versuchstemperatur haben. Bei einem konstanten Schlankheitsgrad wurde

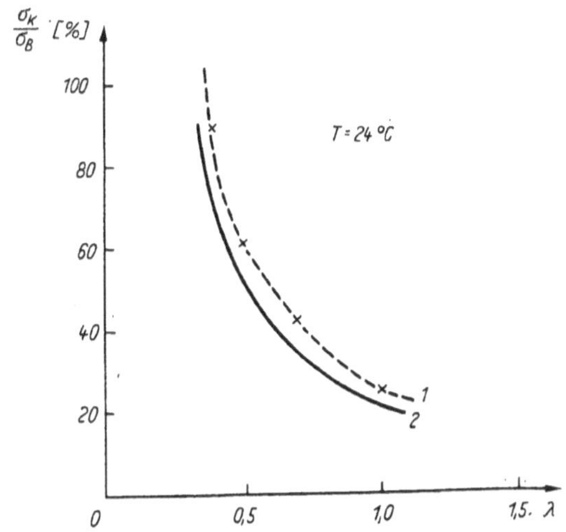

Bild 2. Grenzkurve zwischen standsicheren und kriechbruchgefährlichen Belastungszuständen

dieser Einfluß untersucht. Dabei mußte die Prüfeinrichtung durch eine Vorrichtung ergänzt werden, die die Versuchsdurchführung bei konstanter Temperatur über längere Zeit gestattet. Es wurde der Temperaturbereich von —20° C bis +140 °C untersucht. Die zusätzliche Vorrichtung zeigt Bild 3; eine schematische Übersicht über die wichtigsten Ergebnisse Bild 4. Im Bild 4 sind vier Bereiche zu erkennen. Im Bereich *1* ist ausschließlich logarithmisches Kriechen anzutreffen, gekennzeichnet durch den Buchstaben *L*. Im Bereich *3* läßt sich die

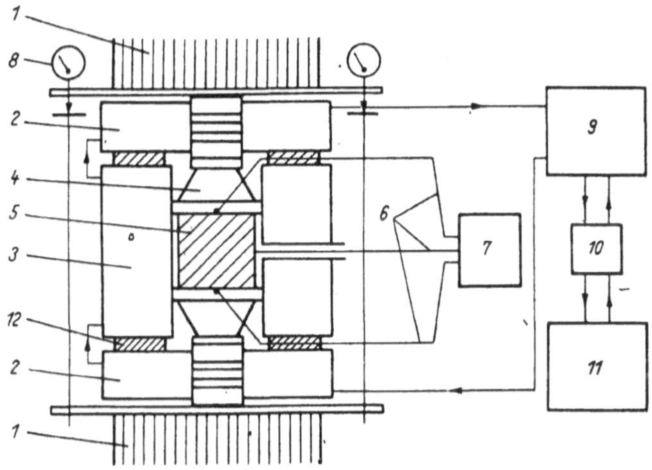

Bild 3. Schema der Prüfeinrichtung für Temperaturkriechversuche

1 — Druckplatten der Prüfmaschine
2 — oberer bzw. unterer Druckstempel mit Heizmantel
3 — Heizmantel mit Probenraum
4 — unterer bzw. oberer innerer Druckstempel
5 — Prüfkörper
6 — Fe-Konstanten-Thermoelemente
7 — 3-Farben-Punktschreiber zur Temperaturkontrolle
8 — Verformungsmeßuhren
9 — Thermostat
10 — Ventilrelais
11 — Kältevorlage (mit Trockeneis)
12 — Dichtungspackung aus Asbestschnur

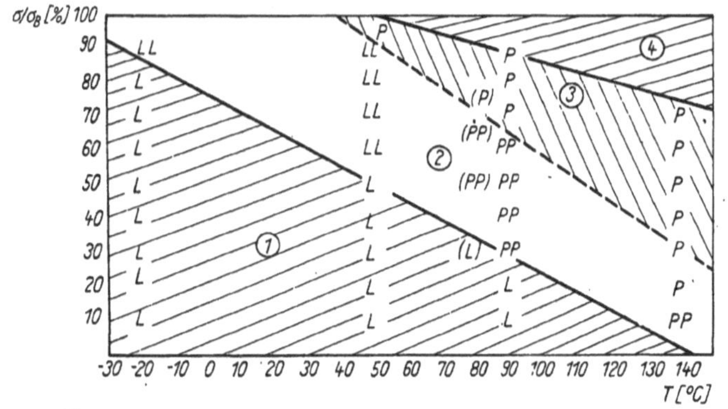

Bild 4. Übersicht über die Ergebnisse der Temperaturkriechversuche

Kriechkurve in allen Fällen durch ein Potenzgesetz (P) beschreiben. Innerhalb der Versuchszeit traten einzelne Kriechbrüche auf. Dazwischen liegt ein Bereich *2*, in dem sich die Kriechkurven nicht eindeutig durch ein logarithmisches oder durch ein Potenzzeitgesetz beschreiben lassen. Sie wurden teilweise durch 2 Logarithmengesetze (LL) bzw. durch 2 Potenzgesetze (PP) beschrieben. Dieser Bereich ist ein Übergangsbereich; er wird aus Sicherheitsgründen zum Bereich *3* gezählt. Die Grenze zwischen Bereich *3* und Bereich *4* stellt schließlich die Kurve $\sigma_B = \sigma_B(T)$ dar; im Bereich *4* sind also keine Kriechversuche mehr durchführbar. Einige Ergebnisse von Thirumalai [14], der seine Kriechversuche allerdings nur über 15 min ausdehnte und der zur Auswertung mechanische Modelle heranzog, wurden nach den gleichen Gesichtspunkten ausgewertet und in das Diagramm übernommen. Sie sind bei 80 °C mit eingeklammerten Symbolen dargestellt und fügen sich widerspruchsfrei in das Gesamtbild ein.

Die Ergebnisse im Bild 4 bekräftigen in eindrucksvoller Weise die theoretischen Überlegungen und die Schlußfolgerungen über den Mechanismus der zeitabhängigen Verformung. Sie entsprechen außerdem den Ergebnissen anderer Autoren [11] an Nichtsalzgesteinen. Um noch eine weitere wichtige Frage, die Frage nach der Gültigkeit der theoretischen Überlegungen bei Kriechverformungen über sehr lange Zeit, zu klären, wurden Dauerstandversuche an Probenkörpern des gleichen Materials bei verschiedenen Schlankheitsgraden unternom-

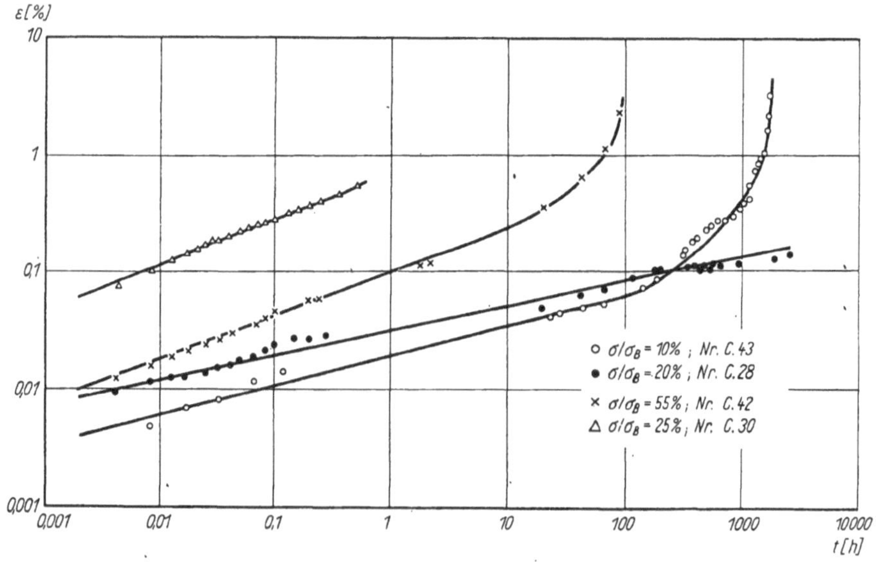

Bild 5. Einige Kriechkurven von Dauerstandversuchen der Serie $\lambda = 2$

men. Die Versuche erstreckten sich entweder bis zum Eintritt des Kriechbruches oder wurden, falls dieser in der Versuchszeit nicht eintrat, nach 2000 bis 4000 h abgebrochen. Auch diese Versuche lieferten eine große Anzahl interessanter Informationen; einige wesentliche sollen kurz mitgeteilt werden, wobei wir uns hauptsächlich auf den Schlankheitsgrad $\lambda = 2$ beschränken wollen.

Nach Bild 2 liegt für diese Proben die kritische Belastung sehr niedrig ($\sigma_K/\sigma_B < 10\%$). Es sind also praktisch ausschließlich Potenzgesetze als Kriechfunktionen zu erwarten. Einige der gemessenen Kriechkurven zeigt Bild 5; die Bruchzeiten t_B und die Bruchverformungen ε_B über der Belastung σ/σ_B sind in Bild 6 für die Schlankheitsgrade $\lambda = 1$ und $\lambda = 2$, im Bild 7 für $\lambda = 0{,}4$ und $\lambda = 0{,}5$ aufgetragen. Die strichpunktierten Geraden in den Bildern 6 und 7

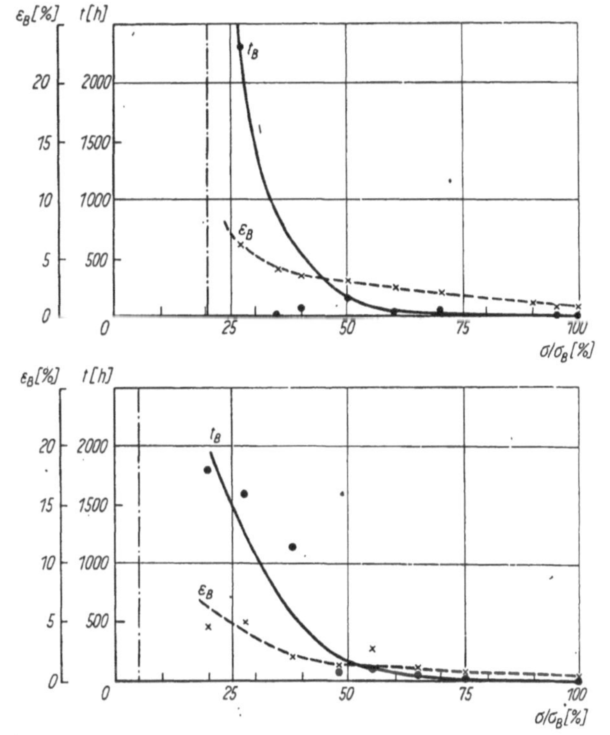

Bild 6. Bruchzeiten und Bruchverformungen bei Dauerstandversuchen in Abhängigkeit von der Belastung
a) $\lambda = 2$, b) $\lambda = 1$

sind die Grenzen σ_K/σ_B nach Bild 2 (Kurve *2*). Das bedeutet aber, daß Kurve *2* in Bild 2 tatsächlich eine Grenzkurve darstellt, unterhalb der nur logarithmisches Kriechen ohne Kriechbruch und oberhalb das Kriechen nach der Potenzfunktion mit Kriechbruch nach mehr oder weniger langer Standzeit auftritt. Sie stellt also eine echte Grenzkurve der Dauerstandfestigkeit dar. Darüber hinaus bestätigten sich bei den Dauerstandversuchen auch die Vorstellungen über die Art des Bruches, die im Zusammenhang mit den Überlegungen zum Kriechmechanismus vorausgesagt wurden. Bei hohen Belastungen war ein deutliches Knistern im Probenkörper zu hören, in der Probe bildeten sich viele kleine senkrechte Risse, deren Dichte ständig zunahm. Nach kurzer Zeit trat dann schlagartig der Bruch ein, ohne daß der Probenkörper sichtbar deformiert war und ohne daß sich der Bruch durch ein *r*-creep-Stadium (beschleunigtes Kriechstadium) angekündigt hatte. Der Bruch war von einem lauten Knall begleitet; das im Mittelteil der Probe befindliche Material war staubfein zerstört und bis zu 50 cm vom Probenkörper weggeschleudert worden. Diese Vorgänge entsprechen der Kurve *4* im Bild 5. Das Bruchbild eines hochbelasteten Probenkörpers zeigt Bild 8; zum Vergleich dazu im Bild 9 eine unbelastete Probe.

Bei Belastungen, die wenig über der kritischen Belastung liegen, ergibt sich ein völlig anderer Bruchvorgang und ein anderes Bruchbild (Bild 10 und Bild 11). Der Bruch vollzieht sich langsam, er kündigt sich durch ein ausgeprägtes Stadium mit wachsender Kriechgeschwindigkeit an, Vorgänge auf den Korngrenzen (s. Leerstellentheorie!) spielen offenbar eine große Rolle, da die entstehenden Bruchstücke aus ganzen Körnern oder größeren Probenkörperteilen bestehen. Die Bruchstücke wurden nicht weggeschleudert. Vor dem Eintritt

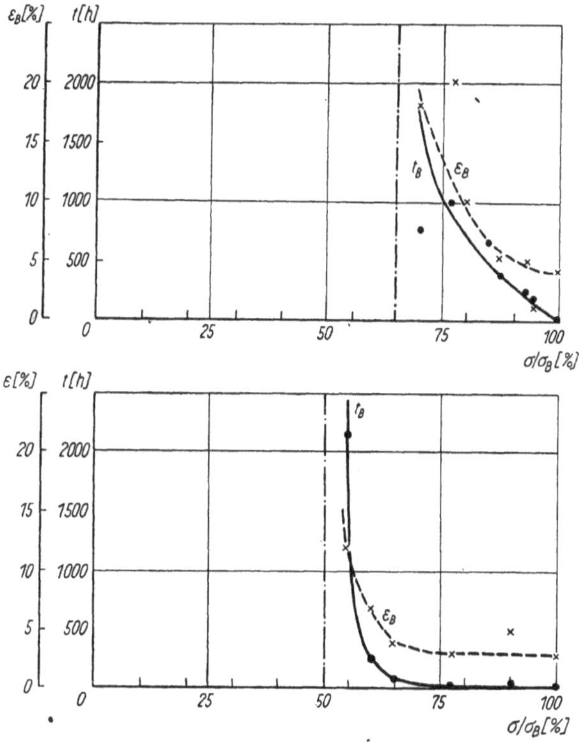

Bild 7. Bruchzeiten und Bruchverformungen bei Dauerstandversuchen in Abhängigkeit von der Belastung c) $\lambda = 0{,}5$; d) $\lambda = 0{,}4$

des endgültigen Bruches ist die Probe deutlich tonnenförmig deformiert. Auch diese Erscheinungen wurden aus theoretischen Überlegungen vorausgesagt und bestätigen diese eindrucksvoll.

Die Bilder 12 bis 14 zeigen in Verbindung mit Bild 2 die entsprechenden Verhältnisse für den Schlankheitsgrad $\lambda = 0{,}4$. Wie auch aus Bild 7 hervorgeht, existiert bei $\lambda = 0{,}4$ ein ausgeprägter Belastungsbereich, der auf schlagartige Brüche führt, nicht mehr.

Überprüfung der Laborergebnisse an der Bergbaupraxis

Die makroskopisch beobachtbaren Kriech- und Brucherscheinungen sowie die gemessenen Zeitabhängigkeiten stimmen mit dem angegebenen Mechanismus überein. Da auch die bisher durchgeführten petrographischen Untersuchungen [10] an Dünnschliffen belasteter und unbelasteter Proben dem angegebenen Mechanismus nicht widersprechen, kann man annehmen, daß die versetzungstheoretische Betrachtungsweise einen hohen Wahrheitsgehalt hat und allgemeingültige Aussagen liefert. Die Übertragung der Labormeßergebnisse auf Untertageverhältnisse sollte demnach möglich sein. Bei der Anwendung auf Verhältnisse des Kalibergbaues sind in der Hauptsache zwei Fragen zu klären:

1. Ist die Erweiterung der Gesetzmäßigkeiten auf noch größere Standzeiten erlaubt?
2. Welchen Einfluß übt der Übergang auf bedeutend größere Probenkörper (Pfeiler) aus?

Bild 8. Bruchbild eines hochbelasteten Probekörpers ($\lambda = 2$)

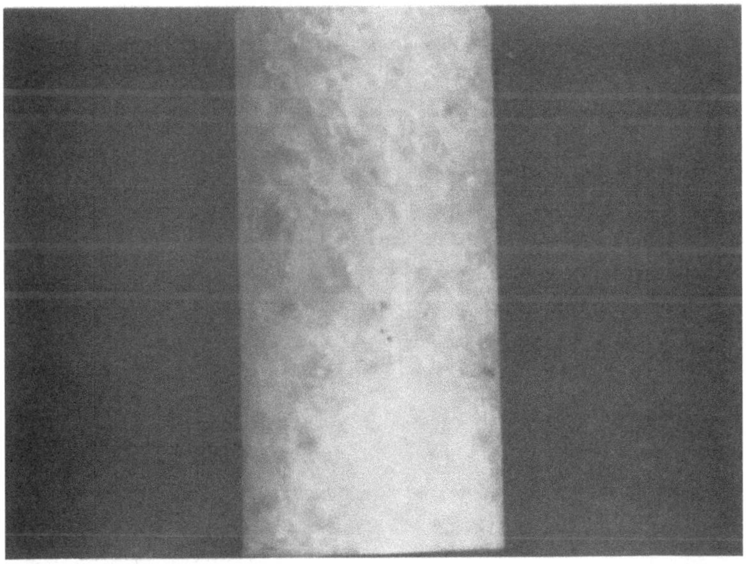

Bild 9. Unbelastete Probe ($\lambda = 2$)

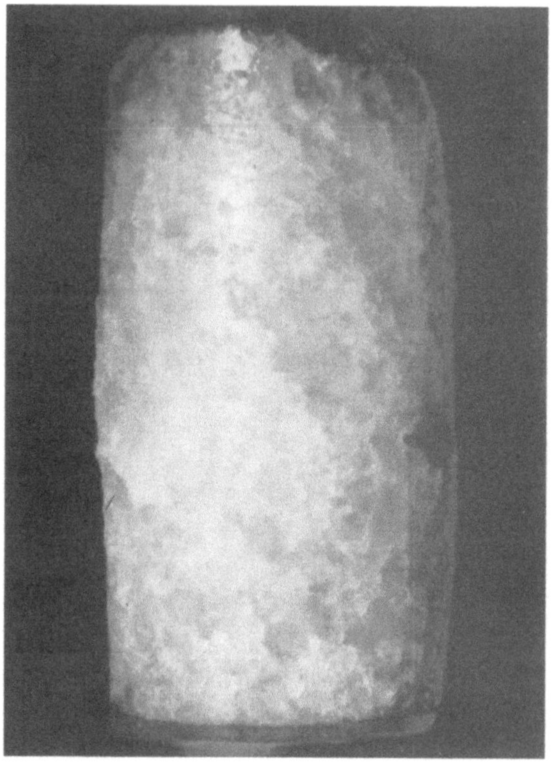

Bild 10. Wenig oberhalb der kritischen Belastung σ_K/σ_B belastete Probe unmittelbar vor dem Bruch ($\lambda = 2$)

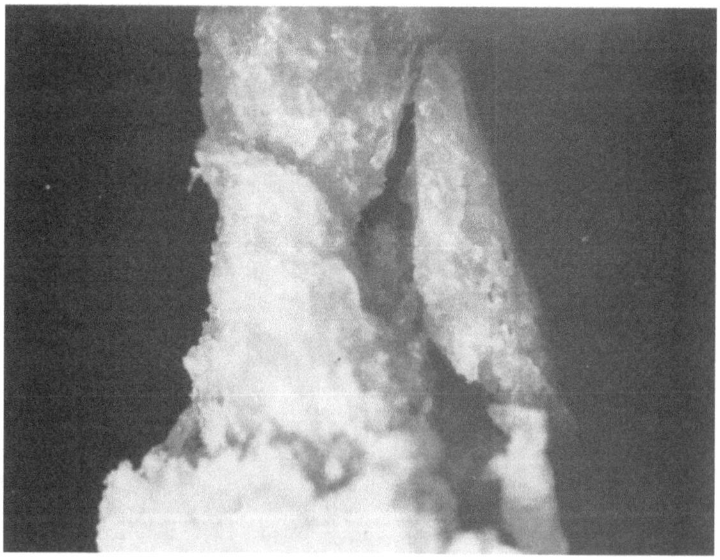

Bild 11. Wenig oberhalb der kritischen Belastung σ_K/σ_B belastete Probe nach Brucheintritt ($\lambda = 2$)

Bild 12. Bruchbild einer hochbelasteten Probe; $\lambda = 0{,}4$ (nach Entfernen der losen Teile)

Bild 13. Bruchbild einer wenig oberhalb der kritischen Belastung belasteten Probe; $\lambda = 0{,}4$

Bild 14. Unterhalb der Last σ_K/σ_B belastete Probe nach Abbruch des Versuches (Belastungszeit 2500 h); $\lambda = 0{,}4$

Zur Beantwortung der ersten Frage müssen die Zeiten, bis zu welchen die Gültigkeit gefordert wird, abgeschätzt werden. Setzt man als solchen Richtwert 100 a an und erinnert man sich der Tatsache, daß die Kriechverformungen bereits über nahezu sieben Zeitgrößenordnungen (10^{-3} bis 0,3 — 10^4 h) entweder nach dem Logarithmengesetz oder nach dem Potenzgesetz beschrieben werden konnten, ohne daß Übergänge von einem Gesetz in das andere beobachtet werden konnten (wie es auch die theoretischen Betrachtungen fordern), dann besteht kein zwingender Grund anzunehmen, daß diese Verhältnisse nicht auch über 2 bis 3 weitere Größenordnungen ihre Gültigkeit behalten sollten. Da aber andererseits $9 \cdot 10^5$ h bereits mehr als 100 a sind, sind sicher von der Versuchsdauer her keine Schwierigkeiten zu erwarten.

Die Übertragbarkeit auf Kammerpfeiler im Kalibergbau würde dadurch überprüft, daß alle Beispiele standsicherer und nichtstandsicherer Pfeilerdimensionierungen, alle zugänglichen Bruch- und Gebirgsschlagereignisse in der Geschichte des deutschen Kalibergbaues und umfangreiche Messungen der Kriechverformung von Kammerpfeilern in situ [12] ausgewertet und mit den oben dargestellten Ergebnissen verglichen wurden [10].

1958 gibt Höfer [12] neben umfangreichen Pfeiler-Querdehnungsmessungen im Hartsalz solche Messungen am Carnallitit der Grube Friedenshall (Bernburg) an. Dabei traten an den einzelnen Meßstellen sehr große und nach den damaligen Erfahrungen für Carnallitit überraschende Verformungsbeträge auf. Bereits damals wies Höfer [12, 15] auf den entscheidenden Einfluß der Belastungsbedingungen auf die Verformbarkeit des Carnallitits hin.

Nach den oben dargelegten Ergebnissen waren die Pfeiler, die die Meßstellen enthielten, fast alle oberhalb der Grenzkurve von Bild 2 belastet. Die großen Verformungsbeträge sind damit durchaus zu erklären. Ausgedehnte Brucherscheinungen im Carnallitit-Baufeld bestätigten diese Ergebnisse deutlich.

Wir wollen zur weiteren Kontrolle einige andere Pfeiler- und Feldeszusammenbrüche der Geschichte des Kalibergbaues heranziehen:

Die Angaben wurden in der Abteilung Gebirgsmechanik des IfG Leipzig bearbeitet. Tab. 1 bis 3 enthalten dabei Parameter wie Pfeilergrenzspannung σ_g und wirksame Pfeilerspannung σ_0, die nach einem im IfG entwickelten Dimensionierungsverfahren für Kammerpfeiler [13] berechnet wurden. Die wirksamen Spannungszustände wurden dabei nach den Ergebnissen der vorliegenden Arbeit (Bild 2) in „kriechbruchgefährdet" und „standsicher" eingeteilt.

Tabelle 1. Gebirgsschlagfeld Merkers 1958, 2. Sohle

1	2	3	4	5	6	7	8	9
Pfeilerhöhe	Kammerbreite	Pfeilerbreite	Pfeilergrenzspannung	wirkende Pfeilerspannung	σ_0/σ_{gr}	Schlankheitsgrad	kriechbruchgefährdet	standsicher
h [m]	b_K [m]	$2a$ [m]	σ_{gr} [kp · cm^{-2}]	σ_0 kp · cm^{-2}]]	[%]	λ		
4	15	10	1243	403	31	0,4		×
5	15	10	828	403	49	0,5	×	
6	15	10	551	403	73	0,6	×	
7	15	10	424	403	95	0,7	×	
8	15	10	341	403	100	0,8	××	
10	15	10	240	403	100	1	××	
4	16	12	1420	376	26,5	0,33		×
5	16	12	1073	376	32	0,41		×
6	16	12	828	376	46	0,5		(×)
8	16	12	456	376	82	0,67	×	
10	16	12	320	376	100	0,83	××	

Tabelle 2. Gebirgsschlagfeld Merkers 1961

1	2	3	4	5	6	7	8	9
3	16	5	551	676	100	0,6	××	
3	14	7	1080	483	45	0,43		×
3	12	9	1420	376	26	0,33		×

Bruchfeld Angersdorf 1916

1	2	3	4	5	6	7	8	9
9	20	15	551	397	72	0,6	×	
9	15	10	275	425	100	0,9	××	
9	12	8	243	425	100	1,12	××	

Tabelle 3. Parameter Teutschenthal

1	2	3	4	5	6	7	8	9
12 (o. Vers.)	12	10	216	314	100	1,2	××	
12 (50% Vers.)	12	10	558	314	56	0,2	×	
12 (o. Vers.)	12	12	240	311	100	1	××	
12 (75% Vers.)	12	12	1065	311	34	0,25		×

1. *Gebirgsschlagfeld Merkers 1958, 2. Sohle*

   Folgende Parameter lagen vor:
   Teufe $H = 700$ m, Kammerbreite $b_K = 15$ m und 16 m, Pfeilerbreite $2a = 10$ m und 12 m, mittleres spezifisches Gewicht des Deckgebirges $\gamma = 2{,}3$ Mp/m³, Kohäsion $K = 60$ kp/cm², Reibungswinkel $\varrho = 30°$ (Tab. 1).

2. *Gebirgsschlagfeld Merkers 1961*

   Parameter
   $H = 700$ m, $b_K = 16$ m, $2a = 5$ m, Pfeilerhöhe $h = 3$ m; K, siehe 1. Später wurden die Kammern auf 14 bzw. 12 m eingezogen und die Pfeiler dadurch auf 7 bzw. 9 m verbreitert (Tab. 2).

3. *Bruchfeld Angersdorf 1916*

   In der Zeit von 1910 bis 1913 wurden hier folgende Abbauparameter angewandt:
   $H = 700$ m, $b_K = 20$ m, $2a = 15$ m, $h = 9$ m.
   Im Jahre 1913 galt:
   $H = 740$ m, $b_K = 15$ m, $2a = 10$ m, $h = 9$ m.
   Von 1914 bis 1915:
   $H = 740$ m, $b_K = 12$ m, $2a = 8$ m, $h = 9$ m.
   Unter Verwendung der Teutschenthaler Gesteinsparameter K und ϱ und γ wie 1. ergibt sich: s. Tab. 2.

4. *Teutschenthal*

   Im Gebirgsschlagfeld 1940 lagen folgende Parameter vor:
   $H = 620$ m, $bL = 12$ m, $2a = 10$ m, $h = 12$ m. Davon wurden ungefähr 50% der Abbauhöhe versetzt.
   Im Zwischenfeld von 1940–1950 wurde mit folgenden Parametern gebaut:
   $H = 675$ m, $b_K = 12$ m, $2a = 12$ m, $h = 12$ m; Versatz ca. 75%. Die Pfeilergrenzspannung wurde für zwei Grenzfälle berechnet. Im ersten Fall wurde kein Versatz angenommen, im zweiten Fall dagegen so gerechnet, als wenn der Versatz die volle Tragfähigkeit des Pfeilermaterials besitzt (Tab. 3).

Es soll nochmals betont werden, daß die Kolonnen 8 und 9 oder Tabellen 1 bis 3 die Einteilungen „standsicher" bzw. „kriechbruchgefährlich" im Sinne des Bildes 2 ausdrücken. Die Kriterien, die im vollständigen, im IfG entwickelten Dimensionierungsverfahren angewandt werden, sind in einigen Fällen schärfer. Diese Kriterien sollen aber hier nicht im Mittelpunkt des Interesses stehen.

Die angeführten Beispiele zeigen aber, daß die in der Geschichte des Kalibergbaues aufgetretenen Brüche und Gebirgsschläge in Carnallititfeldern immer mit der Verletzung der im Verlaufe dieses Berichtes erarbeiteten Sicherheitskriterien gegenüber Kriechbrüchen verbunden waren.

Brüche von Pfeilern und Baufeldern im Carnallitit, deren Belastungszustände unterhalb der Grenzkurve von Bild 2 liegen, sind bisher nicht bekannt geworden. Der Verlauf der Grenzkurve ist also offenbar nicht an die Laborproben gebunden, sondern drückt eine grundsätzliche Eigenschaft des untersuchten Carnallitits aus.

Die Übertragung dieser Laborergebnisse auf die Verhältnisse in situ ist damit gerechtfertigt, und der Anwendung der Erkenntnisse auf praktische Dimensionierungsfragen stehen keine Widersprüche entgegen.

Das oben erwähnte Dimensionierungsverfahren, das die Untersuchungsergebnisse bereits enthält, konnte deshalb erstmalig auch über die Dauerstandfestigkeit[1]) von Kammerpfeilern quantitative Aussagen machen. Damit ist es möglich, die ökonomischsten Abbauparameter bei größter Sicherheit der entstandenen Hohlräume zuverlässig zu bestimmen und auch Fragen der Notwendigkeit des Versatzes qualifizierter zu lösen.

Literatur

[1] FREUDENTHAL, A. M.: Inelastisches Verhalten von Werkstoffen; VEB Verlag der Technik, Berlin 1955.

[2] HEINRICH, R.: Im Abschlußbericht „Untersuchungen über das inelastische Verformungs- und Festigkeitsverhalten von Gesteinen"; BA Freiberg, 1968.

[3] FRIEDEL, J.: Dislocations. Int. Series of Monographs on Solid State Physics, Vol. 3, Pergamon Press, 1964.

[4] MOTT, N. F.: A Theory of Work-Hardening of Metals, II.: Flow without Slip-lines, Recovery and Creep.

[5] MOTT, N. F., und NABARRO, F. R. N.: Report on Strength of Solids. Phys. Soc. London (1948).

[6] CRUSSARD, C., und FRIEDEL, J.: Paper Nr. 14 N. P. L. Symposium on Creep and Fracture of Metals at High Temperatures 1954.

[7] SULLY, A. H., und HARDY, K. H.: J. Inst. Metals 82 (1953–54) S. 264.

[8] KOCHENDÖRFFER, A.: Neuere Vorstellungen über den Mechanismus des spröden und des zähen Bruches von Metallen. Materialprüf. 3 (1961) Nr. 7, S. 266–274.

[9] MCCLINTOCK, F. A., und WALSH: Friction on Griffith Cracks in Rocks under Pressure; Proc. 4. US National Congress of Appl. Mech. (1962) S. 1015–1022.

[10] KNOLL, P.: im Abschlußbericht „Verformungscharakteristik der Gesteine und des Gebirges"; IfG Leipzig 1968.

[11] MISRA, A. K., und MURRELL, S. A. F.: An Experimental Study of the Effekt of Temperature and Stress on the Creep of Rocks. Geophys. J. Roy. Astron. Soc. London, 9 (1965) 5, S. 509–539.

[12] HÖFER, K.-H.: Beitrag zur Frage der Standfestigkeit von Bergfesten im Kalibergbau. Freiberger Forsch. Hefte A 100 (1958).

[13] THOMA, K.; MENZEL, W.; GEORGI, F., und KNOLL, P.: Ergebnisse triaxialer Festigkeitsuntersuchungen an Salzgesteinen und ihre praktische Anwendung bei der Lösung von Dimensionierungsaufgaben. Bergakademie 11 (1967) S. 672–677.

[14] THIRUMALAI, K.: Beitrag zur Frage des Temperatureinflusses auf das Verformungs- und Festigkeitsverhalten von Gesteinen und seine Bedeutung für Gebirgsschläge. Diss. Freiberg 1966.

[15] HÖFER, K.-H., und PICKERT, W.: Untersuchungen über das Festigkeitsverhalten von Carnallitit-Kriechversuchen und zügige, schnelle Belastung. Bergakademie 12 (1960) H. 7, 370–376.

[16] SPÄTH, W.: Fließen und Kriechen der Metalle. Metallverlag Berlin-Grunewald 1955.

[1]) Unter Dauerstandfestigkeit soll diejenige konstante Belastung verstanden werden, unterhalb der auch eine unendlich große Belastungszeit nicht zum Bruch führt.

Die Mechanik von Verformung und Bruch von Gesteinsproben im Labormaßstab

von C. Fairhurst[1]), J. A. Hudson[2]) und W. R. Wawersik[2])

Einführung

Es wird in zunehmendem Maße erkannt, daß numerische Werte der im Laboratorium gemessenen mechanischen Eigenschaften von Gesteinen häufig nur eine geringe Aussagekraft für die Erklärung des Verhaltens der Gesteinsmassen im großen Maßstab haben. Untersuchungen im Laboratorium können jedoch von beträchtlicher Bedeutung sein, wenn es darum geht, unser Wissen über die *Mechanik* der Verformung und des Bruchs von Gestein zu erweitern. Dies trifft besonders auf solche Fälle zu, wo das praktische Problem solche Verformungen beinhaltet, die in ihrem Umfang vergleichbar sind mit denen, die im Laboratorium untersucht werden. Gesteinsbruch beim Bohren, bei der Zerkleinerung und in der Nähe einer Sprengladung sind Beispiele für solche Fälle, wo Laboruntersuchungen sehr aufschlußreich sein können.

Neuere Forschungen zeigen, daß einige der allgemein anerkannten Begriffe des Gesteinsbruchs entweder unrichtig oder übermäßig vereinfacht sind. Dieser Artikel erörtert diese Begriffe und bringt einige Ergebnisse, die den Bruch von Gestein unter dynamischer Belastung betreffen.

Theorien über den Gesteinsbruch

Die technischen Festigkeiten von echten Materialien sind gewöhnlich einige Größenordnungen niedriger als die zwischenmolekulare Kohäsivkraft der Bestandteile. Diese Tatsache wird als das Ergebnis von inneren Inhomogenitäten in der Struktur der Materialien erklärt. Diese Inhomogenitäten modifizieren die Verteilung der angreifenden Kräfte dergestalt, daß in kleinen Bereichen des Materials die örtliche Kraftlinien- und Energiedichte ausreichen, um einen inneren Bruch einzuleiten und (zumindest über eine kurze Entfernung) auszudehnen.

Eine analytische Darstellung dieser Gedanken ist in solchen Theorien wie der von Griffith [1] und der Abwandlung der Griffith-Theorie von McClintock-Walsh [2, 3] zu finden[3]). Betrachtet man die stark vereinfachten Modelle, die in diesen Theorien zur Darstellung der Materialstruktur verwendet werden, so ist dennoch die qualitative Übereinstimmung mit den experimentellen Ergebnissen recht gut. Dies widerspiegelt vermutlich die Gültigkeit der Grundvoraussetzung, daß der „Bruch" den Beginn von instabilen Energieänderungen, die durch die Belastung hervorgerufen werden, kennzeichnet.

Eine Berücksichtigung des Beitrags der hauptsächlichen Zwischenspannung zur Energiedichte wird vermutlich die Genauigkeit der theoretischen Voraussagen etwas erhöhen.

---

[1]) Professor und Amtierender Direktor; School of Mineral & Metallurgical Engineering der Universität von Minnesota, Minneapolis.

[2]) Absolventen; — Dr. Wawersik ist jetzt Wissenschaftlicher Mitarbeiter (Research Fellow) am Department Geologie und Geophysik des Massachusetts Institute of Technology, Cambridge, Mass.

[3]) Die Mohr-Coulombsche Theorie ist im Endeffekt äquivalent der Theorie von McClintock-Walsh mit einer etwas abweichenden Interpretation der inneren Reibung.

Eine weitere realistische Verfeinerung des analytischen Modells erfordert ein umfassenderes physikalisches Wissen über die Weise, in der sich ein Bruch tatsächlich ausbildet. Zu diesem Zweck sind ausgedehnte Laboruntersuchungen über Gesteinsbruch an zahlreichen Forschungseinrichtungen durchgeführt worden. Die Forschungsarbeit an der Universität von Minnesota befaßte sich hauptsächlich mit dem Bruch bei Druck- und Zugbelastung und der Bedeutung, die solchen Ausdrücken wie „Druckfestigkeit" und „Zugfestigkeit" zukommt.

Experimentelle Untersuchungen

Einfluß des Prüfsystems auf den Bruch

Die Bedeutung der Belastungs- und Entlastungskennlinien der Prüfmaschine auf die Verhaltensweise von Gesteinsproben bei Verformung und Bruch ist bis vor kurzem offensichtlich fast vollständig vernachlässigt worden [4, 5, 6].

Wir wollen eine Probe betrachten, für die das in Bild 1a gezeigte Belastungs–Verformungs-Verhalten (Spannungs–Dehnungs-Verhalten) gilt. Wenn eine solche Probe in eine Prüfmaschine gebracht wird, wird die von der Maschine ausgeübte Belastung F so eingerichtet, daß sie gleich dem entsprechenden Widerstand ‚p' der Probe, aber diesem entgegengerichtet ist (Bild 1b). Wenn der Widerstand herabgesetzt wird, wie es für Verformungen jenseits von p_{max} der Fall sein wird, dann wird, wenn von außen her dem System keine zusätzliche Energie zugeführt wird, die Last F_0, die einer gegebenen Ortsveränderung σ der Platten (und einer ebensolchen Kontraktion σ der Probe) entspricht, von der Steifheit k des Prüfsystems (Maschine plus Probe) abhängen. Diese Steifheit von herkömmlichen Prüfmaschinen liegt zwischen den Extremfällen eines vollkommen weichen Systems (Gerade $A\,B$, $k = 0$), wie es in der Praxis beispielsweise durch die Schwere von Wasser in einem großen Behälter dargestellt wird, und eines vollständig starren Systems (Gerade $A\,C$, $k = -\infty$). Letzteres kann in

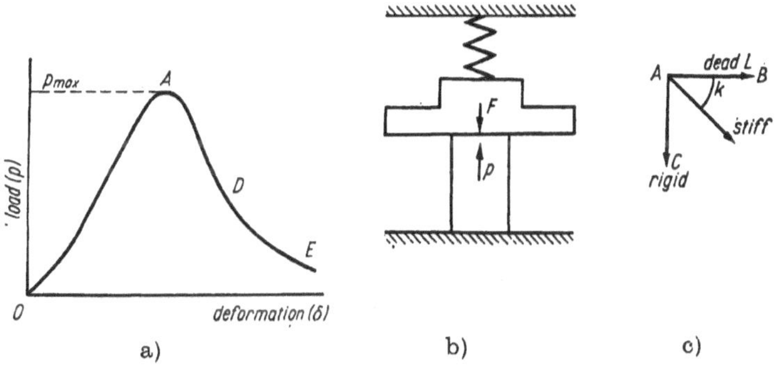

a) b) c)

Bild 1a—c

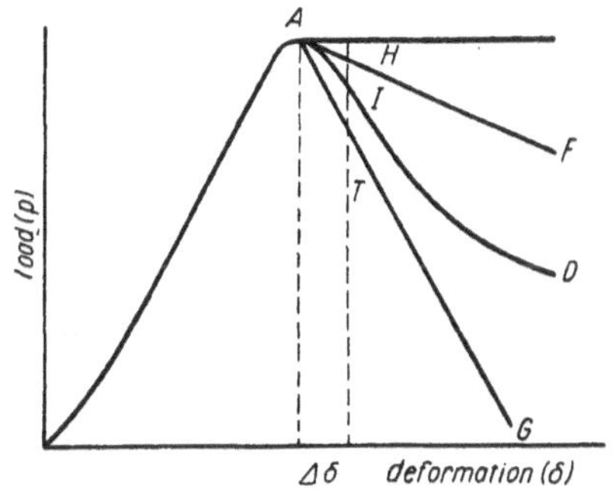

Bild 2

einem frei entlastenden System praktisch nie erreicht werden, da alle Materialien eine gewisse Kompressibilität zeigen.

Betrachtet man das Entlastungsverhalten des Systems Maschine-Probe, wie es in Bild 2 gezeigt ist, dann ist ersichtlich, daß, wenn über eine virtuelle Zunahme $\Delta\delta$ der Verschiebung die momentane Systemsteifheit (dargestellt durch die Linie AH) kleiner ist als die des Gesteins (AI), die virtuelle Verschiebung zu einer Energieabgabe aus der Maschine führen würde. Diese abgegebene Energie übersteigt (um die Fläche AHI) die Energie, die die Probe „quasistatisch" aufnehmen kann. Die unkompensierte Kraft beschleunigt die Kontraktion der Probe und führt, wenn sie über weitere Verschiebungen andauert, zum schnellen und häufig explosiven Zerfall der Probe. Dies ist die Situation, die in den meisten Prüfungen an Gesteinsproben mit herkömmlichen Maschinen vorgefunden wird. Dies erklärt auch, warum nur der Teil OA der Spannungs–Dehnungs-Kurve in Prüfungen mit unbehinderter Querdehnung stets veröffentlicht wird.

Wenn jedoch die Entlastungskennlinie der Maschine längs AJ verläuft, dann nimmt über die gleiche Zunahme $\Delta\delta$ der Verschiebung die von der Maschine ausgeübte Kraft schneller ab als diejenige, die erforderlich wäre, um die Verschiebung $\Delta\delta$ zu bewirken. Eine solche Verschiebung würde dann so lange nicht auftreten, wie die von der Maschine ausgeübte Kraft nicht auf den Verlauf von AI durch Zufügen der äußeren Energie AIJ zum System gehoben würde. Solange die momentane Entlastungssteifheit des Systems unterhalb der Entlastungskennlinie der Probe liegt, kann die vollständige Belastungs–Verformungs-Verhaltensweise (oder Spannungs–Dehnungs-Verhalten) OA in kontrollierter Weise verfolgt werden.

Druckversuche

Die in Bild 3 gezeigte Maschine ist an der Universität von Minnesota nach Prinzipien von COOK und HOJEM [6] gebaut worden, um das vollständige quasistatische Verformungsverhalten von Gesteinsproben bei Druckversuchen ohne behinderte Querdehnung und mit hydrostatisch behinderter Querdehnung zu beobachten. Das System ist auf maximale Starrheit (Entlastungssteifheit 8,8 × 10^6 pounds pro Zoll ≙ 160 t/mm) ausgelegt worden und benutzt die thermische Abkühlung von anfangs erhitzten Aluminiumsäulen (AA), um die zwischen

Bild 3

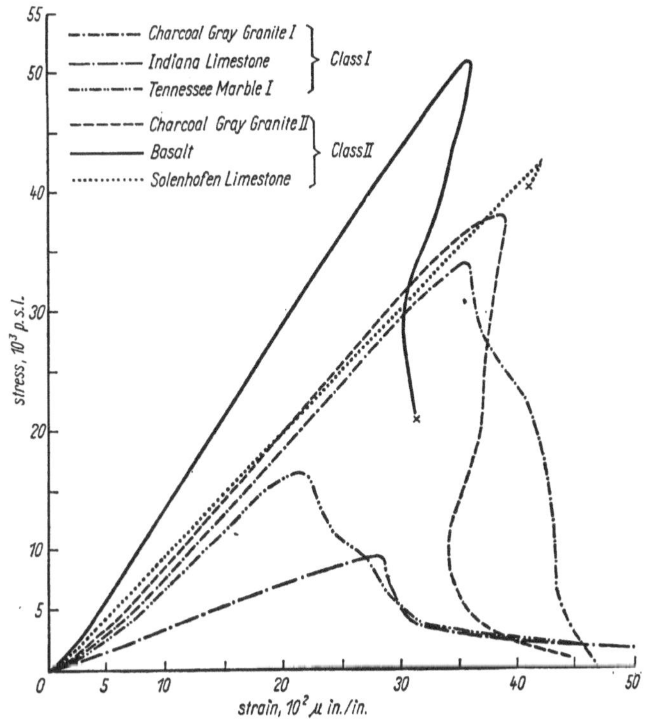

Bild 4

den Platten BB' befindliche Probe druckmäßig zu belasten. Eine hydraulische Presse C kann dazu verwendet werden, die Probe anfangs vorzubelasten, wenn die thermische Kontraktion der Säulen keine ausreichende Verformung der Probe hervorbringen kann. Die mittlere Platte B' wird zunächst mittels der Presse gegen die Probe gedrückt und wird dann in der vorgespannten Position durch Festziehen der Sicherungsmuttern DD eingespannt. Der Pressendruck wird dann weggenommen, und die zusätzliche Belastung der Probe erfolgt dadurch, daß man kaltes Wasser durch fünf kleine axiale Bohrungen, die sich in jedem Zylinder befinden, zirkulieren läßt. Nach einigen Versuchen wurde festgestellt, daß sich die Entlastungssteifheit der Probe mit der Verformung änderte und daß der Bruch über bestimmte Teile der Kurve beschleunigt werden kann. Deshalb wurden drei handbetriebene hydraulische Stabilisierpressen parallel zur Probe eingesetzt. Durch Drücken gegen die Platten in kritischen Stadien während der Verformung war es möglich, eine ungewollte Energieabgabe durch die Plattenbeschleunigung zu verhindern. (Die kritischen Stadien während der Verformung wurden auf einem XY-Schreiber verfolgt. Dieser wurde von den Ausgängen der in das System eingebauten Druckmeßdose und der nach dem Hebelprinzip arbeitenden Weggeber gespeist.) Es hat sich herausgestellt, daß die Pressen eine wesentliche Zusatzausrüstung zur Anlage darstellen. Auf diese Weise war es möglich, während des Drückens eine „negative Steifheit" des Systems zu erhalten, indem man die Platten sich voneinander entfernen ließ, während gleichzeitig die Kraft auf die Probe herabgesetzt wurde. Kraft–Verformungs-Kurven aus Druckversuchen für Proben mit unbehinderter Querdehnung sind in Bild 4 gezeigt, und zwar für sechs repräsentative Gesteine. Es ist ersichtlich, daß einige Gesteine spröde in dem Sinne sind, daß, wenn einmal das Druckmaximum erreicht ist, Energie aus ihnen herausgenommen werden muß, um ihren schnellen Bruch zu verhindern. Solche Gesteine sind in Bild 4 als Gesteine der Klasse I angeführt. Andere Gesteine jedoch, nämlich die der Klasse II, sind nicht spröde und erleiden schnellen Bruch nur in einem weichen Prüfsystem. Die Verformung konnte an jeder Stelle der Kurve angehalten werden, wobei die Probe zur weiteren

Untersuchung herausgenommen werden konnte. Durch die Anfertigung von Schnitten der Proben, die veränderlichen Intensitäten der Verformung unterworfen waren, war es möglich, die verschiedenen Stadien des Probenzerfalls zu beobachten.

Die ersten Anzeichen eines Bruches erscheinen als örtliche axiale Spalt- oder Rißbildung parallel zur angreifenden Spannung. Die Aufspaltung wird merklich bei 50 bis 95% der Maximallast (der niedrigere Wert gilt für heterogene Proben) und entwickelt sich während der Belastung weiter. Scherbruch, der sich gelegentlich über die ganze Probe ausbreitet und nach und nach einige axiale Risse erweitert, ist verantwortlich für den endgültigen Bruch.

Die axiale Spaltbildung ist die Folge der Inhomogenität der Probe. Es kann theoretisch gezeigt werden, daß jede Inhomogenität (Loch, Einschluß, Riß usw.) in einem nicht-hydrostatischen Druckspannungsfeld Zugspannungen entwickelt, die, weil die meisten Gesteinsarten relativ schwach sind gegenüber Zugspannungen, Bruchflächen erzeugen, die parallel zur Linie der maximalen Druckbelastung gerichtet sind (d. h., sie erstrecken sich in der Richtung des geringsten Widerstandes). (In Wirklichkeit scheint unter triaxialer Einspannung

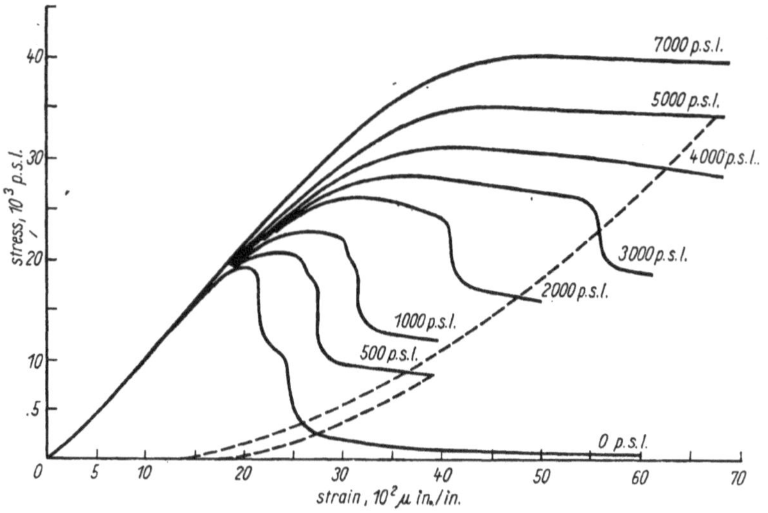

Bild 5

der Scherbruch schon aufzutreten, bevor irgendwelche beobachtbare axiale Bruchflächen sich entwickelt haben.) Solche axiale Brüche sind im wesentlichen Spaltbrüche und, obgleich sie sich nach erfolgter Entstehung schnell ausdehnen können, stabilisieren sich schnell und verharren. Der Vorgang der Bruchbildung neigt dazu, die örtliche Belastung auf benachbarte und etwas stärkere Körner abzuwälzen und diese ihrerseits zur axialen Rißbildung zu bringen. Gelegentlich erhält der zentrale Teil der Probe (der von der Stirnflächenbegrenzung seitens der Platten unberührt ist) eine extensive Verteilung von Axialrissen. Die Drucklast, die zur weiteren Ausdehnung eines solchen Risses erforderlich ist, nimmt rasch mit der Rißlänge zu, und der totale Zerfall der Probe durch „quasistatische" Ausdehnung der Axialrißbildung ist über die ganze Höhe der Probe in der Tat unmöglich. Der Widerstand gegen Bruch durch lokalisiertes Knicken der Gebiete zwischen benachbarten Axialbruchflächen nimmt mit wachsender Dichte der Axialbruchflächen stark ab, und gelegentlich breitet sich eine Scherungsebene über die ganze Probe aus. Da die Axialbruchbildung den Widerstand gegen Zugspannungen, die normal zur Druckbelastung aber mit sehr kleinem Wert angreifen, herabsetzt, erhöht irgendeine solche Zugspannung das Ausmaß der Axialbrüche beträchtlich.

Solche Zugspannungen können in der Probe erzeugt werden z. B. durch ungleichförmige Druckspannungen an der Grenzfläche zwischen Platte und Gestein, welche in Normalenrichtung angreifen.

Axialbruchbildung wird auch merklich verstärkt, wenn der Bruch dynamisch wird, wie dies in Prüfungen mit weichen Maschinen der Fall ist. Spannungswellen, die innerhalb der Probe erzeugt werden, reflektieren an der freien Grenzfläche und können die kleinen Axialbruchflächen schnell erweitern.

Bild 5 zeigt eine Schar von Kraft–Verformungs-Kurven für Druckversuche mit behinderter Querdehnung an Tennessee-Marmor zusammen mit der Kurve für die Versuche mit unbehinderter Querdehnung. Bei einem Druckversuch mit behinderter Querdehnung ist innere lokalisierte Scherung deutlich die dominierende Art der Verformung. Keine Axialspaltbildung ist nachgewiesen worden. Die Anwendung eines seitlichen Druckes ist natürlich äußerst wirksam zur Unterdrückung von Axialbrüchen. Nur sehr niedrige Einspannungsdrücke bei der Behinderung der Querdehnung sind notwendig, um die Scherungsverformung dominieren zu lassen.

Zugversuche

Direkte Zugversuche ohne Behinderung der Querdehnung an Proben aus den gleichen Gesteinsarten, wie sie in den Druckversuchen verwendet wurden, lieferten einige sehr interessante Ergebnisse, die in Bild 6 gezeigt sind. Die üblicherweise vertretene Ansicht, daß Gestein bei direkter Zugbeanspruchung sehr spröde ist, ist offensichtlich unrichtig, zumindest für einige der untersuchten Gesteinsarten. Die Prüfung der verformten Proben aus Tennessee-Marmor

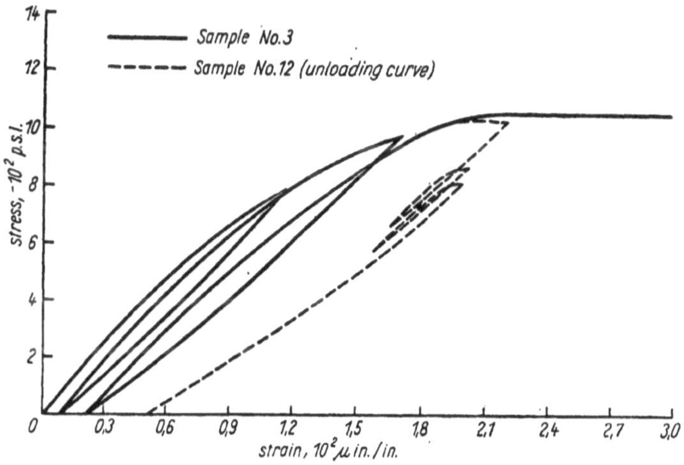

Bild 6a. Spannungs-Dehnungs-Kurve von Tennessee-Marmor bei einachsiger Zugbelastung

zeigte, daß eine beträchtliche Kornloslösung in der gesamten Probe vor dem vollständigen Bruch zu verzeichnen war. Dies ist auch ersichtlich aus der Form der Hysterese-Kurven, welche typisch zu sein scheinen für jene, die durch Reibungsgleiten entstehen.

Die Zugversuche wurden nicht in der Maschine mit hoher Starrheit durchgeführt. Folglich war es nicht möglich, die vollständigen Kurven für die Proben zu erhalten. Es ist jedoch

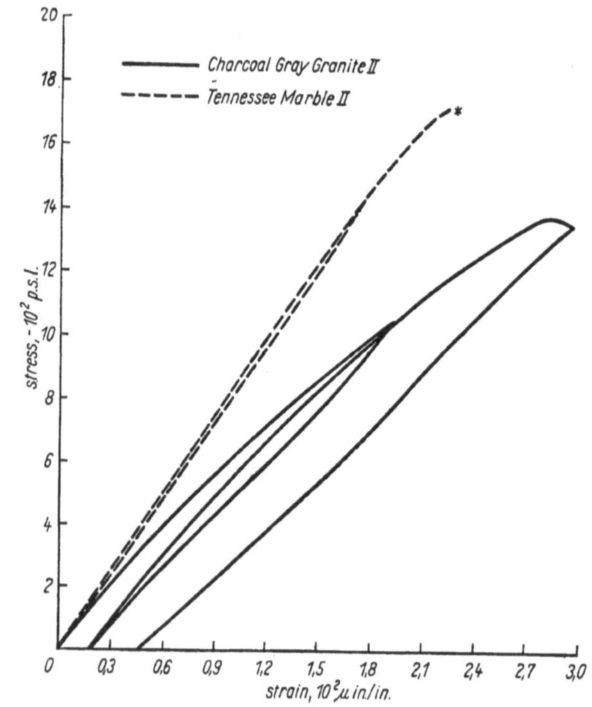

Bild 6b. Spannungs-Dehnungs-Kurven von Tennessee-Marmor II und Grauem Holzkohlengranit II bei einachsiger Zugbelastung

wahrscheinlich, daß Kurven, die jenen aus den Druckversuchen analog sind, mit einem geeigneten System hoher Starrheit erhalten werden können. Hughes und Chapman [7] haben in der Tat solche Kurven für Beton erhalten (Bild 7).

Es ist interessant zu bemerken, daß Gesteinsarten, die beim Bruch durch Druckbelastung im wesentlichen spröde sind, bei der Zugbeanspruchung eine beträchtliche Dehnbarkeit zeigen und umgekehrt. Dies wird zum Beispiel offensichtlich, wenn man die Rollen von Tennessee-Marmor II und Grauem Holzkohlengranit II[1]) in den beiden Versuchen vergleicht (Bilder 4 und 6b).

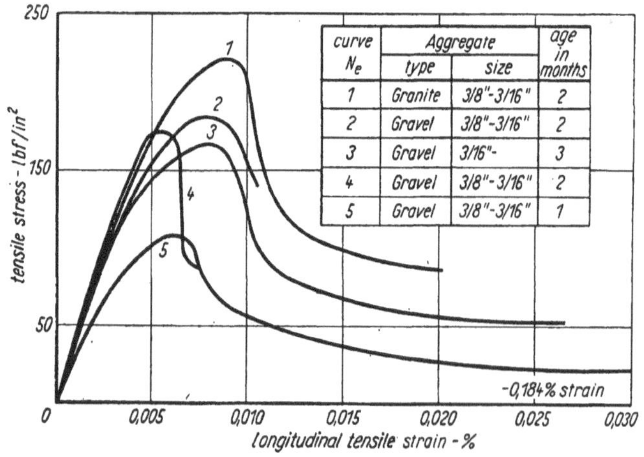

Bild 7. Vollständige Zugspannungs-Dehnungs-Kurven für Beton (nach Hughes und Chapman)

---

[1]) Charcoal Gray Granite.

Diskussion der experimentellen Ergebnisse

Die oben dargestellten Versuche sind nur eine kleine Probe von einigen Reihen ausführlicher Versuche. Die Ergebnisse, die aus diesen Versuchsreihen erhalten wurden, befanden sich in geringer Übereinstimmung mit der Theorie von GRIFFITH oder der Modifikation von McCLINTOCK-WALSH. Dies betraf besonders die Beziehung zwischen Druck- und Zugverhalten, obwohl die Reproduzierbarkeit der Einzelwerte der Druckfestigkeit im allgemeinen innerhalb $\pm$ 5% lag.

Dies ist nicht überraschend, wenn man nur daran denkt, daß beide Theorien behaupten, daß die Druckfestigkeit (maximale Tragfähigkeit) erreicht ist, wenn eine kritische Zugspannung sich um den längsten und am gefährlichsten gerichteten Riß herum in der Probe entwickelt hat. Es wird angenommen, daß diese Zugspannung die gleiche ist wie diejenige, die an den Spitzen eines Risses erzeugt wird, wenn die Probe beim direkten Zugversuch zum Bruch belastet wird.

McCLINTOCK und WALSH erkannten die Tatsache, daß sich Risse in einem Druckspannungsfeld schließen und dadurch die Spannungen modifizieren, die zur Erzeugung von Zugspannungen um die Risse herum neigen. Zusammen mit GRIFFITH setzten sie jedoch stillschweigend voraus, daß die Einleitung des Bruchs gleichbedeutend wäre mit Strukturbruch. (GRIFFITH vermutete, daß sich Brüche infolge Druckbelastung nicht in der Ebene der Risse ausbreiten können, aber er führte keinerlei Untersuchungen aus, um die Folgerung aus dieser Möglichkeit zu prüfen.) Es ist nunmehr offenkundig, daß, während Initialbrüche aus Inhomogenitäten entstehen, diese Initialbrüche die Neigung haben, sich nur leicht auszudehnen, wobei sie sich in der stabilsten Richtung entsprechend der angreifenden Druckbelastung ausrichten. Diese Ausrichtung erfolgt, sobald die angreifende Druckbelastung *über* den von den Theorien angegebenen Wert hinaus erhöht wird. Die ernsthafteste Inhomogenität ist die erste, die bricht und sich erweitert, aber dann stabilisiert sie sich rasch und führt nach und nach zur Erzeugung von ähnlichen Bruchflächen dort, wo anfangs weniger ernsthafte Inhomogenitäten waren. Somit wird die Probe, wenn die Belastung über den theoretischen Einleitungswert hinaus erhöht wird, homogen brüchig. Der Strukturbruch ergibt sich schließlich aus einem anderen Mechanismus wie der Scherung. Somit kann die maximale Tragfähigkeit nicht identifiziert werden mit dem Beginn des Bruchs, wie dies in den üblichen theoretischen Hypothesen gefordert wird.

Die beträchtliche Dehnbarkeit von Zugproben weist darauf hin, daß die Rißausbreitung in Gestein einen beträchtlichen Energieverlust beinhaltet. Dies wird bestätigt durch frühere direkte Spaltversuche an Tennessee-Marmor I und Grauem Holzkohlengranit II, die von WAWERSIK [8] durchgeführt wurden. In diesen Versuchen fand er, daß die scheinbare Oberflächenenergie um zwei Größenordnungen höher ist (38500 erg/cm^2 bzw. 66500 erg/cm^2) als die Werte, die üblicherweise für die Spaltung von Einkristallen der mineralischen Hauptbestandteile angegeben werden. Dabei wurde die scheinbare Oberflächenenergie auf Grund der Voraussetzung berechnet, daß sich die Gesteine gegenüber dem Spaltbruch elastisch verhalten. Die mikroskopische Untersuchung des Rißverlaufs bei der Spaltung zeigte jedoch eine beträchtliche Kornloslösung in der Nähe des Risses und eine Gabelung des Rißverlaufs. Es lag keine wirklich plastische Verformung der beteiligten Kristalle vor [9].

Zusammenfassend kann daher gesagt werden, daß offenbar die Mechanismen des Bruchs von Zugproben ganz anders sind als die Mechanismen des Bruchs von Druckproben. Theorien wie die, die oben erwähnt wurden, beruhen auf Modellen für den Bruch, die für Gestein nicht realistisch sind. Daher sollte man von ihnen nicht erwarten, daß sie zur genauen Voraussage des Verhaltens von Gestein geeignet sind.

Verhältniszahlen zwischen Druck- und Zugfestigkeit

Es ist gezeigt worden, daß die Druckfestigkeit einer Probe weitgehend bestimmt wird durch die Zugspannungen, die in ihr als Folge der Druckbeanspruchung erzeugt werden. Die für Gesteine beobachteten hohen Verhältnisse von Druckfestigkeit zu Zugfestigkeit weisen darauf hin, daß die direkte Druckbeanspruchung in bezug auf die Ausbildung von Zugspannungsgebieten, die ein Wachstum instabiler Risse bewirken können, wenig ergiebig ist. Eine erhöhte Inhomogenität der Probe erhöht diese Ergiebigkeit.

Es sollte jedoch erwähnt werden, daß in gewisser Hinsicht die mangelnde Ergiebigkeit nicht so bedeutend ist, wie vermutet wird. Während bei der direkten Zugbeanspruchung der Bruch bei viel niedrigeren Spannungswerten (und Energiewerten) als bei der Druckbeanspruchung entsteht, wird dabei nur eine größere Bruchfläche erzeugt. In einem homogenen Material erzeugt der Bruch infolge Druckbelastung eine Unzahl von neuen Oberflächen. Wenn das Ziel darin besteht, das Material auf eine gegebene Größe zu zerkleinern, so muß die Zugprobe viele Male zu Bruch gebracht werden, und zwar jedes Mal mit mindestens dem gleichen Energieaufwand, bevor die gewünschte Größe erreicht ist. Die Nettoenergie, die dazu aufgewendet wird, wird dennoch merklich geringer sein als die für die Zerkleinerung durch direkte Druckbelastung. Aber der Vorteil der Zugbeanspruchung wird dabei nicht so gewaltig sein, wie dies manchmal angegeben wird.

Effektive Zugspannungen

Es ist wichtig zu bemerken, daß die lokalisierten Zugspannungen (σ_T) (siehe Bild 8), die die axiale Spaltbildung hervorrufen, kompensiert werden müssen durch lokalisierte Druckspannungen (σ_c), und zwar so, daß über einen Schnitt wie z. B. AA' die Gesamtkraft in Normalenrichtung zur angreifenden Hauptdruckbelastung sich im Gleichgewicht befindet mit der, die auf die Grenzfläche wirkt (gleich Null für einachsige Prüfungen). Der Wechsel von Zug- auf Druckspannung erfolgt im Größenmaßstab der Inhomogenität (von Korn zu Korn). Das Fehlen eines ausgedehnten Zugspannungsbereichs spricht für den im wesentlichen nicht ausbreitenden Charakter der Axialrisse. Irgendeine Ungleichförmigkeit der angreifenden Spannung σ_x wird sich ausgedehnten Zugspannungsbereichen überlagern. [Im Grenzfall, wenn die gleichförmige σ_z zu einer konzentrierten Axialbelastung neigt, die an den Punkten AA' der Stirnflächenplatten wirkt, dann werden die lokalisierten Zugspannungen einer Verteilung überlagert, die im wesentlichen der Brasilianischen Prüfung entspricht (siehe Bild 11), mit einer Zugspannung über den Hauptteil von AA'.] Eine sich längs AA' ausbreitende Rißbildung ist folglich wahrscheinlicher. Irgendeine schwache tangentiale Zugbeanspruchung, die durch die Verwendung von „Reibungsminderern" an den Stirnflächen hervorgerufen wird, und Spannungswellen, die durch die Verwendung von weichen Prüfsystemen erzeugt werden, werden auch einen merklichen Beitrag zur axialen Spaltbruchbildung liefern.

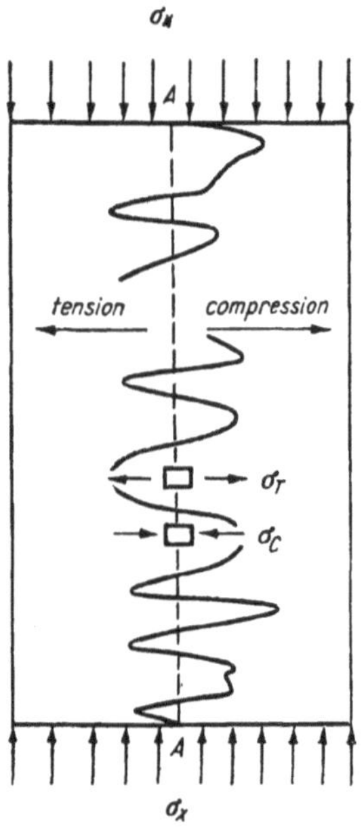

Bild 8

BROWN und TROLLOPE [10] haben versucht, zur Erklärung des axialen Spaltbruches von Druckproben ein Kriterium zu verwenden, das im wesentlichen ein „Grenzdehnungs"-Kriterium ist. Sie nehmen an, daß Bruch erfolgt durch axiale Spaltbildung infolge von „effektiven Zugspannungen" (grob analog den σ_T-Spannungen in Bild 8), die in Normalenrichtung zur maximalen Druckbelastung erzeugt werden. Sie scheinen nicht die damit verbundenen Druckspannungen zu berücksichtigen und nehmen willkürlich an, daß die mittlere „effektive Zugspannung" (σ_x') über einen Schnitt (wie AA') den Wert

$$\sigma_x' = \sigma_x - \nu' (\sigma_y + \sigma_z)$$

hat, wobei ν' ein „Parameter ist, der von der Struktur (mit ähnlichen Ausdrücken für σ_y' und σ_z) des Materials abhängt und der für ideal lineare Materialien gleich der POISSON-Zahl ist". Axialer Bruch durch Spaltbildung erfolgt, wenn σ_x' einen kritischen Wert erreicht. Wenn man ν' als POISSON-Zahl annimmt, dann ist σ_x' gleich dem Wert $E\ \varepsilon_x$, wobei ε_x die seitliche Dehnung darstellt, die in einem isotropen, elastischen Kontinuum durch Angreifen der Spannungen σ_x', σ_y' und σ_z' erzeugt wird. E ist dabei der Elastizitätsmodul des Materials. Somit ist die Theorie der „effektiven Zugspannung" im wesentlichen einer Bruchtheorie der maximalen Ausdehnung ähnlich.

Man sieht, daß die Theorie von mehreren Standpunkten aus unbefriedigend ist. Beispielsweise

(I) scheint keine Rechtfertigung dafür zu bestehen, daß σ_x' gleich der Summe der Zugspannungen über einen Schnitt (wie AA') gesetzt wird;

(II) nimmt sie an, daß Bruch infolge axialer Spaltbildung bei gleichförmiger, quasistatischer Belastung von Proben aus homogenem Material erfolgen kann;

(III) erklärt sie nicht den Scherbruch (und kann daher nicht auf ihn angewandt werden), der ohne vorherige axiale Spaltbildung bei praktisch allen Druckversuchen mit behinderter Querdehnung auftritt;

(IV) sagt sie Ergebnisse voraus, die im Widerspruch zu den Beobachtungen stehen.

Demnach müßte das Verhältnis zwischen einachsiger Druckfestigkeit und einachsiger Zugfestigkeit für homogene Materialien numerisch gleich $1/\nu$ sein, wobei ν die POISSON-Zahl des Materials ist. Da ν für die meisten Gesteinsarten zwischen 0,4 und 0,2 im allgemeinen angegeben wird, bedeutet dies eine Druckfestigkeit vom 2,5- bis zum 5fachen Wert der Zugfestigkeit. Die beobachteten Werte liegen üblicherweise im Bereich von ungefähr 10 bis 50. Man hat somit das Gefühl, als hätte die Theorie der „effektiven Zugfestigkeit" wenig oder überhaupt keinen Wert.

Indirekte Prüfungen

Die Schwierigkeit der Durchführung von direkten Zugprüfungen (geradliniger Zug) an Gestein hat zur Einführung zahlreicher indirekter Zugprüfungen geführt. Solche sind der Balkenbiegeversuch oder statischer Zerreißfestigkeitstest (modulus of rupture test), die diametrale Druckbelastung einer massiven Scheibe (Brasilianischer Test) und die diametrale Druckbelastung einer Hohlscheibe (Ringtest). Andere indirekte Prüfungsverfahren sind entwickelt worden, um verschiedene Kombinationen von Druck- und/oder Zugspannungen zu bilden mit dem Ziel, experimentelle „Bruch"daten über die Form der dreidimensionalen Bruchhüllkurve zu erhalten. Wie üblicherweise interpretiert worden ist, liefern diese Prüfungen sehr voneinander abweichende und scheinbar widersprüchliche Werte für die „Festigkeit". Sie unterscheiden sich von den direkten Druck- und Zugprüfungen dadurch, daß die Verteilung der Spannung in den Proben nicht homogen ist und von Prüfmethode zu Prüfmethode verschieden ist. Große Sorgfalt muß bei der Interpretation dieser Prüfungen angewandt werden, um zu gewährleisten, daß der Einfluß der Materialinhomogenität und der Inhomogenität der Spannungsverteilung richtig eingeschätzt wird. Dies ist besonders dann wichtig, wenn der Versuch unternommen wird, alle Ergebnisse auf eine gemeinsame Bruchhüllkurve oder ein gemeinsames Bruchkriterium zu beziehen.

Das Ergebnis eines einzelnen indirekten Zugversuchs wird verschieden ausfallen je nach der Verteilung der Inhomogenitäten in der Probe und der Wahrscheinlichkeit für das Zusammenfallen von einer ernsthaften Inhomogenität und einem Zugspannungsbereich hoher Dehnungsenergiedichte. Die Ergebnisse direkter Zugversuche werden auch statistisch verteilt sein, aber die größere Wahrscheinlichkeit des Zusammenfallens bedeutet, daß die Streuung der Daten geringer sein müßte. Wir wollen ein extremes Beispiel nehmen. Wir betrachten einen Balken mit einem einzigen Riß (*cc*), wie dies in Bild 9a dargestellt ist. Wenn der Balken so belastet wird, wie es gezeigt ist, dann wird die Zugfestigkeit beträchtlich höher liegen als in dem Fall, wo der Balken so umgedreht wird, daß sich der Riß in der unteren Hälfte befindet, d. h. im Zugspannungsbereich. Jedoch hätte das Zugspannungsfeld, in welches der Riß kommen würde, nicht den an der Unterseite des Balkens entwickelten Maximalwert (der sich in der Mitte befindet). Würde die Zweipunktbelastung angewandt (Bild 9b), dann würde der Riß in den Bereich der maximalen Zugspannung kommen. Die berechnete Festigkeit wäre dann niedriger als die, die aus dem Versuch mit Einpunktbelastung (Bild 9a) hergeleitet wurde.

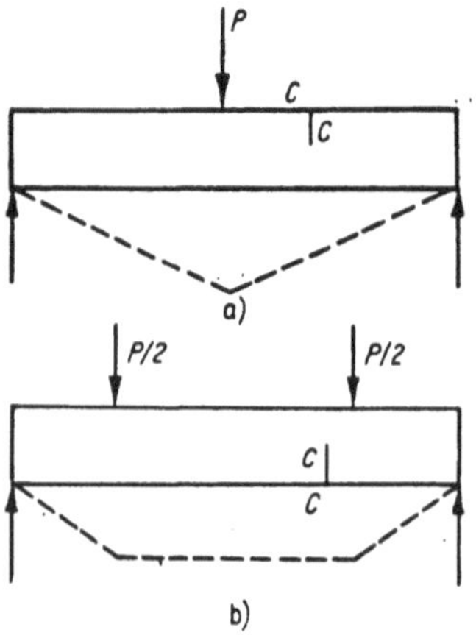

Bild 9

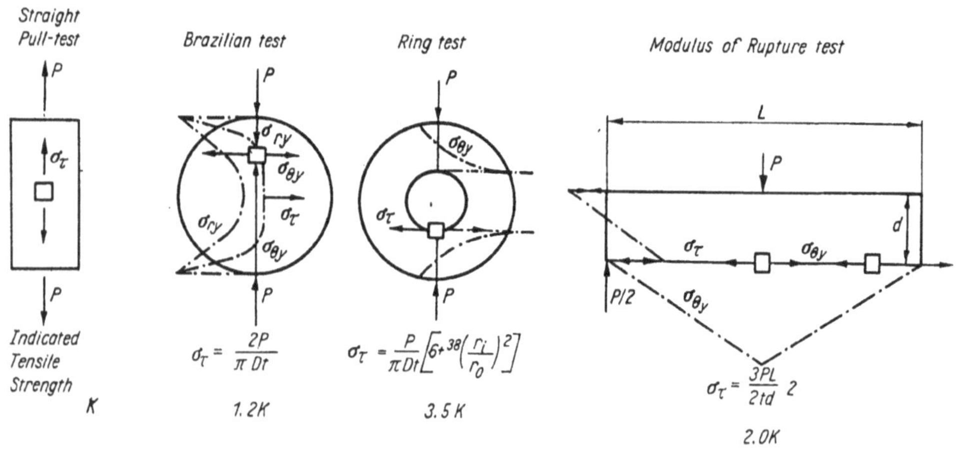

Bild 10

Die Spannungsfelder, von denen man annimmt, daß sie zu den verschiedenartigen indirekten Prüfungen gehören, sind in Bild 10 dargestellt. Es sind nur jene Spannungen gezeigt, von denen man annimmt, daß sie die Einleitung und die Ausbreitung des Bruches beeinflussen. Die Spannungsverteilungen werden aus den klassischen Lösungen der elementaren Kontinuumstheorie für lineare elastische Medien erhalten. Hierfür wurde vorausgesetzt, daß das Material die gleichen Eigenschaften sowohl in bezug auf Druck- als auch in bezug auf Zugbelastung besitzt[1]). Typische Werte für die „Festigkeit" im Vergleich mit einem Geradzug-

[1]) Aus einem Vergleich der Bilder 3 und 6 ist jedoch ersichtlich, daß der Zugspannungsmodul (Sprünge öffnen sich mit der Spannung) niedriger ist als der Druckspannungsmodul (Sprünge schließen sich mit der Spannung).

versuch sind unter der Darstellung einer jeden Prüfung gezeigt. Diese Verhältniszahlen hängen ab von den relativen Volumina der Probe in jedem einzelnen Fall, aber sie sind von annähernd der richtigen Größenordnung für die gegebenen Größenverhältnisse. Qualitativ scheinen die Werte die Hypothese einer statistischen Fehlerverteilung zu stützen.

Beim Geradzugversuch wird das gesamte Volumen einer einfachen Zugbelastung ausgesetzt. Die Wahrscheinlichkeit, daß ein geeignet gerichteter gefährlicher Fehler (oder Inhomogenität) angetroffen und zur Ausbreitung veranlaßt wird, ist somit groß.

Beim Brasilianischen Test werden die zentral gelegenen zwei Drittel des vertikalen Durchmessers einer mehr oder weniger gleichförmigen tangentialen Zugspannung (σ_T) unterworfen. Diese tangentiale Zugspannung ist auch noch in einer Entfernung von der diametralen Achse vorhanden (aber schwächer werdend) und ist mit einer radialen Druckspannung (σ_r) (die bei der axialen Rißbildung behilflich ist) verknüpft. Ein geeigneter Fehler in der Nähe der Vertikalachse müßte ausreichen, um die Ausbreitung des Bruches zu gewährleisten. Da der Bereich der maximalen Zugspannung kleiner ist als der beim Geradzugversuch, ist die Wahrscheinlichkeit für das Auftreten eines Fehlers innerhalb des Bereiches geringer und die erforderliche Spannung größer.

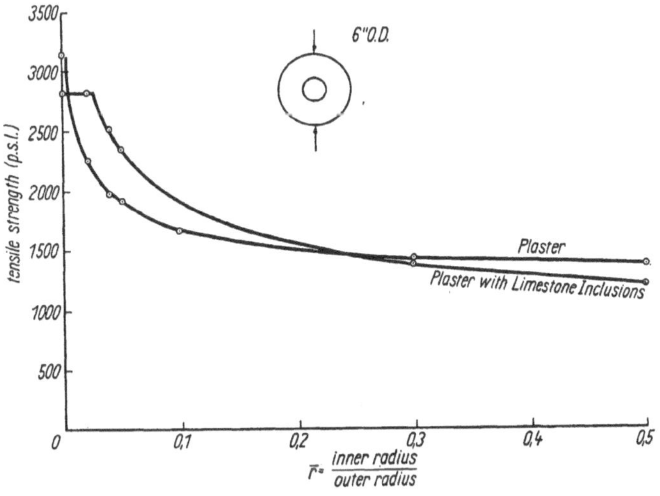

Bild 11

Beim Balkenbiegeversuch (statischer Zerreißfestigkeitstest) ist der Bereich maximaler Zugspannung beschränkt auf die Linie quer über die untere Oberfläche des Balkens direkt unterhalb des Angriffspunktes der Last. Die Wahrscheinlichkeit für das Zusammenfallen von Fehler und hoher Zugbelastung ist entsprechend niedriger und die erforderliche Bruchbelastung höher.

Wenn sich der Radius der inneren Bohrung (r_i) dem 0,3fachen oder größeren Wert des Außenradius (r_0) nähert, wird die Spannungsverteilung des Ringtestes längs der Vertikalachse über die Tiefe des Ringes mehr oder weniger derjenigen im Biegeversuch ähnlich. Die berechneten „Festigkeiten" nähern sich den Werten aus letzterem Test, wenn $r_i/r_0 \to 1$.

Eine ausführlichere Analyse der berechneten „Festigkeiten" als Funktion von r_i/r_0 zeigt die Bedeutung der Voraussetzung, daß sich das Gestein wie ein Kontinuum verhält. Diese Voraussetzung wurde beispielsweise zur Berechnung der oben erwähnten Spannungsverteilungen verwendet. Von den „Fehlern" wurde stillschweigend angenommen, daß sie „submikroskopische" Fluktuationen in das makroskopische Spannungsfeld brächten. Sie dienten dazu, die Maximalspannung in jedem Punkt dadurch zu begrenzen, daß sie sich in eine Bruchfläche verwandelten, wenn jene Spannung erreicht wurde.

Bei Gesteinsproben gibt es viele Inhomogenitäten und „Fehler", die einen merklichen Anteil an der Größe der Probe selbst ausmachen. Sie können offensichtlich nicht als submikroskopisch betrachtet werden. Es ist beispielsweise durchaus möglich, daß die Spannungsverteilung, die an der Spitze eines harten scharfkantigen Kristalls in einem Gestein erzeugt wird, viel ernsthafter sein kann als die Spannungskonzentration, die durch das Bohren eines glatten kreisförmigen Loches vergleichbarer Größe in das Gestein erzeugt wird. Wurde das Loch so gebohrt, daß die scharfe Spitze des Kristalls beseitigt wurde, so könnte dieses Loch in der Tat die Festigkeit des Gesteins erhöhen. (Dies ist eine wohlbekannte praktische Methode, das Wachsen von Rissen in spröden Materialien zu beenden.) Eine Reihe von Versuchen wurde durchgeführt, um den Einfluß von Kerben bis zu 1/4 Zoll Tiefe an der Unterseite eines 2 Zoll starken Gesteinsbalkens aus grobkörnigem Granit festzustellen. Diese Versuche zeigten, daß die Kerben tatsächlich keinen Einfluß auf die Bruchbelastung hatten.

Bild 11 zeigt die Ergebnisse einer Reihe von Ringprüfungen an Gipsproben mit zentraler Bohrung verschiedener Durchmesser. Jeder Punkt ist der Mittelwert von mindestens 15 Versuchen. In allen Fällen war der Variationskoeffizient niedriger als 12% (gewöhnlich 5 bis 6%). Die „Zugfestigkeit" des Ringes $(\sigma_T)_R$ wurde nach folgender Formel [11] berechnet:

$$(\sigma_T)_R = \frac{2\,P}{\pi\,D t}\left\{6 + 38\left\{\frac{r_i}{r_0}\right\}^2\right\}, \tag{3}$$

worin P = beim Bruch ausgeübte Belastung,
D = Ringdurchmesser,
t = Ringstärke.

Diese Formel wurde von Hobbs [11] verwendet.

Für $r_i/r_0 = 0$ liefert Gl. (3) folgenden Wert für die Festigkeit:

$$(\sigma_T)_R = \frac{2\,P}{\pi\,D t} \cdot 6\,. \tag{3a}$$

Dies ist die theoretische Zugspannung um eine endliche Bohrung in einem unendlich ausgedehnten Ring. Wenn jedoch $r_i = 0$, dann wird die Prüfung zum Brasilianischen Test. Für diesen lautet die Formel zur Berechnung der Zugfestigkeit $(\sigma_T)_B$ wie folgt:

$$(\sigma_T)_B = \frac{2\,P}{\pi\,D t}\,. \tag{4}$$

Somit ist die „Zugfestigkeit" einer Scheibe mit einer winzigen zentralen Bohrung um den Faktor 6 verschieden von der der Vollscheibe. Dies hängt von der Berechnungsweise ab. Dieser Umstand ist das Ergebnis der Benutzung des Begriffes Kontinuum bei der Bestimmung der Spannungsverteilung. Die Näherung mittels des Kontinuums bricht zusammen, wenn das Loch klein genug wird, daß seine Auswirkungen auf die Spannungs- und Energieverteilung ähnlich denen sind, die durch vorher vorhandene natürliche Inhomogenitäten entstehen.

Aus Bild 11 ist ersichtlich, daß für Ringe mit Kalksteineinschlüssen die untere Grenze der Größe der Bohrung, unterhalb der sie keinen Einfluß auf den Bruch mehr hat, 0,026 r_0 beträgt. Für Gips allein liegt die Grenze eine Größenordnung niedriger. Für $r_i \geqq 0{,}3\ r_0$ ist die Variation der „Festigkeit" sehr gering. Für die dazwischenliegenden Werte hat die Bohrung eine schwächende Wirkung, die jedoch nicht so ernsthaft ist, wie die Berechnungen auf Grund des Kontinuums angegeben haben.

Eine Erhöhung der „Festigkeit" mit abnehmender Größe der Bohrung wird auch aus Betrachtungen der Energetik der Bruchbildung vorausgesagt. Die gespeicherte Dehnungsenergie über eine gegebene radiale Länge (z. B. die eines Fehlers) in der Nähe der Bohrung nimmt mit dem Durchmesser der Bohrung ab. Somit kann bei einem gegebenen Spannungswert für eine bestimmte Länge des Fehlers die örtliche Dehnungsenergiedichte um eine kleine Bohrung herum unzureichend sein für das Wachsen eines instabilen Risses (d. h. für den Bruch), und höhere Spannungen werden erforderlich, um einen beobachtbaren Bruch zu verursachen.

Der Beweis, daß die „Festigkeits“zunahme nicht vollständig durch die Fehlerstatistik bestimmt wird, wird durch die Tatsache erbracht, daß die Variabilität der Festigkeitswerte der Versuche nicht mit der Abnahme der Größe der Bohrung zunahm, wie dies zu erwarten gewesen wäre, wenn die Wahrscheinlichkeit dafür, daß sich ein Fehler innerhalb des Gebietes hoher Spannung um die Bohrung befindet, die hauptsächlich bestimmende Größe für das Wachstum einer Bruchfläche wäre.

Es ist interessant zu bemerken, daß die Festigkeit beim Brasilianischen Test (Gl. 4) für die Proben 500 Pounds pro Quadratzoll (35 kp/cm²) beträgt (dabei wird der Wert 3000 Pounds pro Quadratzoll (210 kp/cm²) als Festigkeit des Ringtests für $r_i = 0$ (Gl. 3a) genommen). Die Festigkeit für eine große Bohrung ($r_2 \geqq 0{,}3\, r_0$) beträgt jedoch 1500 Pounds pro Quadratzoll (105 kp/cm²), d. h. sie ist dreimal größer als die Festigkeit beim Brasilianischen Test! Vermutlich ist ein Teil dieses Unterschieds die Folge der Voraussetzung, daß der Elastizitätsmodul sowohl für Druck- als auch für Zugbelastung der gleiche sei. Um diese Diskrepanz zu erklären, ist weitere Untersuchungsarbeit erforderlich. Diese Diskrepanz ist auch schon von anderen Autoren [11, 12] beobachtet worden.

Die obige Diskussion zeigt, daß der einfache Ausdruck „Zugfestigkeit“ keine spezifische Bedeutung hat. Der erhaltene Wert wird mehr durch die Art der Prüfung als durch das geprüfte Material bestimmt.

Statistische „Festigkeits“modelle

Es sind Modelle entwickelt worden, mit denen versucht werden soll, den Einfluß der statistischen Verteilung von Fehlern oder Inhomogenitäten auf die Festigkeit zu berücksichtigen. Das Weibullsche Modell [13] ist vielleicht dasjenige Modell in dieser Hinsicht, auf das man sich am häufigsten bezieht. Es ist im wesentlichen ein Modell des „schwächsten Kettenglieds“, welches beinhaltet, daß Einleiten des Bruches und strukturmäßiger Zerfall gleichbedeutend sind.

Nach Weibull ist die Wahrscheinlichkeit für den Bruch (P_v) eines gespannten Körpers mit dem Volumen V gegeben durch den Ausdruck

$$P_v = 1 - \exp\left(- \int_V f(\sigma)\, dV\right), \tag{1}$$

worin $f(\sigma)$ den Einfluß des Spannungsfeldes auf den Bruch darstellt. Ohne daß Weibull die Form dieser Funktion kannte, nahm er sie als folgenden Ausdruck an:

$$f(\sigma) = \left\{\frac{\sigma - \sigma_u}{\sigma_0}\right\}^m \tag{2}$$

Hierin ist σ die angreifende Spannung, die die auf den Körper wirkende Last darstellt; σ_u ist ein unterer Grenzwert von σ, unterhalb dessen die Wahrscheinlichkeit für den Bruch verschwindet; σ_0 und m sind zwei Materialkonstanten, die das Material charakterisieren. Obgleich die Größe m nicht direkt mit der physikalischen Struktur des Körpers gleichzusetzen ist, so deutet sie doch grob die Verteilung der Fehler im Körper an (großer Wert von m bedeutet homogenes Material), während σ_0 den Maßstab der Festigkeit angibt.

Bild 12 zeigt einen Vergleich der experimentellen Festigkeitsverteilungen mit denen, die auf der Grundlage von m- und σ_0-Werten für eine Reihe von statischen Zerreißfestigkeitsprüfungen an Granitbalken verschiedener Abmessungen vorausgesagt wurden, wobei die m- und σ_0-Werte aus der ersten Verteilung (Bild 12a) bestimmt wurden. Diese lassen erkennen, daß mit Gl. (2) die tatsächliche Art und Weise, in der Fehler (oder Inhomogenitäten) und Spannungsfeld miteinander in Wechselwirkung stehen, um einen Gesteinsbruch zu verursachen, eine übermäßige Vereinfachung erfahren kann. Es muß auch bemerkt werden, daß die Auswahl des besten Satzes σ_0, σ_u und m nicht einfach ist, obgleich die gewählten Werte die vorausgesagten Werte beträchtlich beeinflussen können. Oh und Finnie [14] haben Ergebnisse

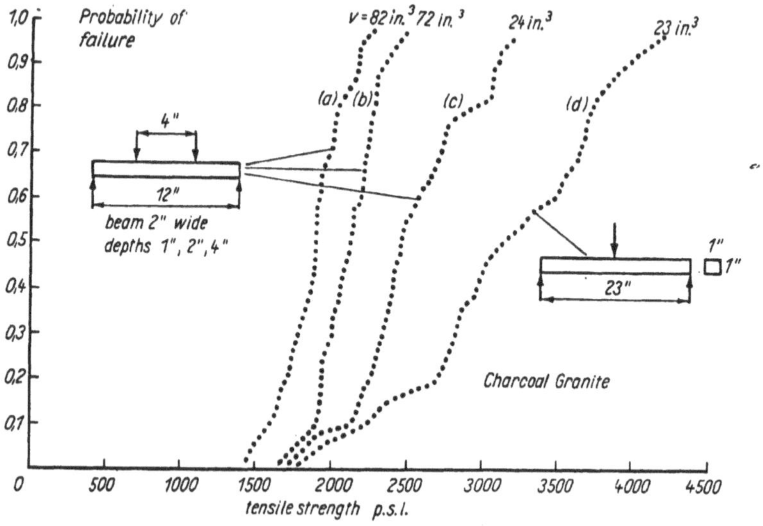

Bild 12. Änderung der Zugfestigkeit mit dem Volumen und dem Versuch

von Versuchen zur Bestimmung der Bruchbelastung, die zur Erzeugung von Ringspalten in Glas durch kugelförmige Eindringkörper erforderlich ist, veröffentlicht. Sie zeigen, daß σ_u-Werte in Bereichen über 0, 2000, 4000, 5000 und 6000 Pounds pro Quadratzoll (0, 140, 280, 350 und 420 kp/cm²) gleich gut zu ihren Daten passen, wenn sich m und σ_0 entsprechend ändern. Sie geben beispielsweise die folgenden Werte als gleichermaßen befriedigend an:

σ_u = 4000 Pounds pro Quadratzoll (280 kp/cm²)
m = 4,2
σ_0 = 4500 Pounds pro Quadratzoll (315 kp/cm²)

und

σ_u = 5000 Pounds pro Quadratzoll (350 kp/cm²)
m = 3,2
σ_0 = 3500 Pounds pro Quadratzoll (245 kp/cm²).

Während die allgemeine Gültigkeit einer statistischen Grundlage für die Festigkeit (d. h. daß die Festigkeit einer Probe von der Größe und der Verteilung der Fehler (oder Inhomogenitäten) im spannungsbeanspruchten Volumen abhängt) unangezweifelt zu sein scheint, ist dennoch eine große Menge Arbeit erforderlich, bevor geeignete spezifische statistische Modelle entwickelt werden.

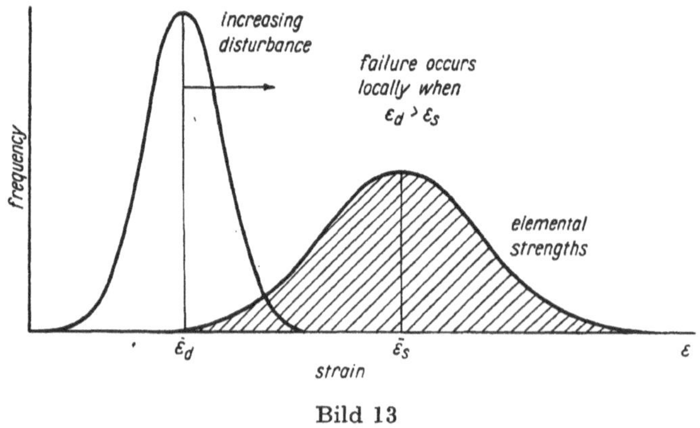

Bild 13

Obgleich der Bruch bei der Druckbelastung zweifellos durch die Verteilung von Inhomogenitäten beeinflußt wird, so folgt er dennoch nicht einem Modell des schwächsten Kettengliedes, wie wir oben gesehen haben. Es erscheint daher nicht angebracht, das WEIBULLsche Modell bei der Analyse von Ergebnissen von Druckversuchen zu benutzen.

Die Form der vollständigen Spannungs–Dehnungs-Kurve wird leicht hergeleitet aus statistischen Bruchbetrachtungen, wie sie von HUDSON [15] dargelegt worden sind.

Sowohl für die an der Probe bewirkte Dehnung (ε_d) als auch die örtliche Festigkeit (ε_s) (der Bequemlichkeit halber in Einheiten der Dehnung gemessen) eines Elementes der Probe werden als normal verteilt um die Mittelwerte $\bar{\varepsilon}_d$ bzw. $\bar{\varepsilon}_s$ vorausgesetzt (Bild 13). Wenn $\bar{\varepsilon}_d$ erhöht wird (d. h. nach rechts bewegt in Bild 13), erleiden die schwächeren Elemente in immer stärkerem Maße Bruch. Falls dann vorausgesetzt wird, daß der Widerstand der Probe [d. h. Modul(variable)] proportional dem Anteil der Elemente ist, die noch keinen Bruch erlitten haben, oder dem „Überlebensanteil" (S), dann gilt für die mittlere wirkende Spannung $\bar{\sigma}_r$

$$\bar{\sigma}_r \approx S\,\bar{\varepsilon}_d$$

oder

$$\bar{\sigma}_r = c\,\varnothing(w)\,\bar{\varepsilon}_d\,,$$

wobei c eine Konstante ist und
w das Integral der Funktion für die Standard-Verteilung darstellt:

$$w = \frac{1}{2\pi} \int_{-\infty}^{w} e^{-u^2/2}\,du\,.$$

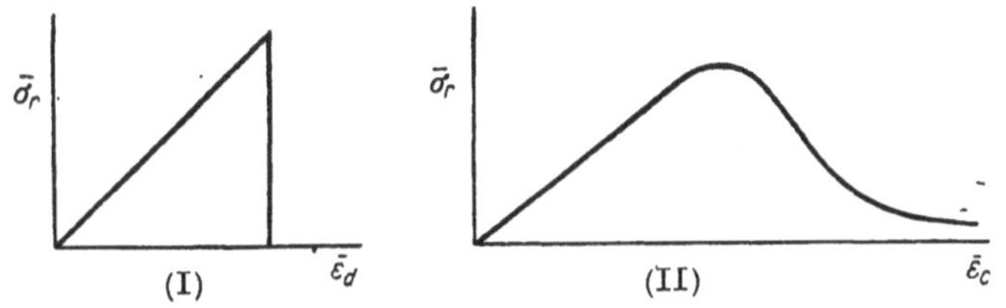

Bild 14. (I) Vollständig homogenes Gestein. Gleichförmige Belastung
(II) Mäßig inhomogenes Gestein und Belastung

Eine Schar von vollständigen Spannungs–Dehnungs-Kurven kann dann für verschiedene Werte der Parameter Dehnung ($\bar{\varepsilon}_d$) und Festigkeit ($\bar{\varepsilon}_s$) konstruiert werden. Bild 14 zeigt zwei solche Fälle. Solche Analysen sind besonders nützlich bei der Untersuchung des Einflusses verschiedenartigen Materials und verschiedener Versuchsvariable auf die Spannungs–Dehnungs-Kurve. Das Fehlen eines scharfen Abbruchs in Bild 14 (II) läßt beispielsweise erkennen, daß die scharfe Neigungsänderung im Bereich der negativen Neigung der mit Klasse II bezeichneten Gesteinsarten in Bild 4 auf den stark anwachsenden Einfluß eines anderen Verformungsmechanismus, wie z. B. den der Scherung zurückzuführen ist.

Das obige Modell ist unfähig, das Verhalten der mit Klasse I bezeichneten Gesteinsarten vorauszusagen. Diese Unfähigkeit rührt von der für Materialien der Klasse I unrichtigen Voraussetzung her, daß ein Element, das bereits Bruch erlitten hat, keinen Restwiderstand besitzt und keine Energie speichern kann. Verfeinerte Modelle können ohne Schwierigkeit entwickelt werden und diese Merkmale berücksichtigen.

Allgemeine Bemerkungen

Die obige Diskussion zeigt, daß das mechanische Verhalten von Laborproben aus Gestein ohne Bezugnahme auf das Prüfsystem nicht korrekt analysiert werden kann. Gesteinseigenschaften sind statistische Größen, und die Untersuchung des strukturellen Zusammenbruchs von Gestein muß Wahrscheinlichkeitsbetrachtungen beinhalten. Dies gilt besonders für die verschiedenen Methoden zur Messung der Zug„festigkeit". Die Zug„festigkeit" ist mehr durch die Art und Weise der Prüfung und die Versuchsbedingungen als durch die Eigenschaften des Gesteinsmaterials selbst bestimmt.

Bruch und Zerfall bei Druckbelastung ist auch ein statistischer Vorgang, aber die relative Einfachheit der Durchführung einfacher Druckversuche hat dazu geführt, daß die widersprüchlichen Festigkeitswerte weniger in Erscheinung getreten sind. Jedoch sind dort, wo Ergebnisse aus einfachen Versuchen bei der Untersuchung von Druckbelastungsbruch oder bei einem Vergleich mit diesem in inhomogenen Spannungsfeldern verwendet werden sollen, ähnliche Festigkeitsvariationen zu erwarten.

Betrachtungen wie die obigen sollten sorgfältig abgewogen werden, bevor Versuche zur Standardisierung von Versuchsverfahren unternommen werden.

Bruch und Zusammenbruch bei „einachsigen" Zug- oder Druck-„festigkeiten" sind im wesentlichen nicht einfacher als unter anderen Belastungsbedingungen. Es ist daher manchmal irreführend, wenn man immer die Versuche als Standards benutzt, besonders wenn eine direktere Analogie zur praktischen Situation auf einfache Weise gewonnen werden kann. Beispielsweise ist der Eindring-Versuch ein besseres Maß für den Bohrwiderstand als ein Standard-Druckversuch.

Dynamischer Bruch

In vielen praktischen Situationen, wo der Zerfall des Gesteinsgefüges herbeigeführt wird, liegen beträchtlich höhere Belastungsgeschwindigkeiten vor als in den bisher erörterten Fällen. Es wurden Experimente durchgeführt, bei denen kleine Gesteinsproben (0,75 Zoll Durchmesser und verschiedene Längen bis zu 2,0 Zoll) Impulsbelastungen großer Amplitude ausgesetzt wurden, wobei die in Bild 15 gezeigte Hopkinsonsche Stoßschienenapparatur verwendet wurde.

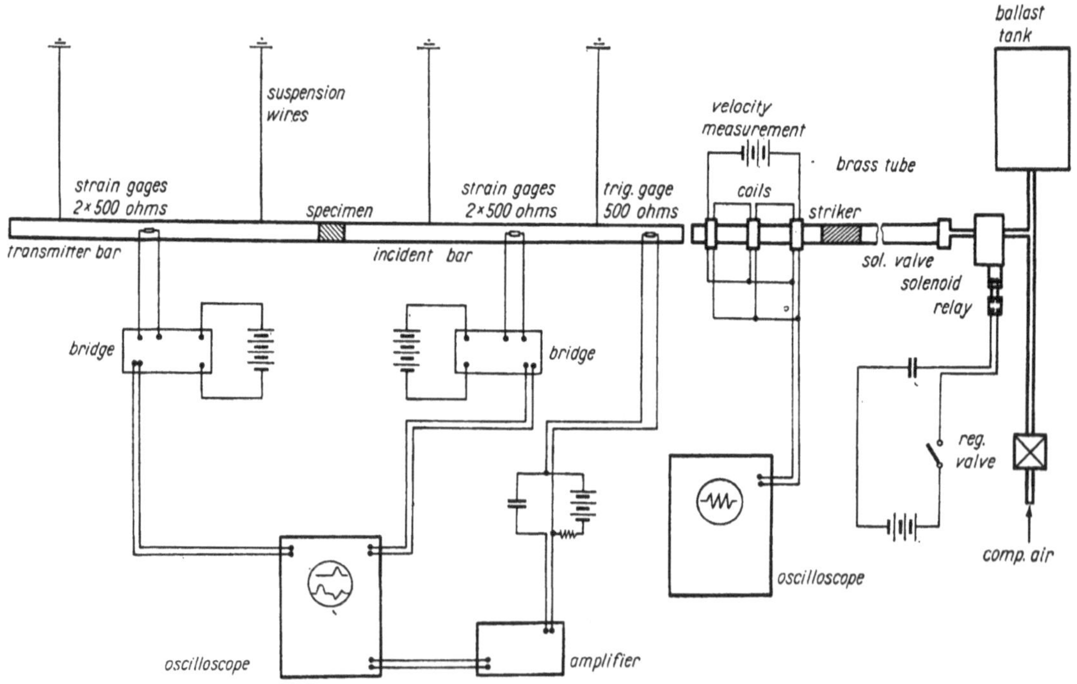

Bild 15. Die Apparatur der Hopkinschen Stoßschienenmethode

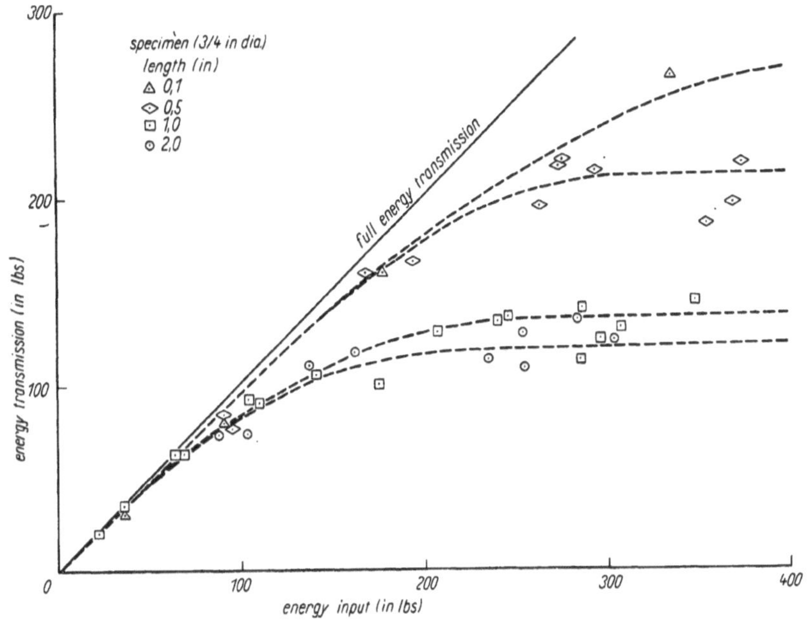

Bild 16. Energieübertragung in Tennessee-Marmor nach HOPKINSON-Methode, Stößel 5,0 Zoll

Der Impuls wird dadurch erzeugt, daß ein Stößel so beschleunigt wird, daß er auf das eine Ende der Eingangsschiene stößt. Ein Paar Dehnungsmesser nimmt den auf die Probe auftreffenden und den von der Probe reflektierten Impuls meßtechnisch auf. Ein ähnliches Paar Dehnungsmesser zeigt den durch die Probe übertragenen Impuls an. Die Aufzeichnungen auf dem Oszilloskop werden dann analysiert, um das Belastungs- und Energieübertragungsverhalten der Probe zu bestimmen. Die Proben wurden dann weiter untersucht, indem Schnitte angefertigt wurden, um die physikalischen Änderungen zu bestimmen, die durch den Impuls hervorgerufen wurden.

Die Ergebnisse zeigen, daß außer für sehr kurze Proben die Gesamtfestigkeiten für dynamische Druckbelastung der untersuchten Proben annähernd die gleichen waren wie die „statischen“ Festigkeiten. Bei sehr kurzen Proben erhöhte der seitliche Zwanglauf durch die stoßende und die übertragende Schiene die Festigkeit erheblich.

Schnitte von stoßbeanspruchten Proben zeigten:

(I) Die axiale Spaltbildung war stärker ausgebildet als in entsprechenden statischen Versuchen;

(II) die Bruchflächenbildung wurde mit zunehmender Entfernung vom gestoßenen Ende der Probe in zunehmendem Maße weniger intensiv;

(III) die Intensität der Bruchflächenbildung erhöhte sich mit steigenden Eingangsenergiewerten, obgleich die Proben im allgemeinen nicht vollständig zerfielen.

Die Energieübertragungskennlinien der Proben sind in Bild 16 dargestellt. Die Eingangsenergie ist die Differenz zwischen der auf das Eingangsende der Probe treffenden Energie und der von diesem reflektierten Energie. Die Übertragungsenergie ist die auf die Übertragungsschiene übertragene Energie. Es ist ersichtlich, daß die übertragene Energie einen Grenzwert erreicht, über welchem eine erhöhte Eingangsenergie nicht übertragen werden kann, sondern in der Probe verlorengeht. Die Untersuchung zeigt, daß die überschüssige Energie weitgehend durch zusätzliche Zerkleinerung der Probe verbraucht wird.

Die Analyse des dynamischen Verhaltens mittels einer vollständigen Spannungs–Dehnungs-Kurve wird etwas kompliziert durch die Tatsache, daß die Neigung der Kurve jenseits der

Maximallast stark durch die Verformungsgeschwindigkeit beeinflußt wird und sich örtlich in Abhängigkeit von der augenblicklichen überschüssigen Energie, die jenem Teil der Probe zugeführt wird, ändert.

Wir nehmen an, daß die Probe aus einer Anzahl aneinanderstoßender Scheiben in unmittelbarem Kontakt besteht (Bild 16), wobei jede Scheibe für sich (wenn sie allein ist) das gleiche Spannungs–Dehnungs-Verhalten zeigt. Ein Impuls kann betrachtet werden als eine Reihe von elementaren Belastungs- und Entlastungszyklen, die aufeinanderfolgen (Bild 16).

Wenn die Elementarimpulse kleinerer Amplitude angreifen, breiten sie sich mit geringer oder gar keiner Schwächung aus. Wenn jedoch die dynamische Spannungs–Dehnungs-Kurve mit einer positiven Neigung weitergeht (Bild 17), und zwar zumindest für einen gewissen Bereich der unelastischen Verformung, dann können sich zerstörend hohe Spannungen auf angrenzende Elemente ausbreiten. Es ist in der Tat wahrscheinlich, daß in der Nähe des gestoßenen Endes die Resultierende aus dynamischer Belastung und radialer Druckbelastung

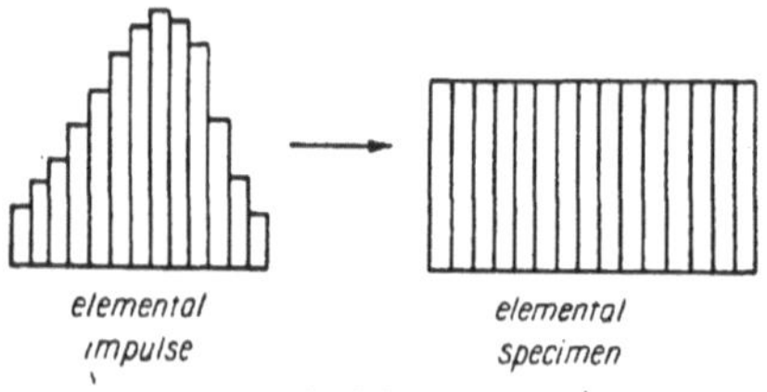

Bild 17

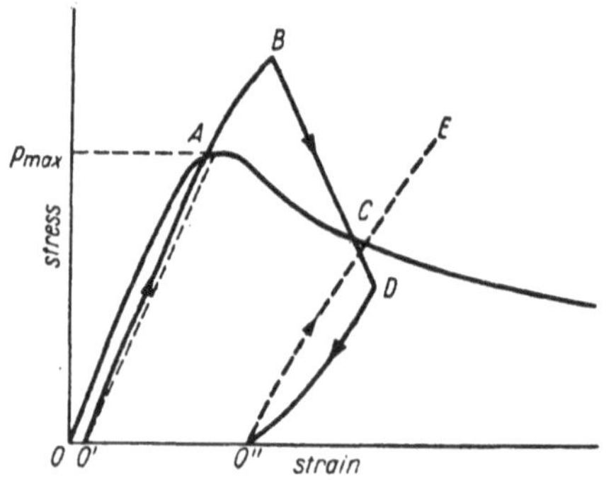

Bild 18

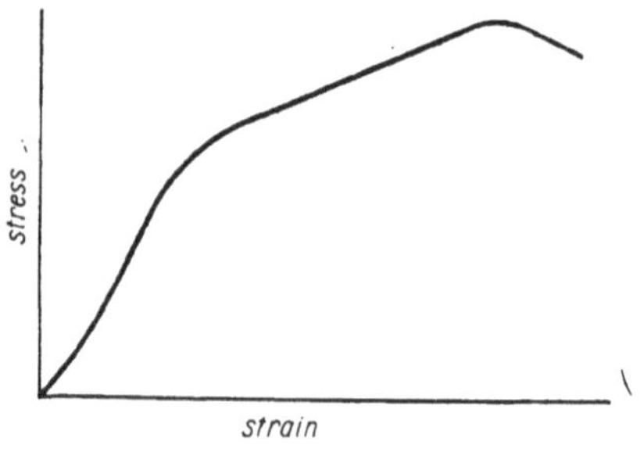

Bild 19

(infolge der Einspannung der Schiene am Ende) so groß ist, daß eine vollständige Spannungs–Dehnungs-Kurve dieser Form entsteht. Eine solche Kurve mit der positiven Neigung, die für weiter vom Ende wegliegende Elemente abnimmt, würde die Häufung der Schädigung in einem Bereich nahe dem gestoßenen Ende der Probe erklären. Der kontinuierlich steigende Verlauf der Energieübertragungskurve für die kurze Probe in Bild 16 unterstützt diese Folgerung.

Die obigen Experimente helfen, den intensiv pulverigen Bereich in unmittelbarer Nähe von Bohrkronenstößen auf Gestein zu erklären. Sie veranschaulichen auch, daß ein beträchtlicher Teil der gesamten Sprengstoffenergie bei einer Sprengung für das irreversible Zerkleinern des Gesteins in der unmittelbaren Nähe der Sprengladung verlorengehen muß. Die Schlußfolgerung, daß die Form des jenseits der Zerkleinerungszone übertragenen Impulses durch das Spannungs–Dehnungs-Verhalten des Gesteins und *nicht* durch den auftretenden Impuls (z. B. Sprengladung) bestimmt wird, befindet sich in Übereinstimmung mit Beobachtungen von Starfield [10]. Starfield leitete die Form des Impulses, der die unmittelbare Nähe einer Sprengladung verläßt, her und fand, daß sie im wesentlichen von dem verwendeten Sprengstofftyp unabhängig ist.

Schlußbetrachtung

Die gegenwärtigen Theorien über den Gesteinsbruch, besonders jene von GRIFFITH und die Modifikation von McCLINTOCK-WALSH, sind zur Beschreibung des Bruchverhaltens von Gestein unzureichend. Um ihre Gültigkeit zu erweitern, müßten die Theorien den Unterschied zwischen Brucheinleitung und strukturmäßigem Zusammenbruch berücksichtigen. Die Einflüsse von statistisch verteilten Inhomogenitäten im Gestein auf den Bruch müßten ebenfalls einbezogen werden.

Literatur

[1] GRIFFITH, A. A.: Theorie des Bruchs. Int. Cong. Appl. Mech.; Biezeno and Burgers, ed., J. Waltman Jr. Press, Delft 1924.

[2] McCLINTOCK, F. A., und WALSH, J. B.: Reibung der GRIFFITHschen Risse unter Druck. Proc. 4th U. S. Nat. Cong. Appl. Mech. (1962).

[3] HOEK, E.: Gesteinsbruch unter statischen Spannungsbedingungen. CSIR Report MEG 383 (1965).

[4] BARNARD, P. R.: Untersuchungen über die vollständige Spannungs-Dehnungskurve für Beton. Mag. Concrete Res. **16** (1964) S. 49.

[5] COOK, N. G. W.: Der Gesteinsbruch. Int. J. Rock Mech. Mining Sc., **2** (1965) S. 4.

[6] COOK, N. G. W., und HOJEM, J. P. M.: Eine starre 50-Tonnen-Druck-Zug-Prüfmaschine. South African Mech. Engr., Nov. 1966.

[7] HUGHES, B. P., und CHAPMAN, G. P.: Die vollständige Spannungs–Dehnungs-Kurve für Beton bei direkter Zugbelastung. Bulletin RILEM, Nr. 30 (1966) S. 95–97.

[8] WAWERSIK, W. R.: Ausführliche Analyse des Gesteinsbruchs bei Druckversuchen im Laboratorium. Diss. für ak. Grad Ph. D. (Doctor of philosophy), Universität Minnesota, Juli 1968, S. G 1–2.

[9] SANTHANAN, A. T., und GUPPA, Y. P.: Spaltflächenenergie von Kalkspat. Int. J. Rock Mech. Min. Sc. **5** (1968) Nr. 3, S. 253–259.

[10] BROWN, E. T., und TROLLOPE, D. H.: Der Bruch linearer spröder Materialien unter effektiver Zugspannung. Rock Mech. and Engng. Geol. V (1967) S. 4.

[11] HOBBS, D. W.: Die Zugfestigkeit von Gesteinsarten. Int. J. Rock Mech. Min. Sc. **1** (1964) S. 385–394.

[12] ADDINALL, E., und HACKETT, P.: Zugbruch in gesteinsähnlichen Materialien. Proc. Sixth Symp. on Rock Mech., Rolla, Missouri, 1964, S. 515–538.

[13] WEIBULL, W.: Eine statistische Theorie über die Festigkeit von Materialien. Ing. Vetenskaps. Akad. Handl. **151** (1939) S. 5–44.

[14] OH, H., und FINNIE, I.: Die Ringspaltbildung von Glas durch kugelförmige Eindringkörper. J. Mech. Phys. Solids **15** (1967) S. 401–411.

Der Einfluß von Porenwasser auf das Verhalten von Gebirgskörpern

von J. L. Serafim[1]), Madrid

Zusammenfassung

Dieser Beitrag enthält allgemeine Betrachtungen über die Strömung einer Flüssigkeit (Wasser) in einem porösen Stoff, über die stationäre Strömung in anisotropem Gestein und über die nichtstationäre Strömung durch geklüftete Gebirgskörper. Der Einfluß von Klüften und Poren auf die instationäre Strömung wird besprochen und einige Beobachtungen über die Wasserfiltration unter der Gründungssohle von Mauern werden mitgeteilt.

Zu den Betrachtungen gehört die Behandlung der wirksamen Spannungen in Gebirgskörpern, d. h. der direkten Spannungskomponenten abzüglich der Porendrücke, und der wirksamen Fläche der Porendrücke, d. h. der Fläche, auf der die Porendrücke in ihrer Verkleinerung der Gesamtspannungen wirksam sind.

Weiterhin wird in kurzer Form der tatsächliche Spannungszustand, der durch Porendrücke in einem homogenen, isotropen und elastischen porösen Stoff hervorgerufen wird, behandelt, ebenso wie die Bestimmung der in-situ-Durchlässigkeit von Gebirgskörpern und ihrer Grenzen.

1. Einleitung

Wasser ist in Gebirgskörpern allgegenwärtig. Wenn hydraulische Gefälle vorliegen, dringt das Wasser durch Poren, Spalten, Klüfte, Sprünge und Hohlräume und bewirkt dabei hydraulische, mechanische, physikalische und chemische Vorgänge im Gebirge. Obgleich eine wesentliche Menge des Porenwassers durch Pumpen, Entwässerung usw. entfernt werden kann, wird doch ein Teil durch Kapillarkräfte dauernd gebunden.

Das Wasser im Gebirge befindet sich unter Druck, der normalerweise mit zunehmender Teufe ansteigt. Schwankungen im Wasserdruck können die Erdkruste in Mitleidenschaft ziehen, indem sie Verformungen oder sogar Bruch hervorrufen; sie können sich aber auch auf die Gründung von großen Bauwerken oder auf untertägige Hohlräume durch Spannungsänderungen im Gebirge und damit Beeinflussung von dessen Verhalten auswirken. Aus diesem Grund sind die Gesetze, die das Durchsickern des Wassers im Gebirge, die gegenseitige Wechselwirkung zwischen den Porendrücken und Spannungsverformungen und den Bruch von wassergesättigtem Gebirge beschreiben, von wesentlicher Bedeutung für diejenigen, welche sich mit dem Gebirge als einem Teil von Felsgründungen, untertägigen Anlagen, des Bergbaus in hartem Gestein oder mit der Wasserversorgung befassen. In Beziehung zum Durchsickern von Wasser im Gebirge steht das Durchsickern von Öl und Gas. Dieser Beitrag beabsichtigt nicht, sich mit spezifischen Problemen zu befassen, sondern will eine Beschreibung der Erscheinungen bringen, die mit dem Porenwasser verbunden sind, insbesondere die mechanischen Wirkungen.

Der Einfluß des strömenden Wassers auf die Poren, Spalten und Klüfte sowie die Faktoren, die sich mit der Zeitabhängigkeit dieser Strömung befassen, sollen dargestellt werden. Auch die Änderungen der Kennwerte, wie Durchlässigkeit und Verformbarkeit, hinsichtlich Zeit,

---

[1]) Consulting Engineer, President, CONSULPRESA, S. A., Madrid.

Richtung und Lage sollen betrachtet werden. Weiterhin werden die Probleme hervorgehoben, die sich als physikalische und chemische Äußerungen infolge Änderung und Verwitterung durch die Zirkulation des Wassers zeigen und die die Spannungs- und hydraulischen Felder im Gebirge beeinflussen. Dazu gehört auch die Behandlung des Spannungszustandes, der durch Porendrücke in flüssigen Stoffen hervorgerufen wird. Die Komplexität von Gebirgskörpern verlangt eine spezielle Behandlung des Problems des Spannungszustandes und der Flächen, in denen die Spannung betrachtet wird.

2. Die Strömung des Wassers in porösen Stoffen

Die Strömung von Wasser in einem porösen Stoff wie Beton, Mauerwerk oder Gestein wird durch hydraulisches Gefälle hervorgerufen. Änderungen im Wasserdruck zwischen zwei Punkten, entweder infolge statischen Auftriebs oder Widerstand gegen viskoses Strömen, ruft Oberflächenkräfte in den Poren hervor, die den Raumkräften äquivalent sind. Hydraulische Raum- und andere Kräfte, sowohl innere als auch äußere, tragen zur Verformung des Stoffes bei und damit gleichzeitig zu einer Änderung des Porenvolumens und der Durchlässigkeitsbeiwerte.

Das mathematische Modell zur Beschreibung der Strömung einer kompressiblen Flüssigkeit durch einen durchlässigen Körper mit komplexer Porengeometrie und komplexem elastischem Verhalten dient nicht nur dazu, die hydraulische Seite der Flüssigkeit zu behandeln, sondern auch das mechanische Problem des Feststoffes. Beide Probleme müssen gleichzeitig betrachtet werden, wenn auch in vereinfachten Formen, um jedes von ihnen lösen zu können.

Obgleich wesentliche Widersprüche festzustellen sind, wird normalerweise angenommen, daß die Strömung von Flüssigkeiten in durchlässigen Stoffen dem Darcyschen Gesetz folgt, das für den Fall der Strömung von homogenen Flüssigkeiten in einem porösen Stoff verallgemeinert worden ist [1]. In einer anderen Veröffentlichung [2] wurde ein Ausdruck für die Filtration durch einen bestimmten Komplex von Spalten mitgeteilt. Wenn diese eng sind und gleichmäßige Weite aufweisen, kann Proportionalität zwischen der Geschwindigkeit der Durchsickerung und dem hydraulischen Gefälle angenommen werden.

Gesteine sind sehr unterschiedlich gestaltete Materialien. Proben von harten Graniten und kompakten Kalkgesteinen können Durchlässigkeitsbeiwerte von weniger als 10^{-10} cm/s aufweisen, während Sandsteine oder einige zerklüftete schiefrige Gesteine Beiwerte bis weit herunter von 10^{-3} cm/s haben. Werte für die Durchlässigkeit für Wasser in verschiedenen Gesteinen und Gebirgskörpern sind in verschiedenen Quellen angegeben, eine Zusammenstellung ist in der Arbeit [3] enthalten. Gebirgskörper werden als stärker durchlässig angegeben, als durch die Porosität des Materials selbst angenommen werden könnte, und zwar wegen des Vorhandenseins von Störungen und Klüften. Zusätzlich haben die Ergebnisse von Untersuchungen im Laboratorium und in situ gezeigt, daß die Durchlässigkeitsbeiwerte sowohl von Gestein als auch des Gebirges in Abhängigkeit vom Spannungszustand und vom Innendruck der Flüssigkeit schwanken.

Die Schwankungen des Durchlässigkeitsbeiwertes infolge des Spannungszustandes, gemessen durch die Radialströmung durch Gesteinskerne mit einer mittigen Bohrung, sind in [4] mitgeteilt worden. Diese Schwankungen waren bei geklüfteten Gesteinen besonders bemerkenswert. Auch die Schwankungen des Durchlässigkeitsbeiwertes infolge Manteldrucks sind bereits diskutiert worden [5, 6].

Es darf angenommen werden, daß in den meisten der berichteten Fälle die angeführte Durchlässigkeit des Gesteins eher das Ergebnis von offenen Spalten und dünnen Klüften als von gleichmäßig verteilten Poren ist. Diese Tatsache würde auf einen anisotropen Charakter von Gebirgskörpern vom Standpunkt sowohl der Wasserfiltration als auch des mechanischen

Verhaltens hindeuten. In geschichteten Gesteinen ist das noch augenscheinlicher. Irmay [7] veröffentlichte einige Ergebnisse theoretischer Untersuchungen über die Durchlässigkeit eines solchen Stoffes.

3. Stationäre Strömung in anisotropen Gesteinen

Unter der Voraussetzung, daß die Menge (Gewicht) einer Flüssigkeit, die in eine Raumeinheit eines porösen Stoffs in einer Zeiteinheit eintritt, der Menge gleich ist, die dieses Volumen wieder verläßt, ist anzunehmen, daß keine Flüssigkeit zurückgehalten wird und daß deswegen die Flüssigkeit oder Gase innerhalb der Poren inkompressibel sind und die Poren keine Volumenänderung aufweisen. Damit läßt sich für das stationäre Strömen die folgende Gleichung aufstellen:

$$\frac{\partial k_1}{\partial x}\cdot\frac{\partial U}{\partial x}+\frac{\partial k_2}{\partial y}\cdot\frac{\partial U}{\partial y}+\frac{\partial k_3}{\partial z}\cdot\frac{\partial U}{\partial z}+k_1\frac{\partial^2 U}{\partial x^2}+k_2\frac{\partial^2 U}{\partial y^2}+k_3\frac{\partial^2 U}{\partial z^2}=0\,. \tag{1}$$

In dieser Gleichung ist

U = das hydraulische Potentialgefälle,

k_1, k_2, k_3 = Hauptkomponenten der Durchlässigkeit.

Diese Gleichung besagt, daß, wenn eine Änderung in den äußeren Bedingungen eintritt, die die Strömung bewirken, das hydraulische Gefälle im Innern des Stoffs gleichzeitig davon betroffen wird. Gewöhnlich weisen k_1, k_2 und k_3 von Ort zu Ort im Gebirge unterschiedliche Werte auf, und zwar wegen des Charakters des Gebirgskörpers und weil sie durch die Spannungen im Stoff beeinflußt werden. Wenn diese Unterschiede vernachlässigt werden können, kann die folgende Veränderung der Variablen vorgenommen werden:

$$\bar{x}=\frac{x}{\sqrt{k_1}}\,;\qquad \bar{y}=\frac{y}{\sqrt{k_2}}\,;\qquad \bar{z}=\frac{z}{\sqrt{k_3}}\,.$$

Unter Verwendung dieser Werte wird die Gleichung der stationären Strömung zur wohlbekannten Laplace-Gleichung:

$$\frac{\partial^2 U}{\partial \bar{x}^2}+\frac{\partial^2 U}{\partial \bar{y}^2}+\frac{\partial^2 U}{\partial \bar{z}^2}=0 \qquad \text{oder} \qquad \nabla^2 U=0\,,$$

die ähnlich der ist, die häufig zur Bestimmung der stationären Strömung einer inkompressiblen homogenen Flüssigkeit durch einen isotropen und gleichförmig porösen Körper verwendet wird.

Wenn angenommen wird, daß das hydraulische Potential einzig aus Druckänderungen resultiert, kann die obige Gleichung folgendermaßen geschrieben werden:

$$\nabla^2 p=0\,. \tag{2}$$

Die letzteren zwei Gleichungen sind die, die normalerweise benutzt werden, um stationäres Strömen von Wasser in Gebirgskörpern auszudrücken. Es sind formale mathematische Methoden verwendet worden, um eine große Anzahl von Fällen ebener Strömung entsprechend relativ einfachen Grenzbedingungen zu lösen, d. h. Gründungen von Mauern mit und ohne Dräns oder Spundwänden, Tunneln, Bohrungen und Dräns in unendlichen oder halb-unendlichen Stoffen. Numerische Verfahren sind auch in Verbindung mit Gründungen von Mauern angewandt worden [8]. Da Gl. (2) andere physikalische Erscheinungen beinhaltet, können diese als Analogien verwendet werden, um ein Problem zu lösen.

Moderne numerische Verfahren, insbesondere die Finite-Element-Methode, ermöglichen die Lösung von Gl. (1) für Fälle von variabler und anisotroper Durchlässigkeit mit der gleichen Leichtigkeit wie die gewöhnliche Laplace-Gleichung [9, 10].

In geklüfteten Massen von gesundem Gestein ist die in Frage stehende Durchlässigkeit gewöhnlich die Durchlässigkeit der Klüfte, d. h. von Öffnung und Abstand der Klüfte. In sehr porösen Gesteinen mit gefüllten Klüften ist die in Rede stehende Durchlässigkeit gewöhnlich die Durchlässigkeit durch das Gestein selbst. Bei stationärer Strömung kann jedoch kein merklicher Unterschied zwischen den Porendrücken des Wassers in den Klüften oder in den benachbarten Poren des Materials bestehen. Wenn der Gebirgskörper wesentliche Störungen aufweist, die die Klüfte entwässern, muß die Bedeutung solcher örtlichen Wege für das Wasser sorgfältig berücksichtigt werden. Diese Störungen sind gewöhnlich auf der einen Seite sehr durchlässig und auf der anderen Seite recht undurchlässig; deswegen sollten solche Störungen als Grenzen der Strömung betrachtet werden. In sehr geklüfteten Gebirgskörpern mit bemerkenswerten Störungen sind die theoretischen Lösungen von geringer Hilfe, es müssen ingenieurmäßige Näherungslösungen gesucht werden. Typische hydraulische Potentialverteilungen in Böschungen von geklüfteten Massen gesunden Gesteins, in dem die Strömungsvorgänge hauptsächlich durch die Verteilung, Orientierung und Weite der Klüfte gesteuert werden, sind in den Untersuchungen von WITTKE und LOUIS enthalten [11].

4. Nichtstationäre Strömung von Wasser durch geklüftete Gebirgskörper

Während einer Zeitspanne der Strömung, wenn in einer Raumeinheit um einen Punkt ein Teil Wasser zurückgehalten wird oder daraus seinen Ausgang nimmt, wird die Strömung instationär. Druckschwankungen an den Grenzen werden ganz durch den Stoff mit einer gewissen Verzögerung übertragen, wenn das Wasser als kompressibel betrachtet wird, wenn Temperaturschwankungen Änderungen in der Viskosität und im Rauminhalt hervorrufen, wenn der Rauminhalt der Poren, Spalten und/oder Klüfte sich ändert und wenn Luft im System zusammengedrückt oder gelöst wird.

Wenn man ein Parallelepiped des Gebirgskörpers mit dem Rauminhalt dV, wie in Bild 1 gezeigt, mit parallelen Flächen zu drei angenommenen Systemen von Klüften im Gebirge, wodurch die Hauptanisotropieflächen gegeben sind, und mit einer ausreichenden Anzahl dieser Klüfte, um repräsentativ für dieses Gebirge vom Standpunkt der Wasserinfiltration zu sein,

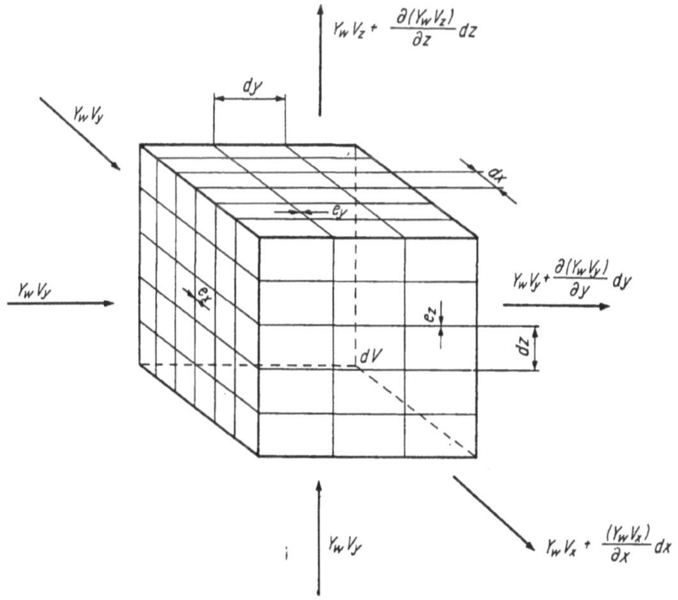

Bild 1. Strömung von Wasser durch ein Volumen dV eines Gebirges

betrachtet, dann ist der Massenunterschied für die Flüssigkeitsmenge, die in die und aus der Raumeinheit in der Zeiteinheit fließt, gegeben durch:

$$\frac{\partial q}{\partial t} = -\left[\frac{\partial(\gamma_w v_x)}{\partial x} + \frac{\partial(\gamma_w v_y)}{\partial y} + \frac{\partial(\gamma_w v_z)}{\partial z}\right] \mathrm{d}V\,,$$

wobei

γ_w = spezifisches Gewicht der Flüssigkeit,

v_x, v_y, v_z = Geschwindigkeiten.

Wenn man $\gamma_w = \gamma_0$ annimmt, wobei γ_0 das spezifische Gewicht der Flüssigkeit bei atmosphärischem Druck ist, sind die Hauptkomponenten der Durchlässigkeit in bezug auf die Durchschnittlichen Weiten der Klüfte e_x, e_y, e_x und ihr mittlerer Abstand d_x, d_y und d_z:

$$k_1 = \frac{r_0}{12\,\mu}\left(\frac{e_y^3}{\mathrm{d}_y} + \frac{e_z^3}{\mathrm{d}_z}\right),$$

$$k_2 = \frac{r_0}{12\,\mu}\left(\frac{e_z^3}{\mathrm{d}_z} + \frac{e_x^3}{\mathrm{d}_x}\right),$$

$$k_3 = \frac{r_0}{12\,\mu}\left(\frac{e_x^3}{\mathrm{d}_x} + \frac{e_y^3}{\mathrm{d}_y}\right),$$

wobei μ die Viskosität ist. Deswegen ist

$$\frac{\partial q}{\partial t} = \left[\frac{\partial}{\partial x}\left(k_1 \frac{\partial p}{\partial x}\right) + \frac{\partial}{\partial y}\left(k_2 \frac{\partial p}{\partial y}\right) + \frac{\partial}{\partial z}\left(k_3 \frac{\partial p}{\partial z}\right) + \gamma_0 \frac{\partial k_3}{\partial z}\right] \mathrm{d}V\,.$$

Die obigen Werte von k können sich ändern, um die Auswirkungen des in den Klüften vorhandenen Füllungsmaterials und die Rauhigkeit ihrer Oberflächen zu berücksichtigen. Da diese Werte außerdem von der Temperatur (sie beeinflußt die Viskosität und möglicherweise auch die Weite der Klüfte) abhängen, müssen in jedem Fall Versuche angestellt und Beobachtungen vorgenommen werden, um diese Abhängigkeit zu ermitteln.

In [2] und [3] sind die Entwicklungen angegeben, die zu folgender allgemeinen Differentialgleichung der Strömung von Wasser durch einen Gebirgskörper führen

$$\frac{1}{\mathrm{d}V}\frac{\partial q}{\partial t} = \frac{\partial}{\partial x}\left(k_1 \frac{\partial p}{\partial x}\right) + \frac{\partial}{\partial y}\left(k_2 \frac{\partial p}{\partial y}\right) + \frac{\partial}{\partial z}\left(k_3 \frac{\partial p}{\partial z}\right) + \gamma_0 \frac{\partial k_3}{\partial z} =$$

$$\left(1 - \frac{a_0\, p_0}{p + p_0}\right) n\, \gamma_0\, \beta \frac{\partial p}{\partial t} + \gamma_0\, n \frac{p_0\, a_0 + 0{,}02\, p\,(1 - a_0)}{(p + p_0 - 0{,}02\, p)^2} \frac{\partial p}{\partial t} + \gamma_0 \left(1 - \frac{a_0\, p_0}{p + p_0}\right) \frac{1}{B} \frac{\partial \Theta}{\partial t}\,.$$

In dieser Gleichung ist

a_0 = Luftmenge,

n = Porengehalt oder Porosität,

γ_0 = spezifisches Gewicht der Flüssigkeit bei atmosphärischem Druck,

p = Druck,

β = volumetrische Kompressibilität,

B = Kompressionsmodul des Gebirgskörpers,

Θ = Summe der Hauptspannungen.

In ihrer endgültigen Form berücksichtigt das erste Glied der obigen Gleichung die volumetrische Kompressibilität, das zweite Glied den Raumanteil an Luft (Luftblasen) und das dritte die Abnahme am Porenanteil, der für die Flüssigkeit zugänglich ist (Verminderung der Weite der Klüfte). Damit können, wenn schnelle Veränderungen in den äußeren Bedingungen oder in den Gesamtspannungen eintreten, Drücke im Innern der Klüfte des Gebirges aufgebaut werden, die zu einer Verminderung der Gesamtfestigkeit des Gebirges Anlaß geben. Berechnungen haben gezeigt, daß das besonders wichtig ist, wenn dünne Klüfte mit undurchlässigen Tonen gefüllt sind. Es ist geschlußfolgert worden, daß der Spannungszustand im Gebirgskörper ein Hauptfaktor bei der Beurteilung des Porendruckes ist. Die Durchlässigkeit wird nicht nur durch Verminderung in der Kluftweite berührt, sondern der Raum, der einsickerndem Wasser zugänglich ist, wird ebenfalls beeinflußt, wenn der Körper druckbeansprucht wird.

Unter den Faktoren, die eine instationäre Strömung verursachen (wie die Ansammlung von Wasser im Innern der Klüfte), dürfte eingeschlossene Luft eine besondere Rolle spielen. Bei der Beurteilung des Zustands der Strömung ist das Ausmaß, in dem Gebirgskörper Luftblasen während der Strömung zurückhalten können, wie unterhalb von Staumauern, ein wichtiger Gesichtspunkt. Aus Beobachtungen scheint sich auch anzudeuten, daß Temperaturschwankungen die Bewegungen von Klüften wesentlich beeinflussen können und damit den Durchlässigkeitsbeiwert und das Gewicht an Flüssigkeit, das in einer Raumeinheit enthalten ist. Wenn man annimmt, daß das Wasser in einem Staubecken im unteren Bereich 5° C kälter ist als das Gebirge, das seinerseits Klüfte in 1 m Entfernung aufweist, dann werden sich die Klüfte um 0,05 mm öffnen.

Unter der Voraussetzung, daß die Spannungen in jedem Punkt des Gebirges proportional dem Porendruck, daß die Koeffizienten unveränderlich und daß die Veränderungen von l^2 mit dem Druck vernachlässigbar sind, kann die obige Gleichung eingeengt werden:

$$\nabla^2 p = l^2 \frac{\partial p}{\partial t}\,.$$

Es handelt sich um die Gleichung für den nichtstationären Wärmefluß, wobei l^2 der Diffusionskoeffizient ist. Mit empirischen Werte von l^2 kann diese Gleichung mit ihren vielen Lösungen verwendet werden, um Porendrücke in Gebirgskörpern zu bestimmen.

5. Einfluß von Klüften und Poren auf die instationäre Strömung

Wenn das Gestein sehr porös ist, wie in ölführenden Gesteinen, kann die Menge an Flüssigkeit in den Poren sehr groß im Verhältnis zur Flüssigkeit in den Klüften sein, d. h., in 1 m³ Gestein mit einem Porenanteil von 10% kann 100mal mehr Wasser gespeichert werden als in einem System von kubisch angeordneten Klüften von 0,3 mm Weite, die 1 m Abstand in drei orthogonalen Richtungen haben. Damit kann, auch wenn das Gestein einen wesentlich geringeren Durchlässigkeitsbeiwert k als der entsprechende Wert für die Klüfte k hat, der Austausch von Flüssigkeit zwischen den Poren und Klüften von grundlegender Bedeutung für die instationäre Strömung sein.

Barenblatt u. a. [12] haben die Gesetzmäßigkeit der nichtstationären Strömung von Flüssigkeiten in einem Stoff von doppelter Durchlässigkeit der Poren und Klüfte untersucht. Wenn p_1 der durchschnittliche Druck in den Klüften nahe einem bestimmten Punkt und p_2 der durchschnittliche Druck in den Poren nahe dem gleichen Punkt ist und wenn v_1 und v_2 die entsprechenden Vektorgeschwindigkeiten der Flüssigkeit sind, dann ist die Menge an Flüssigkeit q, die aus den Poren in die Klüfte in der Zeiteinheit übergeht:

$$q = \gamma_w\, a\,(p_2 - p_1)\,\mathrm{d}V\,.$$

a ist dabei ein dimensionsloser Kennwert der geklüfteten Gesteine. Wenn n_1 und n_2 die Rauminhalte der Klüfte und Poren in Prozent des gesamten Gesteinsvolumens sind, dann gleicht die Änderung in der Menge der Flüssigkeit, die in den Klüften infolge der Kompressibilität der Flüssigkeit und der Änderung im Rauminhalt der Klüfte zurückgehalten wird, dem Rauminhalt, der aus den Klüften herausfließt, abzüglich der Menge der Flüssigkeit aus den Poren:

$$\mathrm{d}V \frac{\partial n_1 \gamma_w}{\partial t} + \mathrm{d}V \operatorname{div}(\gamma_w v_1) - q = 0\,.$$

Die Menge der Flüssigkeit, die in den Poren enthalten ist, ist gegeben durch:

$$\mathrm{d}V \frac{\partial n_2 \gamma_w}{\partial t} + \mathrm{d}V \operatorname{div} (\gamma_w v_2) + q = 0 .$$

Die obigen Autoren nehmen an, daß der Porenanteil des Gesteins von den Flüssigkeitsdrücken in den Poren abhängt und damit die Änderung der Spannung in einem porösen Feststoff, d. h. die wirksamen Spannungen, gleich der Änderung im Porendruck ist. Im Falle von Gründungen für Staudämme trifft das aber nicht zu, da hier Spannungen auf das Gestein übertragen werden, die den Porendrücken nicht proportional sind. Folgt man jedoch den obigen Annahmen, dann gilt:

$$\mathrm{d}n_2 = \frac{1}{B_r} \mathrm{d}p_2 .$$

B_r ist die Größe des Kompressionsmoduls des Gesteinsmaterials (während B_m den Kompressionsmodul des Gebirges darstellt). Unter Berücksichtigung der Kompressibilität der Flüssigkeit ist:

$$\gamma_w = \gamma_0 + \beta \,\mathrm{d}p ,$$

wobei γ_0 das spezifische Gewicht der Flüssigkeit bei Anfangsdruck ist. Durch Erweiterung ergibt sich

$$\mathrm{d}n_1 = \frac{1}{B_m} \mathrm{d}p_1 ,$$

und daraus ergeben sich die folgenden allgemeinen Gleichungen:

$$k \nabla^2 p_1 = \left(\frac{1}{B_m} + n_{10} \beta\right) \frac{\partial p_1}{\partial t} - a (p_2 - p_1)$$

und

$$\bar{k} \nabla^2 p_2 = \left(\frac{1}{B_r} + n_{20} \beta\right) \frac{\partial p_2}{\partial t} + a (p_2 - p_1) .$$

Die Ähnlichkeit dieser Gleichungen mit denen des Wärmeübergangs ist bei der Untersuchung des Einsickerns von Wasser in Gebirgskörper eine wesentliche Hilfe [13].

Die Wichtigkeit der obigen Gleichung der nichtstationären Strömung hängt vom Verhältnis zwischen den Zeitverschiebungen, oder Verzögerungen der Strömung, und den kennzeichnenden Zeiten des Vorgangs, ähnlich der Dauer der Grenzschwankungen des hydraulischen Potentials, ab. Falls dieses Verhältnis klein ist, kann die Gleichung der stationären Strömung verwendet werden.

6. Beobachtungen über das Einsickern von Wasser unter die Gründung von Staumauern

Beobachtungen des Porendrucks in Gebirgskörpern unter Staumauern haben schon immer Zeichen einer Phasenverschiebung zwischen den Veränderungen des Wasserdruckes im Staubecken und den Porendrücken nachgewiesen. Diese Verzögerungen sind jedoch kleiner als die, die in den Poren von Betonmauern beobachtet wurden.

Die Kurve der Drücke in einer Meßstelle unterhalb der Cabril-Staumauer, Portugal, ist in Bild 2 dargestellt [2]. Die Ableitungen sind ebenfalls angegeben; sie weisen eindeutig eine Phasenverschiebung von etwa 4 Tagen zwischen den Schwankungen im Staudammwasserspiegel und den Porendrücken nach. Beobachtungen in der Gründung von Staumauern scheinen eine Abnahme in der Zeitverzögerung in Abhängigkeit vom Alter anzudeuten, die das Ergebnis einer geringen Verminderung der Durchlässigkeit sein könnte.

Die Menge an Wasser, die zu den Entwässerungsstollen in der Nähe von Mauergründungen strömt, läßt ebenfalls Phasenverschiebungen erkennen, wenn diese normalerweise auch gering

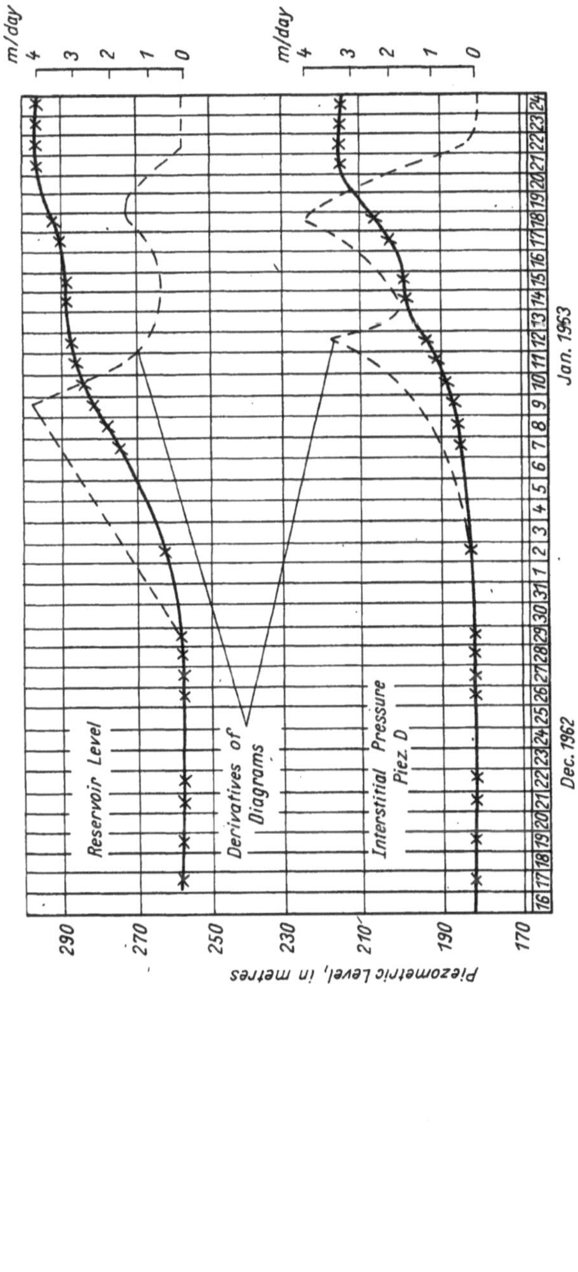

Bild 2. Diagramme der Porenwasserdrücke unter der Cabril-Mauer

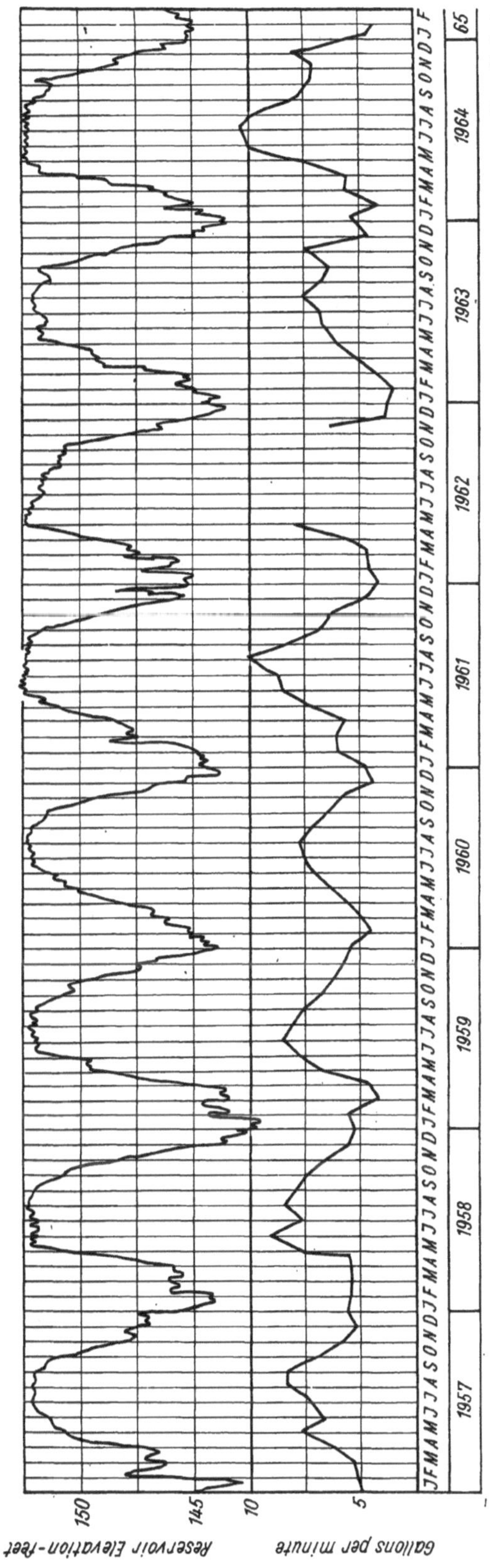

Bild 3. Wasseraustritt aus den Entwässerungsstollen und Hebung des Wasserspiegels am Hiwassee-Damm (durch TVA noch nicht veröffentlicht)

sind. Ein (durch die TVA) unveröffentlichtes Beispiel der Beobachtungen an der Hiwasse-Staumauer in den USA ist in Bild 3 gezeigt. Die einzige Schlußfolgerung, die gegenwärtig aus diesen Angaben gezogen werden kann, ist die, daß die Zeitverschiebungen Änderungen im Durchlässigkeitsbeiwert der Felssohle andeuten können, die viel durchlässiger als Beton in den beobachteten Fällen ist. In gewissen Fällen scheinen jedoch auch Schwankungen in der Temperatur zu den Schwankungen in der Gesamtströmung beizutragen, auch wenn es ein Dauerzustand zu sein scheint.

Die Systeme, die gegenwärtig zur Messung dieses Porenwasserdrucks in Gestein verwendet werden, könnten nach Ansicht des Autors wesentlich bessere Information liefern, wenn sowohl empfindlichere als auch dünnere Röhren (um eine wesentliche Wasserströmung zu den Meßsystemen zu vermeiden) verwendet werden könnten.

Veränderungen in den Porendrücken des Gründungsgesteins von Staumauern rufen Schwankungen in der Verschiebung sowohl des Gebirges als auch der Mauer hervor. Veröffentlichte Ergebnisse über die Bewegung des Tales der Cabril-Mauer zeigen, daß infolge Schwankungen des Porendrucks eine sehr geringe Zunahme in der Höhe des Tales eingetreten ist [14]. Weiterhin ist beobachtet worden, daß Felstäler die Neigung haben, enger zu werden, wenn die Becken gefüllt werden [15]. Außerdem sind Beobachtungen mitgeteilt worden [16], die Bewegungen der Mauer und des Tales infolge Wassers aus einem Druckwasserstollen auf einer Seite des Tales nachweisen.

7. Wirksame Spannungen in Gebirgskörpern

Der Spannungszustand in einem Gebirge bietet bei der Behandlung viele Verwicklungsmöglichkeiten, da er infolge der Heterogenitäten und Diskontinuitäten des Gefüges von Punkt zu Punkt wechselt. Während in einem Abschnitt von undurchlässigem festem Material die Druckspannungen ziemlich gleichmäßig verteilt und verhältnismäßig niedrig sein können, werden in einem Abschnitt, der eine Kluft enthält, die Spannungen in den Berührungszonen konzentriert und verhältnismäßig hoch sein. Vom Standpunkt des Bruchs sind deswegen die Abschnitte von größerem Interesse, die Klüfte enthalten. Wenn das Gebirge wassergesättigt ist, wird der Wasserdruck die Druckspannungen in der Berührungszone in dem Abschnitt, der die Kluft enthält, infolge der Wasserdrücke vermindern. Der gleiche Wasserdruck wird jedoch den Druck im Abschnitt des festen Materials infolge des hydrostatischen Drucks um die Gesteinsblöcke erhöhen. Wenn die Blöcke auch porös sind, dann muß die Erfahrung der Maßstab bei der Beurteilung sein, in welcher Höhe die Porendrücke zur Verformung oder zum Bruch beitragen und/oder die Bindungen zwischen dem festen Material für die mechanischen Eigenschaften verantwortlich sind. Brace und Byerlee [17] haben festgestellt, daß offenkundig die Gesetzmäßigkeiten der wirksamen Spannungen der Bodenmechanik für viele Gesteine gelten, aber sie behandeln nicht die Bindungen. Heard [18] ermittelte, daß die Festigkeit von Solenhofener Kalkstein (der ein duktiles Verhalten vor dem Bruch zeigt) praktisch unabhängig vom Porendruck war. Auch ein kristalliner Marmor und ein Dolomit schienen praktisch unabhängig von den Porendrücken zu sein. Nach Brace und Byerlee rührt die scheinbare Unabhängigkeit vom geringen Porenanteil dieser drei Gesteine her. Das Wasser konnte nicht vollständig in die ganze Bruchfläche eindringen, so daß sein Druck bei der Verminderung der Gesamtspannung nicht völlig wirksam werden konnte. Das praktische Problem, wenn die Gesetzmäßigkeit der wirksamen Spannungen bei der Betrachtung des Verhaltens von Gestein unter Spannung betrachtet wird, besteht deswegen darin, ob eine Verminderung des Porendrucks oder seiner Fläche vorgenommen werden sollte.

Wahrscheinlich beginnen kurz vor dem Bruch die Bindungen zwischen den Körnern zu reißen, und Mikrorisse öffnen sich, bis bei Bruch der größte Teil der Querschnittsfläche dem Wasser zugänglich ist. Da jedoch das Wasser nicht vollständig so schnell zu dieser Fläche durchdringen kann, können Versuche allein an unbedeckten Proben mit gleichmäßigen Porendrücken nicht das Problem der wirksamen Fläche der Porendrücke lösen. Solche Versuche können ermitteln, ob Porendrücke, die den gesamten Feststoffanteil von porösen Stoffen hydrostatisch zusammendrücken, einen Einfluß auf den Bruch haben, der durch überlagerte äußere Kräfte verursacht wird. Es scheint, daß in spröden porösen Gesteinen die Porendrücke keinen solchen Einfluß haben; die Festigkeit ist vorwiegend auf die Festigkeit der Bindungen zwischen dem Feststoff zurückzuführen.

Ähnliche Überlegungen können in bezug auf Verformungen angestellt werden. In den Arbeiten von Biot [19] und Geertsma [20, 21] über die Spannungszustände in porösen Feststoffen wird angenommen, daß Einheitsporendrücke Porendrücke auf einer Fläche erzeugen, die gleich Eins abzüglich des Verhältnisses der Kompressibilität des Gesteinsgefüges und der Massenkompressibilität von Gestein bei dem Porendruck Null ist. Diese Annahme ist ähnlich der von Carlson [22] im Hinblick auf Beton. Wenn man die Werte des Kompressionsmoduls für Beton und seinen Feststoff [8, 22] betrachtet, beläuft sich das Verhältnis der Kompressibilität auf etwa 0,16, das ergibt eine wirksame Fläche von 0,84. Dieser Wert ist nicht sehr verschieden von denen, die experimentell ermittelt wurden [8, 23, 24].

Für viele Gesteine wie Granit, Norit, Sandstein, Marmor und Dolomit wird die wirksame Fläche über 0,5 oder sogar dicht bei 1 bei niedrigen Drücken liegen, wenn man der Annahme von Geertsma und den Kompressibilitätswerten von Zizman [25] folgt. Bei hydrostatisch stark zusammengepreßten Gesteinen wird die wirksame Fläche wesentlich unter 1 liegen. Die Abhängigkeit des Elastizitätsmoduls vom Porenanteil bei Kalksteinen [26] oder Graniten [27, 28] ist ein anderes wichtiges Anzeichen, daß bei porösen Gesteinen die Bindung gering sein kann und die wirksame Flächen damit bei Eins liegen.

Die in der Literatur mitgeteilten Ansichten reichen vom Einsetzen des Wertes 1 für die wirksame Fläche der Porendrücke [29, 30, 31, 32, 33]. Obwohl der Wert 1 falsch ist, da er besagt, daß kein Kontakt zwischen dem Feststoff vorliegt, scheint er sich nichtsdestotrotz den Werten zu nähern, die aus einigen der durchgeführten Versuche errechnet wurden. Die Annahme, daß der volumetrische Porenanteil gleich der wirksamen Fläche ist, ist gültig, wenn die Fläche, deren wirksame Spannungen betrachtet werden, eine ebene Fläche quer über einen durchlässigen Körper darstellt. Es ist jedoch durchaus möglich, daß die Annahme einer ebenen Fläche für ein poröses, geklüftetes Gebirge nicht anwendbar ist.

Wenn gegenwärtig angenommen wird, daß die Festigkeit, entweder bei Zug oder Druck, und die Verformbarkeit der meisten Gesteine hauptsächlich eine Funktion der Bindung zwischen den Feststoffteilchen ist, dann sind die wichtigeren Spannungen die in der Fläche um den Feststoff und der Fläche, die durch geringere Bindungen verläuft, d. h. einer Fläche mit einem Minimum an Feststoff und einem Maximum an Poren. Die Abhängigkeit zwischen der projektierten Fläche von Hohlräumen und der gesamten projektierten Fläche auf der Bruchfläche bei Zug wurde von Terzaghi [34] Grenzporosität genannt. Es scheint dienlich, in solchen Flächen die gesamten Normalspannungen $\bar{\sigma}$, die Porendrücke p und die wirksamen Spannungen σ zu berücksichtigen. Dann ist

$$\sigma = \bar{\sigma} - \eta\, p\,,$$

wobei η, die wirksame Fläche des Porendrucks, ein Wert ist, der gewöhnlich niedriger als 1 bei Gesteinsmaterial und gleich 1 für Gebirgskörper ist, wenn die Kluftflächen betrachtet werden.

8. Wirksame Fläche der Porendrücke für Gesteine

Es kann angenommen werden, daß Veränderungen in den Porendrücken dp von einem Abschnitt zu einem anderen in einem porösen Stoff eine Raumkraft gleich $\eta\, dp$ hervorrufen, die den Spannungszustand in solchen Abschnitten beeinflußt, wie in Bild 4 gezeigt ist. Damit kann η, die wirksame Fläche oder Grenzporosität, durch Versuche bestimmt werden, bei denen Veränderungen des Porendrucks erzeugt werden.

In einem Triaxialgerät wurden einige zylindrische Kerne von Granit untersucht, nachdem vorher eine große Anzahl von Versuchen an ähnlichen Zylindern aus Beton durchgeführt worden war [8, 23]. Die Kerne stammten von der Baustelle der Alte Rabagao-Mauer, Portugal, und hatten ein spezifisches Gewicht von 2,51, einen Elastizitätsmodul von 320 000 kp/cm² und einen Porenanteil von 2%. Die Versuche wurden an trockenen Kernen zuerst mit Stickstoff, dann mit Wasser durchgeführt, wobei während jedes Versuchs eine gleichmäßige axiale Druckbeanspruchung beibehalten wurde. Die Durchsickerung der Flüssigkeit zum Kopf hin rief einen Zug im Kern hervor, der die Verformung infolge der Längszusammendrückung verminderte. Die wirksame Fläche wird durch die Abhängigkeit zwischen ε_2, der gemessenen Verformung für eine Einheit Porendruck, und ε_1, der gemessenen Verformung für eine Einheit axialer Druckbeanspruchung, gegeben sein. Dehnungsmeßstreifen wurden in der Nähe des Mittelpunktes der Probe angebracht, wo der Druck gleichmäßig war und die damit verbundene Wirkung der Raumkräfte sich in einem Zug äußerte, der gleich $p\,\eta$ ist (Schnittfläche).

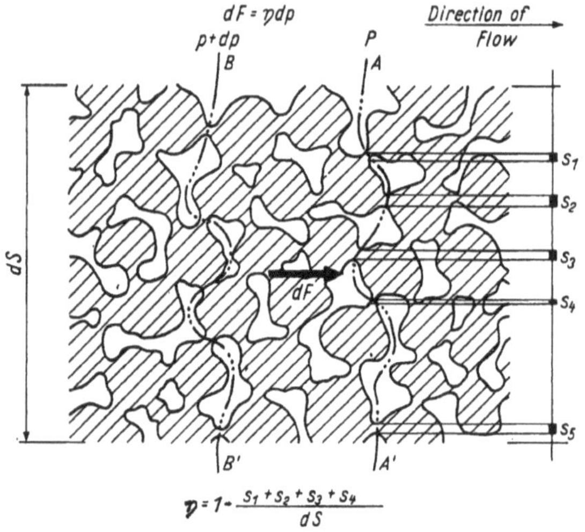

Bild 4. Raumkräfte infolge Schwankungen der Porenwasserdrücke

Diese Versuche wurden mit Axialspannungen und Porendrücken der Größenordnung von 40 kp/cm² durchgeführt. Die erhaltenen Ergebnisse ergaben wirksame Flächen, die in der folgenden Aufstellung enthalten sind.

Stickstoffversuche		*Wirksame Flächen*
luftgetrockner bei	20 °C	0,65
ofengetrocknet bei	105 °C	0,68
Wasserversuche, gesättigt		0,65

Man darf glauben, daß die Werte für die wirksame Fläche, die auf diese Weise bestimmt wurden, für verschiedene Gesteinsmaterialien recht unterschiedlich sein können. Die Werte können zwischen 0 und 1 in Abhängigkeit vom Porenanteil, von der Temperatur, der Orientierung der Risse, dem Grad der Zusammendrückung oder dem Spannungszustand und der Art der Flüssigkeit, die die Poren füllt oder in den Oberflächen gebunden ist, liegen.

Es liegt auf der Hand, daß die Werte der wirksamen Fläche, die durch Verformbarkeitsversuche ermittelt wurden, nur einen Durchschnittswert darstellen, aber nicht den schlechtesten Wert, von dem die Überlegungen über Stabilität oder Bruch abhängen. Deswegen sollte für Überlegungen in bezug auf Bruch die wirksame Fläche, die für Gesteine zugrunde zu legen ist, mit 1 angenommen werden. Auf der anderen Seite sollte für Überlegungen über die Verformung die wirksame Fläche der Klüfte eingesetzt werden. Demgegenüber hängt für Blöcke der Wert von der Art des Gesteins ab und sollte durch Versuche bestimmt werden.

Benötigt werden auch Ergebnisse der Bestimmung der wirksamen Fläche mit Hilfe von Versuchen bis zum Bruch, durch unterschiedliche Werte des Porendrucks hervorgerufen; solche Versuche sind ähnlich denen, die von LELIAVSKY für Beton angestellt wurden [35]. Solche Versuche werden wahrscheinlich Werte ergeben, die dicht bei 1 liegen.

9. Spannungszustand infolge Porenwasserdrücke

Im vorangehenden Abschnitt wurde gezeigt, daß Porendrücke Raumkräfte hervorrufen, die proportional den Veränderungen der Porendrücke dp sind. Wenn die wirksamen Spannungen in den schwächsten Flächen quer zum porösen Stoff betrachtet werden, d. h. der Flächen, die den geringsten Anteil an Feststoff haben, werden die Raumkräfte (Bild 4) die Größe haben

$$\mathrm{d}F = \eta \, \mathrm{d}p \ .$$

Eine kurze Diskussion des wirksamen Spannungszustandes, der durch Porendrücke in einem homogenen, isotropen und elastischen porösen Körper hervorgerufen wird, folgt. Die Berücksichtigung der Anisotropie würde zu einer Behandlung führen, die gleich der von BIOT ist [32].

Wenn man ein kleines, eckiges Parallelepiped mit den Seiten dx, dy und dz betrachtet, auf die Porendrücke p wirken, die entlang der Achse schwanken, und unter Berücksichtigung, daß die Flächen dieses Parallelepipeds eine wirksame Fläche η haben, ergeben sich die Gleichungen für Gleichgewicht zu[1]):

$$\begin{aligned} -\frac{\partial \sigma_x}{\partial x} + \frac{\partial \tau_{xy}}{\partial y} + \frac{\partial \tau_{xz}}{\partial z} &= \frac{\partial \eta p}{\partial x}, \\ -\frac{\partial \sigma_y}{\partial y} + \frac{\partial \tau_{yz}}{\partial z} + \frac{\partial \tau_{xy}}{\partial x} &= \frac{\partial \eta p}{\partial y}, \\ -\frac{\partial \sigma_z}{\partial z} + \frac{\partial \tau_{xz}}{\partial x} + \frac{\partial \tau_{yz}}{\partial y} &= \frac{\partial \eta p}{\partial z} - \gamma , \end{aligned} \qquad (3)$$

wobei die Spannungen sich auf solche Spannungen beziehen, die vom Feststoff aufgenommen werden, und γ das spezifische Gewicht des Materials ist. Nach GEERTSMAS Ansicht ist:

$$\eta = 1 - \frac{B}{B_c},$$

wobei B_c der Kompressionsmodul des Feststoffes oder der Kehrwert der Kompressibilität der Gesteinsmatrix und B der Kompressionsmodul des Gebirges ist, d. h.

$$B = \frac{E}{3\,(1 - 2\,\nu)},$$

und E und ν der Elastizitätsmodul bzw. die POISSON-Zahl des Gebirges bei äußeren Kräften, wenn es nicht Porendrücken ausgesetzt ist. Die Verformungen entsprechend den obigen Spannungen sind

$$\varepsilon_x = -\frac{1}{E}[\sigma_x - \nu\,(\sigma_y + \sigma_z)]\,, \quad \varepsilon_y = -\frac{1}{E}[\sigma_y - \nu\,(\sigma_x + \sigma_z)]\,, \quad \varepsilon_z = -\frac{1}{E}[\sigma_z - \nu\,(\sigma_x + \sigma_y)]\,,$$

$$\gamma_{xy} = \frac{2\,(1+\nu)}{E}\tau_{xy}\,, \qquad \gamma_{yz} = \frac{2\,(1+\nu)}{E}\tau_{yz}\,, \qquad \gamma_{zx} = \frac{2\,(1+\nu)}{E}\tau_{zx}\,.$$

[1]) Die positiven Werte der reinen Spannungen gelten für Druck, während die Verformungen bei Zug positiven Wert haben.

Die Grenzbedingungen für diesen Spannungszustand auf den Flächen für den Wasserdruck werden sein:

$$\begin{aligned} \sigma_x l_x + \tau_{xy} l_y + \tau_{xz} l_z &= p(\eta - 1) l_x, \\ \sigma_y l_y + \tau_{yz} l_z + \tau_{xy} l_x &= p(\eta - 1) l_y, \\ \sigma_z l_z + \tau_{zx} l_x + \tau_{yz} l_y &= p(\eta - 1) l_z. \end{aligned} \tag{4}$$

Die Gleichungen für die Spannungskompatibilität können folgendermaßen geschrieben werden:

$$\nabla^2 \sigma_x + \frac{1}{1+\nu}\frac{\partial^2 \Theta}{\partial x^2} = \frac{\nu}{1-\nu}\nabla^2 \eta p + 2\frac{\partial^2 \eta p}{\partial x^2},$$

$$\nabla^2 \sigma_y + \frac{1}{1+\nu}\frac{\partial^2 \Theta}{\partial y^2} = \frac{\nu}{1-\nu}\nabla^2 \eta p + 2\frac{\partial^2 \eta p}{\partial y^2},$$

$$\nabla^2 \sigma_z + \frac{1}{1+\nu}\frac{\partial^2 \Theta}{\partial z^2} = \frac{\nu}{1-\nu}\nabla^2 \eta p + 2\frac{\partial^2 \eta p}{\partial z^2},$$

$$\nabla^2 \tau_{yz} + \frac{1}{1+\nu}\frac{\partial^2 \Theta}{\partial y\,\partial z} = 2\frac{\partial^2 \eta p}{\partial y\,\partial z},$$

$$\nabla^2 \tau_{zx} + \frac{1}{1+\nu}\frac{\partial^2 \Theta}{\partial z\,\partial x} = 2\frac{\partial^2 \eta p}{\partial z\,\partial x},$$

$$\nabla^2 \tau_{xy} + \frac{1}{1+\nu}\frac{\partial^2 \Theta}{\partial x\,\partial y} = 2\frac{\partial^2 \eta p}{\partial x\,\partial y}.$$

Aus diesen Gleichungen kann abgeleitet werden, daß Porendrücke einen Spannungszustand hervorrufen, der gleich dem ist, der durch Raumkräfte hervorgerufen wird, die die Komponenten haben:

$$x = -\frac{\partial(\eta p)}{\partial x}; \qquad y = -\frac{\partial(\eta p)}{\partial y}; \qquad z = -\frac{\partial(\eta p)}{\partial z}.$$

Die Gln. (3) und (4) können umgeformt werden zu

$$\left.\begin{aligned} -\frac{\partial(\sigma_x + \eta p)}{\partial x} + \frac{\partial \tau_{xy}}{\partial y} + \frac{\partial \tau_{xz}}{\partial z} &= 0 \\ \cdots\cdots\cdot \\ \cdots\cdots \\ \text{usw.} \end{aligned}\right\}$$

und

$$\left.\begin{aligned} -(\sigma_x + \eta p) l_x + \tau_{xy} l_y + \tau_{zx} l_z &= -p l_x \\ \\ \text{usw.} \end{aligned}\right\}$$

Solche Gleichungen entsprechen dem Spannungszustand, der in einem porösen Stoff hervorgerufen wird, der als undurchlässig angesehen sowie durch äußere Drücke p belastet ist und in dem die Normalspannungen σ_x, σ_y, und σ_z um den Betrag ηp erhöht werden. Diese Spannungszustände entsprechen einander nur, wenn die zweite Ableitung der Porendrücke gleich 0 ist:

$$\frac{\partial^2 p}{\partial x^2} = \frac{\partial^2 p}{\partial y^2} = \frac{\partial^2 p}{\partial z^2} = 0,$$

sonst werden die oben angeführten Kompatibilitätsgleichungen nicht erfüllt [8]. Das bedeutet, daß man im allgemeinen nicht einfach die Porendrücke multipliziert mit der Grenzporosität vom Spannungszustand in dem entsprechenden undurchlässigen Körper ableiten kann.

Auf der anderen Seite ist leicht einzusehen, wie durch HOFFMAN [30] und später andere gezeigt, daß der Spannungszustand, der durch die Porendrücke $p(x, y, z)$ hervorgerufen wird, gleich der Überlagerung einer hydrostatischen Zugspannung, die an jedem Punkt den Wert ηp hat, und dem Spannungszustand ist, der durch eine Temperaturveränderung hervorgerufen wird:

$$T = \frac{1 - 2\nu}{a E} \eta p .$$

Die Sache ist die, daß in vielen Fällen das Gestein anisotrop ist und deswegen der Spannungszustand infolge der Porendrücke noch mehr komplex ist, wobei η dann eine Funktion der Richtung ist.

10. Bestimmung der in-situ-Durchlässigkeit von Gebirgskörpern

Eine eingehende Untersuchung der Feldmessungen der Durchlässigkeitswerte von Ölspeichergestein ist von MUSKAT vorgenommen worden [1]. Er behandelte Systeme von ungleichmäßiger Durchlässigkeit und Formationen, die durch Bruch zerstört waren.

In der laufenden Bauingenieurpraxis wird die Ermittlung der Durchlässigkeit gewöhnlich in Bohrlöchern durch den sogenannten Lugeon-Test vorgenommen. Dieser Versuch wird normalerweise in verschiedenen Tiefen eines Bohrlochs ausgeführt. In 5 m Entfernung von der Bohrlochsohle wird eine Dichtungsvorrichtung eingebaut und der dadurch abgeschlossene Unterteil des Bohrlochs mittels eines Rohrs unter Wasserdruck gesetzt. Die Strömung wird gewöhnlich nach 5 oder 10 min gemessen und die Messung bei verschiedenen Drücken, die am Bohrlochmund gemessen werden, wiederholt. Der Standardmeßdruck beläuft sich auf 10 kp/cm². Eine Lugeon-Einheit der Durchlässigkeit entspricht einer Strömung von 1 l je min/m Bohrlochlänge. Im allgemeinen wird die Strömung in Abhängigkeit vom Steigen oder Fallen des Drucks dargestellt. Verschiedene Arten von Diagrammen werden erhalten [36], und zwar in Abhängigkeit von der Reinigung oder Verstopfung der Poren oder Klüfte infolge des Mitreißens von Partikeln. Im allgemeinen ist die Strömung den am Bohrlochmund gemessenen Drücken nicht proportional, noch ergeben sich gleiche Werte für unterschiedliche abnehmende Drücke, nachdem Versuche mit verschiedenen zunehmenden Drücken durchgeführt worden sind. Darüber hinaus ist bemerkenswert, während der Versuche Strömungsunterschiede in der Zeit für einen gegebenen Druck zu beobachten. Die Tatsache, daß Gebirgskörper ihre Durchlässigkeit vorwiegend den Klüften und Spalten verdanken, macht die Ermittlung der Durchlässigkeit in situ sehr zufällig und manchmal sogar sinnlos. Tatsache ist, daß Wasser durch eine durchlässige Gesteinsformation, die horizontale Klüfte von 0,01 mm Weite mit einem Abstand von 1 m aufweist, in gleicher Menge strömen kann wie durch eine homogene poröse Formation mit einem Durchlässigkeitsbeiwert von $0{,}8 \cdot 10^{-4}$ cm/s [2].

Während der Durchlässigkeitsversuche treten Verformungen auf, weil das Wasser Porendrücke auf das Gebirge ausübt. Es kann eine wesentliche Öffnung von Klüften auftreten, wenn die ausgeübten Drücke die innere Spannung des Gesteins übersteigen. Ein solches Ereignis würde die Durchlässigkeit des Gebirges verändern. LONDE [4] hat gezeigt, daß während eines Lugeon-Durchlässigkeitsversuchs, wenn sich der Wasserdruck von 10 kp/cm² über eine Kreisfläche von 4 m Dmr. ausdehnt, das Gesteinsmaterial mit einem Elastizitätsmodul von 200000 kp/cm² sich um etwa 0,3 mm verformt. Das entspricht 10 oder sogar 100 gemessenen Lugeon-Einheiten in einem Gebirge, das vollständig geschlossene Klüfte vor Beginn des Versuchs hatte. Der gleiche Autor hat auch nachgewiesen, daß als Folge der Verformungen, die durch den Wasserdruck in der Kluft während des Bohrlochversuchs hervorgerufen werden, die Strömung eine Proportionalität zum Druck in der vierten Potenz aufzeigen kann. Er behauptet, ein solches Ergebnis in einem geklüfteten Gebirgskörper von gesundem Kalkstein beobachtet zu haben.

Um genauere Werte der in situ-Durchlässigkeit von Gebirgskörpern zu finden, muß, wenn immer möglich, der Pumpversuch angewendet werden. Der Pumpversuch besteht darin, Wasser aus einem Bohrloch zu pumpen und dabei gleichzeitig den Pegelstand im Bohrloch auf einer bestimmten Höhe zu halten. Solche Versuche gestatten nicht, die Ermittlung der Durchlässigkeit in verschiedenen Teufen in Bohrlöchern von kleinem Durchmesser durchzuführen. Da vom Standpunkt der Durchlässigkeit praktisch alle Gesteinsformationen anisotrop sind, ist die Ermittlung der Hauptkomponenten und ihrer Richtungen mit Hilfe der Pumpversuche und Messung der Pegelerniedrigung in einer Anzahl von Piezometern, gewöhnlich neun, möglich. Schneebelt [37] hat eine Theorie und ein Beispiel der Bestimmung dieser Komponenten und Richtungen angeführt.

Durchlässigkeitsversuche in Paaren oder auch Gruppen von Bohrlöchern können gerechtfertigt sein, wenn die Öffnungsweite der Klüfte oder einer speziellen Kluft wichtig ist. Unter Verwendung der in Bild 5 benutzten Symbole ist die Wassermenge q, die in der Zeiteinheit A nach B entlang der Kluft aa' bei einer angenommenen gleichförmigen Weite e fließt, gegeben durch

$$q = \frac{\pi e^2}{12 \mu} \frac{p_1 - p_2}{\ln \frac{d}{r_0}},$$

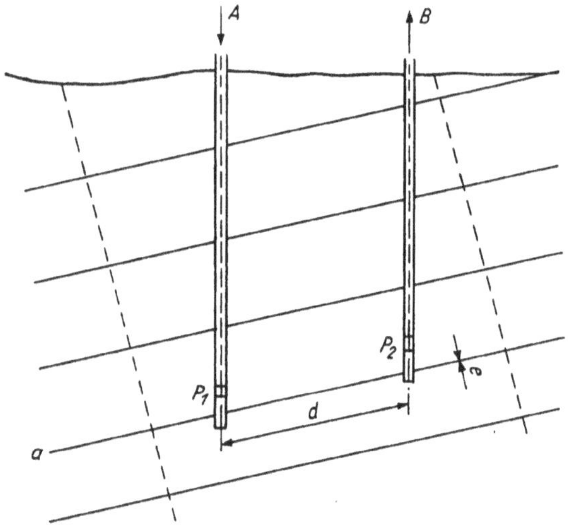

Bild 5. Durchlässigkeitsversuche in einer Kluft [2]

wobei r_0 der Bohrlochdurchmesser ist. Eine wesentliche Rolle in der Durchlässigkeit von Gebirgskörpern spielt die Art des Füllungsmaterials von Klüften. Das ist in vielen Fällen der Grund, daß umgewandelte Gebirgskörper direkt an der Oberfläche geringere Durchlässigkeit aufweisen als Körper in größerer Tiefe, deren Klüfte keine oder nur eine geringe Füllung aufweisen. Obwohl diese Füllmaterialien im allgemeinen nicht vollständig undurchlässig sind, verursachen sie anomales oder unerklärtes Verhalten während der Versuche sowie Unterschiede in der Durchlässigkeit des Gebirgskörpers in der Zeit. Ein wesentliches Problem im Wasserbauwesen kann die Rohrbildung des Füllmaterials sein.

Cotelo Neiva [38] hat bemerkenswerte Abhängigkeiten zwischen dem Grad der Umwandlung von Graniten [39] an portugiesischen Mauerbaustellen und der Stufe des chemischen Abbaues dieser Gesteine, ausgedrückt durch den Verlust an Eisenkomponenten, bemerkt. Die untersuchten Stufen reichten von gesundem Gestein bis zu durch Verwitterung entstandenem Boden.

11. Schlußfolgerungen

Der Einfluß von Porenwasser ist einer der wichtigsten Faktoren für das Verhalten von Gebirgskörpern. Schwankungen in den resultierenden Drücken oder in der Strömung können Verformungen oder sogar Bruch der Kruste, der Gründungssohle von großen Bauwerken oder von untertägigen Hohlräumen durch Spannungsänderungen hervorrufen.

Die Druckschwankung kann Kräfte erzeugen, die zu Verformungen des Feststoffes und damit zu Änderungen im Porenvolumen und somit der Durchlässigkeitsbeiwerte beitragen. Die Ergebnisse von Laboratoriums- und in-situ-Versuchen haben angedeutet, daß die Durchlässigkeitsbeiwerte sowohl des Gesteins selbst als auch des Gebirgskörpers mit dem Innendruck des Wassers und dem Spannungszustand schwanken.

In geklüfteten Körpern von gesundem Gestein ist die in Frage stehende Durchlässigkeit gewöhnlich die der Klüfte, d. h. ihrer Öffnung und ihres Abstandes. In sehr porösen Gesteinen mit gefüllten Klüften ist die Durchlässigkeit dagegen gewöhnlich die Durchlässigkeit durch das Gestein selbst. Wenn Gebirgskörper wesentliche Störungen aufweisen, die die Klüfte entwässern können, müssen diese örtlichen Wege für das Wasser sorgfältig berücksichtigt werden.

Beobachtungen haben nachgewiesen, daß sowohl mitgerissene Luft als auch Temperaturschwankungen im wesentlichen Maße die Strömung des Wassers und damit die resultierenden Porenwasserdrücke beeinflussen. Einige Ergebnisse haben deutlich gemacht, daß Klüfte mit 1 m Abstand sich um 0,05 mm öffnen werden, wenn die Temperatur im unteren Wasserbereich des Staubeckens um 5 °C niedriger ist als die des Gebirges.

Die Strömung von Wasser in einem Gebirge wird weiterhin durch die Poren und Klüfte und durch deren relative Größen wesentlich beeinflußt. In 1 m³ Gestein mit einem Porenanteil von 10% kann 100mal mehr Wasser gespeichert werden als in einem System von kubisch angeordneten Klüften von 0,3 mm Weite, die 1 m Abstand in drei orthogonalen Richtungen aufweisen. Damit kann der Austausch von Wasser zwischen den Poren und Klüften ein Grundsatzfaktor für die Strömung und somit der hervorgerufenen Spannungen sein.

Zeitverzögerungen zwischen der Schwankung des Wasserstandes im Staubecken und den resultierenden Porendrücken sind bereits immer (wo Messungen durchgeführt wurden) bemerkt worden. Solche Phasenverschiebungen können Änderungen im Durchlässigkeitsbeiwert anzeigen, obgleich auch Temperaturänderungen zu Veränderungen in der Strömung beitragen können.

Schwankungen der Porendrücke in der Gründung von Mauern bewirken Schwankungen in den Verschiebungen des Gebirges wie auch der Mauer; es sind Ergebnisse bekannt geworden, die eine geringe Zunahme in der Höhe eines Tales, eine Tendenz des Tales zuzuwachsen und Bewegungen eines Tales und einer Mauer als Folge des Wassers nachgewiesen haben, das aus einem Druckwasserstollen auf einer Seite des Tales austritt.

Das Konzept der wirksamen Spannungen in Gebirgskörpern und das daraus resultierende Konzept der wirksamen Flächen für die dazugehörigen Porendrücke haben manche Ansichten und wenig definitive Schlußfolgerungen hervorgerufen, da der Spannungszustand in einem Gebirgskörper viele Probleme in sich birgt. Vom Standpunkt des Bruches ist ein Schnitt durch einen Gebirgskörper, der eine Kluft enthielt, um so wichtiger, als die Spannungen in den Berührungszonen konzentriert und relativ hoch sind. Wenn ein Gebirge wassergesättigt ist, wird jedoch der Wasserdruck die Druckspannungen in der Berührungszone vermindern, sie in nichtgeklüfteten Abschnitten aber erhöhen. Wenn das Gebirge porös ist, muß die Erfahrung der Maßstab für die Entscheidung sein, bis zu welchem Betrag der Porendruck zu Verformungen oder Bruch beiträgt und/oder ob die Bindungen zwischen dem Feststoff für das mechanische Verhalten des Gebirges verantwortlich sind.

Die Porendrücke haben anscheinend in spröden porösen Gesteinen nur geringen Einfluß.

Kurz vor dem Bruch beginnen die Bindungen wahrscheinlich zu reißen und Mikroklüfte tun sich auf, bis der größte Teil der Fläche dem Wasser zugänglich ist. Jedoch auch so kann das Wasser nicht vollständig die Fläche durchdringen, so daß daraus das Problem entsteht, was als wirksame Fläche der Porendrücke berücksichtigt werden soll.

Die Ansichten über den Wert der wirksamen Fläche des Porendrucks reichen von Eins bis zur Annahme der volumetrischen Porosität als diesen Wert. Beide Vorstellungen haben ihre Grenzen. Für Stabilitäts- und Bruchbetrachtungen sollte jedoch Eins als Wert der wirksamen Fläche verwendet werden. Bei Verformungsproblemen sollte dagegen die wirksame Fläche der Klüfte verwendet werden. Für den Block von Gestein hängt der Wert von der Gesteinsart ab und sollte durch Versuche ermittelt werden.

Die Ermittlung der in-situ-Durchlässigkeit von Gebirgskörpern sollte mit Sorgfalt vorgenommen werden. Gegenwärtig wird die Durchlässigkeit mit dem Lugeon-Test oder durch Pumpversuche ermittelt. Unter diesen zwei Verfahren hat der Pumpversuch, obgleich mit dem Nachteil behaftet, nur die „Gesamt"durchlässigkeit statt der „geschichteten" Durchlässigkeit nachzuweisen, den Vorteil, wenn er mit Piezometermessungen gekoppelt wird, die Bestimmung der Hauptkomponenten und ihrer Richtungen zu gestatten. Ein wesentlicher Nachteil des Lugeon-Tests ist der, daß der aufgebrachte Druck Klüfte öffnen kann, wenn er die innere Spannung der Gesteine übersteigt.

Die Zirkulation von Wasser im Gebirge kann sowohl in chemischer als auch in mechanischer Hinsicht Änderungen hervorrufen. Auch diese Änderungen haben einen wesentlichen Einfluß auf das Verhalten von Gebirgskörpern.

Anerkennung

Der Autor ist Herrn W. F. EMMONS von der Tennessee Valley Authority, der die Freundlichkeit hatte, die Verwendung der Ergebnisse des Wasseraustritts aus dem Entwässerungsstollen an der Hiwassee-Mauer zu erlauben, Herrn J. LAMAS von der Hidro-Electrica do Zezere für die Bereitstellung neuer Ergebnisse der Messung von Porendrücken an der Cabril-Mauer und Frau RUTH WILSON für ihre Mithilfe bei der Zusammenstellung dieses Berichts zu Dank verpflichtet.

Literatur

[1] MUSKAT, M.: The Flow of Homogenous Fluids Through Porous Media. Ann. Arbor: J. Edwards 1946, S. 79.

[2] SERAFIM, J. L., und DEL CAMPO, A.: Interstitial pressures on rock foundations of dams. Journal Soil Mechanics & Foundations Division, ASCE 91 (1965) SM5, S. 65–85.

[3] SERAFIM, J. L.: Chapter 3. In: STAGG, K. G. and ZIENKIEWICZ, O. C.; Rock Mechanics in Engineering Practice. Wiley, New York 1968.

[4] LONDE, P., and SABARLY, F.: La distribution des permeabilites dans la fondation des barrages voutes on fonction du champ de contraintes, Proc. First Congress, Rock Mechanics, Vol. II, R. 86, S. 517–5121. Lisboa 1966.

[5] JIMENEZ SALAS, and URIEL, S.: Some recent rock mechanics testing in Spain. Trans. Eighth International Congress on Large Dams, Vol. I, S. 1011. Edinburgh 1964.

[6] KNUTON, C. F., and BOROR, B. F.: Reservoir rock behaviour under moderate confining pressure. Proc. Fifth Symposium Rock Mechanics. Pergamon Press, London 1963, S. 627.

[7] IRMAY, S.: Theoretical models of flow through porous media, RILEM Symposium Transfer Water in Porous Media, Paris 1964.

[8] SERAFIM, J. L.: A subpresso nas barragens. Publication 55, Laboratorio Nacional de Engenharia Civil, Lisboa 1954.

[9] ZIENKIEWICZ, O. C., MEYER, P., and CHEUNG, Y. K.: Solution of anisotropic seepage problems by finite elements. Proc. ASCE, 92 (1966) EM1, S. 111–120.

[10] ZIENKIEWICZ, O. C., and CHEUNG, Y. K.: Finite elements in the solution of field problems. The Engineer, London (1965) Sept.
[11] WITTKE, W., und LOUIS, C.: Zur Berechnung des Einflusses der Bergwasserströmung auf die Standsicherheit von Böschungen und Bauwerken in zerklüftetem Fels. Proc. First Congress Rock Mechanics, Vol. II, R. 614, S. 201. Lisboa 1966.
[12] BARENBLATT, G. I., ZHELTOV, I. P., and KOCKINA, I. N.: Basic conscepts in the theory of seepage of homogenous liquids in fissured rocks (strata). PMM, Moskau, 24 (1960) 5, S. 852.
[13] BARENBLATT, G. I.: On certain boundary value problems for the equations of seepage of a liquid in fissured rocks. PMM, Moskau 27 (1963) 2, S. 348.
[14] ROCHA, N., SERAFIM, J. L., SILVEIRA, A. F., and GUERREIRO, M. Q.: Observation of dams. Results obtained in Cabril Dam. Trans. Sixth International Congress on Large Dams, Vol. II, R. 83, S. 877, New York 1958.
[15] SERAFIM, J. L.: Discussion of Question 18, Settlement of Dams. Trans. Fifth Congress on Large Dams, Vol. III S. 32. Paris 1955.
[16] SERAFIM, J. L., GUERREIRO, M. Q., DEL CAMPO, A., and URENA, R.: Aspects of the percolation of water under concrete dams and of the deformation of rock foundations. Trans. Ninth Congress on Large Dams, Vol. V, Communication 7, S. 381–406. Istanbul 1967.
[17] BRACE, W. F., and BYERLEE, D.: Recent experimental studies of brittle fracture of rocks. MIT: Cambridge, Mass. 1966 (unveröffentl.).
[18] HEARD, H. C.: Transition from brittle fracture to ductile flow in Solenhofen Limestone as a function of temperature, confining pressure and interstitial fluid pressure. Geological Society of Amerion, Mem., 79 (1960)
[19] BIOT, M. A.: General theory of three-dimensional consolidation. Journal of Applied Physics 12 (1941) Febr., S. 155.
[20] GEERTSMA, J.: The effect of fluid-pressure decline on volumetric changes of porous rocks. Trans. AIME 210 (1957) S. 331.
[21] GEERTSMA, J.: Problems of rock mechanics in petrolem production engineering. Proc. First Congress, Rock Mechanics, Vol. I, R. 359, S. 585, Lisboa 1966.
[22] CARLSON, R. W.: Permeability, pore pressure and uplift in gravity dams. Trans. ASCE 12 (1957).
[23] SERAFIM, J. L.: The „uplift area" in plain concrete in the elastic range. Trans. Eighth Congress on Large Dams, Vol. 5, Communication 17, Edinburgh 1964.
[24] GINZBURG, M. R., MALCOM, K. A., and SOKOLOW, I. B.: Determination of uplift forces in hydraulic concrete structures. Moskau/Leningrad: Hydrotechnical Institute B. E. Vedenen 1959 (in Russian).
[25] ZIZMAN, W. A.: Compressibility and anisotrophy of rocks at and near the earth's surface. Proc. National Academy of Science, Vol. 19 (1933) S. 666.
[26] SERIEYS, P. M.: Porosité, degré de saturation et lois de comportement des roches. Proc. First Congress, Rock Mechanics, Vo. I, R. 340, S. 471. Lisboa 1966.
[27] SERAFIM, J. L.: Rock mechanics considerations in the design of concrete dams. In: State of Stress in the Earth's Crust (Hrsg.: W. R. JUDD). Elsevier, New York 1964, S. 611–650.
[28] SERAFIM, J. L.: Etude des fondations rocheuses des barrages en beton. Annales de L'Institut Technique du Bâtiment et des Travaux Publics, Paris 197 (1963) S. 471.
[29] HUBBERT, M. K., and RUBEY, W.: Mechanics of fluid-filled porous solids and its application to overthrust faulting. Bulletin of the Geological Society of America 70 (1959) Febr., S. 115.
[30] HOFFMAN, O.: Permeazoni d'Acgua e lore Effeti nei Nuri di Ritanuta. Nilan: Hoepli 1928.
[31] FILLUNGER, P.: Auftrieb und Unterdruck in Staumauern. Trans. Second World Power Conference, Vol. 9, S. 323. Berlin 1930.
[32] BIOT, N. A.: Theory of elasticity and consolidation for a porous anisotropic solid. J. Appl. Phys. 182 (1955) S. 182.
[33] LUBINSKI, A.: The theory of elasticity for porous bodies displaying a strong pore structure. Proc. Second U. S. National Congress of Applied Mechanics. Ann Arbor: 1954, S. 247.
[34] TERZAGHI, K.: Stress conditions for the failure of concrete and rock. Proc. ASTM 45 (1945) S. 777.
[35] LELIAVSKY, S.: Experiments on effective area in gravity dams. Trans. ASCE 112 (1947) S. 444.
[36] CAMBEFORT, H.: Reconnaissance des Sols et Fondations Speciales. Eryolles, Paris 1963.
[37] TERZAGHI, K.: Zur statischen Berechnung von Gewichtsstaumauern. Die Wasserwirtschaft 30, S. 397 (1933).
[38] COSTELO, NEIVA, J.: Unveröffentl. Arbeit. Laboratoric Mineralogica e Geologico, Universidade de Coimbra 1959.
[39] HAMROL, A.: A quantitative classification of the weathering and weatherability of rocks. Proc. Fifth International Conference of Soil Mechanics & Foundation Engineering, Vol. II, S. 771, Paris 1961.

Röntgendiffraktometrische Messungen an deformierten polykristallinen Steinsalzproben

von G. Jehmlich, H. Böhnel und P. Grau, Leipzig

1. Einleitung

Für die Abschätzung der Standsicherheit von Grubenbauen ist neben dem Festigkeitsverhalten des Gesteins die Lastannahme von grundlegender Bedeutung. Da sowohl die Lastannahme als auch das Festigkeitsverhalten zu den Grundproblemen der Gebirgsmechanik gehören [1], ist eine Überprüfung der auf elastizitätstheoretischen Grundlagen berechneten Spannungswerte in der Umgebung bergmännischer Hohlräume erforderlich.

Die bisher angewandten Entspannungsmethoden zur Bestimmung des Spannungszustandes um Grubenbaue beruhen auf der Anwendung der Elastizitätstheorie in makroskopischen Bereichen. Diese Voraussetzung ist problematisch, wenn in der Umgebung der Grubenbaue plastische Verformüngen auftreten. Andererseits ist gerade die durch plastische Verformung im Kristallmaterial erhöhte Dichte der Gitterfehlstellen mit festkörperphysikalischen Methoden nachweisbar und läßt Rückschlüsse auf den Beanspruchungsgrad des Materials zu. In dieser Arbeit wird über Ergebnisse berichtet, die mit einem röntgendiffraktometrischen Verfahren erhalten wurden. Für die Untersuchung wurde als Material Steinsalz ausgewählt, das sich auf Grund seines einfachen Gitteraufbaues und seiner guten Spaltbarkeit als Modellsubstanz anbietet. Außerdem erlaubt Steinsalz, den Übergang von der Modellsubstanz auf das Gestein im Steinsalzbergbau in einfacher Weise vorzunehmen.

Die Messungen wurden sowohl an definiert verformten Steinsalzeinkristallen als auch polykristallinen Druckproben durchgeführt, um den Zusammenhang zwischen der mechanischen Beanspruchung des Materials (Deformationsgrad, Maximalspannung, Verformungsgeschwindigkeit) und der röntgenographischen Meßgröße festzustellen. Die Ergebnisse der Messungen an Einkristallen werden nur so weit erwähnt, als sie für die in dieser Arbeit mitzuteilenden Ergebnisse an polykristallinen Druckproben benötigt werden. Zur gleichzeitigen Untersuchung der durch Reibung zwischen Probenendfläche und Druckstempel zu erwartenden Mehrachsigkeit des Spannungszustandes wird der Entnahmeort der Körner aus der Druckprobe systematisch verändert.

2. Untersuchungsmethode

Das in situ vorhandene Material besteht aus grobkristallinem Haufwerk. Die Durchmesser der Kristallite liegen im Bereich von einigen cm bis zu weniger als 10^{-2} mm. Aus diesem Grunde ist das Debye-Scherrer-Verfahren, wie es für Spannungsmessungen an Metallen eingesetzt wird [2], nicht anwendbar. Es ist aber naheliegend, die aus dem Bohrkern herauspräparierten einkristallinen Körner zu untersuchen. Die plastische Deformation ist mit einer Erhöhung der Versetzungsdichte verbunden. Die Versetzungen als Quellen der Eigenspannungen durchziehen den Kristall und unterteilen ihn in annähernd ungestörte Bereiche mit einer bestimmten Größe; die Bereiche sind gegeneinander um geringe Winkelbeträge verschwenkt. Da die Versetzungsdichten und -anordnungen im Kristall in Abhängigkeit vom Ort gewissen Schwankungen unterliegen, sind neben den inneren Spannungen auch die Größe und Verschwenkung der röntgenographisch kohärent streuenden Bereiche statistischen

Schwankungen unterworfen. Das Verfahren beruht darauf, die Zunahme der Dichte der Gitterfehler mit der plastischen Verformung durch eine Verbreiterung der Röntgenreflexe festzustellen. Im Hinblick auf praktische Anwendungen wurde wegen des geringen Aufwandes an Meß- und Auswertezeit ein Röntgendiffraktometer eingesetzt. Bei den vorliegenden röntgenographischen Messungen wirkt der zu untersuchende Kristall als Spektrometerkristall. Die unter den Braggschen Winkeln auftretenden Intensitätsmaxima werden registriert, und zur Charakterisierung der Reflexform wird die Breite bei halber Maximalintensität, die Halbwertsbreite, bestimmt. Die Halbwertsbreite der Reflexe hängt von verfahrensbedingten Beiträgen (Spektrallinienbreite, Brennfleckgröße der Röntgenröhre, Breite des Auffangschlitzes usw.), von durch Kristallunvollkommenheit bedingten Beiträgen (innere Spannungen, Größe und Verschwenkung der kohärent streuenden Bereiche, Eindringtiefe der Strahlung) und von Störeinflüssen, wie der Unebenheit der Probe, ab. Eine Trennung der einzelnen Beiträge ist nur näherungsweise möglich [3]. Um die Größe der verschiedenen Beiträge zur Linienbreite abschätzen zu können und insbesondere die durch Kristallunvollkommenheiten verursachten Verbreiterungen zu erkennen, sind die Kristalle einer geeigneten thermischen Behandlung zu unterwerfen. Dabei bleiben die durch Unebenheiten und Verschwenkungen verursachten Verbreiterungsbeiträge erhalten [5, 6]. Dagegen werden durch eine Veränderung der Versetzungsanordnung und die Verringerung der Versetzungsdichte [5] die inneren Spannungen abgebaut und der Durchmesser der kohärent streuenden Bereiche vergrößert, so daß die dadurch verursachten Verbreiterungen geringer werden.

Der Zusammenhang zwischen dem Mittelwert der inneren Spannungen und dem Mittelwert der relativen Gitterkonstantenänderungen wird durch die Elastizitätstheorie gegeben. Dabei wird ein Zusammenhang zwischen Spannung und Verzerrung nur in mikroskopischen Bereichen angenommen.

3. Experimentelle Angaben

Die Druckproben wurden aus Material aus frisch aufgefahrenen Abbauen (Teufe 490 m) hergestellt. Die Körnigkeit des Materials wurde nicht gemessen; der geschätzte mittlere Korndurchmesser beträgt ungefähr 3 mm. Die Druckproben hatten entsprechend den Forderungen des IBG 42 mm ∅ und eine Höhe von 42 mm (Schlankheitsgrad $\lambda = 1$) bzw. 84 mm ($\lambda = 2$).

Die Deformation erfolgte im einachsigen Druckversuch mit konstanter Last- oder konstanter Verformungsgeschwindigkeit. Bei den Versuchen mit konstanter Belastungsgeschwindigkeit ($\dot{\sigma} = 0{,}2$ kp · cm^{-2} · s^{-1}) wurden die Proben maximal mit 200, 300 oder 400 kp cm^{-2} bzw. bis zum Bruch belastet. Die Deformationsversuche mit konstanter Deformationsgeschwindigkeit zwischen 4×10^{-4} s^{-1} und 5×10^{-7} s^{-1} wurden bis zur Maximalspannung von 300 kp cm^{-2} gefahren. Die Verformungsversuche wurden mit einer hydraulischen 20-Mp-Prüfmaschine und einer 5-Mp-Spindel-Maschine (WPM, Leipzig) durchgeführt und die Last-Stauchungs-Kurven mit einem Feindehnmeßgerät (B. Holle, Magdeburg) registriert.

Die deformierten Druckproben bzw. größeren polykristallinen Steinsalzstücke wurden mit Hilfe einer Gesteinstrennmaschine zerkleinert. Im Anschluß daran wurden die einkristallinen Körper durch Spalten mit Hammer und Meißel entnommen. Aus den Spaltbarkeitseigenschaften von Steinsalz folgt, daß die freigelegten Kristallflächen Würfelebenen sind. Der Einfluß des Spaltens auf die Kristallqualität (gemessen durch die Halbwertsbreite) ist gering, wie in Vorversuchen an Einkristallen nachgewiesen wurde. Die röntgenographischen Untersuchungen wurden an einem Philips-Diffraktometer durchgeführt [4, 7]. Für die Messungen wurde der (600)-Reflex (Kupfereigenstrahlung, 38 kV, 6 mA) benutzt. Die Winkelgeschwindigkeit des Zählrohres betrug 1/8 °min^{-1} (in $2\,\vartheta$) und die Zeitkonstante der Registrierung 2 s. Die Halbwertsbreite des (600)-Reflexes wurde mit einer Genauigkeit von 0,1 mm vermessen. Der Untergrund von weniger als 1% der Maximalintensität und die geringfügige Verzerrung des Reflexes durch die Registriereinrichtung wurden bei der Bestimmung der Halbwertsbreite vernachlässigt. Die in mm angegebenen Halbwertsbreiten können durch Multiplikation mit dem Faktor $1{,}63/10^{-4}$ rad/mm in natürliches Winkelmaß (rad) umgerechnet werden.

Um die Linienverbreiterung durch Unebenheiten von der durch erhöhte Dichte der Gitterfehlstellen unterscheiden zu können, wurde ein Teil der Proben isotherm bei 300 °C und 400 °C getempert. Bei höheren Temperaturen bestand die Gefahr der Zerstörung der Körner durch Aufplatzen von im Material eingeschlossenen Gasblasen.

4. Untersuchungsergebnisse

In Bild 1 sind die aus den Verformungskurven abgelesenen Maximalspannungen σ gegen die dazugehörigen Verformungswerte ε aufgetragen. Für konstante Belastungsgeschwindigkeit ($\dot{\sigma} = 0{,}2$ kp cm^{-2} s^{-1}) liegen die Meßpunkte aller Proben auf einem Kurvenzug, d. h., zum Erreichen gleicher Verformungsgrade ε sind gleiche Spannungen σ notwendig, unabhängig davon, ob der Schlankheitsgrad der Proben 1 oder 2 ist. Mit konstanter Verformungsgeschwindigkeit wurden nur Proben mit $\lambda = 2$ deformiert. Die Versuche ergaben, daß die vorgesehene Maximalspannung von 300 kp cm^{-2} gerade die Spannung ist, in deren Umgebung die Fließgeschwindigkeit der Probe die jeweils vorgegebene Verformungsgeschwindigkeit erreicht. Nach Eintreten dieses Zustandes wurde die Deformation abgebrochen. In Bild 1 sind die Wertepaare σ und ε eingetragen, für die Fließ- und Verformungsgeschwindigkeit identisch sind. Es ist zu erkennen, daß mit geringerem $\dot{\varepsilon}$ der erreichbare Verformungsgrad ε zunimmt.

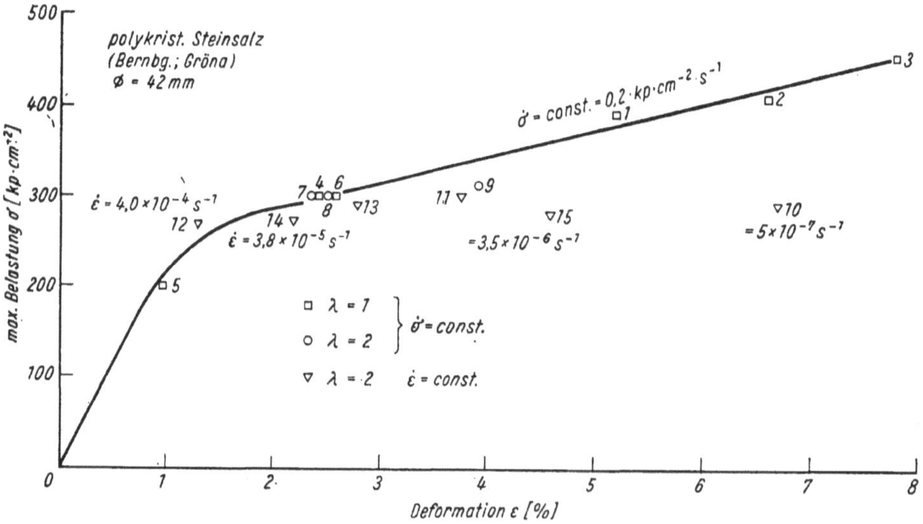

Bild 1. Zusammenhang zwischen Maximalbelastung und der dazugehörigen Deformation

Die Ergebnisse der Halbwertsbreitemessungen an polykristallinen Druckproben sind in Bild 2 und 3 gegen ε bzw. σ dargestellt. Jeder Meßpunkt entstand aus Halbwertsbreitemessungen an mehr als zehn verschiedenen Kristallkörnern aus dem Probeninneren. Die eingezeichneten „Fehlergrenzen" sind ein Maß für die Streuung der Halbwertsbreite um den angegebenen Mittelwert. Der Anstieg der Kurve in Bild 2 nimmt mit wachsendem ε ab, zeigt also Sättigungscharakter. Der Schlankheitsgrad λ und die Verformungsgeschwindigkeit $\dot{\varepsilon}$ haben auf die Lage der Meßpunkte keinen Einfluß. Die Gerade in Bild 3 konnte wegen der Vorbeanspruchung des Probenmaterials (Halbwertsbreite 10,4 mm) im Bereich zwischen 0

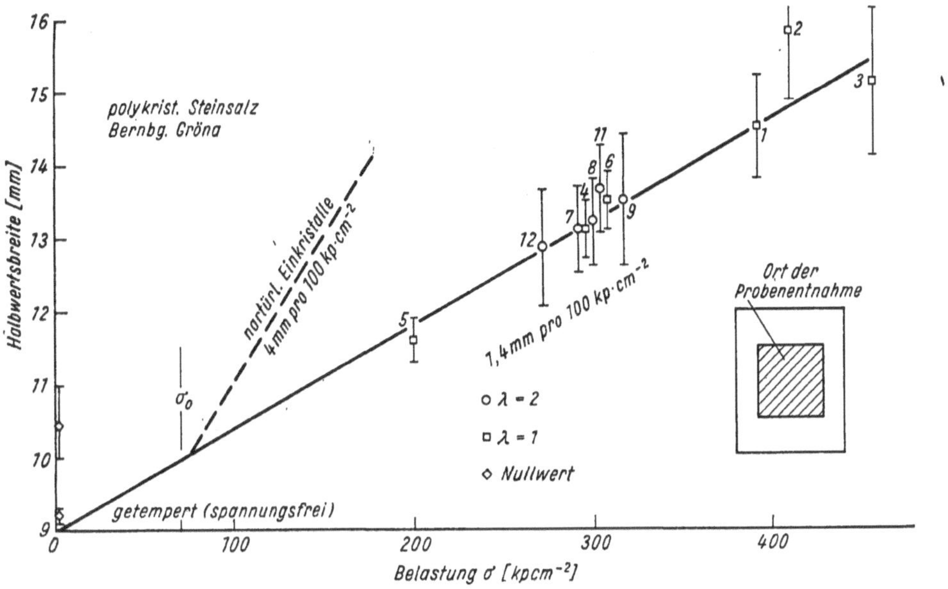

Bild 2. Halbwertsbreite als Funktion der Deformation für Körner aus dem Probeninneren

und 200 kp cm^{-2} nicht mit Meßpunkten belegt werden. Da jedoch die durch Extrapolation der Meßergebnisse des Bereiches von 200 bis 450 kp cm^{-2} auf $\sigma = 0$ erhaltene Halbwertsbreite von 9,0 mm mit der für unvorbelastete Einkristalle übereinstimmt, wurde ein linearer Zusammenhang zwischen der Halbwertsbreite und der Spannung im gesamten angegebenen Bereich angenommen. Dieses Vorgehen wird noch dadurch gerechtfertigt, daß nach Temperung bei 400 °C die Halbwertsbreite für Körner aus verschiedenen Druckproben einheitlich 9,2 mm betrug. Eine Veränderung der Deformationsgeschwindigkeit $\dot{\varepsilon}$ um den Faktor 100 (Probe 11: $\dot{\varepsilon} = 3{,}3 \times 10^{-6}\,s^{-1}$; Probe 12: $\dot{\varepsilon} = 4{,}0 \times 10^{-4}\,s^{-1}$) läßt keine außerhalb des Streubereiches liegende Veränderung der Halbwertsbreite erkennen. Da sich mit $\dot{\varepsilon}$ auch der erreichbare Deformationsgrad ε verändert, ist (s. Bild 1 und 3) bei gleicher Spannung die

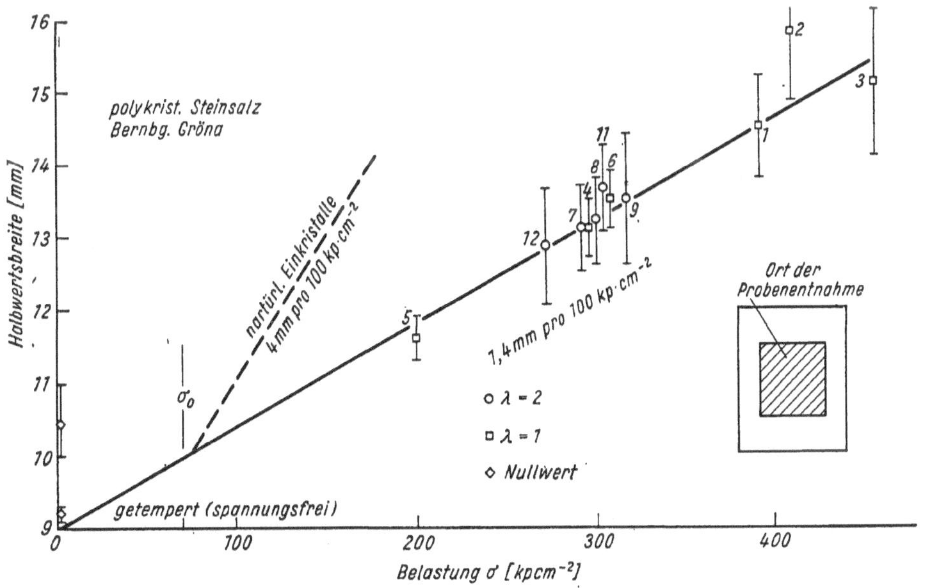

Bild 3. Halbwertsbreite als Funktion der Belastung für Körner aus dem Probeninneren

Halbwertsbreite auch unabhängig vom Deformationsgrad. Als wesentlichstes Ergebnis kann somit angegeben werden, daß unabhängig vom Schlankheitsgrad der polykristallinen Druckprobe und der Deformationsgeschwindigkeit bzw. dem Deformationsgrad sich ein linearer Zusammenhang zwischen der Maximalspannung, der die Probe ausgesetzt war, und der Halbwertsbreite des (600)-Reflexes für aus dem Probeninneren entnommene Körner ergibt. Der Anstieg beträgt 1,4 mm Halbwertsbreitenzunahme pro 100 kp cm^{-2} Spannungszunahme (oder 1 mm ≙ 71,5 kp cm^{-2}). Zum Vergleich ist in Bild 3 die Zunahme der Halbwertsbreite an plastisch deformierten Einkristallen eingezeichnet. Einer Zunahme der Halbwertsbreite um 1 mm entspricht oberhalb der kritischen Schubspannung σ_0 eine Belastungszunahme von 25 kp cm^{-2}.

In Bild 4 werden Beispiele für die Häufigkeitsverteilungen der Halbwertsbreite gezeigt. Dabei ist die Häufigkeit der Meßwerte innerhalb eines Halbwertsbreitenbereiches von 0,5 mm gegen die Halbwertsbreite aufgetragen. Die ,,Breite" der Kurve ist ein Maß für die Streuung. Hierzu soll betont werden, daß die Streuung nicht nur eine durch Meßfehler bedingte Un-

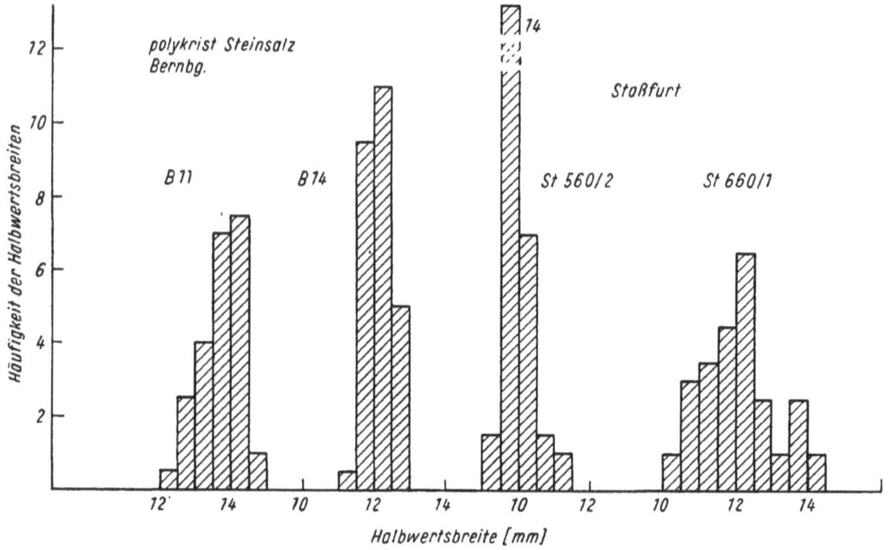

Bild 4. Beispiele für Häufigkeitsverteilungen der Halbwertsbreite

sicherheit darstellt, sondern effektiven Schwankungen der Beanspruchung der einzelnen Kristalle entspricht. Der Meßfehler der Halbwertsbreite selbst ist mit 0,2 mm wesentlich geringer als die Streuung der Halbwertsbreite.

Zur Untersuchung der durch Reibung verursachten Mehrachsigkeit des Spannungszustandes wurden die Entnahmeorte der Körner aus den polykristallinen Druckproben systematisch variiert. Die Ergebnisse an den Proben Nr. 11, Nr. 12 und Nr. 13 sind in Bild 5 mitgeteilt. Es ist zu erkennen, daß die Halbwertsbreite vom Zentrum der Probe bis zur Endfläche abnimmt. In dem angegebenen Beispiel entspricht dies einer Reduktion der Hauptschubspannung von σ auf 0,4 σ [1]). Die entsprechenden Werte für die Mantelzone (Probenmitte) liegen ebenfalls deutlich unter dem Maximalwert. Die Proben Nr. 12 und Nr. 14 wurden bei der Deformation zu Bruch gefahren, so daß nur die Bruchstücke untersucht werden konnten, die in Bild 5 angedeutet sind. Bei Probe Nr. 14 ist die Zunahme der Halbwertsbreite in Abhängigkeit von der Probenhöhe für Körner aus der Mantelzone und bei Probe Nr. 11 für Körner aus der Probenmitte in Bild 5 eingetragen worden. Die Zunahme der Halbwertsbreite

[1]) Die einer bestimmten Halbwertsbreite entsprechenden Spannungswerte werden von der Eichgeraden in Bild 3 abgelesen.

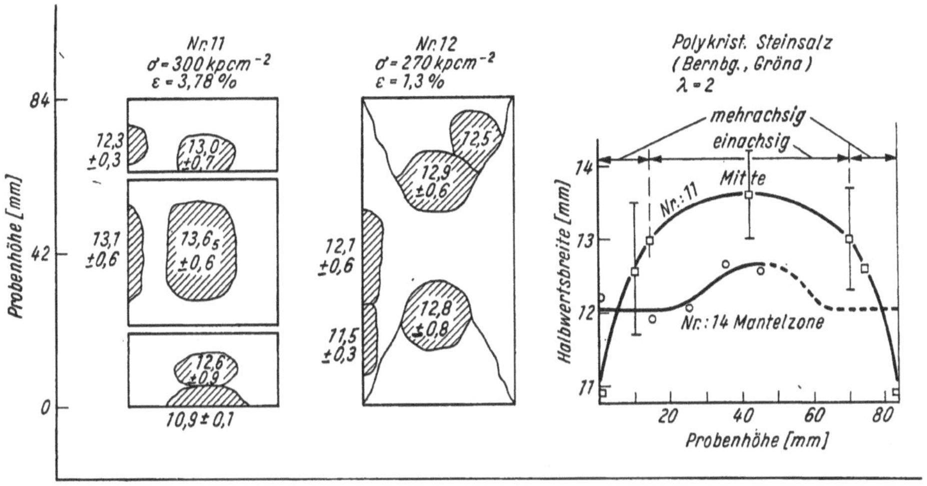

Bild 5. Einfluß der Lage des Kornes in der Druckprobe auf die Halbwertsbreite

und damit der mechanischen Beanspruchung der Körner ist in der Probenmitte größer als in der Mantelzone.

Zusätzlich sollen noch einige vorläufige Ergebnisse von Messungen an in-situ-Proben erwähnt werden. Proben von verschiedenen Entnahmeorten aus einer Teufe hatten z. T. unterschiedliche Mittelwerte der Halbwertsbreite. Für Material aus verschiedenen Teufen ergab sich mit wachsender Teufe trotz dieser Schwankungen insgesamt eine Zunahme der Halbwertsbreite. Salztonproben aus einer Strecke mit Muldenstruktur zeigten eine wesentlich höhere Halbwertsbreite als aus einer Strecke mit Sattelstruktur.

5. Diskussion

In Abschnitt 4. konnte festgestellt werden, daß die Verformungsgeschwindigkeit (und damit verbunden der Verformungsgrad) innerhalb der angegebenen Grenzen ohne Einfluß auf die Verbreiterung des (600)-Reflexes ist. Daraus wird gefolgert, daß — innerhalb der angegebenen Grenzen — die Halbwertsbreite unabhängig vom Verformungsverhalten der

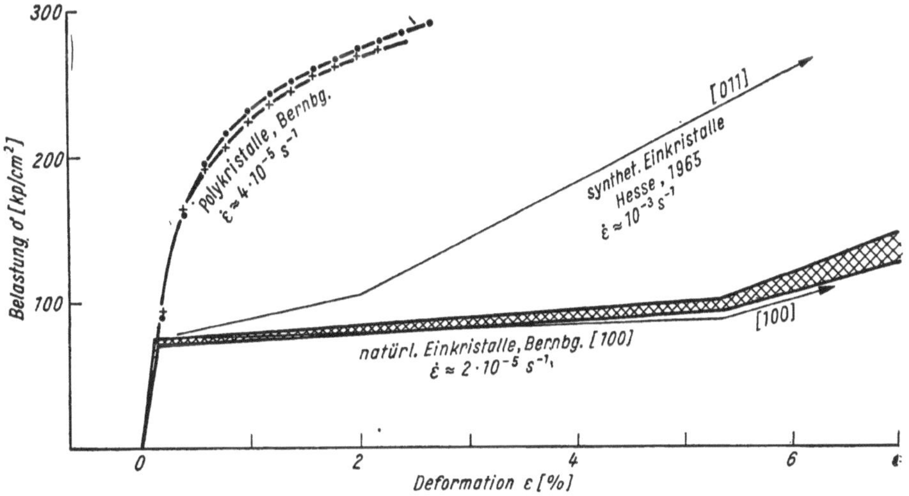

Bild 6. Vergleich der Verfestigungskurven (schematisch) von Steinsalz-Ein- und Polykristallen

Steinsalzproben nur durch die maximale Spannung bestimmt wird, unter der die Probe gestanden hat.

Für einkristalline Körner im polykristallinen Verband muß auch bei einachsiger Beanspruchung der polykristallinen Probe auf Grund der Verbandsfestigkeit mit einem mehrachsigen Spannungszustand gerechnet werden. Durch diese Mehrachsigkeit wird die aufgegebene Spannung für das einzelne Korn nicht voll wirksam. Dies ist in Übereinstimmung mit den röntgenographischen Messungen. Während bei unbehindert deformierten Steinsalzeinkristallen die Halbwertsbreite des (600)-Reflexes bei einer Spannungserhöhung um 100 kp cm^{-2} um 4 mm zunimmt, wird für die im polykristallinen Verband deformierten einkristallinen Körner der geringere Wert 1,4 mm gefunden. Der Umrechnungsfaktor der Spannungen von einkristallinen Meßproben auf das polykristalline Material beträgt demnach bei einachsiger Druckverformung 2,8. Dieser Umrechnungsfaktor von 2,8 läßt sich durch Vergleich der Verformungskurven von Ein- und Polykristallen belegen. In Bild 6 sind — als Zusammenfassung von Versuchsergebnissen für einachsige Druckversuche in (100)-Richtung — die Verformungskurven für natürliche Einkristalle (schraffiertes Gebiet) dargestellt. Außerdem enthält Bild 6 zwei Verformungskurven für polykristalline Druckproben. Die Versuche wurden jeweils bei konstanter Verformungsgeschwindigkeit ($\dot{\varepsilon} = \times 2$ bzw. 4×10^{-5} s^{-1}) durchgeführt. Um den Einfluß der Orientierung der Einkristalle im Druckversuch zu demonstrieren, wurden Ergebnisse an synthetischem Material [8] für die Fälle (011) und (001) übernommen[1]). Eine mittlere Einkristallverfestigungskurve [9] liegt demnach sicher über dem für natürliches Material angegebenen schraffierten Gebiet und wahrscheinlich unter der (011)-Kurve für synthetisches Material. Für diese willkürlich angenommenen Grenzen wurde im Intervall $1\% < \varepsilon < 2{,}5\%$ der Umrechnungsfaktor vom Ein- auf den Polykristall zwischen 2,5 und 3,2 gefunden.

Die im Rahmen dieser Arbeit durchgeführten Messungen über die Wirkung eines mehrachsigen Spannungszustandes beschränken sich auf die durch die Reibung zwischen Probenendfläche und Druckstempel verursachte Mehrachsigkeit. In Stempelnähe tritt eine zusätzliche Behinderung der Deformation der Körner als Folge dieser Reibung auf. Eine aufgebrachte Spannung σ wird — mit einem Reibungskoeffizienten der ruhenden Reibung zwischen Steinsalz und Stahl von 0,7 — auf schätzungsweise $0{,}3 \cdot \sigma$ reduziert. In dem in Bild 5 aufgeführten Beispiel (Probe Nr. 11) beträgt der Reduktionsfaktor 0,4. Nach den Messungen an Probe Nr. 11 sollte bei Druckproben mit dem Schlankheitsgrad $\lambda = 2$ der mehrachsige Spannungszustand bei einer Entfernung von 15 mm von der Probenendfläche in einen annähernd einachsigen Spannungszustand übergehen. Diese Aussage würde auch mit dem Tatbestand übereinstimmen, daß sich für aus dem Probenzentrum entnommene Körper die Meßergebnisse für Druckproben mit den Schlankheitsgraden 1 und 2 nicht unterscheiden. Die Abnahme der Spannungen in der Mantelzone wird durch die geringere effektive Belastung der Mantelzonen auf Grund der Abschalwirkungen erklärt, die beim Bruch der Steinsalzproben deutlich zu beobachten sind.

6. Zusammenfassung

Polykristalline Steinsalzproben (Bernburg) verschiedener Schlankheitsgrade wurden im dynamischen Druckversuch (einachsige Belastung) mit konstanter Belastungsgeschwindigkeit oder konstanter Deformationsgeschwindigkeit verformt. Anschließend wurden an bestimmten Orten der Proben einkristalline Körner entnommen und röntgenographisch mit einem Diffraktometer der (600)-Reflex (Kupfer-K_α-Strahlung) vermessen. Der Mittelwert der Halbwerts-

[1]) Die kritische Schubspannung des synthetischen Materials wurde hierzu willkürlich der des natürlichen Materials gleichgesetzt.

breite nimmt für Körner aus dem Probeninneren unabhängig vom Schlankheitsgrad der Druckprobe und der Deformationsgeschwindigkeit (bzw. dem Deformationsgrad) linear mit der Maximalspannung, der die Probe ausgesetzt war, zu.

Mittels des beschriebenen Verfahrens erscheint es möglich, die Schubspannung zu bestimmen, der das Material ausgesetzt war. Ein Vorteil des Verfahrens besteht darin, daß die Messungen im Labor durchgeführt werden können. Die Anwendung des Verfahrens ist nicht auf Steinsalz beschränkt, sondern kann nach entsprechender Eichung auch auf andere plastisch verformbare kristalline Minerale geeigneter Korngröße übertragen werden.

Literatur

[1] Höfer, K.-H.: Grundprobleme der Gebirgsmechanik. Akademie-Verlag, Berlin 1965.
[2] Glocker, R.: Materialprüfung mit Röntgenstrahlen. Springer-Verlag, Berlin 1958.
[3] Taylor, A.: X-Ray Metallography. John Wiley & Sons Inc., New York, London 1961.
[4] Klug, H. P., und Alexander, L. E.: X-Ray Diffraction Procedures. New York 1954.
[5] Davidge, R. W., und Pratt, P. L.: phys. stat. sol. **6** (1964) S. 759.
[6] Brilliantov, H. A., und Obreimov, I. W.: Phys. Z. SU **6** (1934) S. 587.
[7] Parrish, W.: Philips. techn. Rdsch. **17** (1956) S. 340.
[8] Hesse, J.: phys. stat. sol. **9** (1965) S. 209.
[9] Kochendörfer, A.: Arch. Eisenhüttenwesen **31** (1960) S. 549.

Wissenschaftliche Aussprache

zum Thema:

Festigkeit von Gestein und Gebirge

Diskussionsleiter: Herr DREYER

DISKUSSIONEN

Herr Dreyer

Als Diskussionsleiter des heutigen Tages möchte ich zunächst die zum 10. Ländertreffen eingereichten Arbeiten zur Diskussion stellen, soweit sie die Belange des ersten Teilthemas „Festigkeit von Gestein und Gebirge" betreffen. Erst dann können m. E. diese Arbeiten gleichrangig den Beiträgen der bisherigen neun Ländertreffen zugeordnet werden und somit die Grundlage bilden, die für eine allgemeine Diskussion des Rahmenthemas „Wissenschaftliche Entwicklung der Gebirgsmechanik in den letzten 10 Jahren" erforderlich ist.

Wie beim Generalreport, so möge auch hier die Fülle der zum Teilthema „Festigkeit von Gestein und Gebirge" gehörenden Vorträge in Gruppen zusammengefaßt werden, deren erste sich mit Bruchtheorien und Grenzhypothesen befaßt. Zu dieser Gruppe sind die Beiträge der Herren Fairhurst, Gramberg, Stavrogin und Wöhlbier zu zählen, die ich jeweils kurz referieren und in der oben genannten alphabetischen Reihenfolge zur Diskussion stellen werde.

In der von Herrn Fairhurst und seinen Mitarbeitern durchgeführten Untersuchung „Die Mechanik von Verformung und Bruch von Gesteinsproben im Labormaßstab" wird eingangs festgestellt, daß numerische Werte der im Laboratorium gemessenen mechanischen Eigenschaften von Gesteinen oftmals nur eine gringe Aussagekraft für die Erklärung des Verhaltens der Gesteinsmassen im Großen haben. Laboruntersuchungen können jedoch für die Förderung des Verständnisses des Mechanismus der Formänderungen und Brucherscheinungen von beträchtlicher Bedeutung sein, besonders in jenen Fällen, wo praktische Probleme mit Formänderungen verknüpft sind, welche denen im Labor entsprechen. Gesteinsbrüche beim Bohren sowie im Bereich von Sprengladungen sind Beispiele, wo Laborstudien sehr informativ sein können.

Jüngste Forschungsarbeiten zeigen jedoch, daß einige der allgemein anerkannten Ansichten über das Bruchverhalten von Gesteinen entweder unkorrekt oder zu stark vereinfacht sind. Der Report setzt sich mit diesen Ansichten auseinander und erörtert einige Ergebnisse, die sich auf das Bruchverhalten von Gesteinen unter dynamischer Beanspruchung beziehen.

Mit Hilfe einer Prüfmaschine hinreichend großer Steifigkeit ist es gelungen, den Bruchvorgang jenseits des Maximums der Tragfähigkeit zu erfassen und die Bruch-Kennlinie meßtechnisch einwandfrei aufzunehmen. Die Gesteinsproben besitzen — obwohl sie vollständig zerbrochen erscheinen — nicht nur eine beachtliche Rest-Tragfähigkeit, sondern darüber hinaus sogar noch gewisse elastische Eigenschaften, wie die gezeigten Hysterese-Untersuchungen einwandfrei belegen.

Wir alle haben in unseren Laboratorien konventionelle Prüfmaschinen, deren Steifigkeit offenbar viel zu gering ist, um die für die Bergbaupraxis wichtige Bruchcharakteristik von Gesteinsproben bzw. Pfeilermodellen aufnehmen zu können. Unsere „zu weichen" Prüfmaschinen bewirken eine unerwünschte Mehrabgabe von mechanischer Energie, die die Proben zumeist schlagartig zerstören, da sie den Energieüberschuß „quasistatisch" nicht aufnehmen können.

Im Vortrag wurde erwähnt, daß die an der Universität von Minnesota nach dem Prinzip von Cook und Hojem gebaute Prüfanlage eine Entlastungssteifigkeit von $8{,}8 \cdot 10^6$ lbs/inch aufweist, was etwa 160 t/mm entspricht. Demgegenüber besitzen die in unserem Labor befindlichen konventionellen Maschinen Steifigkeitswerte, die nur etwa den zehnten Teil des obigen Wertes ausmachen. Es würde uns alle sehr interessieren von Ihnen zu erfahren, in welcher Größenordnung die Steifigkeit der in Ihrem Institut getesteten konventionellen Prüfmaschinen liegt.

Ich eröffne hiermit die Diskussion und bitte um Wortmeldungen.

Herr Müller

Man kann es gewiß erstaunlich finden, daß eine Probe nach dem vorgenannten Bruch noch eine Festigkeit, ja sogar elastische Eigenschaften, besitzt. Aber eigentlich ist es wieder nicht erstaunlich, wenn man bedenkt, daß Felsmassen stets anders als große zerbrochene zerklüftete Massive sind, auch sie haben elastische Eigenschaften neben ihren plastischen und haben auch Festigkeit. In beiden Fällen können wir von Restfestigkeit sprechen.

Es bleibt nunmehr noch folgende Frage offen: Beim Testen von Probenkörpern muß man sehr steife Maschinen verwenden, viel steifere als unsere konventionellen Maschinen, um den Verlauf der Arbeitslinie nach Überschreiten der größten Festigkeit, der Bruchfestigkeit, noch feststellen zu können und etwas über die Restfestigkeit zu wissen. Was ergeben sich daraus für Konsequenzen für das Testen von zerbrochenen Felsmassen in situ. Müssen wir dazu in ähnlicher Weise besonders steife Maschinen haben, oder genügt es, auf die übliche Art unsere Druckkissen zwischen den anstehenden Fels und die in-situ-Probe einzulegen.

Herr Dreyer

Auf diese Frage, die ich auch habe stellen wollen, wird Herr Professor Fairhurst sicher eine Antwort geben können. Die an den Grubenpfeiler angrenzenden Hangend- und Liegendpartien sind ja nicht völlig steif. Brauchen wir eine solche steife Maschine z. B. für die Untersuchung des Bruchverhaltens von Pfeilermodellen, wenn wir die Kombination Hangendes-Pfeiler-Liegendes ansprechen wollen? Entspricht diese Kombination dem System Modell-Prüfmaschine?

Herr Fairhusrt

Im dritten Generalreport haben wir einen anderen Beitrag, welcher die Bedeutung der Steifheit unterstreicht. Ich bin der Meinung, daß einige dieser Fragen dort erörtert werden. Der Hauptpunkt ist dabei die Tatsache, daß ein Pfeiler sich allmählich verformt und dann zu Bruch geht. Und wenn wir verstehen wollen, wie dieser Bruch verläuft, dann müssen wir die Belastungsverhältnisse untersuchen. Haben wir eine zerbrochene Masse vorliegen, dann ist es nicht sehr schwer, eine adäquate Steifheit zu erreichen. Kann man eine vollständige Kurve mit der Restfestigkeit erhalten, dann ist das ein Hinweis darauf, daß ein dynamischer Test durchgeführt worden ist.

Die konventionellen Maschinen sind die hydraulischen. Unsere Versuchsmaschine hatte keine hydraulischen Komponenten. Wir haben Pumpen parallel zu der Probe geschaltet. Damit können wir erreichen, daß die ganze Last leicht von dieser Presse aufgenommen wird.

Herr Dreyer

Nunmehr möchte ich zu dem Beitrag „Nachprüfung der Theorie von Griffith mit Bezug auf die Axialsprödbruchbildung" Stellung nehmen, den Herr Gramberg eingereicht hat. In dieser grundlegenden Arbeit wird die Erscheinung des „axialen Spaltbruchs" in sprödem Material eindeutig als Primärbruchform ausgewiesen, deren Bruchcharakter nach Ansicht des Verfassers mit dem zweiten Teil der Sprödbruchtheorie von Griffith in Widerspruch steht. Dieser zweite Teil der Theorie, der sich mit der Sprödbruchbildung bei Druckbeanspruchung befaßt, sei falsch und die daraus abgeleiteten Beziehungen seien von Griffith und seinen Nachfolgern in unrichtiger Weise angewandt worden. Über diese fast „ketzerisch“ anmutende Feststellung sollte man diskutieren, zumal eine neue Theorie für den axialen Sprödbruch, die sogen. „Ellipse-mit-Kerbe-Theorie“ konzipiert wird, die auf einer konsequenten Anwendung des GRIFFITHschen Gedankengutes beruht.

Für Zugbeanspruchung sei die GRIFFITHsche Ellipse als ungefähres Modell des Bruchrandes akzeptabel, für Druckbeanspruchung hingegen aber müsse die Kontur in den Scheitelbezirken der Bruchellipse stets durch eine „Schnabelkerbe“ ergänzt werden. Herr GRAMBERG weist mit Nachdruck darauf hin, daß das neue Modell der Kerbellipse die Vorgänge bei der axialen Spaltbruchbildung zu erklären vermag, doch könne nicht erwartet werden, daß es etwa zu quantitativen Zahlenwerten führt.

Da keine Wortmeldungen vorliegen, darf ich Herrn GRAMBERG für seinen wertvollen Beitrag sehr herzlich danken. So mancher unter uns kann sich eines gewissen Schuldkomplexes nicht erwehren, haben wir doch GRIFFITH auch bezüglich des zweiten Teiles seiner Theorie lange Zeit voll vertraut und sollten das nun nicht mehr tun.

Ein dritter, nicht minder wichtiger Beitrag zu unserem Thema über Bruchtheorien und Grenzhypothesen wurde uns von Herrn STAVROGIN aus Leningrad übersandt, der sich in seiner Arbeit „Bedingungen der Grenzzustände und Verformungen des Gebirges“ mit den mechanischen Gesteins- und Gebirgseigenschaften insbesondere im Zusammenhang mit dem Problem der Gebirgsschläge und plötzlichen Ausbrüche befaßt. Unter Zugrundelegung der bekannten Festigkeitshypothesen der maximalen Normal- bzw. Schubspannung erfolgt die Beschreibung der elastischen Grenzzustände mit Hilfe von Gleichungen exponentieller Art. Die Zerstörung des Gebirges wird vom Fehlen der Restverformungen gekennzeichnet, was sich aus dem Zusammenfallen von Elastizitäts- und Festigkeitsgrenze erklärt.

Ziel der hier zur Diskussion gestellten Untersuchungen ist die Formulierung der Bedingungen des Überganges in Grenzzustände in einfacher, für die Berechnung geeigneter Weise, wobei gleichzeitig Augenmerk auf die physikalische Seite der Erscheinungen gelegt wird, die in einem so inhomogenen Material, wie es das Gebirge darstellt, auftreten.

Herr KUZNECOV

Ich kann nur ein wenig hier zu dem hinzufügen, was Herr Dr. DREYER gesagt hat. Die Grundidee STAVROGINS besteht darin, daß er neue Koordinaten einführt, speziell für die Beschreibung der Grenzzustände. Sie haben auf Bild 2 des Beitrages von STAVROGIN dieses Koordinatensystem. Die Koordinate C drückt das Verhältnis zwischen Sigma minimum und Sigma maximum aus, in räumlichen oder dreiaxialen Spannungszustand. C ist die Abszissenachse. Die Ordinate ist der Logarithmus von $\tau \cdot$ maximum. Bei einer solchen Darstellungsform für den Grenzzustand kann man sehr gut den Grenzzustand in dem Spannungsbereich beschreiben, wo gleichzeitig Druck- und Zugkräfte wirksam werden, was durch die MOHRsche Kurve nicht ganz klar zum Ausdruck kommt. Gleichzeitig erhält man eine Art von Gleichung für die Festigkeit und für den Grenzzustand, speziell für den elastischen Zustand. Das experimentelle Material zeigt, daß man in diesem Koordinatensystem sehr bequem in mathematischer Form auch die Abhängigkeit zwischen der Volumenveränderung und dem Charakter der Volumenveränderung mit verschiedenen Vorzeichen, d. h. plus und minus, darstellen kann.

Herr DREYER

Herr Professor WÖHLBIER und sein Mitarbeiter Herr HENNING haben den Verlauf der Bruchhüllkurve von Locker- und Festgesteinen mit Hilfe eines nach dem KÁRMÁN-Prinzip arbeitenden Triaxialgeräts ermittelt, das die Einleitung rotationssymmetrischer Spannungszustände($\sigma_1 \neq \sigma_2 = \sigma_3$) gestattet. Bei einer Vielzahl von Problemen, die mit der Schubfestigkeit von Gesteinen zusammenhängen, ist der Verlauf der Bruchhüllkurve oftmals nur innerhalb gewisser Spannungsbereiche von näherem Interesse, wobei der funktionelle Zusammenhang von Radien und Mittelpunktkoordinaten der MOHRschen Spannungskreise dann innerhalb des betreffenden Meßbereiches durch Ausgleichsrechnung mittels passender Näherungsverfahren gefunden werden kann. Als ein besonders einfaches und vielbenutztes Verfahren bietet sich z. B. bei Benutzung einer elektronischen Datenverarbeitungsmaschine der Ausgleich durch eine Parabel n-ter Ordnung an. Diesen Weg haben die Verfasser beschritten, wobei es ihnen gelang, eine Reihe wichtiger physikalischer und physiko-chemischer Parameter, die die Schubfestigkeit der untersuchten Locker- und Festgesteine beeinflussen, quantitativ zu bewerten.

Ich möchte diesen wichtigen Beitrag zur Diskussion stellen und bemerken, daß der Schnittpunkt der Bruchhüllkurve mit der Abszissenachse die mehrachsige Zugfestigkeit bedeutet, die mit dem Buchstaben σ_z^* bezeichnet wird und für die verschiedenen Gesteinsproben anhand Tab. 1 im Anhang der Arbeit zahlenmäßig abgelesen werden kann. In der Arbeit wird weiter vermerkt, daß auch konventionelle Zugversuche durchgeführt worden seien, deren Ergebnisse jedoch nicht mitgeteilt werden. Auf meine Anfrage hat mich Herr Professor WÖHLBIER dahingehend informiert, daß bis auf ganz wenige Ausnahmen die einachsigen Zugfestigkeitswerte grundsätzlich niedriger liegen als die entsprechenden dreiachsigen Zugfestigkeitswerte, was theoretisch durchaus verständlich ist. Über diesen Fragenkomplex haben wir uns ja schon bei früheren Ländertreffen eingehend unterhalten.

Herr WÖHLBIER

Vielleicht darf ich noch eine kleine Ergänzung hinzufügen. Wir haben in unserer Zahlentafel 1 nur die praktisch ermittelten Werte wiedergegeben. Im Zusammenhang mit einer anderen Arbeit, die für einen Vortrag im Januar 1969 in Washington vorgesehen ist, haben wir auch die entsprechenden theoretischen Werte ermittelt und dabei festgestellt, daß die experimentell ermittelten und die theoretischen nahezu übereinstimmen. Die Abweichungen sind sehr gering und vielleicht auf eine zu geringe Probenzahl oder auf die Anordnung der Experimente zurückzuführen.

Herr DREYER

Gestatten Sie mir bitte, daß ich von meiner Seite noch eine kurze Bemerkung hinzufüge, die im Rahmen unserer IBG-Arbeit allgemeines Interesse beansprucht. Wie ich dem Schlußteil Ihrer Arbeit entnehme, haben Sie versucht, die vorhandenen Ergebnisse der triaxialen sowie auch einachsigen Versuche mit Hilfe der von Herrn PROTODJAKONOV vorgeschlagenen einheitlichen Gleichung

$$\tau = \tau_M \cdot \left[\frac{(\sigma + \sigma_z^*)^2}{(\sigma + \sigma_z^*)^2 + a^2} \right]^{3/8}$$

der Hüllkurve auszuwerten, wobei a ein Gesteinsparameter bedeutet und vorausgesetzt wird, daß die Hüllkurve horizontale Asymptoten $\tau = \pm \tau_M$ besitzt. Es zeigt sich jedoch, daß die von Herrn PROTODJAKONOV angegebenen dimensionslosen graphischen Darstellungen bzw. Tabellen zur Ermittlung der Hüllkurvenparameter zu geringe Werte für die Grenzschubfestigkeit τ_M liefern und Ihrer Meinung nach somit nicht angewendet werden können. Ich möchte diesen Befund gern zur Diskussion stellen und anfragen, inwieweit die hier zutage getretene unterschiedliche Auffassung über den Verlauf der Bruchhüllkurve von der Art der jeweils gewählten Prüfmethode und dem Prüfkörperzustand abhängig gemacht werden kann. Ist die PROTODJAKONOV-Beziehung abzuändern, weil wir inzwischen über weit mehr Meßmaterial verfügen, oder sind äußere Einflüsse wie z. B. der Feuchtigkeitsgrad mitbestimmend?

Herr MENCL

Bei diesem Problem sollte man auch den Wassergehalt in Betracht ziehen. Unter sehr großen Drücken konnte der Porenwasserdruck eine wesentliche Verminderung des Winkels der Scherfestigkeit verursachen. Bei trockenem Material verändert sich das Material in Staub, dessen innere Reibung durch den Winkel von mindestens 20 bis 25 Grad gegeben ist.

Herr Dreyer

Wir danken Ihnen für Ihre Erwiderung und nehmen zur Kenntnis, daß der Probenzustand einen dominierenden Einfluß auf den Charakter der Hüllkurve und damit auch auf ihre analytische Darstellung hat.

Ich möchte nun zur zweiten Themengruppe kommen und ganz besonders den Herren Denkhaus und Bieniawski (Pretoria) sowie den Herren Protodjakonov und Teder (Moskau) dafür danken, daß sie in ihren umfassenden Berichten zum Gesamtkomplex „Festigkeit von Gestein und Gebirge“ auch auf die hier interessierenden Verfahren für Festigkeitsmessungen am Gestein eingegangen sind. Wie Herr Fairhurst so macht auch Herr Denkhaus in seinem Beitrag „Wissenschaftliche Entwicklung der Gebirgsmechanik in den letzten 10 Jahren (Teilthema: Festigkeit von Gestein und Gebirge)“ darauf aufmerksam, daß die Festigkeit eine spezifische Eigenschaft des Materials sei, die Bruchgrenze dagegen das System „Probe-Prüfmaschine“ kennzeichne. Herr Professor Protodjakonov weist in diesem Zusammenhang auf die Entwicklung von Methoden zur Bestimmung der Gesteinseigenschaften in situ hin und beschreibt in seinem Referat „Die Entwicklung der Untersuchungen physikalisch-mechanischer Eigenschaften der Gesteine in der UdSSR in den letzten 10 Jahren“ Druck- und Scherversuche an kleinen Pfeilern mit hydraulischen Hebeblöcken unterschiedlicher Steifigkeit.

Derartige in-situ-Versuche sind auch in Pretoria am National Mechanical Engineering Research Institute (Council for Scientific and Industrial Research) mit dem Ziel durchgeführt worden, die Gebirgsfestigkeit von Kohle zu ermitteln. Im Rahmen unserer IBG-Arbeit interessieren wir uns jetzt besonders auch dafür, welchem speziellen Typ des von Herrn Professor Mencl vorgeschlagenen Systems der Gebirgsklassifikation die untersuchten Kohlenproben aus der Grube Witbank in Transvaal zuzuordnen sind. Auf den Beitrag von Herrn Professor Mencl werde ich bei der Besprechung der Themengruppe „Klassifizierung der Gebirgstypen“ noch gebührend eingehen und möchte jetzt nur die beiden Berichte von Herrn Denkhaus und Herrn Protodjakonov zur Diskussion stellen.

Herr Mencl

Im vorigen Jahr hat die Gruppe 3 den Entwurf für die Klassifikation von Gebirgsmassen vorgelegt. Ich bedaure, daß wir dabei die Prüfung mit Schmidtschem Prallhammer nicht als obligatorisch entworfen haben. Es wurde schon früher von Skutta und anderen gezeigt, daß eine Korrelation mit der Festigkeit besteht. Ich möchte zeigen, daß der Prallhammer gute Dienste auch bei der Beurteilung von Zusammendrückbarkeit des Gebirges erweist. Bei dem Bau einer Bogenmauer östlich von Prag (Bild 1) änderte sich der Verformungsmodul von Gneis wegen Verwitterung und Auflockerung sehr wesentlich. Es hat sich die gute Korrelation zwischen diesem Modul, welcher durch Belastungsversuche festgestellt wurde, und der Prallzahl gezeigt (Bild 2).

Herr Gimm

Ich möchte einige ergänzende Bemerkungen bzw. eine Richtigstellung machen, und zwar zu dem Vortrag von Denkhaus und Bieniawski und zum Generalreferat. Im Generalreferat wurden einige Ergebnisse der Arbeiten von Herrn Denkhaus und Herrn Bieniawski so dargestellt, als ob sich bei den Messungen an Gesteinsproben und großen Gesteinsblöcken gezeigt hätte, daß die Druckfestigkeit des Gebirges in etwa bei einem Drittel der Festigkeit kleiner Proben der gleichen Gesteine liegen würde. Ich glaube, das ist eine unzulässige Verallgemeinerung. Die Relation zwischen Gebirgsfestigkeit und Gesteinsfestigkeit kann sehr

Bild 1

unterschiedliche Werte annehmen. Dies ist auch nicht weiter verwunderlich, wenn man daran denkt, daß die Festigkeit des Gebirges ja in erster Linie von dem Abstand der Trennflächen, zum Beispiel der Kluftdichte, und von der Kluftfüllung abhängig ist. Wir haben an unserem Institut in den letzten Jahren verschiedene einachsige Druckversuche an großen Blöcken in situ durchgeführt, und zwar in verschiedenen Erzgruben, in Stollen für Talsperren und neuerdings auch in einer Kaligrube. Die Versuchseinrichtung ist ähnlich, wie sie in einem Bild von DENKHAUS beschrieben ist. Wir haben dabei einen sehr großen Streuungsbereich dieser Relation von Gebirgsfestigkeit zu Gesteinsfestigkeit festgestellt. Bei den von uns gemessenen Beispielen liegt dieser Bereich etwa zwischen 1% und 90%, das heißt, es kann Gebirgsarten geben, die nur 1% der Festigkeit des eigentlichen Materiales des Gesteines haben.

Herr EVERLING

Ich habe diese Formulierung — entgegen dem Vorschlag von Herrn DREYER — im Bericht gelassen, weil immerhin mehrere derartige Messungen an Gesteinsblöcken diesen Wert ergeben haben. Selbstverständlich handelt es sich dabei nur um Beispiele, und Herr Professor GIMM hat vollkommen recht, wenn er diese Aussage als Einzelbeispiel einschränkt.

Herr ENDERSBEE

Es ist erwähnt worden, daß es eine „Minimalfestigkeit" des Gesteins gibt, und ich möchte über diesen Begriff sprechen und seine Gültigkeit in Frage stellen.

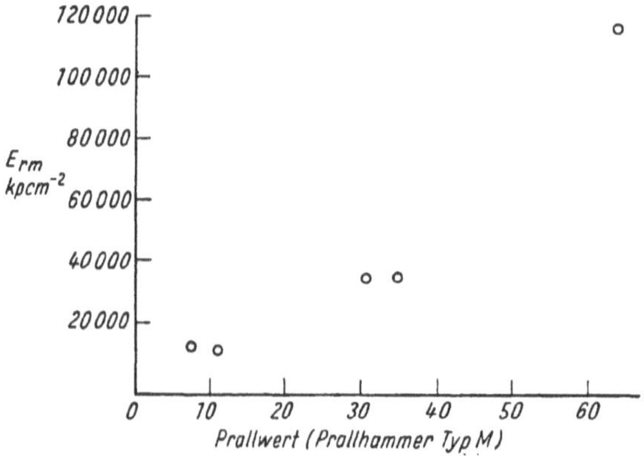

Bild 2

Dr. EVERLING und Dr. DREYER gehen in ihrem sehr interessanten Generalbericht auf die Änderung der Festigkeit von Gesteinsstücken mit der Größe der Probe ein und beziehen sich weiterhin auf die Festigkeit von Gestein, „die mit zunehmender Größe (der Gesteinsabmessungen — d. Üb.) auf einem Minimalwert asymptotisch abnimmt." Der gleiche Gedanke wird von DENKHAUS und BIENIAWSKI diskutiert, die sich auf eine kritische Probengröße beziehen, oberhalb welcher die Festigkeit des Gesteinssystems konstant wird.

Ich möchte die Aufmerksamkeit auf die Erscheinungen lenken, daß die Festigkeit von Gesteinsstücken mit zunehmender Größe abnimmt, und möchte dabei die Frage stellen „Gibt es wirklich eine Minimalfestigkeit?". Beim gegenwärtigen Stand unseres Wissens vertrete ich die Meinung, daß der Begriff der Minimalfestigkeit *nicht bewiesen ist.*

Gewissermaßen als Teilbeweis für einen übereinstimmenden Maßstabseffekt bei Gesteinsstücken über mehrere Größenordnungen der Abmessungen kann man sich auf Ergebnisse von Bruchversuchen an Gesteins- und Mineralteilchen beziehen. Im beigefügten Diagramm werden Daten angeführt, die von BERGSTROM mitgeteilt und von ENDERSBEE [1] veröffentlicht

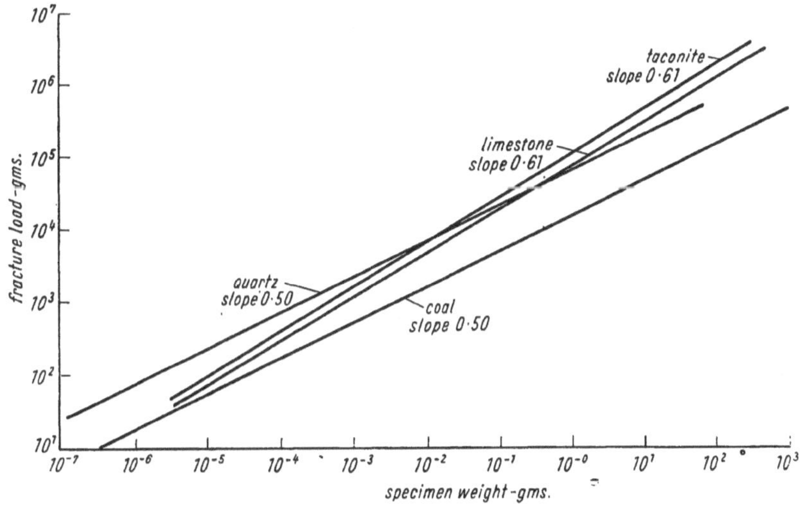

Bild 1

worden sind. Dieses Diagramm zeigt Ergebnisse von Bruchversuchen mit Teilchen aus Quarz, Kohle und Kalkstein für einen ganzen Bereich von Probengewichten. Es ist ersichtlich, daß eine gerade Linie in der doppeltlogarithmischen Auftragung der Beziehung zwischen Bruchlast und Teilchengewicht über zehn Größenordnungen vorhanden ist, wobei die Beziehung für Quarz lautet

$$\text{Bruchlast proportional (Probengewicht)}^{1/2}.$$

Wenn man diese Beziehung in eine für Spannung und lineare Abmessungen umwandelt und dabei Teilchen von übereinstimmender Gestalt voraussetzt, erhält man

$$\text{Bruchspannung proportional (lineare Abmessung)}^{-1/2},$$

und es wird betont, daß der Maßstabseffekt über zehn Größenordnungen beobachtet wird. Die tatsächliche Größe des Maßstabseffekts ist noch höher, als man normalerweise aus der rein statistischen Analyse unter Verwendung der Verteilungsfunktionen für die Festigkeit bei jeder Größe voraussagen würde, und schließt mutmaßlich einen energetischen Maßstabseffekt ein. Wir wissen aus Überlegungen der GRIFFITHschen Theorie und aus späteren Weiterentwicklungen der Bruchmechanik, daß die Spannung für das Auslösen und das Ausbreiten eines Risses abhängig ist von der Umgebungsenergie.

Die Bedeutung des Energieeffekts wird im Artikel von Starfield und Wawersik gezeigt, und dieser Faktor wird auch von Denkhaus und Bieniawski diskutiert. Wenn wir Energieeffekte betrachten, müssen wir die gesamte Umgebungsenergie einschließen, d. h. die Probe plus die Prüfmaschine oder die Komponente im wirklichen Grubenbauwerk. Es ist interessant, daß eine Energieerscheinung beim Bruchverhalten von stählernen Druckgefäßen beobachtet wird. Die Bruchspannung und die Bruchgeschwindigkeit hängen dabei von der Kompressibilität des gespeicherten Mediums ab. Pneumatische Medien liefern mehr Energie zur Förderung des Bruches als hydraulische Medien.

Wegen der Bedeutung der Umgebungsenergie für die Festigkeit von Materialien müssen wir beim Vergleich der Ergebnisse von Prüfungen bei verschiedenen Umgebungsbedingungen sorgfältig vorgehen. Dies ist eine Schwierigkeit bei der Interpretation der Daten, die von Denkhaus und Bieniawski in Bild 7 ihres Artikels vorgelegt werden.

Der mögliche Einfluß der Umgebungsenergie auf die Festigkeit von Gestein ist ein ungelöstes Hauptproblem in der Gebirgsmechanik. Erscheinungen wie Gebirgsschläge und Erdbeben zeigen deutlich, daß Energieeffekte am Werke sind, doch wir haben nicht die Mittel dazu, Energiebetrachtungen in unsere Abschätzung der Festigkeit von Gesteinsmassen einzuschließen.

Manchmal ist der Maßstab unserer Untersuchungen recht winzig im Vergleich zur Wirklichkeit, wie zum Beispiel beim Vergleich eines im Laboratorium durchgeführten Scherversuches mit dem Bruch der Gesteine der Erdkruste auf einer Verwerfungsfläche. In einem solchen Fall können große Unterschiede in der Spannung, in der Verformung, in der Zeit für plastische Verformung (failure), in der Umgebungsenergie und dem Freiwerden von Energie während der plastischen Verformung auftreten. Unsere Kenntnisse von diesen Faktoren und den physikalischen Beziehungen sind noch sehr spärlich.

Wegen unseres beschränkten Wissens über den wirklichen Mechanismus der plastischen Verformung und des Bruchs im Gestein, besonders in bezug auf die Umgebungsenergie und die Belastungszeit, bin ich abgeneigt, den Gedanken der „Minimalfestigkeit" zu akzeptieren, da dieser Gedanke eine Änderung in den physikalischen Beziehungen bei einer bestimmten Probengröße beinhaltet. Das beigefügte Diagramm zeigt eine übereinstimmende physikalische Beziehung zwischen Festigkeit und der Größe für zehn Größenordnungen, und es scheint kein triftiger Grund vorzuliegen, daß diese gleiche physikalische Beziehung nicht auch auf größere Bauwerke der Technik und geologische Ausdehnungen extrapoliert werden kann.

Aus diesen Gründen bin ich der Meinung, daß der Begriff der „Minimalfestigkeit" nicht bewiesen ist.

Literatur

[1] Endersbee, L. A.: „Sprödbruch in Beton und Gestein". Civil Engineering Transactions, The Instn. of Engineers, Australien, Oktober 1967, Seiten 217–234.

Herr Dreyer

Die dritte Vortragsgruppe befaßt sich mit den Ergebnissen von Festigkeitsmessungen im Laboratorium und betrifft die Referate der Herren Houska und Serafim sowie auch meinen eigenen Vortrag „Modellmechanische Untersuchungen zur Abschätzung der Standsicherheit von kavernenartigen Hohlräumen im Salzgebirge". Sie werden verstehen, meine Herren, daß ich über meinen eigenen Beitrag kein Werturteil abgeben möchte, zumal die Generalreporter der Teilthemen 3 „Gebirgsmechanische Modellversuche und Analytik" und 4 „Schlußfolgerungen aus gebirgsmechanischen Erkenntnissen für die Standfestigkeit von untertägigen Hohlräumen" sich damit noch ausreichend befassen werden. So darf ich zunächst den „Beitrag zu den Spaltversuchen an Gesteinen" von Herrn Houska kurz referieren und feststellen, daß gerade in letzter Zeit sich eine Reihe von Forschern mit den verschiedenen Methoden der Zugfestigkeitsbestimmung auseinandergesetzt hat. Zwei dieser an kreisförmigen Gesteinsscheiben durchgeführten Tests — der Spaltzugversuch zur Bestimmung der einachsigen Zugfestigkeit und der achsensymmetrische Biegeversuch zur Bestimmung der Biegezugfestigkeit — wurden in den Jahren 1963 und 1964 vom Internationalen Büro für Gebirgsmechanik zur Standardisierung empfohlen.

Wie der Verfasser ausführt, wurde die Methode des Spaltzugversuches von mehreren Seiten einer kritischen — sowohl theoretischen als auch experimentellen — Untersuchung unterzogen, und gegen diese Methode sind einige nicht unerhebliche Einwendungen gemacht worden. So wird beanstandet, daß der Bruch durch die Art der Versuchsdurchführung an einer vorgeschriebenen Stelle des Versuchskörpers erzwungen wird, die nicht unbedingt auch die schwächste Stelle sein muß. Weiter wird eingewendet, daß diese Formeln zur Berechnung der Gesteinsfestigkeit aus der Elastizitätstheorie abgeleitet werden, obwohl sich manche Gesteine vor dem Bruch weitgehend plastisch verhalten. Um diese und auch andere Literaturangaben überprüfen zu können, wurden im Bergbauinstitut der Tschechoslowakischen Akademie der Wissenschaften in Prag umfangreiche Versuche durchgeführt. Ferner wurden die Ergebnisse aus konventionellen Zuguntersuchungen ausgewertet und mit denen der Spaltzugversuche verglichen.

Herr Houska bemerkt in seiner Arbeit, daß das Auftreten von unregelmäßigen Rissen außerhalb der nahezu einachsig beanspruchten Mittelzone keinen wesentlichen Einfluß auf die Höhe der einachsigen Zugfestigkeit hat. Diese Feststellung ist m. E. von besonderer Bedeutung, da ohne sie eine direkte Vergleichbarkeit der Spaltzugfestigkeitswerte mit denen der konventionellen Verfahren nicht möglich wäre. Angeregt durch den Beitrag von Herrn Houska sind in Clausthal entsprechende Untersuchungen an anderen Gesteinarten in Vorbereitung, um feststellen zu können, ob dieser wichtige Befund Allgemeingültigkeit besitzt. Die elastizitätstheoretische Behandlung des Spaltzugversuches wird vom Verfasser als korrekt betrachtet, da die Spannungen im eigentlichen Bruchgebiet von dem mechanischen Verhalten des Gesteins an den Lastangriffspunkten weitgehend unabhängig sind.

Die von den Herren Serafim und Guerreiro durchgeführten „Scherversuche an Fels" befassen sich nur zum Teil mit Laboruntersuchungen. Sind die zu untersuchenden Diskontinuitäten vergleichsweise geringmächtig, so lassen sich von ihnen Bohrkernproben entnehmen, deren Scherfestigkeits-Kennwerte im Labor bestimmt werden. Diese Methode hat sich besonders bei der festigkeitsmechanischen Untersuchung des Füllmaterials von Störungen bewährt und dient weiterhin zur systematischen Erfassung des Wassergehaltes der Gesteinsproben sowie des Zeitfaktors.

Vielleicht darf ich auch gleich das zweite Referat von Herrn Serafim zur Diskussion stellen, das in die nächste Themengruppe „Besondere Einflüsse (Mineralogischer Aufbau, Gefüge; Anisotropie; Wasserempfindlichkeit; Temperatur)" überleitet. Der vorliegende Beitrag enthält allgemeine Betrachtungen über die Strömung von Wasser in einem porösen Medium und einen speziellen Teil, der sich mit der stationären Fließbewegung in anisotropem Gestein sowie der nichtstationären Strömung durch geklüftete Gebirgskörper befaßt. Neben dem Einfluß von Klüften und Poren auf die instationäre Strömung werden insbesondere Fragen der Wasserfiltration unter der Gründungssohle von Mauern betrachtet. Hierzu gehört die Behandlung der wirksamen Spannungen im Gebirgskörper, worunter die direkte Spannungskomponente abzüglich der Porendrücke verstanden wird, sowie der wirksamen Fläche der Porendrücke.

Weiterhin wird der tatsächliche Spannungszustand, der durch Porendrücke in einem homogenen, isotropen und elastischen porösen Medium hervorgerufen wird, behandelt und darüber hinaus die Grenzen bei der Bestimmung der in-situ-Permeabilität von Gebirgskörpern aufgezeigt. Abschließend weist Herr Serafim darauf hin, daß der Einfluß von Porenwasser einer der wichtigsten Faktoren sei, die das Verhalten von Gebirgskörpern bestimmen. Schwankungen in den resultierenden Drücken oder in der Strömung können zu merklichen Verformungen der Gründungssohle von Großbauwerken oder von untertägigen Hohlräumen führen, wobei auch Bruchbildungen nicht auszuschließen sind.

Herr MÜLLER

Ich hatte leider noch nicht Gelegenheit, diesen Aufsatz zu lesen. Ich möchte daher nur fragen, in welchem Sinne hier von instationärer Strömung gesprochen wird. Besteht die Meinung, daß die Strömung in den Klüften grundsätzlich nicht stationär oder daß sie nur gelegentlich instationär sein kann? Im ersten Falle stünde diese Meinung im Widerspruch zu den Ergebnissen, welche WITTKE und LOUIS in Lissabon vorgetragen haben.

Herr DREYER

Ich möchte nun zum Thema „Zeiteinfluß, rheologisches Verhalten" den außerordentlich interessanten Beitrag „Untersuchungen zum Mechanismus der Kriechverformung von Carnallitit und praktische Anwendungen" der Herren HÖFER und KNOLL zur Diskussion stellen.

Der für den Kalibergbau bedeutsame Carnallitit zeichnet sich gegenüber alle anderen Salzgesteinen durch ein besonderes Verformungsverhalten aus und wurde einer systematischen rheologischen Untersuchung unterzogen. Die Verfasser gehen von der physikalischen Beschreibung des polykristallinen Gesteins aus, wobei der Versuch unternommen wird, die Gleichungen der zeitabhängigen Verformung versetzungstheoretisch zu begründen. Die so unter Nutzung der neueren Erkenntnisse der Festkörperphysik entwickelten Kriechgesetze sind in vieler Hinsicht den normal üblichen Ansätzen überlegen, die die Modell-Rheologie zu bieten hat. Hier werden Kenntnisse über die tatsächlichen physikalischen Vorgänge in den Einzelkörnern sowie über ihre Wechselwirkung im polykristallinen Verband verwertet, die eine Beschreibung der gesamten Kriechkurve vom Belastungsbeginn über alle Stadien bis zum Bruch ermöglicht und dem Mechanismus der Kriechverformung weit besser angepaßt sind, als es phänomenologische Betrachtungen je vermögen.

Bei niedrigen Temperaturen und Spannungen gehen die Verfasser von der versetzungstheoretisch begründeten Erkenntnis aus, daß hier keine Erholungserscheinungen durch Klettern von Versetzungen oder durch Quergleitungs-Diffusionsvorgänge zu erwarten sind. Unter Berücksichtigung der Deformationsverfestigung wird ein logarithmisches Kriechgesetz

$$\varepsilon = c + \alpha \cdot \ln t \qquad (\alpha\text{-creep})$$

abgeleitet.

Bei höheren Versuchstemperaturen und Spannungen ist mit Erholungserscheinungen durch Klettern von Versetzungen und mit Diffusionsvorgängen aus den aufgestauten Gruppen zu rechnen. Dies führt zu dem Potenzgesetz:

$$\varepsilon = \beta \cdot t^{1/3} \qquad (\beta\text{-creep}) .$$

Es wird weiterhin aufgezeigt, daß in dieser Bewegungsphase eine Aggregation von Störstellen zu Rissen erfolgt, die eine Auflockerung an den Korngrenzen bewirkt, die zur Bewegung der Körner oder ganzer Teile des polykristallinen Körpers führen kann. Die letzte Bewegungsphase wird mit der Kurzbezeichnung „r-creep" gekennzeichnet.

Die theoretisch vorausgesagten Kriechgesetze wurden bei den experimentellen Untersuchungen bei unterschiedlicher Belastungshöhe tatsächlich beobachtet und bei verschiedenen Schlankheitsmaßen der untersuchten Carnallititmodelle diejenigen relativen Belastungen ermittelt, bei denen ein Übergang der logarithmischen Funktion in die Potenzbeziehung stattfand.

Herr Höfer

Zur Gebirgsdrucktagung 1958 wurde es als ein wesentliches Ziel der künftigen Arbeiten betrachtet, eine wahre Fließgrenze der Gesteine zu finden. Wir interessieren uns insbesondere für die Salzgesteine. Im Institut für Grubensicherheit in Leipzig wurden entsprechende systematische Untersuchungen an einem der schwierigsten Salzgesteine, dem Carnalit, durchgeführt. Hierbei sind Ergebnisse herausgekommen, die vielleicht in ähnlicher Weise auch für andere Gesteinsarten Gültigkeit haben können, nämlich daß Belastungen, die einen exponentiellen Verlauf der Kriechkurve hervorrufen, schließlich zum Bruch führen, andererseits bei logarithmischem Verlauf der Kriechkurve kein Bruch eintritt.

Ich bitte Herrn Knoll, Physiker am Institut für Grubensicherheit, einige Bemerkungen dazu zu machen.

Herr Knoll

In den vorliegenden Unterlagen ist bei der Deutung der experimentellen Untersuchungen im wesentlichen von zwei Typen des Kriechverhaltens der Salzgesteine die Rede, einmal von dem logarithmischen Typ und zum anderen von dem Potenz-Typ.

Ziel unserer Arbeit war es, in erster Linie etwas über den physikalischen Mechanismus der Kriechverformung zu erfahren, denn erst einigermaßen gesicherte Annahmen darüber, was im Probenkörper während der Belastung vor sich geht, läßt Schlußfolgerungen zu, wie man diese Vorgänge analytisch beschreiben kann. Die bleibenden Verformungen, um die es sich ja handelt, müssen wir uns dabei aus drei Beiträgen zusammengesetzt vorstellen. Das sind einmal die rein plastischen Verformungen, die sich innerhalb der einzelnen Kristallkörner vollziehen und ihre Ursache im wesentlichen in der Bildung und Wanderung von Kristallbaufehlern, den sogenannten Versetzungen, haben. Der nächste Beitrag zur bleibenden Verformung dürfte die Verformung auf den Korngrenzen sein, und schließlich die Verformung infolge Rißbildung bei höherer Belastung. Bei den einzelnen Gesteinsarten treten diese drei Anteile in unterschiedlichen Verhältnissen auf, und die hier diskutierten Zusammenhänge gelten selbstverständlich nur für den Carnallitit. Bei den rein plastischen Verformungen können wir wiederum zwei Gruppen unterscheiden, einmal die plastische Verformung infolge Wanderung von Versetzungen ohne Erholungserscheinungen, zum anderen die entsprechende Verformung mit Erholungserscheinung. Unter Erholung sei verstanden, daß die Anzahl der zur Verformung beitragenden Kristallfehler im Zeitverlauf nicht erschöpft, sondern durch Einwirkung von Temperatur und Spannung in geeigneter Größe immer wieder ergänzt wird.

Wendet man die neuen physikalischen Erkenntnisse der Festkörperphysik auf diese Überlegung an, dann kommt man für die Vorgänge der plastischen Verformung ohne Erholungserscheinungen, wie es in den Unterlagen ausgeführt ist, zu einem Deformationsgesetz, das logarithmisch von der Zeit abhängt. Im anderen Falle, wenn Erholungserscheinungen vorhanden sind, entsteht ein Potenzgesetz. Interessant ist hierbei, daß — wie es auch nach den Vorstellungen über den Mechanismus des Kriechens zu erwarten ist — bei dem logarithmischen Zeitgesetz die Deformationen im Zeitablauf immer mehr abklingen und auch nach sehr langen Belastungszeiten keine Brucherscheinungen festgestellt werden konnten..

Sind Erholungserscheinungen im Spiel, dann tritt je nach Belastungshöhe nach unterschiedlichen Zeiten der Bruch des Probenkörpers ein. Diese Belastungsbereiche, die sich durch das Potenzgesetz beschreiben lassen, überlagern sich dann mit den vorhin aufgeführten anderen beiden Bestandteilen der zeitabhängigen Verformung, nämlich der Verformung auf den Korngrenzen und der Rißbildung zu zwei weiteren Arten der Kriechverformung. Einmal tritt der Bruch langsam und unter großen Verformungen ein. Hierbei werden die plastischen Verformungen von Bewegungen auf den Korngrenzen überlagert. Wenn der Bruch sehr plötzlich und meistens mit starker Zerstörung des Materials eintritt, überlagert sich die rein plastische Verformung mit der Bildung von Rissen innerhalb der Kristalle.

Wie schon erwähnt, werden diese einzelnen Bestandteile der bleibenden Verformung bei einigen Gesteinsarten unterschiedlich stark vertreten sein. Beim Carnallitit ließen sich diese Bestandteile verhältnismäßig gut trennen und damit verhältnismäßig gut studieren. Wir glauben, daß diese Untersuchungsmethode zumindest für die Salzgesteine brauchbare Erkenntnisse über den Mechanismus der zeitabhängigen Verformung liefern kann.

Herr Dreyer

In diesem Zusammenhang möchte ich darauf verweisen, daß Le Compte (1965) das Kriechen von Salzgesteinen bei verschiedenen Temperaturen und Manteldrücken bis zu 1020 kp/cm² experimentell untersucht hat, wobei er die allgemeine Potenzbeziehung

$$\varepsilon = c + \beta \cdot t^n \qquad (\beta\text{-creep})$$

erhält. Die hier nicht interessierende additive Konstante c bedeutet den elastischen Verformungsanteil. Wichtig ist jedoch, daß der experimentell gefundene Exponent n zwischen den Werten 0,35 und 0,77 liegt und nicht notwendig stets gleich 1/3 ist. Le Compte gelang es, mit Hilfe der Versetzungstheorie diese allgemeine Kriechbeziehung (β-creep) zu bestätigen. Hierbei konnte er den Korngrenzeneffekt vernachlässigen, weil zwischen dem Festigkeitsverhalten von Ein- und Vielkristallen kein wesentlicher Unterschied besteht.

Unter Berücksichtigung der Temperaturabhängigkeit des thermisch aktivierten Kriechprozesses, was durch den temperaturabhängigen Effekt „des Durchschneidens" von Versetzungslinien durch Schraubenversetzungen um die thermisch aktivierte Bildung von Leerstellen an Sprüngen von Schraubenversetzungen geschieht, erhält man als Ausdruck für die Fließgeschwindigkeit $\dot{\varepsilon}$ die Bezeichnung:

$$\dot{\varepsilon} = b\, \nu\, q\, N\, e^{-E/kT}.$$

Hierbei bedeutet b die Versetzungsstärke, ν die Frequenz der für die thermische Aktivierung maßgebenden Schwankungen — sie liegt in der Größenordnung der Debye-Frequenz von $10^{12}\,s^{-1}$ —, q die pro Aktivierung von einer Versetzung überstrichene Fläche und N die Zahl der pro Volumeneinheit an den jeweiligen Hindernissen aufgehaltenen Versetzungslinien, deren Größe Le Compte zu

$$N = a \cdot \varepsilon^{-\frac{1-n}{n}}$$

angibt. Bei dieser Versetzungsdichte N ist der Erholungseffekt durch Klettern von Versetzungen im Eigenspannungsfeld berücksichtigt.

Die Integration der Differentialgleichung führt — ohne Berücksichtigung der Integrationskonstante — auf den plastischen Verformungsanteil

$$\varepsilon = \left(\frac{a\, b\, \nu\, q\, e^{-E/kT}}{n}\right)^n \cdot t^n$$

und damit auf die obige Potenzbeziehung, deren Konstante β in Wahrheit temperaturabhängig ist.

Meine Frage an Sie, Herr Knoll, geht nun dahin: Welche Variationsbreite des Exponenten n haben Sie bei Ihren Carnallitituntersuchungen tatsächlich festgestellt und haben sich größere Abweichungen vom theoretischen Wert 1/3 ergeben?

Herr Knoll

Der Wert des Exponenten, der bei der Untersuchung am Carnallitit beobachtet wurde, beträgt im Mittel ein Drittel, schwankt aber für die unterschiedlichen Belastungsbedingungen um etwa 0,1 nach oben und unten, liegt also zwischen 0,2 und 0,4.

Zu dem Hinweis auf die gelegentlich in der Literatur angegebenen allgemeineren Darstellungen für Kriechen mit Erholung möchte ich noch ergänzen, daß von uns diese allgemeineren Vorstellungen, zumindest beim Carnallitit, nicht bestätigt werden konnten.

Es wird in der Literatur gelegentlich viel Wert auf das stationäre Kriechen gelegt. Dieser Zustand erwies sich bei unseren Untersuchungen nur als ein großer Sonderfall, nämlich dann, wenn die Erholungserscheinungen und die Erschöpfungserscheinungen sich gerade gegenseitig aufheben. Ein ausgeprägtes Stadium des stationären Kriechens wurde beim Carnallitit nicht beobachtet.

Herr Krupinski

Auf einer Erzlagerstätte, wo Dolomitschiefer und Buntsandstein auftreten, fährt man die Grubenbaue unter Verwendung von Ankerausbau auf. Manchmal ist ihr unterer Teil im Buntsandstein gelegen. Nach einiger Zeit kann man komplizierte Erscheinungen beobachten. Unter dem Einfluß von Feuchtigkeit und Temperatur ändert sich die Festigkeit des Buntsandsteins in einem solchen Maße, daß man den Grubenbau höher auffahren muß. Wir beobachten sehr sorgfältig derartige Erscheinungen, und die Ergebnisse dieser Beobachtungen sollen dem Internationalen Büro zur Verfügung gestellt werden.

Näher mit dieser Problematik ist mein Kollege Gocman beschäftigt. Ich habe Ihnen diesen Beitrag noch mitgebracht, um zu zeigen, daß man den Einfluß der Feuchtigkeit in der Grubenatmosphäre auf das Gebirgsmassiv nachweisen kann.

Herr Paraškevov

Ich möchte einige Worte über die Festigkeit der Gesteine bei langzeitlichen Untersuchungen sagen. Ich möchte vor allen Dingen bemerken, daß der Charakter der Kriechkurve und der Bruchfestigkeit von der Größe der Belastung und der Wirkungsdauer abhängig ist. Das heißt, daß eine wesentliche Rolle die Belastungsgeschwindigkeit spielt. Nicht immer können aber diese drei charakteristischen Etappen bis zum Bruch beobachtet werden.

Wenn der Fall eintritt, daß die Belastung etwas größer als die langzeitliche Grenzfestigkeit ist, dann kann es sein, daß diese drei Verformungsetappen nicht vorkommen und plötzlicher Bruch bei kleinerer plastischer oder andersgearteter Verformung eintritt. Die Zeitdauer bis zur Zerstörung ist dabei die größte. Wenn die Belastung die langzeitliche Bruchfestigkeit wesentlich übersteigt, dann ist der Charakter des Kriechens schon ein ganz anderer. Die Zerstörungen treten bedeutend schneller ein, und die Kriechperiode ist bedeutend geringer als im ersten Fall. Und wenn die Belastungen um ein sehr hohes Maß die langzeitliche Bruchfestigkeit übersteigen, dann tritt der Bruch sehr schnell ein, ohne irgendwelche bleibende Verformungen.

Nach unserer Meinung bedeutet dies, daß unter den Bedingungen im Schacht in Abhängigkeit von der Spannungskonzentration im Grubenbau in ein und demselben Gestein verschiedene Arten der Verformung und Zerstörung in Abhängigkeit von der Zeit eintreten können. So tritt zum Beispiel mit der Vergrößerung der Abbauteufe eine Erhöhung des Druckes und der Spannung im Gestein ein. Dann kann man eine schnelle Zerstörung auch für die Gesteine erwarten, die in geringerer Teufe allmählich mit entsprechend großer bleibender Verformung zerstört werden. Die Vorhersage des Beginns der Zerstörung ist nach unserer Meinung möglich auf Grund einer detaillierten Analyse der Veränderung der Energie in Abhängigkeit von der Geschwindigkeit der Spannung und der Verformung.

Herr Dreyer

Herr Paraškevov, sie leiten mit Ihren Ausführungen schon ein wenig zum Thema Ihrer eigenen Arbeit über. Dies nehme ich nun zum Anlaß, mit dem hier zur Sprache gebrachten Problemkreis auch Ihre, gemeinsam mit den Herren Kolev und Kazakov verfaßte Arbeit über die „Untersuchung der physikalisch-mechanischen Eigenschaften des Gesteins der Braunkohlenlagerstätte Bistrica (Bulgarien) bei Kurz- und Dauerbelastung“ vorzustellen, und zwar unter besonderer Berücksichtigung der von Ihnen getroffenen Schlußfolgerungen für die Gewährleistung der Standsicherheit von Grubenbauen.

Einleitend wird festgestellt, daß im Hinblick auf die Unterhaltung der Grubenbaue der in relativ geringen Teufen erfolgende untertägige Abbau der Braunkohlenlagerstätte von außerordentlichen Schwierigkeiten begleitet ist, die in einem großen Anfall an Reparaturarbeiten zum Ausdruck kommen. Die nach dem Auffahren auftretenden, meist sehr intensiven Quellerscheinungen besonders im Bereich der Sohle rühren von dem speziellen physikalisch-mechanischen Verhalten der Kohle und des Nebengesteins her. Dies macht ein umfangreiches Studium der rheologischen Gesteinseigenschaften erforderlich, das durch Kriechversuche im Laboratorium eingeleitet wird.

Die festgestellte Gesamtverformung konnte hierbei in drei Stadien unterteilt werden: In die momentane Verformung, in einen instationären Kriechbereich mit abnehmender Verformungsgeschwindigkeit und in einen stationären Kriechbereich mit konstanter Verformungsgeschwindigkeit. Wie die Kriechkurve ausweist, ist das dritte Kriechstadium das bedeutendste. Der Verfasser weist darauf hin, daß das dritte Kriechstadium den Charakter einer viskoplastischen Verformung besitze, die bei Entlastung nicht umkehrbar ist. Im zweiten Kriechstadium ist die Verformung dagegen umkehrbar und trägt Züge einer retardierten Elastizität. Die Dauerstandsversuche bezwecken eine Einschätzung der Lebensdauer der Grubenbaue, wobei der Eintritt in das dritte Kriechstadium als kritische Grenze angesehen wird.

Bevor ich als Diskussionspartner selbst zu diesem Thema Stellung nehme, möchte ich anfragen, ob von Ihrer Seite eine Diskussionsbemerkung gewünscht wird. — Da das nicht der Fall ist, darf ich Sie, Herr Paraškevov, fragen, nach welchem Muster und mit welchen Hilfsmitteln die mineralogischen Untersuchungen der Lignit-Proben durchgeführt worden sind. Diese Frage bezieht sich auf die in Ihrer Arbeit getroffene Feststellung, daß die bisher durchgeführten chemischen und mineralogischen Analysen keine Aussagen erbrachten, die für die Beurteilung (Untersuchung) der mechanischen Eigenschaften von praktischer Bedeutung gewesen wären.

Einem derartigen Werturteil steht jedoch fast immer die Erfahrung gegenüber, daß gerade die mineralogisch-petrographische Untersuchung der Gesteinsarten bei vielen ingenieurwissenschaftlich ausgerichteten Instituten nur am Rande mitbetreut wird und dann in der Tat nicht ausreichend ist, um wirklich Informationen für die Prognose der Verbandseigenschaften und anderer für die Versuchsausführung wichtiger Vorausmaßnahmen zu erhalten. Die meisten Institute verfügen einfach nicht über die instrumentellen Mittel, die für eine exakte gefügekundliche Untersuchung erforderlich sind. Dieser Sachverhalt wird m. E. zu Unrecht meist so gedeutet: Eine Verknüpfung der festigkeitsmechanischen und mineralogisch-petrographischen Befunde ist bei den von uns durchgeführten Untersuchungen nicht möglich gewesen, so daß die gefügekundlichen Studien keinen rechten Nutzen hatten. Nunmehr möchte ich Herrn Paraškevov das Wort erteilen und ihn bitten, uns nähere Einzelheiten über die Art und den Umfang der durchgeführten stofflichen Analysen mitzuteilen.

Herr Paraškevov

Bei den mineralogischen Untersuchungen wurde das Ziel verfolgt, inwieweit das Quellen der Gesteine von ihrem mineralogischen Aufbau abhängt und ob in diesem Ton ein Mineral Montmorilonit vorhanden ist. Die Schlußfolgerung, die in der Arbeit enthalten ist, bezieht sich auf diese speziellen Gesteine. Andere Ergebnisse derartiger mineralogischer Untersuchungen haben wir nicht benutzt.

Ich kann jetzt natürlich nicht behaupten und beweisen, inwieweit uns diese mineralogischen Untersuchungen nach vorn geführt haben. Wir hatten angenommen, daß gerade der mineralogische Aufbau uns etwas aussagt, ob irgendwelche Quellerscheinungen auftreten und ob die Hauptursache die Wechselwirkung des Gesteins mit der Feuchtigkeit ist. Aber es zeigt sich, daß auch Quellerscheinungen selbst in ausgesprochen trockenen Grubenbauen auftreten können, das heißt ohne Wechselwirkung von Wasser und Gestein. Deshalb sind wir der Meinung, daß es einen reinen Prozeß des Kriechens unter dem Einfluß eines erhöhten Gebirgsdruckes gibt.

Herr Müller

Ich glaube, man sollte in Zukunft solche mineralogischen oder petrographischen Untersuchungen auch auf das Korngefüge ausdehnen. Wenn ich da an die sehr schöne Darstellung von Herrn Knoll mit den drei Komponenten anknüpfen darf, welche für die Kriecherscheinungen maßgebend sind, dann ist es klar, daß sowohl Verformungen an den Korngrenzen als auch Gitterverformungen und Gitterversetzungen abhängig sein müssen von den Winkelbeziehungen zwischen den herrschenden Hauptnormalspannungen und den Hangstellungen der Gitterflächen bzw. der Korngrenzenflächen.

Es drängt sich dann eine ganz deutliche Parallele auf, nämlich die: den Mechanismus, den uns Herr Knoll nach drei Einflußfaktoren dargestellt hat, zu parallelisieren oder zu analogisieren mit dem nächst größeren Bereich, nämlich dem Kluftkörperverband. Was im Kornbereich die rein plastischen Verformungen innerhalb der Kristallkörper sind, das würde in dem größeren Bereich den Verformungen innerhalb der Kluftkörper entsprechen. Den Verformungen an den Korngrenzen würden bei einer solchen Analogie die Gleitungen an den Klüften und der Verformung an den Rissen würde dann die Bildung von neuen Rissen entsprechen. All diese drei Faktoren mußten wir ja schon als wesentlich anerkennen bei Kriecherscheinungen von Felsmassen im großen Maßstab.

Wenn hier von Erhöhungserscheinungen gesprochen wurde, so dürfen wir auch das analogisieren; zum Beispiel findet bei den Gleiterscheinungen an Klüften tatsächlich eine Art Erhöhung statt, wenn die Haftreibung zur Gleitreibung abgesunken ist, aber nach einer Phase relativ langsamer Bewegung oder Ruhe wieder voll mobilisiert wird.

Herr Mencl

Zu diesen Erscheinungen in den Gruben in Bulgarien möchte ich bemerken, daß diese vielleicht auch mit den residualen Spannungen im Gebirge verbunden sind. Ich empfehle, daher auch die geologische Vergangenheit und die tektonische Position der Lokalität in Betracht zu ziehen.

Herr Höfer

Ich darf auch noch an das anschließen, was Herr Professor Müller gesagt hat. Vor etwa 30 Jahren stand die Festkörperphysik vor einer fast unüberwindlichen Schwierigkeit, als es darum ging, die Festigkeit der Realkristalle mit der der Idealkristalle zu vergleichen. Erst die damalige Einführung der Versetzungen oder Dislokationen — nicht im geologischen Sinne! — gestattete damals eine Lösung des Problems.

Mir scheint in Übereinstimmung mit Herrn Professor Müller, daß wir heute in der Gebirgsmechanik in einer ähnlichen Situation sind, nur daß wir die Dislokationen nicht erst zu erfinden brauchen, sondern daß sie im Gebirge schon vorhanden sind. Was wir bis jetzt nicht können, ist, diese Frage wirklich in einem mathematischen Sinne schon auf das große Gebirge anzuwenden.

Mir scheint, daß diesem Gebiet für die künftige Forschung wesentlich mehr Aufmerksamkeit gewidmet werden sollte. Das ist natürlich nur möglich, wenn Bergleute, Geologen, Mathematiker und Physiker auf diesem Gebiet sehr eng zusammenarbeiten. Aber ich glaube, die Lösung dieses Problems dürfte nicht mehr so sehr weit entfernt sein.

Herr VOLAROVIC

Der Vortrag von PARAŠKEVOV und seinen Mitarbeitern über rheologische Untersuchungen von sedimentären Gesteinsproben ist meiner Meinung nach sehr interessant.

Ich möchte bemerken, daß PARAŠKEVOV die elastischen Eigenschaften (E-Modul, Relaxationszeit, Zähigkeit) von Ton und Mergel bei einer Feuchtigkeit von 20 bis 30% untersucht hat. In der Realität disperser Systeme gibt es eine große Anzahl von Arbeiten in bezug auf die Feuchtigkeit des Tones von 40% und mehr. Diese Untersuchungen werden von uns und anderen Forschern (REHBINDER, OVTSCHARENKE, TOLSTOJ, NETSCHIPORENKO u. a.) mit Hilfe der Viscosimeter bei einfacher Schubspannung durchgeführt. Die Untersuchungen von PARAŠKEVOV erfolgten nach dem Biegeverfahren. Ich bin der Meinung, daß man vielleicht einmal probieren müßte, diese Untersuchungen an Tonen mit 20 bis 30% Feuchtigkeitsgehalt vorzunehmen und dabei die Methode des einfachen Spannungszustandes anzuwenden, wie dies z. B. für disperse Systeme mit erhöhter Feuchtigkeit erfolgt. Meiner Ansicht nach ist das schwer, aber möglich. In diesem Falle werden die Werte des E-Moduls der Relaxation und der Zähigkeit noch sicherer sein.

Herr SERAFIM

Es handelt sich um die Frage von Herrn Professor MÜLLER bezüglich der unstationären Strömungen. Ich habe in einem Artikel in Nr. 5 diesen Begriff verwendet. Ich möchte dazu sagen, daß es sich dabei um Strömungen handelt, die nicht stationär sind, um Strömungen, die sich im Laufe der Zeit verändern. Einer der Hauptgründe dafür scheint zu sein, daß sich der Außendruck von Wasser ändert.

Es gibt noch mehrere Ursachen für einen nicht stationären Fluß, die in meiner Arbeit erklärt werden. Wenn jedoch die äußeren Bedingungen konstant bleiben, dann kann es sich um einen stationären Fluß handeln. Das hängt vom Durchlässigkeitskoeffizienten ab.

Entsprechend dieser Theorie hängt das vor allen Dingen von der Stärke der Klüfte im Gebirge ab. Ich weiß nicht, ob das Ihre Frage beantwortet.

Herr VOLAROVIC

Mir scheint es, daß bei der Untersuchung der Fragen, die im Vortrag von Herrn Dr. SERAFIM dargelegt sind, die Wechselwirkung zwischen fester und flüssiger Phase vom Standpunkt der physikalischen Chemie beachtet wird. Hier dürfte eine besondere Rolle der Effekt von Prof. REHBINDER spielen, der mit dem Effekt gelöster Bestandteile im Zusammenhang stehen kann, d. h. mit oberflächenaktiven Stoffen und Elektrolyten. Ich möchte bemerken, daß vor kurzer Zeit in Barcelona eine spezielle Konferenz stattfand, die dem Einfluß von oberflächenaktiven Stoffen gewidmet war, die auf verschiedene Prozesse einwirken. Einer der wichtigsten Vorträge in Barcelona war der Vortrag von Prof. REHBINDER. Es ist möglich, die Prozesse, die im Vortrag von Dr. SERAFIM beschrieben sind, zu präzisieren, wenn man die physikalisch-chemischen Erscheinungen betrachtet.

Herr F. MELLO MENDES

In bezug auf den Einfluß der petrographischen Eigenarten der Gesteine und der geologischen Eigenarten der Gebirge auf die entsprechenden mechanischen Eigenschaften halte ich es für interessant, ein im Laboratório Nacional de Angenharia Civil in Lissabon in Ausführung stehendes Forschungsprojekt zu erwähnen, das zumindesten sich teilweise mit den Gebieten der Fragen b), c) und e) deckt, die am Schluß des Generalberichtes dieses Themas gestellt wurden.

Das in seinem Endziel sehr anspruchsvolle Projekt möchte die petrographischen Eigenarten der Gesteine und die geologischen Eigenarten der Gebirge quantitativ erfassen, um so Korrelationen mit den entsprechenden mechanischen Eigenschaften zu erhalten. Falls diese

Korrelationen auf einfache und sichere Art erhalten werden können, werden die mechanischen Eigenschaften anhand der Kenntnisse jener Eigenarten vorausgesagt werden können, die Ergebnisse der petrographischen und geologischen Beobachtungen auf das beste ausgenutzt werden, und wird auch die Notwendigkeit der Durchführung von zahlreichen Labor- und in-situ-Versuchen sich verringern, was vor allem für die letztgenannten besonders wichtig ist, da sie sehr kostspielig sind.

Die im Gange befindlichen Untersuchungen sind besonders auf ihre Anwendung bei den Gründungsfelsmassen großer Talsperren gerichtet, doch können die entsprechenden Ergebnisse gleichfalls mit Nutzen im Bergbaubereich angewandt werden (z. B. bei der Bestimmung der Verformbarkeit und der Festigkeit von Pfeilern).

Das Projekt wurde vor drei Jahren begonnen. Einige Ergebnisse wurden schon veröffentlicht; diese werde ich deshalb nur zusammengefaßt kurz erwähnen.

Andere Ergebnisse sind hingegen sehr neu, und es gab daher noch keine Zeit, sie zu veröffentlichen; nur GROSSMANN hat sie bei dem kürzlich in Madrid stattgefundenen Felsmechaniksymposium angekündigt.

Angesichts der Schwierigkeiten des Projektes wurde dieses am Anfang in drei verschiedene Forschungsprobleme unterteilt. Die erste Aufgabe hat sich mit dem Gesteinsmaterial beschäftigt und führte zur Feststellung der Möglichkeit der Aufstellung von Korrelationen zwischen mikropetrographischen Qualitätsindexzahlen und der durch Laborversuche erhaltenen Gesteinsverformung und -festigkeit. Mit der Modalanalyse war es möglich, eine Indexzahl einzuführen, die dem Quotienten der Summe der Prozentanteile der Bestandteile mit ungünstigem Einfluß durch die Summe der Prozentanteile mit günstigem Einfluß entspricht (in jene wurden auch die Mikrorisse und die Poren mit eingeschlossen). Diese Indexzahl hat sich als wertvoll erwiesen, zumindesten für den Fall körniger Gesteine mit geringer Anisotropie. Die benutzten Verfahren und einige Ergebnisse wurden ausführlich in einem von mir, von AIRES-BARROS und von PERES RODRIGUES zum 1. Kongreß der Internationalen Gesellschaft für Felsmechanik vorgelegten Beitrag [5] beschrieben. Gegenwärtig schreiten die Arbeiten in Richtung auf eine Verallgemeinerung ihrer Anwendungsmöglichkeiten auf Gesteine mit geringer Korngröße und auf Gesteine mit betonter Anisotropie fort. Logischerweise sind die Korrelationen, die die Festigkeit anbetreffen, schwieriger zu erhalten als die, die die Verformung betreffen, da jene viel mehr durch die örtlichen Gesteinsheterogenitäten beeinflußt wird.

Die zweite Aufgabe wurde von PERES RODRIGUES verfolgt, der in einem auch zum 1. Kongreß der Internationalen Gesellschaft für Felsmechanik vorgelegten Beitrag [6] anhand von Laborversuchsergebnissen gezeigt hat, daß die räumlichen Änderungen der Verformbarkeit und der Festigkeit körniger Gesteine durch quadratische Gesetze dargestellt werden können, und daß die Hauptachsen der Ellipsoide, die er erhalten hat, nicht nur einfache Korrelationen zwischen einander zulassen, sondern auch in einigen Fällen Korrelationen mit geologischen Gegebenheiten, die im großen Maßstab auftreten (Talhangstellungen, z. B.). Andere Ergebnisse sind schon verfügbar [4] und werden sicherlich in zukünftigen Arbeiten von PERES RODRIGUES benutzt werden.

In der dritten Aufgabe wurde versucht, die geometrischen Parameter der Gebirgsklüftung auf quantitative Weise zu charakterisieren. Die erhaltenen Verfahren wurden gleichfalls vollständig im 1. Kongreß der Internationalen Gesellschaft für Felsmechanik beschrieben, nicht nur in einem von SILVEIRA, PERES RODRIGUES, GROSSMANN und mir selbst vorgelegten Beitrag [7], sondern auch in einem mündlichen Beitrag von GROSSMANN zur Diskussion des entsprechenden Themas 2 [1]. Die Hauptneuigkeit war damals die GROSSMANN zu verdankende Definition des Abstandes der Klüfte einer Schar, nicht als durchschnittliche Entfernung zwischen diesen Klüften, sondern als Quotient eines gegebenen Volumens des Gebirges durch die Summe der Flächen der Klüfte jener Schar, die in ihm auftreten; diese Flächen werden mittels der Schnittlängen der Klüfte mit den studierten Beobachtungsflächen erhalten unter Benutzung eines Kriteriums der Wahrscheinlichkeit des Auftretens solcher Schnitte, wie in dem erwähnten Referat und dem Diskussionsbeitrag von GROSSMANN beschrieben wurde.

Kürzlich hat GROSSMANN, indem er in dieser Forschungsrichtung weiterschritt, gezeigt [2] [3], daß es möglich ist, eine mit der anhand von „in-situ"-Versuchen bestimmten Gebirgsverformbarkeit in Beziehung zu bringende Klüftungsindexzahl zu erhalten. Diese sind die noch nicht veröffentlichten und nur von GROSSMANN während des Symposiums in Madrid erwähnten Ergebnisse. Die in Betracht gezogene Klüftungsindexzahl ist

$$i_a = \sum \frac{e}{s} \cos \alpha ,$$

worin e die mittlere Öffnung der beobachteten Klüfte einer gegebenen Schar ist, s der entsprechende Abstand und a der Winkel, den die Senkrechte auf diese Schar mit der Richtung der angewandten Kräfte macht.

Es wurden die Ergebnisse von 13 Versuchen mit hydraulischen Winden benutzt, bei denen kreisförmige Flächen von 1 m² belastet wurden. Bei jedem Versuch wurden zwei Flächen

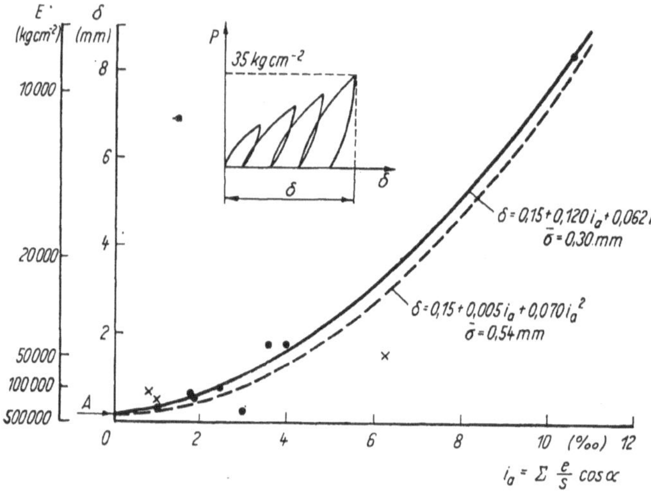

Bild 1

belastet, die sich auf den gegenüberliegenden Seiten des Profiles von Beobachtungsstollen eines aus Granitgestein bestehenden Talsperrengründungsmassivs befanden. Die Ergebnisse der durchgeführten Arbeit können im Bild 1 gesehen werden, in der als Abszissen die Indexzahlen i_a dargestellt sind und als Ordinaten die bei den Versuchen festgestellten Verformungen δ; diese Verformungen sind die, die dem maximalen Wert der im letzten Zyklus jedes Versuchs angewandten Belastung entsprechen (wie in dem kleinen Diagramm, das im gleichen Bild zu sehen ist, gezeigt wird), und lagen zwischen 0,23 mm und 8,36 mm.

Indem er annahm, daß die dem kluftlosen Massiv entsprechende Verformung 0,15 mm ist (eine dem unverwitterten Gestein entsprechende Konstante, die in Laborversuchen erhalten wurde), und die Ergebnisse aller Versuche nach der Methode der kleinsten Quadrate behandelte, erhielt GROSSMANN die im Bild gestrichelt dargestellte Parabel, der eine Standardabweichung von 0,54 mm entspricht. Durch Nichtberücksichtigung eines der Versuche, für die das Verhältnis zwischen den an beiden Belastungsflächen beobachteten Verformungen größer als 4:1 war (durch Kreuze dargestellte Punkte), erhielt er die im gleichen Bild als durchgehende Linie gezeichnete Parabel, der eine Standardabweichung von nur 0,30 mm entspricht. Außerdem stellte er fest, daß, falls nur die den 8 zuerst durchgeführten Versuchen entsprechenden Ergebnisse berücksichtigt werden, eine sehr nahe Parabel zu der, die der Gesamtheit der 13 Versuche entspricht, erhalten wird, was sehr interessant ist.

Für GROSSMANN entspricht das unabhängige Glied seiner Parabel der Verformung des unverwitterten Gesteinsmaterials, das lineare Glied dem Schließen der Klüfte, und das Glied 2. Grades dem Verfall der Gebirgsverformbarkeit im Zusammenhang mit dem Erscheinen der Klüftung.

Persönlich halte ich diese neuen Ergebnisse für sehr vielversprechend, da sie es erlauben, die anhand von Korrelationen mit mikropetrographischen Indexzahlen (die für das eigentliche Gestein erhalten werden können und sich durch den Punkt A der Abbildung auswirken) gemachten Voraussagen mit der Klüftungsgeometrie und mit dem Anisotropeeinfluß für die Beanspruchungsrichtung (mit Hilfe des Faktors $\cos\alpha$ der Indexzahl i_a und der Anisotropieellipsoide) zu verbinden.

Literatur

[1] GROSSMANN, N. F. (1967) — Diskussionsbeitrag zum 2. Thema — Sitzungsberichte des 1. Kongresses der Internationalen Gesellschaft für Felsmechanik — Band 3 — Seite 232—234 — Lab. Nac. Eng. Civil, Lissabon.

[2] GROSSMANN, N. F. (1968) — Diskussionsbeitrag zum 1. Thema des Internationalen Symposiums für Felsmechanik — Madrid (im Druck).

[3] GROSSMANN, N. F. (1968) — Diskussionsbeitrag zum 3. Thema des Internationalen Symposiums für Felsmechanik — Madrid (im Druck).

[4] LABORATORIO NACIONAL DE ENGENHARIA CIVIL (1968) — Bericht über das Gründungsmassiv des Staudamms Cedillo (Spanien) — Lissabon (nicht zugänglich).

[5] MELLO MENDES, F.; AIRES-BARROS, L.; PERES RODRIGUES, F. (1966) — Die Anwendung der Modalanalyse zur mechanischen Charakterisierung der Gebirge — Sitzungsberichte des 1. Kongresses der Internationalen Gesellschaft für Felsmechanik — Band 1 — Beitrag 2.20 — Lab. Nac. Eng. Civil, Lissabon.

[6] PERES RODRIGUES, F. (1966) — Anisotropie der Granite. Elastizitätsmodul- und Bruchspannungsellipsoide, Kluftscharen, Hangstellung und ihre Beziehungen — Sitzungsberichte des 1. Kongresses der Internationalen Gesellschaft für Felsmechanik — Band 1 — Beitrag 3.82 — Lab. Nac. Eng. Civil, Lissabon.

[7] SILVEIRA, A. F.; PERES RODRIGUES, F.; GROSSMANN, N. F.; MELLO MENDES, F. (1966) — Quantitative Charakterisierung der geometrischen Parameter der Gebirgsklüftung — Sitzungsberichte des 1. Kongresses der Internationalen Gesellschaft für Felsmechanik — Band 1 — Beitrag 2.21 — Lab. Nac. Eng. Civil, Lissabon.

Herr KOBLISKA

In meinem Diskussionsbeitrag im Jahre 1966 wurde eine Pendelschlagapparatur kurz beschrieben, mit der die vertikalgestellten zylindrischen Proben durch einen Pendelschlag abgeschert werden, um eine dynamische Charakteristik des Gesteins zu bestimmen. Im Bild 1 wird die Beziehung zwischen der Druckfestigkeit und der Festigkeit beim Scherschlag (bzw. Zähigkeitskoeffizient 0 gleich 0,01 Festigkeit beim Scherschlag) an einer Reihe von Proben gezeigt.

Im Zusammenhang mit meinem Diskussionsbeitrag im Jahre 1967 über die Untersuchungen mit dem Prallhammer N-7 in situ wird im Bild 2 die Beziehung zwischen der Druckfestigkeit und den Prallhammerwerten R dargestellt.

Leider erwiesen sich weitere Untersuchungen zur Bestimmung der Beziehung zwischen den Prallhammerwerten und dem Spannungszustand im Stoß wegen der ungenügenden Empfindlichkeit des Instrumentes für solche Untersuchungen als nicht allgemein gültig. Die Annahme war, daß man aus den Prüfungen am Stoß und denen auf den Proben desselben Gesteinsmaterials im Labor Hinweise auf den Spannungszustand im Stoß ziehen könnte.

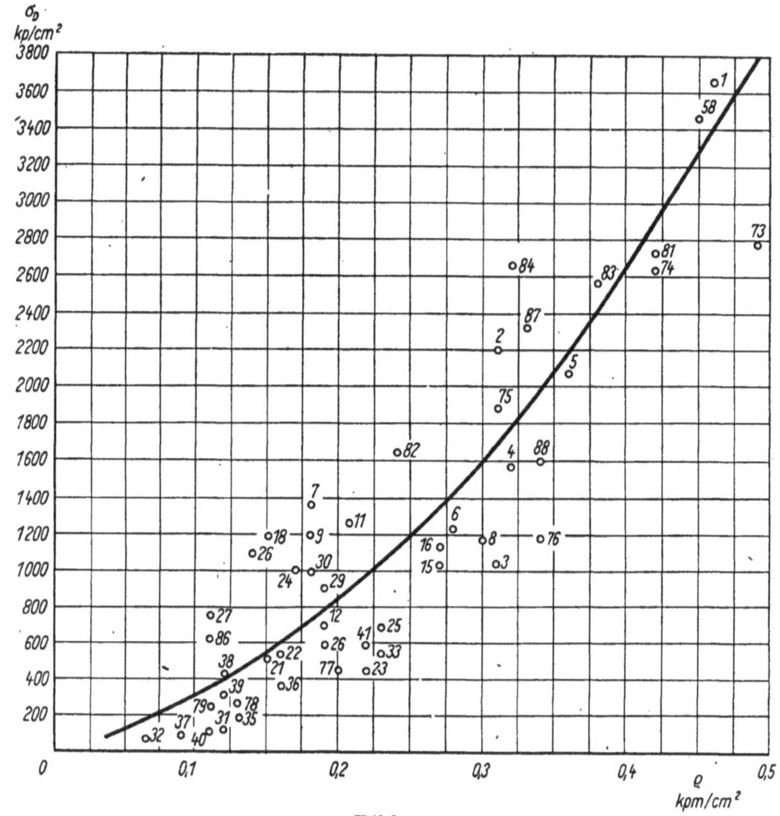

Bild 1

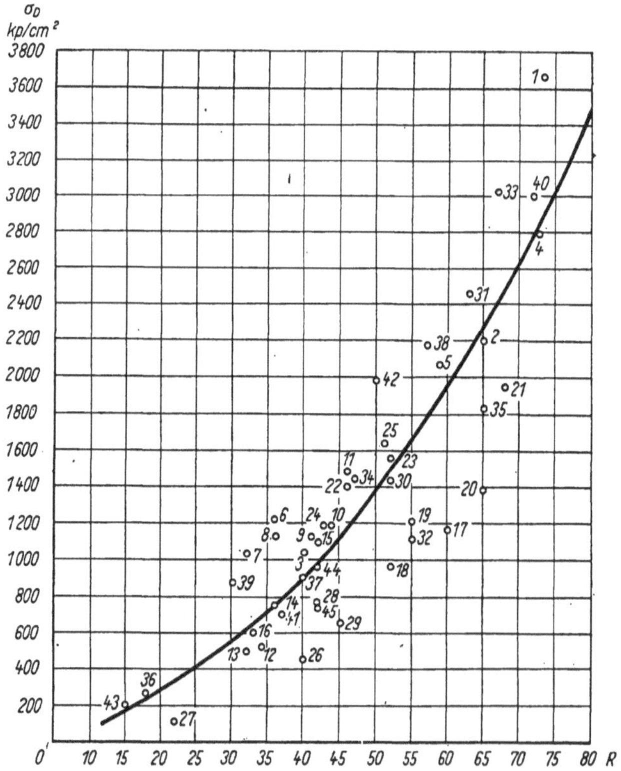

Bild 2

Herr DREYER

Ich darf nunmehr die Arbeit von Herrn HELFRICH „Festigkeit von Gestein und Gebirge" referieren, die zu der nächsten Themengruppe „Berücksichtigung von Klüften und Rissen im Gebirge" gehört. Der Verfasser weist anhand eines instruktiven Beispiels aus der Bleierzgrube Laisvall (Nordschweden) auf die Bedeutung der geologischen Situation für die Festigkeit des Gebirges und auf die Bedeutung der Gebirgsfestigkeit für die optimale Dimensionierung und Orientierung der Gebirgsfesten hin. Nach der von Herrn HANSAGI entwickelten praktischen Methode der Gebirgsklassifikation, deren Publikation 1966 im Bericht über das 7. Ländertreffen des IBG erfolgte, wird die Gebirgsfestigkeit nach der bekannten Beziehung

$$\text{Gebirgsfestigkeit} = \text{Gefügefaktor} \cdot \text{Gesteinsfestigkeit}$$

ermittelt, wobei Herr HELFRICH den Ausdruck „Gefügefaktor" in „Kernlängenfaktor" abgeändert sehen möchte. Da man unter Gefüge die Summe aller Raumdaten in einem betrachteten Bereich versteht und bei der hier angestrebten quantitativen Beschreibung der Festigkeitsreduktion nur eine Teileigenschaft angesprochen wird, kann ich diesem Vorschlag nur zustimmen.

In Anbetracht der Tatsache, daß die Methode der Festigkeitsbestimmung von Gebirgskörpern nicht frei von (z. T. noch unbekannten) systematischen Fehlereinflüssen ist, empfiehlt Herr HELFRICH die Einführung eines Sicherheitsfaktors n, welcher bei Pfeilerberechnungen gewöhnlich zu 3 angenommen wird. Der in situ zu wählende Abbauverlust errechnet sich dann zu:

$$\text{Abbauverlust} = n \cdot \frac{\text{Teufendruck}}{\text{Gebirgsfestigkeit}} .$$

Herr HELFRICH hat sich zu Wort gemeldet und möchte Ihnen noch einige weitere Erläuterungen zu dem hier angesprochenen Problem der optimalen quantitativen Erfassung der Gebirgsfestigkeit geben, von der die Wahl des Sicherheitsfaktors n entscheidend abhängt.

Herr HELFRICH

Es befriedigt stark, wenn man feststellen kann, daß bei der Gegenüberstellung der Festigkeiten von Gestein und Gebirge auf geologischer Basis aufgebaut wird. Diese Feststellung muß leider auf Grund der hier dargebrachten Diskussionen eine kleine Einschränkung erfahren. Die geologischen Voraussetzungen spielen aber eine wesentliche Rolle, wenn man bedenkt, daß der moderne Grubenbetrieb sich größeren Teufen anpassen muß, oft begleitet von einem Abnehmen des Mineralinhalts oder einer Zunahme des Tektonisierungsgrades, was eine noch rationellere Gewinnung des Rohmaterials erfordert. Da außerdem die Rohmaterialgewinnung vom ersten Glied der Prospektion bis zum letzten, der Aufbereitung, in einem geologischen Milieu aller Größenordnungen vor sich geht, wird die Notwendigkeit unterstrichen, gerade von den geologischen Milieufaktoren Kenntnisse zu erhalten, da sie für die Lösung gebirgsmechanischer Fragen von grundlegender Bedeutung sind.

In der Zusammenstellung der Generalreporte werden Fragen aufgeworfen, die die direkte Beobachtung des Gebirges berühren.

Unsere Erfahrungen mit der optischen Bohrlochsonde zeigen, daß man diese Methode doch sehr optimistisch betreffend ihrer Aussagekraft und der damit ermöglichten Extrapolation beurteilen kann; es ist doch die einzige Möglichkeit, den megaskopischen Internbau des Gebirges direkter Beobachtung zugängig machen zu können. Wenn auch eine einzelne Bohrung immer ein Punktaufschluß bleibt, so ist dieser doch definiert und unterliegt nicht mehrdeutigen Variablen, wie es beispielsweise bei der Spannungsmessung der Fall ist. Im praktischen Betrieb konnten wir erreichen, daß uns eine genügende Anzahl von Bohrlöchern begrenzter Teufe zur Verfügung stehen. Im Falle der Grube Renström in Nordschweden, die mit einer

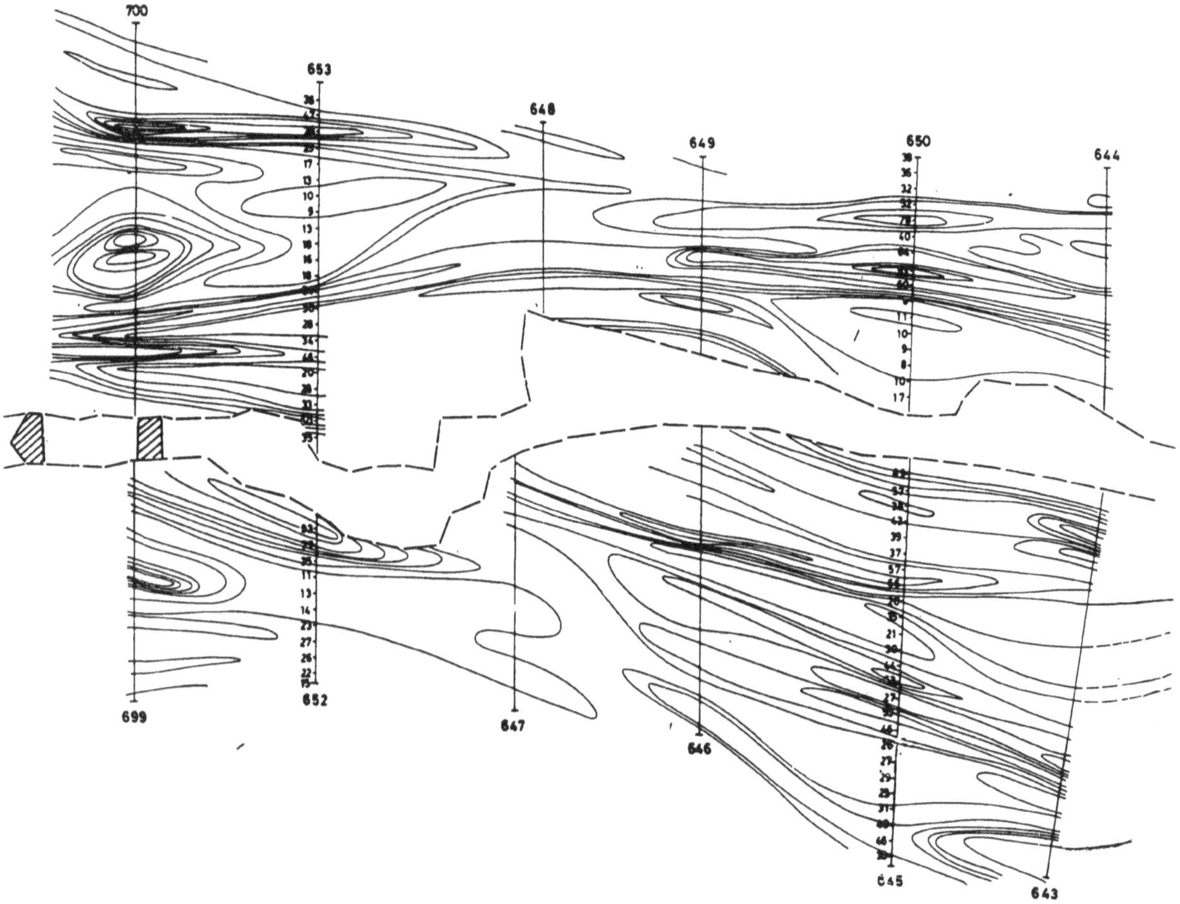

Bild 1. Verschieferungsgrad des Gebirges, erhalten aus den tektonischen Bohrkernanalysen und der totalen Kernausbeute (die Linien verbinden gleiche Schieferungszahlen „per meter" Teufe)

Teufe von 900 m zu den tiefsten Schwedens zählt, konnten durch die gleichzeitige Auswertung des gewonnenen Kernmaterials beispielsweise wichtige Aufschlüsse über den Verschieferungsgrad und das zu erwartende Deformationsverhalten des Gebirges gewonnen werden.

Im Bild 1 sind gleiche Schieferungszahlen durch Linien verbunden. Sie zeigen, daß wir also im Gebirgskörper gänzlich verschiedene Verschieferungs-Intensitäten, aber auch Richtungen vorliegen haben. Es ist hier beispielsweise eine Lagendiskordanz zwischen dem Hangenden und dem Liegenden, die eine enge Bindung Tektonik-Erzbildung andeutet. Die Kenntnis des Schieferungsgefüges gibt, wie oben erwähnt, Aufschlüsse über den zu erwartenden Verformungsprozeß, die dem Bergmann die Möglichkeit geben, rechtzeitig entsprechende Maßnahmen zu ergreifen.

In der Grube Leisvall konnte durch direkte Beobachtung im Bohrloch gezeigt werden, daß die Schichtung des Sandsteins in der Firste keine durchlaufende, sondern absätzige Schichtgrenzen zeigt. Daraus können Rückschlüsse auf den Inhomogenitätsgrad der unmittelbaren Firstenlager gezogen werden, der für die Parameterwahl (Mächtigkeit der unmittelbaren Firste) bei der Databehandlung zur Bestimmung von Firstendurchbiegung, Moment und Spannung von Bedeutung ist.

Im Bild 2 ist zu ersehen, wie der Inhomogenitätsgrad des Gebirges bei der Wahl der Stollenform berücksichtigt werden muß.

Durch spannungsoptische Untersuchungen an isotropem und geschichtetem Material wurde festgestellt, daß in unserem Falle in einer Teufe oberhalb 400 m keine besondere Rücksicht auf die geologischen Verhältnisse genommen zu werden braucht. Kommt man dagegen in Teufen bis zu 1000 m — das ist die Teufe, bis zu der der schwedische Erzbergbau in naher Zukunft geht —, muß das Stollenprofil auf die geologischen Voraussetzungen abgestimmt werden.

Herr DREYER

Herr HELFRICH, Ihre Ausführungen befriedigen mich noch nicht ganz. Gestatten Sie mir, mich einmal in die Lage des Praktikers zu versetzen, der sich fragen wird: Wie kann ich die hier gegebenen Empfehlungen betrieblich nutzen? Er wird das in Ihrer Arbeit angeführte Zahlenbeispiel der experimentell ermittelten Gebirgsfestigkeit von 260 kp/cm² zur Hand nehmen und für den von Ihnen angenommenen Teufendruck von 54 kp/cm² den zu wählenden Abbauverlust zu

$$\text{Abbauverlust} = 0{,}21 \cdot n$$

bestimmen. Wenn er in diese Formel den Sicherheitsfaktor 3 einsetzt, errechnet sich der Abbauverlust zu 63%. Bei einem Sicherheitsfaktor von beispielsweise 2 könnte der Abbauverlust auf 42% gesenkt werden. Der praktische Bergmann wird nun zwangsläufig an Sie mit der Frage herantreten, welcher Sicherheitsfaktor für sein Gebirge und für die von ihm praktizierte Meßmethode der Gebirgsfestigkeit anzusetzen sei. Hier stehen der Gebirgsdruckforschung noch gewaltige Aufgaben bevor. Wie Sie selbst, Herr HELFRICH, bemerken, liegt die Schwierigkeit für die Angabe verbindlicher Sicherheitsfaktoren darin, daß die Gebirgsfestigkeit keine konstante Größe ist. Sie ändert sich vor allem durch dynamische Einwirkung, verursacht durch Sprengarbeiten. Eine weitere Einflußgröße sehen Sie in dem Faktor Zeit und führen als Beispiel das Kriechen an, bei welchem sich mit der Änderung der Stoff- und Verbandseigenschaften auch die Gebirgsfestigkeit ändert. Bezugnehmend auf ihre Forderung, bei der Festlegung des Abbauverlustes in Erzgruben diesen Tatsachen Rechnung zu tragen, möchte ich anfragen, ob von Ihrer Seite schon bestimmte Vorstellungen vorliegen, wie man an die Lösung dieser Fragen herangehen kann.

Herr KUZNECOV

Ich möchte noch eine Frage an Herrn HELFRICH stellen: Wie kann man den Koeffizienten der strukturellen Schwächung verstehen? Ist dies ein konstanter Wert, oder hängt er vom Charakter des Spannungszustandes ab, in dem sich das untersuchte Element des Gebirgsmassivs befindet? Wir wissen sehr gut, daß wir bei einem orientierten System von Schwächeflächen dieses nicht durch einen konstanten Schwächefaktor oder Abschwächungsfaktor charakterisieren können.

Herr HELFRICH

Ich kann nur feststellen, daß der Stabilitätsfaktor, obgleich weitgehend homogene geologische Verhältnisse im zitierten Beispiel herrschen, veränderlich sein muß, ebenso wie sich

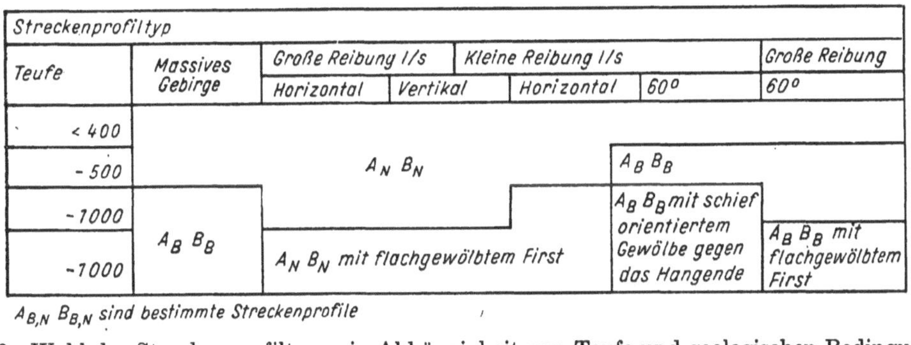

Bild 2. Wahl des Streckenprofiltypes in Abhängigkeit von Teufe und geologischen Bedingungen

die Spannungsverhältnisse durch den fortschreitenden Abbau verändern. Wir haben Spannungsmessungen durchgeführt, die, wenn sie im Prinzip richtig sind, allerdings so große Veränderungen aufzeigen, daß ich Zweifel an der Größenordnung der Messungen erheben muß, nicht aber an der Tatsache der Veränderungen.

Herr Müller

Ich kann die Frage von Herrn Kuznecov auch nicht beantworten, aber vielleicht doch auf etwas hinweisen: Soweit Schwächeflächen diskrete Trennflächen sind, läßt sich sowohl experimentell als nach praktischen Erfahrungen geltend machen, was auch rechnerisch bezeugt werden könnte, daß es bei all diesen Erscheinungen mehr auf die Winkelbeziehungen zwischen den Stellungen der Klüfte und den Spannungsrichtungen als auf alle anderen, quantitativen Faktoren ankommt. Bei Schwächeflächen, die nicht Trennflächen sind, sondern weichere Schieferungselemente oder Zwischenschichten, sollte es wohl ähnlich sein. Wir gehen in Karlsruhe jetzt daran, mit Modellen und der Finite-Element-Methode solche Schichtkombinationen (hart-weich oder dick-dünn) zu untersuchen. Wir glauben, zu quantitativen Ergebnissen zu kommen, und erwarten, daß auch dabei die Richtungsbeziehungen die Hauptrolle spielen.

Herr Dreyer

Mit meinem Dank für diese Diskussionsbemerkung stelle ich eine weitere Arbeit von Herrn Helfrich vor, in der „Schlußfolgerungen aus gebirgsmechanischen Erkenntnissen für die Konstruktion und Standfestigkeit von untertägigen Hohlräumen“ gezogen werden. Dieser wichtige Beitrag zählt eindeutig zur Themengruppe „Beispiele für die Anwendung der Ergebnisse von Festigkeitsmessungen über- und untertage“ und belegt mit einem weiteren Beispiel die für uns alle doch wohl recht erfreuliche Tatsache, daß sich bereits viele Bergbauzweige sehr systematisch der von uns erarbeiteten gebirgsmechanischen Erkenntnisse bedienen.

Voraussetzung für die Lösung gebirgsmechanischer Fragen ist die genaue Kenntnis der geologischen Milieubedingungen, von deren Wirken alle Arbeitsprozesse — vom Aufschluß bis zur Aufbereitung — abhängig sind. Die systematische Sammlung von gebirgsmechanischen Meß- und Beobachtungsdaten ist im laufenden Betrieb für die kontinuierliche Erfassung der Veränderungen der mechanischen Eigenschaften des Gebirges, des Deformations- und Spannungszustandes sowie der Stabilitätsveränderungen von Hohlräumen und Bergfesten von größter Bedeutung. So wurde ein objektives Kontrollsystem ausgearbeitet, wonach die Stabilität von Pfeilern mittels einiger weniger Kennziffern festgelegt werden konnte. Die Bewertung erfolgt hierbei nach fünf Faktoren: Abmessung, Form, Position, petrographischem Aufbau und Kluftbild.

Um exakte Schlußfolgerungen aus den gebirgsmechanischen Erkenntnissen für die Konstruktion und Standfestigkeit von untertägigen Hohlräumen ziehen zu können, ist neben der Kenntnis des geologischen Milieus nach Größe, Orientierung und Altersbeziehungen, der quantitativen Erfassung der technisch wichtigen Gebirgseigenschaften, der systematischen Messung von Bewegung, Verformung und Spannung im Gebirge insbesondere auch die Erfassung der zeitabhängigen Einflüsse auf die Optimierung von Hohlräumen und Bergfesten (entsprechend deren Funktion und Bestandsdauer) erforderlich. Diese Voraussetzungen können nicht durch einzelne Messungen oder Beobachtungen erfüllt werden, sondern erfordern statistische, sinngemäße Mittelwerte, wobei auf die natürlichen Streuungen der Gebirgseigenschaften entsprechend Rücksicht zu nehmen ist. Daraus ergibt sich von selbst die Beobachtungs- und Meßgenauigkeit.

Schließlich wird auch darauf verwiesen, daß sich eine den lokalen Verhältnissen angepaßte gebirgsmechanische Untersuchungstätigkeit günstig auf die Entwicklung der Abbau- und Sicherungskosten auswirkt. Darüber hinaus kann eine möglichst frühzeitige Abgrenzung der wesentlichen gebirgsmechanischen Kenngrößen wertvolle Aussagen über die ökonomischen Voraussetzungen beispielsweise für Tiefenprospektionsprojekte geben. Aus dieser Sicht erscheint die Gebirgsmechanik als ein wichtiger ökonomisch-geologischer Bewertungsfaktor. Als Diskussionsleiter möchte ich meiner Freude darüber Ausdruck verleihen, daß dieser auf breiter Grundlage aufgebaute Beitrag von Herrn HELFRICH gute Ansatzpunkte für eine allgemeine Diskussion des Rahmenthemas „Wissenschaftliche Entwicklung der Gebirgsmechanik in den letzten 10 Jahren" aufweist.

Mit dieser Feststellung komme ich nunmehr zur Besprechung der letzten Themengruppe „Klassifizierung der Gebirgstypen", zu den Herr Professor MENCL mit seiner „Klassifikation von festen Felsmassen" einen ganz wesentlichen Beitrag geliefert hat. Dieser besonders wichtige Beitrag, der dem Plenum vorliegt, betrifft einen Vorschlag zur Charakterisierung der Klüfte und Schichtflächen der wichtigsten Kluftkörper-Typen des Gebirgsmassivs. Die Arbeitsgruppe III hatte im Vorjahr Herrn Professor MENCL um die Ausarbeitung einer derartigen Empfehlung gebeten, die zunächst in kleinem Kreis auf der letzten Arbeitsgruppensitzung in Balatonszéplak (Ungarn) durchdiskutiert worden war. Die von Herrn Professor MENCL erarbeitete visuelle Beschreibung des Gebirgsverbandes wurde von der Arbeitsgruppe in den wesentlichsten Punkten voll akzeptiert; sie schlägt jedoch eine Festlegung des Streichens der Schnittfläche gemäß den in der Geologie üblichen Methoden vor. Danach wird der Winkel der Streichrichtung im Uhrzeigersinn (von Norden über Osten nach Süden) von der Nord–Süd-Linie aus gezählt.

Erwähnt sei auch, daß ich vor wenigen Tagen auf dem XVIII. Geomechanik-Kolloquium in Salzburg Gelegenheit hatte, bei der Diskussion über das Thema „Klassifikation der Gebirgstypen" dem Salzburger Kreis Ihren Entwurf vorzustellen. Wir haben es alle sehr bedauert, daß Sie, Herr Professor MENCL, nicht an diesem Kolloquium haben teilnehmen können, und möchten Sie jetzt bitten, zu einigen wichtigen Punkten Ihrer Arbeit selbst Stellung zu nehmen. Vielleicht darf ich hier einen Punkt besonders hervorheben, der die Verknüpfung der Kluftgeometrie mit den teilweise durch Feldversuche angeschätzten Schubfestigkeitsparametern (Kohäsion und Reibungswinkel) betrifft und einer ergänzenden Erläuterung bedarf.

Herr MENCL

Besten Dank. Ich habe diesen Entwurf nur als einen Versuch vorgelegt, um festzustellen, ob er im Prinzip als annehmbar erklärt wird. Würde es so sein, braucht er noch eine Vervollkommnung. Die zweite Tabelle habe ich nur zu dem Zweck hingezufügt, um zu zeigen, daß man auf Grund einer solchen Klassifikation auch die mechanischen Eigenschaften beurteilen kann. Auch diese Tabelle ist nur ein Anfang.

Herr DREYER

Herr Professor MENCL, so war es richtig, daß wir auf unserer letzten Arbeitsgruppensitzung, an der Sie selbst nicht zugegen sein konnten, eine strenge Trennung der klassifizierten geometrischen Kluftparameter von den Festigkeitskennwerten vorgenommen hatten. Dem Ergebnis unserer Beratungen folgend, möchten wir vorschlagen, den Null-Typ als m-Typ (Massiv-Typ) zu bezeichnen und Ihre Meinung auch darüber hören, wie Sie zu dem Sonderfall der Eingliederung des S-Typs in den H-Typ stehen.

Weiterhin empfehle ich zwecks eindeutiger Festlegung der Stellung eines Systems paralleler Klüfte die Einführung eines auf die Horizontale bezogenen, im mathematischen Sinne positiv zählenden Winkels. Die Blockbreite oder der bei unregelmäßig begrenzter Fragmentform zu wählende mittlere Fragmentdurchmesser sollte m. E. stets in Metern und die Kluftbreite stets in Zentimetern angegeben werden. Auf diese Weise erhält man für die Charakterisierung der Geometrie von Klüften und Schichtflächen ein vereinfachtes Bezeichnungssystem, das in der beigefügten Skizze anhand eines Kluftkörpers vom H-Typ erläutert wird.

Der in Bild 1 skizzierte Kluftkörper trägt die BezeichnungH /60/0,4/3/tonig//150/1/1/Θ. Es handelt sich hierbei um einen Kluftkörper vom H-Typ, dessen Hauptkluftsystem eine Kluftstellung von 60° (gegen die Horizontale), eine Blockbreite von 0,4 m und eine Kluftbreite von 3 cm bei toniger Kluftfüllung hat. Die weniger ausgeprägte Schar der Nebenklüfte vom gleichen Typ besitzen eine Kluftstellung von 150°, eine Blockbreite von 1 m und eine Kluftbreite von 1 cm. Das Θ-Zeichen bedeutet, daß die Klüfte dieser Schar unverfüllt sind.

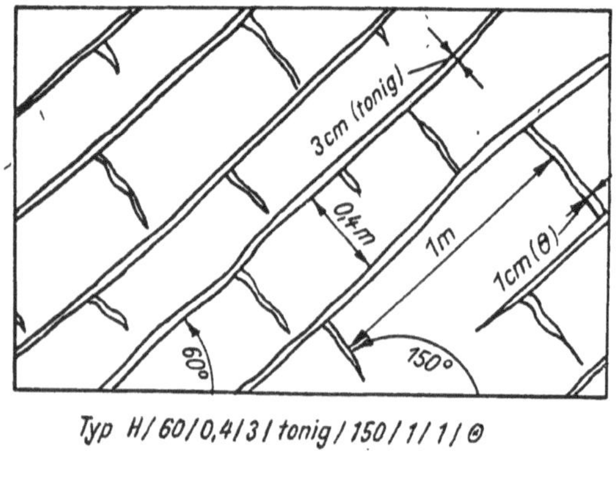

Bild 1. Schema eines Kluftkörpers vom H-Typ

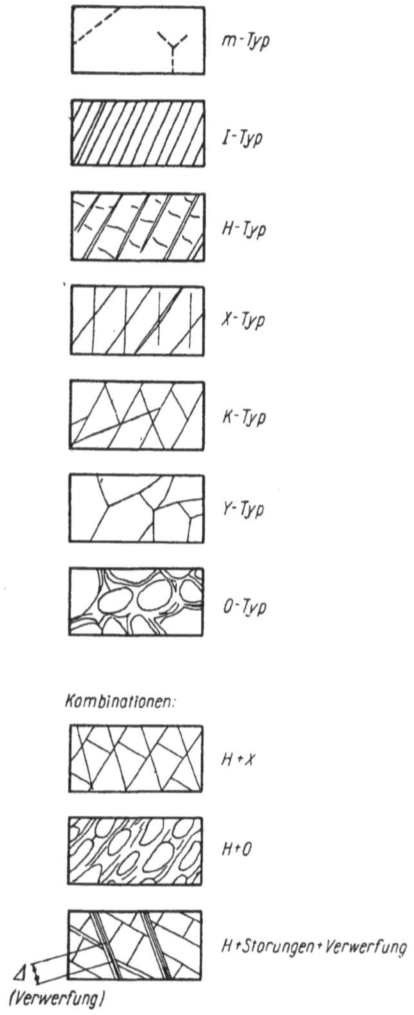

Bild 1a

Herr Professor Müller hat den Vorschlag eingebracht, die bisher auf zwei Dimensionen beschränkte Kluftbeschreibung auf den räumlichen Fall zu erweitern. Ich greife diesen wichtigen Hinweis auf und möchte die weitere Frage an Sie, Herr Professor Mencl, richten, ob und welche Vorstellungen Sie entwickelt haben, um die von Ihnen empfohlene Klassifikation von festen Felsmassen auf den räumlichen Fall übertragen zu können.

Herr Mencl

Ich glaube, daß es in dem Fall möglich ist, bei dem angenommen wird, daß auch die dritte Dimension eingeführt wurde. In dieser Tabelle ist es so gemeint, daß sich die Scheibe auf der Ebene zwischen Sigma 1 und Sigma 3 befindet, das heißt, daß Sigma 2 keinen großen Einfluß auf die Festigkeit hat. Unter diesen Festigkeitsangaben ist die Dauerfestigkeit gemeint, also keine Kurzversuche.

Herr Höfer

Wie Herr Dreyer sagte, haben wir bei den im grundsätzlichen von Herrn Mencl entwickelten Gebirgsbeschreibungen einfache Abänderungen vorgenommen, über die ich Sie informieren möchte. Es werden entsprechend der Tabelle sieben Typen (m, I, H, X, K, Y, 0) aufgenommen. Zwischen diesen sieben Gebirgstypen kann es natürlich die verschiedensten Kombinationen geben, wie Herr Mencl auch schon angedeutet hat.
(Tabelle siehe Anhang)

Herr Müller

Ich sehe in dieser Darstellung der Klassifikation mehrere Vorteile. Ich bin vielleicht sogar optimistischer als Herr Professor Mencl selbst. Das erste, was ich außerordentlich praktisch und wissenschaftlich korrekt finde, ist, daß diese Klassifikation eine saubere Trennung zwischen Beschreibung, genetischen Vorstellungen und mechanischen Konsequenzen erlaubt.

Als zweites scheint mir besonders wertvoll, daß die Symbolik einfach und anschaulich ist, so daß man sich darüber leicht verständigen und mitteilen kann, dabei hat es den Vorzug, keine unerlaubten großen Vereinfachungen zu enthalten.

Zum dritten scheint mir wichtig zu sein, daß jener Hauptfaktor, der sich mechanisch besonders auswirkt und von dem wir vorher sprachen, nämlich der Anstellwinkel zwischen Spannungen und Klüften, aus diesen Symbolen leicht herauszulassen ist. Wenn man etwas über die Richtung der Hauptnormalspannungen weiß, könnte man das leicht mit diesen Typenbezeichnungen in Verbindung bringen und sofort von den in bezug auf das Gefüge günstigen oder ungünstigen Beanspruchungsrichtungen eine Vorstellung bekommen.

In dieser Beziehung gibt es also eine Entsprechung zwischen dem geometrischen Typ und dessen mechanischem oder Festigkeitsverhalten. Eine solche Beziehung ist natürlich nur günstig, wenn die Kraftebene einigermaßen identisch ist mit der H-, I-, X- oder Y-Ebene.

Herr Dreyer

Nicht nur Herr Professor Müller sollte hier umfangreiche Untersuchungen einleiten, dieses Anliegen geht uns alle an! So wurden im internen Kreis der Arbeitsgruppe III alle Mitglieder gebeten, möglichst bis Juni 1969 Beispiele von Untersuchungsergebnissen aus Labor- und in-situ-Versuchen an das IBG zu senden, die geeignet sind, die Brauchbarkeit der erarbeiteten Charakteristik der Geometrie von Klüften und Schichtflächen zu untermauern. Darüber hinaus wurden die Mitglieder dieser Arbeitsgruppe aufgefordert, aus ihrem Arbeitsbereich spezielle Klassifikationsschemen aufzustellen und dabei zu überprüfen, inwieweit die so gefestigte Gebirgsbeschreibung für die Zwecke von speziellen Klassifikationen geeignet ist.

Hiermit möchte ich die Diskussion beenden und abschließend noch ganz kurz auf das Thema „Offene Fragen“ eingehen, das heute morgen im Generalreport angeschnitten worden war. Die bunte Palette der anstehenden Fragen betraf gewisse Zusammenhänge der mechanischen Eigenschaften von Gesteinen mit dem physikalischen Grundaufbau und Abhängigkeiten, welche zwischen dem mineralogisch-petrographischen Aufbau und der Struktur der Gesteine und ihren Festigkeitseigenschaften bestehen. Erste, noch unvollkommene Versuche mit dem Ziel, das Verhalten inhomogener und geklüfteter Medien in einer geschlossenen Theorie zu beschreiben, zeigten mit aller Deutlichkeit, wie schwierig die Behandlung gerade dieses Fragenkomplexes ist und daß es wohl noch etwas verfrüht ist, in dieser Forschungsphase Rechenprogramme zur Berechnung der Festigkeit und der Teilbeweglichkeit von Kluftkörpersystemen aufzustellen. Die Frage, welche Angaben über Lage, Erstreckung und Ausbildung von Klüften im Gebirgsinnern benötigt werden und wie sie zur Beschreibung des Kluftverbandes heranzuziehen sind, wurde in der Diskussion noch einmal sehr deutlich gestellt. Wie für den zweidimensionalen Fall bereits angetastet, so sollte auch für den räumlichen Fall eine Verknüpfung der Kluftkörperbeschreibung mit den Festigkeitseigenschaften möglich sein.

Soweit in den eingereichten Beiträgen Hinweise auf noch zu leistende Aufgaben der Forschung zum Thema „Festigkeit von Gestein und Gebirge" anzutreffen waren, wurden sie im Rahmen der Diskussion weitgehend berücksichtigt. Nahezu offen geblieben ist jedoch der Fragenkomplex über die Gesetzmäßigkeiten für die Bewegungen von Gesteinsbruchstücken bei dreiachsiger Beanspruchung, die Erfassung der fortlaufenden Änderung der Gebirgseigenschaften durch das Vorrücken des Bergbaus sowie die Ansprache der Festigkeitseigenschaften des Gebirges in sehr großen Teufen.

Die hier angesprochenen „Offenen Fragen", die uns immer wieder von der Praxis gestellt werden, sollen uns mahnen, in unserem Bemühen, das dem IBG Weltgeltung verschafft hat, nicht nachzulassen. Auf der anderen Seite aber darf gesagt werden, daß wir auch in diesem Jahr ein tüchtiges Stück vorangekommen sind, wofür ich allen Referenten, die Beiträge zum ersten Teilthema „Festigkeit von Gestein und Gebirge" geliefert haben, noch einmal herzlich danken möchte. Aber auch allen Diskussionsrednern, die sich bei aller Sachbezogenheit so temperamentvoll gezeigt haben, sei an dieser Stelle besonders gedankt.

Generalreport, Referate und Diskussionen

zum Thema:

Messungen der Bewegungen, Verformungen und Spannungen im Gebirge

Generalreporter: V. Šibek, Prag
E. Tincelin, Paris

Generalreport zum Thema

Messungen der Bewegungen, Verformungen und Spannungen im Gebirge

von V. Sibek und E. Tincelin

Gestatten Sie, daß wir Ihnen in Übersichtsform eine Zusammenfassung der Methoden und Apparaturen vorlegen, die zur Messung der Bewegungen, Verformungen und Spannungen in Gesteinen und im Gebirge bestimmt sind. In dieser Übersicht werden vor allem die in etwa den letzten 10 Jahren entwickelten Verfahren und Methoden behandelt.

Zu diesem Thema wurden zum 10. Ländertreffen des IBG folgende Referate eingereicht:

H. G. Denkhaus; E. R. Leeman, Pretoria:
Messungen von Bewegungen, Verformungen und Spannungen im Gebirge

H. K. Helfrich, Boliden:
Messungen von Bewegungen, Verformungen und Spannungen im Gebirge

K. Neubert, Freiberg:
Beitrag des Markscheidewesens zur Erforschung gebirgsmechanischer Probleme

W. Manthey; H. Militzer; D. Rotter; R. Stoll, Freiberg:
Zur Untersuchung von Bewegungs- und Verformungsvorgängen im Gestein und Gebirge mit Hilfe geophysikalischer Methoden

V. Sibek, Prag:
Neuer Apparat von großer Empfindlichkeit für die Registrierung der Konvergenzgeschwindigkeit und Übersicht über die Meßtechnik in situ in der ČSSR

J. L. Serafim; M. Guerreiro, Madrid:
In-situ-Versuche über die Verformbarkeit von Felsmassen.

Im Generalreferat werden wir der Vollständigkeit wegen auch einige Arbeiten anführen, die beim 1. bis 8. Ländertreffen des IBG vorgetragen worden sind, sowie Arbeiten, die uns mit dem Wunsch zugesandt wurden, sie in das Generalreferat aufzunehmen.

Die Arbeitsgruppe des IBG, die sich einige Jahre mit der Gerätetechnik für Untertagemessungen befaßt hat, hat unter der Leitung von Prof. Borecki einen Katalog der Apparate und Vorrichtungen zusammengestellt, der gegenwärtig herausgegeben wird.

In diesem Katalog sind sowohl die wichtigsten Parameter der Geräte als auch die Beschreibung und die Bedingungen für die Verwendung, die Charakteristiken, die Art ihrer Verwendung angegeben. Die Katalogblätter sind dann mit entsprechenden Diagrammen und Photographien ergänzt, was ihre Verwendung und Anwendung in der Forschung erleichtert.

Im Laufe der letzten Jahrzehnte wurde ein bedeutender Fortschritt in der Entwicklung von Methoden und Geräten für die Gebirgsdruckforschung und in der Geomechanik erzielt. Dies hängt auch mit der Entwicklung und dem Fortschritt in der Gerätetechnik auf allen Wissensgebieten zusammen.

Das Bestreben der Forscher in der Gebirgsmechanik ist darauf gerichtet, durch Messungen sowohl unter natürlichen Bedingungen als auch im Laboratorium solche Parameter und Werte über die Gesteine und das Gebirge zu gewinnen, die das Grubenmedium und das ganze Gebirge so vollkommen charakterisieren, daß für die Lösung konkreter Fälle auch die analytische Methode benützt werden kann.

Das Gebirge als ungleichartiges und nicht zusammenhängendes Medium hat seine bestimmte Stabilität, seinen Gleichgewichtszustand, der sich unter dem Einfluß der bergmännischen Tätigkeit immerwährend ändert. Das bedeutet neue Änderungen des Spannungszustandes und Verschiebungen, neue Entspannung und Energieansammlung im Gebirge und in der Endphase neue Verformungsprozesse, wenn die Festigkeitsgrenzen überschritten wurden.

Auch der Zeiteffekt und das Tempo der bergmännischen Tätigkeit wirken auf diese Zustände des Gebirges mit ein.

Die Forschung auf dem Gebiete der Gebirgsmechanik bemüht sich daher, diese Spannungszustände und ihre Änderungen nicht nur in der näheren Umgebung der Grubenbaue, sondern auch im Gebirge festzustellen.

Die Bewegungen und Verformungen des Gebirges und seiner Teile können mit direkten Methoden gemessen und beobachtet werden, während die Spannung und ihre Veränderungen nur indirekt bestimmt werden können, wie Helfrich in seinem Referat anführt [1].

Die Meßmethoden in der Geomechanik können in drei Hauptgruppen eingeteilt werden:

1. klassische markscheiderische Methoden;
2. Verformungsmethoden;
3. geophysikalische Methoden.

1. Klassische markscheiderische Methoden

Wie Neubert in seinem Beitrag [2] anführt, hat das bergmännische Vermessungswesen während der letzten zehn Jahre eine Entwicklungsphase zu verzeichnen, wie sie trotz der Jahrhunderte überspannenden, ehrwürdigen Tradition bisher in so umfassender Umgestaltung nicht festzustellen ist.

Moderne Geräte- und Instrumententechnik ermöglichen nicht nur eine große Genauigkeit, sondern auch schnelles Messen. Dies betrifft vor allem die geodätischen Entfernungsmessungen mit elektrooptischen und elektromagnetischen Methoden und dann Höhenmessungen mit Kompensatornivellieren und motorisiertem Nivellement.

Bei der Messung von Höhenunterschieden in den Grubenbauen wird auch bei der Messung mit hydrostatischer Waage (Meisser) eine Genauigkeit von 1/1000 mm erzielt [4]. Eine modifizierte Form für den Einsatz in Bohrlöchern (Genauigkeit 1/100 mm) und im Alten Mann (Genauigkeit 1/10 mm) wurde im Bergbauinstitut der Tschechoslowakischen Akademie der Wissenschaften konstruiert (siehe Meßgerätekatalog).

Eine weitere Entwicklung in der hydrostatischen Nivellierung stellt die registrierende Schlauchwaage [34] dar, mit der eine kontinuierliche Registrierung von Senkungen und Neigungen durchgeführt werden kann.

Zur Orientierung der Vermessungsgeraden in der Grube wird mit Erfolg der Gyrotheodolit benützt, dessen Entwicklung gleichfalls einen bedeutenden Stand erreicht hat.

Die klassische Photogrammetrie, mit Erfolg im Bergbau vor allem in den Braunkohlentagebauen verwendet, fand ihre Modifizierung auch in der Einaufnahme-Photogrammetrie bei der Bestimmung der Bewegungen und Deformationen der Massen von Gebirgsmodellen, wie sie im Bergbauinstitut der Tschechoslowakischen Akademie der Wissenschaften angewendet wird.

Markscheiderische Vermessungsmethoden finden ihre Anwendung nicht nur bei der Untersuchung von Druckwirkungen, sondern insbesondere auch beim Studium und bei der Untersuchung der Wirkungen des Unterbauens und der Bergschäden, wovon zahlreiche Dissertationen, Publikationen usw. zeugen.

Die Messungen der horizontalen Bewegungen ist unter den Bedingungen der Gruben und Tagebaue ein Problem, das Aufmerksamkeit verdient, wie die Habilitationsschrift Meixners zeigt [3, 2].

2. Verformungsmethoden

Diese Verformungsmethoden haben im Verlauf der letzten Jahre den größten Aufschwung auf dem Gebiet der Gebirgsmechanik und gleichfalls die größte Verbreitung in der Forschung und Grubenpraxis gefunden. Die Methoden sind in den meisten Fällen verhältnismäßig einfach, erfordern keine komplizierten Apparaturen und können in den meisten Fällen auch in einer Umgebung verwendet werden, die gas- und staubgefährdet ist.

Nach den Deformationsänderungen kann man indirekt auch die Spannung und ihre Änderungen im Gebirge erwägen; daher sind diese Methoden auch unter den Verformungsmethoden eingereiht.

Mit den Verformungsmethoden lassen sich eine ganze Reihe von Problemen lösen [6], z. B.:

1. Messungen des Gebirgsdruckes auf einem Untergrund. Die Messungen umfassen folgende Probleme:
   a) Gebirgsdruck auf den Kohlenstoß vor dem Streb;
   b) Ausbaubelastung im Streb;
   c) Gebirgsdruck auf den Versatz oder die Bruchmassen hinter dem Streb;
   d) Ausbaubelastung in den Abbaustrecken vor und hinter dem Strebstoß.
2. Messungen der Bewegungen und Verformungen des Nebengesteins des Abbaubetriebes. In diesem Bereich kann man folgende Messungen durchführen:
   a) Konvergenzmessungen in Abbaubetrieben;
   b) Messungen von horizontal oder parallel zur Schichtung verlaufenden Verschiebungen;
   c) Messung der Aufblätterungen und Durchbiegung der Gesteinsschichten;
   d) Messung der absoluten senkrechten Bewegungen im Hangenden und Liegenden.
3. Messungen der Spannungsverhältnisse im Gebirgskörper
4. Außerdem kann man mit den Verformungsmethoden bei Großversuchen in situ auch einige Grundwerte der mechanischen Eigenschaften und Charakteristiken der Gesteine feststellen.

Helfrich teilt in seinem Beitrag die Deformationsmessungen in zwei Hauptgruppen ein:

1. Messungen der Initialdeformation des Gebirges;
2. Kontrollmessungen zur Überwachung der Stabilität von Hohlräumen und Bergfesten.

Beide Gruppen unterscheiden sich voneinander eigentlich nur durch die Meßzeit. Die erste Gruppe der Messungen, die gleich nach dem Vortrieb des Grubenbaus durchgeführt werden, enthält nur einen Teil der elastischen Deformationen und des primären Kriechens. Da jedoch in der Grube erst einige Stunden nach der Durchführung der Arbeiten (z. B. Schießarbeit) gemessen werden kann, wird die Initialdeformation als Summe der Verformungselemente erfaßt. Die zweite Gruppe der Messungen enthält dann langfristige Messungen, die rheologische Wirkungen des sekundären und tertiären Kriechens einschließen, wobei letzteres durch seine Akzelerationstendenz und das Einleiten von zerstörenden Vorgängen als wichtiges Kriterium für den praktischen Betrieb erscheint.

Für Verformungsmessungen wurde in den einzelnen Ländern eine Reihe von Geräten entwickelt, von denen die wichtigsten in dem vom IBG herausgegebenen Katalog der Meßgeräte angeführt sind. Ein ähnlicher Katalog der in der ČSSR konstruierten und hergestellten Apparate wurde im Jahre 1966 gemeinsam mit den Methodiken herausgegeben. Insgesamt sind im tschechoslowakischen Katalog 22 Apparate angeführt [17].

Die allgemeine Entwicklungsrichtung wird durch verschiedene Typen des Dynamometers zur Bestimmung des Ausbauwiderstandes, Vorrichtungen zur Messung der spezifischen

Tragfähigkeit der Sohle, Apparate zur Konvergenzmessung in vertikaler und horizontaler Richtung, Geber für Druck- und Zugkraftmessung, Geber zur Messung der Bohrlochverformungen in horizontaler und vertikaler Richtung, Vorrichtungen zur Messung der Längsdeformationen in Bohrlöchern usw. gekennzeichnet [6, 7, 8, 9, 10, 11, 12, 13, 14, 18, 34]. Es wurden auch Druckmeßdosen für Bohrlöcher entwickelt, denen eine bestimmte Vorspannung verliehen werden kann, weiter Vorrichtungen zur Bestimmung der Risse und Sprünge in Bohrlöchern [7, 6] und eine Vorrichtung zur Konvergenzmessung im Bohrloch mit großem Durchmesser (34 cm) [15]. Zur Bestimmung des Druckes des Versatzes oder der Bruchmassen wurden einige Typen von Widerstands- oder Saitengebern mit Fernablese entwickelt. Zur Messung der vertikalen Bewegung der Sohle im Bruchfeld wurde ein besonderes Gerät zur Messung der Neigung in Grubenbauen konstruiert [16, 34].

Zum Registrieren der Konvergenzgeschwindigkeit in vertikaler oder horizontaler Richtung wurden zwei Typen eines mechanischen Apparates mit einer Ablesegenauigkeit beim ersten Typ von 0,05 mm und beim zweiten von 0,005 mm der wirklichen Konvergenz entwickelt [17].

Zur Punktvermarkung in Bohrlöchern wurde ein Festpunktschießgerät [19] gebaut, das sich in den Kaligruben der DDR sehr gut bewährt hat.

Für die genaue Messung von Entfernungen (der Meßfehler beträgt $\pm$ 5% vom Meßbereichswert) wurde ein Vergenzograph konstruiert [20]. Man kann ihn zur Messung von Konvergenzen, vertikalen Verschiebungen und Veränderungen des Spaltflächenabstandes an geologischen Störungen und auch von Pfeilerquerdehnungen verwenden.

Jede Art der Apparate und Vorrichtungen erfordert ihre eigene Methodik. Zur Lösung der einzelnen, genau formulierten Aufgaben sind dann geeignete Meßmethoden vom Gesichtspunkt der Zweckmäßigkeit, der geforderten Genauigkeit, der Grubenbedingungen, der Zeit und der Kosten, die für die Messung entstehen dürfen, zu wählen.

Zur Bestimmung der Druckzonen in der Umgebung von Grubenbauen und ihrer Ausmaße hat JAHNS eine praktische Methode, den sogenannten Bohrtest, vorgeschlagen. Mit dieser Methode kann man in gebirgsschlaggefährdeten Gebieten nach der Verformung des Bohrlochs und der Menge des ausgebohrten Bohrkleins die Zonen mit erhöhter gefährlicher Spannung bestimmen. Eine ähnliche Methode für Salzgebirge nach der Zerstörung von Bohrkernen hat GIMM vorgeschlagen [27].

In den letzten Jahren ist in allen Ländern das Bestreben zu erkennen, den absoluten Spannungszustand im Gebirge und seine Änderungen zu messen.

Die für die Messung der Spannungsänderungen konstruierten Geräte beruhen auf dem Prinzip sehr genauer Verformungsmessungen in den Bohrlöchern, und zwar mit der Saiten- oder der induktiven Methode. Beispiele sind der Geber für Bohrlochgebirgsmessungen Type MAIHAK oder das Bohrloch-Verformungsmeßgerät Type CSIR-LVDT. Ihre Genauigkeit beträgt etwa 0,1 μ [23]. In Schweden [1] wurden zwei Meßzellentypen KTH-2 und KTH-ax entwickelt. Bei der ersteren handelt es sich um eine starre Meßzelle mit drei eingebauten Dehnungsmeßstreifen, die mit Vorspannung einem Bohrloch aufsitzt. Die KTH-ax-Zelle mißt mit einem Dehnungsmeßstreifen die Längenänderung eines Bohrloches. Spannungsänderungen im Gebirge werden gewöhnlich infolge des fortschreitenden Abbaus meist in der Umgebung der bergmännischen Hohlräume festgestellt.

Die absolute Spannung wird auch mit Hilfe von Verformungsmessungen ermittelt, wobei der Punkt, an dem gemessen wird, völlig von Spannungen entlastet wird und die mit dieser Entlastung verlaufenden Verformungen gleichzeitig erfaßt werden.

Es wurde eine Reihe von Vorrichtungen entwickelt, die solche Messungen ermöglichen. HAST [24] hat einen elektrischen Druckkörper für das Bohrloch entwickelt. Gemessen wird die Bohrlochentspannung durch Überbohren.

In der Sowjetunion hat SLOBODOV (VNIMI) eine Vorrichtung zur Montage der Dehnungsstreifen am Bohrlochstoß konstruiert [25]. Zur Messung der Grundwerte wird eine Überbohrung der Bohrlochfront und damit eine Entlastung des Bohrlochkerns vorgenommen. Eine ähnliche Vorrichtung wurde auch in der ČSSR entwickelt.

In Südafrika im National Mechanical Engineering Research Institute wurde gleichfalls eine Bohrloch-Meßstreifensonde (CSIR-Türstopper-Sonde) zur Bestimmung des triaxialen Spannungszustandes in situ entwickelt [23]. Die Sonde wird mit der Verformungs-Meßstreifenrosette auf die Bohrlochsohle geklebt und nach Ablesen der Grundwerte wird eine Entlastung des Kerns durch Überbohrung herbeigeführt. Zur Bestimmung der Spannungen, die im Gebirge vor der Spannungsentlastung herrschten, wird ein Bohrlochsimulator benützt, in dem der Bohrlochkern gemeinsam mit dem Türstopper durch biaxialen Druck belastet wird.

In den letzten Jahren begannen beinahe alle gebirgsmechanischen Forschungsinstitute auch Großversuche in situ durchzuführen. Ihr Ziel beruht darin, einige mechanische Parameter des Gebirges und seine Charakteristiken zu bestimmen. Die Methoden, die bei diesen Versuchen angewendet werden, beruhen auf einer Entlastung der Gesteinsblocks und Hervorrufen eines künstlichen Drucks durch hydraulische Zylinder, hydraulische Polster oder hydraulische Druckpatronen [34] sowie in der Verformungsmessung in der Umgebung des künstlichen Druckes mit den üblichen Verformungsmethoden.

Einige Erkenntnisse und Interpretationen der gemessenen Ergebnisse sind in den Arbeiten von Müller, Mencl, Averšin, Znański, Bieniawski, Denkhaus, Manthey u. a. [28, 29, 16, 30, 31, 23, 34] angeführt.

Serafim und Guerreiro führen in ihrem Referat [33] einleitend an, daß der natürliche Zustand des Gesteins die Ermittlung seiner mechanischen Eigenschaften mit Hilfe von in situ-Versuchen verlangt. Die statistischen Untersuchungen über die Struktur und die geometrischen Eigenschaften von Felsmassen sind notwendig. Es ist auch wichtig, die Verformbarkeit des Gebirges zu bestimmen.

Um Werte über die Gebirgsmechanik zu gewinnen, die die Risse und Sprünge mit erfassen, müssen Versuche in situ auf großen Flächen durchgeführt werden. Die Autoren führen dann die Voraussetzungen erfolgreicher Großversuche an und betonen auch die ökonomische Seite und den notwendigen Arbeitsaufwand. Sie machen dann auch auf die Bedeutung einer gründlichen Vorbereitung des Versuchsprogrammes aufmerksam.

3. Geophysikalische Methoden

Alle Verformungsmethoden sind mit Fehlern belastet, die durch die Anbringung der Meßapparate und -vorrichtungen in Hohlräumen verursacht wurden, die durch menschliche Arbeit geschaffen worden sind, also in einer Umgebung, in der bereits Änderungen der ursprünglichen Spannung und in den meisten Fällen bereits eine bestimmte Entspannung der Gesteine eingetreten sind. Die Initialdeformationen [1], d. h. die momentan-elastischen Deformationen und das primäre Kriechen, sind also sehr schwierig zu messen.

In dem Bestreben, Spannungszustände und ihre Veränderungen direkt im Gebirge festzustellen, das Wesen des Zerstörungsmechanismus und seine Gesetzmäßigkeiten zu erkennen sowie die Anhäufung und Freisetzung der Energie in den Gesteinen zu studieren, werden für die Forschung auf dem Gebiet der Geomechanik auch geophysikalische Methoden angewendet. Damit hängt auch das Bestreben zusammen, eine genaue Vorhersage des Verformungsverhaltens von Gesteinen und des Gebirges zu ermöglichen [34].

Von den bekannten geophysikalischen Methoden wurden folgende erprobt.:

a) Seismik;
b) Seismoakustik;
c) Hammerschlagseismik;
d) Ultraschall-Methode;

e) Einsatz von Radioisotopen;
f) sonstige Methoden.

a) Seismische Methoden

Die seismischen Methoden beruhen auf der gemessenen Ausbreitung künstlich erzeugter elastischer Wellen im Gebirge; sie wurden in den Bergbau von der Erforschung der Erde, der Energie und des Mechanismus der Erdbeben übernommen. Im Bergbau kommen sie vor allem auf den Gebieten des Abbaus, wo eine Gefahr der plötzlichen Zerstörung der Gesteine besteht, d. h. bei Gebirgsschlägen [35, 4, 25], zur Geltung.

Mit seismischen Methoden lassen sich seismische Störungsarten und ihre Energie bestimmen. Aus der Häufigkeit dieser seismischen Störungen (Gebirgsschläge) kann man dann die Freisetzung und Anhäufung der mechanischen Energie im Gebirge verfolgen. Zur Ortung der seismischen Störungen können folgende Methoden verwendet werden [40, 41]:

— Methode der Typenanalyse. Diese Methode ist auf der Identität der Form des zeitlichen Verlaufes der Registrierung der Gebirgsschläge aus dem gleichen Herdgebiet begründet. Mit dieser Methode kann man sehr schnell das Herdgebiet der Gebirgsschläge bestimmen. In der Anfangsphase der Bestimmung der Gebirgsschlagsgebiete muß jedoch eine andere, genauere Ortungsmethode herangezogen werden.
— Methode der Laufzeitkurven der P- und S-Wellen. Die Methode beruht auf der Bestimmung der Zeitunterschiede des Ansatzes der P- und S-Wellen, was bei der Erfassung der Geschwindigkeit der seismischen Wellen im Epizentrum die Bestimmung des Herdes ermöglicht. Für eine eindeutige Bestimmung der Herdlage im Raum ist die Registrierung in mindestens drei seismischen Stationen notwendig. Bei Entfernungen von etwa 1 km zum Epizentrum und bei einer Registriergeschwindigkeit von 10 cm/s kann eine Genauigkeit in der Bestimmung der Herdlage von $\pm$ 5 bis 60 m erreicht werden [37].
— Methode der gesetzmäßigen Senkung der maximalen Amplituden der seismischen Wellen mit der Entfernung. Die Methode erfordert die Registrierung zumindest in drei Stationen; mit ihr kann auch der räumliche Herd der Gebirgsschläge bestimmt werden. Die erreichte Genauigkeit beträgt jedoch nur etwa $\pm$ 100 m.
— Die Azimut-Methode. Sie ist auf der Bestimmung des Herdazimuts mittels des Verhältnisses der Amplituden der Ansetzung einer P-Welle auf einen Dreikomponenten-Seismographen begründet. Die Methode erfordert die Registrierung in mindestens zwei seismischen Stationen. Ihre Genauigkeit ist gleichfalls etwa $\pm$ 100 m.

Mit seismischen Methoden für das verfolgte Gebiet, das durch die Lage der Herde der seismischen Störungen gegeben ist, kann aus den kumulativen Diagrammen der freigesetzten seismischen Energie im Gebirge auf den Verlauf der Entlastung und die Anhäufung der gesamten mechanischen Energie geschlossen werden. Diese Methode kann daher zur Prognose der Gebirgsschlaggefahr dienen [36, 42].

b) Seismoakustische Methoden

Die seismischen Methoden können räumlich ein recht großes Gebiet (einige km^3) erfassen. Der Aktionsradius der seismoakustischen Methode ist wesentlich geringer und beträgt in Abhängigkeit von den mechanischen Parametern des Gebirges etwa 30 bis 80 m.

Die seismoakustische Methode ist auf der Tatsache begründet, daß infolge des erhöhten Spannungszustandes im Gebirge schon vor seiner Zerstörungsgrenze eine Mikrozerstörung der Gesteinsteilchen eintritt, die seismoakustische Impulse hervorruft [1, 4, 5, 8, 34, 36, 35, 44]. Ihre Frequenz bewegt sich im Bereich von 100 bis 1000 Hz, wobei die größte Häufigkeit 400 bis 500 Hz beträgt [38].

Aus der Häufigkeit der Eigenimpulse kann auf die sogenannte seismoakustische Aktivität des Gebirges geschlossen werden. Außerdem kann man neben der Häufigkeit dieser Impulse nach der Größe der Amplituden auch die Größe der freigesetzten Energie bei der Zerstörung verfolgen [39].

Weil unter dem Einfluß der regelmäßigen Bergbautätigkeit im Gebirge ein gleichmäßiger Prozeß der Energiefreisetzung eintreten kann, kann man nach dem Verlauf der Freisetzung der seismoakustischen Energie auch auf den Verlauf des Druckzustandes im Gebirge, vor allem in der Nähe der Energieanhäufung, schließen.

Zur Aufnahme und Registrierung der Gesteinsimpulse wurde eine Reihe verschiedener Typen von Geophonen und Vorrichtungen konstruiert [1, 39]. Vom Institut für Grubensicherheit, Leipzig, wurde ein Impulsdichtemeßgerät (IDM-3) konstruiert, das mittels programmierter digitaler Registrierung arbeitet [1, 21].

Die seismoakustische Methode kann auch zur Verfolgung von Prozessen im Gebirge nicht nur vom Gesichtspunkt der Energieansammlung bei laufender bergbaulicher Tätigkeit, sondern auch bei anderen Forschungsmethoden ausgenutzt werden. So hat sich z. B. diese Methode in Verbindung mit Großdruck- und Scherversuchen in situ bewährt [34]. Auch bei Laboruntersuchungen der spröden Zerstörung der Gesteine liefert die seismoakustische Methode neue Erkenntnisse über den Verlauf der Zerstörung [39].

c) Hammerschlagseismik

Diese Methode nutzt künstliche Quellen elastischer Wellen aus, die im Gebirge durch einen Hammerschlag oder die Explosion kleiner Ladungen hervorgerufen werden. Die erregten seismischen Wellen haben eine Frequenz von 200 bis 8000 Kz. Durch Untersuchung der Ausbreitungsgeschwindigkeit von P-, S- und Oberflächenwellen können die elastischen Parameter des Gebirges (Elastizitätsmodul, Schubmodul und die Poisson-Zahl) bestimmt werden. Der Zerstörungsgrad des Gebirges äußert sich durch Dämpfung der Amplituden mit der Entfernung. Die Methode ist für die Bestimmung nicht nur dieser mechanischen Parameter, sondern auch für die Untersuchung der Spannungsänderungen [35] im Gebirge geeignet. Mit Hilfe reflektierter und gebrochener Wellen kann auch auf die Lage der zerstörten Zonen und Dislokationsflächen geschlossen werden. Der Bereich der Methode beträgt einige Zehn bis Hundert Meter [43, 4, 44].

d) Ultraschallmethode

Bei dieser Methode wird mit einer künstlichen Quelle der elastischen Wellen mit hohen Frequenzen ($5 \cdot 10^4$ bis 10^6 Hz) gearbeitet. Der Wirkungsbereich dieser Wellen ist sehr kurz (bis zu einigen Metern), und daher ist diese Methode hauptsächlich für Laboruntersuchungen der dynamischen mechanischen Module sowie für die Untersuchung des Inhomogenitätsgrades und der Anisotropie von Gesteinsproben geeignet. Gleichfalls können mit dieser Methode die Veränderungen der Ausbreitungsgeschwindigkeit der elastischen Wellen durch verschiedene Gesteine in Abhängigkeit von der Belastung untersucht werden [35, 25].

Die Methode kann auch unter Tage in sehr festen Gesteinen zur Bestimmung der zeitlichen Spannungsänderungen im verfolgten Abschnitt angewandt werden. Dabei werden größere Veränderungen in den Amplituden als in der Ausbreitungsgeschwindigkeit der Ultraschallwellen beobachtet [45].

e) Radioisotopen-Methode

Diese Methode wurde vor allem in Polen und in der Tschechoslowakei erprobt [46]. Zum Nachweis der Spannungsänderungen im Gebirge wurde die zerstreute Gamma-Strahlung künstlicher radioaktiver Isotope verwendet. Zur Messung dient eine Radioisotopensonde

(^{60}CO) im Bohrloch, mit der die Messung durchgeführt werden kann. Da die Spannung im Gestein die Intensität der zerstreuten Gamma-Strahlung nicht direkt beeinflussen kann, handelt es sich bei dieser Methode um ein indirektes Verfahren und mit ihr werden eigentlich die Veränderung der Dichte des Gesteins oder die Änderung des Bohrlochdurchmessers, die Bildung von Mikrorissen usw. angezeigt. Eine genaue Interpretation dieser Erscheinungen erfordert noch weitere Untersuchungen vor allem im Laboratorium an Gesteinsproben.

f) Sonstige Methoden

Von den übrigen (geophysikalischen) Methoden verdient die Methode der Änderung der elektrischen Leitfähigkeit, der Wärmeleitfähigkeit, der Dämpfung der elektromagnetischen Wellen und ihrer physikalischen Parameter der Gesteine (z. B. der dielektrischen Konstante) mit der Spannungsänderung in den Gesteinen Erwähnung.

Diese Methoden wurden bisher fast ausschließlich bei Laborversuchen an Gesteinen erprobt, die Versuche in situ sind bisher nicht eindeutig. Die meisten Versuche in situ wurden mit der Methode der Dämpfung von elektromagnetischen Wellen durchgeführt, die hoffnungsvolle Ergebnisse zeitigen [47].

Schlußfolgerungen

Der bedeutende Fortschritt, der im letzten Jahrzehnt bei der Messung von Bewegungen, Verformungen und Spannungen im Gebirge erzielt wurde, zeugt von großen Anstrengungen, die auf diesem Gebiet von den Wissenschaftlern vieler Länder unternommen wurden. Wir glauben, daß man behaupten kann, daß diese Forschungsarbeiten auch ganz wesentlich zu einem großen Fortschritt im Bergbau in den letzten Jahren beigetragen haben, vor allem vom Gesichtspunkt des Aufschlusses und des Abbaus von Lagerstätten, des Ausbaus, der Mechanisierung der Abbauarbeiten, der Sicherheit und Erleichterung der bergmännischen Tätigkeit.

Die klassischen Vermessungs- und Verformungsmethoden haben sowohl von Seiten der Gerätetechnik als auch in methodischer Hinsicht eine hohe Stufe erreicht. Ihre restlose Ausnutzung für die Lösung konkreter Probleme in den bergbaulichen Betrieben, vor allem für analytische Lösungen, wird jedoch durch die Schwierigkeit der Bestimmung der Initialdeformation nach Herstellung des Hohlraumes und bei der Gewinnung von Werten und Charakteristiken aus dem durch menschliche Arbeit nicht beeinflußten Gebirge behindert. Die Großversuche in situ, obwohl sie große Anforderungen stellen, ergeben bessere Charakteristiken und Parameter über das Gebirge als die Laborversuche; sie sind vor allem für die Lösung konkreter Fälle sehr geeignet.

Die geophysikalischen Methoden, die in den letzten Jahren einen bedeutenden Aufschwung genommen haben, bieten sehr gute Ergebnisse bei der Untersuchung sowohl der Gesetzmäßigkeiten des Zerstörungsmechanismus als auch der Anhäufung und Freisetzung von Energie im Gebirge unter dem Einfluß bergbaulicher Tätigkeit. Außerdem lassen sich mit geophysikalischen Methoden auch die mechanisch-physikalischen Parameter des Gebirges und ihre zeitlichen Änderungen bestimmen.

Trotz der angeführten positiven Ergebnisse bleibt jedoch noch eine ganze Reihe von Problemen, die in der nahen und ferneren Zukunft gelöst werden müssen. Unsere wissenschaftliche Diskussion sollte der weiteren Forschung in Fragen der Meßmethoden in situ Richtung geben. Wir glauben daher, daß in der Diskussion zu folgenden Fragen Stellung genommen werden sollte:

— Welche weitere Richtung ist bei den markscheiderischen Methoden zu wählen?
— In welcher Richtung ist die Forschung mit Verformungsmethoden zu lenken?

- In welchen Fällen sind Großversuche in situ vorteilhafter und wann genügt die Routineuntersuchung im Labor?
- Ist eine Korrelation der Ergebnisse von Großversuchen in situ und von Laborversuchen an Proben möglich?
- Was kann man in Zukunft von der geophysikalischen Forschung erwarten und in welcher Richtung soll die weitere geophysikalische Forschung geleitet werden?
- Welche Forschungsmethoden im Labor und in situ sind zu wählen, damit die Werte für konkrete analytische Lösungen verwendet werden können?

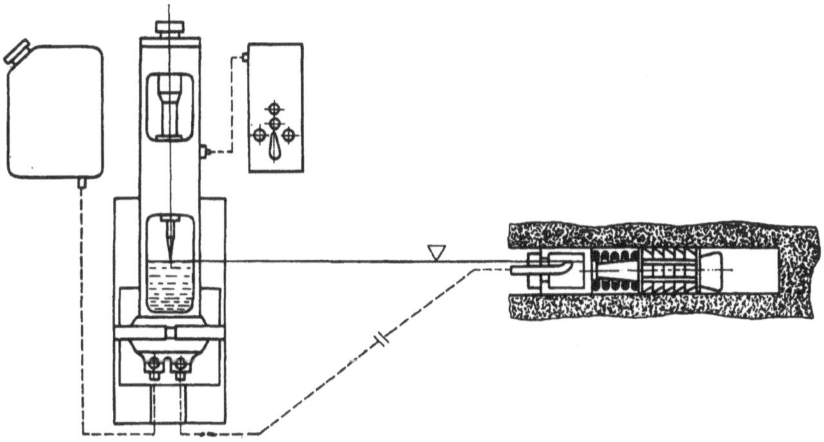

Bild 1. Schlauchwaage in einer Bohrung

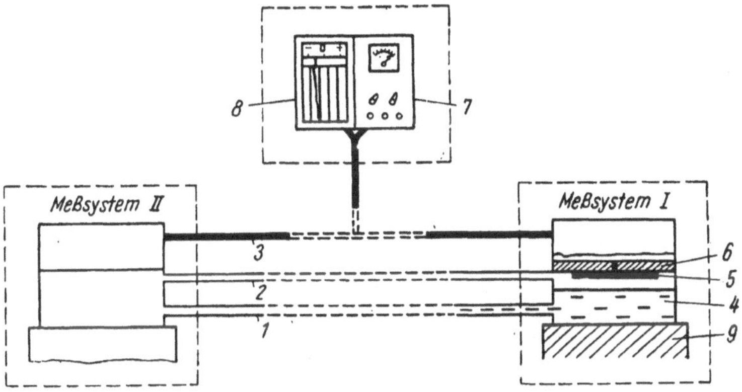

Bild 2. Prinzipskizze für das automatisch registrierende, hydrostatische Nivellement

1 — Ausgleichsleitung für die Meßflüssigkeit
2 — Luftausgleichleitung
3 — Stromversorgungs- und Meßleitungen
4 — Wasser
5 — Meßkondensatorplatte
6 — Isolierung
7 — Stromversorgungsgerät
8 — Registriergerät
9 — Fundament

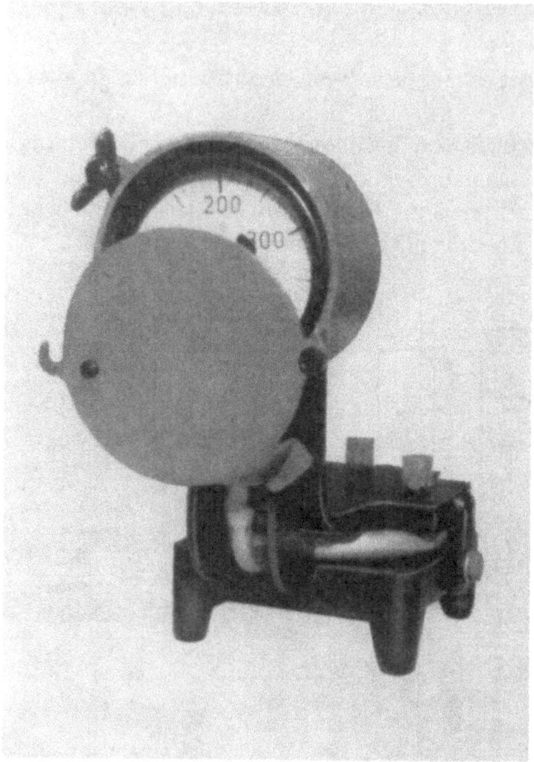

Bild 3. Hydraulisches Dynamometer zum Einbau unter den Kappen des Stahlausbaus

Bild 4. Apparat zur Messung der Tragfähigkeit der Sohle

Bild 5. Konvergometer mit Fernablese

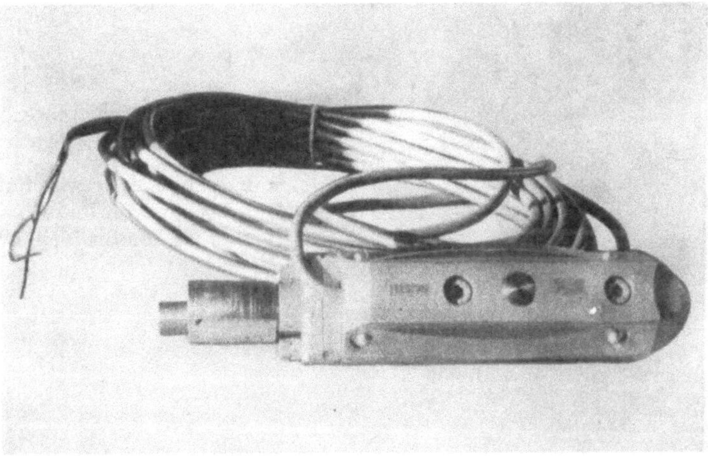

Bild 6. Deformeter für den Einbau in Bohrlöchern

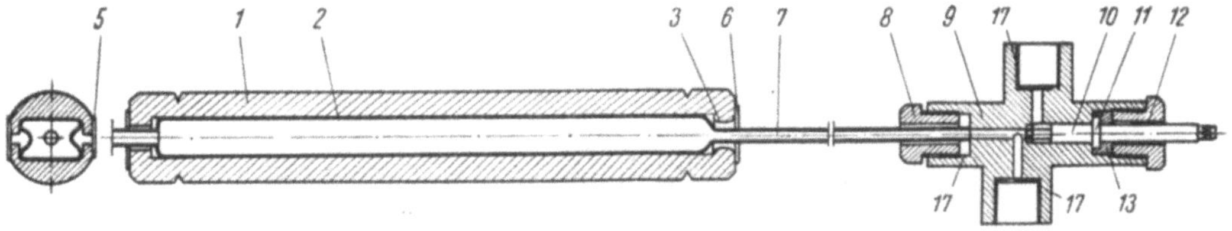

Bild 7. Druckmeßdose in dem Bohrloch

s. Katalog „Meßgeräte für gebirgsmechanische Untersuchungen unter Tage“ Akademie-Verlag, Berlin 1968, B I. 2, Abb. 3.2

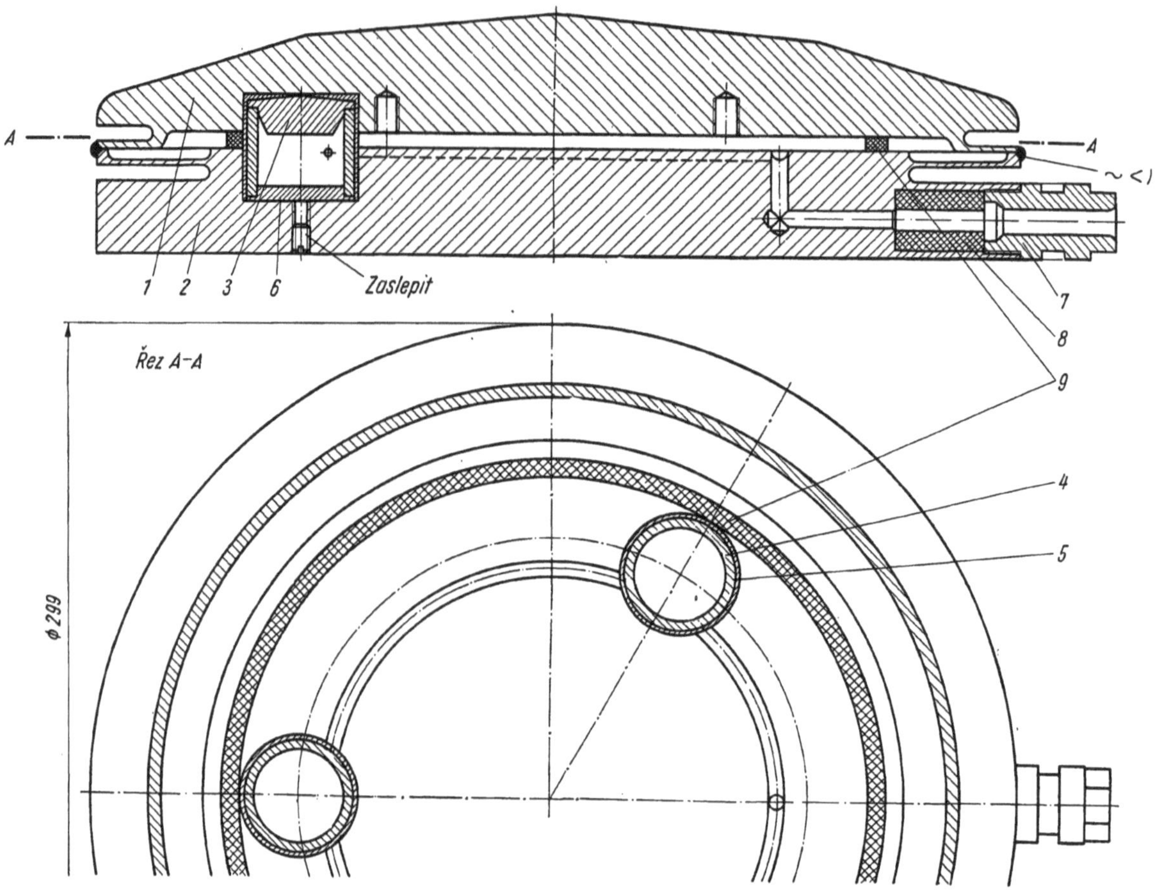

Bild 9. Tensometrisches Dynamometer in den Verbruch

s. Katalog „Meßgeräte für gebirgsmechanische Untersuchungen unter Tage“, Akademie-Verlag, Berlin 1968, CI. 2, Abb. 3.2

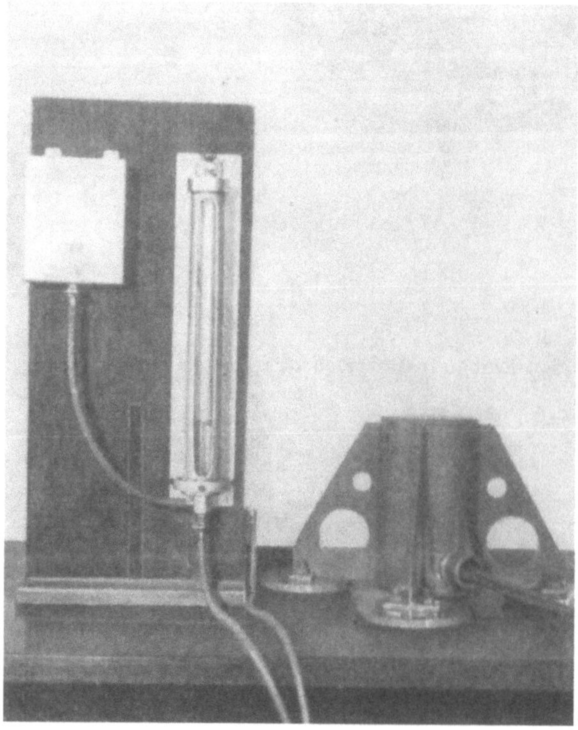

Bild 10. Schlauchwaage in den Verbruch

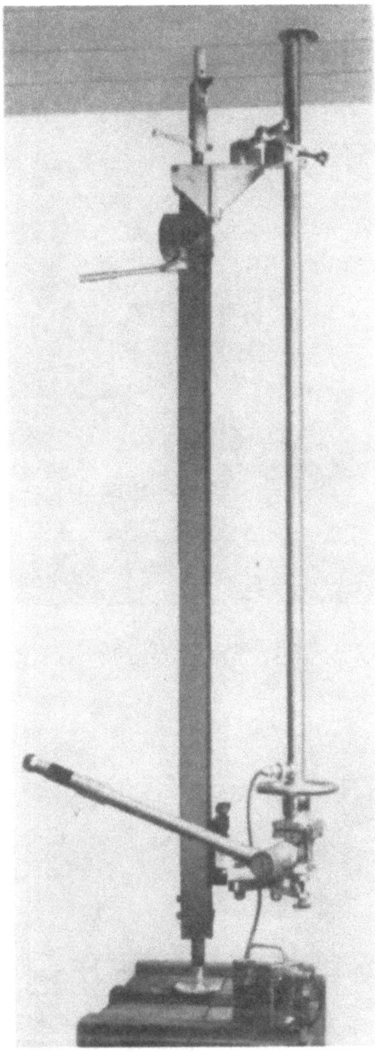

Bild 8. Schichten-Introskop

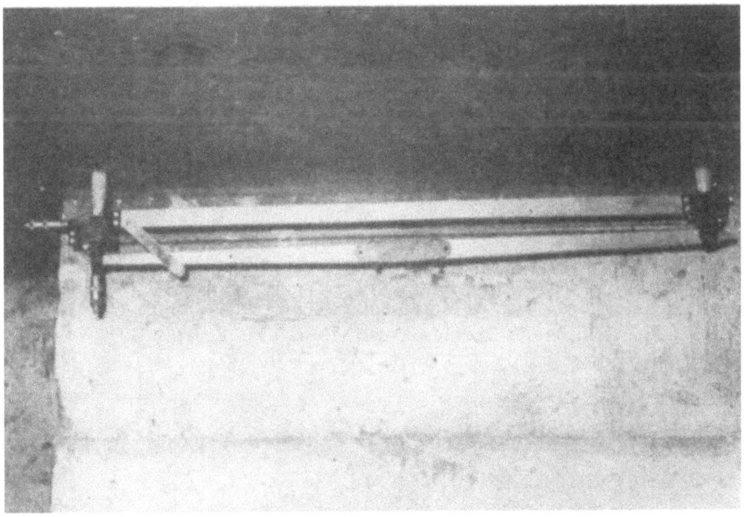

Bild 11. Libellen-Neigungsmesser

Bild 12. Apparat zur Registrierung der Konvergenzgeschwindigkeit

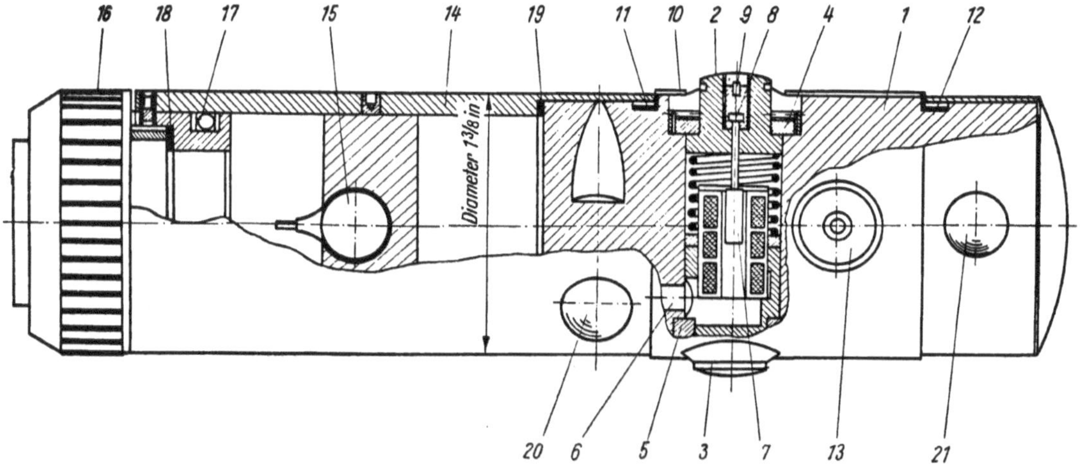

Bild 13. LVD-Bohrlochverformungsmesser

s. Katalog „Meßgeräte für gebirgsmechanische Untersuchungen unter Tage“ Akademie-Verlag, Berlin 1968, C I. 2, Abb. 3.2

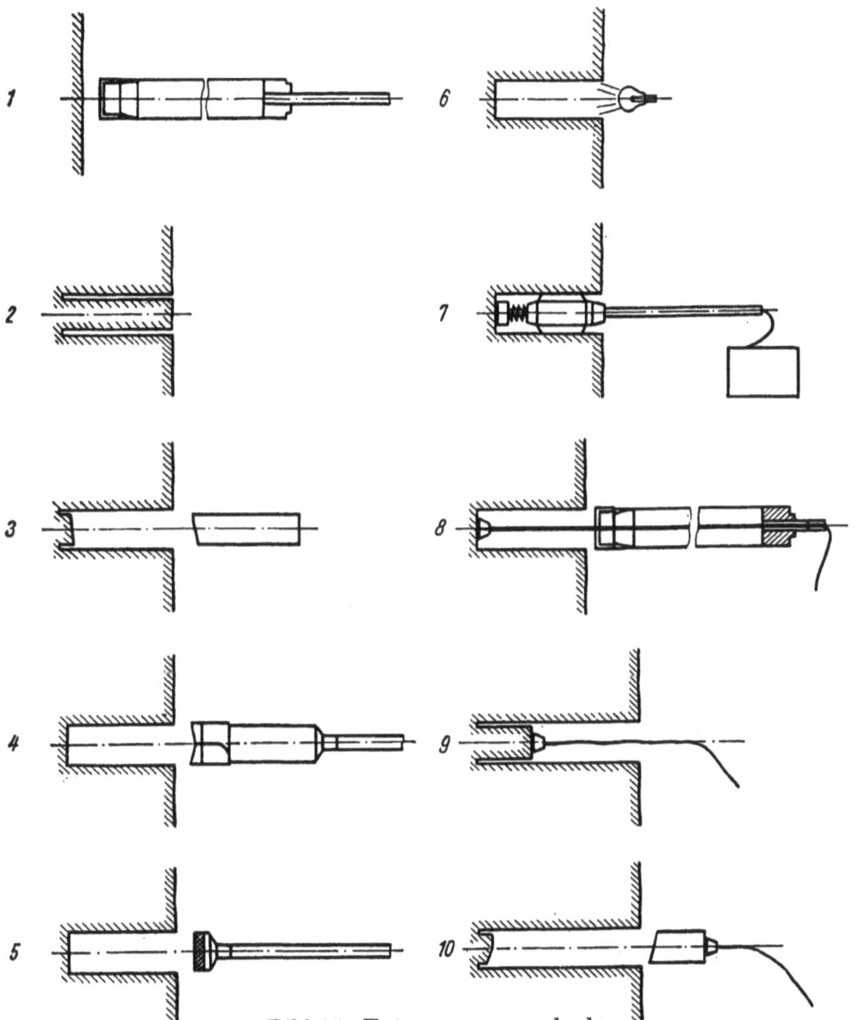

Bild 14. Entspannungsm hode

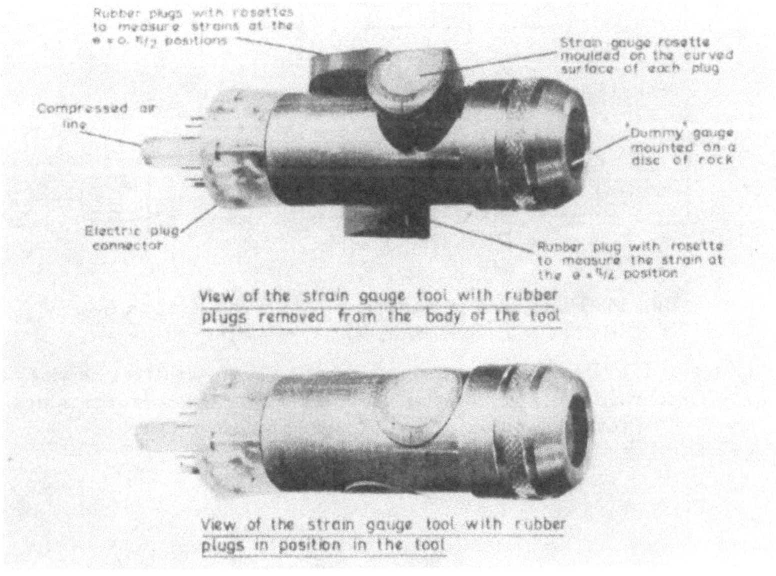

Bild 15. Triaxiale Dehnungsmeßkapsel des C. S. I. R.

Bild 16. Hydraulische Zylinder im Schlitz im Gestein

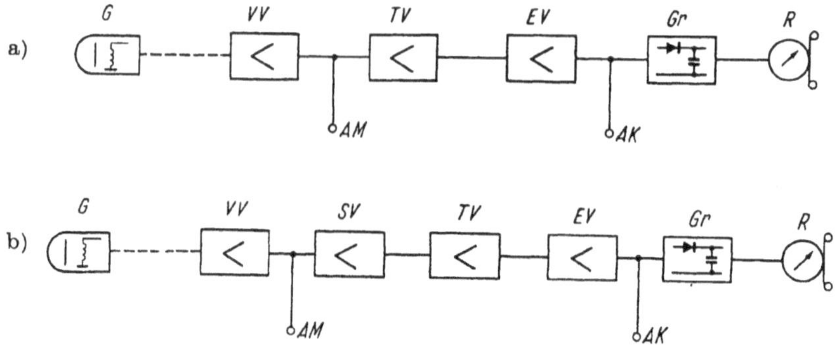

Bild 17. Blockschema einer seismoakustischen Apparatur
a) ohne selektive Stufe, b) mit selektiver Stufe

G — Geber (Aufnahmesonde), *VV* — Elektronenverstärker, *SV* — selektive Verstärkungsstufe, *EV* — Endverstärker, *Gr* — Gleichrichter der verstärkten Impulse, *R* — Registrierungsanlage, *AM* — Ausgang für Magnetofon, *AK* — Ausgang für Kopfhörer

Bild 18. Das programmierte digitale Impulsdichtemeßgerät IDM 3

Literatur

[1] HELFRICH, H. K.: Messungen von Bewegungen, Verformungen und Spannungen im Gebirge. Bericht 10. Ländertreffen IBG, Akademie-Verlag, Berlin 1970, S. 319 ff.

[2] NEUBERT, K.: Beitrag des Markscheidewesens zur Erforschung gebirgsmechanischer Probleme. Bericht 10. Ländertreffen IBG, Akademie-Verlag, Berlin 1970, S. 304 ff.

[3] MEIXNER, H.: Beitrag zur markscheiderischen Erfassung von Horizontalverschiebungen in Tagebaurandböschungen. Habilitation Freiberg 1967.

[4] MEISSER, O.: Seismische Methode in der Gebirgsmechanik. Bericht 1. Ländertreffen IBG, Akademie-Verlag, Berlin 1959, S. 17 ff.

[5] MEISSER, O.: Beitrag zur geophysikalischen Meßtechnik. Bericht 6. Ländertreffen IBG, Akademie-Verlag, Berlin 1965, S. 149 ff.

[6] BORECKI, M.: Untersuchungen der Druck- und Spannungsverhältnisse sowie der Gebirgsdeformationen im polnischen Steinkohlenbergbau. Bericht 1. Ländertreffen IBG, Akademie-Verlag, Berlin 1959, S. 69 ff.

[7] POTTS, E. L. J.: Gerätetechnische Lösung für Gebirgsdruck- und Verformungsmessungen. Bericht 1. Ländertreffen IBG, Akademie-Verlag, Berlin 1959, S. 32 ff.

[8] TINCELIN, E., und SINOU, P.: Die Beherrschung des schwierigen Hangenden in den Eisenerzgruben der Lorraine. Bericht 4. Ländertreffen IBG, Akademie-Verlag, Berlin 1963, S. 114 ff.

[9] DE REEPER, J. F.: Der Zusammenhang zwischen Gebirgsdruck und Konvergenz in Hohlräumen unter Tage. Bericht 4. Ländertreffen IBG, Akademie-Verlag, Berlin 1963, S. 197 ff.

[10] HÖFER, K. H., BERTHOLD, E., und MENZEL, W.: Rheologische Modelle und in situ-Messungen im Salzgebirge. Bericht 6. Ländertreffen IBG, Akademie-Verlag, Berlin 1965, S. 58 ff.

[11] DE REEPER, J. F., und TEN BRINK, G. P.: Die mit der Zeit zunehmende Belastung und Konvergenz einer Füllort-Auskleidung u. a. infolge der Vortriebsarbeit. Bericht 6. Ländertreffen IBG, Akademie-Verlag, Berlin 1965, S. 129.

[12] GIMM, W.: Über den gegenwärtigen Stand der Erkenntnisse und Untersuchungsmethoden bei der Erforschung der Gebirgsschläge im Kalibergbau der DDR. Bericht 7. Ländertreffen IBG, Akademie-Verlag, Berlin 1966, S. 63 ff.

[13] FINE, J., JAEGER, C., und TINCELIN, E.: Ergebnisse experimenteller Untersuchungen über den Mechanismus der Gebirgsschläge in der Provence. Bericht 7. Ländertreffen IBG, Akademie-Verlag, Berlin 1966, S. 165 ff.

[14] OSMANAGIC, M.: Erfahrung über die Gebirgsschlagbekämpfung Jugoslawiens. Bericht 7. Ländertreffen IBG, Akademie-Verlag, Berlin 1966, S. 173 ff.

[15] DREYER, W.: Konvergenz und Standdauer von Bohrungen im Salzgebirge. Bericht 6. Ländertreffen IBG, Akademie-Verlag, Berlin 1965, S. 43 ff.

[16] AVERŠIN, S. G., PETUCHOV, I. M., und BIC, I. A.: Gebirgsschläge und Maßnahmen zu ihrer Bekämpfung in der Sowjetunion. Bericht 7. Ländertreffen IBG, Akademie-Verlag, Berlin 1966, S. 30 ff.

[17] SIBEK, V.: Neuer Apparat von großer Empfindlichkeit für die Registrierung der Konvergenzgeschwindigkeit und Übersicht über die Meßtechnik in situ in der ČSSR. Bericht 10. Ländertreffen IBG, Akademie-Verlag, Berlin 1970, S. 347 ff.
[18] BERGHOLD, E.: Hangendabsenkungsmessungen im Kalibergbau. Bergakademie (1963) 11.
[19] BERTHOLD, E., WEBER und WILLSCHÜTZ: Ein Festpunktschießgerät zur Punktvermarkung in Bohrungen. Bergakademie (1966) 8.
[20] VOGLER, G.: Der Vergenzograph, ein einfaches mechanisches Meß- und Registriergerät für Entfernungsänderungen von zwei Bezugspunkten im Bergbau. Bergbautechnik (1965) 7.
[21] VOGLER, G., und THOMA, K.: Die Überwachung von Bruchvorgängen im Gebirge mit programmierter digitaler Eigenimpulsregistrierung über Tage. Bergakademie (1967) 9.
[22] MARTOS, F.: Über eine Näherungsgleichung der Senkungsmulde und deren Zeitfaktor. Internationale Gebirgsdrucktagung Leipzig 1958, S. 102.
[23] BIENIAWSKI, Z. T., und DENKHAUS, H. G.: Der triaxiale Spannungszustand im Gebirge. Bericht 8. Ländertreffen IBG, Akademie-Verlag, Berlin 1967, S. 17 ff.
[24] HAST, N.: The measurement of rock pressure in mines. Sveriges Ceol Undersökning Serie C (1958) No. 560.
[25] PANOV, A.: In der Sowjetunion angewandte Methode und Apparate zur Untersuchung von Verformungen und Spannungen im Gebirge. Bericht 1. Ländertreffen IBG, Akademie-Verlag, Berlin 1959, S. 51 ff.
[26] JAHNS, H.: Betriebsverhalten zum Erkennen und Beseitigen der Gebirgsschlaggefahr im Ruhrgebiet. Bericht 7. Ländertreffen IBG, Akademie-Verlag, Berlin 1966, S. 90 ff.
[27] GIMM, W., und PFORR, H.: Bruchverhalten von Salzgesteinen bei Gebirgsschlägen und Gasausbrüchen. IV. Internationale Konferenz über Schichtenkontrolle und Gebirgsmechanik, New York 1964, S. 465 f.
[28] MÜLLER, L.: Gebirgstechnologische Großversuche. Bericht 2. Ländertreffen IBG, Akademie-Verlag, Berlin 1961, S. 77 ff.
[29] MENCL, V., TRAVNICEK, I., FOUSEK, J., und KOUDELA, O.: Relaxationsversuche an Gesteinen. Bericht 6. Ländertreffen IBG, Akademie-Verlag, Berlin 1965, S. 81 ff.
[30] ZNAŃSKI, J.: Polnische Untersuchungen auf dem Gebiet der Gebirgsschläge. Bericht 7. Ländertreffen IBG, Akademie-Verlag, Berlin 1966, S. 36 ff.
[31] ZNAŃSKI, J.: Formänderungskomponenten und Festigkeitswerte im Flöz in einigen Metern Entfernung vom Abbaustoß. Bericht 8. Ländertreffen IBG, Akademie-Verlag, Berlin 1967, S. 47 ff.
[32] Institut für Gebirgs- und Bodenmechanik der AdW der VR China. Untersuchung der Schubfestigkeitscharakteristik des Gebirges. Bericht 8. Ländertreffen IBG, Akademie-Verlag, Berlin 1967, S. 127 ff.
[33] SERAFIM, J. L., und GUERREIRO, M.: In-situ-Versuche über die Verformbarkeit von Felsmassen. Bericht 10. Ländertreffen IBG, Akademie-Verlag, Berlin 1970, S. 149 ff.
[34] MANTHEY, W., MILITZER, H., ROTTER, D., und STOLL, R.: Zur Untersuchung von Bewegungs- und Verformungsvorgängen in Gesteinen und Gebirge mit Hilfe geophysikalischer Methoden. Bericht 10. Ländertreffen IBG, Akademie-Verlag, Berlin 1970, S. 333 ff.
[35] BUCHHEIM, W.: Geophysikalische Methoden zur Erkundung des Spannungszustandes des Gebirges im Steinkohlen- und Kalibergbau. Bericht 1. Ländertreffen des IBG, Akademie-Verlag, Berlin 1959, S. 119 ff.
[36] SIBEK, V.: Zu den Fragen des Mechanismus der Gebirgsschläge und ihre Prognosen. Bericht 7. Ländertreffen IBG, Akademie-Verlag, Berlin 1966, S. 145 ff.
[37] COOK, N. G.: Die Anwendung seismischer Verfahren auf Probleme der Gesteinsmechanik. Bericht 4. Ländertreffen IBG, Akademie-Verlag, Berlin 1963, S. 204 ff.
[38] SIMANE, J.: Seismoakustische Untersuchung der Gebirgsschläge im Erzrevier „Brezové Hory"-Přibram. Untersuchung der seismoakustischen Aktivität im Gebirgsmassiv bei einer kritischen Belastung. Freiberger Forschungshefte C 174 (1965), S. 183 ff.; C 225 (1967), S. 87–98.
39] BEK, E.: Methode und Vorrichtung für die seismoakustische Registrierung von Gesteinsimpulsen. Freiberger Forschungshefte C 225 (1967).
[40] SIBEK, V., und CHARBULA, K.: Nekteré poznatky z vyskumu dülních otresu z kladenského uhelného reviru. Výsledky banského výzkumu c. 6 (1966).
[41] BUBEN, J.: Die Ortung der Gebirgsschlagherde im Steinkohlenrevier bei Kladno. Freiberger Forschungshefte C 225 (1967).
[42] RUDAJEV; V.: Die Seismizität der Gebirgsschläge bei Kladno. Freiberger Forschungshefte C 225 (1967).
[43] SKLEMÁR, J.: Über die Untersuchung der Geschwindigkeit von elastischen Wellen im Gebirge. Freiberger Forschungshefte C 225 (1967).

[44] MEISSER, O., und ROTTER, D.: Seismologische Gebirgsschlagbeobachtungen in der DDR. Bericht 7. Ländertreffen IBG, Akademie-Verlag, Berlin 1966, S. 151 ff.

[45] SBORNIK: Issledovanije gornovo davlenija geofiziceskimi metodami. IZF AN SSSR, Hornicky ustav CSAV, Geofyzikalni ústav CSA, Moskva 1967.

[46] SIMON, L., und SIBEK, V.: Zjistování zmen napetí v horninách s pouzitim radioaktivnich isotopiü. Rudy 6 (1966).

[47] KASPAR, M., und SOKOUPIL: Einige Ergebnisse der Anwendung der radiotechnischen Methode bei Verfolgung der Druckveränderung im Gesteinsmassiv. I. Congress of the ISRM, Lissabon 1966, Vol. I, S. 31 ff.

[48] BILIE, S. M.: u. a.: Pribory i aparatura dlja issledovanija projavlenij gornovo davlenija. Ugletechnizdat, Moskva 1958.

[49] SCHWARTZ, B., BUISSON, R., und DUBOIS, R.: Anwendung statistischer Methoden zur Charakterisierung der Wirksamkeit des Ausbaus und der Standfestigkeit der Sohle. Internationale Gebirgsdruckkonferenz Leipzig 1958, S. 74 ff.

Beitrag des Markscheidewesens zur Erforschung gebirgsmechanischer Probleme

von K. NEUBERT, Freiberg

Im vergangenen Jahrzehnt hat das Markscheidewesen zur wissenschaftlichen Entwicklung der Gebirgsmechanik Beiträge geleistet, die in mehrfacher Hinsicht für Planung, Projektierung und Gewinnung bergbaulicher Produkte sowie für Bauwerksausführungen von praktischer Bedeutung sind. Außerdem konnten mit markscheiderischen Mitteln neuer Technologien und Auswertungsmethoden Erkenntnisse aufgezeigt werden, denen bei der Lösung komplexer Aufgabenstellungen verschiedener Rahmenthemen eine Schlüsselposition zukommt.

Das bergmännische Vermessungswesen hat während der letzten zehn Jahre eine Entwicklungsphase zu verzeichnen, wie sie trotz der Jahrhunderte überspannenden, ehrwürdigen Tradition bisher in so umfassender Umgestaltung nicht festzustellen ist [1]. Mit Hilfe der modernen Geräte- und Instrumententechnik können Zielstellungen im Hinblick auf Genauigkeiten und früher unvorstellbar raschen zeitlichen Ablauf zur Erfassung von Punktwanderungen im Gebirge und an der Tagesoberfläche verwirklicht werden, die vor zwanzig Jahren noch als märchenhaft, ja sogar als utopisch angemutet hätten [2, 3]. Zu erwähnen sind: die interferometrische Längenmeßgenauigkeit mit Steigerung auf 10^{-7} bis 10^{-8}, die elektrooptische und elektromagnetische Entfernungsmessung bis über 100 km in einer Meßzeit von 10 min, die mit Unsicherheiten von mm bis zu wenigen dm behaftet sind, die Steigerung der Winkelgenauigkeit mit geringem Arbeitsaufwand und Verminderung der Zentrierungsfehler, desgleichen bei der Zielmarkierung und -einstellung, bei der einwandfreien Punktbezeichnung, Verbesserungen und Vereinfachungen bei der optischen Abstandsmessung sowie in der Orientierung mit Gyrotheodoliten, ferner in der Bestimmung der z-Koordinate mit Kompensatornivellieren und motorisiertem Nivellement bei Arbeitsleistungen bis 50 km in 8 h, desgleichen mit Laserstrahlen, die im Umkreis von 1,5 km unmittelbar Höhenangaben mit hoher Präzision ermöglichen. Während Erdkrustenbewegungen und Kontinentalverschiebungen noch bis zur ersten Hälfte des 20. Jahrhunderts nur in größeren Zeitläufen angegeben werden konnten, gelingt es heute mit Hilfe der Photogrammetrie und der Satellitengeodäsie, kurzfristig Aussagen unter Einsatz hochentwickelter elektronischer Rechenautomaten machen zu können [4]. Durch Ausschöpfung der mit Hilfe der neuen Technik gebotenen beachtlichen Vorteile haben sich auch für die komplexen Probleme der Bergschadenkunde sowie der Gebirgsmechanik bemerkenswerte Fortschritte erzielen lassen [5, 6, 7, 8].

Der LEHMANNsche Senkungstrog über bergmännischen Hohlräumen ist sowohl in seiner Endform als auch in den dynamischen Zwischenstufen des in- und ausländischen Schrifttums unter mannigfaltigen Bedingungen aller Bergbausparten sehr eingehend untersucht worden [9, 10, 11]. Die Betätigung der sich ausbildenden Trogform auch im Kammer-Pfeiler-Abbau des Kali- und Salzbergbaus sowie beim Strebbau des Mansfelder Kupferschiefer-Bergbaus ist von HOTTEWITZ 1966 und von DIETZE 1963 durch markscheiderische Messungen erbracht worden [11, 12]. DIETZE konnte den Nachweis führen, daß die wichtigsten Thesen GILLITZERS, die auf der Gewölbeanschauung basieren, nicht mehr haltbar sind [12, 13]. Aus zahlreichen

Beobachtungen fast aller Bergbauzweige der Erde sind Grenz- und Bruchwinkel bzw. Schadenwinkel, der Absenkungs- sowie der Zeitfaktor ermittelt worden. Dabei bilden typische Merkmale der Lage des Wendepunktes, der Größe der Krümmungsradien des konvex und konkav gebogenen Senkungsrandes, ferner des Ortes der neutralen Zone als Übergang von Längendehnungen (Zerrungen) und Verkürzungen (Pressungen), beide als Folge vertikaler und horizontaler Punktwanderungen an der Tagesoberfläche sowie innerhalb des durch Bergbau beeinflußten Gebirgskörpers, der zusätzlich durch Streckungs- und Stauchungserscheinungen in der Lotrechten beansprucht wird, die Grundlagen für die Vorausberechnungsmethoden bergbaulicher Auswirkungen [14, 15]. Sowohl die induktiven als auch die deduktiven Ermittlungsverfahren konnten während des letzten Jahrzehnts in dem für einen bestimmten Punkt konstruierten Einwirkungsbereich, unterteilt in Einheitsflächen gleicher Senkungs- und Verschiebungsbeträge, im Fachjargon meist als Spinnen bezeichnet, verbessert und vereinfacht werden. Insbesondere treffen diese Bemühungen für steile Lagerungsformen zu. Es kommt hinzu, daß der zeitliche Aufwand für die Auswertung einer großen Anzahl von zu untersuchenden Punkten durch Analogrechner wesentlich verringert werden kann [8]. Damit erhält die Planung, vor allem bei nachträglichen Änderungen, eine wirkungsvolle Chance, die Optimierung zwischen direkten und indirekten Bergschäden, letztere als den Bergbau erschwerende Abbaumethoden, laufend unter Kontrolle zu halten, um unter wechselnden Gegebenheiten technische und ökonomische Bestwerte zu erzielen. Durch Fortschritte in der spannungsfreien Verlegung von Rohrleitungen, von Gleisanlagen und des elektrischen Oberbaus von Schienenfahrzeugen konnte der Umfang von Schäden innerhalb der durch Abbauwirkungen in Mitleidenschaft gezogenen Gebiete beachtlich verringert werden und dies nicht zuletzt durch die besseren Kenntnisse der dynamischen Zwischenstufen von Bodenbewegungen, die in funktioneller Beziehung zum Abbaufortschritt und -umfang stehen. Mit speziell konstruierten Suchgeräten ist es gelungen, schnell und sicher schadhafte Stellen unterirdisch verlegter Rohrleitungen aufzufinden, womit außer den ökonomischen Vorteilen eine willkommene Erhöhung der Sicherheit erreicht wird. Auch dem Studium zur Abgrenzung von Pseudobergschäden ist mehr Aufmerksamkeit zugewendet worden, wodurch dem Bergbau nicht unbeträchtliche Kosten erspart werden konnten.

Weitaus größere Bedeutung kam den markscheiderischen Feststellungen im anstehenden Gebirge zu, um einen möglichst störungsfreien Ablauf der Aus- und Vorrichtungsarbeiten sowie der Gewinnung garantieren zu können. Für den Übergang vom bisher handbetriebenen Bogenstreb des Mansfelder Kupferschieferbergbaus zum maschinell ausgerüsteten Geradstreb waren umfangreiche markscheiderische Beobachtungsreihen notwendig, um die Grenzen der Anwendung kennenzulernen. Auswertung und Deutung der mannigfaltigen Ergebnisse zur Erforschung der Gebirgsbewegungen und Spannungsänderungen mit der genannten Zielsetzung liegen in der Dissertation von Dietze [12] vor. Er bestätigt die Webersche wellenförmige Verteilung der Spannungen im Vorfeld und stellt fest, daß die Biegevorgänge von Verhaufläche und -breite abhängig sind. Schlagartige Entspannungen haben ihre Ursache in der Störung des Absenkungsvorganges und in der anwachsenden Reibung auf Scheidungsflächen. Bei Einhaltung einer ermittelten Vortriebsmindestgeschwindigkeit und bei Vermeidung von Verfestigungszonen im Flöz durch planmäßigen Ablauf der Gewinnungsbetriebe können Gebirgsschläge praktisch ausgeschlossen werden.

Eine gründliche Umprofilierung überkommener Anschauungen wurde durch das bisher größte Ausmaß des im Jahre 1958 erfolgten Gebirgsschlages in Merkers an der Werra ausgelöst. In dem vom Gebirgsschlag betroffenen Abbaufeld hatte sich das Hangende von den Pfeilern abgehoben und setzte sich erst nach geraumer Zeit ohne Wasser- oder Laugeneinbruch auf den vermeintlichen Festen wieder auf [17]. Es war ein bisher nicht erkanntes Novum, daß die als plastisch geltenden Kali- und Steinsalzschichten bei konzentrierter Abbautätigkeit gefährlich anwachsende Spannungen aufzuspeichern in der Lage sind. Beim Gebirgsschlag in Heringen i. J. 1953 hat man diese Möglichkeit zunächst ausgeschlossen und als Ursache latente Vorgänge in der Erdkruste für glaubhaft gehalten. In Fachkreisen war jedoch allgemein bekannt, daß die Lehrmeinung von Spackeler „Das Hangende soll bleiben, wo es ist" für die Kammer-Pfeiler-Abbaumethode nicht zutreffend ist. Trotzdem glaubte man, die durch den Abbau ausgelösten Gebirgsdruckerscheinungen mit einer Arglosigkeit abtun zu können, die nicht zuletzt in dem vollkommen unzulänglichen, markscheiderischen Punktfeld über und unter Tage einen heute kaum verständlichen Ausdruck gefunden hat [18]. Die Empfehlungen eines nach modernen Gesichtspunkten aufgezogenen Punktfeldes sowie verschiedener bergmännischer Maßnahmen zur Vermeidung integrierender Spannungsakkumulationen wurden jedoch erst nach dem Gebirgsschlag vom Jahre 1961, der endgültig die bisher übliche Auffassung widerlegte, in Merkers intensiv aufgegriffen [19]. Umfangreiche Untersuchungen und daraus abgeleitete Schlußfolgerungen finden in der Dissertation von Hottewitz ihren beweiskräftigen Niederschlag [11]. Der Forschungsplan, der nach sicherheitlichen und abbautechnischen Gesichtspunkten aufgestellt wurde, begann mit einer gründlichen markscheiderischen Erfassung über- und untertägiger Abbauwirkungen. Es wurden die Senkungsgeschwindigkeit als Funktion der Teufe und in Abhängigkeit vom Abbaufortschritt, die Restpfeiler- und Inselwirkung, der Umfang der Durchörterung im zeitlichen Ablauf durch markscheiderische Beobachtungsverfahren untersucht und sinnvoll dargestellt [11, 20]. Die örtlichen, relativen Angaben über Konvergenz und Pfeilerdehnung mußten noch durch Absolutmessungen klassischer Art gesichert werden. 1963 waren die Erkenntnisse soweit entwickelt, daß zur Pfeilerschwächung und damit zur möglichst gleichmäßigen Absenkung des hangenden Gebirgskörpers ohne gefährliche Spannungsanhäufungen übergegangen werden konnte. Damit war der Anfang gemacht, höhere Sicherheit garantieren zu können und zugleich die unwahrscheinlich hohen Abbauverluste auf für die Volkswirtschaft tragbare Ausmaße zu reduzieren. Da die Methode der Pfeilersplitting noch nicht als der Weisheit letzter Schluß aufzufassen ist und nur eine Übergangslösung darstellt, sind weitere Untersuchungen einzuleiten, die z. T. in der Aufgabenstellung bereits aufgezeigt sind [19]. Insbesondere steht die Entscheidung darüber noch aus, welche Maßnahmen zu treffen sind, wenn in nächster Zukunft mächtigere Carnallit-Lager wirtschaftlich mit der Zielsetzung möglichst gleichmäßiger Absenkung des hangenden Gebirgskörpers abgebaut werden sollen.

Als besonders wertvolles Ergebnis der Dissertation von Hottewitz hat sich herausgestellt, daß die für die Steinkohle erkannten Gesetzmäßigkeiten abgewandelt auch für den Kalibergbau zutreffen [11]. Außer der generellen Bestätigung des Lehmannschen Senkungstroges — wenn auch mit Varianten beim Kammer-Pfeiler-Abbau — konnte ferner die Richtigkeit der von Niemczyk aufgestellten Systematik provozierender Ursachen für die Auslösung von Gebirgsschlägen im Kali- und Steinsalzbergbau durch Auswertung markscheiderischer Messungen nachgewiesen werden, die in 26 Kombinationen als Folge unzweckmäßiger, bergmännischer Maßnahmen in Erscheinung treten können. Aus den der Arbeit von Hottewitz zugrunde liegenden zahlreichen Meßergebnissen konnte der Nachweis erbracht werden, daß abgesehen vom abbautechnischen Zuschnitt als weitere Kondition der zeitliche Ablauf der im hangenden Gebirgskörper ausgelösten Gleichgewichtsstörungen bei massiver Betriebskonzentration eine zusätzlich belastende Ursache für das Zustandekommen von Gebirgsschlägen darstellt, womit die Anzahl der möglichen Kombinationen auf 57 anwächst. Infolge des rheologischen Verhaltens verschiedener Salzgesteine werden zeitabhängige Festigkeits- und Verformungsunterschiede hervorgerufen. Bei plötzlicher Belastungszunahme akkumulieren sich gefährliche Spannungskonzentrationen, die bei langsamer, stetig zunehmender Lastaufnahme wenigstens teilweise in Formänderungen umgesetzt werden. Es ist deshalb eine vom ökonomischen Standpunkt erwünschte zentralisierte Abbautätigkeit mit schnellem Verhiebsfortschritt wegen plötzlich auftretender Spannungserhöhungen aus Gründen der Grubensicherheit unter bestimmten Umständen abzulehnen.

Weitere wertvolle Erkenntnisse aus der Arbeit von HOTTEWITZ bilden die Grundlagen für abbautechnische Maßnahmen. Es wurde nachgewiesen, daß die Senkungsmulde in Richtung auf abgebaute Feldesteile flacher als in Richtung auf unverritztes Feld ausgebildet ist. Diese Tatsache ist bei Zielstellung einer planmäßigen Absenkung des Hangenden als wichtiger Faktor in die Planung einzubeziehen, um sogenannte weiche, das heißt stetige Übergänge an Baugrenzen zu erreichen [19]. Hinzu kommt, daß bei einer Mächtigkeit des Zwischenmittels beider Kaliflöze von über 60 m das Polster ausreichend ist, um die gegenseitige Beeinflussung in tragbaren Grenzen zu halten. Bei geringmächtigem Zwischenmittel sollen die Abbaufront der 1. und 2. Sohle möglichst einen Horizontalabstand von 250 m in der Grundrißprojektion einhalten. Sind im Flöz der 1. Sohle Verarmungszonen zu erwarten, wodurch Teile unabgebaut bleiben, so empfiehlt sich der Abbauvorlauf des carnallitisch ausgebildeten Flözes der unteren Sohle, um Gebirgsschläge infolge Restpfeilerwirkung auszuschließen [11].

Diese Details stellen Marksteine in der Bemühung eines möglichst verlustarmen Abbaus unter Vermeidung gefährlicher Spannungsaufschaukelungen dar. Von bergmännischer Seite bedarf es sicher noch umfangreicher Forschungs- und Entwicklungsarbeiten, sei es durch Untersuchung von Probe- und Felskörpern, sei es durch Modellversuche mit photogrammetrischer Fixierung der dynamischen Zwischenstufen [21], sei es durch Testmethoden in situ oder durch Einbeziehung geophysikalischer und geologischer Erkenntnisse, bevor die Verwirklichung eines möglichst stetigen Abbaus als zufriedenstellend bezeichnet werden kann [19].

Auch Gasausbrüche und Auslaugungserscheinungen bereiten dem Bergbau oft gefürchtete Schwierigkeiten. Spezielle Untersuchungen über den jährlichen Ablaugungsfortschritt wurden im Erdfallgebiet von Frauensee durch verschiedenartige Beobachtungen mit Erfolg angestellt [22].

Besondere Sorge kommt der störungsfreien Erhaltung der Schachtröhre zu. In Fachkreisen hat sich in zunehmendem Maße die Zweckmäßigkeit der planmäßigen Unterbauung im Bereich des Schachtsicherheitspfeilers durchgesetzt. Die von der Bergbehörde geforderten Auflagen beziehen sich u. a. auf die laufenden markscheiderischen Überwachungsmessungen zur Ermittlung von Schieflagen und Längenänderungen (Streckungen und Stauchungen) in der Vertikalen [23]. Aber nicht nur Veränderungen im Schachtausbau sind für die Betriebssicherheit von Bedeutung, maßgebend sind vor allen Dingen Vorgänge hinter der Schachtwandung. Derartige Untersuchungen werden z. Z. beim Markscheideinstitut der Bergakademie Freiberg mit Hilfe von Isotopen durchgeführt. Es soll erreicht werden, die a priori zulässigen Spannungsmaxima in der Schachtröhre in Abhängigkeit vom Ausbau und von der Beschaffenheit des Gebirges zu begrenzen. Die angestellten Vorausberechnungen zur Bestimmung des ökonomisch vertretbaren Schachtsicherheitspfeilers ergaben in Abweichung des bisher üblichen, durch die übertägige Schachtschutzzone bedingten, abgestumpften Kegels mit dem Schadenwinkel zur Erzeugung des Kegelmantels eine Einschnürung von einer unter gegebenen Verhältnissen jeweils zu berechnenden Teufe an abwärts. Der Schadenbereich in Höhe der abzubauenden Lagerstätte nimmt für die Schachtröhre meist in Teufen über 600 m wieder ab. Das Kraftzentrum befindet sich in Fallrichtung oberhalb vom Seigerschacht, so daß die Verbindung aller Kraftzentren verschiedener Teufenlagen die Achse eines schiefen Kegels ergibt. In jedem Falle stellt die Grundrißfläche bei geneigter Lagerung eine Ellipse mit mehr oder weniger großen Unterschieden in der großen und kleinen Halbachse dar.

Viel Neuland auf dem Gebiet der Bergschadenkunde ist während des letzten Jahrzehnts in der meßtechnischen Überwachung großer Tagebaubetriebe hinzugekommen. Vom Standpunkt der Sicherheit sowohl des Betriebsablaufes als auch der Benutzung übertägiger Objekte spielt die Standfestigkeit anzulegender Böschungen eine dominierende Rolle [24]. Die Ursachen von Rutschungen bei Böschungen mit gewachsenem oder geschüttetem Boden konnten in der stofflichen und physikalischen Zusammensetzung, in der Belastungsart und -höhe sowie in Grundwasserverhältnissen gefunden werden. Umfangreiches Beobachtungsmaterial liegt über vertikale Bodenbewegungen zahlreicher Tagebaubetriebe und ganzer Reviere vor [25]. Als Folge von Grundwasserentzug konnten Setzungserscheinungen nachgewiesen werden, die zu unverhältnismäßig hohen, unerwarteten Bergschäden Anlaß gegeben haben, z. B. Stilllegung von Brikettfabriken u. a. Infolge Absenkung des Grundwasserspiegels wird das Korngerüst verdichtet, wodurch eine Erhöhung der Rohwichte der Erdstoffe im Grundwasserbereich eintritt [26]. Die entstehenden Senkungen sind in ihrer Größenordnung von der Mächtigkeit und den Steifeziffern zwischen ursprünglichem Grundwasserstand und Grundwasserstauer abhängig. Liegen Reihenbeobachtungen vor, besteht die Möglichkeit zuverlässiger Vorausberechnungen. In deduktiver Ableitung lassen sich auch umgekehrt aus gemessenen Senkungen Rückschlüsse auf die Größenordnung von Steifeziffern, sogenannte E-Werte, verschiedenartig zusammengesetzter Braunkohlenflöze ziehen. So konnte Rudolf in der Dissertation von 1967 die aus Tabellen entnommenen Steifeziffern für mulmige Kohle mit Werten bis 152 kp/cm² und für knorpelige Kohle bis 380 kp/cm² verbessern [26]. Zur Korrektur berechneter Senkungsbeträge dient die nach Gesetzen der mathematischen Statistik ermittelte Regressionsgerade. Die angestellten Untersuchungen sind wertvoll für künftige Planungsarbeiten, da zu erwartende Setzungen als Folge bergbaulicher Grundwasserabsenkung und bodenmechanische Kennziffern durch indirekte Bestimmung vorausberechnet werden können. Wichtige Schlußfolgerungen lassen sich aus Grundwasservergleichen- und Grundwasserdifferenzkarten ziehen, wenn ausreichendes Beobachtungsmaterial vorliegt, das durch laufende Messungen der Grundwasserstände von Untersuchungs- und Pegelbohrungen oder von Filterbrunnen gewonnen wurde. Bisweilen wird es erforderlich sein, zusätzliche Bohrungen niederzubringen, wenn in dem vorliegenden Kartenmaterial Lücken oder größere Unsicherheiten infolge Extrapolation vorhanden sind.

Für die Wiederbebauung von Tagebaukippen des Braunkohlenbergbaus spielt der Setzungsverlauf eine für die Projektierung bedeutsame Rolle. Aus der Dissertation von Dorschner im Jahre 1965 ist die interessante Tatsache zu entnehmen, daß die Kippeninnenflächen bereits nach verhältnismäßig kurzer Liegezeit der Endkippe von etwa 3 Jahren bei einem nur geringen vertikalen Setzungsmaß von etwa 2% der Kippenmächtigkeit eine Nutzung für bauliche Maßnahmen gestatten [27]. Der regenerierte Grundwasserstand bildet für die Grenzbedingungen im Böschungsabstand und in der Liegezeit einen maßgebenden Faktor. Zwischengrößen und Endwerte lassen sich aus der Zeit-Senkungskurve ableiten. Begründete Voraussagen für das zu erwartende Setzungsmaß und die Setzungsdauer sind wichtige Argumente für die bautechnische Nutzung.

Eine beachtliche Steigerung der Arbeitsproduktivität wurde während der letzten Jahre durch routinemäßige Erfassung der Abbau- und Kippenstände mit terrestrischen und aerophotogrammetrischen Messungen erzielt [28]. Aus den durch wiederholte Aufnahmen gezeichneten Isohypsen lassen sich Veränderungen von Standböschungen aufzeigen und Gefahrenzonen abgrenzen, so daß Gegenmaßnahmen, wie z. B. Abtragung von Teilen der Böschung, Schüttung einer Vorkippe am Fuß eines Böschungssystems usw., ergriffen werden können [24].

Böschungsrutschungen lassen sich wirkungsvoll bekämpfen, wenn die ersten Anzeigen sich anbahnender Gleitbewegungen rechtzeitig erkannt werden. Mit photogrammetrischen Methoden können horizontale Punktwanderungen in der Größenordnung von mehreren Dezimetern erkannt werden. Diese Beträge haben sich in der Praxis in vielen Fällen als zu groß und damit als zu spät aufgezeigt erwiesen, um noch wirkungsvolle Gegenmaßnahmen einleiten zu können. Akute Gefahren bestehen bereits bei Horizontalwanderungen von cm-Beträgen und darunter. Da diese Werte bei photogrammetrischen Methoden innerhalb des zu erwartenden Fehlerbandes liegen, können nur Methoden der klassischen Meßtechnik Anwendung finden. Die Habilitationsarbeit von Meixner i. J. 1967 setzt sich mit diesem Problem auseinander und zeigt die Möglichkeiten zur Erreichung dieses Zieles auf [29]. „Bei Vorhandensein rutschungsbegünstigender Faktoren können aus den Ergebnissen regelmäßig durchgeführter

Senkungs- und Verschiebungsmessungen Rückschlüsse auf den Bewegungsvorgang ermöglicht werden. Andererseits läßt sich aus den Messungsergebnissen auf die Wirksamkeit betrieblicher Sicherungsmaßnahmen schließen. Während die Erfassung der Vertikalkomponente durch Nivellement mit Anschluß an bergbaulich unbeeinflußte Höhenfestpunkte kein Problem darstellt, setzt die entsprechend genaue Erfassung der Horizontalkomponente erheblichen instrumentellen und personellen Aufwand voraus." Schlußfolgernd wird festgestellt: „Die markscheiderische Erfassung von Horizontalverschiebungen ist grundsätzlich durch den Vergleich der Ergebnisse in bestimmten Zeitabständen mehrfach wiederholter Punktbestimmungen möglich." Die zu erreichende Genauigkeit bewegt sich unter Anwendung der zweckmäßigsten Verfahren in dem Grenzfehlerbereich von ± 1 bis ± 3 cm [29].

Als Resumé ergibt sich zurückblickend die Tatsache, daß im Gesamtbereich der Geomechanik das Markscheidewesen als Teil des Ganzen dazu beigetragen hat — auch gemessen im internationalen Rahmen —, Erkenntnisse und Verbesserungen zu bedeutungsvollen Forschungsaufträgen geliefert zu haben. So ist zu hoffen, daß auch in Zukunft Erfolge bei der Lösung noch ungeklärter Probleme erzielt werden mögen.

Zusammenfassung

Die Bergschadenkunde geht von meßtechnischen Erkenntnissen aus. Da das bergmännische Vermessungswesen während des letzten Dezenniums eine bedeutende Entwicklungsphase zu verzeichnen hat, konnten auch viele Probleme der Auswirkungen infolge bergbaulicher Hohlraumbildung im anstehenden Gebirge und über Tage in mehrfacher Hinsicht eine für den Abbaubetrieb wertvolle Lösung erfahren. Sowohl vom Standpunkt der Sicherheit, der Wirtschaftlichkeit und der Technologie sind für Tief- und Tagebaue beachtliche Fortschritte in bergbaulichen Maßnahmen und einzuhaltenden Richtlinien nachweisbar. Auch Bauwerksausführungen konnten von diesen Erkenntnissen profitieren.

Literatur

[1] Neubert, K.: Der Beruf des Markscheiders im Wandel der Zeiten. Forsch. u. Fortsch. **38** (1964), S. 1–4.

[2] Neubert, K.: Neuerungen im Markscheidewesen. Bergb.-Techn. **13** (1963) S. 185–191.

[3] Neubert, K.: Bisherige Forschungsergebnisse beim Markscheideinstitut der Bergakademie Freiberg und Ziele der Ausbildung. Freib. Forsch.-H. A 330 (1964) S. 7–13.

[4] Meisser, O.: I. Internationales Symposium über rezente Erdkrustenbewegungen vom 21. bis 26. 5. 1962, Leipzig. Akademie-Verlag, Berlin 1962.

[5] Neubert, K.: Bewegungsvorgänge der Erdkruste als Folge bergbaulicher Einwirkungen. I. Internat. Symposium über Erdkrustenbewegungen. Akademie-Verlag, Berlin 1962, S. 458–475.

[6] Neubert, K.: Bodenbewegungen, meßtechnische Erfassung, Auswertung und Vorausberechnung, Überwachung und Sicherung von Bauwerken, Straßen, Gleisanlagen und Rohrleitungen. Ingenieurmessung Bd. III, Verl. f. Bauwesen, Berlin 1961.

[7] Neubert, K.: Gleichgewichtsstörungen im Gebirgskörper infolge bergmännischer Hohlraumbildung und Maßnahmen zur Lenkung der Auswirkungen unter und über Tage. Freib. Forsch.-H. A 75 (1957) S. 92–123.

[8] Neubert, K.: Das Lagerstättenarchiv neuer Prägung. Bergakad. **19** (1967) S. 446–451.

[9] Maixner, H.: Zur Theorie des Senkungstroges in Tagebaugebieten. Freib. Forsch.-H. A 334 (1965) S. 143–156.

[10] Neubert, K.: Beitrag zur Vorausberechnung von Bodenbewegungen. Freib. Forsch.-H. A 86 (1958) S. 68–92.

[11] Hottewitz, K.: Zur Gebirgsmechanik beim offenen Kammerbau im Werra-Kalirevier unter besonderer Berücksichtigung des Hangendverhaltens. Diss. Freiberg 1966.

[12] Dietze, W.: Über die weitere Erforschung der Gebirgsbewegungen und Spannungsänderungen vor dem Strebraum im Mansfelder Kupferschieferbergbau unter Berücksichtigung der Einführung eines Abbaus mit geraden Stößen. Diss. Freiberg 1963.

[13] WORDELMANN, H.: Vergleich der Gebirgsbewegungen in Strecken beim Abbau eines Pfeilers und eines Strebes ins Unverritzte im Mansfelder Kupferschieferbergbau. Festschr. K. NEUBERT, 1965, S. 37–69.

[14] SÜSS, G.: Beitrag zur Frage der Vorausberechnung von Bodenbewegungen. Festschr. K. NEUBERT, 1965, S. 31–36.

[15] NEUBERT, K.: Bergschadenkunde. Bergakademie Freiberg, Fernstudium, 1. Lehrbf. 1963, S. 5–117.

[16] BOLTZ, G.: Nomographische Rechenmittel zur Vereinfachung markscheiderisch-geodätischer Berechnungen. Diss. Freiberg 1966. Freib. Forsch.-H. A 420, 1 u. 2 (1968).

[17] NEUBERT, K.: Gebirgsschläge und neue Abbauverfahren im Kalibergbau. Bergb.-Techn. **11** (1961) S. 122–129.

[18] BERTHOLD, E.: 2. markscheiderische Meldearbeit 1958. Unveröffentlicht, O. B. Leipzig.

[19] NEUBERT, K.: Stetiger Abbau an der Werra zur Steigerung der Sicherheit und Wirtschaftlichkeit. Bergakad. **13** (1961) S. 383–391.

[20] FENK, J.: Gesetzmäßigkeiten des Gebirgsverhaltens bei der Schaffung von Hohlräumen im Kalibergbau des Werrareviers. Diss. Freiberg 1967/68.

[21] LOCHNER, O.: Untersuchung eines photogrammetrischen Verfahrens zur Messung von Bewegungen an der Oberfläche gebirgsmechanischer Modelle aus äquivalenten Materialien. Diss. Freiberg 1965.

[22] LEONHARDT, J.: Kartierung der Erdfälle Frauensee. Vorschläge zur Festlegung von Gefahrenzonen. Unveröffentlichte Diplomarbeit, Marksch.-Inst. d. Bergakad. Freiberg 1958.

[23] SÜSS, G.: Die Schieflage von Schächten in Messung und Vorausberechnung. Freiber. Forsch.-H. A 57 (1957) S. 40–62.

[24] MEIXNER, H.: Bodenbewegungen am Böschungssystem des Tagebaus Mücheln. Marksch. Probearb. 1963, unveröffentlicht, O. B. Leipzig.

[25] HEYDENREICH, H.: Die vertikalen Bodenbewegungen im Braunkohlenrevier Borna. Festschr. K. NEUBERT, 1965, S. 82–90.

[26] RUDOLF, H.: Senkungen im Bereich von Braunkohlentagebauen als Folge von Grundwasserentzug. Diss. Freiberg 1967.

[27] DORSCHNER, E.: Setzungsverlauf der Tagebaukippen des Braunkohlenbergbaues. Diss. Freiberg 1965.

[28] RÜGER, W.: Die photogrammetrische Aufnahme als Mittel zur vollständigen Erfassung von standunsicheren Kippen und von Haldenrutschungen im Braunkohlentagebau. Bergb.-Techn. **10** (1960) S. 471–476.

[29] MEIXNER, H.: Beitrag zur markscheiderischen Erfassung von Horizontalverschiebungen in Tagebaurandböschungen. Habilitation Freiberg 1967.

Messungen der Bewegungen, Verformungen und Spannungen im Gebirge

von H. G. DENKHAUS und E. R. LEEMAN, Pretoria

1. Einleitung

Es liegt, vor allem in Europa, eine Menge Daten aus zahlreichen Bewegungsmessungen an der Tagesoberfläche von Gruben verhältnismäßig geringer Teufe vor. Diese Ergebnisse bildeten die Grundlage für die Erkenntnis gewisser Gesetzmäßigkeiten des Gebirgsverhaltens unter solchen Bedingungen, und diese Erfahrung ist ausreichend für eine derartige Abbauplanung, daß Bergschäden an der Tagesoberfläche beherrscht werden können. Dies führte auch zur Entwicklung einer Reihe von Gebirgsbewegungstheorien [1].

Im Hinblick auf Bewegungen und Verformungen an der Tagesoberfläche oder unter Tage, hervorgerufen durch bergmännische Hohlräume in großer Teufe, lagen vor zehn bis fünfzehn Jahren kaum Ergebnisse vor, die genügt hätten, eine systematische Kenntnis des Gebirgsverhaltens um Baue in großer Teufe zu vermitteln. Es darf jedoch gesagt werden, daß die letzten zehn Jahre Entwicklungen auf diesem Gebiet ergeben haben, die einen bedeutsamen Einfluß auf die Planung von Abbauen ausgeübt haben. Die in Südafrika verwendeten Verfahren zur Messung von Gebirgsbewegung und -verformung, meist markscheiderischer Art, unterscheiden sich kaum von den in anderen Bergbauländern üblichen. Sie sind allgemein bekannt und sollen in diesem Referat nicht behandelt werden. Wichtiger ist die praktische Bedeutung ihrer Ergebnisse; sie dienten im wesentlichen zur Überprüfung der mit Hilfe analytischer und modelltechnischer Methoden gefundenen Ergebnisse. Diese Gesichtspunkte werden jedoch in den Beiträgen zu den Teilthemen 3 und 4 dieses Ländertreffens behandelt [2, 3].

In Hinblick auf untertägige Spannungsmessungen ist zu sagen, daß diese Technik vor zehn Jahren noch reichlich primitiv war. Das abgelaufene Jahrzehnt hat jedoch Entwicklungen auf diesem Gebiet gebracht, welche das Spannungsmeßverfahren auf eine wissenschaftliche Grundlage gestellt haben. Dieses Referat behandelt daher im wesentlichen Spannungsmessungen und beschränkt sich weiterhin auf Geräte und Verfahren, weil die Ergebnisse a. O. [2, 3] behandelt wurden.

2. Geschichte der Spannungsmessungen im Gebirge

Die Aufgabe, Spannungen im Gebirge zu messen, hat sich sowohl den Bergingenieuren als auch den Bauingenieuren gestellt. Die erstgenannten brauchen die Ergebnisse von Spannungsmessungen zur besseren Beherrschung des Gebirges, die letztgenannten benötigen sie, weil in zunehmendem Maße große Staudämme und andere Bauwerke errichtet werden, deren Standfestigkeit von der Festigkeit und den Spannungen in dem Gesteinsverband abhängen, auf dem ihre Fundamente ruhen. Für den Bergingenieur sind Spannungsmessungen nicht nur wichtig zur Erlangung von grundlegenden Angaben zum Entwurf von Berggebäuden, sondern auch als ein Mittel zur Warnung vor gefährlich hohen Spannungen, die sich z. B. in bestehenden Strecken oder Schachtsicherheitspfeilern (etwa als Folge benachbarter Durchörterung) aufbauen und die Sicherheit des Hohlraumes gefährden können.

Die ersten bekannten Versuche, die Spannung im Gebirge zu messen, reichen in die frühen dreißiger Jahre zurück und zielten darauf ab, die Spannungen im Fundament eines Staudammes zu messen. Obwohl Bergingenieure wie Bauingenieure in den folgenden Jahren in zunehmendem Maße die Bedeutung des Problems der Spannungsmessung im Gebirge erkannten, konnten erst nennenswerte Fortschritte in der Entwicklung der Verfahren verzeichnet werden, als sich die Gebirgsmechanik als Wissenschaft zwischen 1950 und 1960 entwickelte.

Die Entwicklungsgeschichte, die ein starkes Anwachsen des Schrifttums über untertägige Spannungsmesssungen in diesem Zeitraum widerspiegelt, ist a. O. [4] dargestellt.

3. Gesichtspunkte zur Spannungsmessung im Gebirge

Verschiedene Gesichtspunkte müssen bei der Behandlung des Problems der Spannungsmessung im Gebirge beachtet werden. Sie wurden in einem Generalbericht zum Internationalen Felsmechanik-Kongreß in Lissabon 1966 erschöpfend behandelt [5]. Die Aufgabe kann darin bestehen, entweder absolute Spannung in einem gegebenen Punkte im Gebirge zu einer gegebenen Zeit zu messen oder die *Spannungsänderungen* in einem gegebenen Punkt im Gebirge über einen gewissen Zeitraum festzustellen. Im allgemeinen müssen Größe und Richtung der drei Hauptspannungen ermittelt werden. Es stellt sich also die Aufgabe, sechs voneinander unabhängige Größen zu messen. Meistens wird die Verformung, und zwar in sechs Komponenten, als die zu messende Größe gewählt. Es sind jedoch auch andere Verfahren versucht worden, die auf Beziehungen zwischen Spannung und anderen physikalischen Größen wie etwa der Schallgeschwindigkeit oder dem elektrischen Widerstand beruhen. Im wesentlichen eignen sich diese Verfahren jedoch nicht zur Ermittlung des vollständigen Spannungszustandes in einem Punkte, da man aus einer Größe nicht auf sechs andere schließen kann.

Die Aufgabe kann sein, die Spannung in einem Punkt im Gebirge zu messen, oder auch, die Spannung an einem Stoß, d. h. an einer freien Oberfläche. Im letzteren Falle, bei ebener Spannung, braucht man aber nur drei Komponenten zu messen. Natürlich sind die für beide Fälle erforderlichen Instrumente voneinander verschieden.

Wenn die Spannung in einem Punkt im Gebirge zu messen ist, braucht man Bohrlöcher, in welche die Meßinstrumente eingebaut werden. Die Anzahl der Bohrlöcher, die einzubringen sind, ist ebenfalls ein Gesichtspunkt, der überlegt werden muß. Offensichtlich ist das Verfahren um so billiger und einfacher, je weniger Bohrlöcher erforderlich sind.

Ein weiterer Faktor, der den Entwurf von Spannungsmeßgeräten beeinflußt, ist der Zustand des Gebirges. Dieses kann entweder fest, zerklüftet oder verbrochen sein; es kann sich elastisch oder plastisch, viskos oder nicht-viskos verhalten, und diese Verhaltensweisen können homogen oder inhomogen, isotrop oder anisotrop sein. Darüber hinaus treten meist Kombinationen wie elastisch-plastisch oder plasto-elastisch auf. Entsprechend dem heutigen Stand der Technik kann man das Problem der Spannungsmessung in homogen isotrop linear-elastisch kontinuierlichem Gebirge als gelöst betrachten.

4. Verfahren der Spannungsmessung im Gebirge

Die wichtigsten Verfahren der Spannungsermittlung, die in den letzten Jahren untersucht wurden, können in die folgenden Gruppen eintgeteilt werden:

1. Die Größe einer bestimmten Eigenschaft des Gesteins (wie z. B. der Schallgeschwindigkeit oder der elektrischen Leitfähigkeit), die von der Spannung beeinflußt wird, wird gemessen und aus den Ergebnissen auf die Spannung geschlossen.

2. Das Auftreten von Rissen wird, gewöhnlich in Bohrlöchern, beobachtet und kartiert; aus der Art, der Häufigkeit und Verteilung der Risse wird auf die herrschende Spannung geschlossen.
3. Die Verformungen, die ja die eigentliche Manifestation der fiktiven Größe „Spannung" sind, werden gemessen, und mit Hilfe der elastischen Konstanten wird aus den Verformungen der Spannungszustand ermittelt.

Von den genannten Verfahren ergeben die beiden erstgenannten nur qualitative Ergebnisse. Lediglich das letztgenannte hat quantitative Ergebnisse sowohl für absolute Spannungen als auch für Spannungsänderungen geliefert. Es soll daher hier nur über Instrumente berichtet werden, die auf Verformungsmessungen beruhen. Sie sind im Südafrikanischen Landesforschungsinstitut für Ingenieursmechanik zu Betriebsreife entwickelt worden, so daß sie jetzt serienmäßig hergestellt werden und im Handel erhältlich sind.

Die Messung von Verformungen kann entweder durch Abfühlen von Bohrlochdurchmesseränderungen mittels induktiver Dehnungsmesser (LVDT) oder durch Verformungsmessung mittels Dehnungsmeß-Streifen am Bohrlochtiefsten oder an der Bohrlochwand vorgenommen werden. Dementsprechend wurden drei Typen entwickelt, die unter den Namen CSIR-LVDT-Sonde, CSIR-Türstoppersonde und CSIR-Triaxialsonde bekannt sind und im folgenden wieder kurz beschrieben werden sollen, obwohl das a. O. [6] bereits geschehen ist.

Grundsätzlich eignen sich alle drei Geräte zur Messung sowohl von Spannungsänderungen als auch von absoluten Spannungen. Die beiden Geräte, die von Dehnungsmeß-Streifen Gebrauch machen, nämlich die CSIR-Türstoppersonde und die CSIR-Triaxialsonde werden jedoch zur Messung von Spannungsänderungen nicht empfohlen, weil die Haftung der Meßstreifen am Gestein, besonders bei Wärme, über längere Zeiträume hin nachläßt und damit zu Meßfehlern führen kann, wenn der Zeitraum sehr groß ist, über den die Spannungsänderung gemessen werden soll. Immerhin kommen ständig bessere Klebemittel auf den Markt, u. a. auch solche, mit denen man Meßstreifen sogar auf feuchtes Gestein kleben kann.

Die CSIR-Sonden lassen sich in lange Bohrlöcher einbringen; die CSIR-Türstoppersonde wurde in Bohrlöchern von etwa 50 m (150 ft) Länge mit Erfolg eingesetzt; es besteht kein Grund, weshalb sie nicht auch auf längere Abstände arbeiten sollte.

5. Die CSIR-Türstoppersonde

Bei diesem Verfahren wird ein Bohrloch bis zu dem Punkt gebohrt, an dem die Spannung zu messen ist, und dann das Bohrlochtiefste mit einer diamantbesetzten Bohrkrone flachgeschliffen. Eine Rosette aus drei Dehnungsmeß-Streifen wird am Bohrlochtiefsten mittels einer zu diesem Zweck entwickelten Einbauvorrichtung angeklebt, die auch die Orientierung der Rosette zur Horizontalen zu messen gestattet. Die Rosette sitzt auf einem Gummikörper, der auch die Stecker für die Leitungen zum Registriergerät enthält. Der Gummikörper mit Rosette und Steckern, der — wie Bild 1 zeigt — einem Türstopper ähnelt und daher so genannt wird, klebt also am Bohrlochtiefsten. Ein Gestänge mit Leitungen zum Registriergerät und einer Steckdose wird nun an den Türstopper angesteckt und eine Nullablesung vorgenommen; das Gestänge kann sodann wieder herausgezogen werden. Die vollständige Meßeinrichtung zeigt Bild 2.

Zur Messung der absoluten Spannung vertieft man nach der Nullablesung das Bohrloch im Kernbohrverfahren nach Bild 3, worauf der Kern mit dem daran klebenden Türstopper abgebrochen und gezogen wird; dadurch wird der Kern von den vorher herrschenden elastischen Gebirsspannungen vollständig entlastet. Die dann folgende Verformungsmessung der Rosette am entlasteten Kern ergibt relativ zur Nullablesung die absolute Spannung im Gebirge an der Meßstelle.

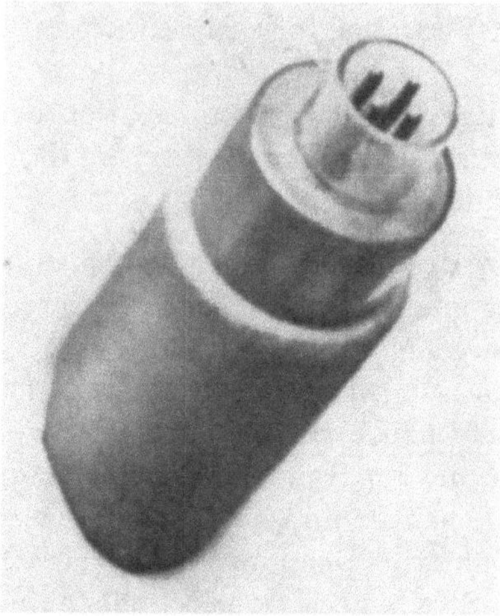

Bild 1. CSIR-Türstopper-Verformungsmesser, der am Ende des im Laufe des Entspannungsprozesses ausgebohrten Kerns klebt

Da man Verformungen mißt, ist die Kenntnis der elastischen Konstanten des Gesteins erforderlich, um die Spannungen errechnen zu können. Diese werden mittels eines ,,Bohrlochsimulators" gleich am Meßplatz indirekt bestimmt, wodurch auch der Einfluß möglichen inhomogenen Elastizitätsverhaltens des Gebirges ausgeschaltet wird. Der Bohrlochsimulator ist ein biaxiales Belastungsgerät, in das der gebrochene Kern mit noch daran klebendem Türstopper eingeführt wird. Die biaxiale Belastung wird nun so eingestellt, daß das Verformungsregistriergerät dieselben Werte für die Rosette anzeigt, die sie vor dem Überbohren zeigte. Ablesung zweier Druckmeßdosen am Bohrlochsimulator gibt direkt die beiden Komponenten der biaxialen Spannung, die im Bohrlochtiefsten vor dem Überbohren herrschte. Bild 4 zeigt den Bohrlochsimulator.

Wegen der am Ende eines zylindrischen Loches auftretenden Spannungskonzentration ist die am Bohrlochtiefsten gemessene Spannung etwa 1,25mal größer als die Gebirgsspannung

Bild 2. CSIR-Türstoppersonde mit vollständiger Einbau- und Meßeinrichtung

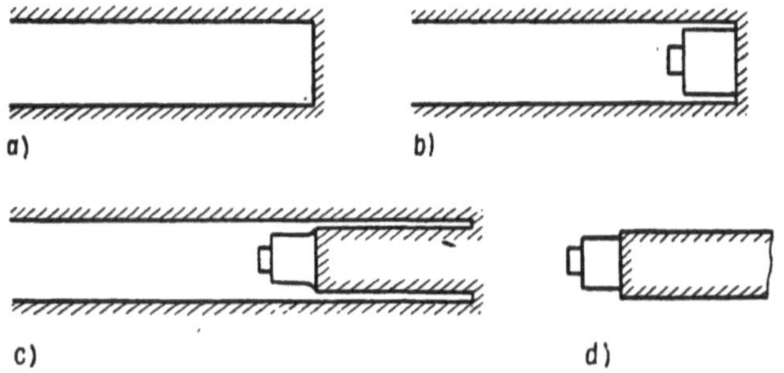

Bild 3. Schematische Darstellung der Arbeitsgänge bei Messung der absoluten Spannung mit der CSIR-Türstoppersonde

a) Bohrloch bis zur Meßstelle gebohrt und Bohrlochtiefstes flachgeschliffen
b) Türstopper am Bohrlochtiefsten angeklebt und Nullablesung genommen
c) Bohrloch im Kernbohrverfahren vertieft und Kern dadurch spannungsentlastet
d) Kern mit daranklebendem Türstopper abgebrochen und zweite Ablesung genommen

in der Umgebung [14], die man ja schließlich messen will. Die im Bohrlochsimulator gemessene Spannung ist daher durch diesen Wert zu teilen, um die Gebirgsspannungskomponenten zu erhalten.

Um den vollständigen Spannungszustand in einem Punkt zu erhalten, braucht man insgesamt sechs Spannungskomponenten. In jedem Bohrloch können zwei Komponenten bestimmt werden; es werden daher drei Bohrlöcher benötigt, die unter bekannten Winkeln zueinander zu bohren sind.

Es ist auch eine Sonde entwickelt worden, bei der statt einer Meßstreifenrosette eine Scheibe aus spannungsoptisch reflektierendem Material am Bohrlochtiefsten angeklebt und das photoelastische Isochromatenbild beobachtet wird, aus dem auf die Spannung geschlossen werden kann. Das Verfahren ist jedoch nicht genau genug und hat sich in Südafrika nicht durchgesetzt.

6. Die CSIR-Triaxialsonde

Im Südafrikanischen Landesforschungsinstitut für Ingenieurmechanik wurde kürzlich eine Meßsonde, die CSIR-Triaxialsonde, entwickelt, die es ermöglicht, den gesamten Spannungszustand, d. h. sechs Komponenten, in *einem* Bohrloch zu messen [9, 10, 11].

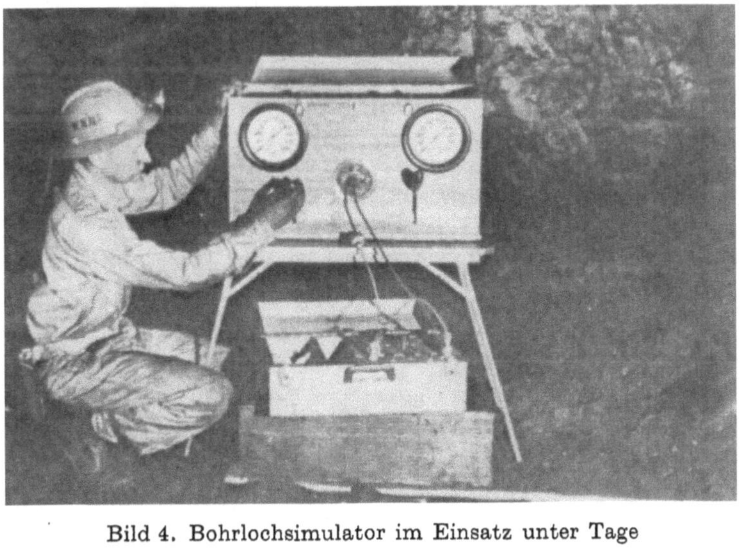

Bild 4. Bohrlochsimulator im Einsatz unter Tage

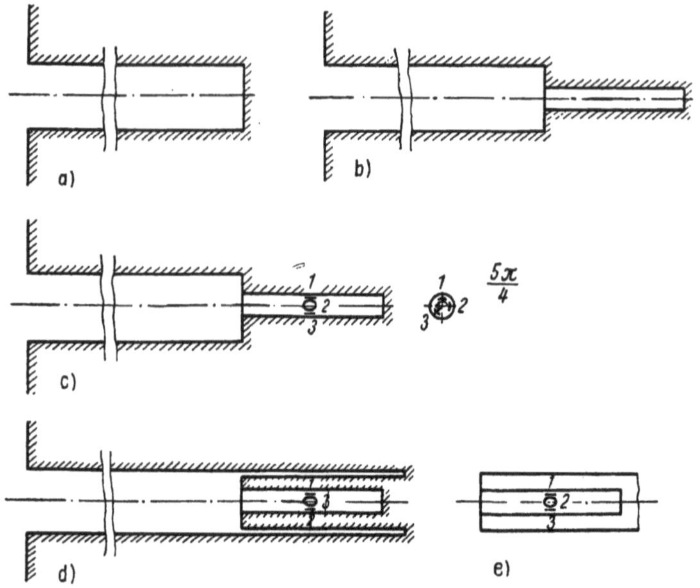

Bild 5 a—e. Schematische Darstellung der Arbeitsgänge bei Messung der absoluten Spannung mit der CSIR-Triaxialsonde

a) NX-Bohrloch bis zur Meßstelle gebohrt; b) NX-Bohrloch mit EX-Bohrkrone vertieft; c) Drei Rosetten von Dehnungsmeßstreifen an die Wände des EX-Bohrloches geklebt und Nullablesung genommen; d) EX-Bohrloch mit NX-Bohrer ausgekernt; e) Zylindrischer Kern mit Sonde abgebrochen und zweite Ablesung genommen

a)

b)

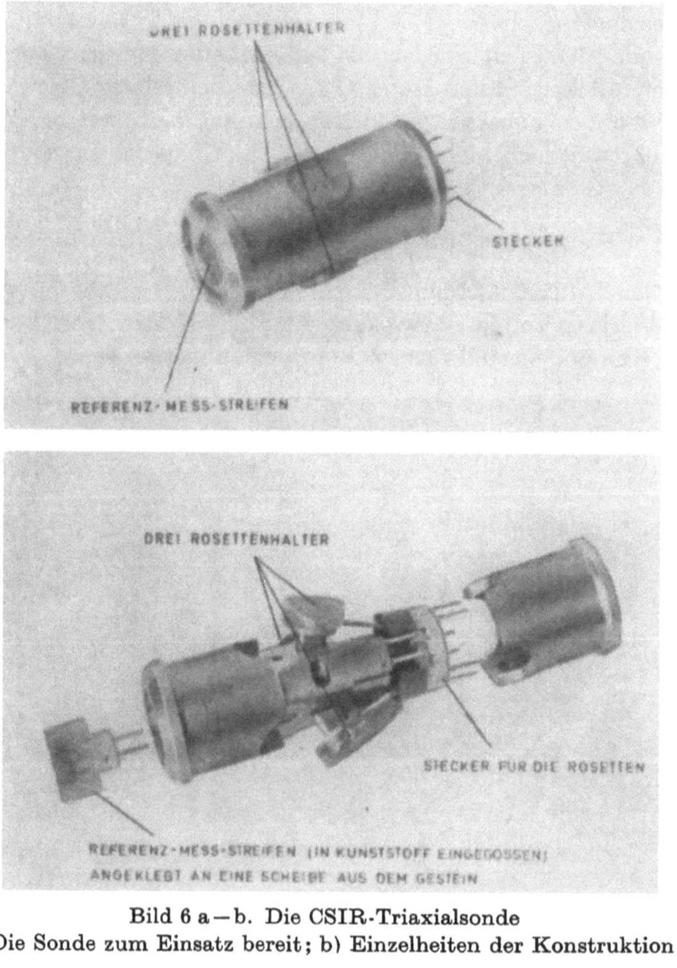

Bild 6 a—b. Die CSIR-Triaxialsonde

a) Die Sonde zum Einsatz bereit; b) Einzelheiten der Konstruktion

Bei diesem Verfahren, das in Bild 5 schematisch dargestellt ist, wird ein NX-Bohrloch ($3^1/_2$ in = 88,9 mm Durchmesser) bis zur Meßstelle im Gebirge gebohrt. Das Bohrloch wird dann mit einem EX-Bohrer ($1^1/_2$ in = 38,1 mm) um etwa 45 cm (18 inch) konzentrisch vertieft. Mit Hilfe der in Bild 6 gezeigten Vorrichtung werden nun drei Rosetten von Dehnungsmeß-Streifen an die Wände des EX-Bohrloches geklebt, und zwar eine an die „Firste", eine an die Seitenwand und die dritte unter 45° dazu, wie in Bild 5 angedeutet. Da jede Rosette drei Meßstreifen hat, erhält man neun Ablesungen. Da nur sechs erforderlich sind, dienen die anderen drei zur Kontrolle.

Zur Messung der absoluten Spannung wird nach einer Nullablesung das EX-Bohrloch mit der Sonde mit einem NX-Kernrohr überbohrt, so daß sich ein spannungsentlasteter Zylinder

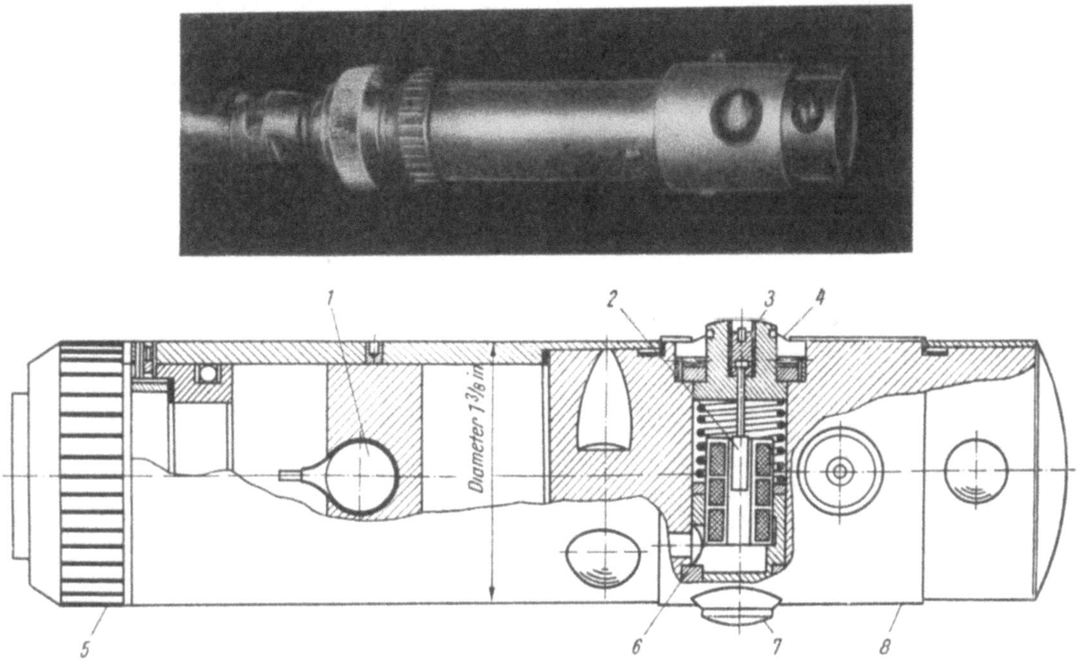

Bild 7. Die CSIR-LVDT-Sonde

1 — Orientierungsschalter; *2* — Geberkern; *3* — federbelasteter Meßzapfen; *4* — Gummidichtung; *5* — Stecker für Meßkabel; *6* — Geberwicklung; *7* — federbelasteter Meßzapfen; *8* — Stahlschutzabdeckung

ergibt. Für diesen wird eine Ablesung vorgenommen und die Ergebnisse liefern Verformungskomponenten relativ zur Nullablesung. Mit Hilfe der elastischen Konstanten des Gesteins kann daraus der vollständige Spannungszustand ermittelt werden.

7. Die CSIR-LVDT-Sonde

Dieses Gerät [12, 15], das in Bild 7 gezeigt ist, mißt die Durchmesseränderungen eines Bohrlochs in zwei zueinander senkrechten Richtungen mit Hilfe zweier induktiver Dehnungsmeßgeber (LVDT). Durchmesseränderungen können im Meßbereich 0,25 μ bis 2,5 mm gemessen werden.

Die Sonden werden wegen der Stabilität ihrer Eichung, die sich nicht mit der Zeit ändert, hauptsächlich zur Messung von Spannungsänderungen über einen längeren Zeitraum, z. B. vor einer fortschreitenden Ortsbrust, verwendet. Man mißt dann in gewissen Zeitabständen die Durchmesseränderung relativ zur Nullablesung beim Einbau. Mit Hilfe bekannter Formeln der Elastizitätstheorie und Kenntnis der elastischen Konstanten des Gesteins kann aus diesen Meßergebnissen die Spannungsänderung ermittelt werden.

Das Gerät ist auch zur Messung absoluter Spannungen verwendet worden, jedoch ist sein Gebrauch bei der Überbohrtechnik umständlich; die CSIR-Türstoppersonde oder die CSIR-Triaxialsonde werden daher für diese Aufgaben vorgezogen.

Literatur

[1] Denkhaus, H. G.: Critical review of strata movement theories and their application to practical problems. J. South Afr. Inst. Min. Metall., **64** (1964) S. 310–322.

[2] Denkhaus, H. G., and Bieniawski, Z. T.: Südafrikanischer Beitrag zu Teilthema 3. Bericht 10. Ländertreffen IBG, Akademie-Verlag, Berlin 1970. South African Contribution to Sub-theme 3. Internat. Bür. Rock Mech., Tenth Internat. Meet., Leipzig 1968.

[3] Denkhaus, H. G., and Bieniawski, Z. T.: Südafrikanischer Beitrag zu Teilthema 4. Bericht 10. Ländertreffen IBG, Akademie-Verlag, Berlin 1970.
South African Contribution to Sub-theme 4. Internat. Bür. Rock Mech., Tenth Internat. Meet., Leipzig 1968.

[4] Denkhaus, H. G.: Latente Spannungen im Gebirge. Generalbericht Thema 4., Erster Internat. Kongr. Felsmech., Lissabon 1966.
Residual stresses in rock-masses. General Report Theme 4. First Internat. Congr. Rock Mech., Lisbon 1966.

[5] Leeman, E. R.: The measurement of stress in rock. J. South Afr. Inst. Min. Metall **65** (1964) S. 48–114, 254–284.

[6] Leeman, E. R.: Rock stress measurements using the trepanning stress relieving technique. Mine Quarry Engng **30** (1964) S. 250–255.

[7] Leeman, E. R.: A trepanning stress-relieving technique for rock stress measurement. Engng Min. J., **165** (1964) S. 104–107.

[8] Leeman, E. R.: Absolute rock stress measurement using a borehole trepanning stress-relieving technique. Proc. Sixth Symp. on Rock Mechanics, Univ. Missouri, S. 407/426, 1964.

[9] Hayes, D. J.: The in situ determination of the complete state of stress in rock: The principles of a proposed technique. Rep. S. Afr. Counc. Sci. Industr. Res., no. Meg 404, Nov. 1965.

[10] Leeman, E. R., and Hayes, D. J.: A technique for determining the complete state of stress in rock using a single borehole. 1st Int. Congr. on Rock Mechanics, Lisbon, vol. 2, 1966.

[11] Leeman, E. R.: The determination of the complete state of stress in rock in a single borehole – Laboratory and underground measurements. Int. J. Rock Mech. Min. Sci., **5** (1968) S. 31–57.

[12] Leeman, E. R., and Van Heerden, W. L.: Stress measurements in coal pillars: Parts I and II. Colliery Engng **41**, (1963) S. 517–519; **42** (1964) S. 26–31.

[13] Van Heerden, W. L., and Grant, F.: A comparison of the results obtained using two methods for measuring stress in rock. Int. J. Rock Mech. Min. Sci., **4** (1967) 367/382.

[14] Van Heerden, W. L.: The effect of end of borehole configuration and stress level on stress measurements using "doorstoppers". Rep. S. Afr. Counc. Sci. Industr. Res., no. Meg 626, Jan. 1968.

[15] Bieniawski, Z. T., und Denkhaus, H. G.: Der triaxiale Spannungszustand im Gebirge. Bericht 8. Ländertreffen IBG, Akademie-Verlag, Berlin 1967, S. 17–40.
The triaxial state of stress in rock. Rep. S. Afr. Counc. Sci. Industr. Res., no. Meg 485, Sept. 1966.

Messungen von Bewegungen, Verformungen und Spannungen im Gebirge

von H. K. HELFRICH, Boliden

Zur gebirgsmechanischen Untersuchungsmethodik in der Boliden Aktiengesellschaft gehört eine Reihe von verschiedenen Bewegungs- und Verformungsmessungen [6, 7]. Dagegen werden Spannungsmessungen nur in begrenztem Umfang ausgeführt. Bewegungen und Verformungen haben den großen Vorteil, direkt gemessen und beobachtet werden zu können, während Spannungen die Antwort des Gebirges auf Belastungs- und Formänderungen sind. Sie sind nur indirekt meßbar. Messungen der Bewegungen, Verformungen und Spannungen werden heute schon systematisch im Kohlen-, Salz- und Erzbergbau durchgeführt, [12, 14, 22] und viele andere.

Deformationsmessungen

Im folgenden werden Bewegungs- und Verformungsmessungen als Deformationsmessungen zusammengefaßt. Auf Grund der Art des zu untersuchenden Objektes ergeben sich verschiedene Meßmethoden. Sie werden einzeln, mit kurzen Beispielen, beschrieben.

Die Deformationsmessungen werden in zwei Hauptgruppen eingeteilt:

A) Messung der Initialdeformation des Gebirges;

B) Kontrollmessungen zur Überwachung der Stabilität von Hohlräumen und Bergfesten.

Diese beiden Gruppen unterscheiden sich im wesentlichen durch den Zeitpunkt, zu dem die Messungen begonnen wurden. Bei Deformationsmessungen ist es fast ausgeschlossen, die momentane Primärdeformation direkt zu messen, die bereits unmittelbar nach der Freilegung von Gebirgsflächen unter Tage eintritt. Hierbei handelt es sich vor allem um den elastischen Anteil der Deformation. Das primäre Kriechen ist demgegenüber schon einigermaßen zu erfassen.

Folgende verschiedene Meßmethoden werden verwendet:

Konvergenzmessungen: Messung des Abstands Firste–Sohle mittels langer Drähte, die an der Firste befestigt und auf der Sohle mit der Referenzstation verbunden sind (Bild 1);

Kluftbewegungsmessungen: Messung der Relativbewegungen und Öffnungsweite von Bewegungsflächen aller Art mit Stangen- und Bügelmikrometer (Bild 2);

Nivellierung der Firste: Messung der Firstendeformation mittels in der Firste eingebauter Ankermeßstationen;

Firstenaufblätterungsmessungen: Messung der Aufblätterung der Firste mittels in verschiedener Höhe eingebauter Meßanker;

Querdeformationsmessungen: Messung der Querdeformation von Bergfesten mit langen Drähten aus starren Meßankern;

Eigenimpulsmeßmethode: Messung der mikroseismischen Aktivität im Gebirge als Folge von Zerstörungsprozessen.

Bild 1. Referenzstation für Konvergenzmessung

In diesem Referat sollen die wesentlichsten Erfahrungen zur Diskussion gestellt werden.

In den älteren Abbaugebieten der Grube Leisvall wurde auf Konvergenz-, Querdeformations- und Kluftbewegungsmessungen zurückgegriffen. Dabei zeigten die Konvergenzmessungen mit Pianodrähten, als Folge gewisser Pfeilerbelastungen, Bewegungen in der Größenordnung von mehreren Millimetern (Meßbasis ca. 20 m), was die Verfüllung alter Abbauräume mit Aufbereitungsbergen wesentlich beschleunigte. Nach dem Versetzen bis knapp unterhalb der Firste kamen die Bewegungen praktisch zum Stillstand. Die Wirksamkeit von Versatz, wie sie von Michalzik [15] beschrieben wurde, konnte somit bestätigt werden.

Bild 2. Bügelmikrometer für Kluftbewegungsmessungen

Von den gleichzeitig erfolgenden Kluftmessungen ist zu erwähnen, daß bei solchen Messungen von einer genügend großen Meßbasis ausgegangen werden soll, um nahe liegende Klüfte oder Brüche gemeinsam erfassen zu können (Kluft- und Bruchzonen).

Die Teilbeweglichkeit [19] ist vielfach von der Bewegungslage der einzelnen Klüfte beeinflußt, was zur Folge hat, daß sich die Bewegungen zeitlich von einer auf die andere Kluft verlagern können. Wertvoll erwies sich ferner das Aufbringen von Zementflecken, die etwaige Bewegungen bzw. deren räumliche Verteilung ohne größeren Kostenaufwand sofort anzeigen.

Firstennivellierung und Aufblätterung

Seit Beginn des Jahres 1967 werden in der Grube Laisvall systematische Firstennivellierungen durchgeführt [8]. Das Ziel dieser Arbeiten ist die Bestimmung der Deformationscharakteristik des Gebirges in der Firste in Zeit und Raum, um die Abmessungen von Firste und Pfeiler sowie die Gebirgsverankerung hinsichtlich Ökonomie und Sicherheit optimieren zu können.

Nach der Öffnung von Hohlräumen setzt unmittelbar deren Verformung ein. Zu unterscheiden sind zwei Verformungsstadien:

a) Initialdeformation;
b) zeitabhängige Deformation.

Die Initialdeformation setzt sich aus der momentan elastischen Deformation und dem primären Kriechen zusammen. Da erst mehrere Stunden nach dem Schießen gemessen werden kann, wird die Initialdeformation als Summe der beiden Verformungselemente erfaßt.

Die zeitabhängige Deformation ist vom Materialverhalten, den Verbandseigenschaften, der Belastungsgröße und deren Dauer abhängig. Dazu kommen noch langjährige Spannungsumlagerungen [17], die, vorerst unbemerkt, die Ursache von Zerstörungsprozessen sein können. Da eine Reihe dieser Faktoren zeitlichen und im Verhältnis zueinander liegenden Veränderungen unterworfen ist, kommt der zeitabhängigen Deformationscharakteristik besondere Bedeutung zu. Generell besteht die zeitabhängige Deformation aus dem sekundären und tertiären Kriechen, wobei letzteres durch seine Akzelerationstendenz und das Einleiten von zerstörenden Vorgängen als wichtigstes Kriterium für den praktischen Betrieb erscheint.

Der geologische Aufbau der Firste

Der geologische Verband um den Erzkörper ist aus Bild 1 der Arbeit des Verfassers „Festigkeit von Gestein und Gebirge" zu ersehen. Der Kammerpfeilerbau beginnt mit der Ausbildung der oberen Firste, einer natürlich entwickelten tonigen Schichtgrenze zwischen zwei Sandsteinschichten (Bild 3). Diese liegt 3,5 m unterhalb eines Quarzkonglomerathorizontes. Dieses Firstenpaket wird mit h_1 und der darüberliegende mittlere Sandstein mit h_2 bezeichnet. Die Firste kann nach Kvapil [11] als teilweise geschichtete Firste bezeichnet werden.

Die Spannweite wurde nach Kvapil [11] wie folgt berechnet:

$$a_{\max} = \sqrt{\frac{2 \cdot \sigma_D \cdot h_p}{u \cdot \gamma_p}} = 16{,}5 \text{ m} ,$$

wobei u = Sicherheitsfaktor (= 3), σ_D = Zugfestigkeit des Gebirges (130 t/m²), h_p = unmittelbare Firste (10 m) und γ_p = spez. Gewicht der Firste (=3,2) bedeuten. In der Praxis wurde die Firstenspannweite mit a = 15 m festgelegt.

Meßmethode: Aus Bild 3 ist die Anordnung und aus Bild 4 die Konstruktion der Meßstationen zu ersehen. Die Messungen werden mit einem Zeiss-Planplattenmikrometer mit besonderer Linse durchgeführt. Die Meßgenauigkeit beträgt 0,05 mm. Die Nivellierstange mit 0,5-cm-

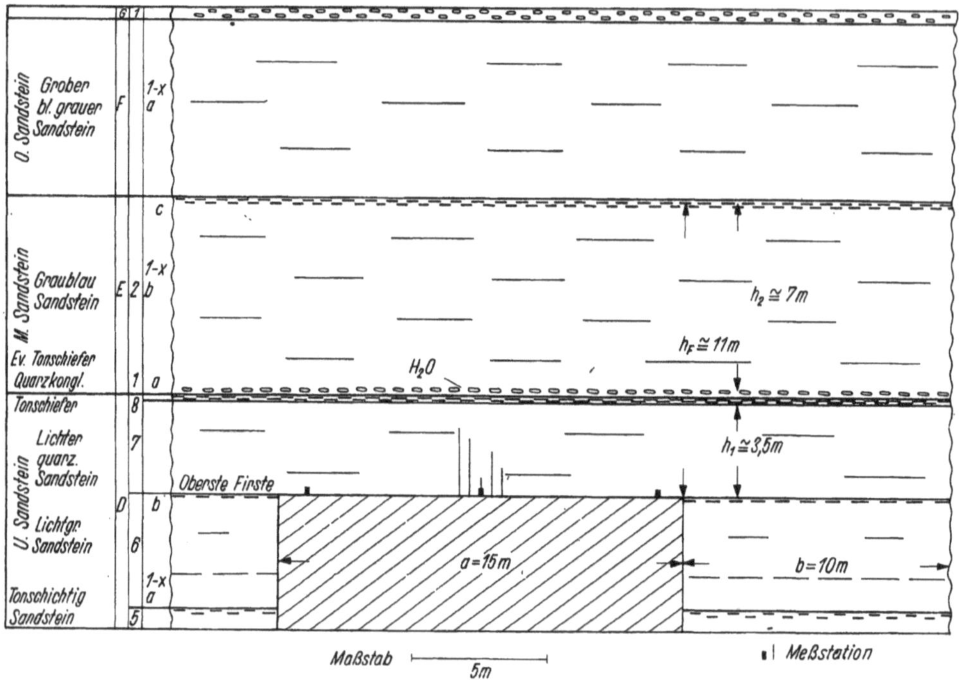

Bild 3. Der geologische Aufbau der firstennahen Schichten sowie Abbauparameter (h_1 = unmittelbare Firste, h_2 = überlagernde Firstenbank, h_F = Gesamtfirste)

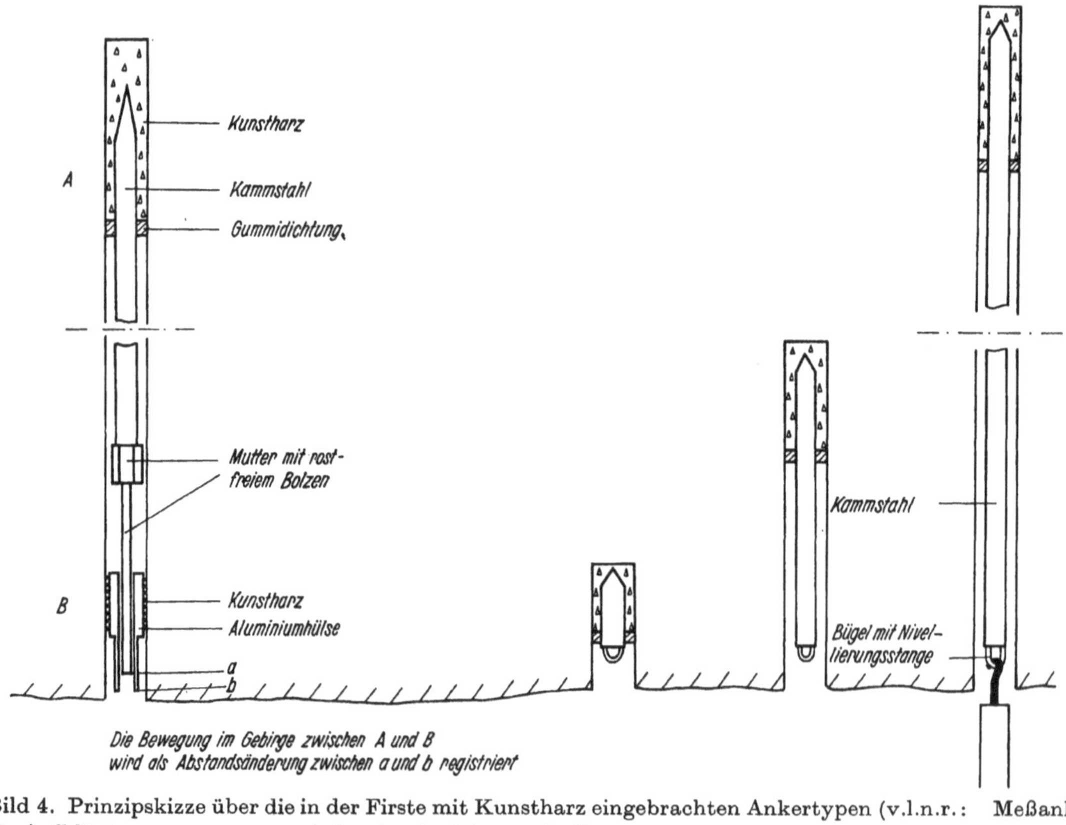

Bild 4. Prinzipskizze über die in der Firste mit Kunstharz eingebrachten Ankertypen (v.l.n.r.: Meßanker für Aufblätterungsmessungen, Anker für das Firstennivellement, zusammen mit den beiden Ankern rechts gleichfalls für Aufblätterungsmessungen)

Teilung ist zweigeteilt und mit einem Reflexbelag versehen. Diese Meßstange wird über einen Bügel mit der mittels Kunstharz eingebundenen Kammstahlstange verbunden (Bild 4). Diese Meßeinrichtung gestattet Messungen (Genauigkeit 0,1 mm) bereits in unmittelbarer Nähe der Abbaufront.

Um den Anteil der vertikalen Pfeilerdeformation (Stauchung) von der Firstensenkung trennen zu können, wird erstere über horizontal eingebaute Ankerstangen und vertikal orientierten Nivellierlatten nach demselben Verfahren wie oben eingemessen. Die Meßgenauigkeit beträgt für die Pfeilermessung 0,3 mm.

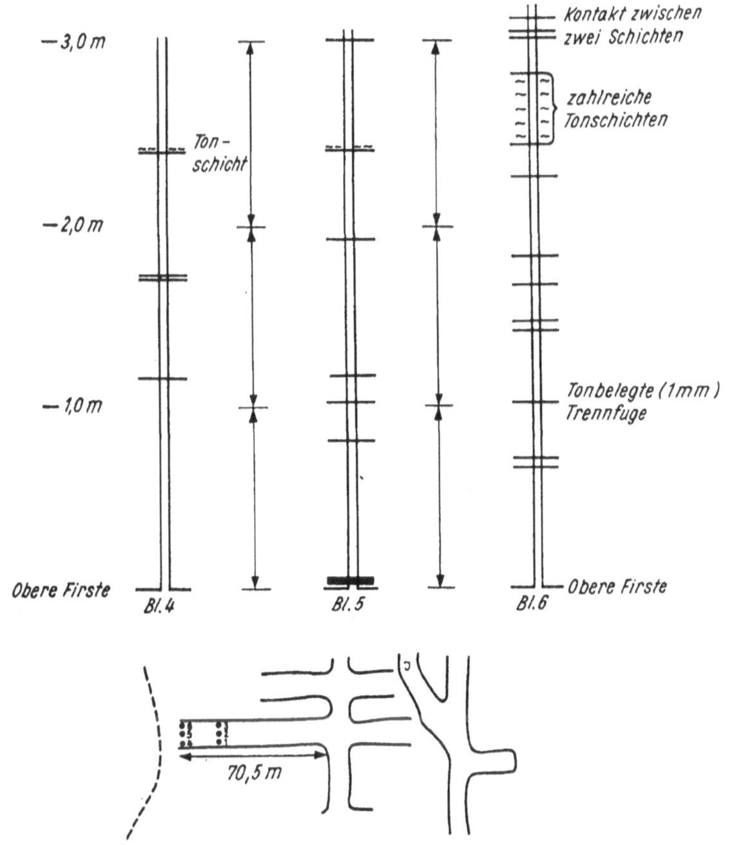

Bild 5. Strukturkartierung mit optischer Bohrlochsonde

Die Firstenaufblätterung wird mit in verschiedener Höhe eingebauten Kammstahlankern gemessen (Bild 4). Dazu kommt noch der Einsatz von Meßankern, wobei die Deformation mittels einer Meßuhr erfaßt wird. Normal werden folgende Höhen eingemessen: 0,5; 1,0; 1,5; 2,0; 2,5 sowie 3,5 bis 4,5 m. Letzteres ist erforderlich, da der Quarzkonglomerathorizont als mechanisch ausgebildete Grenzfläche für die Ausbildung von Trennflächen in Frage kommt. Diese Messungen werden zusätzlich durch den Einsatz von optischen Bohrlochsonden kontrolliert (Bild 5).

Meßresultate: Auf Grund der bisher erhaltenen und in den Bildern 6 und 7 dargestellten Meßwerte werden folgende Schlußfolgerungen gezogen:

1. Die Initialdeformation ist nicht direkt zu analysieren. Inwieweit zusätzlich Bewegungen im Gebirgsverband durch unsichtbare Inhomogenitäten bedingt auftreten, konnte bisher nicht festgestellt werden.

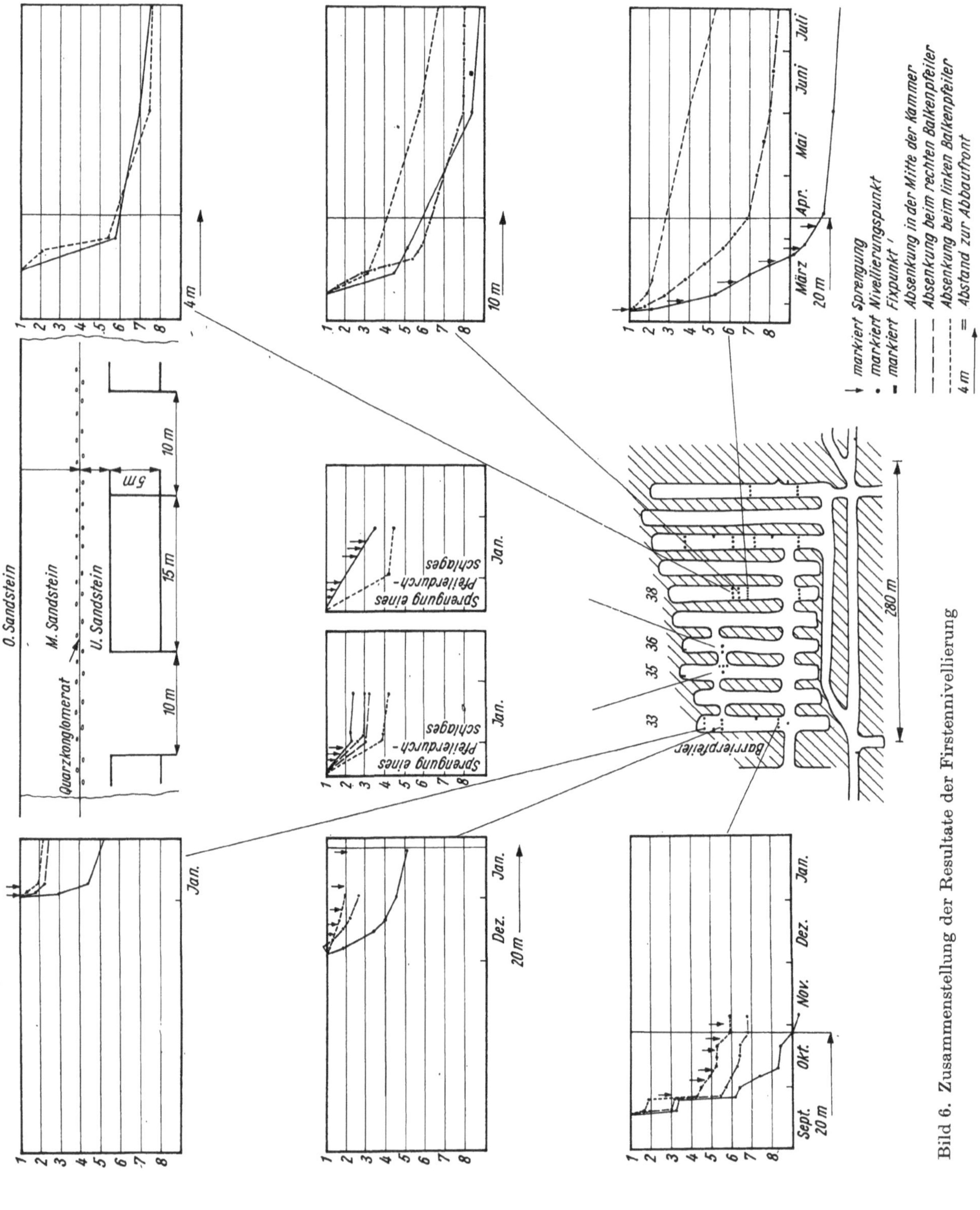

Bild 6. Zusammenstellung der Resultate der Firstennivellierung

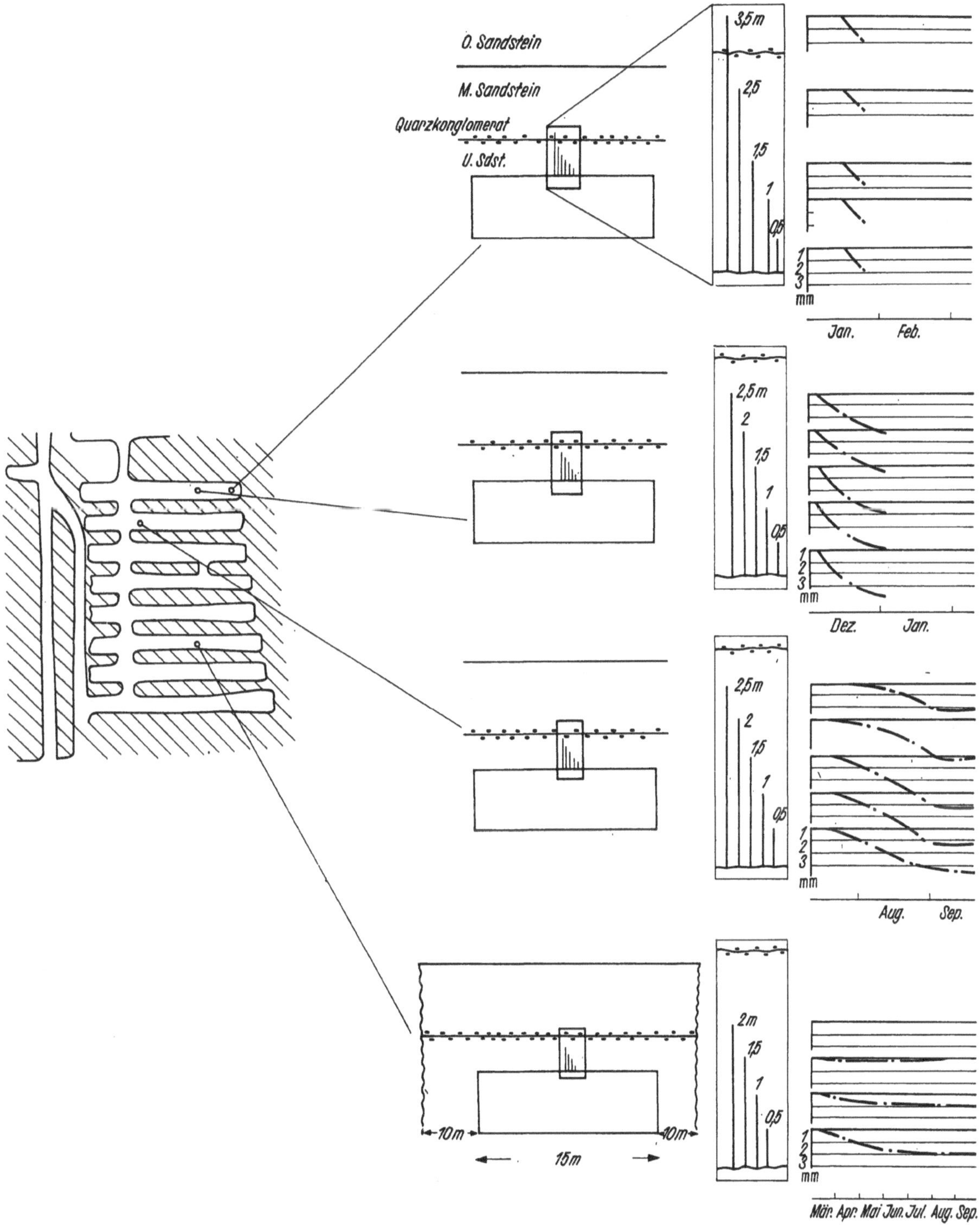

Bild 7. Zusammenstellung der Resultate der Aufblätterungsmessungen in der Firste

2. Der größte Absenkungszuschuß wurde im Zusammenhang mit den ersten beiden 3-m-Abschlägen erzielt.
3. Die Deformation ist deutlich abhängig von der Abbaugeometrie.
4. Ein deutliches sekundäres Kriechen ist zu beobachten (hier fehlt allerdings noch die Erfassung des Anteiles der Pfeilerdeformation).

Für die zeitabhängige Deformation wird durch STEPHANSSON [20] eine konstitutive Gleichung

$$\varepsilon = \varepsilon\, e + \varepsilon(t) + c\, t + \varepsilon_T(t)$$

gegeben, wobei in diese die Ausdrücke spontan elastische Deformation, primäres, sekundäres und akzelerierendes (tertiäres) Kriechen eingehen, wobei die beiden letzten Faktoren für die zeitabhängige Verminderung der Gebirgsfestigkeit $\sigma_P(t)$ nach HANSAGI und HELFRICH von Bedeutung sind. Für diese sind auch die Faktoren „zeitsichere" Spannung und Verformung [18] als zulässige Grenzwerte von bergwirtschaftlicher Wichtigkeit.

5. Die vorläufige Kriechgeschwindigkeit wurde in der Größenordnung $0{,}1 \cdot 10^{-6}$ $mm^2 kp^{-1} h^{-1}$ errechnet.
6. Bisher konnte keine Aufblätterung der Firste beobachtet werden. Daraus ist zu schließen, daß die Schichtfläche, wie aus Bild 5 hervorgeht, seitlich rasch aussetzen kann und als bevorzugte Fläche leichter Teilbarkeit nicht mechanisch wirksam geworden ist. Die Reibung $||$sed s (Schichtplan) ist größer als die Schubspannung t ($t < n$ tg φ), wobei n = Druckspannung $\perp$ gegen sed s und φ = Reibungswinkel sind.
7. Aus 6. scheint zu folgen, daß zumindest h_1 als homogene Platte aufgefaßt werden muß. Ob diese Aussage auch auf $h_1 + h_2 = h_F$ erweitert werden kann, werden die weiteren Messungen beweisen.
8. Der Deformationsmodul des Gebirges konnte vorläufig auf Grund von ersten Bewertungen des Pfeilerverformungsanteiles in der Größenordnung $0{,}1 \cdot 10^6$ kp/cm^2 kalkuliert werden. Der im Laboratorium bestimmte E-Modul schwankt für den anstehenden Sandstein zwischen 0,3 und $0{,}7 \cdot 10^6$ kp/cm^2. Experimentell könnten durch in-situ-Versuche Vergleichswerte erhalten werden [1]. Die Resultate haben natürlich auch für den Grubenbetrieb Bedeutung.

Die dargestellten Meßmethoden gestatten die Messung des Deformationsverlaufes von der Öffnung des Hohlraumes an und seine kontinuierliche Überwachung. Die Meßmethoden vermitteln den regionalen Vergleich von Bewegungen, erfassen die Tiefe des Gebirges und gestatten eine rasche Auswertung der Meßwerte. Auf Grund der bisherigen Resultate erscheint eine systematische Firstenverstärkung die Stabilität der Firste nicht zu verbessern. Nur eine oberflächennahe Verankerung der ersten, etwa 10 bis 15 cm dicken Firstenschicht erscheint realistisch.

Auf die Fragen über das Firstenverhalten bei der sukzessiven Veränderung des Schlankheitsgrades der Balkenpfeiler ($H:B$) und über den quantitativen Einfluß der zeitabhängigen Deformation konnten noch keine Antworten gegeben werden. Vor allem aber ist die Bedeutung der Divergenz zwischen dem unterschiedlichen Grad der elastischen Verformung winkelrecht und parallel zur Belastungsrichtung, die bei der Bestimmung des E-Modules und der POISSONschen Zahl zum Ausdruck kommt, nach Meinung des Verfassers noch nicht abzusehen. Man muß offenbar damit rechnen, daß die rheologischen Eigenschaften des Gebirges bei gegebener Belastung eine deutliche Anisotropie zeigen.

Messung der Deformation des Hangenden bei Versatzbau

Das Ziel dieser Messungen ist die Klärung der Deformationscharakteristik des Hangenden in der Sulfiderzgrube Kristineberg (Skelleftefeld, Nordschweden). Studiert werden der Einfluß der Deformationscharakteristik auf die Firstenstabilität, die Wirksamkeit der Gebirgsverankerung und die stabilisierende Wirkung des Versatzes.

Der Abbau in der 60° einfallenden Lagerstätte kann als horizontaler Versatzbau mit rollender Front bezeichnet werden (Bild 8). Zwischen den Abbauräumen, die jeweils etwa 70 bis 80 m lang sind, werden keine Querpfeiler abgesetzt. Das Nebengestein des Erzkörpers besteht aus Chlorit- und Serizitquarziten, wobei das Hangende stark talkig ausgebildet ist.

Meßausrüstung: Für die erforderlichen Querdeformationsmessungen wird nachstehende Ausrüstung verwendet. Die Bewegungen im Hangenden zwischen dem Stoß und einer Tiefe von 3,7 m werden mit Meßankern gemessen (Bild 8). Das Ablesen der Meßwerte geschieht auch hier mit einer Meßuhr und einer Meßgenauigkeit von 0,01 mm.

Die Meßanker werden knapp unterhalb der Firste mit etwa 10 m Abstand (in der Regel nach 3 Abschlägen) und 0,5 m von der Abbaufront eingebaut. Die Position der Meßanker versteht sich daraus, da sie auch beim Abbau der nächsten Scheibe verwendbar sein sollen (Bild 8). Für jede neue Scheibe wird eine Meßreihe eingebracht. Zwei Meßstationen (13) und (14) wurden mit Meßankern ergänzt, die auch die Hangendschichten in einer Tiefe von 1,3 und 2,5 m erfassen, um eine eventuelle Aufblätterung des Hangenden messen zu können.

Meßresultat: Das Hangende im Abbauraum 2 (Bild 8) war sporadisch, im Abbauraum 3 systematisch verankert. Es wurden 3,2 m lange, mit 5 Mp vorgespannte Anker verwendet. Während des Einbauens der Meßanker im Abbauraum 2, Meßreihe a, war der Betrieb stillgelegt. Keine Initialdeformation wurde gemessen, wohl aber ein Kriechen. Die Kriechgeschwindigkeit für den Abbauraum 2 beträgt rd. 0,075, für den Abbauraum 3 rd. 0,06 mm/Woche. Approximativ würde das, eine Stoßbelastung von 100 bis 200 kp/cm² vorausgesetzt, eine Kriechgeschwindigkeit von 0,2 bis $0{,}4 \cdot 10^{-6}$ mm² kp^{-1} h^{-1} ergeben. So gerechnet läge sie zwei- bis viermal höher als für den Sandstein von Laisvall. Für den Stoß im Abbauraum 3 lägen die Werte zwischen 0,17 und $0{,}34 \cdot 10^{-6}$ mm² kp^{-1} h^{-1}.

Die Meßanker der Reihe a, die während des Abbaues gemessen wurden (12a in Bild 9), zeigten eine Initialdeformation. Beim Abbau der nächsten Scheibe wurden an den nahe der Sohle sitzenden Meßankern der Reihe a Deformationen bis zu 25 mm gemessen. Für die Anker der Meßreihe b wurden in Firstenposition bedeutend höhere Initialdeformationen ermittelt als für die Serie a. Gleichzeitig vergrößerte sich auch die Kriechgeschwindigkeit.

Aufblätterungsmessungen bei der Meßstation 13a und 14a zeigten folgende Resultate: Der tiefste Meßanker bei 3,8 m fungiert als Referenzpunkt für die unterschiedlich tief eingebrachten Anker. Die Meßstation 13a zeigt eine Durchtrennung der Gesteinsschichten zwischen 2,5 und 3,7 m an (Bild 10). Weniger deutlich ist dies in Station 14a zu erkennen.

Diese Resultate deuten an, daß der fortschreitende Abbau die Deformationscharakteristik deutlich beeinflußt. Mit Zunahme der Abbauhöhe, gerechnet von der ersten Scheibe, vergrößert sich die Kriechgeschwindigkeit und damit die Totaldeformation. Daraus ist zu schließen, daß der Versatz nur eine begrenzte Stützfunktion ausübt.

Die vorliegenden Ergebnisse bescheinigen, daß eine effektive Kontrolle der Hangendbewegungen möglich ist. Die weitere Entwicklung des Deformationsprozesses wird anzeigen, ob eine Gebirgsverankerung zusammen mit unstabilisiertem Versatz (Aufbereitungsberge ohne Zementeinmischung) die Hangendbewegungen soweit verzögern kann, daß keine gefährlichen Spannungskonzentrationen in der Firste auftreten können.

Eigenimpulsmethode

Neben Deformationsmessungen nach den oben beschriebenen Methoden erweist sich die Überwachung von Bruchvorgängen im Gebirge mit Eigenimpulsgeräten als vorteilhaft. Ohne Zweifel kann diese Methode auch zu den Deformationsmessungen gerechnet werden, da mit ihr ausschließlich Deformationen (Zerstörungen) gemessen werden.

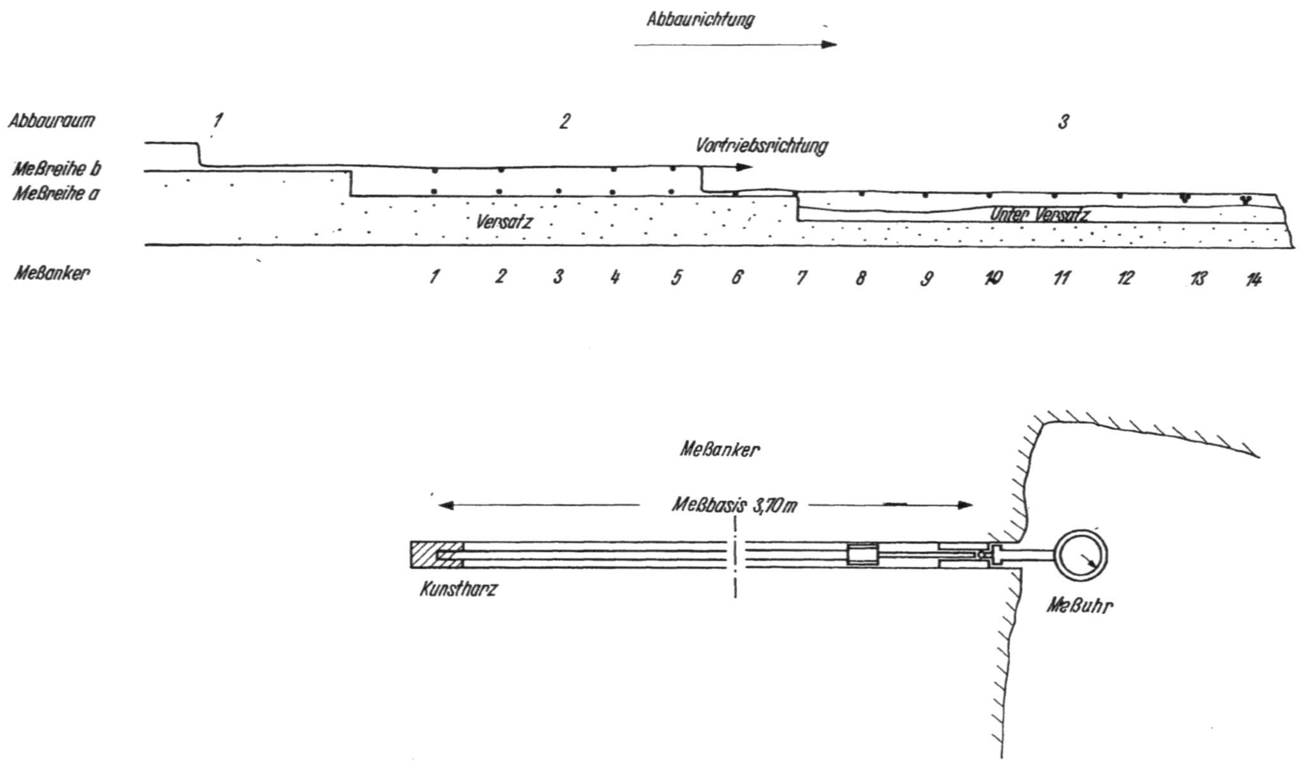

Bild 8. Schematische Darstellung des Abbaues, der Position der Meßanker und einer Meßankerstation

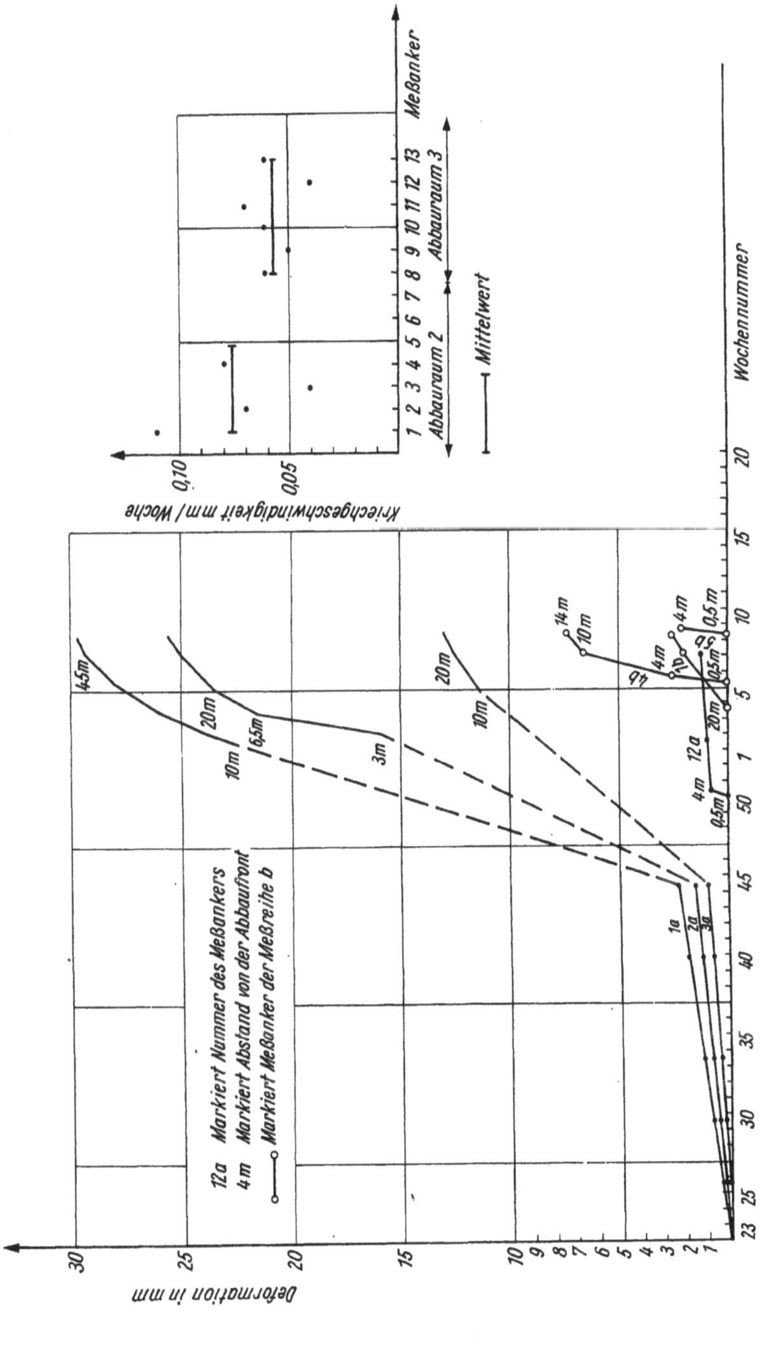

Bild 9. Die zeitabhängigen Kriech- und Deformationskurven einiger Meßanker

Für diese Zwecke wurde im Auftrag der schwedischen Grubenforschung von der Firma ADELTA AB (Stockholm) eine Ausrüstung für die Registrierung mikroseismischer Impulse (Eigenimpulse) entwickelt. Die Erfahrungen mit dieser Meßeinheit [5] führten zu einer Weiterentwicklung mit dem Ziele, die Aufnahme der Impulse programmiert selbstregistrierend durchführen zu können, so daß die Auswertung geringen Arbeitsaufwand erfordert.

Das neue Instrument „Microseis Recording Equipment" Typ MRE, gleichfalls von der Firma ADELTA AB (Stockholm) hergestellt, ermöglicht die gleichzeitige Aufnahme von bis zu neun Meßstellen. Während die Aufnahmeeinheit (elektromagnetische Geofone mit Vorverstärker) dieselbe geblieben ist, erfolgt die Registrierung der Impulse über eine Verstärkereinheit mit stufenweiser Regulierung, eine Schreibereinheit mit drei Niveaukreisen und einem zehnkanaligen Schreiber mit Zeitmarkierung sowie über eine Recheneinheit mit wahlfreier Registrierung der Gesamtimpulszahl, Impulsdichte/Zeiteinheit ($I_t = n \cdot t^{-1}$) und einer im voraus bestimmten kritischen Impulsdichte/Zeiteinheit, worauf ein Alarmsignal ausgelöst wird. Die Meßperioden werden über eine Zeituhr programmiert.

Die Eigenimpulse, entstanden durch Sprödbrüche in Gesteinen und Mineralen (Mikrobruch → progressiver Bruchvorgang, Erweiterung von embryonal angelegten, unsichtbaren Dis-

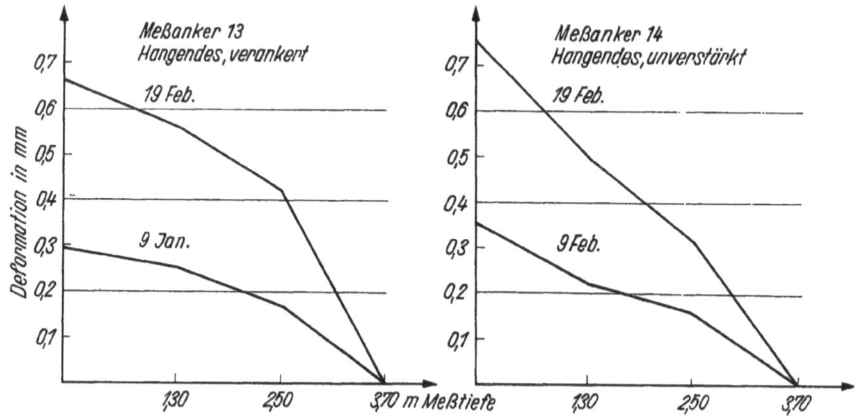

Bild 10. Die Deformationskurven der Aufblätterungsstationen 13 und 14

kontinuitäten) werden auf ihr zeitliches Aufeinanderfolgen und deren variablen Häufigkeiten (Impulsdichten) hin untersucht. Für jedes Gebirge liegen spezifische Basiswerte vor, für den akzelerierenden Bruchvorgang ist ein Ansteigen der Impulsdichte pro Zeiteinheit kritisch.

Wenn auch die Impulsdichte I_t nur als eine Funktion von sechs unabhängigen Variablen [23] beschrieben werden kann, somit sehr komplex zusammengesetzt erscheint, muß das für den praktischen Betrieb für Schnellprognosen geeignete Eigenimpulsgerät auf die einfache Registrierung von Impulsen ohne Schwingungsanalyse abgestimmt sein. Neben dem Impulsdichtemeßgerät (IDM 3) des Institutes für Grubensicherheit in Leipzig [23], welches mittels programmierter digitaler Registrierung arbeitet, wobei die Aufnahmeeinheit und das Impulsdichtemeßgerät weit voneinander entfernt sein können, erfüllt auch die oben beschriebene neue Meßeinheit die wichtigsten Forderungen.

Die ersten Meßversuche sind zufriedenstellend verlaufen; bei gegebener Zeit wird eingehend über die weiteren Betriebsergebnisse berichtet werden.

Zusammenfassend kann festgestellt werden, daß die bisherigen Betriebserfahrungen mit der Eigenimpulsmethode in unseren Gruben keine kritischen Bruchvorgänge anzeigen. Die Eigenimpulsmethode ist als Kontrollmessung für Bruchvorgänge in Gruben vieler Länder eingeführt und geht, wie aus der Literatur [10 cum lit.] hervorgeht, einer interessanten Weiterentwicklung entgegen.

Spannungsmessungen

Bereits GUSTAVSON und WIRSTAM [2] unternahmen in der Grube Laisvall den Versuch, Spannungen im Gebirge durch das Aufkleben von Dehnungsmeßstreifen auf den Stoß zu messen. Später wurde von HAST [3] mit dem von ihm entwickelten elektrischen Druckkörper versucht, die sogenannten Primärspannungen zu bestimmen. Gemessen wird die Bohrlochentspannung durch Überbohren, was die Kenntnis des Entlastungsmoduls voraussetzt. Die Resultate, hohe horizontale Spannungen in Pfeilern, Balken, Firste und Sohle, müssen wohl in systematischen Fehlern in der Methode selbst liegen. Daß gewisse hohe horizontale Spannungen lokal auftreten können, geht aus dem Gefügebau der Granite in Laisvall hervor [4]. Praktische Resultate für den Bergbau wurden nicht erzielt.

Seit 1965 werden Versuche mit den Meßzellen KTH-2 [21] und KTH-ax [9] durchgeführt, die im Rahmen von Arbeiten der schwedischen Grubenforschung konstruiert wurden. Bei der ersten handelt es sich um eine starre Meßzelle mit drei eingebauten Dehnungsmeßstreifen, die mit Vorspannung einem Bohrloch aufsitzt und in erster Linie zur Messung von Spannungsänderungen dient. Die KTH-ax-Zelle mißt mit einem Dehnungsmeßstreifen die Längenänderung eines Bohrloches.

Die Resultate sind bemerkenswert. Obwohl die Zellen regional über das Grubenfeld verteilt sind, wurden bei allen gewisse, zeitlich fixierte Spannungsgefälle registriert, die mit Verformungen der Firste und Pfeiler in Beziehung gesetzt werden können. Weiter lassen sich bis heute folgende Schlußfolgerungen ziehen: Mit den eingesetzten Zellen scheinen sich regionale Spannungsveränderungen registrieren zu lassen. Lokale Veränderungen über kurze Zeiträume deuten darauf hin, daß der Einfluß von Inhomogenitäten im Gebirge groß ist, daher eine große Anzahl von Messungen erforderlich ist, und die Meßgenauigkeit in einem vernünftiben Verhältnis zur Variation der Materialkonstanten des Gebirges stehen muß. Außerdem erscheint es äußerst zweifelhaft, ob der sogenannte absolute Gebirgsdruck gemessen werden kann (Primärspannung des unverritzten Gebirges). Dagegen scheint es zweckmäßiger, vom Messen der herrschenden Gebirgsspannungen zu sprechen.

Auch auf dem Gebiete der Spannungsmessungen bahnen sich neue Wege an, wie sie beispielsweise zuletzt von LEEMAN [13] aufgezeigt wurden. Für den praktischen Grubenbetrieb sind vorläufig systematische Deformationsmessungen gegenüber Spannungsmessungen vorzuziehen. Der nach HILTSCHER (Kungl. Vattenfallstyrelsen, Stockholm) vereinfachte „Doorstopper" könnte jedoch in absehbarer Zeit dieses Verhältnis verschieben.

Für die Erlaubnis zur Veröffentlichung dieser Arbeit danke ich Herrn Direktor FRED AGRI, Boliden Aktiebolag, Boliden, Gruvförvaltningen. Mein Dank gilt auch meinem Mitarbeiter, Bergingenieur B. JANSSON, der mir bei der Zusammenstellung der Meßergebnisse behilflich war.

Zusammenfassung

Die mit kurzen Beispielen angeführten Meßmethoden geben den Hinweis, daß gebirgsmechanische Feldmessungen methodisch und systematisch durchgeführt, wie sie beispielsweise in den Gruben der Boliden Aktiengesellschaft zum Einsatz kommen, dem Bergbau nutzbringende Hinweise für die Betriebsplanung und die Beurteilung der Stabilität von Hohlräumen und Bergfesten geben können. Die Meßmethoden müssen auf die verschiedenen Objekte abgestimmt und den jeweiligen lokalen Verhältnissen angepaßt sein.

Direkt messen zu können ist ein nicht zu unterschätzender Vorteil. Deformationen bieten hierzu alle Vorteile, sie sind Bewegung, und diese ist Ortsveränderung in der Zeit. Aus diesem Gesichtswinkel erscheint es zweckmäßig, Deformationsmessungen in erster Linie als in-situ-Meßtechnik in systematische gebirgsmechanische Untersuchungsprogramme aufzunehmen.

Mit der geologischen Arbeits- und Analysentechnik und Laboratoriumsuntersuchungen bilden sie die Unterlage für eine systematisch betriebene Gebirgsmechanik. Hierzu dürften in naher Zukunft auch routinemäßig ausgeführte Spannungsmessungen kommen.

Literatur

[1] Gimm, W., Richter, E., und Rosetz, G. P.: Über das Verformungs- und Festigkeitsverhalten des Gebirges bei Großversuchen im Erzbergbau. Sitzungsberichte des 1. Kongresses der Int. Ges. für Felsmechanik, Lissabon 1966.

[2] Gustavson, G. V. A., und Wirstam, A.: Metod att mäta bergtryck. Tekn. Tidskrift, häfte 15 (1951).

[3] Hast, N.: The measurement of rock pressure in mines. Sveriges Geol. Undersökning (SGU), Serie C, No. 560 (1958).

[4] Helfrich, H. K.: Zur Gefügeanisotropie des Granites der Bleierzgrube Laisvall und deren Beziehung zu den horizontalen Hauptspannungsrichtungen. Felsmechanik und Ingenieurgeologie **III** (1965) S. 2.

[5] Helfrich, H. K.: Selbstregistrierende mikroseismische Messungen. Felsmechanik und Ingenieurgeologie **IV** (1966) S. 1.

[6] Helfrich, H. K.: Bergmekaniska undersökningar i Bolidens gruvor. IVA-bergmekanikkommittén, diskussionsmöte, Stockholm 1967.

[7] Helfrich, H. K., and Krauland, N.: Field Measurements in the Sulfide Mines of North Sweden. Proceedings of the Rock Mechanics Symposium, Ottawa 1967.

[8] Helfrich, H. K., und Jansson, B.: Erfarenheter fran deformationsmätningar i Laisvall. IVA-bergmekanikkommittén, diskussionsmöte, Stockholm 1968.

[9] Jacks, G.: Axiell mätoell. Diskussion in IVA-meddelande, 142, Stockholm 1965.

[10] Knill, J. L., Franklin, J. A., and Malone, A. W.: A study of acoustic emission from stressed rock. Int. J. Rock Mechanics and Mining sciences **5** (1968) 1.

[11] Kvapil, R.: Ankerausbau. Unveröffentlichter Bericht der Boliden Aktiengesellschaft, Boliden 1966.

[12] Labasse, H.: Ground stress in longwall and room-and-pillar mining. Proceedings of the Rock Mechanics Symposium, Toronto 1965.

[13] Leeman, E. R.: The determination of the complete state of stress in rock in a single borehole-Laboratory and underground measurements. Int. J. Rock Mechanics and Minin Sciences **5** (1968) 1.

[14] Merrill, R. H., and Morgan, Th. A.: Method of determining the strength of a mine roof. USBM Report of Investigation 5406.

[15] Michalzik, A.: Die Bedeutung des Versatzes für die planmäßige Senkung der Abbauverluste im Kalibergbau. Freiberger Forschungshefte A 400 (1966).

[16] Müller, L.: Der Felsbau. Bd. 1. Ferdinand Enke Verlag, Stuttgart 1963.

[17] Pahl, A.: Gebirgs- und Gesteinsverformungen in Abhängigkeit von der Zeit. Sitzungsberichte des 1. Kongresses der Int. Ges. für Felsmechanik, Lissabon 1966.

[18] Potts, E. L. J., und Hedley, D. G. F.: Der Einfluß zeitabhängiger Effekte auf die Dimensionierung von Grubenpfeilern. Bericht 6. Ländertreffen IBG. Akademie-Verlag, Berlin 1965.

[19] Sander, B.: Einführung in die Gefügekunde geologischer Körper. Teil I und II. Springer Verlag, Wien 1948/1950.

[20] Stephansson, O.: Bergarternas mekaniska och reologiska egenskaper — Reologisk undersökning av tektoniska modellmaterial. Mineralogisk-geologiska institutionen, Uppsala 1967.

[21] Sundkvist, H.: Stel mätoell. IVA-meddelande 142, Stockholm 1965.

[22] Tincelin, E., und Sinou, P.: Der Einsturz des Hangenden bei Örterbau. Int. Kongreß für Gebirgsdruckforschung, Paris 1960.

[23] Vogler, G., und Thoma, K.: Die Überwachung von Bruchvorgängen im Gebirge mit programmierter digitaler Eigenimpulsregistrierung über Tage. Bergakademie **19** (1967) 9.

Zur Untersuchung von Bewegungs- und Verformungsvorgängen im Gestein und Gebirge mit Hilfe geophysikalischer Methoden

von W. Manthey, H. Militzer, D. Rotter und R. Stoll, Freiberg

Neben den vielfältigen Aufgaben bei der Erkundung nutzbarer mineralischer Lagerstätten hat sich die Geophysik im letzten anderthalb Jahrzehnt Anwendungsbereiche erschlossen, die scheinbar über ihren eigentlichen Wirkungskreis hinausgehen. Zu dieser Schlußfolgerung könnte eine oberflächliche Betrachtung führen, wenn man die Geophysik nicht als integrierten Bestandteil der Montan- und Geowissenschaften betrachtet und nicht die Wechselwirkungen zwischen den Erkundungsaufgaben im engeren Sinne und dem physikalischen Tatbestand, der ,,Zustandsermittlung", der Bestimmung wirksamer Veränderungen und Vorgänge im geologischen Objekt erkennt. Damit aber rückt die Erkundung weit über den bloßen Nachweis vorgezeichneter Strukturen hinaus und schließt ganz allgemein bei einer komplexen geowissenschaftlichen Bearbeitung die Ermittlung der physikalischen Zustandsgrößen, ihre gegenseitigen Abhängigkeiten, Veränderungen und Auswirkungen zwangsläufig ein. Dies ist im Ingenieur- und Bergbau um so deutlicher der Fall, da der Ingenieur gezwungen ist, seine Überlegungen bezüglich der Abbauführung und -dimensionierung, der Standsicherheitsbeurteilung usw. neben exakten geologischen Vorstellungen auf meßbare, subjektiv unbeeinflußte und mathematisch formulierbare Kenngrößen zu stützen. Damit jedoch ist die Geophysik unmittelbar angesprochen und hat in dieser Hinsicht speziell an der Bergakademie Freiberg jederzeit eine großzügige Förderung erfahren. — Es bedeutet für uns deshalb eine besondere Ehre, daß uns anläßlich des zehnjährigen Bestehens des Internationalen Büros für Gebirgsmechanik die Gelegenheit gegeben wird, einige Ergebnisse eines Forscherkollektivs dieser ,,Schule" vorzulegen und Wege aufzuzeigen, die mit dazu führen mögen, unseren Kenntnisstand auf dem Gebiet der Ingenieurgeowissenschaften zu bereichern.

Ohne Zweifel besitzt die Ermittlung und Analyse der Bewegungs- und Verformungsvorgänge von Gestein und Gebirge für zahlreiche ingenieurtechnische und geologische Probleme eine besondere Bedeutung. Dies bezieht sich beispielsweise auf das Studium zeitbedingter Bruch- und Gleiterscheinungen im Felsgestein, den Mechanismus tiefliegender Felsrutsche, die Entwicklung des Talzuschubs, das Verhalten großer Bauwerke auf felsigem Untergrund und vieler eng damit verbundener Fragestellungen. Wenn auch unsere Kenntnisse über das Verformungsverhalten der Gesteine heute bereits recht gut sind, da es meist im Labor und an wohl dimensionierten Proben bestimmt wird, bereitet dessen Bestimmung in situ nach wie vor große Schwierigkeiten. Dabei gehört die genaue Vorhersage des Verformungsverhaltens von Gestein und Gebirge unter natürlichen Einflüssen, nach künstlichen Eingriffen oder unter der Einwirkung großer Auflasten zu den überhaupt noch ungelösten Problemen. Die Fragestellung kompliziert sich um so mehr, wenn in die Ermittlung des Verformungsverhaltens der Einfluß zeitlich variabler Kräfte einbezogen und eine Korrelation zwischen statischen und dynamischen Untersuchungen angestrebt wird.

Für die Durchführung von Spannungs-Verformungsmessungen in Bohrlöchern wurde am Institut für Angewandte Geophysik eine hydraulische Druckvorrichtung (Druckpatrone) entwickelt und mit Erfolg für die Belange des Talsperrenbaus sowie im untertägigen Bergbau eingesetzt [17, 18].

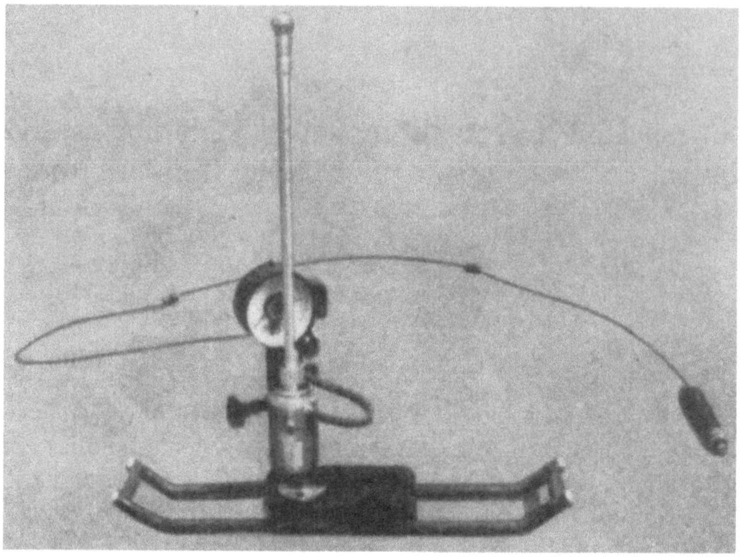

Bild 1. Ansicht der hydraulischen Druckapparatur (Druckpatrone) nach Rotter

Das Meßprinzip, die Meßtechnik und die Apparatur wurden bereits mehrfach beschrieben [17, 9, 18], so daß für das Verständnis erzielter Ergebnisse eine kurze Beschreibung genügt. Die Apparatur besteht aus einem zylindrischen, flüssigkeitsgefüllten Hohlkörper, der mittels einer Handpumpe im Bohrloch unter Innendruck bis maximal 500 kp/cm² gebracht werden kann. Die elastische und nachgiebige Außenhülle preßt sich hierbei an die Bohrlochwandung an und überträgt den Innendruck auf das benachbarte Gestein. Nach entsprechender Eichung läßt sich aus der Volumenänderung die radiale Verschiebung der Bohrlochwandung und daraus abgeleitet zunächst ein Verformungsmodul bestimmen. Werden nacheinander die Be- und Entlastungskurven aufgenommen und daraus die reversiblen und irreversiblen Anteile an der Verformung ermittelt, so ist aus dem Rückverformungsanteil unter Anwendung des verallgemeinerten Hookeschen Gesetzes der statische Elastizitätsmodul bestimmbar.

Bild 2 zeigt als Beispiel ein in situ ermitteltes Spannungs-Verformungsdiagramm für erzgebirgischen Gneis, aus dem sich die genannten Parameter ableiten lassen. Aus dem darge-

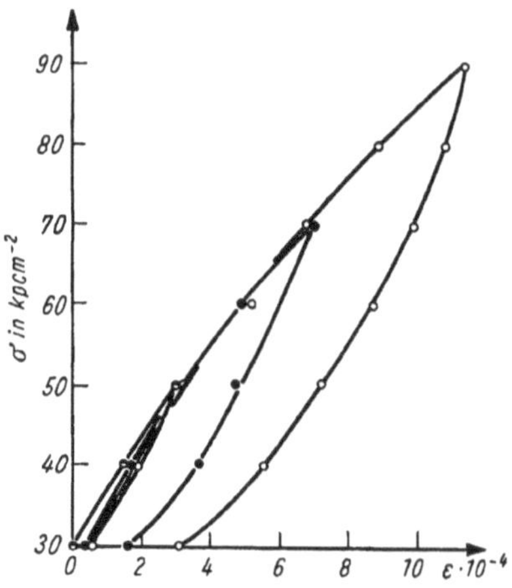

Bild 2

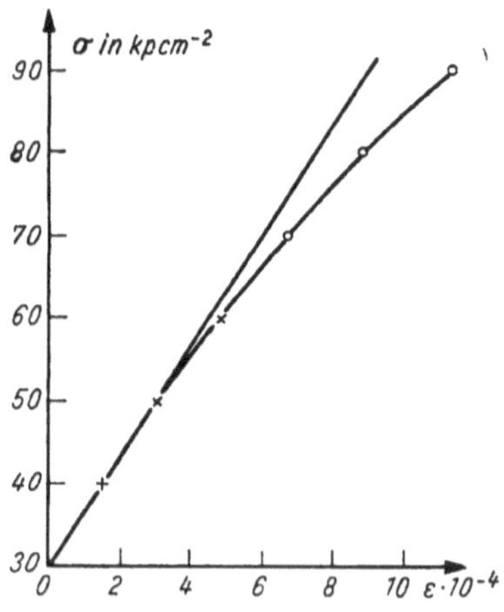

Bild 3

Bild 2. Spannungs-Verformungs-Diagramm für erzgebirgischen Gneis. Gemessen von Keppler [8]
Bild 3. Arbeitskennlinie zum Spannungs-Verformungs-Diagramm für erzgebirgischen Gneis [8]

stellten Diagramm läßt sich ferner die für praktische Berechnungen wichtige Arbeitskennlinie ermitteln (Bild 3). Kann man daraus ohne Mühe die Verformungsanteile bei Belastung in elastische und nichtelastische trennen sowie mit Hilfe des HOOKEschen Gesetzes den Ursprungsmodul beschreiben, so ist eine eindeutige Beschreibung des inelastischen Anteils mittels der Arbeitskennlinie jedoch meist nicht möglich. In diesen Fällen jedoch hat es sich als zweckmäßig erwiesen, entweder Kriechkurven für unterschiedliche σ = const aufzunehmen oder beim Vorliegen mehrerer Arbeitskennlinien aus einem Bohrlochbereich für verschiedene Belastungsgeschwindigkeiten die inelastischen Verformungsanteile unter Verwendung eines einfachen rheologischen Modells annäherungsweise zu beschreiben. In Analogie zu einem MAXWELL-Modell gilt beispielsweise für die Verformung bei v = const

$$\varepsilon(t) = \frac{\sigma_0}{2\,G_M} + \frac{\sigma_0^2}{2\,\eta_M \cdot v}.$$

Es bedeuten: σ_0 — Spannung,
G_M — Schubmodul,
η_M — Viskositätszahl,
v — Belastungsgeschwindigkeit.

Die „Viskositätszahl" als Maß für die Nichtelastizität des Gesteins ermittelt sich aus dieser Beziehung mit

$$\eta_M = \frac{\sigma_0^2}{2\,v\left(\varepsilon - \frac{\sigma_0}{2\,G}\right)}.$$

Wie aus dieser Beziehung ersichtlich, ist η_M abhängig von der Spannung, von der Belastungsgeschwindigkeit, von der Endverformung ε und vom Schubmodul bzw. vom E-Modul.

Ermittelt man für ein unterhalb der Bruchfestigkeit liegendes Spannungsintervall $\Delta\sigma$ die Arbeitskennlinien für verschiedene v = const, dann läßt sich in guter Annäherung für viele Gesteine unter Vorgabe eines MAXWELL-Modells ein Nomogramm aufstellen, aus dem für das genannte Spannungsintervall das Stress–Strain-Verhalten bei variabler Belastungsgeschwindigkeit ermittelbar ist. — Einige Beispiele sollen die bisherigen Ausführungen unterstützen. In einem Bohrlochbereich, in dem beispielsweise verfalteter Augengneis anstand, wurden Belastungszyklen in der Art angebracht, wie sie aus Bild 4 ersichtlich sind.

Bild 5 zeigt die Arbeitskennlinien und den entsprechenden Verlauf der Ursprungstangente für

Messung 1: v = 0,11 bis 1,66 kp/cm² · s und
Messung 2: v = 1,66 bis 0,11 kp/cm² · s.

Bis auf die Erstbelastungskurve zeigen die jeweiligen Arbeitskennlinien eine gute Übereinstimmung. Abweichungen in der Erstbelastungskurve lassen sich aus nachfolgenden Verfestigungseffekten erklären. Die Tangenten im Ursprung besitzen eine unterschiedliche Neigung und scheinen mit höherer Belastungsgeschwindigkeit einem Grenzwert zuzustreben. Dieses Verhalten ist aber von der Theorie her für einen MAXWELL-Körper charakteristisch.

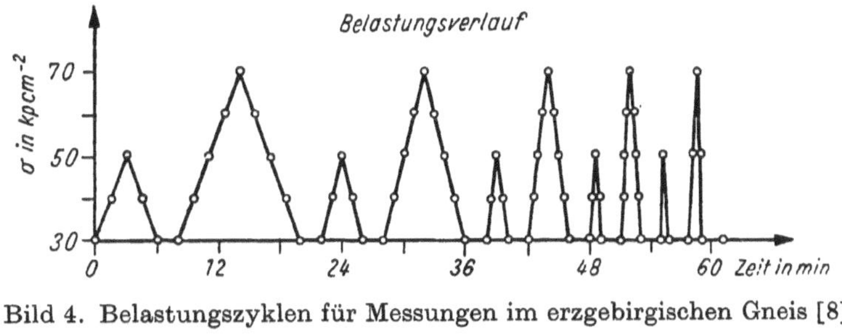

Bild 4. Belastungszyklen für Messungen im erzgebirgischen Gneis [8]

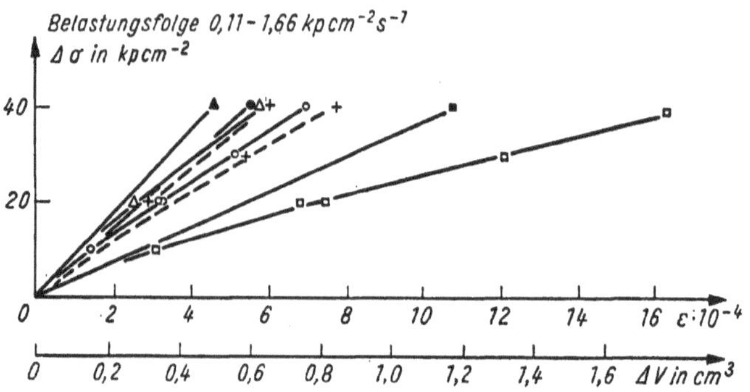

Bild 5a. Zugehörige Arbeitskennlinien mit entsprechenden Tangentenmoduln für Messung 1
ΔV — Volumenänderung; Druckänderungsgeschwindigkeiten: $v = 0{,}11$ kpcm^{-2} s^{-1} □; $v = 0{,}16$ kpcm^{-2} s^{-1} +; $v = 0{,}33$ kpcm^{-2} s^{-1} ○; $v = 1{,}66$ kpcm^{-2} s^{-1} △; (ausgewertet von Keppler [8])

Im gleichen Meßgebiet wurden zur Untersuchung des Anisotropieverhaltens des Gesteins 3 Bohrkränze mit je 7 Loch sowie eine Reihe von Firstlöchern zwischen den Bohrkränzen vermessen. Die Routinemessungen erfolgten in Zyklen von 30 bis 50 und 30 bis 70 kp/cm² bei einer Druckänderungsgeschwindigkeit von $v = 0{,}33$ kp/cm² · s. Der erfaßte Tiefenbereich der Bohrungen ging hierbei bis zu 2,5 m.

In Bild 6 wurden für einen Bohrkranz und den untersuchten Bohrlochbereich die mittleren Kennwerte für den Erstbelastungsmodul, den Entlastungsmodul, die „Viskositätszahl" und die Verformungsanteile vektoriell dargestellt. Dabei ist ersichtlich, daß das Gestein Anisotropieeffekte aufweist, wie es in ähnlicher Weise auch in anderen Untersuchungsbereichen nachgewiesen werden konnte. Zugleich lassen sich unter Zugrundelegung statistisch ermittelter Klüftigkeitsangaben, die freundlicherweise vom VEB Geologische Erkundung Süd, Freiberg zur Verfügung gestellt wurden, im Rahmen vorgegebener Grenzen (geringe Meßpunktdichte, Beanspruchungsrichtung usw.) hinreichend genaue Korrelationen zwischen den maximalen Verschiebungen und der Richtung der Hauptkluftfläche herbeiführen (strich-punktierte Linie in Bild 7).

Offensichtlich deutet sich aus den bisherigen Ausführungen bereits an, daß die Untersuchung des „druckdynamischen" Verhaltens einen tieferen Einblick in die rheologischen

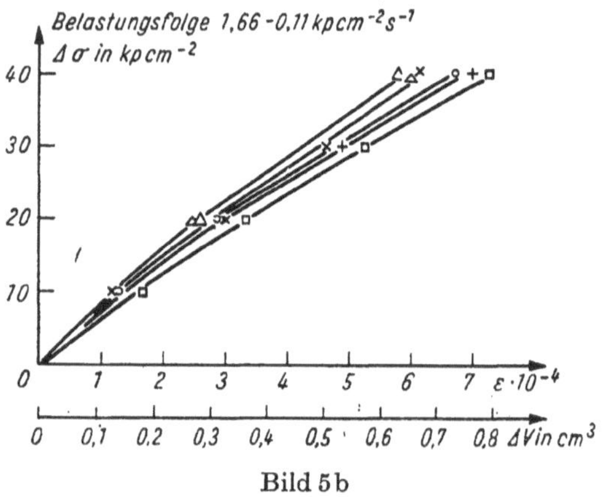

Bild 5b

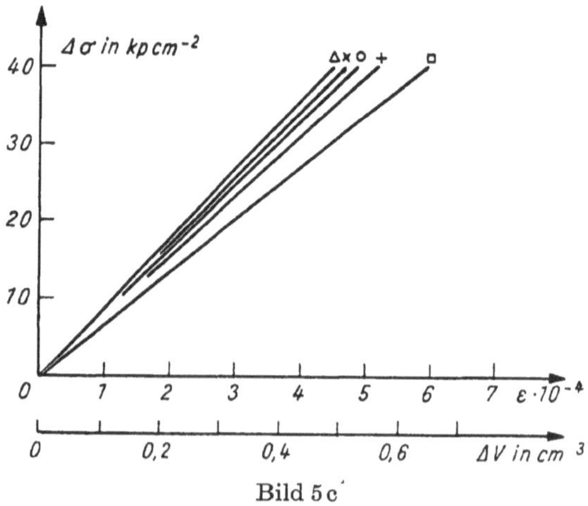

Bild 5c

Bild 5b. Zugehörige Arbeitskennlinien für Messung 2
Druckänderungsgeschwindigkeiten: $v = 0{,}11$ kpcm^{-2} s^{-1} □; $v = 0{,}16$ kpcm^{-2} s^{-1} +; $v = 0{,}33$ kpcm^{-2} s^{-1} ○; $V = 0{,}66$ kpcm^{-2} s^{-1} ×; $V = 1{,}66$ kpcm^{-2} s^{-1} △; (ausgewertet von Keppler [8])
Bild 5c. Entsprechende Tangentenmoduln für Messung 2. Symbolik wie 5b

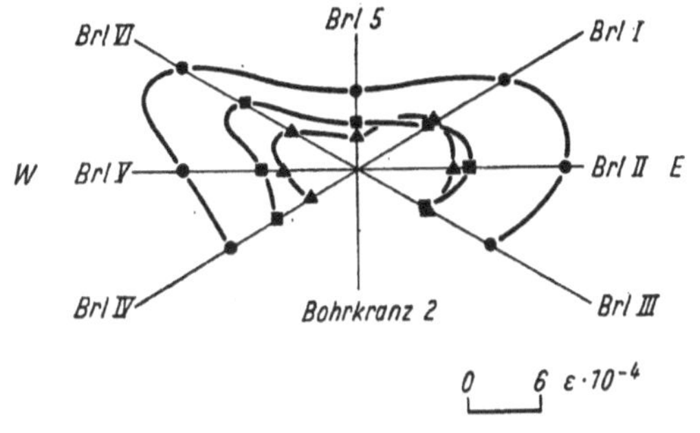

Bild 6a

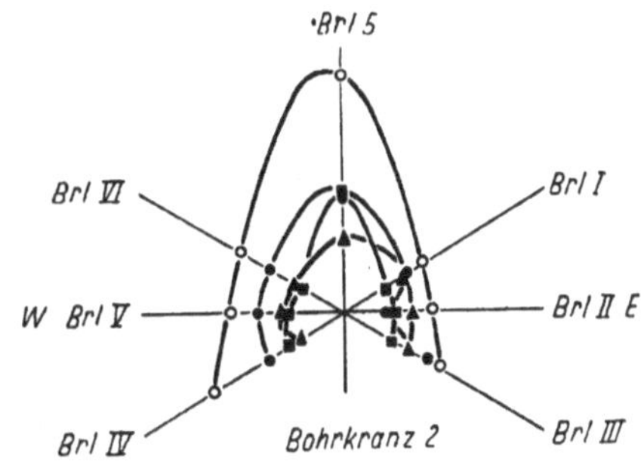

Bild 6b

Bild 6. Vektordiagramme für Verformungskennwerte in einem Bohrkranz in stark gefaltetem Gneis (Ausgewertet von KEPPLER [8])

a) ● Gesamtverformung; ■ plastischer Anteil; ▲ elastischer Anteil; b) ■ Erstbelastungsmodul 10^4 [$kpcm^2$]; ● MAXWELL-Viskosität 10^6 [$kpcm^{-2}$ s]; ○ Entlastungsmodul 10^4 [$kpcm^{-2}$]; ▲ Elastizität 10 [%]

Gegebenheiten von Gestein und Gebirge ermöglicht, als es rein statische Betrachtungen vermitteln können.

Wird mit der Druckapparatur dem Gestein oder Gebirge beispielsweise eine sinusförmige Spannungsänderung aufgeprägt, so ändern sich bei vorausgesetzter Linearität auch die Deformationen sinusförmig. Infolge der vom idealelastischen Verhalten abweichenden Eigenschaften des Untersuchungsobjektes tritt jedoch zwischen Spannung σ und Deformation ε eine Phasenverschiebung auf [15, 2]. Dieses Verhalten kann nach Einführung eines komplexen, frequenzabhängigen Verformungsmoduls wie folgt beschrieben werden:

$$\sigma(\omega) = \underline{E}(\omega)\, \varepsilon(\omega)\,,$$

$$\underline{E}(\omega) = |\underline{E}|(\omega)\, e^{j\,\varphi(\omega)} = E' + j\,E'' = E\,(i + j\,\bar{d})\,.$$

$\underline{E}$ — komplexer Elastizitätsmodul
$|\underline{E}|$ — Betrag von $\underline{E}$
E' — Realteil von $\underline{E}$
E'' — Imaginärteil von $\underline{E}$
φ — Phasen- oder Verlustwinkel zwischen Spannung und Deformation
$\bar{d}$ — Verlustfaktor
j — imaginäre Einheit
ω — Kreisfrequenz

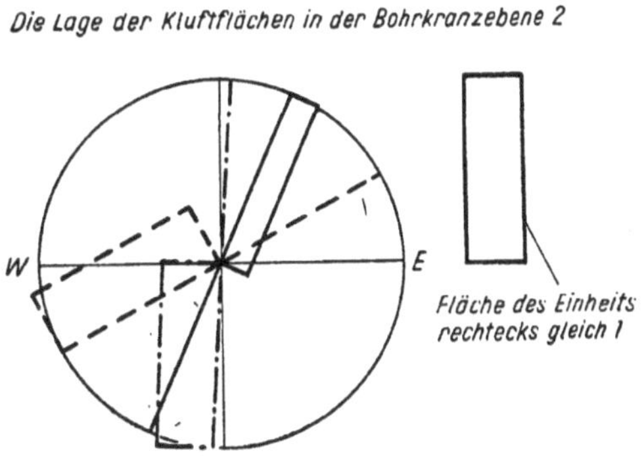

Bild 7. Lage der Kluftflächen in der Bohrkranzebene nach einem von MÜLLER [5] ausgearbeiteten Verfahren der Einheitsflächendarstellung 1 — Fläche des Einheitsrechtecks = 1

Dabei charakterisiert der Realteil von $\underline{E}$ die wiedergewinnbare Energie, der Imaginärteil den irreversiblen Anteil und $\bar{d} = \tan \varphi = \frac{E''}{E'}$ den relativen Energieverlust.

Der dabei auftretende Phasenwinkel φ soll als allgemeine Kenngröße für das Abweichen des Gebirges oder Gesteins vom idealelastischen Verhalten angesehen werden. — Für das Maxwell-Modell beispielsweise ergibt sich ein Verlauf in $\underline{E}$ und φ wie er aus Bild 8 ersichtlich ist. Werden bei sinusförmigen Druckänderungen die Spannungs-Deformationsgrößen in ein σ–ε-Diagramm eingetragen, so ergeben sich „Dämpfungsschleifen", deren Flächeninhalt in Verbindung mit der Phasenverschiebung zwischen σ und ε ein Maß für den irreversiblen Verformungsanteil von Gestein und Gebirge darstellt. Bild 9 zeigt ein praktisches Ergebnis derartiger Untersuchungen, das in verschiedenen Bohrlochteufen im Erzgebirgsgneis gewonnen werden konnte. Zudem ist aus Tab. 1 ersichtlich, daß die Flächeninhalte der Dämpfungsschleifen und die gemessenen Phasenverschiebungen mit den aus Bohrlochuntersuchungen ermittelten Ausbreitungsgeschwindigkeiten elastischer Wellen korrelieren. Dabei wird übereinstimmend festgestellt, daß das inelastische Verhalten mit wachsender Bohrlochtiefe sehr rasch abnimmt und wohl in erster Linie durch die Klüftigkeit des Gebirges bestimmt wird.

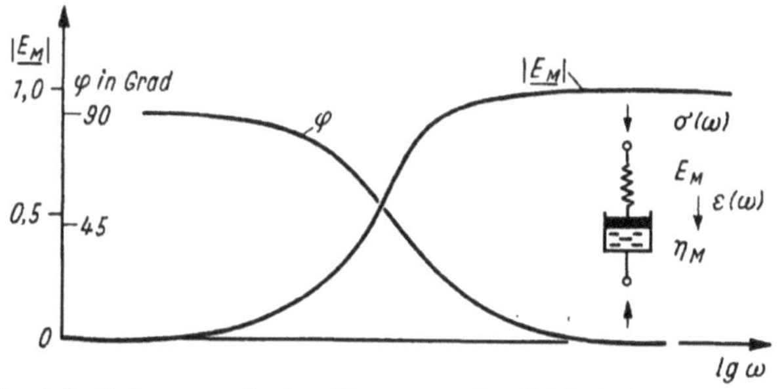

Bild 8. Prinzipielle Abhängigkeit des normierten Betrages des $\underline{E}$-Moduls und der Phasenverschiebung von der Frequenz ω des Maxwell-Modells ($\tau = \eta_M/E_E$; η_M — Viskosität; E_M — Elastizitätsmodul) [15]

Zweifelsohne eröffnen speziell die druckdynamischen Untersuchungen hoffnungsvolle Aussichten auf einen Anschluß statisch und dynamisch bestimmter Kennwerte. Dieser erwünschte Anschluß stellt bekanntlich gegenwärtig wissenschaftlich ein international noch nicht gelöstes Problem dar und ist zudem wegen der Aufwendigkeit statischer Großversuche in situ zur Bestimmung des Verformungsverhaltens von Gestein und Gebirge auch vom ökonomischen Standpunkt her von großem Interesse. — Wenngleich jedoch diese Großversuche gegenwärtig noch einen hohen ökonomischen Aufwand erfordern und die Aussagekräftigkeit der dabei gewonnenen Ergebnisse bekannten Grenzen unterworfen ist, so konnte zumindest durch die Anwendung neuer Meßtechniken, im Komplex mit geophysikalisch-geologischen Kennwertbestimmungen in situ, auch auf diesem Gebiet eine wesentlich höhere Qualität der Baugrunduntersuchungen erreicht werden [11, 26, 12, 3]. Dabei hat sich in besonderem Maße die „Seismoakustik" in Verbindung mit Großdruck- und Scherversuchen bewährt. Bekanntlich beinhaltet die Seismoakustik die Aufnahme und Auswertung seismischer Signale, die sich bei Rißbildungen im Sinne der „Griffithcracks" ausbilden und im Gebirge fortpflanzen [5]. Bei Großversuchen werden diese Signale in Abhängigkeit von der zeitlichen Laständerung registriert und nach Häufigkeit, Schwingungsdauer, Amplitude und Energieinhalt analysiert. Dabei besteht nach Irwin [7] zwischen der im Gebirge gespeicherten Energie E und der Spannungsintensität K die Beziehung

$$E = \frac{1}{G} \cdot K^2 ,$$

wobei G einen materialbedingten Koeffizienten darstellt. Unter der Voraussetzung, daß sich beim Bruchvorgang im Mikro- oder Makrobereich ein gleichbleibender Teil der frei werdenden

Tabelle 1 ([15])

Bohrloch-teufe [m]	Phasenverschiebung	Flächeninhalt	V_L [m/s]
0,50	7,79	12,08	2000
1,00	4,85	10,92	5200
2,00	3,98	9,20	5200

potentiellen Energie umsetzt, muß folglich die Energie der elastischen Schwingungen dem Quadrat der Spannungsintensität proportional sein. Belastet man einen Körper allmählich bis zum Bruch, dann wird sich die kritische Spannungsintensität bzw. der Bruchbeginn durch einen starken Anstieg der frei werdenden Energie auszeichnen.

Im folgenden werden als Beispiel die Ergebnisse einer Versuchsreihe dargestellt, wobei der Versuchsblock in einem Porphyr aus dem Rotliegenden gegründet war, die mit dem Einbringen der Zusatzlasten verbundenen Lageveränderungen des Blockes mittels Schlauchwaagemessungen kontrolliert wurden und die Speicherung der seismoakustischen Nutz- und Stör-

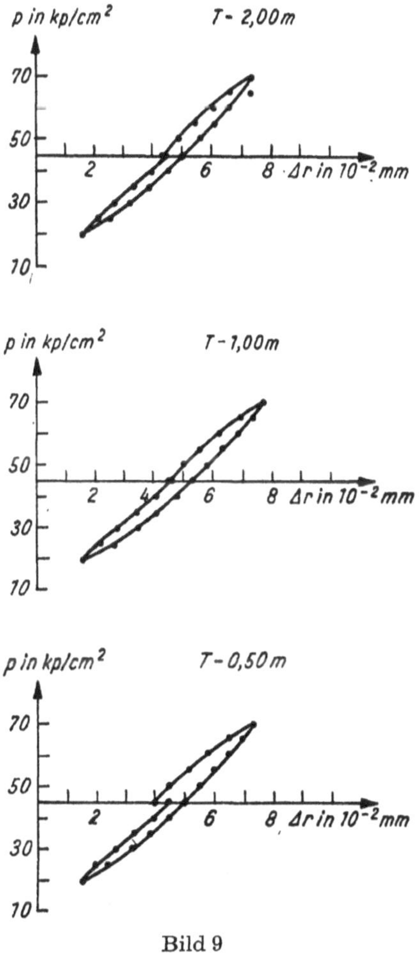

Bild 9

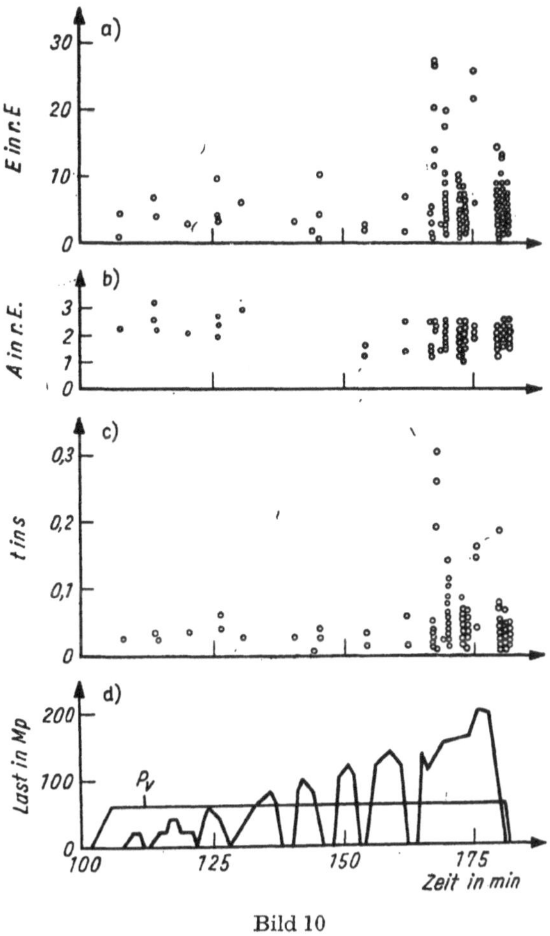

Bild 10

Bild 9. Dämpfungsschleifen von Gneis (Erzgebirge) in Abhängigkeit von der Bohrlochteufe T [15] (Periodendauer 5 min)

Bild 10. Zeitliche Verteilung der Energie E, Maximalamplitude A und der Impulsdauer t der Eigenimpulse während des Druckscherversuches an Block B-1 (ausgewertet von STINGL)

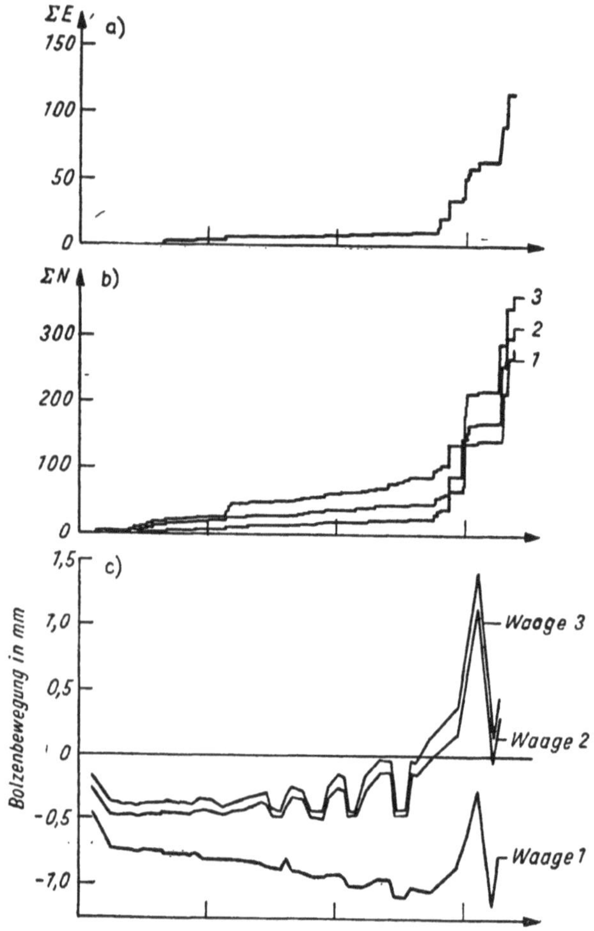

Bild 11. Energiekurve (a) und kumulative Häufigkeitskurven (b) sowie das Zeit-Setzungsdiagramm nach Schlauchwaagemessungen (c) für den gleichen Versuch in Abhängigkeit von der Zeit (Zeitmaßstab wie Abb. 10, Schlauchwaagemessungen durchgeführt und ausgewertet von Hiller-Burghardt)

signale auf Magnetband erfolgte. Wie bei Scherversuchen üblich, wurde während der gesamten Versuchszeit die Vertikallast konstant gehalten und lediglich die Horizontallast variiert.

Bild 10 zeigt die zeitliche Verteilung der Impulsdauer, Maximalamplitude und Energie der aufgezeichneten Eigenimpulse. Die Impulsdauer weist über den gesamten Zeitraum Mittelwerte von ca. 0,04 s auf. Erst im letzten Belastungszyklus steigen sowohl die Mittelwerte als auch die Maximalwerte erheblich an. Die Maximalamplituden sind über den gesamten Meßbereich relativ konstant, wogegen die zeitliche Energieverteilung analog der Impulsdauer erst zu Beginn des letzten Zyklus einen starken Anstieg erkennen läßt.

Auf Bild 11 sind die Ergebnisse kumulativer Energie- und Häufigkeitsbetrachtung den Ergebnissen von präzisen Schlauchwaagemessungen gegenübergestellt (Kurve *1*: Häufigkeit der mittleren und starken Impulse; Kurve *2*: Häufigkeit aller Eigenimpulse; Kurve *3*: Häufigkeit aller Eigen- und Störimpulse). Die kumulative Häufigkeit und die Energie zeigen zunächst einen sehr flachen Verlauf, werden in späteren Zyklen durch anfänglich relativ schwache Unstetigkeiten unterbrochen, ändern jedoch ihren generellen Trend erst im letzten Belastungszyklus (Druckerhöhung von 100 auf 140 Mp m^{-2}). Ähnlich treten im Zeit-Setzungsdiagramm starke Lageveränderungen des Versuchsblockes infolge der eingebrachten Be- und Entlastung erst im letzten Zyklus in Erscheinung (vgl. Bild 12).

Aus einer Vielzahl unter ähnlichen Bedingungen durchgeführter Großversuche lassen sich diese allgemeinen Schlußfolgerungen ableiten:

1. Der endgültigen Zerstörung infolge Scherbeanspruchung geht die Ausbildung von Mikrorissen voran. Durch diese Mikrozerstörung wird der Widerstand gegen Verformung wesentlich herabgesetzt. Mit wachsender Vorzerstörung steigt der Anteil bleibender Verformungen.
2. Unter Zuhilfenahme seismoakustischer Registrierungen sind Häufigkeitsbetrachtungen hinreichend repräsentativ für die Beurteilung des zeitlichen Ablaufes von Zerstörungsvorgängen.
3. Die bei Großversuchen auftretenden Störimpulse verfälschen das Gesamtergebnis nicht wesentlich.

Auf der Grundlage dieser Schlußfolgerungen konnte außerdem der Nachweis erbracht werden, daß sich bei Verwendung hinreichend vieler und sinnvoll im Untersuchungsareal angeordneter Geophone auch die räumliche Ausbreitung der Zerstörungsvorgänge unter Lasteinwirkung verfolgen läßt [14, 19, 21].

Wenn es auch über die Notwendigkeit dieser „Modellversuche in situ" zur Bestimmung physikalischer Kennwerte von Gestein und Gebirge keine Zweifel gibt, so ist dennoch eine Extrapolation der dabei gewonnenen Ergebnisse auf das tatsächliche Verhalten des Systems Bauwerk — Baugrund unter den eingebrachten Auflasten noch mit großen Unsicherheiten behaftet. Deshalb kommt einer kontinuierlichen Aufnahme von Bewegungsvorgängen im Gebirge mittels Extensometern [4], Neigungsmeßeinrichtungen sowie hydrostatischer Nivellements unter realen Bedingungen nach wie vor eine große Bedeutung zu. Im folgenden sollen kurz die am Institut entwickelten Ausrüstungen erläutert und erste Ergebnisse vorgelegt werden.

Zur Ermittlung vertikaler Gebirgsbewegungen wurde erstmals eine Extensometeranordnung auf Invardrahtbasis konzipiert wie sie im Prinzip aus Bild 13 ersichtlich ist, sich aber auch für den Einsatz in Bohrlöchern und allgemein zum Nachweis horizontaler Bodenverschie-

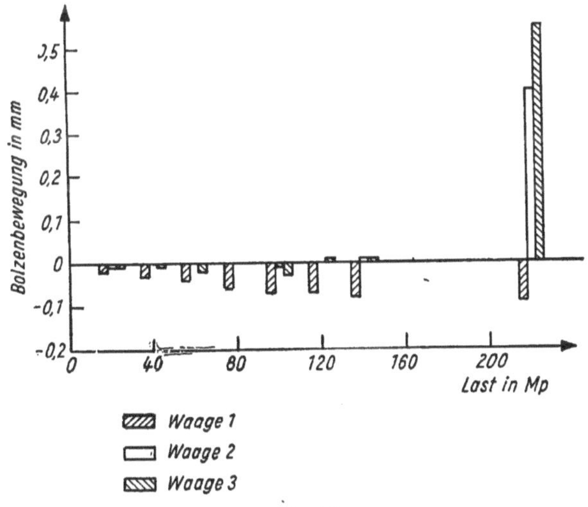

Bild 12a

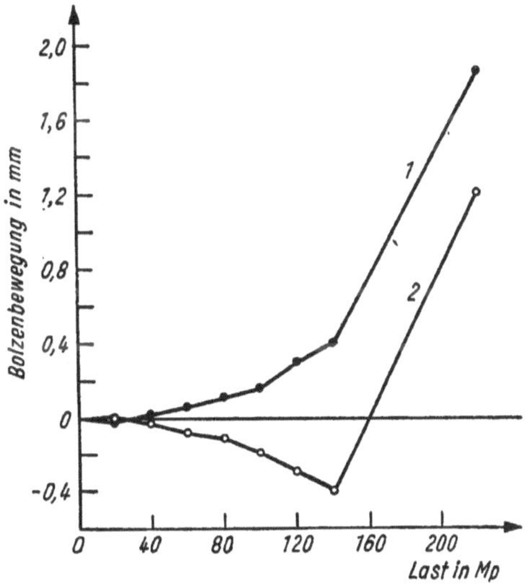

Bild 12b

Bild 12. Bleibende Verschiebung (a) und relative Verschiebungsänderungen (b) bei Be- und Entlastung (1, 2). Die Bolzenbewegungen (a) der Waagen 1 bis 3 beziehen sich jeweils auf eine Maximallast (20, 40, 60, 80, 100, 120, 140 und 220 Mp)

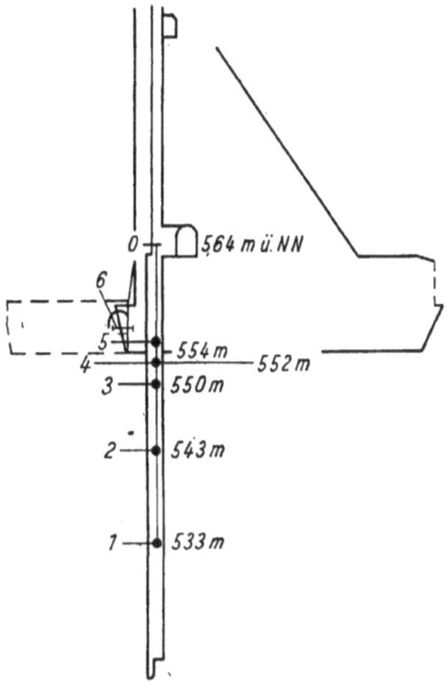

Bild 13a

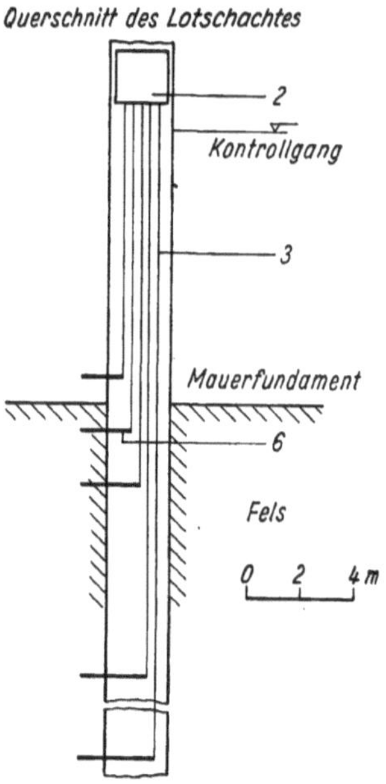

Bild 13b

Bild 13a. Skizze der Vertikalextensometer-Meßeinrichtung im Lotschacht einer Gewichtsstaumauer. Die Ziffern 1 bis 5 kennzeichnen die Festpunkte im Lotschacht, 0 ist ein Bezugsmeßpunkt in Höhe des unteren Kontrollgangs

Bild 13b. Ausschnitt der Vertikalextensometer-Meßeinrichtung im Lotschacht gemäß Bild 13a. Die Ziffern bedeuten: *2* — Meßkopf in Kontrollganghöhe; *3* — Meßdraht; *6* — Festpunkt im Schacht

bungen eignet. Diese Meßeinrichtung wurde im Lotschacht einer Talsperre installiert, der durch das Bauwerk bis etwa 30 m unter Fundamentsohle reicht [1]. In verschiedener Tiefe unter dem Fundament des Bauwerkes wurden Stahlträger (*6*) in den Fels einbetoniert, an denen die Invarmeßdrähte (*3*) befestigt sind und von da aus nach oben zu einem gemeinsamen Meßrahmen (*2*) führen. Die Drahtlängen liegen zwischen 10 und 30 m. Durch geeignete Spannvorrichtungen am Meßrahmen wird bei geringem Reibungswiderstand die Spannkraft weitgehend konstant gehalten. Der Meßwertabgriff erfolgt über induktive Wegaufnehmer, die für kurzzeitige Messungen eine Registriergenauigkeit von maximal 0,03 μm und für Langzeitmessungen eine Genauigkeit von 0,5 bis 1 μm je mm Registrieramplitude ermöglichen. Durch einen automatisch arbeitenden Nachstellmechanismus kann ein Gesamtmeßbereich von ± 8 mm mit der oben angegebenen Genauigkeit erfaßt werden, ohne daß eine besondere Wartung der Meßanlage erforderlich wäre. — Aus dem Bild 14 sind einige mit dieser Meßeinrichtung gewonnenen Ergebnisse ersichtlich. Die fünf dargestellten Kurven und deren Zuordnung beziehen sich auf die fünf Meßstrecken im Lotschacht entsprechend Bild 13. Im Verlauf der Meßdaten sind zunächst sämtliche Vertikaldeformationen längs der jeweiligen Meßstrecke enthalten; dies bezieht sich sowohl auf die im Gebirge als auch auf die im Beton des Mauerkörpers vom Fundament bis zum Meßrahmen (Punkt 0, Bild 13), wobei die temperaturbedingten Betondeformationen zweifellos den größten Verformungsanteil bewirken. Durch Differenzbildung aus den Meßdaten je zwei aufeinanderfolgender Meßpunkte läßt sich der Verformungseinfluß des Betons eliminieren, und die vertikalen Gebirgsbewegungen können mit großer Genauigkeit bestimmt werden (Bild 15). Dabei ermöglichen die Ergebnisse nicht nur Aussagen über den Betrag der Verformungen, sondern auch über den Ort der auftretenden Bewegungen.

Parallel zu diesen Extensometermessungen haben sich immer wieder Neigungsregistrierungen zur Beobachtung von Bewegungen des Systems Bauwerk — Baugrund oder auch des

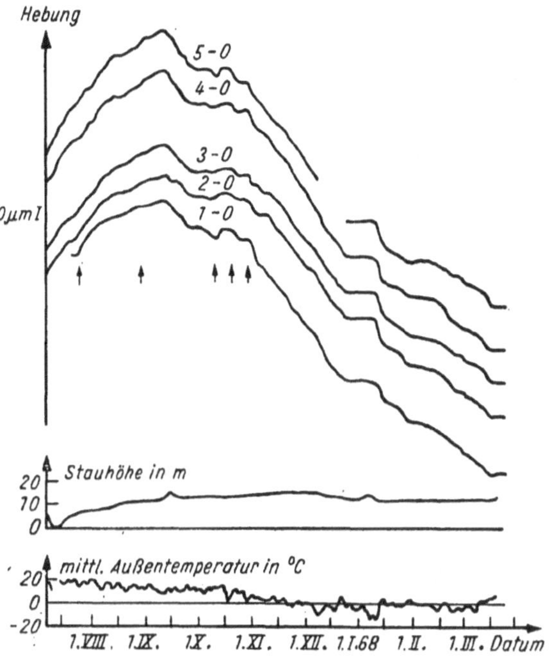

Bild 14. Ergebnis von Vertikalextensometer-Registrierungen im Lotschacht einer Gewichtsstaumauer. Die Parameter kennzeichnen die Meßstrecke, vgl. Bild 13a. Geringe sprunghafte Bewegungen im Baugrund wurden durch Pfeile markiert. Zum Vergleich wurden Stauhöhe und mittlere Außentemperatur mit aufgetragen.

Untergrundes selbst notwendig gemacht. Dazu wurden am Institut transportable Neigungsmeßgeräte mit einer Meßbasis von etwa 0,5 m und einer Meßgenauigkeit von 0,1 Bogensekunde bei einem Meßbereich von etwa 10 Bogenminuten bei gleichbleibender Empfindlichkeit entwickelt. Als mechanisches Meßelement dient dabei ein Rollbandgelenkpendel nach MEISSER [13], das auf Grund seines symmetrischen Aufbaus eine hohe Nullpunktkonstanz des Neigungsmeßgerätes gewährleistet. Die erforderliche Registrierempfindlichkeit wird

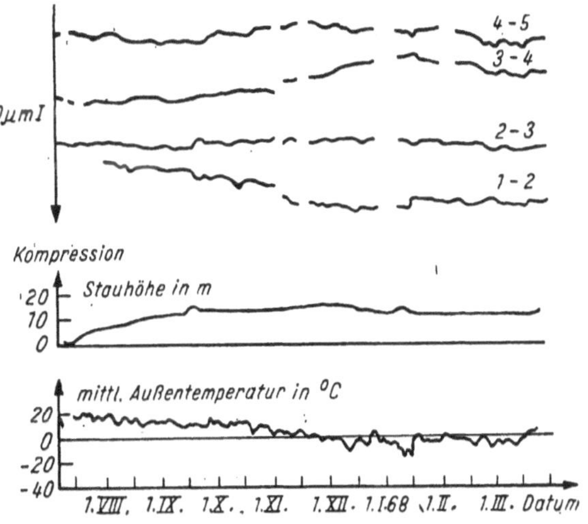

Bild 15. Vertikale Deformationen im Gebirge unter dem Fundament einer Staumauer, ermittelt durch Differenzbildung aus Meßdaten gemäß Bild 14. Die Parameter kennzeichnen die Meßstrecke. Stauhöhe und mittlere Außentemperatur wurden zum Vergleich mit aufgetragen

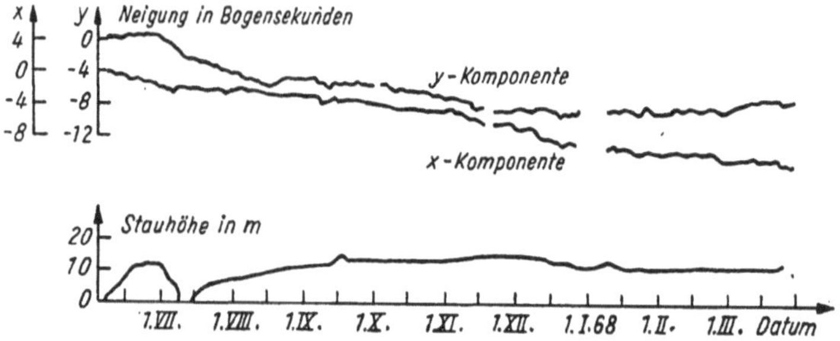

Bild 16. Ergebnisse von Neigungsaufzeichnungen in einer Gewichtsstaumauer mit dem Rollbandgelenkpendel. $+x$ Neigung zur Wasserseite; $-x$ Neigung zur Luftseite; $+y$ Neigung zum linken Hang; $-y$ Neigung zum rechten Hang. Die Stauhöhe wurde zum Vergleich dargestellt.

durch eine elektronische Vergrößerung der Bewegungen mittels eines photoelektrischen Meßwertabgriffs erreicht; die Messung selbst erfolgt nach dem Kompensationsprinzip.

In Bild 16 ist ein Beispiel für die Aufzeichnung von Neigungen wiedergegeben worden. Zur Registrierung wurden zwei senkrecht zueinander aufgestellte Neigungsmeßgeräte benutzt; die Aufstellung erfolgte ebenfalls in einem Staubauwerk. Auch hier kann der zeitliche Bewegungsablauf exakt verfolgt werden, und es lassen sich wiederum Rückschlüsse auf die Einflußgrößen ziehen, die das Zustandekommen der Bewegungen bestimmen.

Zweifellos besitzt das soeben beschriebene Neigungsmeßverfahren für bestimmte Anwendungsfälle den Nachteil, daß die beobachteten Neigungswerte nur für den unmittelbaren Meßort repräsentativ sind. Für viele Untersuchungen sind die Meßergebnisse für ein größeres interessierendes Meßgebiet dann zuverlässiger, wenn die Neigung bzw. die Vertikalbewegung über einer möglichst großen Meßbasis ermittelt wird. Deshalb wurde ein hydrostatisches Nivellement entwickelt und erprobt, das sehr genaue, kontinuierliche Beobachtungen von Vertikalbewegungen längs einer großen Meßbasis ermöglicht [6, 10].

Das Funktionsprinzip ist aus dem Bild 17 ersichtlich. Zwei Meßsysteme I und II enthalten je ein Flüssigkeitsgefäß, die über eine Ausgleichsleitung miteinander verbunden sind und prinzipiell beliebig weit voneinander aufgestellt werden können.

Eine zweite Ausgleichsleitung verbindet die beiden Luftvolumina über den Meßgefäßen miteinander und sorgt für den Ausgleich des Luftdrucks an beiden Meßstellen. Gegenüber der umgebenden Atmosphäre sind die Gefäße hermetisch abgeschlossen, damit örtliche Luftdruckdifferenzen keine Verfälschung der Ergebnisse bewirken. Die Höhe des Flüssigkeits-

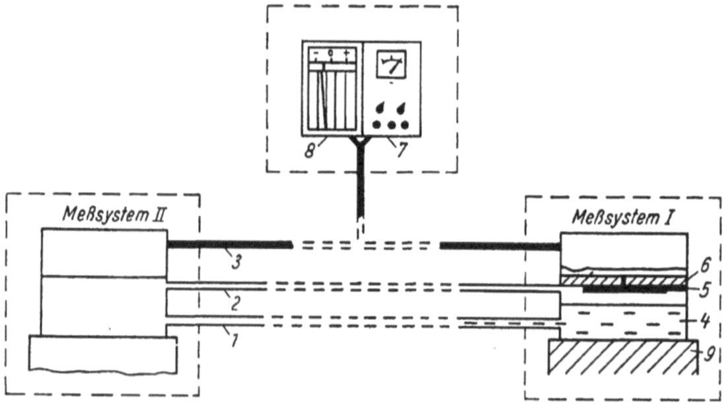

Bild 17. Prinzipskizze für das automatisch registrierende, hydrostatische Nivellement
1 — Ausgleichsleitung für die Meßflüssigkeit, *2* — Luftausgleichsleitung, *3* — Stromversorgungs- und Meßleitungen, *4* — Wasser, *5* — Meßkondensatorplatte, *6* — Isolierung, *7* — Stromversorgungsgerät, *8* — Registriergerät, *9* — Fundament

niveaus in den Gefäßen wird kontinuierlich über ein Plattenkondensator-Meßsystem abgegriffen, das jeweils von der Flüssigkeitsoberfläche und einer darüber isoliert angebrachten Metallplatte gebildet wird. Die Meßwertabnahme, Verstärkung und Registrierung wird ebenfalls im Prinzip durch Bild 17 erläutert.

Die Empfindlichkeit der Registriereinrichtung ist vom Abstand Flüssigkeitsoberfläche–Kondensatorplatte abhängig. Bei kleinem Abstand ist die Empfindlichkeit groß, dafür der lineare Gesamtmeßbereich gering. Für eine mittlere Entfernung zwischen Flüssigkeitsoberfläche und Kondensatorplatte von etwa 3 mm erstreckt sich der annähernd lineare Meßbereich über $\pm 0{,}6$ mm, die Genauigkeit beträgt dann 0,01 mm pro mm Registrieramplitude. Ist für eine bestimmte Aufgabe ein größerer, erfaßbarer Bereich erforderlich, so muß der Abstand Flüssigkeitsoberfläche–Kondensatorplatte erhöht werden, die Meßgenauigkeit nimmt dann ab.

Bislang wurde diese Einrichtung mit einer vorgegebenen Basislänge von 60 m in einem Stollen des Elbsandsteingebirges zum Nachweis rezenter Krustendeformationen eingesetzt. Dabei erstreckte sich die Messung über etwas mehr als zwei Monate. Das Ergebnis zeigt Bild 18, wobei die Registrierstreifenaufzeichnung zeitlich gerafft wurde. 1 mm Registrierbreite entspricht einer Vertikalbewegung von 0,01 mm zwischen beiden Meßsystemen, bzw. unter Vor-

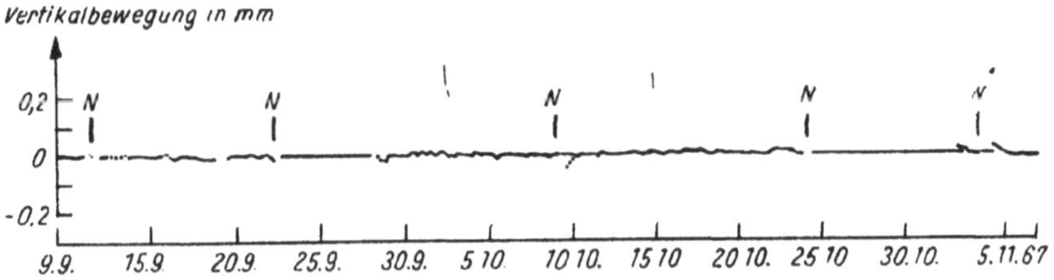

Bild 18. Testmessung für die Beobachtung rezenter Krustendeformationen in einem Stollen mit dem hydrostatischen Nivellement. (Die mit N bezeichneten Zeitpunkte bedeuten eine Unterbrechung der Registrierung infolge Netzausfall)

gabe der Basislänge von 60 m einer Neigungsänderung von 0,03 Bogensekunden. Wenn auch während der gesamten Beobachtungszeit keine Bewegungen innerhalb der Meßgenauigkeit festgestellt werden konnten, so wurden zumindest die Nullpunktstabilität sowie der geringe Wartungsaufwand der Einrichtung unter Beweis gestellt und neue Möglichkeiten auch für die Ermittlung rezenter Krustenbewegungen aufgezeigt. Es bereitet keine prinzipiellen Schwierigkeiten, auch eine große Anzahl derartiger Meßsysteme längs eines Profils oder flächenhaft über ein Untersuchungsgebiet verteilt anzuordnen und alle Systeme untereinander zu verbinden.

Zusammenfassung

Geophysikalische Untersuchungsverfahren können für das Studium von Bewegungs- und Verformungsvorgängen in Gestein und Gebirge wesentliche Beiträge liefern. Dazu wurden am Institut für Angewandte Geophysik der Bergakademie Freiberg apparative Vorarbeiten geleistet durch die Entwicklung, Konstruktion und Fertigung von Spannungs-Verformungsmeßeinrichtungen, geeignete Einrichtungen für seismoakustische Untersuchungen, zur Ermittlung horizontaler und vertikaler Verschiebungen sowie zur Aufnahme von Bodenneigungen. Die mit diesen Einrichtungen an den verschiedensten Objekten durchgeführten Untersuchungen erbrachten den Nachweis, daß

1. druckdynamische Untersuchungen ausbaufähige Ansätze zur Beschreibung des rheologischen Verhaltens von Gestein und Gebirge ermöglichen;

2. seismoakustische Untersuchungen in Verbindung mit hydrostatischen Nivellements den Informationsgehalt von Großdruck- und Scherversuchen wesentlich erhöhen;
3. durch die kontinuierliche Registrierung von Senkungen und Neigungen die Bauwerküberwachung, die Ermittlung rezenter Krustenbewegungen, aber auch die Kennwertbestimmung unter realen Bedingungen wesentlich gefördert werden konnten.

Literatur

[1] Dröge, L.: Talsperre Rauschenbach. Besondere Mitteilungen zum IX. Internationalen Talsperrenkongreß. VEB Verlag für Bauwesen 1967, S. 105–117.

[2] Freudenthal, A. M.: Inelastisches Verhalten von Werkstoffen. VEB Verlag Technik 1955.

[3] Gerecke, W.: Felsmechanische in-situ-Versuche zur Ermittlung der komplexen Scherfestigkeit und des Deformationsverhaltens von Staumauergründungen. Besondere Mitteilungen zum IX. Internationalen Talsperrenkongreß. VEB Verlag für Bauwesen Berlin, 1967, S. 119–133.

[4] Harwardt, H.: Fortlaufende Fernregistrierung von Bodendeformationen durch ein Invardraht-Extensometer. Freib. Forsch.-H. C 203, 1967. VEB Deutscher Vorlag für Grundstoffindustrie 1967.

[5] Hoek, E., und Bienawski z. T.: Brittle fracture in propagation in rock under compression. Int. J. Fract. Mech. 1 (1965) 2, S. 137–155.

[6] Hörig, P.: Weiterentwicklung und Erprobung der selbstregistrierenden Schlauchwaage. Unveröff. Diplomarbeit am Institut für Angew. Geophysik der BA Freiberg, 1967.

[7] Irwin, G. R.: Trans. A.S.M.E. J. Appl. Mechanics 24 (1957) S. 361.

[8] Keppler, O.: Bestimmung rheologischer Kennziffern von Festgestein in situ. Unveröff. Diplomarbeit am Institut für Angew. Geophysik der BA Freiberg, 1967.

[9] Kögler, F.: Baugrundprüfung im Bohrloch. Bauingenieur (1933), H. 19/20.

[10] Manthey, W.: Erprobung der registrierenden Schlauchwaage — ein methodischer Beitrag zur Beobachtung rezenter Krustenbewegungen. Veröff. im Sonderheft der Reihe III des NKGG, 1968.

[11] Meisser, O., Militzer, H., und Thon, H.-G.: Neue geophysikalische Meßtechnik in situ für Talsperren. Freib. Forsch.-H. C 176 (1964) S. 59–74.

[12] Meisser, O., Militzer, H., und Thon, H.-G.: Ingenieurgeophysikalische Untersuchungen in Verbindung mit Druck- und Scherversuchen zur Kennwertbestimmung von Felsgestein in situ. Bergakademie (1964) H. 7, S. 386–391.

[13] Meisser, O.: Ein Zweikomponenten-Neigungsschreiber. Forschungsbericht am Institut für Angew. Geophysik der BA Freiberg, 1958 (unveröff.).

[14] Militzer, H., und Rotter, D.: Geophysikalische Beiträge zur Untersuchung des Verformungsverhaltens von Festgestein in situ. Besondere Mitteilungen zum IX. Internationalen Talsperrenkongreß. VEB Verlag für Bauwesen Berlin, 1967, S. 143–149.

[15] Militzer, H., Rotter, D., Stoll, R., und Thon, H.-G.: Einige Probleme und Ergebnisse der Bestimmung geomechanischer Kennziffern mit Hilfe geophysikalischer Verfahren (im Druck).

[16] Müller, L.: Der Felsbau. Ferdinand Enke Verlag, Stuttgart, Bd. 1, 1963.

[17] Rotter, D., und Heinitz, R.: Hydraulische Druckvorrichtung zur Erzeugung eines Spannungsfeldes, insbesondere im Gestein. DDR-Wirtschaftspatent 42116 vom 25. 10. 1965.

[18] Rotter, D., Stoll, R., und Thon, H.-G.: Zu einigen Problemen der Bestimmung mechanischer Kennwerte von Festgestein in situ aus experimenteller Sicht. Bergakademie 19 (1967) 10, S. 575 bis 579.

[19] Rotter, D.: Seismoakustische Messungen bei Großversuchen für den Speicherbau. Besondere Mitteilungen für den IX. Internationalen Talsperrenkongreß. VEB Verlag für Bauwesen, Berlin, 1967, S. 157–165.

[20] Rüger, W.: Photogrammetrische Deformationsmessungen bei Druckscherversuchen in situ im Rahmen von Baugrunduntersuchungen für Staubauwerke. Besondere Mitteilungen zum IX. Internationalen Talsperrenkongreß. VEB Verlag für Bauwesen Berlin, 1967, S. 167–172.

[21] Stingl, W.: Untersuchungen zur Trennung von Stör- und Nutzsignalen bei seismoakustischen Registrierungen. Unveröff. Diplomarbeit am Institut für Angew. Geophysik der BA Freiberg, 1966.

Neuer Apparat von großer Empfindlichkeit für die Registrierung der Konvergenzgeschwindigkeit und Übersicht über die Meßtechnik in situ in der ČSSR

von V. Sibek, Praha

Mit der Entwicklung der Geomechanik in der ČSSR wurden gleichzeitig Meßgeräte vor allem für Untersuchungen in situ gebaut. Um den Bergleuten und Forschern diese Meßtechnik näherzubringen, wurden unter der Leitung des Bergbauinstitutes der Tschechoslowakischen Akademie der Wissenschaften in Zusammenarbeit mit den übrigen Forschungsinstituten des Bergbaus ,,Katalogblätter der Geräte für Bergbauforschung" und dazu ,,Methodiken der Bergbauforschung der Gebirgsmechanik" herausgegeben.

Gegenwärtig sind insgesamt 22 Apparate und 13 Forschungsmethodiken katalogisiert. Die Katalogblätter und Methodiken werden ständig ergänzt.

Es wurden entwickelt:

- Hydraulische Dynamometer zur Bestimmung des Ausbauwiderstandes in Abbauen und Strecken
- Mechanische und Widerstandskonvergometer mit Fernregistrierung
- Apparat zur Registrierung der Konvergenzgeschwindigkeit
- Hydrostatische Apparate mit Fernablese für die Messung vertikaler Bewegungen in den abgebauten Räumen und in Bohrlöchern
- Apparaturen zur Messung von Quer- und Längsdeformationen in Bohrlöchern
- Apparat zur Bestimmung von Rissen in Bohrungen
- Apparat zur Messung der Festigkeit der Verankerung, des Ankeranziehens und der Zugkräfte in Ankern
- Spannungsoptische lineare und ringförmige Geber zur Bestimmung der Hauptspannungen bzw. auch ihrer Richtung.

Außer diesen Apparaten wurden entwickelt:

- Meßvorrichtung für die Bestimmung von Spannungsänderungen im Gebirge mit der Methode der Bohrkernentlastung
- Verschiedene Typen von Widerstandssendern für Fernmessung oder Registrierung des Druckes und der Bewegungen

An geophysikalischen Apparaten wurden gebaut:

- Geber der Vibration im Gestein
- Komplette Vorrichtung für die Registrierung der seismoakustischen Impulszahl im Gebirge
- Vorrichtung für die Registrierung der mikroseismischen Impulszahl im Gebirge
- Vorrichtung für die Registrierung der mikroseismischen Energie der Gesteinsimpulse
- Vorrichtung für die Ingangsetzung der Registrierung seismischer Stationen im Augenblick der Gebirgserschütterungen und der seismischen Störungen

In letzter Zeit wurde außerdem ein Apparat für die Registrierung der Konvergenzgeschwindigkeit in Grubenbauen mit großer Empfindlichkeit entwickelt. Der erste Typus dieses Apparates wurde im Jahre 1965 konstruiert, er arbeitet mit zehnfacher Vergrößerung. Der maximale Meßbereich beläuft sich auf 7,5 mm der wirklichen Konvergenz im gegebenen Zeitintervall (in unserem Falle wurde dieser Intervall als die Zeit einer Arbeitsschicht, d. h. 8 Stunden, gewählt). Wenn man in Betracht zieht, daß auf dem Registrierpapier die Werte mit einer Genauigkeit von 0,5 mm gut abzulesen sind, entspricht dieser Wert der Genauigkeit der wirklichen Konvergenz 0,05 mm.

Der Antrieb der Registrierwalze ist so eingerichtet, daß diese binnen 7 Tagen eine Umdrehung macht. Da die Wirkungsweise des Gerätes auf mechanischem Wege erfolgt, kann es auch in gas- und kohlenstaubgefährdeten Gruben verwendet werden. Diese Vorteile des Apparates und die leichte Bedienung ergeben die Möglichkeit seiner breiten Anwendung in Grubenbedingungen.

Da die Konvergenzgeschwindigkeit der Gesteine ein gutes Kriterium für die Beurteilung der Verformungsprozesse im Nebengestein darstellt, kann man diesen Apparat zur Verfolgung dieser Erscheinungen auch vom Gesichtspunkt der Sicherheit ausnutzen.

Das Gerät ist seiner guten Empfindlichkeit wegen für den Einsatz in Kohlengruben besonders gut geeignet. Es hat sich aber auch bei der Verfolgung von Rutschungen in Tagebauen

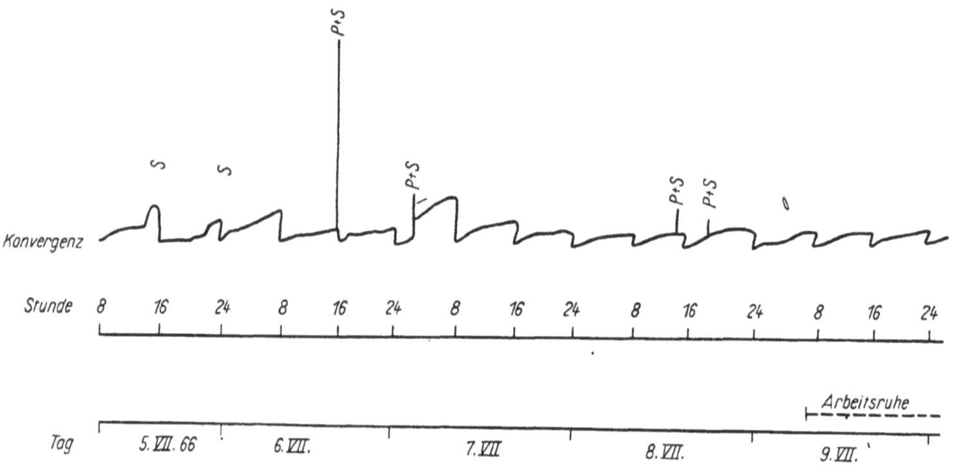

Bild 1

P — in der Grube beobachteter Gebirgsschlag; *S* — seismisch registrierter Gebirgsschlag

gut bewährt. Für diese Zwecke muß jedoch die Apparatur durch eine spezielle Vorrichtung ergänzt werden.

Nachfolgend sollen einige Ergebnisse der Registrierung mit diesem Apparat in den Gebirgsschlaggebieten des Kladnoer Reviers mitgeteilt werden.

Die Registrierung der Konvergenzgeschwindigkeit kann sowohl bei kleinen Verformungserscheinungen bei Gebirgserschütterungen als auch bei dynamischen Stößen entfernterer Gebirgserschütterungen und Detonationen erfolgen.

In Bild 1 ist ein Diagramm der Registrierung der Konvergenzgeschwindigkeit in einer Strecke (vom 5. 7. bis 9. 7. 1966) angeführt, als der Ortsstoß sich in einer Entfernung von etwa 20 m vom Apparat befand. Die Registrierung zeigt vier Fälle:

— den normalen Konvergenzverlauf im Zeitintervall von 8 Stunden, z. B. erste und dritte Registrierschicht 6. 7. 1966;

— plötzliche Vergrößerung der Konvergenz unter dem Einfluß einer Detonation oder Gebirgserschütterung, z. B. zweite und dritte Registrierschicht am 5. 7. 1966;

— dynamischer Stoß, verursacht durch eine entfernte Gebirgserschütterung ohne Konvergenzvergrößerung, aber registriert durch eine große Amplitude der Registrierspitze, z. B. Ende der zweiten Registrierschicht am 6. 7., zweite und dritte Registrierschicht am 8. 7. 1966;

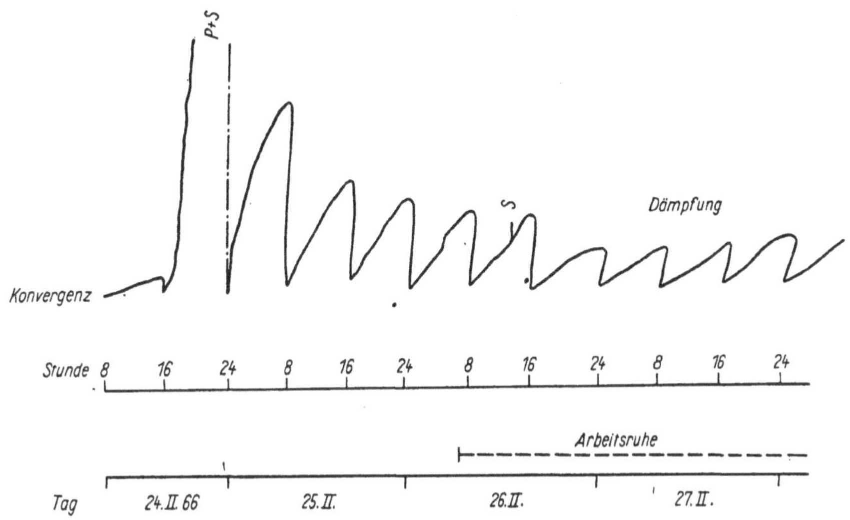

Bild 2
P — in der Grube beobachteter Gebirgsschlag; *S* — seismisch registrierter Gebirgsschlag

— dynamischer Stoß insgesamt einer plötzlichen Konvergenzvergrößerung, wie er in der ersten Registrierschicht am 7. 7. 1966 registriert wurde.

Das Diagramm erfaßt auch die regelmäßige Dämpfung der Konvergenzgeschwindigkeit nach der Gebirgserschütterung am 7. 7. 1966.

Eine ähnliche Verringerung der Konvergenzgeschwindigkeit ist aus den Registrierungen in der Zeit vom 25. 2. bis 28. 2. 1966 (Bild 2) sichtbar, als bei der Gebirgserschütterung am 24. 2. eine kräftige Zunahme der Konvergenzgeschwindigkeit und dann eine regelmäßige Dämpfung eintrat. Die Arbeitsunterbrechung in den Tagen am 26. und 27. 2. hat diese Dämpfung beschleunigt, wenn auch nicht besonders stark.

In Bild 3 beträgt die Entfernung des Abbaus von der Stelle, an der die Meßapparatur angebracht war, 140 m. Die Konvergenzgeschwindigkeit ist hier gering, nämlich 0,2—0,5 mm. Es wurden jedoch dynamische Stöße registriert, die durch Gebirgserschütterungen verursacht worden sind (zweite und dritte Registrierschicht 11. 1., dritte Schicht 13. 1. und zweite Registrierschicht 14. 1.).

Bei Untersuchungen im Příbramer Erzrevier, wo sehr feste Diabase und Grauwacken die Umgebung der Erzgänge bilden, ist dieser Apparat für die Registrierung der Konvergenzgeschwindigkeit mit zehnfacher Vergrößerung noch zu unempfindlich. Daher wurde ein zweiter Typus dieses Apparates konstruiert, der eine hundertfache Vergrößerung der wirklichen Konvergenz registriert. Eine Umdrehung der Registrierwalze dauert 7 Tage. Der maximale

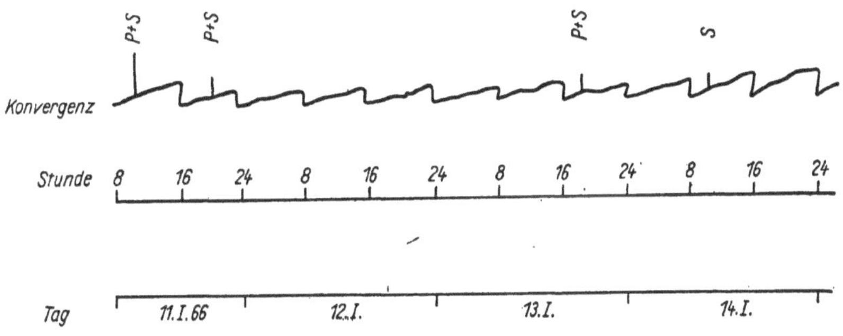

Bild 3
P — in der Grube beobachteter Gebirgsschlag; *S* — seismisch registrierter Gebirgsschlag

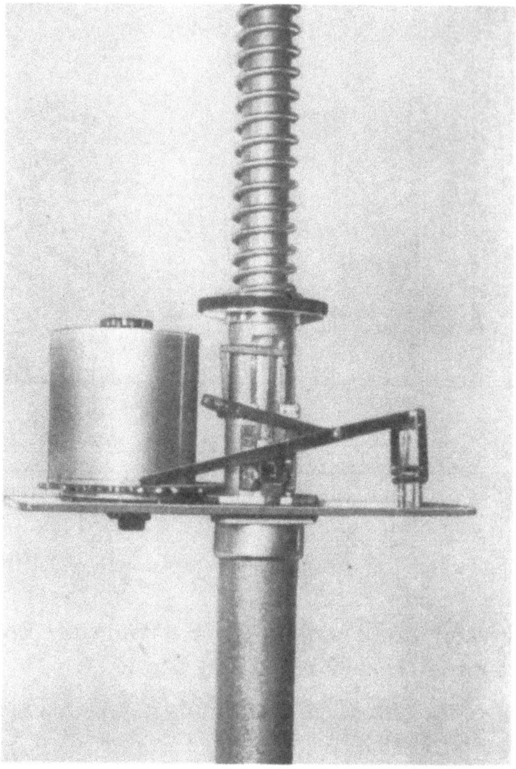

Bild 4a

Meßbereich der wirklichen Konvergenz im gegebenen Zeitintervall (gewählt 8 Stunden) beläuft sich auf 0,75 mm. Die Genauigkeit der Ablese an der Registrierung beträgt wieder etwa 0,5 mm, was der wirklichen Konvergenz von 0,005 mm entspricht. Durch Superposition des Diagramms der Konvergenzgeschwindigkeit kann man auch den Verlauf der gesamten Konvergenz bestimmen.

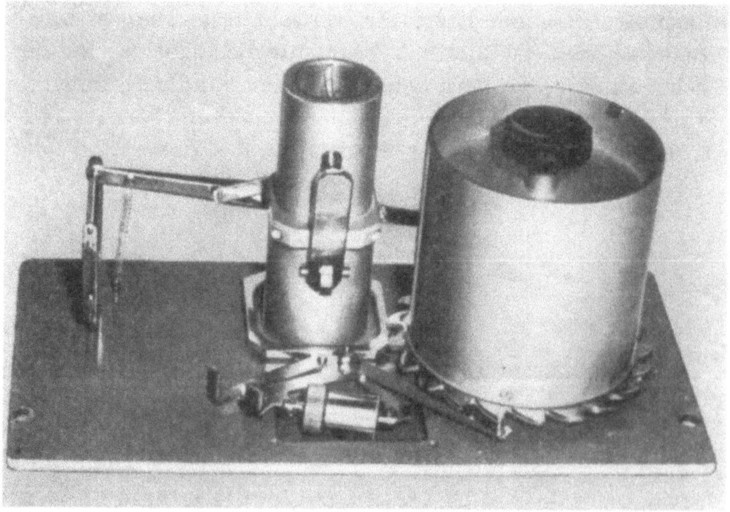

Bild 4b

Die eigentliche Vorrichtung zur Registrierung der Konvergenzgeschwindigkeit ist mit einem Registrier- und Unterbrechungsmechanismus ausgestattet (Bild 4). Das Prinzip der Vorrichtung besteht darin, daß im gewählten Zeitintervall, der durch die Größe der Zahnteilung der Programmscheibe bestimmt ist, durch die Wirkung des Unterbrechungsmechanismus das Andrücken des Mitnehmers unterbrochen wird und die Spitze der Registriervorrichtung sich automatisch in die Null-Lage stellt. Die maximale Konvergenz in dieser gewählten Zeiteinheit ist dann ihre Geschwindigkeit. Diese Apparatur kann für die Messung in vertikaler, horizontaler und schräger Lage verwendet werden.

In-situ-Messungen für die Gründung großer Staumauern

von J. L. Serafim[1]) und M. Guerreiro[2]), Madrid

Zusammenfassung

Nachdem eine Staumauer gebaut worden ist, wird die Beobachtung über das tatsächliche Verhalten zeigen, ob die für die Konstruktion gewählte Sicherheit richtig war; darüber hinaus wird sich dann herausstellen, wie die Werte, die der Konstruktion zugrunde gelegt wurden, zu beurteilen sind. Aus diesem Grunde sind in-situ-Messungen der Gründungen von großen Staumauern und die Auswertung der so gewonnenen Angaben von besonderer Wichtigkeit.

Es werden Vergleiche zwischen verschiedenen Arten der Messung von Verschiebungen, einschließlich geodätischer und topographischer Verfahren sowie der umgekehrten Lotung, angeführt. Zusätzlich wird die Wichtigkeit der Erfassung von Kippungen, Verformungen und Gleitungen hervorgehoben. Die Verfahren und Geräte, die die Verfasser als geeignet für die Messung der genannten Größen verwendet haben, werden kurz beschrieben.

Schließlich werden die Zeitabhängigkeit der mechanischen Kennwerte des Gesteins in der Gründung und das Gründungsverhalten während des Baus von Staumauern behandelt.

1. Einleitung

In einer anderen Arbeit [1], die zu dieser Konferenz vorgelegt wird, war die Kenntnis über das mechanische Verhalten von Gebirgskörpern, das durch Staumauern und -becken beeinflußt wird, in den Mittelpunkt gestellt worden. In dem gleichen Vortrag waren die für Staumauern wichtigsten Gründe angegeben worden, die Veranlassung für die Durchführung weiterer Untersuchungen über das Verhalten von Gebirgskörpern sind. Unter diesen Untersuchungen verdienen insbesondere Modellversuche, in-situ-Versuche sowie Arbeiten über die Theorien, die auf der Grundlage verschiedener Grundsatzhypothesen und des beobachteten Verhaltens von Mauergründungen entwickelt wurden, besondere Beachtung.

Man darf annehmen, daß unter den angeführten Untersuchungen, trotz der Wichtigkeit, die allen zukommt, besonders die Verfahren der Beobachtung des Verhaltens von Mauergründungen besondere Aufmerksamkeit beanspruchen dürfen. Tatsächlich, wenn einmal eine Mauer entworfen und gebaut worden ist, erhält man aus den Beobachtungsergebnissen die Gesamtkenntnis des wahren Verhaltens und damit den Schlüssel, die Sicherheit zu beurteilen. Auch die Untersuchungen in bezug auf die Beobachtung des Verhaltens liefern Daten und Einzelheiten, eine endgültige Beurteilung des Grades der Gültigkeit der verschiedenen entwickelten Theorien und der unterschiedlichen Verfahren der Modelluntersuchung. Diese Untersuchungen liefern auch die Angaben, die letztlich eine Einschätzung der Bedeutung der unterschiedlichen in-situ-Versuche zur Ermittlung der mechanischen Kennwerte von Gebirgskörpern erlauben.

---

[1]) Consulting Engineer, President, CONSULPRESA, S.A., Madrid.

[2]) Consulting Engineer, Head of Observation and Tests Section, CONSULPRESA, S. A., Madrid.

Die Untersuchung und Entwicklung der Beobachtung der Gründungen von Staumauern stehen in Beziehung zu folgenden Fragen:

1. neue Beobachtungsverfahren und Verbesserung der bisher angewandten;
2. umfassende Nutzung der bestehenden Verfahren für zu bauende Staumauern;
3. Untersuchung und Auswertung der Beobachtungsergebnisse;
4. Vergleich der Informationen, die auf diese Weise aus Berechnungen, Modellen, in-situ-Versuchen und theoretischen Untersuchungen gewonnen wurden.

Die besondere Bedeutung der Beobachtung von Staumauern, insbesondere von deren Fundamenten, ist auf dem letzten Kongreß über große Staumauern besonders hervorgehoben worden. Die Generalberichte [2, 3, 4] widerspiegeln die Inanspruchnahme und die Notwendigkeit der Entwicklung geeigneter Beobachtungsverfahren für Gründungen und betonen die außergewöhnliche Bedeutung, die in der Gewinnung einer besseren Kenntnis über deren Verhalten liegt.

In zusammenfassender Form will der vorliegende Beitrag die Verfahren beschreiben, die die Verfasser gegenwärtig anwenden, um das mechanische Verhalten der Fundamente von Staumauern zu beobachten und zu untersuchen. Die Frage des hydraulischen Verhaltens wird in dieser Arbeit nicht behandelt werden, da andere Veröffentlichungen Angaben darüber [5, 6] sowie Verfahren und Ergebnisse von entsprechenden Beobachtungen [7] enthalten.

2. Messung der Verschiebungen mit geodätischen und topographischen Verfahren

Geodätische und topographische Verfahren der Beobachtung sind an praktisch allen Staumauern vorgenommen worden, an deren Beobachtung die Autoren beteiligt waren.

Das klassische geodätische Verfahren der Triangulation und die ihr gewöhnlich folgenden Methoden sind an anderer Stelle beschrieben worden [8, 9]. Wie bekannt, verlangt die Anwendung dieser Methode zur Messung von Punktverschiebungen auf der Luftseite von Staumauern die Ermittlung der Verschiebungen der Theodolitstationen. Damit schließt die Anwendung der klassischen Methode der Triangulation bereits die Kenntnis der Verschiebungen einiger Punkte im Gelände nahe der Staumauer in sich ein. Selbstverständlich ist diese Methode zur Messung von Verschiebungen von anderen Punkten im Gelände und in der Nähe der Gründungssohle, insbesondere von Punkten in der Basis der Widerlager von Bogen-, massiven Schwerkraft- und Pfeilerstaumauern herangezogen worden.

In der gegenwärtigen Zeit ist es zweckmäßig, wenn immer horizontale Gänge beim Entwurf von Staumauern vorgesehen werden, die in das anliegende Gründungsgestein hineinreichen, sie so zu gestalten, daß es möglich ist, mit ihrer Hilfe Polygonzugmessungen [10] an Stelle der Triangulation auszuführen. Durch Anwendung der Polygonzugmessung können die Horizontalverschiebungen der Mauer und ihres Fundaments mit einem bedeutend dichteren Punktnetz und darüber hinaus auch schneller erfaßt werden, da die Gänge tief genug in das Fundament hineinreichen müssen, um Festpunkte zu erhalten. Die Polygonzugmessung gestattet eine größere Genauigkeit als die Triangulation, da die Erfahrung mit letzterer Methode ergeben hat, daß die durch sie ermittelten Verschiebungen mit Fehlern aus zahlreichen Gründen behaftet sind. Zu ihnen zählen die Sonneneinstrahlung, thermische Wellen geringer Schwingungsdauer sowie die Unsicherheit über die Unbeweglichkeit der Bezugspunkte. Ein anderer Vorteil der Polygonzugmessung besteht darin, daß sie von Witterungsunbilden und von der jeweiligen Tageszeit unabhängig ist. Darüber hinaus ist dieses Verfahren vom Standpunkt der Beobachtung der Gründungssohle leistungsfähiger, da es die Beobachtung von viel mehr Punkten, die alle zur gleichen Gründung gehören, gestattet. Diese erwähnten Vorteile waren der Anlaß für die Empfehlung, die Polygonzugmethode an der Staumauer El Atazar zu verwenden, die gegenwärtig in Spanien gebaut wird.

Die Messung der Horizontalverschiebungen mit Hilfe der Polygonzugmethode kann mit der Messung der Vertikalverschiebungen der gleichen Punkte mit Hilfe von Nivellements hoher Präzision gekoppelt werden [11]. Auf diese Weise können die Gesamtverschiebungen von Punkten des Fundaments ermittelt werden.

Das Feinnivellement, ein einfaches Verfahren, kann wesentlich ausgedehnt werden und ist sehr gut für die Beobachtung des Gebirges in der Nähe der Staumauer sowohl stromaufwärts als auch stromabwärts geeignet. Für diese Beobachtung ist es zweckmäßig, Anschlußzüge in den beiden Böschungen, wenn immer möglich, in verschiedener Höhe herzustellen. Die Anschlüsse können über die Krone für Nivellements in Höhen nahe der Krone und durch solche horizontalen Gänge in der Staumauer für die niedrigeren Höhen hergestellt werden, die nach außen führen.

3. Messung der Verschiebungen durch umgekehrte Lotung

Die Bestimmung der absoluten Verschiebung von Punkten im Innern der Gründung, die durch die Gänge zugänglich sind, und/oder der Punkte an der Basis der Blöcke wird in der heutigen Zeit unter Verwendung der umgekehrten Lotlinie vorgenommen. Man hat sich dazu entschlossen, nachdem der Einsatz anderer Verfahren zur Ermittlung der Verschiebungen von Punkten am Fuß der Blöcke gegenüber Punkten, die tief im Fundament liegen, versucht worden ist.

Das erste dieser Verfahren war die direkte Lotung, die in das Fundament durch ein Bohrloch hineinführte. Es weist die Unbequemlichkeit auf, die die Notwendigkeit des Zugangs zum unteren Punkt der Lotschnur mit sich bringt, und verlangt deswegen, daß dieser Punkt in einer zugänglichen Kammer verbleiben muß, deren Ersaufen durch eindringendes Wasser verhindert werden muß. Das ist schwierig und konnte oft nicht erreicht werden.

Am Mirandadamm in Portugal wurde die Methode der Fundamentstange — eine Stange, die in ein Bohrloch eingeführt wird — erstmals erprobt [12]. Dieses Verfahren weist nicht die Unbequemlichkeiten auf, die weiter oben erwähnt wurden. Nichtsdestotrotz vermindert die große Länge der Stange die Wahrscheinlichkeit, daß sie nicht Verschiebungen durch von außen wirkende Kräfte erfährt, obgleich diese Kräfte sehr gering waren. Es war nicht bekannt, ob diese Verschiebungen elastischer Art waren oder teilweise bleibende Verschiebungen darstellten. Aus diesem Grund können die Luftströme und gleichermaßen die Ablesetätigkeit möglicherweise bleibende Verschiebungen des oberen Teils der Fundamentstange hervorrufen. Auch können Fehler dadurch entstehen, daß der obere Teil unbeweglich bleiben muß, so daß die Stange den Festpunkt von der Bohrlochsohle nach der Spitze verlagert.

Eine andere Methode, die in der Praxis erprobt wurde, ist die des Fundamentdrahtes, die in einer Veröffentlichung beschrieben [13] und an der Chicamba-Staumauer, Portugiesisch-Ostafrika, verwendet worden ist. Diese Methode vermeidet die Unbequemlichkeiten, die für die Fundamentstange erwähnt worden sind, da ein Draht, dessen unteres Ende am Block befestigt wird, die Stange ersetzt. Dennoch ist sie nicht frei von Mängeln, da die wirksamen Verschiebungen aus den gemessenen Verschiebungen, die sehr gering gegenüber den wirksamen sind, in einigen Fällen bis zu zehnmal geringer, berechnet werden. Die im folgenden beschriebene Methode, das Verfahren der umgekehrten Lotung, unterscheidet sich nicht wesentlich vom obigen Verfahren.

Bei der Verwendung des umgekehrten Lotes treten die Unbequemlichkeiten, die beim Fundamentdraht genannt wurden, nicht auf, da die volle Größe der Verschiebungen direkt gemessen wird. Die Beschreibung und Zusammensetzung der Einzelteile für die umgekehrte Lotung wurde an anderer Stelle mitgeteilt [12]. Die Ausrüstung für die umgekehrte Lotung, die die Autoren gegenwärtig verwenden, ist ähnlich der beschriebenen, jedoch weist sie Ände-

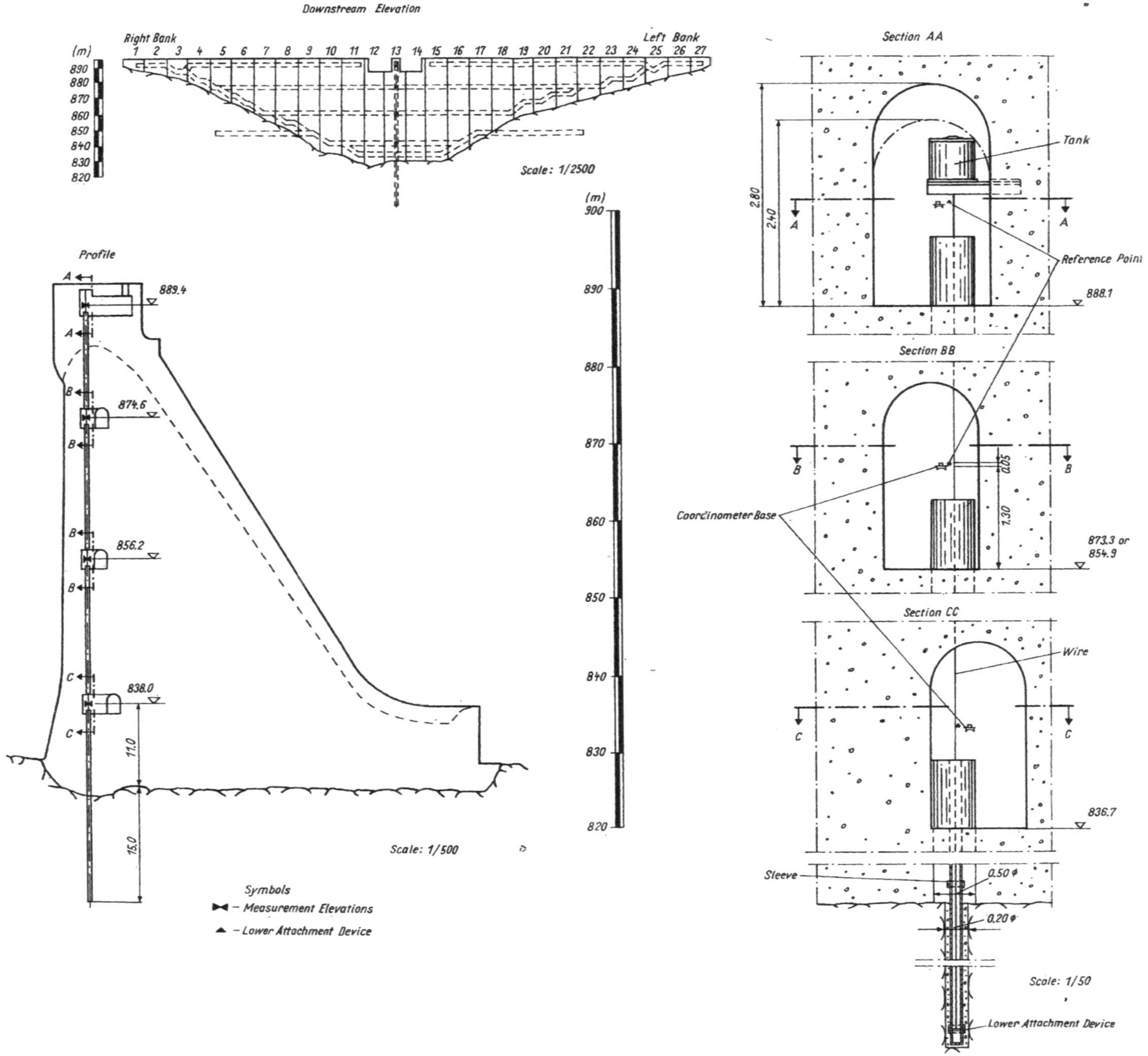

Bild 1. In den Mittelblock der Cernadilla-Staumauer eingebautes umgekehrtes Lot

rungen sowohl der unteren als auch oberen Anbringung des Drahtes auf. Diese Verbesserungen erlauben eine schnellere und einfachere Montage und gleichermaßen die beste Anpassung an die Zone des Bohrlochs, in der vertikale Linien möglich sind.

Ein wichtiges Merkmal, das bei der Verwendung des umgekehrten Lotes zu berücksichtigen ist, ist die Tiefe bis zur Sohle des Festpunktes, so daß dieser Punkt als unbedingt fest angesehen werden kann. Diese Tiefe muß in Abhängigkeit von der Höhe und Art der Staumauer, der Natur und den mechanischen Kennwerten des Gesteins im Fundament und auch der berg- und talseitigen Topographie bezüglich der Gründungszone bestimmt werden. Entsprechend diesen Voraussetzungen sind durch die Verfasser Tiefen zwischen 20 und 40 m gewählt worden.

Die Messung von Verschiebungen verläuft bei Anwendung der umgekehrten Lotung wesentlich schneller und auch einfacher als bei Einsatz geodätischer Methoden. Die Verschiebungen werden direkt gemessen und verlangen keine Arbeit im Büro. Es ist eine praktisch fortlaufende Beobachtung möglich, und hochqualifiziertes Personal wird nicht benötigt, so daß die Messungen auch wirtschaftliche Vorteile bringen. Unter Berücksichtigung dieser Vorteile ist es verständlich, weniger geodätische Methoden [2], an ihrer Stelle vielmehr die umgekehrte Lotung einzusetzen. Deswegen ist es gerechtfertigt, daß die umgekehrte Lotung mehr und mehr genutzt wird, und zwar sowohl in bereits fertigen Staumauern [13] als auch in Staumauern, die sich gegenwärtig im Bau befinden.

Im Verlauf der letzten 3 Jahre haben die Verfasser mit dem Ziel, die Messung von Verschiebungen von Punkten des Fundaments oder der Basis von Blöcken vorzunehmen, umgekehrte Lotlinien in das Beobachtungsprogramm zahlreicher Staumauern in Spanien aufgenommen: El Vellón und Valdemurio (fertiggestellt und unter Beobachtung), Almendra, Cernadilla, El Atazar und Riaño (fertiggestellt) sowie Gran Suarna, Montanejos, Guara und Campanet (Planung abgeschlossen). Bild 1 zeigt eine der zwei umgekehrten Lotlinien in der Cernadilla-Staumauer, in der Messungen in vier verschiedenen Höhen vorgenommen werden. Die Einzelteile der umgekehrten Lotlinie (Draht, untere Befestigungsvorrichtung und das Gefäß, in dem der Schwimmer mit dem Draht, der über die obere Befestigungsvorrichtung läuft, verbunden ist) und die Vorrichtung, die in jeder Meßhöhe installiert ist (Coordinometer-Basis und ihr Bezugspunkt), sind in Bild 1 dargestellt.

Die umgekehrte Lotung erlaubt neben der Ermittlung der Horizontalverschiebungen auch die Feststellung der Vertikalkomponente der Verschiebungen. Diese Komponente kann durch einfaches Nivellieren zwischen kleinen Invar-Skalen, die in Höhe der einzelnen Meßpunkte auf den umgekehrten Lotdrähten und auf dem Gestein und/oder dem Beton der Basen eines Blocks angebracht sind, festgestellt werden. Tatsächlich ist die Einheit, bestehend aus dem umgekehrten Lotdraht und den entsprechenden Skalen, die auf ihm befestigt sind, ein echter vertikaler Maßstab, der an einem Punkt tief im Gebirge fixiert ist. Bemerkt werden muß, daß die Bezugspunkte dieses echten vertikalen Maßstabes, nämlich die kleinen Invar-Skalen, ihre Lage in bezug auf die Skalen, die auf dem Gestein und/oder dem Beton der Basis eines Blockes angebracht sind, ändern können. Diese Änderungen können als Folge des Verhaltens des Lotdrahtes infolge Temperaturschwankungen, möglichen Spannungsänderungen und denkbaren verstärkten Spannungen im Draht, die Kriechen verursachen können, auftreten. Die letzten beiden Umstände können relativ einfach dadurch vermieden werden, daß sorgfältig darauf geachtet wird, anfangs eine Spannung auf den Draht zu übertragen, die über der Elastizitätsgrenze liegt, und Schwankungen im Flüssigkeitsspiegel in dem Gefäß, in dem der Schwimmer des umgekehrten Lotdrahtes untergebracht ist, unmöglich zu machen. In bezug auf Temperaturschwankungen sind drei Hypothesen als mögliche Alternativen angenommen worden, so daß diese Schwankungen entsprechend berücksichtigt werden können.

Die erste Alternative besteht darin, an Stelle eines Stahldrahtes für das Lot einen Invar-Draht zu verwenden; bei dieser Alternative könnte man nicht auf eine Korrektur zur Berücksichtigung von Temperaturschwankungen verzichten und würde damit wiederum Unbequemlichkeiten einer anderen Art in Kauf nehmen müssen.

Die zweite Alternative ist dadurch gekennzeichnet, ein System zu verwenden, das unabhängig von der Temperatur ist. Sie könnte unter der Voraussetzung verwirklicht werden, daß für jede Meßhöhe des Lotdrahtes ein anderer Lotdraht von gleichem Metall verfügbar wäre und jeder Draht die gleiche Höhe in bezug auf die unteren Anbringungspunkte hätte. Der zweite Lotdraht für jede Meßhöhe würde etwas über diese Station steigen, über eine Spezialvorrichtung laufen, die seine Richtung umkehrt, und dann ein Stück unter diesen Meßpunkt geführt werden, wobei er durch ein Gewicht belastet wird. In der Meßstation müßten beide Lotdrähte kleine Invar-Skalen tragen. Als Bezugspunkt zur Ermittlung der Verschiebungen würde dann immer eine angenommene Meßmarke in mittlerer Höhe der Meßmarken der beiden Skalen gewählt werden. Diese mittlere Höhe würde unabhängig von Temperaturschwankungen sein.

Die dritte Alternative besteht in der Bestimmung der Schwankung der mittleren Umgebungstemperatur des Drahtes zwischen den einzelnen Ablesungen, so daß eine entsprechende Korrektur vorgenommen werden könnte. Dieses Verfahren, das in der Cambambe-Staumauer, Portugiesisch-Westafrika, angewandt wurde, erwies sich als zweckmäßig, obwohl sich dabei eine Korrektur in einer Größenordnung notwendig machte, die der Größe der tatsächlichen Vertikalverschiebung entsprach.

Das für die Messung der Horizontalverschiebungen verwendete Coordinometer ist ein abnehmbares optisches Gerät. Es ist in der Literatur bereits beschrieben worden [15]. Gegenwärtig wird eine Bauart des Coordinometers untersucht, die die Messung der Vertikalkomponente der Verschiebung gestattet. Dieses modifizierte Coordinometer macht das Nivellement überflüssig, das bei der umgekehrten Lotung notwendig ist, um die Vertikalkomponente der Verschiebung zu bestimmen. Damit würden die Messungen wesentlich vereinfacht werden können, indem sie mit der gleichen Häufigkeit wie die Messungen der Horizontalkomponente der Verschiebungen und mit dem gleichen Personal vorgenommen werden könnten. Das Ergebnis wären häufigere und wirtschaftlichere Beobachtungen. Um das Coordinometer zur Messung der Vertikalkomponente der Verschiebung einzusetzen, werden die kleinen Invar-Skalen, die auf den Drähten angebracht sind, durch kleine, waagerechte, auf die Drähte gravierte Striche und die Invar-Skalen, die im Gestein und/oder dem Beton an der Basis der Blöcke befestigt sind, durch kleine metallische Kegel ersetzt, die in Stahlhülsen gelagert sind, die ihrerseits im Gestein und/oder im Beton befestigt wurden.

Bemerkenswerte Meßergebnisse über die Ermittlung von Verschiebungen mit umgekehrten Lotdrähten in der Cambambe-Staumauer sind an anderer Stelle veröffentlicht [16].

4. Messung der Kippung

Die Kippung des Fußes von Blöcken ist praktisch die gleiche wie die der entsprechenden Gründungsoberfläche. Das Messen der Kippung ist aus der Sicht des Verhaltens des Fundaments von Wichtigkeit, da solche Messungen die Lotungen ergänzen. Aber auch in sicherheitlicher Hinsicht ist die Erfassung der Kippung der Gründungsoberfläche eines Blockes von unmittelbarem und direktem Interesse.

Vogts Ausdruck, der die Kippung α senkrecht zur Gründungsoberfläche eines Blockes beschreibt [17], ist:

$$\alpha = \frac{K_1 M_b}{a^2 E_r}. \qquad (1)$$

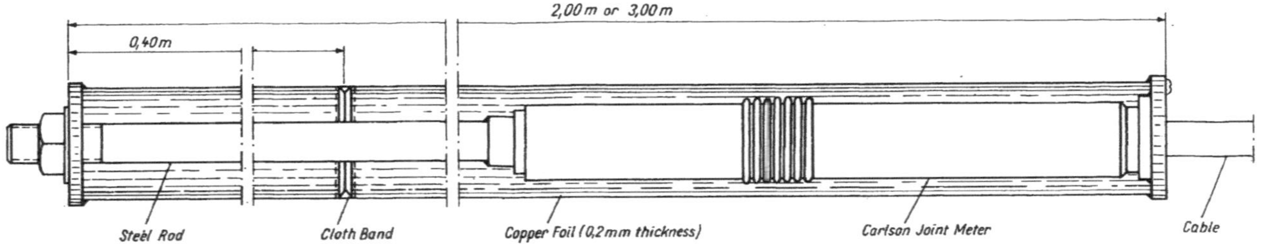

Bild 2. Verformungsmeßgeräte für das Gestein im Fundament (mit aufgeschnittenem Kupfermantel)

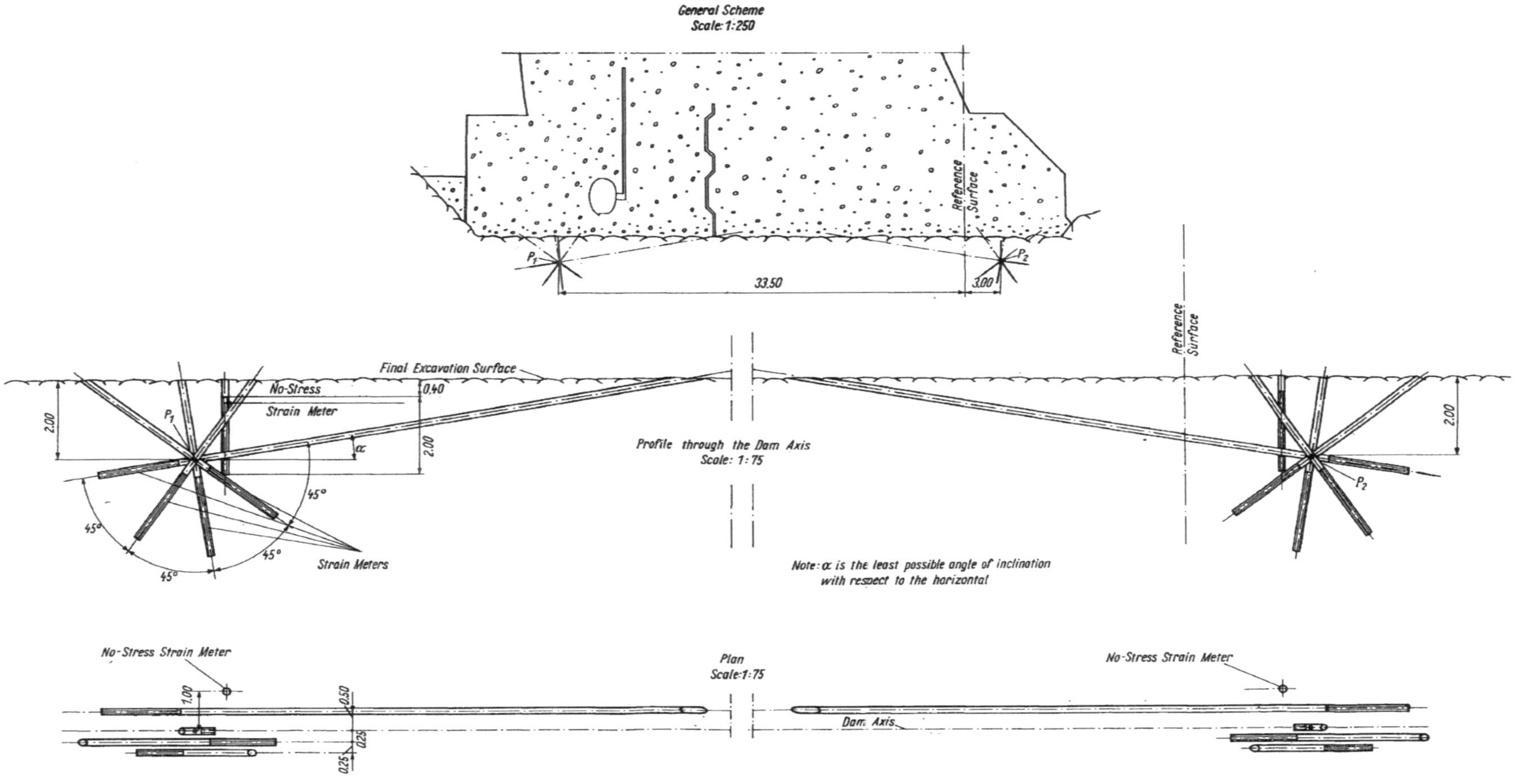

Bild 3. Einbaustellen der zwei Gruppen von Verformungsmeßgeräten im Gestein am Fuß des Mittelblocks der Staumauer El Atazar

In dieser Gleichung bedeuten

K_1 einen dimensionslosen Koeffizient, der eine Funktion der Abhängigkeit zwischen den Seitenlängen des dem Gründungsblock flächentreuen Rechtecks und der Querdehnungszahl des Gesteins ist;

M_b das Biegemoment für eine Einheitsbreite des flächentreuen Rechtecks;

a die Länge des flächentreuen Rechtecks;

E_r den Elastizitätsmodul des Gründungsgesteins.

Es kann beobachtet werden, daß a umgekehrt proportional zu E_r ist, d. h., für einen identischen Wert von M_b an zwei verschiedenen Daten ist die Abweichung von a ein sicheres Anzeichen der Veränderung von E_r zwischen diesen Daten. Das ist eine grundsätzliche Feststellung für die Beobachtung der zeitabhängigen mechanischen Kennwerte des Fundaments, die in Abschnitt 7 behandelt wird.

Das Kippen ist eine Widerspiegelung des Gesamtverhaltens zumindest des Fundaments eines Blocks; allerdings erlauben Verformungsmessungen im Gründungsgestein keine Beurteilung des Kippens, weil die Verformungen, obgleich sie in gewissem Maße das Gesamtverhalten wiedergeben, sehr stark durch örtliche Bedingungen beeinflußt werden. Aus diesem Grund ist wahrscheinlich die Messung der Kippung gemeinsam mit der Messung der Scherbewegungen in der Ebene des Fundaments am besten dazu geeignet, die Berechnung der mechanischen Kennwerte der Verformbarkeit des Gebirges mit Hilfe der Beobachtungsergebnisse vorzunehmen. Das wird auch dadurch bestätigt, daß die Formeln von Vogt einfache Beziehungen zwischen solchen Messungen und den mechanischen Kennwerten der Verformbarkeit abzuleiten gestatten. Insbesondere im Fall von Betonschwergewichtsmauern mit unabhängigen Blöcken, bei denen die Gesamtkraft, die auf das Fundament eines Blockes übertragen wird, leicht zu ermitteln ist, sind solche Messungen vom Standpunkt, Werte der mechanischen Kennzeichnung des Gebirges aus Beobachtungsergebnissen abzuleiten und sie mit den Werten zu vergleichen, die aus Verformbarkeitsversuchen in situ gewonnen wurden, sehr wünschenswert. Schließlich werden Vergleiche dieser Art erlauben, die Wertigkeit von in-situ-Versuchen zu beurteilen.

Messungen der Kippungen mit abnehmbaren Galileo- und Huggenberger-Neigungsmessern mit Meßlängen von 800 und 1000 mm sind an der Cambambe-Staumauer in Portugiesisch-Westafrika vorgenommen worden. Das Verfahren hat sich in seiner Anwendung als aufwendig und schwerfällig sowohl in den Meß- als auch Auswertungsarbeiten erwiesen. Darüber hinaus ist in manchen Fällen die Genauigkeit unter Berücksichtigung des geringen Kippungswertes, der eintreten kann, ungenügend.

Deswegen ist anzuraten, Neigungsschreiber [18] an Stelle von abnehmbaren Klinometern zu verwenden, da diese weniger teuren Geräte bessere Voraussetzungen für größere Genauigkeit der Messungen bieten [19]. Außerdem würde der Einsatz von Neigungsschreibern einen Schritt zur Einführung der automatischen Aufzeichnung, ob fortlaufend oder nicht, der gemessenen Werte zur periodischen Ablesung durch die Meßtruppe darstellen.

5. Messungen der Formänderung

Die Messung von Formänderungen im Gestein des Fundaments, die an portugiesischen Mauern mit Verformungsmeßgeräten, wie sie gewöhnlich für Beton verwendet werden, vorgenommen wurden, haben nachgewiesen, daß infolge der üblichen Zerklüftung des Gesteins aussagekräftige Messungen nur bei Einsatz von Verformungsmeßgeräten mit großer Meßlänge zu erwarten sind. Derartige Geräte weisen Meßlängen von 2 bis 3 m auf.

Das Verformungsmeßgerät besteht im Prinzip aus einem Carlson-Fugenmesser, an den eine Stahlstange an einem Ende angeschweißt ist (Bild 2). Das Gerät ist von einem äußeren

Schutzrohr aus sehr dünnem Kupferblech umgeben, das an den Enden mit Hilfe von zwei Kupferblechscheiben am Gerät befestigt ist. Durch Anziehen einer Gewindemutter auf dem freien Ende der Stange wird das Meßgerät in Spannung versetzt und das Rohr zusammengedrückt. Eine einspringende Halbwelle im Abschnitt nahe dem unteren Ende des Rohrs erlaubt eine wesentliche Verminderung seiner Längssteifigkeit.

Jedes Meßgerät wird auf sein Verhalten untersucht, um die entsprechende mechanische Eichkonstante und Temperaturkorrektur zu bestimmen. Für ein 2-m-Gerät schwankt diese Konstante gewöhnlich zwischen $5{,}5 \cdot 10^{-6}$ und $7 \cdot 10^{-6}$ je 0,01% des Widerstandsverhältnisses des Geräts, während sich die Temperaturkorrektur auf $10{,}5 \cdot 10^{-6}/°C$ beläuft; das ergibt den Wert von $12 \cdot 10^{-6}/°C$ für den Wärmeausdehnungskoeffizienten von Stahl für den Stab. Der effektive Meßbereich des Geräts beträgt etwa $3000 \cdot 10^{-6}$, wovon gegenwärtig etwa $1600 \cdot 10^{-6}$ auf Druck- und $1400 \cdot 10^{-6}$ auf Zugverformungen entfallen. Der Grund für diese Aufteilung ist darin zu suchen, dem Verformungsmeßgerät, wenn das Fundament zementiert wird, eine große Verformungsmöglichkeit in beiden Richtungen ohne Überschreitung der Grenzen seines Meßbereichs zu gewährleisten.

Der Einbau der Verformungsmeßgeräte wird in zweidimensionalen Gruppen von vier Geräten und in dreidimensionalen Gruppen von sechs Geräten vorgenommen. Die zweidimensionalen Gruppen werden gewählt, wenn der Verformungszustand in einer Ebene ermittelt werden soll, beispielsweise in der axialen Ebene einer Bogenstaumauer oder in Ebenen parallel den Axialebenen der Blöcke einer Schwergewichtsmauer. Die dreidimensionalen Gruppen wendet man an, wenn der dreidimensionale Verformungszustand gemessen werden soll, wie zum Beispiel in den Bereichen von Bogenstaumauer-Widerlagern, wo die Druck- und Schubspannungen sehr beträchtlich sind. Gelegentlich werden zwei zweidimensionale Gruppen mit einem gewöhnlichen Dehnungsmeßgerät (damit insgesamt fünf Geräte) eingesetzt, wenn lediglich Interesse am Verformungszustand in zwei Ausnahmeebenen besteht, beispielsweise Radial- und Tangentialebenen in bestimmten Höhen einer Bogenstaumauer. In Bild 3 sind die Einbaustellen von zwei zweidimensionalen Gruppen von Verformungsmeßgeräten im Gestein an der Basis des Mittelblocks der Al Etazar-Staumauer dargestellt. In dieser Mauer, von der in Bild 4 eine Gesamtansicht der rechten Böschung, die den Aushub erkennen läßt,

Bild 4. Blick auf die rechte Uferböschung mit Aushub, Staumauer El Atazar, Spanien (Aufnahme vom März 1968)

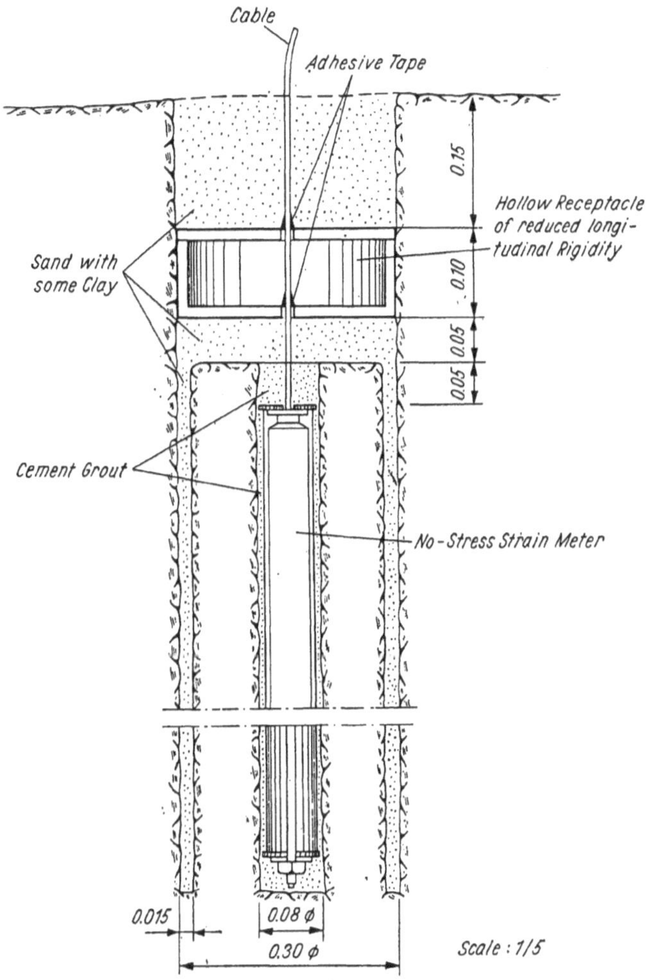

Bild 5. Einbau eines spannungslosen Verformungsmeßgerätes einer Gruppe von Gesteinsverformungsmeßgeräten

gezeigt ist, werden vier weitere dreidimensionale Gruppen im luftseitigen Teil der Basen von vier seitlichen, symmetrischen Blöcken eingebaut werden.

Die Bohrlöcher, in die die Verformungsmeßgeräte eingebaut werden, haben normalerweise einen Durchmesser von 7 bis 8 cm, sie werden mit Zementbrei verfüllt. Es ist darauf zu achten, daß sich nicht zwei Bohrlöcher kreuzen, um das Einbringen der Meßgeräte und der Zuleitungskabel nicht zu erschweren.

Wenn Spannungen berechnet werden sollen, ist es unumgänglich, spannungslose Verformungsmeßgeräte zu verwenden, um Längenänderungen im Gestein, die nicht auf Spannungen zurückzuführen sind, wie solche infolge thermischer oder hygrometrischer Einflüsse, oder durch andere Ursachen bedingt sind, wie die Ausdehnung des Gesteins infolge Druckentlastung, zu ermitteln. Für den Einbau der spannungslosen Verformungsmeßgeräte ist ein zweckmäßiges Verfahren entwickelt worden; der Einbau ist in Bild 5 zu erkennen. Dabei wird das Meßgerät im spannungslosen Zustand fest auf einen Gesteinszylinder zementiert, der unbeeinflußt vom Feld der Spannungen ist. Um das zu erreichen, werden die Räume zwischen Gesteinszylinder und Umgebungsgestein und Fundament mit feinem Sand, dem etwas Ton beigemischt wurde, ausgefüllt, der für Zementmilch undurchlässig ist. Im Raum zwischen Gesteinszylinder und Gründungsoberfläche wird ein hohles Aufnahmegefäß mit dünner Wandung, um eine verminderte Längssteifigkeit hervorzurufen, wodurch dem Sand seine Fähigkeit, Druckspannungen zu übertragen, genommen wird, eingefügt.

In einigen Veröffentlichungen sind Resultate bei der Verwendung von spannungslosen Verformungsmeßgeräten in den Staumauern von Alto-Rabagao (Portugal) und Cambambe (Portugiesisch-Westafrika) mitgeteilt [16, 20, 21]. Die folgenden Ergebnisse sind besonders bemerkenswert:

1. die Übereinstimmungen in der Größenordnung der Elastizitätsmodule, ermittelt durch in-situ-Versuche und errechnet aus der Verformbarkeit des Fundaments unter der Wirkung der Eigenbelastung und unter dem Einfluß des hydrostatischen Drucks im Bereich der größten Verformbarkeit der Alto Rabagao-Mauer;
2. die wesentliche Zunahme des Elastizitätsmoduls bei Belastung, beobachtet beim Bau in einem anderen Bereich der Gründung der Alto Rabagao-Mauer;
3. die großen Verformungen des Gebirges, das sich entlang der Klüfte öffnet, schließt und gleitet, wie an der Cambambe-Mauer zur Zeit der Verfestigungsarbeiten beobachtet (Ausdehnungen von 1,5 mm und Kürzungen von 4 bis 6 mm wurden für die 2-m-Länge des Verformungsmeßgerätes gemessen).

In Bild 6 sind einige Ergebnisse der Staumauer El Vellón dargestellt, die die Spannungen n der Mauer und die Formänderungen in der Gesteinsgründung verdeutlichen, wie sie sich während des Zeitraums der ersten Beckenfüllung entwickelt haben. Die angeführten Werte sind für den 18. April 1967 (Becken gefüllt bis zu der Höhe 822, 1) im Verhältnis zum 21. Februar 1967 (vor der Füllung des Beckens) berechnet worden. Die Untersuchung der Spannungen in der Staumauer beweist, daß sie sich in Übereinstimmung mit dem thermischen Zustand und den hydrostatischen Druckschwankungsn zwischen diesen beiden Terminen befinden [22]. In bezug auf die Verformungen im Gestein in den Gruppen, die unter den Blöcken 5 und 7 gelegen sind, entspricht ihre relative Größe dem erwarteten Betrag, d. h., die größten Verformungen entsprechen der Richtung der Radialebene, die mit 45° stromabwärts einfällt (Richtung 5), und den Richtungen senkrecht zu den Böschungen in der Tangentialebene (Richtung 6 in der linken und Richtung 7 in der rechten Böschung). Für die Gruppe, die in der Nähe der flußaufwärts gelegenen Basis des Blocks 3 gelegen ist, scheinen die relativen Größen dieser Verformungen sich ebenfalls in Übereinstimmung mit den auf den Block übertragenen Kräften (hydrostatischer Druck, Schub der Flügelböschung und Schub der oberen Bögen der Staumauer) zu befinden.

Die Diagramme der gemessenen Verformungen in der Gruppe unter Block 5 der Staumauer El Vallón sind in Bild 7 zu sehen. Die Auswirkungen der Eigenbelastung und des hydrostatischen Drucks während der ersten Beckenfüllung spiegeln sich in den Diagrammen der aktiven Verformungsmeßgeräte wider.

Es darf angenommen werden, daß die Gruppe der bereits existierenden Messungen der Veriformungen in der Gründung von Staumauern mit Verformungsmeßgeräten von großer Meßlänge von genügender Qualität ist, um zu beweisen, daß die entwickelten Verfahren zuverlässig sind. Zur Beobachtung der Staumauern Almendra, Cernadilla und El Atazar, die sich gegenwärtig in Spanien in Bau befinden, sind mehrere Gruppen von Verformungsmeßgeräten großer Meßlänge eingebaut worden.

6. Messung von Gleitungen

Die Bedeutung der Messung von Gleitungen in der Gründung von Staumauern, insbesondere auf Störungsflächen, zur Sicherheitskontrolle von Staumauern braucht wohl nicht betont zu werden.

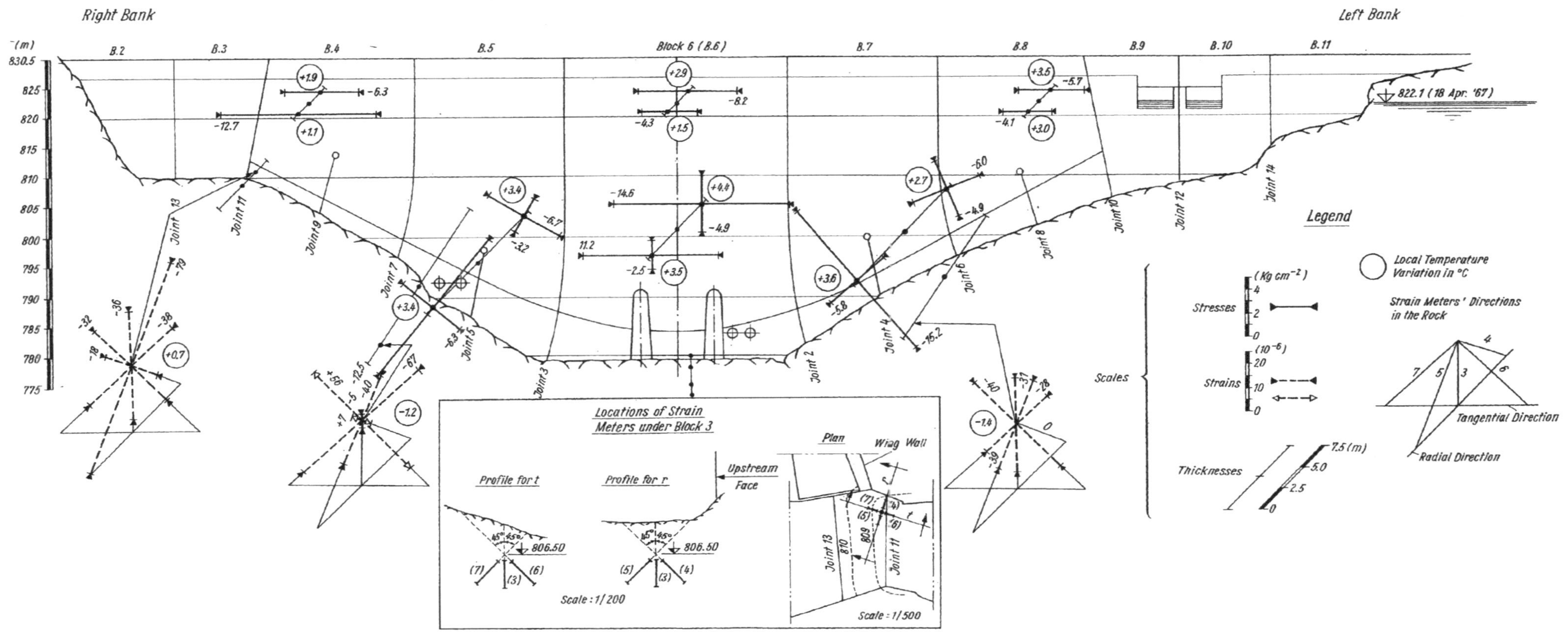

Bild 6. Spannungen in der Staumauer und Verformungen im Gründungsgestein der Staumauer El Vellón während des Zeitraumes der ersten Beckenfüllung

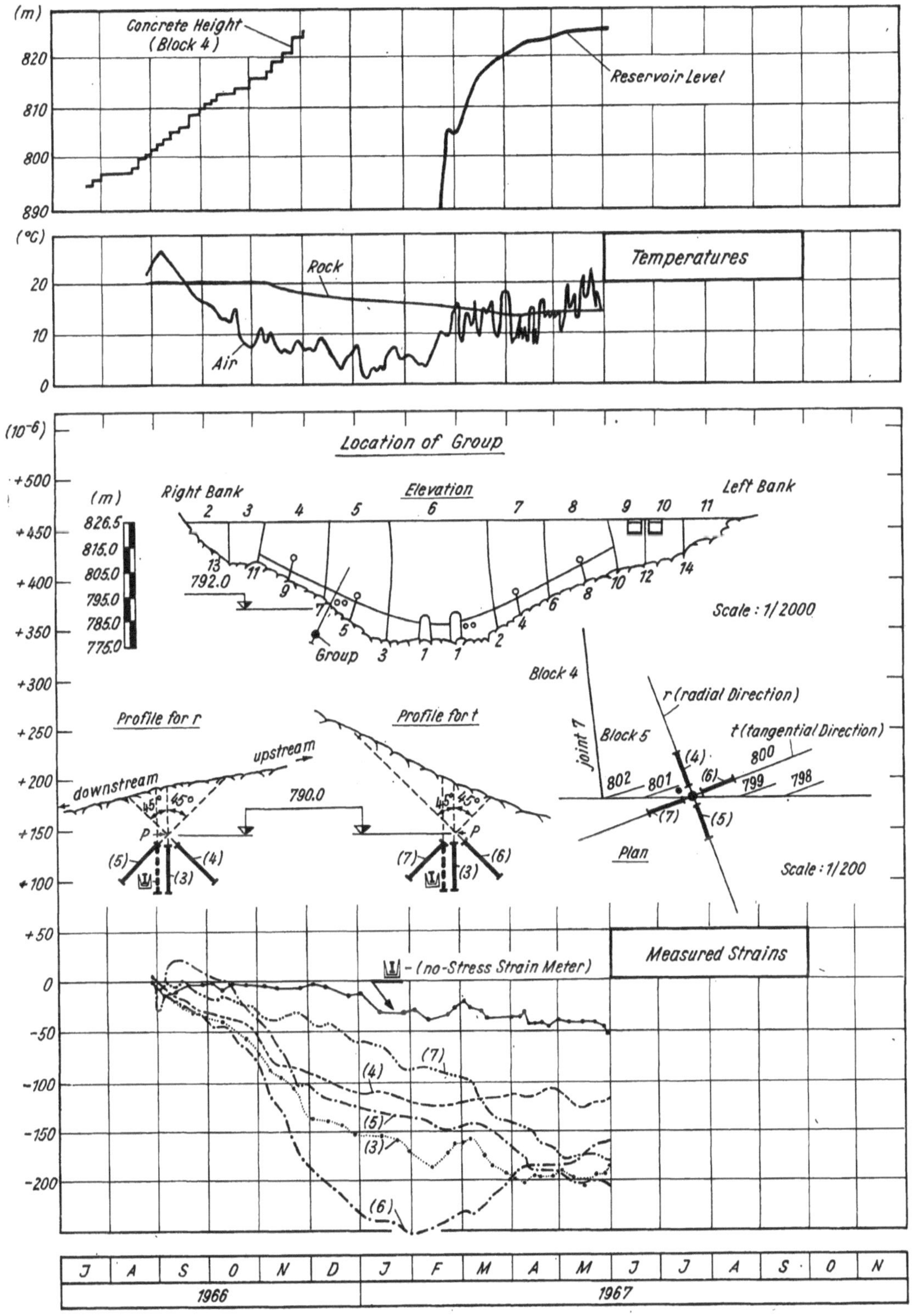

Bild 7. Gemessene Verformungen im Fundament des Blockes 5 der Staumauer El Vellón während des Baues und der ersten Beckenfüllung

Zur Messung der Gleitungen wurden an der Cambambe-Staumauer verschiedene Vorrichtungen verwendet, um Erfahrungen mit dieser Art Messungen zu sammeln. Zwei der Meßgeräte können als zweckmäßig bezeichnet werden; sie sind beide in Bild 8 dargestellt.

Das erste Meßgerät ist ähnlich der Vorrichtung, die von der Ontario Hydro Electric Power Comission verwendet wurde [23]. Ein Carlson-Fugenmesser wird in zwei zueinander senkrechten Richtungen in Serie mit einer Feder geschaltet; an einer Seite ist die Vorrichtung an einem kleinen Betonpfeiler, der auf der Oberfläche der möglichen Gleitung gegossen wurde, und auf der anderen Seite am Beton des Blocks oder der Betonfüllung einer Verwerfung oder Trennfuge verankert. Besondere Sorgfalt mußte darauf verwendet werden, die Vorrichtung vor Beschädigungen zu schützen, als das Gebirge zementiert wurde.

Zahlreiche Versuche wurden ausgeführt, um das Verhalten der Fugenmesser zu ermitteln, wenn sie wechselnder Belastung und Entlastung im effektiven Meßbereich unterworfen wurden, der vom Hersteller garantiert ist. Die Zyklen der Belastung und Entlastung haben unterschiedliche Dauer; so wurden Zeiträume von etwa $2^1/_2$ Monaten erreicht. Diese Versuche wurden ausgeführt, um

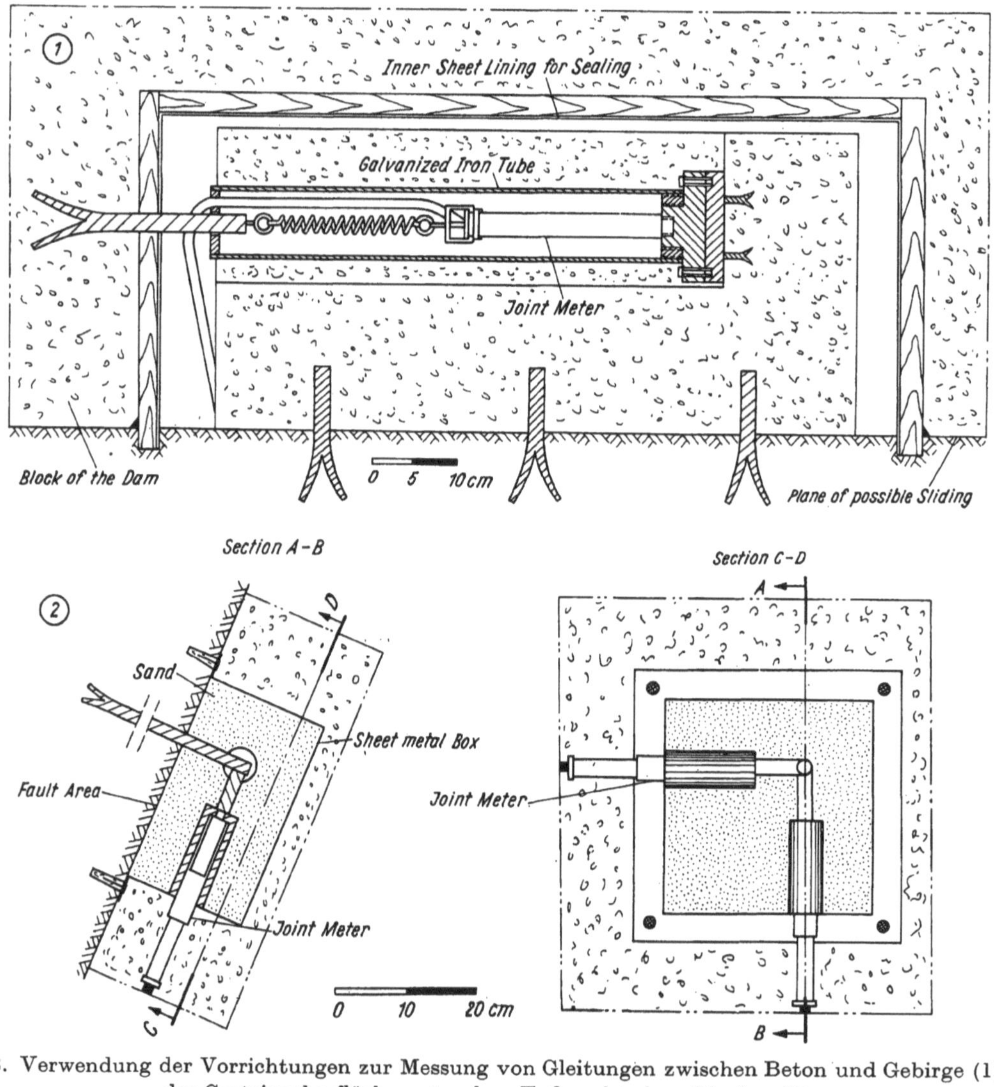

Bild 8. Verwendung der Vorrichtungen zur Messung von Gleitungen zwischen Beton und Gebirge (1) auf der Gesteinsoberfläche unter dem Fußpunkt eines Blockes (2) in Flächen von mit Beton ausgefüllten Störungen

Bild 9. Blick auf die rechte Böschung der Staumauer Almendra, Spanien, mit Aushub, Widerlagerblöcken und den Blöcken der Bogenstaumauer im Strombett (Aufnahme vom Dezember 1967)

1. die Kennwerte der Verformbarkeit der Fugenmesser zu ermitteln,
2. die Zuverlässigkeit der Geräte zu prüfen, wenn sie Bedingungen ausgesetzt werden, die den Einsatzbedingungen entsprechen, d. h., wenn die Geräte bis nahe an die Grenze ihrer Öffnungen auseinander gezogen werden.

Zusätzlich wurden Versuche ausgeführt, um die Kennwerte der Federn, die speziell für diesen Zweck entworfen und gebaut wurden, zu ermitteln.

Der wirksame Meßbereich der Vorrichtungen, die an der Cambambe-Staumauer verwendet wurden, belief sich auf 5,5 cm. Um den Meßbereich zu vergrößern oder zu verkleinern, genügt es, wenn die Kennwerte der verwendeten Federn geändert werden. Die beschriebene Vorrichtung ist dann zweckmäßig, wenn Gleitungen von mehreren Zentimetern möglich sind. Gegenwärtig sind auf den Störungsflächen des Fundaments der Almendra-Staumauer (Bild 9) Vorrichtungen dieser Art eingebaut, die einen Meßbereich in der Größenordnung von 10 cm aufweisen.

Die zweite Vorrichtung besteht aus dem Einbau eines Carlson-Kluftmesser Typ JL-10 mit einem Meßbereich von etwa 1,2 cm in zwei zueinander senkrechten Richtungen, der an einem Ende an einer dicken Stahlstange, die auf der Gesteinsoberfläche befestigt ist, und auf der anderen Seite auf dem Beton verankert ist. (Im allgemeinen entsprechen diese Richtungen in den Störungsflächen des Fundaments der Horizontalen und der Linie des größten Gefälles.) Diese Vorrichtung ist in feinen Sand eingebettet, der in einem Blechbehälter enthalten ist, um das Gerät zu schützen, wenn das Gebirge verfestigt wird.

Diese zweite Vorrichtung, die leichter zu installieren ist als die erste, scheint dann zweckmäßig zu sein, wenn die zu beobachtende Gleitung Werte von einigen Millimetern aufweist. Wenn die Gleitrichtung von vornherein bekannt ist, kann der Meßbereich unabhängig von der verwendeten Vorrichtung diesen Gegebenheiten angepaßt werden.

Es darf angenommen werden, daß diese zwei Geräte den an sie gestellten Anforderungen gerecht werden. In einer bereits genannten Veröffentlichung [16] sind einige Ergebnisse der Messungen der Gleitung an der Cambambe-Staumauer veröffentlicht.

7. Beobachtung der Zeitabhängigkeit der mechanischen Kennwerte des Gesteins im Fundament

Die Kenntnis der Zeitabhängigkeit der mechanischen Kennwerte des Gesteins im Fundament ist für die Kontrolle der Sicherheit der Staumauer von großer Bedeutung. Durch die Beobachtung erhält man Hinweise darüber, ob das Gestein in der Gründung die gewünschten Eigenschaften beibehält oder ob die Kennwerte mit der Zeit schlechter werden. Wenn sie schlechter werden, hilft die Beobachtung, den besten Augenblick zu bestimmen, in dem Verfestigungsarbeiten vorgenommen werden sollen und in welchem Bereich diese Verfestigung am dringlichsten ist.

Die Überwachung kann durch Messung der Fortpflanzungsgeschwindigkeit von Schallwellen mit Hilfe seismischer Verfahren erfolgen. Durch die Messung der Schallwellengeschwindigkeit ist es tatsächlich möglich, die dynamischen Elastizitätsmodule von verschiedenen Bereichen des Fundaments zu ermitteln. Diese Module, obgleich ihre Werte keine genau definierte Abhängigkeit zur wahren Verformbarkeit haben, sind für die Beurteilung ihrer zeitlichen Änderung eine wesentliche Hilfe. Diese Veränderungen ermöglichen eine Einschätzung der zeitlichen Abhängigkeit der mechanischen Kennwerte von Fundamenten, wenn auch nur in qualitativer Hinsicht.

Vom Standpunkt der Ermittlung der wahren Elastizitätsmodule sollte die quantitative Einschätzung der erwähnten zeitlichen Abhängigkeit deswegen besser über die Messung der Kippung an der Basis der Blöcke entsprechend den in Abschnitt 4 erläuterten Methoden vorgenommen werden. Die dort angegebene Gl. (1) zeigt, daß der Reziprokwert der Kippung sich linear mit dem Elastizitätsmodul ändert, während sich auf der anderen Seite das Quadrat der Fortpflanzungsgeschwindigkeit von Schallwellen linear mit dem dynamischen Elastizitätsmodul ändert. Daraus folgt, daß die Kippung an der Basis der Blöcke empfindlicher gegenüber Verformbarkeitsveränderungen der Gründung ist als die Fortpflanzungsgeschwindigkeit von Schall. Wenn man die Einfachheit der Kippmessungen gegenüber seismischen Versuchen im Auge behält und sich daran erinnert, daß für sie kein speziell ausgebildetes Personal notwendig ist, kann man die Schlußfolgerung ziehen, daß die Überwachung der zeitabhängigen Verformbarkeitskennwerte von Fundamenten wesentlich einfacher, beträchtlich genauer und häufiger und wesentlich wirtschaftlicher durch Kippmessungen als durch seismische Versuche vorgenommen werden kann. Nichtsdestotrotz wird auch an der Anwendung seismischer Verfahren Interesse bestehen, insbesondere dann, wenn sie zur Überwachung bekannter Schwächezonen in der Gründung eingesetzt werden, die speziell zu behandeln sind.

Mit dem Ziel der Einschätzung der Wirksamkeit von Behandlungen läßt sich sagen, daß seismische Versuche auch bei der Gewinnung von Vergleichsangaben über die Zustände im Fundament unmittelbar vor und nach Verfestigungsmaßnahmen sehr zweckmäßig sind. An der Cambambe-Staumauer wurden seismische Versuche mit dieser Blickrichtung durchgeführt. Auch das System, das für diese Versuche zur Verfolgung der Zeitabhängigkeit der Kennwerte des Gründungsgesteins notwendig ist, wurde eingebaut.

8. Überwachung des Fundamentverhaltens während der Bauzeit einer Staumauer

Theoretisch können alle die Verfahren, die in den vorhergehenden Abschnitten erläutert wurden, für diesen Zweck eingesetzt werden. In der Praxis ist es dagegen in der Bauzeit sehr schwierig, wenn nicht unmöglich, einige dieser Verfahren dazu heranzuziehen, insbesondere geodätische Verfahren oder die umgekehrte Lotung zur Erfassung von Verschiebungen und die Verfahren zur Messung der Kippung. Die Bauarbeiten und die Nutzung der Gänge für verschiedene Zwecke sind meist mit der Durchführung solcher Messungen unvereinbar.

Trotzdem sind Beobachtungen über Verformungen oder Verschiebungen des Fundaments während der Bauzeit von Wichtigkeit, und zwar wegen ihrer Auswirkungen auf die Blöcke. Aus diesem Grund ist es angezeigt, während der Bauzeit eine Analyse der Angaben vorzunehmen, die durch die Verformungs- und Fugenmeßgeräte, die im Beton der Blöcke eingebracht worden sind, geliefert werden. Insbesondere die Fugenmeßgeräte haben sich als sehr nutzvoll beim Nachweis von unerwartetem oder anomalem Fundamentverhalten erwiesen. Eine große Verformbarkeit der Gründungszone oder eine Gleitung entlang einer Störungsfläche übt einen unmittelbaren Einfluß auf die Fugen zwischen den betroffenen Blöcken aus. Die Fugenmeßgeräte erfassen diese anomalen Vorgänge sofort.

Die verhältnismäßige Einfachheit, mit der jede ungewöhnliche Fundamentverformung durch die Fugenmeßgeräte erfaßt wird, gibt zu der Empfehlung Anlaß, bei der Ausarbeitung des Überwachungsprogramms die Verteilung der Kluftmeßgeräte in entsprechender Form vorzusehen. Aus diesem Grund haben die Autoren in den meisten jüngsten Beobachtungsprogrammen immer darauf geachtet, die Anzahl der Fugenmeßgeräte in den Fugen in den unteren Verfestigungsbereichen zu erhöhen.

Wenn die Anzahl der Fugenmeßgeräte ausreichend ist, ist es verhältnismäßig einfach, ungewöhnliche Bewegungen in den Fugen und den Anlaß für diese Erscheinungen zu verstehen. Wenn die Anzahl verringert wird, ist sofort eine eingehende Ergänzung der Beobachtungen vorzunehmen, wenn auch immer irgendeine Unregelmäßigkeit in der Öffnung oder Schließung einer Kluft eintritt. Im allgemeinen wird das durch Oberflächenmessungen der relativen Bewegungen der Blöcke in Punkten, an denen sich die Fugen mit Gängen oder mit der Außenhaut der Staumauer schneiden, erreicht.

In der bereits erwähnten Arbeit [16] sind einige bemerkenswerte Ergebnisse eines unerwarteten Verhaltens der Fugen mitgeteilt, das auf ungewöhnliche Verformungen der Gründung zurückzuführen war. Die Gründe wurden immer nachgewiesen. Von Staumauern, die sich gegenwärtig im Bau befinden, werden sehr bemerkenswerte Ergebnisse dieser Art zusammengestellt.

9. Schlußfolgerungen

Das Verhalten der Gesteine, die das Fundament von Staumauern bilden, ist einer der heute am wenigsten bekannten wichtigsten Gesichtspunkte für die Planung einer Staumauer und die Überwachung ihrer Sicherheit. Um sich bessere Kenntnis über das mechanische Verhalten der Fundamente von Staumauern zu verschaffen, verdient die Untersuchung der Beobachtungsergebnisse größte Beachtung und Aufmerksamkeit. Tatsächlich wird bei der endgültigen Analyse die Beobachtung den Schlußpunkt über das tatsächliche Verhalten liefern und damit erlauben, die Sicherheit zu beurteilen.

Bei der Beobachtung der Fundamente von Staumauern sind neue Beobachtungsverfahren und die Vervollkommnung der bekannten Methoden, die umfassende Anwendung dieser Verfahren, die Untersuchung und Analysierung der Beobachtungsergebnisse sowie der Vergleich der Information aus diesen Verfahren mit der Information, die aus Berechnungen, Modell- und in-situ-Versuchen und aus theoretischen Untersuchungen gewonnen wurde, von größter Bedeutung.

Unter allen geodätischen Verfahren, die zur Messung von Verschiebungen eingesetzt wurden, ist die Polygonzugmethode eine der besten zur Ermittlung der horizontalen Verschiebungen von Staumauer und Fundament. Die Polygonzugmethode zeichnet sich durch größere Genauigkeit, die Verwendung eines dichteren Punktnetzes bei gleichzeitig schnellerer Beobachtung sowie durch Unabhängigkeit von Witterungseinflüssen aus, so daß sie besser geeignet als das Triangulationsverfahren ist. Wenn horizontale Gänge bei der Planung einer Staumauer vorgesehen sind, die sich bis in das anschließende Gründungsgestein erstrecken, ist es empfehlenswert, sie so zu gestalten, daß sie für Polygonzugmessungen verwendet werden können. Das Verfahren kann mit Feinnivellements gekoppelt werden, um auch die vertikalen Verschiebungen der beobachteten Punkte zu ermitteln.

Gegenwärtig läuft die Tendenz dahin, weniger auf geodätische Verfahren und an ihrer Stelle auf umgekehrte Lotungen zurückzugreifen. Mit umgekehrten Lotdrähten können die Verschiebungen 1. schneller und einfacher gemessen werden, sind 2. fast keine Arbeiten im Büro notwendig, erübrigt sich 3. der Einsatz von hochqualifiziertem Personal. Die umgekehrte Lotung gestattet neben der Bestimmung horizontaler Verschiebungen die Ermittlung der Vertikalkomponente der Verschiebungen, die heute durch Einmessen mit Hilfe kleiner Invar-Skalen, die auf den umgekehrten Lotdrähten und auf dem Gestein und/oder dem Beton im Fuß der Blöcke angebracht sind, vorgenommen wird. Die Entwicklung eines modifizierten Coordinometers wird gleichfalls die Messung der Vertikalkomponente der Verschiebungen ermöglichen und gleichzeitig Nivellements überflüssig machen, woraus eine wesentliche Vereinfachung der Messungen resultiert.

Messungen der Kippung sind wichtig, da sie die mit der umgekehrten Lotung vorgenommenen Messungen ergänzen. Vom sicherheitlichen Standpunkt sind darüber hinaus die Messungen der Kippung a der Fußpunkte der Blöcke von grundsätzlicher Bedeutung für die Beobachtung der zeitabhängigen mechanischen Kennwerte der Gesteine im Fundament. a ist umgekehrt proportional dem Elastizitätsmodul des Gebirges im Fundament. Zur Messung der Kippung sind Neigungsschreiber abnehmbaren Neigungsmessern vorzuziehen, da die Neigungsschreiber größere Möglichkeiten in bezug auf Genauigkeit der Messungen und automatische Registrierung bieten.

Verformungsmeßgeräte mit großem Meßbereich (Länge 2 bis 3 m) sind für Verformungsmessungen im Gründungsgestein entworfen und eingesetzt worden. Die Verformungsmeßgeräte sind in zwei- und dreidimensionalen Gruppen in Anpassung an den Verformungszustand in den Bereichen, in denen sie eingebaut wurden, verwendet worden. Die vorliegenden Ergebnisse von Verformungsmessungen im Fundament von Staudämmen, die mit solchen Verformungsmeßgeräten ermittelt wurden, sind von hinreichender Qualität, um zu beweisen, daß die entwickelten Verfahren sehr zweckmäßig sind. Zur Messung der Gleitungen im Fundament von Staumauern, insbesondere auf Störungsflächen, haben sich zwei Vorrichtungen als durchaus zweckmäßig erwiesen. Ein Gerät wird dann eingesetzt, wenn die Gleitungen einen Betrag von nicht mehr als 1 cm erreichen. Mit dem anderen Gerät können Gleitungen in der Größenordnung von mehreren Zentimetern erfaßt werden, wobei das Gerät Erweiterungsmöglichkeiten bietet, um auch Gleitungen von einigen Dezimetern zu messen.

Die Überwachung der Zeitabhängigkeit der mechanischen Kennwerte des Gebirges und der Gründung kann durch Messung der Fortpflanzungsgeschwindigkeit von Schallwellen mit Hilfe seismischer Versuche vorgenommen werden. Diese Aufgabe der Überwachung kann jedoch viel einfacher, genauer und wirtschaftlicher durch Messung der Kippung wahrgenommen werden. Aus diesem Grund ist es zur Ermittlung der Zeitabhängigkeit der Elastizitätsmodule zweckmäßiger, die entsprechenden Messungen durch Erfassung der Kippung der Fußpunkte von Blöcken vorzunehmen. Seismische Versuche sind dann von Wert, wenn eng umgrenzte Schwächezonen im Fundament zu überwachen sind, die eine besondere Behandlung erfordern.

Im allgemeinen sind die Bauarbeiten mit der Anwendung aller Verfahren zur Messung von Verschiebungen, d. h. solcher Verfahren, die die Überwachung des Fundamentverhaltens während des Baues der Staumauern gestatten, unverträglich. Diese Überwachung während des Baus ist jedoch wichtig. Die Erfahrung hat gezeigt, daß eine sorgfältige Auswertung der Angaben von Fugenmeßgeräten, die in die Fugen der Blöcke eingebettet worden sind, wertvolle Angaben über jedes unerwartete Verhalten des Fundaments offenbaren, da dieses Verhalten unmittelbar die Blöcke und damit auch die Fugen zwischen ihnen beeinflußt.

Deswegen ist es empfehlenswert, daß bei der Aufstellung der Beobachtungsprogramme der Vorteil, den Fugenmeßgeräte bieten, im Auge behalten wird.

Anerkennung

Die Autoren möchten ihren Dank der Confederación Hirográfica del Tajo, Canal de Isabel II, und Iberduero, S. A., für die der Consulpresa, S. A., ermöglichte Zusammenarbeit bei der Beobachtung der Staumauern El Atazar, El Vellon, Almendra und Cernadilla zum Ausdruck bringen. Ihr Dank gilt auch Frl. RUTH WILSON für ihre Übersetzungen und Bemerkungen.

Literatur

[1] SERAFIM, J. L., und GUERREIRO, M.: In situ-deformability tests of rock masses. Bericht 10. Ländertreffen IBG, Akademie-Verlag, Berlin 1970.

[2] OBERTI, G.: Results and interpretation of measurements made on large dams of all types, including earthquake observations. Trans. VIIIth Congress on Large Dams, Vol. IV, General Report, Question No. 29, S. 395–433. Edinburgh 1964.

[3] BOURGIN, A.: Sécurité des barrages du point de vu de la fondation et stabilité des versants de la retenue. Trans. IXth Congress on Large Dams, Vol. V, General Report, Question No. 32, S. 1–39, Istanbul 1967.

[4] BUEHLER, J. P.: Behaviour and deterioration of dams. Trans IXth Congress on Large Dams, Vol. V, General Report, Question No. 34, S. 129–175. Istanbul 1967.

[5] SERAFIM, J. L., and DEL CAMPO, A.: Interstitial pressures on rook foundations of dams. J. Soil Mechanics and Foundations Division, ASCE **91** (1965) SM5, Proc. Paper 4484, S. 65–85.

[6] SERAFIM, J. L., DEL CAMPO, A., GUERREIRO, M., and URENA, R. DE: Aspects of the percolation water under concrete dams and the deformation of rook foundations. Trans IXth Congress on Large Dams, Vol. V, Communication, S. 381–406. Istanbul 1967.

[7] ROCHA, M., SERAFIM, J. L., SILVEIRA, A. F., and GUERREIRO, M.: Observation of concrete dams. Results obtained in Cabril. Dam. Trans. VIth Congress on Large Dams. Vol. II, Question No. 21, R. 83, S. 877–923. New York 1958.

[8] ROCHA, M., SERAFIM, J. L., SILVEIRA, A. F., and RODRIGUES, O. V.: The observation of the behaviour of the Portuguese concrete dams. Trans. Vth Congress on Large Dams. Vol. IV, Communication 33, S. 1219–1264. Paris 1955.

[9] RODRIGUES, O. V.: Mesure des déplacement absolus des grands barrages portugais. Symposium on the Observation of Structures, Vol. II, Communication 38, S. 469–675. Lisboa 1955.

[10] BACHMANN, W. K.: Nouvelles methodes pour la determination géodésique des déformations de barrages et outres cuvrages d'art. Cours d'eau et énergie, Zürich, 1956, Nr. 7–9.

[11] LEMOS, A. F. DE: Sur l'emploi de nivellements géomètriques de précision dans l'observation d'ouvrages. Symposium on the Observation of Structures, Vol. II, Communication 39, S. 676–685, Lisboa 1955.

[12] ROCHA, M., SILVEIRA, A. F. DA: Assessment of observation techniques used in Portuguese concrete dams. Trans. VIIIth Congress on Large Dams, Vol. II, Question No. 29, R. 42, S. 757–790. Edinburgh 1964.

[13] XEREZ, A. C., LAMAS, A. F., et CARDOSO FERREIRA, C.: La mesure des déplacements dans le contrôle du comportement des barrages en béton. Trans. VIIIth Congress on Large Dams, Vol. II, Question No. 29, R. 26, S. 453–470, Edinburgh 1964.

[14] SCHUM, C.: Comportement des grands barrages suisses. Introduction, Ed. Comité National Suisse des Grands Barrages 1964, S. 13–16.

[15] SILVEIRA, A. F. DE: Observation of dams displacements by means of pendulums. Symposium on the Observations of Structures, Vol. II, Communication 35, S. 588–601. Lisboa 1955.

[16] GUERREIRO, M.: Observation of the behaviour of Cambambe Dam. Experience and some results obtained. Trans. VIIIth Congress on Large Dams, Vol. V, Communication 18, S. 623–670. Edinburgh 1964.

[17] NAVARRO, J. L. G., ARACIL, J. J.: Saltos de agua y presas de embalse. Bd. 2. 3. Aufl., Madrid: Tipografia Artistica 1958.

[18] CALOI, P., DIAMANTI, E. D.: Il fotoclinografo a pendolo orizzontale nella teoria e nell'aplicazione. L'Energie Elettrica (1956) 10.

[19] Tonini, D.: Observed behaviour of several Italian arch dams. Proc. ASCE, J. Power Division 82 (1956) No. PO6.

[20] Rocha, M., Silveira, A. F. da, Rodrigues, O. V., und Florentino, C.: Assessment of the behaviour of a large dam during its first loading. Trans. IXth Congress on Large Dams, Vol. III, Question 34, R. 23, S. 403–418. Istanbul 1967.

[21] Serafim, J. L.: The behaviour of arch dams and their foundations. Water Power (1964) 5, S. 199 bis 207.

[22] Augustin, J. G., Serafim, J. L.: El Vellón dam. Revista de Obras Públicas (1967) 3028, S. 717–728.

[23] Gung, G., and Morison, W. B.: Structural behaviour of concrete gravity dams. Ontario Hydro Research News 7 (1954) 2.

Simulierung der dynamischen Bedingungen des Gebirges bei Spannungsschlägen im Labor und unter Tage

von J. ZNAŃSKI, Kraków

1. Die Erkennung und Beschreibung des inhomogenen Spannungszustandes des Gebirges in der Umgebung von Grubenbauen, die durch Gebirgsschläge gefährdet sind, ist eine schwierige Aufgabe. Es ist aber zu erwarten, daß Modellierungen im Labor sowie eine bewußte Lenkung der Belastung des Flözes in den Stößen eines Abbaus unter gleichzeitiger Messung der Verformungen „in situ" zu einer Nachbildung des Spannungszustandes und einer Prognose der Gefährdung der Grubenbaue durch Gebirgsschläge führen können.

Ein vereinfachtes Schema der strukturellen und dynamischen Bedingungen im Flözhangenden, in zwei für Gebirgsschläge typischen Fällen, kann man sich folgendermaßen vorstellen:

a) ein Hangendes mit einer verhältnismäßig schwach ausgebildeten Schichtung und Schlechtenbildung von geringer Dichte, durch Klüfte (Verwerfungen) aber in Monolithe (große Blöcke) geteilt, deren Druck auf das Flöz ungleichmäßig verteilt ist; der am Rande konzentrierte Druck des Monolithen erreicht um so höhere Werte und liegt dem Grubenbau um so näher, je weniger das Flöz zu Verformungen neigt (Bild 1);

b) ein Hangendes, strukturell dem eben beschriebenen ähnlich, das jedoch erst im Laufe des Abbaus des Flözes in Blöcke zerfällt; infolgedessen entsteht an der Trennungslinie eine plötzliche Druckkonzentration auf das Flöz (Bild 2).

Zwischen diesen zwei Möglichkeiten liegt eine Vielzahl von Fällen, die den jeweiligen Grubenbedingungen entsprechen. Wenn die wirklichen Bedingungen dem ersten Beispiel ähneln, trifft der sich nähernde Grubenbau auf die vom Flöz übertragenen Druckkonzentrationen des Blockes. Dabei kann nach Überschreiten der Festigkeit eines zu Gebirgsschlägen neigenden Flözes eine heftige Zersprengung des Stoßes, anders gesagt, ein Spannungszuschlag (Flözschlag) erfolgen. Solche Gebirgsschläge sind im polnischen Kohlenbecken in der Nähe größerer Verwerfungen bekannt.

Ähnlich ist mit einem Spannungsschlag bei der Druckkonzentration an der Abbaukante eines vorher unter einem festen Hangenden abgebauten Flözes zu rechnen. Der sich hier konzentrierende Druck erfährt im Liegenden des Flözes eine gewisse Verteilung. Infolge der im Desintregationsnetz des Liegenden vorgehende Verschiebungen wird der Druck zum Teil

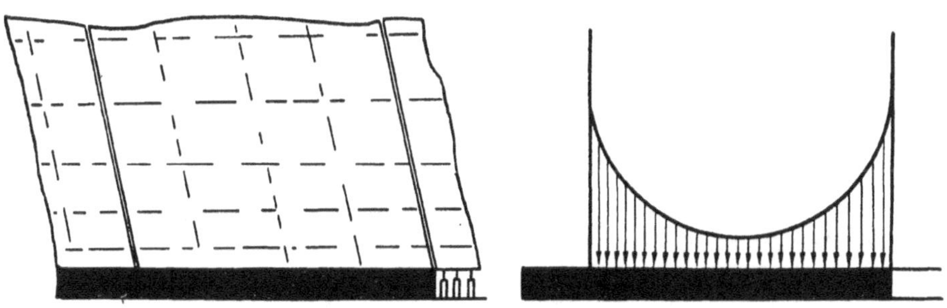

Bild 1. Ungleichmäßige Verteilung des Druckes des Hangenden und gleichmäßige Verformung des Flözes

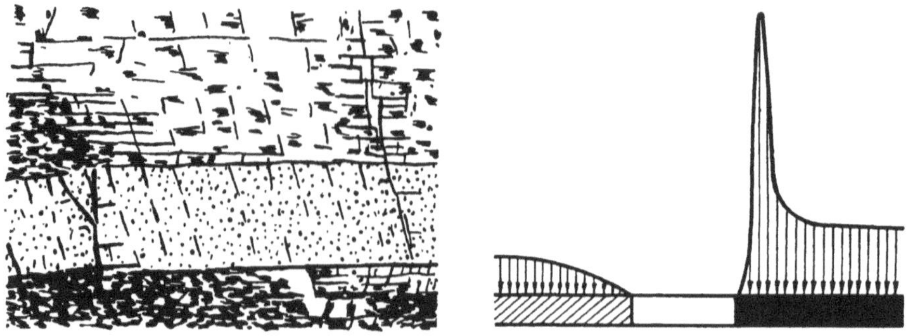

Bild 2. Zubruchgehen einer festen Hangendschicht und deren hypothetischer Druck auf das Flöz

auch auf tiefer liegende Flöze, bis zu einer Entfernung einiger Zehn und mehr Meter, als Kantenwirkung übertragen, was zu Spannungsschlägen führt.

Im Falle der Ähnlichkeit mit dem zweiten Beispiel kommt es zu einer Druckkonzentration unter einem festen Hangenden (z. B. Sandstein), in dem die bestehende Klüftung eine Schlechtenbildung in Abständen von einigen bis zu einigen Zehn Metern vom Abbaustoß zuläßt. Solche Fälle sind beim Abbau mächtiger Flöze im polnischen Kohlenbecken bekannt, und zwar:

a) beim Strebbau mit breitem Blick und einem wenig festen Spülversatz. Das Hangende ruht auf den aus dem Spülversatz herausragenden Stempeln, zerdrückt diese bei der Absenkung und zerbricht;
b) beim Pfeilerstoßbau ohne volles Zubruchgehen der Firste, die lokal durch Kohlenbeine zwischen den Abbauen gestützt wird; nach Zerdrückung der Kohlenbeine können plötzliche Brüche des Hangenden eintreten.

Der Druck des brechenden Hangenden konzentriert sich hauptsächlich längs der Bruchkante im Hangenden. Der Abstand der entstehenden Bruchkanten kann einige bis dutzende Meter betragen.

In der Zone tektonischer Zerklüftung (Bild 1) sowie an den Grenzlinien des Alten Mannes erleidet das Flöz Spannungsschläge, wie z. B. der große Gebirgsschlag in der Grube Zabrze im Jahre 1963 beweist (Bild 3). Plötzliche, dem Beispiel von Bild 2 ähnliche Hangendbrüche hingegen bewirken Schläge des Hangenden. An einem solchen Schlag nehmen nicht nur die vor dem Schlag im Flöz angesammelte Spannungsenergie, sondern auch die im Hangenden während des Schlages freiwerdende Energie teil, die dem schlagenden Flöz übermittelt wird. Noch größer ist der Anteil der auf das Flöz infolge Verschiebung in einem mächtigen Gebirge übertragenen Spannungsenergie. In diesem Fall erfolgt ein höchst gefährlicher Gebirgsschlag im Liegenden oder Hangenden, der unerwartet kommt und schwer zu bekämpfen ist, da der Bruch in einem regionalen Bereich auftritt. Diese Gebirgsschläge erfolgen in der um den Alten Mann anstehenden Kohle, also in den Pfeilern der im Betrieb befindlichen Baue und den im Alten Mann verbliebenen Restpfeilern. Beträchtliche Räume des hangenden und liegenden Gebirges, die auf diesen Pfeilern teilweise eine Stütze finden, gehen in einem gewissen Moment plötzlich zu Bruch. Der Bereich derartiger Gebirgsschläge umfaßt manchmal mehrere Grubenfelder.

Die Entspannung des Gebirges auf der Linie von Dislokationsklüften bewirkt Gebirgsschläge im Flöz in der Nähe dieser Linie und außerdem an solchen Stellen, an denen das Flöz zu einem Schlag disponiert ist.

Die Schwingungswelle des sich entspannenden Gebirges wird als von vielen entfernten Erdbebenwarten registrierte Erschütterung empfangen. Im Jahre 1939 war die starke Erschütterung makroseismisch in einem Radius von 6 km spürbar, während die Erschütterung vom Jahre 1952, deren Epizentrum sich auf dem Gebiet der Grube Wirek befand, von den Seismographen in Stuttgart und Prag in einigen Hundert Kilometern Entfernung registriert wurde.

2. Die dynamischen Bedingungen in der Umgebung eines Grubenbaues beim Abbau von zu Spannungsschlägen neigenden Flözen kann man in vereinfachter Weise im Labor nachahmen bzw. in der Grube wiedergeben.

Nach einem Spannungsschlag im Stoß des Grubenbaues wird das Flöz durch Klüfte in Blöcke quer zur Schichtung zerlegt und zum Grubenbau verrückt (Bild 3). Bei Spannungsschlägen erfolgt das Bersten des Flözes in Blöcke noch vor dem eigentlichen Schlag. Diese Ansicht bestätigen nicht nur die Geräusche des Berstens des Flözes, sondern auch das Eindringen in das Innere des Flözes mittels Bohrungen. Die Bohrungen haben erwiesen, daß die Abstände der Schlechten nach dem Inneren zu wachsen, was mit den allgemeinen Grundsätzen der Verrückung und der Verfestigung des Flözes in der Umgebung der Grubenbaue in Übereinstimmung steht. Das Bersten und die Entspannung verlaufen in Abhängigkeit von den Bedingungen insbesondere der Veränderungen der Oberfläche der wechselseitigen Kontakte der zusammengepreßten und sich entspannenden Blöcke, ihrer gegenseitigen Reibung und ihrer Reibung an den Berührungsflächen mit dem Liegenden und Hangenden des Flözes. Im Inneren des Flözes, in der Übergangszone an der Grenze der Blöcke und der anstehenden festen Kohle, führt die enge Anpressung der Blöcke zu einem Verschwinden der Schlechtenbildung und zu einer Verfestigung der Verrückungszone. In dieser Zone vermindern sich die Komponenten der Gestaltsänderung und wachsen die Komponenten der Volumenänderung unter gleichzeitiger Zunahme der Festigkeit. Deshalb konzentriert sich hier der Kämpferdruck unter Ansammlung von beträchtlichen Mengen elastischer Energie. Das Bersten des Flözes in Blöcke bildet gewissermaßen einen ,,Bereitschaftsgrad" des Flözes zu einem Spannungsschlag (Flözschlag). In diesem Falle kann eine zufällige Einleitung des Schlages eines der Blöcke infolge inhomogener Struktur und ungleichmäßiger Belastung der einzelnen Blöcke eintreten. Der entstehende schlagartige Zerfall eines Blockes kann sich lawinenartig auf die restlichen Blöcke übertragen. Dasselbe kann infolge einer Verminderung des durch die verfestigte Verrückungszone geleisteten Widerstandes, z. B. lokal durch Verhieb des verrückenden Flözes (Schrämen oder Schießen) oder durch Änderungen der Belastungsverteilung, erfolgen. Die räumlich zusammengepreßten Blöcke können sich wieder ungehindert in Rich-

Bild 3. Trennende Zerklüftung und Verrückung des Flözes nach einem Spannungsschlag (Zabrze)

tung des Abbaus entspannen und bewirken, indem sie den Widerstand der den Abbaustoß bildenden Blöcke gewaltsam brechen, ein explosionsartiges Bersten des Flözes.

3. Die Verformung einer kleinen gleichseitigen oder säulenförmigen Probe, die langsam und einachsig zusammengedrückt wird, wird durch die Steifheit der Platten der Presse und die Reibung der Endflächen der Proben auf diesen Platten behindert. Deshalb erfolgt in schlagenden Proben eine Ansammlung elastischer Energie, die größer ist als die, die zur Überschreitung der wirklichen Festigkeit σ_w nötig ist. Das zeigt sich an der Mantelfläche der Proben durch Rißbildung parallel zur Pressungsachse infolge lokaler Zugbeanspruchung. Bei weiterer Belastung verformt sich die Probe weiter elastisch bis zum teilweisen oder gänzlichen Zerfall bei der Druckspannung σ_t. Die an den oberflächlichen Rissen der Mantelfläche der Probe eingeleitete Beanspruchung erfaßt auch das Innere der Probe, die in begünstigten Richtungen heftig zerstört wird. Von der Probe werden Teilstücke mit großer Geschwindigkeit abgesprengt, wobei eine große Menge kinetischer Energie (Entspannungsenergie) frei wird.

Der Verlauf des Zerfalls einer in der Presse beanspruchten Probe ähnelt einem Schlag, besonders dem schlagartigen Zerfall des ersten Blockes in einem zum Spannungsschlag „bereiten" Flöz. Bei einem Vergleich kommen dabei viele Einzelheiten des Schlagvorganges an den Tag, die man weder durch Besichtigung der Folgen, noch durch Berichte von Augenzeugen eines Gebirgsschlages kennenlernen kann.

Die Untersuchungen im Labor ermöglichten eine eingehende Analyse der Bedingungen der Gebirgsschläge und wurden auch zur Erkennung ihres Wesens in Gruben ausgewertet. Dieses qualitative Wissen ist jedoch nicht ausreichend. Die quantitative Bestimmung der charakteristischen Größen des Gebirgsschlagvorganges und ihre Prognose kann erst von den Ergebnissen einer gesteuerten Pressung des Flözes mit gradueller Steigerung des Druckes unter Anwendung hydraulischer Druckkolbenblöcke erwartet werden.

Bei der Erörterung des Spannungszustandes des Flözes in der Nähe des Stoßes kann man die Neigung zu Spannungsschlägen als gegeben ansehen durch:

a) einen ausreichenden Grad makroskopischer Homogenität, Dichte und Kohäsion des Flözes im Kohlenstoß;
b) eine verhältnismäßig große, überwiegend elastische Nachgiebigkeit gegen Druck;
c) die Möglichkeit, eine die wirkliche Festigkeit überschreitende Belastung zu erreichen, dank der Behinderung der freien Verformung des Flözes zum Abbau hin;
d) das Erreichen einer großen Entspannungsleistung der Blöcke im Moment des Berstens.

Die Blöcke können im Stoß des Flözes lose oder dicht liegen. In einem losen Stoß wird der Pressungszustand der einzelnen Blöcke ein quasieinachsiger sein, in einem kompakten Stoß dagegen wird er sich dem triaxialen Spannungszustand nähern.

Die Abhängigkeit der Festigkeit einachsig belasteter inhomogener Körper von der Größe und dem Verhältnis ihrer Abmessungen hat theoretisch und praktisch im Labor bei kleinen Proben ihre Bestätigung gefunden. Man könnte daraus folgern, daß die Festigkeit des Stoßes eines Grubenbaues kleiner ist als die Festigkeit von aus dem Stoß entnommenen kleinen Proben. Unabhängig von der Inhomogenität der Blöcke des Flözes wird die Dichte der Schichtung und des Schlechtennetzes und deren Ausbildung im Stoß des Flözes zusätzlich vermindernd auf die Festigkeit wirken. Demgegenüber bewirkt die Verfestigung der Verrückung des Flözes mit zunehmender Entfernung vom Stoß einen erhöhten Zusammenhalt des Schlechtennetzes und damit auch die erhöhte Festigkeit der Blöcke.

Zur Ermittlung dieser Festigkeit ist es vorteilhaft, das Flöz einer gesteuerten Belastung zu unterwerfen. Dies geschieht auf einer bestimmten Fläche eines im Flöz parallel zur Schichtung hergestellten Schemas unter Anwendung eines gesteuerten hydraulischen Druckaggregates und gleichzeitiger Messung der Verformungen normal und parallel zur gepreßten Fläche.

4. Bei Aufnahme von Messungen der Elastizität und der Festigkeit des Flözes „in situ" im Jahre 1964 wurden diese auf vertikale Blöcke, die unmittelbar am geebneten Stoß abgesteckt waren, beschränkt. Die Blöcke (Proben in situ) mit einer vertikalen Pressungsachse, durch Schrämen hergestellt, hatten eine Grundfläche von 0,75 · 0,6 m.

Die nicht abgetrennten Blöcke hatten den Umriß des aus einem vierteiligen System von rhombischen Stahlblöcken (mit hydraulischen Kolben) bestehenden Aggregats, d. h. eine Grundfläche von 0,65 · 0,55 m. In Abhängigkeit von den Schwankungen der Mächtigkeit beider Flöze betrug die Höhe der Blöcke 1,7 bis 1,8 m. Der Pressungszustand der ausgeschnittenen Blöcke wurde als quasi-einachsig, der nicht ausgeschnittenen dagegen als quasi-

Bild 4. Ansicht des Meßpunktes I im Stadium der Messungen

dreiachsig angesehen. Bild 4 zeigt einen für den dreiachsigen Druckversuch vorbereiteten Flözblock.

Die Methode der Druckversuche in diesem Stadium und ihre Ergebnisse wurden im Beitrag des Verfassers beim 8. Ländertreffen des Internationalen Büros für Gebirgsmechanik im November 1966 erläutert. Diesem Bericht sind die Mittelwerte der Meßergebnisse im Flöz und Labor, wie sie in Tabelle 1 zusammengestellt sind, entnommen:

Ein genereller Vergleich der Werte für Verformung und Festigkeit der Flöze und der ihnen entnommenen kleinen Proben gibt keine Grundlage zur Feststellung irgendwelcher Korrelationen unter ihnen.

Die durchschnittlichen Verformungswerte der Tab. 1 sind mit einem gewissen Fehler der nichtelastischen Verformungen des Flözes, unter der Wirkung der Pressung infolge der Verschiebungen im Trennflächennetz, behaftet.

5. Die Ergebnisse der Untersuchungen des ersten Stadiums sowie die daraus gezogenen Schlüsse beeinflußten das Programm der weiteren Messungen.

Tabelle 1

Flöz	Eigenschaften des Flözes	Messungen an Blöcken im Stoß		Messungen an Proben im Labor 10 × 10 × 10 cm	
		einachsige	dreiachsige	einachsige Pressung	Pressung im Joch
		[kp/cm²]			
506	Anzahl der Messungen	3	3	4	3
	Festigkeit	69,0	114,0	250,0	350,0
	Verformungskennziffer*)	2139	2456	4000	—
504	Anzahl der Messungen	5	6	8	4
	Festigkeit	115,0	175	155	210,0
	Verformungskennziffer	3532	5534	1653	—

*) Verhältnis des Spannungswertes zur spezifischen Verformung

Es wurde beschlossen, die Messungen ausschließlich im Flöz 504 zu konzentrieren und das Netz der Festpunkte zur Messung der Verschiebungen, die längs der mittleren Pressungsachse und vier paralleler Achsen auf einem durch die Mitte der Pressung parallel zum Stoß hindurchgehenden ebenen Querschnitt verteilt waren, zu verdichten. Mit diesen Punkten soll die Verschiebungsverteilung in diesem Querschnitt ermittelt werden.

Zu diesen Punkten wurden vom Stoß Bohrlöcher angelegt und am Bohrlochtiefsten steife Röhrchen (Stäbe) mittels Beton befestigt. Sonst stehen diese Röhrchen frei in den Bohrlöchern, und ihre nach außen herausragenden Enden dienen als Reper. Auf diese Weise können die Verschiebungen der Punkte im Inneren des Stoßes durch die Veränderung der gegenseitigen Entfernung der Bezugspunkte mittels Deformometer die Verformungen des Flözes kennzeichnen.

Die Längsverformungen bei einachsiger Pressung zeigten Anomalien, die schon im ersten Stadium der Messungen bemerkt wurden. Diese Anomalien wurden durch die Auflockerung und Verschiebung der Blockfragmente im Trennflächennetz verursacht. Im Zusammenhang damit erfolgte eine Verdrehung der Röhrchen samt ihrer Befestigung und auf diese Weise eine Verzerrung der Messungen, die bei vier von fünf Meßstellen zu einer Analyse ungeeignet waren.

Zur dreiachsigen Pressung der nicht im Stoß ausgeschnittenen Blöcke wurden drei Meßorte mit einem unter der Firste hergestellten Schram für das Druckaggregat sowie vier Meßorte mit einem Schram in der Mitte des Flözes vorbereitet. Es zeigte sich, daß sich die Festigkeit des Flözes an den Meßstellen mit Schram unter der Firste auf durchschnittlich 220 kp/cm² belief und der errechnete mittlere Verformungsmodul um 9450 kp/cm² größer war als im ersten Pressungsstadium.

An den anderen Meßstellen mit dem Schram in der Mitte des Flözes war die durchschnittliche Festigkeit kleiner, und zwar 110 kp/cm², und der mittlere Verformungsmodul 4400 kp/cm². Die Ursache dieser Unterschiede wäre in der Änderung der Pressungsbedingungen zu suchen.

Für die unteren Meßorte ergeben die Diagramme der Längsverformungen, am oberen Teil der fünf Achsen gemessen (im Schnitt durch die Mitte der Pressung, parallel zum Stoß), eine Kurvenschar ähnlich den Exponentialkurven (Bild 5).

Von kleineren Belastungen wächst ihre Krümmung bei zunehmender Belastung p bis zum Maximum der Verformung in der Mitte der Pressung. Die Verteilung der Verformung gleicht sich mit wachsender Entfernung von der gepreßten Fläche im Schram aus, was in den aufgenommenen Kurven in demselben Querschnitt des Blockes zum Ausdruck kommt (Bild 6). Zugleich nimmt der Wert der Verformung ab, was eine gewisse Ähnlichkeit mit der Ver-

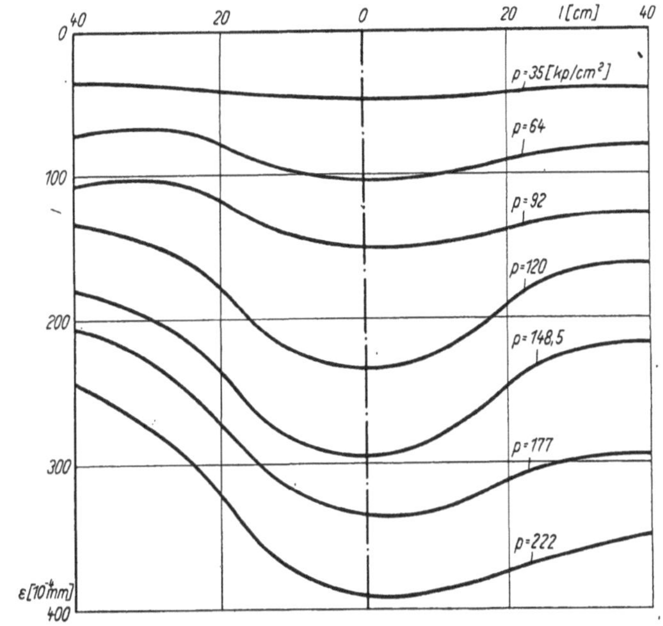

Bild 5. Verteilung der Längsverformungen in der Nähe der Druckfläche in einem Meßpunkt mit Firstenschram

minderung der Spannungen im am Rande belasteten idealen, elastischen Halbraum (BOUSSINESQ) nahelegt. Unabhängig davon wäre hier den Meßergebnissen des Verformungswertes (Entspannung) des Flözes während des Schneidens des Schrams unter der Firste im nachfolgenden dritten Untersuchungsstadium Beachtung zu schenken. Hier ist gleichfalls die Verformung am größten, wenn die Herstellung des Schrams über den Meßpunkt läuft, und vermindert sich in dem Maße, wie sich dieser entfernt. Der Verlauf der Kurve der maximalen Verformung (Bild 7 und 8) zeigt, daß zum absoluten Wert der gemessenen Verformung und seinem Zuwachs nicht nur die elastische, sondern gleichfalls die nichtelastische Verformung beiträgt. Die letztere entsteht infolge der Verdichtung des im Verlauf des Schrämens vorrückenden Flözes.

Es ist gleichfalls zu vermuten, daß auf die Verminderung der Verformung mit wachsender Entfernung von der gepreßten Fläche das Anhaften des Flözes an der Sohle, das die Entspannung zum Abbau hin behindert , Einfluß ausübte.

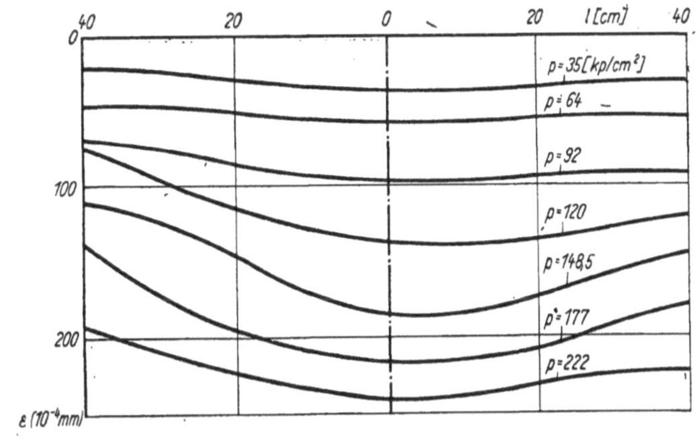

Bild 6. Verteilung der Längsverformungen in einiger Entfernung von der Druckfläche in einem Meßpunkt mit Firstenschram

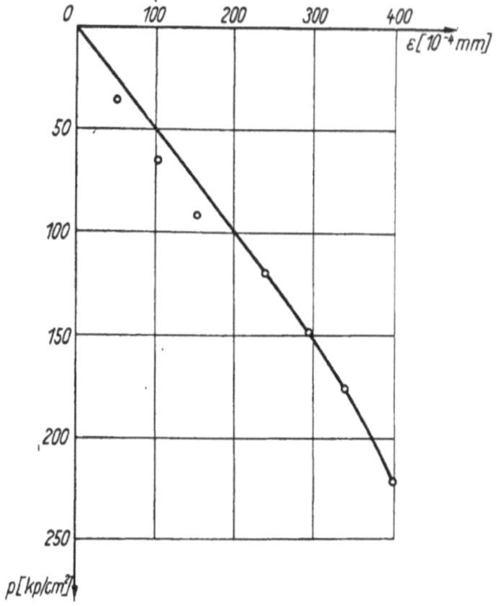

Bild 7

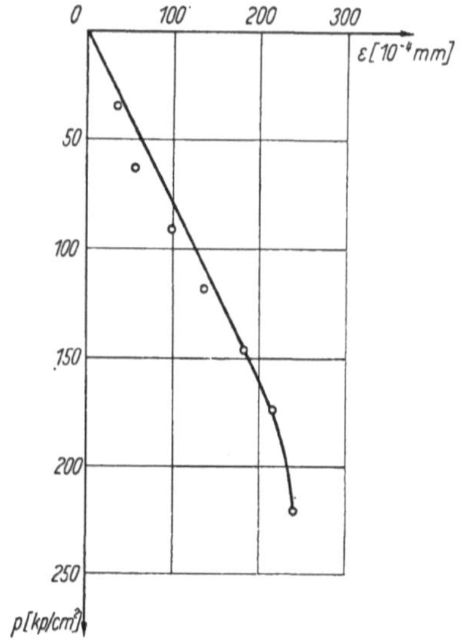

Bild 8

Bild 7. Verlauf der maximalen Verformung in der Nähe der Druckfläche in einem Meßpunkt mit Firstenschram

Bild 8. Verlauf der maximalen Verformung in einiger Entfernung von der Druckfläche in einem Meßpunkt mit Firstenschram

Weiterhin ist nicht zu übersehen, daß im Zusammenhang mit der Trennbarkeit und Inhomogenität des Flözes innerhalb des Flözes oder infolge mangelhafter Funktion der Deformometer Abweichungen auftreten können, die in den Messungen in anderen Blöcken teilweise größere Werte ergaben.

Die Zerklüftung des gepreßten Stoßes verlief unter Abreißen ziemlich dicker Platten und keilförmiger Fragmente. Sie war von Geräuschen begleitet, aber heftiges Abschleudern wurde nicht beobachtet.

Die Verteilungsdiagramme der Standorte mit Mittelschram sind in Bild 9 und 10 dargestellt. Es ist ersichtlich, daß auch diese den Exponentialkurven ähneln, jedoch wächst die Verfor-

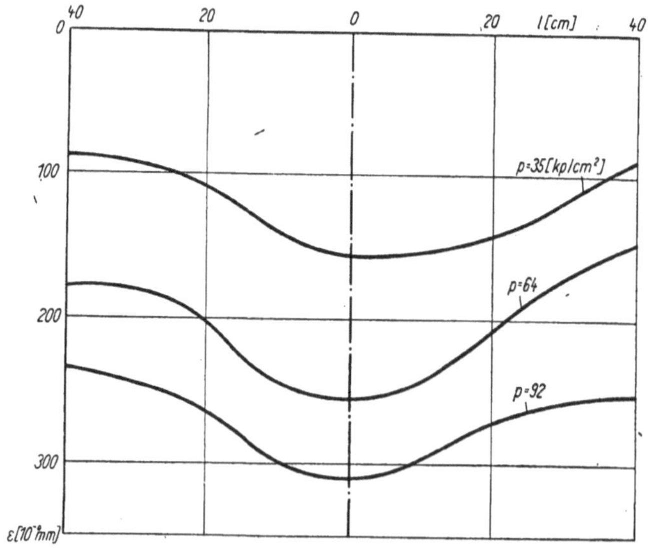

Bild 9. Verteilung der Längsverformungen in der oberen Flözbank in einem Meßpunkt mit Mittelschram

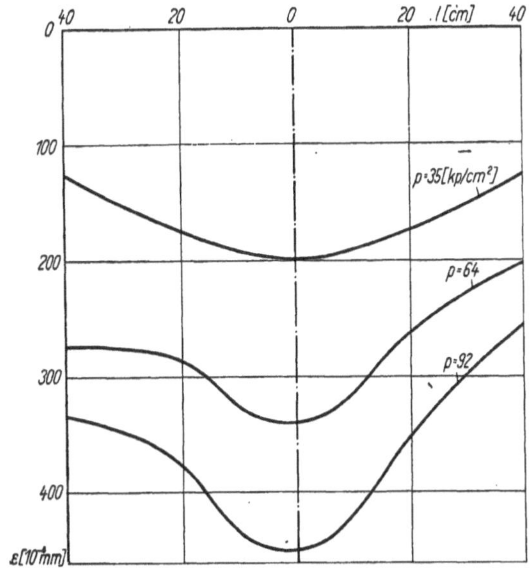

Bild 10. Verteilung der Längsverformungen in der unteren Flözbank in einem Meßpunkt mit Mittelschram

mung schneller und die Krümmungen sind bei kleinerer Festigkeit größer als im Falle eines Schrames unter der Firste.

Dies geschieht deshalb, weil die Kolben des Aggregates beiderseitig auf die Bänke des Flözes drücken, die sich zum Stoß verschieben können. Im Zusammenhang damit besteht die Möglichkeit des Ausweichens beider Bänke zum Hohlraum, wodurch die Verformungen wachsen (Bild 11 und 12) und die Festigkeit abnimmt. Diese Beobachtung kann sich für die Vorbeugung von Spannungsschlägen nützlich erweisen.

6. Die nächsten, gegenwärtig im Gange befindlichen Untersuchungen haben zur Aufgabe, den Einfluß der Gestalt, Größe und Lage der gepreßten Fläche des Flözes auf seine Verformung und Festigkeit zu ermitteln. Gleich am Anfang dieser Untersuchungen ergab sich die Notwendigkeit der Anwendung von Druckkolben mit einem Druck über 1000 kp/cm², der weit größer ist als der der bisher verwendeten Druckkolben.

Zwei derartige Druckkolben wurden erbaut. In jedem von ihnen bestimmte die Umrißlinie der sechs Paare gegenläufiger Kolben eine rhomboedrische Druckfläche von 1265 cm² mit Kantenlängen von 49 und 32 cm. Der angeführte Wert der Druckhöhe auf die Flächeneinheit wurde dank der Zweistufigkeit der Kolben erreicht. Die Anordnung der Kolben dieses Druckblockes sicherte jedoch keine solche Gleichmäßigkeit der Pressung wie die frühere.

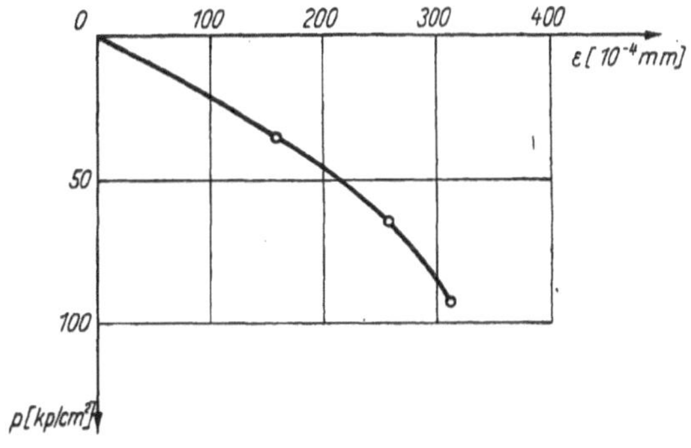

Bild 11. Verlauf der maximalen Verformung in der oberen Flözbank in einem Meßpunkt mit Mittelschram

Die Druckkolbenblöcke müssen im Schram einzeln oder zusammen angeordnet werden. Im letzteren Falle kann man sie mit der längeren Seite parallel zum Seitenstoß des Grubenbaues oder senkrecht zulegen. Die Entfernung der Pressungsmitte der parallel zum Stoß gelegenen Druckblöcke soll sich sukzessive um 20 cm vergrößern.

Die Meßstellen werden im Ortsstoß der Versuchsstrecke im Flöz 504 vorbereitet, die Strecke wird allmählich vorgetrieben. Für die Wahl der Meßstellen im Ortsstoß der fortschreitenden Strecke war die Notwendigkeit, den Einfluß der Verrückung auf die Struktur des Flözes im Meßpunkt zu begrenzen, entscheidend. Die aufeinanderfolgenden Meßstellen wurden nämlich in einem verhältnismäßig unverritzten Flöz angelegt.

An jedem Meßpunkt sind bei einer gewissen Lage und Entfernung des Druckkolbenblockes zum Stoß Messungen der Auflockerung (Verrückung) infolge Entspannung des Flözes, der Verformungen infolge Pressung durch die Druckkolbenblöcke sowie der Festigkeit vorgesehen. Gegenwärtig werden die Messungen lediglich mit einem Druckkolbenblock durchgeführt. Deren Lage zur Ortsbrust der Strecke und die Verteilung der Festpunktröhrchen in den Knotenpunkten des Meßnetzes sind in jedem Meßpunkt dieselben, es ändert sich nur die Entfer-

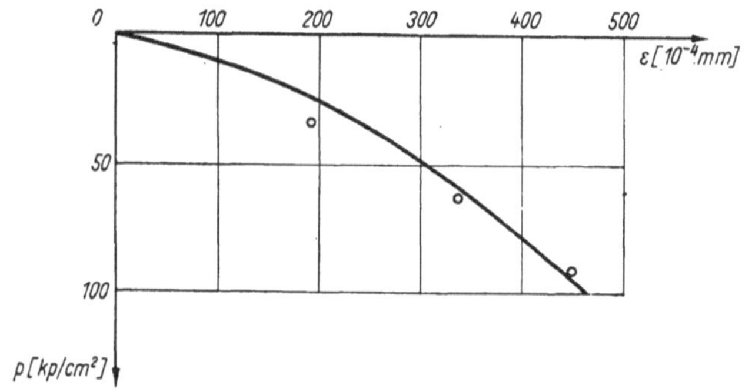

Bild 12. Verlauf der maximalen Verformungen der unteren Flözbank in einem Meßpunkt mit Mittelschram

nung des Druckkolbenblockes vom Ortsstoß. Die mit den Nummern II und III bezeichneten Meßpunkte haben also eine Entfernung der Pressungsmitte vom Ortsstoß von 57 cm sowie 77 cm (Bild 11). Wie in diesem Bild ersichtlich, wurden die Punkte zur Messung der Verformungen jedesmal auf einem durch die Mitte der Pressung hindurchgehenden Querschnitt verteilt. Der Querschnitt steht zum Ortsstoß parallel auf sechs zur Mittelachse der Pressung parallelen Achsen. Diese Achsen waren die Bezugsbasis zur Messung der Verformungen.

Diese Messungen ergaben Informationen über den Verlauf der Entspannung des Flözes während des Schrämens des Widerlagers für das Druckaggregat, die Verteilung der Verformungen unter der begrenzten Fläche der Pressung sowie die Überschreitung der Festigkeit bei einem gewissen Wert der Belastung (Bild 12).

Als Beispiel werden die erhaltenen Meßergebnisse im Meßpunkt III/3 als Kurvendiagramme gezeigt. Die Entspannung des Flözes während der Herstellung des Schrams bei einer Entfernung von 50, 100 und 150 cm vom Ortsstoß wurde auf Grund der Verschiebungen der Festpunktröhrchen bestimmt, die zur Messung der Druckverformungen bereits eingebaut waren. Die Entspannungskurven weisen einen irregulären Verlauf und bedeutende Abweichungen auf, und zwar wegen der Inhomogenität des Flözes und seines Trennflächennetzes sowie auch wegen der verschiedenen Entfernungen der im Stoß untergebrachten Meßpunkte von der Schrämtiefe (50, 100 und 150 cm). Es kann angenommen werden, daß für den Meßpunkt III diejenige Kurve maßgebend ist, die bei einer Schrämtiefe zwischen 50 und 100 cm aufgenommen wurde (Bild 14 und 15).

Nach Zusammenstellung der Meßergebnisse von mehreren Meßpunkten wird eine Analyse der Verformungen des sich entspannenden Flözes zur quantitativen Bestimmung des primären

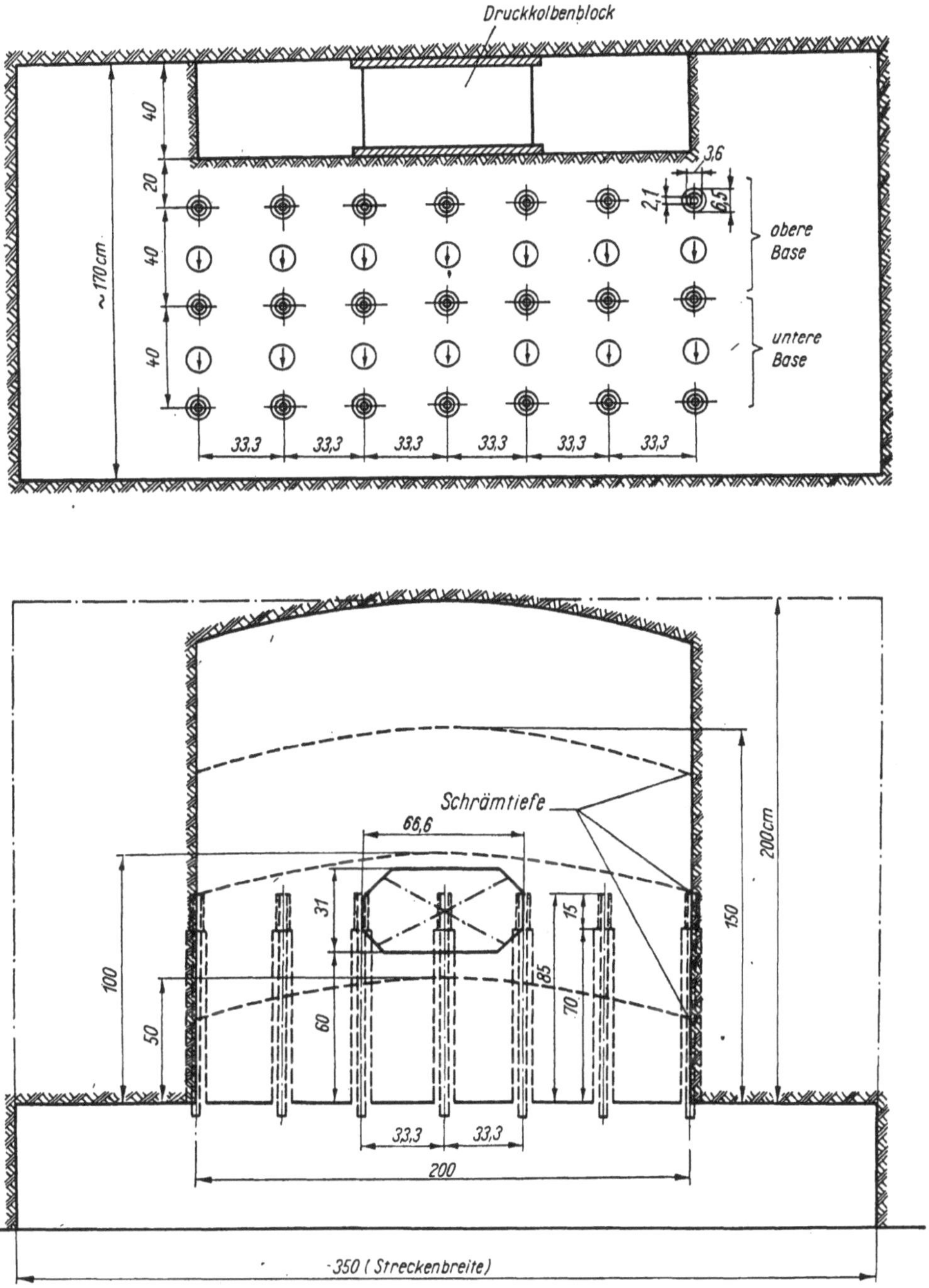

Bild 13. Vertikale und horizontale Ansicht eines Meßpunktes im Ortsstoß einer Strecke.

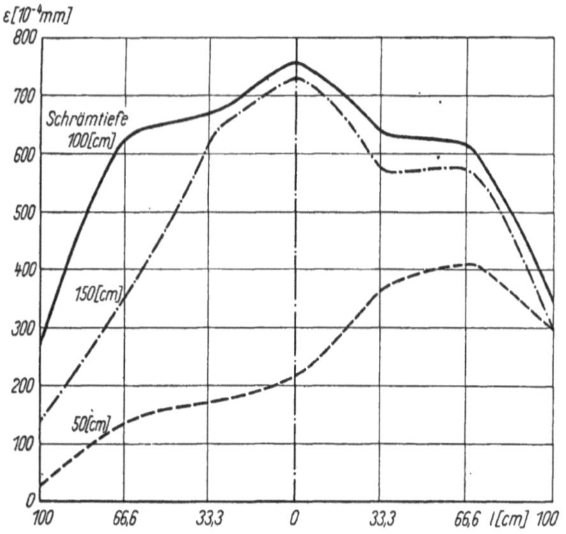

Bild 14. Entspannungskurven des Flözes während des Schrämens, in der Nähe des Schrames durch Messung aufgenommen

Spannungsfeldes des Flözes vorgenommen werden. Die vorläufige Bestimmung der Verformungen und des Berstens des Flözes bei Einwirkung des Druckkolbens von 1265 cm² Druckfläche enthält nur allgemeine Hinweise über Verformungsverteilung und mittlere Flözfestigkeit.

Die Verformungsverteilung zeigt im ebenen, durch die Pressungsmitte und parallel zum Ortsstoß hergestellten Querschnitt eine Verformungsansammlung in Form einer Exponentialkurve mit dem Maximum in der Pressungsmitte, oder davon verschoben, in Abhängigkeit von der Flözverdichtung (Bild 16). Die Verformung besteht nämlich, wie bereits erwähnt wurde, aus einem nichtelastischen Teil, d. i. aus der Verdichtung, und einem elastischen Teil.

Die Kurven der Verformungsverteilung verlieren mit zunehmender Entfernung der Meßbasis von der Druckfläche ihre Krümmung nicht, jedoch vermindert sich der absolute Verformungswert bedeutend. Das bestätigt die Annahme über den Einfluß der Flözverdichtung auf die Verformung.

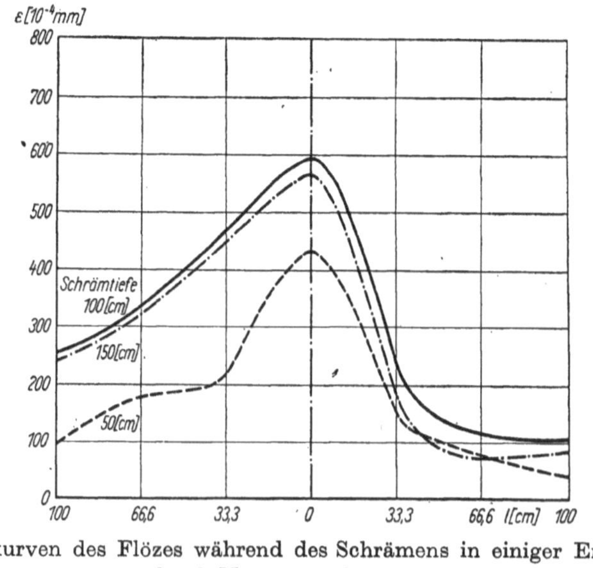

Bild 15. Entspannungskurven des Flözes während des Schrämens in einiger Entfernung vom Schram, durch Messung aufgenommen

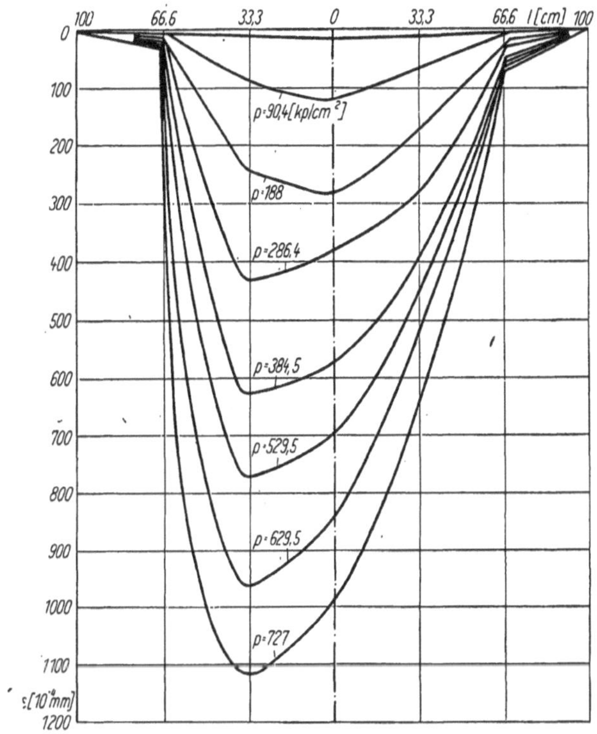

Bild 16. Verteilung der Verformungen unter der Pressung des Druckkolbens, mit einer Druckfläche von 1250 cm² im dritten Meßstadium

Die Flözfestigkeit wächst mit der Entfernung von der Pressungsmitte vom Ortsstoß. Bei einer bestimmten Entfernung schwankt die Flözfestigkeit nur wenig; sie beträgt bei 57 cm Entfernung durchschnittlich 650 kp/cm², bei 77 cm Entfernung durchschnittlich 745 kp/cm². Die „Überschreitung“ der Flözfestigkeit wird von Geräuschen, Knallen und Schüssen begleitet und beruht auf einer Zerquetschung des Flözinneren und einem Absprengen der Kohle vom Ortsstoß.

Eine genauere Interpretation der Meßergebnisse ist verfrüht, man muß vielmehr auf die Ergebnisse bei allmählicher Entfernung der Pressungsmitte vom Ortsstoß warten. Jedoch ist schon jetzt erkennbar, daß der Einfluß der Druckflächengröße auf die Verformungsverteilung und die Flözfestigkeit bedeutend ist.

Es scheint weiter, daß an Hand der dargestellten Untersuchungen und weiterer Lageveränderungen der Druckkolben wie auch Änderungen in der Schrambreite und Schramtiefe die im Absatz 2 ausgedrückte Ansicht hinsichtlich des Mechanismus der Spannungsschläge bestätigt wird.

Wissenschaftliche Aussprache

zum Thema:

Messungen der Bewegungen, Verformungen und Spannungen im Gebirge

Diskussionsleiter: Herr Mencl

DISKUSSIONEN

Herr Mencl

Wir können die Diskussion zum Thema Messungen der Bewegungen, Verformungen und Spannungen im Gebirge in drei Gruppen teilen, und zwar
— klassische markscheiderische Methoden,
— Verformungsmethoden und
— geophysikalische Methoden.

Weiterhin wurde unserem Thema auch der Beitrag von Herrn Serafim „In-situ-Versuche über die Verformbarkeit von Felsmassen" angeschlossen. Dieser Beitrag befaßt sich mit der Messung von Eigenschaften von Gebirgsmassen. Er gehörte eigentlich in die gestrige Beratung. Ich empfehle daher, daß wir mit der Diskussion zu diesem Beitrag beginnen.

Herr Rocha

Um die Deformierbarkeit von Gesteinsmassen zu bestimmen, haben wir den Dilatometer (Bild 1) entwickelt, ein Instrument, mit dem wir die Deformation entlang einem Bohrloch, auf Schnitten, die in einem Winkel von 45 Grad zueinander stehen, messen. Dadurch können wir Auskunft über die Anisotropie der Gesteinsmasse erhalten. Wir verwenden diese Instrumente auch für Bohrlöcher, die mit Wasser gefüllt sind. Um das Dilatometer entlang dem Bohrloch zu verschieben, verwendet man ein Bodenventil, das den Druck entspannt, der vorher angewendet worden ist. Ein mit den Differentialwandlern zur Messung der Verschiebungen verbundenes elektrisches Kabel gestattet, mittels eines äußeren Meßgerätes, die Variationen des Bohrlochdurchmessers zu messen (Bild 2).

Im Bild 3 werden die Ergebnisse angegeben, die wir in einem mit Wasser gefüllten Bohrloch erhielten (Tiefe 92 m, bei 55 m Wasserstand). Alle erhaltene Ergebnisse zeigen ähnliche Verhalten. Im Bild 4 sehen wir die gleichen Ergebnisse in einem Diagramm, das keine ausgeprägte Anisotropie zeigt. Im Bild 5 werden die Ergebnisse von verschiedenen Tiefen bis zu 30 Metern und die betreffende Deformationsellipsen angegeben. Auf diese Weise erhalten wir eine erste allgemeine Information über die Verformbarkeit der Gebirgsmasse. Wenn wir aber eine repräsentative Information über die Verformbarkeit erhalten wollen, benötigen wir ein anderes Verfahren, so daß wir von den „Flatjacks" (Bild 6) Gebrauch machen. Dabei arbeitet man auf folgende Weise: Mit einer Diamantscheibe schneiden wir Schlitze in die Gesteinsmasse, die eine Tiefe von 1,5 m und mehr erreichen können; der Scheibendurchmesser beträgt 1 m; der Druck kann von 150 kg/cm² bis zu einigen tausend Tonnen variieren. Bild 8 zeigt die Maschine, die entwickelt worden ist, um die Schlitze zu schneiden, und in der man die Scheibe sieht, die 1 m Durchmesser haben kann. Dieses Verfahren verlangt das vorhergehende Herstellen eines etwa 1,5 m tiefen Bohrloches. Im Bild wurden drei angrenzende Schlitze geschnitten.

Bild 9 zeigt die Druckkissen. In den Druckkissen gibt es Instrumente, die die Messung der Öffnungen der Schlitze gestatten, auch wenn die Druckkissen dort eingebaut sind. Im Bild 10 werden ein Druckkissen und die Meßstellen gezeigt, mit deren Hilfe der Elastizitätsmodul

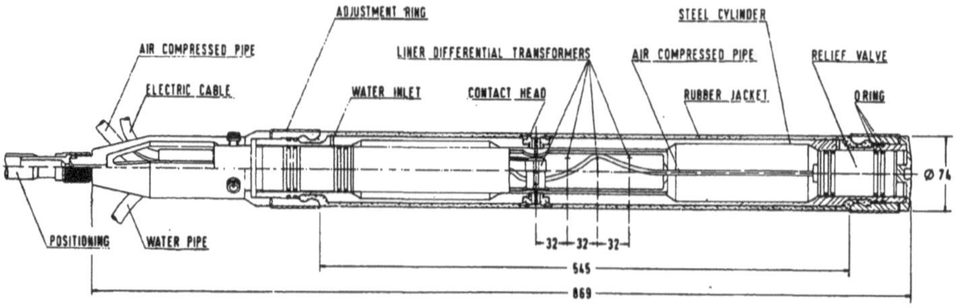

Bild 1

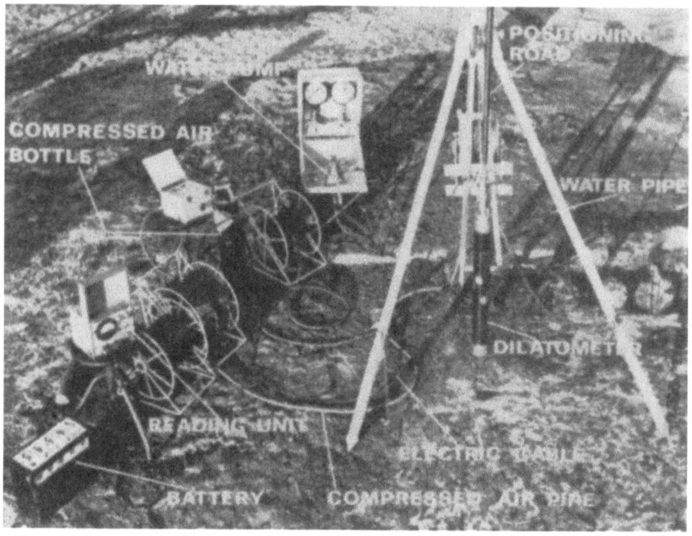

Bild 2

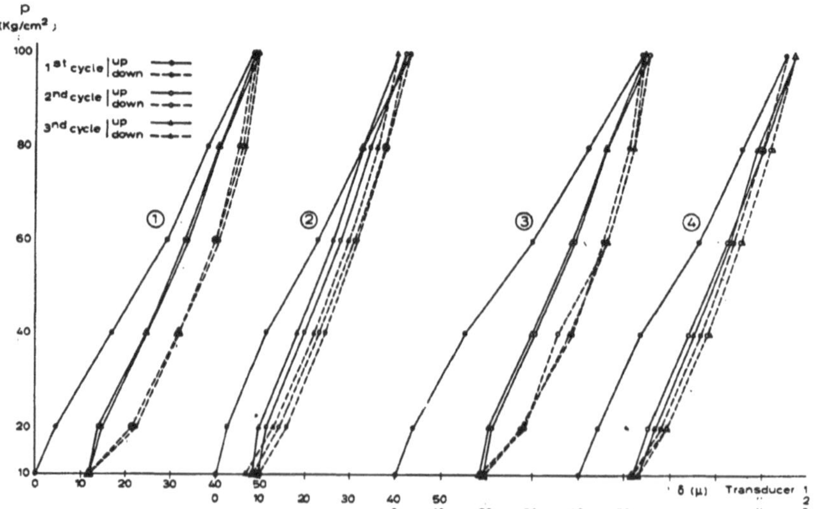

Bild 3

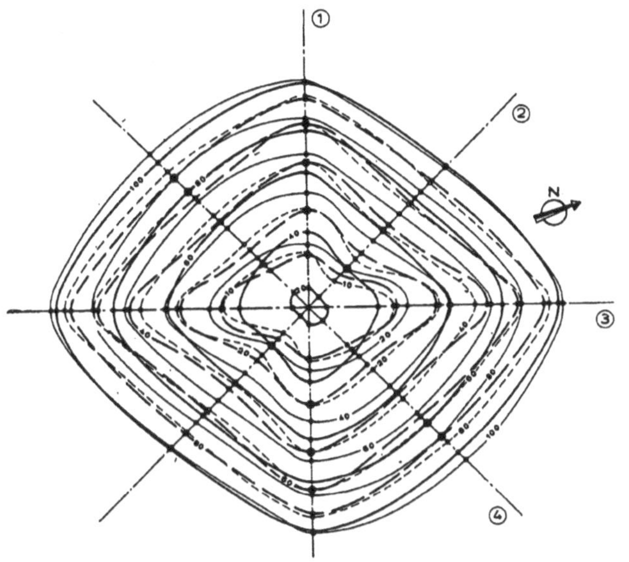

Bild 4

und die Öffnungen der Schlitze gemessen werden. Wir glauben, daß mittels der Druckkissen das Gleichgewicht erreicht werden kann. Im Bild 11 sehen wir schematisch drei Druckkissen. Wenn der Druck angewendet wird, bricht die Gesteinsmasse in der Ebene der Druckkissen. Um die Konstante zur Bestimmung der Deformation sowie die Öffnung der Schlitze zu erhalten, werden drei Labor-Modellversuche durchgeführt. Im Bild 12 werden die Ergebnisse angegeben, die mit einem Druckkissen bei 100 kg/cm² Druck erhalten wurden. Es ist interes-

DEPTH (m)	DEFORMATION ELLIPSIS	COEFFICIENT OF ANISOTROPY	MODULUS OF DEFORMABILITY (kg/cm²)
7.75		1.36	176 500
14.10		1.69	155 550
15.50	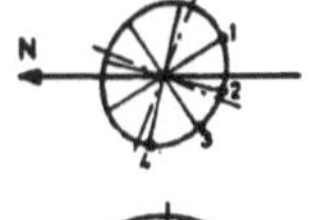	1.04	181 250
28.00	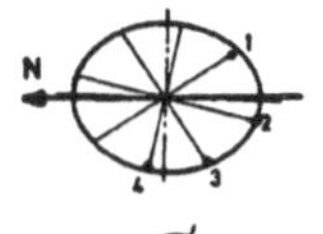	1.15	201 500
29.00	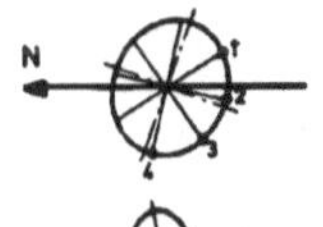	1.20	232 750
30.60	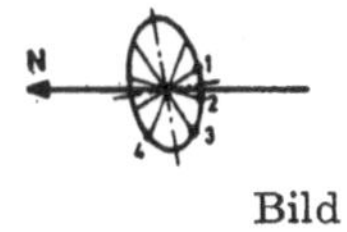	1.74	258 250

Bild 5

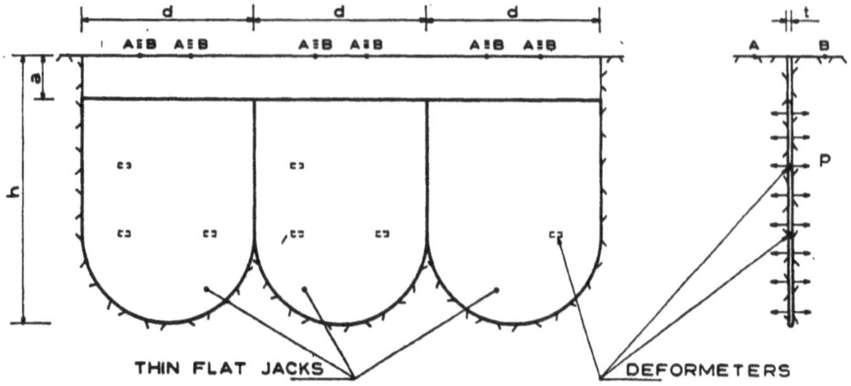

Bild 6

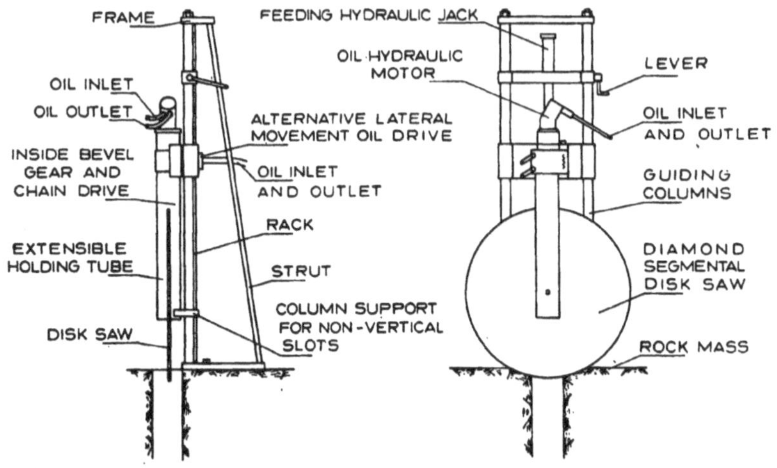

Bild 7

Bild 8

Bild 9

sant zu bemerken, daß diese Kurven mit dem Druckkissen in einer ersten Stellung erhalten wurden. Nach Umkehrung dieses Druckkissens waren die Ergebnisse praktisch die gleichen. Die Reproduzierbarkeit dieses Verfahrens ist sehr gut. Wir haben die Absicht, mit diesem Verfahren das Problem des Maßstabunterschiedes systematisch zu untersuchen, das heißt, die Einflüsse auf die Ergebnisse, die bei den Verformbarkeitsversuchen erhalten wurden. Wir

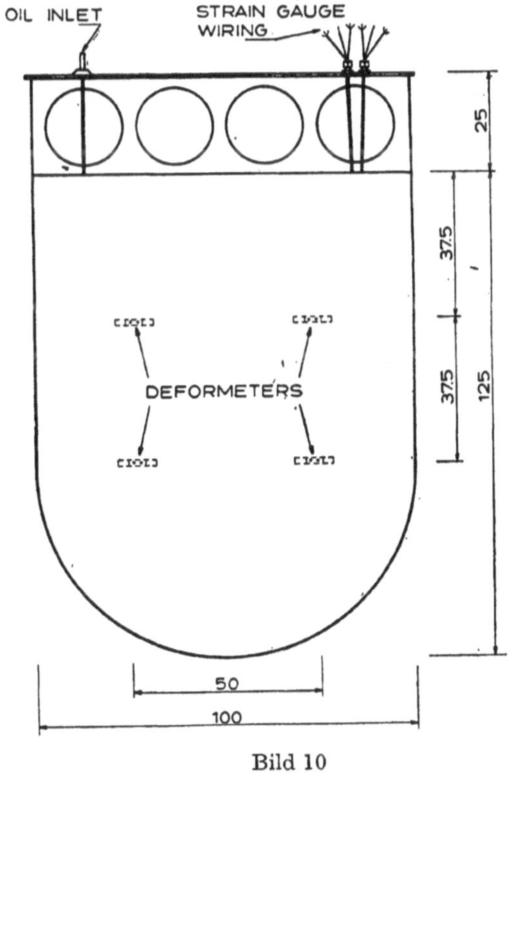

Bild 10

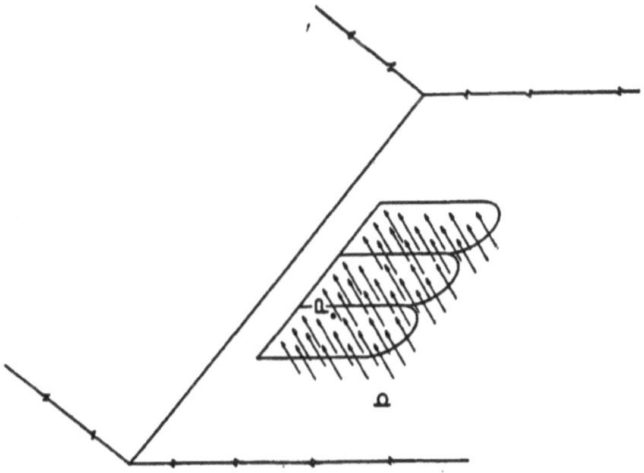

Bild 11

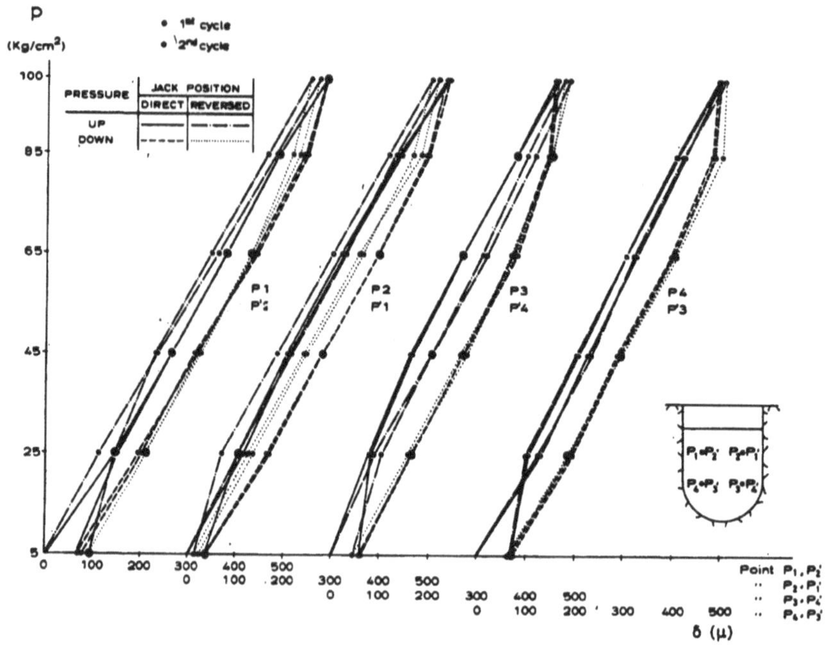

Bild 12

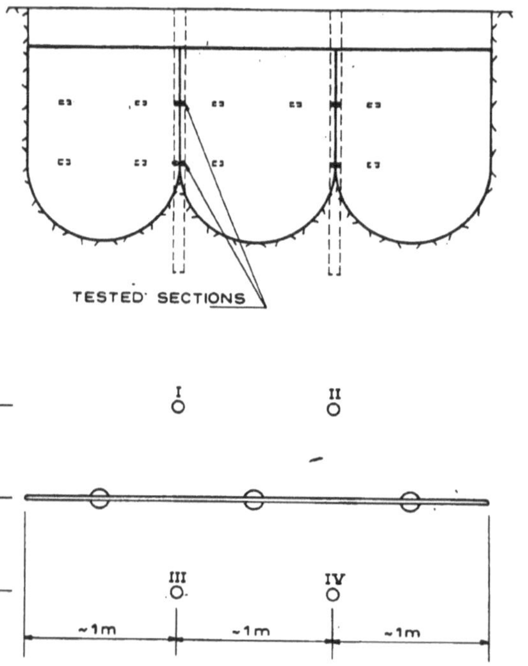

Bild 13

können die Schlitze nacheinander untersuchen. Weiterhin können bei Anwendung von kleinen Druckkissen mit 20, 30 oder 40 cm Durchmesser umfangreiche Informationen über den Einfluß ihrer Größe auf die Ergebnisse gesammelt werden (Bild 13).

Herr Mencl

Ich glaube, daß es von Interesse war zu verfolgen, wie man im Bauwesen Deformationseigenschaften von Gebirgsmassen feststellt. Da keine Diskussionsmeldungen bestehen, gehen wir zur ersten Gruppe, zu den Fragen von klassischen, markscheiderischen Methoden, über.

Herr Müller

In den letzten Jahren wurden einige Versuche unternommen, die Photogrammetrie in den Dienst der Gebirgsmechanik zu stellen, und zwar auf zweifache Weise, einmal zur Einmessung von Klüften, dann aber auch zur Bestimmung der Rauhigkeit von Oberflächen. Die Probleme sind folgende: Zur statistischen Messung von Klüften braucht man unter Umständen viel Zeit. Im Stollen oder im Streb, an der Abbaufront eines Steinbruches steht diese Zeit oft nicht zur Verfügung. Aber gerade da ist es oft interessant, zu erfassen, welche Klüfte zum Beispiel unmittelbar nach einer Sprengung vorhanden sind. Eine photogrammetrische Aufnahme aber ist in wenigen Minuten gemacht und kann zu Hause ausgewertet werden. Diese Methode hat sich im Felsbau schon sehr gut bewährt bei der Einmessung von hohen und oft unzugänglichen Felswänden.

Über die photogrammetrische Auswertung solcher Kluftmessungen läuft zur Zeit eine Dissertation; vor einigen Jahren habe ich mit Professor Linkwitz die ersten Studien hierzu gemacht[1]). Das Verfahren arbeitet mit erstaunlicher Genauigkeit. Die kleinste Kluft, die man mit einer Genauigkeit von ± 2 bis 5 Grad auf eine Entfernung von etwa 50 oder 100 m einmessen kann, hat etwa die Größe eines A-4-Blattes. Die Auswertungsdaten kann man mit dem Komputer unmittelbar in Winkelkoordinaten umrechnen und kann auch unmittelbar ein gezeichnetes Kluftdiagramm erhalten.

Die zweite Anwendung, die Bestimmung der Oberflächenrauhigkeit wird immer wichtiger, je mehr wir versuchen, das Wesen der Reibung kennenzulernen, welches die Festigkeit eines Kluftkörperverbandes wesentlich bestimmt. Nun hängt die Reibung an Klüften, soweit diese nicht mit Lehm gefüllt sind, von der Rauhigkeit der Klüfte ab, und diese Rauhigkeiten haben verschiedene Größenordnungen. Im Mikrobereich sind Rauhigkeiten vorhanden, die sich in den Reibungsdiagrammen ganz anders auswirken als die Rauhigkeiten des Millimeterbereiches. Dann sind gewöhnlich noch Unebenheiten etwa im Bereich von Metern und im Bereich von 5 oder 10 m vorhanden. Die kleinen Unebenheiten im Millimeter- und Zentimeterbereich mißt man mit Vorteil im Probestück unter dem Mikroskop photogrammetrisch und wertet sie am Photogrammetermeßtisch aus. Grundsatzversuche über den Einfluß dieser Reibungsparameter versprechen, Zusammenhänge zwischen Rauhigkeit und Reibungscharakteristik zu geben. Bei den größeren Rauhigkeiten im Bereich von einem Dezimeter bis ein Meter machen wir — da man so große Versuchskörper aus dem Gebirge nicht entnehmen kann — photogrammetrische Aufnahmen von den Klüften an Ort und Stelle. Bei mittleren Abmessungen hat es sich sehr gut bewährt, Abgüsse der Kluftflächen mit Plastikmassen zu machen. Diese sind so genau, daß man zum Beispiel am Abdruck einer Granitfläche am Glanz erkennen kann, was Quarzkristall und was ein Feldspatkristall war.

Die photogrammetrische Auswertung von Flächenunebenheiten ist vor allen Dingen deshalb wertvoll, weil sie auch den größten Maßstab von 5 bis 10 m Wellenlänge erfaßt. Ob sich der Übergang von der vollen Reibung zur Restreibung auf einem kurzen Weg von 2 mm oder auf einem langen Weg von 1 und 2 m vollzieht, ist sehr entscheidend zum Beispiel für die Sicherheit einer Felsrutschung. Viel hängt davon ab, ob im speziellen Fall die großen Unebenheiten oder die kleinen Elemente mechanisch zur Wirkung kommen.

Herr Schwellnus

Mein Beitrag befaßt sich in erster Linie mit Grubenbauen, die in präkambrischen Formationen stehen und deren Erzlager epigenetisch sind. Die Gebirgsbedingungen sind sehr unterschiedlich.

Beim Auffahren der Grubenbaue werden die Probleme oftmals erst dann erkannt, wenn es zu spät ist, um sie systematisch lösen zu können. Die bekannten Methoden zur Lösung dieser

[1]) Literatur

Aufgaben können nicht angewendet werden, weil sie zu kompliziert und zu teuer werden. In diesen Fällen nimmt man zu einer Strukturuntersuchung der Gesteinstypen Zuflucht. Es gibt viele bekannte Methoden. Ich möchte nur das bemerken, was bei uns Interesse gefunden hat. Wir führen Kluftuntersuchungen des Gebirgskörpers mit Hilfe des SCHMIDTschen Netzes durch. Es werden die Kluftmaxima festgestellt und danach die Schnittgeraden der Kluftscharen festgelegt. Damit kann man in vielen Fällen die Richtung der Hauptschwächezonen des Gesteinskörpers erkennen. Genaue Untersuchungen in drei Dimensionen in Stollen, Tunnel oder Strecken haben gezeigt, daß die Klüftung des Nebengesteins das Erz einschließt und daß im Erz viele Anomalien bestehen.

Abschließend haben wir festgestellt, daß der Gebirgsdruck aus verschiedenen Richtungen in meßbaren Intervallen auftritt. Dieser steht wiederum in direkter Beziehung zum Abbaufortschritt im jeweiligen Gebiet. Anomalien treten häufiger auf, wenn der Abbaufortschritt ungleichförnig ist. Im Normalfall beträgt der Abstand der Druckzonen etwa 1000 bis 1200 Fuß. Wenn aber die Gebirgsstruktur kompliziert ist, treten die Zonen hoher Spannungen viel häufiger auf und man rechnet hier mit Abständen von etwa 100 bis 150 Fuß.

Herr KRUPINSKI

Mit Photogrammetrie befaßt sich in Polen besonders Professor KOWALCZYK, Bergakademie Krakau. Man muß selbstverständlich bemerken, daß dieses Verfahren sehr teuer ist. Es liefert aber ein Gesamtbild über die Struktur, besonders auf Salzschächten und in Tagebauen. Das von Herrn KOWALCZYK angewandte Verfahren gestattet eine Beobachtung der Verformungen, die beim Fortschreiten des Abbaues vorkommen.

Hierzu kann ich ein Beispiel einer umfangreichen Arbeit anführen, die unter Leitung von Professor KOWALCZYK durchgeführt worden ist. Es wurden auf einer Kupferlagerstätte zwei Schächte bis zu 700 bzw. 800 m geteuft. Der Abstand zwischen den Schächten betrug etwa 3,5 km. In der Lagerstätte selbst wurden Strecken im Gegenortbetrieb aufgefahren. Die Strecken befanden sich auf zwei Sohlen, und das Einfallen war unterschiedlich. Nach dem Abteufen der Schächte wurden die Streckenauffahrungen innerhalb von etwa 1,5 Jahren vorgenommen. Der Gegenortbetrieb wurde bei umfangreichen markscheiderischen Arbeiten sehr erfolgreich durchgeführt. Hinsichtlich der photogrammetrischen Arbeiten von Herrn Professor KOWALCZYK und der Schlußfolgerungen dieser Arbeiten bitte ich Herrn KOWALCZYK, alle seine Ergebnisse dem Internationalen Büro für Gebirgsmechanik zur Verfügung zu stellen.

Herr NEUBERT

Von der Bergakademie Freiberg wurde im Jahre 1967 eine sehr interessante Dissertation von U.-G. MÜLLER mit dem Thema „Fehlertheoretische Untersuchungen der Kleinbildphotogrammetrie und Vorschläge für ihre Anwendung auf montanwissenschaftlichem Gebiet" genehmigt, deren Ergebnis auch für die Erfassung von Gebirgsverformungen Bedeutung besitzt. Das Verfahren verwendet eine Amateurkamera zur Ausmessung bergmännischer, vor allem unzugänglicher Hohlräume. Mit einem eigens dafür angefertigten Gerät wird ein Lichtschnitt an den Hohlraumwandungen erzeugt, in dessen Ebene sich eine Basisschiene mit zwei im Abstand von zwei Metern leuchtenden Punkten als Bezugsmaßstab befindet. Die beiden Paßpunkte mit dem ausgeleuchteten Lichtschnitt werden von einer Spiegelreflexkamera mit Elektronenblitzröhre photographisch aufgenommen. Die Lichtschnittprofilierung ermöglicht eine Flächenerfassung von 1 bis 2% mittleren Fehler. Lichtschnittgerät und Kamera einschließlich Blitzgerät sind schlagwettergeschützt ausgeführt.

Zur Zeit werden Untersuchungen für die Verwendung des Lichtschnittverfahrens zur Registrierung von Deformationen der Schachtröhre angestellt. Mit einer beweglichen Aufhängung des Lichtschnittgerätes wird von Profil zu Profil ausgeleuchtet und mit der eingehängten Kamera die Aufnahme vorgenommen. Die Ergebnisse der erzielten Genauigkeit sind in einer im Jahre 1969 einzureichenden Dissertation zu erwarten. Mit diesem Verfahren lassen sich in kürzerer Zeit und gefahrloser als bisher die Veränderungen der Schachtröhre infolge Abbaueinwirkung dokumentarisch nachweisen. Weitere Vereinfachungen bahnen sich bei Verwendung eines Lasers an.

Herr MENCL

Ich könnte auch an Beispielen aus der ČSSR zeigen, wie die klassischen markscheiderischen Methoden der analytischen Felsmechanik dienen können.

Herr BERGER

Ich habe eine kurze Bemerkung zu den Ausführungen von Herrn Prof. MÜLLER. Die Schilderung war sehr interessant, daß ein photogrammetrisches Bild neuerdings mit dem Computer ausgewertet wird und sozusagen eine fertige Lagenkugel erhalten wird. Das erscheint mir — entschuldigen Sie bitte — etwas zu optimistisch.

Wir haben Versuchsreihen durchgeführt, mit dem Ziel, bei der statistischen Kluftanalyse die subjektiven Fehler auszuschalten und Lagenkugeln mit etwa 300 Meßwerten solchen mit etwa 5000 und mehr Meßwerten gegenüberzustellen. Es war also eine reine Fehleruntersuchung. Unsere Messungen erfolgten unter Verwendung eines quadratischen Netzrasters; alles in allem ein sehr personenaufwendiges Verfahren. Wir haben jährlich in 4-Wochenzyklen bis zu 30 Mann an Felsabschnitten verschiedener Gesteinsvorkommen einsetzen können, mit dem Ziel, Klärungen für Gründungszwecke des Talsperrenbaues herbeizuführen. Die Ergebnisse dieser „quantitativen statistischen Kluftanalysen" sind in der „Bergakademie" veröffentlicht. Ich möchte hier auf die Messungen selbst nicht speziell eingehen. Wir haben festgestellt, daß bei komplizierter absondernden Gesteinen — zum Beispiel Granitporphyr — die Lagenkugel erst bei etwa 1000 Meßwerten stabil wird.

Es wäre von großer Bedeutung, wenn bei der Auswertung eines Datenspeichers in Form so eines photogrammetischen Bildes weitgehend der subjektive Meßfehler ausgeschaltet werden könnte.

Ich bitte deshalb Herrn Prof. MÜLLER mir die Frage zu beantworten, ob die Kluftlagenerfassung vor der Eingabe in den Computer schon mechanisch durchgeführt werden kann.

Herr MÜLLER

Darf ich in zwei Teilen antworten? Zunächst zu der Feststellung, daß eine Lagekugel-Statistik erst bei ungefähr 1000 Meßwerten klare Diagramme liefere; das ist für mich etwas überraschend, denn im allgemeinen habe ich die Erfahrung gemacht, daß man schon bei 200 bis 400 Meßwerten oberhalb jener Grenze ist, bei welcher sich die Statistik glättet. Ich habe vor Jahren in meiner Dissertation 6000 Meßwerte gemessen und dabei besonders die Einregelung der Bilder verfolgt.

Wie bekannt, ist die Regelung zunächst schlecht, solange man 50 oder 60 Klüfte gemessen hat. Bei 100 beginnt sie straffer zu werden und erreicht bei 200 bis 250 an den meisten Aufschlüssen gute, klare Verteilungen. Ich habe mitunter beobachtet, daß, wenn man dann weitermißt, die Verteilungen manchmal wieder schlechter werden. Ich führe das darauf zurück, daß man dann meist einen sehr großen Meßbereich einbeziehen muß, der im Sinne von SCHMIDT und SANDER vielleicht kein Homogen-Bereich mehr ist.

Die andere Frage betrifft die Ausschaltung der Subjektivität. Diese gelingt zwar etwas besser, als wenn man dicht vor der Felswand steht und sich einem gewisse Kluftscharen immer wieder visuell aufdrängen, während jene Klüfte leicht unterdrückt werden, die in die Wände hineinschneiden und nur als Linien zu sehen sind. Aber eine gewisse Objektivität ist bei der Photogrammetrie dadurch gegeben, daß man jeden Quadratzentimeter der Photoplatte auszählt. Man mißt dabei nicht die einzelnen Klüfte unmittelbar, sondern an jeder Kluft werden drei oder vier Punkte festgelegt, und diese Punkte bestimmt man unsubjektiv. Man sucht möglichst viele markante Punkte, die eine Fläche begrenzen, und erhält aus drei (oder mit einer Überbestimmung vier) Punkten das Ergebnis.

Sicher ist auch die photogrammetrische Messung in einem gewissen Grade subjektiv, aber wahrscheinlich weniger als die Kompaßmessung, vor allem in schwierigem Gelände.

Herr Martos

Ich möchte Ihnen anhand einiger Abbildungen ein kleines Beispiel zeigen, wo mittels markscheiderischer Messungen, einfacher Verformungsmessungen und Belastungsmessungen auf geeigneten Prüfständen solche Daten gesammelt werden können, die geeignet sind, uns etwas über das Zusammenwirken der Gesteinsmassen und der Ausbaukonstruktionen auszusagen.

Bild 1

Im ungarischen Braunkohlenbergbau sind die meisten Strecken im Kreisprofil aufgefahren und mit Betonformsteinen oder geschlossenem Stahlring aus vier Bögen ausgebaut. Auf dem ersten Bild ist eine Wetterstrecke im Kreisprofil, mit geschlossenen Stahlbögen ausgebaut zu sehen. Die Stahlbögen, die gemessen worden sind, bzw. die beobachteten Querschnitte sind weiß gefärbt. Mittels markscheiderischer Messungen wird der Mittelpunkt dieses Querschnittes immer wieder hergestellt und von diesem Mittelpunkt werden dann die verschiedenen Abmessungen gemessen oder photogrammetrisch aufgenommen. Auf dem zweiten Bild sind die

Ergebnisse als Funktion der Zeit zu sehen (Bild 2). Der Querschnitt wird natürlich immer kleiner. Bild 3 zeigt dasselbe in einer anderen Meßstelle. Es ist vielleicht bemerkenswert, daß die Bewegungen des Liegenden, also auch die Belastungen von dieser Richtung aus, wesentlich größer sind als die vom Hangenden. Das ist eine Erscheinung, die bei geringfesten Nebengesteinen sehr oft zu beobachten ist.

In Bild 4 sind einige der gemessenen Angaben dargestellt. Auf der horizontalen Achse ist die Zeit angegeben und auf der vertikalen der Abstand des Querschnittes vom Streb. Es ist natürlich zu sehen, daß eine Zeitlang dieser Abstand konstant ist, sich also der Streb noch nicht zum beobachteten Querschnitt nähert. Dann wird dieser Abstand immer kleiner. Der Streb nähert sich diesem Querschnitt. Die anderen Kurven zeigen die Verminderung des

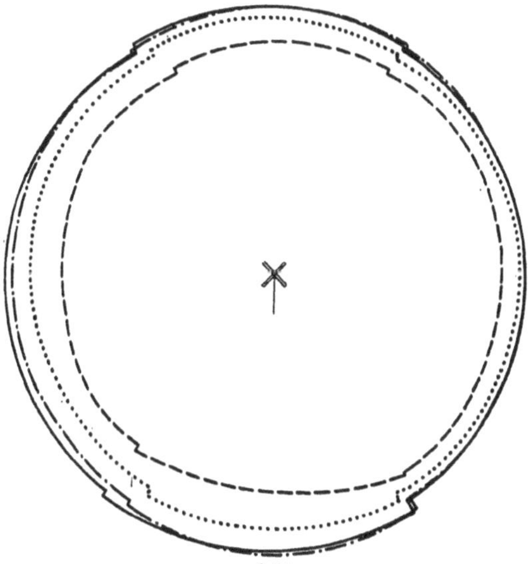

Bild 2. Verformungen während der Lebensdauer des Streckenprofils Nr. 7. (Wetterstrecke des Strebes 16 des Schachtes XXI Oroszlany)

Zeichen	Nr. der Aufnahme	Zeit vom Einbau d	Entfernung von der Abbaufront m	Fläche m^2
	1	0	131,50	4,711
	3	13	131,50	4,661
	17	141	64,80	4,151
	20	176	−1,20	3,377

Querschnittes in Quadratmetern. Es sind drei verschiedene Querschnitte angegeben. Diese Kurven zeigen eine Verminderung der Flächengröße.

Auf Bild 5 sind dieselben Daten von einer anderen Meßstelle zu sehen. Wenn sich der Streb nähert, dann wird der Querschnitt immer kleiner. Wir können dann die ähnlichen Bedingungen, wie ich schon gesagt habe, auf einem geeigneten Prüfstand nachbilden.

Auf Bild 6 ist ein Prüfstand zu sehen, in welchem der komplette Ausbau mit 3,5-m-Diameter eingebracht ist. Es sind die hydraulischen Pressen und die Zwischenstücke zu sehen, die die Belastungen verteilen. Der Ausbau wird belastet. Die Deformationen bzw. die Verformungen

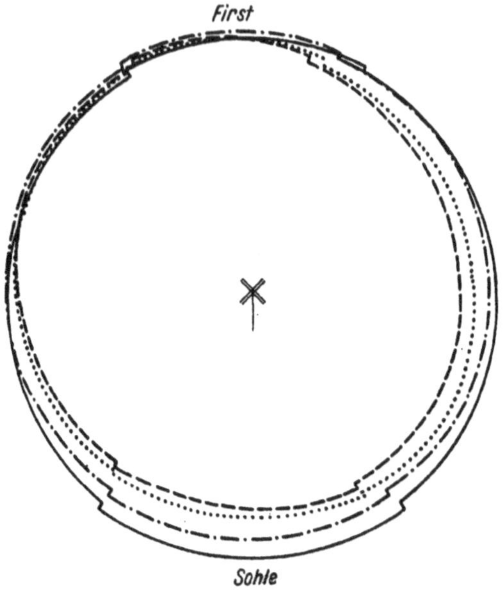

Bild 3

Zeichen	Nr. der Aufnahme	Zeit vom Einbau *d*	Entfernung von der Abbaufront m	Fläche m^2
	1	0	10,00	4,711
	4	12	10,00	4,661
	11	77	17,00	4,161
	12	83	3,00	3,377

können und werden auch hier ganz genau gemessen. Aus diesen Daten kann man Schlußfolgerungen über das Zusammenwirken zwischen Gebirgsmassen und Ausbauelementen ziehen. Bei denselben Querschnittverminderungen, die in der Grube gemessen worden waren, können da, auf dem Prüfstand, auch die Belastungen abgelesen werden, natürlich mit der Annahme, daß die Schrauben der Verbindungen der Stahlbögen mit denselben Kräften vorgespannt sind und auch die anderen Bedingungen denjenigen der natürlichen annähern.

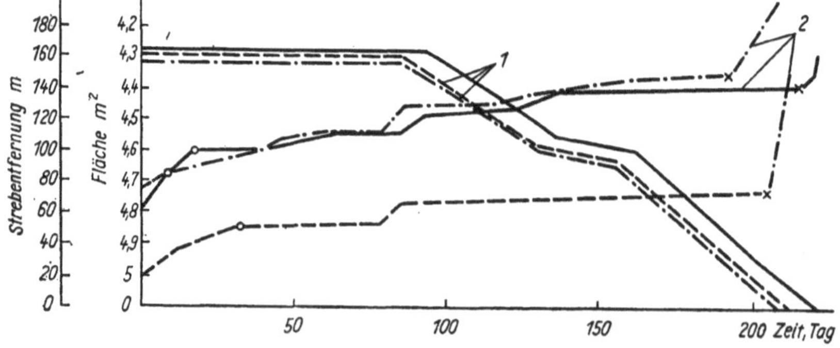

Bild 4. Streckenverformung in Abhängigkeit von der Zeit und von der Entfernung von der Abbaufront (Wetterstrecke des Strebes 16 des Schachtes XXI Oroszlany)

1 — Entfernung der Abbaufront; 2 — Verformung

——— 1. Profil; - - - - 2. Profil, -·-·-·- 3. Profil

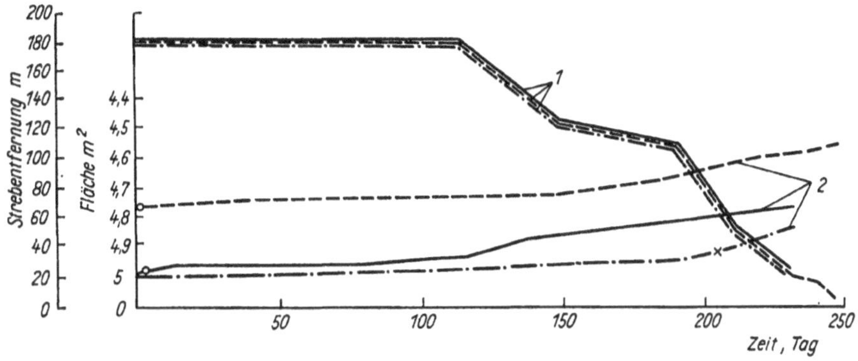

Bild 5. Streckenverformung in Abhängigkeit von der Zeit und von der Entfernung von der Abbaufront (Wetterstrecke des Strebes 16 des Schachtes XXI Oroszlany)

1 — Entfernung der Abbaufront, *2* — Verformung

——— 1. Profil, - - - - 2. Profil, -·-·-·- 3. Profil

Bild 6

Herr Jacobi

Wir haben gestern über den Einfluß der Klüfte auf die Festigkeit gesprochen und müssen über den gleichen Einfluß sprechen, wenn wir die Messung von Spannungen und Verformungen behandeln. Die Forderung nach homogenem und isotropem Material ist bekanntlich nicht erfüllt, und es fragt sich, wie weit man von dieser Forderung abgehen darf, um überhaupt von Verformungen, die man beispielsweise in Bohrlöchern mißt, auf Spannungen schließen zu können, und zwar auf Spannungen innerhalb eines größeren Ausschnittes.

Meine Frage zielt darauf hin, ob eine Zuordnung der Meßgeräte für Spannungs- bzw. Verformungsmessungen zu den entsprechenden geologischen Verhältnissen möglich ist. Welche geologischen Bedingungen müssen erfüllt sein, um die Spannungsmeßgeräte sinnvoll anwenden zu können?

Herr Müller

Ich glaube aus dieser Frage von Herrn Dr. Jacobi herausgehört zu haben, daß er in diesem Punkt tatsächlich skeptisch ist. Ich kann diese Skepsis nur teilen. Es gibt photoelastische und andere Modellversuche zur Spannungsverteilung in zerklüfteten Medien. Diese zeigen, daß die einzelnen Kluftkörper unter Spannungszuständen stehen und Spannungsverteilungen aufweisen, die mit der statistischen Spannungsverteilung und dem Spannungszustand in der Gebirgsmasse im ganzen gar keine Ähnlichkeit haben. Die Spannungsverteilung im Kluftkörpermosaik mutet tatsächlich chaotisch an. So schön es wäre, mit Meßzellen, von SUZUKIS elastischen angefangen, bis zu den neuesten Elementen, Spannungen im Bohrloch zu bestimmen, so muß man sich doch immer fragen: Was mißt man da eigentlich?

Wenn man Bohrlöcher in die vier Ecken eines Kluftkörpers setzen würde, würde man ganz verschiedene Spannungen messen. Mit Professor FÖPPL haben wir oft die Frage diskutiert, ob man diese Unsicherheit und die Streuungen nicht durch statistische Messungen an vielen hundert Punkten ausschalten kann. Wir sind aber zu keinem Ergebnis gekommen. Ich bin deshalb mit einer gewissen Sturheit bei der Meinung geblieben, daß man auch Spannungsmessungen — eigentlich sind sie ja fast immer Verformungsmessungen — als Großversuche, d. h. großräumig, ausführen muß. Ich hatte in vier Tunneln Gelegenheit, nicht die Spannungen, aber die Gebirgsdeformation großräumig zu messen, das letzte Mal vor einigen Wochen in Frankfurt. Man konnte da in verschiedenen Richtungen sehr gut zum Beispiel den Durchmesser der Schutzzone feststellen und zu der Verformung unter Benützung der Auskleidung in Beziehung setzen.

Wenn man zum Beispiel ein Dreifachextensometer so setzt, daß ein Meßelement nahe der Tunnelwandung liegt, ein zweites fünf Meter weiter und ein drittes zehn Meter weiter, dann hat man großräumig gemessen; innerhalb dieser Abschnitte liegen Dutzende oder Hunderte von Klüften, so daß das statistische Gesetz wieder gültig ist. Ebenso ist es gelungen, mit Deformationsindikatoren Versetzungen quer zum Bohrloch zu messen. Wenn man die beiden Methoden kombiniert, bekommt man eine Verformungsmessung, welche dreidimensional und großräumig arbeitet. Man kann unterscheiden, wo die Deformationen elastisch und wo sie plastisch stattgefunden haben und die Verteilung der plastischen Zonen zum Aufbauwiderstand in Beziehung setzen. Wenn man den letztgenannten auch mißt, erhält man Beziehungen, welche eine ordentliche Dimensionierung der Auskleidung erlauben.

Herr KUZNECOV

Ich möchte vorerst einige Worte als Ergänzung zum vorhergegangenen Diskussionsbeitrag sagen. Ich habe so verstanden, daß Dr. JACOBI die Frage in der Richtung stellt, ob man im klüftigen Gestein mit den Deformationsbeobachtungen auf die Spannung schlußfolgern kann.

Zur Lösung dieses Problems muß man systematisch die Untersuchungen über Strukturmodelle unter den Bedingungen des dreiachsigen Spannungszustandes entwickeln, da diese Frage verschiedene Antworten enthält, u. a. in Abhängigkeit von der allgemeineren Form dieses Spannungszustandes im jeweiligen Bereich und von der Belastungsweise. Dieses Problem ist bis jetzt sehr wenig experimentell untersucht, und man müßte diese Untersuchungen erweitern.

Bei uns in Leningrad werden die Versuche in dieser Richtung jetzt ausgedehnt. Wir haben bisher keine großen Anlagen für Triaxialuntersuchungen. Wir sind erst dabei, diese aufzubauen, um komplizierte Situationen zu untersuchen. Wenn man derartige experimentelle Untersuchungsergebnisse zusammenstellt, dann kann man vielleicht eine Art Typenalbum für Spannungszustände bei verschiedenen Typenstrukturen aufstellen, was dem Praktiker dann erlaubt, sich leichter zu orientieren.

Ich möchte jetzt noch zu einer anderen Frage zum gleichen Thema übergehen. In welchen Fällen ist es günstig, die Untersuchungen in großem Maßstab unter natürlichen Bedingungen durchzuführen und wann sind Laborversuche ausreichend? Ich bin der Meinung, daß es bei der weiteren Entwicklung experimenteller Versuche notwendig wäre, neben der Untersuchung großer Proben mit Hilfe von Druckvorrichtungen auch die Aufmerksamkeit auf spezielle

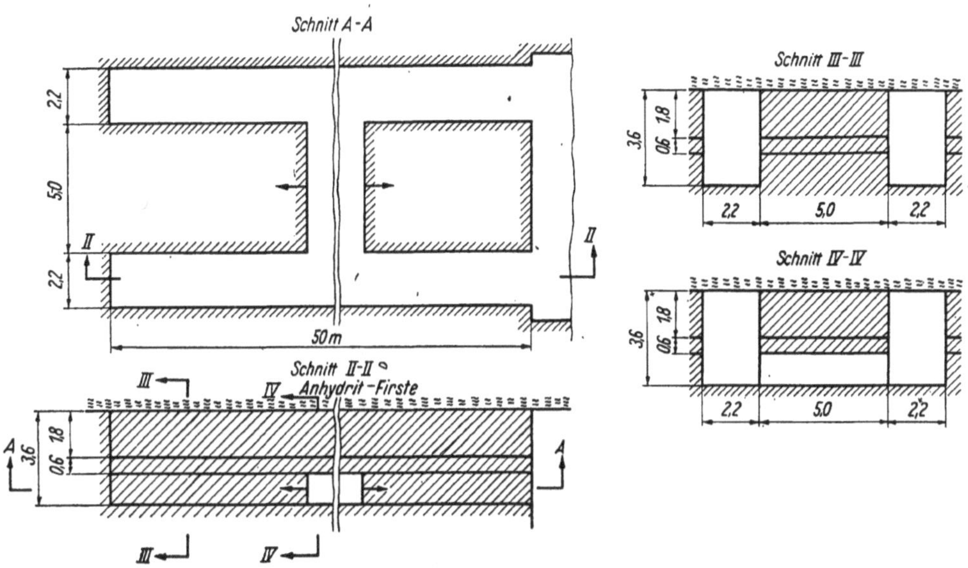

Bild 1. Schema eines Versuches zur Bestimmung der Standfestigkeit der Kammerfirsten im Salzbergwerk „Artjemovsk"

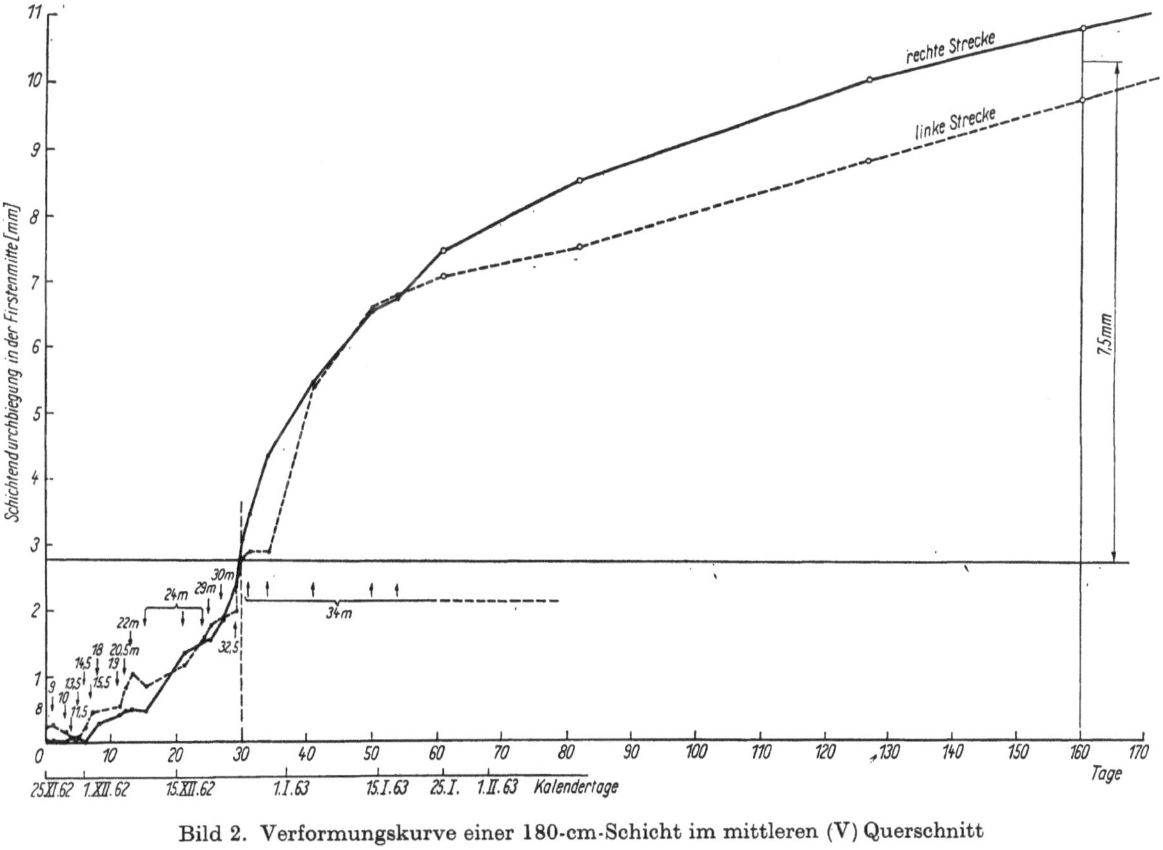

Bild 2. Verformungskurve einer 180-cm-Schicht im mittleren (V) Querschnitt

Experimente vom rein bergbaulichen Typ zu lenken, die uns ebenfalls eine gute Übersicht über den Charakter des Verhaltens des Gebirges geben können.

Man könnte hierzu sehr überzeugende Beispiele anführen. Ich denke z. B. an das wertvolle Material, welches in der UdSSR erhalten wurde, speziell bei der Bestimmung der Standsicherheit und der Verformbarkeit des Hangenden der Steinsalzgrube in Artjemovsk. Zu diesem Zweck wurden spezielle Grubenbaue aufgefahren.

Bild 1 zeigt das Schema dieses Versuchs. Es war notwendig, die höchsten (kritischen) Spannweiten festzulegen, bei denen die Standfestigkeit zweier Steinsalzschichten, die die Kammerfirste bilden, verschwindet. Die untere Schicht hatte 0,6 m Mächtigkeit, die obere Schicht 1,8 m. Über diesen beiden Schichten lag eine mächtige standfeste Schicht von Anhydrit. Zur experimentellen Lösung dieser Aufgabe wurden in den obengenannten Salzschichten über der Feste (über dem Pfeiler) zwei parallele enge Strecken im Abstand von 5 m aufgefahren. Diese Strecken hatten je 2,2 m Breite, 3,6 m Höhe und 50 m Länge.

Diese Strecken schnitten die zu prüfenden Steinsalzschichten durch die Gesamtmächtigkeit bis zum Anhydrit und drangen in die untere Salzschicht 1,2 m tief ein (Bild 1). Beide Strecken wurden in der Mitte mit einem Durchhieb verbunden, der unter der unteren Steinsalzschicht aufgefahren war, wodurch die Spannweite unter dieser Schicht immer größer wurde, symmetrisch auf beiden Seiten von der Druckschlagsachse.

Damit wurden die höchsten Spannweiten, der Charakter der Verformung und die Bedingungen für die Erhaltung der Standfestigkeit nach der Bildung von Klüften in den beiden Schichten der Kammerfirste festgesetzt. Alle Ergebnisse wurden in Naturverhältnissen unter Wirkung der Schwerkräfte der Steinsalzschichten erhalten.

Bild 2 zeigt die Vergrößerung der Durchbiegung der oberen Steinsalzschicht von 1,8 m Mächtigkeit bei der Vergrößerung der Spannweite auf 34 m. Bei dieser Spannweite bildeten sich in der Schicht bankschräge Risse, aber die Schicht blieb standsicher. In 130 Tagen betrug dabei die Vergrößerung der Durchbiegung in der Mitte der Spannweite nur etwa 7,5 mm (Bild 2).

Die Ergebnisse dieser Versuche gestatteten einen Vergleich mit dem im Labor durchgeführten Biegeversuchen mit Steinsalzproben. Dieser Vergleich bestätigte die Richtigkeit der in meinem Vortrag auf dem 9. Ländertreffen des IBG enthaltenen Berechnungsschemas für die Standfestigkeit der Schichten der Kammerfirste.

Herr Jacobi

Es gibt immer Risse im Gestein, auch bei einem Bohrloch. Wenn die Risse berücksichtigt werden sollen, ist es fast unmöglich, natürliche Bedingungen in Modellen wiederzugeben.

Herr Rocha

Ich möchte ganz kurz auf zwei Methoden eingehen, die wir kürzlich entwickelt haben, um den Spannungszustand in Gebirgsmassen zu bestimmen.

Die erste Methode gestattet die Bestimmung des Spannungszustandes in allen bedeutenden Richtungen mit Hilfe von Messungen in einem einzelnen Bohrloch. Um diesen Spannungszustand zu bestimmen, sind die folgenden Schritte notwendig: Das Bohrloch wird zuerst gebohrt mit vier oder fünf inch Durchmesser. Unmittelbar dem ersten Bohrloch folgend wird ein anderes Bohrloch mit einem kleineren Durchmesser —1,5 inch — gebohrt. In dieses letzte Bohrloch wird ein voller Zylinder mit neun Dehnungsmeßprüfern in verschiedenen Richtungen (Bild 14) eingebaut.

Bild 15 zeigt den Plastikzylinder zur Bestimmung des Spannungszustandes mit einem Durchmesser von 35 mm und mit 9 Dehnungsmeßprüfern in 9 verschiedenen Richtungen. Im unteren Ende befindet sich eine Tasche, in die das Bindemittel zur Befestigung des Zylinders an den Felsen eingefüllt wird. Durch die Einführungsstangen können wir die Tiefe und den Azimuth des Plastikzylinders bestimmen. Im Bild 16 werden die Zylinderachse und die Richtungen der Dehnungsmeßprüfer angegeben. Im Bild 17 wird ein Zylinder mit dem eingebrachten Plastikzylinder dargestellt.

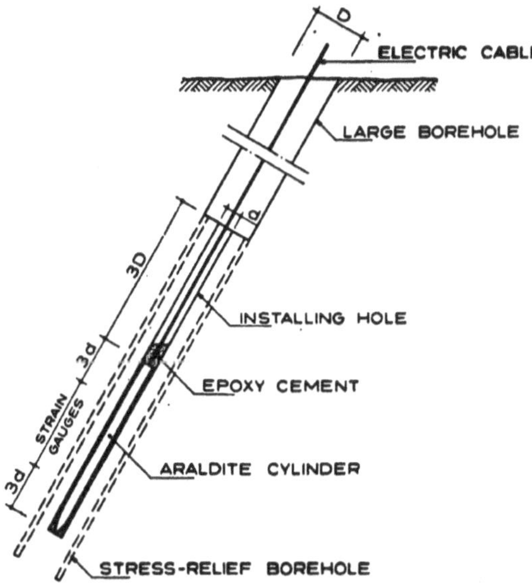

Bild 14

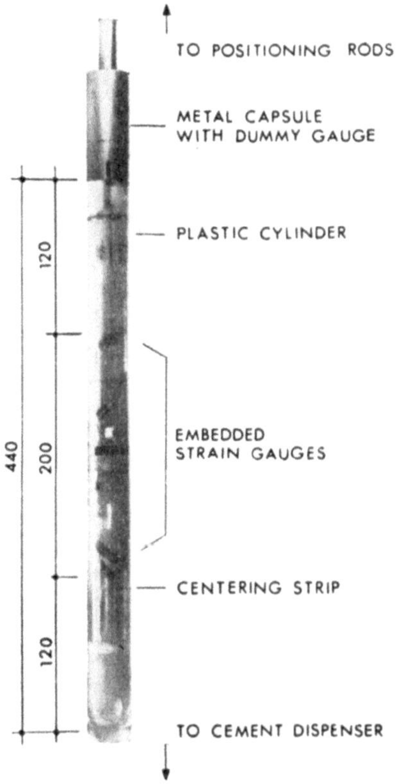

Bild 15

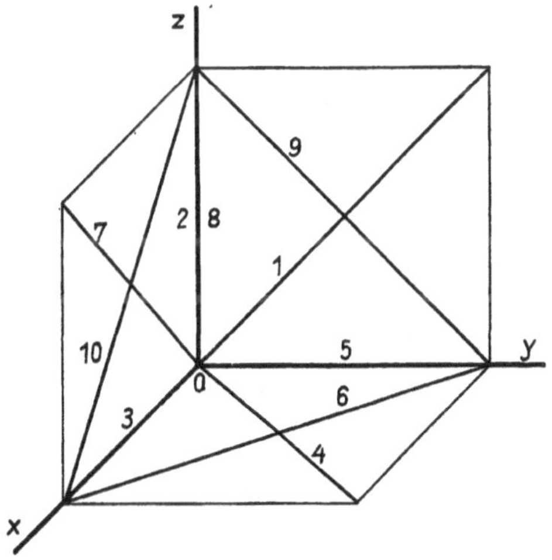

Bild 16

Um die Bindung zwischen dem Plastikzylinder und dem Gestein zu prüfen, wurden Schnitte angelegt, die die vorhandene gute Bindung bestätigten. Aus den Verformungen des Zylinders können die sechs Komponenten des Spannungszustandes der Gesteinsmasse festgestellt werden, bevor alle Löcher gebohrt wurden (Bild 19). Die Ausdrücke, die es erlauben, die sechs

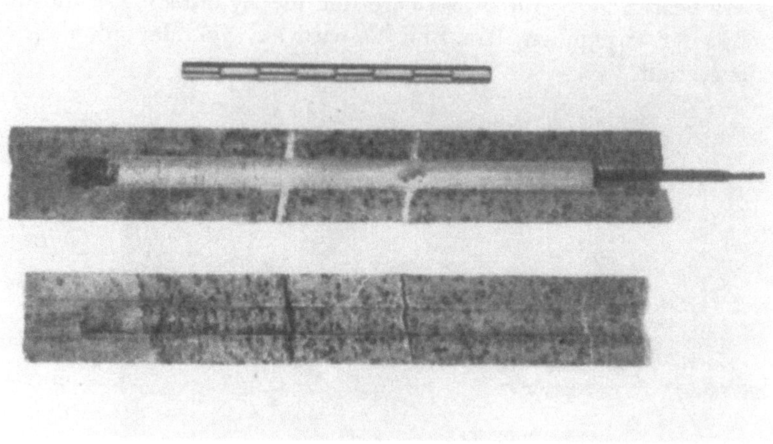

Bild 17

Komponenten des Spannungszustandes der Gesteinsmasse als Funktion der Komponenten des Spannungszustandes des Zylinders entlang seiner Achse, der elastischen Konstante des Gesteins und der elastischen Konstante der Plastmasse des Zylinders festzustellen, sind im Bild 20 angegeben.

Zur Einschätzung der Genauigkeit und der Zuverlässigkeit der erhaltenen Ergebnisse wurde der Versuch im Laboratorium wiederholt, das heißt, wir untersuchten Gesteinsproben mit eingelagerten Plastikzylindern. Diese Gesteinsproben wurden einem Druck ausgesetzt, der die natürlichen Bedingungen (Bild 21) simulierte. Nachdem das Bindemittel abgebunden hatte, wurde die Spannung abgeleitet. Dann haben wir diese Spannungen mit den während des Aufbringens des Druckes vorhandenen Spannungen verglichen. Die Übereinstimmung der Ergebnisse war sehr gut. Die Abweichungen waren nicht größer als 5%. Mit einem bei 45 Grad Neigung eingebauten Zylinder wurden gleichfalls sehr gute Ergebnisse erzielt (Bild 22). Im Bild 23 werden die Ergebnisse zweier Meßpunkte in Bohrlochtiefen von 52 m und 57 m dargestellt. Es sind die Werte der Hauptspannungen und die dazu gehörenden Richtungen angegeben. Wir nutzen diese Technik bis zu einer Tiefe von 100 m. Wir glauben aber, daß diese Meßtechnik auch in größeren Teufen angewendet werden kann. Dieses Verfahren ist gleichfalls geeignet für Messungen in Bohrlöchern, die mit Wasser gefüllt sind. Innerhalb

Bild 18

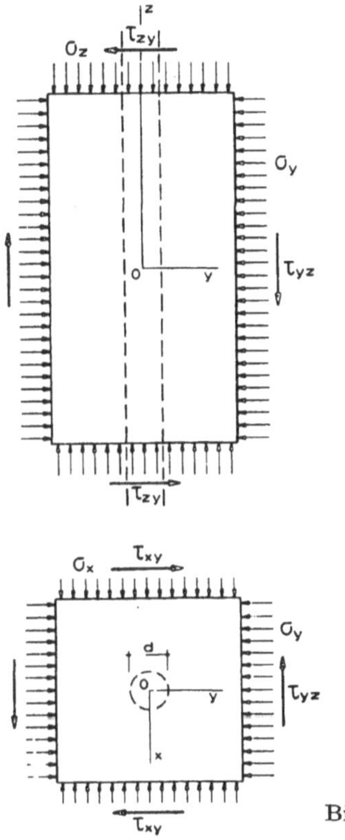

Bild 19

CALCULATION OF RESIDUAL STRESSES

$$\varepsilon'_x = \left(\frac{m'M + n'N}{E'} + \frac{v v'}{E}\right)\sigma_x + \left(\frac{m'M - n'N}{E'} + \frac{v v'}{E}\right)\sigma_y + \frac{mM - v}{E}\sigma_z$$

$$\varepsilon'_y = \left(\frac{m'M - n'N}{E'} + \frac{v v'}{E}\right)\sigma_x + \left(\frac{m'M + n'N}{E'} + \frac{v v'}{E}\right)\sigma_y + \frac{mM - v}{E}\sigma_z$$

$$\varepsilon'_z = \frac{1}{E}\left[\sigma_z - v\left(\sigma_x + \sigma_y\right)\right]$$

$$\gamma'_{xy} = \frac{4n'N}{E'}\tau_{xy} \qquad \gamma'_{yz} = \frac{4n}{E}\tau_{yz} \qquad \gamma'_{zx} = \frac{4n}{E}\tau_{zx}$$

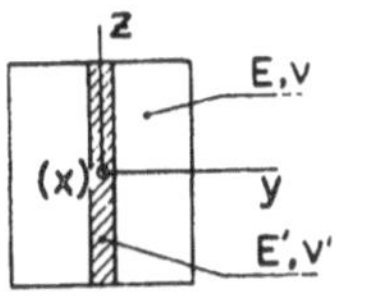

$$n = 1 + v \qquad n' = 1 + v' \qquad m = \frac{v - v'}{1 - v} \qquad m' = (1 - 2v')\,\frac{1 - v v'}{1 - v}\cdot\frac{n'}{n}$$

$$M = \frac{1 - v}{1 + (1 - 2v')\frac{E}{E'}\cdot\frac{n'}{n}} \qquad N = \frac{2(1 - v)}{3 - 4v + \frac{E}{E'}\cdot\frac{n'}{n}}$$

Bild 20

einer Woche kann der Spannungszustand in zwei oder drei Punkten bestimmt werden. Der Zeitaufwand ist abhängig von der Tiefe und von der Natur des Felsens.

Ein anderes Verfahren, das ich erwähnen möchte, dient der Bestimmung des Spannungszustandes an der Oberfläche des Gesteins mit Hilfe der Flatjacks. Ohne Gebrauch von Bindemitteln werden die Flatjacks in Schnitte eingebracht, die mit einer Diamantscheibe hergestellt wurden (Bild 24). Bei diesem Verfahren wird das Gestein sehr wenig gestört. Da keine Bindemittel verwendet werden, können die Flatjacks sehr leicht wieder entfernt werden.

Bild 21

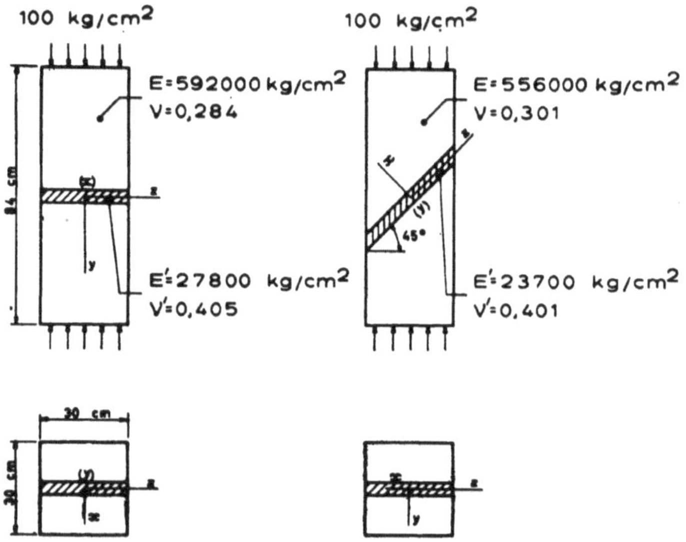

Bild 22

MEASUREMENT OF STRESSES
ALONG A VERTICAL BOREHOLE

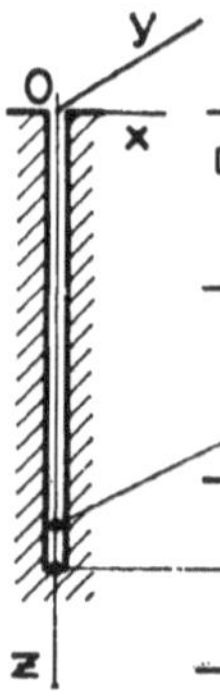

DEPTH BELOW SURFACE (m)	PRINCIPAL STRESSES			
	MAGNITUDES kgf/cm²	DIRECTION ANGLES		
		WITH OX	WITH OY	WITH OZ
52	S_X = 174	16°	85°	105°
	S_Y = 144	90°	20°	70°
	S_Z = 43	74°	109°	25°
57	S_X = 145	5°	85°	88°
	S_Y = 153	95°	11°	80°
	S_Z = 88	92°	100°	10°

Bild 23

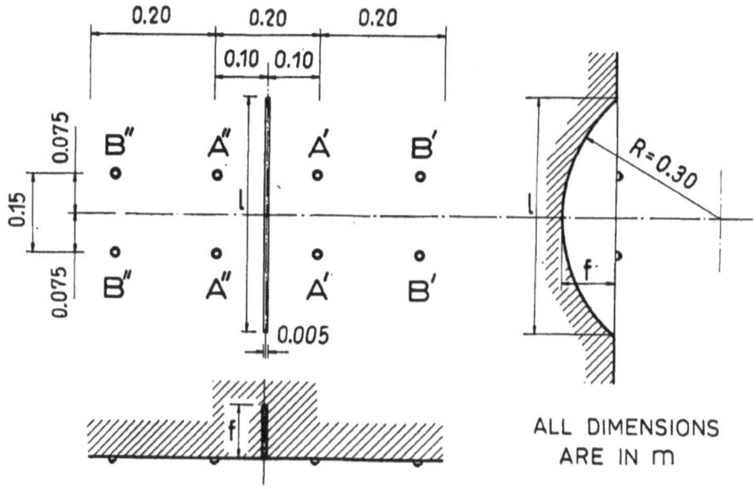

Bild 24

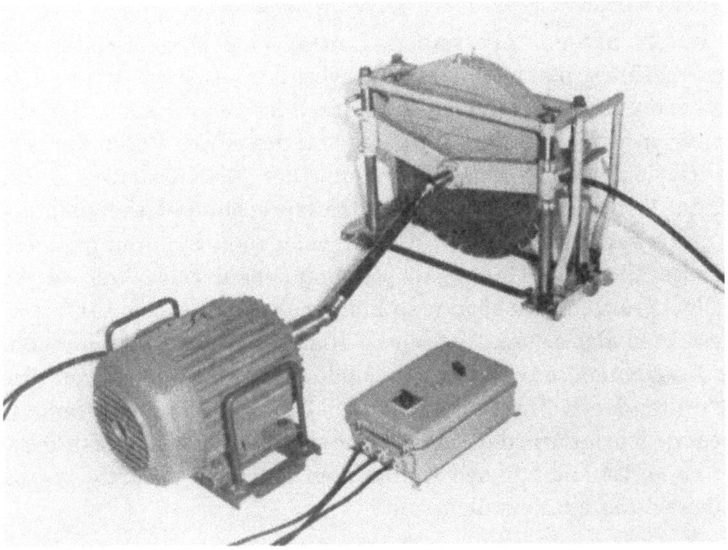

Bild 25

Bild 25 zeigt das Schneidegerät mit Diamantscheiben von 60 cm Durchmesser. Im Bild 26 sind Flatjacks mit einer Stärke von 5 mm abgebildet, die in die Schnitte eingeführt werden. Mit diesem Verfahren kann man den Spannungszustand in verschiedenen Tiefen bestimmen. Dabei werden mehrere Flatjacks verwendet, die aufeinanderfolgend ohne die Maschine herauszunehmen, eingeführt werden.

Um die Zuverlässigkeit und Genauigkeit dieses Verfahrens zu überprüfen, wurde es im Laboratorium simuliert. Diese Überprüfung gestattet den Hinweis, daß das Verfahren geeignet ist, um Spannungen mit einer Abweichung unter 10% zu bestimmen.

Bei der Bestimmung mit Druckkissen verschiedener Größen hat man beobachtet, daß die mittlere Spannung mit der Tiefe des Schlitzes zunimmt. Diese Tatsache ist ohne Zweifel eine Folgerung der oberflächigen Entlastung der Spannungen, die durch die Störung der Gebirgsmasse während des Schnittes verursacht wurde.

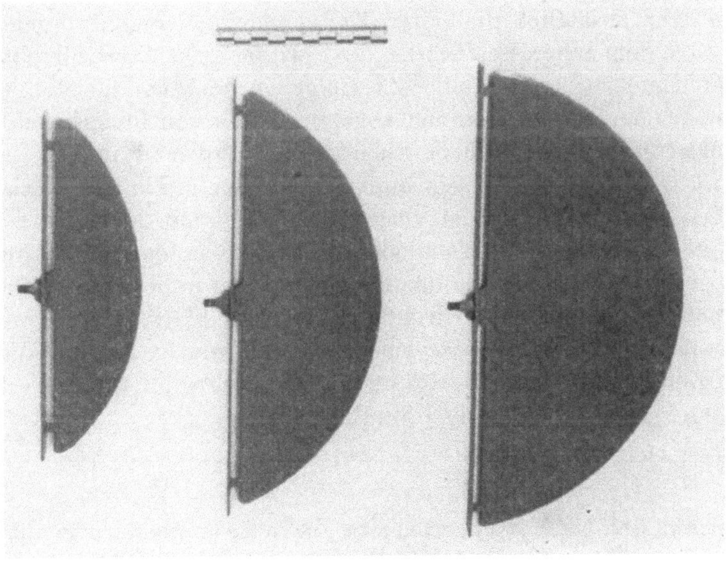

Bild 26

Herr Dreyer

Herr Präsident Rocha hat uns mit seinem Beitrag eine Meisterleistung meßtechnischen Könnens vor Augen geführt, die bewundernswürdig ist. Aus der guten Übereinstimmung zwischen den gemessenen und erwarteten Zahlendaten ist zu schließen, daß die Stationierung der Meßelemente stets in den massigen Teilbereichen des zerklüfteten Gebirges erfolgte und bei keiner der Meßstationen eine Beeinträchtigung der Meßergebnisse durch spätere Rißbildung im Bereich des Meßortes vorgelegen hat. Entsprechende Untersuchungen haben auch wir durchgeführt, und zwar mit dem Ziel, die verschiedenen Spannungszustände in den einzelnen Blöcken des zerklüfteten Gebirgskörpers kennenzulernen, um so das mechanische Verhalten an den Blockgrenzen abschätzen zu können.

Von einigen Ausnahmen abgesehen, sind wir zu ähnlich gut übereinstimmenden Ergebnissen gelangt, wobei die Ausnahmen auf diejenigen Meßorte beschränkt waren, die im Laufe der Zeit von der fortschreitenden Rißbildung im Bruchkörper erfaßt und offenbar in ihrer Funktionstüchtigkeit beeinträchtigt wurden. Herr Rocha, mit dem ich mich gerade über diesen Punkt unterhalten habe, ist mit mir der Auffassung, daß man derartig beeinträchtigte Messungen von der Auswertung ausschließen sollte.

Herr Müller

Der Generalreport von Sibek und Tincelin schneidet unter anderem eine Frage von großer Wichtigkeit an: Er weist mit Recht darauf hin, daß es zwar gut ist, bei Konvergenzmessungen das Hineinwandern des Gebirges in die Strecke, in den Tunnel zu messen, daß es aber das Wichtigste wäre, die Initialdeformation zu erfassen. Ich glaube, in diesem Punkt sollte man noch sehr viel Anstrengungen unternehmen, denn wenn man nicht die Initialbewegungen erfaßt, dann weiß man eigentlich nicht, was man gemessen hat.

Ich habe dreimal Gelegenheit gehabt, Initialbewegungen zu messen, zweimal in einem Stollen von 2,5 m Durchmesser und einmal im Großversuch in einem Tunnel von 11 m Durchmesser, der ungefähr 17 cm dick mit Spritzbeton ausgekleidet war. Alle drei Male waren die Meßvorrichtungen — Vielfachextensometer, Vielfachdeformationsindikatoren (Querversetzungsmeßkette) — in Bohrlöcher in der Umgebung der Tunnelröhre bereits an den Ort der Messungen gebracht worden, bevor die Tunnel vorgetrieben wurden. Wir haben dabei festgestellt, daß ungefähr 90 bis 95% der Deformationen bereits zu dem Zeitpunkt stattgefunden hatten, als dann zusätzlich die ersten Konvergenzmessungen vorgenommen werden konnten, nämlich nach dem ersten Festwerden des Spritzbetons. Diese Messungen sind leider nur teilweise mit kontinuierlichen Schreibern verfolgt worden. Die meisten von ihnen wurden nur alle Stunden oder alle 12 Stunden abgelesen. Die kontinuierlichen Deformationsschreiber haben interessanterweise sehr deutlich gezeigt, daß man auch bei zeitlich dichten Einzelmessungen noch sehr vorsichtig sein muß: es gab eine große Zahl rückläufiger Deformationen. Einzelne Messungen konnten vorübergehend bis zu 30% aus der verglichenen Linie herausspringen, zum Beispiel während oder nach einer Sprengung. Beispielsweise wurde einmal am Schreibgerät beobachtet, daß das Hereinwandern in die Strecke 20 Minuten nach einer Sprengung plötzlich einem Herauswandern um 3 cm Platz machte, wobei die Bewegungen allerdings später wieder in die richtige Kurve eingelenkt haben. Würde man jetzt nur den einzelnen Zufallswert messen, bekäme man einen irreführenden Verlauf. Deshalb: Initialmessungen, und diese kontinuierlich durchführen!

Herr Mencl

Es wird interessieren, daß bei Messungen in situ, die in Zusammenarbeit mit Herrn Kohoutek in einem Versuchstunnel für die Metro in Prag durchgeführt wurden, Deformationen des anstehenden Gebirges einige Meter vor der Ortsbrust festgestellt wurden.

Herr RICHTER

Ich möchte nur kurz darauf hinweisen, daß die Messungen der Bewegungen und Verformungen im Gebirge nicht auf Meßgeräte bzw. meßtechnische Aufgaben, übereinstimmend mit Herrn JACOBI, beschränkt werden dürfen. Die Meßergebnisse erhält man entweder von solchen Beobachtungen, wo direkt die Bewegungen bzw. die Verformungen des Materiales gemessen werden, oder man registriert Beobachtungen mit Meßapparaten, die mit der Gesteinsumgebung zusammenarbeiten. Wenn man aus Bewegungs- und Verformungsdaten Spannungen errechnen will, so ist im ersten Falle die Wahl des Modellgesetzes wichtig, mit dem diese eingeschätzt werden sollen. Im zweiten Falle müssen sehr eingehend die Gesetzmäßigkeiten des Zusammenwirkens zwischen Gesteinsumgebung und Meßgeräten bekannt sein. Ich möchte darum sehr stark unterstreichen, daß eine Modell- und eine Spannungsverteilungsanalyse in den gegebenen Fällen unbedingt notwendig sind. Die Stelle der Nulldeformationen und die Änderung im Spannungszustand leiten wir vom Modellgesetz und von der Spannungsanalyse der gegebenen Situation ab. Die Eigenschaften der Gesteine sind gegeben. Darum muß man immer bestrebt sein, daß die Spannungssituation um die Meßstelle so einfach wie möglich ist. Solche Möglichkeiten sind in kreisförmigen Bohrlöchern unter Gas bzw. Wasserdruck vorhanden.

Herr HÖFER

Ich habe eine Frage an Herrn ROCHA.

Wenn ich Sie vorige Woche in Madrid richtig verstanden habe, haben Sie unterschiedliche Ergebnisse bekommen, je nachdem, ob Sie mit einer, mit zwei oder mit mehreren Flatjacks gemessen haben. Könnte das nicht sehr stark mit dem Maßstabseffekt zusammenhängen, den wir bei der Festigkeit der Prüfkörper bis zum Großblock haben, so daß auch hier im geklüfteten Gebirge eine Assymptode vorhanden ist, der sich die Anzahl der entsprechenden Meßelemente annähern muß, um wirklich den richtigen Wert zu bekommen?

Herr ROCHA

Man sollte erwarten, daß der Wert der Deformation abnimmt. Wir beobachten bis jetzt immer diese Änderungen in Verbindung mit der Klüftung der Gesteinsmasse, d. h. wenn die Belastung außerhalb geringer ist, dann sinkt der Wert der Verformbarkeit ab. Wir beabsichtigen, systematische Untersuchungen mit Hilfe dieses Verfahrens vorzunehmen, um den Einfluß des Maßstabsfaktors zu untersuchen.

Herr HELFRICH

Im Generalbericht ist genannt, daß die Reichweite von seismoakustischen Impulsen bis zu 30 und 80 m liegt. Ich möchte in diesem Zusammenhang auf Messungen hinweisen, die wir vor kurzem durchführten und die zeigten, daß es auch sehr lokale seismoakustische Effekte gibt. Sie sind so lokal, daß sie in einem Abstand von einem halben Meter nicht mehr beobachtet werden können.

Wir haben dabei die Feststellung machen müssen, daß die Aktivität von älteren Bohrlöchern und von frischgebohrten Bohrlöchern charakteristische Unterschiede zeigt. Vor allen Dingen zeigte sich in neu gebohrten Bohrlöchern eine gewisse Abnahme einer vorerst verhältnismäßig hohen Frequenz, also Anzahl Impulse per Zeiteinheit, die dann zu dem normalen Niveau abnimmt. Diese Kurven zeigen verschiedene Charakteristika in verschiedenen Gesteinen.

Es wäre also denkbar, daß diese Methode dazu verwendet werden kann, den Spannungszustand zwar nicht quantitativ, aber qualitativ um untertägige Hohlräume zu messen bzw. die Zone höherer Druckbeanspruchung festzulegen. Der Vorteil liegt darin, daß das Geophon eine größere Meßbasis darstellt als eine Spannungsmeßzelle, die ja nur in einem ganz kleinen Punkt mißt.

Herr Militzer

In dem Generalbericht wird die Frage aufgeworfen, was man in Zukunft von der geophysikalischen Forschung erwarten kann und in welche Richtung die geophysikalische Forschung im Sinne einer Unterstützung der Gebirgsmechanik geleitet werden sollte. Diese Frage ist allerdings so umfassend, daß sie nur akzenthaft beantwortet werden kann. Dabei könnte man von dem Hinweis ausgehen, daß auch künftig die „Strukturerkundung" nach wie vor für die Belange der Gebirgsmechanik einen Arbeitsbereich der angewandten Geophysik darstellen wird. Damit jedoch sind vorwiegend methodische Arbeiten angesprochen, die mit entsprechenden apparativen Entwicklungen verknüpft sein werden und die im Rahmen dieses Diskussionsbeitrages zunächst außerhalb unserer Betrachtungen bleiben sollen.

Ich meine aber, daß es gegenwärtig und künftig in viel stärkerem Maße notwendig sein wird, der „Kennwertbestimmung" von Gestein und Gebirge durch Untersuchungen in situ mit Hilfe physikalischer Meßmethoden nachzugehen. Dabei steht gegenwärtig die Geophysik international noch am Anfang der Bemühungen.

Die Forschungsarbeiten zur Kennwertbestimmung aus Messungen am Anstehenden erstrecken sich praktisch über alle Teilgebiete der Geophysik. Das beginnt mit der Gravimetrie in der beispielsweise die Entwicklung von Bohrlochgravimetern neue Akzente zur Bestimmung der Dichte des Anstehenden gesetzt hat. Das läßt sich fortsetzen über die Magnetik, Geoelektrik, Seismik, die Geothermie, die Radiometrie mit Hilfe künstlicher radioaktiver Isotope usw. und stellt speziell in der Bohrlochgeophysik mit ihren vielfältigen Untersuchungsmethoden neben der „Horizontkorrelation" das Hauptziel aller Bemühungen dar. Ich möchte Ihnen einige Gedanken speziell aus dem Aufgabenbereich der Seismik entwickeln.

Wir sind gegenwärtig gewohnt, die seismischen Arbeiten in erster Linie unter dem Gesichtspunkt der Laufzeitmessung bzw. der Geschwindigkeitsbestimmung zu sehen. Dabei müssen wir aber davon Kenntnis nehmen, daß die Geschwindigkeit elastischer Wellen ein relativ unempfindlicher Parameter gegen Veränderungen im Gebirge ist. Normalerweise schwankt die Ausbreitungsgeschwindigkeit elastischer Wellen nur im Bereich von einigen hundert m/s bis zu 7⋯8 km/s. Geschwindigkeitsvariationen, die in Verbindung mit Änderungen der Klüftigkeit Umlagerungen der Druckverteilung usw. verbunden sind, betragen selten mehr als 10%. Deshalb scheint es zweckmäßig, neben den kinematischen Parametern Laufzeit, Ausbreitungsgeschwindigkeit künftig stärker als bisher auch dynamische Parameter (Amplitude, Frequenz) bzw. aus diesen Parametern abgeleitete Größen in die Auswertung einzubeziehen.

Dabei ist die Ermittlung des „Absorptionskoeffizienten" von besonderer Bedeutung, der für Gesteine, in denen die Geschwindigkeit nur um einige hundert m/s variiert, Veränderungen zeigen kann, die sich über einige Zehnerpotenzen erstrecken. Der Absorptionskoeffizient ist — also wie alle anderen dynamischen Parameter auch — ein sehr empfindlicher Indikator zur Bestimmung petrophysikalischer Veränderungen. Es ergibt sich nun die Frage, welche Möglichkeiten zur Bestimmung dieser dynamischen Parameter als gesteinsphysikalische Kenngrößen mit Hilfe seismischer Methoden bestehen. Normalerweise ist es — wie bereits angedeutet — zur Geschwindigkeitsbestimmung in der Seismik üblich, die Laufzeit eines seismischen Signals (Impuls, Wellenzug) beim Durchgang durch das Gebirge zu messen und aus der Kenntnis dieser Laufzeit sowie dem Abstand der Quelle und dem Schwingungsaufnehmer die Ausbreitungsgeschwindigkeit der elastischen Wellen zu ermitteln. Andererseits jedoch beobachten wir, daß das von der Quelle ausgesandte Signal (Eingangssignal) beim Durchgang durch den Gebirgskörper Veränderungen erfährt, die sich im „Ausgangssignal" in einer unterschiedlichen Amplitudenform, einem unterschiedlichen Frequenzinhalt usw. gegenüber dem Eingangssignal bemerkbar machen (vgl. dazu Bild 1 und 2).

Betrachten wir Eingangs- und Ausgangssignal zunächst als zeitabhängige Größen und bezeichnen sie mit $x(t)$ (Eingangssignal) bzw. $y(t)$ (Ausgangssignal), so können Veränderungen in $y(t)$ gegenüber $x(t)$ (abgesehen von apparativen Einflüssen) nur mit dem Einfluß der physikalischen Eigenschaften des Gebirgskörpers auf das eingespeiste Signal in Verbindung gebracht werden.

Wir könnten diesen Einfluß durch eine „Übertragungsfunktion" $ü(t)$ beschreiben. In dieser Übertragungsfunktion sind praktisch enthalten: die Ausbreitungsgeschwindigkeit, die Dichte, die Absorption, die Dämpfung und andere systemkennzeichnende physikalische Parameter.

Es bleibt letztlich nur die Frage, ob es möglich ist, diese Übertragungsfunktion zu bestimmen und damit einen Zusammenhang zwischen dem Eingangssignal, dem Ausgangssignal und dieser Übertragungsfunktion zu finden. Theoretisch kann dieser Zusammenhang mit Hilfe des Faltungssatzes erfolgen. Für den Fall $x(t) = 1$ gilt $y(t) = ü(t)$.

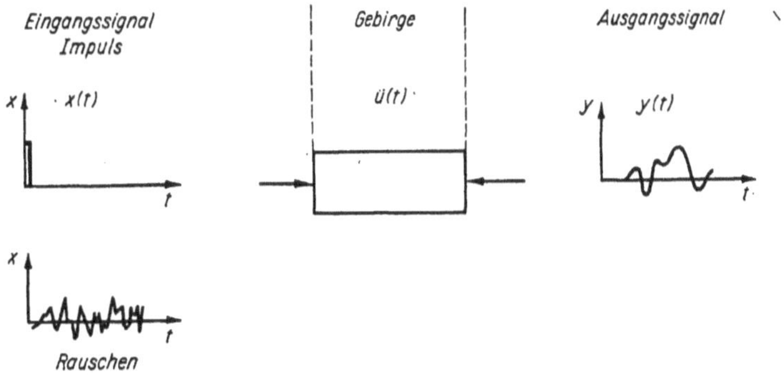

Bild 1. Darstellung der Übertragungsfunktion im Zeitbereich

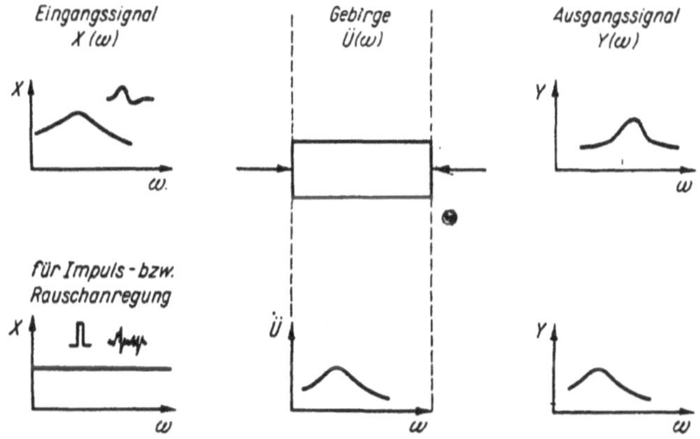

Bild 2. Darstellung der Übertragungsfunktion im Frequenzbereich

Leider läßt sich dieser Gedankengang in der Praxis nicht verwirklichen, da es nicht möglich ist, eine solche Grundfunktion auch technisch zu erzeugen. Was bleibt folglich zu tun? Und damit komme ich zu meinem Hauptanliegen im Rahmen dieses Diskussionsbeitrages und möchte gleichermaßen Entwicklungstendenzen andeuten, die neue Wege im Hinblick auf die Kennwertbestimmung aus seismischen Untersuchungen erwarten lassen.

Der Grundgedanke unserer Überlegungen besteht darin, die in der Seismik bisher ausschließlich üblich gewesene Betrachtungsweise im „Zeitbereich" zu ersetzen durch entsprechende Überlegungen im „Frequenzbereich".

Von der theoretischen Seite besteht bekanntlich zwischen den Betrachtungen im Zeit- und Frequenzbereich ein Zusammenhang über die FOURIER-Transformation. Werden mit $X(i\,\omega)$,

$\ddot{U}(i\,\omega)$, $Y(i\,\omega)$ die FOURIER-Transformierten von $x(t)$, $\ddot{u}(t)$, $y(t)$ bezeichnet, so beinhalten die komplexen Funktionen $X(i\,\omega)$, $\ddot{U}(i\,\omega)$, $Y(i\,\omega)$ je ein Amplituden- und Phasenfrequenzspektrum, deren Vergleiche im Prinzip zu denselben Schlußfolgerungen führen müssen wie die entsprechenden Betrachtungen im Zeitbereich. Beschränkt man sich der Einfachheit halber zum Beispiel auf das Amplitudenfrequenzspektrum, so ist zu erwarten, daß Unterschiede im Amplitudenfrequenzspektrum des Ausgangssignals gegenüber dem des Eingangssignals (abgesehen von apparativen Einflußgrößen) ausschließlich auf den Einfluß petrophysikalischer Kenngrößen zurückzuführen sind, die wiederum durch das Amplitudenfrequenzspektrum des Übertragungskanals — des Gebirges — beschrieben werden können.

Analog zu den Betrachtungen im Zeitbereich läßt sich im Frequenzbereich beispielsweise für das Amplituden-Frequenz-Spektrum der Übertragungsfunktion $\ddot{U}(\omega)$ schreiben

$$\ddot{U}(\omega) = \frac{Y(\omega)}{X(\omega)}.$$

Auch diese Beziehung führt dann zu einer besonders einfachen Handhabung, wenn es gelingt, $X(\omega)$ möglichst einfach zu gestalten. Dies ist dann der Fall, wenn für $x(t)$ ein DIRAC-Stoß vorgegeben wird; denn dann ist $X(\omega)_{\text{Dirac}} = 1$. Aber auch ein solcher DIRAC-Stoß läßt sich praktisch nur angenähert erzeugen. Ein vergleichbares Ergebnis mit praktischen Realisierungsmöglichkeiten ergibt sich dann, wenn für das Eingangssignal „Rauschvorgänge" zugrunde gelegt werden, da das Leistungsdichtespektrum des „weißen Rauschens" proportional dem Amplitudenfrequenzspektrum eines DIRAC-Stoßes ist.

Dieser Gedanke wurde für die Geophysik erstmals von STOLL, Sektion Geowissenschaften der Bergakademie Freiberg, aufgegriffen und ermöglicht nun tatsächlich einen Vergleich der Amplitudenfrequenzcharakteristika $\ddot{U}(\omega)$ und $Y(\omega)$ gem.

$$\ddot{U}(\omega) = \text{const} \cdot Y(\omega) \quad \text{mit} \quad \text{const} = \frac{1}{X(\omega)},$$

das physikalische Verhalten des Gebirges zu beschreiben.

Ich möchte sagen, daß in der Zukunft die Bemühungen der Geophysik vorwiegend mit darauf gerichtet werden sollten, diese Übertragungsfunktion zu bestimmen und zu analysieren. Die Analyse dieser Übertragungsfunktion kann Antwort geben auf den Zusammenhang einer möglichen Verbindung von statischen und dynamischen Moduln, auf die Klüftigkeit, die Porosität, die Absorption und andere systemkennzeichnende Parameter. Von der theoretischen und experimentellen Seite bestehen geeignete Möglichkeiten, eine Analyse dieses Frequenzverhaltens relativ einfach zu gestalten. Dabei kommt es zunächst darauf an, daß das Eingangssignal entweder als Stoßfunktion (wenn auch nur angenähert) oder aber als stochastisches Signal (Rauschen) ausgebildet wird, in dem gleichfalls alle Frequenzen enthalten sind wie in dieser Stoßfunktion.

Durch ein Gespräch, das ich gestern mit Herrn Professor MÜLLER führen konnte, bin ich ermutigt, Ihnen abschließend einige erste Ergebnisse im Hinblick auf die Bestimmung physikalischer Eigenschaften modellierter Gebirgskörper zu zeigen, die letztlich auf diese Frequenzanalysen hinauslaufen. Den Ergebnissen liegen modellseismische Untersuchungen an künstlichen Kluftkörpern mit dem Ziel zugrunde, den Einfluß einer zunächst klar definierten Klüftigkeit auf die Form und den Frequenzinhalt seismischer Signale zu ermitteln.

Aus Bild 3 ist ersichtlich, daß sich ein seismisches Signal, das durch einen Kluftkörper gelaufen ist, mit wachsender Anzahl der Klüfte in seinem Schwingungsbild grundsätzlich verändert. Treten bei homogenem Material noch sehr hohe Frequenzen auf, so werden sie mit wachsender Anzahl der Klüfte immer mehr hinausgefiltert; das Gebirge verhält sich wie ein „Tiefpaßfilter".

Die exakten Frequenzanalysen bestätigen überzeugend diesen augenscheinlichen Befund. Betrachten wir den Frequenzinhalt zunächst des homogenen Materials, so ergibt sich unter der Vorgabe einer impulsförmigen Anregung (Unterwassersprengung mittels Zünder) eine sehr klar ausgebildete Vorzugsfrequenz. Im klüftigen Material dagegen verschiebt sich diese Vorzugsfrequenz nach niedrigeren Frequenzen hin, und wir beobachten die Erscheinung, die aus der Seismologie schon lange bekannt ist, nämlich daß sich der Boden wie ein Filter verhält. Werden mehrere Klüfte im Material eingeführt, dann sehen wir, daß es zu sehr charakteristischen Veränderungen und zu Filterwirkungen des Gebirgskörpers kommt.

Mit dieser kurzen Darstellung wollte ich Ihr Augenmerk auf eine Entwicklungsrichtung lenken, die über die Nachrichtentechnik und Informationstheorie in die Geophysik Eingang findet und die nach meiner Ansicht in den kommenden Jahren auf viele noch offene Fragen auch in der Geophysik für die Belange der Gebirgsmechanik Antwort geben kann.

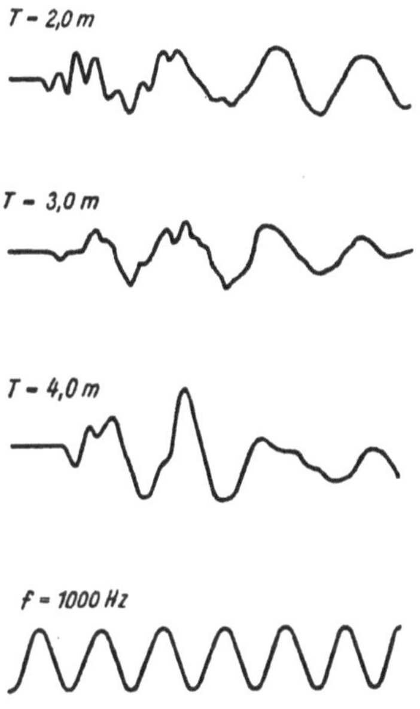

Bild 3. Filterwirkung eines Kluftkörpers auf einen seismischen Impuls in verschiedenen Teufen T

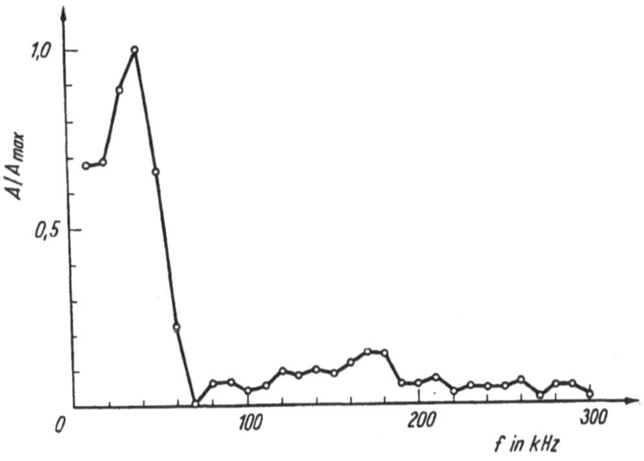

Bild 4. Amplitudenspektrum eines Impulses nach dem Durchgang durch ein homogenes Medium

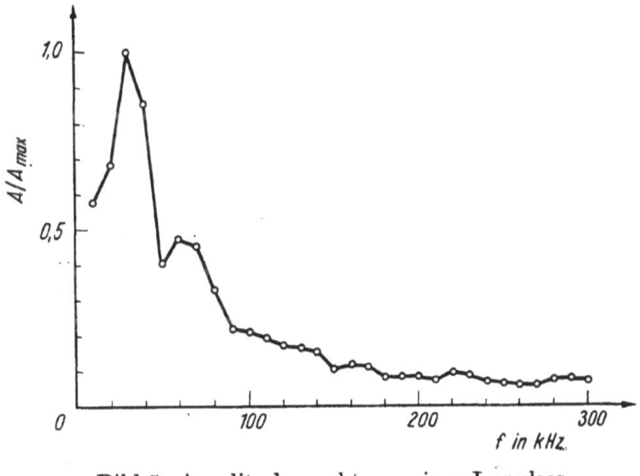

Bild 5. Amplitudenspektrum eines Impulses nach dem Durchgang durch einen Kluftkörper

Herr Volarovic

Die geophysikalischen Methoden beginnen in stärkerem Maße Anwendung zur Untersuchung des Spannungszustandes von Gebirgsmassiven zu finden. Herr Militzer hat den Generalreport der Herren Sibek und Tincelin, in dem eine ganze Reihe interessanter Beispiele angeführt sind, gut ergänzt. Ich möchte ebenfalls etwas zum genannten Generalreport ergänzen. Die umfangreichen Arbeiten zur Bestimmung der Änderungen der Spannungen im Gebirgsmassiv, das heißt in Schachtanlagen, nach dem ultra-akustischen Verfahren wurden in gemeinsamer Arbeit von Mitarbeitern des Instituts für Physik der Erde der Akademie der Wissenschaften der UdSSR unter Leitung von Professor Risnitschenko und von Mitarbeitern des Geophysikalischen Instituts der Akademie der Wissenschaften der ČSSR unter Leitung von Professor Waněk durchgeführt. Die Untersuchungen der mechanischen Eigenschaften von Gesteinsproben aus der ČSSR bei hohen Drücken wurden von Professor Waněk und seinen Mitarbeitern in unserem Labor in Moskau durchgeführt. Die Ergebnisse der gemeinsamen Arbeiten der tschechischen und sowjetischen Wissenschaftler wurden in der UdSSR in Form einer Monographie veröffentlicht. Ich denke, daß man sich bei der Veröffentlichung des Generalreports an diese Arbeiten erinnern müßte. Mir ist nicht bekannt, ob diese Monographie in der ČSSR veröffentlicht wurde.

Noch einige Worte über die radioisotopen Methoden. Im Bericht wurde richtig bemerkt, daß diese Methoden keine direkten, sondern indirekte Methoden darstellen. Mit ihrer Hilfe kann man nicht die Spannung im Gebirgsmassiv bestimmen, sondern die Dichte oder das Raumgewicht. Die radioisotopen Verfahren sind im Bergbau noch wenig entwickelt. Sie haben aber eine große Perspektive,

Die Erfahrungen unserer Arbeiten mit Gamma- und Neutronen-Sonden zeigen, daß sie für Böden und Moore gute Ergebnisse liefern. Gegenwärtig werden diese radioisotopen Verfahren im Bergbauinstitut der Filiale der Akademie der Wissenschaften unter Leitung von Prof. Dr. Turčaninov auf der Kola-Halbinsel erfolgreich weiterentwickelt. Man wendet dieses Verfahren zusammen mit anderen, z. B. dem Ultraschallverfahren, bei Messungen im Gebirgsmassiv an.

Herr Watznauer

Die geophysikalischen Methoden sind für Probleme der Gebirgsmechanik von außerordentlicher Bedeutung. Es ist in dieser Hinsicht in letzter Zeit sehr viel gearbeitet worden. Es geht allerdings in diese Arbeitsmethodik eine Problematik hinein, die einer besonderen Beachtung wert ist.

Die geophysikalische Methode erfaßt stets einen Gesteinsparameter. Der so erfaßte geophysikalische Bereich deckt sich nicht immer mit dem geologischen Bereich, dessen Erkundung beabsichtigt ist. Eine Verbindung komplexer Untersuchungsmethoden vermindert die Problematik der Deutung, ohne sie mit Sicherheit aufheben zu können. Aus dieser Sachlage ergibt sich, daß man andere Eigenschaften, die man noch nicht erfaßt hat, die man aber bei einem bestimmten geologischen Körper erfassen will, nur fehlerhaft bzw. mit Vorbehalt erhalten kann, da der geologische Körper eben nicht sicher als solcher faßbar ist. Die Interpretation der geophysikalischen Ergebnisse ist aus den angeführten Gründen nicht immer eindeutig und die Erkundung des geologischen Körpers, den man anderen geophysikalischen Eigenschaften zuordnen muß, problematisch.

Herr Müller

Darf ich darauf antworten, Herr Kollege Watznauer? Die Frage 1 möchte ich nicht so ausschließend formulieren. Es gibt durchaus Methoden, bei denen die Beziehung zwischen dem Meßergebnis und dem geologischen Körper eindeutig ist. Es gibt aber auch Fälle, wo die Meßergebnisse mehrdeutig sind. Das hier gezeigte Beispiel läßt sich eindeutig auf die Wirkung von Klüften zurückführen, weil es ein Modellversuch war.

Zum anderen ist hinzuzufügen, daß geophysikalische Ergebnisse immer im Konnex zu deuten sind, in Verbindung mit anderen Ergebnissen, wodurch die Mehrdeutigkeit einzelner Untersuchungsverfahren eingeschränkt wird.

Herr Volarovic

Jetzt ist bereits klar, daß die Interpretation der natürlichen geologischen und geophysikalischen Untersuchungen unter Berücksichtigung von Laborversuchen über Gesteinseigenschaften bei verschiedenen thermodynamischen Bedingungen erfolgen muß, das heißt speziell bei hohen Drücken. Ich möchte ebenfalls bemerken, daß wir gegenwärtig im Institut für Physik der Erde der Akademie der Wissenschaften der UdSSR zusammen mit dem Institut für Geologie von Erzlagerstätten der Akademie der Wissenschaften der UdSSR besonders mit Professor G. D. Afanassjev, der ein großer Fachmann auf dem Gebiet der Geologie und der Petrologie ist, die Methoden der geologischen Interpretation von geophysikalischen Ergebnissen ausarbeiten, speziell unter Berücksichtigung von Ergebnissen aus Laborversuchen.

Herr Rotter

Ich möchte noch einmal auf die Bemerkung von Herrn Dr. Helfrich über die Reichweite seismoakustischer Registrierungen zurückkommen.

Die ganze Problematik, die hier berührt wird, hängt natürlich von der Aufgabenstellung der Untersuchungen und von den apparativen Gegebenheiten ab, also beispielsweise von der Verstärkung oder aber vom Verhältnis von Störsignalen oder vom Störpegel zu den Nutzsignalen. Ich möchte aber sagen, daß man gerade die Tatsache, daß sich lokale Mikrozerstörungen seismoakustisch feststellen lassen, dazu benutzen kann, um den Verlauf von lokalen Zerstörungszonen oder die zeitliche und örtliche Verteilung dieser Zerstörungszonen beispielsweise bei Großscherversuchen in situ zu untersuchen. Bei verschiedenen Großscherversuchen, die in der DDR durchgeführt worden sind, haben wir gerade diese zeitliche und örtliche Verteilung der Zerstörungsvorgänge seismoakustisch untersucht. Ich möchte hier sagen, daß wir unter den gegebenen Bedingungen sehr gut nachweisen konnten, wie sich eine Zerstörungszone vom Widerlager in das Vorfeld eines Großscherblocks hineinbewegt.

Eine zweite Frage, die ebenfalls Gegenstand geophysikalischer Untersuchungen ist — wir haben in unserem Beitrag versucht, darauf hinzuweisen; ich möchte dies aber hier noch einmal betonen —, ist die Untersuchung der Beziehungen zwischen sogenannten statischen und dynamischen Kennwerten. Wir sind der Meinung daß es hierbei besonders notwendig ist, eine Aufgabenrichtung zu forcieren, bei der definierte Druckbeanspruchungen auf das Gestein mit veränderlicher Frequenz aufgegeben werden können. Derartige Schwellbeanspruchungen stellen gewissermaßen den Übergangsbereich zwischen extrem niederfrequenten (statischen) und relativ hochfrequenten (dynamischen) Gesteinsbeanspruchungen dar.

Die ersten Versuche, die wir in dieser Richtung in Freiberg durchgeführt haben, rechtfertigen die Schlußfolgerungen, daß wir damit unter Vorgabe bestimmter rheologischer Modelle näheren Aufschluß über den Zusammenhang zwischen den sogenannten dynamischen und statischen Kennwerten erhalten können.

Generalreport, Referate und Diskussionen

zum Thema:

Gebirgsmechanische Modellversuche und Analytik

Generalreporter: G. N. Kuznecov, Leningrad
W. Menzel, Leipzig

Generalreport zum Thema

Gebirgsmechanische Modellversuche und Analytik

von G. N. KUZNECOV, Leningrad, und W. MENZEL, Leipzig

Modelluntersuchungen

Das Ziel der komplexen Erforschung der Verformungs-, Bruch- und Bewegungsvorgänge des Gesteins unter dem Einfluß von Grubenbauen und der Wechselwirkung zwischen Gestein und Grubenausbau ist die Erarbeitung der theoretischen Grundlagen dieser Vorgänge und der entsprechenden analytischen Berechnungsmethoden, die es dann gestatten, notwendige rationelle Ingenieurlösungen derjenigen bergbautechnischen Aufgaben zu erhalten, die mit den Fragen der Gebirgsmechanik und der Gebirgsdrucklenkung verbunden sind.

Diese Lösungen müssen die Sicherheit und eine hohe Effektivität der bergmännischen Arbeiten gewährleisten. Aber sowohl die Theorien der genannten Vorgänge als auch die entsprechenden analytischen Berechnungsmethoden werden nur dann richtig und repräsentativ sein, wenn sie den Gesamtmechanismus der uns interessierenden Prozesse auch ausreichend widerspiegeln. Deshalb muß das Hauptkriterium für die Aufstellung von allen theoretischen und Berechnungsmodellen eine richtige Annahme und ausreichende Erkenntnis des physikalischen Charakters dieser Vorgänge sein.

Zur Erreichung dieses Zieles spielen außer den systematischen Beobachtungen in der Grube und den Laboruntersuchungen zur Erforschung der physikalisch-mechanischen Gesteinseigenschaften die äquivalenten Untersuchungen an Modellen eine wesentliche Rolle.

In vielen Fällen erlaubt erst eine Analyse der Ergebnisse von Modellversuchen über den Mechanismus der uns interessierenden Vorgänge die Aufstellung eines richtigen und zuverlässigen Berechnungsschemas zur Lösung der entsprechenden Aufgaben aus der Bergbaupraxis. Außerdem kann eine rationelle Verbindung von modelltechnischen und analytischen Methoden zu einer wesentlichen Vereinfachung der analytischen Berechnungen sowie zur bestmöglichen Annäherung des Berechnungsschemas an die Wirklichkeit führen.

Deshalb ist u. E. eine gemeinsame Behandlung dieser zwei Forschungsrichtungen auf dem 10. Ländertreffen des Internationalen Büros für Gebirgsmechanik vollkommen logisch.

Der Untersuchung von gebirgsmechanischen Vorgängen mittels Modellversuchen und analytischer Berechnungen waren zwei getrennte Ländertreffen gewidmet, die das IBG in den Jahren 1961 und 1962 organisierte [1, 2]. Das Rahmenthema des 3. Ländertreffens im Jahre 1961 lautete „Kritische Einschätzung gebirgsmechanischer Modellversuche und die Grenzen ihrer praktischen Anwendbarkeit".

Der Inhalt von 16 auf diesem Ländertreffen gehaltenen Vorträgen und die anschließende sehr rege Diskussion zum Rahmenthema zeigten, daß bereits im Jahre 1961 die Modellversuche zur Klärung gebirgsmechanischer Fragen in zahlreichen Ländern eine weite Verbreitung gefunden hatten. Dabei wurden die Methoden der Photoelastizität (Spannungsoptik) und die Methoden der Modulierung mit äquivalenten Materialien am weitesten verbreitet und am häufigsten angewendet. Modelluntersuchungen in der Zentrifuge kamen in wesentlich geringerem Maße und hauptsächlich in Verbindung mit der Spannungsoptik zur Anwendung.

In den Vorträgen von BILKENROTH, AVERŠIN und DENKHAUS wurden eine Übersicht und eine kritische Einschätzung der verschiedenen zur Lösung geomechanischer Aufgaben eingesetzten Modelluntersuchungsmethoden gegeben. Außerdem wurden in einigen Vorträgen ausführlicher Fragen des methodischen Herangehens und grundlegende Ergebnisse von spannungsoptischen Modellversuchen (HIRAMATSU und OKA, DENKHAUS, SURKOV, KVAPIL, MINČEV, RICHTER), von Modellversuchen mit äquivalenten Materialien (KUZNECOV, MARTOS, SIBEK, KOHOUTEK, GOFFI) sowie von Modellversuchen in der Zentrifuge (DENKHAUS) behandelt.

In der umfassenden Diskussion zu den Vorträgen bestätigten die anwesenden Wissenschaftler einmütig den offensichtlichen Wert und die Perspektive, die die Anwendung von Modellversuchen zur Klärung geomechanischer Fragen besitzt. Im Zusammenhang damit wurde auch die Notwendigkeit hervorgehoben, daß diese Methoden auch in Zukunft weiterentwickelt und vervollkommnet werden müssen, so daß der zu lösende Aufgabenkreis erweitert werden kann und in den Modellversuchen alle wesentlichen Faktoren, die auf die zu untersuchenden Vorgänge einwirken, vollständiger und wirklichkeitsgetreuer erfaßt werden können.

Auch auf den nachfolgenden Ländertreffen wurden immer in einigen Vorträgen Ergebnisse von Modellversuchen mitgeteilt. Das waren zum Beispiel: Ergebnisse über Untersuchungen des Spannungszustandes im Massiv in der Umgebung von Druckkammern, in die Gas eingespeichert werden sollte, mittels räumlicher, spannungsoptischer Modelle in einem Vortrag von JUDD auf dem 5. LT [3]; ebenfalls auf dem 5. LT berichtete KUZNECOV über Modellversuche aus äquivalenten Materialien, wobei der Einfluß der Gesteinsklüftigkeit auf die Pfeilerstandfestigkeit untersucht wurde [4]; auf dem 7. LT teilten GIMM und Mitarbeiter von der Bergakademie Freiberg Ergebnisse von Modelluntersuchungen aus äquivalenten Materialien mit, bei denen u. a. der Spannungszustand des Gebirges unter den Abbaubedingungen des Werra-Kalibergbaues untersucht worden war [5]; auf dem 8. bzw. 9. LT legten EVERLING und GÖTZE die neuesten Erkenntnisse aus äquivalenten Modellversuchen über den Bruch- und Verformungsmechanismus des Gebirges beim Strebbau und der Wechselwirkung zwischen Gebirge und Ausbau vor [6, 7]; ebenfalls auf dem 9. LT berichtete KUZNECOV über Modellversuche zur Erforschung des Grenzzustandes des homogenen und geklüfteten Gebirges bei komplizierten triaxialen Spannungszuständen [8].

Dieser kurze Überblick legt ein eindeutiges Zeugnis von der fortlaufenden Entwicklung der Modelltechnik und der Erweiterung des durch Modellversuche zu lösenden Aufgabenkreises ab.

Auf dem 10. LT des IBG wird die Frage gebirgsmechanischer Untersuchungen an Modellen in folgenden Vorträgen behandelt:

Im Vortrag von H. G. DENKHAUS und Z. T. BIENIAWSKI, Pretoria, werden Versuchstechnik und Untersuchungsrichtungen von Modellversuchen dargelegt, wie sie im National Mechanical Engineering Research Institute, Südafrika, zur Anwendung kommen. Die Verfasser betonen, daß eine richtige Projektierung von Grubenbauen auf den Erkenntnissen über den Spannungszustand und das Gebirgsverhalten in verschiedenen Teufen aufbauen muß. Wenn in der früheren Zeit dazu die praktischen Erfahrungen ausreichten, so ist es bei der heutigen Entwicklung des Bergbaues notwendig, alle bergtechnischen Arbeiten auf Grund von wissenschaftlichen Untersuchungen zu planen. Das ist besonders wichtig, wenn Bergbau in großen Teufen betrieben wird, die in Südafrika beinahe 4000 m erreichen und bei denen sehr gefährliche Gebirgsschläge auftreten können. Eine komplexe Untersuchung dieser Fragen ist zweckmäßig, wobei Beobachtungen und Messungen in situ, analytische Berechnungen und Modellversuche in Anwendung kommen. In Südafrika werden verschiedene Modellierungsmethoden eingesetzt.

In der Elektroanalogie werden ein sogenannter „elektrolytischer Trog“ und elektrisch leitendes Papier verwendet. Mit spannungsoptischen Methoden wurden ebene und räumliche Modelle untersucht. Bei der Untersuchung räumlicher Modelle kam das „Einfrierverfahren“ zur Anwendung. Mit der eingesetzten modernen Technik war es möglich, ein vollständiges und genaues Bild der Isochromaten in einzelnen Schnitten des räumlichen Modells zu erhalten.

Zur Bestimmung der Hauptspannungssumme benutzte man Analogmodelle aus elektrisch leitendem Papier. Dieses Verfahren beruht darauf, daß die Verteilung des elektrischen Potentials in einem Blatt Papier mit gleicher Leitfähigkeit durch dieselbe LAPLACE-Gleichung beschrieben wird, die auch die Verteilung der Hauptspannungssumme in einem ebenen elastischen Spannungsfeld beschreibt. Wenn man an den Rändern eines Modells aus elektrisch leitendem

a)
b)

Bild 1. Isochromatenverlauf in zweidimensionalen Modellen eines überbauten Strebs:
a) Spannungsoptisches Modell bei gleichmäßig verteilter äußerer Belastung
b) Spannungsoptisches Modell mit bei Zentrifugalbelastung eingefrorener Spannung

Papier, dessen Form mit der Form des spannungsoptischen Modells übereinstimmt, elektrische Spannungen anlegt, die den im spannungsoptischen Modell ermittelten elastischen Randspannungen proportional sind, so kann man durch Messung des elektrischen Potentials in einem beliebigen Punkt des Modells aus elektrisch leitendem Papier den Isopachenverlauf konstruieren. Dieses Verfahren zur Ermittlung der Hauptspannungssumme ist sehr einfach und effektiv und wurde die Standard-Methode im südafrikanischen Institut.

Zur Untersuchung der Entstehung und Entwicklung von Bruchzonen wurden Versuche an Modellen aus sprödem Material durchgeführt. Die Hauptschwierigkeit bei der Untersuchung solcher Modelle besteht in der Herstellung entsprechender äquivalenter Materialien, die nach den Ähnlichkeitsgesetzen den Festigkeits- und Verformungsparametern des Gebirges auch entsprechen. Die Messung der Verformungen am Modell nach der Zerstörung geschieht mit dem ,,Moiré-Verfahren", das auf der optischen Interferenz beruht, die eintritt, wenn die zwei Systeme dicht beieinander liegender Linien überlagert werden. Die Interferenzlinien entsprechen den Linien gleicher Verschiebungen. Die Anwendung des Moiré-Verfahrens ist jedoch heutzutage wegen der noch nicht ausreichenden Genauigkeit beschränkt.

Zur Erfassung der Wirkung von Gravitationskräften kommt in Südafrika die ,,Zentrifugal-Methode" zur Anwendung. Die im Institut vorhandene Zentrifuge hat einen Durchmesser von 2,5 m. Das Gewicht eines Modells beträgt 50 kg. Die maximale Zentrifugalbeschleunigung der Modelle ist 1200mal so groß wie die Gravitationsbeschleunigung. Im Institut gibt es ein spezielles Gerät zur Erwärmung der spannungsoptischen Modelle in der Zentrifuge und Geräte zur Fernregistrierung und zum Photographieren der in den Modellen verlaufenden Prozesse.

Bild 1 zeigt Isochromatenaufnahmen eines ebenen spannungsoptischen Modells bei Überbauung eines Strebs. Das obere Bild zeigt den Isochromatenverlauf im Modell, der durch eine äußere, gleichmäßig verteilte Vertikalbelastung hervorgerufen wird. Das untere Bild zeigt das Modell bei Wirkung von Trägheitskräften in der Zentrifuge.

Ein Vergleich beider Bilder zeigt, daß bei Wirkung von Gravitationskräften eine schubspannungsfreie Zone im Gebirge zwischen dem oberen und unteren Flöz entsteht. Auf dem oberen Teil des Bildes ist diese Zone nicht vorhanden. Dieses Beispiel zeigt, wie wichtig unter den gegebenen Verhältnissen die Berücksichtigung der Gravitationskräfte ist.

Im Vortrag von Jacobi, Essen, wird über neue Wege und Methoden zur Gebirgsdruckbeherrschung im Steinkohlenbergbau des Ruhrgebiets berichtet. Einige Ergebnisse der vom Forschungsinstitut für Grubenausbau und Gebirgsmechanik in Essen durchgeführten Untersuchungen werden angegeben. Neben sehr umfangreichen Beobachtungen in situ wurden auch Modellversuche mit äquivalenten Materialien und spannungsoptische Modellversuche

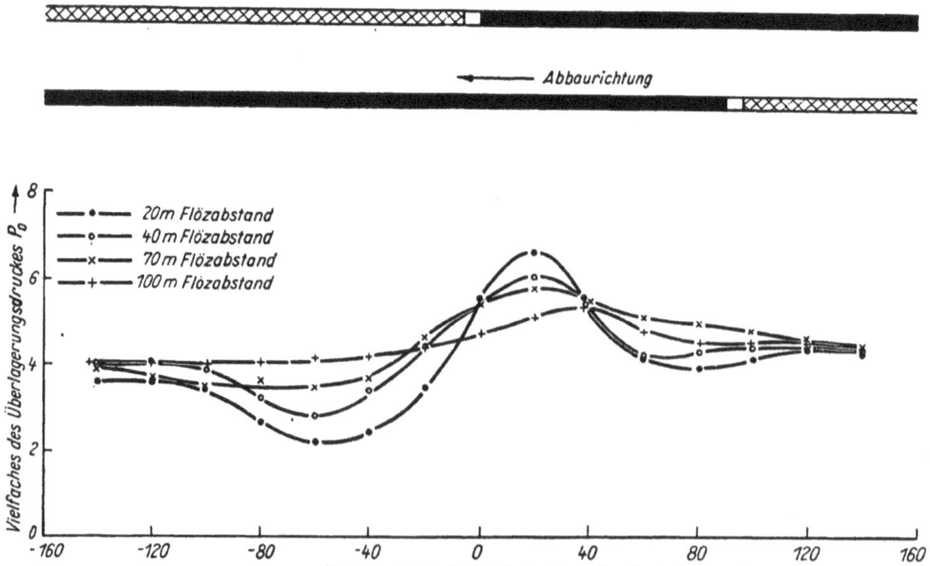

Bild 2. Druckverteilung im Streb eines höher liegenden Flözes bei dessen Unterbauung in Abhängigkeit vom Strebabstand und der Zwischenmittelmächtigkeit

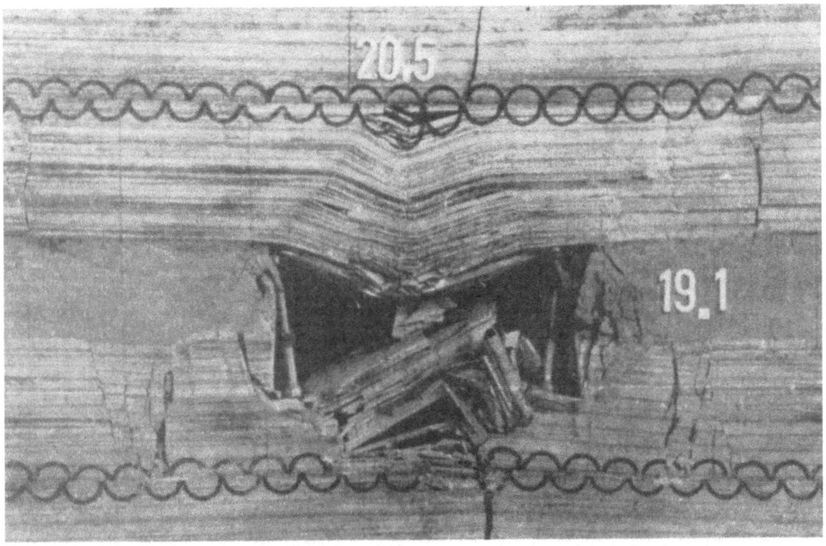

a)

b)

Bild 3. Verhalten des Nebengesteins in der Umgebung einer breiten rechteckigen Strecke im Modellversuch:

a) Ohne Mittelstempel

b) Mit Mittelstempel und Schwelle in der Streckensohle

durchgeführt, um den Verformungsmechanismus, den Bruchvorgang, Verschiebungen des Gebirges und die Wechselwirkung zwischen Gebirge und Ausbau in Strecken und im Streb zu studieren. Der Druckverlauf in einem Streb eines höher liegenden Flözes wird häufig durch die Lage des Strebs im unteren abzubauenden Flöz oder die dort vorhandenen Pfeiler beeinflußt.

An spannungsoptischen Modellen wurde diese Frage bei verschiedener Lage der Strebe im oberen und unteren Flöz und bei unterschiedlichem Abstand der Flöze untersucht.

Bild 2 zeigt die Ergebnisse von Modellversuchen zur Bestimmung der Spannung am Kohlenstoß während des Unterbauens einer Abbaukante in entgegengesetzter Richtung bei verschiedenen Flözabständen (von 20—100 m in situ). Die Ordinaten der entsprechenden Kurven geben die maximalen Werte des Druckes an, der im gestundeten Streb im oberen Flöz auftritt und der vom Abstand der Strebe in beiden Flözen abhängt. Dabei wird der Druck als Konzentrationskoeffizient in bezug auf den Druck im unverritzten Massiv angegeben. Das Modell wurde so berechnet, daß seine Parameter etwa Grubenbauen in 800 m Teufe entsprechen.

Der maximale Druckkonzentrationskoeffizient (höher als 6) trat bei einem minimalen Abstand der Flöze von 20 m und bei einer Strebentfernung von ebenfalls 20 m auf. Sowohl bei entgegengesetzter Abbaurichtung der Strebe als auch beim Überbauen der Restpfeiler ergab sich eine andere Verteilung der Druckkonzentration als im angeführten Beispiel.

Zur Bestimmung der optimalen Querschnittsform der Strecke, ihrer Lage und ihrer Ausbauart waren Modellversuche mit äquivalenten Materialien von großer Bedeutung. Die großmaßstäblichen Modelle gestatteten, die Besonderheiten im Aufbau des den Grubenbau umgebenden Gebirges mit großer Genauigkeit nachzubilden und Schlußfolgerungen über die Abhängigkeit der Standfestigkeit des umgebenden Gesteins von der Lage der Grubenbaukontur in bezug auf die Strukturelemente zu ziehen.

Sowohl die Beobachtungen in situ als auch die Modellversuche zeigten, daß bei söhligen Flözen ein rechteckiger Querschnitt bei breiten Strecken mit einem einfachen Ausbau aus geradlinigen Elementen über die ganze Querschnittskontur am zweckmäßigsten ist. Bild 3 zeigt einen Modellversuch mit dieser Ausbauart einer breiten Strecke unter Verwendung von Mittelstempeln und Ausbauelementen in der Sohle, wobei die im Nebengestein eintretenden Verformungen gering sind und die Standfestigkeit des Liegenden und Hangenden der Strecke gewährleistet ist.

Auf Grund der Beobachtungen in situ konnte festgestellt werden, daß die Ausbruchsfläche im Strebraum mit zunehmender Länge der überhängenden Firste hinter der letzten Stempelreihe abnimmt. Dadurch wird auch die Anzahl der sich öffnenden Risse im Hangenden reduziert. Der Mechanismus dieser Erscheinungen wurde mit Hilfe von Modellversuchen aus äquivalenten Materialien geklärt. Die Zunahme der Länge der hinter der letzten Stempelreihe überhängenden Dachschichten wird durch eine horizontale Verspannung hervorgerufen, die zwischen den einzelnen Gesteinsblöcken des durch Risse getrennten Hangenden entsteht. Diese horizontale Verspannung verhindert Ausbrüche im Strebraum. Der Wegfall dieser horizontalen Verspannung führt zum Öffnen der Risse im Hangenden und kann zu Gesteinsausbrüchen im Strebraum führen.

Im Bild 4 wird das Verhalten des Hangenden für diese beiden Fälle bei einem Modellversuch gezeigt. Dabei zeigt Bild 4a das Modell bei einem derartigen Verspannungszustand, was zum Überhang der Dachschichten hinter der letzten Stempelreihe führte. Es erfolgten keine Gesteinsausbrüche im Strebbau. Bild 4b gibt einen Einblick in den Zustand des Hangenden beim weiteren Abbau im Streb und nach dem Hereinbrechen der überhangenden Dachschichten. Der dadurch bedingte Verlust der horizontalen Verspannung führte zum Öffnen der Risse im Hangenden und zum Gesteinsausbruch im Strebbau.

Außerdem wurde an Modellen aus äquivalenten Materialien die Beeinflussung der Gesteine im Hangenden eines langen Strebs bei Verwendung eines Schildausbaues untersucht. Dieser Ausbau hatte ein verstärktes vorderes Teil mit hoher Tragfähigkeit und einen geneigten Gewölbeschild im hinteren Teil. Das ermöglichte ein gleichmäßiges Absinken der durch Risse getrennten Gesteinsblöcke des Hangenden unter Aufrechterhaltung der horizontalen Verspannung zwischen ihnen. Das Gesamtverhalten des Hangenden im Abbauraum war bei diesen Modellen günstiger als bei Verwendung der üblichen starren Stempelreihe hinter dem Strebbau.

Diese Ergebnisse bilden die Grundlage für die Durchführung entsprechender Großversuche in situ.

Im Vortrag von Martos werden Ergebnisse von Modellversuchen zur Bestimmung der im Hangenden entstehenden Verschiebungsfelder bei geneigten und steil einfallenden Flözen mitgeteilt. Die Untersuchungen wurden an ebenen Modellen durchgeführt, wobei als Modellmaterial kleine Glaskugeln (Ballotine) verwendet wurden, d. h. es wurden sogenannte stocha-

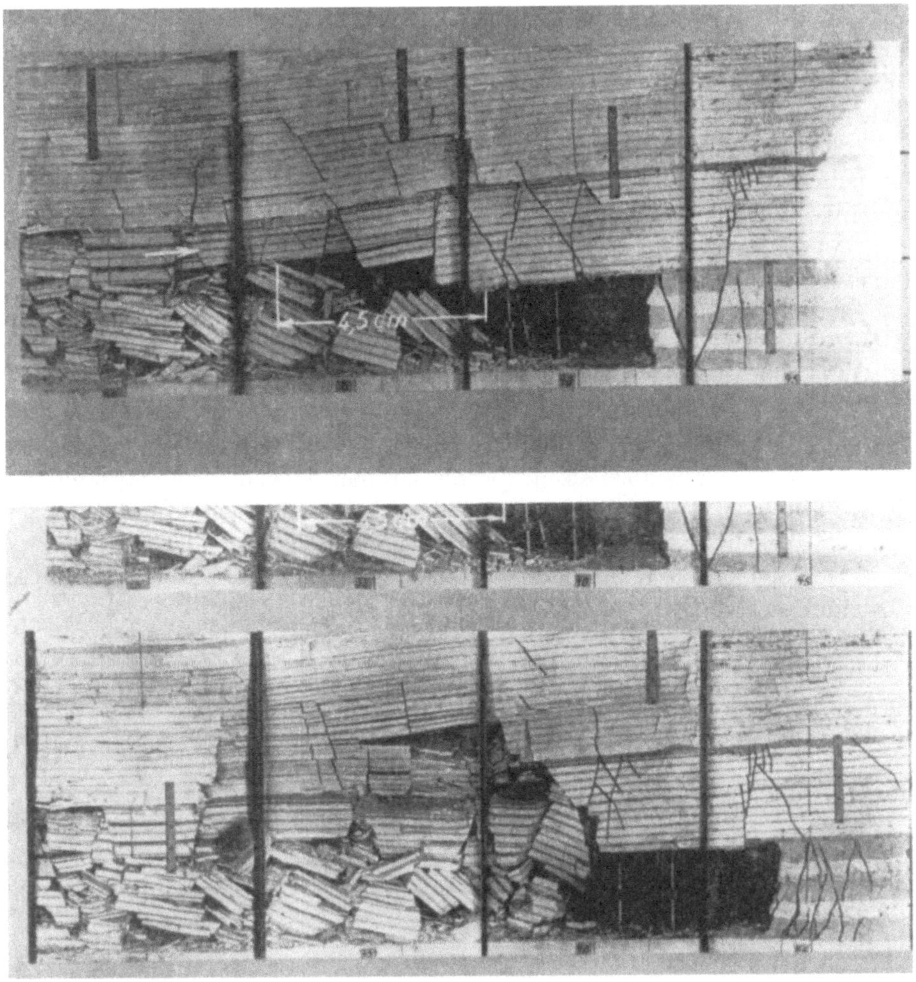

a)

b)

Bild 4. Hangendverhalten im Streb

a) Bei horizontaler Verspannung b) Ohne horizontale Verspannung

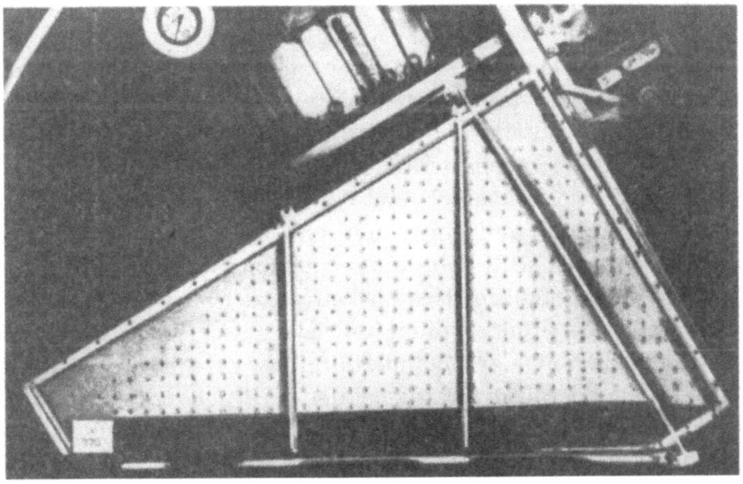

Bild 5. „Stochastische" Ballotine-Modelle nach dem Unterbauen bei einem Flözeinfallen von 60°

stische Modelle aus rolligem Material hergestellt. Im vorliegenden Fall variierten die Einfallwinkel der abzubauenden Flöze zwischen 0 und 60°. Die Verschiebungen der einzelnen vermarkten Punkte der unterbauten Schichten wurden mit einem Phototheodolit aufgenommen, und die Werte der vertikalen und horizontalen Verschiebungskomponenten wurden aus den photographischen Aufnahmen mit dem Stereokomparator bestimmt.

Als Beispiel wird im Bild 5 die allgemeine Form des Modells beim Einfallen der Gesteinsschichten von 60° nach der Herstellung des Abbauhohlraums gezeigt.

In Bild 6 sind die vertikalen Verschiebungskomponenten in verschiedenen Horizonten graphisch dargestellt, die beim in Bild 5 dargestellten Modellversuch gemessen wurden. Durch die Versuche konnte der Charakter der Veränderung der Asymmetrie der Senkungskurven in bezug auf den Punkt maximaler Senkung in einzelnen horizontalen Schnitten in verschiedenen Teufen in Abhängigkeit vom Einfallswinkel des abzubauenden Flözes geklärt werden. Die Auswertung aller Ergebnisse und die statistische Verarbeitung aller Meßdaten auf einer elektronischen Rechenmaschine gaben die Möglichkeit, allgemeine empirische Beziehungen und Gleichungen für die Kurven abzuleiten, die die Größen der Verschiebungskomponenten in verschiedenen Teufen in Abhängigkeit vom Flözeinfallen angaben. Am Schluß seines Vortrages wurden Tabellen zusammengestellt, aus denen man Ort und Größe der maximalen vertikalen Verschiebungskomponenten in verschiedenen Teufen bei unterschiedlichem Flözeinfallen bestimmen kann.

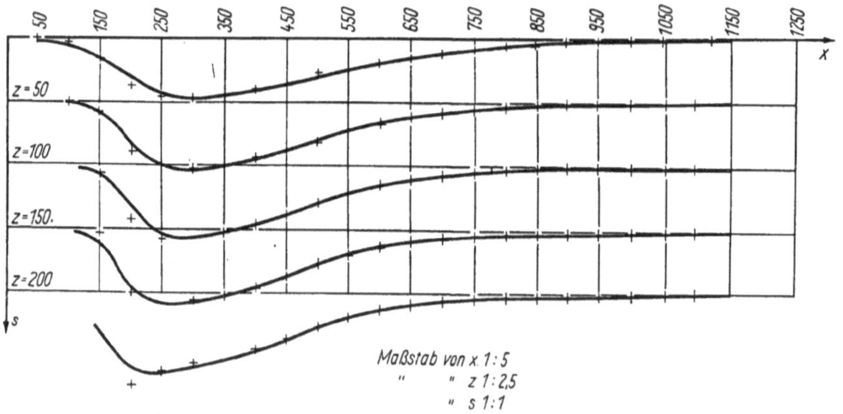

Bild 6. Senkungsfunktion $s(x, z)$ in verschiedenen vertikalen Schnittebenen bei einem Flözeinfallen von 60°

Im Vortrag von Dreyer, Clausthal, wird über modellmechanische Untersuchungen zur Abschätzung der Standsicherheit von kavernenartigen Hohlräumen im Salzgebirge berichtet. Diese Frage ist zur Zeit sehr aktuell, da die natürlichen Kavernen im Salzgebirge in zunehmendem Maße als unterirdische Speicher für Rohöl genutzt werden sollen. Für den sicheren Betrieb dieser Speicher ist es vor allem notwendig, die Standsicherheit und den Verformungscharakter dieser Kavernen in Abhängigkeit von ihren Abmessungen, ihrer gegenseitigen Lage und der Mächtigkeit der überlagernden Gesteinsschichten zu bestimmen.

An Modellen aus natürlichen Salzgesteinsblöcken wurden kritische spezifische Vertikalbelastungen ermittelt, bei denen Grenzzustände im Salzgebirge bei unterschiedlichen Verhältnissen von Schwebenmächtigkeit s zu Zylinderdurchmesser d eintraten. Die Versuchstemperatur betrug entsprechend der Temperatur bei der vorliegenden Teufe in situ 74 °C.

Die bei den Versuchen festgestellte Beziehung zwischen der Grenzlast p und dem Verhältnis s/d ist beinahe linear. Diese Beziehung bietet die Möglichkeit, die erforderliche Mindestschwebenstärke zu berechnen, die die Standsicherheit der Salzschwebe bei den konkreten Bedingungen in situ gewährleistet. Dabei betrug im speziellen Fall die Teufe 1300 m, die

Wichte der Deckgebirgsschichten 2,34 Mp/m³ und der Kavernendurchmesser 50 m. Mit diesen Werten ergibt sich unter Berücksichtigung einer Sicherheitsreserve eine Mindeststärke der Salzschwebe von 150 m.

Auf die gleiche Weise wurden auch kritische spezifische Vertikalbelastungen bestimmt, die einen Grenzzustand der Steinsalzkristalle in den Pfeilerwänden zwischen den zylinderförmigen Kavernen hervorrufen. Zu diesem Zwecke wurden Prüfkörpermodelle mit halbkreisförmigen Aussparungen und mit unterschiedlichen Abmessungsverhältnissen B/d untersucht (dabei bedeuten B — Abstand zwischen den Aussparungen, d — Durchmesser der Aussparungen, $B/d = 2{,}0;\ 2{,}5;\ 3{,}0;\ 3{,}5$). Die Prüftemperatur betrug 84 °C. Die experimentell gewonnene Beziehung zwischen der Grenzlast $\bar{p}_0$ und dem Abmessungsverhältnis B/d ermöglicht eine Abschätzung des Mindestsicherheitsabstandes von Stoß zu Stoß der zylinderförmigen Kavernen bei den gegebenen Verhältnissen in situ. Bei einer Teufe von 1500 m und einem Kavernendurchmesser von 50 m wurde der Sicherheitsabstand von Stoß zu Stoß der Kavernen auf 200 m festgelegt, was einem projektierten Achsenabstand zweier Kavernen von 300 m entspricht. Der Verfasser betont abschließend, daß die mittels Modellversuche gewonnenen Ergebnisse Orientierungswerte sind, die aber durchaus unter Beachtung einiger Gesichtspunkte auf praktische Verhältnisse übertragen werden können.

Auf der Grundlage des vorher erwähnten wissenschaftlichen Materials, das auf den verschiedenen LT des IBG vorgelegt und diskutiert wurde, und auch auf Grund anderer in dieser Zeit bekanntgewordener Forschungsergebnisse kann man folgende kurze Charakterisierung des gegenwärtigen Standes der Entwicklung und Anwendung der verschiedenen Modellierungsmethoden zur Erforschung und Lösung von Aufgaben der Gebirgsmechanik und der Gebirgsdruckbeherrschung geben:

1. Man kann ohne Zweifel feststellen, daß die Modelltechnik ein notwendiger und sehr wichtiger Bestandteil der komplexen Erforschung der komplizierten Gebirgsdruckerscheinungen und der Gebirgsbewegungen um bergmännische Hohlräume ist. Bei der Erforschung der genannten mechanischen Prozesse werden folgende Modellierungsmethoden effektiv angewendet:

   a) Die Spannungsoptik (die optische Methode zur Untersuchung des Spannungszustandes);
   b) die Methode der äquivalenten Materialien;
   c) die Zentrifugalmethode;
   d) die Methode der sog. „Strukturmodelle";
   e) die Methode der Elektroanalogie.

Das Arbeitsprinzip dieser Methoden und ihr Anwendungsbereich bei der Lösung gebirgsmechanischer Aufgaben ist sehr unterschiedlich. Dabei hat aber jede einzelne dieser Methoden einen besonderen Wert bei der Betrachtung bestimmter Seiten der untersuchten mechanischen Prozesse. So liefert z. B. die Spannungsoptik ein detailliertes Bild vom Spannungsfeld im betrachteten mechanischen System infolge der an diesem System angreifenden Kräfte und zeigt die Änderung des Spannungsfeldes bei Veränderung der Kraftwirkung. Jedoch bei der gegenwärtigen Entwicklung erhält man mit dieser Methode nur das Spannungsfeld im Bereich elastischer Verformungen. Zur Zeit ist die Spannungsoptik nur wenig zur Erforschung von Vorgängen geeignet, die von der Entwicklung nichtelastischer Verformungen, von nachfolgenden Brucherscheinungen und Verschiebungen der einzelnen Elemente des betrachteten Systems begleitet werden.

Im Gegensatz dazu besitzt die Methode der äquivalenten Materialien, die in Übereinstimmung mit den Forderungen der mechanischen Ähnlichkeit speziell ausgewählte künstliche Materialien verwendet, ihren hauptsächlichen Wert in der Beleuchtung des Charakters derjenigen gebirgsmechanischen Prozesse, die mit dem Auftreten von plastischen Verformungen,

Zerstörungen und Verschiebungen der einzelnen Elemente des Gebirges zusammenhängen. Dabei finden alle diese Prozesse — wie auch in der Natur — unter der Wirkung der Schwerkraft des Modellmaterials statt. Diese Methode bietet die Möglichkeit, im Modell mit einer sehr großen Annäherung die Besonderheiten im strukturellen Aufbau der modellierten Gesteinsschichten nachzubilden. Sie gestattet es aber auch, im Modell relativ einfach und detailliert die Arbeitsweise des Ausbaues und verschiedener bergbautechnologischer Operationen nachzuahmen. Aber mit dieser Methode kann man kein ausführliches Bild der Spannungsverteilung innerhalb der modellierten Gesteinsschichten erhalten. Da es praktisch unmöglich ist, im äquivalenten Material alle Besonderheiten der Eigenschaften der nachzubildenden Gesteine zu berücksichtigen, wird in manchen Fällen die Genauigkeit der aus den Versuchen gewonnenen Informationen abnehmen.

Mit der Zentrifugalmethode ist es möglich, die Forderungen der Ähnlichkeitstheorie bei Wirkung von Gravitationskräften an Modellen, die aus natürlichem Gestein hergestellt sind, zu erfüllen. Jedoch bei dieser Methode bestehen praktisch unüberwindliche Schwierigkeiten bei Nachbildung größerer (hinsichtlich der Abmessung) Gebirgsbereiche sowie auch bei der Simulierung des Abbaufortschrittes in Grubenbauen und bei Ausführung verschiedener bergbautechnologischer Operationen während des Modellversuches.

Zu den Strukturmodellen kann man alle Modellierungsverfahren rechnen, bei denen die Grundelemente der Struktur des untersuchten mechanischen Systems nachgebildet werden und man den Charakter und die Gesetzmäßigkeiten der Wechselwirkung der einzelnen Strukturelemente in Abhängigkeit von ihrer Form und ihrer Lage erforscht. Die inneren mechanischen Eigenschaften der Strukturelemente können sich von den durch die Ähnlichkeitstheorie geforderten Merkmalen unterscheiden. Da diese Modelle in der Regel aus einem Satz vorher gefertigter Strukturelemente aufgebaut werden und es deshalb möglich ist, diese Elemente in verschiedenen Modellen mehrfach zu verwenden, wird der Zeit- und Arbeitsaufwand beim Bau solcher Modelle und bei den anschließenden Versuchen wesentlich verringert. Folglich kann man bei dieser Methode viele Versuche durchführen. Diese Methode der Modellversuche ist eine ganz wertvolle Ergänzung zu den übrigen Modellversuchen bei der Erforschung diskreter Medien, die aus Strukturblöcken zusammengesetzt sind.

Die bisher betrachteten vier Untersuchungsmethoden sind Methoden der physikalischen Modellierung. Die letzte Methode, die „Elektroanalogie", muß man zu den mathematischen Modellen zählen, die auf der Analogie von Vorgängen basieren, die ihrer physikalischen Natur nach verschieden sind, aber durch mathematische Gleichungen derselben Form beschrieben werden. Deshalb kann diese Methode nicht als Grundlage zur Klärung des Mechanismus der zu untersuchenden Vorgänge dienen, sondern ihr großer Vorteil liegt im Zusammenwirken mit anderen Modellierungsmethoden (z. B. in Verbindung mit der Spannungsoptik zur Bestimmung der Hauptspannungssumme), wie das im Vortrag von Denkhaus und Bieniawski zum Ausdruck kam, und bei der numerischen Lösung bestimmter analytischer Aufgaben.

Alle aufgezählten Methoden stehen nicht im Gegensatz zu einander, sondern sie können komplex eingesetzt werden, und eine Methode wird eine andere bei der Lösung bestimmter Aufgaben ergänzen. In einigen Fällen kann diese Verknüpfung verschiedener Modellierungsmethoden in einem Modell verwirklicht werden. So wird z. B. in dem von Denkhaus und Bieniawski eingereichten Vortrag eine erfolgreiche Kombination der Spannungsoptik mit der Zentrifugalmethode in einem Modell gezeigt. Man kann aber auch z. B. ein Gebirgsmodell aus äquivalentem Material aufbauen, und der Grubenausbau kann in diesem Modell aus optisch aktivem Material hergestellt werden. Die im Ausbau unter der Wirkung des umgebenden Gebirges auftretenden Spannungen können dann mit großer Genauigkeit und sehr ausführlich mit spannungsoptischen Methoden ermittelt werden.

2. Die theoretischen Grundlagen aller o. g. Modellierungsmethoden sind zum gegenwärtigen Zeitpunkt hinreichend ausgearbeitet. Die allgemeinen Grundsätze der Ähnlichkeitstheorie, auf

denen alle praktischen Modellierungsverfahren basieren, wurden schon in der ersten Hälfte unseres Jahrhunderts aufgestellt [9, 10, 11]. Die Forderungen an die Herstellung konkreter Modelle zur Lösung bergbautechnischer Aufgaben, die sich aus der Ähnlichkeitstheorie ergeben, sind auch hinreichend in einer Reihe von Arbeiten formuliert worden [12, 13, 14, 15 u. a.]. Weniger behandelt wurden Fragen über allgemeine theoretische Kriterien zur Einschätzung der Genauigkeit und der Fähigkeit zur Repräsentation der verbreitet angewendeten Methoden einer annähernden Modellierung, wenn die strengen Ähnlichkeitsbedingungen nicht exakt erfüllt werden.

3. In den letzten Jahren sind nachstehende Erfolge bei der Entwicklung der Modelltechnik zu verzeichnen:

3.1. Auf dem Gebiet der Spannungsoptik:

a) Die methodischen Möglichkeiten zur Lösung eines umfangreichen und vielfältigen Aufgabenkreises der Geomechanik wurden bedeutend erweitert. Die hauptsächlichsten Erfolge auf diesem Gebiet sind bei der Vervollkommnung der Methoden zur Herstellung und Untersuchung von Modellen, bei der Erweiterung des Spektrums der Eigenschaften der Modellmaterialien und bei der Entwicklung neuer Meßapparate und Verfahren zur Erarbeitung der Versuchsergebnisse zu verzeichnen.
b) Eine Weiterentwicklung erfuhr auch die Spannungsermittlung in räumlichen Modellen mittels „Einfrierverfahren" [15, 16, 17]. Die Technik der Modellherstellung macht es heute möglich, in Modellformen sehr genaue Gußkörper herzustellen. Da es heute ohne große Schwierigkeiten möglich ist, Modelle mit großen Abmessungen (300—500 mm ∅) herzustellen, kann der Modellmaßstab vergrößert und der Spannungszustand im Gebirge

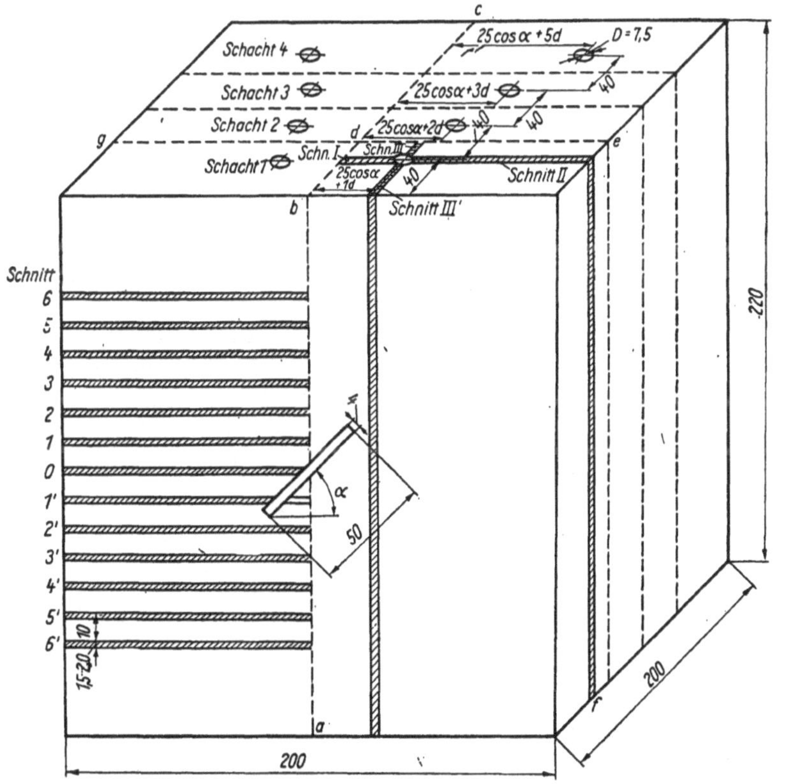

Bild 7. Schema eines räumlichen spannungsoptischen Modells mit Schnittebenen zur Untersuchung des Abbaueinflusses auf die Spannungsverteilung um einen vertikalen Schacht in Abhängigkeit vom Abstand Schacht-Abbaustoß

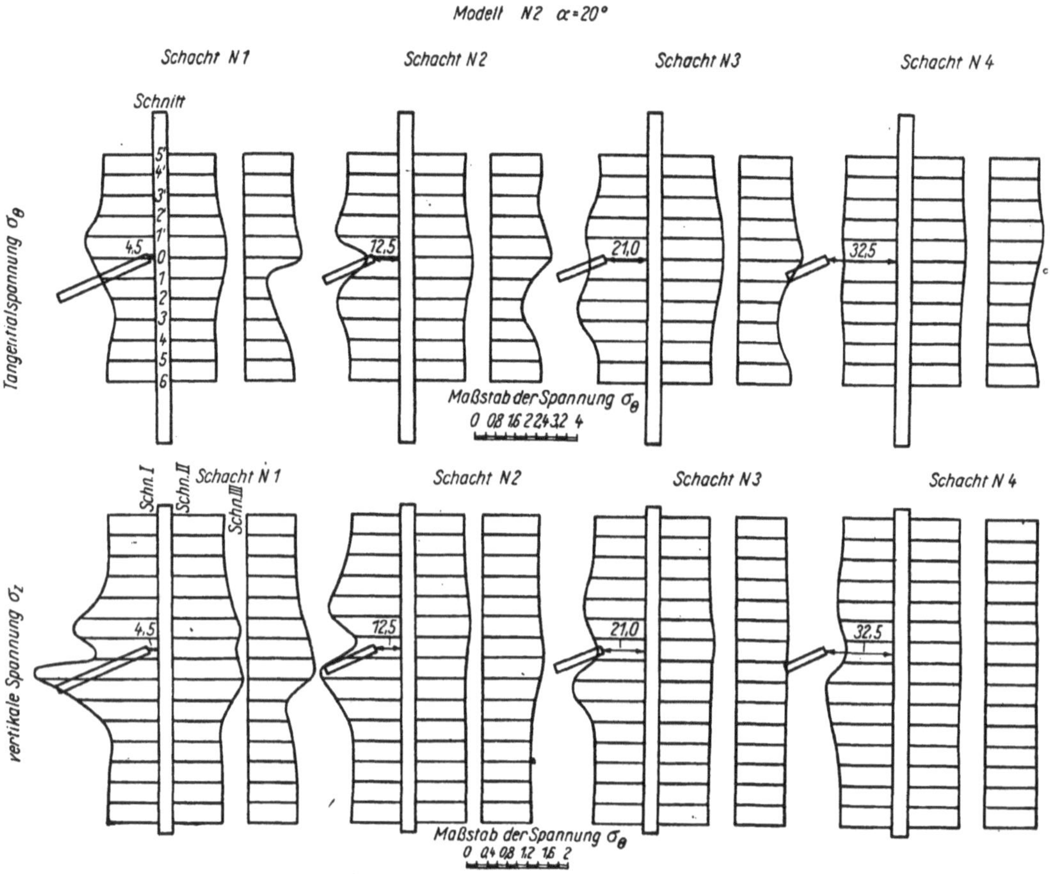

Bild 8. Verlauf der Spannungskomponenten σ_Θ und σ_Z um einen Schacht in Abhängigkeit von der Entfernung Schacht–Abbaustoß bei einem Flözeinfallen von 20°

bei gegenseitiger Beeinflussung verschieden orientierter Grubenbaue bestimmt werden. Als ein Beispiel derartiger Untersuchungen kann man die Ergebnisse der im VNIMI Leningrad [18] durchgeführten räumlichen spannungsoptischen Modellversuche anführen, wobei der Einfluß des Abbauhohlraumes auf die in den Stößen eines Schachtes entstehenden Spannungen in Abhängigkeit von der Entfernung des Abbaues von der Schachtröhre untersucht wurde. In Bild 7 ist das Schema des Modellaufbaues und das Zerschneiden des Modells nach dem Einfrieren zu sehen. Bild 8 zeigt die Verteilung der Spannungskomponenten σ_Θ und σ_Z in der Schachtwandung für den Fall, daß das Flöz mit 20° einfällt.

c) Außer bei der Lösung von statischen Aufgaben wurde die Spannungsoptik auch zur Ermittlung der Spannungen in Modellen eingesetzt, auf die dynamische Belastungen einwirken [19, 20]. Die Technik der Hochfrequenz-Kinematographie und die Entwicklung einer entsprechenden Methodik zur Auswertung der erhaltenen experimentellen Daten gestatten es, in diesen Fällen qualitativ und quantitativ den Stabilitätsverlust einzelner Elemente des Gebirgsmassivs zu untersuchen. Insbesondere wurden mit Hilfe der Spannungsoptik die Gesetzmäßigkeiten der Ausbildung und Ausbreitung der Spannungswellenfelder im Gebirgsmassiv an der freigelegten Kontur der Grubenbaue erforscht [21]. Dabei zeigten sich zwei Phasen beim Bruchvorgang: Das sog. „Wellenstadium", das praktisch durch das augenblickliche Öffnen von Rissen beendet wird, und das quasistatische Stadium, das aus der weiteren Entwicklung des Rißsystems mit endlichen Geschwindigkeiten besteht und durch Ausbildung von Abschalungen beendet wird.

d) Die methodischen Möglichkeiten der Spannungsoptik sind eng mit der Änderung der mechanischen Eigenschaften der Modellmaterialien verbunden. In den letzten Jahren wurden einige neue Materialien entwickelt und erprobt, die es einesteils erlauben, verschiedenartige homogene Modelle herzustellen, mit denen aber auch andererseits inhomogene Medien modelliert werden können, die dem Gebirgsmassiv näher kommen. So wurden z. B. in der SU spannungsoptische Materialien auf der Basis von Styrol und Epoxidharz entwickelt, bei welchen eine Variation des E-Moduls bei der Einfriertemperatur von 5—500 kp/cm² möglich ist. Daneben wird noch ein Material auf der Basis von Chlorstyrol hergestellt, das sich auf Grund seiner hohen optischen Empfindlichkeit dazu eignet, Spannungsuntersuchungen mit dem Einfrierverfahren unter Eigengewichtsbelastung durchzuführen. Die neuen Modellwerkstoffe ermöglichen wesentliche Änderungen der Versuchsbedingungen bei der Untersuchung der Gebirgsdruckerscheinungen [22, 23].

3.2. Auf dem Gebiet der Modellversuche mit äquivalenten Materialien:

a) Die für die Modellversuche verwendeten Materialien wurden weiterentwickelt und vervollkommnet. Als Füllstoffkomponente kommen außer Quarzsand, Ton und Kreide auch noch Mehlgut von schweren Mineralien und Glaskügelchen (Ballotine) zur Anwendung. Als Zementierungsstoffe werden außer Gips, Zement und Paraffin noch silikatischer Leim, Kollophonium und verschiedene viskose Öle eingesetzt. Dadurch ist eine wesentliche Erweiterung des Spektrums der in den Modellen nachzubildenden Gesteinstypen von ganz festen bis zu ganz schwachen und plastischen Gesteinen möglich [24, 25, 26].

b) Neben den ebenen Modellversuchen erhielten auch die Versuche an räumlichen Modellen [14, 26—30] in den letzten Jahren einen großen Aufschwung. Diese räumlichen Versuche gestatten es, eine Reihe von Besonderheiten im Charakter der Verformungs-, Bruch- und Verschiebungsprozesse des Gesteins um Grubenbaue zu klären, die durch die räumliche Form und Anordnung der Grubenbaue und durch das triaxiale Spannungsfeld im Gebirge bedingt sind. Diese räumlichen Modellversuche haben die Richtigkeit ebener Modellversuche für Schnitte senkrecht zur Achse von langen Vorrichtungsbauen bestätigt.

c) Eine weitere Vervollkommnung und Entwicklung haben die Meßmethoden und Geräte zur normalen und automatischen Registrierung der an den Modellen zu untersuchenden Vorgänge erfahren. Eine ganze Reihe verschiedener Geräte wurde entwickelt und die entsprechenden Meßmethoden wurden ausgearbeitet, die die Messung der Punktverschiebungen im Modell mit einer Genauigkeit von 0,01—0,005 mm zulassen [14, 26, 29, 31, 32]. Erfolgreich wurden Fragen der Ausbauwirkung im Modell und der Ermittlung der Verformungs- und Belastungsgrößen des Ausbaues gelöst [26, 33]. Einige praktisch wertvolle Ergebnisse wurden bei der Messung der Deformation und des Druckes im Inneren des Modellmassivs gewonnen, jedoch diese Verfahren müssen noch weiter entwickelt und vervollkommnet werden [26, 34, 35].

d) Eine große Entwicklung und eine weitverbreitete praktische Anwendung haben solche Modellversuche gefunden, deren Ziel die Klärung allgemeiner Gesetzmäßigkeiten der uns interessierenden mechanischen Prozesse, aber nicht die Lösung von einzelnen speziellen Aufgaben ist. Die Ergebnisse solcher Modellversuche sind dann von ganz besonderem Wert, wenn es die Versuchsmethodik und die Analyse der Ergebnisse gestatten, die gesuchten Beziehungen in dimensionsloser Form zu erhalten, die dann für einen großen Bereich der Bedingungen Gültigkeit besitzen.
Als Maßeinheit für die erhaltene Beziehung ist in einem solchen Fall eine repräsentative „funktionelle Charakteristik" einzuführen, deren Zahlenwert für alle konkreten Bedingungen verhältnismäßig leicht experimentell oder analytisch bestimmt werden kann. Als Beispiel für ein solches Vorgehen kann man auf die im VNIMI durchgeführten Modellver-

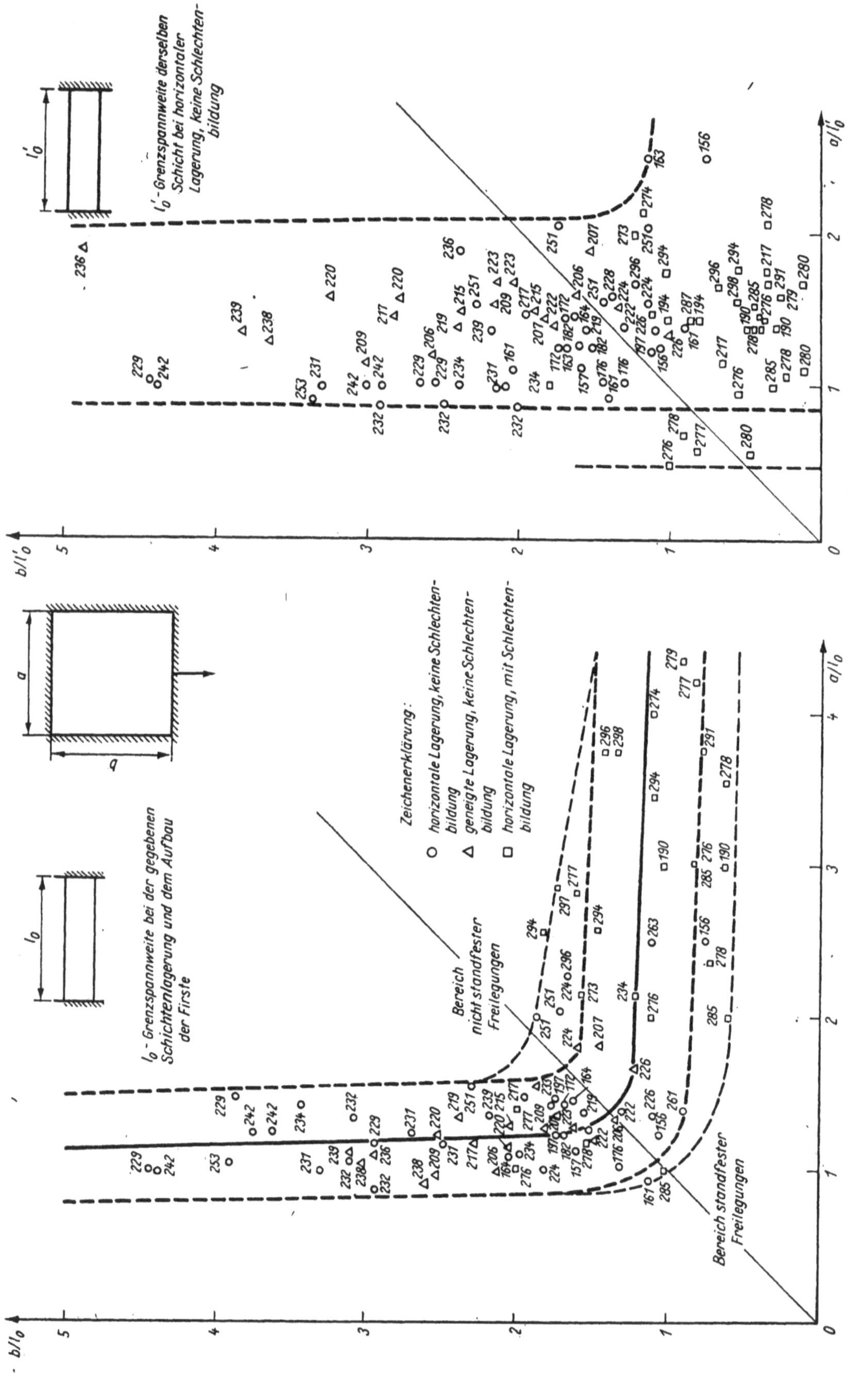

Bild 9. Ergebnisse von Modellversuchen zur Bestimmung standfester Firstfreilegungen bei rechteckigen Kammern

suche hinweisen, mit deren Hilfe die Standfestigkeit der freigelegten Firsten von rechteckigen Kammern untersucht wurde [14, 26]. In einigen Modellen wurden dabei die Gesteinsfestigkeit der Firste, ihr Aufbau und der Einfallswinkel (von horizontaler Lagerung bis zu einem Einfallen von 60°) variiert.

Mit Hilfe räumlicher Modellversuche wurden die maximal zulässigen Abmessungen der Firstfreilegungen von rechteckigen Kammern bei unterschiedlichen Verhältnissen ihrer Seiten a und b ermittelt. Außerdem wurde in allen Versuchen die Spannweite der Freilegung bei zweidimensionaler Durchbiegung des Hangenden bestimmt, d. h., wenn Stützpfeiler nur an den zwei gegenüberliegenden Seiten der Freilegung vorhanden sind und die anderen beiden Seiten keine Unterstützung besitzen.

Die Analyse der Ergebnisse der durchgeführten Modellversuche zeigte, daß man als Maßeinheit für den allgemeinen Ausdruck der gesuchten Gesetzmäßigkeit die Abmessungen der maximalen Freilegung der Kammerfirste, in jedem einzelnen Modell bezogen auf die Größe der Grenzspannweite bei ebener Biegung — l_0, verwenden muß. Wenn man also die maximalen standfesten Abmessungen einer beliebigen rechteckigen Freilegung für jedes einzelne Modell durch dimensionslose Größen a/l_0 und b/l_0 ausdrückt, so kann man eine Beziehung zwischen diesen Größen ableiten, die für alle Modelle mit unterschiedlicher Festigkeit, Struktur und Einfallswinkel mit hinreichender Annäherung richtig ist. Im Bild 9 ist diese Beziehung auf der linken Seite zu sehen. Auf der rechten Seite des Bildes 9 sind dieselben Versuchsergebnisse angegeben; aber in diesem Falle wurde als Maßeinheit die Größe l_0' angenommen, die der maximalen Spannweite einer einzelnen Hangendschicht bei söhliger Lagerung und ohne Schlechten entspricht. Wie Bild 9 zeigt, nimmt in diesem Falle das Feld der Versuchspunkte ein bedeutend größeres Gebiet ein und bringt keinen exakten funktionellen Zusammenhang zwischen den Größen a/l_0' und b/l_0' zum Ausdruck. Das Beispiel zeigt, daß die funktionelle Charakteristik l_0' als Maßeinheit nicht repräsentativ genug ist. Um die in Bild 9 dargestellte Beziehung auch auf die Praxis anwenden zu können, muß man in jedem konkreten Fall die Größe l_0 kennen. Sie läßt sich verhältnismäßig einfach auf experimentellem oder analytischem Wege ermitteln [8]. Man kann also sagen, daß man die analytische Lösung komplizierter Aufgaben durch die Lösung relativ einfacher Aufgaben unter Berücksichtigung der mit Hilfe der Modellversuche abgeleiteten, in dimensionsloser Form aufgestellten Beziehungen ersetzen kann.

e) Der durch Modellversuche mit äquivalenten Materialien zu lösende Aufgabenkreis hat sich wesentlich erweitert. Praktisch kann man sagen, daß gegenwärtig diese Methode zur Untersuchung der gebirgsmechanischen Prozesse und der Gebirgsdruckerscheinungen für alle Grubenbauformen und bei den verschiedensten bergbaugeologischen Verhältnissen angewendet wird. Dabei werden nicht nur statische Aufgaben gelöst, sondern weit verbreitet ist auch die Untersuchung von gebirgsmechanischen Fragen, die bei der Auffahrung von Grubenbauen auftreten. In den letzten Jahren wurden auch Fragen der Standfestigkeit von Grubenbauen unter Einwirkung von dynamischen Beanspruchungen, wie z. B. Sprengarbeiten, behandelt [26, 35]. Alle diese Untersuchungen gestatten die Lösung einer Vielzahl von praktischen Aufgaben der Gebirgsmechanik und der Gebirgsdruckbeherrschung.

So dienen z. B. in der UdSSR, wo diese Modellierungsmethode seit vielen Jahren an verschiedenen wissenschaftlichen Instituten des Bergbaues und Bauwesens eingesetzt wird, die experimentellen Ergebnisse zur Aufstellung repräsentativer Schemata zur ingenieurtechnischen Berechnung der Standfestigkeit der Gesteine um Grubenbaue und ihrer Wechselwirkung mit dem Ausbau sowie zur Berechnung von Parametern des durch die Abbauwirkung bedingten Bewegungsprozesses im Gebirge und an der Tagesoberfläche [8, 35—38]. Diese Ergebnisse führten auch in der Praxis zur Auswahl optimaler Parameter von bestimmten Abbauverfahren und bestimmter Methoden der Gebirgsdruckbeherrschung [39—41]. Die Modellversuche gestatteten es auch, konkrete Verbesserungen im Aufbau neuer mechanisierter Ausbauarten vorzunehmen, die die Qualität und Sicherheit der Arbeit des Ausbaues in situ erhöhen [39, 41—43].

3.3. Auf dem Gebiet der Zentrifugalmodelle:

a) Eine weitere Entwicklung und Vervollkommnung hat die Konstruktion von Zentrifugen erfahren, was dazu führte, daß Zentrifugen mit großen Abmessungen eingesetzt werden können, die mit auf hohem technischen Niveau stehenden Meßapparaturen zur Versuchsdurchführung und Registrierung der Kennwerte ausgestattet sind [44, 45].
b) Ebenfalls hat sich der Aufgabenkreis erweitert, der sich mit der Zentrifugalmethode lösen läßt. Eine größere Anwendung fand diese Methode vor allem im komplexen Einsatz mit einigen anderen Modellierungsmethoden, z. B. in Verbindung mit der Spannungsoptik und den Modellversuchen mit äquivalenten Materialien [45, 46].
c) Die Zentrifugalmethode wird gegenwärtig nicht nur zur Lösung statischer, sondern auch zur Lösung dynamischer Aufgaben ausgenutzt [44].

Bei der weiteren Entwicklung der Modellierungsmethoden muß man die Aufmerksamkeit besonders auf folgende Aufgaben und Untersuchungsrichtungen lenken:

1. Für alle Modellierungsmethoden sind die theoretischen Grundlagen und die praktischen Verfahren für die Abschätzung des Genauigkeitsgrades und einer repräsentativen Darstellung für näherungsweise Modellierungsverfahren aufzustellen, wenn diese die Ähnlichkeitsbedingungen nicht exakt erfüllen.
2. Die Arbeiten zur Anwendung der spannungsoptischen Methode zur Bestimmung der Spannungen bei Vorhandensein plastischer Deformationen in den Modellen sind weiterzuführen und zu vervollkommnen.
3. Es sind neue Verfahren zur Untersuchung räumlicher spannungsoptischer Modelle ohne Einfrieren der Spannungen und nachfolgendes Schneiden der Modelle zu entwickeln (Streulichtverfahren u. a.).
4. Die äquivalenten Materialien sind so weiterzuentwickeln und zu vervollkommnen, daß ihre physikalisch-mechanischen Eigenschaften den Ähnlichkeitsgesetzen genau entsprechen. Weiterhin ist notwendig, die Untersuchungstechnologie der äquivalenten Materialien zu vervollständigen und weitestgehend zu automatisieren.
5. Es ist notwendig, daß die Technik zur Messung bestimmter Parameter der an den Modellen zu untersuchenden Prozesse verbessert wird. Das gilt besonders für räumliche Modellversuche. Vor allem ist es wichtig, für die Modellversuche mit äquivalenten Materialien Geräte mit hoher Empfindlichkeit zur Messung der Mikroverformungen und Mikrospannungen im Inneren der Modellkörper zu entwickeln.
6. In den Modellen muß die innere Struktur des Gebirgsmassivs mit maximaler Annäherung an die Natur nachgebildet werden. Weiterhin muß der Einfluß der Struktur und des diskreten Gebirgsaufbaues auf das Verhalten und die Standfestigkeit des Gebirges um Grubenbaue sowohl bei statischen als auch bei dynamischen Beanspruchungen untersucht werden.
7. Die Untersuchungen von Fragen der Mechanik diskreter Medien sind weiterzuführen. Zur Registrierung des kinematischen Verschiebungsbildes der Strukturblöcke zum Zeitpunkt der Störung des Gleichgewichtszustandes sollte die Hochfrequenzkinematographie zum Einsatz kommen.
8. Es ist notwendig, daß die verschiedenen Modellierungsmethoden miteinander kombiniert eingesetzt werden. Besonders sollte der komplexe Einsatz der Methoden der äquivalenten Materialien oder der Strukturmodelle mit der Spannungsoptik erfolgen.

Literatur

[1] Bericht 3. Ländertreffen IBG, Akademie-Verlag, Berlin 1962.
[2] Bericht 4. Ländertreffen IBG, Akademie-Verlag, Berlin 1963.
[3] JUDD, W. R.: Einige felsmechanische Probleme über die Beziehungen zwischen Laboratoriumsergebnissen und dem Verhalten von Bauwerken. Bericht 5. Ländertreffen IBG, Akademie-Verlag, Berlin 1964, S. 109–126.
[4] KUZNECOV, G. N.: Modellversuche zum Einfluß der Gesteinszerklüftung auf die Pfeilerstandfestigkeit beim Kammerbau. Bericht 5. Ländertreffen IBG, Akademie-Verlag, Berlin 1964, S. 133–146.
[5] GIMM, W., PFORR, H., und KRAUSE, A.: Über den gegenwärtigen Stand der Erkenntnisse und Untersuchungsmethoden bei der Erforschung der Gebirgsschläge im Kalibergbau der DDR. Bericht 7. Ländertreffen IBG, Akademie-Verlag, Berlin 1966, S. 63–89.
[6] EVERLING, G.: Triaxialversuch an Gesteinsproben und an Gebirgsmodellen. Bericht 8. Ländertreffen IBG, Akademie-Verlag, Berlin 1967, S. 59–61.
[7] GÖTZE, W.: Der Bruchmechanismus des Gebirges bei Strebbau. Bericht 9. Ländertreffen IBG, Akademie-Verlag, Berlin 1968.
[8] KUZNECOV, G. N.: Einige Elemente des Bruchmechanismus klüftiger Schichtgesteine über Abbauen und die Bedingungen der Standfestigkeit des Hangenden. Bericht 9. Ländertreffen IBG, Akademie-Verlag, Berlin 1968.
[9] KIRPIČEV, M. V.: Ähnlichkeitstheorie. Izd. An SSSR, 1953.
[10] KIRPIČEV, M. V., und GUKMAN, A. A.: Die Anwendung der Ähnlichkeitstheorie bei Versuchen. Arbeiten des Leningrader Instituts für Wärmetechnik, Ausgabe I, 1931.
[11] SEDOV, L. N.: Methoden der Ähnlichkeitstheorie und Dimensionstheorie in der Mechanik. Techn.-theoret. izdat., Moskau 1951.
[12] KUZNECOV, G. N.: Experimentelle Methoden zur Untersuchung von Gebirgsdruckfragen. „Arbeiten der Konferenz über Gebirgsdruckbeherrschung", Ugletechizdat, Moskau 1948, S. 90–149.
[13] POKROVSKIJ, G. I., und FEDOROV, N. S.: Ingenieuraufgaben. Gosstrojizdat, Moskau 1953.
[14] KUZNECOV, G. N., BUDKO, M. N., u. a.: Untersuchung der Gebirgsdruckerscheinungen an Modellen. Ugletechizdat, Moskau 1959.
[15] DENKHAUS, H. G.: Modellversuche in der Gebirgsmechanik. Bericht 3. Ländertreffen IBG, Akademie-Verlag, Berlin 1962, S. 29–42.
[16] FÖPPL, L., und MÖNCH: Praktische Spannungsoptik. Izd. Nauka, Novosibirsk 1966.
[17] SUSKOV, A. I.: Eine Untersuchung der Spannungsverteilung in Schächten in der Nähe von Füllörtern. Bericht 3. Ländertreffen IBG, Akademie-Verlag, Berlin 1962, S. 123–130.
[18] IEVLEV, G. A.: Untersuchung des Einflusses des Abbaues auf die Spannungsverteilung um einen vertikalen Schacht mit spannungsoptischen Methoden. Trudy VNIMI Sbornik, Leningrad, 67 (1967) S. 92–105.
[19] FROCHT, M. M., und FLYNN, P. D.: Studies in Dynamic photoelasticity. Trans. ASME, 1956, E-23, Nr. 1.
[20] DURELLI, A. I., und RILEY, W. F.: Stress distribution on the boundary of a circular hole in a large plate during passage of a stress pulse of long duration. Trans. ASME (1961) E-28, Nr. 2.
[21] JUREVIČ, G. G., BELJAKOV, V. D., und MAZUR-DŽURILOVSKIJ, J. D.: Modellversuche zur Klärung des Bruchmechanismus von untertägigen Grubenbauen unter Einwirkung dynamischer Belastungen. Arbeiten der 2. Allunionskonferenz über Gebirgsmechanik und Gebirgsdruck. Izd. SO AN SSSR, Novosibirsk 1968.
[22] MIGUEL, A. SAN and DURAN, E. N.: Some low-moduls birefringent resins. Experimental Mechanics, 4 (1964) Nr. 3, S. 84–88.
[23] ZLOTNIKOV, M. S.: Ein neues optisch-aktives Material zur Herstellung von Modellen der Spannungsoptik. Trudy VNIMI, Sbornik 66, Leningrad 1966, S. 159–163.
[24] KOZINA, A. M.: Äquivalente Materialien zur Nachbildung schwacher Gesteine. Ugletechizdat, Moskau 1958.
[25] KOHOUTEK, J.: Kritische Einschätzung gebirgsmechanischer Modellversuche bei der Lösung der Stabilität eines Schichtenverbandes der nordböhmischen Tertiärformation. Bericht 3. Ländertreffen IBG, Akademie-Verlag, Berlin 1962, S. 64–71.
[26] KUZNECOV, G. N., BUDKO, M. N., VASILEV, J. M., ŠKLJARSKIJ, M. F., und JUREVIČ, G. G.: Modellierung von Gebirgsdruckerscheinungen. Izd. Nedra, Moskau 1969 (in Druck).
[27] BORISOV, A. A.: Untersuchung von Gebirgsdruckfragen an räumlichen Modellen. Sbornik Gebirgsdruckforschung, IGD AN SSSR, Gosgortechizdat, Moskau, 1960, S. 221–257.
[28] EVERLING, G., et JACOBI, O.: Etude sur modèles réduits de l'action de différents types de soutènement des voies. Travaux de Conférence Internationale sur la Pression de Terrains, Paris 1960.

[29] Hobbs, D. W.: Scale model studies of strata movement around mine roadways. Internat. J. Rock Mechanics and Mining Sciences (1966) S. 101—127.

[30] Filip, D., und Kohoutek, J.: Zjistovani napjatosti a deformace horninoveno masivu na modelech z ekvivalentnich materialu kolem dlouheho dila kruhoveho prurezu. Ceskoslovenska Akademie Ved. Hornicky Ustav, Dilci zprava, 1968.

[31] Zorja, N. M.: Über Verschiebungsmessungen an Modellen aus äquivalenten Materialien. Trudy Doneckogo polit. Inst., Doneck, XXV (1957) 5, S. 107—126.

[32] Zemisev, V. N.: Ermittlung von Modellverschiebungen mittels optischer Tensometer. Trudy VNIMI, Sbornik 36, Leningrad 1959, S. 61—67.

[33] Kacnel'son, A. S.: Tensometrische Messungen an Ausbaumodellen. Untersuchung von Fragen der Mechanisation und Organisation der Kohlegewinnung und -veredlung (Sbornik naučnych trudov Podmoskounogi naučno-issl. ugol. Inst.) vyp. 10, izd. Nedra, Moskau 1966.

[34] Methodische Hinweise zu Verformungsmessungen an Modellen aus äquivalenten Materialien mit Hilfe der Geber D-2 und der Tensometer TB-1. Izd. VNIMI, Leningrad 1961.

[35] Krupennikov, G. A., u. a.: Die Wechselwirkung zwischen Gebirge und Ausbau in vertikalen Grubenbauen. Izd. Nedra, Moskau 1966, S. 314.

[36] Kuznecov, G. N.: Über den Mechanismus der Wechselwirkung zwischen Ausbau und Nebengestein in Abbauen flacheinfallender Kohlenflöze. Sbornik Gebirgsdruckuntersuchungen zur Ausbaumechanisierung, Ugletechizdat, Moskau 1954, S. 78—112.

[37] Methodische Hinweise zur Durchführung von Modellversuchen zur Ermittlung von Gebirgsbewegungen. Izd. VNIMI, Leningrad 1964.

[38] Borisov, A. A.: Berechnung des Gebirgsdruckes in Streben flacher Flöze. Izd. Nedra, Moskau 1964.

[39] Il'stejn, A. M.: Gesetzmäßigkeiten der Gebirgsdruckerscheinungen. Ugletechizdat, Moskau 1958, S. 232—250.

[40] Baranovskij, V. I.: Der Einfluß natürlicher Faktoren auf eine Wahl der Abbauverfahren von Kohlenflözen auf tiefen Sohlen. Gosgortechizdat, Moskau 1963.

[41] Ardašev, K. A., u. a.: Vervollkommnung der Gebirgsdrucklenkung beim Abbau geneigter und steil einfallender Flöze. Izd. Nedra, Moskau 1963.

[42] Popov, V. L.: Die Modellierung mit äquivalenten Materialien am Moskauer Kohlenforschungsinstitut. Trudy VNIMI, Sbornik 44, Leningrad 1962, S. 122—132.

[43] Glušichin, F. P., und Gitel'macher, D. G.: Berechnung der Elemente von Stützausbau. Untertägige Gewinnungstechnologie. Izd. ZNJEJU, Nr. 3 (1968) S. 26—27.

[44] Pokrovskij, G. I., und Fedorov, I. S.: Zentrifugalmodellierung im Bauwesen. Strojizdat, Moskau 1968.

[45] Denkhaus, H. G., und Bieniawski, Z. T.: Gebirgsmechanische Modellversuche und Analytik. Bericht 10. Ländertreffen IBG, Akademie-Verlag, Berlin 1970.

[46] Zapolśkij, V. P.: Über Modellierungsmethoden, die vom NIGRJ bei gebirgsmechanischen Untersuchungen im Eisenerz- und Nickel-Kobalt Manganerzbergbau im Becken von Kriwoi-Rog angewendet werden. Sbornik Gebirgsdruckforschung, Gosgortechizdat, Moskau 1960, S. 193—208.

Untersuchung gebirgsmechanischer Probleme mit analytischen Methoden

1. Einleitung

Die Planung bergmännischer Hohlräume im Hinblick auf Sicherheit und Wirtschaftlichkeit beruht auf der Kenntnis der Spannungsverteilung in der Teufe und des Verhaltens des Gebirges unter Spannung. Während in der Geschichte des Bergbaus diese Kenntnis mit bemerkenswertem Erfolg aus der Beobachtung und damit verbundenen praktischen Erfahrungen gewonnen wurde, sind in unserer Epoche mehr wissenschaftlich ausgerichtete Untersuchungen erforderlich, um die heutigen Probleme des Bergbaus in stets zunehmender Teufe und unter komplizierten geologischen Bedingungen bei Anwendung fortschrittlicher Gewinnungstechnologien zu beherrschen. Zur Ermittlung der Stabilität eines Hohlraumes muß der planende Bergingenieur entweder auf die Ergebnisse früherer Messungen in situ zurückgreifen oder das Problem auf der Basis der mathematischen Analyse oder der Modelltechnik oder beider kombiniert betrachten. Da bekanntlich Messungen in situ kostspielig und zeitraubend sind, wird gegenwärtig meistens von letztgenannten Methoden Gebrauch gemacht, deren Bedeutung auf dem Gebiet der Gebirgsmechanik damit beträchtlich steigt.

Die zu lösende Hauptaufgabe der gebirgsmechanischen Forschung ist mathematisch gesehen ein Hohlraumproblem, bei dem einerseits der Einfluß der bergmännischen Hohlräume und bergmännischen Arbeiten auf das Spannungs- und Deformationsfeld des Gebirgsmassivs und andererseits die Stabilität und damit die Sicherheit der geschaffenen Hohlräume selbst interessieren. Die Fragen der Stabilität und Sicherheit haben eine große Bedeutung, weil die Instabilität von Grubenbauen zu Gebirgsschlägen, zu Laugen- und Wassereinbrüchen und zu anderen Formen der Zerstörung der Hohlräume führen kann, die oftmals mit hohen Verlusten an Menschen und Material verbunden sind.

Die Kenntnis der gebirgsmechanischen Gesetzmäßigkeiten spielt aber auch in der Richtung noch eine große Rolle, daß ihre Nichtbeachtung zu hohen Unterhaltungskosten, zur Anwendung unzweckmäßigen und unökonomischen Grubenausbaus und zu einer geringen Nutzung der Lagerstätten führt.

Es ist eine uns allen bekannte Tatsache, daß die Lösung des gebirgsmechanischen „Hohlraumproblems" noch nicht abgeschlossen ist. Die Ursachen hierfür bilden die große Zahl und die Kompliziertheit der wirksamen physikalisch-mechanischen Eigenschaften der Gesteine und des Gebirges. Die gegenwärtige theoretisch-analytische gebirgsmechanische Forschung beschäftigt sich deshalb noch mit der Lösung vieler Einzelfragen und weniger mit der komplexen Darstellung der genannten Grundaufgabe.

2. Kurzer historischer Abriß über die Anwendung mathematischer Methoden in der Gebirgsmechanik

Eines der ersten gebirgsmechanischen Probleme, zu dessem Lösung überhaupt theoretisch-mathematische Untersuchungen eingeleitet wurden, war die Ermittlung des Druckes, den das Gebirge auf den Ausbau von Strecken, Stollen und Tunneln ausübt. Es ist nicht verwunderlich, daß sich dabei die Wissenschaftler in der ersten Etappe der Lösung dieses Problems auf Ergebnisse der Erddrucktheorie stützten, da sich ja bekanntlich in den bodenmechanischen Disziplinen viel früher als in der Gebirgsmechanik exakte wissenschaftliche Forschungsmethoden durchsetzten. Arbeiten in dieser Richtung wurden von Kommerell [1], Forchheimer [2], Engesser [3], Protodjakonov [4] und Zimbarevicz [5] durchgeführt, wobei den Berechnungen die Annahme eines rolligen Mediums zugrunde liegt.

Einen wesentlichen Aufschwung erhielt die Anwendung mathematischer Methoden in der Gebirgsschlagforschung in den dreißiger Jahren und vor allem nach dem zweiten Weltkrieg. In dieser Periode wurde das Gebirge vorwiegend als elastisches oder plastisches Medium angesehen und auf Grund dieser Annahme die Fragen nach der Verteilung und Größe der Spannungen im Gebirge in der Umgebung von bergmännischen Hohlräumen beantwortet. In Deutschland sind an dieser Stelle die Untersuchungen von KÜHN [6] zu nennen. Mit Hilfe von elastizitätstheoretischen Relationen beschrieb er den Spannungszustand im ungestörten Gebirge und beleuchtete die existierenden Bruchhypothesen in bezug auf ihre Anwendbarkeit für Gesteine und Gesteinsverbände kritisch. Während diese Untersuchungen nicht sofort die ihnen zukommende Anerkennung erlangten, fanden die Arbeiten von FENNER [7] sehr schnell eine starke Beachtung. Unter der Voraussetzung, daß in einem isotropen, homogenen, elastischen Medium lineare Spannungs-Dehnungs-Beziehungen gelten und in einem plastischen Medium der Höchstwert der Schubspannungen durch das Produkt aus Reibungswert und Normalspannung gegeben ist, stellte FENNER eine mathematische Theorie des Gebirgsdruckes auf, mit deren Hilfe er die Spannungsverteilung um kreisförmige und elliptische Hohlräume im elastischen und plastischen Gebirge berechnete.

Während die genannten Arbeiten in Deutschland für lange Zeit die einzigen uns bekannten Versuche der mathematischen Behandlung gebirgsmechanischer Probleme blieben, wenn man die Entwicklung von Methoden zur Berechnung von übertägigen Senkungen durch die Markscheider außer Betracht läßt, die ihre empirisch und meßtechnisch gewonnenen Werte in Formeln zu kleiden versuchten, so wurden dagegen in anderen Ländern die Methoden der Kontinuumsmechanik im verstärkten Maße zur Klärung gebirgsmechanischer Vorgänge herangezogen. Besonders in der Sowjetunion setzte in dieser Richtung eine große wissenschaftliche Tätigkeit ein. In ähnlicher Weise wie KÜHN untersuchte DINNIK [8] den Spannungszustand des ungestörten Gebirgsmassivs und bestimmte den Seitendruckkoeffizienten, wenn das Gebirge als elastisches Medium angesehen wird. Eine ganze Reihe von Aufgaben über die Spannungsverteilung um isolierte Grubenbaue ohne Ausbau bei rein elastischem Gebirgsverhalten wurde auf der Grundlage der komplexen Funktionentheorie nach den Methoden von KOLOSOV [9] und MUSCHELIŠVILI [10] gelöst. Solche Lösungen, die mit Hilfe der sogenannten konformen Abbildungen erzielt wurden, finden wir in den Arbeiten von SAVIN [11], DINNIK und MORGAJEVSKIJ [12] und GRUŠKO [13] für elliptische, quadratische, rechteckige und gewölbte Hohlraumformen.

Analoge Lösungen der Spannungsverteilung um einen isolierten Grubenbau ohne Ausbau von elliptischer und rechteckiger Querschnittform in einem elastischen isotropen Medium wurden von LECHNITZKI [14] und KOSMODAMIANSKIJ [15] gefunden. Heute kann man sagen, daß es grundsätzlich für alle Hohlraumformen mathematische Lösungen gibt, solange es sich um einen isolierten Grubenbau ohne Ausbau handelt. Von großem Interesse sind aber auch die Aufgaben für einen ausgebauten Grubenbau. Handelt es sich um ein elastisches Medium, so führt es auf die Lösung von Kontaktaufgaben der Elastizitätstheorie. Dabei wird die Wechselbeziehung zwischen Ausbau und Gestein in Form der Gleichheit der Verschiebungen an den Kontaktlinien ausgedrückt. Bei SAVIN [12] findet man derartige Lösungen für kreisförmige, elliptische und quadratische Querschnittsformen, für rechteckige Grubenbaue in einem anisotropen elastischen Medium löste KOSMODAMIANSKIJ [15] und für trapezförmige und gewölbte Formen CHORA [16] die entsprechenden Aufgaben. Bei allen diesen Kontaktaufgaben [17] wird die Spannungsverteilung nicht um den eigentlichen Grubenbau, sondern um Löcher in Platten bei Belastung im Unendlichen untersucht.

Von der mathematischen Seite bedeutend schwieriger ist es, die wechselseitige Beeinflussung benachbarter Grubenbaue zu untersuchen. Grundlegende Arbeiten in dieser Richtung führte ŠERMAN [17, 18, 19] durch. Dadurch war es möglich. interessante Ergebnisse über den Einfluß zweier kreisförmiger [20], zweier elliptischer [21] und eines kreisförmigen und eines elliptischen Grubenbaues [22] zu erhalten. Analoge Aufgaben wurden von KISLER [23] gelöst, wobei sich die Grubenbaue in unterschiedlicher Lage zu den Hauptnormalspannungsrichtungen im unverritzten Gebirge befanden. Die entsprechenden Untersuchungen in einem anisotropen elastischen Medium wurden von KOSMODAMIANSKIJ [24, 25] durchgeführt. Auch OLSZAK [26] untersuchte den Spannungszustand in einem elastischen Medium, das durch mehrere kreisförmige Löcher geschwächt ist.

Die sich einstellenden Spannungskonzentrationen in der Umgebung von Hohlräumen erreichen solche Werte, daß die Elastizitätsgrenze der Gesteine größtenteils überschritten wird. Deshalb war die Lösung von entsprechenden elasto-plastischen Aufgaben für die Praxis von großem Interesse. Das Ziel derartiger Untersuchungen ist die Bestimmung der sich ausbildenden plastischen bzw. zerstörten Zonen. Mit dieser Zielstellung wurden u. a. Arbeiten von RUPPENEJT [27] und SOKOLOVSKIJ [28] durchgeführt, die es gestatten, Aussagen über die Grenze zwischen elastischem und plastischem Gebiet um kreisförmige Hohlräume bei hydrostatischem Grundspannungszustand zu machen. In jüngster Zeit wurde von PERLIN [29] eine Näherungsmethode entwickelt, die es ermöglicht, elasto-plastische Lösungen der Spannungsverteilung für Grubenbaue mit elliptischem, quadratischem und rechteckigem Querschnitt zu erhalten. Unter Verwendung dieser Methode berechnete SAŽIN [30] die elasto-plastischen Bereiche um quadratische, ovale und bogenförmige Grubenbaue sowohl in einem Medium mit idealer Kohäsion als auch in einem Medium mit Kohäsion und Reibung. So wichtig die durchgeführten Untersuchungen und erzielten Ergebnisse über den Spannungszustand in einem durch Hohlräume gestörten Massiv sind, so kann jedoch in den meisten Fällen vom elastischen bzw. elasto-plastischen Verhalten des Gesteins weder auf den Druck auf den Ausbau noch auf den Charakter der Zeitabhängigkeit der Verformungen geschlossen werden.

Eine logische Weiterentwicklung der mathematischen Untersuchungsmethoden ist die Anwendung einer zeitabhängigen Beziehung zwischen den Spannungen und Verformungen, d. h. einer sogenannten rheologischen Zustandsgleichung anstelle des HOOKEschen Gesetzes. Diese jüngste Etappe bei der mathematischen Behandlung gebirgsmechanischer Probleme wurde vor allem durch die Arbeiten von SALUSTOVICZ [31] eingeleitet. Er betrachtete das Gebirge entweder als viskoelastisches oder als visko-elasto-plastisches Medium, wobei seinen Untersuchungen sogenannte Strukturmodelle zugrunde liegen, die sich aus HOOKEschen, NEWTONschen und ST. VENANT-Körpern zusammensetzen. Mit Hilfe dieser Modellvorstellungen berechneten SALUSTOVICZ u. a., den Gebirgsdruck auf den Ausbau einer kreisförmigen Strecke in einem KELVIN- und einem MAXWELL-Medium als Funktion der Zeit [32]. DIMOV und PARAŠKEVOV [33] lösten analoge Aufgaben über die Bestimmung der visko-elasto-plastischen Bereiche und des Ausbaudruckes in einem BURGERS- und einem POYNTING-THOMSON-Medium, wobei noch Unterschiede in der Annahme der Plastizitäts- bzw. Bruchbedingung bestehen.

In Holland berechneten VAN LOONEN [34], TEN BRINK und HERMES [35] die Spannungen und Verschiebungen um einen zylindrischen Hohlraum in einem visko-elastisch-plastischen Medium. Mit Hilfe der aufgestellten Theorie wurden Spannungs- und Deformationsmessungen im Karbongebirge erklärt und die Möglichkeiten der Berechnung eines notwendigen Ausbaus mit optimalen Abmessungen für diesen Hohlraum diskutiert. HÖFER [36] und BERTHOLD-MENZEL [37] haben gezeigt, indem sie die sich aus den visko-elastisch-plastischen Modellvorstellungen ergebenden Konvergenzwerte mit Untertagemeßwerten in Steinsalzstrecken verglichen, daß sich die visko-elastisch-plastischen Modellvorstellungen auch zur Beschreibung des Spannungs- und Verschiebungsfeldes um kreisförmige Grubenbaue im Salzgebirge eignen. In der Sowjetunion befaßten sich u. a. RUPPENEJT, LIBERMAN, ERAŽNOV und VAJSMAN [38, 39, 40, 41, 42] mit der mathematischen Behandlung zeitabhängiger gebirgsmechanischer Vorgänge. Während LIBERMAN und RUPPENEJT alle Gesteine in bezug auf ihre rheologischen Eigenschaften in zwei Gruppen einteilen, die entweder durch ein Modell von POYNTING-THOMSON oder BURGERS beschrieben werden, und auf Grund dieser Modellvorstellungen die Spannungen, Verschiebungen und den Ausbau von kreisförmigen Grubenbauen berechnen, verwenden ERŽANOV und VAJSMAN zur Beschreibung der Fließprozesse in Gesteinen die Integralgleichung von Volterra-Rabotnov. Bei der Berechnung der Spannungen und Verformungen des Gebirgsmassivs treten dabei an die Stelle der elastischen Konstanten ihre Zeitoperatoren. Die mittels dieser Theorie durchgeführten gebirgsmechanischen Untersuchungen befinden sich noch im Anfangsstadium.

Außer dem Problem der Bestimmung der Spannungs- und Verschiebungsfelder um isolierte Grubenbaue sind aber ebenso die Fragen der mathematischen Analyse des Spannungszustandes und der Absenkung des Hangenden bei Pfeiler- und Strebbau sowie der Pfeilerbelastung und Pfeilertragfähigkeit bei Kammer–Pfeiler-Abbausystemen von besonderem Interesse. Bei den einfachsten den mathematischen Untersuchungen zugrunde liegenden Modellvorstellungen wird das Hangende als einzelne Schicht angesehen, dessen Verformungen und Spannungen nach den einfachen Grundsätzen der Biegetheorie von Platten bzw. Balken behandelt werden. Diese Annahme hat wegen ihrer relativ großen Einfachheit in den letzten Jahren eine breitere Anwendung gefunden. Von einer solchen vereinfachten Modellvorstellung gingen Budryk und Salustovicz [43] aus, als sie gebirgsmechanische Vorgänge beim Strebbau im Steinkohlenbergbau erklärten, während sie Döring [44] zur Deutung von Senkungs- und Druckerscheinungen beim Mansfelder Kupferschieferbergbau anwendete. Tincelin und Sinou [45] bestimmen mit Hilfe der Plattenbiegung auf nachgiebiger Unterlage Pfeilerbelastungen und Hangendbeanspruchung im lothringischen Erzbergbau, während Höfer und Menzel [46] anhand der Meßergebnisse von Höfer [47] zeigten, daß diese vereinfachten Modellvorstellungen auch zur Klärung und Deutung von gebirgsmechanischen Vorgängen im Kalibergbau der DDR geeignet sind. Für die Gegenreaktion der Unterlage wurde bis auf Döring [48], der eine nichtlineare Versatzkennlinie einführte, die aus dem Bauwesen bekannte Winkler-Hypothese verwendet. Weiter entwickelt wurden diese Modellvorstellungen u. a. durch Szpunar [49], der anstelle der linear elastischen Verformungseigenschaften des Hangenden eine rheologische Zustandsgleichung, wie sie für ein Kelvin-Modell gültig ist, einführte. Mit zunehmender Mächtigkeit der Ersatzschicht wird jedoch die Anwendung der die Balkenbiegung beschreibenden Differentialgleichungen problematisch, weil die Vernachlässigung der Schubverformungen immer weniger zulässig wird, so daß man die Absenkung und Beanspruchung des Hangenden aus der Lösung von zweidimensionalen Aufgaben, sogenannten Scheibenaufgaben, gewinnen muß. Unter der Voraussetzung einer unendlichen Versatzfeldlänge löste Dymek [50] ein derartiges Problem, wobei das Hangende als elastische Halbebene angesehen wurde. Bei Kammer-Pfeiler-Abbausystemen führte Ruppenejt [51, 52] die Untersuchung der Hangendabsenkung und Hangendbeanspruchung mittels der Aufstellung von Spannungsfunktionen für ein ebenes geschichtetes System durch.

Auf der Grundlage der Hypothese von Ševjakov [53], die besagt, daß die Verschiebung vom Hangenden und Liegenden gleich der Pfeilerstauchung ist, wurden von Ruppenejt und Davydova [54] eine Methode zur Bestimmung der Pfeilerbelastung bei isolierten Baufeldern und von Rachimov [55] eine Methode zur Bestimmung der Pfeilerbelastung bei periodischer Aufeinanderfolge von Kammer- und Barrierepfeiler entwickelt. Liberman [56] führte für die Berechnung der Pfeilerverformung die rheologische Zustandsgleichung des Binghams-Schwedoff-Mediums ein, jedoch für Hangendes und Liegendes wurde elastisches Materialverhalten beibehalten. Averšin [57] wendet zur Bestimmung der Pfeilerbelastung die Theorie nach Volterra-Rabotnov an. Dabei werden die in die elastischen Lösungen von Ruppenejt [54], Rachimov [55] und Liberman [58] eingehenden elastischen Konstanten durch die zeitabhängigen Operatoren der Volterra-Rabotnovschen Theorie ersetzt. Die Pfeilerbelastung wird in diesen Fällen zeitabhängig, ihr funktioneller Verlauf ist von Verformungsverhalten von Pfeiler und Nebengestein abhängig.

Sehr schwierig ist das Problem der Berechnung der Tragfähigkeit von Stützelementen wie Pfeilern und ähnlichem. Diese Schwierigkeiten ergeben sich aus dem komplizierten Festigkeits- und Bruchverhalten der Gesteine unter den verschiedenen Belastungsverhältnissen.

Zur Zeit gibt es dabei noch keine einheitliche Auffassung über die zu verwendende Bruch- bzw. Plastizitätsbedingung. In früheren Arbeiten von TOURNAIRE [59], GRUNER [60], BAUSCHINGER [61], KEGEL [62, 63], ŠEVJAKOV [64], STAMATIU [65] u. a. wurde von einer gleichmäßigen Spannungsverteilung im Pfeiler ausgegangen und Tragfähigkeitsformeln angegeben, die reine Prüfkörperformeln sind und auf Grund von Druckfestigkeitsuntersuchungen aufgestellt wurden. PROTODJAKONOV [66], DAVYDOV [67] und ZIMBAREVIČ [68] nahmen zwar eine ungleiche Spannungsverteilung im Pfeiler an, jedoch auch ihre Tragfähigkeitsformeln berücksichtigen nur unvollständig die physikalisch-mechanischen Gesteinseigenschaften und fanden deshalb keine weite Anwendung. Die von DREYER [69] aus Pfeilermodellversuchen abgeleiteten Formeln zur Bestimmung der Pfeilergrenzbelastung stellen einen wesentlichen Fortschritt dar gegenüber den vorher mehr oder weniger empirisch ermittelten Pfeilerformeln, denn die Pfeilermodellversuche garantieren eine bessere Erfüllung der wirksamen Randbedingungen und damit eine exaktere Einhaltung der Gesetze der Ähnlichkeitsmechanik. Aus der mathematischen Analyse des Spannungszustandes des Pfeilers und seinen Randbedingungen abgeleitete Formeln zur Bestimmung der Pfeilerbruchlast gibt RUPPENEJT an [70], wobei er von der MOHRschen Bruchbedingung ausgeht und die Methoden der sogenannten Theorie des Grenzgleichgewichts nach SOKOLOVSKIJ [71] anwendet. Weiterentwickelt wurde dieses Verfahren von ILSTEIN, LIBERMANN u. a. [72] und NESTEROV [73], die dieses Verfahren zur Berechnung von Pfeilern von Erzlagerstätten anwendeten, und von MENZEL, THOMA u. a. [74], die diese Berechnungsmethode auf die Verhältnisse des Salzbergbaus übertrugen.

In jüngster Zeit wurden auch Pfeilerdimensionierungsverfahren von HÖFER [75], AVERŠIN [76] und VODOPJANOV [77, 78] vorgeschlagen, bei denen die Pfeilerberechnungen nicht nach den zulässigen Spannungen, sondern nach den zulässigen Verformungen erfolgen. Die Bedeutung dieser Methoden besteht in der Berücksichtigung der rheologischen Eigenschaften der Pfeilergesteine. Nicht zuletzt soll auf die Entwicklung von Vorausberechnungsverfahren für die durch Tiefbau hervorgerufenen Bodensenkungen hingewiesen werden. Neben den empirisch oder auf der Grundlage von Arbeitshypothesen gefundenen Zusammenhängen von KEINHORST [79], BALS [80] und PERZ [81] gewinnen immer mehr Funktionen an Bedeutung, die durch mathematische Analyse einer größeren Anzahl von Senkungskurven gefunden worden sind. Hierzu zählen quadratische Polynome, die GAUSSsche Wahrscheinlichkeitsfunktion, Exponentialfunktionen sowie trigonometrische und Hyperbelfunktionen. Vorausberechnungsverfahren auf dieser Grundlage wurden vor allem von KNOTHE [82], SANN [83], MARTOS [84], KOWALCZYK [85], KITTRICH [86], KOCHMANSKI [87], und SPETTMANN [88] entwickelt. Eine Berechnung der Spannungs- und Verschiebungsfelder um bergmännische Hohlräume und an der Tagesoberfläche auf der Grundlage der Kontinuumsmechanik wurde von BERRY [89] durchgeführt. Die Bedeutung dieser Methode liegt in ihrem klaren physikalischen Zusammenhang zwischen Spannungen und Verschiebungen.

Immer mehr finden auch Methoden der Wahrscheinlichkeitsrechnung und statistischen Mechanik Anwendung zur Beschreibung der Bewegungsprozesse im Gebirgsmassiv. Hierzu sind vor allem die grundlegenden Arbeiten von LITWINISZYN [90, 91, 92], SMOLARSKI [93], AVERŠIN [94], MÜLLER [95], BUCHHEIM [96], SCHEIDEGGER [97], SWEET [98, 99], BRÄUNER [100] und MOGAMI [101, 102] zu nennen. Die Anwendung der Theorie stochastischer Prozesse auf Erscheinungen der Mechanik diskontinuierlicher Felsmassen kann einmal als eine Umgehung der begrifflichen und analytischen Schwierigkeiten bei der Beschreibung der wirklichen Bewegungen solcher Medien und zum anderen als ein gewisser Realismus in den Bestrebungen, die Wirklichkeit möglichst genau darzustellen, angesehen werden.

Nicht unerwähnt sollen die Chancen und Möglichkeiten bleiben, die die Entwicklung und der Einsatz von leistungsfähigen Computern zur analytischen Lösung geomechanischer Aufgaben bieten. Viele theoretische Lösungen werden erst durch den Einsatz von Elektronenrechnern einer numerischen Auswertung und damit einer praktischen Anwendung zugänglich

[103]. Aber auch die Anwendung bestimmter numerischer Verfahren zur Bestimmung der Spannungs- und Verschiebungsfelder, wie z. B. das Differenzenverfahren und die „Finite Element"-Methode [104, 105] und auch gewisse mathematische Modellvorstellungen des Gebirgsverhaltens [106] sind nur unter Einsatz leistungsfähiger Rechenanlagen möglich.

Dieser kurze historische Überblick über die Entwicklungstendenzen bei der mathematischen Behandlung gebirgsmechanischer Probleme, der keinesfalls infolge der zur Verfügung stehenden Zeit vollständig sein kann und deshalb nur die markantesten Entwicklungsetappen mit einigen ihrer Vertreter kurz streifen konnte, soll genügen, um die vom IBG und seinen Mitgliedern in den letzten Jahren geleistete Arbeit auf dem Gebiete der Anwendung analytischer Methoden richtig bewerten und die Förderung auf diesem Gebiet durch das IBG richtig einschätzen zu können.

3. Analytische gebirgsmechanische Untersuchungen innerhalb der Arbeit des IBG

Die in vielen Ländern unternommenen Versuche, die Gebirgsdruckwirkungen mathematisch zu erfassen und daraus die entsprechenden Schlußfolgerungen abzuleiten, fanden auch ihren Niederschlag in den zu den internationalen Gebirgsdrucktagungen und den Ländertreffen des IBG eingereichten Arbeiten und den dort geführten Diskussionen. Waren z. B. auf der Gebirgsdrucktagung 1956 in Essen nur Ansätze in Einzelarbeiten vorhanden, so stand in Leipzig 1958 und in Paris 1960 die mathematische Behandlung schon gleichberechtigt neben den anderen Vortragsgruppen. Dieselbe Entwicklung zeigte sich auch auf den Ländertreffen. Zu unserem ersten Ländertreffen im Jahre 1959 war es eine rein mathematische Arbeit von J. Budin [107], in der über die Berechnung der Spannungsverteilung um kreisförmige Grubenbaue im elastischen Gebirge berichtet wurde. Auf dem 2. Ländertreffen des IBG berichtete J. Kohoutek über die Bestimmung des Elastizitätsmoduls auf der Grundlage der Sohlendeformationsmessung, wobei die Grundlage für die dazu erforderliche mathematische Analyse des Spannungs- bzw. Verformungsfeldes im Liegenden klassische Methoden der Elastizitätstheorie bildeten. Bei den zum 3. Ländertreffen vorgelegten Arbeiten zeigt sich deutlich schon die enge Verbindung zwischen Modelltechnik und mathematischer Analyse. Ganz besonders geht das aus den Arbeiten von Hiramatsu und Oka, Oberti und Richter hervor. Die von Mincev vorgelegte Arbeit über den Spannungszustand in einem geschichteten Gebirge um Grubenbaue mit kreisförmigem, elliptischem und trapezförmigem Querschnitt sowie die Arbeit von Rosza und Kovacs über die Bemessung von zylindrischen Stollenauskleidungen zeigen die Nützlichkeit und Effektivität derartiger mathematischer Lösungen.

Im Jahre 1962 kam das IBG dem allgemeinen Wunsche der bedeutendsten Gebirgsdruckforscher nach, indem es in den Mittelpunkt der Diskussion des 4. Ländertreffens die Last- und Kraftannahme in der Gebirgsdruckforschung und die mathematische Behandlung geomechanischer Probleme stellte.

In den 16 gehaltenen Vorträgen und der anschließenden wissenschaftlichen Aussprache wurden die Notwendigkeit und die Möglichkeiten der mathematischen Behandlung geomechanischer Probleme aufgezeigt. Gleichzeitig wurde betont, daß die Skepsis gegen die Übereinstimmung von Ergebnissen aus mathematischen Arbeiten mit der Praxis bei einer folgerichtigen Weiterentwicklung dieses Forschungszweiges überwunden werden kann und schon genügend Beispiele existieren, bei denen mathematische Untersuchungen brauchbare Ergebnisse für die Bergbaupraxis liefern. Es wurde allgemein anerkannt, daß der mathematischen Analyse in der komplexen gebirgsmechan. Forschung eine erhebliche Bedeutung zukommt.

In den Vorträgen von Averšin, Panov und Liberman und Mohr wurden die Möglichkeiten der analytischen Untersuchung von Gebirgsdruckerscheinungen abgewogen, der zweckmäßige Anwendungsbereich der einzelnen Untersuchungsmethoden abgegrenzt und die Notwendigkeit unterstrichen, daß aus den oft sehr komplizierten theoretischen Lösungen Näherungs-

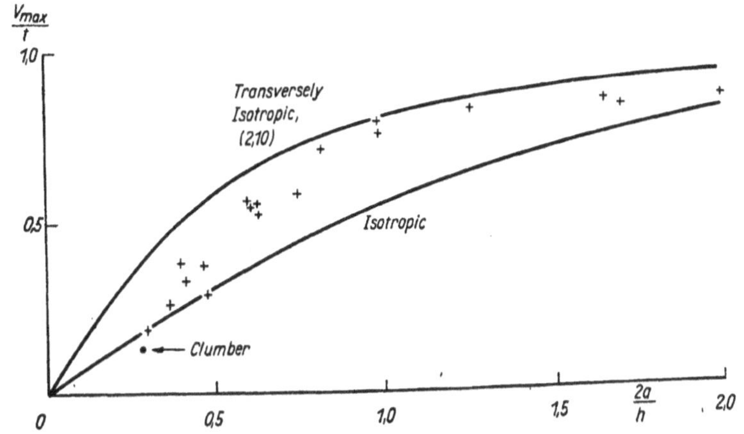

Bild 1. Relative maximale Senkung in Abhängigkeit vom Verhältnis Abbaubreite zu Teufe bei isotroper und transversalisotroper Betrachtungsweise und Ergebnisse von Senkungsmessungen in britischen Kohlengruben

formeln abgeleitet werden müssen, die die Ergebnisse auch der Praxis leicht zugänglich machen. Ausgehend von der Diskrepanz zwischen den Ergebnissen der Oberflächenverschiebungen, die man bei der isotropen elastischen Behandlung des Senkungsproblems beim Strebbau und den Senkungsmessungen in britischen Kohlenrevieren erhielt, wurden von Berry die mathematischen Beziehungen für Spannungen und Verschiebungen bei Betrachtung des Gebirges als transversal isotropes Medium aufgestellt. Bild 1 zeigt die relative maximale vertikale Senkung in Abhängigkeit vom Verhältnis Abbaubreite zu Teufe bei isotroper und transversal-isotroper Betrachtungsweise und die Maximalwerte von Senkungsmessungen in britischen Kohlengruben.

Döring berichtete in seinem Vortrag über die mathematische und meßtechnische Erfassung der Senkung der Dachschichten und des Drucks im Versatzfeld beim Strebbau auf der Grundlage der Biegetheorie unter Berücksichtigung einer nichtlinearen Versatzkennlinie. Die auf Grund dieser Modellvorstellung erzielten Ergebnisse werden mit Meßergebnissen aus dem Steinkohlenbergbau und dem Mansfelder Kupferschieferbergbau verglichen und die Brauchbarkeit der gewählten Modellvorstellungen nachgewiesen. Bild 2 zeigt den Verlauf der geglätteten Meßwerte und die bei drei verschiedenen Näherungsschritten berechneten Versatzdruckwerte für den Mansfelder Kupferschieferstrebbau.

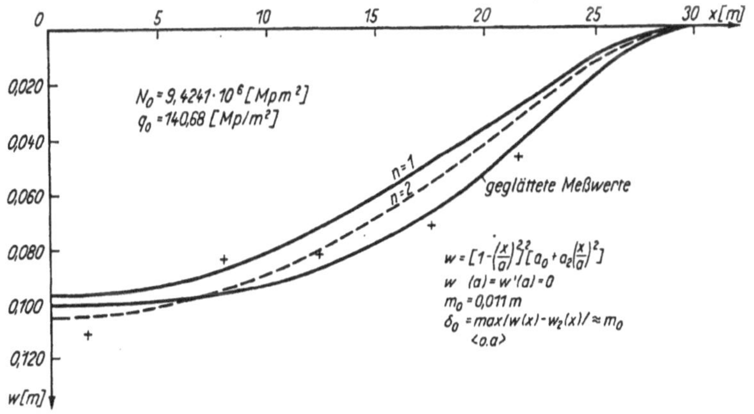

Bild 2. Vergleich der geglätteten Meßwerte mit den errechneten Versatzdruckwerten im Mansfelder Kupferschieferbergbau

Höfer und Menzel analysieren die Hangendabsenkung und Pfeilerbelastung beim Kammerbau im Salzbergbau auf der Grundlage der Balkenbiegung auf nachgiebiger Unterlage und stellen eine gute Übereinstimmung der auf Grund dieser Modellvorstellung erzielten Ergebnisse mit Schlußfolgerungen aus Pfeilerquerdehnungsmessungen fest. Bild 3 zeigt den sich ergebenden Verlauf der Pfeilerbelastungen beim Langkammerbau im Salzgestein.

Litwinyszin betrachtet das Gebirge als rolliges Medium, in dem der Verschiebungsprozeß nach den Gesetzen der stochastischen Prozesse verläuft. Diese Konzeption wurde von Litwinyszin in einem Axiomsystem zusammengefaßt. Die Folgerung dieser Axiome ist ein Integralgleichungssystem, das eine Verallgemeinerung der Smoluchovski- bzw. Chapman-Kolmogorov-Gleichung ist.

Ganev betrachtet in seinem Beitrag zur mathematischen Behandlung elastizitätstheoretischer Aufgaben in der Gebirgsmechanik das Gebirge als orthotropes elastisches Medium, wobei das verallgemeinerte Hookesche Gesetz neun von Null verschiedene elastische Konstanten enthält, und zeigt Lösungswege für derartige mathematische Modellvorstellungen auf.

Richters Vortrag gilt der Ermittlung der auf Ausbaukonstruktionen einwirkenden Belastung mit Hilfe elastizitäts- und plastizitäts-theoretischer Untersuchungsmethoden. Dabei weist er darauf hin, daß in den meisten Fällen ein komplexes System Ausbau–Gebirge entsteht, in welchem man die Rolle der Ausbauelemente in einer teilweisen Verhinderung der

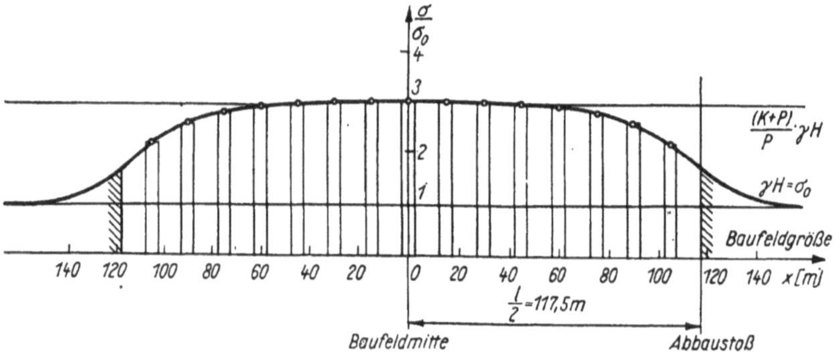

Bild 3. Pfeilerbelastung beim Langkammerbau im Salzgebirge

Gebirgsbewegung sehen muß und der wirksam werdende Gebirgsdruck auch eine Funktion der Ausbaueinwirkung ist. Kohoutek befaßt sich in seinem Beitrag zum 4. Ländertreffen mit der Erfassung der Grenzzustände in der Gebirgsmechanik. Als Beispiel führt er die Berechnung einer Kammerfirste mit Prinzipien der Wahrscheinlichkeitsrechnung an.

De Reeper baut in seinem Beitrag „Der Zusammenhang zwischen Gebirgsdruck und Konvergenz in Hohlräumen unter Tage" auf Arbeiten von Salustovicz auf, indem er das Gebirge als homogenes isotropes visko-elastisch-plastisches Medium betrachtet. Auf Grund dieser Modellvorstellung wird der mathematische Apparat zur Ermittlung des Spannungs- und Verschiebungsfeldes um einen kreisförmigen Hohlraum und der Ausbaubelastung als Funktion der Zeit aufgestellt. Als Kriterium für das Auftreten plastischer Verformungen werden entweder die maximale Gestaltsänderungsarbeit oder die Mohr-Coulombsche Fließbedingung eingeführt. Eine numerische Auswertung erfolgte mittels Digitalrechner.

Fodor verwendet zur Berechnung der Senkungsmulde bei schwachem Nebengestein eine Näherungsfunktion vom Exponentialtyp und zeigt anhand von Meßergebnissen, daß sich diese Kurvenform für die Verhältnisse des Braunkohlentiefbaus Rumäniens am besten zur Beschreibung des Verschiebungsprozesses eignet.

Die zum 4. Ländertreffen eingereichten Referate und die anschließende Diskussion zeigten, daß in der gesamten Gebirgsdruckforschung in den letzten Jahren ein Wandel in dem Sinne eingetreten ist, daß die Gebirgsdruckforscher in allen Ländern bemüht sind, die Gebirgsmechanik zu einer Wissenschaft zu entwickeln.

Um die mathematische Behandlung geomechanischer Probleme innerhalb der Arbeit des IBG noch intensiver zu betreiben, kam die Leitung des IBG dem Wunsche vieler Gebirgsdruckforscher nach und berief eine Arbeitsgruppe „Analytische Gebirgsmechanik", deren Leitung der Akademiker AVERŠIN übernahm. Im Mittelpunkt der Tätigkeit der Arbeitsgruppe sollte die rein mathematische Behandlung gebirgsmechanischer Probleme stehen. Auf der ersten Arbeitsgruppensitzung im Juli 1964 in Berlin wurde die Arbeitsrichtung der Gruppe „Analytische Gebirgsmechanik" festgelegt und folgende Aufgaben als vorrangig erachtet:

1. Aufstellung rheologischer Modelle für das Gebirge;
2. Ausarbeitung von Berechnungsmethoden für standfeste Gebirgsfreilegungen ohne Ausbau (Pfeiler, Firsten, Böschungen);
3. Ausarbeitung von Berechnungsmethoden zur Bestimmung der Ausbaubelastung unter Berücksichtigung der Wechselwirkung zwischen Ausbau und Gebirge;
4. Weiterentwicklung der Theorie der Gebirgsverschiebungen;
5. Berücksichtigung des inhomogenen und diskreten Gebirgsaufbaus bei der mathematischen Analyse.

Dabei sollte das Hauptaugenmerk der Arbeitsgruppentätigkeit nicht der Entwicklung neuer Theorien und analytischer Verfahren gewidmet werden, sondern durch eine objektive und vollständige Analyse der Ergebnisse bereits existierender analytischer Lösungen sollten deren Anwendungsmöglichkeiten, ihre zweckmäßigen Anwendungsgebiete und Anwendungsbedingungen abgegrenzt und aus den oft sehr komplizierten theoretischen Lösungen auch für den Praktiker benutzbare ingenieurmäßige Berechnungsmethoden abgeleitet werden.

Auch auf den folgenden Ländertreffen werden immer in einigen Beiträgen Ergebnisse analytischer Untersuchungen mitgeteilt. So zeigt GANEV zum Beispiel auf dem 5. Ländertreffen den Übergang von räumlichen zu ebenen und linearen Zuständen bei den Elastizitätsgrundgleichungen des orthotropen Körpers und weist reale Möglichkeiten zur labormäßigen Bestimmung der technischen Konstanten nach.

Auf dem 6. Ländertreffen des IBG im Jahre 1964, das unter dem Rahmenthema „Der Zeitfaktor in der Gebirgsmechanik" — Änderungen von Spannungen, Bewegungen und Festigkeitsverhältnissen als Funktion der Zeit — stattfand, trat die mathematische Analyse wieder stark in den Vordergrund [107]. HÖFER, BERTHOLD und MENZEL zeigen, daß die zeitabhängigen Verformungen von kreisförmigen Hohlräumen im Salzgebirge gut durch die visko-elastisch-plastischen Modellvorstellungen nach SALUSTOVICZ und v. LOONEN beschrieben werden können. Bild 4 zeigt den gemessenen und errechneten Konvergenzverlauf einer Hartsalzstrecke von 3 m Durchmesser in 960 m Teufe.

DÖRING, HEINRICH und PFORR führten Laborversuche an Carnallitit bei einachsiger Beanspruchung durch. Die Ergebnisse führten auf Grund von elastischen, nachwirkenden und viskosen Verformungsanteilen zu Kennlinien, die in erster Annäherung durch das BURGERS-Modell beschrieben werden können.

SALUSTOVICZ berechnet den Verlauf und die Größe des Druckes auf den Ausbau einer kreisförmigen Strecke in einem KELVINschen und MAXWELLschen Medium und leitet daraus Schlußfolgerungen für die Ausbaugestaltung ab. DIMOV bestimmt nichtelastische viskose Bereiche um isolierte Grubenbaue und den Druck auf den Ausbau, wobei er als Bruchbedingung bzw. Übergangsbedingung in den plastischen Zustand für rheologische Medien die dynamische Hypothese nach REINER-WEISSENBERG verwendet. DE REEPER und TEN BRINK versuchen, den Einfluß der Vortriebsarbeit auf Belastung und Konvergenz einer Füllortauskleidung mathematisch zu erfassen. Schließlich berichten ORTLEPP, SALOMON und RYDER über die Entwicklung eines Analogrechners zur Bestimmung der Spannungen und Verschiebungen im elastischen Gebirge, wobei die mathematische Analogie zwischen den Gleichungen, die die Spannungsfelder in der Elastostatik, und denjenigen Gleichungen, die die quasistationären elektrischen Felder beschreiben, ausgenutzt wurde.

Im September 1965 fand die 2. Sitzung der Arbeitsgruppe „Analytische Gebirgsmechanik" statt, wo vor allem das Problem der Berechnungen von Spannungen und Verformungen um kreisförmige Hohlräume unter Berücksichtigung der Zeit diskutiert wurde. Die Herren BRÄUNER, GANEV und RICHTER behandelten experimentelle Probleme im Labor und in situ, wobei vor allem die Gültigkeit einiger der Theorie zugrunde liegender Voraussetzungen sowie die Übertragbarkeit der im Labor ermittelten rheologischen Parameter auf den Gebirgsverband kritisch eingeschätzt wurden. Die Herren HERMES, AVERŠIN, BERRY und DÖRING beschäftigten sich mit der numerischen Auswertung spezieller rheologischer Modellvorstellungen für achsensymmetrische Aufgaben und mit der Einführung allgemeiner viskoelastischer Spannungs–Dehnungs-Beziehungen in Form von Differential- bzw. Integralgleichungen. In den Vorträgen und Diskussionen hat sich gezeigt, daß der mathematische Apparat zur Lösung vorwiegend ebener rheologischer Probleme schon relativ gut ausgearbeitet ist, daß aber bei der Lösung dreidimensionaler Aufgaben und bei der meßtechnischen Erfassung der rheologischen Parameter noch ernsthafte Schwierigkeiten bestehen.

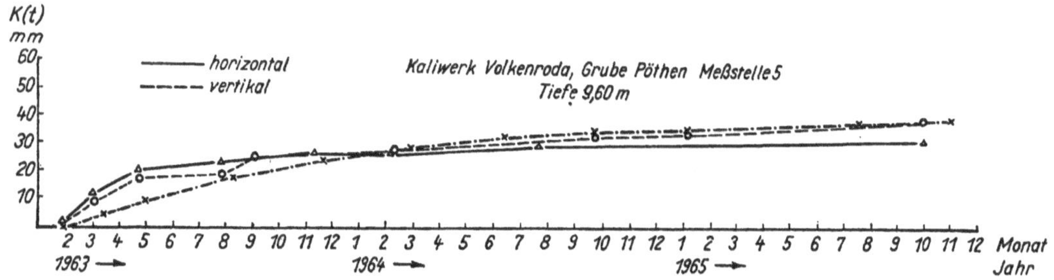

Bild 4. Gemessener und errechneter Konvergenzverlauf einer Hartsalzstrecke von 3 m Durchmesser in 960 m Teufe

Auf dem 7. Ländertreffen, das unter dem Rahmenthema „Der Mechanismus der Gebirgsschläge" stand, fanden mathematische Methoden vor allem in den Vorträgen von AVERŠIN und DENKHAUS zur Ermittlung der für Gebirgsschläge notwendigen großen Spannungskonzentrationen und zur Aufstellung einer Energiebilanz Verwendung.

Auf ihrer 3. und 4. Sitzung beschäftigte sich die Arbeitsgruppe „Analytische Gebirgsmechanik" mit der Berechnung der Pfeiler und Firsten beim Kammerbau. Da generell bei der Lösung dieser Fragen die unterschiedlichen geologischen und bergbautechnischen Faktoren in den einzelnen Ländern eine wichtige Rolle spielen, war es die vordringlichste Aufgabe der Aussprache, den Stand der theoretischen Forschung auf diesem Gebiet in den einzelnen Ländern zu fixieren, die Methoden bei der Lösung dieser Fragen zu behandeln sowie die Möglichkeiten ihrer praktischen Nutzanwendung und ihrer Übertragbarkeit kritisch zu beurteilen. Dazu wurden von den Tagungsteilnehmern Berichte über den Stand der mathematischen Behandlung des Kammer–Pfeiler-Problems in ihren Ländern gegeben. In speziellen Vorträgen befaßten sich BERRY mit der Berechnung der Spannungen in einem Pfeiler in transversal isotropen elastischen Medien, MENZEL mit der Pfeilerbelastung und Pfeilertragfähigkeit im Salzgebirge, WARDELL und EYNON mit der Pfeilertragfähigkeit und ihrer Bedeutung für die Abbauplanung, AVERŠIN mit Berechnungsmethoden für Zwischenkammerpfeiler und Kammerfirsten unter besonderer Berücksichtigung von rheologischen Faktoren und DREYER und KOHOUTEK mit Ergebnissen auf dem Gebiet der Modellmechanik zur Erfassung der Standfestigkeit von Grubenbauen.

Von den Arbeitsgruppenmitgliedern wurde eine Literaturinformation zur mathematischen Behandlung des Kammer–Pfeiler-Abbaus erarbeitet.

Auf dem 8. Ländertreffen wurden im wesentlichen in drei Vorträgen theoretische analytische Methoden zur Untersuchung der gebirgsmechanischen Vorgänge bei mehrachsiger Beanspruchung herangezogen. MURRELL erweiterte die GRIFFITHsche Sprödbruchtheorie hinsichtlich einer physikalischen Erklärung der Wirkung triaxialer Spannungssysteme auf die Gesteinsfestigkeit. SERAFIM und DE URENA überprüfen die Eignung der transversal isotropen Modellvorstellungen zur Beschreibung der Spannungen und Verformungen in Schichtgesteinen und bestimmen die zur Beschreibung notwendigen fünf elastischen Konstanten aus einachsigen Druckversuchen. Schließlich führt PARAŠKEVOV eine Energiebilanzierung beim Eintritt von Brüchen bei ein- und mehrachsiger Beanspruchung von elastischen Körpern durch und weist auf die komplizierten Bruchbedingungen hin, die bei rheologischen Medien wirksam werden.

Auch in den Vorträgen zum 9. Ländertreffen, das unter dem Rahmenthema „Der Bruchmechanismus im Gebirge" stand, fanden mathematische Methoden verbreitet Anwendung.

GIMM, DÖRING, FÖRSTER und MARGGRAF, Bergakademie Freiberg, deuten die Brucherscheinungen beim Kammerbau im Salzgebirge auf Grund mathematischer Modellvorstellungen. Dabei gehen sie von der Spannungsanalyse einer gelochten Halbscheibe aus und bestimmen bei verschiedenen Kontaktbedingungen zwischen Pfeiler und Nebengestein unter Benutzung eines Hauptschub- bzw. eines Hauptzugspannungskriteriums mögliche Bruchformen bei Pfeilern und Kammerfirsten sowie bei Ausbrüchen von Salz und Gas.

KUZNECOV entwickelt in seinem Vortrag „Einige Elemente des Bruchmechanismus klüftiger Schichtgesteine über Abbauen und Bedingungen für die Standfestigkeit des Hangenden" gewisse Vorstellungen über einen diskontinuierlichen Blockaufbau des Hangenden und leitet daraus erste Rechenregeln zur Standsicherheitsbewertung der Firste ab.

TSCHERNJAK (Moskauer Bergbauforschungsinstitut) und PARAŠKEVOV (Institut für Bergbau und Geologie, Sofia) gehen von den Modellvorstellungen eines POYNTING-THOMSON-Mediums aus und bestimmen den Deformations- und Bruchprozeß um einen kreisförmigen Hohlraum im Gebirge, wobei als Bruchbedingung die dynamische Hypothese nach REINER und WEISSENBERG benutzt wird. Die Genauigkeit des auf analytischem Wege ermittelten Deformations- und Bruchprozesses wird durch Messungen in isolierten Grubenbauen des Donezbeckens überprüft und eine recht gute Übereinstimmung festgestellt.

MARTOS (Bergbauinstitut Budapest) untersucht die Gesetzmäßigkeiten des Zusammenwirkens zwischen Gebirge und Grubenausbau und leitet aus den Meßwerten mathematische Beziehungen zur Bestimmung des zeitlichen Konvergenzverlaufes im Abbauraum und der notwendigen Stempeldichte ab.

In einer von AVERŠIN, STEPANOV und JALYMOV vorgelegten Arbeit werden Möglichkeiten zur Berechnung der Pfeilerbelastung und Pfeilertragfähigkeit unter Berücksichtigung des Zeitfaktors aufgezeigt. Dabei werden in den von RUPPENEJT, LIBERMAN und GOMES entwickelten elastischen Lösungen zur Bestimmung der Pfeilerbelastung die elastischen Konstanten durch sogenannte zeitabhängige Operatoren nach der Theorie von VOLTERRA-RABOTNOV ersetzt. Die Bewertung der Pfeilertragfähigkeit wird nicht nach den zulässigen Spannungen, sondern nach zulässigen Verformungen, die experimentell ermittelt werden, vorgenommen.

In einem äußerst interessanten Beitrag erläutern schließlich JOHN und MALINA, Universität Karlsruhe, die Anwendungsmöglichkeiten der „Finite-Element-Methode" in der Gebirgsmechanik. Diese in den USA und England entwickelte Methode stellt eine gebrauchsfertige Rechenmethode zur Bestimmung von Kräften und Verformungen in ebenen statischen Systemen beliebiger Formgebung, die sich entsprechend der Elastizitätstheorie verhalten, dar. Die Effektivität der „Finite-Element-Methode", kombiniert mit den Ergebnissen der ingenieurgeologischen Erkundung, wird am Problem der Standsicherheitsberechnung einer Böschung im Ingenieur- bzw. Bergbau demonstriert.

Im April dieses Jahres führte die Arbeitsgruppe „Analytische Gebirgsmechanik" ihre 5. Sitzung durch. Auf der Tagesordnung standen die Anwendung analytischer Methoden bei der Lösung geomechanischer Aufgaben unter besonderer Berücksichtigung von Diskontinuitäten und die Anwendung der „Finite-Element-Methode". Döring behandelt in einem grundsätzlichen Beitrag Fragen der Definition und Klassifikation von Diskontinuitäten und unterscheidet zwischen der strukturellen und phänomenologischen Betrachtungsweise. Im ersten Falle dienen die realen strukturellen Eigenschaften der Trennflächen im Bereich des Gebirgsverbandes sowie z. B. Risse und Einschlüsse im Bereich des Gesteinskörpers als Ausgangsbasis. Im zweiten Falle steht das Stetigkeitsverhalten der Feldgrößen und deren Ableitungen auf sogenannten singulären Flächen im Vordergrund. Döring kommt zu dem Schluß, daß einige Entwicklungstendenzen der Kontinuumsmechanik mit Berücksichtigung von Diskontinuitäten darauf hinweisen, daß eine Behandlung des realen Gebirgsverbandes mit seinen Trennflächen im Sinne der Kontinuumsmechanik grundsätzlich möglich ist und daher keine besondere „Diskontinuumsmechanik" erforderlich ist.. Die in den verschiedenen Größenordnungen der Homogenitätsbereiche geologischer Körper auftretenden Diskontinuitäten, die sich vom Kristall- über das Korngefüge bis zum Verbandsbereich erstrecken, sind grundsätzlich mit der von Hadamard begründeten Theorie unstetiger Feldgrößen erfaßbar. Diese Theorie sollte daher in bezug auf ihre geomechanische Anwendung zukünftig an Bedeutung gewinnen.

Litwiniszyn weist auf die Entwicklung der diskontinuierlichen Modelle in den letzten Jahren hin. Die in den letzten Jahren immer weiter entwickelte stochastische Theorie der Senkungsberechnung bietet in ihrer jetzigen Form die Möglichkeit, auch räumliche Verschiebungen in den Anfangsbedingungen zu berücksichtigen.

Kohoutok zeigt am mathematischen Modell eines mikroskopisch heterogenen, makroskopisch quasihomogenen Materials, wie die Heterogenität und die aus ihr folgenden Mikrospannungen die plastischen Deformationseigenschaften beeinflussen. Die mikroskopische Heterogenität ist ein Grund für die verschiedenen Abweichungen von der Misesschen Plastizitätsbedingung und einem ideal-elastisch-plastischen Verhalten der Stoffe.

In Fortführung früherer Arbeiten über die Behandlung des geschichteten Gebirges als transversal isotropes Medium berichtet Berry über verschiedene Methoden zur Bestimmung der elastischen Konstanten und diskutiert einige Besonderheiten bei der Bestimmung der vertikalen Verschiebungskomponente.

Fine erläutert die Anwendung der Differenzenmethode und der „Finite-Element-Methode" zur Bestimmung ebener Verformungs- bzw. Spannungszustände bei Berücksichtigung von Diskontinuitäten. Als Beispiel wird die Berechnung des Spannungs- und Verformungsfeldes um eine Strecke im geschichteten Gebirge bei verschiedenen Kontaktbedingungen zwischen den einzelnen Schichten und beim Einbringen einer Ankerung angegeben.

Malina behandelt die mathematischen Grundlagen der „Finite-Element-Methode" und deren Anwendungsmöglichkeiten zur Lösung geomechanischer Aufgaben. Malina konnte darauf hinweisen, daß mit dieser Methode eine Vielzahl bisher ungelöster mechanischer Aufgaben numerisch gelöst werden können. Die allgemeine Anwendbarkeit dieses Verfahrens kommt u. a. auch darin zum Ausdruck, daß die Berechnung von Spannungs- und Verschiebungsfeldern auch unter Berücksichtigung anisotroper und inhomogener Materialeigenschaften sowie bei beliebigen komplexen Rand- und Anfangsbedingungen möglich ist. Dieses Rechenverfahren, das erst durch den Einsatz moderner Großrechenanlagen seine vollen Möglichkeiten entfaltet, kann in zahlreichen Ingenieurdisziplinen verwendet werden, wenn die Ermittlung von Spannungen oder Verschiebungen in beliebigen Körpern erforderlich ist. Einer Erweiterung auf dreidimensionale Gebilde stehen keine prinzipiellen Schwierigkeiten entgegen, sofern nur hinreichend leistungsfähige Computer zur Verfügung stehen werden. Obwohl diese Methode ursprünglich für rein elastische Medien entwickelt wurde, zeigte MALINA, daß durch verschiedene Maßnahmen auch die Spannungen und Verschiebungen in inelastischen sowie in diskontinuierlichen Medien berechnet werden können.

Rückblickend kann festgestellt werden, daß auch die Tätigkeit der Arbeitsgruppe IV des IBG von wesentlicher Bedeutung gewesen ist, indem beispielsweise der Informationsaustausch auf kürzestem Wege gewährleistet wird und Anregungen sowie Einschätzungen des internationalen Wissenschaftsstandes auf diesem Gebiet direkt möglich sind. Der bisher eingeschlagene Weg sollte weitergegangen werden und die rein mathematische Behandlung geomechanischer Probleme auch weiterhin im Mittelpunkt der Tätigkeit der Arbeitsgruppe stehen. Die Tätigkeit der Arbeitsgruppe muß aber auch verstärkt darauf hinzielen, dem praktisch tätigen Projektierungsingenieur ingenieurmäßige Berechnungsverfahren für die jeweilig zu lösenden Aufgaben entsprechend der vorliegenden Gebirgsstruktur vorzuschlagen. Was nützen uns sonst die schönsten theoretischen Lösungen, wenn sie nicht irgendwie in der Praxis wirksam werden. Durch den Einsatz der maschinellen Rechentechnik wird auch eine

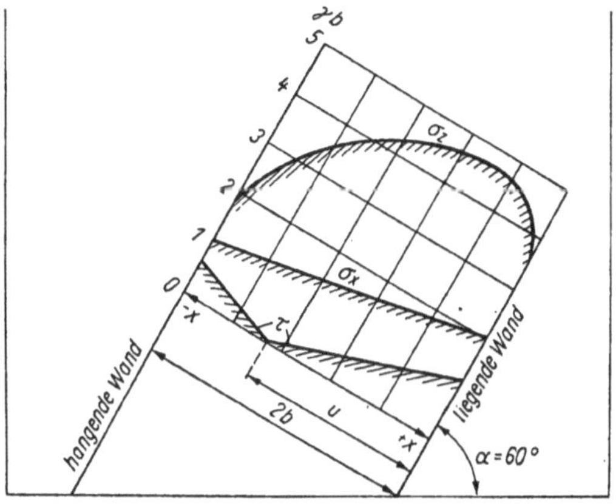

Bild 5. Verlauf der Spannungskomponenten σ_z, σ_x und τ über den Behälterquerschnitt

Vielzahl komplizierter theoretischer Lösungen einer numerischen Auswertung zugänglich und damit praktisch verwertbar. Deshalb sollte die Arbeitsgruppe auch in dieser Richtung ihre Bemühungen verstärken.

In den zum 10. Ländertreffen eingereichten Beiträgen kommen mathematische Methoden in den Vorträgen von BRÄUNER, DENKHAUS, DÖRING, GANEV, KAPOLYI, PARAŠKEVOV und SERAFIM zur Anwendung.

Der Vortrag von BRÄUNER ist der Bestimmung des Spannungszustandes körniger Medien in steilstehenden Hohlräumen gewidmet. Im Steinkohlengebirge bilden die Trennflächen zwischen Flöz und Nebengestein die wichtigsten Diskontinuitäten. Ihr Einfluß auf das Spannungs- und Deformationsfeld kann bisher nur in Sonderfällen analytisch bestimmt werden. Ein solcher Spezialfall liegt vor, wenn die Ausfüllung des Flözraumes als körniges Medium aufgefaßt werden kann und nur unter Eigengewichtsbelastung steht. Hierfür wird von BRÄUNER eine Lösung des zweidimensionalen Problems gegeben. Sie basiert auf der COULOMB-MOHRschen Gleitbedingung. Präzisierende Angaben über den Grad der Ausnutzung der Reibung sowie über die Nachgiebigkeit der Behälterwände müssen experimentell gewonnen werden. Für den Fall des im Ruhrbergbau verwendeten Versatzmaterials und nachgiebiger Stützelemente ergibt sich der in Bild 5 dargestellte Verlauf der Spannungskomponenten σ_z, σ_x und τ über den Behälterquerschnitt. Die errechneten Spannungen ermöglichen eine bessere Dimensionierung des Ausbaus.

DENKHAUS gibt in seinem Vortrag einen Überblick über die in den letzten Jahren in Südafrika durchgeführten analytischen Arbeiten zum Gebirgsdruckproblem. Das aus hartem Gestein bestehende Gebirge der südafrikanischen Goldgruben kann in erster Annäherung als ein homogenes isotropes Kontinuum betrachtet werden. Wird dieses Kontinuum durchörtert, so bilden sich Bruchzonen um die bergmännischen Hohlräume. Eine erste Analyse dieses Problems wurde von ROUX und DENKHAUS [108] bereits im Jahre 1954 gegeben. Während die Bruchzone sich inelastisch verhält, bleibt das umgebende Gebirge ein linear elastisches Medium. Mit Hilfe der klassischen Elastizitätstheorie berechnete DENKHAUS [109] im Jahre 1958 Spannungsverteilungen um kreisförmige, elliptische, quadratische und rechteckige Löcher. Spätere Arbeiten von SALOMON [110] befaßten sich mit der Analyse der Spannungen und Verformungen in der Umgebung eines Schlitzes (Strebbedingungen nachahmend) und mit dem Einfluß transversal anisotropen Gebirgsverhaltens. Von LOGIE und VAN TONDER [111] wurden Spannungsverteilungen für elliptische und rechteckige Öffnungen mit beliebigem

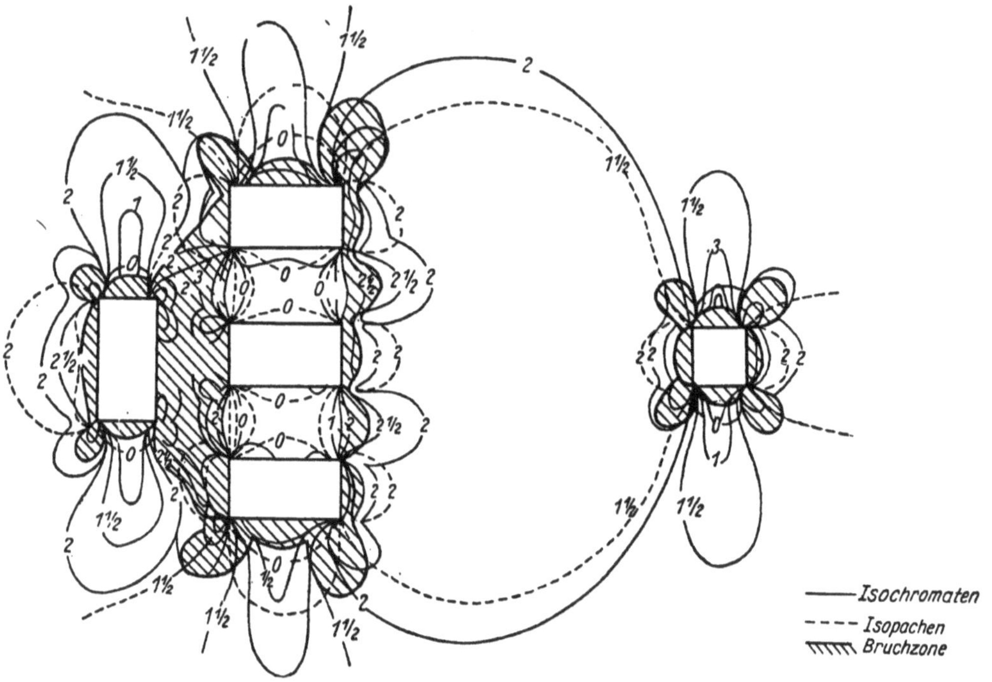

Bild 6. Isochromaten- und Isopachenverlauf sowie Gestalt der zu erwartenden Bruchzone in der Umgebung benachbarter Grubenbaue

Seitenverhältnis in einem triaxialen Spannungsfeld sowohl bei ebenem Spannungs- als auch bei ebenem Verformungszustand ermittelt. Außerdem wurde ein Verfahren entwickelt, das es ermöglicht, die Spannungsverteilung mit Festigkeitsparametern zu kombinieren [112] und daraus die Ausdehnung der Bruchzone annähernd vorauszubestimmen. Bild 6 zeigt den Verlauf der Isochromaten und Isopachen sowie die Gestalt der zu erwartenden Bruchzone in der Umgebung benachbarter bergmännischer Hohlräume.

Ein anderes mathematisches Modell, das von DEIST [113] eingeführt wurde, geht von der Annahme aus, daß man das Gebirgsverhalten im Bereich der Bruchzone mit Hilfe der Kontinuumstheorie durch Einführung eines nichtlinearen Spannungs-Verformungsgesetzes beschreiben kann. Anwendungen dieser Theorie auf die Ermittlung der Bruchzone um Strecken zeigen die Brauchbarkeit dieser Theorie. Man benötigt allerdings leistungsstarke Rechenautomaten zur Bewältigung der komplizierten Berechnungen.

DÖRING untersucht in seinem Vortrag den Stand und die Entwicklungstendenzen der Biegetheorie unter besonderer Berücksichtigung einer einheitlichen Interpretation der Gebirgsmechanik beim Strebbau in einzelnen und mehreren Horizonten. Er knüpft damit an seine früheren Arbeiten zur Deutung der gebirgsmechanischen Vorgänge beim Mansfelder Kupferschieferbergbau an, in denen die einfachen Modellvorstellungen der Biegetheorie bereits weiter entwickelt wurden. In der vorliegenden Arbeit wurden zunächst Beobachtungs- und Meßergebnisse aus verschiedenen Ländern nach bestimmten Abbausituationen beim Einflözabbau und beim Zweiflözabbau zusammengestellt. Eine Interpretation dieser Ergebnisse auf der Grundlage der Kontinuumsmechanik ist gegenwärtig mit erträglichem Aufwand noch nicht möglich, dagegen gelingt es relativ einfach, dieses Beobachtungsmaterial mit Hilfe einer Erweiterung der klassischen Biegetheorie zu deuten. Die Auswertung numerischer Beispiele dieser verallgemeinerten Modellvorstellungen läßt eine gute Übereinstimmung zwischen den theoretischen Ergebnissen und den Untertagebeobachtungen erkennen und beweist damit die Zweckmäßigkeit der gewählten Ansätze.

Die Arbeit von GANEV ist der vollständigen Lösung des Differentialgleichungssystems für ein dreidimensionales Problem in einem elastischen orthotropen Medium gewidmet. Dabei werden die Ausdrücke der Verschiebungskomponenten u, v und w aus einem allgemeinen Teil, der 6 willkürliche Funktionen enthält, und aus einem partikulären Teil, in welchem der Einfluß der Massenkräfte eingeht, aufgebaut.

Die Integration des entsprechenden Differentialgleichungssystems ist bei allgemeiner Orthotropie bisher nur in einem Spezialfall gelungen. Den allgemeinen Fall der Orthotropie will der Verfasser in einer späteren Arbeit untersuchen. GANEV betont, daß für die praktische Anwendung der erhaltenen Ergebnisse die zweckmäßige Wahl der willkürlichen Funktionen von ausschlaggebender Bedeutung ist. Dazu schlägt er vor, in Anlehnung an die Praxis bei den AIRYschen Funktionen auch Tabellen von quasi-harmonischen und quasi-biharmonischen Funktionen aufzustellen, die den verschiedenen Formen der auftretenden willkürlichen Funktionen entsprechen. Für die spezielle Aufgabe brauchen diese Funktionen dann nur noch den gegebenen Randbedingungen angepaßt zu werden. Die dargelegte Methode dürfte nach Meinung des Verfassers in vielen Fällen zu guten Ergebnissen führen, obwohl in der vorliegenden Arbeit kein Allgemeingültigkeitsbeweis dieser Methode erbracht wurde.

KAPOLYI geht bei seinen Untersuchungen davon aus, daß die Bewegungsfelder beim Strebbau in der Natur und in einem Modell ähnlich sind, wenn die die Firsten- und Sohlenbewegung beschreibenden Funktionen in ihrem Deutungsbereich ähnlich und stetig sind. Dabei kann dieser Deutungsbereich im Modell und in der Natur verschieden groß sein. Wenn diese Ähnlichkeit in einem Intervall, wo die Natur im Modell reproduzierbar ist, gegeben ist, dann können die am Modell erhaltenen Ergebnisse in einem erweiterten Deutungsbereich auf die Natur übertragen werden. Anhand von Messungen in situ und von Ergebnissen aus Modellversuchen wird diese Annahme bestätigt, und auf Grund der Modellergebnisse werden Schlußfolgerungen für die praktische Gestaltung des Ausbausystems gezogen.

PARAŠKEVOV, KOLEV und KAZAKOV berichten über Untersuchungen der physikalisch-mechanischen Eigenschaften des Gesteins einer Braunkohlenlagerstätte bei Kurz- und Langzeitbelastung. Die qualitative Beschreibung der Kriechkurven geschieht durch die Gleichung eines BURGERS-Körpers. Auf Grund dieser Modellvorstellung wird das Spannungs- und Verschiebungsfeld um eine kreisförmige Strecke bei verschiedenen Ausbaureaktionen untersucht und daraus Schlußfolgerungen für eine zweckmäßige Ausbaugestaltung bei weichen Nebengesteinen gezogen. Für die Verhältnisse der Braunkohlenlagerstätte „Bistrica" wird ein Ausbau mit wachsendem Widerstand empfohlen.

In seinem Beitrag „Der Einfluß von Porenwasser auf das Verhalten von Gebirgskörpern" untersucht SERAFIM die Strömung einer Flüssigkeit in einem porösen Stoff, die stationäre Strömung in anisotropem Gestein und die nichtstationäre Strömung in geklüfteten Gebirgskörpern. Weiterhin wird der durch Porendrücke in einem homogenen, isotropen und elastischen porösen Stoff hervorgerufene Spannungszustand analysiert.

Weiterhin werden von Serafim Anisotropieuntersuchungen an Gesteinen im Labor und in situ durchgeführt. Die Ergebnisse dieser Untersuchungen wurden unter Zugrundelegung der Modellvorstellung eines transversal-isotropen Mediums ausgewertet.

Abschließend möchten wir Ihre Aufmerksamkeit noch auf einen Vortrag von Krupennikov über analytische gebirgsmechanische Untersuchungen lenken, der auf der zweiten Allunionstagung über Probleme der Gebirgsmechanik und des Gebirgsdruckes im Februar 1968 in Novosibirsk gehalten wurde [114]. Darin wird über eine vom VNIMI erarbeitete Übersicht und Analyse der Ergebnisse von analytischen gebirgsmechanischen Untersuchungen, die in diesem Jahrhundert durchgeführt wurden, berichtet. Die angewandten Methoden und erzielten Ergebnisse der Forschungsarbeiten wurden unter dem Gesichtspunkt der Möglichkeiten und der Bedingungen für ihre Anwendung auf aktuelle Probleme der theoretischen und praktischen Gebirgsmechanik systematisiert und analysiert. Im Vortrag selbst wird nun im Ergebnis der vom VNIMI durchgeführten Arbeiten ein Klassifizierungsentwurf für die analytischen Hauptaufgaben in der Gebirgsmechanik dargelegt. Außerdem werden Methodik und Ergebnisse neuerer analytischer Forschungsarbeiten auf dem Gebiet der Kontinuumsmechanik, der Diskontinuumsmechanik und der Entwicklung ingenieurmäßiger Berechnungsmethoden kurz beschrieben. Des weiteren finden wir in diesem Vortrag Empfehlungen über zweckmäßige Anwendungsbereiche und Anwendungsbedingungen der gefundenen Lösungen analytischer Aufgaben, und es werden die weiteren Entwicklungsrichtungen der analytischen Forschung aufgezeigt, was auch für die weitere Arbeit des IBG und insbesondere der Arbeitsgruppe IV von großer Bedeutung ist.

4. Kompliziertheit und Zweckmäßigkeit der Anwendung mathematischer Methoden in der komplexen gebirgsmechanischen Forschung

Auf der Grundlage des analysierten wissenschaftlichen Materials, das auf den Ländertreffen und Arbeitsgruppensitzungen des IBG in den letzten Jahren vorgelegt und diskutiert wurde, kann man folgende kurze Charakterisierung des gegenwärtigen Standes der Anwendung der verschiedenen analytischen Methoden zur Lösung geomechanischer Probleme geben:

Der Gebirgskörper stellt ein Medium dar, das in seinem mechanischen Verhalten überaus kompliziert ist. Die unterschiedliche Ausbildung des Gebirges und die sich daraus ergebende Vielgestaltigkeit der gebirgsmechanischen Vorgänge bedingt sowohl die Anwendung von Methoden der Kontinuums- als auch solcher der Mechanik im allgemeinen Sinne und der Statistik. Zur Zeit muß jedoch die Kontinuumsmechanik noch als hauptsächliche mathematische Untersuchungsmethode in der Gebirgsmechanik angesehen werden. Dazu gehören die Festigkeitslehre, Elastizitätslehre, Plastizitätstheorie, die Theorie des Grenzgleichgewichts und auch Theorien, deren Grundlage rheologische Zustandsgleichungen bilden. Innerhalb der Kontinuumsmechanik ist wiederum die Lösung statischer Aufgaben am weitesten verbreitet. Zur Beschreibung eines statischen Problems in einem kontinuierlichen Medium existieren im wesentlichen drei Gruppen von Gleichungen: Gleichgewichtsbedingung, Verträglichkeitsbedingung und Zustandsgleichungen.

Die Gleichgewichtsgleichung, die zum Ausdruck bringt, daß sich der betrachtete Körper oder ein gewisser Bereich davon im Gleichgewichtszustand befindet, existiert für jedes kontinuierliche Medium und hängt nicht von den speziellen Materialeigenschaften ab. Die Verträglichkeitsbedingung charakterisiert die physikalische Eigenschaft der Verformung. Mathematisch drücken diese Gleichungen aus, daß man aus 6 Verformungskomponenten 3 Verschiebungskomponenten bestimmen kann. Diese Gleichungen hängen auch nicht von den speziellen Eigenschaften des Kontinuums ab.

Die Zustandsgleichungen beschreiben den Zusammenhang zwischen Spannungen und Verformungen. Sie kennzeichnen die spezifischen Verformungseigenschaften des jeweiligen Materials und berücksichtigen im allgemeinen Falle den Zeitfaktor. Die Zustandsgleichungen können deshalb außerordentlich kompliziert und für das Studium am schwierigsten sein.

Die einfachste Zustandsgleichung ist das HOOKEsche Gesetz. Zeigen Gesteine ein elastisches Verhalten, so kann man zur Erforschung des Spannungszustandes um Grubenbaue die mathematisch gut fundierte lineare Elastizitätstheorie anwenden. Man kann sagen, daß zur Lösung sowohl isotroper als auch anisotroper elastischer Probleme ein hinreichend gut ausgearbeiteter mathematischer Formelapparat existiert. In jüngster Zeit wurden auch Versuche unternommen, gebirgsmechanische Probleme mit Hilfe einer nichtlinearen Elastizitätstheorie zu klären. Jedoch befinden sich diese Versuche noch im Anfangsstadium.

Die Zustandsgleichungen, die das plastische Verhalten der Gesteine berücksichtigen, können in zwei Gruppen eingeteilt werden. Diese Einteilung richtet sich danach, ob Zustandsgleichungen zugrunde liegen, die die Spannungen und Deformationen (elasto-plastische Deformationen) oder die Spannungen und Deformationsgeschwindigkeiten (plastisches Fließen) miteinander verbinden. Ein plastischer Zustand tritt beim Erreichen bestimmter Bedingungen, den sogenannten Plastizitätsbedingungen, auf. Als Plastizitätsbedingung kommen u. a. die Bedingungen nach HUBER-MISES, nach ST. VENANT-TRESCA, nach MOHR und nach REINER-WEISSENBERG zur Anwendung. Die Plastizierung wird nicht immer gleichzeitig im gesamten betrachteten Körper eintreten, sondern es können elastische und plastische Bereiche nebeneinander bestehen. Deshalb ist oft in der Gebirgsmechanik die Berücksichtigung rein plastischen Verhaltens nicht zweckmäßig, sondern man muß von elasto-plastischen Eigenschaften ausgehen. Ein Zustand mit Berührungsstellen zum plastischen Verhalten ist die Gesteinszerstörung. Die Analogie zum plastischen Zustand besteht darin, daß der Verformungszustand des zerstörten Gesteins nicht direkt proportional dem Spannungszustand ist. In den Grundzügen lassen sich die Bewegungsvorgänge zerstörter Gesteinsmassen nach der stochastischen bzw. Diffusionstheorie beschreiben. Der mathematische Apparat der Plastizitätstheorie und der Theorie stochastischer Medien ist gegenwärtig noch nicht so vollständig ausgearbeitet, wie das in der Elastizitätstheorie der Fall ist. Es lassen sich aber damit schon eine ganze Reihe von Fragen klären.

Beim Übergang eines Materials in den plastischen Zustand bzw. bei seiner Zerstörung ist seine Tragfähigkeit erschöpft. Ein derartiger Zustand, wenn das Material im gesamten Körper oder zumindest in gewissen Teilen davon seine Tragfähigkeit verausgabt hat und aufhört, einer weiteren Erhöhung der äußeren Belastung Widerstand entgegenzusetzen, wird als Grenzgleichgewicht bezeichnet. Die Fragestellung der Theorie des Grenzgleichgewichts unterscheidet sich von der Fragestellung der Elastizitätstheorie. Bei der Lösung von elastizitätstheoretischen Aufgaben sind die Spannungen oder Verschiebungen am Rande eines Körpers gegeben, und daraus werden der Spannungs- bzw. Deformationszustand im Inneren des Körpers ermittelt. Bei der Fragestellung der Grenzgleichgewichtstheorie hat man Kenntnis von den Spannungen innerhalb des Körpers, wenn auch nur in der Form, daß die Spannungen in jedem Punkt die Gleichgewichtsbedingungen erfüllen müssen.

Eine weitere Klasse von Zustandsgleichungen trägt rheologischen Charakter, d. h. sie berücksichtigen Spannungen und Verschiebungen in Abhängigkeit von der Zeit. Wie aus der Literaturübersicht hervorgeht, wurde in den letzten Jahren eine Reihe solcher zeitabhängiger Zustandsgleichungen zur Untersuchung und Beschreibung gebirgsmechanischer Vorgänge eingeführt, denen in der Hauptsache entweder rheologische Modellvorstellungen oder das VOLTERRA-RABOTNOVsche Theorem zugrunde liegt. Die mathematische Behandlung rheologischer Aufgaben befindet sich zur Zeit noch im Anfangsstadium und beschränkt sich im wesentlichen auf die Lösung eindimensionaler und achsensymmetrischer Aufgaben.

Die vielfältigen und oft komplizierten Verformungseigenschaften der Gesteine, die durch elastische, elasto-plastische, plastische und rheologische Zustandsgleichungen beschrieben werden, führen dazu, daß die Lösung von gebirgsmechanischen Aufgaben mit Hilfe der Kontinuumsmechanik unter Berücksichtigung nur einer der realen Eigenschaften oft noch erhebliche Schwierigkeiten bereitet. Diese Schwierigkeiten sind aber praktisch zur Zeit unüberwindbar, wenn man das Gebirgsdruckproblem einer allseitigen Lösung zuführen will, d. h. wenn man berücksichtigt, daß fast in jedem Falle im Gebirgskörper gleichzeitig Gebiete existieren, die sich im elastischen, im plastischen, im Zustand des rheologischen Fließens und im vollkommen zerstörten Zustand befinden.

Außerdem ist die zu lösende gebirgsmechanische Aufgabe größtenteils ein Hohlraumproblem, d. h., eine dreidimensionale Betrachtungsweise ist notwendig. Aber gerade die Lösungen dreidimensionaler Aufgaben nehmen innerhalb der Kontinuumsmechanik einen sehr schmalen Raum ein. Die Klärung von gebirgsmechanischen Fragen mit Hilfe der Kontinuumsmechanik stellt also ein sehr schwieriges Problem dar, dessen Lösung noch nicht als abgeschlossen angesehen werden kann. Die gegenwärtige gebirgsmechanische Forschung beschäftigt sich deshalb naturgemäß mit sehr vielen Einzelfragen und weniger mit einer komplexen Darstellung des Gebirgsdruckproblems. Deshalb sind auch alle Resultate mathematischer Analysen, die einen praktischen Wert besitzen, nur durch Lösung gewisser Teilprobleme bei sinnvoller Vereinfachung erzielt worden. Anstelle einer theoretischen Lösung als Hohlraumproblem werden die in der Umgebung untertägiger Grubenbaue im Gestein entstehenden mechanischen Systeme durch entsprechende vereinfachte mathematische Modellvorstellungen ersetzt, die es erlauben, für Meß- und Beobachtungsgrößen einen einfacheren mathematischen Zusammenhang in Form von Differential- bzw. Integralgleichungen anzugeben. Um beurteilen zu können, inwieweit die mit Hilfe analytischer Methoden erhaltenen Lösungen für die Praxis ausgenutzt werden können, müssen sie mit Ergebnissen aus Modellversuchen und mit Meßergebnissen und Beobachtungen in situ verglichen werden. Deshalb besitzt sowohl die Durchführung von Modellversuchen als auch die Durchführung umfangreicher Messungen für die Bestätigung und verbreitete Anwendung mathematischer Analysen nach wie vor eine besondere Bedeutung. Die sinnvolle Durchführung von Messungen und noch mehr die Auswertung und Beurteilung der Meßergebnisse setzen aber die Kenntnis gewisser theoretischer Zusammenhänge voraus. Zur Verbesserung und Verallgemeinerung von theoretischen Ansätzen, die dann entsprechende praktische Schlußfolgerungen ermöglichen, ist systematisch analysiertes Tatsachenmaterial erforderlich. In dieser Wechselwirkung zwischen Theorie und Experiment geht es auch darum, die Größenordnung der Fehler, die durch eingeführte Vereinfachungen entstehen, abzuschätzen und die Anwendbarkeit solcher Vereinfachungen für bestimmte bergmännische und gebirgsmechanische Situationen abzugrenzen, da eine umfassende Berücksichtigung aller wirkenden Faktoren zur Zeit noch nicht möglich ist.

Aus der Analyse des Entwicklungsstandes der Anwendung analytischer Methoden innerhalb der komplexen gebirgsmechanischen Forschung müssen für die Zukunft folgende Arbeiten als vordringlich angesehen werden:

1. Objektive und vollständige Einschätzung der Anwendungsmöglichkeiten, Anwendungsgebiete und Anwendungsbedingungen der Ergebnisse bereits existierender analytischer Lösungen;
2. Entwicklung von Lösungen für räumliche Aufgaben der Kontinuumsmechanik;
3. Lösung gebirgsmechanischer Aufgaben unter weitestgehender Berücksichtigung des inhomogenen und diskreten Gebirgsaufbaus;
4. Entwicklung einer Theorie der Standfestigkeit diskreter mechanischer Systeme, die eine hohe statische Unbestimmtheit sowie zahlreiche einseitige Bindungen in benachbarten Strukturelementen aufweisen.

Die Referenten möchten am Ende ihrer Ausführungen der Hoffnung Ausdruck verleihen, daß eine rationelle und enge Verknüpfung von Modellversuchen und analytischen Berechnungen zu einer schnelleren Aufstellung einer allgemeingültigen Theorie der Gebirgsmechanik sowie zur Entwicklung entsprechender Verfahren zur ingenieurmäßigen Lösung praktischer Aufgaben der Gebirgsdruckbeherrschung führt.

Lassen Sie mich mit den Worten unseres Kollegen DENKHAUS schließen: „Regeln für die Planung sicherer und wirtschaftlicher bergmännischer Hohlräume müssen das Ziel der Gebirgsmechanik sein, wenn sie eine grundlegende Wissenschaft des Bergbaus sein will. Folglich ist das gemeinsame Bestreben all der verschiedenen Zweige der Gebirgsmechanik, wie Bruchstudium, Gesteinsprüfung, Spannungs- und Verformungsmessungen untertage, mathematische Analytik und Modellstudien, die Gesetzmäßigkeiten zu erkennen, die zur Lösung der mit der Konstruktion und Standfestigkeit untertägiger Hohlräume zusammenhängenden Probleme erforderlich sind. Erst, wenn es gelungen ist, alle diese Erkenntnisse in einer rationellen Entwurfs- oder Planungstheorie zusammenzufassen, hat die Arbeit der Gebirgsmechaniker ihr Ziel voll erreicht!"

Glückauf!

Literatur

[1] KOMMERELL: Statische Berechnungen von Tunnelmauerwerk. Berlin 1940.

[2] KASTNER, H.: Über den echten Gebirgsdruck beim Bau tiefliegender Tunnel. Österreichische Bauzeitschrift 1949.

[3] ENGESSER: Über den Erddruck gegen innere Stützwände. Deutsche Bauzeitung 1882.

[4] FORCHHEIMER: Über Sanddruck. Österreichisches Ingenieur-Archiv 1882.

[5] ZIMBAREVICZ, P. M.: Gebirgsmechanik. Ugletechizdat 1948.

[6] KÜHN, P.: Spannungszustand und Bruchgefahr im ungestörten Gebirge. Glückauf **67** (1931).

[7] FENNER, R.: Untersuchungen zur Erkenntnis des Gebirgsdrucks. Glückauf **74** (1938).

[8] DINNIK, A. N.: Über die Gebirgsdrucktheorie. „Inzenernyi rabotnik" (1926) Nr. 6.

[9] KOLOSOV, G. W.: Über eine Anwendung der komplexen Funktionstheorie bei der ebenen Aufgabe der mathematischen Elastizitätstheorie. Moskau 1909.

[10] MUŠELIŠVILI, N. J.: Einige grundlegende Probleme der mathematischen Elastizitätstheorie. Akademizdat 1954.

[11] SAVIN, G. N., DINNIK, A. N., und MORGAJEVSKIJ, A. D.: Spannungsverteilung um untertägige Grubenbaue.

[12] SAVIN, G. N.: Spannungskonzentrationen in der Umgebung von Löchern. Verlag der Technik, Berlin 1956.

[13] GRUŠKO, G. S.: Die Spannungsverteilung um horizontale halbkreisförmige Grubenbaue. Wissenschaftliche Arbeiten des Charkover Bergbauinstituts 1955.

[14] LECHNIČKIJ, S. G.: Anisotrope Platten. Gosgortechizdat 1957.

[15] KOSMODAMIANSKIJ, A. S.: Die Bestimmung des Spannungszustandes im anisotropen Massiv am Rande von horizontalen Grubenbauen. Gosgortechizdat 1959.

[16] CHORA, J.: Untersuchungen über die Spannungskonzentration im schweren Halbraum neben gewölbten und trapezförmigen Löchern, die mit starrem Ringausbau versehen sind. Isdatelstvo Akad. Nauk SSSR (1953) Nr. 3.

[17] RODIN, J. V.: Über die Lösung der Aufgabe des Gravitationsdruckes auf den Grubenausbau. Isdatelstvo Akad. Nauk SSSR **78** (1951).

[18] ŠERMAN, D. J.: Zur Lösung der ebenen Aufgabe der Elastizitätstheorie bei vorgegebenen äußeren Kräften. Izdatelstvo Akad. Nauk **38** (1940) Nr. 1.

[19] ŠERMAN, D. J.: Zur Lösung der ebenen Aufgabe der Elastizitätstheorie bei gegebenen Verformungen am Rande. Izdatelstvo Akad. Nauk **37** (1940) Nr. 9.

[20] ŠERMAN, D. J.: Über Spannungen in einer schweren Halbebene, die durch zwei kreisförmige Öffnungen geschwächt ist. Priklad. Math. Mech. Ausgabe **3**, XV (1951).

[21] ŠERMAN, D. J.: Zur Frage des Spannungszustandes in Kammerpfeilern — ein elastisches schweres Medium, das durch zwei elliptische Löcher geschwächt ist. Izvestija Akad. Nauk SSSR (1952) Nr. 6—7.

[22] ŠERMAN, D. J.: Über die Spannungen in einem schweren Medium mit zwei gleichen, symmetrisch angeordneten Löchern. Priklad. Math. Mech. Ausgabe **6**, XV (1951).

[23] Kisler, L. N.: Über die Spannungen in der schweren Halbebene, die durch zwei kreisförmige, unsymmetrisch angeordnete Löcher geschwächt ist. Izvestija Akad. Nauk SSSR, Mechanik und Maschinenbau (1960) Nr. 3.

[24] Kosmodamianskij, A. S.: Über den Spannungszustand einer mit zwei Löchern versehenen, anisotropen Platte. Izvestija Akad. Nauk SSSR OTN, Mechanik u. Maschinenbau (1961) Nr. 1.

[25] Kosmodamianskij, A. S.: Eine Näherungsmethode zur Bestimmung des Spannungszustandes im anisotropen Gebirgsmassiv mit zwei elliptischen Grubenbauen. Aus „Untersuchung des Gebirgsdruckes", Gosgortechizdat 1960.

[26] Olszak, W.: Elastisches unendliches ebenes System mit kreisförmigen Öffnungen. Verlag der Akademie der Technischen Wissenschaften Warszawa 1934.

[27] Ruppenejt, K. V.: Einige Fragen der Gebirgsmechanik. Ugletechizdat 1954.

[28] Sokolovskij, V. V.: Statik lockerer Medien.

[29] Perlin, P. I.: Eine Näherungsmethode zur Lösung elasto-plastischer Aufgaben. Ingenieur-Sammlung (1959) Nr. 3.

[30] Sažin, V. S.: Zur Frage der Entwicklung einer ingenieurtechnischen Gebirgsdrucktheorie. Elastoplastische Spannungsverteilung um quadratische, ovale und bogenförmige Grubenbaue. Aus „Gebirgsdruckfragen" SO AN SSSR 1964.

[31] Salustowicz, A.: Neue Anschauungen über den Spannungs- und Formänderungszustand im Gebirge in der Nachbarschaft bergmännischer Hohlräume. Internationale Gebirgsdrucktagung Leipzig 1958, Akademie-Verlag, Berlin 1958.

[32] Salustowicz, A.: Der Gebirgsdruck auf den Streckenausbau als Funktion der Zeit. Bericht 6. Ländertreffen IBG, Akademie-Verlag, Berlin 1965.

[33] Dimov, J., und Paraškevov, P.: Die analytische Untersuchung der Wechselwirkung zwischen Gebirgsmassiv und Grubenausbau als Funktion der Zeit. Bergakademie **16** (1964).

[34] Loonen, H. E.: Theoretische Berechnung der um einen zylindrischen Hohlraum in einem viskoelastisch-plastischen Medium auftretenden Spannungen und Verschiebungen. Forschungsbericht der Zentralen Prüfstation der Staatsminen in Limburg 1962.

[35] ten Brink, G. P., und Hermes, J. M.: Spannungen und Verformungen um einen zylindrischen Hohlraum in einem visko-elastisch-plastischen Medium — Numerische Auswertung. Forschungsbericht der Zentralen Prüfstation der Staatsminen in Limburg 1965.

[36] Höfer, K.-H.: Untersuchungen über Verformungen und Spannungen um Hohlräume im viskoelastisch-plastischen Medium. Bergakademie **16** (1964).

[37] Höfer, K.-H., Berthold, E., und Menzel, W.: Rheologische Modelle und in-situ-Messungen im Salzgebirge. 6. Ländertreffen IBG, Akademie-Verlag, Berlin 1965.

[38] Ruppenejt, K. V.: Mechanische Eigenschaften der Gesteine. Ugletechizdat 1956.

[39] Ruppenejt, K. V., Liberman, J. M., Pesljak, I. A., und Matvijenko, V. V.: Die Berechnung des Schachtausbaus. Akademizdat Moskau 1962.

[40] Liberman, J. M.: Analytische Untersuchungen der Gebirgsdruckerscheinungen mit Berücksichtigung des Zeitfaktors. Kand. Dissertation 1958.

[41] Vajsman, A. M., Kunin, J. A., und Tupizyn, K. K.: Die Wirkung des Gebirgsdruckes in vertikalen Grubenbauen bei Fließerscheinungen der Gesteine. Journal Gebirgsdruckfragen, Izdat. SO AN SSSR Novosibirsk 1962.

[42] Eržanov, Z. S.: Gesammelte Artikel über rheologische Gebirgsdruckfragen. Izdat. AN Kaz. SSR, Alma Ata 1964.

[43] Salustowicz, A.: Gebirgsmechanik. WGH Stalingrad (Katowice) 1955.

[44] Döring, T.: Modellvorstellungen zur Deutung von Senkungs- und Druckerscheinungen b. Strebbau in flacher Lagerung. Freiberger Forschungsheft A 111 (1959).

[45] Tincelin, E., und Sinou, P.: Der Einsturz des Hangenden bei Örterbau. Internationaler Kongreß für Gebirgsdruckforschung Paris 1960.

[46] Höfer, K.-H., und Menzel, W.: Vergleichende Betrachtungen über die mathematisch und aus Messungen unter Tage ermittelten Pfeilerbelastungen im Kalibergbau. Bergakademie **5** (1963).

[47] Höfer, K.-H.: Beitrag zur Frage der Standfestigkeit von Bergfesten im Kalibergbau. Freiberger Forschungsheft A 100 (1958).

[48] Döring, T.: Zur Frage der mathematischen und meßtechnischen Erfassung der Senkungskurve der Dachschichten und des Druckes im Versatzfeld beim Strebbau in flacher Lagerung auf der Grundlage der Biegetheorie unter Berücksichtigung einer nichtlinearen Versatzkennlinie. Bericht 4. Ländertreffen IBG, Akademie-Verlag, Berlin 1963.

[49] Szpunar, K.: Der Einfluß der Zeit auf die Senkungskurve des Hangenden. Archiwum Gornictwa, Nr. 5 (1960).

[50] DYMEK, F.: Über den Zustand der Spannungen und Verschiebungen im Gebirge im Hangenden eines in Abbau befindlichen Flözes im Lichte der linearen Elastizitätstheorie. Archiwum Gornictwa, Nr. 6 (1961).

[51] RUPPENEJT, K. V.: Einige Fragen der Gebirgsmechanik. Ugletechizdat, Moskau 1954.

[52] RUPPENEJT, K. V., und LIBERMAN, J. M.: Einführung in die Gebirgsmechanik. Gosgortechizdat. Moskau 1960.

[53] ŠEVJAKOV, J. S.: In: „Die Anwendung der Methoden der Kontinuumsmechanik in der Gebirgsmechanik" von PANOV und LIBERMANN. Bericht 4. Ländertreffen IBG, Akademie-Verlag, Berlin 1963.

[54] RUPPENEJT, K. V., und DAVYDOVA, N. A.: Die Entwicklung einer Ingenieurmethode zur Bestimmung der Pfeilerbelastung. In: „Physikalisch-mechanische Eigenschaften, Druck und Zerstörung der Gesteine". Izdat. An SSSR, Moskau 1962.

[55] RACHIMOV, V.: Die Bestimmung der Pfeilerbelastung bei periodischer Aufeinanderfolge von Kammer- und Barrierepfeilern. In: „Physikalisch-mechanische Eigenschaften, Druck und Zerstörung des Gesteins". Izdat. AN SSSR, Moskau 1962.

[56] LIBERMAN, J. M.: Pfeilerbelastungen bei Gesteinen vom Typ des Steinsalzes. In: „Gebirgsdruck", Sbornik L IX Leningrad VNIMI 1965.

[57] AVERŠIN, S. G., STEPANOV, V. J., und JALYMOV, N. G.: Pfeiler- und Kammerfirstenberechnungen. Bericht 9. Ländertreffen IBG, Akademie-Verlag, Berlin 1968.

[58] LIBERMAN, J. M., und GOMES, Z.: Eine Methode zur Bestimmung der Pfeilerbelastung beim Abbau isolierter Baufelder. In: „Physikalisch-mechanische Eigenschaften, Gebirgsdruck und Gebirgszerstörung." Izdat. AN SSSR, Moskau 1962.

[59] TOURNAIRE: Über die Ausmaße der Kammerpfeiler und Pfeilerbelastung untertage. Ann. min. **5** (1884); **7** (1886).

[60] GRUNER, M. L. E.: Abbaumethoden im Bergbau. Abbau im untertägigen Kammerbau. Herausgegeben von der Spezialschule für öffentliche Arbeiten, Bd. 2 u. 3, Paris 1933.

[61] BAUSCHINGER, J.: Experimentelle Untersuchungen über die Gesetze der Druckfestigkeit. Mitteil. d. Polytechn. Schule München H. 6, München 1876.

[62] KEGEL, K.: Über die Berechnung der Tragfähigkeit von Bergfesten beim Kammerbau, insbesondere im Salzbergbau. Kali **36** (1942).

[63] KEGEL, K.: Untersuchungen über die zweckmäßigste Abmessung und Anordnung von Bergfesten im Kalisalzbergbau. Bergbau u. Energiewirtschaft **2** (1949).

[64] ŠEVJAKOV, L. D.: Über die Berechnung standfester Abmessungen sowie der Verformungen von Stützpfeilern. Izv. NA SSSR Nr. 7, 8, 9 (1941).

[65] STAMATIU, M. J.: Beiträge zur Klärung einiger Abbauprobleme bei den rumänischen Salzgruben. Habilitationsschrift Bergakademie, Freiberg 1936.

[66] PROTODJAKONOV, M. M.: Die Berechnung und Konstruktion von Grubengebäuden.

[67] DAVYDOV, S. S.: Gosud. izd. stroitelnoj Literatury, 1950.

[68] ZIMBAREVIČ, P. M.: Gebirgsmechanik. Ugletechizdat, Moskau 1948.

[69] DREYER, W.: Die Bedeutung von Modellversuchen an Salzgesteinen für die Beurteilung gebirgsmechanischer Probleme im Kalibergbau. Bergakademie **16** (1964).

[70] RUPPENEJT, K. V., und LIBERMAN, J. M.: Einführung in die Gebirgsmechanik. Gosgortechizdat, Moskau 1960.

[71] SOKOLOVSKIJ, V. V.: Statik rolliger Medien. Fizmatgiz, Moskau 1960.

[72] ILSTEIN, A. M., LIBERMAN, J. M., MELNIKOV, E. A., RACHIMOV, V., und RYŽIK, V. M.: Berechnungsmethoden für Pfeiler und Kammerfirsten von Erzlagerstätten. Izd. Nauka, Moskau 1964.

[73] NESTEROV, M. P.: Über Ingenieurmethoden zur Berechnung langgestreckter Pfeiler. Gornyj Zurnal **9** (1967).

[74] MENZEL, W., THOMA, K., GEORGI, F., und KNOLL, P.: Ergebnisse triaxialer Festigkeitsuntersuchungen an Salzgesteinen und ihre praktische Anwendung bei der Lösung von Dimensionierungsaufgaben. Bergakademie **11** (1967).

[75] HÖFER, K.-H.: Beitrag zur Frage der Standfestigkeit von Bergfesten im Kalibergbau. Freiberger Forsch.-H. A 100 (1958).

[76] AVERŠIN, S. G.: Die Bemessung der Zwischenkammerpfeiler und Kammerfirsten. Vortrag auf der 3. Sitzung der Arbeitsgruppe IV des IBG, Budapest 1966.

[77] VODOPJANOV, V. L.: Zur Berechnung von Zwischenkammerpfeilern. Wiss. Arbeiten Perm. NIUI, Sbornik 5, Perm 1963.

[78] VODOPJANOV, V. L.: Methodik und Berechnung von Kammerpfeilern unter Berücksichtigung der rheologischen Eigenschaften von Salzgesteinen beim Abbau von Kalilagerstätten. Izv. VUZ Gorn. Z., Sverdlovsk, **9** (1966).

[79] KEINHORST, H.: Die Berechnung von Bodensenkungen im Emschergebiet. 25 Jahre Emschergenossenschaft 1900–1925, S. 347.
[80] BALS, R.: Beitrag zur Frage der Vorausberechnung bergbaulicher Senkungen. Mitt. aus dem Markscheidewesen (1931/32) S. 89.
[81] PERZ, F.: Die Zoneneinteilung der Einwirkungsflächen in bergbaulichen Senkungsgebieten. Berg- und hüttenmänn. Monatshefte, Leoben (1940).
[82] KNOTHE, S.: Die Bewegungen an der Erdoberfläche unter dem Einfluß des Abbaus unter Tage und ihre theoretische Auslegung. Europ. Kongreß für Bodenabsenkung, Leeds 1957.
[83] SANN, B.: Betrachtungen zur Vorausberechnung von Bodensenkungen infolge Kohlenabbaus. Bergbau-Rdsch. **1** (1949).
[84] MARTOS, F.: Der Zeitverlauf von Bewegungsvorgängen beim Unterbauen der Tagesoberfläche. Mitt. d. ungar. Forschungsinstituts für Bergbau **5** (1961).
[85] KOWALCZYK, Z.: Vorausberechnungen von Abbauwirkungen auf die Tagesoberfläche nach der Methode der vertikalen Schnitte. Freiberger Forsch.-H. A 228 (1962).
[86] KITTRICH, R.: Zur Analyse der Senkungsmulde. Diskussionsbeitrag Internat. Gebirgsdrucktagung Leipzig 1958. Akademie-Verlag, Berlin 1958.
[87] KOCHMANSKI, T.: Integral-Theorie der Bodenbewegungen unter Einwirkung des Abbaus. Freiberger Forsch.-H. A 118 (1959).
[88] SPETTMANN, J.: Die Vervollkommnung der Vorausberechnungsverfahren für Gebirgsbewegungen durch Abbau flachgelagerter Flöze und im Vergleich mit Ergebnissen aus Modellversuchen. Mitt. aus dem Markscheidewesen **71** (1964) 5.
[89] BERRY, D. S.: Das Gebirge, als transversal isotropes Medium betrachtet. Bericht 4. Ländertreffen IBG, Akademie-Verlag, Berlin 1963.
[90] LITWINISZYN, J.: Statistische Methoden in der Gebirgsmechanik. Internat. Gebirgsdrucktagung, Leipzig 1958. Akademie-Verlag, Berlin 1958.
[91] LITWINISZYN, J.: Die Verschiebungserscheinungen im Gebirge, als stochastische Prozesse betrachtet. Bericht 4. Ländertreffen IBG, Akademie-Verlag, Berlin 1963.
[92] LITWINISZYN, J., und SMOLARSKI, A. Z.: Smoluchowskis System of Equation and its Application in Mechanics of loose Media. Bull. de l'Acad. Pol. des Sciences, Vol XII, No. 8, 1964.
[93] SMOLARSKI, A. Z.: On some Applications of linear Mathematical Models to the Strata Mechanics. PAN-Oddziak w Krakowie, Prace Komisji Nauk Technicznych, 1967.
[94] AVERŠIN, S. G.: Die Berechnung der Verformung des Gebirges unter dem Einfluß von Grubenbauen. VNIMI, Leningrad, 1960.
[95] MULLER, P. A.: Von der statistischen Theorie der Gebirgsverschiebungen und der Verformung der Tagesoberfläche, hervorgerufen durch bergmännische Arbeiten. Moskau 1961.
[96] BUCHHEIM, W.: Die mathematische Behandlung von Senkungsvorgängen in Lockermassen als Diffusionsvorgang von Gesteinslücken. Archiwum Gornictwa **12** (1967).
[97] SCHEIDEGGER, A. E.: Some Implications of Statistical Transport Theory in Rock Mechanics. Pure and Applied Geophysics, **65** (1966) III.
[98] SWEET, A. L.: Validity of a Stochastic Model for Predicting Subsidence. J. Engineering Mechanics Division ASCE **91** (1965) No. E M6.
[99] SWEET, A. L., und BOGDANOFF, J. L.: Stochastic Model for Predicting Subsidence. J. Engineering Mechanics Division ASCE **91** (1965) No. E M2.
[100] BRÄUNER, G.: Über die Anwendung von Senkungs- und Verschiebungsdiagrammen auf die stochastische Theorie der Gebirgsbewegungen bei flacher Lagerung. Mitt. aus dem Markscheidewesen, H. 1 (1961).
[101] MOGAMI, T.: A statistical Approach to the Mechanics of granular Material. Soil and Foundation V (1965) No. 2.
[102] MOGAMI, T.: A statistical Theory of Granular Materials. J. Faculty of Engineering, University of Tokyo, Ser. B, **28** (1965) No. 2.
[103] AVERŠIN, S. G., GRUZDEV, V. N., und STEPANOV, V. J.: Rechenmaschinen zur Berechnung des Spannungsfeldes um Grubenbaue. Aus „Allunionskonferenz über Gebirgsmechanik und Gebirgsdruck", AN SSSR SO, Novosibirsk 1968.
[104] JOHN, K. W., und MALINA, H.: Die „Finite-Element-Methode" in der Gebirgsmechanik. Bericht 9. Ländertreffen IBG, Akademie-Verlag, Berlin 1968.
[105] FINE, J.: Numerische Methode zur Spannungsberechnung im Gebirge mit Hilfe von Computern. Vortrag auf der 5. Sitzung der Arbeitsgruppe IV des IBG, Berlin 1968.
[106] STARFIELD, A. M., und FAIRHART, C.: Der Einsatz schneller Computer zur Bestimmung von praktischen Grubenpfeilersystemen. Engng. Min. J. (1968) No. 5.
[107] Berichte 1.–9. Ländertreffen IBG, Akademie-Verlag, Berlin 1960–1968.

[108] Roux, A. J., und Denkhaus, H. G.: An analysis of the problem of rockbursts in deep level mining. J. Chem. Metall. Min. Soc. South Afr. **55** (1954).

[109] Denkhaus, H. G.: The application of the mathematica theory of elasticity to problems of stress in hard rock at great depth. The Association of Mine Managers of South Africa, Volume 1958/59, Pages 271–310.

[110] Salamon, M. D. G.: Elastic analysis of displacement and stresses induced by mining of seam or reef deposits. J. South Afr. Inst. Min. Metall., **64** (1963) p. 128/149, 179/218, 468/500, **65** (1964) p. 319/338.

[111] Logie, C. V., und Van Tonder, C. P. G.: Stress distribution and potential fracture zone around rectangular, elliptical and circular openings in biaxial stress fields. Rep. South Afr. Counc. Sci. Industr. Res., no. 575 (1967).

[112] Hoek, E.: A photoelastic technique for the determination of potential fracture zones in rock structures. Proc. 8th Symposium on Rock Mechanics, Mineapolis, Sept. 1966.

[113] Deist, F. H.: A nonlinear continuum approach to the problem of fracture zones and rock bursts. J. South Afr. Inst. Min. Metall., **65** (1965) p. 502/522.

[114] Krupenikov, G. A., Kuznezova, M. V., und Filatov, N. A.: Analytische Untersuchungen in der Gebirgsmechanik. Zweite Allunionstagung über Gebirgsmechanik und Gebirgsdruck, Novosibirsk 1968.

Gebirgsmechanische Modellversuche und Analytik

von H. G. Denkhaus und Z. T. Bieniawski, Pretoria

1. Einleitung

Die Planung bergmännischer Hohlräume im Hinblick auf Sicherheit und Wirtschaftlichkeit beruht auf Kenntnis der Spannungsverteilung in der Teufe und des Verhaltens des Gebirges unter Spannung. Während in der Geschichte des Bergbaus diese Kenntnis mit bemerkenswertem Erfolg aus der praktischen Erfahrung gewonnen wurde, sind heutzutage mehr wissenschaftlich ausgerichtete Untersuchungen erforderlich, um die Probleme des Bergbaus in stets zunehmender Teufe, bereits nahezu 4000 m in Südafrika, zu beherrschen.

Zur Ermittlung der Stabilität eines Hohlraumes muß der Planer entweder auf Ergebnisse früherer Messungen untertage zurückgreifen oder das Problem auf der Basis mathematischer Analytik oder modelltechnischer Versuche oder beider betrachten. Da Messungen untertage gewöhnlich kostspielig und zeitraubend sind, wird meistens von den letztgenannten Methoden Gebrauch gemacht, denen damit eine erhebliche Bedeutung auf dem Gebiete der Gebirgsmechanik zukommt.

Eines der schwierigsten Probleme, denen der Bergingenieur in den Goldgruben großer Teufe in Südafrika gegenübersteht, ist der plötzliche und heftige Einbruch von Gestein in den Hohlraum, die sogenannten Gebirgsschläge. Man hat Grund anzunehmen, daß das Auftreten von Gebirgsschlägen u. a. zusammenhängt mit der Ausbildung der Bruchzone um die Hohlräume im hochfesten Gebirge in großer Teufe. Die Ausdehnung der Bruchzone ist auch wichtig im Hinblick auf das Eindringen von Wasser in die Hohlräume. Erreicht die Bruchzone wasserführende Schichten, so kann Wasser eindringen und der Streb sogar absaufen. Folglich sind Untersuchungen der Bruchzonenentwicklung eine Voraussetzung zum Studium des Mechanismus der Gebirgsschläge. Untersuchung der Spannungsverteilung in der Umgebung der Hohlräume ist wiederum eine Voraussetzung für das Studium der Bruchzonenentwicklung.

2. Mathematische Analytik

Die mathematische Behandlung von Gebirgsdruckproblemen reicht in das vorige Jahrhundert zurück, wobei die Hauptschwierigkeit darin bestand, das wirkliche Gebirge durch ein mathematisches Modell, ein Gedankenmodell, zu ersetzen, das einerseits alle charakteristischen Eigenschaften des Gebirges wiedergibt und andererseits für eine theoretisch-mathematische Behandlung einfach genug ist. Alle Theorien, die im Laufe der Zeit entwickelt wurden, kann man in drei Gruppen einteilen, nämlich die Gewölbetheorien, die Trogtheorien (von der Bodenmechanik beeinflußt) und die Kontinuumstheorien [1].

Das aus hartem Gestein bestehende Gebirge der Südafrikanischen Goldgruben wurde in erster Annäherung als ein homogenes isotropes Kontinuum betrachtet. Wird dieses Kontinuum durchörtert, so bilden sich Bruchzonen um die bergmännischen Hohlräume [2]. Während die Bruchzone sich in elastischverhält, bleibt das umhüllende Gebirge ein linear-elastisches Kontinuum. Die Richtigkeit dieser Annahme für praktische Zwecke wurde später durch Schlüsse aus seismischen Messungen bestätigt [3]. Auch das im Laboratorium ermittelte

Spannungs–Verformungs-Verhalten des Gesteins, aus dem das Gebirge besteht, läßt auf elastisches Verhalten bei mäßiger Spannung schließen [4].

Eine erste Übersicht über die Anwendung der klassischen Elastizitätstheorie auf Spannungsprobleme im Gebirge aus festem Gestein in großer Teufe wurde im Jahre 1958 vorgelegt [5]. Darin wurde die Spannungsverteilung um geometrisch einfache Öffnungen wie kreisförmige, elliptische, quadratische und rechteckige Löcher in zwei-dimensionalen Körpern behandelt, und man kam u. a. zu dem Schluß, daß die spannungsoptische Methode für die Untersuchung der Spannungsverteilung um Hohlräume von verwickelter Gestalt vorzuziehen sei. Spätere Arbeiten [6] befaßten sich mit der Analyse der Spannungen und Verformungen in der Umgebung eines engen Schlitzes (einen Streb in großer Teufe nachahmend) und auch mit dem Einfluß transversal anisotropischen Verhaltens des Gebirges (Schichtflächen nachahmend).

Gegründet auf die Arbeiten von Muskhelishvili [7] und Savin [8] brachten kürzliche Analysen [9] die Lösung der Spannungsverteilungs-Aufgabe für Öffnungen mit elliptischer und rechteckiger Form mit beliebigem Seitenverhältnis in einem biaxialen Spannungsfeld unter Bedingungen sowohl ebener Spannung als auch ebener Verformung. Im Anschluß daran wurde auch ein Verfahren behandelt, das es ermöglicht, die Spannungsverteilung mit Festigkeitsdaten zu kombinieren und daraus die Ausdehnung der Bruchzone annähernd vorauszubestimmen. Die allgemeine Lösung für die Spannungsverteilung und die Ausdehnung der Bruchzone wurde in Form eines Rechenprogrammes für den IBM 360 Digitalcomputer präsentiert.

Diese Lösung, obwohl nützlich und wertvoll, ist jedoch nur eine Näherung. Da sie nur auf homogen isotropes elastisches Gebirge anwendbar ist und da das Gebirge in unmittelbarer Nähe des Hohlraums, wie bereits angedeutet, sich inelastisch verhält, erreicht die Elastizitätstheorie die Grenze ihrer Anwendbarkeit, sobald das Verhalten des Gebirges in der Bruchzone betrachtet wird.

Ein anderes mathematisches Modell wurde kürzlich von Deist [10] vorgeschlagen; es geht von der Annahme aus, daß man das Gebirgsverhalten im Bereich der Bruchzone mit Hilfe der Kontinuumstheorie durch Einführen eines nichtlinearen Spannungs-Verformungsgesetzes beschreiben kann. Anwendungen dieser Theorie auf die Ermittlung der Bruchzone um Strekken mit kreisförmigem oder quadratischem Querschnitt zeigten die Brauchbarkeit dieser Theorie. Man benötigt allerdings geeignete Rechenautomaten zur Durchführung der zeitraubenden und verwickelten Berechnungen. Die Theorie befindet sich jedoch noch in ihrem Anfangsstadium und, obwohl sie vielversprechend ist, kann sie noch nicht als ein praktisches Mittel zur Vorausberechnung der Spannungsverteilung um geplante Hohlräume angesehen werden. Darüber hinaus ist sie auf Hohlräume mit einfacher geometrischer Form beschränkt.

Folglich muß der Planer auf experimentelle Methoden zurückgreifen, wenn es sich um Hohlräume mit verwickelter Form handelt und auch Änderungen der Spannungsverteilung beachtet werden müssen, die bei der Bruchausbreitung auftreten. Modelluntersuchungen sind in solchen Fällen ein brauchbares Mittel zum Studium des Gebirgsverhaltens in der Umgebung bergmännischer Hohlräume.

3. Modellmechanik

3.1. Grundlagen

Da das Gebirge, in dem Bergbau umgeht, genaueren Messungen und Beobachtungen nur schwer zugänglich ist, bieten sich Modellversuche als ein wirksames Mittel zur Lösung von Gebirgsdruckproblemen an. Eine Übersicht über die Möglichkeiten des Einsatzes von Modellen in der Gebirgsmechanik wurde im Jahre 1961 vorgelegt [1]. Versuche an spannungsoptischen Modellen werden in Südafrika aber bereits seit 1954 durchgeführt [2].

Man kann zwei Kategorien von Modellen unterscheiden, nämlich Analogmodelle und physikalische Modelle. Die erstgenannten machen Gebrauch von der mathematischen Übereinstimmung zwischen gewissen Gleichungen der Elastizitätstheorie und Gleichungen, die andere physikalische Erscheinungen, vor allem elektrischer oder optischer Natur, beschreiben. Die letztgenannten sind Modelle des Prototyps in (meist) verkleinertem Maßstab, wobei die Gesetze der Ähnlichkeitsmechanik zu beachten sind.

3.2. Elektrische Analogmodelle

Die bereits erwähnte mathematische Behandlung der Verteilung von Spannungen und Verformungen um einen engen Schlitz, der einen Streb nachahmt, hat auch zur Entwicklung eines „elektrolytischen Tanks" geführt [6]. Dies ist ein Analogmodell, das auf der Übereinstimmung der elastischen Gleichungen mit denen der Elektrodynamik beruht (LAPLACEsche Gleichung) [12]. Der Tank ist so gebaut, daß man in einer elektrolytischen Flüssigkeit enge Schlitze durch nichtleitende Streifen in einer Platte nachahmen kann. Die Schlitze wiederum sind Analogien zu horizontalen oder einfallenden Streben. Führt man nun die Verteilung der Konvergenz, vertreten durch eine entsprechende Verteilung elektrischer Spannungen, als Randbedingungen am „Schlitz" ein, so erhält man aus Messungen des elektrischen Potentials und einigen numerischen Rechnungen für jeden beliebigen Punkt im Gebirge (vertreten durch die elektrolytische Flüssigkeit) die Spannungen und Verformungen. Der Tank ermöglicht die Analyse des Einflusses geometrisch verwickelter Strebformen auf das Gebirge und birgt die Möglichkeit, Grubenabteilungen so auszulegen, daß die Gefahr übergroßen Gebirgsdrucks an kritischen Stellen gemindert wird.

Es wurde auch ein anderes Gerät, ein „Elektrischer-Widerstands-Analog" entwickelt [12], das im wesentlichen eine „Differenzennäherung" der „Differentiallösungen" des elektrolytischen Tanks liefert. Obwohl dieses Analogmodell weniger genau ist als der elektrolytische Tank, hat es doch den Vorteil, eine raschere und einfachere Bestimmung der Spannungs- und Verformungsverteilung zu ermöglichen.

Spätere Untertagemessungen [12] haben eine annehmbare Übereinstimmung zwischen den Ergebnissen der eben beschriebenen Analogversuche und den wirklichen Spannungen und Verformungen im Gebirge gezeigt.

3.3. Spannungsoptische Modelle

Die Spannungsoptik beruht auf der Analogie zwischen elastischem und optischem Verhalten und ist eine vorteilhafte und genaue Methode zur Bestimmung der Spannungsverteilung um Hohlräume mit geometrisch verwickelter Form. Während die bereits besprochenen elektrischen Analogieverfahren Untersuchung nur zweidimensionaler Probleme erlauben, können spannungsoptische Studien auch an dreidimensionalen Modellen durchgeführt werden.

Die spannungsoptische Bank, die im Südafrikanischen Landesforschungsinstitut für Ingenieursmechanik entworfen und gebaut wurde, ist in Bild 1 gezeigt. Es ist ein Linseninstrument mit einem Arbeitsfeld von 30 cm Durchmesser. Die Polarisatoren und Analysatoren können mit Hilfe von Servomotoren von einem zentralen Schaltpult aus gedreht werden. Die optische Bank kann für Arbeiten mit sowohl durchsichtigen als auch reflektierenden Modellen und mit sowohl weißem als auch monochromatischem Licht verwendet werden.

Zweidimensionale (scheibenförmige) Modelle können auf Zug oder Druck bis 1 Mp gleichzeitig in vertikaler und horizontaler Richtung in einem elektrisch geregelten Belastungsrahmen belastet werden, der in die optische Bank eingebaut ist.

Das Institut besitzt auch ein hydraulisch geregeltes Gerät, mit dem biaxiale Belastungen bis zu 50 Mp aufgebracht werden können. Das Gerät, gezeigt in Bild 2, kann zusammen mit

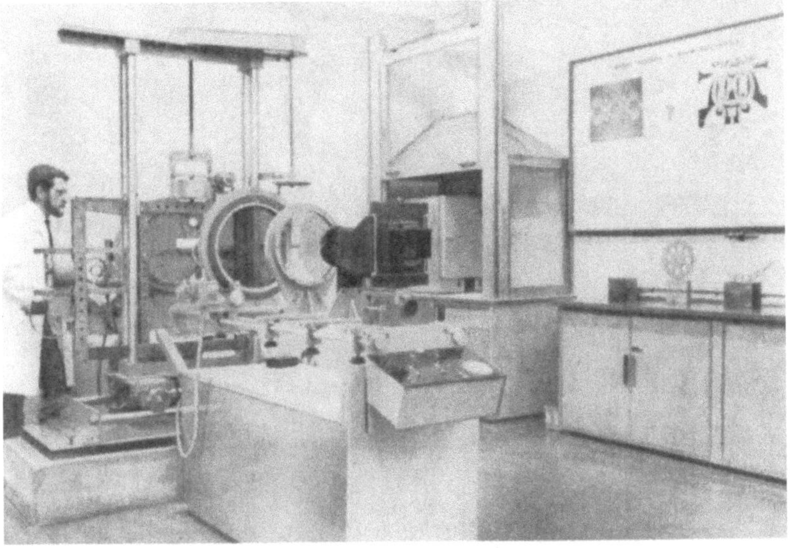

Bild 1. Spannungsoptische Bank des Südafrikanischen Landesforschungsinstituts für Ingenieursmechanik

der optischen Bank eingesetzt werden, wenn hohe Drucklasten für Bruchstudien an plattenförmigen Modellen aus sprödem Material (z. B. Quarzit) mit einem reflektierenden spannungsoptischen Überzug erforderlich sind. Solche Studien werden durchgeführt, um die Änderung der Spannungsverteilung um Risse, die von einem Hohlraum ausgehen, zu ermitteln.

Bei dreidimensionalen spannungsoptischen Modelluntersuchungen wird das dreidimensionale Modell aus spannungsoptischem Material auf eine bestimmte Temperatur erhitzt, dann die

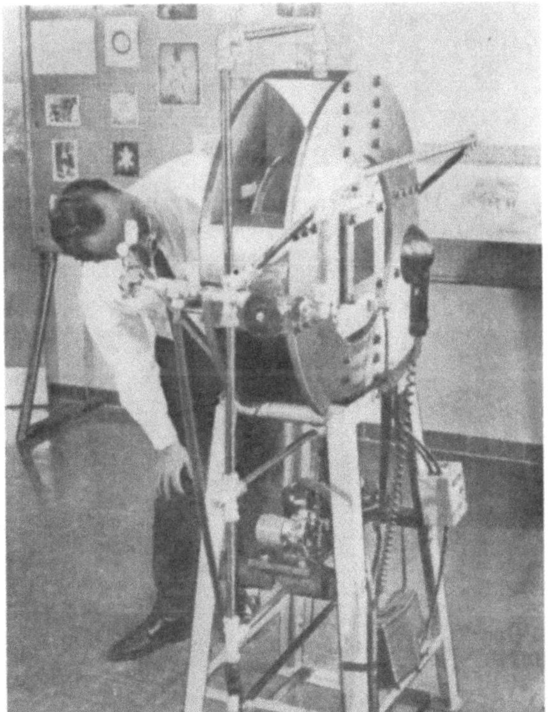

Bild 2. Gerät zur biaxialen Druckbelastung von plattenförmigen Modellen

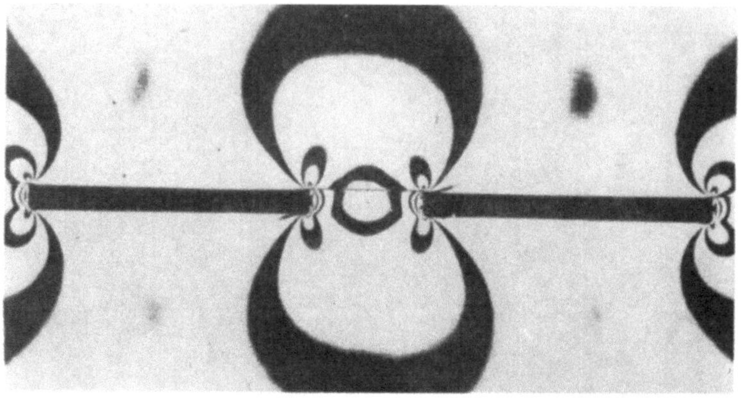

Bild 3. Ein spannungsoptisches Bild der Spannungsverteilung um Hohlräume im Pfeilerbau

Belastung aufgebracht und konstant gehalten, während das Modell mit einer bestimmten Geschwindigkeit abgekühlt wird. Auf diese Weise wird die Spannungsverteilung im Modell „eingefroren" und nach Abkühlung kann das Modell in Scheiben zerschnitten werden, die zweidimensional in der optischen Bank analysiert werden.

Das Gießen, die spangebende Bearbeitung und die Belastung dreidimensionaler Modelle war eine schwierige Aufgabe vor zehn Jahren. Heute sind die Methoden so verfeinert, daß, wie a. O. beschrieben [13], die Modelltechnik eine Routinesache ist. Hohe Genauigkeit und erstklassige Klarheit spannungsoptischer Isochromatenbilder können heutzutage ohne Schwierigkeit erreicht werden, wie das in Bild 3 gegebene Beispiel zeigt.

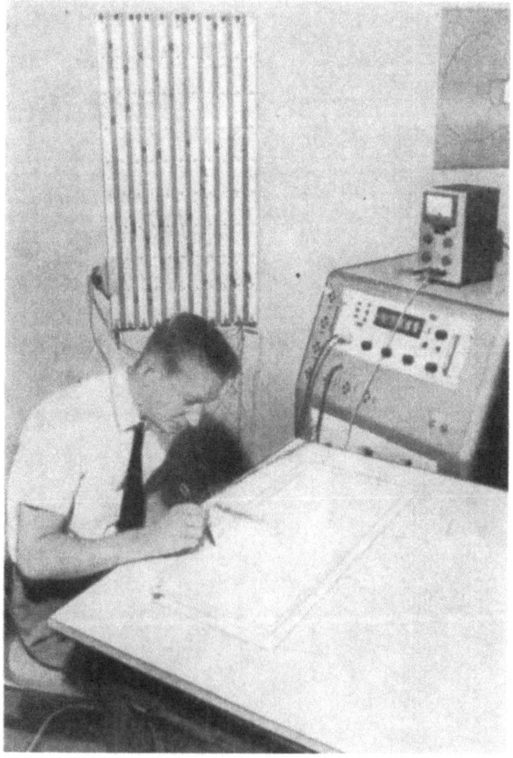

Bild 4. Analogmodell aus elektrisch leitendem Papier zur Trennung der Hauptspannungen

Es muß darauf hingewiesen werden, daß der eigentliche spannungsoptische Versuch nur die sogenannten *Isochromaten* liefert, d. h. Linien gleicher *Hauptspannungsdifferenz*. Der Ingenieur braucht jedoch die Hauptspannungen selbst (in Form von Teilen oder Vielfachen der am Rande des Modells aufgebrachten Nennspannung, d. h. als Spannungskonzentrationsfaktoren). Zahlreiche Verfahren zur sogenannten „Trennung der Hauptspannungen" sind bekannt [14]. Erfahrung hat jedoch gezeigt, daß das Analogverfahren mit elektrisch leitendem Papier für die Zwecke der Gebirgsmechanik am besten geeignet ist. Es ist die Standardmethode im Südafrikanischen Landesforschungsinstitut für Ingenieursmechanik geworden. Das Verfahren beruht auf der Tatsache, daß die Verteilung des elektrischen Potentials in einem Blatt Papier mit gleichförmiger elektrischer Leitfähigkeit denselben LAPLACEschen Gleichungen folgt wie die Verteilung der *Hauptspannungssummen* in einem ebenen elastischen Spannungsfeld. Legt man daher elektrische Spannungen, die den in einem spannungsoptischen Modell ermittelten elastischen Randspannungen proportional sind, an die Ränder eines Modells aus elektrisch leitendem Papier, das in dieselbe Form geschnitten ist wie das zweidimensionale spannungsoptische Modell oder wie eine Scheibe aus einem dreidimensionalem Modell, so ist das in einem beliebigen Punkt gemessene elektrische Potential ein Maß für die Summe der elastischen Hauptspannungen in jenem Punkt. Man erhält also *Isopachen*, d. h. Linien gleicher *Hauptspannungssumme*. Die Ermittlung der Hauptspannungen für eine Ebene aus den Werten ihrer Summe und Differenz ist dann natürlich nicht schwer. Das Gerät für das Analogverfahren aus leitendem Papier ist in Bild 4 gezeigt. Es ist außerordentlich einfach und gestattet die Analyse von ein bis zwei Modellen pro Tag.

3.4. Sprödbruchmodelle

Die Anwendung spannungsoptischer Modelle ist beschränkt auf homogen isotrope linearelastische Kontinua. Sobald die Spannungs-Verformungs-Größen im Gebirge kritische Werte erreichen, bricht das Gestein, und die eben genannten Bedingungen gelten nicht mehr. Während Kenntnis der Verteilung der elastischen Spannungen eine Voraussetzung ist für den Versuch, den Entwicklungsmechanismus der Bruchzonen um Hohlräume zu ermitteln, wird das Verhalten der Bruchzonen selbst durch andere Gesetze bestimmt. In diesem Zusammenhang sei darauf hingewiesen, daß Bruch des Gebirges um Hohlräume nicht notwendigerweise den Hohlraum instabil macht; die Bruchzone kann entweder eine Form und Struktur annehmen, die stabil und standfest bleibt — zumindest für eine annehmbare Zeit —, oder sie kann sich weiter ausdehnen oder das Gebirge innerhalb der Bruchzone kann stärker verbrechen. Untersuchungen dieser Erscheinungen bilden ein wichtiges Gebiet gebirgsmechanischer Forschung.

Eine Lösung solcher Probleme wäre möglich mit Hilfe von Modellen aus „äquivalentem Material", das nach den Gesetzen der Ähnlichkeitsmechanik den zum Sprödbruch neigenden Prototyp nachahmt und in dem sich Modell-Bruchzonen entwickeln. Die Hauptschwierigkeit liegt in der Entwicklung eines „äquivalenten Materials", das den Parametern der Festigkeit und Verformung des Gebirges nach den Ähnlichkeitsgesetzen entspricht. Ein gewisser Fortschritt in dieser Hinsicht ist zu verzeichnen und Bild 5 zeigt eine Bruchzone in einem Modell aus einer Gipsmischung. Weitere Verfeinerungen der Technik sind jedoch erforderlich, bevor man zufriedenstellende Ergebnisse erwarten darf.

Zum quantitativen Studium der Bruchzonenbildung in einem Sprödbruchmodell braucht man ein Verfahren, mit dem man Verformungen auch in zerbrochenem Material messen kann. Das MOIRÉ-Verfahren [14] bietet sich hier an. Es beruht auf einer optischen Erscheinung, die auftritt, wenn zwei Systeme von nahe beieinander liegenden Linien überlagert werden. Sowohl Verschiebung als auch Rotation beider Systeme gegeneinander führt zu optischen Interferenzen, die als helle und dunkle Flächen erscheinen und somit Bildmuster ähnlich wie

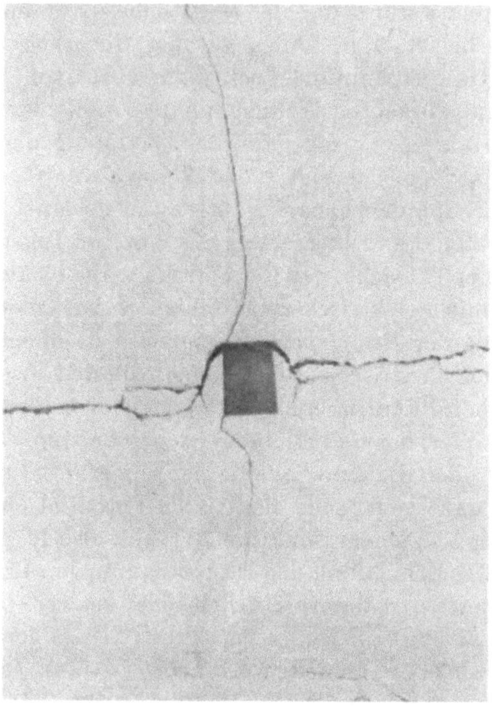

Bild 5. Bruchzone in einem Sprödbruchmodell

bei der Spannungsoptik ergeben. Man könnte beim Moiré-Verfahren von „verformungsoptischen Modellen" im Gegensatz zu „spannungsoptischen Modellen" sprechen.

In der Praxis wird eines der beiden Liniensysteme, das „Modellsystem", auf die Oberfläche des Modells aufgebracht, damit es die Verformungen des Modells mitmacht, während das andere, das „Meistersystem", als stationär bleibendes Referenzsystem vor dem Modell aufgestellt wird. Die Interferenzbildmuster, die dann bei Verformung des Modells auftreten, können durch ein optisches System beobachtet und festgehalten werden. Die Analyse der photographischen Aufnahmen liefert dann die Verformungsverteilung im Modell. Bild 6 zeigt

Bild 6. Moiré-Bank zur Messung von Verformungen an einem Modell, das im Gerät des Bildes 2 belastet ist

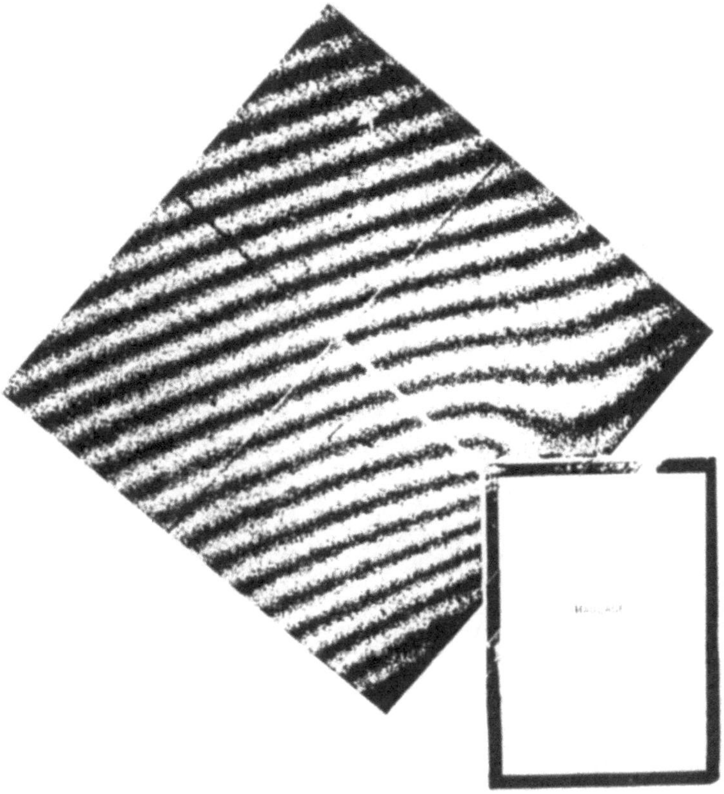

Bild 7. Moiré-Linien gleicher Verformung an einer Fahrstrecke

das im Südafrikanischen Landesforschungsinstitut für Ingenieursmechanik benutzte Moiré-Gerät. Bild 7 zeigt ein Beispiel eines Moiré-Interferenzlinienbildes, in dem die Interferenzlinien Linien gleicher Verschiebungskomponenten (Bewegungskomponenten) darstellen.

Die stärkste Beschränkung der Anwendung der Moiré-Technik beruht zur Zeit auf der geringen Empfindlichkeit des Verfahrens. Die bisher im Handel erhältlichen empfindlichsten

Bild 8. Zentrifuge zur Modellierung von Gravitationskraftfeldern

Liniensysteme haben etwa 750 Linien je Zentimeter. Diese Zahl sollte verdoppelt werden, um eine genaue Ermittlung der Verformungsverteilung in Sprödbruchmodellen (oder auch anderen Modellen) zu ermöglichen. Arbeiten mit diesem Ziel sind im Gange, wobei auch andere Methoden zur Erhöhung der Empfindlichkeit geprüft werden.

3.5. Äußere Belastung und Zentrifugalbelastung von Modellen

Beim klassischen Verfahren wird ein Modell durch Anwendung äußeren Drucks in einer Prüfmaschine, in einem Belastungsrahmen an der optischen Bank (Bild 1) oder in einem besonderem Belastungsgerät (Bild 2) belastet. Hierdurch wird das Gewicht des Deckgebirges nachgeahmt, der Einfluß des Eigengewichts des modellierten Gebirgsteils jedoch vernachlässigt. Während diese Vernachlässigung meistens zugelassen werden kann, gibt es doch Fälle, in denen dies nicht zulässig ist. Dann wendet man Zentrifugalbelastung an, die der in situ wirkenden Gravitationsbelastung ähnlich ist.

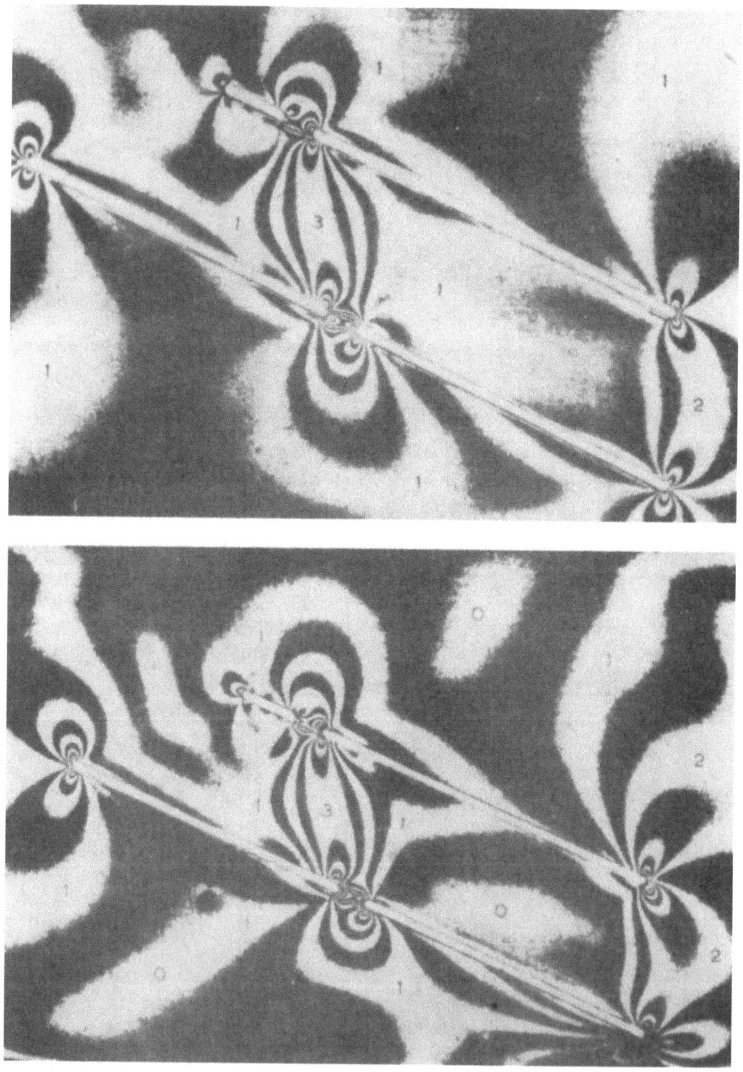

a) b)

Bild 9. Spannungskonturen in zweidimensionalen Modellen eines überbauten Strebs

a) Spannungsoptisches Modell bei gleichmäßig verteilter äußerer Belastung

b) Spannungsoptisches Modell mit bei Zentrifugalbelastung eingefrorener Spannung

Bild 8 zeigt die im Südafrikanischen Landesforschungsinstitut für Ingenieursmechanik [15] entworfene und gebaute Zentrifuge. Modelle bis zu einem Gewicht von jeweils 50 kp werden an den Enden der Rotorarme eingebracht und auf einer Kreisbahn mit 2,5 m Durchmesser rotiert. Bei der höchsten Umdrehungszahl erfahren die Modelle eine Zentrifugalbeschleunigung 1200mal so groß wie die Gravitationsbeschleunigung. Ein 12-Kanal-Schleifring ist an die Rotorachse montiert, so daß Signale von elektrischen Dehnungsmeßstreifen am Modell zu einem stationären Schreiber geleitet werden können. Zwei Starkstromschleifringe dienen der Stromzufuhr zu den Öfen, die mit dem Modell rotieren, wenn man die Spannungen in dreidimensionalen spannungsoptischen Modellen unter Zentrifugalbelastung „einfrieren" will. Geregelt und registriert wird die Temperatur dieser Öfen mit Hilfe eines Temperaturreglers, der von einem Thermoelement in einem der Öfen gesteuert wird. Die Zentrifuge kann auch zur Belastung von Sprödbruchmodellen verwendet werden.

Wie wichtig es ist, den Einfluß innerer Gravitationskräfte bei gewissen gebirgsmechanischen Problemen nicht zu vernachlässigen, möge ein Beispiel zeigen: Das obere Foto in Bild 9 zeigt die Isochromaten eines ebenen spannungsoptischen Modells bei äußerer Vertikalbelastung im Belastungsrahmen (Bild 1), während das untere Foto die Isochromaten bei Belastung in der Zentrifuge (unter Anwendung des „Einfrierverfahrens") zeigt. Beide Modelle ahmen dieselbe Situation, nämlich einen überbauten Streb nach. Ein Vergleich beider Fotos zeigt, daß der Hauptunterschied zwischen den zwei Isochromatenbildern im Bereich zwischen den beiden Streben auftritt: Das Modell mit Zentrifugalbelastung zeigt Stellen ohne Schubspannung, die im durch äußeren Druck belasteten Modell (Gravitationskräfte vernachlässigt) nicht auftreten. Die Bedeutung dieser Beobachtung im Hinblick auf die Ermittlung der Spannungsverteilung um die beiden Strebe ist offensichtlich.

3.6. Durchörtern in Modellen

Schließlich sei noch erwähnt, daß man bei gebirgsmechanischen Modellversuchen im allgemeinen erst den Hohlraum in ein unbelastetes Modell schneidet und dann erst die Belastung aufbringt. In der Praxis des Bergbaus dagegen wird natürlich in einem Gebirge abgebaut, das bereits unter Spannung steht. Es erhebt sich die Frage, ob man diesen Unterschied zwischen Modell und Prototyp vernachlässigen darf. Dies wird zur Zeit im Südafrikanischen Landesforschungsinstitut für Ingenieursmechanik durch Vergleich von Modellen untersucht, bei denen der Hohlraum unter Belastung geschnitten wird, und solchen, die auf die übliche Art vorbereitet wurden. Es stehen jedoch noch nicht genügend Versuchsergebnisse zur Verfügung, um daraus Schlußfolgerungen ziehen zu können.

Literatur

[1] Denkhaus, H. G.: Critical review of strata movement theories and their application to practical problems. J. South Afr. Inst. Min. Metall. **64** (1964) p. 310–332.

[2] Roux, A. J., and Denkhaus, H. G.: An analysis of the problem of rockbursts in deep level mining. J. Chem. Metall. Min. Soc. South Afr., **55** (1954) p. 103–124.

[3] Cook, N. G. W.: The seismic location of rockbursts. Proc. Fifth Symp. Rock Mech., Univ. Minnesota, May 1962, p. 493–516.

[4] Bieniawski, Z. T., and Denkhaus, H. G.: Der triaxiale Spannungszustand im Gebirge. Bericht 8. Ländertreffen IBG, Leipzig Nov. 1966, p. 17/40, Akademie-Verlag, Berlin 1967, S. 17–40. The triaxial state of stress in rock. Rep. South Afr. Counc. Sci. Industr. Res., no. Meg. 485 (1966).

[5] Denkhaus, H. G.: The application of the mathematical theory of elasticity to problems of stress in hard rock at great depth. Pap. Ass. Min. Mngrs. South Afr., (1958/59) p. 271/310.

[6] Salamon, M. D. G.: Elastic analysis of displacement and stresses induced by mining of seam or reef deposits. J. South Afr. Inst. Min. Metall. **64** (1963) p. 128–149, 179–218, 468–500; **65** (1964) p. 319–338.
[7] Muskhelishvili, N. I.: Some basic problems of the mathematical theory of elasticity. P. Noordhoff Ltd., Groningen-Holland 1953.
[8] Savin, G. N.: Stress concentrations around holes. Pergamon Press, London 1961.
[9] Logie, C. V., and Van Tonder, C. P. G.: Stress distribution and potential fracture zone around rectangular, elliptical and circular openings in biaxial stress fields. Rep. South Afr. Counc. Sci. Industr. Res., no. Meg. 575 (1967).
[10] Deist, F. H.: A nonlinear continuum approach to the problem of fracture zones and rockbursts. J. South Afr. Inst. Min. Metall. **65** (1965) p. 502–522.
[11] Denkhaus, H. G.: Modellversuche in der Gebirgsmechanik. Bericht 3. Ländertreffen IBG, Akademie-Verlag, Berlin 1962, S. 29–32. Model studies in rock mechanics. Rep. South Afr. Counc. Sci. Industr. Res., no. CN 453 (1962).
[12] Cook, N. G. W., Hoek, E., Pretorius, J. P. G., Ortlepp, W. D., and Salamon, M. D. G.: Rock mechanics applied to the study of rockbursts – A synthesis of the results of rockburst research in South Africa up to 1965. J. South Afr. Inst. Min. Metall. **66** (1966) p. 435–528.
[13] Bieniawski, Z. T., and Van Tonder, C. P. G.: A photoelastic model study of stress distribution and rock fracture around mining excavations. Rep. South Afr. Counc. Sci. Industr. Res., no. Meg. 631 (1968). Also Exp. Mech. in press.
[14] Dally, J. W., and Riley, W. F.: Experimental stress analysis. McGraw-Hill Inc., New York 1965.
[15] Hoek, E.: The design of a centrifuge for the simulation of gravitational force fields in mine models. J. South Afr. Inst. Min. Metall. **65** (1965) p. 455–487.

Modellmechanische Untersuchungen zur Abschätzung der Standsicherheit von kavernenartigen Hohlräumen im Salzgebirge

von W. DREYER, Clausthal

Einleitung

Die Untertagespeicherung von Rohöl gewinnt auch bei uns immer mehr an Bedeutung. Die Speicher haben die Aufgabe, einen Ausgleich zwischen der Produktion und dem Verbrauch zu schaffen, wobei der Verbrauch neben den jahreszeitlichen auch kurzfristigen Schwankungen unterworfen sein kann. Gegenüber den konventionellen Tanklagern über Tage sind Untertagespeicher nicht nur sicherer, sondern vielfach auch billiger.

Für die Untertagespeicherung kommen neben bergmännischen Hohlräumen und Porenspeichern insbesondere Salzkavernenspeicher in Betracht, die durch Bohrungen von der Erdoberfläche aus erschlossen und durch Auslaugung hergestellt werden. Für den gesicherten Betrieb einer Salzkavernenanlage ist die Abschätzung des Standfestigkeits- und Konvergenzverhaltens des Kavernensystems von vorrangiger Bedeutung. Mit der Lösung dieser schwierigen gebirgsmechanischen Forschungsaufgabe beschäftigt sich die auf Grundlagenforschung ausgerichtete Arbeit.

I. Allgemeine Vorsondierung

1. Sondierung des tektonischen Baus eines für die Rohölspeicherung vorgesehenen Salzstocks

Reflexionsseismische und gravimetrische Messungen ergaben erste Informationen über die Ausdehnung und Gestalt des im norddeutschen Raum gelegenen Salzstocks, in dessen Topbereich ein System von Speicherkavernen ausgespült werden soll. Auf Grund weiterer Informationen — insbesondere der Bohrergebnisse einer im Flankenbereich des Salzstockes angesetzten Tiefbohrung und allgemeiner geologisch-tektonischen Wahrscheinlichkeiten — konnte die in Bild 1 dargestellte Prinzipskizze eines Profilschnitts durch den Salzstock angefertigt werden.

Im Profilschnitt Bild 1 sind nur die Ältere Salzfolge der Staßfurt-Serie des Zechstein 2 und die Jüngere Salzfolge vom Zechstein 3 auseinandergehalten worden. Sie erscheinen getrennt durch eine dick gezeichnete Linie, welche das Paket von härteren und festeren Schichten des Grauen Salztons T 3 und des Hauptanhydrits A 3 symbolisieren soll, in deren stratigraphischen Liegenden sich normalerweise auch das Kaliflöz Staßfurt findet. Die Zechstein-Basis ist in Anlehnung an eine Untersuchung von F. TRUSHEIM (1957) in 4300 m Tiefe angesetzt worden.

Der Aufstieg der Zechstein-Salzmassen erfolgte also aus relativ großer Tiefe, wenn auch nicht in so gewaltigen Tiefen wie z. B. im Bereich der Golfküste von Texas und Louisiana, wo Aufstiegshöhen von mehr als 10 km bekannt geworden sind. Die wichtigsten Internstrukturen des hier vorliegenden norddeutschen Salzstocks werden daher sehr steil bis vertikal orientiert sein.

Im einzelnen ist hierbei mit höchst komplizierten Formen zu rechnen, deren wesentlichste als „Kulissenfaltung" bezeichnet wird. Mit derartigen Kulissen ist sowohl im Horizontal- als auch Vertikalschnitt zu rechnen. Die in Bild 1 eingezeichneten Flaschen- und Tauchfalten

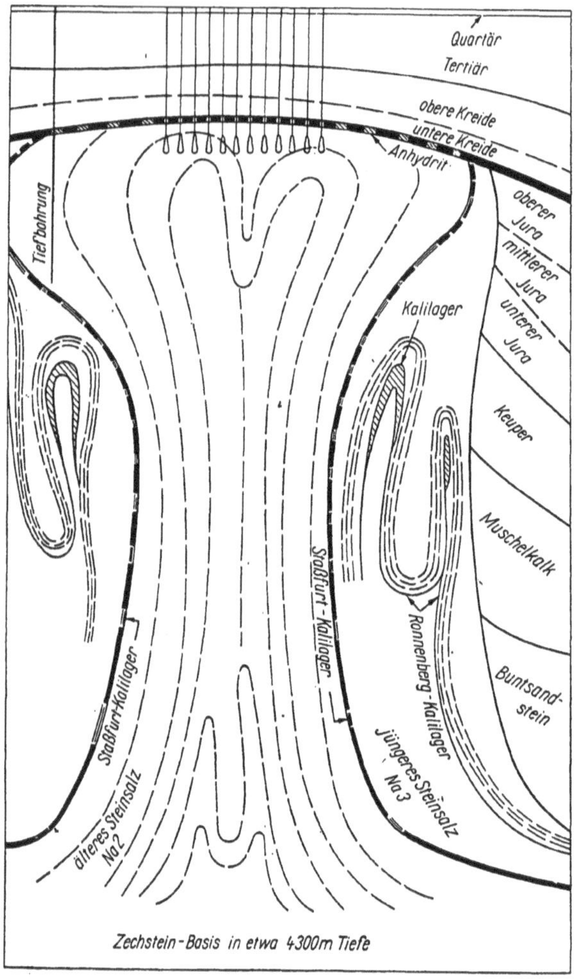

Abb. 1. Profilschnitt durch einen norddeutschen Salzstock

können indes nur eine angenäherte Vorstellung von dem äußerst komplizierten Faltenbau der Salzmassen geben, der in Wirklichkeit noch weit intensiver ausgebildet und feiner untergliedert ist.

2. Stratigraphische Gliederung der im Flankenbereich des Salzstocks niedergebrachten Untersuchungsbohrung

Die mikropaläontologische Altersbestimmung der Gesteine ergab „Ober-Hauterive mit Nachfall aus Oberkreide und Alb". Die Vermutung, daß möglicherweise eine isolierte Lias- oder Dogger-Scholle auf dem Salzstockdach liegen könnte, hat sich nicht bestätigt.

Die stratigraphische Untersuchung der Orientierungsbohrung ergab das folgende Kurzprofil:

0—105 m	Quartär
105—609 m	Tertiär
609—650 m	Grenze Tertiär/Oberkreide
650—657 m	Maastricht
657—853 m	Campan
853—967 m	Coniac und Santon

967—1082 m Turon
1082—1132 m Cenoman
1132—1270 m Unterkreide
1270—1275 m Grenze Unterkreide/Mantelanhydrit
1275—1285 m Mantelanhydrit
1285—1650 m Staßfurt-Steinsalz (Zechstein 2)
Endteufe

Die Versuchsbohrung erfolgte nur bis zur Endteufe von 1650 m und erreichte somit das Staßfurt-Kalilager nicht mehr. Folgt man der allgemeinen stratigraphischen Übersicht im deutschen Zechstein von G. Richter-Bernburg (1955), so wird man in weiterer Tiefe bevorzugt Schichtfolgen von Jüngerem Steinsalz der Leine-Serie des Zechstein 3, möglicherweise noch mit nicht unwesentlicher Beteiligung der Aller-Serie des Zechstein 4 antreffen.

3. Voraussagen über die Stratigraphie in der Kernregion des Salzstocks

In der Kernregion sind hauptsächlich und bevorzugt reinere Steinsalzmassen der Staßfurt-Serie zu erwarten. Für diese Erwartung sprechen verschiedene, im folgenden näher erläuterte Gründe, die für das gesamte Kavernenprojekt von erheblicher Bedeutung sind.

Einleitend sei hervorgehoben, daß die Mächtigkeit der Staßfurt-Serie und speziell seiner Hauptmasse von Älterem Steinsalz Na 2 rund 400 bis 600 m beträgt, während die jüngeren Steinsalzserien von Zechstein 3 und Zechstein 4 zusammen nur 200 bis 300 m ausmachen. Das Ältere Steinsalz hat praktisch überhaupt keine Einlagerungen von härteren und spröderen Anhydrit- und Salzton-Schichten, wohingegen die Leine-Serie des Zechstein 3 sofort durch mehrere Zehner von Metern mächtige Folgen von Grauem Salzton T 3 und Hauptanhydrit A 3 — faziell durch auch sehr festen Plattendolomit Ca 3 vertreten — eingeleitet wird. Diese Schichtserien bilden das festeste und sprödeste Schichtpaket des ganzen deutschen Zechsteins; abgesehen von den hier nicht näher interessierenden, viel weiter im Liegenden anzutreffenden mächtigen Anhydriten und Dolomiten, dem Basalanhydrit und Hauptdolomit der Staßfurt-Serie sowie den Unteren und Oberen Werra-Anhydriten der Werra-Serie von Zechstein 1.

Von Bedeutung ist ferner, daß das Jüngere Steinsalz der Leine-Serie — abgesehen von seiner absolut geringeren Mächtigkeit gegenüber dem Zechstein 2 — noch eine Reihe von versteifenden Schichtplatten in Form von Salztonen und Pegmatitanhydrit A 4 enthält, vor allem aber in Form der Anhydritmittelzone Na 3 am. Diese verfestigenden Einlagerungen, welche die tektonische Fließfähigkeit der Leine- und Aller-Serie wesentlich behindern, bestimmen den festigkeitsmechanischen Charakter im großen und bewirken, daß das reinere Ältere Steinsalz beim Aufstieg gegenüber den jüngeren Serien „vorauseilt" und diese vielfach auch diapirartig durchbricht.

So kommt es, daß das Ältere Steinsalz der Staßfurt-Serie bevorzugt in den oberen Partien und in den Kernregionen der norddeutschen Salzstöcke angereichert wird, während das Jüngere Steinsalz der Leine- und Aller-Serie bevorzugt in den tieferen und vor allem auch in den mehr randlichen Partien der Salzstöcke angetroffen wird. Diese Art der

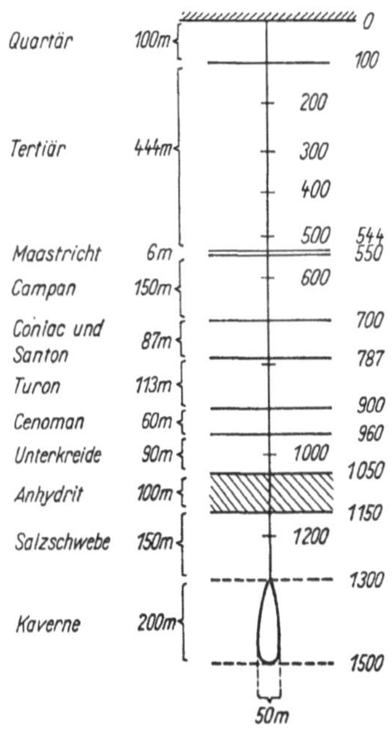

Abb. 2. Schichtenfolge im Topbereich des Salzstocks

bevorzugten Verteilung von Älterem und Jüngerem Steinsalz wird im allgemeinen um so ausgeprägter sein, aus je größerer Tiefe die Salzgesteinsmassen zum Aufstieg gelangt sind.

Nach G. Hartwig (1933) ist im Topbereich des Salzdomes mit einer „Schichtendezimierung" zu rechnen, die im Hinblick auf den seismisch ermittelten Top von 1150 m zu der in Bild 2 angeschätzten stratigraphischen Gliederung führt:

Die Mächtigkeit der Oberkreide, welche die Schichtfolgen vom Cenoman bis Maastricht umfaßt, beträgt 416 m. Hieran schließt sich die Unterkreide mit etwa 90 m und der Deckanhydrit mit 100 m Mächtigkeit. Bis Kavernenoberkante ist eine Sicherheitsschwebe von 150 m vorgesehen.

4. Über Art und Zahl der Untersuchungsbohrungen zur Erkundung der Lagerungsverhältnisse im Topbereich des Salzstocks

Selbstverständlich muß man sich durch einige Vorbohrungen im Topbereich des Salzstocks überzeugen, daß die vorstehenden Überlegungen den wirklichen Verhältnissen einigermaßen gerecht werden. Hierbei ist sinnvollerweise davon Abstand zu nehmen, etwa für jede einzelne Kaverne je drei Vorbohrungen in dreieckförmiger Anordnung um den geplanten Kavernenansatzpunkt herzustellen, wie dies für die Erstellung einer neuen Schachtanlage in einem bisher noch nicht erschlossenen Salzstock durchaus sinnvoll ist. Abgesehen von den hohen Gestehungskosten würde für ein Kavernensystem eine solche „Absicherung" nicht nur unangemessen, sondern — wegen der damit verbundenen starken Durchlöcherung des Salzstocks — auch gefährdend sein. Die Zahl der im voraus anzusetzenden Untersuchungsbohrungen kann reduziert werden, wenn man die jeweils fertiggestellte Kaverne in Form einer „vorwärtsschreitenden Planung" mit in die Erkundung der Lagerungsverhältnisse einbezieht.

II. Anschätzung der geothermischen Tiefenstufe im Topbereich des Salzstocks

1. Temperatur-Log der Bohrung

Die in der Untersuchungsbohrung herrschende Temperatur wurde in der Spülflüssigkeit gemessen. Soll diese Messung richtige Ergebnisse bringen, muß gewährleistet sein, daß die Spülung überall im Bohrloch die wahre Temperatur des Gebirges hat. Dies bedeutet, daß die Spülung eine gewisse Zeitlang im Bohrloch stillgestanden haben muß, bis die durch den Bohrbetrieb und die dabei umlaufende Spülung hervorgerufene Änderung der Gebirgstemperatur wieder verklungen ist. Wie lange dies dauert, darüber bestehen bei den Fachleuten jedoch unterschiedliche Ansichten.

Die Temperaturmessungen in den Untersuchungsbohrlöchern in den Feldern Donar, Nordlicht-Ost und Lippermulde I, über die F. Heine (1962) berichtet, haben stets nach drei bis vier Tagen Stillstand stattgefunden in der Annahme, daß die von der Spülung verursachte Änderung der Gebirgstemperatur nach dieser Zeit abgeklungen sei. Man war dem Rat von Firmen und Personen gefolgt, die schon viele Temperaturmessungen ausgeführt hatten und von denen anzunehmen war, daß sie über die nötige Erfahrung verfügten. M. Schlumberger, H. G. Doll und A. A. Perebinossoff (1957) nehmen noch längere Einflußzeiten an. Nach ihnen soll der Wärmeaustausch erst nach 20 Tagen so weit vorgeschritten sein, daß die in der Spülung gemessenen Temperaturen von den wahren nur noch um 1 bis 2 °C abweichen. Die extremste Auffassung über die erforderliche Wartezeit zur Beseitigung der thermischen Beeinflussung im Bohrloch durch die Bohrarbeiten hat O. Kappelmeyer (1961) auf der Arbeitstagung des Lagerstättenausschusses der Gesellschaft Deutscher Metallhütten- und Bergleute e. V. am 14. Juni 1960 in Hannover vorgetragen. Gestützt auf Untersuchungen in England vertritt er die Meinung, daß der durch die Bohrarbeiten in das Gebirge hineingetragene

Kältemantel erst nach der 10- bis 20fachen Bohrzeit wieder beseitigt ist, d. h. im vorliegenden Fall — da die Untersuchungsbohrung etwa 3 Monate erfordert hatte — nach rund $2^1/_2$ bis 5 Jahren.

Tabelle 1. Abhängigkeit der Temperaturen von der Bohrteufe 6 Stunden nach der Spülung

Bohrteufe [m]	Temperatur (gemessen) [°C]	Temperatur (berechnet) [°C]
900	53,5	53,4
1000	55,6	55,6
1100	57,5	57,8
1200	60,0	60,1
1300	62,7	62,3
1400	64,5	64,1
1500	66,8	66,8
1600	69,0	69,0
1650	71,0	70,1

Bei der Untersuchungsbohrung wurde der Temperaturgang schon 6 Stunden nach der Spülung bestimmt und erbrachte in den von 100 zu 100 m abgestuften Teufenlagen die in der zweiten Spalte von Tab. 1 wiedergegebenen Temperaturwerte. Der Temperaturgang ist bemerkenswert linear und läßt sich mit genügender Näherung durch die Formel

$$\vartheta = \alpha + \beta H \tag{1}$$

ausdrücken. Hierbei bedeutet ϑ die Temperatur, α die Oberflächentemperatur (Jahresmittel), β die geothermische Tiefenstufe und H die Teufenlage. Für die Untersuchungsbohrung ergibt sich aus den Meßwerten von Tab. 1 — für den Temperaturzustand 6 Stunden nach der Spülung — die numerische Beziehung:

$$\vartheta = 33{,}3 + 0{,}0223\, H\,. \tag{2}$$

Nach (2) sind die Temperaturwerte der letzten Spalte von Tab. 1 berechnet worden. Ein Vergleich der so berechneten Temperaturen mit den in der vorhergehenden Spalte von Tab. 1 angegebenen Meßwerten zeigt, daß die Temperatur–Teufen-Abhängigkeit außerordentlich gut durch den Linearansatz (1) wiedergegeben wird. Der lineare Temperaturgang weist auf eine sehr homogene Ausbildung des anstehenden Hauptsalzes (Na 2 β) hin, was anhand der Bohrkerne auch petrographisch und festigkeitsmechanisch nachgewiesen werden konnte.

2. Korrektur des Temperaturgangs der Untersuchungsbohrung

Die Wartezeit von nur 6 Stunden nach der Spülung ist sicher viel zu gering, um auch nur angenähert einen Wärmeaustausch zwischen der Spülung und dem Gebirge annehmen zu können. Dies beweist nicht zuletzt die nachgeschaltete Temperatur–Zeit-Messung mit „stehender Sonde" im Bohrlochtiefsten. Während 6 Stunden nach der Spülung im Bohrlochtiefsten eine Temperatur von 71 °C registriert worden war, ergab sich nach 10 Stunden Wartezeit eine Erhöhung der Temperatur auf 72,5 °C. Es ist zu erwarten, daß mit der Zeit die Temperatur noch weiter ansteigt bis zu einem Endwert, der nunmehr angeschätzt werden soll.

Die beim Bohren durch das Bohrgestänge gepumpte Spülung besitzt im Bereich der mittleren Bohrteufe von 825 m nach (2) eine Temperatur von 51,7 °C. Dieser Bereich der mittleren Bohrteufe wird als neutrale Zone bezeichnet. Bei stillstehender Spülung wird nun im unteren Teil der Bohrung (unterhalb der neutralen Zone) die Spülflüssigkeit erwärmt, während sie oberhalb der neutralen Zone entsprechend abgekühlt wird. Nach genügend langer Wartezeit wird die Spülflüssigkeit im Bereich der Tagesoberfläche schließlich die gemessene Oberflächentemperatur von (im Jahresmittel) 12 °C erreichen und somit die wahre Temperatur anzeigen. Die Temperaturformel (1) geht im Fall eines derartigen Ausgleichs in die Beziehung

$$\vartheta = 12 + \beta H \tag{3}$$

über. Mit M. SCHLUMBERGER, H. G. DOLL und A. A. PEREBINOSSOFF (1957) sei weiterhin angenommen, daß bei dem Ausgleichsvorgang die Temperatur in der neutralen Zone keine Änderung erfährt. Setzt man in (3) für ϑ die zeitlich konstante Temperatur von 51,7 °C und für H die mittlere Bohrtiefe von 825 m ein, so errechnet sich die gesuchte geothermische Tiefenstufe β zu:

$$\beta = 0{,}0481 \, .$$

Die geothermische Tiefenstufe der wahren Gebirgstemperatur beträgt somit rund 48 °/km. Eingesetzt in (3) folgt schließlich die für den Salzstock anzusetzende Temperatur–Teufen-Beziehung:

$$\vartheta = 12 + 0{,}0481 \, H \, . \tag{4}$$

Nach (4) ist in der Endteufe von 1650 m mit einer Gebirgstemperatur von rund 91,4 °C zu rechnen, die in der stillstehenden Spülung nach genügend langer Wartezeit asymptotisch erreicht wird.

III. Modellmechanische Abgrenzung der Mindest-Schwebenstärke im Hangenden der Speicherkavernen

1. Bestimmung der Grenzlast beginnender Eintrübung der Steinsalzkristalle im Scheitelpunktbereich des Kavernendaches

In Bild 2 wurde die Stärke der Salzschwebe, welche vom Kavernenhangenden bis zum Deckanhydrit reicht, zu 150 angesetzt. Diese dem konventionellen Bergbau entnommene Abmessung soll nunmehr modellmechanisch überprüft werden.

Der in Bild 3 dargestellte Salzgesteins-Prüfkörper ist wie die zylinderförmige Stahlummantelung rotationssymmetrisch und simuliert die Druckverhältnisse im Bereich des Kavernen-

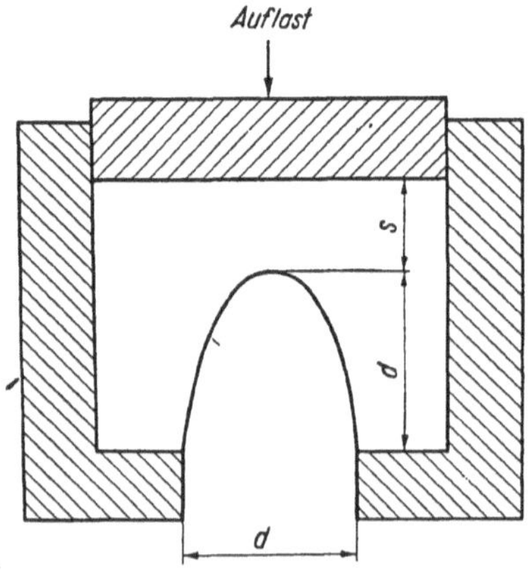

Abb. 3. Prüfkörpermodell mit dachfirstartigem Gewölbe

daches und der Salzschwebe. Für die Untersuchung der Lasthöhe $\bar{p}_0$, bei der erstmals Eintrübung im Kerbgrund, d. h. im Scheitelpunkt des Kavernendaches, eintritt, wurden drei Modellserien mit unterschiedlichem Verhältnis s/d hergestellt, jede Serie zu 4 Modellkörpern.

Mit zunehmender Beanspruchung zeigt sich bei Erreichen der Grenzlast $\bar{p}_0$ im Kerbgrund eine Eintrübung und leichte Verfärbung der zuvor meist klarsichtigen Salzgesteinskörper. Die in diesem stark beanspruchten Bereich befindlichen — und zur Beanspruchungsrichtung günstig gelegenen — Kristallite weisen feinste Mikrorisse auf, die das Auflicht in zunehmendem Maße reflektieren und so den Trübungseffekt bedingen. Dieser Effekt ist als „Vorphase" der Gesteinszerstörung zu betrachten und ist deshalb noch nicht gravierend, weil die Verbandsfestigkeit an den Korngrenzen hiervon unberührt bleibt. Bei gleichbleibender Beanspruchungshöhe erfolgt die weitere Verformung des Kornverbands bruchlos, wobei im allgemeinen keine neuen Mikrorisse gebildet werden.

Wird jedoch die Auflast weiter erhöht, verstärkt sich die innerkristalline Rißbildung. Die am stärksten beanspruchten Kristallite erhalten ein milchig-weißes Aussehen und damit eine Strukturumwandlung, die nicht ohne Einfluß auf die Verbandsverhältnisse an den Korngrenzen bleibt. Mit dieser Phase wird der Zerstörungsvorgang an der Außenhaut eingeleitet, der sich bei zunehmender Beanspruchung weiter in das Körperinnere verlagert. Die nicht mehr an die Korngrenzen gebundenen Rißsysteme erfassen den gesamten Kornverband und bilden Ablösungsflächen parallel zur freien Oberfläche, die den Abschalvorgang einleiten. Speicherkavernen sind vor derartigen Abschalerscheinungen zu schützen und so zu bemessen, daß an keiner Stelle der Kavernenwandung die Grenzlast $\bar{p}_0$ überschritten wird.

Die Abhängigkeit der Grenzlast $\bar{p}_0$ von dem Abmessungsverhältnis s/d ist in Tab. 2 wiedergegeben. Ihr kann entnommen werden, daß mit wachsendem Abmessungsverhältnis s/d die Grenzlast $\bar{p}_0$, die erforderlich ist, um den Kerbgrund einzutrüben, systematisch zunimmt. Mit wachsendem Abmessungsverhältnis nimmt auch die Streuung der Meßwerte zu.

Im Hinblick auf die Teufenlage des Kavernendaches (1300 m) wurde die Prüftemperatur bei allen Prüfkörperserien — entsprechend der Temperatur–Teufen-Beziehung (4) — auf 74,5 °C festgelegt, wozu eine elektrische Warmluft-Heizanlage ausreichte.

Tabelle 2. Abhängigkeit der Grenzlast vom jeweiligen Abmessungsverhältnis der Prüfkörpermodelle mit dachfirstartigem Gewölbe

Serie Nr.	Abmessungsverhältnis s/d	Einzelmeßwerte der Grenzlast $\bar{p}_0$ [kp/cm²]			
1	1,5	203	208	213	221
2	2,0	244	253	264	269
3	2,5	302	310	323	334

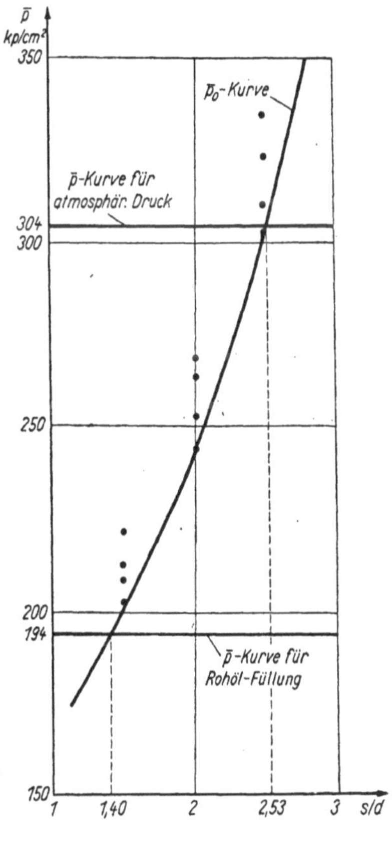

Abb. 4. Bestimmung des Abmessungsverhältnisses des Kavernenhangenden für Rohöl-Füllung und atmosphärischen Druck

Von einer Mittelwertsbildung der Einzelmeßwerte in jeder Serie wurde Abstand genommen und für die Konstruktion der $\bar{p}_0$-Kurve in Diagramm Bild 4 jeweils der niedrigste Meßwert der Viererserie gewählt, um bei der Abschätzung auf der sicheren Seite zu liegen.

2. Abschätzung der Mindest-Schwebenstärke

Befindet sich gemäß Bild 2 das Kavernendach in 1300 m Teufe in einem Salzgestein, dessen spezifisches Gewicht einschließlich der überlagernden Deckgebirgsschichten rund 2,34 pd/cm^3 betragen möge, so erreicht der wirksame Lagerstättendruck $\bar{p}$ im Falle einer Rohölfüllung der Kavernen vom spezifischen Gewicht 0,85 $p\,d/\text{cm}^3$ den Wert:

$$\bar{p} = (2{,}34 - 0{,}85) \cdot 130 = 194 \text{ kp/cm}^2 .$$

Als unterste Begrenzungslinie der Meßwerte schneidet die $\bar{p}_0$-Kurve die konstante Auflastgerade $\bar{p}$ von 194 kp/cm² in einem Punkt, dessen Abszissenwert das gesuchte Abmessungsverhältnis

$$s/d = 1{,}40$$

liefert. Bei einem Kavernendurchmesser d von 50 m entspricht dies einer Mindest-Schwebenstärke s von

$$s = 70 \text{ m} .$$

Obwohl beim Spülvorgang und auch nachher bei der Rohölbeschickung stets eine vollständige Auffüllung der Kavernen mit Flüssigkeit angestrebt wird, sollte bei einer Sicherheitsbetrachtung auch der unvorhergesehene Fall des reinen atmosphärischen Druckes diskutiert werden. Im Falle eines Leerpumpens ist mit einem größeren Lagerstättendruck von

$$\bar{p} = 2{,}34 \cdot 130 = 304 \text{ kp/cm}^2$$

zu rechnen, der nach Bild 4 ein Abmessungsverhältnis von

$$s/d = 2{,}53$$

erfordert. Dies entspricht einer Mindest-Schwebenstärke s von

$$s = 127 \text{ m} .$$

Da die Übertragung von Modellergebnissen auf die Praxis nicht ohne Berücksichtigung einer Sicherheitsreserve erfolgen sollte, wird empfohlen, in dieser Teufenlage die behördlich vorgeschriebene Mindeststärke der Salzschwebe von

$$s = 150 \text{ m}$$

nicht zu unterschreiten.

Die wenigen — hier erstmals zur Diskussion gestellten — Modelluntersuchungen können in diesem Anfangsstadium der experimentellen Meßtechnik die bergmännisch gewonnenen Erfahrungswerte nicht ersetzen. Die Untersuchung diente lediglich der meßtechnischen Absicherung der z. Z. bestehenden Empfehlungen und mögen davor warnen, Erfahrungswerte willkürlich (auf Kosten der Sicherheit) abzuändern.

Entsprechend dem hier durchgeführten Muster der experimentellen Abschätzung der Mindest-Schwebenstärke wird im folgenden Kapitel eine modellmechanische Präzisierung der Sicherheitsgrenze für abschalungsfreie Konvergenzbewegungen insbesondere der seitlichen, zylinderförmigen Stöße der Speicherkavernen angestrebt.

IV. Modellmechanische Präzisierung einer Sicherheitsgrenze für abschalungsfreie Konvergenzbewegungen zylindrisch geformter Speicherkavernen

1. Bestimmung der Grenzlast beginnender Eintrübung der Steinsalzkristalle im Nahtbereich der Speicherkavernen

Zur Anschätzung des Mindest-Sicherheitsabstandes von Stoß zu Stoß der Kavernen wurden Prüfkörpermodelle mit halbkreisförmigen Aussparungen gemäß Bild 5 untersucht. Da

Abb. 5. Prüfkörpermodell mit halbkreisförmigen Aussparungen

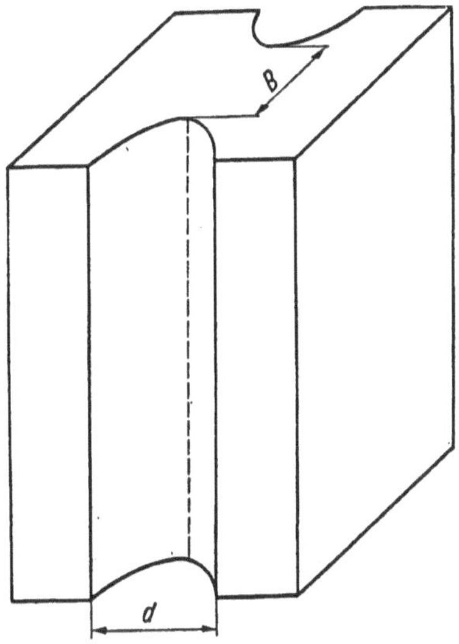

Tabelle 3. Abhängigkeit der Grenzlast vom jeweiligen Abmessungsverhältnis der Prüfkörpermodelle mit halbkreisförmigen Aussparungen

Serie Nr.	Abmessungs-verhältnis B/d	Einzelmeßwerte der Grenzlast $\bar{p}_0$ [kp/cm²]			
1	2,0	197	200	203	206
2	2,5	233	238	243	246
3	3,0	280	286	291	298
4	3,5	330	337	340	357

die Kavernen — vgl. Bild 2 — bis in Teufenbereiche von 1500 m herab reichen, wurde die Prüfkörpertemperatur bei allen Serien zu 84,2 °C gewählt, wie aus der Temperatur–Teufen-Beziehung (4) zu errechnen ist.

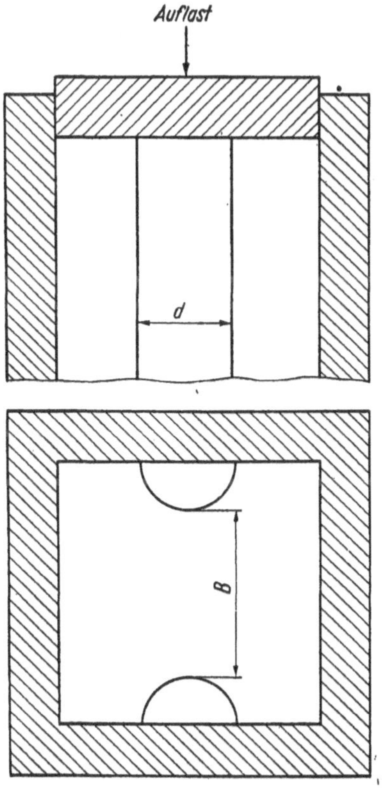

Abb. 6. Belastung des mit halbkreisförmigen Aussparungen versehenen Prüfkörpermodells

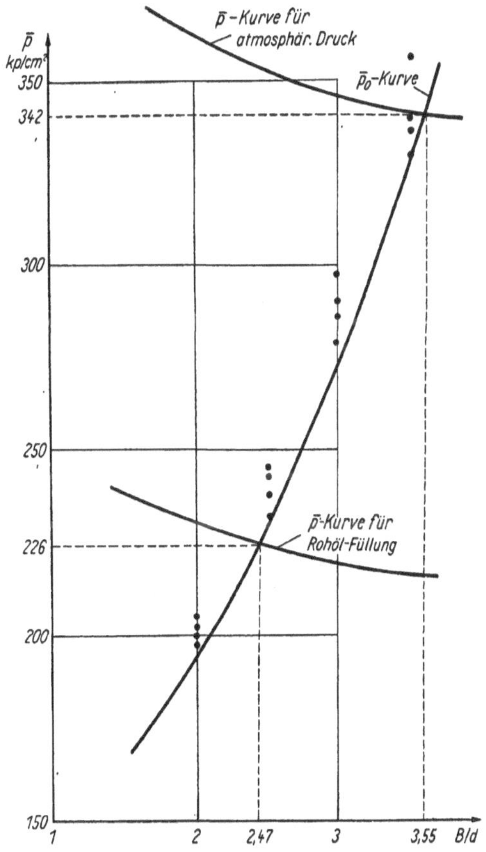

Abb. 7. Bestimmung des Abmessungsverhältnisses für den Sicherheitsabstand von Stoß zu Stoß der Kavernen

Der obere Teil von Bild 6 zeigt im Aufriß die Belastung des mit halbkreisförmigen Aussparungen versehenen Prüfkörpermodells, das mit seiner Ummantelung im unteren Teil der Abbildung im Grundriß dargestellt ist.

Mit zunehmender Beanspruchung zeigen sich bei Erreichen der Grenzlast $\bar{p}_0$ längs der in Bild 5 eingetragenen gestrichelten Nahtlinie eine Eintrübung und Verfärbung der Salzgesteinskörner und bei weiterer Belastung Abschalerscheinungen. Der gegenseitige Abstand der Speicherkavernen ist so zu bemessen, daß an keiner Stelle der Kavernenwandung die Grenzlast $\bar{p}_0$ überschritten wird.

Für die Untersuchung der Lasthöhe, bei der erstmals Eintrübung im Kerbgrund der Modelle eintritt, wurden vier Modellserien konstanter Höhe hergestellt; jede Serie zu 4 Modellkörpern. Die Abhängigkeit der Grenzlast $\bar{p}_0$ von dem Abmessungsverhältnis der auf 84,2 °C aufgeheizten Prüfkörpermodelle ist in Tab. 3 wiedergegeben.

Aus Tab. 3 ist abzulesen, daß mit wachsendem Abmessungsverhältnis B/d die Grenzlast $\bar{p}_0$ systematisch zunimmt, die erforderlich ist, um den Kerbgrund einzutrüben. Die Streuung der Meßwerte nimmt auch hier mit wachsendem Abmessungsverhältnis gleichfalls zu.

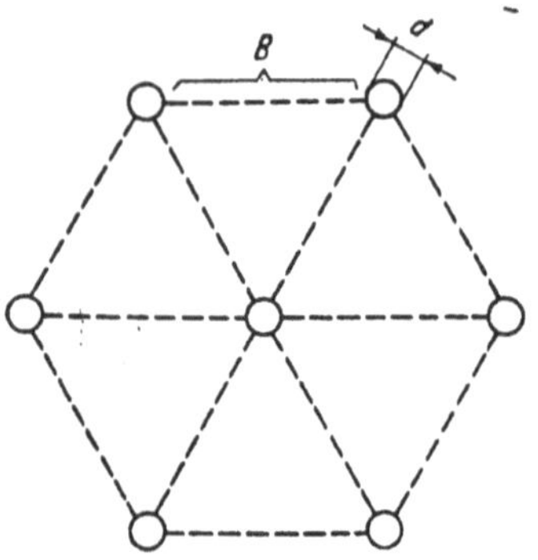

Abb. 8. Hexagonalsystem

Das Ergebnis von Tab. 3 ist in Diagramm Bild 7 eingetragen worden, wobei von einer Mittelwertsbildung auch hier Abstand genommen und für die Konstruktion der $\bar{p}_0$-Kurve jeweils der niedrigste Meßwert der Viererserie herangezogen wurde.

Die als unterste Begrenzungslinie in Diagramm Bild 7 eingetragene $\bar{p}_0$-Kurve hat die Gleichung:

$$p_0 = 55{,}07\left[1 + 0{,}619\left(\frac{1}{1 + 2\frac{B}{d}} - 0{,}081\right)^{-0{,}668}\right]. \tag{5}$$

Aus dieser Formel ist der starke Anstieg des Grenzwertes $\bar{p}_0$ mit zunehmendem Abmessungsverhältnis B/d erkennbar.

In Diagramm Bild 7 sind außer der $\bar{p}_0$-Kurve die Kavernenbelastungs-Kennlinien für die mittlere Kavernenteufe von 1400 m eingetragen, und zwar im Fall des atmosphärischen Drucks und bei Rohöl-Füllung. In beiden Fällen wurde eine hexagonale Anordnung der Einzelkavernen vorgesehen, die sich gegenüber allen anderen Kavernensystemen als diejenige mit der größten Raumausnutzung auszeichnet.

2. Abhängigkeit des mittleren Kavernendrucks von dem Abmessungsverhältnis bei Wahl eines hexagonal angeordneten Kavernensystems

Der mittlere Kavernendruck $\bar{p}$ der hexagonal angeordneten Einzelkavernen ist je nach Zuschnitt von dem Abmessungsverhältnis B/d wie folgt abhängig:

$$\bar{p} = \frac{(2{,}34 - \gamma_F) \cdot 140}{1 - 0{,}907\left(\frac{1}{1 + \frac{B}{d}}\right)^2}. \tag{6}$$

In obiger Beziehung bedeutet γ_F das spezifische Gewicht der Kavernenfüllung. Im Falle der Rohölfüllung, deren spezifisches Gewicht zu 0,85 $p\ d/\mathrm{cm}^3$ angenommen werden kann, geht (6) in

$$p = \frac{208{,}6}{1 - 0{,}907\left(\frac{1}{1 + \frac{B}{d}}\right)^2} \quad \text{(Rohöl)} \tag{7}$$

über. Nach dieser Formel wurde die $\bar{p}$-Kurve (untere Kurve) in Bild 7 gezeichnet. Bei atmosphärischem Innendruck läßt sich aus (6) die Zahlenwertsgleichung

$$\bar{p} = \frac{327{,}6}{1 - 0{,}907\left(\frac{1}{1+\frac{B}{d}}\right)^2} \text{ (Atmosphärendruck)}, \qquad (8)$$

und somit die obere $\bar{p}$-Kurve von Diagramm Bild 7 gewinnen.

3. Abschätzung des Mindest-Sicherheitsabstandes von Stoß zu Stoß der Kavernen

Bei Rohöl-Füllung folgt aus Bild 7 das Abmessungsverhältnis:

$$B/d = 2{,}47\,.$$

Bei einem Kavernendurchmesser von 50 m entspricht dies einem Mindest-Sicherheitsabstand von Stoß zu Stoß der Kavernen von

$$B = 124 \text{ m}\,.$$

Ist an ein späteres Leerpumpen der Kavernen gedacht, so entnimmt man Bild 7 das Abmessungsverhältnis

$$B/d = 3{,}55$$

und bestimmt hieraus den Mindest-Sicherheitsabstand zu:

$$B = 178 \text{ m}\,.$$

Bei Einkalkulation einer Sicherheitsreserve sollte der so errechnete Mindest-Sicherheitsabstand auf

$$B = 200 \text{ m}$$

heraufgesetzt werden.

Für die Bestimmung des Achsenabstandes zweier Kavernen ist zu dem angeschätzten Sicherheitsabstand (von Stoß zu Stoß der Kavernen) der Kavernendurchmesser von 50 m und der Schlagkreis hinzuzurechnen. Garantiert die Herstellerfirma in diesem Teufenbereich einen Schlagradius von 25 m, so würde für die Kavernenanlage ein projektierter Achsenabstand von 300 m anzusetzen sein.

Literatur

Heine, F.: Temperaturmessungen in den Untersuchungsbohrlöchern in den Feldern Donar, Nordlicht-Ost und Lippermulde I. Bergbau-Archiv **23** (1962) H. 2, S. 59–79.

Kappelmeyer, O.: Geothermik. Geophysik im Bergbau. Z. Erzbergb. Metallhüttenw. **14** (1961) Nr. 5, S. 246–253.

Richter-Bernburg, G.: Über salinare Sedimentation. Z. dtsch. geol. Ges. **105** (1955) S. 593–645.

Schlumberger, M., Doll, H. G., und Perebinossoff, A. A.: Temperaturmessungen in Erdölsonden. Bohrtechniker-Ztg. (1957) Nr. 7, S. 1–14.

Trusheim, F.: Über Halokinese und ihre Bedeutung für die strukturelle Entwicklung Norddeutschlands. Z. dtsch. geol. Ges. **109** (1957) 1. Teil, S. 111–151.

Modellversuche zur Bestimmung der in den Hangendschichten entstehenden Bewegungsfelder bei Flözen von mittlerem und steilem Einfallen

von F. MARTOS, Budapest

Die angenäherten mathematischen Ausdrücke zur Kennzeichnung der Verschiebungen einer unterbauten Tagesoberfläche mit statistischer Verarbeitung vieler Meßangaben wurden von uns für die flache Lagerung schon seit langem aufgestellt [1]. Diese Beziehungen lassen sich bei verschiedenen praktischen Berechnungen dann mit Erfolg verwenden, wenn das abgebaute Gebiet eine sogenannte „Vollfläche" oder noch größer als diese ist, und wenn die Teufe, d. h. die Gesamtmächtigkeit des unterbauten Hangendschichten-Komplexes, mindestens das Dreißigfache der abgebauten Flözmächtigkeit beträgt. In solchen Fällen erhalten wir im allgemeinen über Tage eine bruchfrei „durchgebogene" Pinge, deren einzelne Punkte eine räumliche Bewegung ausführen. Im Endzustand der Bewegung können für die Komponenten des Bewegungsvektors folgende Gleichungen aufgestellt werden:

$$s(x) = s_0 \exp\left(-\frac{x^2}{2\,i^2}\right)$$

und

$$u(x) = \frac{s_0}{H}\,x \cdot \exp\left(-\frac{x^2}{2\,i^2}\right),$$

worin $s(x)$ die vertikale, $u(x)$ die horizontale Komponente des Verschiebungsvektors eines Punktes bedeuten. Weitere Bezeichnungen sind:

s_0 = Ausmaß der maximalen Senkung am Punkt $x = 0$,
x = Abszisse eines gegebenen Punktes,
i = Abszisse des Inflexionspunktes der Pinge,
H = Teufe.

Um gewisse Aufgaben lösen zu können, genügt es aber nicht, nur die Verschiebung der unterbauten Tagesoberfläche zu kennen, sondern es müssen auch die Gesetzmäßigkeiten der Bewegung des ganzen, zwischen dem untertägigen Hohlraum (Abbau) und der Tagesoberfläche anstehenden Schichtenkomplexes erkannt werden. Solche Aufgaben können beispielsweise beim Abbau eines Schachtsicherheitspfeilers, beim Unterbauen eines Tunnels usw. vorliegen.

Innerhalb der Schichtenfolge stehen uns jedoch meist keinerlei Meßangaben oder nur in sehr geringer Anzahl (z. B. in Bohrlöchern durchgeführte Messungen) zur Verfügung. Deshalb führten wir, um das im Hangenden zustandekommende Bewegungsfeld angenähert bezeichnen zu können, *Modellversuche* durch.

Über die Bestimmung der über söhlig gelagerten Flözen entstehenden Bewegungsfelder mit Modellversuchen wurde von uns schon früher berichtet [2]. Wir konnten dabei feststellen, daß für die Senkung in einer vertikalen Schnittebene die Gleichung

$$s(x, z) = (A_0 + A_1\,z^m) \cdot \exp\left[-(B_0 + B_1\,z^n)\,(x - C_0)^2\right],$$

für die Verschiebung aber die Gleichung

$$u(x, z) = \frac{2\,K_0}{K_1 - K_2\,z^p}\,(B_0 + B_1\,z^p)\,(x - C_0) \cdot s(x\,z)$$

gilt. In obigen Gleichungen bedeutet z die der Teufe gemäße Koordinate, während A_0, A_1, B_0, B_1, C_0, K_0, K_1, K_2 verschiedene Konstanten darstellen und die Werte der Exponenten m, n, und p im allgemeinen nahe bei 1 liegen.

In jüngster Zeit führten wir die Modellversuche auch für unterschiedliches Einfallen durch. Modellierstoff war dabei das im Fachschrifttum schon oft erwähnte „Ballotin" (Glasschrot), mit dem — wie bekannt — die „stochastischen" Modelle angefertigt werden können.

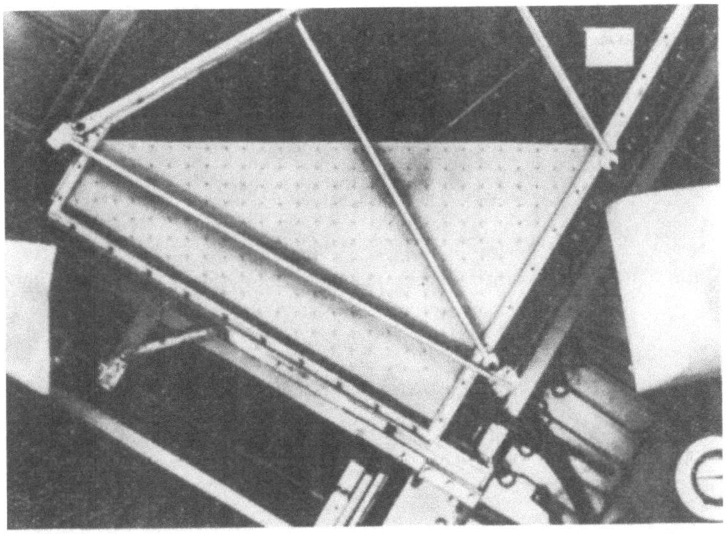

Bild 1. Modell vor dem Unterbauen bei einem Flözeinfallen von 30°

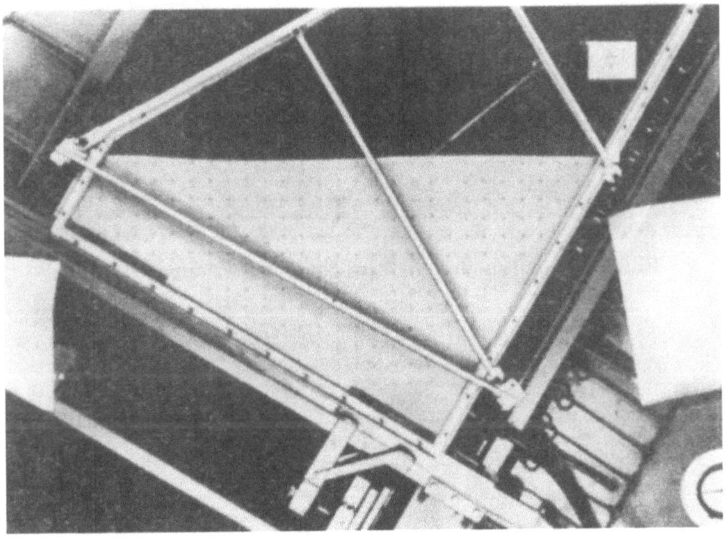

Bild 2. Modell nach Bild 1 im Endzustand der Bewegung

In den Bildern 1 bis 4 sind einige Einzelheiten der Modellversuche dargestellt.

Bild 1 zeigt ein Modell vor dem Unterbauen, das einem Flözeinfallen von 30° entspricht, das gleiche Modell im Endzustand der Bewegung ist in Bild 2 zu sehen.

In Bild 3 ist das Modell für 60° Flözeinfallen vor Durchführung des Versuches zu erkennen, während aus Bild 4 der Zustand bei 60° Einfallen nach beendetem Abbau zu entnehmen ist.

Im Verlauf der Hohlraumherstellung können die Verschiebungen mit dem Phototheodolit aufgenommen und die Koordinaten der Meßpunkte (Marken) mit dem Stereokomparator

Bild 3. Modell vor dem Unterbauen bei einem Flözeinfallen von 60°

Bild 4. Modell nach Bild 3 im Endzustand der Bewegung

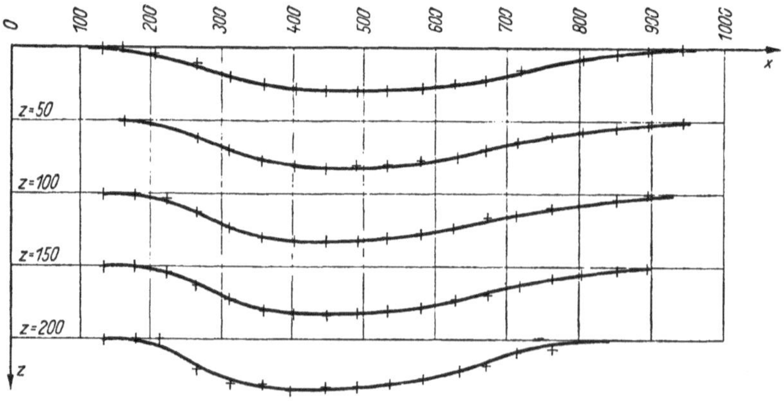

Bild 5. Senkungsfunktion $s(x, z)$ bei einem Flözeinfallen von 30°
Maßstab von $x = 1:5$; $z = 1:2,5$; $s = 1:1$

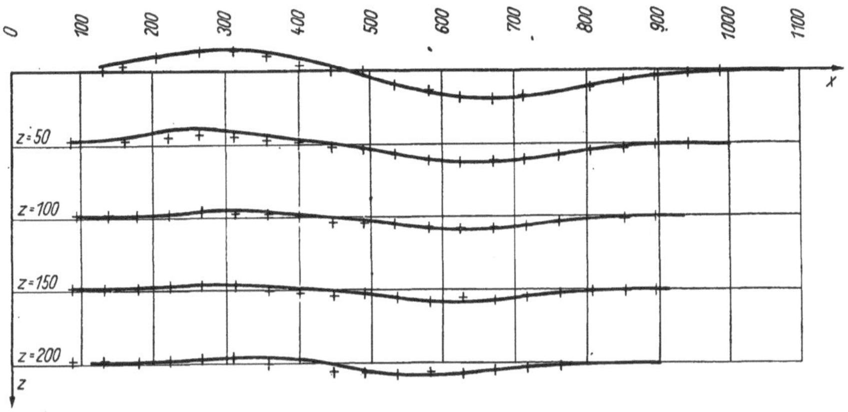

Bild 6. Verschiebungsfunktion $u(x, z)$ bei einem Flözeinfallen von 30°
Maßstab von $x = 1:5$; $z = 1:2{,}5$; $u = 1:0{,}5$

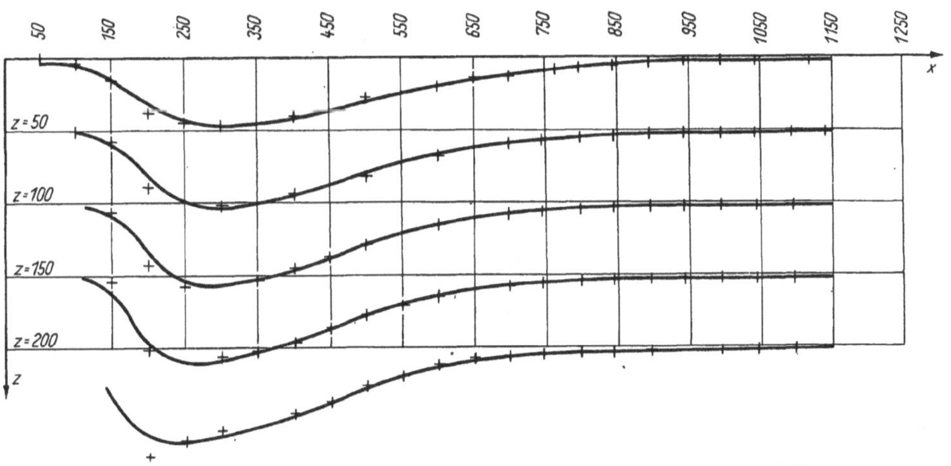

Bild 7. Senkungsfunktion $s(x, z)$ bei einem Flözeinfallen von 60°
Maßstab von $x = 1:5$; $z = 1:2{,}5$; $s = 1:1$

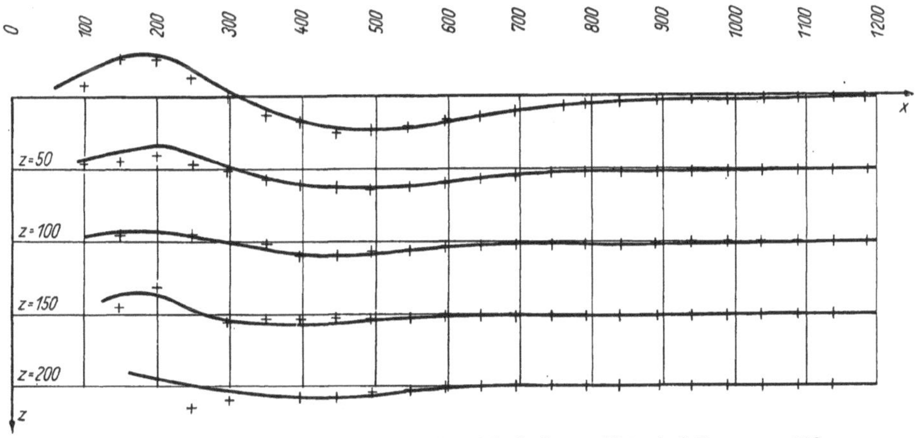

Bild 8. Verschiebungsfunktion $u(x, z)$ bei einem Flözeinfallen von 60°
Maßstab von $x = 1:5$; $z = 1:2{,}5$; $u = 1:0{,}5$

rasch ausgewertet werden. Die dem Endzustand entsprechenden Vertikal- und Horizontalverschiebungen sind in den Bildern 5 bis 8 graphisch dargestellt.

Bild 5 zeigt für ein Flözeinfallen von 30° die Funktion $s(x, z)$ und Bild 6 für das gleiche Einfallen die Funktion $u(x, z)$. In den Bildern 7 und 8 ist die graphische Darstellung der Funktionen $s(x, z)$ bzw. $u(x, z)$ für 60° Flözeinfallen zu sehen.

Die am Modell auf diese Weise erhaltenen Werte können in allgemeiner mathematischer Form folgendermaßen dargestellt werden:

Bei geneigten und steilgelagerten Flözen, d. h., wenn gemäß unseren Beobachtungen der Einfallwinkel mehr als 20° beträgt, ist die Profilkurve der Senkungsmulde — bezogen auf den Ort maximaler Senkung — schon asymmetrisch. Deshalb geben wir die Form der Senkungsfunktion mit zwei Teilkurven bzw. mit deren Gleichungen an. Der Wert der maximalen Senkung ist natürlich nach beiden Funktionen identisch, die Kontinuität der Kurven also gesichert.

Der Ort der Maximalsenkung ändert sich mit der jeweiligen Höhenlage. Wenn also bei söhliger Lagerung der Ort der Maximalsenkung — von der Teufe unabhängig, in konstanter Entfernung — $x = C_0$ war, so wird bei geneigtem oder steileinfallendem Flöz der Ort der Maximalsenkung mit zunehmender Teufe stets näher zum Hohlraum rücken.

Unter Berücksichtigung dieser Feststellung kann in den einzelnen Punkten des Bewegungsfeldes die vertikale Bewegungskomponente, d. h. die Senkung, folgendermaßen aufgeschrieben werden:

$$s_1(x, z) = s(z) \cdot \exp \{- b_1(z) [x - c(z)]^2\} ,$$

wenn $0 \leqq x \leqq c(z)$ ist, und

$$s_2(x, z) = s(z) \cdot \exp \{- b_2(z) [x - c(z)]^2\} ,$$

wenn $c(z) \leqq x \leqq x_0$ ist.

Jedenfalls ist

$$0 \leqq z \leqq z_0 .$$

Im allgemeinen ist aber

$$a(z) = a_1 + a_2 z$$
$$b_1(z) = b_{11} + b_{12} z$$
$$b_2(z) = b_{21} + b_{22} z$$
$$c(z) = c_1 + c_2 z$$

Die Größen a_1, a_2, b_{11}, b_{12}, b_{22}, c_1 und c_2 sind Konstante, deren zahlenmäßige Werte aus den Angaben bestimmt werden, die mit Hilfe des Modells ermittelt wurden. x_0 und z_0 bezeichnen die obere Grenze des Deutungsbereichs.

Für die horizontale Bewegungskomponente, d. h. die Verschiebung, gilt die aus der bekannten Grundbeziehung

$$u(x, z) = K(z) \frac{\delta s(x, z)}{\delta x}$$

abgeleitete Gleichung:

$$u_1(x, z) = - 2\, k_1(z) \cdot b_1(z) [x - c(z)] \cdot s_1(x, z) ,$$

wenn $0 \leqq x \leqq c(z)$ ist,

ferner die Gleichung

$$u_2(x, z) = - 2\, k_2(z) \cdot b_2(z) [x - c(z)] \cdot s_2(x, z) ,$$

wenn

$$c(z) \leqq x \leqq x_0$$

und

$$0 \leqq z \leqq z_0$$

ist.

Außer den schon bekannten Beziehungen ist

$$k_1(z) = k_{11} + \frac{k_{12}}{k_{13}\, z},$$

$$k_2(z) = k_{21} + \frac{k_{22}}{k_{23}\, z}.$$

Die Werte k_{ij} sind gleichfalls aus den Meßangaben bestimmbare Konstanten.

Die Koeffizienten der Näherungsgleichung wurden auf Grund der Meßangaben mit einer elektronischen Rechenmaschine (National Elliot 803-B) ermittelt, und zwar unter der Bedingung, daß die errechneten Werte den gemessenen Werten möglichst nahe sein sollen. Mit

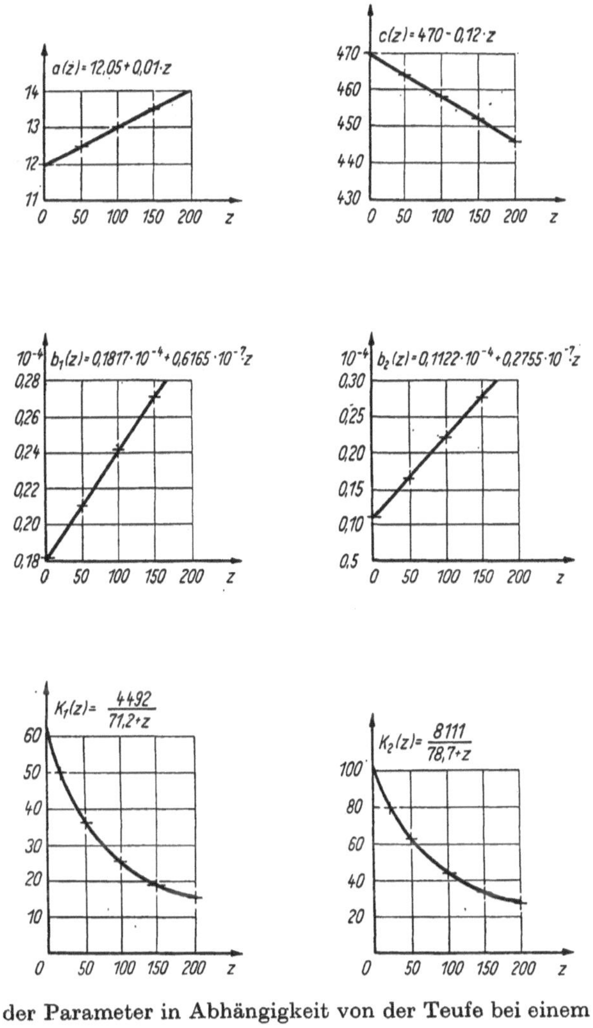

Bild 9. Änderungen der Parameter in Abhängigkeit von der Teufe bei einem Flözeinfallen von 30°

anderen Worten, es wurde zur Bedingung gestellt, daß der auf das ganze Bewegungsfeld bezogene Standardfehler ein Minimum betragen soll (die Methode der kleinsten Quadrate konnte wegen der Eigenart der Funktionen nicht angewandt werden). Die Programmierung der Berechnung wurde von Frau K. Toth, Expertin für angewandte Mathematik, durchgeführt.

Die mit numerischen Werten aufgestellten Funktionen zeigen im allgemeinen eine gute Annäherung an die gemessenen Werte. Die Größe des relativen Fehlers liegt zwischen 3,4% und 14,8%; der die Strenge der Korrelation anzeigende Korrelationsindex liegt für die Senkung bei 0,980 bis 0,990, für die Verschiebung aber bei den Werten 0,809 bis 0,915. Die Annäherung kann also wirklich als gut bezeichnet werden.

Auf Grund der Werte des Zahlenbeispiels sind in zwei Bildern die Veränderungen der einzelnen Parameter dargestellt. Bild 9 zeigt für ein Flözeinfallen von 30°, Bild 10 für ein Einfallen von 60° die in den Senkungs- und Verschiebungsgleichungen erscheinenden Parameter als Funktionen, die sich mit der Teufe (z) ändern.

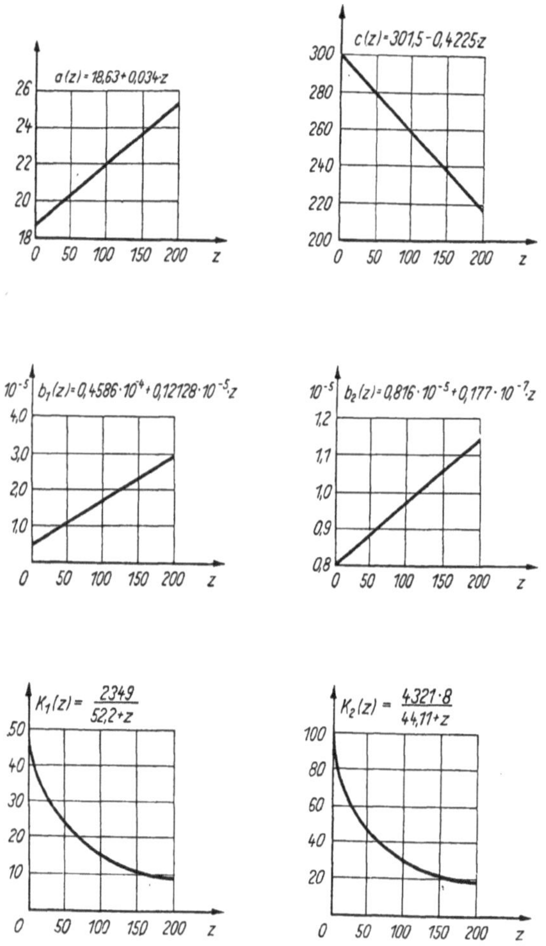

Bild 10. Änderungen der Parameter in Abhängigkeit von der Teufe bei einem Flözeinfallen von 60°

Als Schlußfolgerung sind in zwei Tafeln als Ergebnis unserer Modellversuche Ausmaß und Ort der Maximalsenkungen als Funktionen sowohl des Flözeinfallens als auch der Teufe zusammengefaßt. Im Interesse einer besseren Vergleichbarkeit sind die Werte als Relativwerte — bezogen auf söhlige Lagerung und die ursprüngliche Flözmächtigkeit — angeführt.

Tabelle 1. Orte der Maximalsenkung als Funktion des Flözeinfallens und der Teufe

Teufe %	Einfallwinkel des Flözes						
	0°	10°	20°	30°	40°	50°	60°
0	100	100	98,5	83,3	75,3	60,2	53,2
25	100	100	98,0	82,2	73,1	58,6	49,5
50	100	100	97,8	81,0	71,0	55,3	45,8
75	100	99,5	97,7	80,0	68,8	52,8	42,2
100	100	99,0	97,5	79,0	66,7	50,2	38,4

Aus der Tabelle ist zu ersehen, in welchem Ausmaß der Ort der Maximalsenkung mit der Zunahme von Teufe und Flözeinfallen im Bewegungsfeld „wandert".

Tabelle 2. Maximalsenkung als Funktion von Flözeinfallen und Teufe
(Flözmächtigkeit am Modell m_t = 12 mm = 100%)

Teufe %	Einfallwinkel des Flözes						
	0°	10°	20°	30°	40°	50°	60°
0	78,6	86,8	101,5	102,5	108,5	129,8	155,5
25	83,4	90,0	105,0	106,0	116,0	138,2	169,2
50	88,0	93,4	108,5	109,0	123,5	146,2	184,0
85	92,5	96,6	111,5	113,0	131,0	154,5	197,5
100	96,2	100,0	115,0	117,0	138,5	162,5	212,0

Diese Tabelle läßt erkennen, daß mit Zunahme des Flözeinfallens auch der Wert der Maximalsenkung sich stark erhöht.

Aus den bei den übertägigen Vermessungen gesammelten Meßangaben bzw. aus den zur Verfügung stehenden angenäherten Rechenverfahren können für jeden beliebigen Punkt der Pinge der Wert der Senkung und der Verschiebung sowie deren Veränderungen (Schieflage, Krümmung, Dehnung, Pressung) bestimmt werden. Die Modellversuche ergeben die Verteilung dieser Werte für den ganzen Bewegungsbereich des Hangenden. Auf solche Weise lassen sich mit verhältnismäßig guter Annäherung entsprechende Angaben ermitteln, um die Bewegung der unterbauten Hangendschichten näher erfassen zu können. Befinden sich aber in diesen Hangendschichten Objekte (z. B. Schacht, Tunnel, in einer Strecke errichteter Wassersperrdamm u. dgl.), so können die in ihrer Umgebung zu erwartenden Gebirgsbewegungen auf diese Weise bestimmt werden.

Die Modellversuche können daher geeignet sein, um Bergschadenerscheinungen zu überprüfen. Selbstredend können sie auch für das Treffen notwendiger Maßnahmen einen Anhaltspunkt abgeben.

Literatur

[1] MARTOS, F.: Über die statistische Methode der Vorausberechnung bergbaulischer Bodenbewegungen. In: Das Markscheidewesen in den sozialistischen Ländern. 2. Sammelband. Freiberger Forschungshefte A 404 (1966) S. 319–330.

[2] MARTOS, F.: Modellversuche zur Bestimmung von Bewegungsfeldern im unterbauten Deckgebirge. Acta Geodaet., Geophys. et Montanist. Acad. Sci. Hung. 2 (1967) 1/2, S. 121–129.

Stand und Entwicklungstendenzen der Biegetheorie unter besonderer Berücksichtigung einer einheitlichen Interpretation der Gebirgsmechanik beim Strebbau in einzelnen und mehreren Horizonten

von T. Döring, Freiberg

1. Problemstellung

Gebirgsmechanische Hohlraumprobleme sind generell durch zwei Hauptmerkmale gekennzeichnet:

— durch die komplexen und heterogenen mechanischen Eigenschaften des Gebirgsverbandes;
— durch die Vielfalt der geometrischen Anordnungen und Normen ihrer Hohlräume.

In besonderem Maße treffen diese Feststellungen auf die gebirgsmechanischen Erscheinungen beim Abbau zu, wobei speziell beim Strebbau in mehreren Horizonten infolge der räumlich und zeitlich unterschiedlichen Abbauführung komplizierte Hohlraumprobleme auftreten.

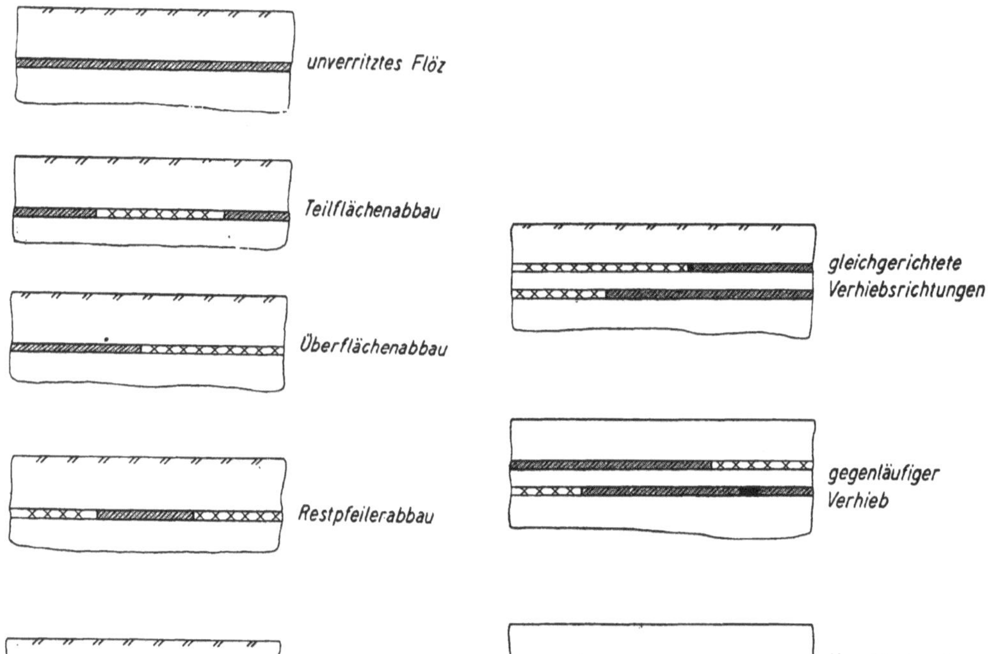

Bild 1 a—b. Schematische Darstellung verschiedener Abbausituationen beim Ein- und Mehrflözabbau

Bezeichnet man die zu einem bestimmten Zeitpunkt existierende Hohlraumanordnung als „Abbausituation", so lassen sich für derartige Abbausituationen gewisse typische Spezialfälle angeben, die eine allgemeine Bedeutung besitzen. Die folgende Gliederung zeigt beispielsweise wichtige Grenzfälle solcher Abbausituationen, die nach dem Gesichtspunkt des

Ein- und Mehrflözabbaus unterteilt sind (Bild 1). Dargestellt sind Vertikalschnitte durch den Gebirgsverband (ebenes Problem).

1. Abbausituationen beim Einflözabbau (Grundformen)
1.1. Teilflächenabbau
1.2. Überflächenabbau
1.3. Restpfeilerabbau

2. Abbausituationen beim Zweiflözabbau
2.1. Über- oder Unterbauen einer Grundform des Einflözabbaus (z. B.: Unterbauen einer Strebkante; Unterbauen eines Restpfeilers usw.)
2.2. gleichzeitiger Verhieb beider Flöze
(z. B.: Vorausbauen des oberen oder unteren Strebes; gegenläufiger Verhieb zweier Flöze)

In der Literatur findet man umfangreiche Mitteilungen über Beobachtungs- und Meßergebnisse aus allen Ländern, die für diese unterschiedlichen Abbausituationen im wesentlichen Aussagen über vertikale Verschiebungen und Konvergenzen von Gebirgsschichten in, unter und über den Abbauhorizonten beinhalten; teilweise existieren auch Angaben über Druck- und Spannungsmessungen in diesen Bereichen.

Im Rahmen der vorliegenden Arbeit wurde zunächst dieses umfangreiche Beobachtungsmaterial nach den angegebenen Gesichtspunkten, d. h. nach bestimmten Abbausituationen, zusammengestellt. Im weiteren Verlauf der Untersuchungen zeigte es sich, daß eine allgemeine Interpretation dieser Ergebnisse mit erträglichem Aufwand auf der Grundlage der Kontinuumsmechanik gegenwärtig noch nicht möglich ist. Dagegen gelingt es relativ leicht, dieses Beobachtungsmaterial mit Hilfe einer Erweiterung der klassischen Biegetheorie in erster Näherung einheitlich zu deuten. Unter einer einheitlichen Deutung soll dabei die Anwendung einheitlicher mathematischer Grundlagen verstanden werden.

In den folgenden Betrachtungen wird aus den genannten Gründen daher der eingeschlagene Weg zur Verallgemeinerung der bekannten Modellvorstellungen der Biegetheorie dargestellt; der Grad der Verallgemeinerung ist dabei nur in dem für die Deutung der Beobachtungsergebnisse unbedingt notwendigen Umfang durchgeführt. Als wichtigste Vereinfachungen wurden insbesondere die Voraussetzung des elastischen Materialverhaltens sowie die Grundannahme der sogenannten Winkler-Hypothese beibehalten. Möglichkeiten, auch diese Voraussetzungen einzuschränken, sind im folgenden Abschnitt angedeutet.

2. Stand und Entwicklungstendenzen der Biegetheorie

Die sogenannte Biegetheorie entwickelt sich von einem zunächst nur qualitativen Gedankenmodell relativ spät zu einer quantitativen mathematischen Modellvorstellung. Die grundlegende Entwicklung der mathematischen Modellvorstellungen der Biegetheorie wurde und wird im Ausland besonders in der Volksrepublik Polen sowie in Frankreich vorangetrieben. Als Beispiele hierfür seien nur die Arbeiten von Salustowicz [1] und Tincelin [2] zitiert. Der Kerngedanke dieser „klassischen Modellvorstellungen" läßt sich zusammenfassen in dem Ziel, die mittleren vertikalen Verschiebungen des Hangenden mit den Durchbiegungen eines elastisch gelagerten Plattenstreifens zu vergleichen, wobei auf der Grundlage der Winkler-Hypothese auch ein elastischer Vertikaldruckverlauf in Flöz und Versatz berechnet werden kann. Die Ergebnisse dieser Rechnungen wurden durch Untertagemessungen im wesentlichen bestätigt [3, 4].

Mängel dieser Modellvorstellungen ergeben sich zwangsläufig aus den zugrunde liegenden Voraussetzungen. Von diesen Voraussetzungen erscheinen besonders bedeutsam:

a) die Annahme der Winkler-Hypothese;
b) die Berücksichtigung nur einer einzelnen Ersatzschicht mit konstanter Flächenlast (Überlagerungsdruck);
c) die Annahme eines unverschieblichen (starren) Liegenden;
d) die Voraussetzung elastischer Materialeigenschaften.

Zur Überwindung dieser Mängel wurde eine Reihe von Verallgemeinerungen eingeführt, von denen als Beispiele die folgenden genannt werden sollen:

a) die Berücksichtigung der Einflüsse benachbarter Setzungen in den elastischen Unterlagen z. B. durch die Anwendung einer sogen. ,,Theorie zweiter Ordnung", welche die Winkler-Hypothese als Grenzfall enthält [6];
b) die Berücksichtigung von Schubverformungen der Ersatzschicht [7, 8];
c) die Berücksichtigung nichtlinearer Verformungseigenschaften der elastischen Unterlagen [6, 9];
d) die Berücksichtigung von Brucherscheinungen durch eine veränderliche Streifigkeit der Ersatzschicht [10];
e) die Berücksichtigung viskoelastischer Spannungs–Dehnungs-Beziehungen [5, 11];
f) die Berücksichtigung verschiedener Abbausituationen beim Einflözabbau [4].

Von Mandel [12] wurden weiterhin Möglichkeiten einer Berücksichtigung mehrerer Einzelschichten skizziert; diese Gedanken blieben jedoch auf den Einzelflözabbau beschränkt.

Im folgenden wird nun speziell die zuletzt genannte Anregung aufgegriffen, und es werden insbesondere die Möglichkeiten, die sich daraus zur einheitlichen Interpretation der Gebirgsmechanik beim Strebbau in beliebig vielen Abbauhorizonten ergeben, genutzt.

3. Theoretische Grundlagen einer verallgemeinerten Biegetheorie

3.1. Zur Begründung der Modellvorstellung

Im allgemeinen besteht der Gebirgsverband infolge geologischer Trennflächen aus Teilkörpern, die unterschiedliche mechanische Eigenschaften besitzen können. Die auftretenden Trennflächen stellen Diskontinuitätsflächen dar, deren mathematische Behandlung speziell bei gebirgsmechanischen Hohlraumproblemen sehr schwierig ist.

In einem geschichteten Gebirgsverband können die Schichtflächen derartige Diskontinuitäten bilden, indem z. B. infolge unterschiedlicher geologischer Entstehungsbedingungen biegesteife Schichten bzw. Schichtgruppen zwischen wenig steifen bzw. biegeschlaffen Schichten liegen. Geht man von der Überlegung aus, die Trennflächen selbst als dünne Schichten aufzufassen, denen jeweils bestimmte mechanische Eigenschaften zugeschrieben werden, so läßt sich im einfachsten Fall die Annahme einführen, daß in diese Trennflächen nur Normalspannungen übertragen werden. Diese Annahme läßt sich durch die Berücksichtigung einer Schubspannungsverteilung grundsätzlich erweitern.

Als einfachstes mathematisches Modell ist in diesem Sinne für einen Schichtverband ein Ersatzsystem aus übereinanderliegenden unendlich langen Plattenstreifen anzusehen, bei dem die Eigenschaften der Schichtflächen durch den Winkler-Ansatz beschrieben werden. Konvergenzen und Divergenzen sind zwischen den Schichten auf diese Weise durch Zusammendrückungen oder Dehnungen der elastischen Unterlagen gekennzeichnet und die ,,Kontinuität des Verbandes" ist formal gesichert.

Dieses Modell läßt sich auch so interpretieren, daß man die Biegesteifigkeit und die Zusammendrückbarkeit der Schichten jeweils getrennt berücksichtigt: die Steifigkeit durch die Ersatzschicht (Plattenstreifen), die Zusammendrückbarkeit durch die jeweilige elastische Unterlage.

3.2. Modellgleichungen

Die Gleichungen dieses mathematischen Modells beschreiben den Verlauf der vertikalen Verschiebungen der Schichten sowie der Vertikalspannungen zwischen den Schichten und lassen darüber hinaus die Bestimmung des Biegespannungszustandes in den einzelnen Schichten zu.

Bild 2 zeigt das formale Modell eines solchen Verbandes, der aus r-Schichten bestehen soll. (Die Schicht $r + 1$ wird als unendlich steif vorausgesetzt).

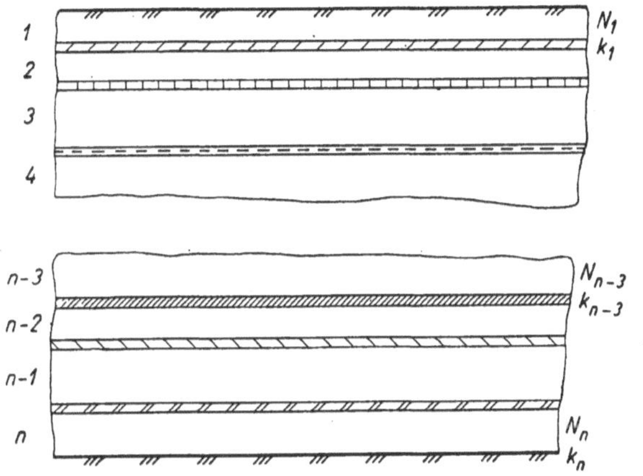

Bild 2. Formales Modell eines horizontal geschichteten Gebirgsverbandes

Die Differentialgleichung der Biegelinie der n-ten Schicht lautet unter diesen Voraussetzungen ($n = 1, 2, \ldots, r$):

$$- k_{n-1} w_{n-1} + \Omega_n w_n - k_n w_{n+1} = \overset{n}{p} . \tag{3.1}$$

Es gelten die Abkürzungen:

N_n = Biegesteifigkeit der n-ten Schicht
k_n = Bettungsziffer unter der n-ten Schicht
$\overset{n}{p}$ = Eigengewicht der n-ten Schicht
$k_0 = 0$, $w_{r+1} = 0$.

Der Vertikaldruck in der n-ten Schichtfläche lautet:

$$p_n N_n = k_n (w_n - w_{n+1}) . \tag{3.2}$$

Der Differentialoperator Ω_n ist definiert durch

$$\Omega_n = N_n \frac{d^4}{dx^4} + k_{n-1} + k_n , \tag{3.3}$$

wobei mit (3.3) zur Vereinfachung eine Beschränkung auf ebene Probleme gewählt ist (werden die Biegeflächen eines Plattensystems betrachtet, so ist (3.3) entsprechend zu verändern).

Das Differentialgleichungssystem der Biegelinien (Vertikalverschiebungen) lautet ausgeschrieben für r-Schichten:

$$\begin{aligned} \Omega_1 w_1 - k_1 w_2 \qquad\qquad &= \overset{1}{p} , \\ - k_1 w_1 + \Omega_2 w_2 - k_2 w_3 &= \overset{2}{p} , \\ k_{r-1} w_{r-1} + \Omega_r w_r &= \overset{r}{p} . \end{aligned} \tag{3.4}$$

3.3. Spezielle Lösung des Gleichungssystems

Im primären unverritzten Zustand des Gebirges gilt bei horizontaler Lagerung

$$w_n = \overset{0}{w}_n = \text{const}\,, \tag{3.5}$$

wobei die vertikalen Verschiebungen $\overset{0}{w}_n$ durch die Eigengewichte p verursacht werden.
Mit der Abkürzung

$$\sum_{j=1}^{n} \overset{j}{p} = \overset{n}{q}\,, \tag{3.6}$$

erhält man als spezielle Lösung:

$$\overset{0}{w}_n = \frac{\overset{n}{q}}{k_n} + \sum_{j=n+1}^{r} \frac{\overset{j}{q}}{k_j}\,, \tag{3.7}$$

gilt insbesondere:

$$\overset{1}{p} = \overset{0}{p} \gg \overset{n}{p}\,,$$

für alle $n > 1$, so vereinfacht sich (3.7); wenn man die $\overset{n}{p}$ gegen $\overset{0}{p}$ vernachlässigt zu:

$$\overset{0}{w}_n = \sum_{j=n}^{r} \frac{\overset{j}{p}}{k_j}\,. \tag{3.8}$$

Diese Vereinfachung ist zweckmäßig, wenn man nur einen Ausschnitt von wenigen Schichten betrachtet, deren Eigengewichte dann im allgemeinen gegenüber dem Überlagerungsdruck $\overset{0}{p}$ zu vernachlässigen sind.

3.4. Allgemeine Lösung des Gleichungssystems

Um die allgemeine Lösung des homogenen Systems zu erhalten, wird bekanntlich der Exponentialansatz

$$w_n = A_n\, e^{\lambda x}\,, \tag{3.9}$$

in (3.4) eingeführt, so daß für die A_n folgendes Gleichungssystem entsteht:

$$\begin{aligned} f_1 A_1 - k_1 A_2 &= 0 \\ k_{r-1} A_{r-1} + f_r A_r &= 0 \end{aligned} \tag{3.10}$$

mit

$$f_n = N_n \lambda^4 + k_{n-1} + k_n\,.$$

Mit Hilfe der Substitution

$$\lambda^4 = -4\alpha \tag{3.11}$$

folgt unmittelbar

$$\overset{\mu}{\lambda} = \pm (1 \pm i)\,\alpha^{1/4}\,, \quad i = \sqrt{-1}, \quad \mu = 1, 2, 3, 4$$

und (3.10) läßt sich in Matrizenform wie folgt darstellen:

$$\det(\mathfrak{A} - \alpha\,\mathfrak{B}) = 0 \tag{3.12}$$

Es gelten die Abkürzungen:

$$\mathfrak{A} = \begin{bmatrix} k_1 & -k_1 & & \\ -k_1 & k_1 + k_1 & -k_2 & \\ & \cdot & & \\ & & \cdot & \\ & & -k_{r-1} & k_{r-1} + k_r \end{bmatrix} \quad \mathfrak{B} = \begin{bmatrix} 4N_1 & & & \\ & 4N_2 & & \\ & & & \\ & & & \cdot \\ & & & 4Nr \end{bmatrix}.$$

Die freien Stellen dieser Matrizen sind mit Nullen besetzt. Nach einem bekannten Satz der Matrizentheorie (13) sind für r-reihige hermitische (reell symmetrische) Matrizen $\mathfrak{A}$ und $\mathfrak{B}$

sowie bei positiv definiter und nichtsingulärer 𝔅-Matrix sämtliche gesuchten Wurzeln α_n reell. Ist weiterhin auch 𝔄 positiv definit (oder semidefinit), so sind überdies alle α_n positiv (oder nicht negativ). Diese Voraussetzungen sind nun bei den angegebenen Matrizen stets erfüllt, so daß alle Wurzeln α_n reell sind und $\alpha_n > 0$ gilt.[1])

Aus dem Gesagten folgt daher, daß die allgemeinen Lösungen $\overline{w}_n$ der w_n die bekannten Formen

$$\overline{w}_n = \sum_{n=1}^{r} \sum_{\mu=1}^{4} \overset{\mu}{B}_n \overset{\mu}{\Phi}_n \tag{3.13}$$

mit

$$\overset{1}{\Phi}_n = \cosh \xi_n \cos \xi_n$$

$$\overset{2}{\Phi}_n = \frac{1}{2} (\cosh \xi_n \sin \xi_n + \sinh \xi_n \cos \xi_n)$$

$$\overset{3}{\Phi}_n = \frac{1}{2} \sinh \xi_n \sin \xi_n$$

$$\overset{4}{\Phi}_n = \frac{1}{4} (\cosh \xi_n \sin \xi_n - \sinh \xi_n \cos \xi_n)$$

haben (sie sind ebenso in bekannter Weise durch Produkte aus trigonometrischen und Exponential-Funktionen darzustellen), wobei gilt:

$$\xi_n = \alpha_n^{1/4} x \, .$$

3.5. Grenzfall der homogenen Schichtung

Unter ,,homogener Schichtung" soll der Grenzfall

$$N_n = N, \; k_n = k, \quad n = 1, 2, \ldots, r \tag{3.14}$$

verstanden werden. Die α_n lassen sich hier wie folgt explizit angeben. Man geht beispielsweise von der n-ten Gleichung (3.10) aus und erhält:

$$- A_{n-1} + \left(2 - \frac{4N}{k} \alpha\right) A_n - A_{n+1} = 0 \, . \tag{3.15}$$

Diese Gleichung wird durch den Ansatz:

$$\begin{aligned} 2 - \frac{4N}{k} \alpha &= 2 \cos \varphi \\ A_n &= B \sin n \varphi \end{aligned} \tag{3.16}$$

erfüllt. Für die r-te Gleichung ergibt sich damit:

$$- \sin (r - 1) \varphi + 2 \cos \varphi - \sin r \varphi \equiv \sin (1 + r) \varphi = 0 \, ,$$

so daß gilt:

$$\varphi = \varphi_n = \frac{n \cdot \pi}{1 + r} \, .$$

Daraus folgt die gesuchte Relation:

$$\begin{aligned} \alpha_n &= \frac{k}{2N} \left(1 - \cos \frac{n \cdot \pi}{1 + r}\right) \\ n &= 1, 2, \ldots, r \, . \end{aligned} \tag{3.17}$$

---

[1]) Die Symmetrie von 𝔄, 𝔅 ist offensichtlich, ebenso die Nichtsingularität der positiv definiten 𝔅-Matrix. Daß auch 𝔄 positiv definit ist, folgt unmittelbar aus einem Vergleich mit dem formal analogen Eigenwertproblem der Schwingungstechnik (13) und läßt sich durch Bildung der stets positiven Hauptabschnittsdeterminanten von 𝔄 zeigen.

4. Hohlraumprobleme und Randbedingungen

4.1. Strebbau in einem Horizont

Betrachtet man den Abbauhorizont als elastische Unterlage, so ist hier die Bettungsziffer als Folge des Abbaus nicht konstant. Im einzelnen können z. B. Bereiche wie:

- unverritztes Flöz bzw. nicht abgebaute Flözteile (Restpfeiler)
- Hohlräume (Bettungsziffer ist null)
- mit Versatz gefüllte Bereiche
- ausgebaute Hohlräume

auftreten. Die Eigenschaften jedes dieser Bereiche werden durch eine andere Bettungsziffer $k_{n,m}$ ausgedrückt, so daß $k_{n,m}$ eine stückweise stetige Funktion von x ist[1]). Somit wird das Gesamtintervall $-\infty \leqq x \leqq +\infty$ so in Teilintervalle $c_{m-1} \leqq x \leqq c_m$ zerlegt, daß innerhalb jedes Teilintervalls $k_{n,m} = \text{const}$ gilt. Die Lösung der Aufgabe erfordert damit für jedes Teilintervall $[c_{m-1}, c_m]$ die Lösung eines Gleichungssystems der Form (3.4). Um die Stetigkeit der Funktionen $w_{n,m}(x)$ und ihrer Ableitungen an den Intervallgrenzen $x = c_m$ zu garantieren, müssen dort die Übergangsbedingungen:

$$\begin{aligned} w_{n,m}(c_m) &= w_{n,m+1}(c_m) \\ w'_{n,m}(c_m) &= w'_{n,m+1}(c_m) \\ w''_{n,m}(c_m) &= w''_{n,m+1}(c_m) \\ w'''_{n,m}(c_m) &= w'''_{n,m+1}(c_m) \end{aligned} \tag{4.1}$$

erfüllt sein, die mechanisch auch die Stetigkeit des Momenten- und Querkraftverlaufs zum Ausdruck bringen.

Liegt also ein Schichtsystem von r-Schichten vor und setzt sich der Abbauhorizont aus $m = 1, 2, \ldots t$ Teilbereichen zusammen, so sind $r \cdot t$ Differentialgleichungen zu lösen und $4 \cdot r \cdot t$ Integrationskonstante zu bestimmen, denen mit (4.1) auch die gleiche Zahl von Bestimmungsgleichungen gegenüber steht.

4.2. Strebbau in mehreren Horizonten

Sind in mehreren Horizonten gleichzeitig Versatzbereiche, Restpfeiler u. a. vorhanden, so verändert sich der angegebene Lösungsweg prinzipiell nicht. Man hat nur den gesamten Schichtverband in weitere Teilintervalle so zu unterteilen, daß innerhalb jedes Intervalls $[c_{m-1}, c_m]$ die Bettungsziffer $k_{n,m}$ in jeweils einem Horizont konstant ist (im allgemeinen können in diesem Teilintervall jedoch die $k_{n,m}$ in den verschiedenen Horizonten verschieden sein, so daß wiederum in jedem Teilintervall das System (3.4) gilt.

Der Abbau in mehreren Horizonten vergrößert also in der Regel die Zahl t der zu betrachtenden Teilbereiche und ändert nichts an dem grundsätzlichen Rechengang.

5. Zur Anwendung der Modellvorstellungen

5.1. Das Zweischichtensystem

Zur Verdeutlichung der Aussagemöglichkeiten, die bereits das Zweischichtensystem als einfachste Verallgemeinerung der ,,klassischen Modellvorstellung'' bietet, sei Bild 3 betrach-

---

[1]) Der erste Fußindex n bezeichnet weiterhin den Horizont, der zweite Index m den jeweiligen Teilbereich in einem Horizont.

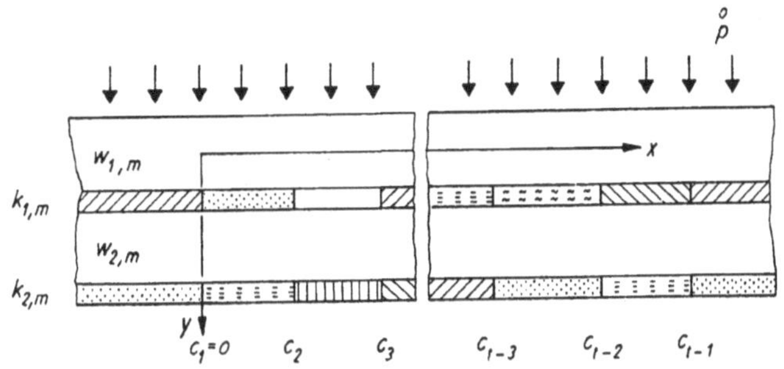

Bild 3. Zweischichtenmodell (n = 2) mit t = Teilbereichen

tet, das den allgemeinen Modellfall darstellen soll: hier gilt also $n = 1, 2$ bei beliebig großem t. Die beiden äußeren halbunendlichen Intervalle

$$[-\infty, 0] \quad \text{und} \quad [c_{t-1}, \infty]$$

schließen danach $(t - 2)$ endliche Teilintervalle ein. Das Gleichungssystem (3.4) lautet hier speziell:

$$\Omega_{1,m}\, w_{1,m} - k_{1,n}\, w_{2,m} = \overset{0}{p}$$
$$-k_{1,m}\, w_{1,m} + \Omega_{2,m}\, w_{2,m} = 0\,.$$

$m = 1, 2, \ldots, t$.

5.2. Spezielle Modellvorstellungen des Zweischichtensystems beim Einflözabbau

Wir wollen zwei Beispiele herausgreifen, welchen als Abbausituation ein unendlich langes Versatzfeld (Überflächenabbau) und damit der Fall $t = 2$ zugrunde liegt. Die Bilder 4 und 5 zeigen diese Beispiele in schematischer Darstellung, die einmal den Einfluß einer Schichtfläche im Hangenden (Abbau im unteren Horizont) und zum anderen den Einfluß einer Trennfläche im Liegenden (Abbau im oberen Horizont) verdeutlichen.

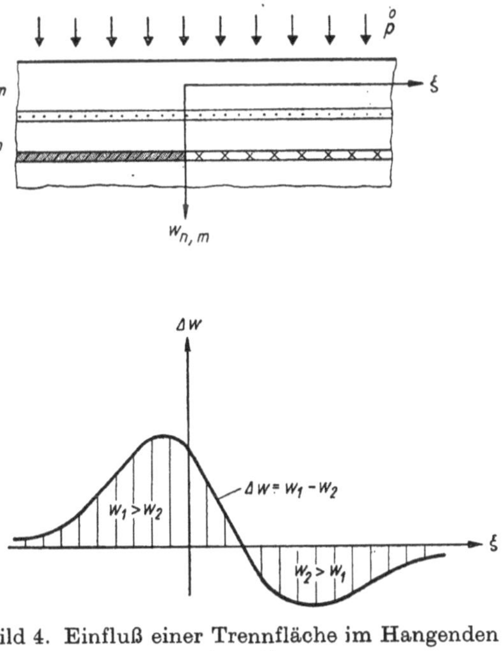

Bild 4. Einfluß einer Trennfläche im Hangenden ($t = 2$)

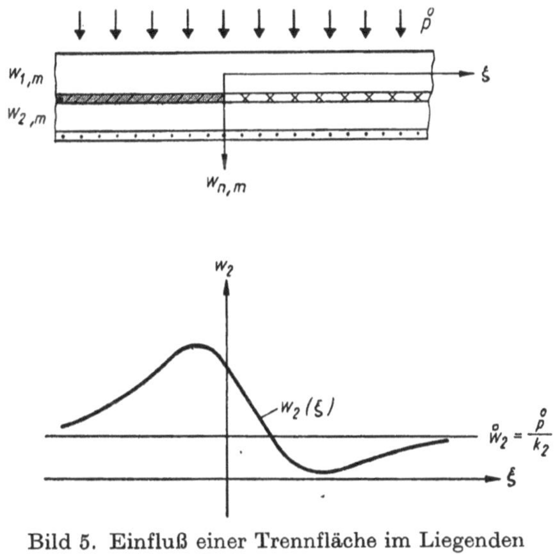

Bild 5. Einfluß einer Trennfläche im Liegenden ($t = 2$)

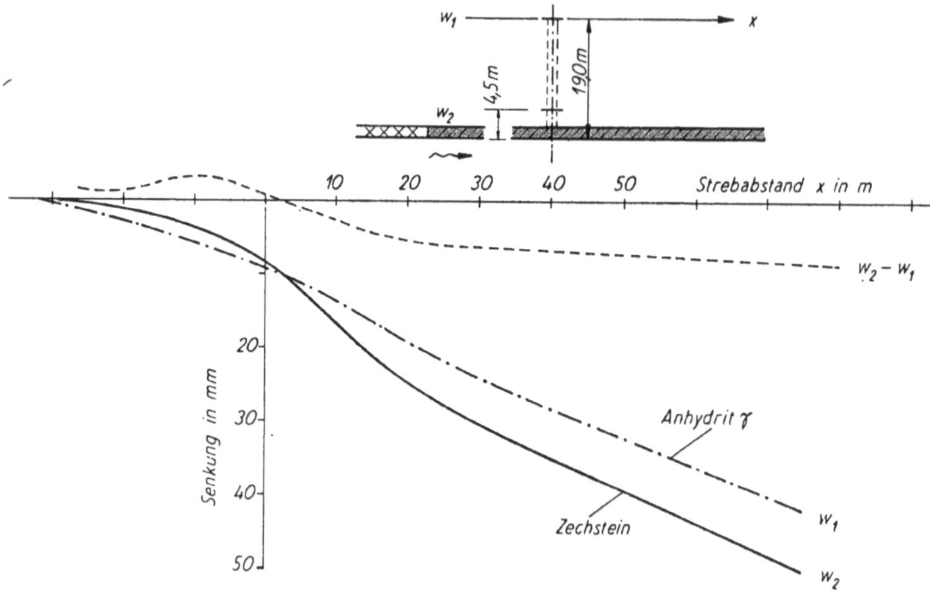

Bild 6. Verformungsverlauf zwischen zwei Schichten im Hangenden eines Strebes nach [14]

In diesem Fall treten $4\,r\,t = 16$ Integrationskonstante auf, die sich unter Berücksichtigung der Randbedingungen im Unendlichen sofort auf 8 reduzieren lassen.

Die Bilder 4 und 5 stellen im oberen Horizont die Konvergenzfunktion

$$\Delta w_m = w_{1,m} - w_{2,m}$$

sowie im unteren Horizont die Durchbiegung $w_{2,m}$ dar. Als Abszisse ist ein dimensionsloser Maßstab gewählt.

Bild 4 zeigt, daß im Strebvorfeld infolge des Zusatzdruckes eine Konvergenz der Hangendschichten auftritt, die im Bereich des Versatzfeldes in eine Divergenz übergeht. Diese Divergenz entspricht also der Beobachtung von „Weberschen Hohlräumen", d. h. dem Auftreten von „Senkungslücken".

Bild 5 zeigt, daß sich infolge des Zusatzdruckes die Liegendschicht im Strebvorfeld zunächst abwärts bewegt; im Bereich des Versatzfeldes kommt es dagegen zu einer Aufwölbung des Liegenden durch eine relative Entlastung.

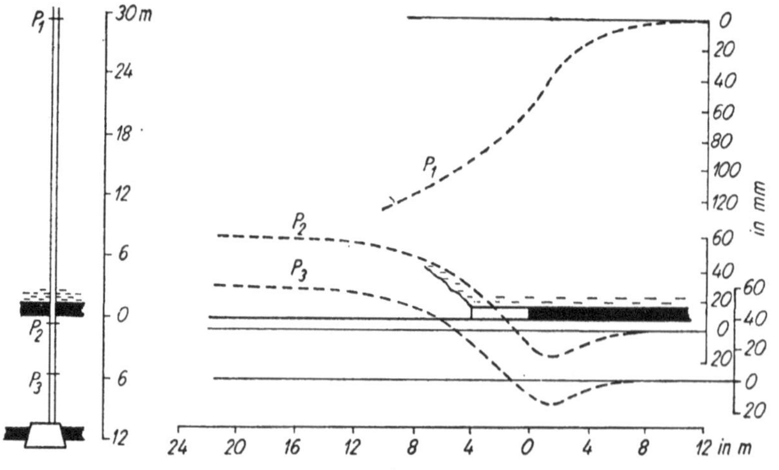

Bild 7. Verschiebungen einer Liegendschicht beim Strebbau nach [15]

Die folgenden Bilder 6 und 7 demonstrieren, daß die beschriebenen theoretischen Ergebnisse in der Tat unter Tage auch zu beobachten sind. In der Literatur findet man hierzu eine Vielzahl analoger Beispiele.

5.3. Modellvorstellungen beim Zweiflözabbau

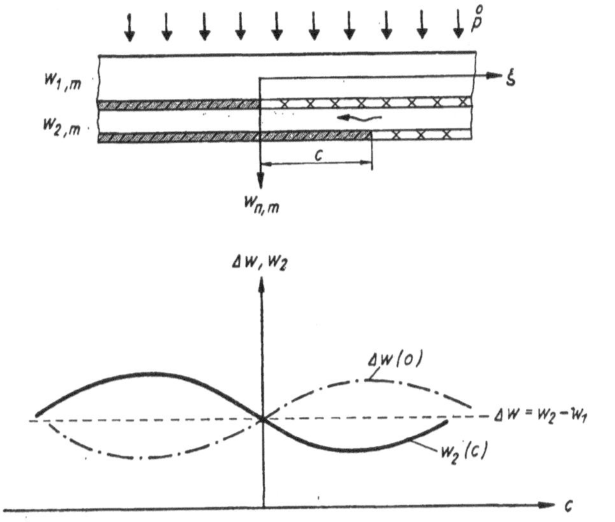

Bild 8. Vortrieb zweier Strebe (Zweiflözabbau) mit gleichgerichteten Verhiebsrichtungen

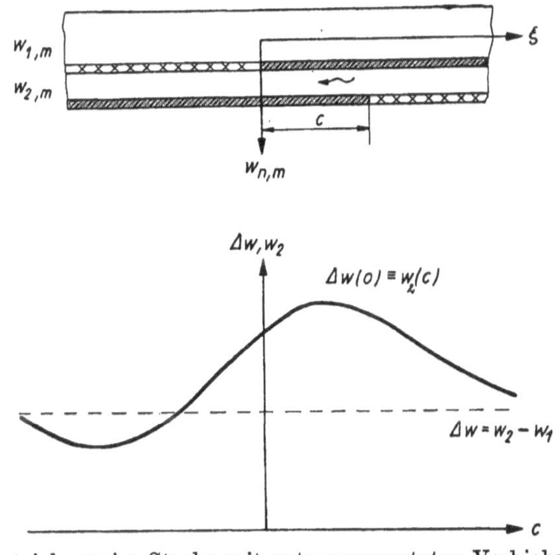

Bild 9. Vortrieb zweier Strebe mit entgegengesetzten Verhiebsrichtungen

Die Bilder 8, 9, 10 zeigen Anwendungsbeispiele der Modellvorstellungen für Zweischichtensysteme bei den Abbausituationen:

a) gleichzeitiger Abbau in zwei Horizonten mit den Spezialfällen:
   - Vorausbauen des unteren Strebes
   - Vorausbauen des oberen Strebes
   - Gegenläufiger Vortrieb zweier Flöze

b) Unterbauen eines Restpfeilers bei verschiedener Entfernung des Strebes vom Pfeiler.

Die Zahl der zu bestimmenden Integrationskonstanten wächst dabei auf 16 bzw. 24.

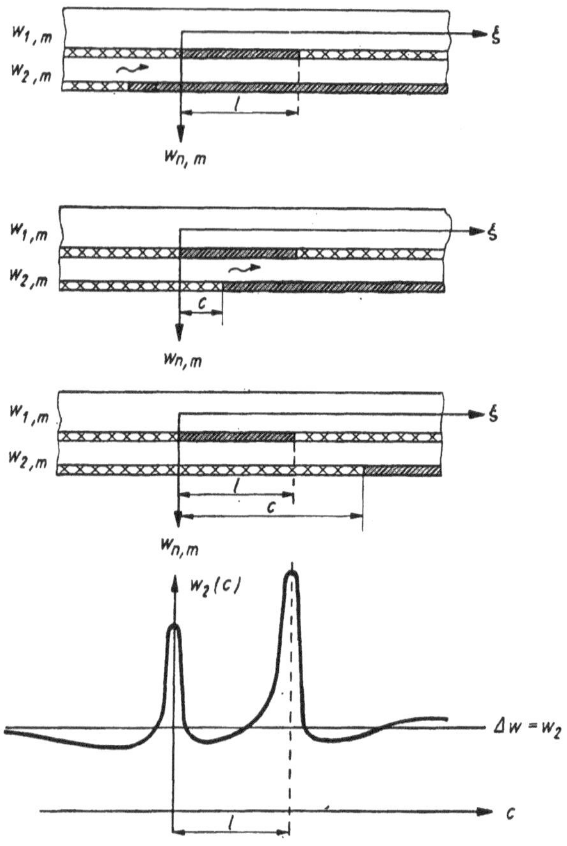

a)

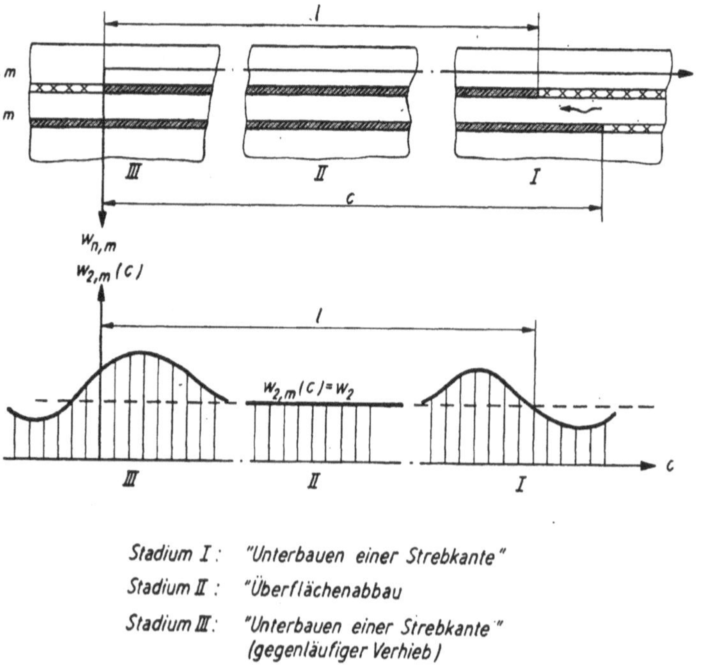

b)

Bild 10 a–b. Abbausituationen beim Unterbauen eines Restpfeilers

Mit Hilfe eines Rechenautomaten wurden für die genannten Abbausituationen Verschiebungen und Konvergenzen in numerischen Beispielen bestimmt und mit Beobachtungsergebnissen verglichen, die aus den verschiedensten Bergbaurevieren der Welt in der Literatur veröffentlicht sind.

Es sei erwähnt, daß sich im wesentlichen gute Übereinstimmungen zwischen Rechnung und Beobachtung ergeben. Als Beispiel zeigt Bild 8 schematisch für den Fall zweier Überflächenabbaue in zwei benachbarten Horizonten die Konvergenzen Δw und die Verschiebungen w_2 an den Strebstößen, die jeweils für verschiedene Abstände c der Strebe voneinander nach der Biegetheorie auftreten.

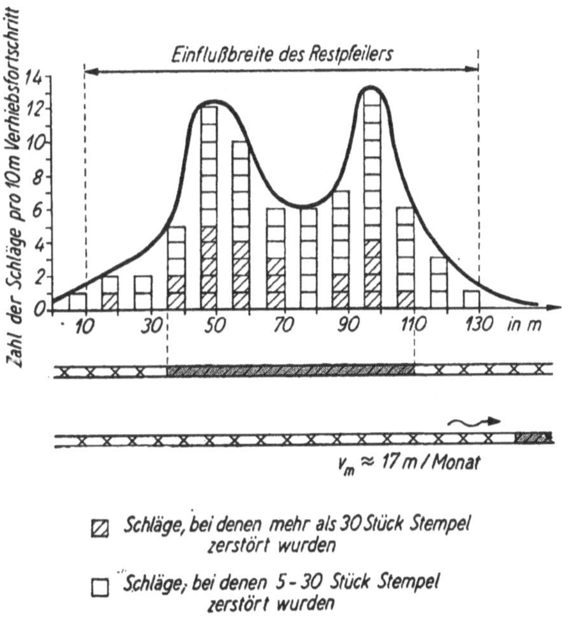

Bild 11. Veränderung der Gebirgsschlagintensität als Funktion der Strebstoßentfernung von den Pfeilerrändern nach [16]

Bild 10 zeigt schematisch die Durchbiegung der Dachschicht des unteren Strebes am Strebstoß in Abhängigkeit von der Entfernung zum Restpfeiler. Man erkennt deutlich, daß im Bereich der Abbaukanten die Verformungen im unteren Streb besonders stark anwachsen. Dieses Ergebnis stimmt vollkommen überein mit Untertagemessungen sowie mit Beobachtungen über das Auftreten von Gebirgsschlägen beim Unterbauen von Restpfeilern (Bild 11).

6. Zusammenfassung

Zur Deutung von Beobachtungs- und Meßergebnissen beim Strebbau in einzelnen und mehreren Abbauhorizonten werden verallgemeinerte Modellvorstellungen der Biegetheorie beschrieben. Die Auswertung numerischer Beispiele dieser Modellvorstellungen läßt gute Übereinstimmungen zwischen den theoretischen Ergebnissen und den Untertagebeobachtungen erkennen und beweist damit die Zweckmäßigkeit der gewählten Ansätze.

Literatur

[1] Salustowicz, A.: Contribution a l'etude des pressions des terrains en phouche exploitée par remblayage. Wydawnictwo, Zakladu Mechaniki Budowli politechniki Gdanskiy, Gdansk 1950.

[2] TINCELIN, E.: Pressions et Deformations de Terrain dans les Mines de Fer de Lorraine. Paris, Joure, Editeurs, 1957

[3] JACOBI, O.: Der Druck auf Flöz und Versatz. Internat. Tagung über Gebirgsdruckforschung Essen 1956.

[4] DÖRING, T.: Modellvorstellungen zur Deutung von Senkungs- und Druckerscheinungen beim Strebbau in flacher Lagerung. Freiberger Forschungsheft A 111 (1959) S. 35–101.

[5] DÖRING, T.: Untersuchungen über Druckaufnahme und Verformung des Versatzes beim Strebbau in flacher Lagerung unter besonderer Berücksichtigung der Bergmauern beim Mansfelder Strebbau. Freiberg 1963 (unveröffentlichter Forschungsbericht).

[6] DÖRING, T.: Zur Auswertung und Deutung von Druck- und Konvergenzmessungen im Versatz beim Strebbau in flacher Lagerung unter Berücksichtigung einer nichtlinearen Versatzkennlinie. Freiberger Forschungsheft A 320 (1964) S. 93–145.

[7] TINCELIN, E., und SINOU, P.: Der Einsturz des Hangenden bei Örterbau. Praktische Schlußfolgerungen und Versuche einer mathematischen Erfassung der bei Gebirgsschlägen beobachteten Vorgänge. Internat. Kongreß für Gebirgsdruckforschung, Paris 1960. S. 605–623.

[8] DZIUNIKOWSKI, J.: Absenkung des Deckgebirges beim Abbau einer Salzlagerstätte unter Anwendung von Versatz. Archiwum Gornichtwa XI (1966) Z. 1, S. 3–28.

[9] SALUSTOWICZ, A.: Der Abbaudruck in einem Flöz von physikalisch-nichtlinearer Beschaffenheit. Archiwum Gornictwa **10** (1965) 1, S. 3–15.

[10] SONNTAG, G.: Die Beanspruchung des Hangenden in Abbaubetrieben mit Vollversatz auf Steinkohlengruben. Glückauf **96** (1960) 7, S. 434–440.

[11] GIL, H.: Theoretische Begründung der Anwendung von Betonitpfeilern statt Versatzrippen beim Strebbruchbau. Przeglad Gorniczy (1962) 5, S. 283–286.

[12] MANDEL, J.: Berechnungen auf dem Gebiete des Gebirgsdruckes. Revue de l'Industrie Minerale **41** (1959) S. 78–92.

[13] ZURMÜHL: Matrizen und ihre technischen Anwendungen. Springer-Verlag, Berlin 1961.

[14] WORDELMANN, H., und DÖRING, T.: Zur Durchführung und Anwendung gebirgsmechanischer Untersuchungen im Kupferschieferbergbau der DDR. Vortrag zum Berg- und Hüttenmännischen Tag der Bergakademie Freiberg 1967.

[15] SUMEJKO, TIMINSKIJ und ORESKIN: Untersuchungen der Gebirgsbewegungen beim Überbauen von Strecken auf den Kohlengruben von Nowowol-ynsk. Ugol **37** (1962) 12, S. 14–17.

[16] MATUSZEWSKI, J., und LECH, B.: Der Abbau eines gebirgsschlaggefährdeten Flözes unterhalb eines Pfeilers in einem benachbarten Flöz. Przeglad Gorniczy (1961) 4, S. 238–241.

Der Spannungszustand körniger Medien in steilstehenden Hohlräumen

von G. Bräuner

Einleitung

Die wichtigsten Diskontinuitäten, die wir im Steinkohlengebirge kennen, sind die Trennflächen zwischen Flöz und Nebengestein. Auf ihnen als naturgegebenen Gleitflächen können sich Relativverschiebungen vollziehen, die die Sicherheit und den wirtschaftlichen Erfolg des betroffenen Abbaus erheblich gefährden. Insbesondere handelt es sich um

1. den plötzlichen Vorschub des Flözes, den sogenannten Gebirgsschlag, der in allen Lagerungsverhältnissen vorkommen kann,
2. das allmähliche Hereinschieben des Flözes in die Strecken bei flacher Lagerung,
3. die damit verbundene Faltung des Nebengesteins (z. B. Aufwölbung der Sohle),
4. das plötzliche Abrutschen großer Kohlenmassen bei steiler Lagerung, das sogenannte Auslaufen der Kohle, und
5. das Hereinbrechen des Versatzes bei steiler Lagerung, wenn sich der Versatz über den Arbeitsräumen — Strecken oder Streben — befindet.

Diese Vorgänge sind ihrem mechanischen Wesen nach zu verschiedenartig, als daß sie auf Grund einer einzigen theoretischen Konzeption untersucht werden könnten. In den drei ersten Fällen handelt es sich um zeitabhängige elastoplastische Verschiebungen unter der Wirkung des Gebirgsdruckes. Zu ihrer quantitativen Bestimmung haben wir noch kaum Ansatzpunkte. In den beiden letzten Fällen spielt das Eigengewicht der Kohle bzw. des Versatzes die Hauptrolle, und hier bildet die Forderung, daß zwischen dem Eigengewicht und den Reibungskräften auf den Wandflächen eine Gleichgewichtsbeziehung bestehen muß, eine Grundlage für die analytische Untersuchung. Hinzu kommt, daß man sowohl die auslaufende Kohle als auch den frisch eingefüllten Versatz in guter Annäherung als kohäsionsloses körniges Medium betrachten kann. Besonders gilt dies für den Versatz, der in den ersten Tagen nach seinem Einbringen noch nicht durch Zementierung und Konvergenz verfestigt ist. Dieser Zeitraum ist daher der kritische. Die Grundlage für eine wirksame Sicherung gegen den Druck des überhängenden Versatzes ist daher die Bestimmung seines Spannungszustandes. Die durchschnittliche Mächtigkeit der mit überhängendem Versatz gebauten Flöze beträgt 160 cm gegenüber 8 cm durchschnittlichem Korndurchmesser des Versatzes. Die Annahme eines körnigen Mediums ist daher gerechtfertigt.

Grundgleichungen

Es handelt sich um ein ebenes Problem, da die Länge der verfüllten spaltförmigen Hohlräume groß gegenüber ihrer Breite, der Flözmächtigkeit, ist. Bild 1 bezeichnet die Breite mit $2\,b$, den Neigungswinkel gegen die Horizontale (das Einfallen) mit α, die Achse in Richtung des Einfallens als z-Achse und die rechtwinklig dazu verlaufende Achse als x-Achse. Bezeichnet man die Wichte des körnigen Mediums mit γ, so wirkt bei einem Volumelement $dx\,dz$

in z-Richtung die Massenkraft $\gamma\, dx\, dz \cdot \sin\alpha$ und in x-Richtung $\gamma\, dx\, dz \cdot \cos\alpha$. Die Gleichgewichtsbedingungen für das Element lauten daher

$$\left.\begin{aligned} \frac{\partial\sigma_x}{\partial x} + \frac{\partial\tau}{\partial z} &= \gamma\cos\alpha \\ \frac{\partial\sigma_z}{\partial z} + \frac{\partial\tau}{\partial x} &= \gamma\sin\alpha\,. \end{aligned}\right\} \tag{1}$$

Experimentell ist erwiesen, daß die Spannungskomponenten in einem beliebigen Horizont z mit wachsender Höhe der Überfüllung degressiv zunehmen und bereits bei einer Überfüllungshöhe, die das 5- bis 10fache der Breite $2\,b$ beträgt, ihren Grenzwert erreichen (vgl. Bild 2). Da im Bergbau die Füllhöhe fast immer größer ist, interessieren nur diese Grenzwerte, die somit von z unabhängig sind. Es wird daher

$$\left.\begin{aligned} \frac{\partial\sigma_x}{\partial x} &= \gamma\cos\alpha \\ \frac{\partial\tau}{\partial x} &= \alpha\,\gamma\sin\alpha\,; \end{aligned}\right\} \tag{2}$$

$$\left.\begin{aligned} \sigma_x &= \gamma\cos\alpha\,(x + A_1) \\ \tau &= \gamma\sin\alpha\,(x + A_2)\,. \end{aligned}\right\} \tag{3}$$

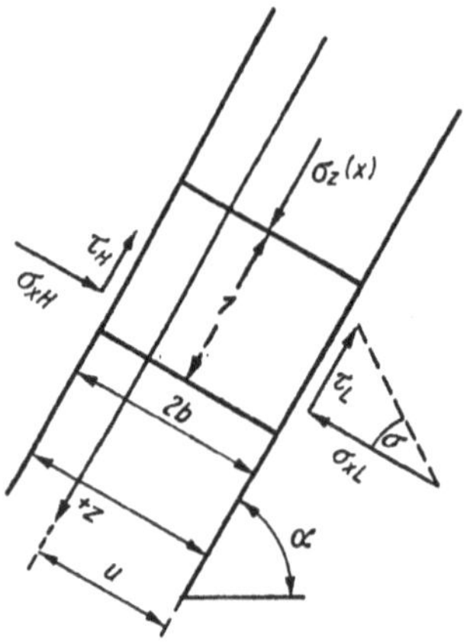

Bild 1. Spannungskomponenten bei spaltförmigem Behälter

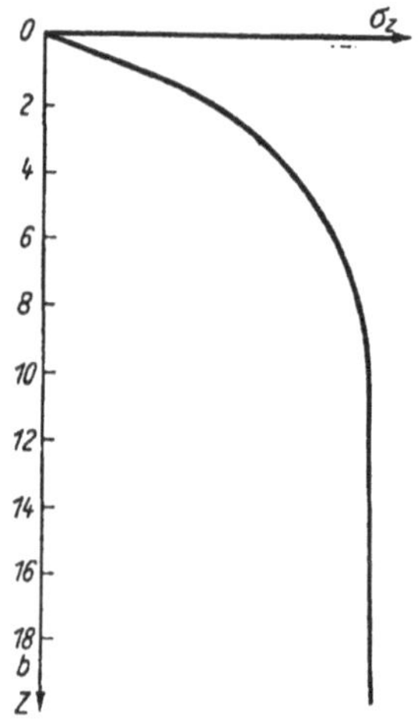

Bild 2. Zunahme von σ_z mit der Füllhöhe ($\alpha = 60°$)

Aus Symmetriegründen muß es innerhalb des Behälters eine den Wänden parallel verlaufende Ebene geben, die Hauptspannungsebene ist. In dieser Ebene, die mit $x = 0$ definiert sei, ist also $\tau = 0$, weshalb die Integrationskonstante $A_2 = 0$ und allgemein

$$\tau = \gamma\sin\alpha\, x \tag{4}$$

ist. Um die Integrationskonstante A_1 und damit σ_x bestimmen zu können, muß zunächst die Frage der Reibung betrachtet werden.

Wanddruck und Wandreibung

Die Tatsache, daß die Spannungskomponenten bei weiterer Überfüllung nicht mehr zunehmen, bedeutet, daß ein Spannungszustand entstanden ist, in dem die Wandreibungskräfte dem Eigengewicht gleich geworden sind. Für eine Säule der Höhe 1 (Bild 1) gilt also, wenn man die Spannungskomponenten an der „hangenden“ Wand mit τ_H und σ_{xH} und an der „liegenden“ Wand mit τ_L und σ_{xL} bezeichnet, in z-Richtung die Gleichgewichtsbedingung

$$\tau_H + \tau_L = 2\,\gamma\, b \sin\alpha\,. \tag{5}$$

Diese Wandreibung muß also mindestens vorhanden sein, damit Gleichgewicht herrscht. Andererseits sind τ und σ_x durch die Bedingung

$$\tau_{H,L} = \sigma_{xH,L} \tan\delta \tag{6}$$

(δ = Wandreibungswinkel) verknüpft. Es ist offenbar nicht notwendig, daß $\tau = \sigma_x \tan\delta$ ist, denn bei beliebig hohen Normaldrücken σ_x werden keinesfalls größere Wandreibungen aktiviert werden, als die Erhaltung des Gleichgewichtes nach (5) erfordert. Der Druck σ_{xH} oder σ_{xL} darf also jeden Wert entsprechend

$$\sigma_{xH,L} \geqq \tau_{H,L} \cot\delta$$

annehmen, ohne das Gleichgewicht zu beeinträchtigen. Die Frage nach dem wirklichkeitsnächsten Wert kann wiederum nur experimentell entschieden werden. Die bisherigen Beob-

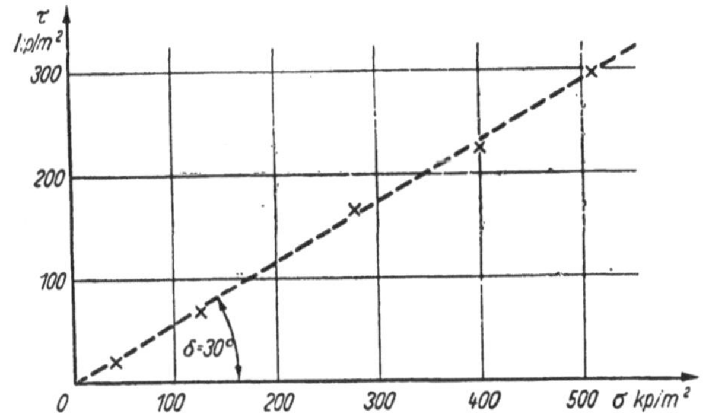

Bild 3. Reibung von Rauhspund auf Kalksteinschotter

achtungen sprechen dafür, daß die Wandreibung weitgehend ausgenutzt wird. Im Sonderfall $\alpha = \delta$ ist die volle Ausnutzung sogar evident (Gleichgewicht auf schiefer Ebene). Nach heutigem Wissen ist daher

$$\sigma_{xH,L} = \tau_{H,L} \cot\delta \tag{7}$$

der richtige Ansatz. Bei den meisten Materialien scheint der Faktor $\cot\delta$ spannungsunabhängig zu sein, wofür Bild 3 ein Beispiel zeigt. Dieses Ergebnis darf aber nicht verallgemeinert werden.

Zwischen den Wanddrücken σ_{xH} und σ_{xL} besteht die Beziehung

$$\sigma_{xL} = \sigma_{xH} + 2\,\gamma\, b \cos\alpha\,.$$

Wenn Gl. (7) gilt, so ergibt sich hieraus und aus (5)

$$\frac{\tau_H}{\tau_L} = \frac{\sigma_{xH}}{\sigma_{xL}} = \frac{\tan\alpha - \tan\delta}{\tan\alpha + \tan\delta} = \frac{\sin(\alpha - \delta)}{\sin(\alpha + \delta)}\,. \tag{8}$$

Aus (5), (7) und (8) berechnet man nun

$$\left.\begin{aligned} \sigma_{xL} &= \gamma\, b \frac{\sin(\alpha + \delta)}{\sin\delta}\,, \\ \tau_L &= \gamma\, b \frac{\sin(\alpha + \delta)}{\cos\delta}\,. \end{aligned}\right\} \tag{9}$$

Verteilung von σ_x

Aus Gl. (3) geht bereits hervor, daß σ_x linear über die Spaltbreite veränderlich ist. Die Lage des Nullpunktes $x = 0$ zu den Wänden blieb vorerst noch unbestimmt. Der Abstand der liegenden Wand vom Nullpunkt sei mit u bezeichnet. Er ergibt sich aus der Bedingung, daß der Schub τ an der Stelle $x = u$ gleich τ_L nach (9) sein muß:

$$\frac{u}{\tau_L} = \frac{x}{\tau(x)} .$$

Mit $\tau(x)$ nach (3) erhält man

$$u = \frac{\sin(\alpha + \delta)}{\sin\alpha \cos\delta} b . \tag{10}$$

Nun hängt der Druck $\sigma_x(x)$ mit dem Druck σ_{xL}, da die Schubspannungen in x-Richtung sich aufheben, durch

$$\sigma_{xL} = \sigma_x + (u - x)\,\gamma \cos\alpha$$

zusammen, woraus man unter Verwendung von (9) und (10)

$$\sigma_x = \gamma \left\{ \frac{\sin(\alpha + \delta)\sin(\alpha - \delta)}{\sin\alpha \sin\delta \cos\delta} b + \cos\alpha x \right\} \tag{11}$$

erhält. Hierin zählt x positiv in Richtung zur liegenden und negativ zur hangenden Wand. Natürlich gelten die Gleichungen nur für $\alpha \geqq \delta$.

Größe und Verteilung von σ_z

Aus der Kenntnis der Komponenten τ und σ_x läßt sich der Druck σ_z in Einfallrichtung noch nicht eindeutig bestimmen. Der allgemeine Zusammenhang

$$\left.\begin{matrix}\sigma_1\\ \sigma_2\end{matrix}\right\} = \frac{1}{2}(\sigma_z + \sigma_x) \pm \sqrt{\frac{(\sigma_z - \sigma_x)^2}{4} + \tau^2}$$

läßt das Verhältnis der beiden Hauptspannungen offen. Setzt man $\frac{\sigma_2}{\sigma_1} = n$ (σ_2 = kleine, σ_1 = große Hauptspannung), so läßt sich nach einigem Rechnen die Gleichung

$$\sigma_z = \frac{1 + n^2}{2n}\sigma_x \pm \frac{1 + n}{2n}\sqrt{(1 - n)^2\,\sigma_x^2 - 4\,n\,\tau^2} \tag{12}$$

ableiten, in der also das Hauptspannungsverhältnis n noch unbekannt ist. Dieses Hauptspannungsverhältnis wird zunächst dadurch eingegrenzt, daß das körnige Medium kohäsionslos, d. h. daß $n > 0$ sein soll. Ferner können die Schubspannungen innerhalb des körnigen Mediums höchstens gleich Normaldruck mal Reibungszahl sein. Hierzu muß n einen Mindestwert besitzen, der durch die bekannte Gleichung

$$n_{\min} = \frac{1 - \sin\varrho}{1 + \sin\varrho} \tag{13}$$

(ϱ = Winkel der inneren Reibung) fixiert ist.

Eine genauere Betrachtung der Gl. (12) zeigt nun zunächst, daß der Radikand auf der rechten Seite um so kleiner wird, je größer man den Wert von n einsetzt (dieser ist definitionsgemäß kleiner als 1). Die Forderung, daß der Radikand niedrigstenfalls noch gleich Null werden darf, ist darum zugleich die Bedingung für das höchstzulässige n, d. h.

$$(1 - n_{\max})^2\,\sigma_x^2 = 4\,n_{\max}\,\tau^2 = 0 ,$$

woraus man

$$n_{\max} = \frac{1}{\sigma_x^2}\left(2\,\tau^2 + \sigma_x^2 + 2\,\tau\sqrt{\sigma_x^2 + \tau^2}\right) \tag{14}$$

berechnet. Wenn man nach (7) volle Ausnutzung der Wandreibung annimmt, so wird daraus

$$n_{\max} = \frac{1 - \sin\delta}{1 + \sin\delta}, \tag{15}$$

und n kann in diesem Fall nur innerhalb der durch (13) und (15) gegebenen Grenzen liegen.

Weiterhin ergibt die Untersuchung der Gl. (12), daß die Absolutbeträge der beiden Glieder auf der rechten Seite mit wachsendem n verschieden stark abnehmen, und man erhält deshalb für σ_z folgende Grenzen:

1. Das Höchstmaß („aktiver“ Grenzzustand) ergibt sich, wenn in (12)
   a) das positive Vorzeichen vor der Wurzel gewählt und
   b) für n das Minimum nach Gl. (13) eingesetzt wird.
2. Das Mindestmaß („passiver“ Grenzzustand) ergibt sich, wenn in (12)
   a) das negative Vorzeichen und
   b) für n gleichfalls das Minimum nach Gl. (13) eingesetzt wird.

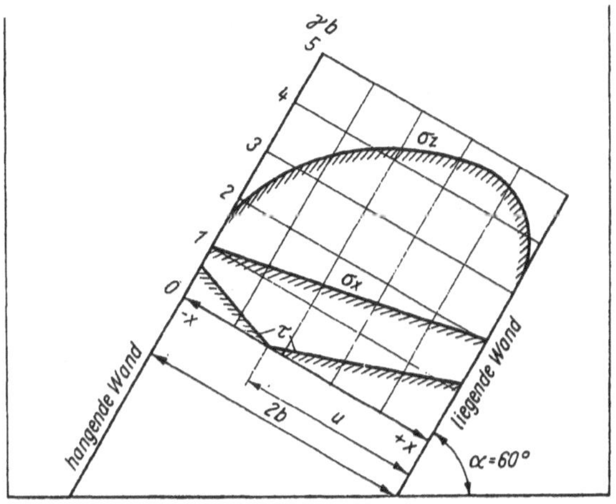

Bild 4. Spannungskomponenten bei $\alpha = 60°$ und $\delta = 30°$

Weitere Präzisierungen sind nur auf Grund von Beobachtungen möglich. Unsere Versatzdruckmessungen in der Grube und an Modellen deuten darauf hin, daß die dort vorliegenden Verhältnisse, die durch starre Seitenwände (Hangendes und Liegendes) und nachgiebige Stützwände (Ausbau) gekennzeichnet sind, durch

a) Wahl des positiven Vorzeichens und
b) Einsatz des maximalen n-Wertes nach (15)

am besten berücksichtigt werden. Unter diesen Voraussetzungen ergibt sich die Speziallösung

$$\sigma_z = \frac{1}{\cos^2\delta}(1 + \sin^2\delta)\,\sigma_x + 2\sqrt{\sin^2\delta\,\sigma_x^2 - \cos^2\delta\,\tau^2} \tag{16}$$

mit τ und σ_x nach (4) und (11).

Den Mittelwert von σ_z erhält man durch Integration und Division durch $2\,b$, er beträgt nach Einsatz von τ und σ_x aus (4) und (11):

$$\sigma_z = \frac{\gamma\,b}{\cos^2\delta}\left\{(1 + \sin^2\delta)\frac{\sin\alpha\cos\delta}{\sin\delta} + \frac{\pi}{2}\sqrt{\sin(\alpha + \delta)\sin(\alpha - \delta)}\right\}. \tag{17}$$

Bild 4 stellt die Größe und Verteilung der Spannungskomponenten τ, σ_x und σ_z nach den Gl. (4), (11) und (16) dar, wobei $\alpha = 60°$ und $\delta = 30°$ gewählt sind. τ und σ_x verteilen sich linear, σ_z elliptisch. Die wenigen Fälle, in denen die Verteilung des Bodendruckes gemessen werden konnte, bestätigen diesen elliptischen Verlauf.

Zusammenfassung

Im Steinkohlengebirge bilden die Trennflächen zwischen Flöz und Nebengestein die wichtigsten Diskontinuitäten. Ihr Einfluß auf die Spannungs- und Deformationsverhältnisse kann bisher nur in wenigen Fällen analytisch bestimmt werden. Ein solcher Fall liegt vor, wenn die Ausfüllung des Flözraumes als körniges Medium betrachtet werden kann und nur unter den Spannungen auf Grund ihres Eigengewichtes steht (Bild 1). Hierfür wird eine Lösung des zweidimensionalen Problems entwickelt. Sie basiert auf der Coulomb-Mohrschen Gleitbedingung und führt rein analytisch zu den allgemeinen Gln. (4), (6) und (12). Präzisierende Aussagen über den Grad der Ausnutzung der Reibung sowie über die Nachgiebigkeit der Behälterwände müssen experimentell gewonnen werden. Für den Fall des im Ruhrbergbau verwendeten Versatzmaterials und nachgiebiger Stützelemente ergeben sich die Spannungskomponenten nach den Gln. (11) und (16) bzw. (17). Sie sind in Bild 4 dargestellt. Die Gleichungen ermöglichen die richtige Dimensionierung des Ausbaus.

Von der vollständigen Lösung für das lineare dreidimensionale Problem bei orthotropen elastischen Medien in rechtwinkligen Koordinaten

von I. CHR. GANEV, Sofia

Für orthotrope Medien, welche drei zueinander senkrechte Ebenen elastischer Symmetrie besitzen, wird angenommen, daß bei genügend kleinen Spannungen und entsprechend kleinen Verformungen das bekannte erweiterte HOOKEsche Gesetz

$$\begin{aligned} \sigma_x &= A_{11}\,\varepsilon_x + A_{12}\,\varepsilon_y + A_{13}\,\varepsilon_z \\ \sigma_y &= A_{21}\,\varepsilon_x + A_{22}\,\varepsilon_y + A_{23}\,\varepsilon_z \\ \sigma_z &= A_{31}\,\varepsilon_x + A_{32}\,\varepsilon_y + A_{33}\,\varepsilon_z \\ \tau_{xy} &= A_{44}\,\gamma_{xy} \\ \tau_{yz} &= A_{55}\,\gamma_{yz} \\ \tau_{zx} &= A_{66}\,\gamma_{zx} \end{aligned} \tag{1}$$

gilt, welches auf ein rechtwinkliges Koordinatensystem x, y, z bezogen ist, dessen Koordinatenebenen den Hauptebenen (den Ebenen elastischer Symmetrie) der Orthotropie parallel sind. Es wird noch angenommen, daß bei genügend kleinen Spannungen und entsprechend kleinen Verformungen die 9 positiven Elastizitäts-Konstanten A_{mn} vom Vorzeichen der Spannungen und Verformungen unabhängig sind.

Werden die Spannungswerte aus (1) in die Gleichgewichtsbedingungen

$$\left.\begin{aligned} \frac{\partial \sigma_x}{\partial x} + \frac{\partial \tau_{yx}}{\partial y} + \frac{\partial \tau_{zx}}{\partial z} + \gamma_x - \varrho\,\frac{\partial^2 u}{\partial t^2} &= 0 \\ \frac{\partial \tau_{xy}}{\partial x} + \frac{\partial \sigma_y}{\partial y} + \frac{\partial \tau_{zy}}{\partial z} + \gamma_y - \varrho\,\frac{\partial^2 v}{\partial t^2} &= 0 \\ \frac{\partial \tau_{xz}}{\partial x} + \frac{\partial \tau_{yz}}{\partial y} + \frac{\partial \sigma_z}{\partial z} + \gamma_z - \varrho\,\frac{\partial^2 w}{\partial t^2} &= 0 \end{aligned}\right\} \tag{2}$$

des unendlich kleinen Parallelepipeds, dessen Wände den Koordinationsebenen bzw. den Hauptebenen der Orthotropie parallel sind, eingesetzt und werden die für genügend kleinen Verformungen gültigen CAUCHYschen Beziehungen

$$\left.\begin{aligned} \varepsilon_x &= \frac{\partial u}{\partial x} & \gamma_{xy} &= \frac{\partial u}{\partial y} + \frac{\partial v}{\partial x} \\ \varepsilon_y &= \frac{\partial v}{\partial y} & \gamma_{yz} &= \frac{\partial v}{\partial z} + \frac{\partial w}{\partial y} \\ \varepsilon_z &= \frac{\partial w}{\partial z} & \gamma_{zx} &= \frac{\partial w}{\partial x} + \frac{\partial u}{\partial z} \end{aligned}\right\} \tag{3}$$

berücksichtigt, so entsteht zur Bestimmung der drei Verschiebungen u, v und w in den Richtungen der drei Koordinatenachsen x, y und z das bekannte System von drei linearen partiellen Differentialgleichungen zweiter Ordnung:

$$\left.\begin{aligned}
D_1(u) + (A_{12} + A_{44})\frac{\partial^2 v}{\partial x\, \partial y} + (A_{31} + A_{66})\frac{\partial^2 w}{\partial x\, \partial z} + \gamma_x = 0 \\
D_2(v) + (A_{23} + A_{55})\frac{\partial^2 w}{\partial y\, \partial z} + (A_{12} + A_{44})\frac{\partial^2 u}{\partial y\, \partial x} + \gamma_y = 0 \\
D_3(w) + (A_{31} + A_{66})\frac{\partial^2 u}{\partial z\, \partial x} + (A_{23} + A_{55})\frac{\partial^2 v}{\partial z\, \partial y} + \gamma_z = 0\,.
\end{aligned}\right\} \tag{4}$$

Hierin bedeuten:

$$\left.\begin{aligned}
D_1 = D_{1,0} - \varrho\frac{\partial^2}{\partial t^2} \quad \text{und} \quad D_{1,0} = A_{11}\frac{\partial^2}{\partial x^2} + A_{44}\frac{\partial^2}{\partial y^2} + A_{66}\frac{\partial^2}{\partial z^2} \\
D_2 = D_{2,0} - \varrho\frac{\partial^2}{\partial t^2} \quad \text{und} \quad D_{2,0} = A_{44}\frac{\partial^2}{\partial x^2} + A_{22}\frac{\partial^2}{\partial y^2} + A_{55}\frac{\partial^2}{\partial z^2} \\
D_3 = D_{3,0} - \varrho\frac{\partial^2}{\partial t^2} \quad \text{und} \quad D_{3,0} = A_{66}\frac{\partial^2}{\partial x^2} + A_{55}\frac{\partial^2}{\partial y^2} + A_{33}\frac{\partial^2}{\partial z^2}\,;
\end{aligned}\right\} \tag{5}$$

γ_x, γ_y und γ_z — die Komponenten der auf die Volumeneinheit bezogenen Massenkraft, ϱ — die Massendichte des orthotropen elastischen Mediums.

Es ist auch bekannt, daß

$$A_{mn} = A_{nm}\ (m \neq n)\,. \tag{6}$$

Der erste Schritt zur Lösung der gestellten Aufgabe besteht in der Aufstellung selbständiger Differentialgleichungen für die drei Verschiebungen u, v und w. Dieses Ziel wird z. B. in bezug auf die Verschiebung u in der folgenden Weise erreicht:

a) Wird auf die zweite Gleichung (4) der Differentialoperator $-(A_{23} + A_{55})\frac{\partial^2}{\partial y\, \partial z}$ und die dritte Gleichung (4) der Differentialoperator D_2 angewandt, und werden die beiden dadurch entstehenden Gleichungen addiert, so entsteht die Gleichung:

$$\begin{aligned}
&\left[D_2 D_3 - (A_{23} + A_{55})^2\frac{\partial^4}{\partial y^2\, \partial z^2}\right] w + \\
&+ \left[(A_{31} + A_{66})\, D_2\frac{\partial^2}{\partial x\, \partial z} - (A_{12} + A_{44})\,(A_{23} + A_{55})\frac{\partial^4}{\partial x\, \partial y^2\, \partial z}\right] u + \\
&+ \left[D_2(\gamma_z) - (A_{23} + A_{55})\frac{\partial^2 \gamma_y}{\partial y\, \partial z}\right] = 0;
\end{aligned} \tag{a}$$

b) wird auf die zweite Gleichung (4) der Differentialoperator D_3 und auf die dritte Gleichung (4) der Differentialoperator $-(A_{23} + A_{55})\frac{\partial^2}{\partial y\, \partial z}$ angewandt, und werden die beiden dadurch entstehenden Gleichungen addiert, so entsteht die Gleichung:

$$\begin{aligned}
&\left[D_2 D_3 - (A_{23} + A_{55})^2\frac{\partial^4}{\partial y^2\, \partial z^2}\right] v + \\
&+ \left[(A_{12} + A_{44})\, D_3\frac{\partial^2}{\partial x\, \partial y} - (A_{23} + A_{55})\,(A_{31} + A_{66})\frac{\partial^4}{\partial x\, \partial y\, \partial z^2}\right] u + \\
&+ \left[D_3(\gamma_y) - (A_{23} + A_{55})\frac{\partial^2 \gamma_z}{\partial y\, \partial z}\right] = 0;
\end{aligned} \tag{b}$$

c) wird dann schließlich auf die erste Gleichung (4) der Differentialoperator $\left[D_2 D_3 - (A_{23} + A_{55})^2\frac{\partial^4}{\partial y^2\, \partial z^2}\right]$, auf die Gleichung (a) der Differentialoperator $-(A_{31} + A_{66})\frac{\partial^2}{\partial x\, \partial z}$ und auf die Gleichung (b) der Differentialoperator $-(A_{12} + A_{44})\frac{\partial^2}{\partial x\, \partial y}$ angewandt und werden die drei dadurch entstehenden Gleichungen addiert, so entfallen die Verschiebungen v und w und es entsteht die endgültige Gleichung

für die Verschiebung u:

$$\Big\{D_1 D_2 D_3 - (A_{22} + A_{55})^2 D_1 \frac{\partial^4}{\partial y^2 \partial z^2} - (A_{31} + A_{66})^2 D_2 \frac{\partial^4}{\partial z^2 \partial x^3} -$$

$$- (A_{12} + A_{44})^2 D_3 \frac{\partial^4}{\partial x^2 \partial y^2} + 2 (A_{23} + A_{55}) (A_{31} + A_{66}) (A_{12} + A_{44}) \frac{\partial^6}{\partial x^2 \partial y^2 \partial z^2}\Big\} u +$$

$$+ \Big\{\Big[D_2 D_3 - (A_{23} + A_{55})^2 \frac{\partial^4}{\partial y^2 \partial z^2}\Big] (\gamma_x) -$$

$$- \Big[(A_{12} + A_{44}) D_3 - (A_{23} + A_{55}) (A_{31} + A_{66}) \frac{\partial^2}{\partial z^2}\Big] \frac{\partial^2}{\partial x \partial y} (\gamma_y) -$$

$$- \Big[(A_{31} + A_{66}) D_2 - (A_{12} + A_{44}) (A_{23} + A_{55}) \frac{\partial^2}{\partial y^2}\Big] \frac{\partial^2}{\partial z \partial x} (\gamma_z)\Big\} = 0 . \qquad (7)$$

In analoger Weise wird erhalten:

für die Verschiebung v:

$$\Big\{D_2 D_3 D_1 - (A_{31} + A_{66})^2 D_2 \frac{\partial^4}{\partial z^2 \partial x^2} - (A_{12} + A_{44})^2 D_3 \frac{\partial^4}{\partial x^2 \partial y^2} -$$

$$- (A_{23} + A_{55})^2 D_1 \frac{\partial^4}{\partial y^2 \partial z^2} + 2 (A_{31} + A_{66}) (A_{12} + A_{44}) (A_{23} + A_{55}) \frac{\partial^6}{\partial y^2 \partial z^2 \partial x^2}\Big\} v +$$

$$+ \Big\{\Big[D_3 D_1 - (A_{31} + A_{66})^2 \frac{\partial^4}{\partial z^2 \partial x^2}\Big] (\gamma_y) -$$

$$- \Big[(A_{23} + A_{55}) D_1 - (A_{31} + A_{66}) (A_{12} + A_{44}) \frac{\partial^2}{\partial x^2}\Big] \frac{\partial^2}{\partial y \partial z} (\gamma_z) -$$

$$- \Big[(A_{12} + A_{44}) D_3 - (A_{31} + A_{66}) (A_{23} + A_{55}) \frac{\partial^2}{\partial z^2}\Big] \frac{\partial^2}{\partial x \partial y} (\gamma_x)\Big\} = 0 . \qquad (8)$$

für die Verschiebung w:

$$\Big\{D_3 D_1 D_2 - (A_{12} + A_{44})^2 D_3 \frac{\partial^4}{\partial x^2 \partial y^2} - (A_{23} + A_{55})^2 D_1 \frac{\partial^4}{\partial y^2 \partial z^2} -$$

$$- (A_{31} + A_{66})^2 D_2 \frac{\partial^4}{\partial z^2 \partial x^2} + 2 (A_{12} + A_{44}) (A_{23} + A_{55}) (A_{31} + A_{66}) \frac{\partial^6}{\partial z^2 \partial x^2 \partial y^2}\Big\} w +$$

$$+ \Big\{\Big[D_1 D_2 - (A_{12} + A_{44})^2 \frac{\partial^4}{\partial x^2 \partial y^2}\Big] (\gamma_z) -$$

$$- \Big[(A_{31} + A_{66}) D_2 - (A_{12} + A_{44}) (A_{23} + A_{55}) \frac{\partial^2}{\partial y^2}\Big] \frac{\partial^2}{\partial z \partial x} (\gamma_x) -$$

$$- \Big[(A_{23} + A_{55}) D_1 - (A_{31} + A_{66}) (A_{12} + A_{44}) \frac{\partial^2}{\partial x^2}\Big] \frac{\partial^2}{\partial y \partial z} (\gamma_y)\Big\} = 0 . \qquad (9)$$

Aus den erhaltenen Ergebnissen — den Gln. (7), (8) und (9) — ist zu ersehen:

1. Die selbständigen Differentialgleichungen für die drei Verschiebungen u, v und w können durch zyklische Vertauschung der Bezeichnungen abgeleitet werden; und

2. die Differentialoperatoren der drei Verschiebungen u, v und w, welche von der 6ten Ordnung sind, sind miteinander identisch. Das kann auch nicht anders sein, da abgesehen vom Einfluß der Massenkraft, keine der drei Verschiebungen den anderen etwas voraus hat.

Die drei endgültigen linearen partiellen Differentialgleichungen 6ter Ordnung (7), (8) und (9) werden, abgesehen von der Bezeichnung der unbekannten Funktion, miteinander identisch, wenn die Massenkraft konstant ist oder vernachlässigt wird (was nicht immer zulässig ist).

Dasselbe geschieht, wenn die Massenkraft so beschaffen ist, daß sie die Störungsfunktionen in den drei Differentialgleichungen (7), (8) und (9) gleichzeitig verschwinden läßt.

Der den drei selbständigen Differentialgleichungen für die Verschiebungen u, v und w gemeinsame Differentialoperator enthält außer den Differentiationen nach den drei räumlichen unabhängigen Veränderlichen x, y und z auch Differentiationen nach der Zeit t. Es ist aber zweckmäßig, zunächst von der Behandlung der dynamischen Vorgänge Abstand zu nehmen und die Lösung hier nur auf die statischen Verhältnisse zu beschränken.

Der statistische Fall: $\frac{\partial^2}{\partial t^2} = 0$

Wird im statischen Fall der den drei Verschiebungen u, v und w gemeinsame Differentialoperator mit D_0 bezeichnet, so ist:

$$D_0 = D_{1,0} \cdot D_{2,0} \cdot D_{3,0} - (A_{23} + A_{55})^2 D_{1,0} \frac{\partial^4}{\partial y^2\, \partial z^2} - (A_{31} + A_{66})^2 D_{2,0} \frac{\partial^4}{\partial z^2\, \partial x^2} -$$

$$- (A_{12} + A_{44})^2 D_{3,0} \frac{\partial^4}{\partial x^2\, \partial y^2} + 2 (A_{23} + A_{55}) (A_{31} + A_{66}) (A_{12} + A_{44}) \frac{\partial^6}{\partial x^2\, \partial y^2\, \partial z^2} \tag{10}$$

oder in entwickelter Form:

$$D_0 = A_{11} A_{44} A_{66} \frac{\partial^6}{\partial x^6} + A_{22} A_{55} A_{44} \frac{\partial^6}{\partial y^6} + A_{33} A_{66} A_{55} \frac{\partial^6}{\partial z^6} +$$

$$+ [A_{11} (A_{22} A_{66} + A_{44} A_{55}) - A_{12} A_{66} (A_{12} + 2 A_{44})] \frac{\partial^6}{\partial x^4\, \partial y^2} +$$

$$+ [A_{11} (A_{33} A_{44} + A_{55} A_{66}) - A_{31} A_{44} (A_{31} + 2 A_{66})] \frac{\partial^6}{\partial x^4\, \partial z^2} +$$

$$+ [A_{22} (A_{33} A_{44} + A_{55} A_{66}) - A_{23} A_{44} (A_{23} + 2 A_{55})] \frac{\partial^6}{\partial y^4\, \partial z^2} +$$

$$+ [A_{22} (A_{11} A_{55} + A_{66} A_{44}) - A_{12} A_{55} (A_{12} + 2 A_{44})] \frac{\partial^6}{\partial y^4\, \partial x^2} +$$

$$+ [A_{33} (A_{11} A_{55} + A_{66} A_{44}) - A_{31} A_{55} (A_{31} + 2 A_{66})] \frac{\partial^6}{\partial z^4\, \partial x^2} +$$

$$+ [A_{33} (A_{22} A_{66} + A_{44} A_{55}) - A_{23} A_{66} (A_{23} + 2 A_{55})] \frac{\partial^6}{\partial z^4\, \partial y^2} +$$

$$+ [A_{11} A_{22} A_{33} + 2 A_{44} A_{55} A_{66} + 2 (A_{23} + A_{55}) (A_{31} + A_{66}) (A_{12} + A_{44}) -$$

$$- A_{23} A_{11} (A_{23} + 2 A_{55}) - A_{31} A_{22} (A_{31} + 2 A_{66}) - A_{12} A_{33} (A_{12} + 2 A_{44})] \frac{\partial^6}{\partial x^2\, \partial y^2\, \partial z^2}\,. \tag{11}$$

In Einklang mit der allgemeinen Theorie der Differentialgleichungen sind die allgemeinen Lösungen der Differentialgleichungen (7), (8) und (9) aus ihren homogenisierten Formen zu ermitteln. Wird nun angenommen, daß es zulässig ist, auch hier die Methode anzuwenden, welche bei der Lösung von linearen partiellen Differentialgleichungen niedrigerer Ordnung Anwendung findet, so ist die Lösung durch den Ansatz

$$u, v, w = f(a\,x + b\,y + c\,z) \tag{12}$$

zu versuchen, worin f eine willkürliche Funktion der linearen Form $(a\,x + b\,y + c\,z)$ bedeutet, und a, b und c freie Parameter von der Dimension: Länge^{-1} sind.

Die Einsetzung von (12) in eine der homogenisierten Formen

$$D_0(u) = 0; \quad D_0(v) = 0; \quad D_0(w) = 0$$

der Differentialgleichungen (7), (8) und (9) führt in den drei Fällen zu ein und derselben die freien Parameter a, b und c verbindenden charakteristischen Gleichung:

$$\begin{aligned}
&A_{11} A_{44} A_{66} a^6 + A_{22} A_{55} A_{44} b^6 + A_{33} A_{66} A_{55} c^6 + \\
&\quad + [A_{11}(A_{22} A_{66} + A_{44} A_{55}) - A_{12} A_{66} (A_{12} + 2 A_{44})] a^4 b^2 + \\
&\quad + [A_{11}(A_{33} A_{44} + A_{55} A_{66}) - A_{31} A_{44} (A_{31} + 2 A_{66})] a^4 c^2 + \\
&\quad + [A_{22}(A_{33} A_{44} + A_{55} A_{66}) - A_{23} A_{44} (A_{23} + 2 A_{55})] b^4 c^2 + \\
&\quad + [A_{22}(A_{11} A_{55} + A_{66} A_{44}) - A_{12} A_{55} (A_{12} + 2 A_{44})] b^4 a^2 + \\
&\quad + [A_{33}(A_{11} A_{55} + A_{66} A_{44}) - A_{31} A_{55} (A_{31} + 2 A_{66})] c^4 a^2 + \\
&\quad + [A_{33}(A_{22} A_{66} + A_{44} A_{55}) - A_{23} A_{66} (A_{23} + 2 A_{55})] c^4 b^2 + \\
&\quad + [A_{11} A_{22} A_{33} + 2 A_{44} A_{55} A_{66} + 2 (A_{23} + A_{55})(A_{31} + A_{66})(A_{12} + A_{44}) - \\
&\quad - A_{23} A_{11} (A_{23} + 2 A_{55}) - A_{31} A_{22} (A_{31} + 2 A_{66}) - A_{12} A_{33} (A_{12} + 2 A_{44})] a^2 b^2 c^2 = 0.
\end{aligned} \tag{13}$$

Die charakteristische Gleichung (13) ist bikubisch und homogen in bezug auf die drei Parameter a, b und c. Infolgedessen läßt sich ihre linke Seite als Produkt von drei quadratischen Formen von a, b und c wie folgt darstellen:

$$\begin{aligned}
&(M_{11} a^2 + M_{12} b^2 + M_{13} c^2) \times (M_{21} a^2 + M_{22} b^2 + M_{23} c^2) \times \\
&\quad \times (M_{31} a^2 + M_{32} b^2 + M_{33} c^2) = 0 \,.
\end{aligned} \qquad (14$$

Im allgemeinen werden diese drei quadratischen Formen voneinander verschieden sein. Eine übersichtliche Darstellung der Koeffizienten M_{mn} durch die Elastizitäts-Konstanten A_{mn} scheint aber gegenwärtig nicht möglich zu sein. Man wird also in der Praxis auf die zahlenmäßige Ausrechnung von M_{mn} auf Grund gegebener Werte von A_{mn} angewiesen sein.

Zwei von diesen quadratischen Formen werden einander gleich, wenn zwischen den Elastizitäts-Konstanten A_{44}, A_{55} und A_{66} einerseits und den Elastizitäts-Konstanten A_{mn} $(m, n = 1, 2, 3)$ andererseits die Beziehungen

$$A_{44} = \frac{\sqrt{A_{11} A_{22}} - A_{12}}{2}; \qquad A_{55} = \frac{\sqrt{A_{22} A_{33}} - A_{23}}{2}; \qquad A_{66} = \frac{\sqrt{A_{33} A_{11}} - A_{31}}{2} \tag{15}$$

oder die gleichwertigen Beziehungen

$$A_{12} = \sqrt{A_{11} A_{22}} - 2 A_{44}; \quad A_{23} = \sqrt{A_{22} A_{33}} - 2 A_{55}; \quad A_{31} = \sqrt{A_{33} A_{11}} - 2 A_{66} \tag{15'}$$

bestehen. Dann nimmt die charakteristische Gleichung (13) die Form

$$\left(\sqrt{A_{11}}\, a^2 + \sqrt{A_{22}}\, b^2 + \sqrt{A_{33}}\, c^2\right)^2 \cdot (A_{44} A_{66} a^2 + A_{55} A_{44} b^2 + A_{66} A_{55} c^2) = 0 \tag{16}$$

an, wo für A_{44}, A_{55} und A_{66} die Werte (15) gelten.

In diesem Sonderfall verringert sich bei allgemeiner Orthotropie die Anzahl der voneinander unabhängigen Elastizitäts-Konstanten von 9 auf 6 — A_{11}, A_{22}, A_{33}, A_{44}, A_{55} und A_{66}.

Alle drei quadratischen Formen werden einander gleich, wenn zwischen den Elastizitäts-Konstanten A_{44}, A_{55} und A_{66} und den Elastizitäts-Konstanten A_{11}, A_{22} und A_{33} die zusätzlichen Beziehungen

$$A_{44} A_{66} = N \sqrt{A_{11}}; \quad A_{55} A_{44} = N \sqrt{A_{22}}; \quad A_{66} A_{55} = N \sqrt{A_{33}} \tag{17}$$

oder die ihnen entsprechenden Beziehungen

$$A_{12} \sqrt{A_{33}} = A_{23} \sqrt{A_{11}} = A_{31} \sqrt{A_{22}} \tag{17'}$$

bestehen, wie das leicht auf Grund der Beziehungen (15) festgestellt werden kann.

Infolge der Beziehungen (17) lassen sich z. B. die Elastizitäts-Konstanten A_{55} und A_{66} durch die Elastizitäts-Konstante A_{44} wie folgt ausdrücken:

$$A_{55} = \sqrt{\frac{A_{33}}{A_{11}}}\, A_{44}; \qquad A_{66} = \sqrt{\frac{A_{33}}{A_{22}}}\, A_{44}\,. \tag{17''}$$

Die charakteristische Form Gleichung (13) nimmt dann die Form

$$N\left(\sqrt{A_{11}}\,a^2 + \sqrt{A_{22}}\,b^2 + \sqrt{A_{33}}\,c^2\right)^3 = 0 \tag{18}$$

an, wo

$$N = \frac{A_{44}\,A_{66}}{\sqrt{A_{11}}} = \frac{A_{55}\,A_{44}}{\sqrt{A_{22}}} = \frac{A_{66}\,A_{55}}{\sqrt{A_{33}}}. \tag{19}$$

In diesem noch weiter spezialisierten Sonderfall verringert sich bei allgemeiner Orthotropie die Anzahl der voneinander unabhängigen Elastizitäts-Konstanten von 9 auf 4 — z. B. A_{11}, A_{22}, A_{33} und A_{44}.

Bei *transversaler Isotropie* (*Monotropie*), welche z. B. zur z-Achse senkrecht ist, gelten zwischen den Elastizitäts-Konstanten die bekannten Beziehungen:

$$A_{11} = A_{22}; \quad A_{13} = A_{23} = A_{32} = A_{31}; \quad A_{44} = \frac{A_{11} - A_{12}}{2}; \quad A_{55} = A_{66}, \tag{20}$$

durch welche die Anzahl der voneinander unabhängigen Elastizitäts-Konstanten auf 5 herabgesetzt wird, und die charakteristische Gleichung (13) verwandelt sich in:

$$\begin{gathered}\{A_{11}\,A_{66}\,(a^2 + b^2)^2 + [A_{11}\,A_{33} - A_{31}\,(A_{31} + 2\,A_{66})]\,(a^2 + b^2)\,c^2 + A_{33}\,A_{66}\,c^4\} \times \\ \times\,[A_{44}\,(a^2 + b^2) + A_{66}\,c^2] = 0\,,\end{gathered} \tag{21}$$

deren linke Seite ein Produkt einer biquadratischen Form und einer quadratischen Form der Parameter a, b und c ist.

Im allgemeinen läßt sich die biquadratische Form auf der linken Seite von (21) in ein Produkt von zwei voneinander verschiedenen quadratischen Formen spalten, welche einander gleich werden, wenn

$$A_{66} = \frac{\sqrt{A_{33}\,A_{11}} - A_{31}}{2} \qquad \text{oder} \qquad A_{31} = \sqrt{A_{33}\,A_{11}} - 2\,A_{66} \tag{22}$$

wird, in welchem Sonderfall die charakteristische Gleichung (21) in

$$A_{66}\left[\sqrt{A_{11}}\,(a^2 + b^2) + \sqrt{A_{33}}\,c^2\right]^2 [A_{44}\,(a^2 + b^2) + A_{66}\,c^2] = 0 \tag{23}$$

übergeht, wo für A_{66} der Wert (22) gilt.

In diesem Sonderfall verringert sich die Anzahl der voneinander unabhängigen Elastizitäts-Konstanten von 5 auf 4 — A_{11}, A_{33}, A_{44} und A_{66}.

Alle drei quadratischen Formen werden einander gleich, wenn zwischen den Elastizitäts-Konstanten A_{44} und $A_{55} = A_{66}$ und den Elastizitäts-Konstanten $A_{11} = A_{22}$ und A_{33} die zusätzlichen Beziehungen

$$A_{44} = P\sqrt{A_{11}}; \qquad A_{66} = P\sqrt{A_{33}} \tag{24}$$

oder die ihnen entsprechende Beziehung

$$A_{12}\sqrt{A_{33}} = A_{31}\sqrt{A_{11}} \tag{24'}$$

besteht, wie das auf Grund der Beziehungen (20) und (22) leicht festgestellt werden kann.

Infolge der Beziehungen (24) läßt sich z. B. die Elastizitäts-Konstante A_{66} durch die Elastizitäts-Konstante A_{44} wie folgt ausdrücken:

$$A_{66} = \sqrt{\frac{A_{33}}{A_{11}}}\,A_{44}\,. \tag{24''}$$

Die charakteristische Gleichung (21) nimmt dann die Form

$$P\left[\sqrt{A_{11}}\,(a^2 + b^2) + \sqrt{A_{33}}\,c^2\right]^3 = 0 \tag{25}$$

an, wo

$$P = \frac{A_{44}}{\sqrt{A_{11}}} = \frac{A_{66}}{\sqrt{A_{33}}}\,. \tag{26}$$

In diesem noch weiter spezialisierten Sonderfall verringert sich die Anzahl der voneinander unabhängigen Elastizitäts-Konstanten von 5 auf 3 — z. B. A_{11}, A_{33} und A_{44}.

Die Beziehungen (22), (24′) und (24″) enthalten offenbar nichts Neues, da sie in den Beziehungen (15), (17′) und (17″) mit enthalten sind.

Es ist nicht überflüssig hervorzuheben, daß in allen Gleichungen, welche mit der zur z-Achse senkrechten Monotropie in Verbindung stehen, die Parameter a und b gleichberechtigt vertreten sind, d. h., sie sind miteinander vertauschbar, wie das der Vertauschbarkeit der Koordinaten x und y im monotropen Medium entspricht.

Ähnlich aufgebaute Gleichungen entstehen naturgemäß auch bei transversalen Isotropien, welche zu den anderen Koordinatenachsen senkrecht sind.

Bei *vollkommener Isotropie*, oder schlechthin *Isotropie*, gelten zwischen den Elastizitäts-Konstanten die bekannten zusätzlichen Beziehungen:

$$A_{33} = A_{11}; \quad A_{31} = A_{12} \quad \text{und} \quad A_{66} = A_{44} = \frac{A_{11} - A_{12}}{2}, \tag{27}$$

durch welche die Anzahl der voneinander unabhängigen Elastizitäts-Konstanten auf 2 herabgesetzt wird, und die charakteristische Gleichung nimmt ihre einfachste Form an:

$$A_{11} A_{44} (a^2 + b^2 + c^2)^3 = 0 . \tag{28}$$

Die bisher ausgeführten Umformungen der charakteristischen Gleichung (13) zeigen, daß die Koeffizienten M_{mn} der drei quadratischen Formen auf der linken Seite der in der Form (14) dargestellten charakteristischen Gleichung durch die Elastizitäts-Konstanten A_{mn} in geschlossener Form nur ausgedrückt werden können, wenn die Grundbeziehungen (15), welche auch die Beziehung (22) mit enthalten, z Recht bestehen. Diese Möglichkeit soll vielleicht als ein Hinweis erachtet werden, daß die Beziehungen (15) der Wirklichkeit sehr nahe stehen. Die Wahrscheinlichkeit dieser Wirklichkeitsnähe wird auch durch den Umstand bestärkt, daß z. B. die Beziehung

$$A_{44} = \frac{\sqrt{A_{11} A_{22}} - A_{12}}{2} \quad \text{in} \quad A_{44} = \frac{A_{11} - A_{12}}{2}$$

übergeht, wenn von allgemein orthotropen Medien zu z. B. zur Z-Achse senkrechten monotropen Medien oder zu vollkommen isotropen Medien übergegangen wird.

Wird durch zweckmäßig angelegte Versuche gezeigt, daß dieses mit für die Praxis genügender Genauigkeit zutrifft, so könnte direkt angenommen werden, daß die Beziehungen (15) den wirklichen Zusammenhang der Elastizitäts-Konstanten A_{44}, A_{55} und A_{66} mit den anderen Elastizitäts-Konstanten A_{mn} $(m, n = 1, 2, 3)$ ausdrücken. Eine solche Annahme würde zu bedeutender Vereinfachung der praktischen Ausrechnungsarbeit führen, weil durch sie die Anzahl der voneinander unabhängigen A_{mn}-Werte bei allgemeiner Orthotropie von 9 auf 6, und bei transversaler Isotropie von 5 auf 4 verringert wird.

Die Darstellung der linken Seite der charakteristischen Gleichung (13) als Produkt von drei quadratischen Formen der Parameter a, b und c macht es möglich, das Quadrat eines jeden beliebigen von diesen Parametern als lineare Funktion der Quadrate der beiden anderen auszudrücken. Die Wahl des bevorzugten Parameters hängt von der Koordinatenachse ab, welcher aus irgendwelchen Gründen ein formaler Vorrang zugestanden wird, wie das in räumlichen Verhältnissen unumgänglich ist. Ist die formal bevorzugte Koordinatenachse die z-Achse, so muß c^2 als lineare Funktion von a^2 und b^2 dargestellt werden, so daß geschrieben werden kann:

$$c^2 = -s^2(a^2, b^2) \quad \text{oder kurz} \quad c^2 = -s^2 ,$$

woraus folgt

$$c = \pm i s . \tag{29}$$

Es muß sofort hervorgehoben werden, daß die Funktion, welche c^2 durch a^2 und b^2 ausdrückt, immer negativ sein muß, wie das bei statischen Verhältnissen naturbedingt ist.

Infolge von (29) kann für die lineare Form $(a\,x + b\,y + c\,z)$ die doppelte Schreibweise

$$\xi, \eta = a\,x + b\,y \pm i\,s\,z \tag{30}$$

gebraucht werden oder, da im allgemeinen Fall (14) c^2 in dreierlei Weise als Funktion von a^2 und b^2 dargestellt werden kann:

$$\left.\begin{aligned} \xi_1\, \eta_1 &= a\,x + b\,y \pm i\,s_1\,z \\ \xi_2, \eta_2 &= a\,x + b\,y \pm i\,s_2\,z \\ \xi_3, \eta_3 &= a\,x + b\,y \pm i\,s_3\,z\,. \end{aligned}\right\} \tag{31}$$

Dann sind für die allgemeinen Lösungen für die Verschiebungen u, v und w die Ansätze

$$\left.\begin{aligned} u &= f_1(\xi_1) + f_2(\eta_1) + f_3(\xi_2) + f_4(\eta_2) + f_5(\xi_3) + f_6(\eta_3) \\ v &= \varphi_1(\xi_1) + \varphi_2(\eta_1) + \varphi_3(\xi_2) + \varphi_4(\eta_2) + \varphi_5(\xi_3) + \varphi_6(\eta_3) \\ w &= \psi_1(\xi_1) + \psi_2(\eta_1) + \psi_3(\xi_2) + \psi_4(\eta_2) + \psi_5(\xi_3) + \psi_6(\eta_3) \end{aligned}\right\} \tag{32}$$

zu benützen.

Sind zwei von den drei quadratischen Formen (14) einander gleich, dann wird z. B.

$$\xi_2 = \xi_1 \quad \text{und} \quad \eta_2 = \eta_1$$

und die lineare Form $(a\,x + b\,y + c\,z)$ lautet

$$\left.\begin{aligned} \xi_{1,2}\, \eta_{1,2} &= a\,x + b\,y \pm i\,s_{1,2}\,z \\ \xi_3, \eta_3 &= a\,x + b\,y \pm i\,s_3\,z\,. \end{aligned}\right\} \tag{33}$$

Hier sind die allgemeinen Lösungen für die Verschiebungen u, v und w in den Formen

$$\left.\begin{aligned} u &= f_1(\xi_1) + f_2(\eta_1) + \eta_1\, f_3(\xi_1) + \xi_1\, f_4(\eta_1) + f_5(\xi_3) + f_6(\eta_3) \\ v &= \varphi_1(\xi_1) + \varphi_2(\eta_1) + \eta_1\, \varphi_3(\xi_1) + \xi_1\, \varphi_4(\eta_1) + \varphi_5(\xi_3) + \varphi_6(\eta_3) \\ w &= \psi_1(\xi_1) + \psi_2(\eta_1) + \eta_1\, \psi_3(\xi_1) + \xi_1\, \psi_4(\eta_1) + \psi_5(\xi_3) + \psi_6(\eta_3) \end{aligned}\right\} \tag{34}$$

zu erwarten.

Sind schließlich alle drei quadratischen Formen (14) einander gleich, so wird

$$\xi_1 = \xi_2 = \xi_3 = \xi \quad \text{und} \quad \eta_1 = \eta_2 = \eta_3 = \eta\,,$$

und die lineare Form $(a\,x + b\,y + c\,z)$ lautet

$$\xi_{1,\,2,\,3}, \eta_{1,\,2,\,3} = a\,x + b\,y \pm i\,s_{1,\,2,\,3}\,z$$

oder

$$\xi, \eta = a\,x + b\,y \pm i\,s\,z\,. \tag{35}$$

Dann sind die allgemeinen Lösungen für die Verschiebungen u, v, w in den Formen

$$\left.\begin{aligned} u &= f_1(\xi) + f_2(\eta) + \eta\, f_3(\xi) + \xi\, f_4(\eta) + \eta^2 f_5(\xi) + \xi^2 f_6(\eta) \\ v &= \varphi_1(\xi) + \varphi_2(\eta) + \eta\, \varphi_3(\xi) + \xi\, \varphi_4(\eta) + \eta^2\, \varphi_5(\xi) + \xi^2\, \varphi_6(\eta) \\ w &= \psi_1(\xi) + \psi_2(\eta) + \eta\, \psi_3(\xi) + \xi\, \psi_4(\eta) + \eta^2\, \psi_5(\xi) + \xi^2\, \psi_6(\eta) \end{aligned}\right\} \tag{36}$$

zu erwarten.

Es hat den Anschein, als kämen im ganzen $3 \cdot 6 = 18$ willkürliche Funktionen auf. In Wirklichkeit aber werden hier die allgemeinen Lösungen für drei unbekannte Funktionen u, v und w gesucht, welche einem System von drei linearen partiellen Differentialgleichungen zweiter Ordnung Genüge leisten müssen, bei welchem nur $3 \cdot 2 = 6$ willkürliche Funktionen auftreten können. Infolgedessen müssen zwischen den Funktionsgruppen f_k, φ_l und ψ_m Beziehungen bestehen, welche die Anzahl der voneinander unabhängigen willkürlichen Funktionen auf 6 herabsetzen. Diese Beziehungen sind auf Grund des Ausgangssystems (4) von Differentialgleichungen festzustellen. Deswegen besteht die unmittelbar folgende Aufgabe darin, diese Beziehungen zu finden. Bequemer ist es aber, dieses durch die direkte Integration des Differentialgleichungssystems (4) auf Grund passender, mit der charakteristischen Gleichung (13) verbundener Substitutionen auszuführen. Dieses Vorgehen hat auch den

Vorzug, daß dadurch die partikulären Lösungen mitbestimmt werden, welche durch Quadraturen dargestellt werden.

Vom bisher Gesagten ist zu ersehen, daß die willkürlichen Funktionen, aus welchen die allgemeinen Lösungen für die Verschiebungen u, v und w aufgebaut werden, drei verschiedenen Klassen von Funktionen angehören können, welche quasi-harmonische, quasi-biharmonische und quasi-triharmonische Funktionen genannt werden können. Welche von ihnen im konkreten Falle vorkommen werden, wird sowohl von der Form, welche die charakteristische Gleichung (13) annimmt, als auch von den Randbedingungen abhängen.

Das für den statischen Fall gültige, direkt zu integrierende Differentialgleichungssystem entsteht aus dem Differentialgleichungssystem (4) durch Streichen der Differentiationen nach der Zeit und hat die allgemeinste Form:

$$\left.\begin{aligned}
&A_{11}\frac{\partial^2 u}{\partial x^2}+A_{44}\frac{\partial^2 u}{\partial y^2}+A_{66}\frac{\partial^2 u}{\partial z^2}+(A_{12}+A_{44})\frac{\partial^2 v}{\partial x\,\partial y}+(A_{31}+A_{66})\frac{\partial^2 w}{\partial x\,\partial z}+\gamma_x=0\,,\\
&A_{44}\frac{\partial^2 v}{\partial x^2}+A_{22}\frac{\partial^2 v}{\partial y^2}+A_{55}\frac{\partial^2 v}{\partial z^2}+(A_{23}+A_{55})\frac{\partial^2 w}{\partial y\,\partial z}+(A_{12}+A_{44})\frac{\partial^2 u}{\partial y\,\partial x}+\gamma_y=0\,,\\
&A_{66}\frac{\partial^2 w}{\partial x^2}+A_{55}\frac{\partial^2 w}{\partial y^2}+A_{33}\frac{\partial^2 w}{\partial z^2}+(A_{31}+A_{66})\frac{\partial^2 u}{\partial z\,\partial x}+(A_{23}+A_{55})\frac{\partial^2 v}{\partial z\,\partial y}+\gamma_z=0\,.
\end{aligned}\right\}\quad(37)$$

Dazu gehört die charakteristische Gleichung:

$$\begin{aligned}(M_{11}\,a^2+M_{12}\,b^2+M_{13}\,c^2)\times(M_{21}\,a^2+M_{22}\,b^2+M_{23}\,c^2)\,\times&\\ \times\,(M_{31}\,a^2+M_{32}\,b^2+M_{33}\,c^2)=0&\end{aligned}\qquad(14)$$

ebenfalls in ihrer allgemeinsten Form.

Für die einzelnen Sonderfälle der Vereinfachung der charakteristischen Gleichung verändert sich auch das zu integrierende Gleichungssystem (37) entsprechend. Die in den einzelnen Sonderfällen anzuwendenden Integrationsmethoden und ihre Ergebnisse sind im folgenden zusammengestellt.

A. Direkte Integration, wenn alle drei quadratischen Formen (14) einander gleich sind

Dieser Sonderfall tritt ein, wenn die Grundbeziehungen (15) und die zusätzlichen Beziehungen (17″) zwischen den Elastizitäts-Konstanten A_{mn} zu Recht bestehen. Nach Berücksichtigung dieser Beziehungen und Multiplikation aller Gleichungen des Differentialgleichungssystems (37) mit $\sqrt{A_{11}\,A_{22}}$ entsteht das Differentialgleichungssystem

$$\left.\begin{aligned}
&A_{44}\sqrt{A_{11}}\left(\sqrt{A_{11}}\frac{\partial^2 u}{\partial x^2}+\sqrt{A_{22}}\frac{\partial^2 u}{\partial y^2}+\sqrt{A_{33}}\frac{\partial^2 u}{\partial z^2}\right)+\\
&\quad+\left(\sqrt{A_{11}\,A_{22}}-A_{44}\right)\sqrt{A_{11}}\frac{\partial}{\partial x}\left(\sqrt{A_{11}}\frac{\partial u}{\partial x}+\sqrt{A_{22}}\frac{\partial v}{\partial y}+\sqrt{A_{33}}\frac{\partial w}{\partial z}\right)+\sqrt{A_{11}\,A_{22}}\,\gamma_x=0\\
&A_{44}\sqrt{A_{22}}\left(\sqrt{A_{11}}\frac{\partial^2 v}{\partial x^2}+\sqrt{A_{22}}\frac{\partial^2 v}{\partial y^2}+\sqrt{A_{33}}\frac{\partial^2 v}{\partial z^2}\right)+\\
&\quad+\left(\sqrt{A_{11}\,A_{22}}-A_{44}\right)\sqrt{A_{22}}\frac{\partial}{\partial y}\left(\sqrt{A_{11}}\frac{\partial u}{\partial x}+\sqrt{A_{22}}\frac{\partial v}{\partial y}+\sqrt{A_{33}}\frac{\partial w}{\partial z}\right)+\sqrt{A_{11}\,A_{22}}\,\gamma_y=0\\
&A_{44}\sqrt{A_{33}}\left(\sqrt{A_{11}}\frac{\partial^2 w}{\partial x^2}+\sqrt{A_{22}}\frac{\partial^2 w}{\partial y^2}+\sqrt{A_{33}}\frac{\partial^2 w}{\partial z^2}\right)+\\
&\quad+\left(\sqrt{A_{11}\,A_{22}}-A_{44}\right)\sqrt{A_{33}}\frac{\partial}{\partial z}\left(\sqrt{A_{11}}\frac{\partial u}{\partial x}+\sqrt{A_{22}}\frac{\partial v}{\partial y}+\sqrt{A_{33}}\frac{\partial w}{\partial z}\right)+\sqrt{A_{11}\,A_{22}}\,\gamma_z=0\,.
\end{aligned}\right\}\quad(\text{A. }1)$$

Die zugehörige charakteristische Gleichung (18), geteilt durch den von den Parametern a, b und c unabhängigen Faktor N, lautet

$$\left(\sqrt{A_{11}}\, a^2 + \sqrt{A_{22}}\, b^2 + \sqrt{A_{33}}\, c^2\right)^3 = 0 . \tag{A. 2}$$

Zur Vereinfachung der folgenden Behandlung ist es zweckmäßig, die neuen Veränderlichen

$$\bar{u} = \sqrt[4]{A_{11}}\, u; \quad \bar{v} = \sqrt[4]{A_{22}}\, v; \quad \bar{w} = \sqrt[4]{A_{33}}\, w \tag{A. 3}$$

und

$$\bar{x} = \frac{x}{\sqrt[4]{A_{11}}}; \quad \bar{y} = \frac{y}{\sqrt[4]{A_{22}}}; \quad \bar{z} = \frac{z}{\sqrt[4]{A_{33}}} \tag{A. 4}$$

und die neuen Parameter

$$\bar{a} = \sqrt[4]{A_{11}}\, a; \quad \bar{b} = \sqrt[4]{A_{22}}\, b; \quad \bar{c} = \sqrt[4]{A_{33}}\, c \tag{A. 5}$$

einzuführen. Dann verwandelt sich das Differentialgleichungssystem (A. 1) nach Division der ersten Gleichung durch $\sqrt[4]{A_{11}}$, der zweiten durch $\sqrt[4]{A_{22}}$ und der dritten durch $\sqrt[4]{A_{33}}$ in

$$\left.\begin{aligned}
A_{44}\left(\frac{\partial^2 \bar{u}}{\partial \bar{x}^2} + \frac{\partial^2 \bar{u}}{\partial \bar{y}^2} + \frac{\partial^2 \bar{u}}{\partial \bar{z}^2}\right) + \left(\sqrt{A_{11} A_{22}} - A_{44}\right) \frac{\partial}{\partial \bar{x}}\left(\frac{\partial \bar{u}}{\partial \bar{x}} + \frac{\partial \bar{v}}{\partial \bar{y}} + \frac{\partial \bar{w}}{\partial \bar{z}}\right) + \bar{\gamma}_x = 0 \\
A_{44}\left(\frac{\partial^2 \bar{v}}{\partial \bar{x}^2} + \frac{\partial^2 \bar{v}}{\partial \bar{y}^2} + \frac{\partial^2 \bar{v}}{\partial \bar{z}^2}\right) + \left(\sqrt{A_{11} A_{22}} - A_{44}\right) \frac{\partial}{\partial \bar{y}}\left(\frac{\partial \bar{u}}{\partial \bar{x}} + \frac{\partial \bar{v}}{\partial \bar{y}} + \frac{\partial \bar{w}}{\partial \bar{z}}\right) + \bar{\gamma}_y = 0 \\
A_{44}\left(\frac{\partial^2 \bar{w}}{\partial \bar{x}^2} + \frac{\partial^2 \bar{w}}{\partial \bar{y}^2} + \frac{\partial^2 \bar{w}}{\partial \bar{z}^2}\right) + \left(\sqrt{A_{11} A_{22}} - A_{44}\right) \frac{\partial}{\partial \bar{z}}\left(\frac{\partial \bar{u}}{\partial \bar{x}} + \frac{\partial \bar{v}}{\partial \bar{y}} + \frac{\partial \bar{w}}{\partial \bar{z}}\right) + \bar{\gamma}_z = 0 ,
\end{aligned}\right\} \tag{A. 6}$$

und die dazugehörige charakteristische Gleichung lautet:

$$(\bar{a}^2 + \bar{b}^2 + \bar{c}^2)^3 = 0 . \tag{A. 7}$$

In den Gleichungen (A. 6) sind die zusätzlichen Bezeichnungen

$$\bar{\gamma}_x = \frac{\sqrt{A_{11} A_{22}}}{\sqrt[4]{A_{11}}}\, \gamma_x; \quad \bar{\gamma}_y = \frac{\sqrt{A_{11} A_{22}}}{\sqrt[4]{A_{22}}}\, \gamma_y; \quad \bar{\gamma}_z = \frac{\sqrt{A_{11} A_{22}}}{\sqrt[4]{A_{33}}}\, \gamma_z \tag{A. 8}$$

eingeführt.

Wird die z-Achse formal bevorzugt, so folgt aus (A. 7):

$$\bar{c}^2 = -(\bar{a}^2 + \bar{b}^2) \quad \text{oder} \quad \bar{c} = \pm i \sqrt{\bar{a}^2 + \bar{b}^2} , \tag{A. 9}$$

und die linearen Formen ξ und η gehen in

$$\left.\begin{aligned}
\xi &= \bar{a}\,\bar{x} + \bar{b}\,\bar{y} + i\sqrt{\bar{a}^2 + \bar{b}^2}\,\bar{z} \\
\eta &= \bar{a}\,\bar{x} + \bar{b}\,\bar{y} - i\sqrt{\bar{a}^2 + \bar{b}^2}\,\bar{z}
\end{aligned}\right\} \tag{A. 10}$$

über. Die Gleichungen (A. 10) sollen als lineare Transformation zur Durchführung der direkten Integration des Differentialgleichungssystems (A. 6) benützt werden. Es ist

$$\left.\begin{aligned}
\frac{\partial}{\partial \bar{x}} = \bar{a}\left(\frac{\partial}{\partial \xi} + \frac{\partial}{\partial \eta}\right); \quad \frac{\partial}{\partial \bar{y}} = \bar{b}\left(\frac{\partial}{\partial \xi} + \frac{\partial}{\partial \eta}\right); \quad \frac{\partial}{\partial \bar{z}} = i\sqrt{\bar{a}^2 + \bar{b}^2}\left(\frac{\partial}{\partial \xi} - \frac{\partial}{\partial \eta}\right) \\
\frac{\partial^2}{\partial \bar{x}^2} + \frac{\partial^2}{\partial \bar{y}^2} + \frac{\partial^2}{\partial \bar{z}^2} = 4\left(\bar{a}^2 + \bar{b}^2\right) \frac{\partial^2}{\partial \xi\, \partial \eta} ,
\end{aligned}\right\} \tag{A. 11}$$

und das transformierte Differentialgleichungssystem (A. 6) lautet:

$$\left.\begin{aligned}
4 A_{44}\left(\bar{a}^2 + \bar{b}^2\right) \frac{\partial^2 \bar{u}}{\partial \xi\, \partial \eta} + \left(\sqrt{A_{11} A_{22}} - A_{44}\right) \bar{a}\left(\frac{\partial}{\partial \xi} + \frac{\partial}{\partial \eta}\right)\left(\frac{\partial M}{\partial \xi} + \frac{\partial N}{\partial \eta}\right) + \bar{\gamma}_x = 0 \\
4 A_{44}\left(\bar{a}^2 + \bar{b}^2\right) \frac{\partial^2 \bar{v}}{\partial \xi\, \partial \eta} + \left(\sqrt{A_{11} A_{22}} - A_{44}\right) \bar{b}\left(\frac{\partial}{\partial \xi} + \frac{\partial}{\partial \eta}\right)\left(\frac{\partial M}{\partial \xi} + \frac{\partial N}{\partial \eta}\right) + \bar{\gamma}_y = 0 \\
4 A_{44}\left(\bar{a}^2 + \bar{b}^2\right) \frac{\partial^2 \bar{w}}{\partial \xi\, \partial \eta} + \left(\sqrt{A_{11} A_{22}} - A_{44}\right) i\sqrt{\bar{a}^2 + \bar{b}^2}\left(\frac{\partial}{\partial \xi} - \frac{\partial}{\partial \eta}\right)\left(\frac{\partial M}{\partial \xi} + \frac{\partial N}{\partial \eta}\right) + \bar{\gamma}_z = 0 ,
\end{aligned}\right\} \tag{A. 12}$$

wo die Bezeichnungen

$$M = \bar{a}\,\bar{u} + \bar{b}\,\bar{v} + i\sqrt{\bar{a}^2 + \bar{b}^2}\,\bar{w} \qquad \text{und} \qquad N = \bar{a}\,\bar{u} + \bar{b}\,\bar{v} - i\sqrt{\bar{a}^2 + \bar{b}^2}\,\bar{w} \tag{A. 13}$$

gebraucht worden sind.

Die zweiten Ableitungen zweimal nach ξ entfallen, wenn die erste Gleichung (A. 12) mit $\bar{a}$, die zweite mit $\bar{b}$ und die dritte mit $i\sqrt{\bar{a}^2 + \bar{b}^2}$ multipliziert wird und dann alle drei addiert werden. Die zweiten Ableitungen zweimal nach η entfallen, wenn die erste Gleichung (A. 12) mit $\bar{a}$, die zweite mit $\bar{b}$ und die dritte mit $-i\sqrt{\bar{a}^2 + \bar{b}^2}$ multipliziert wird und dann alle drei addiert werden. Es wird erhalten:

$$\left.\begin{aligned} &4A_{44}\left(\bar{a}^2 + \bar{b}^2\right)\frac{\partial^2 M}{\partial\xi\,\partial\eta} + 2\left(\sqrt{A_{11}A_{22}} - A_{44}\right)\left(\bar{a}^2 + \bar{b}^2\right)\frac{\partial}{\partial\eta}\left(\frac{\partial M}{\partial\xi} + \frac{\partial N}{\partial\eta}\right) + \xi(\bar{\gamma}) = 0\\ &4A_{44}\left(\bar{a}^2 + \bar{b}^2\right)\frac{\partial^2 N}{\partial\xi\,\partial\eta} + 2\left(\sqrt{A_{11}A_{22}} - A_{44}\right)\left(\bar{a}^2 + \bar{b}^2\right)\frac{\partial}{\partial\xi}\left(\frac{\partial M}{\partial\xi} + \frac{\partial N}{\partial\eta}\right) + \eta(\bar{\gamma}) = 0\,,\end{aligned}\right\} \tag{A. 14}$$

wobei die zusätzlichen Bezeichnungen

$$\xi(\bar{\gamma}) = \bar{a}\,\bar{\gamma}_x + \bar{b}\,\bar{\gamma}_y + i\sqrt{\bar{a}^2 + \bar{b}^2}\,\bar{\gamma}_z; \qquad \eta(\bar{\gamma}) = \bar{a}\,\bar{\gamma}_x + \bar{b}\,\bar{\gamma}_y - i\sqrt{\bar{a}^2 + \bar{b}^2}\,\bar{\gamma}_z \tag{A. 15}$$

gebraucht worden sind.

Die erste Gleichung (A. 14) läßt sich direkt nach η und die zweite direkt nach ξ integrieren. So entstehen die Gleichungen:

$$\left.\begin{aligned} &2\left(\sqrt{A_{11}A_{22}} + A_{44}\right)\left(\bar{a}^2 + \bar{b}^2\right)\frac{\partial M}{\partial\xi} + 2\left(\sqrt{A_{11}A_{22}} - A_{44}\right)\left(\bar{a}^2 + \bar{b}^2\right)\frac{\partial N}{\partial\eta} + \int d\eta\cdot\xi(\bar{\gamma}) = f_1'(\xi)\\ &2\left(\sqrt{A_{11}A_{22}} - A_{44}\right)\left(\bar{a}^2 + \bar{b}^2\right)\frac{\partial M}{\partial\xi} + 2\left(\sqrt{A_{11}A_{22}} + A_{44}\right)\left(\bar{a}^2 + \bar{b}^2\right)\frac{\partial N}{\partial\eta} + \int d\xi\cdot\eta(\bar{\gamma}) = f_2'(\eta)\,,\end{aligned}\right\} \tag{A. 16}$$

in welchen im Hinblick auf das weiter folgende die willkürlichen Funktionen als erste Ableitungen nach ξ bzw. nach η eingeführt sind.

Das Gleichungssystem (A. 16) ist algebraisch in bezug auf $\frac{\partial M}{\partial\xi}$ und $\frac{\partial N}{\partial\eta}$, und seine Auflösung liefert:

$$\left.\begin{aligned} &8A_{44}\sqrt{A_{11}A_{22}}\left(\bar{a}^2 + \bar{b}^2\right)\frac{\partial M}{\partial\xi} + \left[\left(\sqrt{A_{11}A_{22}} + A_{44}\right)\int d\eta\cdot\xi(\bar{\gamma}) - \left(\sqrt{A_{11}A_{22}} - A_{44}\right)\int d\xi\cdot\eta(\bar{\gamma})\right] =\\ &\qquad = \left(\sqrt{A_{11}A_{22}} + A_{44}\right)f_1'(\xi) - \left(\sqrt{A_{11}A_{22}} - A_{44}\right)f_2'(\eta)\\ &8A_{44}\sqrt{A_{11}A_{22}}\left(\bar{a}^2 + \bar{b}^2\right)\frac{\partial N}{\partial\eta} - \left[\left(\sqrt{A_{11}A_{22}} - A_{44}\right)\int d\eta\cdot\xi(\bar{\gamma}) - \left(\sqrt{A_{11}A_{22}} + A_{44}\right)\int d\xi\cdot\eta(\bar{\gamma})\right] =\\ &\qquad = -\left(\sqrt{A_{11}A_{22}} - A_{44}\right)f_1'(\xi) + \left(\sqrt{A_{11}A_{22}} + A_{44}\right)f_2'(\eta)\,.\end{aligned}\right\} \tag{A. 17}$$

Die Gleichungen (A. 17) lassen sich ebenfalls direkt integrieren — die erste nach ξ und die zweite nach η. Es entsteht:

$$\left.\begin{aligned} &8A_{44}\sqrt{A_{11}A_{22}}\left(\bar{a}^2 + \bar{b}^2\right)M + \left[\left(\sqrt{A_{11}A_{22}} + A_{44}\right)\int d\xi\int d\eta\cdot\xi(\bar{\gamma}) - \left(\sqrt{A_{11}A_{22}} - A_{44}\right)\int d\xi\int d\xi\cdot\eta(\bar{\gamma})\right] =\\ &\qquad = \left(\sqrt{A_{11}A_{22}} + A_{44}\right)f_1(\xi) - \left(\sqrt{A_{11}A_{22}} - A_{44}\right)\xi f_2'(\eta) + f_4(\eta)\\ &8A_{44}\sqrt{A_{11}A_{22}}\left(\bar{a}^2 + \bar{b}^2\right)N - \left[\left(\sqrt{A_{11}A_{22}} - A_{44}\right)\int d\eta\int d\eta\cdot\xi(\bar{\gamma}) - \left(\sqrt{A_{11}A_{22}} + A_{44}\right)\int d\eta\int d\xi\cdot\eta(\bar{\gamma})\right] =\\ &\qquad = -\left(\sqrt{A_{11}A_{22}} - A_{44}\right)\eta f_1'(\xi) + \left(\sqrt{A_{11}A_{22}} + A_{44}\right)f_2(\eta) + f_3(\xi)\,.\end{aligned}\right\} \tag{A. 18}$$

Werden die Werte von M und N aus (A. 13) in das Gleichungssystem (A. 18) eingesetzt, so verwandelt es sich in ein algebraisches System zur Bestimmung von $\left(\bar{a}\,\bar{u} + \bar{b}\,\bar{v}\right)$ und

$i\sqrt{\bar{a}^2+\bar{b}^2}\,\bar{w}$; und seine Auflösung liefert:

$$\bar{a}\,\bar{u}+\bar{b}\,\bar{v}=[\varphi_1(\xi)+\varphi_2(\eta)]-\frac{\sqrt{A_{11}A_{22}}-A_{44}}{\sqrt{A_{11}A_{22}}+A_{44}}[\eta\,\varphi_1'(\xi)+\xi\,\varphi_2'(\eta)]+[\varphi_3(\xi)+\varphi_4(\eta)]+$$
$$+\frac{\sqrt{A_{11}A_{22}}-A_{44}}{16\,A_{44}\sqrt{A_{11}A_{22}}}\frac{1}{\bar{a}^2+\bar{b}^2}\left[\int d\xi\int d\xi\cdot\eta(\bar{\gamma})+\int d\eta\int d\eta\cdot\xi(\bar{\gamma})\right]-$$
$$-\frac{\sqrt{A_{11}A_{22}}+A_{44}}{16\,A_{44}\sqrt{A_{11}A_{22}}}\frac{1}{\bar{a}^2+\bar{b}^2}\left[\int d\eta\int d\xi\cdot\eta(\bar{\gamma})+\int d\xi\int d\eta\cdot\xi(\bar{\gamma})\right];\qquad\text{(A. 19)}$$

$$i\sqrt{\bar{a}^2+\bar{b}^2}\,\bar{w}=[\varphi_1(\xi)-\varphi_2(\eta)]+\frac{\sqrt{A_{11}A_{22}}-A_{44}}{\sqrt{A_{11}A_{22}}+A_{44}}[\eta\,\varphi_1'(\xi)-\xi\,\varphi_2'(\eta)]-[\varphi_3(\xi)-\varphi_4(\eta)]+$$
$$+\frac{\sqrt{A_{11}A_{22}}-A_{44}}{16\,A_{44}\sqrt{A_{11}A_{22}}}\frac{1}{\bar{a}^2+\bar{b}^2}\left[\int d\xi\int d\xi\cdot\eta(\bar{\gamma})-\int d\eta\int d\eta\cdot\xi(\bar{\gamma})\right]+$$
$$+\frac{\sqrt{A_{11}A_{22}}+A_{44}}{16\,A_{44}\sqrt{A_{11}A_{22}}}\frac{1}{\bar{a}^2+\bar{b}^2}\left[\int d\eta\int d\xi\cdot\eta(\bar{\gamma})-\int d\xi d\eta\cdot\xi(\bar{\gamma})\right].\qquad\text{(A. 20)}$$

In den rechten Seiten der Gleichungen (A. 19) und (A. 20) sind die willkürlichen Funktionen durch $\varphi_1(\xi)$, $\varphi_2(\eta)$, $\varphi_3(\xi)$ und $\varphi_4(\eta)$ dargestellt, welche mit den bisherigen willkürlichen Funktionen $f_1(\xi)$, $f_2(\eta)$, $f_3(\xi)$ und $f_4(\eta)$ durch die Beziehungen

$$\left.\begin{aligned}\varphi_1(\xi)&=\frac{\sqrt{A_{11}A_{22}}+A_{44}}{16\,A_{44}\sqrt{A_{11}A_{22}}}\frac{1}{\bar{a}^2+\bar{b}^2}f_1(\xi);\quad&\varphi_2(\eta)&=\frac{\sqrt{A_{11}A_{22}}+A_{44}}{16\,A_{44}\sqrt{A_{11}A_{22}}}\frac{1}{\bar{a}^2+\bar{b}^2}f_2(\eta),\\\varphi_3(\xi)&=\frac{1}{16\,A_{44}\sqrt{A_{11}A_{22}}}\frac{1}{\bar{a}^2+\bar{b}^2}f_3(\xi);\quad&\varphi_4(\eta)&=\frac{1}{16\,A_{44}\sqrt{A_{11}A_{22}}}\frac{1}{\bar{a}^2+\bar{b}^2}f_4(\eta)\end{aligned}\right\}\qquad\text{(A. 21)}$$

verbunden sind.

Die vollständige Lösung (A. 19) bezieht sich auf $(\bar{a}\,\bar{u}+\bar{b}\,\bar{v})$ und, um getrennte Lösungen für $\bar{u}$ und $\bar{v}$ zu erhalten, muß in der folgenden Weise vorgegangen werden:

Nach Einführung der Hilfsgröße

$$S=\left(\sqrt{A_{11}A_{22}}-A_{44}\right)\left(\frac{\partial}{\partial\xi}+\frac{\partial}{\partial\eta}\right)\left(\frac{\partial M}{\partial\xi}+\frac{\partial N}{\partial\eta}\right),\qquad\text{(A. 22)}$$

welche bereits bekannt ist, können die beiden ersten Gleichungen (A. 12) wie folgt geschrieben werden:

$$\left.\begin{aligned}4\,A_{44}\left(\bar{a}^2+\bar{b}^2\right)\frac{\partial^2\bar{u}}{\partial\xi\,\partial\eta}+\bar{a}\,S+\bar{\gamma}_x&=0,\\4\,A_{44}\left(\bar{a}^2+\bar{b}^2\right)\frac{\partial^2\bar{v}}{\partial\xi\,\partial\eta}+\bar{b}\,S+\bar{\gamma}_y&=0.\end{aligned}\right\}\qquad\text{(A. 23)}$$

Die Gleichungen (A. 23) enthalten je eine unbekannte Funktion $\bar{u}$ bzw. $\bar{v}$ und lassen sich direkt nach ξ und η integrieren. Es wird erhalten:

$$\left.\begin{aligned}\bar{u}&=-\frac{1}{4\,A_{44}}\frac{\bar{a}}{\bar{a}^2+\bar{b}^2}\int d\eta\int d\xi\cdot S-\frac{1}{4\,A_{44}}\frac{1}{\bar{a}^2+\bar{b}^2}\int d\eta\int d\xi\cdot\bar{\gamma}_x\pm\frac{\bar{b}}{\bar{a}^2+\bar{b}^2}[\varphi_5(\xi)+\varphi_6(\eta)],\\\bar{v}&=-\frac{1}{4\,A_{44}}\frac{\bar{b}}{\bar{a}^2+\bar{b}^2}\int d\eta\int d\xi\cdot S-\frac{1}{4\,A_{44}}\frac{1}{\bar{a}^2+\bar{b}^2}\int d\eta\int d\xi\cdot\bar{\gamma}_y\mp\frac{\bar{a}}{\bar{a}^2+\bar{b}^2}[\varphi_5(\xi)+\varphi_6(\eta)].\end{aligned}\right\}\text{(A. 24)}$$

Die willkürlichen Funktionen $\varphi_5(\xi)$ und $\varphi_6(\eta)$ sind in dieser Form gewählt worden, weil sie in der Summe $(\bar{a}\,\bar{u}+\bar{b}\,\bar{v})$ fehlen.

Die Addition der beiden Gleichungen (A. 24) nach vorausgehender Multiplikation der ersten mit $\bar{a}$ und der zweiten mit $\bar{b}$ liefert:

$$\bar{a}\,\bar{u} + \bar{b}\,\bar{v} = -\frac{1}{4\,A_{44}}\int d\eta \int d\xi\, S - \frac{1}{4\,A_{44}}\frac{1}{\bar{a}^2 + \bar{b}^2}\int d\eta \int d\xi \left(\bar{a}\,\bar{\gamma}_x + \bar{b}\,\bar{\gamma}_y\right). \tag{A. 25}$$

Werden nun die rechten Seiten von (A. 19) und (A. 25) gleichgesetzt, so wird erhalten:

$$\begin{aligned} -\frac{1}{4\,A_{44}}\int d\eta \int d\xi\, S &= [\varphi_1(\xi) + \varphi_2(\eta)] - \frac{\sqrt{A_{11}\,A_{22}} - A_{44}}{\sqrt{A_{11}\,A_{22}} + A_{44}}[\eta\,\varphi_1'(\xi) + \xi\,\varphi_2'(\eta)] + [\varphi_3(\xi) + \varphi_4(\eta)] + \\ &+ \frac{\sqrt{A_{11}\,A_{22}} - A_{44}}{16\,A_{44}\sqrt{A_{11}\,A_{22}}}\frac{1}{\bar{a}^2 + \bar{b}^2}\left[\int d\xi \int d\xi \cdot \eta(\bar{\gamma}) + \int d\eta \int d\eta \cdot \xi(\bar{\gamma})\right] - \\ &- \frac{\sqrt{A_{11}\,A_{22}} + A_{44}}{16\,A_{44}\sqrt{A_{11}\,A_{22}}}\frac{1}{\bar{a}^2 + \bar{b}^2}\left[\int d\eta \int d\xi \cdot \eta(\bar{\gamma}) + \int d\xi \int d\eta \cdot \xi(\bar{\gamma})\right] + \\ &+ \frac{1}{4\,A_{44}}\frac{1}{\bar{a}^2 + \bar{b}_2}\int d\eta \int d\xi \left(\bar{a}\,\bar{\gamma}_x + \bar{b}\,\bar{\gamma}_y\right), \end{aligned} \tag{A. 26}$$

und die Einführung dieses Wertes von $-\frac{1}{4\,A_{44}}\int d\eta \int d\xi \cdot S$ in die Gleichungen (A. 24) führt zum endgültigen Ergebnis:

$$\begin{aligned} \bar{u} &= \frac{\bar{a}}{\bar{a}^2 + \bar{b}^2}\left\{[\varphi_1(\xi) + \varphi_2(\eta)] - \frac{\sqrt{A_{11}\,A_{22}} - A_{44}}{\sqrt{A_{11}\,A_{22}} + A_{44}}[\eta\,\varphi_1'(\xi) + \xi\,\varphi_2'(\eta)] + [\varphi_3(\xi) + \varphi_4(\eta)]\right\} \pm \\ &\pm \frac{\bar{b}}{\bar{a}^2 + \bar{b}^2}[\varphi_5(\xi) + \varphi_6(\eta)] + \frac{\sqrt{A_{11}\,A_{22}} - A_{44}}{16\,A_{44}\sqrt{A_{11}\,A_{22}}}\frac{\bar{a}}{(\bar{a}^2 + \bar{b}^2)^2}\left[\int d\xi \int d\xi \cdot \eta(\bar{\gamma}) + \int d\eta \int d\eta \cdot \xi(\bar{\gamma})\right] - \\ &- \frac{\sqrt{A_{11}\,A_{22}} + A_{44}}{16\,A_{44}\sqrt{A_{11}\,A_{22}}}\frac{\bar{a}}{(\bar{a}^2 + \bar{b}^2)^2}\left[\int d\eta \int d\xi \cdot \eta(\bar{\gamma}) + \int d\xi \int d\eta \cdot \eta(\bar{\gamma})\right] + \\ &+ \frac{1}{4\,A_{44}}\frac{\bar{b}}{(\bar{a}^2 + \bar{b}^2)^2}\int d\eta \int d\xi \left(\bar{a}\,\bar{\gamma}_y - \bar{b}\,\bar{\gamma}_x\right); \end{aligned} \tag{A. 27}$$

$$\begin{aligned} \bar{v} &= \frac{\bar{b}}{\bar{a}^2 + \bar{b}^2}\left\{[\varphi_1(\xi) + \varphi_2(\eta)] - \frac{\sqrt{A_{11}\,A_{22}} - A_{44}}{\sqrt{A_{11}\,A_{22}} + A_{44}}[\eta\,\varphi_1'(\xi) + \xi\,\varphi_2'(\eta)] + [\varphi_3(\xi) + \varphi_4(\eta)]\right\} \mp \\ &\mp \frac{\bar{a}}{\bar{a}^2 + \bar{b}^2}[\varphi_5(\xi) + \varphi_6(\eta)] + \frac{\sqrt{A_{11}\,A_{22}} - A_{44}}{16\,A_{44}\sqrt{A_{11}\,A_{22}}}\frac{\bar{b}}{(\bar{a}^2 + \bar{b}^2)^2}\left[\int d\xi \int d\xi \cdot \eta(\bar{\gamma}) + \int d\eta \int d\eta \cdot \xi(\bar{\gamma})\right] - \\ &- \frac{\sqrt{A_{11}\,A_{22}} + A_{44}}{16\,A_{44}\sqrt{A_{11}\,A_{22}}}\frac{\bar{b}}{(\bar{a}^2 + \bar{b}^2)^2}\left[\int d\eta \int d\xi \cdot \eta(\bar{\gamma}) + \int d\xi \int d\eta \cdot \xi(\bar{\gamma})\right] - \\ &- \frac{1}{4\,A_{44}}\frac{\bar{a}}{(\bar{a}^2 + \bar{b}^2)^2}\int d\eta \int d\xi \left(\bar{a}\,\bar{\gamma}_y - \bar{b}\,\bar{\gamma}_x\right). \end{aligned} \tag{A. 28}$$

Werden die erhaltenen Endergebnisse auf die ursprünglichen Veränderlichen x, y und z und u, v und w und auf die ursprünglichen Parameter a, b und c zurücktransformiert und wird berücksichtigt, daß die vollständigen Lösungen für u, v und w in die Formen

$$u = u_0 + u_1; \qquad v = v_0 + v_1; \qquad w = w_0 + w_1$$

gebracht werden können, wo u_0, v_0 und w_0 die allgemeinen Lösungen und u_1, v_1 und w_1 die partikulären Lösungen des Differentialgleichungssystems (A. 1) sind, so können die Endergebnisse der ausgeführten direkten Integration in der weiter unten gegebenen Form geschrieben werden, wobei in den Inhalt der willkürlichen Funktionen der Faktor $\frac{a^2 + b^2}{\sqrt{A_{11}}\,a^2 + \sqrt{A_{22}}\,b^2}$ zusätzlich aufgenommen ist, ohne die Bezeichnung der willkürlichen Funktionen zu ändern. Die neuen willkürlichen Funktionen sind reine dimensionslose Größen.

$$u_0 = \frac{a}{a^2 + b^2}\left\{[\varphi_1(\xi) + \varphi_2(\eta)] - \frac{\sqrt{A_{11} A_{22}} - A_{44}}{\sqrt{A_{11} A_{22}} + A_{44}} [\eta\, \varphi_1'(\xi) + \xi\, \varphi_2'(\eta)] + [\varphi_3(\xi) + \varphi_4(\eta)]\right\} \pm$$
$$\pm \frac{b}{a^2 + b^2} \sqrt[4]{\frac{A_{22}}{A_{11}}}\, [\varphi_5(\xi) + \varphi_6(\eta)]; \qquad \text{(A. 29)}$$

$$v_0 = \frac{b}{a^2 + b^2}\left\{[\varphi_1(\xi) + \varphi_2(\eta)] - \frac{\sqrt{A_{11} A_{22}} - A_{44}}{\sqrt{A_{11} A_{22}} + A_{44}} [\eta\, \varphi_1'(\xi) + \xi\, \varphi_2'(\eta)] + [\varphi_3(\xi) + \varphi_4(\eta)]\right\} \mp$$
$$\mp \frac{a}{a^2 + b^2} \sqrt[4]{\frac{A_{11}}{A_{22}}}\, [\varphi_5(\xi) + \varphi_6(\eta)]; \qquad \text{(A. 30)}$$

$$w_0 = -i \sqrt{\frac{\sqrt{A_{11}}\, a^2 + \sqrt{A_{22}}\, b^2}{\sqrt{A_{33}}}}\; \frac{1}{a^2 + b^2}\left\{[\varphi_1(\xi) - \varphi_2(\eta)] + \frac{\sqrt{A_{11} A_{22}} - A_{44}}{\sqrt{A_{11} A_{22}} + A_{44}} [\eta\, \varphi_1'(\xi) - \xi\, \varphi_2'(\eta)] -\right.$$
$$\left. - [\varphi_3(\xi - \varphi_4(\eta)]\right\}; \qquad \text{(A. 31)}$$

$$u_0 = \frac{\sqrt{A_{11} A_{22}} - A_{44}}{16\, A_{44}}\; \frac{a}{(\sqrt{A_{11}}\, a^2 + \sqrt{A_{22}}\, b^2)^2} [\textstyle\int \mathrm{d}\xi \int \mathrm{d}\xi \cdot \eta(\gamma) + \int \mathrm{d}\eta \int \mathrm{d}\eta \cdot \xi(\gamma)] -$$
$$- \frac{16\, A_{44}}{\sqrt{A_{11} A_{22}} + A_{44}}\; \frac{a}{(\sqrt{A_{11}}\, a^2 + \sqrt{A_{22}}\, b^2)^2} [\textstyle\int \mathrm{d}\eta \int \mathrm{d}\xi \cdot \eta(\gamma) + \int \mathrm{d}\xi \int \mathrm{d}\eta \cdot \xi(\gamma)] +$$
$$+ \frac{\sqrt{A_{11} A_{22}}}{4\, A_{44}}\; \frac{b}{(\sqrt{A_{11}}\, a^2 + \sqrt{A_{22}}\, b^2)^2} \sqrt[4]{\frac{A_{22}}{A_{11}}} \int \mathrm{d}\eta \int \mathrm{d}\xi \left(\sqrt[4]{\frac{A_{11}}{A_{22}}}\, a\, \gamma_y - \sqrt[4]{\frac{A_{22}}{A_{11}}}\, b\, \gamma_x\right); \qquad \text{(A. 32)}$$

$$v_1 = \frac{16\, A_{44}}{\sqrt{A_{11} A_{22}} - A_{44}}\; \frac{b}{(\sqrt{A_{11}}\, a^2 + \sqrt{A_{22}}\, b^2)^2} [\textstyle\int \mathrm{d}\xi \int \mathrm{d}\xi \cdot \eta(\gamma) + \int \mathrm{d}\eta \int \mathrm{d}\eta \cdot \xi(\gamma)] -$$
$$- \frac{\sqrt{A_{11} A_{22}} + A_{44}}{16\, A_{44}}\; \frac{b}{(\sqrt{A_{11}}\, a^2 + \sqrt{A_{22}}\, b^2)^2} [\textstyle\int \mathrm{d}\eta \int \mathrm{d}\xi \cdot \eta(\gamma) + \int \mathrm{d}\xi \int \mathrm{d}\eta \cdot \xi(\gamma)] -$$
$$- \frac{\sqrt{A_{11} A_{22}}}{4\, A_{44}}\; \frac{a}{(\sqrt{A_{15}}\, a^2 + \sqrt{A_{22}}\, b^2)^2} \sqrt[4]{\frac{A_{11}}{A_{22}}} \int \mathrm{d}\eta \int \mathrm{d}\xi \left(\sqrt[4]{\frac{A_{11}}{A_{22}}}\, a\, \gamma_y - \sqrt[4]{\frac{A_{22}}{A_{11}}}\, b\, \gamma_x\right); \qquad \text{(A. 33)}$$

$$w_1 = -i \frac{\sqrt{A_{11} A_{22}} - A_{44}}{16\, A_{44}} \sqrt{\frac{\sqrt{A_{11}}\, a^2 + \sqrt{A_{22}}\, b^2}{\sqrt{A_{33}}}}\; \frac{1}{(\sqrt{A_{11}}\, a^2 + \sqrt{A_{22}}\, b^2)^2} [\textstyle\int \mathrm{d}\xi \int \mathrm{d}\xi \cdot \eta(\gamma) -$$
$$- \textstyle\int \mathrm{d}\eta \int \mathrm{d}\eta \cdot \xi(\gamma)] - i \frac{\sqrt{A_{11} A_{22}} + A_{44}}{16\, A_{44}} \sqrt{\frac{\sqrt{A_{11}}\, a^2 + \sqrt{A_{22}}\, b^2}{\sqrt{A_{33}}}}\; \frac{1}{(\sqrt{A_{11}}\, a^2 + \sqrt{A_{22}}\, b^2)^2} [\textstyle\int \mathrm{d}\eta \int \mathrm{d}\xi \cdot \eta(\gamma) -$$
$$- \textstyle\int \mathrm{d}\xi \int \mathrm{d}\eta \cdot \xi(\gamma)]\,. \qquad \text{(A. 34)}$$

Die in den letzten 6 Gleichungen (A. 29) bis (A. 34) gebrauchten Bezeichnungen ξ, η und $\xi(\gamma)$, $\eta(\gamma)$ bedeuten:

$$\xi, \eta = a\, x + b\, y \pm i \sqrt{\frac{\sqrt{A_{11}}\, a^2 + \sqrt{A_{22}}\, b^2}{\sqrt{A_{33}}}}\; z\,, \qquad \text{(A. 10')}$$

$$\xi(\gamma), \eta(\gamma) = a\, \gamma_x + b\, \gamma_y \pm i \sqrt{\frac{\sqrt{A_{11}}\, a^2 + \sqrt{A_{22}}\, b_2}{\sqrt{A_{33}}'}}\; \gamma_z\,. \qquad \text{(A. 15')}$$

Zu den Gleichungen (A. 29), (A. 30) und (A. 31), durch welche die allgemeinen Teile u_0, v_0 und w_0 der vollständigen Lösungen für die Verschiebungen u, v und w gegeben sind, ist zu bemerken, daß die quasi-harmonischen Funktionen $\varphi_3(\xi)$, $\varphi_4(\eta)$, $\varphi_5(\xi)$ und $\varphi_6(\eta)$ einzeln auftreten können. Dagegen können die quasi-harmonischen Funktionen $\varphi_1(\xi)$ und $\varphi_2(\eta)$ nur in Begleitung ihrer zugehörigen quasi-biharmonischen Funktionen $\eta\, \varphi_1'(\xi)$ und $\xi\, \varphi_2'(\eta)$ vorkommen. Sonst wird das Ausgangssystem (A. 1) von drei linearen partiellen Differentialgleichungen zweiter Ordnung *nicht befriedigt.*

Aus dem Aufbau der allgemeinen Lösungen u_0, v_0 und w_0 ist zu ersehen, daß triharmonische Funktionen nicht auftreten, obgleich sie nach der Ordnung der selbständigen Differentialgleichungen für u, v und w prinzipiell erwartet werden können. Das hängt offenbar mit dem Typ des Ausgangssystems (A. 1) zusammen.

In den partikulären Lösungen für u, v und w ist der Einfluß der Massenkraft durch Quadraturen dargestellt. Die Ausführung der Integrationen wird prinzipiell immer möglich sein, wenn sich die Integranden auf die Veränderlichen ξ und η transformieren lassen. In den praktisch wichtigen Fällen wird das immer der Fall sein.

Aus den Lösungen (A. 29), (A. 30) und (A. 31) für u_0, v_0 und w_0 und (A. 32), (A. 33) und (A. 34) für u_1, v_1 und w_1 werden die Ausdrücke für die Spannungen auf Grund des HOOKEschen Gesetzes (1) erhalten, welches bei den im betrachteten Fall gültigen Beziehungen zwischen den Elastizitäts-Konstanten zweckmäßig wie folgt umzuformen ist:

$$\left.\begin{aligned}
\sigma_x &= A_{11}\frac{\partial u}{\partial x} + \left(\sqrt{A_{11}A_{22}} - 2A_{44}\right)\frac{\partial v}{\partial y} + \sqrt{\frac{A_{33}}{A_{22}}}\left(\sqrt{A_{11}A_{22}} - 2A_{44}\right)\frac{\partial w}{\partial z},\\
\sigma_y &= \left(\sqrt{A_{11}A_{22}} - 2A_{44}\right)\frac{\partial u}{\partial x} + A_{22}\frac{\partial v}{\partial y} + \sqrt{\frac{A_{33}}{A_{11}}}\left(\sqrt{A_{11}A_{22}} - 2A_{44}\right)\frac{\partial w}{\partial z},\\
\sigma_z &= \sqrt{\frac{A_{33}}{A_{22}}}\left(\sqrt{A_{11}A_{22}} - 2A_{44}\right)\frac{\partial u}{\partial x} + \sqrt{\frac{A_{33}}{A_{11}}}\left(\sqrt{A_{11}A_{22}} - 2A_{44}\right)\frac{\partial v}{\partial y} + A_{33}\frac{\partial w}{\partial z},\\
\tau_{xy} &= A_{44}\left(\frac{\partial u}{\partial y} + \frac{\partial v}{\partial x}\right),\\
\tau_{yz} &= \sqrt{\frac{A_{33}}{A_{11}}}\,A_{44}\left(\frac{\partial v}{\partial z} + \frac{\partial w}{\partial y}\right),\\
\tau_{zx} &= \sqrt{\frac{A_{33}}{A_{22}}}\,A_{44}\left(\frac{\partial w}{\partial x} + \frac{\partial u}{\partial z}\right).
\end{aligned}\right\} \quad (1')$$

Die allgemeinen Teile der Ausdrücke für die Spannungen werden erhalten, wenn in den rechten Seiten der Gleichungen (1′) für u, v und w die Werte u_0, v_0 und w_0 nach (A. 29), (A. 30) und (A. 31) eingesetzt werden. Es entsteht:

$$\begin{aligned}
\sigma_{x0} = {} & 4A_{44}\left[\frac{\sqrt{A_{11}A_{22}} - A_{44}}{\sqrt{A_{11}A_{22}} + A_{44}}\sqrt{\frac{A_{11}}{A_{22}}}\,\frac{a^2}{a^2+b^2}\right] + \frac{\sqrt{A_{11}A_{22}} - 2A_{44}}{\sqrt{A_{11}A_{22}} + A_{44}}\,\frac{b^2}{a^2+b^2}\left[\varphi_1'(\xi) + \varphi_2'(\eta)\right] - \\
& - 2A_{44}\frac{\sqrt{A_{11}A_{22}} - A_{44}}{\sqrt{A_{11}A_{22}} + A_{44}}\sqrt{\frac{A_{11}}{A_{22}}}\,\frac{a^2}{a^2+b^2}\left[\eta\,\varphi_1''(\xi) + \xi\,\varphi_2''(\eta)\right] + \\
& + 2A_{44}\sqrt{\frac{A_{11}}{A_{22}}}\,\frac{a^2}{a^2+b^2}\left[\varphi_3'(\xi) + \varphi_4'(\eta)\right] \pm 2A_{44}\sqrt[4]{\frac{A_{11}}{A_{22}}}\,\frac{a\,b}{a^2+b^2}\left[\varphi_5'(\xi) + \varphi_6'(\eta)\right];
\end{aligned} \quad \text{(A. 35)}$$

$$\begin{aligned}
\sigma_{y0} = {} & 4A_{44}\left[\frac{\sqrt{A_{11}A_{22}} - A_{44}}{\sqrt{A_{11}A_{22}} + A_{44}}\sqrt{\frac{A_{22}}{A_{11}}}\,\frac{b^2}{a^2+b^2}\right] + \frac{\sqrt{A_{11}A_{22}} - 2A_{44}}{\sqrt{A_{11}A_{22}} + A_{44}}\,\frac{a^2}{a^2+b^2}\left[\varphi_1'(\xi) + \varphi_2'(\eta)\right] - \\
& - 2A_{44}\frac{\sqrt{A_{11}A_{22}} - A_{44}}{\sqrt{A_{11}A_{22}} + A_{44}}\sqrt{\frac{A_{22}}{A_{11}}}\,\frac{b^2}{a^2+b^2}\left[\eta\,\varphi_1''(\xi) + \xi\,\varphi_2''(\eta)\right] + \\
& + 2A_{44}\sqrt{\frac{A_{22}}{A_{11}}}\,\frac{b^2}{a^2+b^2}\left[\varphi_3'(\xi) + \varphi_4'(\eta)\right] \mp 2A_{44}\sqrt{\frac{A_{22}}{A_{11}}}\,\frac{a\,b}{a^2+b^2}\left[\varphi_5'(\xi) + \varphi_6'(\eta)\right];
\end{aligned} \quad \text{(A. 36)}$$

$$\sigma_{z0} = 4\,A_{44}\frac{\sqrt{A_{11}A_{22}} - A_{44}}{\sqrt{A_{11}A_{22}} + A_{44}}\,\frac{\sqrt{A_{33}}\,(\sqrt{A_{11}}\,a^2 + \sqrt{A_{22}}\,b^2)}{\sqrt{A_{11}A_{22}}\,(a^2+b^2)}\,[\varphi_1'(\xi) + \varphi_2'(\eta)] +$$

$$+ 2\,A_{44}\frac{\sqrt{A_{11}A_{22}} - A_{44}}{\sqrt{A_{21}A_{22}} + A_{44}}\,\frac{\sqrt{A_{33}}\,(\sqrt{A_{11}}\,a^2 + \sqrt{A_{22}}\,b^2)}{\sqrt{A_{11}A_{22}}\,(a^2+b^2)}\,[\eta\,\varphi_1''(\xi) + \xi\,\varphi_2''(\eta)] -$$

$$- 2\,A_{44}\frac{\sqrt{A_{33}}\,(A_{11}\,a^2 + A_{22}\,b^2)}{\sqrt{A_{11}A_{22}}\,(a^2+b^2)}\,[\varphi_3'(\xi) + \varphi_4'(\eta)]; \qquad \text{(A. 37)}$$

$$\tau_{xy0} = 2\,A_{44}\frac{a\,b}{a^2+b^2}\left\{\frac{2\,A_{44}}{\sqrt{A_{11}A_{22}} + A_{44}}\,[\varphi_1'(\xi) + \varphi_2'(\eta)] - \frac{\sqrt{A_{11}A_{22}} - A_{44}}{\sqrt{A_{11}A_{22}} + A_{44}}\,[\eta\,\varphi_1''(\xi) + \xi\,\varphi_2''(\eta)] +\right.$$

$$\left.+ [\varphi_3'(\eta) + \varphi_4'(\eta)]\right\} \mp A_{44}\frac{\sqrt{A_{11}}\,a^2 - \sqrt{A_{22}}\,b^2}{\sqrt[4]{A_{11}A_{22}}\,(a^2+b^2)}\,[\varphi_5'(\xi) + \varphi_6'(\eta)]; \qquad \text{(A. 38)}$$

$$\tau_{yz0} = i\cdot 2\,A_{44}\sqrt{\frac{A_{33}}{A_{11}}}\sqrt{\frac{\sqrt{A_{11}}\,a^2 + \sqrt{A_{22}}\,b^2}{\sqrt{A_{33}}}}\,\frac{b}{a^2+b^2}\left\{-\frac{\sqrt{A_{11}A_{22}} - A_{44}}{\sqrt{A_{11}A_{22}} + A_{44}}\,[\eta\,\varphi_1''\xi) - \xi\,\varphi_2''(\eta)] +\right.$$

$$\left.+ [\varphi_3'(\xi) - \varphi_4'(\eta)]\right\} \mp i\,A_{44}\frac{\sqrt{A_{33}}}{\sqrt[4]{A_{11}A_{22}}}\sqrt{\frac{\sqrt{A_{11}}\,a^2 + \sqrt{A_{22}}\,b^2}{\sqrt{A_{33}}}}\,\frac{a}{a^2+b^2}\,[\varphi_5'(\xi) - \varphi_6'(\eta)]; \qquad \text{(A. 39)}$$

$$\tau_{zx0} = i\cdot 2\,A_{44}\sqrt{\frac{A_{33}}{A_{22}}}\sqrt{\frac{\sqrt{A_{11}}\,a^2 + \sqrt{A_{22}}\,b^2}{\sqrt{A_{33}}}}\,\frac{a}{a^2+b^2}\left\{-\frac{\sqrt{A_{11}A_{22}} - A_{44}}{\sqrt{A_{11}A_{22}} + A_{44}}\,[\eta\,\varphi_1''(\xi) - \xi\,\varphi_2''(\eta)] +\right.$$

$$\left.+ [\varphi_3'(\xi) - \varphi_4'(\eta)]\right\} \pm i\,A_{44}\frac{\sqrt{A_{33}}}{\sqrt[4]{A_{11}A_{22}}}\sqrt{\frac{\sqrt{A_{11}}\,a^2 + \sqrt{A_{22}}\,b^2}{\sqrt{A_{33}}}}\,\frac{b}{a^2+b^2}\,[\varphi_5'(\xi) - \varphi_6'(\eta)]\,. \qquad \text{(A. 40)}$$

Die partikulären Teile der Ausdrücke für die Spannungen werden erhalten, wenn in den rechten Seiten der Gleichungen (1′) für u, v und w die Werte u_1, v_1 und w_1 nach (A. 32), (A. 33) und (A. 34) eingesetzt werden. Es entsteht:

$$\sigma_{x1} = -\frac{1}{4}\left[\frac{\sqrt{A_{11}A_{22}} - A_{44}}{(\sqrt{A_{11}}\,a^2 + \sqrt{A_{22}}\,b^2)^2}\sqrt{\frac{A_{11}}{A_{22}}}\,a^2 + \frac{\sqrt{A_{11}A_{22}} - 2\,A_{44}}{(\sqrt{A_{11}}\,a^2 + \sqrt{A_{22}}\,b^2)^2}\,b^2\right][\textstyle\int d\xi\cdot\eta(\gamma) + \int d\eta\cdot\xi(\gamma)] +$$

$$+\frac{1}{8}\,\frac{\sqrt{A_{11}A_{22}} - A_{44}}{(\sqrt{A_{11}}\,a^2 + \sqrt{A_{22}}\,b^2)^2}\sqrt{\frac{A_{11}}{A_{22}}}\,a^2\left[\frac{\partial}{\partial\xi}\int d\eta\int d\eta\cdot\xi(\gamma) + \frac{\partial}{\partial\eta}\int d\xi\int d\xi\cdot\eta(\gamma)\right] -$$

$$-\frac{1}{8}\,\frac{\sqrt{A_{11}A_{22}} + A_{44}}{(\sqrt{A_{11}}\,a^2 + \sqrt{A_{22}}\,b^2)^2}\sqrt{\frac{A_{11}}{A_{22}}}\,a^2\left[\frac{\partial}{\partial\xi}\int d\eta\int d\xi\cdot\eta(\gamma) + \frac{\partial}{\partial\eta}\int d\xi\int d\eta\cdot\xi(\gamma)\right] +$$

$$+\frac{1}{2}\,\frac{\sqrt{A_{11}A_{22}}}{(\sqrt{A_{11}}\,a^2 + \sqrt{A_{22}}\,b^2)^2}\sqrt[4]{\frac{A_{11}}{A_{22}}}\,a\,b\left(\frac{\partial}{\partial\xi} + \frac{\partial}{\partial\eta}\right)\int d\eta\int d\xi\left(\sqrt[4]{\frac{A_{11}}{A_{22}}}\,a\,\gamma_y - \sqrt[4]{\frac{A_{22}}{A_{11}}}\,b\,\gamma_x\right); \qquad \text{(A. 41)}$$

$$\sigma_{y1} = -\frac{1}{4}\left[\frac{\sqrt{A_{11}A_{22}} - A_{44}}{(\sqrt{A_{11}}\,a^2 + \sqrt{A_{22}}\,b^2)^2}\sqrt{\frac{A_{22}}{A_{11}}}\,b^2 + \frac{\sqrt{A_{11}A_{22}} - 2\,A_{44}}{(\sqrt{A_{11}}\,a^2 + \sqrt{A_{22}}\,b^2)^2}\,a^2\right][\textstyle\int d\xi\cdot\eta(\gamma) + \int d\eta\cdot\xi(\gamma)] +$$

$$+\frac{1}{8}\,\frac{\sqrt{A_{11}A_{22}} - A_{44}}{(\sqrt{A_{11}}\,a^2 + \sqrt{A_{22}}\,b^2)^2}\sqrt{\frac{A_{22}}{A_{11}}}\,b^2\left[\frac{\partial}{\partial\xi}\int d\eta\int d\eta\cdot\xi(\gamma) + \frac{\partial}{\partial\eta}\int d\xi\int d\xi\cdot\eta(\gamma)\right] -$$

$$-\frac{1}{8}\,\frac{\sqrt{A_{11}A_{22}} + A_{44}}{(\sqrt{A_{11}}\,a^2 + \sqrt{A_{22}}\,b^2)^2}\sqrt{\frac{A_{22}}{A_{11}}}\,b^2\left[\frac{\partial}{\partial\xi}\int d\eta\int d\xi\cdot\eta(\gamma) + \frac{\partial}{\partial\eta}\int d\xi\int d\eta\cdot\xi(\gamma)\right] -$$

$$-\frac{1}{2}\,\frac{\sqrt{A_{11}A_{22}}}{(\sqrt{A_{11}}\,a^2 + \sqrt{A_{22}}\,b^2)^2}\sqrt[4]{\frac{A_{22}}{A_{11}}}\,a\,b\left(\frac{\partial}{\partial\xi} + \frac{\partial}{\partial\eta}\right)\int d\eta\int d\xi\left(\sqrt[4]{\frac{A_{11}}{A_{22}}}\,a\,\gamma_y - \sqrt[4]{\frac{A_{22}}{A_{11}}}\,b\,\gamma_x\right); \qquad \text{(A. 42)}$$

$$\sigma_{z1} = \frac{\sqrt{A_{33}}}{\sqrt{A_{11}}\,a^2 + \sqrt{A_{22}}\,b^2} \left\{ -\frac{\sqrt{A_{11} A_{22}} - A_{44}}{4\sqrt{A_{11} A_{22}}} \left[\int d\xi \cdot \eta(\gamma) + \int d\eta \cdot \xi(\gamma)\right] - \right.$$
$$- \frac{\sqrt{A_{51} A_{22}} - A_{44}}{8\sqrt{A_{11} A_{22}}} \left[\frac{\partial}{\partial \xi} \int d\eta \int d\eta \cdot \xi(\gamma) + \frac{\partial}{\partial \eta} \int d\xi \int d\xi \cdot \eta(\gamma)\right] +$$
$$\left. + \frac{\sqrt{A_{11} A_{22}} + A_{44}}{8\sqrt{A_{11} A_{22}}} \left[\frac{\partial}{\partial \xi} \int d\eta \int d\xi \cdot \eta(\gamma) + \frac{\partial}{\partial \eta} \int d\xi \int d\eta \cdot \xi(\gamma)\right]\right\}; \qquad \text{(A. 43)}$$

$$\tau_{xy1} = -\frac{1}{4} \frac{A_{44}\, a\, b}{(\sqrt{A_{11}}\,a^2 + \sqrt{A_{22}}\,b^2)^2} \left[\int d\xi \cdot \eta(\gamma) + \int d\eta \cdot \xi(\gamma)\right] +$$
$$+ \frac{1}{8} \frac{(\sqrt{A_{11}}\,a^2 + \sqrt{A_{22}}\,b^2)^2}{(\sqrt{A_{11} A_{22}} - A_{44})\,a\,b} \left[\frac{\partial}{\partial \xi} \int d\eta \int d\eta \cdot \xi(\gamma) + \frac{\partial}{\partial \eta} \int d\xi \int d\xi \cdot \eta(\gamma)\right] -$$
$$- \frac{1}{8} \frac{(\sqrt{A_{11} A_{22}} + A_{44})^2\, a\, b}{(\sqrt{A_{11}}\,a^2 + \sqrt{A_{22}}\,b^2)^2} \left[\frac{\partial}{\partial \xi} \int d\eta \int d\xi \cdot \eta(\gamma) + \frac{\partial}{\partial \eta} \int d\xi \int d\eta \cdot \xi(\gamma)\right] +$$
$$+ \frac{1}{4} \frac{\sqrt[4]{A_{11} A_{22}}\,(\sqrt{A_{11}}\,a^2 - \sqrt{A_{22}}\,b^2)}{(\sqrt{A_{11}}\,a^2 + \sqrt{A_{22}}\,b^2)^2} \left(\frac{\partial}{\partial \xi} + \frac{\partial}{\partial \eta}\right) \int d\eta \int d\xi \left(\sqrt[4]{\frac{A_{11}}{A_{22}}}\, a\, \gamma_y - \sqrt[4]{\frac{A_{22}}{A_{11}}}\, b\, \gamma_x\right); \qquad \text{(A. 44)}$$

$$\tau_{yz1} = i\frac{1}{8} \sqrt{\frac{\sqrt{A_{33}}}{\sqrt{A_{11}}\,a^2 + \sqrt{A_{22}}\,b^2}}\, \frac{(\sqrt{A_{11} A_{22}} - A_{44})\, b}{\sqrt{A_{11}}\,(\sqrt{A_{11}}\,a^2 + \sqrt{A_{22}}\,b^2)} \left[\frac{\partial}{\partial \xi} \int d\eta \int d\eta \cdot \xi(\gamma) - \frac{\partial}{\partial \eta} \int d\xi \int d\xi \cdot \eta(\gamma)\right] -$$
$$- i\frac{1}{8} \sqrt{\frac{\sqrt{A_{33}}}{\sqrt{A_{11}}\,a^2 + \sqrt{A_{22}}\,b^2}}\, \frac{(\sqrt{A_{11} A_{22}} + A_{44})\, b}{\sqrt{A_{11}}\,(\sqrt{A_{11}}\,a^2 + \sqrt{A_{22}}\,b^2)} \left[\frac{\partial}{\partial \xi} \int d\eta \int d\xi \cdot \eta(\gamma) - \frac{\partial}{\partial \eta} \int d\xi \int d\eta \cdot \xi(\gamma)\right] -$$
$$- i\frac{1}{4} \sqrt{\frac{\sqrt{A_{33}}}{\sqrt{A_{11}}\,a^2 + \sqrt{A_{22}}\,b^2}}\, \frac{\sqrt[4]{A_{11} A_{22}} \cdot a}{\sqrt{A_{11}}\,a^2 + \sqrt{A_{22}}\,b^2} \left(\frac{\partial}{\partial \xi} - \frac{\partial}{\partial \eta}\right) \int d\eta \int d\xi \left(\sqrt[4]{\frac{A_{11}}{A_{22}}}\, a\, \gamma_y - \sqrt[4]{\frac{A_{22}}{A_{11}}}\, b\, \gamma_x\right); \qquad \text{(A. 45)}$$

$$\tau_{zx1} = i\frac{1}{8} \sqrt{\frac{\sqrt{A_{33}}}{\sqrt{A_{11}}\,a^2 + \sqrt{A_{22}}\,b^2}}\, \frac{(\sqrt{A_{11} A_{22}} - A_{44})\, a}{\sqrt{A_{22}}\,(\sqrt{A_{11}}\,a^2 + \sqrt{A_{22}}\,b^2)} \left[\frac{\partial}{\partial \xi} \int d\eta \int d\eta \cdot \xi(\gamma) - \frac{\partial}{\partial \eta} \int d\xi \int d\xi \cdot \eta(\gamma)\right] -$$
$$- i\frac{1}{8} \sqrt{\frac{\sqrt{A_{33}}}{\sqrt{A_{11}}\,a^2 + \sqrt{A_{22}}\,b^2}}\, \frac{(\sqrt{A_{11} A_{22}} + A_{44})\, a}{\sqrt{A_{22}}\,(\sqrt{A_{11}}\,a^2 + \sqrt{A_{22}}\,b^2)} \left[\frac{\partial}{\partial \xi} \int d\eta \int d\xi \cdot \eta(\gamma) - \frac{\partial}{\partial \eta} \int d\xi \int d\eta \cdot \xi(\gamma)\right] +$$
$$+ i\frac{1}{4} \sqrt{\frac{\sqrt{A_{33}}}{\sqrt{A_{11}}\,a^2 + \sqrt{A_{22}}\,b^2}}\, \frac{\sqrt[4]{A_{11} A_{22}}\, b}{\sqrt{A_{11}}\,a^2 + \sqrt{A_{22}}\,b^2} \left(\frac{\partial}{\partial \xi} - \frac{\partial}{\partial \eta}\right) \int d\eta \int d\xi \left(\sqrt[4]{\frac{A_{11}}{A_{22}}}\, a\, \gamma_y - \sqrt[4]{\frac{A_{22}}{A_{11}}}\, b\, \gamma_x\right). \qquad \text{(A. 46)}$$

Der Übergang von der allgemeinen Orthotropie zur transversalen Isotropie führt zu verschiedenen Ergebnissen je nach der Lage der Monotropie zu der bei der Integration bevorzugten Koordinatenachse:

a) die transversale Isotropie ist, senkrecht z. B. zur z-Achse, welche bei der Integration formal bevorzugt ist; dann ist

$$A_{11} = A_{22};$$

b) die transversale Isotropie ist senkrecht zu einer von den beiden anderen Koordinatenachsen x oder y, z. B. zur x-Achse, so daß die bei der Integration formal bevorzugte z-Achse zur Ebene der Monotropie parallel ist; dann ist $A_{22} = A_{33}$.

Der Übergang schließlich zu der vollkommenen Isotropie ist durch $A_{11} = A_{22} = A_{33}$ gekennzeichnet.

In allen diesen Fällen werden die 18 Formeln von (A. 19) bis (A. 46) entsprechend vereinfacht.

B. Direkte Integration, wenn zwei von den quadratischen Formen (14) einander gleich sind

Dieser Sonderfall tritt ein, wenn nur die Grundbeziehungen (15) zwischen den Elastizitäts-Konstanten A_{nm} zu Recht bestehen. Das Ausgangssystem (37) von drei linearen partiellen Differentialgleichungen zur Bestimmung der Verschiebungen u, v und w verwandelt sich dann in

$$\left.\begin{aligned} A_{11}\frac{\partial^2 u}{\partial x^2} + A_{44}\frac{\partial^2 u}{\partial y^2} + A_{66}\frac{\partial^2 u}{\partial z^2} + \left(\sqrt{A_{11}A_{22}} - A_{44}\right)\frac{\partial^2 v}{\partial x\,\partial y} + \left(\sqrt{A_{33}A_{11}} - A_{66}\right)\frac{\partial^2 w}{\partial x\,\partial z} + \gamma_x = 0\,, \\ A_{44}\frac{\partial^2 v}{\partial x^2} + A_{22}\frac{\partial^2 v}{\partial y^2} + A_{55}\frac{\partial^2 v}{\partial z^2} + \left(\sqrt{A_{22}A_{33}} - A_{55}\right)\frac{\partial^2 w}{\partial y\,\partial z} + \left(\sqrt{A_{11}A_{22}} - A_{44}\right)\frac{\partial^2 u}{\partial y\,\partial x} + \gamma_y = 0\,, \\ A_{66}\frac{\partial^2 w}{\partial x^2} + A_{55}\frac{\partial^2 w}{\partial y^2} + A_{33}\frac{\partial^2 w}{\partial z^2} + \left(\sqrt{A_{33}A_{11}} - A_{66}\right)\frac{\partial^2 u}{\partial z\,\partial x} + \left(\sqrt{A_{22}A_{33}} - A_{55}\right)\frac{\partial^2 v}{\partial z\,\partial y} + \gamma_z = 0\,, \end{aligned}\right\} \tag{B. 1}$$

und die zugehörige charakteristische Gleichung lautet:

$$\left(\sqrt{A_{11}}\,a^2 + \sqrt{A_{22}}\,b^2 + \sqrt{A_{33}}\,c^2\right)^2 (A_{44}A_{66}\,a^2 + A_{55}A_{44}\,b^2 + A_{66}A_{55}\,c^2) = 0\,. \tag{B. 2}$$

Die direkte Integration des Differentialgleichungssystems (B. 1) ist noch nicht gelungen. Deshalb wird hier die direkte Integration des an die z. B. zur z-Achse senkrechte transversale Isotropie angepaßten Systems ausgeführt werden, bei welchem noch

$$A_{11} = A_{22} \quad \text{und} \quad A_{55} = A_{66}$$

gilt. Das angepaßte Differentialgleichungssystem lautet:

$$\left.\begin{aligned} A_{44}\left(\frac{\partial^2 u}{\partial x^2} + \frac{\partial^2 u}{\partial y^2}\right) + A_{66}\frac{\partial^2 u}{\partial z^2} + \frac{\partial}{\partial x}\left[(A_{11} - A_{44})\left(\frac{\partial u}{\partial x} + \frac{\partial v}{\partial y}\right) + \left(\sqrt{A_{33}A_{11}} - A_{66}\right)\frac{\partial w}{\partial z}\right] + \gamma_x = 0\,, \\ A_{44}\left(\frac{\partial^2 v}{\partial x^2} + \frac{\partial^2 v}{\partial y^2}\right) + A_{66}\frac{\partial^2 v}{\partial z^2} + \frac{\partial}{\partial y}\left[(A_{11} - A_{44})\left(\frac{\partial u}{\partial x} + \frac{\partial v}{\partial y}\right) + \left(\sqrt{A_{33}A_{11}} - A_{66}\right)\frac{\partial w}{\partial z}\right] + \gamma_y = 0\,, \\ A_{66}\left(\frac{\partial^2 w}{\partial x^2} + \frac{\partial^2 w}{\partial y^2}\right) + A_{33}\frac{\partial^2 w}{\partial z^2} + \frac{\partial}{\partial z}\left[\left(\sqrt{A_{33}A_{11}} - A_{66}\right)\left(\frac{\partial u}{\partial x} + \frac{\partial v}{\partial y}\right)\right] + \gamma_z = 0\,, \end{aligned}\right\} \tag{B. 3}$$

und die zugehörige charakteristische Gleichung wird

$$A_{66}\left[\sqrt{A_{11}}\,(a^2 + b^2) + \sqrt{A_{33}}\,c^2\right]^2 \left[A_{44}(a^2 + b^2) + A_{66}\,c^2\right] = 0\,. \tag{B. 4}$$

Wird die z-Achse formal bevorzugt, so folgt aus (B. 4):

$$\left.\begin{aligned} &\text{zweimal} \quad c_{1,2}^2 = -\sqrt{\frac{A_{11}}{A_{33}}}\,(a^2 + b^2) \quad \text{oder} \quad c_{1,2} = \pm i\sqrt[4]{\frac{A_{11}}{A_{33}}}\sqrt{a^2 + b^2} \\ &\text{einmal} \quad c_3^2 = -\frac{A_{44}}{A_{66}}(a^2 + b^2) \quad \text{oder} \quad c_3 = \pm i\sqrt{\frac{A_{44}}{A_{66}}}\sqrt{a^2 + b^2}, \end{aligned}\right\} \tag{B. 5}$$

und die linearen Formen ξ und η gehen in

$$\left.\begin{aligned} \xi_{1,2} = a\,x + b\,y + i\sqrt[4]{\frac{A_{11}}{A_{33}}}\sqrt{a^2 + b^2}\,z \\ \eta_{1,2} = a\,x + b\,y - i\sqrt[4]{\frac{A_{15}}{A_{33}}}\sqrt{a^2 + b^2}\,z \end{aligned}\right\} \quad \text{zweimal} \tag{B. 6}$$

und

$$\left.\begin{aligned} \xi_3 = a\,x + b\,y + i\sqrt{\frac{A_{44}}{A_{66}}}\sqrt{a^2 + b^2}\,z \\ \eta_3 = a\,x + b\,y - i\sqrt{\frac{A_{44}}{A_{66}}}\sqrt{a^2 + b^2}\,z \end{aligned}\right\} \quad \text{einmal} \tag{B. 7}$$

über.

Werden zunächst die Gleichungen (B. 6) als lineare Transformation

$$\xi_1 = a\,x + b\,y + i\sqrt[4]{\frac{A_{11}}{A_{33}}}\sqrt{a^2+b^2}\,z; \quad \eta_2 = a\,x + b\,y - i\sqrt[4]{\frac{A_{11}}{A_{33}}}\sqrt{a^2+b^2}\,z \tag{B. 8}$$

zur Durchführung der direkten Integration des Differentialgleichungssystems (B. 3) benützt, wobei der Kürze wegen der Index 2 ausgelassen ist, so wird

$$\left.\begin{aligned}
&\frac{\partial}{\partial x} = a\left(\frac{\partial}{\partial \xi_1} + \frac{\partial}{\partial \eta_1}\right); \quad \frac{\partial}{\partial y} = b\left(\frac{\partial}{\partial \xi_1} + \frac{\partial}{\partial \eta_1}\right); \quad \frac{\partial}{\partial z} = i\sqrt[4]{\frac{A_{11}}{A_{33}}}\sqrt{a^2+b^2}\left(\frac{\partial}{\partial \xi_1} - \frac{\partial}{\partial \eta_1}\right);\\
&\frac{\partial^2}{\partial x^2} = a^2\left(\frac{\partial}{\partial \xi_1} + \frac{\partial}{\partial \eta_1}\right)^2; \quad \frac{\partial^2}{\partial y^2} = b^2\left(\frac{\partial}{\partial \xi_1} + \frac{\partial}{\partial \eta_1}\right)^2; \quad \frac{\partial^2}{\partial z^2} = -\sqrt{\frac{A_{11}}{A_{33}}}\,(a^2+b^2)\left(\frac{\partial}{\partial \xi_1} - \frac{\partial}{\partial \eta_1}\right)^2;\\
&\frac{\partial u}{\partial x} + \frac{\partial v}{\partial y} = \left(\frac{\partial}{\partial \xi_1} + \frac{\partial}{\partial \eta_1}\right)(a\,u + b\,v)\,,
\end{aligned}\right\} \tag{B. 9}$$

und das transformierte Differentialgleichungssystem (B. 3) lautet:

$$\left.\begin{aligned}
&(a^2+b^2)\left[A_{44}\left(\frac{\partial}{\partial \xi_1} + \frac{\partial}{\partial \eta_1}\right)^2 - A_{66}\sqrt{\frac{A_{11}}{A_{33}}}\left(\frac{\partial}{\partial \xi_1} - \frac{\partial}{\partial \eta_1}\right)^2\right]u + a\,(A_{11} - A_{44})\left(\frac{\partial}{\partial \xi_1} + \frac{\partial}{\partial \eta_1}\right)^2(a\,u + b\,v)\\
&\qquad + i\left(\sqrt{A_{33}\,A_{11}} - A_{66}\right)\sqrt[4]{\frac{A_{11}}{A_{33}}}\,a\sqrt{a^2+b^2}\left(\frac{\partial^2}{\partial \xi_1^2} - \frac{\partial^2}{\partial \eta_1^2}\right)w + \gamma_x = 0\,,\\
&(a^2+b^2)\left[A_{44}\left(\frac{\partial}{\partial \xi_1} + \frac{\partial}{\partial \eta_1}\right)^2 - A_{66}\sqrt{\frac{A_{11}}{A_{33}}}\left(\frac{\partial}{\partial \xi_1} - \frac{\partial}{\partial \eta_1}\right)^2\right]v + b\,(A_{11} - A_{44})\left(\frac{\partial}{\partial \xi_1} + \frac{\partial}{\partial \eta_1}\right)^2(a\,u + b\,v)\\
&\qquad + i\left(\sqrt{A_{33}\,A_{11}} - A_{66}\right)\sqrt[4]{\frac{A_{15}}{A_{33}}}\,b\sqrt{a^2+b^2}\left(\frac{\partial^2}{\partial \xi_1^2} - \frac{\partial^2}{\partial \eta_1^2}\right)w + \gamma_y = 0\,,\\
&(a^2+b^2)\left[A_{66}\left(\frac{\partial}{\partial \xi_5} + \frac{\partial}{\partial \eta_1}\right)^2 - \sqrt{A_{33}\,A_{11}}\left(\frac{\partial}{\partial \xi_1} - \frac{\partial}{\partial \eta_1}\right)^2\right]w +\\
&\qquad + i\left(\sqrt{A_{33}\,A_{11}} - A_{66}\right)\sqrt[4]{\frac{A_{11}}{A_{33}}}\sqrt{a^2+b^2}\left(\frac{\partial^2}{\partial \xi_1^2} - \frac{\partial^2}{\partial \eta_1^2}\right)(a\,u + b\,v) + \gamma_z = 0\,.
\end{aligned}\right\} \tag{B. 10}$$

Werden die beiden ersten Gleichungen (B. 10) addiert, nachdem die erste mit $\frac{a}{a^2+b^2}$ und die zweite mit $\frac{b}{a^2+b^2}$ multipliziert ist, so bildet diese neugewonnene Gleichung mit der dritten Gleichung (B. 10), multipliziert mit $i\sqrt[4]{\frac{A_{11}}{A_{33}}}\frac{1}{\sqrt{a^2+b^2}}$, ein Differentialgleichungssystem, welches nach einiger Bearbeitung wie folgt geschrieben werden kann:

$$\left.\begin{aligned}
&2\left(\sqrt{A_{33}\,A_{11}} + A_{66}\right)\frac{\partial^2 U}{\partial \xi_5\,\partial \eta_5} + \left(\sqrt{A_{33}\,A_{11}} - A_{66}\right)\left[\frac{\partial^2 (U+W)}{\partial \xi_1^2} + \frac{\partial^2 (U-W)}{\partial \eta_1^2}\right]\\
&\qquad + \frac{a\,\gamma_x + b\,\gamma_y}{a^2+b^2} = 0\,,\\
&2\left(\sqrt{A_{33}\,A_{11}} + A_{66}\right)\frac{\partial^2 W}{\partial \xi_1\,\partial \eta_1} - \left(\sqrt{A_{33}\,A_{11}} - A_{66}\right)\left[\frac{\partial^2 (U+W)}{\partial \xi_1^2} - \frac{\partial^2 (U-W)}{\partial \eta_1^2}\right] +\\
&\qquad + i\sqrt[4]{\frac{A_{11}}{A_{33}}}\frac{\gamma_z}{\sqrt{a^2+b^2}} = 0\,,
\end{aligned}\right\} \tag{B. 11}$$

wo die Bezeichnungen

$$U = \sqrt{\frac{A_{11}}{A_{33}}}\,(a\,u + b\,v) \quad \text{und} \quad W = i\sqrt[4]{\frac{A_{11}}{A_{33}}}\sqrt{a^2+b^2}\,w \tag{B. 12}$$

gebraucht worden sind.

Die zweiten Ableitungen zweimal nach ξ_1 entfallen, wenn die beiden Gleichungen (B. 11) addiert werden, und die zweiten Ableitungen zweimal nach η_1 entfallen, wenn die zweite Gleichung (B. 11) von der ersten subtrahiert wird. Es wird erhalten:

$$\left.\begin{aligned} &2\left(\sqrt{A_{33}A_{11}}+A_{66}\right)\frac{\partial^2(U+W)}{\partial\xi_1\,\partial\eta_1}+2\left(\sqrt{A_{33}A_{11}}-A_{66}\right)\frac{\partial^2(U-W)}{\partial\eta_1^2}+\frac{\xi_1(\gamma)}{a^2+b^2}=0\,,\\ &2\left(\sqrt{A_{33}A_{11}}+A_{66}\right)\frac{\partial^2(U-W)}{\partial\xi_1\,\partial\eta_1}+2\left(\sqrt{A_{33}A_{11}}-A_{66}\right)\frac{\partial^2(U+W)}{\partial\xi_1^2}+\frac{\eta_1(\gamma)}{a^2+b^2}=0\,,\end{aligned}\right\}\quad\text{(B. 13)}$$

wo von den Bezeichnungen

$$\xi_1(\gamma)=a\,\gamma_x+b\,\gamma_y+i\sqrt[4]{\frac{A_{11}}{A_{33}}}\sqrt{a^2+b^2}\,\gamma_z\,;\quad \eta_1(\gamma)=a\,\gamma_x+b\,\gamma_y-i\sqrt[4]{\frac{A_{11}}{A_{33}}}\sqrt{a^2+b^2}\,\gamma_z\,,\qquad\text{(B. 14)}$$

Gebrauch gemacht worden ist.

Die erste Gleichung (B. 14) läßt sich direkt nach η_1 und die zweite direkt nach ξ_4 integrieren, wodurch erhalten wird:

$$\left.\begin{aligned} &2\left(\sqrt{A_{33}A_{11}}+A_{66}\right)\frac{\partial(U+W)}{\partial\xi_1}+2\left(\sqrt{A_{33}A_{11}}-A_{66}\right)\frac{\partial(U-W)}{\partial\eta_1}+\int d\eta_1\frac{\xi_1(\gamma)}{a^2+b^2}=f_1'(\xi_1)\,,\\ &2\left(\sqrt{A_{33}A_{11}}-A_{66}\right)\frac{\partial(U+W)}{\partial\xi_1}+2\left(\sqrt{A_{33}A_{11}}+A_{66}\right)\frac{\partial(U-W)}{\partial\eta_1}+\int d\xi_1\frac{\eta_1(\gamma)}{a^2+b^2}=f_2'(\eta_1)\,.\end{aligned}\right\}\quad\text{(B. 15)}$$

Im Hinblick auf das weiter folgende sind in den Gleichungen (B. 15) die willkürlichen Funktionen als erste Ableitungen nach η_1, bzw. nach η_1 eingeführt.

Das Gleichungssystem (B. 15) ist algebraisch in bezug auf $\frac{\partial(U+W)}{\partial\xi_1}$ und $\frac{\partial(U-W)}{\partial\eta_1}$ und seine Auflösung liefert:

$$\left.\begin{aligned} &8A_{66}\sqrt{A_{33}A_{11}}\frac{\partial(U+W)}{\partial\xi_1}+\left(\sqrt{A_{33}A_{11}}+A_{66}\right)\int d\eta_1\frac{\xi_1(\gamma)}{a^2+b^2}-\\ &-\left(\sqrt{A_{33}A_{11}}-A_{66}\right)\int d\xi_1\frac{\eta_1(\gamma)}{a^2+b^2}=\left(\sqrt{A_{33}A_{11}}+A_{66}\right)f_1'(\xi_1)-\left(\sqrt{A_{33}A_{11}}-A_{66}\right)f_2'(\eta_1)\,,\\ &8A_{66}\sqrt{A_{33}A_{11}}\frac{\partial(U-W)}{\partial\eta_1}-\left(\sqrt{A_{33}A_{11}}-A_{66}\right)\int d\eta_1\frac{\xi_1(\gamma)}{a^2+b^2}+\\ &+\left(\sqrt{A_{33}A_{11}}+A_{66}\right)\int d\xi_1\frac{\xi_1(\gamma)}{a^2+b^2}=-\left(\sqrt{A_{33}A_{11}}-A_{66}\right)f_1'(\xi_1)+\left(\sqrt{A_{33}A_{11}}+A_{66}\right)f_2'(\eta_1)\,.\end{aligned}\right\}\quad\text{(B. 16)}$$

Die Gleichungen (B. 16) lassen sich ebenfalls direkt integrieren: die erste nach ξ_1 und die zweite nach η_1, wodurch erhalten wird:

$$\left.\begin{aligned} &8A_{66}\sqrt{A_{33}A_{11}}\,(U+W)+\left(\sqrt{A_{33}A_{11}}+A_{66}\right)\int d\xi_1\int d\eta_1\frac{\xi_1(\gamma)}{a^2+b^2}-\\ &\quad-\left(\sqrt{A_{33}A_{11}}-A_{66}\right)\int d\xi_1\int d\xi_1\frac{\eta_1(\gamma)}{a^2+b^2}=\left(\sqrt{A_{33}A_{11}}+A_{66}\right)f_1(\xi_1)-\\ &\quad-\left(\sqrt{A_{33}A_{11}}-A_{66}\,\xi_1 f_2'(\eta_1)+f_4(\eta_1)\,,\\ &8A_{66}\sqrt{A_{33}A_{11}}\,(U-W)-\left(\sqrt{A_{33}A_{11}}-A_{66}\right)\int d\eta_1\int d\eta_1\frac{\xi_1(\gamma)}{a^2+b^2}+\\ &\quad+\left(\sqrt{A_{33}A_{11}}+A_{66}\right)\int d\eta_1\int d\xi_1\frac{\eta_1(\gamma)}{a^2+b^2}=-\left(\sqrt{A_{33}A_{11}}-A_{66}\right)\eta_1 f_1'(\xi_4)\\ &\quad+\left(\sqrt{A_{33}A_{11}}+A_{66}\right)f_2(\eta_1)+f_3(\xi_1)\,.\end{aligned}\right\}\quad\text{(B. 17)}$$

Nach der Bestimmung von U und W aus dem algebraischen Gleichungssystem (B. 17) und Übergang zu $(a\,u + b\,v)$ und w wird erhalten:

$$a\,u + b\,v = [\varphi_1(\xi\ ) + \varphi_2(\eta_1)] - \frac{\sqrt{A_{33}A_{11}} - A_{66}}{\sqrt{A_{33}A_{11}} + A_{66}} [\eta_1\,\varphi_1'(\xi_1) + \xi_1\,\varphi_2'(\eta_1)] + [\varphi_3(\xi_1) + \varphi_4(\eta_1)]$$
$$+ \frac{\sqrt{A_{33}A_{11}} - A_{66}}{16\,A_{66}\,A_{11}} \frac{1}{a^2 + b^2} [\textstyle\int d\xi_1 \int d\xi_1 \cdot \eta_1(\gamma) + \int d\eta_1 \int d\eta_1 \cdot \xi_1(\gamma)]$$
$$- \frac{\sqrt{A_{33}A_{11}} + A_{66}}{16\,A_{66}\,A_{11}} \frac{1}{a^2 + b^2} [\textstyle\int d\eta_1 \int d\xi_1 \cdot \eta_1(\gamma) + \int d\xi_1 \int d\eta_1 \cdot \xi_1(\gamma)]; \qquad \text{(B. 18)}$$

$$w = -i\sqrt[4]{\frac{A_{11}}{A_{33}}}\frac{1}{\sqrt{a^2+b^2}}\left\{[\varphi_1(\xi_1) - \varphi_2(\eta_1)] + \frac{\sqrt{A_{33}A_{11}} - A_{66}}{\sqrt{A_{33}A_{11}} + A_{66}}[\eta_1\varphi_1'(\xi_1) - \xi_1\varphi_2'(\eta_1)] - [\varphi_3(\xi_4) - \varphi_4(\eta_1)]\right\}$$
$$- i\,\frac{\sqrt{A_{33}A_{11}} - A_{66}}{16\,A_{66}\,A_{11}}\sqrt[4]{\frac{A_{11}}{A_{33}}}\frac{1}{\left(\sqrt{a^2-b^2}\right)^3}[\textstyle\int d\xi_1 \int d\xi_1 \cdot \eta_1(\gamma) - \int d\eta_1 \int d\eta_1 \cdot \xi_1(\gamma)]$$
$$- i\,\frac{\sqrt{A_{33}A_{11}} + A_{66}}{16\,A_{66}\,A_{11}}\sqrt[4]{\frac{A_{11}}{A_{33}}}\frac{1}{\left(\sqrt{a^2+b^2}\right)^3}[\textstyle\int d\eta_1 \int d\xi_1 \cdot \eta_1(\gamma) - \int d\xi_1 \int d\eta_1 \cdot \xi_1(\gamma)]\,. \qquad \text{(B. 19)}$$

In den rechten Seiten der Gleichungen (B. 18) und (B. 19) sind die willkürlichen Funktionen durch $\varphi_1(\xi_1)$, $\varphi_2(\eta_1)$, $\varphi_3(\xi_1)$ und $\varphi_4(\eta_1)$ dargestellt, welche mit den bisherigen willkürlichen Funktionen $f_1(\xi_1)$, $f_2(\eta_1)$, $f_3(\xi_1)$ und $f_4(\eta_1)$ durch die Beziehungen

$$\left.\begin{aligned}\varphi_1(\xi_1) &= \frac{\sqrt{A_{33}A_{11}} + A_{66}}{16\,A_{66}\,A_{11}} f_4(\xi_1)\,, &\quad \varphi_2(\eta_1) &= \frac{\sqrt{A_{33}A_{11}} + A_{66}}{16\,A_{66}\,A_{11}} f_2(\eta_1)\,,\\ \varphi_3(\xi_1) &= \frac{1}{16\,A_{66}\,A_{11}} f_3(\xi_1)\,, &\quad \varphi_1(\xi_1) &= \frac{1}{16\,A_{66}\,A_{11}} f_4(\eta_1)\end{aligned}\right\} \qquad \text{(B. 20)}$$

verbunden sind.

Die vollständige Lösung (B. 18) bezieht sich auf $(a\,u + b\,v)$ und, um getrennte Lösungen für u und v zu erhalten, muß von den zwei ersten Gleichungen (B. 10) ausgegangen werden, welche nach Einsetzung der vollständigen Lösungen (B. 18) und (B. 19) für $(a\,u + b\,v)$ und w nur je eine unbekannte Funktion u, bzw. v enthalten werden. Damit aber die so umgeformten zwei Gleichungen direkt integrabel werden, müssen sie durch Anwendung der Gleichungen (B. 7) als lineare Transformation auf die Veränderlichen ξ_3 und η_3 transformiert werden.

Aus den Gleichungen (B. 6) und (B. 7) folgt:

$$\xi_3 = \frac{K+1}{2\,K}\xi_1 + \frac{K-A}{2\,K}\eta_1; \qquad \eta_3 = \frac{K-1}{2\,K}\xi_1 + \frac{K+1}{2\,K}\eta_1\,, \qquad \text{(B. 21)}$$

wobei

$$K = \sqrt[4]{\frac{A_{11}}{A_{33}}}\sqrt{\frac{A_{66}}{A_{44}}}\,. \qquad \text{(B. 22)}$$

Infolge von (B. 21) lassen sich die Differentiationen nach ξ_1 und η_1 durch die Differentiationen nach ξ_3 und η_3 wie folgt ausdrücken:

$$\frac{\partial}{\partial\xi_1} + \frac{\partial}{\partial\eta_1} = \frac{\partial}{\partial\xi_3} + \frac{\partial}{\partial\eta_3}\,; \qquad \frac{\partial}{\partial\xi_1} - \frac{\partial}{\partial\eta_1} = \frac{1}{K}\left(\frac{\partial}{\partial\xi_3} - \frac{\partial}{\partial\eta_3}\right), \qquad \text{(B. 23)}$$

und die auf die Veränderlichen ξ_3 und η_3 transformierten zwei ersten Gleichungen (B. 10) lauten

$$\left.\begin{aligned}4\,A_{44}\,(a^2 + b^2)\,\frac{\partial^2 u}{\partial\xi_3\,\partial\eta_3} + a\,S + \gamma_x = 0\,,\\ 4\,A_{44}\,(a^2 + b^2)\,\frac{\partial^2 v}{\partial\xi_3\,\partial\eta_3} + b\,S + \gamma_y = 0\,,\end{aligned}\right\} \qquad \text{(B. 24)}$$

welche je die einzige Unbekannte u, bzw. v enthalten, da die Größe S, welche durch die Gleichung

$$S = (A_{11} - A_{44})\left(\frac{\partial}{\partial \xi_1} + \frac{\partial}{\partial \eta_1}\right)^2 (a\,u + b\,v) + i\left(\sqrt{A_{33}\,A_{11}} - A_{66}\right)\sqrt[4]{\frac{A_{11}}{A_{33}}}\,\sqrt{a^2 + b^2}\left(\frac{\partial^2}{\partial \xi_1^2} - \frac{\partial^2}{\partial \eta_1^2}\right) w \tag{B. 25}$$

gegeben wird, infolge von (B. 18) und (B. 19) bereits bekannt ist.

Die Gleichungen (B. 24) lassen sich direkt nach ξ_3 und η_3 integrieren, und es wird erhalten:

$$\left.\begin{aligned} u = &-\frac{1}{4\,A_{44}}\,\frac{a}{a^2 + b^2}\int \mathrm{d}\eta_3 \int \mathrm{d}\xi_3\, S - \frac{1}{4\,A_{44}}\,\frac{1}{a^2 + b^2}\int \mathrm{d}\eta_3 \int \mathrm{d}\xi_3\, \gamma_x \\ &\pm \frac{b}{a^2 + b^2}\,[\varphi_5(\xi_3) + \varphi_6(\eta_3)]\,, \\ v = &-\frac{1}{4\,A_{44}}\,\frac{b}{a^2 + b^2}\int \mathrm{d}\eta_3 \int \mathrm{d}\xi_3\, S - \frac{1}{4\,A_{44}}\,\frac{1}{a^2 + b^2}\int \mathrm{d}\eta_3 \int \mathrm{d}\xi_3\, \gamma_y \\ &\mp \frac{a}{a^2 + b^2}\,[\varphi_5(\xi_3) + \varphi_6(\eta_3)]\,. \end{aligned}\right\} \tag{B. 26}$$

Die willkürlichen Funktionen $\varphi_5(\xi_3)$ und $\varphi_6(\eta_3)$ sind in dieser Form gewählt worden, weil sie in der Summe $(a\,u + b\,v)$ fehlen.

Die Addition der beiden Gleichungen (B. 26) nach vorausgehender Multiplikation der ersten mit a und der zweiten mit b liefert:

$$a\,u + b\,v = < \frac{1}{4\,A_{44}}\int \mathrm{d}\eta_3 \int \mathrm{d}\xi_3\, S - \frac{1}{4\,A_{44}}\,\frac{1}{a^2 + b^2}\int \mathrm{d}\eta_3 \int \mathrm{d}\xi_3\, (a\,\gamma_x + b\,\gamma_y)\,. \tag{B. 27}$$

Werden nun die rechten Seiten von (B. 18) und (B. 27) gleichgesetzt, so wird erhalten:

$$\begin{aligned} -\frac{1}{4\,A_{44}}\int \mathrm{d}\eta_3 \int \mathrm{d}\xi_3\, S = {} & [\varphi_1(\xi_1) + \varphi_2(\eta_1)] - \frac{\sqrt{A_{33}\,A_{11}} - A_{66}}{\sqrt{A_{33}\,A_{11}} + A_{66}}\,[\eta_1\,\varphi_1'(\xi_1) + \xi_1\,\varphi_2'(\eta_1)] \\ & + [\varphi_3(\xi_1) + \varphi_4(\eta_1)] + \frac{\sqrt{A_{33}\,A_{11}} - A_{66}}{16\,A_{66}\,A_{11}}\,\frac{1}{a^2 + b^2}\,[\textstyle\int \mathrm{d}\xi_1 \int \mathrm{d}\xi_1 \cdot \eta_1(\gamma) + \int \mathrm{d}\eta_1\,\varphi\,\mathrm{d}\eta_1 \cdot \xi_1(\gamma)] \\ & - \frac{\sqrt{A_{33}\,A_{11}} + A_{66}}{16\,A_{66}\,A_{11}}\,\frac{1}{a^2 + b^2}\,[\textstyle\int \mathrm{d}\eta_1 \int \mathrm{d}\xi_1 \cdot \eta_1(\gamma) + \int \mathrm{d}\xi_1 \int \mathrm{d}\eta_1 \cdot \xi_1(\gamma)] \\ & + \frac{1}{4\,A_{44}}\,\frac{1}{a^2 + b^2}\int \mathrm{d}\eta_3 \int \mathrm{d}\xi_3\, (a\,\gamma_x + b\,\gamma_y)\,. \end{aligned} \tag{B. 28}$$

Nach der Einführung des Wertes von $\frac{1}{4\,A_{44}}\int \mathrm{d}\eta_3 \int \mathrm{d}\xi_3\, S$ aus (B. 28) in die Gleichungen (B. 26) für u und v, und nach Berücksichtigung, daß die vollständigen Lösungen für die Verschiebungen u, v und w in die Formen

$$u = u_0 + u_1; \qquad v = v_0 + v_1; \qquad w = w_0 + w_1$$

gebracht werden können, wo u_0, v_0 und w_0 die allgemeinen Lösungen und u_1, v_1 und w_1 die partikulären Lösungen des Differentialgleichungssystems (B. 3) sind, können die Ergebnisse der ausgeführten direkten Integration in der weiter unten gegebenen Form geschrieben werden. Die willkürlichen Funktionen φ sind reine dimensionslose Größen.

$$\begin{aligned} u_0 = \frac{a}{a^2 + b^2}\left\{[\varphi_1(\xi_1) + \varphi_2(\eta_1)] - \frac{\sqrt{A_{33}\,A_{11}} - A_{66}}{\sqrt{A_{33}\,A_{11}} + A_{66}}\,[\eta_1\,\varphi_1'(\xi_1) + \xi_1\,\varphi_2'(\eta_1)] + [\varphi_3(\xi_1) + \varphi_4(\eta_1)]\right\} \\ \pm \frac{b}{a^2 + b^2}\,[\varphi_5(\xi_3) + \varphi_6(\eta_3)]; \end{aligned} \tag{B. 29}$$

$$v_0 = \frac{b}{a^2 + b^2}\left\{[\varphi_1(\xi_1) + \varphi_2(\eta_1)] - \frac{\sqrt{A_{33} A_{11}} - A_{66}}{\sqrt{A_{33} A_{11}} + A_{66}}[\eta_1 \varphi_1'(\xi_1) + \xi_1 \varphi_2'(\eta_1)] + [\varphi_3(\xi]) + \varphi_4(\xi_1)]\right\} \pm$$

$$\mp \frac{a}{a^2 + b^2}[\varphi_5(\xi_3) + \varphi_6(\eta_3)]; \qquad \text{(B.30)}$$

$$w_0 = -i \sqrt[4]{\frac{A_{11}}{A_{33}}} \frac{1}{\sqrt{a^2 + b^2}}\left\{[\varphi_1(\xi_1) - \varphi_2(\eta_1)] + \frac{\sqrt{A_{33} A_{11}} - A_{66}}{\sqrt{A_{33} A_{11}} + A_{66}}[\eta_1 \varphi_1'(\xi_1) - \xi_1 \varphi_2'(\eta_1)]\right.$$

$$\left. - [\varphi_3(\xi_1) - \varphi_4(\eta_1)]\right\}; \qquad \text{(B. 31)}$$

$$u_1 = \frac{\sqrt{A_{33} A_{11}} - A_{66}}{16 A_{66} A_{11}} \frac{a}{(a^2 + b^2)^2}[\int d\xi_1 \int d\xi_1 \cdot \eta_1(\gamma) + \int d\eta_1 \int d\eta_1 \cdot \xi_1(\gamma)] -$$

$$- \frac{\sqrt{A_{33} A_{11}} + A_{66}}{16 A_{66} A_{11}} \frac{a}{(a^2 + b^2)^2}[\int d\eta_1 \int d\xi_1 \cdot \eta_1(\gamma) + \int d\xi_1 \int d\eta_1 \; \xi_1(\gamma)] +$$

$$+ \frac{1}{4 A_{44}} \frac{b}{(a^2 + b^2)^2} \int d\eta_3 \int d\xi_3 \, (a \gamma_y - b \gamma_x); \qquad \text{(B. 32)}$$

$$v_1 = \frac{\sqrt{A_{33} A_{11}} - A_{66}}{16 A_{66} A_{11}} \frac{b}{(a^2 + b^2)^2}[\varphi \, d\xi_1 \int d\xi_1 \cdot \eta_1(\gamma) + \int d\eta_1 \int d\eta_1 \cdot \xi_4(\gamma)] -$$

$$- \frac{\sqrt{A_{33} A_{11}} + A_{66}}{16 A_{66} A_{11}} \frac{b}{(a^2 + b^2)^2}[\int d\eta_1 \int d\xi_1 \cdot \eta_1(\gamma) + \int d\xi_1 \int d\eta_1 \cdot \xi_1(\gamma)] -$$

$$- \frac{1}{4 A_{44}} \frac{a}{(a^2 + b^2)^2} \int d\eta_3 \int d\xi_3 \, (a \gamma_y - b \gamma_x); \qquad \text{(B. 33)}$$

$$w_1 = -i \frac{\sqrt{A_{33} A_{11}} - A_{66}}{16 A_{66} A_{11}} \sqrt[4]{\frac{A_{11}}{A_{33}}} \frac{1}{(\sqrt{a^2 + b^2})^3}[\int d\xi_1 \int d\xi_1 \cdot \eta_1(\gamma) - \int d\eta_1 \int d\eta_1 \cdot \xi_1(\gamma)] -$$

$$- i \frac{\sqrt{A_{33} A_{11}} + A_{66}}{16 A_{66} A_{11}} \sqrt[4]{\frac{A_{11}}{A_{33}}} \frac{1}{(\sqrt{a^2 + b^2})^3}[\int d\eta_1 \int d\xi_1 \cdot \eta_1(\gamma) - \int d\xi_1 \int d\eta_1 \cdot \xi_1(\gamma)]. \qquad \text{(B. 34)}$$

Zu den Gleichungen (B. 29), (B. 30) und (B. 31), durch welche die allgemeinen Teile u_0 v_0 und w_0 der vollständigen Lösungen für die Verschiebungen u, v und w gegeben sind, ist zu bemerken, daß die quasi-harmonischen Funktionen $\varphi_3(\xi_1)$, $\varphi_4(\eta_1)$, $\varphi_5(\xi_3)$ und $\varphi_6(\eta_3)$ einzeln auftreten können. Dagegen können die quasi-harmonischen Funktionen $\varphi_1(\xi_1)$ und $\varphi_2(\eta_1)$ nur in Begleitung ihrer zugehörigen quasi-biharmonischen Funktionen $\eta_1 \varphi_1'(\xi_1)$ und $\xi_1 \varphi_2'(\eta_1)$ vorkommen. Sonst wird das Ausgangssystem (B. 3) von drei linearen partiellen Differentialgleichungen zweiter Ordnung *nicht befriedigt*.

In den partikulären Lösungen für u, v und w ist der Einfluß der Massenkraft durch Quadraturen dargestellt. Die Ausführung der Integrationen wird prinzipiell immer möglich sein, wenn sich die Integranden auf die Veränderlichen ξ_1 und η_1 und ξ_3 und η_3 transformieren lassen. In den praktisch wichtigen Fällen wird das immer der Fall sein.

Aus den Lösungen (B. 29), (B. 30) und (B. 31) für u_0, v_0 und w_0 und (B. 32), (B. 33) und (B. 34) für u_1, v_1 und w_1 werden die Ausdrücke für die Spannungen auf Grund des HOOKEschen Gesetzes (1) erhalten, welches bei den im betrachteten Fall gültigen Beziehungen zwischen den Elastizitätskonstanten zweckmäßig wie folgt umzuformen ist:

$$\left.\begin{aligned}
\sigma_x &= A_{11}\frac{\partial u}{\partial x} + (A_{11} - 2\,A_{44})\frac{\partial v}{\partial y} + \left(\sqrt{A_{33}\,A_{11}} - 2\,A_{66}\right)\frac{\partial w}{\partial z},\\
\sigma_y &= (A_{44} - 2\,A_{44})\frac{\partial u}{\partial x} + A_{11}\frac{\partial v}{\partial y} + \left(\sqrt{A_{33}\,A_{11}} - 2\,A_{66}\right)\frac{\partial w}{\partial z},\\
\sigma_z &= \left(\sqrt{A_{33}\,A_{11}} - 2\,A_{66}\right)\frac{\partial u}{\partial x} + \left(\sqrt{A_{33}\,A_{11}} - 2\,A_{66}\right)\frac{\partial v}{\partial y} + A_{33}\frac{\partial w}{\partial z},\\
\tau_{xy} &= A_{44}\left(\frac{\partial u}{\partial y} + \frac{\partial v}{\partial x}\right),\\
\tau_{yz} &= A_{66}\left(\frac{\partial v}{\partial z} + \frac{\partial w}{\partial y}\right),\\
\tau_{zx} &= A_{66}\left(\frac{\partial w}{\partial x} + \frac{\partial u}{\partial z}\right).
\end{aligned}\right\} \qquad (1'')$$

Die allgemeinen Teile der Ausdrücke für die Spannungen werden erhalten, wenn in den rechten Seiten der Gleichungen (1'') für u, v und w die Werte u_0, v_0 und w_0 nach (B. 29), (B. 30) und (B. 31) eingesetzt werden. Es entsteht:

$$\begin{aligned}
\sigma_{x0} = {} & \frac{4\,A_{66}}{\sqrt{A_{33}\,A_{11}} + A_{66}}\left(A_{11} - A_{66}\sqrt{\frac{A_{11}}{A_{33}}} - A_{44}\frac{b^2}{a^2+b^2}\right)[\varphi_1'(\xi_1) + \varphi_2'(\eta_1)] -\\
& - 2\,\frac{\sqrt{A_{33}\,A_{11}} - A_{66}}{\sqrt{A_{33}\,A_{11}} + A_{66}}\left(A_{66}\sqrt{\frac{A_{11}}{A_{33}}} - A_{44}\frac{b^2}{a^2+b^2}\right)[\eta_1\,\varphi_1''(\xi_1) + \xi_1\,\varphi_2''(\eta_1)] +\\
& + 2\left(A_{66}\sqrt{\frac{A_{11}}{A_{33}}} - A_{44}\frac{b^2}{a^2+b^2}\right)[\varphi_3'(\xi_1) + \varphi_4'(\eta_1)] \pm 2\,A_{44}\frac{a\,b}{a^2+b^2}[\varphi_5'(\xi_3) + \varphi_6'(\eta_3)]; \qquad \text{(B.35)}
\end{aligned}$$

$$\begin{aligned}
\sigma_{y0} = {} & \frac{4\,A_{66}}{\sqrt{A_{33}\,A_{11}} + A_{66}}\left(A_{11} - A_{66}\sqrt{\frac{A_{11}}{A_{33}}} - A_{44}\frac{a^2}{a^2+b^2}\right)[\varphi_1'(\xi_1) + \varphi_2'(\eta_1)] -\\
& - 2\,\frac{\sqrt{A_{33}\,A_{11}} - A_{66}}{\sqrt{A_{33}\,A_{11}} + A_{66}}\left(A_{66}\sqrt{\frac{A_{11}}{A_{33}}} - A_{44}\frac{a^2}{a^2+b^2}\right)[\eta_1\,\varphi_1''(\xi_1) + \xi_1\,\varphi_2''(\eta_1)] +\\
& + 2\left(A_{66}\sqrt{\frac{A_{11}}{A_{33}}} - A_{44}\frac{a^2}{a^2+b^2}\right)[\varphi_3'(\xi_1) + \varphi_4'(\eta_1)] \mp 2\,A_{44}\frac{a\,b}{a^2+b^2}[\varphi_5'(\xi_3) + \varphi_6'(\eta_3)]; \qquad \text{(B.36)}
\end{aligned}$$

$$\begin{aligned}
\sigma_{z0} = {} & 4\,A_{66}\frac{\sqrt{A_{33}\,A_{11}} - A_{66}}{\sqrt{A_{33}\,A_{11}} + A_{66}}[\varphi_1'(\xi_1) + \varphi_2'(\eta_1)] + 2\,A_{66}\frac{\sqrt{A_{33}\,A_{11}} - A_{66}}{\sqrt{A_{33}\,A_{11}} + A_{66}} \times\\
& \times [\eta_1\,\varphi_1''(\xi_1) + \xi_1\,\varphi_2''(\eta_1)] - 2\,A_{66}\,[\varphi_3'(\xi_1) + \varphi_4'(\eta_1)]; \qquad \text{(B.37)}
\end{aligned}$$

$$\begin{aligned}
\tau_{xy0} = {} & A_{44}\frac{2\,a\,b}{a^2+b^2}\left\{\frac{2\,A_{66}}{\sqrt{A_{33}\,A_{11}} + A_{66}}[\varphi_1'(\xi_1) + \varphi_2'(\eta_4)] - \frac{\sqrt{A_{33}\,A_{11}} - A_{66}}{\sqrt{A_{33}\,A_{11}} + A_{66}}[\eta_1\,\varphi_1''(\xi_1) + \xi_1\,\varphi_2''(\eta_1)] +\right.\\
& \left. + [\varphi_3'(\xi_1) + \varphi_4'(\eta_1)]\right\} \mp A_{44}\frac{a^2 - b^2}{a^2+b^2}[\varphi_5'(\xi_3) + \varphi_6'(\eta_3)]; \qquad \text{(B.38)}
\end{aligned}$$

$$\tau_{yz0} = i\,A_{66}\sqrt[4]{\frac{A_{11}}{A_{33}}}\,\frac{2\,b}{\sqrt{a^2+b^2}}\left\{-\frac{\sqrt{A_{33}\,A_{11}}-A_{66}}{\sqrt{A_{33}\,A_{11}}+A_{66}}\,[\eta_1\,\varphi_1''(\xi_1)-\xi_1\,\varphi_2''(\eta_1)]+[\varphi_3'(\xi_1)-\varphi_4'(\eta_1)]\right\}\pm$$
$$\mp\, i\sqrt{A_{44}\,A_{66}}\,\frac{a}{\sqrt{a^2+b^2}}\,[\varphi_5'(\xi_3)-\varphi_6'(\eta_3)]; \tag{B.39}$$

$$\tau_{zx0} = i\,A_{66}\sqrt[4]{\frac{A_{11}}{A_{33}}}\,\frac{2\,a}{\sqrt{a^2+b^2}}\left\{-\frac{\sqrt{A_{33}\,A_{11}}-A_{66}}{\sqrt{A_{33}\,A_{11}}+A_{66}}\,[\eta_1\,\varphi_1''(\xi_1)-\xi_1\,\varphi_2''(\eta_1)]+[\varphi_3'(\xi_1)-\varphi_4'(\eta_1)]\right\}\pm$$
$$\pm\, i\sqrt{A_{44}\,A_{66}}\,\frac{b}{\sqrt{a^2+b^2}}\,[\varphi_5'(\xi_3)-\varphi_6'(\eta_3)]\,. \tag{B.40}$$

Die partikulären Teile der Ausdrücke für die Spannungen werden erhalten, wenn in den rechten Seiten der Gleichungen (1″) für u, v und w die Werte u_1, v_1 und w_1 nach (B. 32), (B. 33) und (B. 34) eingesetzt werden. Aus Gründen der Raumersparnis sollen aber diese Ausdrücke hier ausgelassen werden.

Der Übergang von der transversalen Isotropie zu der vollkommenen Isotropie wird leicht ausgeführt, wenn $A_{11} = A_{22}$ und $A_{44} = A_{66}$ gesetzt wird.

C. Direkte Integration, wenn alle drei quadratischen Formen (14) voneinander verschieden sind

Bei allgemeiner Orthotropie vom allgemeinsten Typ, wo die Elastizitäts-Konstanten A_{mn} den Beziehungen (15) nicht genügen, läßt sich das Differentialgleichungssystem (37) eventuell nur dann direkt integrieren, wenn die Koeffizienten M_{mn} der charakteristischen Gleichung (13) zahlenmäßig gegeben sind. Vorläufig liegt das aber außerhalb der Grenzen der gegenwärtigen Möglichkeiten. Deshalb wird hier die direkte Integration des an die z. B. zur z-Achse senkrechte Monotropie angepaßten Differentialgleichungssystems ausgeführt werden, bei welchem die Beziehungen (20) ohne jegliche Einschränkung gelten. Das angepaßte Differentialgleichungssystem lautet:

$$\left.\begin{aligned}
A_{44}\left(\frac{\partial^2 u}{\partial x^2}+\frac{\partial^2 u}{\partial y^2}\right)+A_{66}\frac{\partial^2 u}{\partial z^2}+\frac{\partial}{\partial x}\left[(A_{11}-A_{44})\left(\frac{\partial u}{\partial x}+\frac{\partial v}{\partial y}\right)+(A_{31}+A_{66})\frac{\partial w}{\partial z}\right]+\gamma_x &= 0\,,\\
A_{44}\left(\frac{\partial^2 v}{\partial x^2}+\frac{\partial^2 v}{\partial y^2}\right)+A_{66}\frac{\partial^2 v}{\partial z^2}+\frac{\partial}{\partial y}\left[(A_{11}-A_{44})\left(\frac{\partial u}{\partial x}+\frac{\partial v}{\partial y}\right)+(A_{31}+A_{66})\frac{\partial w}{\partial z}\right]+\gamma_y &= 0\,,\\
A_{66}\left(\frac{\partial^2 w}{\partial x^2}+\frac{\partial^2 w}{\partial y^2}\right)+A_{33}\frac{\partial^2 w}{\partial z^2}+\frac{\partial}{\partial z}\left[(A_{31}+A_{66})\left(\frac{\partial u}{\partial x}+\frac{\partial v}{\partial y}\right)\right]+\gamma_z &= 0\,,
\end{aligned}\right\} \tag{C.1}$$

und die zugehörige charakteristische Gleichung ist:

$$\{A_{11}\,A_{66}\,(a^2+b^2)^2+[A_{11}\,A_{33}-A_{31}\,(A_{31}+2\,A_{66})]\,(a^2+b^2)\,c^2+A_{33}\,A_{66}\,c^4\}\times$$
$$\times\,[A_{44}\,(a^2+b^2)+A_{66}\,c^2]=0\,. \tag{C.2}$$

Wird die z-Achse formal bevorzugt, so folgt aus (C. 2):

$$c_1^2=-\alpha^2\,(a^2+b^2);\qquad c_2^2=-\beta^2\,(a^2+b^2);\qquad c_3^2=-\frac{A_{44}}{A_{66}}\,(a^2+b^2)\,,$$

wo α^2 und β^2 durch die Ausdrücke

$$\left.\begin{aligned}
\alpha^2 &= \frac{\left[\sqrt{A_{33}\,A_{11}-A_{31}^2}+\sqrt{A_{33}\,A_{11}-(A_{31}+2\,A_{66})^2}\right]^2+4\,A_{66}^2}{4\,A_{33}\,A_{66}}\,,\\
\beta^2 &= \frac{\left[\sqrt{A_{33}\,A_{11}-A_{31}^2}-\sqrt{A_{33}\,A_{11}-(A_{31}+2\,A_{66})^2}\right]^2+4\,A_{66}^2}{4\,A_{33}\,A_{66}}
\end{aligned}\right\} \tag{C.3}$$

gegeben sind, welche aus der Annullierung des biquadratischen Faktors auf der linken Seite von (C. 2) entstehen. Wegen dieser Herkunft sind die Größen α^2 und β^2 durch die Beziehungen

$$\alpha^2 + \beta^2 = \frac{A_{33}\,A_{11} - A_{31}\,(A_{31} + 2\,A_{66})}{A_{33}\,A_{66}} \quad \text{und} \quad \alpha^2\,\beta^2 = \frac{A_{11}}{A_{33}} \tag{C.4}$$

verbunden. Des weiteren ist es nicht schwer festzustellen, daß sie auch die Gleichungen

$$\left.\begin{aligned} A_{11}\,A_{66} - [A_{33}\,A_{11} - A_{31}\,(A_{31} + 2\,A_{66})\,\alpha^2 + A_{33}\,A_{66}\,\alpha^4 = 0\,,\\ A_{11}\,A_{66} - [A_{33}\,A_{11} - A_{31}\,(A_{31} + 2\,A_{66})\,\beta^2 + A_{33}\,A_{66}\,\beta^4 = 0\,,\end{aligned}\right\} \tag{C.5}$$

welche auch in den Formen

$$\left.\begin{aligned} (A_{11} - A_{66}\,\alpha^2)\,(A_{66} - A_{33}\,\alpha^2) &= -\,(A_{31} + A_{66})^2\,\alpha^2\,,\\ (A_{11} - A_{66}\,\beta^2)\,(A_{66} - A_{33}\,\beta^2) &= -\,(A_{31} + A_{66})^2\,\beta^2 \end{aligned}\right\} \tag{C.6}$$

geschrieben werden können, entsprechend befriedigen.

Die Größen α^2 und β^2 werden einander gleich, wenn

$$A_{66} = \frac{\sqrt{A_{33}\,A_{11}} - A_{31}}{2} \tag{22}$$

wird, in welchem Sonderfall ihre Werte durch

$$\alpha^2 = \beta^2 = \sqrt{\frac{A_{11}}{A_{33}}} \tag{C.7}$$

gegeben sind. Die hierzu gehörige direkte Integration ist hier unter B. erledigt.

Die linearen Transformationen, welche bei der direkten Integration des Differentialgleichungssystems (C. 1) anzuwenden sind, entsprechen den drei Paaren von linearen Formen

$$\left.\begin{aligned} \xi_1 &= a\,x + b\,y + i\,\alpha\,\sqrt{a^2 + b^2}\,z; & \eta_1 &= a\,x + b\,y - i\,\alpha\,\sqrt{a^2 + b^2}\,z;\\ \xi_2 &= a\,x + b\,y + i\,\beta\,\sqrt{a^2 + b^2}\,z; & \eta_2 &= a\,x + b\,y - i\,\beta\,\sqrt{a^2 + b^2}\,z;\\ \xi_3 &= a\,x + b\,y + i\,\sqrt{\frac{A_{44}}{A_{66}}}\,\sqrt{a^2 + b^2}\,z; & \eta_3 &= a\,x + b\,y - i\,\sqrt{\frac{A_{44}}{A_{66}}}\,\sqrt{a^2 + b^2}\,z\,.\end{aligned}\right\} \tag{C.8}$$

Wird für den ersten Integrationsgang das erste Paar von den linearen Formen (C. 8) als lineare Transformation benützt, so ist

$$\left.\begin{aligned} &\frac{\partial}{\partial x} = a\left(\frac{\partial}{\partial \xi_1} + \frac{\partial}{\partial \eta_1}\right); \quad \frac{\partial}{\partial y} = b\left(\frac{\partial}{\partial \xi_1} + \frac{\partial}{\partial \eta_1}\right); \quad \frac{\partial}{\partial z} = i\,\alpha\,\sqrt{a^2 + b^2}\left(\frac{\partial}{\partial \xi_1} - \frac{\partial}{\partial \eta_1}\right);\\ &\frac{\partial^2}{\partial x^2} = a^2\left(\frac{\partial}{\partial \xi_1} + \frac{\partial}{\partial \eta_1}\right)^2; \quad \frac{\partial^2}{\partial y^2} = b^2\left(\frac{\partial}{\partial \xi_1} + \frac{\partial}{\partial \eta_1}\right); \quad \frac{\partial^2}{\partial z^2} = -\,\alpha^2\,(a^2 + b^2)\left(\frac{\partial}{\partial \xi_1} - \frac{\partial}{\partial \eta_1}\right)^2;\\ &\qquad\qquad \frac{\partial u}{\partial x} + \frac{\partial v}{\partial y} = \left(\frac{\partial}{\partial \xi_1} + \frac{\partial}{\partial \eta_1}\right)(a\,u + b\,v)\,,\end{aligned}\right\} \tag{C.9}$$

und das transformierte Differentialgleichungssystem (C. 1) lautet:

$$\begin{aligned} &(a^2 + b^2)\left[A_{44}\left(\frac{\partial}{\partial \xi_1} + \frac{\partial}{\partial \eta_1}\right)^2 - A_{66}\,\alpha^2\left(\frac{\partial}{\partial \xi_1} - \frac{\partial}{\partial \eta_1}\right)^2\right]u + a\,(A_{11} - A_{44})\left(\frac{\partial}{\partial \xi_1} + \frac{\partial}{\partial \eta_1}\right)^2(a\,u + b\,v) +\\ &\qquad + i\,(A_{31} + A_{66})\,a\cdot\alpha\cdot\sqrt{a^2 + b^2}\left(\frac{\partial^2}{\partial \xi_1^2} - \frac{\partial^2}{\partial \eta_1^2}\right)w + \gamma_x = 0\,,\end{aligned}$$

$$\left.\begin{aligned}&(a^2+b^2)\left[A_{44}\left(\frac{\partial}{\partial\xi_1}+\frac{\partial}{\partial\eta_1}\right)^2-A_{66}\,\alpha^2\left(\frac{\partial}{\partial\xi_1}-\frac{\partial}{\partial\eta_1}\right)^2\right]v+b\,(A_{11}-A_{44})\left(\frac{\partial}{\partial\xi_1}+\frac{\partial}{\partial\eta_1}\right)^2(a\,u+b\,v)+\\&\qquad+i\,(A_{31}+A_{66})\,b\,\alpha\sqrt{a^2+b^2}\left(\frac{\partial^2}{\partial\xi_1^2}-\frac{\partial^2}{\partial\xi_1^2}\right)w+\gamma_y=0\,,\\&(a^2+b^2)\left[A_{66}\left(\frac{\partial}{\partial\xi_1}+\frac{\partial}{\partial\eta_1}\right)^2-A_{33}\,\alpha^2\left(\frac{\partial}{\partial\xi_1}-\frac{\partial}{\partial\eta_1}\right)^2\right]w+\\&\qquad+i\,(A_{31}+A_{66})\,\alpha\sqrt{a^2+b^2}\left(\frac{\partial^2}{\partial\xi_1^2}-\frac{\partial^2}{\partial\eta_1^2}\right)(a\,u+b\,v)+\gamma_z=0\,.\end{aligned}\right\}\tag{C. 10}$$

Werden die beiden ersten Gleichungen (C. 10) addiert, nachdem die erste mit $\frac{a}{a^2+b^2}$ und die zweite mit $\frac{b}{a^2+b^2}$ multipliziert ist, so bildet diese neu gewonnene Gleichung mit der dritten Gleichung (C. 10), multipliziert mit $\frac{i\,\alpha}{\sqrt{a^2+b^2}}$, das Differentialgleichungssystem:

$$\left.\begin{aligned}&\left[A_{11}\left(\frac{\partial}{\partial\xi_1}+\frac{\partial}{\partial\eta_1}\right)^2-A_{66}\,\alpha^2\left(\frac{\partial}{\partial\xi_1}-\frac{\partial}{\partial\eta_1}\right)^2\right]U+(A_{31}+A_{66})\left(\frac{\partial^2}{\partial\xi_1^2}-\frac{\partial^2}{\partial\eta_1^2}\right)W+\frac{a\,\gamma_x+b\,\gamma_y}{a^2+b^2}=0\,,\\&\left[A_{66}\left(\frac{\partial}{\partial\xi_1}+\frac{\partial}{\partial\eta_1}\right)^2-A_{33}\,\alpha^2\left(\frac{\partial}{\partial\xi_1}-\frac{\partial}{\partial\eta_1}\right)^2\right]W-(A_{31}+A_{66})\,\alpha^2\left(\frac{\partial^2}{\partial\xi_1^2}-\frac{\partial^2}{\partial\eta_1^2}\right)U+\frac{i\,\alpha\,\gamma_z}{\sqrt{a^2+b^2}}=0\,,\end{aligned}\right\}\tag{C. 11}$$

wo die Bezeichnungen

$$U=a\,u+b\,v\qquad\text{und}\qquad W=i\,\alpha\sqrt{a^2+b^2}\,w\tag{C. 12}$$

gebraucht worden sind.

Wird die zweite Gleichung (C. 11) zu der ersten addiert und dann auch von ihr subtrahiert, so entsteht:

$$\left.\begin{aligned}&[A_{11}-(A_{31}+2\,A_{66})\,\alpha^2]\frac{\partial^2U}{\partial\xi_1^2}+[(A_{31}+2\,A_{66})-A_{33}\,\alpha^2]\frac{\partial^2W}{\partial\xi_1^2}+(A_{11}+A_{31}\,\alpha^2)\frac{\partial^2U}{\partial\eta_1^2}-\\&\quad-(A_{31}+A_{33}\,\alpha^2)\frac{\partial^2W}{\partial\eta_1^2}+2\,(A_{11}+A_{66}\,\alpha^2)\frac{\partial^2U}{\partial\xi_1\,\partial\eta_1}+2\,(A_{66}+A_{33}\,\alpha^2)\frac{\partial^2W}{\partial\xi_1\,\partial\eta_1}+\frac{\xi_1(\gamma)}{a^2+b^2}=0\,,\\&(A_{11}+A_{33}\,\alpha^2)\frac{\partial^2U}{\partial\xi_1^2}+(A_{31}+A_{33}\,\alpha^2)\frac{\partial^2W}{\partial\xi_1^2}+[A_{11}-(A_{31}+2\,A_{66})\,\alpha^2]\frac{\partial^2U}{\partial\eta_1^2}-\\&\quad-[(A_{31}+2\,A_{66})-A_{33}\,\alpha^2]\frac{\partial^2W}{\partial\eta_1^2}+2\,(A_{11}+A_{66}\,\alpha^2)\frac{\partial^2U}{\partial\xi_1\,\partial\eta_1}-2\,(A_{66}+A_{33}\,\alpha^2)\frac{\partial^2W}{\partial\xi_1\,\partial\eta_1}+\\&\qquad+\frac{\eta_1(\gamma)}{a^2+b^2}=0\,.\end{aligned}\right\}\tag{C.13}$$

Hierin bedeutet:

$$\left.\begin{aligned}\xi_1(\gamma)&=a\,\gamma_x+b\,\gamma_y+i\,\alpha\sqrt{a^2+b^2}\,\gamma_z\,,\\\eta_1(\gamma)&=a\,\gamma_x+b\,\gamma_y-i\,\alpha\sqrt{a^2+b^2}\,\gamma_z\,.\end{aligned}\right\}\tag{C. 14}$$

Die zweiten Ableitungen zweimal nach ξ_1 entfallen, wenn die erste Gleichung (C. 13) mit $(A_{11}+A_{33}\,\alpha^2)$ und die zweite mit $-[A_{11}-(A_{31}+2\,A_{66})\,\alpha^2]$ multipliziert wird und dann die beiden addiert werden. Nach entsprechender Bearbeitung unter Berücksichtigung der ersten

Gleichung (C. 5) entsteht daraus:

$$4\,(A_{11} - A_{66}\,\alpha^2)\,\frac{\partial}{\partial\eta_1}\left[(A_{31} + A_{66})\,\alpha^2\,\frac{\partial U}{\partial\eta_1} + (A_{66} + A_{33}\,\alpha^2)\,\frac{\partial W}{\partial\xi_1}\right] +$$

$$+ (A_{31} + A_{66})\,\frac{\partial}{\partial\eta_1}\left[(A_{11} + A_{66}\,\alpha^2)\,\alpha^2\,\frac{\partial U}{\partial\xi_1} - (A_{31} + A_{66})\,\alpha^2\,\frac{\partial W}{\partial\eta_1}\right] +$$

$$+ (A_{11} + A_{31}\,\alpha^2)\,\frac{\xi_1(\gamma)}{a^2 + b^2} - [A_{11} - (A_{31} + 2\,A_{66})\,\alpha^2]\,\frac{\eta_1(\gamma)}{a^2 + b^2} = 0\,. \qquad (C.\ 15)$$

Die zweiten Ableitungen zweimal nach η_1 entfallen, wenn die erste Gleichung (C. 13) mit $[A_{11} - (A_{31} + 2\,A_{66})\,\alpha^2]$ und die zweite mit $-\,(A_{11} + A_{31}\,\alpha^2)$ multipliziert wird und dann die beiden addiert werden. Nach entsprechender Bearbeitung unter Berücksichtigung der ersten Gleichung (C. 5) entsteht daraus:

$$-\,4\,(A_{11} - A_{66}\,\alpha^2)\,\frac{\partial}{\partial\xi_1}\left[(A_{31} - A_{66})\,\alpha^2\,\frac{\partial U}{\partial\xi_1} - (A_{66} + A_{33}\,\alpha^2)\,\frac{\partial W}{\partial\eta_1}\right] -$$

$$-\,4\,(A_{31} + A_{66})\,\frac{\partial}{\partial\xi_1}\left[(A_{11} + A_{66}\,\alpha^2)\,\alpha^2\,\frac{\partial U}{\partial\eta_1} + (A_{31} + A_{66})\,\alpha^2\,\frac{\partial W}{\partial\xi_1}\right] +$$

$$+ [A_{11} - (A_{31} + 2\,A_{66})\,\alpha^2]\,\frac{\xi_1(\gamma)}{a^2 + b^2} - (A_{11} + A_{31}\,\alpha^2)\,\frac{\eta_1(\gamma)}{a^2 + b^2} = 0\,. \qquad (C.\ 16)$$

Die Gleichung (C. 15) läßt sich direkt nach η_1 und die Gleichung (C. 16) direkt nach ξ_1 integrieren, wodurch erhalten wird:

$$4\,(A_{11} - A_{66}\,\alpha^2)\left[(A_{31} + A_{66})\,\alpha^2\,\frac{\partial U}{\partial\eta_1} + (A_{66} + A_{33}\,\alpha^2)\,\frac{\partial W}{\partial\xi_1}\right] +$$

$$+ 4\,(A_{31} + A_{66})\left[(A_{11} + A_{66}\,\alpha^2)\,\frac{\partial U}{\partial\xi_1} - (A_{31} + A_{66})\,\alpha^2\,\frac{\partial W}{\partial\eta_1}\right] +$$

$$+ (A_{11} + A_{31}\,\alpha^2)\int \mathrm{d}\eta_1\,\frac{\xi_1(\gamma)}{a^2 + b^2} - [A_{11} - (A_{31} + 2\,A_{66})\,\alpha^2]\int \mathrm{d}\eta_1\,\frac{\eta_1(\gamma)}{a^2 + b^2} = f_1'(\xi_1)\,; \qquad (C.17)$$

$$-\,4\,(A_{11} - A_{66}\,\alpha^2)\left[(A_{31} + A_{66})\,\alpha^2\,\frac{\partial U}{\partial\xi_1} - (A_{66} + A_{33}\,\alpha^2)\,\frac{\partial W}{\partial\eta_1}\right] -$$

$$-\,4\,(A_{31} + A_{66})\left[(A_{11} + A_{66}\,\alpha^2)\,\alpha^2\,\frac{\partial U}{\partial\eta_1} + (A_{31} + A_{66})\,\alpha^2\,\frac{\partial W}{\partial\xi_1}\right] +$$

$$+ [A_{11} - (A_{31} + 2\,A_{66})\,\alpha^2]\int \mathrm{d}\xi_1\,\frac{\xi_1(\gamma)}{a^2 + b^2} - (A_{11} + A_{31}\,\alpha^2)\int \mathrm{d}\xi_1\,\frac{\eta_1(\gamma)}{a^2 + b^2} = f_2'(\eta_1)\,.$$

Im Hinblick auf das weiter folgende sind in den Gleichungen (C. 17) die willkürlichen Funktionen als erste Ableitungen nach ξ_1 bzw. nach η_1 eingeführt.

Die Trennung der Veränderlichen ist bei den Gleichungen (C. 17) nicht möglich. Eine solche Trennung wird erst nach der Transformation auf die Veränderlichen ξ_2 und η_2 möglich, wozu das zweite Paar von den linearen Formen (C. 8) als lineare Transformation benützt werden muß.

Aus den ersten zwei Gleichungspaaren (C. 8) folgt:

$$\xi_2 = \frac{\alpha + \beta}{2\,\alpha}\,\xi_1 + \frac{\alpha - \beta}{2\,\alpha}\,\eta_1\,, \qquad \eta_2 = \frac{\alpha - \beta}{2\,\alpha}\,\xi_1 + \frac{\alpha + \beta}{2\,\alpha}\,\eta_1\,, \qquad (C.\ 18)$$

und die Differentiationen nach ξ_1 und η_1 lassen sich durch die Differentiationen nach ξ_2 und η_2 wie folgt ausdrücken:

$$\frac{\partial}{\partial\xi_1} = \frac{1}{2}\left(\frac{\partial}{\partial\xi_2} + \frac{\partial}{\partial\eta_2}\right) + \frac{1}{2}\,\frac{\beta}{\alpha}\left(\frac{\partial}{\partial\xi_2} - \frac{\partial}{\partial\eta_2}\right); \qquad \frac{\partial}{\partial\eta_1} = \frac{1}{2}\left(\frac{\partial}{\partial\xi_2} + \frac{\partial}{\partial\eta_2}\right) - \frac{1}{2}\,\frac{\beta}{\alpha}\left(\frac{\partial}{\partial\xi_2} - \frac{\partial}{\partial\eta_2}\right)\,. \qquad (C.\ 19)$$

Die transformierten Gleichungen (C. 17) lauten:

$$\left.\begin{aligned}
&8\,(A_{31}+A_{66})\,\alpha^2 A_{66}\,\alpha\,\beta\left(\frac{\partial}{\partial\xi_2}-\frac{\partial}{\partial\eta_2}\right)U+8\,(A_{11}-A_{66}\,\alpha^2)\,A_{66}\left(\frac{\partial}{\partial\xi_2}+\frac{\partial}{\partial\eta_2}\right)W+\\
&+\frac{A_{11}+A_{31}\,\alpha^2}{a^2+b^2}\,[\textstyle\int d\eta_1\cdot\xi_1(\gamma)-\int d\xi_1\cdot\eta_1(\gamma)]+\frac{A_{11}-(A_{31}+2\,A_{66})\,\alpha^2}{a^2+b^2}\times\\
&\times[\textstyle\int d\xi_1\cdot\xi_1(\gamma)-\int d\eta_1\cdot\eta_1(\gamma)]==f_1'(\xi_1)+f_2'(\eta_1);\\
&8\,(A_{31}+A_{66})\,\alpha^2 A_{11}\left(\frac{\partial}{\partial\xi_2}+\frac{\partial}{\partial\eta_2}\right)U+8\,(A_{11}-A_{66}\,\alpha^2)\,A_{33}\,\alpha\,\beta\left(\frac{\partial}{\partial\xi_2}-\frac{\partial}{\partial\eta_2}\right)W+\\
&+\frac{A_{11}+A_{31}\,\alpha^2}{a^2+b^2}\,[\textstyle\int d\eta_1\cdot\xi_1(\gamma)+\int d\xi_1\cdot\eta_1(\gamma)]-\frac{A_{11}-(A_{31}+2\,A_{66})\,\alpha^2}{a^2+b^2}\times\\
&\times[\textstyle\int d\xi_1\cdot\xi_1(\gamma)+\int d\eta_1\cdot\eta_1(\gamma)]=f_1'(\xi_1)-f_2'(\eta_1)\,.
\end{aligned}\right\}\quad(\text{C. }20)$$

Die Transformation ist ausgeführt worden, nachdem die zweite Gleichung (C. 17): a) zu der ersten addiert und b) von der ersten subtrahiert wurde.

Die Ableitungen nach ξ_2 entfallen, wenn die beiden letzten Gleichungen, die erste mit $-A_{11}$ und die zweite mit $A_{66}\,\alpha\,\beta$ multipliziert, addiert werden, und die Ableitungen nach η_2 entfallen, wenn dieselben Gleichungen, die erste mit A_{11} und die zweite mit $A_{66}\,\alpha\,\beta$ multipliziert, addiert werden. Dabei ist die zweite Beziehung (C. 4) berücksichtigt worden. So wird erhalten:

$$\left.\begin{aligned}
&16\,(A_{31}+A_{66})\,\alpha^2 A_{11}A_{66}\,\alpha\,\beta\,\frac{\partial U}{\partial\eta_2}-16\,(A_{11}-A_{66}\,\alpha^2)\,A_{11}A_{66}\,\frac{\partial W}{\partial\eta_2}+\\
&+\frac{A_{11}+A_{31}\,\alpha^2}{a^2+b^2}\,[(A_{66}\,\alpha\,\beta-A_{11})\textstyle\int d\eta_1\cdot\xi_1(\gamma)+(A_{66}\,\alpha\,\beta+A_{11})\int d\xi_1\cdot\eta_1(\gamma)]-\\
&-\frac{A_{11}-(A_{31}+2\,A_{66})\alpha^2}{a^2+b^2}\,[(A_{66}\,\alpha\,\beta+A_{11})\textstyle\int d\xi_1\cdot\xi_1(\gamma)+(A_{66}\,\alpha\,\beta-A_{11})\int d\eta_1\cdot\eta_1(\gamma)]=\\
&=(A_{66}\,\alpha\,\beta-A_{11})\,f_1'(\xi_1)-(A_{66}\,\alpha\,\beta+A_{11})\,f_2'(\eta_1);\\
&16\,(A_{31}+A_{66})\,\alpha^2 A_{11}A_{66}\,\alpha\,\beta\,\frac{\partial U}{\partial\xi_2}+16\,(A_{11}-A_{66}\,\alpha^2)\,A_{11}A_{66}\,\frac{\partial W}{\partial\xi_2}+\\
&+\frac{A_{11}+A_{31}\,\alpha^2}{a^2+b^2}\,[(A_{66}\,\alpha\,\beta+A_{11})\textstyle\int d\eta_1\cdot\xi_1(\gamma)+(A_{66}\,\alpha\,\beta-A_{11})\int d\xi_1\cdot\eta_1(\gamma)]-\\
&-\frac{A_{11}-(A_{31}+2\,A_{66})\,\alpha^2}{a^2+b^2}\,[(A_{66}\,\alpha\,\beta-A_{11})\textstyle\int d\xi_1\cdot\xi_1(\gamma)+(A_{66}\,\alpha\,\beta+A_{11})\int d\eta_1\cdot\eta_1(\gamma)]=\\
&=(A_{66}\,\alpha\,\beta+A_{11})\,f_1'(\xi_1)-(A_{66}\,\alpha\,\beta-A_{11})\,f_2'(\eta)\,.
\end{aligned}\right\}\quad(\text{C.}21)$$

Die erste Gleichung (C. 21) läßt sich direkt nach η_2 und die zweite direkt nach ξ_2 integrieren. Nach Ausführung der Integration und nach Auflösung des so erhaltenen algebraischen Systems nach $U = a\,u + b\,v$ und $W = i\,\alpha\,\sqrt{a^2+b^2}\,w$ wird erhalten:

$$\begin{aligned}
&a\,u+b\,v=[\varphi_1(\xi_1)+\varphi_2(\eta_1)]+[\varphi_3(\xi_2)+\varphi_4(\eta_2)]-\\
&-\frac{A_{11}+A_{31}\,\alpha^2}{32\,(A_{31}+A_{66})\,\alpha^2 A_{11}A_{66}\,\alpha\,\beta}\,\frac{1}{a^2+b^2}\left\{\begin{aligned}&(A_{66}\,\alpha\,\beta-A_{11})\,[\textstyle\int d\eta_2\int d\eta_1\cdot\xi_1(\gamma)+\\&+\textstyle\int d\xi_2\int d\xi_1\cdot\eta_1(\gamma)]+(A_{66}\,\alpha\,\beta+\\&+A_{11})\,[\textstyle\int d\eta_2\int d\xi_1\cdot\eta_1(\gamma)+\int d\xi_2\int d\eta_1\cdot\xi_1(\gamma)]\end{aligned}\right\}+\\
&+\frac{A_{11}-A_{31}+2\,A_{66})\,\alpha^2}{32\,(A_{31}+A_{66})\,\alpha^2 A_{11}A_{66}\,\alpha\,\beta}\,\frac{1}{a^2+b^2}\left\{\begin{aligned}&(A_{66}\,\alpha\,\beta-A_{11})\,[\textstyle\int d\eta_2\int d\eta_1\cdot\eta_1(\gamma)+\\&+\textstyle\int d\xi_2\int d\xi_1\cdot\xi_1(\gamma)]+(A_{66}\,\alpha\,\beta+\\&+A_{11})\,[\textstyle\int d\eta_2\int d\xi_1\cdot\xi_1(\gamma)+\int d\xi_2\int d\eta_1\cdot\eta_1(\gamma)]\end{aligned}\right\};
\end{aligned}$$

(C. 22)

$$w = i \frac{A_{11} - A_{66}\alpha^2}{(A_{31} + A_{66})\alpha} \frac{1}{\sqrt{a^2+b^2}} [\varphi_1(\xi_1) - \varphi_2(\eta_1)] + i \frac{A_{11} - A_{66}\beta^2}{(A_{31} + A_{66})\beta} \frac{1}{\sqrt{a^2+b^2}} [\varphi_3(\xi_3) - \varphi_4(\eta_2)] -$$

$$- i \frac{A_{11} + A_{31}\alpha^2}{32\,(A_{11} - A_{66}\alpha^2)\,A_{11}A_{66}\alpha} \frac{1}{(\sqrt{a^2+b^2})^3} \left\{ \begin{array}{l} (A_{66}\alpha\beta - A_{11})\,[\int d\eta_2 \int d\eta_1 \cdot \xi_2(\gamma) - \\ - \int d\xi_2 \int d\xi_1 \cdot \eta_1(\gamma)] + (A_{66}\alpha\beta + \\ + A_{11})[\int d\eta_2 \int d\xi_1 \cdot \eta_1(\gamma) - \int d\xi_2 \int d\eta_1 \cdot \xi_1(\gamma)] \end{array} \right\} +$$

$$+ i \frac{A_{11} - (A_{31} + 2A_{66})\alpha^2}{32\,(A_{11} - A_{66}\alpha^2)\,A_{11}A_{66}\alpha} \frac{1}{(\sqrt{a^2+b^2})^3} \left\{ \begin{array}{l} (A_{66}\alpha\beta - A_{11})\,[\int d\eta_2 \int d\eta_1 \cdot \eta_1(\gamma) - \\ - \int d\xi_2 \int d\xi_1 \cdot \xi_1(\gamma)] + (A_{66}\alpha\beta + \\ + A_{11})\,[\int d\eta_2 \int d\xi_1 \cdot \xi_1(\gamma) - \int d\xi_2 \int d\eta_1 \cdot \eta_1(\gamma)] \end{array} \right\}. \quad \text{(C. 23)}$$

Bei der Darstellung der willkürlichen Funktionen in den rechten Seiten der Gleichungen (C. 22) und (C. 23) ist berücksichtigt worden, daß die Integrale der willkürlichen Funktionen $f_1'(\xi_1)$ und $f_2'(\eta_1)$, welche durch die beiden letzten Integrationen entstehen, wie folgt umgeformt werden können:

$$\left. \begin{array}{ll} \int d\xi_2 f_1'(\xi_1) = \frac{2\beta}{\beta+\alpha} f_1(\xi_1); & \int d\eta_2 f_1'(\xi_1) = \frac{2\beta}{\beta-\alpha} f_1(\xi_1); \\ \int d\xi_2 f_2'(\eta_1) = \frac{2\beta}{\beta-\alpha} f_2(\eta_1); & \int d\eta_2 f_2'(\eta_1) = \frac{2\beta}{\beta+\alpha} f_2(\eta_1)\,. \end{array} \right\} \quad \text{(C.24)}$$

Die Richtigkeit dieser Umformung kann leicht durch Differentiation festgestellt werden, wenn berücksichtigt wird, daß

$$\frac{\partial}{\partial \xi_2} = \frac{1}{2}\left(\frac{\partial}{\partial \xi_1} + \frac{\partial}{\partial \eta_1}\right) + \frac{1}{2}\frac{\alpha}{\beta}\left(\frac{\partial}{\partial \xi_1} - \frac{\partial}{\partial \eta_1}\right); \qquad \frac{\partial}{\partial \eta_2} = \frac{1}{2}\left(\frac{\partial}{\partial \xi_1} + \frac{\partial}{\partial \eta_1}\right) - \frac{1}{2}\frac{\alpha}{\beta}\left(\frac{\partial}{\partial \xi_1} - \frac{\partial}{\partial \eta_1}\right). \quad \text{(C. 25)}$$

Dann sind die willkürlichen Funktionen $f_1'(\xi_1)$, $f_2'(\eta_1)$, $f_3'(\xi_2)$ und $f_4(\eta_2)$ durch die willkürlichen Funktionen $\varphi_1(\xi_1)$, $\varphi_2(\eta_1)$, $\varphi_3(\xi_2)$ und $\varphi_4(\eta_2)$ nach den Gleichungen:

$$\left. \begin{array}{r} -\frac{A_{11} - A_{66}\beta^2}{8\,(A_{31} + A_{66})\,\alpha^2 A_{11} A_{66}\,(\beta^2 - \alpha^2)} f_1(\xi_1) = \varphi_1(\xi_1)\,, \\ \frac{A_{11} - A_{66}\beta^2}{8\,(A_{31} + A_{66})\,\alpha^2 A_{11} A_{66}\,(\beta^2 - \alpha^2)} f_2(\eta_1) = \varphi_2(\eta_1)\,, \\ \frac{1}{32\,(A_{31} + A_{66})\,\alpha^2 A_{11} A_{66}\,\alpha\beta} f_3(\xi_2) = \varphi_3(\xi_2)\,, \\ \frac{1}{32\,(A_{31} + A_{66})\,\alpha^2 A_{11} A_{66}\,\alpha\beta} f_4(\eta_2) = \varphi_4(\eta_2) \end{array} \right\} \quad \text{(C. 26)}$$

ersetzt.

Die vollständige Lösung (C. 22) bezieht sich auf $(a\,u + b\,v)$ und, um getrennte Lösungen für u und v zu erhalten, muß von den zwei ersten Gleichungen (C. 10) ausgegangen werden, welche nach Einsetzung der vollständigen Lösungen (C. 22) und (C. 23) für $(a\,u + b\,v)$ und w nur je eine unbekannte Funktion u bzw. w enthalten werden. Damit aber die so umgeformten zwei Gleichungen direkt integrabel werden, müssen sie durch Anwendung des dritten Paares von den linearen Formen (C. 8) als lineare Transformation auf die Veränderlichen ξ_3 und η_3 transformiert werden.

Aus dem ersten und dem dritten Gleichungspaar (C. 8) folgt

$$\xi_3 = \frac{1+K}{2}\xi_1 + \frac{1-K}{2}\eta_1; \qquad \eta_3 = \frac{1-K}{2}\xi_1 + \frac{1+K}{2}\eta_1 \quad \text{(C. 27)}$$

wobei

$$K = \frac{1}{\alpha}\sqrt{\frac{A_{44}}{A_{66}}}\,. \quad \text{(C. 28)}$$

Infolge von (C. 27) lassen sich die Differentiationen nach ξ_1 und η_1 durch die Differentiationen nach ξ_3 und η_3 wie folgt ausdrücken:

$$\frac{\partial}{\partial \xi_1} = \frac{1}{2}\left(\frac{\partial}{\partial \xi_3} + \frac{\partial}{\partial \eta_3}\right) + \frac{1}{2} K \left(\frac{\partial}{\partial \xi_3} - \frac{\partial}{\partial \eta_3}\right); \qquad \frac{\partial}{\partial \eta_3} = \frac{1}{2}\left(\frac{\partial}{\partial \xi_3} + \frac{\partial}{\partial \eta_3}\right) - \frac{1}{2} K \left(\frac{\partial}{\partial \xi_3} - \frac{\partial}{\partial \eta_3}\right) \quad \text{(C. 29)}$$

und die auf die Veränderlichen ξ_3 und η_3 transformierten zwei ersten Gleichungen (C. 10) lauten:

$$\left.\begin{aligned} 4\, A_{44}\, (a^2 + b^2) \frac{\partial^2 u}{\partial \xi_3\, \partial \eta_3} + a\, S + \gamma_x = 0 \\ 4\, A_{44}\, (a^2 + b^2) \frac{\partial^2 v}{\partial \xi_3\, \partial \eta_3} + b\, S + \gamma_y = 0 \end{aligned}\right\} \quad \text{(C. 30)}$$

von welchen jede die einzige Unbekannte u, bzw. v enthält, da die Größe S, welche durch die Gleichung

$$S = (A_{11} - A_{44}) \left(\frac{\partial}{\partial \xi_1} + \frac{\partial}{\partial \eta_1}\right)^2 (a\, u + b\, v) + i\, (A_{31} + A_{66})\, \alpha \sqrt{a^2 + b^2} \left(\frac{\partial^2}{\partial \xi_1^2} - \frac{\partial^2}{\partial \eta_1^2}\right), \quad \text{(C. 31)}$$

gegeben wird, infolge von (C. 22) und (C. 23) bereits bekannt ist.

Die Gleichungen (C. 30) lassen sich direkt nach ξ_3 und η_3 integrieren, und es wird erhalten:

$$\left.\begin{aligned} u &= -\frac{1}{4\, A_{44}} \frac{1}{a^2 + b^2} \int d\eta_3 \int d\xi_3 \cdot S - \frac{1}{4\, A_{44}} \frac{1}{a^2 + b^2} \int d\eta_3 \int d\xi_3\, \gamma_x \pm \frac{b}{a^2 + b^2} [\varphi_5(\xi_3) + \varphi_6(\eta_3)], \\ v &= -\frac{1}{4\, A_{44}} \frac{b}{a^2 + b^2} \int d\eta_3 \int d\xi_3\, S - \frac{1}{4\, A_{44}} \frac{1}{a^2 + b^2} \int d\eta_3 \int d\xi_3\, \gamma_y \mp \frac{a}{a^2 + b^2} [\varphi_5(\xi_3) + \varphi_6(\eta_3)]. \end{aligned}\right\}$$

(C. 32)

Die willkürlichen Funktionen $\varphi_5(\xi_3)$ und $\varphi_6(\eta_3)$ sind in dieser Form gewählt worden, weil sie in der Summe $(a\, u + b\, v)$ fehlen.

Die Addition der beiden Gleichungen (C. 32) nach vorausgehender Multiplikation der ersten mit a und der zweiten mit b liefert:

$$a\, u + b\, v = -\frac{1}{4\, A_{44}} \int d\eta_3 \int d\xi_3\, S - \frac{1}{4\, A_{44}} \frac{1}{a^2 + b^2} \int d\eta_3 \int d\xi_3\, (a\, \gamma_x + b\, \gamma_y). \quad \text{(C. 33)}$$

Werden die rechten Seiten von (C. 22) und (C. 33) gleichgesetzt, so wird erhalten:

$$\begin{aligned} &-\frac{1}{4\, A_{44}} \int d\eta_3 \int d\xi_3\, S = [\varphi_1(\xi_1) + \varphi_2(\eta_2)] + [\varphi_3(\xi_2) + \varphi_4(\eta_2)] - \\ &- \frac{A_{11} + A_{31}\, \alpha^2}{32\, (A_{31} + A_{66})\, \alpha^2\, A_{11}\, A_{66}\, \alpha\, \beta} \frac{1}{a^2 + b^2} \left\{ \begin{aligned} &(A_{66}\, \alpha\, \beta - A_{11}) \left[\int d\eta_2 \int d\eta_1\, \xi_1(\gamma) + \right. \\ &\left. + \int d_3\xi_2 \int d\xi_1 \cdot \eta_1(\gamma)\right] + (A_{66}\, \alpha\, \beta + \\ &+ A_{11}) \left[\int d\eta_2 \int d\xi_1 \cdot \eta_1(\gamma) + \int d\xi_2 \int d\eta_1 \cdot \xi_1(\gamma)\right] \end{aligned} \right\} + \\ &+ \frac{A_{11} - (A_{31} + 2\, A_{66})\, \alpha^2}{32\, (A_{31} + A_{66})\, \alpha^2\, A_{11}\, A_{66}\, \alpha\, \beta} \frac{1}{a^2 + b^2} \left\{ \begin{aligned} &(A_{66}\, \alpha\, \beta - A_{11}) \left[\int d\eta_2 \int d\eta_1 \cdot \eta_1(\gamma) + \right. \\ &\left. + \int d\xi_2 \int d\xi_1 \cdot \xi_1(\gamma)\right] + (A_{66}\, \alpha\, \beta + \\ &+ A_{11}) \left[\int d\eta_2 \int d\xi_1 \cdot \xi_1(\gamma) + \int d\xi_2 \int d\eta_1 \cdot \eta_1(\gamma)\right] \end{aligned} \right\} + \\ &+ \frac{1}{4\, A_{44}} \frac{1}{a^2 + b^2} \int d\eta_3 \int d\xi_3\, (a\, \gamma_x + b\, \gamma_y). \end{aligned} \quad \text{(C. 34)}$$

Nach der Einführung des Wertes von $-\frac{1}{4\, A_{44}} \int d\eta_3 \int d\xi_3\, S$ aus (C. 34) in die Gleichungen (C. 32) für u und v, und nach Berücksichtigung, daß die vollständigen Lösungen für die Verschiebungen u, v und w in die Formen

$$u = u_0 + u_1; \qquad v = v_0 + v_1; \qquad w = w_0 + w_1$$

gebracht werden können, wo u_0, v_0 und w_0 die allgemeinen Lösungen und u_1, v_1 und w_1 die partikulären Lösungen des Differentialgleichungssystems (C.1) sind, können die Endergebnisse der ausgeführten direkten Integration in der weiter unten gegebenen Form geschrieben werden. Die willkürlichen Funktionen φ sind reine dimensionslose Größen.

$$u_0 = \frac{a}{a^2+b^2}\{[\varphi_1(\xi_1)+\varphi_2(\eta_1)]+[\varphi_3(\xi_2)+\varphi_4(\eta_2)]\} \pm \frac{b}{a^2+b^2}[\varphi_5(\xi_3)+\varphi_6(\eta_3)]; \quad \text{(C. 35)}$$

$$v_0 = \frac{b}{a^2+b^2}\{[\varphi_1(\xi_1)+\varphi_2(\eta_1)]+[\varphi_3(\xi_2)+\varphi_4(\eta_2)]\} \mp \frac{a}{a^2+b^2}[\varphi_5(\xi_3)+\varphi_6(\eta_3)]; \quad \text{(C. 36)}$$

$$w_0 = i\,\frac{A_{11}-A_{66}\,\alpha^2}{(A_{31}+A_{66})\,\alpha}\,\frac{1}{\sqrt{a^2+b^2}}\,[\varphi_1(\xi_1)-\varphi_2(\eta_1)] + i\,\frac{A_{11}-A_{66}\,\beta^2}{(A_{31}+A_{66})\,\beta}\,\frac{1}{\sqrt{a^2+b^2}}\,[\varphi_3(\xi_2)-\varphi_4(\eta_2)] \quad \text{(C. 37)}$$

$$u_1 = -\frac{A_{11}+A_{31}\,\alpha^2}{32\,(A_{31}+A_{66})\,\alpha_2{}^2\,A_{11}\,A_{66}\,\alpha\,\beta}\cdot\frac{a}{(a^2+b^2)^2}\left\{\begin{array}{l}(A_{66}\,\alpha\,\beta-A_{11})\,[\int d\eta_2\int d\eta_1\cdot\xi_1(\gamma)+\\ +\int d\xi_2\int d\xi_1\cdot\eta_1(\gamma)]+(A_{66}\,\alpha\,\beta+\\ +A_{11})\,[\int d\eta_2\int d\xi_1\cdot\eta_1(\gamma)+\int d\xi_2\int d\eta_1\cdot\xi_1(\gamma)]\end{array}\right\}+$$

$$+\frac{A_{11}-(A_{31}+2\,A_{66})\,\alpha^2}{32\,(A_{31}+A_{66})\,\alpha^2\,A_{11}\,A_{66}\,\alpha\,\beta}\cdot\frac{a}{(a^2+b^2)^2}\left\{\begin{array}{l}(A_{66}\,\alpha\,\beta-A_{11})\,[\int d\eta_2\int d\eta_1\cdot\eta_1(\gamma)+\\ +\int d\xi_2\int d_1\xi\cdot\xi_1(\gamma)]++(A_{66}\,\alpha\,\beta+\\ +A_{11})\,[\int d\eta_2\int d\xi_1\cdot\xi_1(\gamma)+\int d\xi_2\int d\eta_1\cdot\eta_1(\gamma)]\end{array}\right\}+$$

$$+\frac{1}{4\,A_{44}}\,\frac{b}{(a^2+b^2)^2}\int d\eta_3\int d\xi_3\cdot(a\,\gamma_x-b\,\gamma_y); \quad \text{(C. 38)}$$

$$v_1 = +\frac{A_{11}+A_{31}\,\alpha^2}{32\,(A_{31}+A_{66})\,\alpha^2\,A_{11}\,A_{66}\,\alpha\,\beta}\cdot\frac{b}{(a^2+b^2)^2}\left\{\begin{array}{l}(A_{66}\,\alpha\,\beta-A_{11})\,[\int \eta_2\int \eta_1\cdot\eta_1\xi_1(\gamma)+\\ +\int d\xi_2\int d\xi_1\cdot\eta_1(\gamma)]+(A_{66}\,\alpha\,\beta+A_{11})\\ {}[\int d\eta_2\int d\xi_1\cdot\eta_1(\gamma)+\int d\xi_2\int d\eta_1\cdot\xi_1(\gamma)]\end{array}\right\}+$$

$$-\frac{A_{11}-(A_{31}+2\,A_{66})\,\alpha^2}{32\,(A_{31}+A_{66})\,\alpha^2\,A_{11}\,A_{66}\,\alpha\,\beta}\cdot\frac{b}{(a^2+b^2)\cdot}\left\{\begin{array}{l}(A_{66}\,\alpha\,\beta-A_{11})\,[\int d\eta_2\int d\eta_1\cdot\eta_1(\gamma)+\\ +\int d\xi_2\int d\xi_1\cdot\xi_1(\gamma)]+(A_{66}\,\alpha\,\beta+A_{11})\\ {}[\int d\eta_2\int d\xi_1\cdot\xi_1(\gamma)+\int d\xi_2\int d\eta_1\cdot\eta_1(\gamma)]\end{array}\right\}-$$

$$+\frac{1}{4\,A_{44}}\,\frac{a}{(a^2+b^2)^2}\int d\bar{\eta}_3\int d\xi_3\,(a\,\gamma_y-b\,y_x); \quad \text{(C. 39)}$$

$$w_1 = -i\,\frac{A_{11}+A_{31}\,\alpha^2}{32\,(A_{11}-A_{66}\,\alpha^2)\,A_{11}\,A_{66}\,\alpha}\,\frac{1}{(\sqrt{a^2+b^2})^3}\left\{\begin{array}{l}(A_{66}\,\alpha\,\beta-A_{11})\,[\int d\eta_2\int d\mu_1\cdot\xi_4(\gamma)-\\ +\int d_2\int d\xi_1\cdot\eta_1(\gamma)]+(A_{66}\,\alpha\,\beta+A_{11})\\ {}[\int d\eta_2\int d\xi_1\cdot\eta_1(\gamma)-\int d\xi_2\int d\eta_1\cdot\xi_1(\gamma)]\end{array}\right\}+$$

$$+i\,\frac{A_{11}-(A_{31}+2\,A_{66})\,\alpha^2}{32\,(A_{11}-A_{66}\,\alpha^2)\,A_{11}\,A_{66}\,\alpha}\,\frac{1}{(\sqrt{a^2+b^2})^3}\left\{\begin{array}{l}(A_{66}\,\alpha\,\beta-A_{11})\,[\int d\eta_2\int d\eta_1\cdot\eta_1(\gamma)-\\ +\int d\xi_2\int d\xi_1\cdot\xi_1(\gamma)]+(A_{66}\,\alpha\,\beta+A_{11})\\ {}[\int d\eta_2\int d\xi_1\cdot\xi_1(\gamma)-\int d\xi_2\int d\eta_1\cdot\eta_1(\gamma)]\end{array}\right\}. \quad \text{(C. 40)}$$

Zu den Gleichungen (C. 35), (C. 36) und (C. 37) ist zu bemerken, daß sie nur quasi-harmonische Funktionen enthalten, welche drei verschiedenen Klassen angehören, insofern sie von drei verschiedenen Paaren von konjugierten Argumenten abhängen; es ist weiter zu bemerken, daß die konjugierten Argumentenpaare ξ_1, η_1 und ξ_2, η_2 miteinander vertauschbar sind, wie das der Vertauschbarkeit der Wurzeln α und β der charakteristischen Gleichung (C. 2) entspricht.

In den partikulären Lösungen für u, v und w ist der Einfluß der Massenkraft durch Quadraturen dargestellt. Die Ausführung der Integrationen wird prinzipiell immer möglich sein, wenn sich die Integranden auf die Veränderlichen ξ_1 und η_1, ξ_2 und η_2 und ξ_3 und η_3 transformieren lassen. In den praktisch wichtigen Fällen wird das immer der Fall sein.

Aus den Lösungen (C. 35), (C. 36) und (C. 37) für u_0, v_0 und w_0 und (C. 38), (C. 39) und (C. 40) für u_1, v_1 und w_1 werden die Ausdrücke für die Spannungen auf Grund des HOOKEschen Gesetzes (1) erhalten, welches bei den im betrachteten Fall gültigen Beziehungen zwischen den Elastizitäts-Konstanten zweckmäßig wie folgt umzuformen ist:

$$\sigma_x = A_{11} \frac{\partial u}{\partial x} + (A_{11} - 2\,A_{44}) \frac{\partial v}{\partial y} + A_{31} \frac{\partial w}{\partial z}$$

$$\sigma_y = (A_{11} - 2\,A_{44}) \frac{\partial u}{\partial x} + A_{11} \frac{\partial v}{\partial y} + A_{31} \frac{\partial w}{\partial z}$$

$$\sigma_z = A_{31} \frac{\partial u}{\partial x} + A_{31} \frac{\partial v}{\partial y} + A_{33} \frac{\partial w}{\partial z}$$

$$\tau_{xy} = A_{44} \left(\frac{\partial u}{\partial y} + \frac{\partial v}{\partial x}\right)$$

$$\tau_{yz} = A_{66} \left(\frac{\partial v}{\partial z} + \frac{\partial w}{\partial y}\right)$$

$$\tau_{zx} = A_{66} \left(\frac{\partial w}{\partial x} + \frac{\partial u}{\partial z}\right).$$

Die allgemeinen Teile der Ausdrücke für die Spannungen werden erhalten, wenn in den rechten Seiten der Gleichungen (1''') für u, v und w die Werte u_0, v_0 und w_0 nach (C. 35), (C. 36) und (C. 37) eingesetzt werden. Es entsteht:

$$\begin{aligned}\sigma_{x0} = &\left[\frac{A_{66}\,(A_{11} + A_{31}\,\alpha^2)}{A_{31} + A_{66}} - 2\,A_{44}\,\frac{b^2}{a^2 + b^2}\right] [\varphi_1'(\xi_1) + \varphi_2'(\eta_1)] + \\ &+ \left[\frac{A_{66}\,[A_{11} + A_{31}\,\beta^2]}{A_{31} + A_{66}} - 2\,A_{44}\,\frac{\beta^2}{a^2 + b^2}\right] [\varphi_3'(\xi_2) + \varphi_4'(\eta_2)] \pm \\ &\pm 2\,A_{44}\,\frac{a\,b}{a^2 + b^2}\,[\varphi_5'(\xi_3) + \varphi_6'(\eta_3)];\end{aligned} \qquad \text{(C. 41)}$$

$$\begin{aligned}\sigma_{y0} = &\left[\frac{A_{66}\,(A_{11} + A_{31}\,\alpha^2)}{A_{31} + A_{66}} - 2\,A_{44}\,\frac{a^2}{a^2 + b^2}\right] [\varphi_1'(\xi_1) + \varphi_2'(\eta_1)] + \\ &+ \left[\frac{A_{66}\,(A_{11} + A_{31}\,\beta^2)}{A_{31} + A_{66}} - 2\,A_{44}\,\frac{a^2}{a^2 + b^2}\right] [\varphi_3'(\xi_2) + \varphi_4'(\eta_2)] \mp \\ &\mp 2\,A_{44}\,\frac{a\,b}{a^2 + b^2}\,[\varphi_5'(\xi_3) + \varphi_6'(\eta_3)];\end{aligned} \qquad \text{(C. 42)}$$

$$\begin{aligned}\sigma_{z0} = &\left(A_{31} - A_{33}\,\frac{A_{11} - A_{66}\,\alpha^2}{A_{31} + A_{66}}\right) [\varphi_1'(\xi_1) + \varphi_2'(\eta_2)] + \left(A_{31} - A_{33}\,\frac{A_{11} - A_{66}\,\beta^2}{A_{31} + A_{66}}\right) \times \\ &\times [\varphi_3'(\xi_2) + \varphi_4'(\eta_2)];\end{aligned} \qquad \text{(C. 43)}$$

$$\begin{aligned}\tau_{xy0} = &\ 2\,A_{44}\,\frac{a\,b}{a^2 + b^2}\,\{[\varphi_1'(\xi_1) + \varphi_2'(\eta_1)] + [\varphi_3'(\xi_2) + \varphi_4'(\eta_2)]\} \mp \\ &\mp A_{44}\,\frac{a^2 - b^2}{a^2 + b^2}\,[\varphi_5'(\xi_3) + \varphi_6'(\eta_3)];\end{aligned} \qquad \text{(C. 44)}$$

$$\tau_{yz0} = i\,\frac{A_{66}\,(A_{11} + A_{31}\,\alpha^2)}{(A_{31} + A_{66})\,\alpha}\,\frac{b}{\sqrt{a^2 + b^2}}\,[\varphi_1'(\xi_1) - \varphi_2'(\eta_1)] +$$
$$+\, i\,\frac{A_{66}\,(A_{11} + A_{31}\,\beta^2)}{(A_{31} + A_{66})\,\beta}\,\frac{b}{\sqrt{a^2 + b^2}}\,[\varphi_3'(\xi_2) - \varphi_4'(\eta_2)] \mp +\, i\,\sqrt{A_{44}\,A_{66}}\,\frac{a}{\sqrt{a^2 + b^2}}\,[\varphi_5'(\xi_3) - \varphi_6'(\eta_3)]; \tag{C. 45}$$

$$\tau_{zx0} = i\,\frac{A_{66}\,(A_{11} + A_{31}\,\alpha^2)}{(A_{31} + A^{66})\,\alpha}\,\frac{a}{\sqrt{a^2 + b^2}}\,[\varphi_1'(\xi_1) + \varphi_2'(\eta_1)] +$$
$$+\, i\,\frac{A_{66}\,(A_{11} + A_{31}\,\beta^2)}{(A_{31} + A_{66})\,\beta}\,\frac{a}{\sqrt{a^2 + b^2}}\,[\varphi_3'(\xi_2) + \varphi_4'(\eta_2)] \pm +\, i\,\sqrt{A_{44}\,A_{66}}\,\frac{b}{\sqrt{a^2 + b^2}}\,[\varphi_5'(\xi_3) - \varphi_6'(\eta_3)]\,. \tag{C. 46}$$

Die partikulären Teile der Ausdrücke für die Spannungen werden erhalten, wenn in den rechten Seiten der Gleichungen (1‴) für u, v und w die Werte u_1, v_1 und w_1 nach (C. 38), (C. 39) und (C. 40) eingesetzt werden. Aus Gründen der Raumersparnis sollen aber diese Ausdrücke hier ausgelassen werden.

D. Von der praktischen Anwendung der erhaltenen Ergebnisse

Bei der praktischen Anwendung der erhaltenen Ergebnisse ist die zweckmäßige Wahl der willkürlichen Funktionen von ausschlaggebender Wichtigkeit. Dem Verfasser will es scheinen, daß das zweckmäßigste Verfahren darin bestehen wird, in Anlehnung an die Praxis bei den Airyschen Funktionen Tabellen von quasi-harmonischen und quasi-biharmonischen Funktionen aufzustellen, welche verschiedenen Formen der willkürlichen Funktionen entsprechen. Als solche Funktionsformen können algebraische, trigonometrische oder hyperbolische, zyklometrische, logarithmische oder Exponentialfunktionen usw. gewählt werden. Sind solche Tabellen aufgestellt und werden ihnen die für die allgemeinen Lösungen passenden Funktionen entnommen, so entfällt die Sorge um die Befriedigung der grundlegenden Differentialgleichungen. Die unmittelbar folgende Aufgabe besteht also darin, den Tabellen solche Funktionen zu entnehmen, welche einzeln oder in zweckmäßigen additiven Kombinationen den Randbedingungen sowohl in Verschiebungen, als auch in Spannungen Genüge leisten. Die erfolgreiche Wahl von Funktionen, welche zur Lösung einer konkreten Aufgabe geeignet sind, ist eine Frage von Scharfsinn und Zweckmäßigkeitsgefühl.

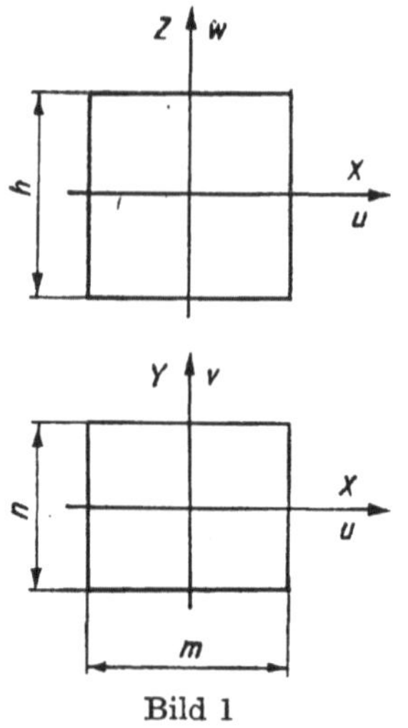

Bild 1

Darf der Einfluß der Massenkraft nicht vernachlässigt werden, so scheint es von Nutzen zu sein, die partikulären Lösungen nach ausgeführter Integration an die Formen der für allgemeine Lösungen zu wählenden Funktionen dadurch anzupassen, daß man sie eventuell in zweckmäßige unendliche Reihen entwickelt. Das ist selbstverständlich ebenfalls eine Frage von Scharfsinn und Zweckmäßigkeitsgefühl.

Die im unmittelbar Folgenden gegebene Behandlung eines verhältnismäßig einfachen Beispiels, bei welchem der Einfluß der Massenkraft als unbedeutend erachtet und deshalb vernachlässigt werden darf, soll als ein Hinweis für die praktische Anwendung der hier erhaltenen Ergebnisse dienen.

Das in der beigegebenen Abbildung skizzierte rechteckige Prisma soll sich in ebenem Verformungszustand befinden und soll aus transversal isotropem Material hergestellt sein. Die Monotropie soll zu der z-Achse senkrecht stehen.

Bei allen hier ausgeführten direkten Integrationen wird der ebene Verformungszustand offenbar am einfachsten beschrieben, wenn die willkürlichen Funktionen φ_1, φ_2, φ_3 und φ_4 gleich Null angenommen werden und nur die willkürlichen Funktionen φ_5 und φ_6 von Null verschieden sind. Ein sich auf diese Verhältnisse beziehender Auszug aus den erhaltenen Lösungen ist in der folgenden tabellarischen Zuammenstellung enthalten. Dabei sind die bei der direkten Integration A. erhaltenen Ergebnisse an den hier angenommenen Fall der Monotropie durch die Gleichsetzung von A_{11} und A_{22} angepaßt.

	Direkte Integration A.	Direkte Integrationen B. und C.
$u_0 =$	$\pm \frac{b}{a^2+b^2}[\varphi_5(\xi)+\varphi_6(\eta)]$	$\pm \frac{b}{a^2+b^2}[\varphi_5(\xi_3)+\varphi_6(\eta_3)]$
$v_0 =$	$\mp \frac{a}{a^2+b^2}[\varphi_5(\xi)+\varphi_6(\eta)]$	$\mp \frac{a}{a^2+b^2}[\varphi_5(\xi_3)+\varphi_6(\eta_3)]$
$w_0 =$	0	0
$\sigma_{x0} =$	$\pm 2 A_{44}\frac{ab}{a^2+b^2}[\varphi_5'(\xi)+\varphi_6'(\eta)]$	$\pm 2 A_{44}\frac{ab}{a^2+b^2}[\varphi_5'(\xi_3)+\varphi_6'(\eta_3)]$
$\sigma_{y0} =$	$\mp 2 A_{44}\frac{ab}{a^2+b^2}[\varphi_5'(\xi)+\varphi_6'(\eta)]$	$\mp 2 A_{44}\frac{ab}{a^2+b^2}[\varphi_5'(\xi_3)+\varphi_6'(\eta_3)]$
$\sigma_{z0} =$	0	0
$\tau_{xy0} =$	$\mp A_{44}\frac{a^2-b^2}{a^2+b^2}[\varphi_5'(\xi)+\varphi_5'(\eta)]$	$\mp A_{44}\frac{a^2-b^2}{a^2+b^2}[\varphi_5'(\xi_3)+\varphi_6'(\eta_3)]$
$\tau_{yz0} =$	$\mp i A_{44}\sqrt[4]{\frac{A_{33}}{A_{11}}}\frac{a}{\sqrt{a^2+b^2}}[\varphi_5'(\xi)-\varphi_6'(\eta)]$	$\mp i\sqrt{A_{44}A_{66}}\frac{a}{\sqrt{a^2+b^2}}[\varphi_5'(\xi_3)-\varphi_6'(\eta_3)]$
$\tau_{zx0} =$	$\pm i A_{44}\sqrt[4]{\frac{A_{33}}{A_{11}}}\frac{b}{\sqrt{a^2+b^2}}[\varphi_5'(\xi)-\varphi_6'(\eta)]$	$\pm i\sqrt{A_{44}A_{66}}\frac{b}{\sqrt{a^2+b^2}}[\varphi_5'(\xi_3)-\varphi_6'(\eta_3)]$
	$\xi,\eta = ax+by\pm i\sqrt[4]{\frac{A_{11}}{A_{33}}}\sqrt{a^2+b^2}\,z$	$\xi_3,\eta_3 = ax+by\pm i\sqrt{\frac{A_{44}}{A_{66}}}\sqrt{a^2+b^2}\,z$

Die Formeln in den beiden Kolonnen der obigen Tabelle sind miteinander identisch, wie das leicht zu erkennen ist, wenn berücksichtigt wird, daß bei den Verhältnissen der direkten Integration A. die Beziehung

$$A_{66} = \sqrt{\frac{A_{33}}{A_{11}}}\,A_{44} \tag{24''}$$

gilt. Aus diesem Grunde wird im folgenden nur von den Formeln in der zweiten Kolonne Gebrauch gemacht werden.

Wird die weitere Betrachtung auf die vollkommene Symmetrie von Spannungen und Verschiebungen beschränkt, so gelten

die Symmetriebedingungen

a) *bei den Verschiebungen:*

u ist ungerade in bezug auf x und gerade in bezug auf y und z:

$$u(x,y,z) = -u(-x,y,z);\quad u(x,y,z) = u(x,-y,z);\quad u(x,y,z) = u(x,y,-z);$$

v ist ungerade in bezug auf y und gerade in bezug auf z und x:

$$v(x, y, z) = v(-x, y, z); \quad v(x, y, z) = -v(x, -y, z); \quad v(x, y\ z) = v(x\ y, -z).$$

b) *bei den Spannungen:*

σ_x und σ_y sind gerade in bezug auf x, y und z;
τ_{xy} ist ungerade in bezug auf x und y und gerade in bezug auf z;
τ_{yz} ist ungerade in bezug auf y und z und gerade in bezug auf x;
τ_{zx} ist ungerade in bezug auf z und x und gerade in bezug auf y.

Da nur reelle Lösungen gebraucht werden können, müssen für die willkürlichen Funktionen φ_5 und φ_6 gleiche Funktionsformen gewählt werden. Damit aber auch alle Symmetriebedingungen erfüllt werden, müssen immer zwei Funktionen φ_5 und zwei Funktionen φ_6, deren Argumente sich durch das Vorzeichen des freien Parameters b unterscheiden, additiv kombiniert werden.

Soll hier untersucht werden, was für ein ebener Verformungszustand und dazu gehöriger Spannungszustand beschrieben wird, wenn φ_5 und φ_6 trigonometrische Funktionen sind, z. B.

$$\varphi_5(\xi_3) = \frac{A}{4} \sin M\, \xi_3 \quad \text{und} \quad \varphi_6(\eta_3) = \frac{A}{4} \sin M\, \eta_3\,, \tag{D. 1}$$

wo A und M noch zu bestimmende Konstanten sind, so erhält man mit den Bezeichnungen

$$\left.\begin{aligned} \xi_3^+ &= a\,x + b\,y + i\sqrt{\frac{A_{44}}{A_{66}}}\sqrt{a^2+b^2}\,z; \quad \eta_3^+ + a\,x + b\,y - i\sqrt{\frac{A_{44}}{A_{66}}}\sqrt{a^2+b^2}\,z \\ \xi_3^- &= a\,x + b\,y + i\sqrt{\frac{A_{44}}{A_{66}}}\sqrt{a^2+b^2}\,z; \quad \eta_3^- = a\,x + b\,y - i\sqrt{\frac{A_{44}}{A_{66}}}\sqrt{a^2-b^2}\,z \end{aligned}\right\} \tag{D. 2}$$

die folgenden Ausdrücke für die von Null verschiedenen Verformungs- und Spannungsgrößen:

$$u_0 = \pm\left[\frac{b}{a^2+b^2}\varphi_5(\xi_3^+) - \frac{-b}{a^2+b^2}\varphi_5(\xi_3^-)\right] \mp \left[\frac{b}{a^2+b^2}\varphi_6(\eta_3^+) - \frac{-b}{a^2+b^2}\varphi_6(\eta_3^-)\right] =$$

$$= \pm A \cdot \frac{b}{a^2+b^2} \cdot \sin M\,a\,x \cdot \cos M\,b\,y \cdot \cosh M \cdot \sqrt{\frac{A_{44}}{A_{66}}}\sqrt{a^2+b^2}\,z; \tag{D. 3}$$

$$v_0 = \mp\left[\frac{a}{a^2+b^2}\varphi_5(\xi_3^+) - \frac{a}{a^2+b^2}\varphi_5(\xi_3^-)\right] \pm \left[\frac{a}{a^2+b^2}\varphi_6(\eta_3^+) - \frac{a}{a^2+b^2}\varphi_6(\eta_3^-)\right] =$$

$$= \mp A \cdot \frac{a}{a^2+b^2} \cdot \cos M\,a\,x \cdot \sin M\,b\,y \cdot \cosh M\sqrt{\frac{A_{44}}{A_{66}}}\sqrt{a^2+b^2}\,z; \tag{D. 4}$$

$$\sigma_{x0} = \pm 2\,A_{44}\left[\frac{a\,b}{a^2+b^2}\varphi_5'(\xi_+^3) - \frac{a\,(-b)}{a^2+b^2}\varphi_5'(\xi_3^-)\right] \pm 2\,A_{44}\left[\frac{a\,b}{a^2+b^2}\varphi_6'(\eta_3^+) - \frac{a\,(-b)}{a^2+b^2}\varphi_6'(\eta_3^-)\right] =$$

$$= \pm A \cdot 2\,A_{44} \cdot \frac{a\,b}{a^2+b^2} \cdot M \cdot \cos M\,a\,x \cdot \cos M\,b\,y \cdot \cosh M\sqrt{\frac{A_{44}}{A_{66}}}\sqrt{a^2+b^2}\,z; \tag{D. 5}$$

$$\sigma_{y0} = \pm 2\,A_{44}\left[\frac{a\,b}{a^2+b^2}\varphi_5'(\xi_3^+) - \frac{a\,(-b)}{a^2+b^2}\varphi_5'(\xi_3^-)\right] \pm 2\,A_{44}\left[\frac{a\,b}{a^2+b^2}\varphi_6'(\eta_3^+) - \frac{a\,(-b)}{a^2+b^2}\varphi_6'(\eta_3^-)\right] =$$

$$= \pm A \cdot 2\,A_{44} \cdot \frac{a\,b}{a^2+b^2} \cdot M \cdot \cos M\,a\,x \cdot \cos M\,b\,y \cdot \cosh M\sqrt{\frac{A_{44}}{A_{66}}}\sqrt{a^2+b^2}\,z; \tag{D. 6}$$

$$\tau_{xy0} = \mp A_{44}\frac{a^2-b^2}{a^2+b^2}[\varphi_5'(\xi_3^+) - \varphi_5'(\xi_3^-)] \pm A_{44}\frac{a^2-b^2}{a^2+b^2}[\varphi_6'(\eta_3^+) - \varphi_6'(\eta_3^-)] =$$

$$= \pm A \cdot A_{44} \cdot \frac{a^2-b^2}{a^2+b^2} \cdot M \cdot \sin M\,a\,x \cdot \sin M\,b\,y \cdot \cosh M\sqrt{\frac{A_{44}}{A_{66}}}\sqrt{a^2+b^2}\,z; \tag{D. 7}$$

$$\tau_{yz0} = \mp i \sqrt{A_{44} A_{66}} \frac{a}{\sqrt{a^2+b^2}} [\varphi_5'(\overset{+}{\xi}_3) - \varphi_5'(\overset{-}{\xi}_3)] \pm i \sqrt{A_{44} A_{66}} \frac{a}{\sqrt{a^2+b^2}} [\varphi_6'(\overset{+}{\eta}_3) - \varphi_6'(\overset{-}{\eta}_3)] =$$

$$= \mp A \cdot \sqrt{A_{44} A_{66}} \frac{a}{\sqrt{a^2+b^2}} M \cdot \cos M a x \sin M b y \cdot \sinh M \sqrt{\frac{A_{44}}{A_{66}}} \sqrt{a^2+b^2}\, z; \qquad (D.\ 8)$$

$$\tau_{zx0} = \pm i \sqrt{A_{44} A_{66}} \frac{b}{\sqrt{a^2+b^2}} [\varphi_5'(\overset{+}{\xi}_3) - \varphi_5'(\overset{-}{\xi}_3)] \mp i \sqrt{A_{44} A_{66}} \frac{-b}{\sqrt{a^2+b^2}} [\varphi_6'(\overset{-}{\eta}_3) - \varphi_6(\overset{-}{\eta}_3)] =$$

$$= \pm A \cdot \sqrt{A_{44} A_{66}} \frac{b}{\sqrt{a^2+b^2}} \cdot M \sin M a x \cdot \cos M b y \cdot \sinh M \sqrt{\frac{A_{44}}{A_{66}}} \sqrt{a^2+b^2}\, z\,. \qquad (D.\ 9)$$

Die speziellen Werte (D. 3) bis (D. 9) der Verschiebungen und Spannungen befriedigen offenbar alle Symmetriebedingungen. Außerdem genügen die speziellen Werte von u_0 und v_0 dem Differentialgleichungssystem (B. 3) bzw. (C. 1) und die speziellen Spannungswerte den Gleichgewichtsbedingungen (2), was eine selbstverständliche Rechenkontrolle ist.

An den Grenzflächen des Prismas verschwinden die Spannungsresultierenden bis auf

$$\left.\begin{aligned} N_{x0} &= \int_{-\frac{h}{2}}^{\frac{h}{2}} \int_{-\frac{n}{2}}^{\frac{n}{2}} \sigma_{x0}\, dz \cdot dy = \pm \frac{A}{M} 8 \sqrt{A_{44} A_{66}} \frac{a}{(\sqrt{a^2+b^2})^3} \cdot \cos M a \frac{m}{2} \times \\ &\quad \times \sin M b \frac{n}{2} \cdot \sinh M \sqrt{\frac{A_{44}}{A_{66}}} \sqrt{a^2+b^2} \cdot \frac{h}{2} \\ N_{y0} &= \int_{-\frac{h}{2}}^{\frac{h}{2}} \int_{-\frac{m}{2}}^{\frac{m}{2}} \sigma_{y0} \cdot dx \cdot dz = \mp \frac{A}{M} 8 \sqrt{A_{44} A_{66}} \frac{b}{(\sqrt{a^2+b^2})^3} \cdot \sin M a \frac{m}{2} \times \\ &\quad \times \cos M b \frac{n}{2} \cdot \sinh M \sqrt{\frac{A_{44}}{A_{66}}} \sqrt{a^2+b^2} \cdot \frac{h}{2}\,. \end{aligned}\right\} \qquad (D.\ 10)$$

Wird also von der Verteilung der Belastung auf den Grenzflächen des Prismas abgesehen, so entspricht die hier getroffene Wahl der willkürlichen Funktionen φ_5 und φ_6 einer ebenen Belastung in der zur z-Achse senkrechten Ebene. Der Spannungszustand ist aber nicht eben, kann aber eventuell eben werden, wenn über die Konstanten A und M und über die freien Parameter a und b in Verbindung mit den Randbedingungen so verfügt werden kann, daß in allen Punkten des Prismas τ_{yz0} und τ_{zx0} verschwinden. Bei den Ausdrücken (D. 8) und (D. 9) ist das offenbar nicht zu erreichen, wohl aber bei passenden unendlichen Reihen, deren Glieder nach demselben Vorbild gebaut sind. Dies geht aber über den Rahmen dieser Arbeit hinaus.

Abschließendes

Das in dieser Arbeit Erreichte läßt sich in der folgenden Weise zusammenfassen:

a) Die direkte Integration des Differentialgleichungssystems (4) für den statischen Fall und für die zur z-Achse senkrechte Monotropie, also auch für die vollkommene Isotropie, ist als erledigt zu betrachten, d. h., die Verschiebungen und die Spannungen sind als Funktionen von im allgemeinen 6 willkürlichen Funktionen und von entsprechenden partikulären Integralen der Massenkraft dargestellt, wobei die direkte Integration bei bevorzugter z-Achse ausgeführt wurde.

b) Die direkte Integration des Differentialgleichungssystems (4) für den statischen Fall und für die allgemeine Orthotropie ist nur für den ganz speziellen Fall, welcher durch das Differentialgleichungssystem (A. 1) beschrieben wird, gelungen. Für den komplizierteren

Fall, welcher vom Differentialgleichungssystem (B. 1) beschrieben wird, sowohl als für den allgemeinsten Fall, für welchen das Differentialgleichungssystem (37) maßgebend ist, ist die direkte Integration *noch nicht gelungen.* In diesen beiden Fällen ist also die direkte Integration eine Aufgabe der Zukunft.

c) Eine nicht weniger wichtige Aufgabe der Zukunft ist aber die Anwendung der theoretischen Ergebnisse auf die von der Praxis gestellten Aufgaben. Das ist ein fast unbegrenztes Gebiet, dessen Erforschung die Kräfte und die Möglichkeiten des einzelnen weit übersteigt. Die hier erzielten Lösungen, welche auf der Zulässigkeit des Ansatzes (12) beruhen, haben keinen Anspruch auf unumstrittene Allgemeinheit, wenigstens so lange, bis nachgewiesen wird, daß es nicht möglich ist, andere Lösungsformen zu finden, welche sich nicht auf die durch den Ansatz (12) gefundenen Lösungen zurückführen lassen. Die Erbringung eines solchen Nachweises ist ebenfalls eine Aufgabe der Zukunft.

Zusammenfassung

Die Arbeit ist der vollständigen Lösung des Differentialgleichungssystems (4) gewidmet, welches mitsamt seiner Ableitung von der einschlägigen Literatur her bekannt ist. Unter *vollständiger* Lösung wird hier der Aufbau der Ausdrücke für die einzelnen Verschiebungen u, v und w aus je einem allgemeinen Teil, welcher im allgemeinen 6 willkürliche Funktionen enthält, und einem partikulären Teil, in welchem der Einfluß der Massenkraft durch Quadraturen dargestellt wird, verstanden.

Zur Ermittlung der allgemeinen Teile der Lösungen erachtet es der Verfasser als zweckmäßig, von den hier abgeleiteten selbständigen Differentialgleichungen (7), (8) und (9) für die einzelnen Verschiebungen auszugehen. Für den statischen Fall

$$\frac{\partial^2}{\partial t^2} = 0 ,$$

welcher hier betrachtet wird, und unter der Annahme, daß der Ansatz (12) zu den gesuchten Lösungen führt, ist die charakteristische Gleichung (13) abgeleitet, welche die freien Parameter a, b und c des Ansatzes (12) miteinander und mit den Elastizitätskonstanten A_{mn} des orthotropen Mediums verbindet. Diese trostlos aussehende, bikubische und in bezug auf die freien Parameter a, b und c homogene charakteristische Gleichung vereinfacht sich bedeutend bei transversaler Isotropie-Gleichung (21) und in höchstem Grade bei vollkommener Isotropie-Gleichung (28). Sie nimmt auch bei allgemeiner Orthotropie sehr einfache Formen an, wenn die Beziehungen (15) und (17′) zwischen den Elastizitätskonstanten A_{mn} bestehen — Gleichungen (16) und (18).

Die sich auf Grund der charakteristischen Gleichung (13) ergebenden allgemeinen Lösungen (32), (34) und (36) für die Verschiebungen u, v und w enthalten wegen der Erhöhung der Ordnung der einzelnen selbständigen Gleichungen eigentlich mehr, als mit dem Differentialgleichungssystem (4) vereinbar ist. Für die Ausschaltung der jeweilig überzähligen Bestandteile der allgemeinen Lösungen für u, v und w findet es der Verfasser bequem, den Weg über die direkte Integration des Differentialgleichungssystems (4) einzuschlagen, wobei es möglich wird, auch den Einfluß der Massenkraft durch Quadraturen zu erfassen. Die für die direkte Integration notwendigen linearen Transformationen werden auf Grund der charakteristischen Gleichung (13) abgeleitet.

Unter A. ist die direkte Integration für die Fälle ausgeführt, in welchen sich die charakteristische Gleichung (13) als Produkt von drei gleichen quadratischen Formen der freien Parameter a, b und c darstellen läßt. Das kann sowohl bei allgemeiner Orthotropie-Gleichung (81) als auch bei transversaler Isotropie-Gleichung (25) und bei vollkommener Isotropie-Gleichung (28) vorkommen. Die direkte Integration des Differentialgleichungssystems (4), das für den statischen Fall die Form (37) und für den hier betrachteten Sonderfall und bei allgemeiner Orthotropie die Form (A. 1) annimmt, ist in drei doppelten Integrationsgängen ausgeführt und führt zu den Gleichungen (A. 29) bis (A. 34), durch welche die allgemeinen Lösungen u_0, v_0 und w_0 und die partikulären Lösungen u, v und w für die Verschiebungen u, v und w gegeben sind. Auf Grund des erweiterten HOOKEschen Gesetzes, welches im betrachteten Sonderfall die Form (1′) annimmt, sind dann auch alle Spannungen berechnet, für deren Werte die Formeln (A. 35) bis (A. 46) erhalten sind. Es sind auch Anweisungen gegeben, wie die bei allgemeiner Orthotropie erhaltenen Ergebnisse an die transversale Isotropie und an die vollkommene Isotropie anzupassen sind.

Unter B. ist die direkte Integration für die Fälle betrachtet, in welchen sich die charakteristische Gleichung (13) als Produkt von zwei gleichen und einer davon verschiedenen quadratischen Form der freien Parameter a, b und c darstellen läßt. Das kann sowohl bei allgemeiner Orthotropie-Gleichung (16) als auch bei transversaler Isotropie-Gleichung (23) vorkommen. Bei allgemeiner Orthotropie ist die direkte Integration des hierzu gehörigen Differentialgleichungssystems (B. 1) noch nicht gelungen. Deshalb ist hier nur die direkte Integration des Differentialgleichungssystems (B. 3), welches für zur z-Achse senkrechte transversale Isotropie gilt, ausgeführt, und zwar wieder in drei doppelten Integrationsgängen, welche zu den Gleichungen (B. 29) und (B. 35) führen, durch welche die allgemeinen Lösungen u_0, v_0 und w_0 und die partikulären Lösungen u, v und w für die Verschiebungen u, v und w gegeben sind. Auf Grund des erweiterten HOOKEschen Gesetzes, welches im betrachteten Sonderfall die Form (l'') annimmt, sind dann auch alle Spannungen berechnet, für die allgemeinen Teile von deren Werten die Formeln (B. 35) bis (B. 40) erhalten sind. Es ist auch eine kurze Anweisung gegeben, wie die erhaltenen Ergebnisse an die vollkommene Isotropie anzupassen sind.

Unter C. ist die direkte Integration für die Fälle betrachtet, in welchen sich die charakteristische Gleichung (13) als Produkt von drei voneinander verschiedenen quadratischen Formen der freien Parameter a, b und c darstellen läßt. Das kann sowohl bei allgemeiner Orthotropie-Gleichung (14) als auch bei transversaler Isotropie-Gleichung (21) vorkommen. Bei allgemeiner Orthotropie ist die direkte Integration des dazu gehörigen Differentialgleichungssystems (37) eventuell nur dann möglich, wenn die Koeffizienten M_{mn} der charakteristischen Gleichung (14) zahlenmäßig gegeben sind. Deshalb ist hier nur die direkte Integration des Differentialgleichungssystems (C. 1), welches für zur z-Achse senkrechte transversale Isotropie gilt, ausgeführt, und zwar wie immer in drei doppelten Integrationsgängen, welche zu den Gleichungen (C. 35) bis (C. 40) führen, durch welche die allgemeinen Lösungen u_0, v_0 und w_0 und die partikulären Lösungen u, v und w für die Verschiebungen u, v und w gegeben sind. Auf Grund des erweiterten HOOKEschen Gesetzes, welches im betrachteten Sonderfall die Form (l''') annimmt, sind dann auch alle Spannungen berechnet, für die allgemeinen Teile von deren Werten die Formeln (C. 41) bis (C. 46) erhalten sind.

Zu allen hier erhaltenen Lösungen ist zunächst zu bemerken, daß die für die Praxis wichtigsten Sonderfälle der vollkommenen Isotropie und der transversalen Isotropie für alle möglichen Werte der Elastizitäts-Konstanten A_{mn} im hier gemeinten Sinne erledigt sind. Dagegen ist bei allgemeiner Orthotropie die direkte Integration nur für einen ganz speziellen Sonderfall gelungen, in welchem die A_{wn}-Werte den zwei einschränkenden Bedingungen (15) und (17′) unterworfen sind. Es ist zu erwarten, daß der Verfasser in nächster Zukunft auch die beiden noch nicht gelösten Sonderfälle erledigt. Des weiteren ist noch zu bemerken, daß bei den erhaltenen Lösungen nur quasi-harmonische und quasi-biharmonische Funktionen auftreten, während quasi-triharmonische Funktionen, wie sie nach dem Aufbau der zu den Integrationsverhältnissen A. gehörigen allgemeinen Lösung (36) zu erwarten sind, überhaupt fehlen. Der Verfasser nimmt an, daß dies mit dem Aufbau des Differentialgleichungssystems (37) zusammenhängt, durch welches die drei Verschiebungen u, v und w miteinander verbunden sind.

Der Verfasser vertritt den Standpunkt, daß bei der praktischen Anwendung der erhaltenen Ergebnisse die zweckmäßige Wahl der willkürlichen Funktionen von ausschlaggebender Wichtigkeit ist. Seiner Ansicht nach besteht das zweckmäßigste Verfahren darin, in Anlehnung an die Praxis bei den Airyschen Funktionen Tabellen von quasi-harmonischen und quasibiharmonischen Funktionen aufzustellen, welche verschiedenen Formen der willkürlichen Funktionen entsprechen. Als solche Formen können algebraische, trigonometrische oder hyperbolische, zyklometrische, logarithmische oder Exponentialfunktionen usw. gewählt werden. Sind solche Tabellen aufgestellt und werden ihnen die für die allgemeinen Lösungen passenden Funktionen entnommen, so entfällt die Sorge um die Befriedigung der grundlegenden Differentialgleichungen, und es bleibt nur, dafür Sorge zu tragen, daß diese Funktionen einzeln oder in zweckmäßigen additiven Kombinationen den Randbedingungen sowohl in Verschiebungen als auch in Spannungen Genüge leisten. Diese Auffassung hat der Verfasser durch ein konkretes Beispiel zu veranschaulichen versucht, indem er ein Parallelepiped nimmt, welches sich in ebenem, zur z-Achse senkrechtem Verformungszustand befinden soll.

Als Abschluß ist ein kurzer Abriß der weiteren Entwicklungsmöglichkeiten der erarbeiteten Methode beigegeben und auch hervorgehoben, daß in der Arbeit kein Allgemeingültigkeitsbeweis der Methode enthalten ist. Vorläufig ist es eine Methode, welche in sehr vielen Fällen zu guten Ergebnissen führen durfte.

Literatur

[1] Ganev, I. C.: Allgemeine Lösung der Differentialgleichungen des ebenen Verformungszustandes bei orthogonal-anisotropen (orthotropen) Medien. (In bulgarischer Sprache.) Sammlung von Beiträgen zur Wissenschaftlichen Tagung der Hochschule für Bergbau und Geologie in Sofia, 1964.

[2] Ganev, I. C.: Herleitung unabhängiger Differentialgleichungen für die Verschiebungen u, v und w aus den Elastizitäts-Grundgleichungen für den orthogonal-anisotropen (orthotropen) elastischen Körper. (In bulgarischer Sprache.) Archiv des Wissenschaftlichen Forschungssektors der Hochschule für Bergbau und Geologie in Sofia, No. 83 (1964).

[3] Ganev, I. C.: Über die allgemeine Lösung vom dreidimensionalen Problem bei orthotropen elastischen Medien in rechtwinkligen Koordinaten. Sitzungsberichte des Ersten Kongresses der Internationalen Gesellschaft für Felsmechanik, I Band. Lissabon 1966.

[4] Ganev, I. C.: Über die vollständige Lösung von dreidimensionalen Problemen bei orthotropen elastischen Medien in rechtwinkligen Koordinaten. (In russischer Sprache.) Sitzungsberichte der Internationalen Konferenz über die Mechanik stetiger Medien. Warna 1966.

[5] Ganev, I. C.: Weiteres über die vollständige Lösung des dreidimensionalen Problems bei orthotropen elastischen Medien in rechtwinkligen Koordinaten. (In bulgarischer Sprache.) Jahrbuch der Hochschule für Bergbau und Geologie in Sofia, 1968.

[6] Ganev, I. C.: Vollständige Lösung der Differentialgleichungen der transversal isotropen (monotropen) Medien allgemeinster Art. (In bulgarischer Sprache.) Jahrbuch für Mechanik des bulgarischen Ministeriums für Volksbildung. Sofia 1968.

Bestimmung der charakteristischen Größen der physikalisch-mechanischen Kennziffern des Gebirges mittels mathematisch-statistischer Methoden

von J. Fotä, Bukarest

Die Präzisierung der Berechnungsgrößen, die für die Projektierung bergmännischer Erkundungsarbeiten sowie von Bauarbeiten erforderlich sind und das Gebirge in Form von Elementen der Fundamente, des Widerstandes und der Beanspruchung beinhalten, kann nicht erfolgen ohne vorherige Bestimmung der quantitativen Kennlinien des Gebirges mit Hilfe von Untersuchungen im Feld und im Laboratorium.

Die Methodik zur Bestimmung dieser quantitativen Kennlinien ist in der Literatur, den Normativen und Standards bereits eingehend beschrieben worden, die Frage jedoch, die vor dem Konstrukteur, dem Projektanten oder Beobachter in der Mehrzahl der Fälle steht, wenn er aus einer Vielzahl bestimmter Größen die der Wirklichkeit am meisten angenäherte zu wählen hat, ist noch nicht vollkommen gelöst.

1.0. Allgemeine Erwägungen

Wie bekannt, stimmen Meßergebnisse mit den genauen Werten der Größen niemals voll überein; sie sind je nach den bei den Messungen oder Untersuchungen unterlaufenen Fehlern entweder kleiner oder größer als diese und unterscheiden sich in drei Kategorien:

— durch systematische Fehler,
— durch zufällige oder stochastische Fehler und
— durch grobe Fehler.

Während die systematischen Fehler, verursacht durch Meßgeräte und -methoden sowie durch Umwelteinflüsse, überprüfbar sind, können zufällige Fehler, unterschiedlich nach Größe und Zeichen, im einzelnen nicht festgestellt werden. Wenn systematische Fehler korrigiert werden können und grobe Fehler vermeidbar sind, so beeinträchtigen zufällige Fehler die Untersuchung und Messung der tatsächlichen Werte der Größen.

Infolge dieser Fehler erscheint es nicht angezeigt, nach Ermittlung nur eines Wertes die Messung oder den Versuch zu beenden, da die Wahrscheinlichkeit, daß dieser Wert dem tatsächlichen am nächsten kommt, gering ist.

Die Inhomogenität geologischer Formationen, die Anisotropie des Gebirges, die Bedingungen der Sammlung von Proben, ihre Herstellungsmethoden und auch die Abmessungen sind Faktoren, die gewöhnlich zur Erzielung einer verhältnismäßig großen Anzahl physikalisch-mechanischer Gesteinseigenschaften führen.

Ungeachtet dessen, daß Analysen und Untersuchungen unter den gleichen Bedingungen durchgeführt werden, unterscheiden sich ihre Resultate, im einzelnen genommen, und offenbaren einen scheinbaren, undefinierten, zufälligen Unterschied.

Unter diesen Bedingungen ist die Auswahl charakteristischer Größen aus der Vielzahl der vom Beobachter gesammelten experimentellen Angaben nicht möglich ohne ihre vorherige Aufbereitung, bei der zur Einschätzung der auf dem Versuchswege ermittelten Angaben die Methoden und Ergebnisse der mathematischen Statistik benutzt werden.

Für einen möglichst synthetischen Ausdruck der Gesamtheit der Informationen, die in der Vielzahl von Angaben enthalten sind, und demzufolge zur Erläuterung ihres Charakters ist anzustreben, daß die Operationen der Aufbereitung folgende Erkenntnisse ermöglichen:

— die Streuung oder Dispersion der Größen,
— den Mittelpunkt ihrer Gruppierung,
— die charakteristische bzw. repräsentative Größe der Verteilung.

Hinsichtlich der Planung und des Programms für die Bestimmungen bietet sich dem Beobachter bei Benutzung dieser Wege die Möglichkeit, im voraus die Anzahl der Proben oder Versuche festzulegen, die für die Feststellung der charakteristischen Werte der physikalisch-mechanischen Kennziffern mit gewünschter Wahrscheinlichkeit und Genauigkeit erforderlich sind.

Vom Standpunkt der Statistik besteht die ideale Lösung darin, die Anzahl der Bestimmungen der Unendlichkeit anzunähern. Da diese Bedingung nicht erfüllbar ist, und in Anbetracht dessen, daß sich mit der Erhöhung der Anzahl der Bestimmungen auch die Kosten vergrößern, werden in der Praxis zur Feststellung der charakteristischen Werte physikalisch mechanischer Kennziffern nur die Angaben einer ausgewählten Gruppe der Größen „n“ [1, 2, 4, 8] benutzt, die folgende Bedingungen erfüllen müssen:

$$P = P\left[\bar{x} - t\frac{d}{\sqrt{n}} < m < \bar{x} + t\frac{d}{\sqrt{n}}\right], \tag{1}$$

wobei:

P = die Wahrscheinlichkeit bzw. der Koeffizient der Glaubwürdigkeit;
$\bar{x}$ = die mittlere Größe der Selektion (der gewählten Gruppe);
m = die theoretische mittlere Größe der Gruppe, aus der die Selektion erfolgte;
d = das quadratische Mittel der Abweichung;
t = die von der freien Größe des Grades „f“ der Selektion abhängige Veränderliche;
n = Wert der Größe der Selektion (Anzahl der Analysen oder Versuche).

Was die Größe der Koeffizienten der Glaubwürdigkeit betrifft, so ist zu sagen daß, während im Bauwesen und in der Geotechnik in den letzten Jahren nur Werte zwischen 95 und 99,9% zulässig waren, im Bergbau eine Deckung von nur 70% für ausreichend erachtet wird. trotzdem in einigen Arbeiten [17] die Verwendung von Werten im Bereich zwischen 95 und 99% empfohlen wird.

Ich bin der Ansicht, daß die folgenden Ausführungen, in denen für den Koeffizienten der Glaubwürdigkeit und die charakteristischen Größen der Projektierungsberechnungen niedrige Werte für zulässig erachtet werden, die außerordentlich großen Werte einiger Sicherheitsfaktoren rechtfertigen, deren Richtigkeit in diesem Falle nicht überprüft werden kann.

2.0. Aufbereitung der Versuchswerte

Vor der Eintragung der im Laboratorium ermittelten anfänglichen Werte der Beobachtungen in Karten muß die Anzahl der Exponentialzahlen festgestellt werden, die jede Kennziffer im einzelnen charakterisieren.

Die Aufbereitung selbst beginnt damit, daß die Angaben in ansteigende Reihenfolge in eine Tabelle eingetragen und nach Intervallen mit der Amplitude gruppiert werden.

Die Anzahl der Intervalle K kann mit Hilfe einer der Abhängigkeiten

$$k = \frac{\chi_n - \chi_1}{n} \tag{2}$$

oder

$$k = 1 + 3{,}322 \log \cdot n \tag{2'}$$

gewählt oder errechnet werden.

Die Feststellung spezifischer Elemente der Dispersion, insbesondere das Streben der Größen nach Gruppierung sowie der Grad der Symmetrie oder Asymmetrie kann auf dem Berechnungswege oder graphisch erfolgen.

2.1. Graphische Darstellung der Verteilung

Die Gestaltung eines Diagramms ist in Abhängigkeit vom Charakter der untersuchten Gesamtheit verschieden.

In dem Falle, wenn die ermittelten Informationen ausreichend sind für die Wahl einer Exponentialgröße, müssen dem Beobachter in erster Linie die in Tab. 1 enthaltenen Angaben bekannt sein.

Tabelle 1

Bestimmte Größen	Anzahl der Intervalle	Mittelpunkt der Intervalle	Absolute Häufigkeit	Koinzidente absolute Häufigkeit
χ_1	1	x_1	n_1	n_1
χ_2	2	x_2	n_2	$n_1 + n_2$
χ_3				
χ_4				
χ_5	3	x_3	n_3	$n_1 + n_2 + n_3$
χ_6				
χ_{n-1}	k	x_k	n_k	$n_1 + n_2 + \cdots n_k = n$
χ_n				

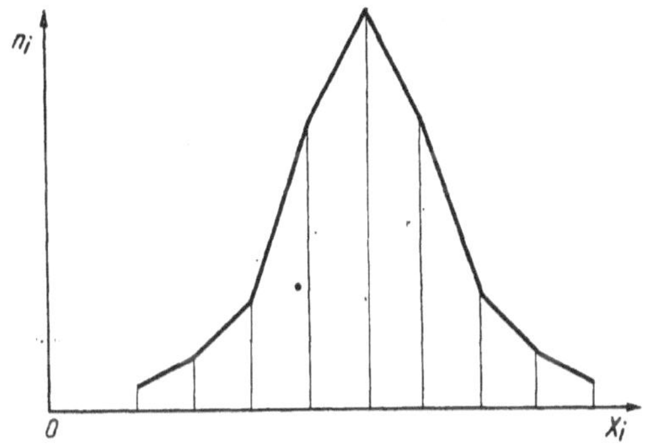

Bild 1

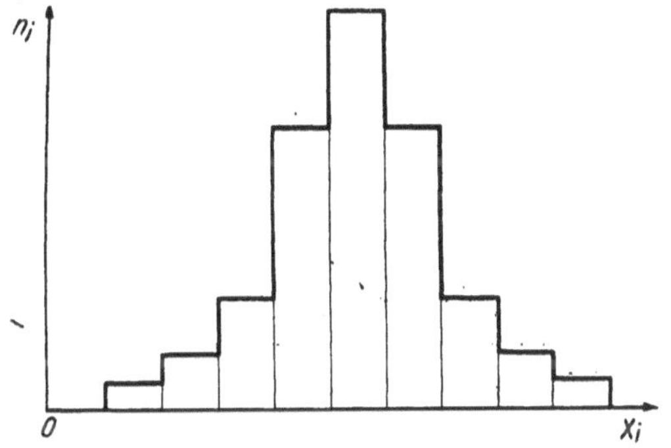

Bild 2

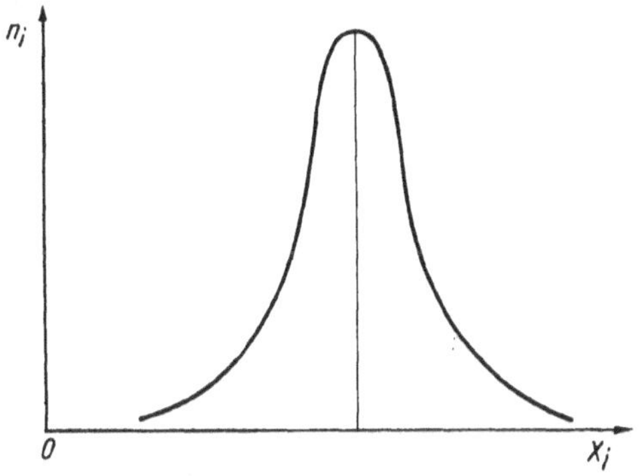

Bild 3

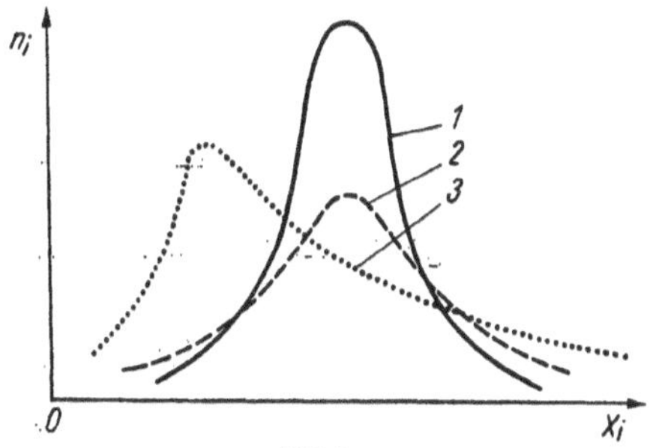

Bild 4

Im System der Achsen erscheint auf der Koordinate die absolute Häufigkeit; auf der Abszisse erscheinen im Falle eines Polygons der Häufigkeiten (Bild 1) die mittleren Größen der Intervalle bzw. die Bereiche der Intervalle im Falle eines Hystogramms der Verteilung der Häufigkeiten (Bild 2).

Die gebrochene Linie der Verteilung wird zwecks größerer Klarheit üblicherweise durch eine durchgehende Kurve ersetzt (Bild 3 und 4).

2.2. Bestimmung des Mittelpunktes der Gruppierung auf analytischem Wege

In Anbetracht der Tatsache, daß aus der Analyse der graphischen Darstellung nur eine begrenzte Anzahl von Informationen in bezug auf die Verteilung entnommen werden kann, wird es notwendig, die Aufbereitung auch auf analytischem Wege fortzusetzen. Zu diesem Zweck ist es erforderlich, Tab. 1 durch einige zusätzliche, für die Selektion charakteristische Angaben zu ergänzen, wie dies in Tab. 2 veranschaulicht wird.

Tabelle 2

Intervallbereiche	Mittel-punkt der Intervalle	Absolute Häufigkeit	Koinzidente absolute Häufigkeit	Relative Häufigkeit	Koinzidente relative Häufigkeit	Abweichung d. mittleren Größen des Intervalls
$\left[x_1 - \frac{h}{2}\right], \left[x_1 + \frac{h}{2}\right]$	x_1	n_1	n_1	$\frac{n_1}{n}$	$\frac{n_1}{n}$	$x_1 - \bar{x}$
$\left[x_2 - \frac{h}{2}\right], \left[x_2 + \frac{h}{2}\right]$	x_2	n_2	$n_1 + n_2$	$\frac{n_2}{n}$	$\frac{n_1 + n_2}{2}$	$x_2 - \bar{x}$
$\left[x_3 - \frac{h}{2}\right], \left[x_3 + \frac{h}{2}\right]$	x_3	n_3	$n^4 + n_2 + n$	$\frac{n_3}{n}$	$\frac{n_1+n_2+n_3}{n}$	$x_3 - \bar{x}$
$\left[x_h - \frac{h}{2}\right], \left[x_k + \frac{h}{2}\right]$	x_k	n_3	n	$\frac{n_k}{n}$	1,0	$x_k - \bar{x}$
Σ	—	n	—	1.0	—	$(x_i - \bar{x})$

Für den Mittelpunkt der Gruppierung der Größen, der Komponenten der Selektion, gibt die mathematische Statistik als charakteristische Kenngrößen mittlere Größen an, den Modalwert und den Median.

Die Mathematiker betrachten die mittlere Größe als grundsätzliche Charakteristik einer untersuchten Gruppe, d. h. als Größe, die, anstelle einzelner konkreter Werte entnommen, eine bestimmte Funktion veranlaßt, unverändert zu bleiben.

In Annahme der mathematischen Erwartung [5] kann die mittlere Größe das einfache arithmetische Mittel

$$\bar{x} = \frac{\chi_1 + \chi_2 + \chi_3 + \cdots \chi_n}{n} = \frac{\sum_{i=1}^{n} \chi_i}{n} \tag{3}$$

sein oder das gewogene arithmetische Mittel

$$\bar{x} = \frac{\chi_1 n_1 + \chi_2 n_2 + \chi_3 n_3 + \cdots + \chi_n n_n}{\sum_{i=1}^{n} n_i} = \frac{\sum_{i=1}^{n} \chi_i n_i}{\sum_{i=1}^{n} n_i}. \tag{4}$$

Als Modalwert wird die Größe bezeichnet, der die relative oder absolute maximale Häufigkeit entspricht und die in der graphischen Darstellung dem größten Punkt der Verteilung entspricht [1, 2, 7, 8]

$$\hat{x} = \bar{x} + 3\,(\bar{\bar{x}} - \bar{x}) = 3\,\bar{\bar{x}} - 2\,\bar{x}\,, \tag{5}$$

wobei:

$\hat{x}$ = Modalwert;
$\bar{x}$ = arithmetisches Mittel;
$\bar{\bar{x}}$ = Median.

Eine Verteilung kann eine einzige (unimodale) Spitze aufweisen und damit die homogene Verteilung kennzeichnen; sie kann aber auch einige (mehrmodale) Spitzen haben, von denen eine die Hauptspitze darstellt, während die übrigen zweitrangig sind [2, 7]. Im letzteren Falle, wenn es sich infolge Inhomogenität der Proben nicht um die Anlegung mehrerer Verteilungen handelt, kann durch aufeinanderfolgende Umgruppierungen, die faktisch in der Vergrößerung der Intervalle bestehen, eine unimodale Verteilung erreicht werden.

Der Median schließlich ist eine veränderliche Größe, die die statistische Reihe der Versuchswerte in zwei gleiche Teile teilt. Sie ist hinsichtlich der Verteilungsform und der Abstände der Gruppierung eine unabhängigere Größe als das arithmetische Mittel [1, 2, 7, 8].

2.3. Streuung der Größen

Wenn der Mittelpunkt der Gruppierung die allgemeine Verteilungscharakteristik der gemessenen Größen bildet, so ist es in vielen Fällen erforderlich, die Ordnung und Art der Messungen zu untersuchen, bei denen die Verteilungswerte von der allgemeinen Tendenz abweichen [1, 2, 7, 8]. Zu diesem Zweck muß durch Berechnungen auch eine andere Verteilungskenngröße bestimmt werden, die unter der Bezeichnung Dispersion bekannt ist.

$$d^2 = \frac{\sum\limits_{i=1}^{n} (x_i - \bar{x})^2 - \dfrac{\left(\sum\limits_{i=1}^{n} x_i - \bar{x}\right)^2}{n}}{n-1}\,. \tag{6}$$

Der Wert der Dispersion ist immer positiv, mit Ausnahme solcher Verteilungen, deren Werte mit dem arithmetischen Mittel zusammenfallen, und bei denen die Dispersion gleich Null ist. Je kleiner der Wert der Dispersion ist, desto genauer ist die Einschätzung der mittleren Größe der Selektion.

In der Praxis wird die Quadratwurzel der Dispersion benutzt, d. h. die mittlere quadratische oder Standardabweichung, um eine Kenngröße der Streuung mit demselben Ausmaß wie dem der Veränderlichen zu erhalten:

$$d = \sqrt{d^2} = \sqrt{\frac{\sum\limits_{i=1}^{n} (x_i - \bar{x})^2 - \dfrac{\left(\sum\limits_{i=1}^{n} x_i - \bar{x}\right)^2}{n}}{n-1}}\,. \tag{7}$$

Zur Beseitigung des Einflusses des Charakters der untersuchten Veränderlichen auf die Streuung wird der Variationsfaktor verwendet, den man aus dem Verhältnis der mittleren quadratischen Abweichung zum arithmetischen Mittel erhält:

$$v = \frac{d}{\bar{x}}. \tag{8}$$

Der prozentuale Ausdruck dieses Verhältnisses hat folgende Form:

$$v = \frac{d}{\bar{x}}\,100(\%)\,. \tag{8'}$$

Wie weiter unten ersichtlich wird (Bild 5), kann der zulässige Variationsfaktor einige Werte nicht überschreiten.

Der Beobachter kann mit Leichtigkeit feststellen, daß es bei der Auswahl eines beliebigen charakteristischen Wertes nicht genügt, nur die Größe und Amplitude der Selektion zu kennen. Um davon überzeugt zu sein, daß die errechnete Größe tatsächlich die quantitative

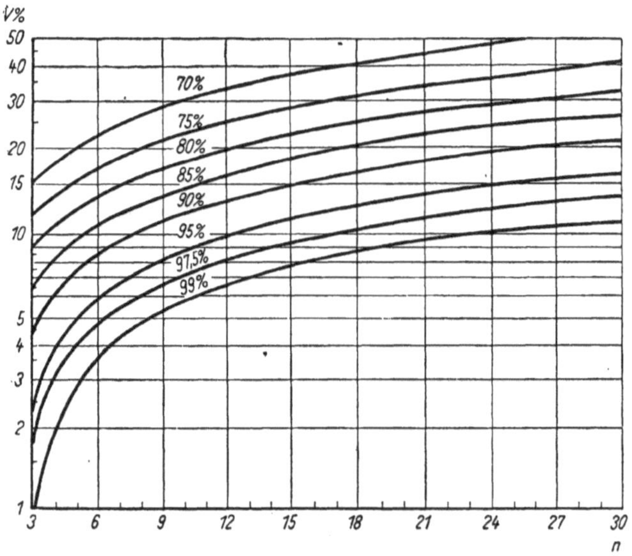

Bild 5

Charakteristik der untersuchten Kenngröße darstellt, muß die Genauigkeit und Glaubwürdigkeit der entsprechenden Größe bestimmt werden. d. h., es ist erforderlich, das Intervall festzustellen, das sie mit der vorgegebenen Wahrscheinlichkeit deckt.

Die Feststellung dieses Intervalls für den Mittelwert der Verteilung ist nicht realisierbar ohne vorherige Bestimmung des Verteilungsgesetzes.

2.4. Theoretische Verteilung der Veränderlichen

Von allen Verteilungsgesetzen der zufallsweisen Veränderlichen wird die unter der Bezeichnung Gausssche, Moirésche oder Laplacesche Verteilung bekannte *normale* Verteilung bei Untersuchungen am häufigsten festgestellt.

Diese Verteilung ist symmetrisch, führt zu den höchsten Werten und verändert die Augenfälligkeit der charakteristischen Kurve in Abhängigkeit von der Größe der Dispersion.

Vom praktischen Gesichtspunkt sind sehr viele Verteilungsarten dieser Verteilung angenähert [2], die geeignet ist, sogar solche Verteilungen genügend gut darzustellen, von denen bekannt ist, daß sie anomal sind.

Ein anderes Verteilungsgesetz zufallsweiser Veränderlicher, das in der Praxis große Bedeutung hat, ist die studentsche Verteilung, so benannt nach dem Pseudonym des englischen Mathematikers Gosset.

Die Häufigkeitskurve dieser Verteilung ist symmetrisch [1, 5]. In allgemeinen Umrissen ist sie der charakteristischen Kurve der normalen Verteilung äußerst ähnlich, nähert sich jedoch der Achse der Abszisse langsamer als letztere (Bild 4).

Diese Kurve hängt von der einheitlichen Kenngröße „f" ab, die als Freiheitsgrad der Verteilung bezeichnet wird.:

$$f = n - 1 . \tag{9}$$

In den Fällen, wo die Größe der Selektion n höher ist als 30, strebt die studentsche Verteilung gegen die Normalverteilung.

Wenn die Logarithmen der zufälligen Veränderlichen eine normale Verteilung der Häufigkeiten haben, unterliegt ihre Verteilung dem *Gesetz der normalen logarithmischen Verteilung* [4, 10, 12, 13, 15].

Infolge von

$$\hat{x} < \bar{\bar{x}} < \bar{x}$$

hat diese Verteilung eine positive Asymmetrie.

Die Asymmetrie der Verteilung $\log x$ ist um so größer, je höhere Werte die mittlere quadratische Abweichung $d_{\log x}$ aufweist. Zwischen dem Mittelwert und dem Median der Veränderlichen $\log x$ kann auch Gleichheit bestehen.

Das arithmetische Mittel für diese Verteilung wird nach der Formel

$$\log \bar{x} = \log \dot{x} + \frac{d^2_{\log x}}{2} \cdot \log e \tag{10}$$

berechnet, wobei

$$\log \bar{x} \frac{\sum_{i=1}^{n} n_i \log x_i}{\sum_{i=1}^{n} n_i} \tag{11}$$

und die mittlere Veränderliche $\log x_i$ ist, während

$$d^2_{\log x} = \frac{\sum_{i=1}^{n} n_i (\log x_i - \log x)^2}{\sum_{i=1}^{n} n_i - 1} \tag{12}$$

die disperse Veränderliche von $\log x_i$ ist.

Je größer diese Größe ist, desto größer ist auch die Differenz zwischen $\bar{x}$, $\bar{\bar{x}}$ und $\hat{x}$.

Die Berechnung der Dispersion der Selektion erfolgt nach der Formel

$$\log d^2 = \log \bar{x} + d^2_{\log x} \cdot \log e \,. \tag{13}$$

Durch Antilogarithmisierung des Wertes $\log \bar{x}$ und $\log d^2$ erhalten wir den Wert $\bar{x}$ und d^2.

2.5. Tatsächliche Verteilung der Veränderlichen

Die Feststellung der Zugehörigkeit einer beliebigen Verteilung zu einem Verteilungsgesetz erfolgt durch Bestimmung der Kennzahlen des Häufigkeitspolygons der Verteilung unter Berücksichtigung der Tatsache, daß jedem Verteilungsgesetz eine bestimmte charakteristische Kurve entspricht [1, 2, 3].

Zu diesem Zweck empfiehlt die mathematische Statistik auch andere Tests, die in der Literatur [2, 3, 4, 8] ausführlicher beschrieben sind, jedoch bieten Kennzahlen den Vorteil der leichteren Bestimmungsmöglichkeit.

Zu den traditionellen Kennzahlen gehören das Schiefheitsmaß (Asymmetrie) α und der Exzeß β einer Verteilung

$$\alpha = \frac{\bar{x} - \acute{x}}{d} \tag{14}$$

$$\beta = \frac{\sum_{i=1}^{n} (x_i - \bar{x})^4 \cdot n_i}{\sum_{i=1}^{n} n_i} \cdot \frac{1}{d^4} \,. \tag{15}$$

Im Falle von $\bar{x} = \bar{\bar{x}} = \hat{x}$ ist der Koeffizient der Asymmetrie $\alpha = 0$. In diesem Falle ist die Verteilung symmetrisch und unterliegt dem Gesetz der normalen Verteilung bzw. der studentschen Verteilung. Im Falle von $\bar{x} < \hat{x}$ wird $\alpha < 0$ gesetzt, was besagt, daß die Verteilung durch eine negative oder rechtsseitige Asymmetrie gekennzeichnet ist.

Bei $\bar{x} > \bar{\bar{x}} > \hat{x}$, $\alpha > 0$ hat die Verteilung eine positive oder linksseitige Asymmetrie und unterliegt dem Gesetz der normalen logarithmischen Verteilung.

Je größer die Anzahl der Beobachtungen oder Versuche ist, um so geringer ist die Asymmetrie, und die betreffende Verteilung nähert sich der Normalverteilung.

Der Exzeß der untersuchten Verteilung dient zur Feststellung der Differenz „E" zwischen der untersuchten und der normalen Verteilung, deren Koeffizient $\beta = 3$, d. h.

$$E = \beta - 3$$

ist.

Bei

$E > 0$ ist die Kurve zugespitzt,

bei

$E < 0$ ist die Kurve flacher und stellt die studentsche Verteilung bzw. die normale logarithmische Verteilung dar.

Je kleiner die Werte der Standardabweichung sind, desto größer ist die maximale Ordinate der Kurve, während bei großen Werten der Standardabweichung die Kurve abflacht.

In der Praxis kann die betreffende Verteilung sehr asymmetrisch sein und sogar zwei oder mehrere Maximalwerte haben, einbezogen in den Rahmen eines beliebigen Typs, jedoch ist die tatsächliche Verteilung unendlich und kann dem normalen Gesetz entsprechen oder umgekehrt [3].

Bei der Feststellung des Typs der Verteilung, in den die charakteristischen Werte der physikalisch-mechanischen Eigenschaften des Gebirges und sein Gehalt an Elementen unterschiedlicher nutzbarer Mineralien einbezogen werden können, kamen die einzelnen Fachleute in ihren Arbeiten [6, 11, 12, 13, 14, 15, 16] zu dem Schluß, daß in dem Falle, wenn die Bestimmungen an Hand von Proben erfolgen, die einem relativ homogenen Material entnommen wurden, welches vom gleichen Gestein oder Vorkommen stammt, die eigentliche Verteilung der Größen einem der folgenden Verteilungsgesetze entsprechen kann:

— dem Gesetz der normalen Verteilung,
— dem Gesetz der normalen logarithmischen Verteilung,
— dem studentschen Verteilungsgesetz.

Die Auswertung der im Laboratorium des Forschungsinstituts für Bergbau ICEMIN in Bukarest bei Versuchen mit Proben von Salz, Lignit, Ton, Mergel und Sand erzielten Ergebnisse bestätigte die Anwendungsmöglichkeit dieser Gesetze bei der Bestimmung der charakteristischen Größen der in Tab. 3 angeführten Kennziffern.

Tabelle 3

Kennziffern der Bestimmung	Kennziffern des natürlichen Zustandes	Mechanische Kennziffern	Kennziffern des Verhaltens bei Feuchtigkeit
Absolute Wichte	Natürliche Feuchtigkeit	Druckfestigkeit	Feuchtigkeit der Sättigung
Kornzusammensetzung	Scheinbare Wichte	Zugfestigkeit	Untere und obere Grenze der Plastizität
	Porosität	Biegefestigkeit	Filterungskoeffizient
	Natürlicher Böschungswinkel	Schubfestigkeit	
		Spezifische Sackung	

Die bei der Bestimmung quantitativer Kennziffern einiger Gesteine durchgeführten zahlreichen Auswertungen ermöglichten uns die Schlußfolgerung, daß Abweichungen von den oben angeführten Verteilungsgesetzen infolge falscher Bestimmung der Gesteinsart hinsichtlich der physikalischen Eigenschaften bei einer überaus großen Menge von Rissen in bezug auf die mechanischen Eigenschaften oder auf Grund grober Fehler vorkommen können.

Nach Ansicht vieler Fachleute, unter denen sich auch KNOTEK [4] befindet, unterliegen die Festigkeit bei Längsbiegung, die Ermüdungsuntersuchungen (Abnutzung) und die elastischen Kennlinien dem WEYBULLschen Verteilungsgesetz, was wir auf Grund unserer eigenen Untersuchungen weder bestätigen noch verneinen können.

2.6. Intervall der Glaubwürdigkeit

Das Intervall der Glaubwürdigkeit einer zu bestimmenden Größe kann in Abhängigkeit vom Typ der Verteilung [1, 8] als einer der folgenden Ausdrücke berechnet werden.

$$P = P\left[\bar{x} - z\frac{s}{\sqrt{n}} < m < \bar{x} + z\frac{s}{\sqrt{n}}\right]. \tag{17}$$

Für normale und normale logarithmische Verteilungen ist

$$z = \frac{(\bar{x} - m)\sqrt{n}}{s} \tag{18}$$

die zur normalen Verteilung gehörende genormte Abweichung mit einem Mittelwert von 0 und einer Streuung gleich 1. Diese Größe kann aus Tab. 4 ermittelt werden

$$s = \sqrt{\frac{\sum_{i=1}^{n}(x_i - \bar{x})^2}{n}} \tag{19}$$

als mittlere quadratische Abweichung der zur Selektion gehörenden Werte. Die übrigen Glieder haben die gleiche Bedeutung wie in Gl. (1).

Im Falle der studentschen Verteilung ist folgende Bedingung zu erfüllen:

$$P = P\left[\bar{x} - t\frac{d}{\sqrt{n}} < m < \bar{x} + t\frac{d}{\sqrt{n}}\right], \tag{1}$$

wobei

$$t = \frac{(\bar{x} - m)\sqrt{n}}{d} \tag{20}$$

die charakteristische Veränderliche der Verteilung ist. Ihre Größen können aus Tab. 5 errechnet oder ermittelt werden. Die Glieder $z\frac{s}{\sqrt{n}}$ und $t\frac{d}{\sqrt{n}}$ aus den Gln. (1) und (17) sind die tatsächlich äußersten Fehler der mittleren Größen.

Für $n - 1 > 30$ wurde praktisch $t = z$ festgestellt, wenn die äußersten Größen P [2, 8] unberücksichtigt bleiben.

Im Falle der normalen logarithmischen Verteilung wird in erster Linie das Intervall der Glaubwürdigkeit für die normale Vielzahl $\log x^i$ bestimmt, d. h. für den Mittelwert des Logarithmus $\log x$ und dann für $\log \bar{x}$.

Die ideale Bedingung könnte bei $\bar{x} = m$ erreicht werden, d. h. bei der Bedingung, daß die untere Grenze des Intervalls seiner oberen Grenze gleich ist; in diesem Falle wäre Gl. (20) gleich Null

$$t = \frac{(\bar{x} - m)\sqrt{n}}{d} = 0\,.$$

In Anbetracht dessen, daß diese Bedingung infolge der Fehler nicht erfüllt werden kann, steigert sich in dem Falle, wenn die Wahrscheinlichkeit 100% zustrebt, auch die Größe der Amplitude des Intervalls der Glaubwürdigkeit.

2.7. Genauigkeit der Resultate

Im Falle der physikalisch-mechanischen Gesteinseigenschaften kann eine zu große Variation „*m*" im Bereich des errechneten Intervalls der Glaubwürdigkeit zur Zuordnung der untersuchten Proben zu einer anderen als der Gesteinskategorie führen, zu der sie tatsächlich gehören.

Daher müssen die zulässigen Bereiche solcher Intervalle in erster Linie auf Grund der Vorstellungen festgelegt werden, die die Bestimmung der sich aus der statistischen Auswertung ergebenden Angaben betreffen. So hat z. B. eine Differenz von $\pm 5\%$ des berechneten Mittelwertes der physikalischen oder mechanischen Kennziffer eines beliebigen Gesteins keinen

Tabelle 4

P	0%	60%	70%	75%	80%	85%	90%	95%	96%	97%	98%	99%	99,9%
z	0	0,84	1,03	1,15	1,28	1,44	1,64	1,96	2,05	2,17	2,33	2,57	3,29

Tabelle 5

f \ P	60%	70%	80%	90%	95%	97,5%	99%	99,9%
2	0,289	0,617	1,061	1,886	2,920	4,303	6,965	22,33
3	0,277	0,584	0,978	1,638	2,353	3,182	4,541	10,22
4	0,271	0,569	0,941	1,533	2,132	2,776	3,747	7,173
5	0,267	0,559	0,920	1,475	2,016	2,571	3,365	5,893
6	0,265	0,553	0,906	1,440	1,943	2,447	3,143	5,208
7	0,263	0,549	0,896	1,415	1,895	2,365	2,998	4,785
8	0,262	0,546	0,889	1,397	1,860	2,306	2,896	4,501
9	0,261	0,543	0,883	1,383	1,833	2,262	2,821	4,297
10	0,260	0,542	0,879	1,372	1,812	2,228	2,764	4,144
11	0,260	0,540	0,876	1,363	1,796	2,201	2,718	4,025
12	0,259	0,539	0,873	1,356	1,782	2,179	2,681	3,930
13	0,259	0,538	0,870	1,350	1,771	2,160	2,650	3,853
14	0,258	0,537	0,868	1,345	1,761	2,145	2,624	3,787
15	0,258	0,536	0,866	1,341	1,753	2,131	2,602	3,733
16	0,258	0,535	0,865	1,337	1,746	2,120	2,583	3,686
17	0,257	0,534	0,863	1,333	1,740	2,110	2,567	3,646
18	0,257	0,534	0,862	1,330	1,734	2,101	2,552	3,661
19	0,257	0,533	0,861	1,328	1,729	2,093	2,539	3,579
20	0,257	0,533	0,860	1,325	1,725	2,086	2,528	3,552
21	0,257	0,532	0,859	1,323	1,721	2,080	2,518	3,527
22	0,256	0,532	0,588	1,321	1,717	2,074	2,508	3,505
23	0,256	0,532	0,858	1,319	1,714	2,069	2,500	3,485
24	0,256	0,531	0,857	1,318	1,711	2,064	2,492	3,467
25	0,256	0,531	0,856	1,316	1,708	2,060	2,485	3,450
26	0,256	0,531	0,856	1,315	1,706	2,065	2,479	3,435
27	0,246	0,531	0,855	1,314	1,703	2,052	2,473	3,421
28	0,256	0,530	0,855	1,313	1,701	2,048	2,467	3,408
29	0,256	0,530	0,854	1,311	1,699	2,045	2,462	3,396
30	0,256	0,530	0,854	1,310	1,697	2,042	2,457	3,385
50	0,255	0,528	0,849	1,398	1,676	2,009	2,403	3,262
100	0,254	0,526	0,845	1,290	1,600	1,984	2,365	3,174
∞	0,253	0,524	0,842	1,282	1,645	1,960	2,326	3,090

wesentlichen Einfluß auf seine Einordnung in einen der Intervalle irgend einer Klassifikation oder in die Berechnungen bei der Projektierung bergmännischer Arbeiten.

Bei einem ähnlichen Intervall für die Deckung der mittleren Größe einer Selektion kann der Koeffizient der Variation eine bestimmte begrenzte Größe nicht überschreiten. Durch Teilung beider Seiten der Gl. (20) durch x erhalten wir:

$$\frac{d}{\bar{x}} = \frac{(\bar{x} - m)\sqrt{n}}{\bar{x} \cdot t}. \tag{21}$$

Wir setzen $\frac{d}{\bar{x}} = v$ und $\frac{\bar{x} - m}{\bar{x}} = \Delta$, worauf Gl. (20) folgende Form erhält:

$$v = \frac{\Delta\sqrt{n}}{t}. \tag{22}$$

In der Annahme, daß $\Delta = 5\%$, erhalten wir:

$$v = 5\sqrt{n}\,\frac{1}{t} \tag{23}$$

bzw. prozentual:

$$v = 5\sqrt{n}\,\frac{1}{t}\,100\%. \tag{23'}$$

Für einige Möglichkeiten sind im Diagramm von Bild 5 die Grenzwerte graphisch dargestellt.

2.8. Gegenüberstellung von Ergebnissen

Bei Untersuchungen im Laboratorium kommt es häufig vor, daß zwei Methoden zur Feststellung einer Charakteristik verwendet werden, wobei es in der Regel zu unterschiedlichen Ergebnissen kommt, selbst dann, wenn die Verfahren bei ein und derselben Probe zur Anwendung kommen.

In diesem Falle erhebt sich die Frage, ob diese Ergebnisse tatsächlich die Charakteristik darstellen und welches der beiden Verfahren das effektivste ist.

Um festzustellen, ob erhebliche Unterschiede zwischen den Ergebnissen beider Untersuchungsmethoden bestehen, ist zunächst zu überprüfen, ob ihre theoretischen Mittelwerte, die auch durch die tatsächlichen Größen der Kennziffern bezeichnet werden, die gleichen sind.

Nehmen wir zwei Selektionen der Größe n an, von denen die erste mittels des Verfahrens M_1 und die zweite mittels des Verfahrens M_2 untersucht wird. In dem Falle, wenn die Größe der Selektion sehr groß ist, wird beobachtet, daß die mit Hilfe beider Verfahren ermittelten charakteristischen Größen sich bei der ersten Selektion um den Wert m_1 und bei der zweiten Selektion um den Wert m_2 gruppieren.

Die Mittelwerte und die Dispersion der Selektionen werden durch folgende Beziehungen bestimmt;

$$\bar{x}_1 = \frac{\sum_{i=1}^{n} x_{1i}}{n} \qquad \bar{x}_2 = \frac{\sum_{i=1}^{n} x_{2i}}{n} \tag{24}$$

$$S_1^2 = \frac{\sum_{i=1}^{n} (x_{1i} - \bar{x}_1)^2}{n-1} \qquad S_2^2 = \frac{\sum_{i=1}^{n} (x_{2i} - \bar{x}_2)^2}{n-1}. \tag{25}$$

Die notwendige Voraussetzung dafür, daß beide Verfahren zu den gleichen Ergebnissen führen, besteht darin, daß die auf Grund der Untersuchungswerte berechnete Größe „t" kleiner sein muß als die in den statistischen Tabellen für die betreffende Wahrscheinlichkeit angeführte

Größe „t“ für $f = 2\,(n - 1)$

$$t_c = \frac{\bar{x}_1 - \bar{x}_2}{\sqrt{\frac{s_2^1}{n} - \frac{s_2^2}{n}}} = \frac{\bar{x}_1 - \bar{x}}{\sqrt{s_1^2 - s_2^2}} \sqrt{\cdot\, n}\,. \tag{26}$$

So weisen also die Ergebnisse beider Verfahren bei $t_0 < t$ keine wesentlichen, sondern nur zufällige Unterschiede auf und stellen quantitativ die gleichen Charakteristika dar.

Eine ähnliche Überprüfung sollte auch beim Vergleich von zwei Mittelwerten der Selektionen vorgenommen werden.

Falls beide Selektionen zu einer gemeinsamen Gruppe gehören, wird der Mittelwert m und die Dispersion d^2 der Gruppe aus den Formeln:

$$\bar{x} = \frac{n_1 \cdot \bar{x}_1 + n_2 \cdot \bar{x}_2}{n_1 + n_2} \cong m \tag{27}$$

und

$$d^2 = \frac{\sum\limits_{i=1}^{n_1} (x_{1i} - \bar{x}_1)^2 + \sum\limits_{i=1}^{n_2} (x_{2i} - \bar{x}_2)^2}{n_1 + n_2 - 1} \tag{28}$$

berechnet, d. h. für den Wert $f = n_1 + n_2 - 1$.

Die Größe des mittels Formel (8) bestimmten Variationsfaktors sollte auch in diesem Falle kleiner sein als die aus dem Diagramm in Bild 5 ermittelte.

3.0. Feststellung grober Fehler

Es ist nicht ausgeschlossen, daß in einer Reihe von Versuchswerten einige Größen erscheinen, die von der Mehrzahl im erheblichen Maße abweichen; diese Abweichungen werden häufig durch grobe Fehler verursacht.

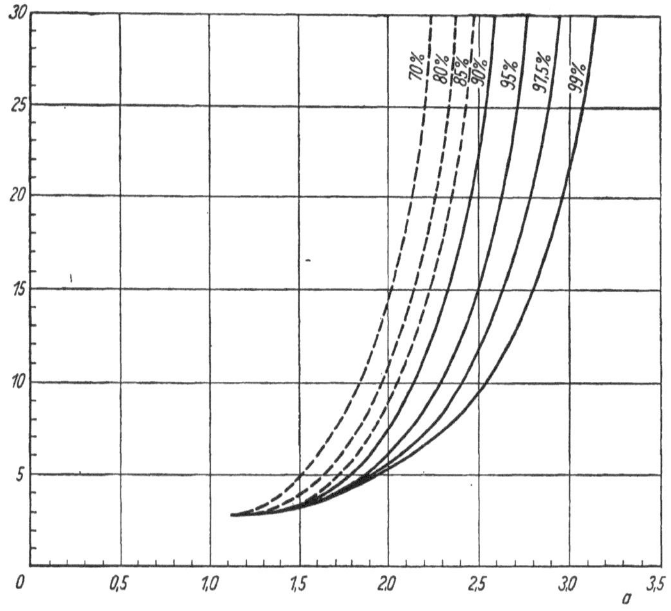

Bild 6

Um feststellen zu können, ob ein Wert auf einen groben Fehler zurückzuführen ist, müssen in Abhängigkeit von den Angaben der Selektion die maximalen und minimalen Werte für die betreffende Wahrscheinlichkeit bestimmt werden [8, 9].

Wenn sämtliche Werte der Selektionen zu einer Gruppe gehören, die normal verteilt ist, mit dem Mittelwert m und der mittleren quadratischen Abweichung s, muß der Maximalwert der Selektionen kleiner sein als der mit Hilfe der Formel

$$x_{\max P} = \bar{x} + d \cdot a \tag{29}$$

bestimmte Wert, in der „a" die Größe ist, die in Abhängigkeit von der durch die Wahrscheinlichkeit P gegebenen Größe der Selektion aus dem in Bild 6 veranschaulichten Diagramm ermittelt wird.

Falls die Größe $x_{\max P}$ kleiner ist als die maximale Größe der Selektion, besteht keine Begründung für die Annahme, daß die Abweichung dieser Größe eine zufällige ist [8]; sie ist als grober Fehler auszuschließen.

Unter Berücksichtigung der Symmetrie der normalen Verteilung erhält die Formel (29) zwecks Ausschaltung minimaler Werte mit großen Abweichungen in bezug auf die Masse der Selektion folgende Form

$$x_{\min P} = \bar{x} - d \cdot a\,. \tag{30}$$

Kleinere Werte als $x_{\min P}$ werden gleichfalls als grobe Fehler ausgeschlossen.

Die Werte „a" im Diagramm von Bild 6 und in Tab. 6, welche den Selektionen mit „n" von 1 bis 25 und Wahrscheinlichkeiten von 90, 95, 97,5 und 99% entsprechen, wurden den Angaben des amerikanischen Forschers F. GRUBBS [9] entnommen und durch Angaben ergänzt, die der Verfasser selbst bestimmt hat.

Tabelle 6

n \ P	70%	80%	85%	90%	95%	97,5%	99%
3	1,200	1,265	1,345	0,140	0,141	0,141	1,414
4	1,408	1,515	1,584	1,645	1,698	1,710	1,723
5	1,524	1,645	1,716	1,791	1,869	1,917	1,955
6	1,600	1,738	1,808	1,894	1,996	2,067	2,130
7	1,670	1,810	1,880	1,974	2,093	2,182	2,265
8	1,734	1,872	1,948	2,041	2,172	2,273	2,374
9	1,790	1,922	2,004	2,097	2,237	2,349	2,464
10	1,840	1,969	2,055	2,144	2,294	2,414	2,540
11	1,885	2,014	2,100	2,190	2,343	2,470	2,606
12	1,924	2,050	2,140	2,229	2,387	2,519	2,663
13	1,960	2,084	2,172	2,264	2,426	2,562	2,714
14	1,990	2,112	2,202	2,297	2,461	2,602	2,759
15	2,016	2,140	2,228	2,326	2,493	2,638	2,800
16	2,042	2,164	2,254	2,354	2,523	2,670	2,837
17	2,070	2,185	2,280	2,380	2,551	2,701	2,871
18	2,090	2,208	2,300	2,404	2,577	2,728	2,903
19	2,110	2,228	2,322	2,426	2,600	2,754	2,932
20	2,130	2,248	2,340	2,447	2,623	2,778	2,959
21	2,146	2,265	2,360	2,467	2,644	2,801	2,984
22	2,160	2,260	2,376	2,486	2,664	2,823	3,008
23	2,170	2,296	2,390	2,504	2,683	2,843	3,030
24	2,184	2,312	2,405	2,520	2,701	2,862	3,051
25	2,192	2,324	2,420	2,537	2,717	2,880	3,071
26	2,204	2,338	2,435	2,559	2,724	2,898	3,086
27	2,210	2,346	2,446	2,562	2,735	2,912	3,100
28	2,218	2,355	2,456	2,574	2,746	2,921	3,115
29	2,222	2,360	2,460	2,584	2,756	2,935	3,128
30	2,224	2,365	2,466	2,590	2,761	2,941	3,136

4.0. Bestimmung einer minimalen Probenanzahl

Bei der Programmierung von Analysen oder von Untersuchungen im Feld und Laboratorium kann die Anzahl der Proben ausgehend von Gl. (22) bestimmt werden, wonach

$$n = \left[\frac{v \cdot t}{\Delta}\right]^2. \tag{31}$$

Zur Vereinfachung der Operationen der Berechnung wurden die Diagramme von Bild 7 und 8 angefertigt.

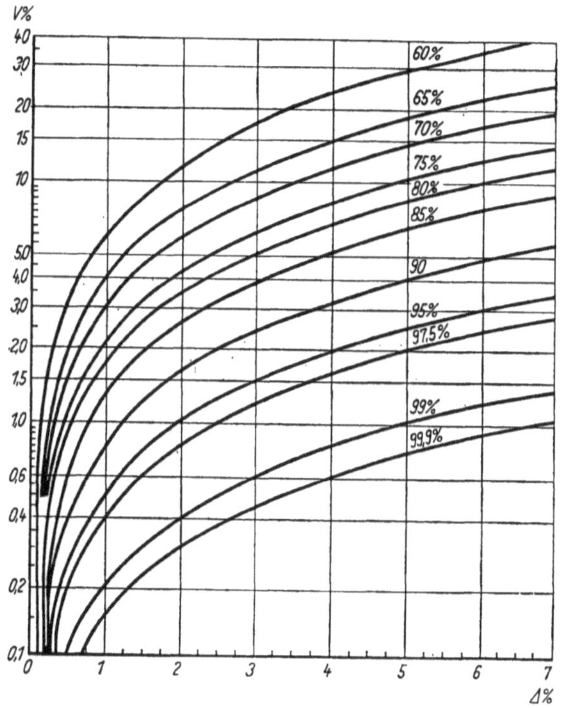

Bild 7

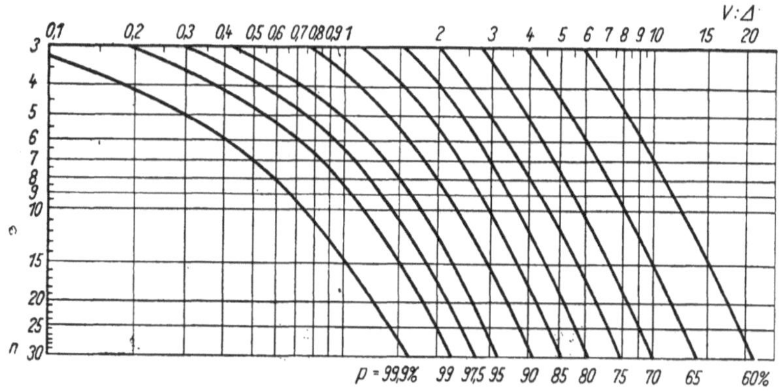

Bild 8

Unter Zugrundelegung der Genauigkeit Δ und der Wahrscheinlichkeit P erhält man aus dem Diagramm von Bild 7 den Faktor der größten Variation v_1. Hierauf nimmt man im Diagramm von Bild 8 für den Wert P die Anzahl von Proben oder Versuchen „n“, die dem Verhältnis $v_1 : \Delta$ entspricht.

Nach erfolgter Bestimmung wird zur Auswertung der Angaben der Selektion übergegangen, wobei der Variationsfaktor V_r ermittelt wird, den wir als tatsächlichen Variationsfaktor bezeichnen. Hierauf wird nach Diagramm 8 überprüft, ob die Beziehung zwischen V_r und Δ noch die anfängliche Bedingung der Wahrscheinlichkeit für diese n erfüllt.

Im Falle von $v_r > v_1$ wird aus diesem Diagramm erneut n für die Weite P und Δ bestimmt, wobei die Operationen so lange wiederholt werden, bis $v_r < v_1$.

Falls eine geringere Genauigkeit ausreichend ist, d. h. Δ größer ist als die Größe, wird $v_r > v_1$ angenommen, unter der Voraussetzung der Beziehung $v_1 : \Delta \geqq v_r : \Delta$.

Schlußfolgerungen

Auf diese Weise erhält der Forscher nach Auswertung der Selektion der Größen, die die im Feld oder Laboratorium bei der Bestimmung physikalischer oder mechanischer Kennziffern des Gebirges ermittelten Ergebnisse darstellen, eine Reihe von Informationen, die es ihm ermöglichen, glaubwürdig festzustellen, ob der Mittelwert die Exponentialgröße ist und als charakteristische Größe empfohlen werden kann.

Ungeachtet dessen, daß diese Operation mit großem Arbeitsaufwand verbunden ist, erscheint sie doch als der einzige Weg, mit Hilfe dessen der Forscher den negativen Einfluß von Fehlern auf ein Minimum verringern kann.

Die statistische Tabelle kann und soll auch nicht sämtliche Ergebnisse der statistischen Auswertung enthalten. Hinsichtlich der Auswahl der Berechnungsart und der Bestimmung der Größen der bei der Projektierung benutzten Koeffizienten der Glaubwürdigkeit ist der Verfasser der Ansicht, daß es notwendig ist, neben der für die physikalischen oder mechanischen Kennziffern charakteristischen mittleren arithmetischen Größe auch die Größe des Variationsfaktors sowie die Wahrscheinlichkeit anzugeben, bei der man die Überzeugung haben kann, daß der Mittelwert in Wirklichkeit die quantitative Charakteristik der untersuchten Kennziffer darstellt.

Literatur

[1] Mihoc, G., Josifescu, M., Urseanu, V.: Elemente de teorie a probabilitatilor şi aplicaţiile ei. Bucuresti, Ed. Stiinţifică 1966.

[2] Mihaila, I.: Introducere în teoria probabilităţilor si statistică matematică. Bukureşti, Ed. didactică şi pedagogică. 1965.

[3] Worthing, A. G., Geffner, J.: Prelucrarea datelor experimentale. Buçuresti, Ed. Tehnică 1959.

[4] Knotek, M., Vojta, R.: Metode statistico-matematice pentru analizarea proceselor siderurgice. Bucureşti, I.D.T. 1964.

[5] Marinescu, I., şi alţii: Elemente de statistică matematica şi aplicaţiile si. Bucureşti, Ed. Stiinţifică 1966.

[6] Bally, R. J., Perlea, V.: Sintetizarea statistică a caracteristicilor geotehnice. Studii de geotehnie, fundaţii si construcţii hidrotehnice. Bucureşti, VII (1964).

[7] Mihoc, G., Urseanu, V.: Matematici aplicate în statistica. Bucureşti, Ed. Academici RSR 1962.

[8] Rancu, N., Tovissi, L.: Statistica matematică cu aplicaţii în producţie. Bucureşti, Ed. Academiei RSR 1965.

[9] Linnik, J. V.: Methode der kleinsten Quadrate und Grundlagen der mathematisch-statistischen Theorie der Auswertung von Beobachtungen. Fizmatgiz, Moskva 1962.

[10] Ventura, E.: Essai de prévision a moyen terme des cours des métaux non ferreux (B. Schema aleatoire pur. la lei Lognormale). Bucureşti, Annales des mines aprilie (1957) p. 211—217.

[11] ....: Directives pour l'execution d'essais de resistance des roches. Annexes — Internationales Büro für Gebirgsmechanik. Annales des Mines de Belgique Nr. 12 (1964).

[12] Matheron, G.: Utilité des méthodes statistiques dans la recherche minière. Revue de l'Industrie Minerale (1956) Nr. sp.-1-R.

[13] Turicyn, K. S.: Möglichkeit der Anwendung des Verteilungsgesetzes normaler Logarithmen bei der Bestimmung physikalisch-mechanischer Eigenschaften. Geologia i Geofizika (1966) Nr. 2.

[14] Nalimov, V. V.: Anwendung der mathematischen Statistik bei der Analyse von Stoffen. Fizmatlit. 1960.

[15] Rodionov, D. A.: Zur Frage der normalen logarithmischen Verteilung des Gehalts an Elementen in Eruptivgestein. Geochimia Nr. 4 (1961).

[16] Gudson, Z. D.: Statistik für Physiker. Verlag „Mir", Moskva 1967.

[17] Coates, D. F.: Rock mechanics principles. Department of Mines and Technical Surveyes, Ottawa 1965.

[18] Calot, C.: Significatif or non significatif ? Réflexions à propos de la théorie et de la practique des tests statistiques, Revue de Statistique appliqué XV (1967) Nr. 1.

Wissenschaftliche Aussprache

zum Thema:

Gebirgsmechanische Modellversuche und Analytik

Diskussionsleiter: Herr Kuznecov

DISKUSSIONEN

Herr Kuznecov

Verehrter Präsident!

Verehrte Kollegen!

Wir beginnen jetzt die Diskussion zum dritten Abschnitt unseres Programms über die Untersuchung der Festigkeitseigenschaften an Modellen und über analytische Berechnungsverfahren.

Sie haben schon den Generalreport gehört, in dem kurz an die Vorträge zu den Fragen der Modellversuche und über die analytischen Berechnungsverfahren erinnert wurde. Alle diese Vorträge wurden für unsere Beratung zur Verfügung gestellt.

Ich bin der Meinung, daß es zweckmäßig sein wird, die Diskussion ebenfalls in zwei Richtungen zu führen, das heißt zuerst über die Fragen der Modellierung und dann zu den Fragen der analytischen Berechnungsmethoden. Dabei ist es wünschenswert, daß die Redner ihre Vorstellungen über die wissenschaftlichen und Organisationsmittel äußern, die uns schneller und besser an die Lösung dieser vorrangigen Probleme heranführen, die im Generalreport am Ende jedes einzelnen Abschnittes formuliert worden sind.

Mir scheint es, daß man ebenfalls zu jedem Abschnitt der Diskussion sowohl in bezug auf die Modellierung als auch hinsichtlich der Berechnungsverfahren am Anfang jeweils von den Autoren eine kurze Zusammenfassung über das anhören sollte, was sie geleistet haben. Wenn die Autoren natürlich irgendwelche Fragen haben, die eine prinzipielle Bedeutung besitzen, die alle interessieren, dann sollte man diese Fragen hier auch stellen. Aber irgendwelche Detailfragen, die man durch persönliche Gespräche klären könnte, sollte man vielleicht lieber in dieser Form dann klären.

Gibt es zu diesem Vorschlag Ergänzungen oder Abänderungen? — Wenn nicht, dann kann man die Diskussion beginnen. Wir beginnen also mit der Diskussion zum ersten Teil, d. h. zu den Fragen der Modellversuche. Wer möchte hierzu etwas sagen? —

Wenn nicht, dann bitte ich, prinzipielle Fragen zu den einzelnen Vorträgen zu stellen, die im Generalbericht berücksichtigt worden sind. Ich bitte zuerst Dr. Helfrich, das Wort zu nehmen.

Herr Helfrich

Ich möchte kurz von äquivalenten Modellversuchen berichten, die im gebirgsmechanischen Laboratorium der Boliden-Gesellschaft in Nordschweden durchgeführt wurden und im Verein mit Feldmessungen die Grundlage für eine Databehandlung von Firstenstabilitätsfragen in horizontalgeschichteten Lagerstätten bildeten.

Als Modellmaterial wurden verschiedene Zusammensetzungen von Sand, Gips und Wasser verwendet. Die Problemstellung war: Bestimmung des Verformungsverhaltens horizontal geschichteter Firstlager verschiedenen geologischen Aufbaus bei technisch realistischen Abbaubreiten. Die Deformationsmessungen an den Modellen wurden unter einachsiger Belastung durchgeführt. Die erhaltenen Resultate stimmen gut mit den theoretischen Überlegungen, wonach die Auflager der Firstlager als sich elastisch verhaltend angenommen wurden, und den Deformationsmessungen in situ überein. Gleichzeitig mit den letzteren wurden auch

Aufblätterungsmessungen in der Firste, sowohl durch direkte Messung als auch durch direkte Beobachtung durchgeführt. Die Summe der Resultate ergaben die Mächtigkeit der Gesteinslager, die die unmittelbare Firste ausmachen, und bilden die Grundlage für Vorschläge hinsichtlich optimaler Abbaubreiten und zur Gebirgsverankerung der Firste. Es kann somit ein praktisches Beispiel angeführt werden, wonach durch gebirgsmechanische Modellversuche unter Verwendung von äquivalenten Materialien direkte Aussagen für den Betrieb gewonnen werden können.

Herr Kuznecov

Ich danke Dr. Helfrich. Es wäre sehr gut, wenn die Kollegen, die sich speziell mit Fragen der Modellierung beschäftigen, ihre Meinung dazu äußern könnten, wie es in der Zukunft besser sein wird, diese Arbeiten durchzuführen und zu organisieren, d. h. insbesondere hinsichtlich der Auswahl des Materials für die Modelle, sowohl für optische Modelle als auch für die Modelle aus äquivalentem Material, damit sich dieser Fragenkomplex schneller weiterentwickelt.

Mir scheint, daß es in dieser Hinsicht gut wäre, unter Leitung des IBG und mit Hilfe des IBG einen Katalog der Modellmaterialien zusammenzustellen, d. h. über die technischen Eigenschaften und die verschiedenen Versuchsweisen und ebenfalls über die Fragen der Vervollkommnung der Untersuchungsmethoden. Es wäre gut, wenn wir mit vereinten Kräften ein solches Dokument zusammenstellen könnten. Das würde allen dienen, da man gegenwärtig sehr häufig in jedem einzelnen Land, in jedem einzelnen Institut versucht, diese Frage auf eigene Art und Weise zu lösen. Es gibt keinen ausreichenden Erfahrungsaustausch dazu. Ich hätte dazu gern Ihre Meinung gehört.

Herr Höfer

Ich glaube, der Vorschlag von Herrn Kuznecov kann nur begrüßt werden, und Herr Müller hat auch schon eine entsprechende Andeutung gemacht. Es wird eine Aufgabe der Arbeitsgruppe 4 sein, diese Sachen zu sammeln und dann entsprechend allen Mitgliedern zugänglich zu machen. Ich glaube, so werden wir am einfachsten vorankommen können.

Herr Kuznecov

Wenn es keine Widersprüche gibt, so können wir diesen Vorschlag annehmen.

Ich möchte auch gern Ihre Meinung hören hinsichtlich der Zweckmäßigkeit, solche Fragen der Modellversuche in der 4. Arbeitsgruppe des IBG zu behandeln. Notwendig ist es, in breiterem Maße als bisher die theoretischen Grundlagen und die praktischen Verfahren für die Festlegung der Genauigkeit und der Ausdruckfähigkeit hinsichtlich der näherungsweisen Modellversuche auszuarbeiten, wo die Forderungen der Ähnlichkeitslehre nicht genau eingehalten werden können. Wir kennen gegenwärtig alle die Forderungen, die aus der klassischen Ähnlichkeitstheorie entspringen, aber in jedem Einzelmodell werden diese oder jene Forderungen nicht genau eingehalten. Außerdem können wir häufig bei nicht vollständiger Berücksichtigung dieser Forderungen wertvolle und sichere praktische Ergebnisse erhalten. Jedoch haben wir keine ausreichend ausgearbeitete. ausgereifte Basis, um die Kriterien zu bestimmen, inwieweit diese oder jene Vereinfachungen zulässig sind oder nicht. Diese Frage ist eine weitere Etappe in der Theorie der Modellversuche. Ich bin der Meinung, sie ist eine der wichtigsten Fragen in der heutigen Zeit. Es scheint mir deshalb wichtig, daß man auch diese Frage in die Aufgaben einbeziehen sollte, die sich im Rahmen der 4. Arbeitsgruppe abwickeln. Ich möchte auch hierzu Ihre Meinung hören.

Herr MÜLLER

Es wäre zu begrüßen, wenn das möglich wäre. Aber werden die Kriterien nicht in jedem Falle andere sein? Sie hängen vom Zweck der jeweiligen Untersuchung ab. Sie werden andere sein, wenn ein spezieller, örtlich begrenzter Sachverhalt studiert wird, andere bei einem großen Spannungsfeld. Sie werden verschieden sein, wenn qualitative Ergebnisse oder quantitative gewünscht werden; wenn ein konkreter Fall genau analysiert werden soll oder wenn eine allgemeine Lösung gesucht wird. Es dürfte schwierig sein, das alles unter einen Hut von Kriterien zu bringen. Ich glaube, Herr Dr. JACOBI wäre dafür zuständig, das zu entscheiden.

Herr JACOBI

Ich glaube, Herr MÜLLER hat das schon in der richtigen Weise formuliert. Wir müssen bei unseren Untersuchungen ja praktische Aufgaben aus dem Bergbau herausgreifen. Diese Aufgaben sind meist in ihrem Gültigkeitsbereich sehr beschränkt. Stets müssen wir uns an die örtlichen Untertagebedingungen herantasten, und zwar in bezug auf das Modellmaterial, die Randbedingungen, den eingebrachten Ausbau und die Belastungsbedingungen, so daß wir weder Routineuntersuchungen durchführen noch umfangreiches Vergleichsmaterial bieten können.

Herr KUZNECOV

Ich danke Ihnen, Dr. JACOBI, für Ihren Beitrag. Vielleicht habe ich meine Gedanken nicht ganz klar zum Ausdruck gebracht. Ich möchte deshalb nochmals zu dieser Frage zurückkehren und meine eigenen Gedanken erläutern.

Ich habe hierbei nicht nur theoretische Untersuchungen im Auge gehabt. Ich habe besonderes im Auge gehabt, die Dinge etwas breiter zu sehen, d. h. auf wissenschaftlicher Grundlage Hinweise zu geben, welche theoretischen Lösungswege zur Auswahl der Komplexuntersuchung, d. h. zur Aufstellung des Untersuchungsprogramms zu berücksichtigen sind, damit schon bei diesem Untersuchungskomplex das Untersuchungsmaterial uns eine richtige Antwort gibt, ob unsere Ergebnisse aussagekräftig sind oder nicht. Deshalb möchte ich diese Aufgabe etwas weiter gefaßt wissen und sehe dabei nicht nur die Untersuchung irgendwelcher enger Kriterien. Ich möchte meine Gedanken damit erklären, daß wir zum Beispiel niemals genau die natürlichen Bedingungen im Modell widerspiegeln können. Wir können aber einige Modelle bauen, von denen sich eines durch niedrigere Bedingungen bezüglich des einen oder anderen Kennwertes oder bezüglich komplexer Kennwerte, als wir sie in der Natur antreffen, unterscheidet.

Andererseits kann man sagen, daß wir nicht alle Eigenschaften kennen. Aber wir kennen die Eigenschaften, die in einem anderen Modell berücksichtigt werden und wo wir wissen, daß sie zum Teil gegenüber den natürlichen Bedingungen erhöht sind. Durch Untersuchung von ein bis zwei Zwischenmodellen kann man dann, wenn man diesen Komplex analysiert, auch sagen daß wir uns irgendwie innerhalb des Intervalls dieser Modelle befinden. Somit können wir einigermaßen genau die Bedingungen in der Natur widerspiegeln. Das kann man natürlich nicht der Zufälligkeit überlassen. Das ist eine allgemeine Methode, die muß untersucht werden. Sie muß entsprechende Formulierungen enthalten. Sie muß systematisch dargelegt werden und wird unbedingt dazu beitragen, die Ergebnisse der Modelldarstellung zu verbessern.

Das ist hinsichtlich meines Vorschlages zu sagen. Vielleicht ist in dieser Hinsicht Herr JACOBI meiner Meinung.

Herr JACOBI

Die Arbeitsgruppe 4 soll einen Versuch machen, um zu einer Regelung zu kommen und soll die Frage studieren.

Herr Müller

Ich möchte den Standpunkt, den Herr Kuznecov hier entwickelt hat, unterstützen; man sollte bei den Modelluntersuchungen so arbeiten, daß das Ergebnis auf der sicheren Seite liegt. Natürlich will der Praktiker wissen, wie weit auf der sicheren Seite. Da setzt zum Beispiel bei uns die Gefügeuntersuchung ein, die den Körnigkeitseffekt untersucht.

Herr Jacobi

Wir stehen vor einer ganz besonderen Schwierigkeit. Wir können die Bedingungen unserer Modellversuche recht genau definieren. Das können wir leider nicht unter Tage. Die Kriterien, die wir brauchen, um nun unsere Modellversuche wahrheitsgetreu und den Untertageverhältnissen entsprechend zu gestalten, müßten aus Messungen unter Tage abgeleitet werden. An diesen mangelt es leider stets, und so fehlt uns ein exaktes Mittel, um die Modellversuche beurteilen zu können. Das liegt — ich möchte wiederholen — nicht so sehr an den Modellversuchen als an den Schwierigkeiten der Messungen unter Tage, womit ich auch die Erfassung der Eigenschaften des Gebirges meine. Wenn Ihr Gedanke, Herr Prof. Kuznecov, dazu führt, derartige Kriterien, die im Bergbaubetrieb meßbar sind, zu schaffen, dann wäre der Modelltechnik und dem Bergbau ein großer Dienst erwiesen.

Herr Kuznecov

Ich danke Ihnen. Ich bin der Meinung, daß Dr. Jacobi vielleicht noch nicht ganz die Grundidee meiner Gedanken richtig erfaßt hat. Ich spreche nicht von irgendwelchen ganz bestimmten Kriterien, ich verfolge das mehr vom methodischen Herangehen an die Versuche, das heißt von der Folgerichtigkeit der Durchführung der Versuche. Es gibt viele Erfahrungen und Versuche. Wenn diese Versuche nicht von vornherein richtig angepackt sind, dann können sie nicht die Aussagekraft im ausreichenden Maße gewährleisten.

Nach einem richtig aufgestellten Programm kann man sichere Ergebnisse erzielen. Bei uns werden gegenwärtig Arbeiten durchgeführt, die systematisch dieses Herangehen untersuchen. Das heißt, es ist in einem gewissen Maße eine bestimmte Typisierung vorgesehen. Die gibt es zur Zeit noch nicht. Aber es wäre nützlich, wenn wir das erreichen könnten. Das werden keine strengen Formeln sein, sondern nur bestimmte Hinweise hinsichtlich des methodischen Herangehens. Das ist das, was ich im Auge habe.

Herr Müller

Ich möchte hier gleich an die Herren, welche Erfahrungen mit Modellversuchen haben, eine Frage stellen, die in den letzten Jahren immer wichtiger geworden ist:

Bei Modellversuchen für Staumauergründungen tritt immer wieder folgende Schwierigkeit auf: Man sieht sich veranlaßt, die Modelle mehreren Belastungszyklen zu unterwerfen, ja einer Belastung, die der halben Füllung des Stausees, der Dreiviertelfüllung, dann dem Vollstau entspricht, und vergleicht dann, um Aussagen über die Sicherheitsreserven zu erhalten, Füllungen mit einer Flüssigkeit vom spezifischen Gewicht 2, spezifischen Gewicht 3 usw. Die Schwierigkeit ist dann die, daß sich unsere Modellmaterialien nicht perfekt elastisch verhalten, wie wir das bei statischen Modellversuchen brauchten.

Ich möchte nun fragen: Sind bei Ihren Modellen, Herr Kuznecov, diese Schwierigkeiten auch in gleichem Maße vorhanden, und wie kann man ihnen ausweichen, indem man entweder die rheologischen Eigenschaften genau bestimmt oder sie konstant hält, unabhängig vom Alter, oder sie ganz eliminiert?

Herr Kuznecov

Ich danke Ihnen, Herr Professor Müller.

Ich möchte selbst gleich auf die Frage von Herrn Professor Müller antworten. Wir in unserer Praxis, über die ich schon gesprochen habe, wenden im breiten Maße die Methode der äußersten Grenzen an. Wir gehen also von den realen Verhältnissen von der einen und der anderen Seite etwas ab. Auf diese Art und Weise finden wir die uns interessierenden Abhängigkeiten.

Herr Kohoutek

Ich bin überzeugt, daß Herr Dr. Jacobi recht hat. Man muß immer die Resultate der Modellversuche mit den Messungen in der Natur vergleichen.

Wie schon vormittags Professor Mencl erwähnte, wird in Prag eine Metro gebaut. An zwei Versuchsstellen wurden direkte Messungen der Verformung des Gebirgskörpers und der Spannungen im Gerüst durchgeführt. Vorher wurden diese Aufgaben an Modellen aus äquivalenten Materialien rechnerisch gelöst. Zum Beispiel betrug die größte Deformation der Erdoberfläche in der Natur über dem Ortsstoß 2 mm. An den Modellen war sie niedriger. Die Modelle wurden im Maßstab 1:50 hergestellt.

Die größte Verschiebung der einzelnen Gesteinsblöcke in der Natur betrug 20 mm, nach den Modellversuchen 18 mm. Die durchschnittliche Deformation des Tunnelrohres in der Natur, photogrammetrisch gemessen, betrug 14,6 mm, auf Grund der Modellversuche 3 mm und analytisch 6 mm. Die größte Spannung im Gerüst in der Natur, photogrammetrisch festgestellt, betrug 2100 kp/cm^2 auf Grund der Modellversuche 1800 und rechnerisch 2200 kp/cm^2. Die Grenze der beeinflußten Zone, d. h. des beeinflußten Gebietes, war rechnerisch an Modellen und in der Natur an der Erdoberfläche fast die gleiche. Sie reichte etwa 3 bis 4 m über die Ortsbrust hinaus.

Noch einige Daten: Die Mächtigkeit des Hangenden betrug 14 m. Das Gestein war Schiefer. Als Modellstoffe wurden Mehlsand und als Bindemittel Kunststoffe verwendet.

Nun zur Frage, die gestellt wurde: Bei uns sind Modellstoffe bekannt, die spröder sind als z. B. Glas, und auch Modellstoffe, die rheologische Eigenschaften besitzen. Die Chemie ist heute imstande, Stoffe beliebiger Eigenschaften herzustellen. Da sind z. B. makromolekulare Kunststoffe, und gerade diese Stoffe werden bei uns für die Modellierung benutzt. Meiner Meinung nach kann man eine gute Übereinstimmung an rechnerischen Methoden und der Resultate an Modellen feststellen, aber man muß von Zeit zu Zeit diese Resultate mit direkten Messungen in der Natur vergleichen. Die Messungen in der Natur wurden von den Mitarbeitern von Professor Mencl durchgeführt, ebenso wie die Bestimmung der mechanisch wichtigen Eigenschaften. Die Messungen wurden im Bergbauinstitut der tschechoslowakischen Akademie der Wissenschaften durchgeführt. Die rechnerischen Lösungen hat der Diskutierende selbst durchgeführt, deshalb waren vielleicht so große Unterschiede! Es wurde die analytische Berechnungsmethode von Lütgendorf angewandt.

Herr Mencl

Die Lösung, welche Prof. Kuznecov erwähnt hat, befaßt sich mit der quantitativen Bewertung der Faktoren. Aber ich glaube, daß man sich heute bei Modellversuchen doch noch mit Fragen von qualitativem Charakter beschäftigen muß. Zum Beispiel bei Fragen von Tunnelbauten nimmt man als Kriterium der Ähnlichkeit als Grundlage die Festigkeit. Und doch kann man sagen, daß die Zusammendrückbarkeit des Felsens für die Frage, wie sich das Gewölbe im Gebirge ausbilden wird, wichtiger ist als die Festigkeit.

Herr Kuznecov

Vielen Dank, Professor Mencl. Professor Mencl hat eine sehr wichtige Seite hervorgehoben. Ich möchte aber sagen, daß seine Meinung hinsichtlich der Methode der äußersten Grenzen vielleicht nicht ganz richtig ist. Wenn Sie irgendwelche äußerste Grenzen auswählten, dann zeigt das, daß sich die Qualität nicht ändert. Das ist sehr wichtig. Außerdem habe ich diese Methode nur als Einzelbeispiel angeführt.

Unsere Diskussion hier zeigt, daß solche allgemeinen methodischen Wege zur Aufstellung eines rationellen Programms für die Modellversuche wenig systematisiert sind und sehr häufig Zufälligkeiten unterworfen sind. Ich denke, daß wir gerade deshalb hier bestimmte Arbeiten durchführen müßten.

Es tut mit sehr leid, wenn Sie mich nicht ganz richtig verstanden haben. Wir sind natürlich in keiner Weise gegen eine Prüfung in der Natur. Wenn das möglich ist, sollte man das immer tun.

Herr Everling

Die Frage von Herrn Professor Müller nach der Notwendigkeit langdauernder oder kurzzeitiger Belastung von Modellen, oder anders ausgedrückt, nach der Notwendigkeit, rheologische Eigenschaften des Gebirges beim Modell mit zu berücksichtigen, zeigt wieder, wie unterschiedlich die Aspekte sind, unter denen die Problematik zu sehen ist.

Sie wissen, daß unser Institut ausschließlich Aufgaben des Steinkohlenbergbaues bearbeitet. Die Bauwerke im Gebirge, mit denen wir zu tun haben, sind zum großen Teil sehr kurzlebig. Der Strebraum verändert seine Stellung jeden Tag, und die Abbaustrecken leben im allgemeinen einige Monate. Das Gebirge, mit dem wir zu tun haben, das Karbongebirge, weist in solchen Zeiträumen im allgemeinen noch keine entscheidenden rheologischen Verformungen auf. Deswegen können wir uns mit dem Kompromiß zufrieden geben, Modellwerkstoffe zu benutzen, die im Hinblick auf die rheologischen Eigenschaften keine großen Anforderungen an die Modellähnlichkeit erfüllen.

Eine stufenweise Belastung, wie sie Prof. Müller am Beispiel der Talsperrre erwähnte, ist aber auch bei unseren Modellen notwendig. Wir belasten unsere Modelle, von denen Sie eben ein paar Beispiele gesehen haben, stufenweise, um das Verhalten des Gebirges bei allmählich immer höher werdender Last kennenzulernen. Durch diese stufenweise Belastung begehen wir natürlich einen Fehler, weil das Gebirge unter Tage nicht stufenweise be- und wieder entlastet wird. Auch diesen Fehler nehmen wir in Kauf, weil wir damit andere Vorteile erreichen, für die wir keinen Weg sehen, sie anders zu erhalten. Wir glauben uns zu diesem Vorgehen berechtigt, weil wir sehen, daß das Endergebnis der Versuche nun wiederum mit den Endergebnissen, die wir unter Tage im Gebirge beobachten, recht gut übereinstimmt. Aus alledem entnehmen Sie, daß auch wir der qualitativen Übereinstimmung zwischen Modell und Natur einen sehr großen Wert beimessen, was Herr Prof. Mencl eben als eine wichtige Teilaufgabe von Modellversuchen bezeichnete; darüber hinaus sind wir in vielen Fällen in der Lage, auch quantitative Ergebnisse hinsichtlich der Drücke und der Verformung zu erhalten.

Herr Kuznecov

Ich danke Dr. Everling. Dr. Everling unterstreicht vollkommen richtig die Notwendigkeit der Durchführung von Versuchen, die man auch methodisch durchführen muß, um verschiedene Belastungsstufen zu berücksichtigen.

Herr Dreyer

Ich möchte zu dem Beitrag von Herrn Professor Ganev Stellung nehmen, der die vollständige Lösung des linearen dreidimensionalen Problems orthotroper elastischer Medien betrifft.

Im Rahmen der letzten Arbeitsgruppensitzung der Arbeitsgruppe III haben Sie, Herr Ganev, über ein experimentelles Verfahren zur Bestimmung der Elastizitätskonstanten stetiger orthotroper Medien berichtet. Hierbei wurde der experimentelle Aufwand so weit vereinfacht, daß nur noch 6 einfache Verformungsmessungen an ein- und demselben Prüfkörper erforderlich sind, und zwar je 3 Messungen bei einachsigem Spannungszustand und je 3 Messungen bei völliger Querdehnungsverhinderung der eingespannten Prüfwürfel. Von den an sich 9 voneinander unabhängigen elastischen Konstanten A_{11}, A_{12}, A_{13}, A_{22}, A_{23}, A_{33}, A_{44}, A_{55} und A_{66} benötigen Sie bei Ihrem Näherungsverfahren nur die experimentelle Bestimmung der ersten 6 Konstanten, welche die Normalspannungen mit den Dehnungen verknüpfen. Die übrigen 3 Konstanten A_{44}, A_{55} und A_{66}, welche die Schubspannungen mit den Winkeländerungen verbinden, berechnen sich dann näherungsweise zu:

$$A_{44} \approx \frac{\sqrt{A_{11} \cdot A_{22}} - A_{12}}{2}, \qquad A_{55} \approx \frac{\sqrt{A_{22} \cdot A_{33}} - A_{23}}{2}, \qquad A_{66} \approx \frac{\sqrt{A_{11} \cdot A_{33}} - A_{13}}{2}.$$

Nunmehr liegt die vollständige Lösung für das lineare dreidimensionale Problem vor. Im Hinblick auf die bereits bestehende Verzahnung der Arbeitsgruppen III und IV möchte ich die Frage an Sie richten, ob es die vorliegende erweiterte Theorie gestattet, den Abweichungsgrad von exaktem und angenähertem Rechenverfahren zu prüfen und — falls dies zutrifft — zu welchen Resultaten Sie hierbei gelangt sind.

Herr Ganev

Ich habe bei der vollständigen Lösung des räumlichen Problems besonders hervorgehoben, daß das Zutreffen dieser Näherungsformeln sehr wahrscheinlich ist, weil sich in diesem Falle die mathematische Lösung sehr vereinfacht. Das ist zwar eine Art von Mystik, es ist aber gewöhnlich so, daß das Einfache der Natur näher liegt als das Komplizierte. Aus diesem Grunde habe ich in dem Bericht, welchen ich der Arbeitsgruppe III Ende September d. J. in Balatonszeplak vorgelegt habe, auch die Näherungsformeln angegeben, denn die Methodik, die ich da angewandt habe, ist nur geeignet, die sechs Elastizitätskonstanten zu bestimmen, welche die Normalspannungen mit den Dehnungen verbinden. Die Gleitkonstanten, die die Schubspannungen mit den Winkeländerungen verbinden, können in dieser Weise nicht bestimmt werden, und es war eine Vervollständigung, daß die Näherungsformeln dafür angegeben wurden.

Seitdem habe ich in dieser Richtung nichts weiter getan. Ich denke mir aber, daß es möglich sein wird, durch entsprechend angelegte Versuche, wie ich das auch in der allgemeinen mathematischen Lösung betont habe, festzustellen, inwiefern diese Näherungsformeln der Natur entsprechen. Das ist aber eine Aufgabe der Zukunft, wo man durch Versuche feststellen muß, wie groß die Abweichungen der angegebenen Näherungsformeln von der Natur sind. Mehr kann ich im Augenblick darüber nicht sagen.

Herr Müller

Ich wollte nur eine Frage des Generalberichtes wenigstens zum Teil beantworten, nämlich die: Welche rechnerischen Methoden versprechen in der nächsten Zukunft am ehesten, die Schwierigkeiten des komplexen Materials Fels zu beherrschen! Diese Schwierigkeiten sind ja von zweierlei Art: Eine Art hängt damit zusammen, daß das Material von ungezählten Diskontinuitäten durchzogen ist. Eine zweite Schwierigkeit ist allgemeinerer Art. Sie tritt auch bei Kontinuumsaufgaben auf. Wenn wir nämlich einen bestimmten Belastungszustand - zum Beispiel einer Tunnelröhre und des umgebenden Gebirges — betrachten, dann bekommen wir Auskunft zum Beispiel über die plastischen Bereiche, innerhalb deren die Elastizitätsgrenze des Materials überschritten ist. Aber diese plastischen Zonen treten ja in der Natur nicht schlagartig auf, sondern sie entwickeln sich, und diese Entwicklung, bei der der Zeitfaktor eine Rolle spielt, entscheidet ja mit ihre Ausdehnung, Form und Größe.

Nun hat uns eine Untersuchung, die mein Mitarbeiter MALINA gemacht hat — er hat in der Arbeitsgruppe 4 auch darüber vorgetragen —, sehr zuversichtlich gemacht, so daß wir heute schon sagen dürfen, daß diese beiden großen Schwierigkeiten überwunden werden können, und zwar mittels der Finite-Element-Methode. Durch MALINAS Methode können sowohl die Plastizität — aber nicht nur für einen bestimmten Zustand und zeitweise, sondern auch die zeitliche Entwicklung plastischer Zonen — als auch die Diskontinuitäten verfolgt werden. Und zwar können vorhandene Diskontinuitäten (Kluftscharen) berücksichtigt werden, welche ja den Kraftfluß umlenken, aber es können sogar — und das ist schon in drei Beispielen gelungen — diejenigen Diskontinuitäten berücksichtigt werden, die sich während der Belastung sowohl im Kontinuum als auch im Diskontinuum erst bilden.

In einem weiteren Punkt ist diese Methode vielen anderen analytischen Rechenverfahren überlegen: Bei diesen betrachten wir die Belastungsphase. Im Tunnelfall betrachten FENNER und KASTNER die Entlastungsphase. Wenn wir einen Druckstollen haben, belasten wir neuerlich, und dieser Wechsel zwischen Belastung des Materials und Entlastung des Materials ist analytisch meines Wissens bisher nicht erfaßt worden. Das Material verhält sich ja beide Male verschieden. Durch die Reibungen auf den Klüften treten bei Be- und Entlastungen Hysteresen auf, man hat ein verschiedenartiges Material in verschiedenen Be- und Entlastungsstadien, und überdies Spannungsumlagerungen. Grundsätzlich besteht mittels der Finite-Element-Methode die Möglichkeit, all das zu berücksichtigen, weil man während des stufenweisen Belastungsvorganges auch die Materialeigenschaften variieren kann; etwa im März wird diese Dissertation erhältlich sein.

Herr KUZNECOV

Ich danke Prof. MÜLLER für die sehr interessanten Dinge, die er uns genannt hat, und speziell für die Ergebnisse, die erzielt worden sind. Ich wünsche nur, daß diese Ergebnisse so schnell wie möglich vorliegen mögen, daß die Aufgaben also bald gelöst sein mögen, damit diese Ergebnisse in allen Ländern in breiterem Maße genutzt werden können.

Herr PARAŠKEVOV

Ich möchte einige Gedanken über die Verwendung analytischer Untersuchungen bei der Darstellung der Ergebnisse von Untersuchungen in situ äußern. Wie das auch hier schon zum Ausdruck kam, werden die Spannungsmessungen im Massiv ausgeführt, und sie basieren auf der Annahme der Elastizität und der Homogenität der Gesteine, da man ja praktisch elastische Verformungen mißt.

Ich möchte Ihre Aufmerksamkeit auf die Arbeit von MINČEV richten, der eine analytische Lösung für die Bestimmung des Spannungszustandes für den Fall gefunden hat, wenn das Verhalten der Gesteine bei Druck und Zug unterschiedlich ist, d. h. wenn verschiedene Moduln für Zug- und Druckbeanspruchung vorhanden sind.

Mir scheint, daß die Ergebnisse dieser Untersuchung genutzt werden können, wenn wir die Spannungsverhältnisse an isotropen Körpern in der Natur studieren, insbesondere bei Untersuchungen in Bohrlöchern. DIMOV hat eine analytische Lösung gefunden, die die Inhomogenität und Zusammendrückbarkeit der Gesteine berücksichtigt. Mir scheint es, daß uns auch diese Ergebnisse bei der Deutung von in-situ-Messungen erheblich helfen können.

Ich möchte auch etwas über die Arbeit von DIMOV über die Ausbildung von plastischen Gebieten im Grubenbaue in Abhängigkeit vom Zeitfaktor sagen, wo der Übergang verschiedener Teile des Gebirges in den plastischen Zustand in Abhängigkeit von der Zeit gezeigt wird. DIMOV und KOSEVA haben eine interessante analytische Lösung für den Spannungszustand um vertikale Verwerfungen (unter Anwendung der Theorie von VLASSOV) und für die Senkung der Gesteine zwischen Pfeilern gefunden. Die Ergebnisse können ebenfalls bei der Analyse praktischer Ergebnisse des Gebirgsdruckes und bei Senkungsuntersuchungen nützlich sein.

Am Ende möchte ich einige Ergebnisse aus eigenen Untersuchungen nennen, d. h. speziell über die Voraussage der Festigkeit bei räumlichem Spannungszustand unter Anwendung theoretischer Vorstellungen von REINER-WEISSENBERG. Wir haben bisher eine gute Übereinstimmung zwischen rechnerischen und experimentellen Untersuchungen bei elastischen Gesteinen erhalten. Die Übereinstimmung ist sehr gut und liegt zwischen 3 und 8%.

Besonders interessant sind die theoretischen Untersuchungen über die Voraussage der Bedingungen der Zerstörung solcher Gesteine, die charakteristische rheologische Eigenschaften besitzen. Das bezieht sich insbesondere auf jüngere Sedimentgesteine. Ich möchte meine theoretischen Erkenntnisse gern mit denjenigen austauschen, die unter natürlichen und Laboratoriumsbedingungen die triaxiale Festigkeit bei Langzeitversuchen bestimmen und die die von uns entwickelten analytischen Verfahren überprüfen lassen. Dazu ist die Durchführung entsprechender Versuche bei dreiachsigem Spannungszustand notwendig, wobei die Elastizität, der Langzeitelastizitätsmodul, die Relaxation bis zum Bruch und nach Möglichkeit das Kriechverhalten der Gesteine untersucht werden müßten.

Herr BERRY

Ich möchte etwas weiter zurückgehen und etwas über die Finite-Element-Methode sagen. Wir haben in Nottingham mit dieser Methode gearbeitet und haben einige interessante Ergebnisse erhalten.

Ihre Anwendung auf die zweidimensionale infinitesimale Elastizität ist erwiesen und begründet. Das Verfahren besteht darin, daß man eine sehr elementare Approximation des elastischen Verhaltens vornimmt, um daraus ein System von linearen Gleichungen herzuleiten. Auf die Elastizitätsgleichungen wendet man Eindeutigkeitssätze an, aber das durch die Finite-Element-Methode hergeleitete Gleichungssystem braucht nicht günstig beschaffen zu sein und kann zu trügerischen Ergebnissen führen. Dies kann zum Beispiel passieren, wenn wir versuchen, dünne Schichten von Materialien zwischen Schichten aus anderen Materialien nachzubilden.

Wenn wir zum elasto-plastischen Verhalten übergehen, so gibt es da im allgemeinen keine Eindeutigkeitssätze, und die Schwierigkeiten, die bei der Anwendung der Finite-Element-Methode auf rein elastische Medien auftreten können, werden noch viel größer sein.

Weitere Schwierigkeiten treten auf, wenn Grenzbedingungen in Betracht gezogen werden. Wie es auch bei den Modellen der Fall ist, können wir nicht sagen, ob die Grenze des Bereichs wirklich die Oberfläche ist, an der die Verschiebung oder die Spannung vernachlässigbar ist.

Herr MÜLLER

Ich möchte ganz kurz darauf antworten. Das sind genau die Schwierigkeiten, die Sie genannt haben, Herr Dr. BERRY. Um die Methode zu prüfen, haben wir mit seiner Hilfe Fälle untersucht, die man auch analytisch untersuchen kann und danach ihre Brauchbarkeit beurteilt, insbesondere auch die Einhaltung der Grenzbedingungen. Man kann auch den Vergleich mit einem Modellversuch zur Beurteilung der Brauchbarkeit heranziehen. Wenn dabei verschiedene Stadien des Versuchs mit der Rechnung übereinstimmen, darf angenommen werden, daß eine richtige Lösung gefunden wurde.

Herr MENCL

Der Grund, warum die bisherigen mathematischen Analysen sich von der Wirklichkeit unterscheiden, sollte man bei den Erscheinungen suchen, welche mit dem Problem des plastischen Potentials verbunden sind. Herr GRAMBERG und Herr WATZNAUER haben dieses Problem über die röntgenographische Analyse studiert, ich selbst versuchte es über den BAUSCHINGER-Effekt zu demonstrieren. Es handelt sich um die Tatsache, daß schon oberhalb der Fließgrenze sich die Gleitfläche zu entwickeln beginnt und daß sie sich auch bei der Veränderung der Orientierung des Spannungsfeldes bemerkbar macht. Und es ist schwer möglich, diese Tatsache in die klassische mathematische Analyse einzuführen.

Herr MENZEL

Ich möchte eine Frage an Herrn Dr. DREYER stellen. Sie betrifft seine zur Bestimmung der Mindestschwebenstärke bei kavernenartigen Hohlräumen durchgeführten Modellversuche. Ich habe Ihrem Vortrag entnommen, daß Sie die Versuche bei Luftfüllung des Kavernenhohlraumes durchführten. Die Mindestschwebenstärke bei flüssigkeitsgefüllter Kaverne erhielten Sie durch Reduzierung der Belastung, d. h. durch Subtraktion der inneren und äußeren Schwebenbelastung. Diese Vereinfachung bedingt einen gewissen Fehler. Können Sie die Größenordnung dieses Fehlers abschätzen?

Herr DREYER

Bezugnehmend auf die Anfrage von Herrn MENZEL möchte ich bemerken, daß auch Modelluntersuchungen mit Flüssigkeitsfüllung durchgeführt worden sind. Über die in meinem Vortrag „Modellmechanische Untersuchungen zur Abschätzung der Standsicherheit von kavernenartigen Hohlräumen im Salzgebirge" allein nur behandelte Druckabhängigkeit des Grenzwertes der Mikrorißbildung mit Luft unter atmosphärischen Bedingungen ($p_F = 0$ kp/cm²) hinaus wurde auch mit Sole- und Ölfüllung bei zwei verschiedenen Innendrücken ($p_F = 0$ kp/cm² und $p_F = 100$ kp/cm²) gearbeitet. In Bild 1 ist auf der Abszissenachse das Abmessungsverhältnis s/d des Kavernenhangenden und auf der Ordinatenachse der Differenzdruck $\bar{p}_0 - p_F$ aufgetragen, wobei $\bar{p}_0$ die Grenzlast und p_F der in der Kaverne befindliche Innendruck bedeutet.

Wie aus Bild 1 zu ersehen ist, setzt die Mikrorißbildung bei Sole-Füllung erst bei relativ hohen Differenzdrücken ein, so daß man hier sehr stark auf der sicheren Seite liegt, wenn man als Abgrenzung die eingetragene $\bar{p}_0$-Grenzkurve (Luft) für die Beurteilung der Standsicherheit des Kavernendaches heranzieht. Bei Verwendung von Öl als Füllflüssigkeit liegen die Meßpunkte dagegen im allgemeinen niedriger und erreichen bei Innendruck ($p_F = 100$ kp/cm²) sogar die für atmosphärische Bedingungen eingetragene unterste Grenzkurve. Inwieweit hier bereits eine „Sprengwirkung" des Öls vorliegt, vermag nicht entschieden zu werden. Sicher scheint jedoch zu sein, daß Solefüllung die Rißbildung hemmt, und zwar in einer Größenordnung bis zu 10% des angewendeten Differenzdruckes.

Eine weitere Frage, die ich nun selbst gern stellen möchte, betrifft die Wahl des für die Beurteilung der Standfestigkeit einer Kaverne (bzw. eines Kavernensystems) zuständigen Bruchkriteriums. Ist der Beginn einer oberflächennahen Strukturänderung im Bereich der am stärksten beanspruchten Partie der Kavernenwandung das richtige Kriterium, das für die geforderte hohe Lebensdauer derartiger Einrichtungen jedwede unerwünschte Bruchbildungen mit ihren Folgeerscheinungen ausschließt? Wie weit liegen wir auf der sicheren Seite, wenn wir dieses Bruchkriterium wählen?

Wie wenig wir hierüber wissen, entnehme ich einer Stellungsnahme der Herren WARDELL und EYNON, die in ihrer zu diesem Ländertreffen eingereichten Arbeit „Ein strukturelles Konzept über die Beeinflussung des Hangenden und den Entwurf von Gruben" sehr eindeutig zum Ausdruck brachten, daß es — und hier zitiere ich wörtlich — noch keine allgemein anerkannte Begriffsbestimmung des Bruches gibt. Wissenschaftler — so führen sie weiter aus — scheinen eine Vielzahl von Kriterien herangezogen zu haben, beispielsweise

das Auftreten von ersten Brucherscheinungen.
eine merkliche Störung in der Formänderungsgeschwindigkeit,
den Augenblick, in dem die Proben keine weitere Last aufnehmen können,
die vollständige Zerstörung, usw.

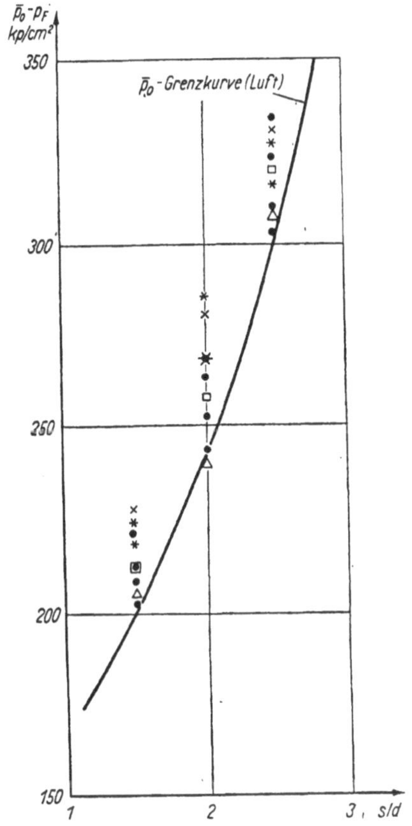

Bild 1. Abhängigkeit des Grenzwertes der Mikrorißbildung von der Art der Füllung und dem Innendruck

● Luft (p_F = 0 kp/cm²); × Sole (p_F = 0 kp/cm²); * Sole (p_F = 100 kp/cm²); □ Öl (p_F = 0 kp/cm²); △ Öl (p_F = 100 kp/cm²)

So möchte ich dem Plenum die Frage vorlegen, wie mein Vorgehen zu bewerten ist, als Bruchkriterium für die gewünschte bruchlose Verformung der Speicherkavernen das erste Auftreten einer von Mikrorissen begleiteten Strukturänderung des Speichergesteins anzusehen.

Herr Gramberg

In bezug auf Rißbildung kann folgendes bemerkt werden: Bei Druckbeanspruchung kann Rißbildung in der Richtung des größten Drucks entstehen. Das Material hat dann seine Tragfähigkeit noch nicht verloren. Bei granitischem Material z. B. braucht eine Steigerung der Belastung von 50% über die Beanspruchung, bei welcher die ersten Risse entstanden, noch nicht zu Instabilität zu führen. Das Material bleibt gespannt, das Gleichgewicht ist nicht zerstört.

Rißbildung, verursacht durch Zugbelastung (Zug, Biegung, Torsion), bedeutet dagegen vollkommenen Verlust der Tragfähigkeit für Zug und vollkommene Entspannung des Materials. Das Gleichgewicht ist bleibend zerstört. Bei Abscherung ist es abhängig vom Seitendruck, ob das Material die Beanspruchung noch weiter tragen kann.

Die verschiedenen Brucharten können durch Beobachtung festgestellt werden. Vielleicht wird es auch mittels geophysischer Methoden möglich sein, zwischen den Bruchartén zu unterscheiden.

Herr WAGNER

Ich möchte zu dem von Herrn Dr. DREYER aufgeworfenen Problemkreis der Sicherheit von Felsbauwerken Stellung nehmen. Erlauben Sie mir, daß ich anhand des Bruchverhaltens der Gesteine die Schwierigkeiten bei der Beurteilung der Sicherheit von Felsbauwerken aufzeige. Im ersten Bild ist die Auswertung zahlreicher an Gesteinen durchgeführten Triaxialversuche wiedergegeben.

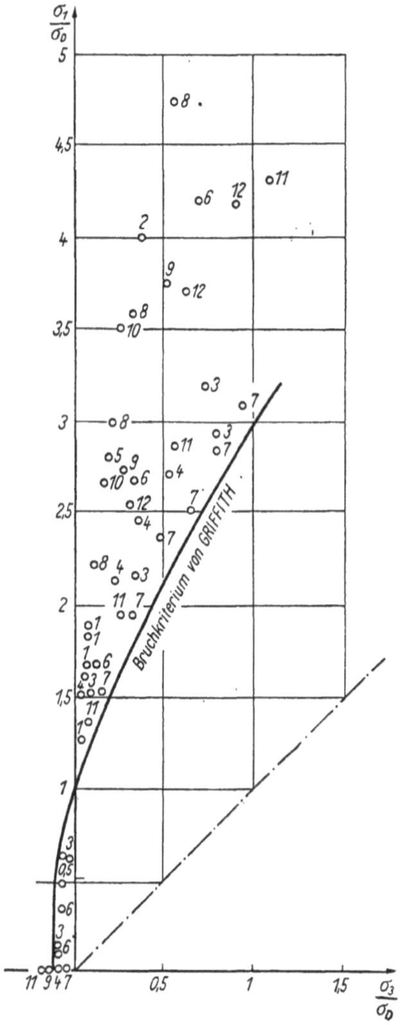

Bild 1

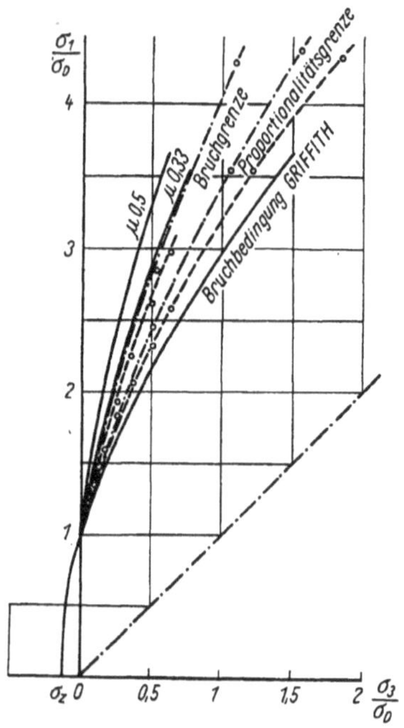

Bild 2. Spannungszustände an der Bruch- und Proportionalitätsgrenze bei Marmor

— — — Versuche v. KARMAN — · — Versuche EMPA

Die stark ausgezogene Kurve stellt das von GRIFFITH angegebene Bruchkriterium dar. Wie der Abteilung entnommen werden kann, liegen sämtliche aus den Festigkeitsuntersuchungen erhaltenen Bruchspannungswerte oberhalb des Bruchkriteriums von GRIFFITH, wobei die Abweichungen mit zunehmenden Umschlingungsdrücken größer werden. Daraus kann geschlossen werden, daß die Bruchbedingung von GRIFFITH, welche das Auftreten der ersten Mikrobrüche im Gestein beschreibt, eine untere Grenzbedingung darstellt. Diese Annahme wird durch die sorgfältigen Festigkeitsuntersuchungen von v. KARMAN, sowie von ROŠ und EICHINGER bestätigt, wenn man von der Überlegung ausgeht, daß das Auftreten der Mikrobrüche mit der Proportionalitätsgrenze übereinstimmt. Das zweite Bild zeigt für Marmor eine gute Übereinstimmung zwischen dem Spannungszustand an der Proportionalitätsgrenze und der Bruchbedingung von GRIFFITH.

Ausgehend von den aufgezeigten Zusammenhängen wurde ein Modell der Gesteinszerstörung entwickelt. Dieses Modell ist in Bild 3 dargestellt.

Wie diesem Bild zu entnehmen ist, wird bei der Gesteinszerstörung in vier verschiedene Beanspruchungsbereiche unterschieden. In einem ersten Bereich wird das Gestein zunächst bruchlos und weitgehend elastisch verformt. Dieser Bereich wird nach oben hin durch die Bruchbedingung von GRIFFITH, welche das Auftreten der ersten Mikrobrüche beschreibt, abgegrenzt. Im dritten Beanspruchungsbereich kommt es zu einer zunehmenden Materialzerstörung und damit verbunden zu einer Aktivierung der Reibungskräfte. Wie Herr GRAM-

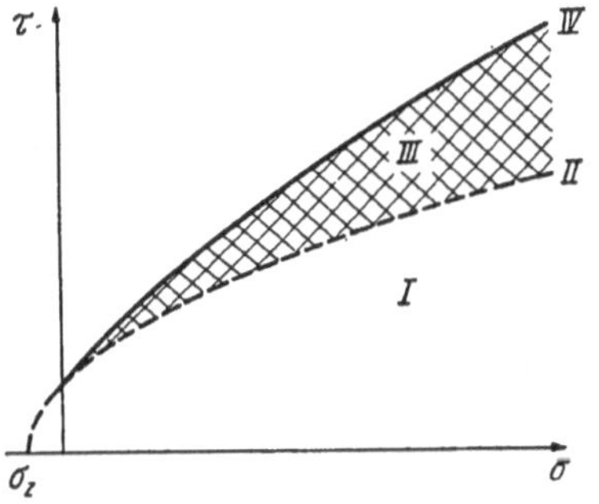

Bild 3. Modell der Gesteinszerstörung im Druckspannungsbereich

I = Bruchlose Materialverformung
II = Auftreten der ersten Mikrobrüche nach der Bruchhypothese von GRIFFITH $\tau^2 = 4\,\sigma_z\,(\sigma_z - \sigma)$
III = Bruchverformung, Aktivierung der Reibungskräfte $\tau = \mu \cdot \sigma$
IV = Bruchgrenze $\tau = h\,\sqrt{4\,\sigma_z\,(\sigma_z - \sigma)} + \mu \cdot \sigma$

BERG in seinen umfangreichen Arbeiten nachgewiesen hat, können in diesem Bereich der Bruchverformung die unterschiedlichsten Bruchformen auftreten. Die letzte Phase der Gesteinszerstörung stellt schließlich die eigentliche Bruchgrenze dar.

Auf der Grundlage dieses Konzeptes wird es nunmehr möglich, die von Herrn Dr. DREYER aufgeworfene Frage, ob und in welchem Umfang das Auftreten erster Brucherscheinungen sicherheitlich bedeutungsvoll ist, zu beantworten. Diese Frage kann, wie aus Bild 3 hervorgeht, nur im Zusammenhang mit der Kenntnis der Beanspruchungsart beantwortet werden. So stellt zum Beispiel das Auftreten der ersten Brucherscheinungen im Bereich geringer Umschlingungsdrücke und vor allem im Bereich von Zugspannungen eine echte Gefährdung dar, demgegenüber kann im Bereich hoher allseitiger Drücke zwischen dem Auftreten der ersten Brucherscheinung und dem tatsächlichen Bruch eine ausgeprägte Zone der Bruchverformung liegen.

Herr KUZNECOV

Ich danke Herrn Dr. WAGNER. Er hat sehr interessante Vorstellungen geäußert. Leider ist unsere Zeit schon verflossen. Am Ende wurde die Diskussion noch etwas bewegter, vielleicht deshalb, weil wir wieder an die Fragen herangekommen sind, die unmittelbar mit der Wirklichkeit in Verbindung stehen, das heißt mit der physikalischen Seite. Leider haben wir keine Zeit mehr. Wir beenden deshalb die Diskussion.

Ich denke, daß die Diskussion uns genutzt hat, daß wir verschiedene Standpunkte erfahren haben. Das ist sehr gut; besonders wenn man verschiedene Bedingungen hat, dann ist das immer ein Ausgangspunkt für einen weiteren Fortschritt, so daß die weiteren Untersuchungen energischer geführt werden können.

Generalreport, Referate und Diskussionen

zum Thema:

Schlußfolgerungen aus gebirgsmechanischen Erkenntnissen für die Konstruktion und Standfestigkeit von untertägigen Hohlräumen

Generalreporter: W. Gimm, Freiberg
K.-H. Höfer, Leipzig

Generalreport zum Thema

Schlußfolgerungen aus gebirgsmechanischen Erkenntnissen für die Konstruktion und Standfestigkeit von untertägigen Hohlräumen

von W. GIMM, Freiberg und K.-H. HÖFER, Leipzig

1. Einleitung und Überblick

Wissen allein genügt nicht; das Wissen muß sich im Leben auch bewähren.

Auf das 4. Teilthema unseres 10. Ländertreffens übertragen, heißt das, daß die Ergebnisse der ersten drei Teilthemen auch ihre praktische Anwendung finden müssen und daß die Praxis auch die Richtigkeit der theoretischen Erkenntnisse bestätigen muß.

Man muß DENKHAUS und BIENIAWSKI in ihrem Beitrag zu unserem Thema beipflichten, wenn sie Regeln für die Planung sicherer und wirtschaftlicher bergmännischer Hohlräume als das Ziel der Gebirgsmechanik bezeichnen, wenn diese eine grundlegende Wissenschaft des Bergbaues sein will. Darüber hinaus können die aus der bergbaulichen Gebirgsmechanik abgeleiteten Regeln auch auf andere Zweige des Bauens in der Erdkruste ausstrahlen und umgekehrt kann die Gebirgsmechanik von der Fels- und Bodenmechanik neue Impulse bekommen.

Planungs- und Konstruktionsregeln, Dimensionierungsverfahren und Verhaltensregeln dürfen nicht nur von der bergmännischen Erfahrung getragen, wenn man auch oftmals nicht ohne diese auskommt, sondern müssen das Ergebnis exakter wissenschaftlicher Untersuchungen sein. Folglich müssen all die Ergebnisse der ersten drei Teilthemen, die die verschiedenen Zweige der Gebirgsmechanik beinhalten, in diese Problematik einfließen. Aus der Erarbeitung von Konstruktionsregeln für die Praxis ergeben sich aber rückwirkend wiederum die Aufgabenstellungen für die Teilgebiete der Gebirgsmechanik

zur Erforschung des Festigkeits- und Verformungsverhaltens des Gebirges,
zur Erforschung des Verformungs- und Spannungszustandes im Gebirge,

wobei Untersuchungen im Labor und in situ, modelltechnische Untersuchungen und mathematische Analytik in gleicher Weise notwendig sind, um die komplizierten Gesetzmäßigkeiten zu erkennen, die notwendig sind zur Lösung der mit der Konstruktion und Standfestigkeit untertägiger Hohlräume zusammenhängenden Probleme.

Den gebirgsmechanischen Konstruktions- und Planungsregeln kommt insofern eine besondere Bedeutung zu, als sie Grundlage langfristiger Entscheidungen sind, wobei sich Fehler oftmals erst nach Jahren oder Jahrzehnten bemerkbar machen können und dann meist irreparabel sind und zu folgenschweren Ereignissen führen können.

Das 10. Ländertreffen des IBG bietet eine gute Gelegenheit, die Fortschritte der letzten 10 Jahre zu analysieren, aber auch aufzuzeigen, wo noch offene Probleme sind.

Zum Teilthema 4 liegen Arbeiten vor:

von JACOBI,
BRÄUNER,
PARAŠKEVOV,
KOLEV und KAZAKOV,
CHAMBON und JOSIEN,
DENKHAUS und
BIENIAWSKI,

ZNAŃSKI
und
KAPOLYI,

die den Kohlenbergbau betreffen.

Beiträge von DREYER,
HÖFER und KNOLL

beziehen sich auf das Salzgebirge.

Die Arbeit von WARDELL und EYNON hat sowohl für den Kohlen- als auch für den Salzbergbau Bedeutung.

Die Referate von

DENKHAUS und BIENIAWSKI
und
STARFIELD und WAWERSIK
und
HELFRICH,
THOMA und Mitarbeiter

nehmen Bezug auf spezielle Probleme des Erzbergbaues,

der Herren MÜLLER
und
SERAFIM
auf Belange des Felsbaues.

Außerdem liegt ein Beitrag von BERGER vor, der sich auf Auslaugungshohlräume bezieht.

Von seiten unserer polnischen Fachkollegen, insbesondere aus dem GIG, wurde uns eine Reihe von früheren Veröffentlichungen, die zu dem Thema Bezug haben, zur Verfügung gestellt.

Diese Arbeiten sowie die Ergebnisse der bisherigen Ländertreffen sind in die Betrachtungen soweit als möglich mit aufgenommen. Wir müssen aber als Autoren des Generalberichtes zum Thema 4 des 10. Ländertreffens von vornherein um Entschuldigung bitten, wenn wir, bei allem Bemühen nach möglichst umfassender Darstellung der erzielten Ergebnisse, doch nicht alles erwähnen konnten, was zu diesem Thema in den letzten 10 Jahren geschaffen wurde. Bei der Komplexität des Teilthemas 4 und der Schwierigkeit der Aufgabe wird uns die Entschuldigung sicher gern gewährt, zumal die nachfolgende Diskussion ja noch reichlich die Möglichkeit zu Ergänzungen bietet.

2. Standfestigkeitsprobleme beim Abbau

Das Ziel einer jeglichen bergbaulichen Tätigkeit ist die Gewinnung des nutzbaren Minerals. Daher haben wir die Standfestigkeitsprobleme beim Abbau in den Vordergrund gestellt, wobei die Fragen der Standfestigkeit der Strecken und der Hauptgrubenbaue durchaus nicht unterschätzt werden. Damit wird aber gleichzeitig eine Wertung der Wichtigkeit der Probleme des Bergbaues gegenüber den Problemen des Felsbaues gegeben, wo es sich im allgemeinen um isolierte Hohlräume handelt.

2.1. Standfestigkeitsprobleme beim Kammerbau

Unter den Abbauverfahren spielen die Kammer–Pfeiler–Bau-Methoden eine große Rolle. Insbesondere bei mächtigen Flözen und unter Wasser führenden Schichten sind sie sowohl in sicherheitlicher als auch ökonomischer Hinsicht im allgemeinen anderen Verfahren überlegen. Die hohen Abbauverluste dieses Verfahrens und die in verschiedenen Bergbaurevieren aufgetretenen Gebirgsschläge veranlaßten in vielen Teilen der Welt in den verschiedensten Bergbauzweigen gebirgsmechanische Forschungen über die Dimensionierung der Pfeiler und zur Verbesserung der Abbauverfahren.

Hierbei sind es zwei Probleme, die zu klären waren:

1. die Belastung der Pfeiler und
2. die Tragfähigkeit der Pfeiler.

Nach dem früheren Streit in der Gebirgsdruckforschung, ob die Gewölbe- oder Plattentheorie gültig sei, was naturgemäß Auswirkungen auf die Belastungsannahme hat, setzte sich als Ergebnis vieler Forschungen die Hypothese durch, daß die Pfeiler angenähert belastet werden mit der Gebirgssäule über dem Pfeiler und dem entsprechenden Anteil des abgebauten Raumes bis nach über Tage. Diese Annahme genügt in den meisten Fällen und hat den Vorteil, daß man sich in bezug auf die Lastannahme auf der sicheren Seite befindet.

Die Berücksichtigung der Wechselwirkung zwischen Pfeilerstützkraft und Hangendabsenkung auf der Grundlage der sogenannten WINKLER-Hypothese führte zu einer genaueren Kenntnis der Pfeilerbelastung in Abhängigkeit von ihrer Lage zum Baufeldrand. Derartige Untersuchungen wurden von TINCELIN und SINOU für den lothringischen Erzbergbau und von HÖFER/MENZEL für den Kalibergbau durchgeführt.

Ähnliche Berechnungen für die Pfeilerbelastung in einem Baufeld begrenzter Größe mit Quadratpfeilern geben LIBERMAN/GOMEZ sowie ILSTEIN/LIBERMAN u. a. aus der Sowjetunion für theoretische Untersuchungen in Erzlagerstätten an.

Der vorliegende Beitrag von STARFIELD und WAWERSIK behandelt das gleiche Problem unter Ausnutzung eines Computer-Modells. Leider liegen bis jetzt zu diesen Rechenergebnissen keine Vergleichswerte aus Untertagemessungen vor.

Das Problem der Pfeilertragfähigkeit wurde in gleich intensiver Weise von vielen Wissenschaftlern bearbeitet. Die früheren Pfeilerformeln waren wenig geeignet, Vertrauen für ihre praktische Anwendung zu wecken, da ihre Ergebnisse mit den tatsächlichen Gegebenheiten nur schlecht in Übereinstimmung zu bringen waren. In den letzten 10 Jahren konnten doch beachtliche Erfolge auf diesem Gebiete erzielt werden, insbesondere war es möglich, für das relativ homogene Salzgebirge zu brauchbaren Ergebnissen zu kommen.

Die Berechnungsformeln von DREYER stützten sich auf das MARTENSsche Ähnlichkeitsgesetz.

Das Institut für Grubensicherheit Leipzig erarbeitete mit einem Team, in dem sowohl Untertagebeobachtungen als auch Festigkeitsuntersuchungen im Labor und mathematische Analysen als Arbeitsmethoden benutzt wurden, ein Dimensionierungsverfahren auf der Grundlage des Grenzgleichgewichtes nach SOKOLOWSKI aus, das schon weitgehend Eingang in die Praxis gefunden hat.

Die zum Teilthema vorgelegte Arbeit von HÖFER und KNOLL berührt in diesem Rahmen das Problem der zeitabhängigen Verformung des Carnallites. Ebenfalls aus dem Salzgebirge stammen die Ergebnisse von POTTS und HEDLEY, die auf dem 6. Ländertreffen vorgetragen wurden.

Die Anwendung der Methode des Grenzgleichgewichtes ist auch schon für inhomogenes Gebirge von NESTOROV versucht worden. Über praktische Erfahrungen liegen jedoch bis jetzt noch keine Angaben vor.

Um die in einem inhomogenen Gebirge bestehenden Schwierigkeiten der Übertragung von Ergebnissen aus Laborproben auf Untertageverhältnisse zu umgehen, wurden an Kohlenblöcken oder Erzblöcken Festigkeitsuntersuchungen in situ mit solchen Abmessungen durchgeführt, die es erlauben die erhaltenen Ergebnisse direkt für die Einschätzung der Tragfähigkeit der Pfeiler zu verwenden.

Erwähnt seien hier die von Bieniawski mitgeteilten Ergebnisse an Kohlenblöcken, aber auch die Arbeiten von Tincelin und seinen Mitarbeitern, Jahns sowie Gimm und Richter. Die Festigkeitsabminderung der m^3 großen Kohlenblöcke, wie sie von Denkhaus und Bieniawski benutzt wurden, verläuft nicht ganz genau nach der von Protodjakonov vorgeschlagenen Formel. Doch ist die Tendenz die gleiche.

Ehe genügend Versuchsergebnisse und überprüfbare Erfahrungen vorliegen, wird es bei gestörten klüftigem Gebirge immer noch nötig sein, für alle neu abzubauenden Lagerstätten die entsprechenden Großversuche durchzuführen, wie es im Felsbau bereits allgemein üblich ist. Anderenfalls besteht die Gefahr, entweder zu viel Substanz zu verschenken oder die Pfeiler infolge Unkenntnis ihrer wirklichen Tragfähigkeit unterzudimensionieren.

Helfrich benutzt im schwedischen Erzbergbau den Kernlängenfaktor nach Hansági zur Abschätzung der Festigkeitsminderung eines geklüfteten Gebirgskörpers.

Für die oftmals sehr unregelmäßigen Pfeiler im Erzbergbau dürfte das von Helfrich und Stephanson angegebene Bewertungsverfahren unter Berücksichtigung von Dimension und Form der Pfeiler sowie ihrer Position und des Kluftbildes von Interesse sein.

Die Kenntnisse über Pfeilerbelastung und Pfeilertragfähigkeit, insbesondere unter Berücksichtigung des Fließens der Gesteine führten in vielen Fällen zu einer Abkehr von den klassischen Standardverfahren des Langkammerpfeilerbaues zu Kammerpfeilerbruchbau-Varianten, wobei die notwendige bruchfreie Standzeit von Pfeiler und Hangendem von früher Jahren auf Tage und Wochen herabgesetzt werden konnte. Die Anpassung der Pfeilerdimensionen auf die Hangendverhältnisse bietet jedoch spezielle Probleme, da diese Fragen bis jetzt noch nicht analytisch erfaßt werden können. Es gilt einerseits, die Pfeiler so zu gestalten, daß ihre Standfestigkeit für die benötigte Zeit ausreicht, sie andererseits aber nicht so starr sind, daß sie das Hangende zerstören.

2.2. Partialabbauverfahren

In vielen Fällen ist man gezwungen, wertvolle Teile der Lagerstätte zu opfern, um drohende Gefahren aus überlagernden Schichten, wie z. B. große Wasser- oder Laugenansammlungen auszuschalten, oder aber um wertvolle Tagesanlagen zu schützen. Auf diesem Gebiete wurden insbesondere in Polen beim Abbau von Schachtsicherheitspfeilern und beim Abbau unter wichtigen Industrieanlagen wertvolle Arbeiten geleistet, wobei Tagessenkungen bis etwa 10% der gebauten Mächtigkeit zugelassen wurden.

Mit diesem Problem beschäftigt sich auch der Beitrag von Wardell und Eynon, die sowohl Beispiele aus dem Kalibergbau als auch aus dem Kohlenbergbau bringen.

2.3. Strebbau

Auf dem Gebiet des klassischen Abbauverfahrens der Steinkohle, dem Strebbau, konnten durch wissenschaftliche Untersuchungen auch bedeutende Erfolge erzielt werden.

Jacobi gibt in seinem Bericht einen ausgezeichneten Überblick über die an der Forschungsstelle für Grubenausbau und Gebirgsmechanik getätigten Arbeiten. Es konnte gezeigt werden, daß ein ins Bruchfeld überhängendes Strebdach oftmals einen günstigen Einfluß auf die Hangendverhältnisse ausübt. Untersuchungen über die Auswirkung eines zu spät umgesetzten Ausbaues zeigen, daß ein frühzeitiges selbstgängiges Vorrücken des Ausbaues um so wichtiger ist, je mächtiger das Flöz und je gebrächer das Hangende ist. Ein vollmechanischer Strebausbau für gebräches Hangende muß deshalb folgende Anforderungen erfüllen:

- die Breite des unverbauten Hangendstreifens am Abbaustoß soll im Mittel höchstens 20 cm betragen;

— der Ausbau soll spätestens 5 Minuten nach dem Freilegen des Hangenden gerückt werden;
— beim Vorrücken soll das Hangende durch den Ausbau mit einem Ausbauquerschnitt von etwa 1 Mp/m^2 unterstützt bleiben.

Die gebirgsmechanischen Untersuchungen der Vergangenheit ergaben in allen Kohlenrevieren bedeutende Leistungssteigerungen. Gegenüber 1957 konnte z. B. die Abbaugeschwindigkeit von 94 cm je Tag auf 1,84 m je Tag im Jahr 1967 im westdeutschen Steinkohlenbergbau gesteigert werden.

Ähnliche Ergebnisse werden auch aus anderen Bergbaurevieren gemeldet, damit verbunden sind all die Mechanisierungs- und Automatisierungsbestrebungen, wie sie aus den letzten Jahren in der Steinkohle bekannt wurden. Den höchsten Stand bei Entwicklung und Einsatz des schreitenden Ausbaues haben offensichtlich der englische und sowjetische Kohlenbergbau erreicht.

Carter zeigte, wie die Steigerung der Förderleistungen auch einen wesentlichen positiven Einfluß auf das Unfallgeschehen hatte.

In diesem Zusammenhang sind gebirgsmechanische Untersuchungen über den Einfluß der Abbaugeschwindigkeit von besonderer Bedeutung. Erwähnt seien hier die Arbeiten von Borecki und Bilinski sowie von Chambon. Chambon zeigte, daß die Konvergenz gleich $C = A\,(1 - e^{-t/\tau})$ ist. Sie ist also abhängig von der Relaxationszeit τ eines visko-elastischen Hangenden und des linear mit der Stützkraft wachsenden Ausbaukoeffizienten A. Der Beitrag von Kapolyi zeigt den großen Vorteil kleinerer offengehaltener Hangendflächen und bestätigt den günstigen Einfluß größerer Abbaugeschwindigkeiten auf den Konvergenzverlauf, weist aber gleichzeitig auf die wirtschaftlich optimale Abbaugeschwindigkeit hin. In gebirgsschlaggefährdeten Flözen ist es aus gebirgsmechanischen Gründen nötig, zu einer optimalen Abbaugeschwindigkeit zu kommen.

Im Zusammenhang mit dem beim Strebbau notwendigen Ausbau sind Untersuchungen von Einzelstempeln und ganzen Ausbaurahmen und ihr Zusammenwirken mit dem Hangenden sehr wesentlich.

Derartige Untersuchungen werden in allen Forschungsinstituten des Kohlenbergbaues mit großer Intensität durchgeführt. Die Entwicklung auf dem Gebiete des Strebausbaues bedarf hier keiner näheren Erklärungen, da sie allgemein bekannt ist. Die Arbeit von Chambon und Josien über die optimalen Einstellungen von hydraulischen Einzelstempeln zeigt jedoch, welche umfangreichen Messungen unter Tage hier auch nötig sind und daß auch in bezug auf die Tragfähigkeit der Stempel Optima gefunden werden müssen. So konnte gezeigt werden, daß Einsinklasten über 25 t zu einer starken Verschlechterung des Firstenzustandes geführt haben. Auch an diesem Beispiel zeigt sich wieder sehr eindringlich, ebenso wie es bei dem Zusammenwirken zwischen Pfeiler und Firste schon gezeigt wurde, daß man stets das System Stützelement — Hangendes betrachten muß und nicht nur ein Teilsystem.

Für den Sonderfall der steilen Lagerung hat Bräuner ein Verfahren zur Dimensionierung des Ausbaues entwickelt.

3. Standfestigkeit von Strecken

3.1. Abbaustrecken und Abbauführung

Besonders großen Beanspruchungen unterliegen die Abbaustrecken. Zu ihrer Unterhaltung mußte in der Vergangenheit ein bedeutender Schichtenaufwand eingesetzt werden. Die Anwendung schwerer Profile und engerer Bauabstände als übliche Maßnahme gegen Druckwirkungen erbrachte nicht die im Vergleich zum Aufwand erhofften Verbesserungen. Nach Untersuchungen in Frankreich durch Chambon und Schwartz wurde durch eine Halbierung der Bauabstände die Konvergenz nur um 15% gemildert. Auch die Versuche, die Strecken durch besondere Ausbauformen besser zu beherrschen, verliefen nicht so erfolgreich, wie man es sich erhofft hatte.

Statistische Untersuchungen, Modellversuche und Festigkeitsuntersuchungen im Ruhrgebiet haben Regeln zur Führung von Abbaustrecken ergeben, die nicht nur für den Strebbau von Bedeutung sein dürften. Aus der durch diese Untersuchungen gewonnenen Kenntnis der Mechanik der Streckenbeanspruchung leitet Jacobi folgende Regeln ab:

1. Das Durchfeuchten der Sohle muß vermieden werden, da das Liegende sonst 90% seiner Festigkeit einbüßt.
2. Eine Rückbaustrecke liegt am günstigsten vor der einspringenden Flözecke (vgl. Bild 4a nach Jacobi).
3. Hinter dem Abbau sollen zwischen Strecke und Flözrand 15 m Versatz und mehr liegen (Bild 4b).
4. Günstiger als unmittelbar an der vorspringenden Flözecke liegt die rd. 40 m in das Flöz hinein abgesetzte Strecke (Bild 4c).
5. Der kurzzeitig einwirkende vorauseilende Druck ist weniger schädlich als der langdauernde Druck auf den Flözrand.
6. Zwischen der Strecke im Alten Mann und der früheren Lage des Flözrandes sollten rd. 15 m Versatz liegen.
7. Die Pfeiler im Saum einer im Alten Mann liegenden Strecke müssen nachgiebig sein.
8. Eine Strecke wird durch beiderseitigen Versatz und nicht durch Kohlenpfeiler gesichert.

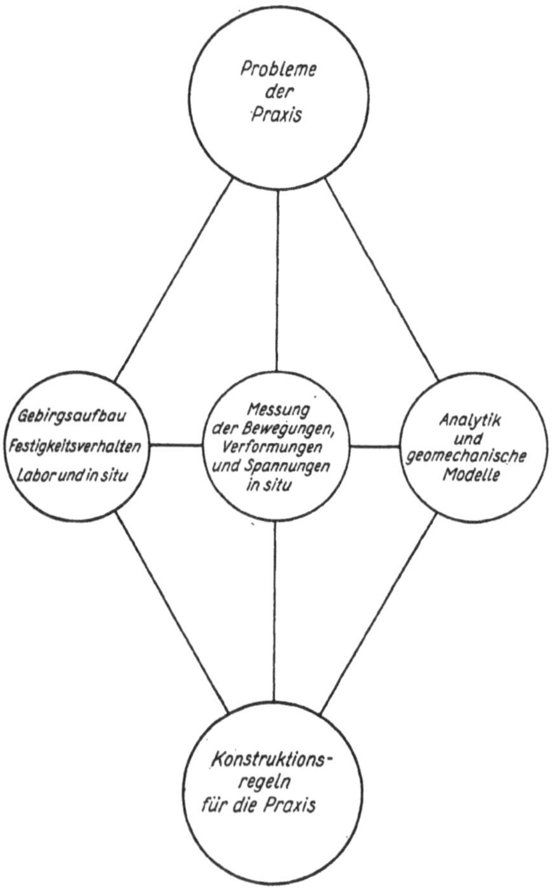

Bild 1. Beziehungen zwischen den 4 Teilthemen des 10. Ländertreffens

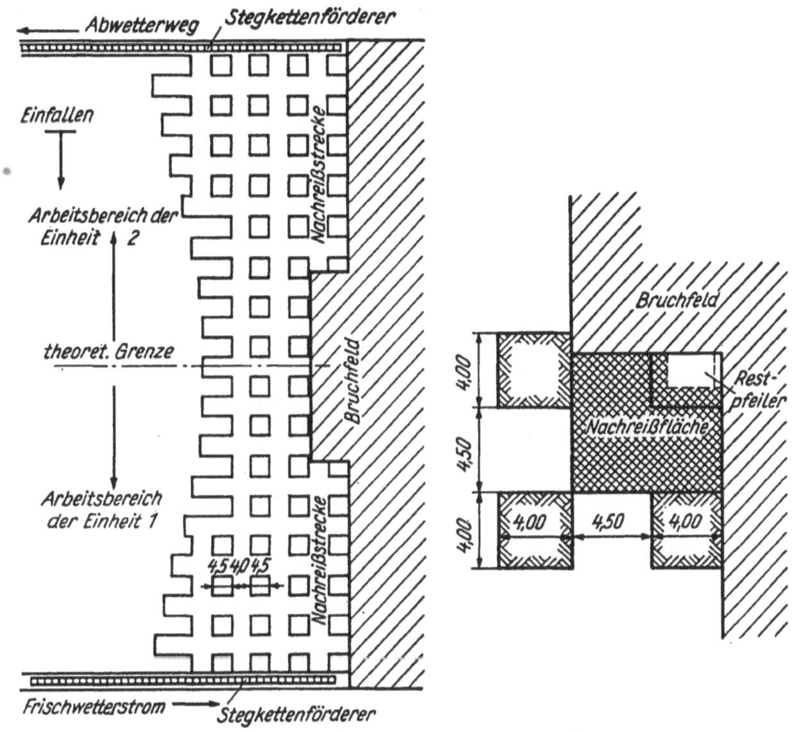

Bild 2. Kammerpfeilerbruchbau im Kalirevier des elsässischen Kalibergbaues

Theoretische Untersuchungen von Höfer und Menzel über die Spannungsverteilung um Abbaufelder unterstützen diese Schlußfolgerungen und zeigen, daß sie nicht nur für den Strebbau im Kohlenbergbau gültig sind. Beobachtungen über Druckwirkungen in Strecken in sogenannten Streckensicherheitspfeilern des Kalibergbaues, wie sie von Höfer beim 9. Ländertreffen gezeigt wurden, untermauern dies. Die gebirgsmechanische günstigste Streckenführung bei verschiedener Abbauführung ist aus Bild 6 nach Jacobi zu ersehen.

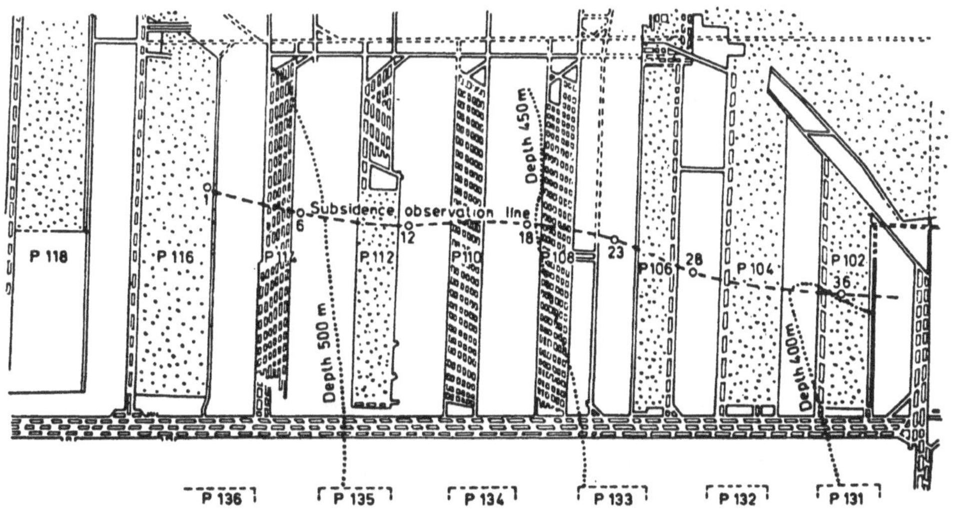

Bild 3. Partialabbau in einer französischen Kaligrube nach Wardell und Eynon

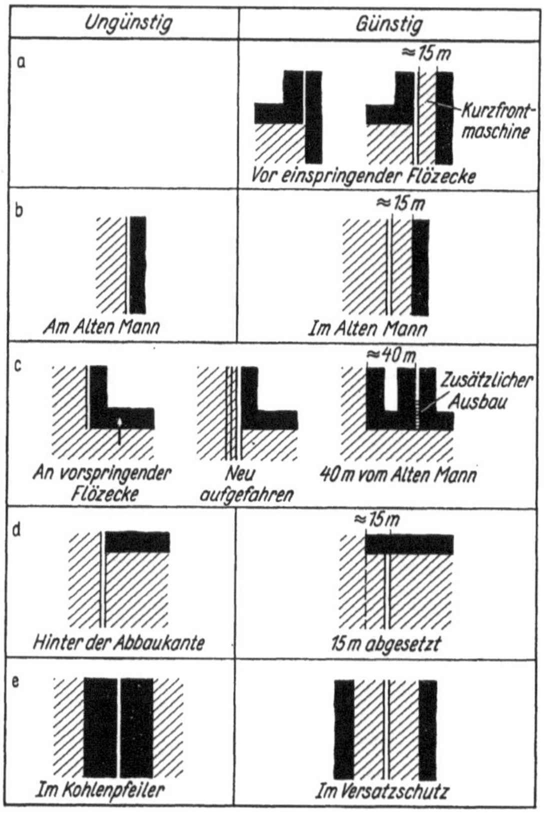

Bild 4. Günstige und ungünstige Abbaustreckenführung nach JACOBI

In diesem Bild sind die günstigsten Verhältnisse für den

sogenannten	Z-Bau	Bild 6a
	Rückbau	Bild 6b
	Vorbau	Bild 6c
	und	
	pilgerartigen (kombinierten) Rück- und Vorbau	Bild 6d

dargestellt.

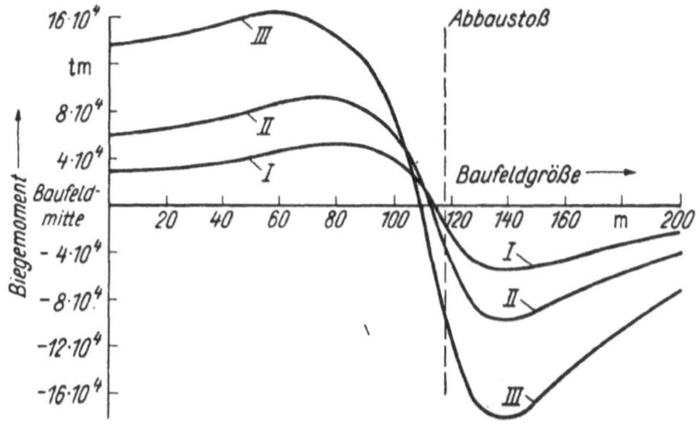

Bild 5. Lage der Biegemomente über einem Abbaufeld in Abhängigkeit von der Nachgiebigkeit der Unterlage nach HÖFER/MENZEL

$$I : \frac{E_p}{E_x} = 12; \quad \text{III}: \frac{E_p}{E_a} = 13; \quad \text{III}: \frac{E_p}{E_x} = 15$$

In Erweiterung der Erkenntnisse auf der Internationalen Gebirgsdrucktagung 1958 in Leipzig von VENTER und STASSEN von Strecken über oder unter Flözen konstruiert JACOBI die im Bild 7 gezeigte Gegenüberstellung ungünstiger und günstiger Streckenführungen, wobei stets der Grundsatz gilt: Der Zusatzdruck im Bereich einer Abbaukante liegt auf dem anstehenden Flöz und bankrecht darüber oder darunter. Im Bereich des Alten Mannes ist das Gebirge entlastet.

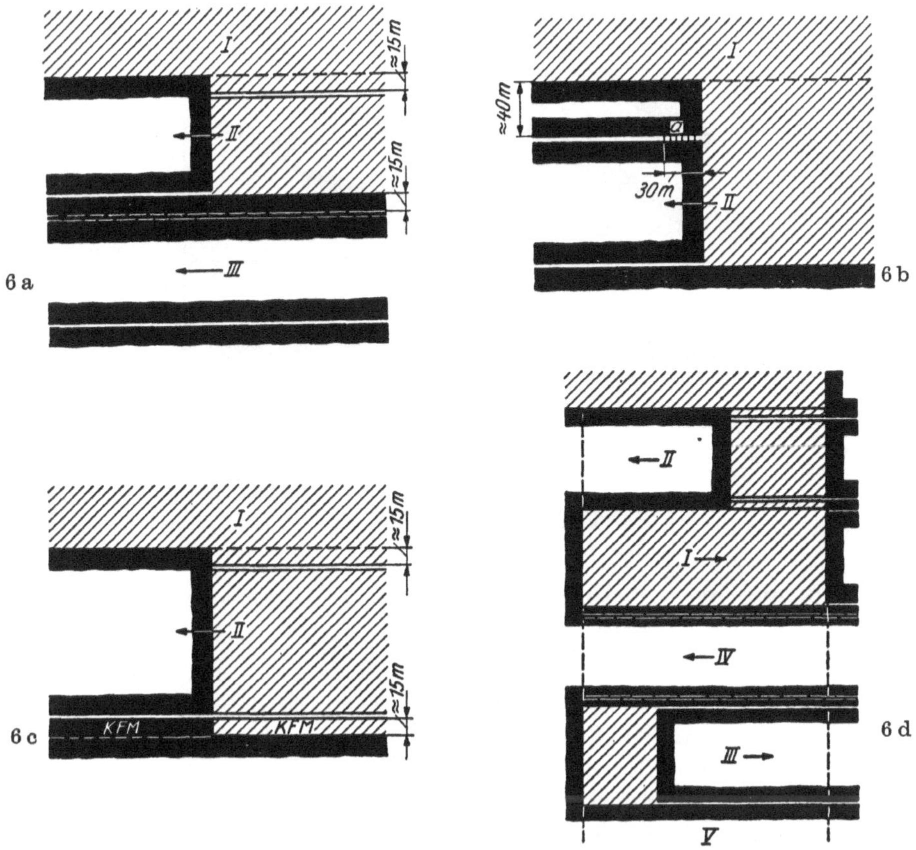

Bild 6 a—d. Gebirgsmechanisch günstige Streckenführung bei verschiedener Abbauführung nach JACOBI

a) Gebirgsmechanisch günstige Streckenführung: *Z*-Bau, Strecken ohne Zusatzdruck

b) Die gebirgsmechanisch günstige Streckenführung bei Rückbau a- bis 30 m vor dem Streb voreilender Verstärkungsausbau

c) Die gebirgsmechanisch günstige Streckenführung bei Vorbau KFM: Kann mit Kurzfrontmaschine im voraus gefahren werden

d) Gebirgsmechanisch günstiger pilgerschrittartiger Rück- und Vorbau zwischen zwei abgebauten Bauhöhen

Zur Berechnung der Konvergenzen in Abbaustrecken mit herkömmlicher Streckenführung wurde im französischen Steinkohlenbergbau ein Berechnungsverfahren von SCHWARTZ entwickelt. Danach ergibt sich die Konvergenz nur aus der Flözmächtigkeit, der Versatzart und dem Strebstand. Der Einfluß der Festigkeitseigenschaften auf die Konvergenz wurde im Ruhrgebiet von BRÄUNER untersucht, wobei die pseudoplastischen Gesteinseigenschaften bei sehr schwachem Nebengestein deutliche Abweichungen von den Berechnungsergebnissen brachten. Bild 8 zeigt die Konvergenz von Abbaustrecken bei Bruchbau nach BRÄUNER. Auch diese Messungen bestätigen, daß stärkerer Ausbau die Konvergenz nicht wesentlich einschränkt.

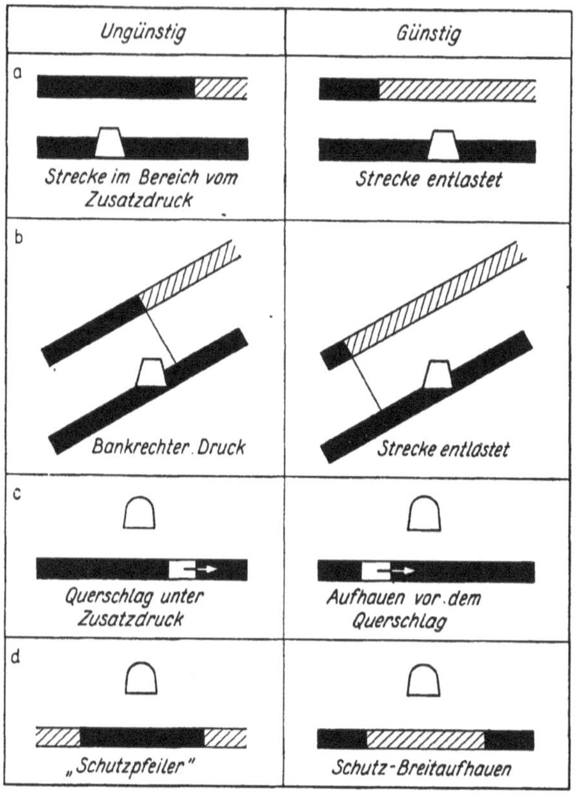

Bild 7. Günstige und ungünstige Lage von Strecken zu Abbaukanten nach JACOBI

3.2. Streckenausbau

Unter den Voraussetzungen einer entsprechenden Teufe ist der wesentlichste Faktor für die Notwendigkeit des Ausbaues der Aufbau und das Verhalten des Gebirges. Auf dem 6. Ländertreffen zeigte SALUSTOWICZ für die Grenzfälle des KELVIN- und MAXWELL-Mediums die Beziehungen zwischen Gebirgsdruck und Ausbau. Bei einem Gebirge, das einem KELVIN-Medium entspricht, steigt in Abhängigkeit von der Zeit der Druck auf den Streckenausbau von Null bis zu einem Endwert, der kleiner ist als die primäre Spannung. Dieser Endwert hängt von der Teufe und der Steifigkeit des Ausbaues ab. Er kann durch die Anwendung

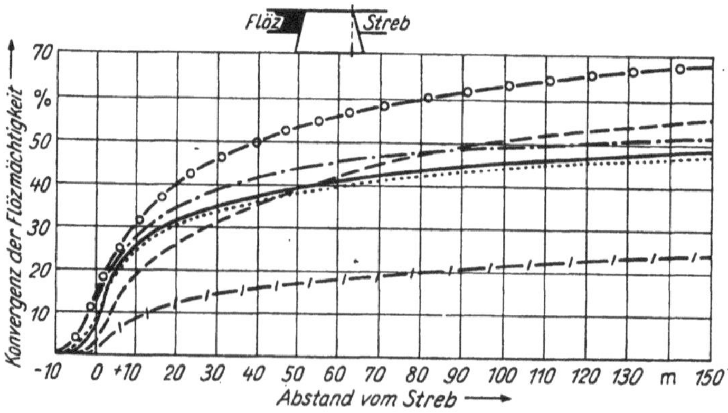

Bild 8. Konvergenz von Abbaustrecken bei Bruchbau nach BRÄUNER
— — — Flöz Zollverein 1; ...... Flöz Katharina; —/—/— Flöz P; —.—.— Flöz N; —○—○— Flöz 13; ------- berechnete Kurve

eines nachgiebigen Ausbaues gemindert werden. Im Gegensatz hierzu führt bei einem MAXWELL-Medium ein nachgiebiger Ausbau absolut nicht zur Verminderung des Enddruckes, denn in diesem Falle ergibt sich der Enddruck auf den Ausbau immer gleich dem Werte der Primärspannung im Gebirge. Aus diesen angegebenen Grenzfällen ist die Bedeutung des Festigkeitsverhaltens des Gebirges ersichtlich, das zwischen diesen beiden Grenzbedingungen bei einem visko-elastischen Verhalten liegt.

Als wesentliche Notwendigkeit ergibt sich die Bestimmung der wahren Fließgrenze des Gebirges, wie sie schon 1958 von MOHR im Anschluß an den Vortrag HÖFER gefordert wurde.

Die Arbeit von HÖFER und KNOLL zeigt, daß dies für den Fall des Carnallites durch die Unterscheidung einer logarithmisch oder exponentiell zeitabhängigen Verformung gegeben ist. Leider liegen jedoch die meisten Grubenbaue in solchen Teufen, daß diese Kriechgrenze sehr bald erreicht wird.

Interessant sind in diesem Zusammenhang die Untersuchungen von PARAŠKEVOV und seinen Mitarbeitern. Für den Fall des Lignitbergbaues in geringen Teufen in Bulgarien kann gezeigt werden, daß in Übereinstimmung mit den praktischen Erfahrungen auch der Ausbau nicht in der Lage ist, falls das Gebirge unverfestigt bleibt, das Kriechen wesentlich zu verhindern. Nach den Berechnungen zeigt es sich, daß ein ,,rechtzeitig" eingebrachter Ausbau das intensive Kriechen nur um 3 Tage hinauszögert. Dieser Fall für Gestein mit sehr geringen Relaxationszeiten gilt auch für andere Materialien mit größeren Relaxationszeiten, aber mit dem Unterschied, daß die absoluten Zeiten dann entsprechend verlängert werden. Aus diesen Untersuchungen ergibt sich aber eine weitere wesentliche Schlußfolgerung, nämlich die, daß das Verfestigen des den Hohlraum umgebenden Gebirgsmaterials zu einem wesentlichen Faktor in der Aufrechterhaltung der Strecken werden kann. Bisherige Arbeiten scheinen erfolgversprechend zu sein.

Mit der weiteren Entwicklung der Chemie werden außer den bis jetzt üblichen Zementinjektionen in Zukunft noch bessere und hoffentlich auch billigere Materialien hierfür zur Verfügung stehen. In geschichtetem Gebirge mit dünnen Gesteinsplatten ist der Ankerausbau besonders zu empfehlen. Neben konventionellen Ankern, insbesondere mit Spreizhülsen, hat sich die Anwendung von Kunstharzen in den letzten Jahren immer mehr durchsetzen können.

Für das stark geklüftete Gebirge sind Injektionen, Ankerausbau und Spritzbeton die gebräuchlichsten Maßnahmen zur Erhaltung der Standfestigkeit der Hohlräume. Auch hier setzen sich Kunstharze mehr und mehr durch.

Der Vortrag von RABCEWICZ auf dem 6. Ländertreffen zeigte in eindrucksvoller Weise, wie durch die schnelle Anwendung von Spritzbeton die Standfestigkeit von Tunneln wesentlich beeinflußt werden konnte.

Die Arbeit von MÜLLER über den Einfluß von Klüftung und Schichtung auf die TROMPETER- und WIESMANNsche-Zone gibt plausible Erklärungen für bis jetzt nicht deutbare Ergebnisse von Deformationsmessungen am Stollenumfang.

Die Tatsache, daß die Gebirgsfestigkeit maßgeblich bestimmend ist für Art und Stärke des Ausbaues, zwingt dazu, alle Maßnahmen zu fördern, die geeignet sind, die ursprüngliche Festigkeit des Gebirges zu erhalten. Dies bedeutet, daß insbesondere die schädlichen Wirkungen von Sprengerschütterungen, aber auch von Wasser und Feuchtigkeit möglichst vom Gestein ferngehalten werden müssen. Aus allen Untersuchungen geht eindeutig hervor, daß Gebirge und Ausbau sich gegenseitig beeinflussende Systeme darstellen und daher bei allen Betrachtungen im Verband gesehen werden müssen.

Forschungen von RICHTER, die darauf abzielen, durch künstliche Eingriffe die Spannungsverteilung um den Hohlraum günstig zu verändern, und damit zu einer wesentlichen Entlastung des Ausbaues beitragen, sollten weiter verfolgt und auf ihre praktische Anwendbarkeit hin verstärkt überprüft werden. Interessant ist in dem Zusammenhang, daß man beim Bau von Kavernen in Australien, wie ENDERSBEE zeigte, dies offensichtlich schon durch sogenannte Entlastungsschlitze bewerkstelligt. In diesem Zusammenhang verdienen auch die schon vor mehreren Jahren von Potts und Walker gebrachten Hinweise auf Entlastungsstrecken, wieder in Erinnerung gerufen zu werden.

4. Standfestigkeit beim Felsbau

Grundsätzlich ist nochmals zu betonen, daß für die Untersuchung der Standfestigkeit unterirdischer Hohlräume, Böschungen und Gründungen alle in anderen hier vorgetragenen Generalberichten behandelten Probleme eine wesentliche Rolle spielen. Sowohl die in den letzten Jahren entwickelten ingenieurgeologischen Erkundungsverfahren, die felsmechanischen Untersuchungsmethoden als auch die Modelltechnik und alle analytischen Methoden wären in diesem Zusammenhang entsprechend zu berücksichtigen und haben Einfluß auf die standsichere Gestaltung der Bauten im Fels. Aus diesem Grunde entstehen den Berichtern gewisse Schwierigkeiten, die Lücken zu erspähen, die von den anderen Referenten noch offen gelassen worden sind, weil sie sich aus den spezifischen Besonderheiten des Bauwerkes selbst ergeben.

Da ursprünglich von der Tagungsleitung eine Beschränkung auf die gebirgsmechanischen Probleme des Bergbaues vorgesehen war, wurden nur wenige spezielle Beiträge zu Standfestigkeitsproblemen des Felsbaues eingereicht. Wegen der grundsätzlichen Gleichartigkeit des naturgegebenen Materials und der ähnlichen Problematik möchten wir trotzdem im folgenden versuchen, gleichsam zur Abrundung einen kurzen Überblick über Probleme und Fortschritte der Felsmechanik zu geben.

4.1. Standsicherheit unterirdischer Hohlräume (Stollen, Tunnel und Kavernen)

Für die standsichere Gestaltung von Hohlräumen haben wir eine Reihe der vom Ingenieurgeologen gegebenen Erkenntnisse zu beachten. Dazu gehört in erster Linie die von diesem ermittelte Gebirgsstruktur. Ihr wird man durch Formgebung des Stollenquerschnittes und dort, wo es möglich ist, auch durch die Führung der Trasse Rechnung zu tragen versuchen. So ermöglicht ein dickbankiges, söhlig gelagertes Gebirge die Ausführung trapezförmiger oder auch rechteckiger Stollenquerschnitte, deren Breite vom Kluftrand abhängt. Bei dünnbankiger Lagerung hingegen wird eine gekrümmte oder auch spitzbogenförmige Ausbildung des Hohlraumes angestrebt werden müssen.

Werden Schichten geneigter Lagerung angetroffen, so wird man versuchen, die Achse des Hohlraumes mehr oder weniger rechtwinklig zur Streichrichtung zu stellen. Das mag für Tunnel seltener gelingen, ist hingegen bei Kraftwerkskavernen oft zu erreichen. Diesen Problemen und speziell denen mit der Art der Kluftfüllung zusammenhängenden, wandten sich Bjerrum, Brekke, Moum und Selmer-Olsen in mehreren Arbeiten, ausgehend von ihren in Norwegen beim Bau von Straßentunneln und Kraftwerken gemachten Erfahrungen, zu.

Auf die Bedeutung des Wassers für den Bau unterirdischer Hohlräume sei nur hingewiesen.

Von weiterem, ganz entscheidendem Einfluß für die Standsicherheit untertägiger Bauwerke sind der primäre Spannungszustand und die durch die Hohlraumform sich ausbildenden sekundären Spannungsverhältnisse. Es ist lange bekannt, daß durch optimale Anpassung der Querschnittsform an den Primärspannungszustand des Gebirges eine günstige Beanspruchung desselben erreicht werden kann. Wir erinnern an elliptisch gestaltete Querschnitte, deren Achsenverhältnis im homogenen Gebirge etwa dem Verhältnis des Vertikaldruckes zum Horizontaldruck entsprechen sollte. In diesem Zusammenhang sind die kürzlich entwickelten experimentellen Verfahren zu erwähnen, die eine Bestimmung des Primärspannungszustandes in situ zum Ziele haben, nämlich die im Bohrloch durchgeführten Spannungs-Entlastungsmessungen und die Druckkissenverfahren. Stellvertretend für eine Reihe von Arbeiten seien hier Veröffentlichungen von Leeman, Hoskins, Panek und Stock sowie Hawkins und Moxon genannt.

Auf der Grundlage solcher Messungen kann nun die Berechnung der sekundären Spannungszustände in der Umgebung der Hohlräume vorgenommen werden. Auch in dieser Richtung sind in den letzten Jahren Fortschritte zu verzeichnen, insofern als die analytischen Methoden den Gebirgskennwerten besser Rechnung zu tragen vermögen. Wir möchten auf eine Arbeit von MINCEV hinweisen, die in unserem Kreis vorgetragen wurde. Er erfaßt die Spannungen am anisotropen geschichteten Medium um verschieden geformte Querschnitte. Den größten Fortschritt dürfte aber wohl die mit dem Einsatz moderner Rechenautomaten eng verbundene Finite-Element-Methode darstellen. Die Zerlegung des betrachteten Gebietes in Untergebiete kann in Übereinstimmung mit geologisch gegebenen Strukturgrenzen erfolgen; Diskontinuitäten in den Eigenschaften können mit solchen zusammenfallen. Das Verfahren vermag Inhomogenitäten, Anisotropie, Plastizität, Kriech- und Bruchverhalten des Materials Rechnung zu tragen. Darüber hinaus dürfte es keine Schwierigkeiten bereiten, die Rechnung unter Variation der Querschnittsform so oft zu wiederholen, bis günstige Lösungen gefunden sind. Unserem Bestreben, dem Gebirge wie im Bergbau auch bei Hohlraumbauten des Felsbaues mehr Tragfunktion zuzuweisen, kommen diese Möglichkeiten entgegen. Wir möchten hier nur auf einen Vortrag von ZIENKIEWICZ und CHEUNG in Lissabon hinweisen, der gerade diese Gedanken sehr deutlich werden läßt.

Für die Bemessung der Auskleidung selbst ist die Untersuchung der Bruchvorgänge um Hohlräume die wesentlichste Grundlage für die Annahme der Ausbaubelastung. Dabei haben wir drei grundsätzlich voneinander verschiedene Arten der Belastung zu unterscheiden:

a) den Auflockerungsdruck,
b) den echten Gebirgsdruck,
c) den Schwelldruck.

Besonders die beiden erstgenannten sind einer näheren Betrachtung wert.

Auf die geologischen Bedingungen, die auf den Auflockerungsdruck einen Einfluß ausüben, haben wir bereits eingangs hingewiesen. Zur Demonstration des Einfließens von steil einfallenden Kluftsystemen auf die Form der Zone des Bruchfließens wird das aus der neuen Arbeit von MÜLLER entnommene Bild gezeigt (Bild 9). Als weiterer Fakt, der für seine Ausbildung verantwortlich zu machen ist, muß der Arbeitsvorgang selbst genannt werden, und zwar einerseits die Sprengtechnik — darauf werden wir noch zurückkommen —, andererseits aber auch die Art des vorläufigen und endgültigen Ausbaues sowie die Auffahrttechnologie. Die grundlegenden Gedanken der in diesem Sinne bedeutenden „Neuen österreichischen Tunnelbauweise" hat v. RABCEWICZ ebenfalls in unserem Kreise vorgetragen und in den letzten Jahren durch weitere Veröffentlichungen ergänzt. Durch sofortigen Einbau von Spritzbeton oder Anker wird das Gebirge so schnell stabilisiert, daß es an Festigkeit nur minimal verliert. Hinzu kommt das sofortige Schließen der Gewölbeschale, das ebenfalls alle Bewegungen bremst und damit Rißbildung im Gebirge verhindert. Diese elastisch-nachgiebige Schale ist gleichzeitig aber auch für die Aufnahme des echten Gebirgsdruckes bedeutungsvoll. Für ihn ist ein Überschreiten der Gebirgsfestigkeit längs der gesamten Hohlraumrandung oder aber in einzelnen „plastischen Zonen" charakteristisch, wodurch entsprechende Bewegungsvorgänge eingeleitet werden. Erst wenn man diese zu hemmen versucht, treten Kräfte in Erscheinung. Einen recht guten Überblick zu diesen Fragen vermittelt KASTNER. Wesentlich werden diese Fragen bei solch weitgespannten Konstruktionen, wie sie beispielsweise die Firstgewölbe der Kraftwerkskavernen darstellen. Hier tragen die Zugspannungsbereiche mit ihrem Gewicht noch zusätzlich zur Belastung der tragenden Elemente bei, ebenso wie der Bergwasserdruck und ein Injektionsdruck zwischen Gebirge und Gewölbe (Bild 10).

Etwas anders gelagert sind die Probleme beim Bau von Druckstollen. Hier geht es zusätzlich vor allem um die Aufnahme des Innenwasserdruckes gemeinsam durch Auskleidung und Gebirge (Bild 11).

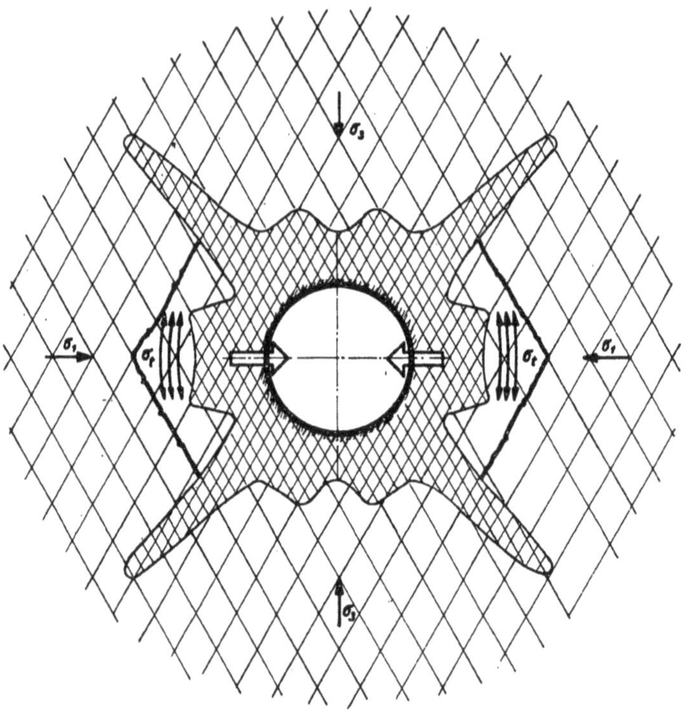

Bild 9. Ausquetschen von Ulmkeilen durch Wegfall einer adäquaten Ringspannung in den Fließzonen nach MÜLLER

Eine wichtige Voraussetzung dafür ist eine möglichst zutreffende Bestimmung der Verformungskenngrößen des Gebirges. Von KUJUNDZIĆ wurde mit der Radialpresse das ideale Versuchsgerät geschaffen, das dann von LAUFFER und SEEBER mit seinen Verbesserungen nochmals beschrieben wird. Gleichzeitig stellen diese Autoren ein geeignetes Bemessungsverfahren zur Verfügung. In der Sowjetunion werden bevorzugt Pressiometermessungen in Bohrlöchern durchgeführt und nach einem speziellen Berechnungsverfahren für die Ausbaubemessung ausgewertet.

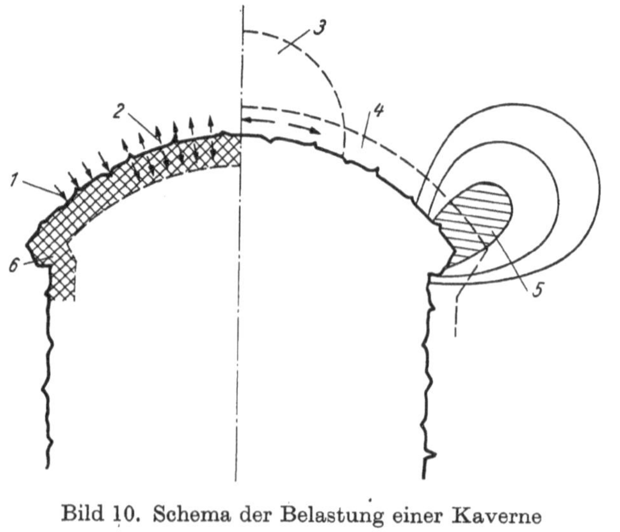

Bild 10. Schema der Belastung einer Kaverne

1 — Bergwasserdruck; *2* — Injektionsdruck; *3* — Zugspannungsbereich; *4* — Auflockerungszone; *5* — plastische Zone; *6* — Firstgewölbe

Auf das Problem der notwendigen Gebirgsüberdeckung für die Aufnahme bestimmter Druckanteile gehen FÖRSTER und DÖRING ein.

Eng verbunden mit der Gebirgsmechanik sind einige technologische Entwicklungen der letzten Jahre, die darauf abzielen, anstelle der bisher üblichen Stahlauskleidung Beton als Auskleidungselement einzuführen. Das bedingt eine Vorspannung dieser Auskleidung beispielsweise durch einen Injektionsdruck zwischen Gebirge und Beton. Besonders seine zeitliche Veränderung dürfte wesentlich von rheologischen Eigenschaften des Gebirges abhängen.

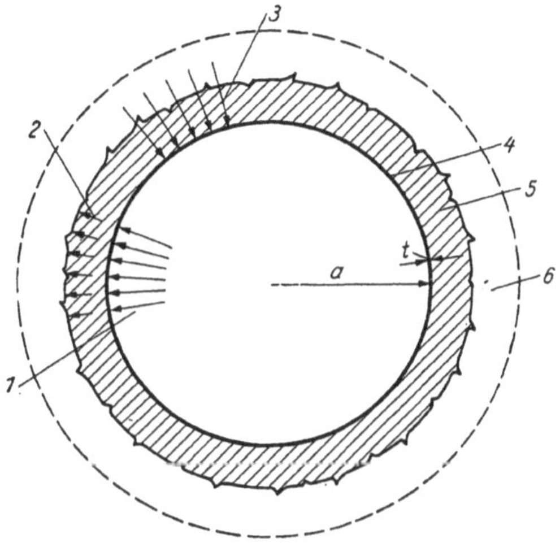

Bild 11. Belastungsverhältnisse bei Druckstollen
1 — p_i-Innendruck; 2 — p_f-vom Gebirge aufzunehmender Anteil des Innendruckes; 3 — ph-Bergwasserdruck auf Stahlpanzerung; 4 — Stahlpanzerung; 5 — Betonhinterfüllung; 6 — aufgelockerte Zone (Auflockerungsdruck auf Auskleidung)

4.2. Böschungen und Gründungen

Die Bedeutung aller mit natürlichen und künstlichen Böschungen im Zusammenhang stehenden Probleme ist uns gerade in den letzten Jahren durch die Katastrophe im Vajont-Tal deutlich vor Augen geführt worden. MÜLLER behandelte erst kürzlich wieder ausführlich die damaligen Vorgänge und findet damit breites Interesse. Gerade seine Arbeit ist aber als weit mehr als nur eine Studie der speziellen Bedingungen von Vajont anzusehen. Sie gibt darüber hinaus zusammen mit weiteren Arbeiten des gleichen Verfassers einen allgemeinen Einblick in den Komplex der Einflußfaktoren für die Standsicherheit von Felsböschungen, also die geologischen, hydrologischen, statischen und rheologischen Bedingungen.

Das Gefüge des Gebirges, Einfallen und Streichen der Schichten zusammen mit dem in den Klüften wirkenden Wasser zeichnen in hohem Maße die Form einer künftigen Bewegungsfläche vor und komplizieren die Ermittlung eines realen Spannungszustandes in der Böschung, so daß eine Untersuchung im Modell nahe liegt.

Das wichtigste Problem, mit dem der Ingenieur konfrontiert wird, ist bei Böschungen das Stabilitätsproblem. Im Moment wird von den führenden Fachleuten unseres Gebietes doch noch die Auffassung vertreten, daß allgemeine theoretische Ansätze nur geringen Wert besitzen, statt dessen eher spezifische Bedingungen berücksichtigt werden sollten. Diesen Weg sind beispielsweise TERZAGHI für steile Böschungen im geklüfteten und ungeschichteten bzw. geschichteten Sedimentgestein sowie WITTKE bei einem System von Flächenklüften gegangen.

Ein weiteres Problem bei der Beurteilung von Böschungen sind deren Deformationen, wobei wir besonders an langsam verlaufende Deformation denken, also an die Fragen des Talzuschubs. War man früher der Meinung, daß solche Formänderungen nicht in den Bruch übergehen, so ist doch inzwischen von Müller einer gegenteiligen Auffassung zugestimmt worden. Eine Reihe von Autoren, wie z. B. Zaruba und Mencl, beschreiben solche Vorgänge. Auf die Fragen der Böschungssicherung soll hier nicht näher eingegangen werden. Sie spielen besonders eine Rolle im Zusammenhang mit dem Bau von Stauanlagen. Es sei nur auf einige Arbeiten von Müller und Aiken hingewiesen, wobei letztere bereits zu den Gründungen überleitet.

Die größte Aufmerksamkeit ist wohl der Gründung von Talsperren aller Bauarten, ganz besonders aber der vielfach statisch unbestimmten Bogenstaumauern zuzuwenden. Die Katastrophe von Malpasset hat uns das vor Jahren wieder deutlich vor Augen geführt. Hier rücken einerseits die ingenieurgeologische Erkundung der Lagerungsverhältnisse und des Gefüges, zum anderen aber auch die geomechanischen in-situ-Meßverfahren stark in den Vordergrund. Das Streichen der Schichten kann, wenn es quer zur Talachse erfolgt, großen Einfluß auf die Standsicherheit des Sperrenbauwerkes haben. Sind in Richtung des Wasserdruckes einfallende Schichten als ungünstig zu beurteilen, so wirkt ein entgegengesetztes Einfallen wiederum stabilisierend. Auch Störungen und Verwerfungen sind sicher zu erfassen und auf ihre Aktivität zu überprüfen. Störungen und Schichtgrenzen müssen auch als Wege für das Bauwerk unterströmendes Wasser angesehen werden. Für anschließende Dichtungsarbeiten ist die Kenntnis ihrer Lage, ihrer Füllung etc. nötig. Hinsichtlich der geomechanisch zu erfassenden Meßgrößen steht wohl die Verformbarkeit des Untergrundes an erster Stelle, denn sie kann bereits Einfluß auf die Wahl der Bauart haben. Nur auf einem Baugrund mit großem Verformungsmodul wird der Bauingenieur es wagen — falls morphologische und weitere ingenieurgeologische Fakten günstig erscheinen —, eine Bogenstaumauer zu gründen. Andererseits kann der feste Untergrund bei der Gewichtsstaumauer zu Schwierigkeiten durch Überlastung des luftseitigen Mauerfußes und Auftreten von Längsrissen führen. Hingegen ist ein Baugrund mit geringem Verformungsmodul wohl nur für eine Gewichtsstaumauer geeignet. Die geomechanischen Verformungsmessungen an Felsblöcken und Plattendruckversuche geben eine Möglichkeit, den notwendigen Einblick zu gewinnen. Für den Standfestigkeits- und Gleitnachweis benötigt der Bauingenieur dagegen Angaben über die Bruchfestigkeit des Gebirges. Kujundzic beschreibt in der bereits zitierten Arbeit die dazu verwendeten Methoden. Oft sind die so ermittelten Kenngrößen Eingangsgrößen für die Durchführung von Modelluntersuchungen, die den Komplex Mauer/Fels zu erfassen haben. Häufig ist auf Grund des Ineinandergreifens vieler Komponenten nur dieser Weg gangbar und eine rein rechnerische Untersuchung der Bauwerke nicht möglich.

Eine zusammenfassende Darstellung gerade der auf den Talsperrenbau abzielenden geomechanischen Untersuchungen gibt Serafim.

5. Extreme gebirgsmechanische Vorgänge dynamischen Charakters

Im Gegensatz zu den normalen, ± allmählich ablaufenden Spannungsänderungen, Verformungen und Gebirgszerstörungen stehen die extremen gebirgsmechanischen Vorgänge, bei denen die Gebirgszerstörung in sehr kurzer Zeit (Bruchteile von sec bis maximal einige min) stattfindet. Die wichtigsten dieser dynamischen Vorgänge sind die Gebirgsschläge und die plötzlichen Ausbrüche von Gestein und Gas. Die Standfestigkeit der Grubenbaue wird durch diese extremen Vorgänge sehr ungünstig beeinflußt.

Auch das Sprengen, die im Bergbau und Felsbau auch heute noch wichtigste Gewinnungsmethode, ist ein dynamischer Zerstörungsvorgang, welcher die Standfestigkeit ungünstig beeinflußt.

5.1. Gebirgsschläge

Die Erforschung der Gebirgsschlagprobleme gehört wegen der mit Gebirgsschlägen verbundenen besonders großen Gefahr für das Leben der Bergleute und für das Weiterbestehen von Feldesteilen oder ganzen Bergwerksbetrieben zu den vordringlichen Aufgaben des Gebirgsmechanikers. Ein ausführlicher Überblick über wesentliche Etappen und Ergebnisse der etwa 40jährigen Gebirgsschlagforschung wurde von Bilkenroth und Gimm auf dem 7. Ländertreffen des IBG gegeben. Die von namhaften Vertretern aus den wichtigsten Gebirgsschlagsländern während dieses Ländertreffens gehaltenen Vorträge einschließlich der umfangreichen Diskussionsbeiträge stellen eine zusammenfassende Grundlage unseres Wissens über die Prognose, den Mechanismus und die Bekämpfungsmaßnahmen der Gebirgsschläge in den verschiedenen Gebirgsschlagdistrikten der Welt dar.

Man kann generell feststellen, daß der Stand der Erforschung der Gesetzmäßigkeiten von Gebirgsschlägen uns in die Lage versetzt, bei weitem nicht mehr so stark dem überraschenden Zufall ausgeliefert zu sein, wie dies noch vor 10 bis 20 Jahren der Fall war. In einigen Gebirgsschlagrevieren, z. B. im Steinkohlenbergbau des Ruhrgebietes (Jahns), ist man der absoluten Beherrschung der Gebirgsschläge sogar sehr nahe gekommen

Betrachten wir die wesentlichen gebirgsschlagbeeinflussenden Faktoren anhand Tab. 1. Allen ist gemeinsam die Beeinflussung der um die Grubenhohlräume anstehenden tragenden Gebirgsteile im Hinblick auf Spannungsverteilung und Akkumulation potentieller Energie, die beim Eintreten eines Gebirgsschlages plötzlich freigesetzt wird. Letzten Endes kommt es bei der Entstehung von Gebirgsschlägen auf die Energiebilanz an. Als besonders wertvoll sind aus der Arbeit der letzten Jahre die Ergebnisse auf folgenden Teilgebieten zu würdigen:

a) Untersuchungen zur Biegesteifigkeit, speziell auch der Haftreibung zwischen den Schichten (Hoffmann, Tincelin/Sinou, Gimm u. a.).
b) Ermittlung von Kennwerten zur Beurteilung der Gebirgsschlagneigung des Gesteins und des Massivs (Denkhaus, Averšin u. a., Znański, Pforr, Höfer/Thoma, Jahns, Kvapil, Sibek).
c) Erweiterung und Vertiefung der Kenntnisse über die Prinzipien zur richtigen Abbauführung (Denkhaus/Hill/Roux, Jacobi, Bräuner, Gimm/Pforr, Averšin u. a.).

Tabelle 1. Schema der Einflußfaktoren bei der Entstehung von Gebirgsschlägen

Einflußfaktoren bei Gebirgsschlägen

Naturgegebene Faktoren	Technisch beeinflußbare Faktoren
1. Teufe	1. Form und Größe der offenen Hohlräume
2. Einfallen	2. Größe des Baufeldes
3. Gesteine mit der Fähigkeit zu plötzlicher Energieabgabe (in Lagerstätte oder Nebengestein)	3. Abbaudynamik (Abbauführung, Verhiebsgeschwindigkeit)
3. Biegesteifigkeit des Hangenden (Einfluß von Gleitflächen)	4. Art des Abbauverfahrens
(4.) Tektonische Restspannungen	5. Standfestigkeit der Pfeiler (kann die Menge der freiwerdenden Energie beeinflussen)
(5.) Gezeiten der Erde	6. Größe und Entfernung des Spannungsmaximums außerhalb des Hohlraums (Fließzone)
(6.) Belastungsschwankungen durch wechselnden Luftdruck	7. Sprengwirkung
	(8.) Ausbau

Die Forschungsarbeiten der letzten Jahre haben aber nicht nur zu einer Verbesserung unserer Kenntnisse über die Wirkung der Einflußgrößen geführt, sondern haben auch wesentlich zur Erhöhung der Wirksamkeit der praktischen Bekämpfungsmaßnahmen beigetragen. Einen Überblick über wichtige Bekämpfungsmethoden vermittelt Tab. 2. Viele dieser hier

Tabelle 2. Schema der Methoden zur Gebirgsschlagbekämpfung

Gebirgsschlagbekämpfungsmethoden

Vorbeugende Bekämpfung (Beseitigen der Voraussetzungen)	Direkte Bekämpfung (Beseitigen der Gefahr selbst)
1. Totalabbau (pfeilerloser Abbau) 2. Schutzflözabbau 3. Richtige Abbauführung (im Sinne der Gebirgsschlagsystematik nach NIEMCYK) 4. Optimale Verhiebsgeschwindigkeit 5. Starke Pfeiler 6. Auffahren von Hauptgrubenbauen in nicht gebirgsschlaggefährdeten Schichten	1. Verringerung der Elastizität des Gebirges in der Hohlraumumgebung (Stoßtränken, Entlastungsschlitzen, Auflockerungssprengen) 2. Mannloser Abbau mit ferngesteuerter Gewinnung 3, Stillegung besonders gefährdeter Grubenbaue

nur global angeführten Methoden wurden in den letzten Jahren in der Praxis angewandt und dadurch deren Anwendungsgrenzen auf bestimmte örtliche Gegebenheiten abgesteckt.

Wie aus dem Bericht von DENKHAUS und BIENIAWSKI hervorgeht, wurde in Südafrika das „Entspannungsschießen" wieder aufgegeben. Die Arbeit von THOMA und seinen Mitarbeitern zeigt jedoch, daß im sächsischen Erzbergbau in Teufen über 1500 m Erfolge durch Entspannung der Strecken erzielt werden konnten.

Trotz des äußerst komplexen Charakters der Gebirgsschlagbekämpfung waren Verallgemeinerungen von Erkenntnissen und Erfahrungen in vielen Fällen möglich. Es kann festgestellt werden, daß gerade durch den im IBG gepflegten internationalen Erfahrungsaustausch auf dem komplizierten Gebiet der Gebirgsschläge wertvolle Anregungen zum gegenseitigen Nutzen in den verschiedenen Ländern gegeben werden konnten.

Das trifft auch auf das Problem der Prognose von Gebirgsschlägen zu. Hier gibt es für bestimmte Verhältnisse im Steinkohlenbergbau (JAHNS, AVERŠIN u. a., ZNAŃSKI) bereits ausgereifte Prognosemethoden. Für andere Bedingungen, z. B. im Erz -und Kalibergbau, konnten trotz zielstrebiger Untersuchungen bisher noch keine eindeutigen Prognosemethoden gefunden werden (SIBEK, PFORR/HOTTEWITZ).

Es darf abschließend festgestellt werden, daß wir im internationalen Maßstab — dank der Bemühungen von Wissenschaftlern und Praktikern aus vielen Gebirgsschlagländern und dank des wissenschaftlichen Erfahrungsaustausches — auf einigen Gebieten der Gebirgsschlagforschung in den letzten Jahren recht gut vorwärts gekommen sind.

In einigen Gebirgsdistrikten konnte eine Verringerung der Zahl der Gebirgsschläge bzw. eine Abschwächung der gefährlichen Auswirkungen erreicht werden. Die als Idealziel angestrebte vollständige Vermeidung von Gebirgsschlägen ist jedoch gegenwärtig noch keineswegs gewährleistet.

Die Bedeutung der Gebirgsmechanik für die Auslösung und den Ablauf von plötzlichen Ausbrüchen ist bereits seit Jahrzehnten bekannt. So haben WERNE u. a. bereits 1927 aus empirischen Auswertungen der Ausbrüche von Kohle und Gas die Erkenntnis gewonnen, daß Zahl und Intensität der Ausbrüche mit wachsender Grubenteufe ständig zunehmen. Weitere Beobachtungen über den Einfluß verschiedener gebirgsmechanischer und bergtechnischer Situationen — in einigen Kohlenrevieren ereignen sich die Ausbrüche nur in Strecken, während sie im Abbau vollständig fehlen — führten in der Vergangenheit zu verschiedenen Hypothesen, die den Gebirgsdruck als den allein entscheidenden Faktor für die Ausbruchsauslösung ansahen.

Die modernen Ansichten über die Voraussetzungen, den Mechanismus und die mitwirkenden Faktoren bei plötzlichen Ausbrüchen von Gestein und Gas unterscheiden sich von den früheren vor allem dadurch, daß sie dem komplexen Charakter der Ausbruchserscheinungen und der Wechselwirkung der beteiligten Faktoren Rechnung tragen. Insbesondere haben sich die in den letzten Jahren erzielten neuen Erkenntnisse der Gebirgsmechanik fruchtbringend ausgewirkt. Die wichtigsten Fortschritte bei der Deutung der Ausbruchserscheinungen wurden durch wissenschaftliche Arbeiten in der Sowjetunion (Chodot), in Frankreich und Belgien (Stassen, Vandeloise, Belin), in Ungarn (Szirtes) und in der DDR durch Arbeiten der Forschungsgemeinschaft „Mineralgebundene Gase" erzielt.

Die Erforschung der Theorie der plötzlichen Ausbrüche von Kohle und Gas hat gegenwärtig den höchsten Stand in der Sowjetunion erreicht. Die Rolle gebirgsmechanischer Spannungsänderungen als einer der komplexen Faktoren für die Ausbruchsauslösung besteht nach dieser Theorie darin, die Bindung zwischen Gas und Kohle aufzuheben. Von Chodot werden dazu folgende Ausführungen gemacht:

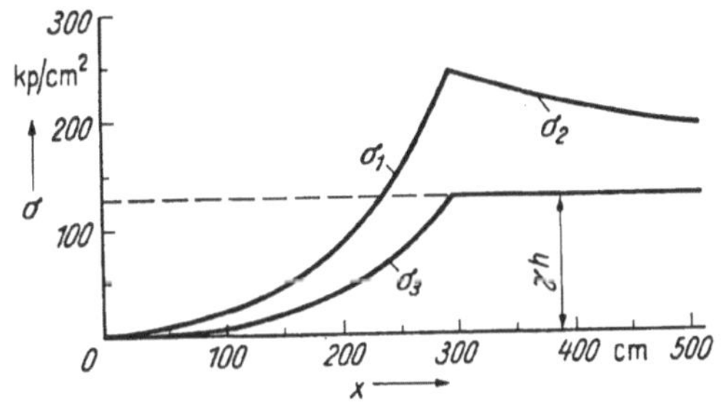

Bild 12. Kurven der Spannungsverteilung im Kohlenflöz nach Chodot

σ_1 Normalspannung bankrecht zum Flöz im Bereich des Grenzspannungszustandes und der Hochdruckzone; σ_2 Normalspannung im Bereich des elastischen Zustandes; σ_3 Spannung in der Flözebene; γh primärer Gebirgsdruck in 500 m Teufe

Die Spannungsverteilung im Flöz ist durch das Vorhandensein einer Niederdruckzone unmittelbar am Ortsstoß und einer dahinter befindlichen Hochdruckzone charakterisiert. Den quantitativen Verlauf der Spannungsverteilung unter Berücksichtigung des Überlagerungsdruckes und des Druckes des eingeschlossenen Gases zeigt Bild 12. Die gebirgsmechanische Vorbereitung des Gasausbruches erfolgt in der Hochdruckzone, indem dort durch die hohe Beanspruchung die Festigkeit des Flözes überschritten und eine versteckte Vorzerklüftung geschaffen wird. Die im Flöz vorhandenen Poren und die geschaffenen Klüfte sind aber infolge der hohen Spannungen weitestgehend zusammengedrückt, im gebirgsmechanischen Spannungsmaximum erreicht die Gasdurchlässigkeit also ihr Minimum. Erst in der Niederdruckzone bewirkt die Horizontalspannung σ_3 die Verformung und Verschiebung der Kohle zum Grubenbau hin. Dadurch kommt es zum Öffnen der primären Poren und der Klüfte, die in der Hochdruckzone entstanden sind. Die damit verbundene Gasfreisetzung führt zum Abtransport des zerklüfteten und zerstörten Gesteinsmaterials, der Ausbruch von Kohle und Gas beginnt. Die Theorie der sowjetischen Forscher konnte durch die Nachahmung eines plötzlichen Ausbruches im Modell und durch die Überprüfung der berechneten Spannungsverteilung durch Messungen in situ eindrucksvoll bestätigt werden. Es ist auch gelungen, den gesamten komplizierten Vorgang eines Ausbruches in eine energetische Theorie zu fassen, die die Grundlage für die komplexe Bestimmung der Ausbruchsgefahr eines Flözes bildet.

Die Ausbruchsproblematik im Salzbergbau wurde von der 1958 gegründeten Forschungsgemeinschaft „Mineralgebundene Gase" unter Leitung von Gimm bearbeitet. Die Untersuchungen der Forschungsgemeinschaft führten zu der Erkenntnis, daß der Ausbruchsmechanismus in allen Bergbaurevieren grundsätzlich gleich ist und die unterschiedlichen Ausbruchswirkungen lediglich durch die Art und Wirkungsweise der einzelnen Ausbruchsfaktoren bedingt sind. Die bisherigen theoretischen Darstellungen konnten zu einer einheitlichen Ausbruchstheorie zusammengefaßt werden. Im Bild 13 sind sowohl die Ausbruchsvoraussetzungen (links) als auch die auslösenden (rechts oben) und die während des Ausbruches ablaufenden Vorgänge und ihre gegenseitige Beeinflussung dargestellt. Auf eine nähere Darstellung muß hier verzichtet werden.

Die Forschungen hinsichtlich der Rolle der Gebirgsmechanik haben ergeben, daß um bergmännische Hohlräume im gasimprägnierten Material grundsätzlich keine andere Spannungsverteilung als im gasfreien Salzgebirge vorliegt (Bild 14). Infolge des durch das Gas bedingten Eigenspannungszustandes und der verminderten Kohäsion zwischen den Körnern ist jedoch die Festigkeit des ausbruchsaktiven Salzes gegenüber Zug und Schub im Vergleich zu gasfreiem Salz stark herabgesetzt. Die Gasladung bedingt also ein besonderes Verformungsverhalten. Der Bruch erfolgt etwa parallel zu den Linien der 2. Hauptspannung, die bekannte charakteristische Ausbruchsschieferung ist also ein Ergebnis des Verlaufs der Hauptspannungstrajektorien, wie von GIMM, DÖRING, FÖRSTER, MARKGRAF beim Ländertreffen 1967 im einzelnen begründet wurde. Mit dem Verlauf der Spannungsverteilung konnte auch die Bildung von sekundären, entlasteten und entgasten Schutzschichten erklärt werden, die bei

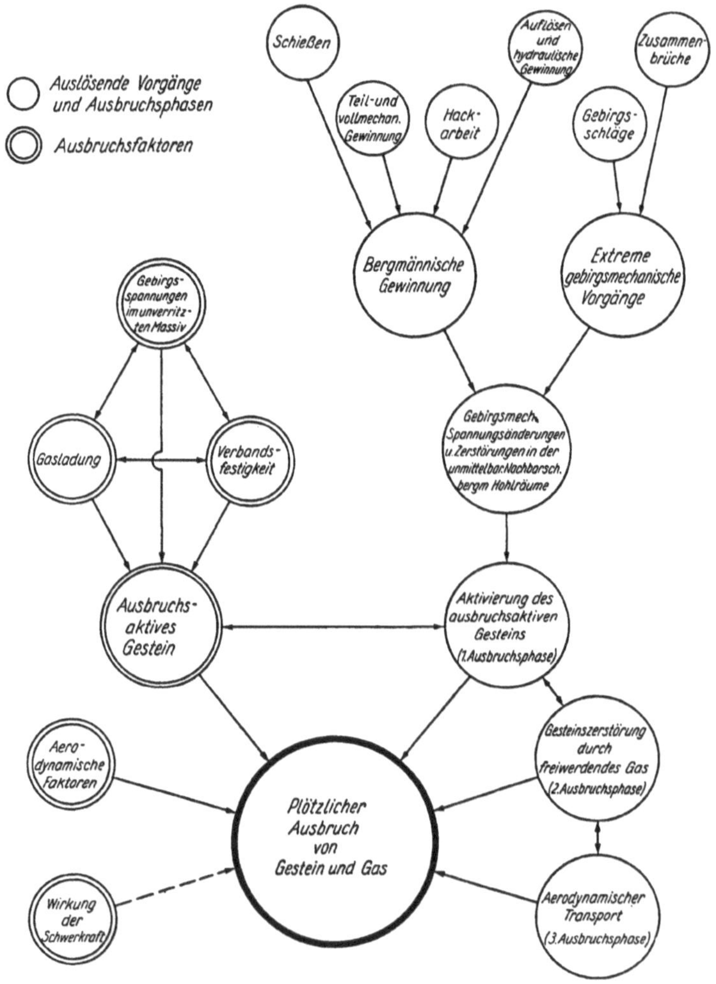

Bild 13. Schematische Darstellung der einheitlichen Ausbruchstheorie

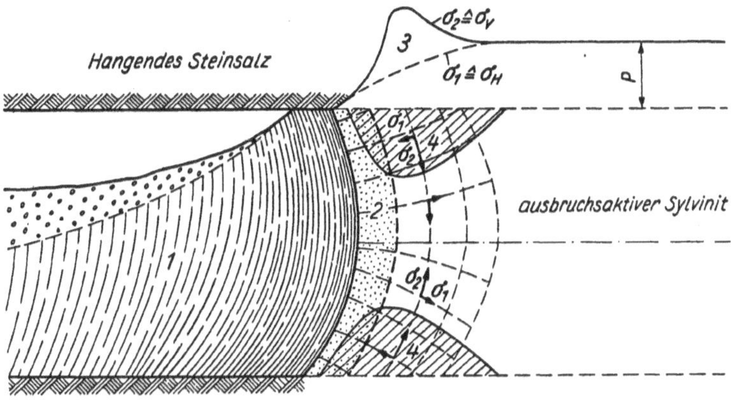

Bild 14. Prinzip der Spannungsverteilung und Verlauf der Hauptspannungstrajektorien am Rand von Ausbruchshohlräumen

1 — geschiefertes und im Ausbruchshohlraum sedimentiertes Salz; *2* — entaktivierte Schutzschicht; *3* — prinzipieller Spannungsverlauf auf die Mittellinie bezogen; *4* — Zugspannungsbereich von *1*

vorzeitig zum Stillstand gekommenen Ausbrüchen das weitere ausbruchsaktive Material stabil verdämmen.

Im Ergebnis der Auswertungen der Untersuchungen ergaben sich auch wichtige Grundlagen für die Ausbruchsprognose und -bekämpfung. Durch die Klärung der Rolle der Gebirgsmechanik konnten die Voraussetzungen zur Entwicklung von Methoden sowohl zur Vermeidung als auch zur Begrenzung und wirtschaftlichen Nutzung von plötzlichen Ausbrüchen geschaffen werden. Derartige Methoden, die hier nicht näher behandelt werden können, wurden in den letzten Jahren vor allem im sowjetischen, ungarischen und französischen Kohlenbergbau und im Kalibergbau der DDR erfolgreich angewendet und sind ein Beitrag zur Stabilisierung der Hohlräume.

5.3. Standfestigkeit und Sprengtechnik

In den letzten Jahren ist man mehr und mehr davon abgekommen, die Stabilisierung eines Hohlraumes allein dem Ausbau zu übertragen oder aber die in einem Druckstollen wirkenden Kräfte allein vom Ausbau aufnehmen zu lassen. Das Gebirge wird entsprechend seiner Tragfähigkeit zu diesen Aufgaben herangezogen. In diesem Sinne sind also Bruchfestigkeit und Verformung des Gebirges letztlich maßgebend für die Dimensionierung des Ausbaues und damit für die entstehenden Kosten. Die Druckwellen der Detonationen bei Sprengungen führten bisher im unkontrollierbaren Maße zu Bruchvorgängen und Auflockerungen und verminderten die oben erwähnten wesentlichen Gebirgskenngrößen. Ein entsprechend zu wählendes, gebirgsschonendes Sprengverfahren hat also die Aufgabe, die ursprüngliche Struktur des Gebirgsverbandes weitestgehend zu erhalten und damit Kosten für Ausbau oder aber nachträgliche Gebirgsverbesserungen weitestgehend zu mindern. Besonders im Zusammenhang mit den in den letzten Jahren entwickelten Sicherungsarten, dem Spritzbetonverfahren und dem Ankerausbau, gewinnt die gebirgsschonende Sprengtechnik an zunehmender Bedeutung. Diese Gedanken wurden in klarer und einleuchtender Weise besonders in Arbeiten von Baron, Langer und Mueller niedergelegt.

Sprengverfahren, die den genannten Forderungen Rechnung tragen, sind in der Literatur unter den englischen Bezeichnungen Smooth-Blasting, Pre-shearing, Pre-splitting, Cushion-Blasting bzw. den deutschen Begriffen Schonendes Sprengen, Glattwandsprengen, Profilschießen, Perimeter-Verfahren u. a. bekannt. Eine anzuerkennende Systematisierung dieser Begriffe erfolgte durch Schwanenberg mit seiner Gliederung in Abkerben, Abscheren, Vorspalten und Vorkerben. Seiner Arbeit haben wir die folgende Zusammenstellung (Tab. 3)

Tabelle 3. Hauptmerkmale der Verfahren zum schonenden Sprengen

Bezeichnung	Anordnung der Spreng- und Leerbohrlöcher		Länge der Bohrlöcher	Zeitliches Abtun	Anwendungsgebiete
	Beschreibung	Schema (Grundriß)			
A. Abkerben	zwischen Sprengbohrlöchern größeren Durchmessers mit gestreckter Ladung ein oder mehrere Leerbohrlöcher kleineren Durchmessers ohne Ladung	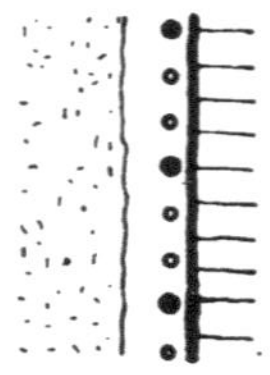	wie Hauptsprengbohrlöcher oder bei Hohlbohrlöchern nur $^2/_3$ davon	a) *nach* dem Hereinkommen der Hauptsprengung b) auch *mit* der Hauptsprengung	stehende } Felswände geneigte } unterirdische Räume Abbrucharbeiten
B. Abscheren (shearing)	alle Bohrlöcher mit gleichem Durchmesser, alle mit gestreckten Ladungen	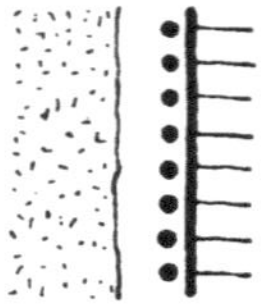	wie Hauptsprengbohrlöcher	*nach* oder *mit* der Hauptsprengung	wie bei A.
C. Vorspalten (pre-splitting)	wie bei B.	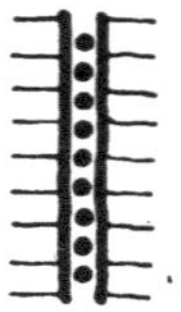	Vorspaltbohrlöcher gleich lang wie die Hauptsprengbohrlöcher, meistens ein Vielfaches länger als diese	*vor* der Hauptsprengung	stehende } Felswände geneigte }
D. Vorkerben (line drilling)	nur Leerbohrlöcher in geringsten Abständen (notfalls wird jedes 3. oder 4. Bohrloch mit einer schwächeren Ladung versehen)	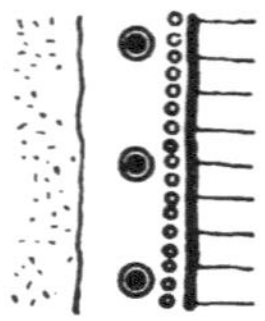	wie die Hauptsprengbohrlöcher (bei dem geringen Abstand ist ein sehr genaues Parallelbohren auf größere Längen schwierig)	a) *vor* der Hauptsprengung b) vereinzelt geladene Bohrlöcher *mit* oder *nach* der Hauptsprengung	wie bei A. (aber selten)

Zeichenerklärung: ≡ stehenbleibende Felswand; ∴ durch Hauptsprengung gelöstes Gestein; ○ Leerbohrlöcher (ungeladen); ● Sprengbohrlöcher mit gepufferter Ladung; ⊙ Sprengbohrlöcher mit stärkerer Ladung.

entnommen, die die einzelnen Verfahren in ihren wesentlichen Merkmalen charakterisiert. Über eine Überprüfung des schonenden Profilsprengens im Tunnelbau berichten SCHULZ und WÜSTENHAGEN. Ihren Arbeiten sind besonders Hinweise auf die Art des Zündmittels, aber auch auf die Streckung der Ladung, das Bemessen des Ringraumes, die Bohrlochabstände und die Vorgabe zu entnehmen. Eine grundlegende, umfangreiche Arbeit legten LANGEFORS und KIHLSTROM vor. Über verschiedene Anwendungen der Verfahren im Kanalbau, im Straßenbau und im Schachtbau berichten vor allem SCHWANENBERG und FRIEDE in mehreren Arbeiten.

Zur Vermeidung von Mißverständnissen sei abschließend erwähnt, daß diese gebirgsschonenden Sprengmethoden in der Regel teurer sind als die normalen Sprengmethoden, welche ausschließlich der billigen Gewinnung von mineralischen Rohstoffen dienen. Die gebirgsschonenden Methoden werden deshalb fast ausschließlich im über- und untertägigen Felsbau (Kavernen, Tunnels, Böschungen) und im Bergbau meistens nur zur Herstellung besonders wichtiger und langlebiger Grubenbaue (z. B. Schächte) verwendet.

6. Neue Probleme und Ausblick

Im allgemeinen kann festgestellt werden, daß die wissenschaftlichen Fortschritte in der Gebirgsmechanik in den vergangenen 10 Jahren eine verbesserte Beherrschung der Standfestigkeitsprobleme gestatteten und damit wichtige Voraussetzungen für die im gleichen Zeitraum erzielten Fortschritte in der Betriebskonzentration und in der Technologie geschaffen haben.

Trotzdem gibt es noch eine Reihe offener Probleme, welche letzten Endes dazu führen, daß für viele Standsicherheitsprobleme noch keine exakten Berechnungsverfahren vorhanden sind. Hinzu kommt, daß auch zukünftig mit einer weiteren Steigerung der Betriebskonzentration und Abbaugeschwindigkeit sowie mit einer Erhöhung der Anforderungen an die Standsicherheit der Grubenbaue mit Rücksicht auf den Einsatz größerer und teuerer Ausrüstungen gerechnet werden muß. Auch die in vielen Bergbaurevieren sich ständig vergrößernden Teufen führen zu zusätzlichen Schwierigkeiten in der Beherrschung des Gebirges.

Neben klassischen Aufgaben aus dem konventionellen Bergbau ergeben sich für die gebirgsmechanische Forschung neue Probleme durch neue Gewinnungsmethoden, wie z. B. Gewinnung von Wertstoffen durch Aussolen und Auslaugen, und durch die verstärkte Nutzung unterirdischer künstlicher und natürlicher Hohlräume für die Speicherung oder Einlagerung von Flüssigkeiten, Gasen und radioaktiven Rückständen.

Hierbei spielen neue Faktoren wie erhöhte Temperaturen durch größere Teufen, wie dies in der Arbeit von DREYER gezeigt ist, oder durch radioaktive Strahlung eine Rolle für das Festigkeitsverhalten des Gebirges.

Auch die gebirgsmechanischen Auswirkungen neuer Verfahren der nichtmechanischen Gesteinszerstörung in der Hohlraumschaffung durch nukleare Sprengungen sind noch weitgehend unerforscht. Das gleiche gilt auch für die Standsicherheit und die Gewinnung von Erdöl und Erdgas in ultratiefen Bohrungen.

Die erwähnte Steigerung des gebirgsmechanischen Schwierigkeitsgrades und die angeführten neuen Methoden erfordern weitere grundlegende Forschungen, um rechtzeitig den wissenschaftlichen Vorlauf zu sichern. Trotz der zweifellos erzielten beträchtlichen Fortschritte der gebirgsmechanischen Wissenschaft, an denen das IBG durch die Förderung eines offenen wissenschaftlichen internationalen Erfahrungsaustausches im bedeutenden Maße mitgewirkt hat, muß eindeutig auf die Notwendigkeit der Verstärkung der gebirgsmechanischen Grundlagenforschung auf allen Teilgebieten der Gebirgsmechanik hingewiesen werden. Auch für die akademische Ausbildung von Ingenieuren für Bergbau und Felsbau müssen entsprechende Schlußfolgerungen gezogen werden.

Bis jetzt war die Gebirgsmechanik ein Aufgabengebiet mehr oder weniger stark spezialisierter Bergingenieure. Der gegenwärtig bereits erreichte Wissensstand und die zukünftigen noch schwierigeren gebirgsmechanischen Probleme erfordern die Ausbildung von Ingenieuren mit speziellen Gebirgsmechanik-Kenntnissen. Unter Berücksichtigung der Ähnlichkeit der Probleme im Bergbau und Felsbau wird es fernerhin zweckmäßig sein, einen Universal-Geotechniker auszubilden, der in den verschiedenen Zweigen des Ingenieur- und des Bergbaues eingesetzt werden kann.

Literatur

zu den zum Thema

„Schlußfolgerungen aus gebirgsmechanischen Erkenntnissen für die Konstruktion und Standfestigkeit untertägiger Hohlräume"

eingereichten Arbeiten:

Berger, H.: Gewölbewirkungen und Scherzonenbereiche in Abhängigkeit der Bruchphasen bei Tagebrüchen und Erdfällen hinsichtlich der Deutung von Vorsenkungen und Nachsetzungen. Beitrag zum Teilthema 4 des 10. Ländertreffens.

Bräuner, G.: Der Spannungszustand körniger Medien in steilstehenden Hohlräumen. Beitrag zum Teilthema 4 des 10. Ländertreffens.

Chambon, C., und Josien, J. P.: Untersuchung einer optimalen Einstellung von hydraulischen Einzelstempeln. Beitrag zum Teilthema 4 des 10. Ländertreffens.

Denkhaus, H. G., und Bieniawski, Z. T.: Wissenschaftliche Entwicklung der Gebirgsmechanik in den letzten 10 Jahren. Beitrag zum Teilthema 4 des 10. Ländertreffens.

Dreyer, W.: Modellmechanische Untersuchungen zur Abschätzung der Standsicherheit von kavernenartigen Hohlräumen im Salzgebirge. Beitrag zum Teilthema 4 des 10. Ländertreffens.

Helfrich, K. H.: Schlußfolgerungen aus gebirgsmechanischen Erkenntnissen für die Konstruktion und Standfestigkeit von untertägigen Hohlräumen. Beitrag zum Teilthema 4 des 10. Ländertreffens.

Helfrich, K. H.: Festigkeit von Gestein und Gebirge. Beitrag zum Teilthema 4 des 10. Ländertreffens.

Höfer, K.-H., und Knoll, P.: Untersuchungen zum Mechanismus der Kriechverformung von Carnallitit und praktische Anwendungen. Beitrag zum Teilthema 4 des 10. Ländertreffens.

Jacobi, O.: Neue Wege zur Beherrschung des Gebirgsdruckes im Ruhrbergbau. Beitrag zum Teilthema 4 des 10. Ländertreffens.

Kapolyi, L.: Untersuchung des Bewegungsfeldes um den Strebbau. Beitrag zum Teilthema 4 des 10. Ländertreffens.

Müller, L.: Der Einfluß von Klüftung und Schichtung auf die Trompeter-Wiesmannsche Zone. Beitrag zum Teilthema 4 des 10. Ländertreffens.

Paraškevov, R. D., Kolev, K. L., und Kazakov, B. K.: Untersuchung der physikalisch-mechanischen Eigenschaften des Gesteins der Braunkohlenlagerstätte „Bistrica"/VR Bulgarien bei Kurz- und Dauerbelastung. Schlußfolgerungen für die Gewährleistung der Standsicherheit von Grubenbauen. Beitrag zum Teilthema 4 des 10. Ländertreffens.

Serafim, J. L., und Gurreiro, M.: Scherversuche an Fels. Beitrag zum Teilthema 4 des 10. Ländertreffens.

Serafim, J. L., und Guerreiro, M.: In-situ-Versuche über die Verformbarkeit von Felsmassen. Beitrag zum Teilthema 4 des 10. Ländertreffens.

Starfield, A. M., und Wawersik, W. R.: Pfeiler als tragende Elemente beim Kammerpfeilerbau vom Gesichtspunkt der Grubenplanung. Beitrag zum Teilthema 4 des 10. Ländertreffens.

Thoma, K., Knoll, P., Menzel, W., Milde, H., und Lorenz, G.: Zur Bekämpfung von Gebirgsschlägen bei dem Auffahren bergmännischer Hohlräume im Granit. Beitrag zum Teilthema 4 des 10. Ländertreffens.

Wardell, K., und Eynon, P.: Ein strukturelles Konzept über die Beeinflussung des Hangenden und den Entwurf von Gruben. Beitrag zum Teilthema 4 des 10. Ländertreffens.

Znanski, J.: Simulierung der dynamischen Bedingungen des Gebirges bei Spannungsschlägen im Labor und unter Tage. Beitrag zum Teilthema 4 des 10. Ländertreffens.

Weitere Literatur zu

Punkt 2. „Standfestigkeitsprobleme beim Abbau"

BIENIAWSKI, Z. T.: Eine Studie des Bruchmechanismus von Kohle in situ. Bericht 9. Ländertreffen IBG., Akademie-Verlag, Berlin 1968, S.72.

BORECKI, M., und BILINSKI, A.: Auswirkung der Abbaugeschwindigkeit auf den Strebausbau. Internationale Konferenz über die Steigerung des Abbaufortschrittes. Lüttich 1963.

CARTER, W. H. N.: Die Vorgänge wechseln in der Gebirgsbeherrschung. The Mining Engineer, December 1967, S. 148.

COATES, D. F.: Eine neue Hypothese zur Bestimmung der Pfeilerbelastungen. Department of Mines and Technical Survey, Ottawa/Canada, Juli 1965.

CHAMBON, C.: Auswirkung der Abbaugeschwindigkeit und des Ausbaues auf die Konvergenz im Streb. Berichte des ersten Kongresses der Internationalen Gesellschaft für Felsmechanik, Lissabon, Bd. II, S. 267.

CHAMBON, C., und SCHWARTZ, B.: Untersuchungen über die Auswirkungen des Strebs auf die Strecke. Internationale Konferenz für Gebirgsmechanik, New York 1964, S. 113.

DREYER, W.: Neuere Untersuchungen auf dem Gebiet der Modellmechanik zur Erfassung der Standfestigkeit von Grubenbauen. Freiberger Forschungshefte C 226, VEB Deutscher Verlag für Grundstoffindustrie, Leipzig 1967.

GIMM, W., RICHTER, E., und ROSETZ, P.: Über das Verformungs- und Festigkeitsverhalten des Gebirges bei Großversuchen im Eisenerzbergbau. Internationaler Kongreß für Felsmechanik, Lissabon 1966, Band I, S. 457.

HANSÁGI, I.: Bergmännisches Verfahren der Gebirgsfestigkeitsbestimmung und der Gebirgsklassifizierung. Internationaler Kongreß für Felsmechanik, Lissabon 1966, Band I, S. 179; und Diskussionsbeitrag in: Bericht 7. Ländertreffen IBG, Akademie-Verlag, Berlin 1966, S. 266.

HELFRICH, H. K., und STEPHANSSON, O.: Eine Kennziffer für die Stabilität von Pfeilern im Kammerbau. Internationaler Kongreß für Felsmechanik, Lissabon 1966, Band II, S. 239.

HÖFER, K.-H., DUCHROW, G., HOTTEWITZ, K., und SEIDL, K.-H.: Wege zur Senkung der Abbauverluste im Kalibergbau der DDR. 5. Internationaler Bergbaukongreß, Moskau 1967.

HÖFER, K.-H., und MENZEL, W.: Vergleichende Betrachtungen über die mathematisch und aus Messungen unter Tage ermittelten Pfeilerbelastungen im Kalibergbau. Bericht 4. Ländertreffen IBG, Akademie-Verlag, Berlin 1963, S. 96.

ILSTEIN, A. M., LIBERMAN, J. M., u. a.: Berechnungsmethoden für Pfeiler und Kammerfirsten von Erzlagerstätten. Izd. Nauka, Moskau 1964.

JAHNS, H.: Messung der Gebirgsfestigkeit in situ bei wachsendem Maßstabsverhältnis. Internationaler Kongreß für Felsmechanik, Lissabon 1966, Band I, S. 477.

KOCHMAŃSKI, T., ROMANOWICZ, E., und TYRALA, A.: Analyse des Abbaues innerhalb eines Schachtsicherheitspfeilers im Licht geodätischer Prüfungen. Prace GIG **19** (1965) Komunikat Nr. 372.

LAGNEAU, J.: Die Methoden des Kammerpfeilerbruchbaues in den staatlichen Kaligruben des Elsaß. Freiberger Forschungshefte A 227, Akademie-Verlag, Berlin 1962.

LIBERMAN, J. M., und GOMEZ: Methoden zur Bestimmung der Pfeilerbelastung beim Abbau von isolierten Baufeldern. In: Physikalisch-mechanische Eigenschaften Gebirgsdruck und Gesteinszerstörung, Izv. Nauka, Moskau 1962.

NESTOROV, M. P.: Über ingenieurtechnische Berechnungsmethoden von Pfeilern beim Langkammerbau. Gornyj Zurnal **9** (1967).

POTTS, E. L. J., und HEDLEY, D. G. F.: Der Einfluß zeitabhängiger Effekte auf die Dimensionierung von Grubenpfeilern. Bericht 6. Ländertreffen IBG, Akademie-Verlag, Berlin 1965, S. 30.

RUPPENEIT, K. W., und DAVYDOVA, A.: Begründung einer ingenieurtechnischen Methode zur Bestimmung der Pfeilerbelastung. In: Physikalisch-mechanische Eigenschaften Gebirgsdruck und Gesteinszerstörung. Izv. Nauka, Moskau 1962.

SOKOLOVSKI, V. V.: Plastizitätstheorie. VEB Verlag Technik, Berlin 1956.

TINCELIN, E., und Kollektiv: Zerdrücken eines kleinen Pfeilers in einer Erzgrube. Bericht 9. Ländertreffen IBG, Akademie-Verlag, Berlin 1968, S. 42.

TINCELIN, E., und SINOU, P.: Der Einsturz des Hangenden bei Örterbau. Internationaler Kongreß für Gebirgsdruckforschung, Paris 1960, S. 605.

REEPER DE, F.: Anordnung und Durchführung von Druckversuchen in situ bis 2000 kp/cm². Internationaler Kongreß für Felsmechanik, Lissabon 1966, Band I, S. 613.

Weitere Literatur zu

Punkt 3. „Standfestigkeit von Strecken"

Bräuner, G.: Erforschung und Kontrolle von Gebirgsdruckäußerungen mit Hilfe markscheiderischer Messungen. Mitt. Markscheidewesen **74** (1967) S. 250.

Dimov, I. V.: Eine Methode zur Bestimmung der nichtelastisch-viskosen Bereiche um isolierte Grubenbaue und der Druck auf den Ausbau. Bericht 6. Ländertreffen IBG, Akademie-Verlag, Berlin 1965, S. 93.

Endersbee, L. A.: Konstruktion und gebirgsmechanische Studien für die Poadina-Kaverne, Tasmania. The Institute of Engineers, Australia, 1967.

Götze, W.: Der Bruchmechanismus des Gebirges beim Strebbau. Bericht 9. Ländertreffen IBG, Akademie-Verlag, Berlin 1968, S. 60.

Höfer, K.-H.: Die Gesetzmäßigkeiten des Kriechens der Salzgesteine und ihre allgemeine Bedeutung für den Bergbau. Internationale Gebirgsdrucktagung 1958. Akademie-Verlag, Berlin 1958, Seite 29.

Jacobi, O.: Die gebirgsmechanisch günstige Führung von Abbaustrecken. Glückauf **26** (1967) S. 1302.

Jacobi, O., und Everling, G.: Die Wirkung unterschiedlichen Streckenausbaues in Modellversuchen. Internationaler Kongreß für Gebirgsdruckforschung, Paris 1960, S. 115.

Kuznezov, G. N.: Über die Aufgabe von experimentellen Untersuchungen zur Bestimmung der rheologischen Eigenschaften von Gesteinen und einige Forschungsergebnisse des VNIMI. Bericht 6. Ländertreffen IBG, Akademie-Verlag, Berlin 1965, S. 161.

McLean, D. C.: Die Anwendung von Kunstharzen für den Ausbau. Mining Engineering, January 1964.

Mohr, F.: Diskussion zum Vortrag Höfer. Internationale Gebirgsdrucktagung, Leipzig 1958. Band Diskussionen, Akademie-Verlag, Berlin 1959, S. 59.

Potts, E. L. J., und Walker, A.: Untersuchungen über Gebirgsverhalten im nordenglischen Kohlengebiet. Internationale Tagung über Gebirgsdruck und Ausbau am Abbaustoß, Lüttich 1951, S. 106.

Rabczewicz, L.: Die Bedeutung des Zeitfaktors im modernen Tunnelbau. Bericht 6. Ländertreffen IBG, Akademie-Verlag, Berlin 1965, S. 110.

Reeper de, F. J. M., und ten Brink, G. P.: Die mit der Zeit zunehmende Belastung und Konvergenz einer Füllortauskleidung, u. a. infolge der Vortriebsarbeit. Bericht 6. Ländertreffen IBG, Akademie-Verlag, Berlin 1965, S. 129.

Richter, R.: Über die elastizitäts- und plastizitäts-theoretischen Untersuchungen der Gebirgsmechanik. Bericht 4. Ländertreffen IBG, Akademie-Verlag, Berlin 1963, S. 53.

Salustowicz, A.: Der Gebirgsdruck auf den Streckenausbau als Funktion der Zeit. Bericht 6. Ländertreffen IBG, Akademie-Verlag, Berlin 1965, S. 85.

Schuermann, F.: Die Bekämpfung der in der Wandung von Strecken auftretenden Entspannungsbewegungen. Internationale Gebirgsdrucktagung, Paris 1960, S. 399.

Schwartz, B.: Die Gebirgsbewegung in Abbaustrecken. Bergbauwissenschaften (1957) S. 208.

Venter, J., und Stassen, P.: Druck und Bewegung in weichem Gestein. Internationale Gebirgsdrucktagung, Leipzig 1958, Akademie-Verlag, Berlin 1958, S. 67.

Weitere Literatur zu

Punkt 4. „Standfestigkeitsprobleme beim Felsbau"

Aiken, D. G.: Foundation problems at Warraganda Dam. Transactions, 8. Intern. Congr. on large dams, Edinburgh Vol. I, R 59 (1964).

Bjerrum, L., Brekke, T., Moum, J., und Selmer-Olsen, L.: Some Norwegian Studies and Experiences with Swelling Material in Rock Gouges. Felsmechanik u. Ingenieurgeologie V 1/1 (1963).

Brekke, T., und Selmer-Olsen, L.: Stability Problems in Underground. Constructions Caused by Montmorillonitecarrying Joints and Faults.

Brekke, T., und Selmer-Olsen, L.: A survey of the main factors influencing the stability of underground constructions in Norway. Proc. of the first Congress of the Int. Soc. of Rock Mechanics (1966) Vol. II/7. 7.

Dolgich, M. A., und Ruppenejt, K. V: Vereinfachte Methode zur Bestimmung der Zerreißfestigkeit von Gesteinen. Osnovanija, fundamenty i mechanika gruntov (1967) 2.

Förster, W., und Döring, T.: Spannungszustand in der Umgebung stahlgepanzerter Druckrohrleitungen und notwendige Gebirgsüberdeckung. Wasserwirtschaft–Wassertechnik **16** (1966).

Folberth, J.: Beitrag zur rechnerischen Ermittlung der Spannungszustände in Felsbauwerken. Suppl. II (1965).

HAWKES, J., und MOXON, S.: The measurement of in situ rock stress using the photoelastic biaxial gauge with core relief technique. Int. J. Rock Mechan. and Min. Sci. 2 (1965) 4.

HOSKINS, E. R.: An investigation of the flatjack method of measuring rock stress. Int. J. Rock Mech. and Min. Sci. 3 (1966).

HOSKINS, E. R.: An investigation of strain rosette relief methods of measuring rock stress. Int. J. Rock Mech. and Min. Sci. 4 (1966) 2.

KASTNER, M.: Statik des Stollen- und Tunnelbaues. Springer-Verlag, Berlin/Göttingen/Heidelberg 1962.

KUJUNDZIĆ, B.: Experimental research into mechanical characteristics of rock masses in Yugoslavia· Int. J. Rock Mechan. and Min. Sci. 2 (1965) 1.

LAUFFER, H., und SEEBER, G.: Die Bemessung von Druckstollen- und Druckschachtauskleidungen für Innendruck auf Grund von Felsdehnungsmessungen. Österr. Ing.-Z. 107 (1962).

LEEMAN, E. R.: The measurement of stress in rock. Part I, II, III. J. South Afr. Inst. Min. Metall 65 (1964).

LEEMAN, E. R.: Rock stress measuring using the trepanning stress-relieving technique. Mine Quarry Engng. — 30 (1964).

LEEMAN, E. R.: The borehole deformations type of rock stress measuring instrument. Int. J. Rock Mechan. and Min. Sci. 4 (1967) 1.

MINCEV, L. T.: Über den Spannungszustand in einem geschichteten Gebirge um Grubenbaue mit elliptischem, kreisförmigem und trapezförmigem Querschnitt. Bericht 3. Ländertreffen IBG, Akademie-Verlag, Berlin 1962.

MÜLLER, L.: New considerations on the Vaiont-slide. Felsmechanik u. Ingenieurgeol. VI (1968) 1—2.

MÜLLER, L.: Standfestigkei von Felsböschungen als spezifisch geomechanische Aufgabe. Felsmechanik u. Ingenieurgeol. I (1968) 1.

MÜLLER, L.: Der Felsbau. Bd. I, F. Enke-Verlag, Stuttgart 1963.

MÜLLER, L.: Safety of rock abutments on concrete dams. Transact. 7. Intern. Congr. on large dams Rom, Vol. I, R 90 (1961).

NAZAROV, A. G.: Über die mechanische Ähnlichkeit schwer deformierbarer Körper. Isdatelstvo Akademii nauk Armenskoj SSR (1965).

PANEK, L. A., und STOCK, I. A.: Development of a rock stress monitoring station based an the flat-slot method of measuring existing rock stresses. US Bureau of Mines Rep. Invest. 6537 (1964).

RABCEWICZ v., L.: Die Bedeutung des Zeitfaktors im modernen Tunnelbau. Bericht 6. Ländertreffen IBG, Akademie-Verlag, Berlin 1965.

RABCEWICZ v., L.: Die neue Österreichische Tunnelbauweise. Der Bauingenieur 40 (1965) 8.

RUKIN, V. V.: Zur Berechnung der Auskleidung von hydrotechnischen Druckstollen. Izd. „Energie", Moskau, Nr. 10 (1964).

SERAFIM, J. L.: Rock mechanic considerations in the design of concrete dams. State of stress in the earth's crust. Proc. of the intern. Conf. in Santa Monica, Calif. 196, New York 1964.

TER STEPANIAN.: Natural and excavated slopes. Generalbericht Thema 6 des ersten Kongresses der Internat. Gesellschaft für Felsmechanik, Lissabon 1966.

TERZAGHI, K.: Stability of steep slopes on hard unweathered rock. Geotechnique 12 (1962).

WITTKE, W.: Verfahren zur Berechnung der Standsicherheit belasteter und unbelasteter Felsböschungen. Felsmechanik u. Ingenieurgeol. Suppl. II (1965).

ZARUBA, Q., und MENCL, V.: Ingenieurgeologie. Akademie-Verlag, Berlin, Prag 1961.

ZIENJIEWICZ, O. C., and CHENNG, Y.-K.: Applications of the finite element method to problems of rock mechanics. Proc. of the first Congr. of the Intern. Soc. of Rock Mechanics Vol. I/3. 21 (1966).

Weitere Literatur zu

Punkt 5. „Extreme gebirgsmechanische Vorgänge dynamischen Charakters"

AVERŠIN, S. G., PETUCHOV, I. M., und BIČ, I. A.: Gebirgsschläge und Maßnahmen zu ihrer Bekämpfung in der Sowjetunion. Bericht 7. Ländertreffen IBG, Akademie-Verlag, Berlin 1966, S. 30—55.

BARON, L. I., und LIČELI, G. P.: Die Gesteinsfestigkeit beim Abbau durch Sprengen. Izd. Nedra, Moskau 1966.

BELIN, J., und VANDELOISE, R.: Ergebnisse der in Belgien und Frankreich durchgeführten Untersuchungen über Gasausbrüche im Steinkohlenbergbau. Vortrag zum IV. Internat. Kolloquium über Probleme der plötzlichen Ausbrüche von Gas und Gestein, Pécs 1968.

BILKENROTH, G.: Zum Rahmenthema „Der Mechanismus der Gebirgsschläge". Bericht 7. Ländertreffen IBG, Akademie-Verlag, Berlin 1966, S. 13—15.

BRÄUNER, G.: Zur Beurteilung und Bekämpfung der Gebirgsschläge im Ruhrbergbau. Bergbau-Archiv **25** (1964) 5, S. 1–14.

CHODOT, V. V.: Wissenschaftliche Untersuchungen auf dem Gebiet der Prognose plötzlicher Ausbrüche von Kohle und Gas und die Prinzipien dieser Erscheinungen in den Gruben der UdSSR. Vortrag zum Intern. Kongreß über Probleme der plötzlichen Ausbrüche von Gas und Gestein, Leipzig 1966.

DENKHAUS, H.-G.: Erfahrungen und Gedanken zum Problem der Gebirgsschläge in Südafrika. Bericht 7. Ländertreffen IBG, Akademie-Verlag, Berlin 1966, S. 16–29.

DENKHAUS, H.-G., HILL, F. G., und ROUX, A. J. A.: Review of recent research into rockburst and strata movement in deep-level mining in South-Africa (Übersicht über die neuere Forschung über Gebirgsschläge und Schichtenbewegung beim Abbau in großer Teufe in Südafrika). Bull. Instn. Mining Metallurgy Nr. 629 (1959) S. 285–309.

ECKART, D., GIMM, W., und THOMA, K.: Plötzliche Ausbrüche von Gestein und Gas im Bergbau. Freib. Forsch.-H. A 409, Leipzig 1966. Dem FFH A 409 ist als Anhang ein Verzeichnis der wichtigsten Literatur zur Ausbruchsproblematik bis einschließlich zum Jahr 1965 beigefügt.

FRIEDE, H.: Das Luftpuffersprengverfahren bei Übertage- und Unterwassersprengungen in Nordamerika. Nobel-Hefte **28** (1962) H. 5.

FRIEDE, H.: Das Auffahren zweier Umleitungstunnel für den Maniconagan-Staudamm Nr. 5 in Kanada. Nobel-Hefte **30** (1964) H. 4.

FRIEDE, H.: Weiterentwicklung des Luftpuffer-Sprengverfahrens (Cushion-Blasting) zum Abschersprengverfahren (Preshearing) nach HOLMES. Nobel-Hefte **31** (1965) H. 5.

GIMM, W.: Wissenschaftliches Schlußwort zum 7. Ländertreffen (Der Mechanismus der Gebirgsschläge). Bericht 7. Ländertreffen IBG, Akademie-Verlag, Berlin 1966, S. 302–307.

GIMM, W., und PFORR, H.: Gebirgsschläge im Kalibergbau unter Berücksichtigung von Erfahrungen des Kohlen- und Erzbergbaues. Freiberger Forschungshefte A 173, S. 1–179 Akademie-Verlag, Berlin 1961.

GIMM, W., PFORR, H., und KRAUSE, A.: Über den gegenwärtigen Stand der Erkenntnisse und Untersuchungsmethoden bei der Erforschung der Gebirgsschläge im Kalibergbau der DDR. Bericht 7. Ländertreffen IBG, Akademie-Verlag, Berlin 1966, S. 63–89.

GIMM, W., DÖRING, T., FÖRSTER, W., und MARGGRAF, P.: Betrachtungen über Bruchererscheinungen beim Kammerbau im Salzgebirge. Bericht 9. Ländertreffen IBG, Akademie-Verlag, Berlin 1968, S. 28.

GIMM, W., THOMA, K., und ECKART, D.: Organisation und wissenschaftliche Ergebnisse der Arbeiten der Forschungsgemeinschaft „Mineralgebundene Gase". Vortrag zum Intern. Kongreß über Probleme der plötzlichen Ausbrüche von Gas und Gestein, Leipzig 1966.

HÖFER, K.-H., und THOMA, K.: Triaxiale Versuche an Salzgesteinen. Bericht 8. Ländertreffen IBG, Akademie-Verlag, Berlin 1967.

HOFFMANN, H.: Messungsergebnisse in einem gebirgsschlaggefährdeten Flöz. Glückauf **87** (1951) S. 101–113.

JACOBI, O.: Auftreten, Ursachen und Bekämpfung von Gebirgsschlägen im Ruhrgebiet. Glückauf **100** (1964) Nr. 13, S. 741–750.

JAHNS, H.: Betriebsverfahren zum Erkennen und Beseitigen der Gebirgsschlaggefahr im Ruhrgebiet. Bericht 7. Ländertreffen IBG, Akademie-Verlag, Berlin 1966, S. 90–105.

KVAPIL, R.: Über den Mechanismus der Gesteinszerstörung durch Zersplittern bei Gebirgsschlägen. Freiberger Forschungshefte A 156, S. 83–124, Akademie-Verlag, Berlin 1961.

LANGEFORS, U., und KIHLSTRÖM, B.: The modern technique of Rock Blasting. John Wiley & Sons, Inc. New York, London, Sidney 1963.

LANGER, M.: Das Problem des Zusammenhanges zwischen dynamisch und statisch ermittelten Materialkennwerten in Anwendung auf den Felshohlraumbau. Felsmechanik und Ingenieurgeol. Suppl. II, 1965.

LANGER, M.: Die Dämpfung von Druckwellen im Gebirgskörper. Zivilschutz **29** (1965) H. 5.

LANGER, M.: Die Bedeutung einer gebirgsschonenden Sprengtechnik für den Felshohlraumbau. Nobel-Hefte **33** (1967) H. 1/2.

MARGGRAF, P.: Neue Erkenntnisse über den Mechanismus der Ausbrüche von CO_2 und Salz unter besonderer Berücksichtigung strömungstechnischer Gesetzmäßigkeiten. Vortrag zum IV. Intern. Kolloquium über Probleme der plötzlichen Ausbrüche von Gas und Gestein, Pécs 1968.

MUELLER, L.: Die Beeinflussung der Gebirgsfestigkeit durch Sprengarbeiten. Felsmech. und Ingenieurgeol., Suppl. I, 1964.

NIEMCZYK, O.: Bergschadenkunde. Verlag Glückauf, Essen 1949.

PFORR, H.: Untersuchung zur Gebirgsschlaggefährlichkeit von Gesteinen des Kalibergbaues. Freiberger Forschungshefte A 332, S. 1–89. VEB Deutscher Verlag für Grundstoffindustrie, Leipzig 1965.

PFORR, H., und HOTTEWITZ, K.: Die heutigen Möglichkeiten zur Prognose und Verhütung von Gebirgsschlägen. Bergakademie **19** (1967) S. 256–262.

SCHULZ, H., und WÜSTENHAGEN, K.: Schonendes Profilsprengen beim Streckenvortrieb und im Tunnelbau. Nobel-Hefte **33** °(1967) H. 1/2.

SCHWANENBERG, D. J.: Ordnung, Merkmale und Anwendungsbereiche der Verfahren zum gebirgsschonenden Sprengen. Nobel-Hefte **33** (1967) H. 1/2.

SIBEK, V.: Zu den Fragen des Mechanismus der Gebirgsschläge und ihre Prognosen. Bericht 7. Ländertreffen IBG, Akademie-Verlag, Berlin 1966, S. 145–150.

SZIRTES, L.: Die außergewöhnlichen Verhältnisse des gasausbruchsgefährdeten Pecser Bergbaues und die daraus entstehenden Folgen. Vortrag zum Internat. Kongreß über Probleme der plötzlichen Ausbrüche von Gas und Gestein, Leipzig 1966.

TINCELIN, E. und SINOU, P.: Der Einsturz des Hangenden bei Örterbau. Internationaler Kongreß für Gebirgsdruckforschung in Paris 1960. Revue de l'Industrie Minerale.

ZNANSKI, J.: Polnische Untersuchungen auf dem Gebiet der Gebirgsschläge. Bericht 7. Ländertreffen IBG, Akademie-Verlag, Berlin 1966, S. 56–62.

Schlußfolgerungen aus gebirgsmechanischen Erkenntnissen für die Konstruktion und Standfestigkeit von untertägigen Hohlräumen

von H. G. Denkhaus und Z. T. Bieniawski, Pretoria

1. Einleitung

Regeln für die Planung sicherer und wirtschaftlicher bergmännischer Hohlräume müssen das Ziel der Gebirgsmechanik sein, wenn sie eine grundlegende Wissenschaft des Bergbaus sein will. Folglich ist das gemeinsame Bestreben all der verschiedenen Zweige der Gebirgsmechanik, wie Bruchstudien, Gesteinsprüfung, Spannungs- und Verformungsmessungen untertage, mathematische Analytik und Modellstudien, die Gesetzmäßigkeiten zu erkennen, die erforderlich sind zur Lösung der mit der Konstruktion und Standfestigkeit untertägiger Hohlräume zusammenhängenden Probleme. Erst wenn es gelungen ist, alle diese Erkenntnisse in einer rationalen Entwurfs- oder Planungstheorie zusammenzufassen, hat die Arbeit der Gebirgsmechaniker ihr Ziel voll erreicht.

Es ist daher beim 10. Ländertreffen des Internationalen Büros für Gebirgsmechanik angebracht, die Fortschritte der letzten zehn Jahre zu betrachten und damit zu beginnen, die bisher erzielten Ergebnisse auf die Planung bergmännischer Hohlräume anzuwenden.

In Südafrika sind zwei typische Anwendungsgebiete solcher Planung hervorzuheben, einmal der Kohlenbergbau, der im wesentlichen als Pfeilerbau betrieben wird, und zum anderen der Goldbergbau, der in großer Teufe in hartem Gebirge umgeht.

2. Entwurf von Pfeilerbauen in der Kohle

2.1. Abbauverfahren

Beim Pfeilerbau in der Kohle ist es die Aufgabe der Pfeiler, das Hangende zu stützen und damit sowohl den untertägigen Hohlraum zu schützen als auch unerwünschte Absenkungen der Tagesoberfläche zu vermeiden. Während die Pfeilerabmessungen im Südafrikanischen Kohlenbergbau je nach Grube verschieden sind, haben die Pfeiler gewöhnlich quadratischen Querschnitt und die Bauhöhe (Pfeilerhöhe) stimmt oft mit der Flözmächtigkeit überein. Am häufigsten sind etwa 3 m (10 ft) hohe und etwa 7 m (20 ft) breite Pfeiler mit quadratischem Querschnitt, die durch 7 m (20 ft) breite Strossen mit etwa 13 m (40 ft) Abstand von Mitte zu Mitte gebildet werden. Das ergibt einen Abbaufaktor von 75%, d. h. 25% der Kohle bleibt gewöhnlich unwiederbringlich verloren.

Eine Entscheidung bezüglich der optimalen Pfeilerabmessungen muß unter Berücksichtigung sowohl der Pfeilerfestigkeit als auch der Pfeilerbelastung getroffen werden. Die Stabilität der Firste muß natürlich auch beachtet werden.

2.2. Pfeilerfestigkeit

Die Festigkeit von Kohlepfeilern, d. h. ihre Tragfähigkeit per Querschnittsflächeneinheit, wurde weitgehend von der Abteilung Gebirgsmechanik des Südafrikanischen Landesforschungsinstituts für Ingenieursmechanik untersucht, nachdem im Jahre 1962 eine Übersicht über den Stand der derzeitigen Kenntnisse bezüglich der Pfeilerfestigkeit vorgelegt worden war [1].

Zur Ermittlung der Pfeilerfestigkeit wurden Untertageversuche an Kohlepfeilern mit quadratischem Querschnitt bis zu 2 m (6.6 ft) Breite und mit verschiedenen Höhen durchgeführt [2]. Im ganzen wurden bis Mitte 1968 über 30 solcher Großproben geprüft; auf Grund der Ergebnisse wurde eine Beziehung zwischen der Pfeilerfestigkeit und den Pfeilerabmessungen für Kohle aufgestellt. Es wurde festgestellt [3], daß die Festigkeit von Kohlewürfeln mit zunehmender Kantenlänge abnimmt, die entsprechende Kurve jedoch schnell einem asymptotischen Wert zustrebt und von der Kantenlänge von 1,5 m (5 ft) aufwärts praktisch konstant bleibt. Für Kohleproben gleicher Höhe nimmt die Festigkeit ebenfalls mit zunehmender Breite ab und bleibt wieder von 1,5 m (5 ft) Breite an praktisch konstant.

Diese Ergebnisse sind von großer praktischer Bedeutung: Ein würfelförmiger Kohlepfeiler von 7 m Kantenlänge hat dieselbe Festigkeit wie einer von 1,5 m Kantenlänge; es ist daher ausreichend, die Pfeilerfestigkeit an Großwürfeln von 1,5 m Kantenlänge zu prüfen.

Die Untersuchungen haben auch den Einfluß des Verhältnisses von Breite zu Höhe auf die Kohlepfeilerfestigkeit geklärt. Dieser Einfluß kann durch die folgende empirische Formel beschrieben werden und gilt nach obigen Erläuterungen auch für große Kohlepfeiler mit den in der Praxis üblichen Abmessungen:

$$\sigma = 400 + 200 \frac{w}{h}, \tag{1}$$

wobei σ die Kohlepfeilerfestigkeit in lbf/in^2,
w die Pfeilerbreite und
h die Pfeilerhöhe ist.

Um die Festigkeit in kp/cm^2 zu erhalten, ist der für σ erhaltene Wert mit 0,07031 zu multiplizieren[1]).

Um festzustellen, ob die Ergebnisse der untertägigen Versuche, die natürlich nur in *einer* für diesen Zweck zur Verfügung gestellten Grubenabteilung durchgeführt werden konnten, auf alle Südafrikanischen Kohlengruben anwendbar sind, wurde eine statistische Aufnahme gemacht. Insgesamt 579 Kohleproben aus zehn Entnahmestellen in allen vier Revieren Südafrikas wurden geprüft. Alle Proben waren würfelförmig mit 2,54 cm (1 inch) Kantenlänge und wurden senkrecht zu den Schichtungsflächen nach dem Standardverfahren im Laboratorium belastet. Während diese Versuche natürlich nicht die Kohlepfeilerfestigkeit lieferten, waren sie doch wertvoll für Vergleichszwecke. Die erhaltenen Festigkeitswerte wurden als Prozente derjenigen Festigkeit ausgedrückt, die für die Grubenabteilung gefunden wurde, in der auch die Großversuche durchgeführt worden waren (und die damit den Index 100% erhielt). Es wurde gefunden, daß für die zehn Entnahmestellen, mit einer Ausnahme alle Ergebnisse innerhalb von 12% um den Referenzindex lagen. Daraus darf geschlossen werden, daß Gl. (1) mit einer für praktische Zwecke hinreichenden Genauigkeit als Entwurfsformel im Südafrikanischen Kohlenbergbau verwendet werden darf.

2.3. Pfeilerbelastung

Zur Ermittlung des Gebirgsdrucks benützt man gewöhnlich die bekannte Näherungsformel:

$$P_0 = \gamma H, \tag{2}$$

wobei P_0 die Vertikalkomponente des Gebirgsdrucks
H die Teufe des Flözes und
γ die mittlere Wichte des Deckgebirges ist.

---

1) Die Republik Südafrika wird in Kürze das metrische System für Maße und Gewichte einführen. Während der Übergangszeit werden daher alle Werte sowohl im kp-cm-System als auch im lbf-ft (bzw. in)-System angegeben.

Die mittlere Wichte des Deckgebirges der Südafrikanischen Kohle liegt angenähert bei[1]) 160 lbf/ft³. Gebirgsdrücke liegen daher bei 160 lbf/ft³ pro (englischem) Fuß (ft) Teufe bzw. nehmen mit etwa 1.1 lbf/in² pro (englischem) Fuß (ft) Teufe zu:

$$P_0\,(\mathrm{lbf/in^2}) = 1.1\, H_0\,(\mathrm{ft})\,. \tag{3}$$

Beim Abbau eines Flözes im Pfeilerbau wird jedoch der Druck auf die Pfeiler größer als durch Gl. (3) gegeben.

Nimmt man an, daß jeder Pfeiler die Gebirgssäule über einer Fläche stützt, die sich zusammensetzt aus dem Pfeilerquerschnitt und dem auf den Pfeiler entfallenden Anteil der Weitung, so ergibt sich für Pfeiler mit Quadratquerschnitt bei gleichmäßig über den Pfeilerquerschnitt verteilter Last für den Pfeilerdruck:

$$P = P_0\left(\frac{w + B}{w}\right)^2, \tag{4}$$

wobei P der Pfeilerdruck
w die Pfeilerbreite
B die Weitungsbreite (Abstand zwischen benachbarten Pfeilern).

Mit Gl. (3) ergibt Gl. (4):

$$P\,(\mathrm{lbf/in^2}) = 1{,}1\, H\left(\frac{w + B}{w}\right)^2. \tag{5}$$

Definiert man den Abbaufaktor wie folgt:

$$e = 1 - \left(\frac{w}{w + B}\right)^2, \tag{6}$$

wobei $100e$ der Abbaufaktor in % ist, so folgt aus Gl. (5) und (6):

$$P\,(\mathrm{lbf/in^2}) = \frac{1.1\, H}{1 - e}\,. \tag{7}$$

Da die Gl. (5) und (7) auf eine Reihe vereinfachender Annahmen gegründet sind, wird die Einführung eines Sicherheitsfaktors erforderlich.

2.4. Sicherheitsfaktor

Der Sicherheitsfaktor wird definiert als das Verhältnis von Pfeilerfestigkeit zu Pfeilerdruck:

$$f = \frac{\sigma}{P}. \tag{8}$$

Mit Gl. (1) und (7) erhält man:

$$f = \frac{400 + 220\, w/h}{1.1\, H}(1 - e)\,. \tag{9}$$

Wenn sowohl die Festigkeit als auch die Last einer Konstruktion genau ermittelt werden können, ist der *erforderliche Sicherheitsfaktor* $f = 1$ und die Konstruktion ist sicher für $f > 1$ und gefährdet für $f < 1$, wobei die Konstruktion um so unwirtschaftlicher ist, je größer der Sicherheitsfaktor ist. Der erforderliche Sicherheitsfaktor muß jedoch um so größer sein (> 1), je geringer die Kenntnis der Festigkeit und der Last ist, weswegen man den Sicherheitsfaktor ironisch oft als Unwissenheitsfaktor bezeichnet. Der erforderliche Sicherheitsfaktor wird von der Erfahrung und „Wissenheit" diktiert. In hochentwickelten Zweigen der Technik, etwa

[1]) Der Einfachheit halber und der noch zu besprechenden Diagramme wegen wird hier das lbf-ft-System vorläufig noch verwendet.

im Flugzeugbau, sind die vorgeschriebenen Sicherheitsfaktoren besonders klein, und das ist berechtigt, weil zahlreiche Forschungsergebnisse vorliegen.

Es taucht nun die Frage auf, welcher Sicherheitsfaktor beim Pfeilerbau in der Kohle vorzuschreiben ist. Salamon und Wilson [4] machten eine statistische Aufnahme der Pfeiler- und Weitungsabmessungen sowohl für standfeste als auch für zu Bruch gegangene Baue der Kohle in Südafrika. Wenn man die Ergebnisse dieser Aufnahme in die Gl. (1), (5) und (8) einsetzt, kann man ein Histogramm der Häufigkeit des Auftretens verschiedener Sicherheitsfaktoren im Südafrikanischen Kohlenbergbau aufstellen, wie es in Bild 1 gezeigt ist. Man ersieht aus diesem Histogramm, daß — obwohl die standfesten Baue sich über eine große

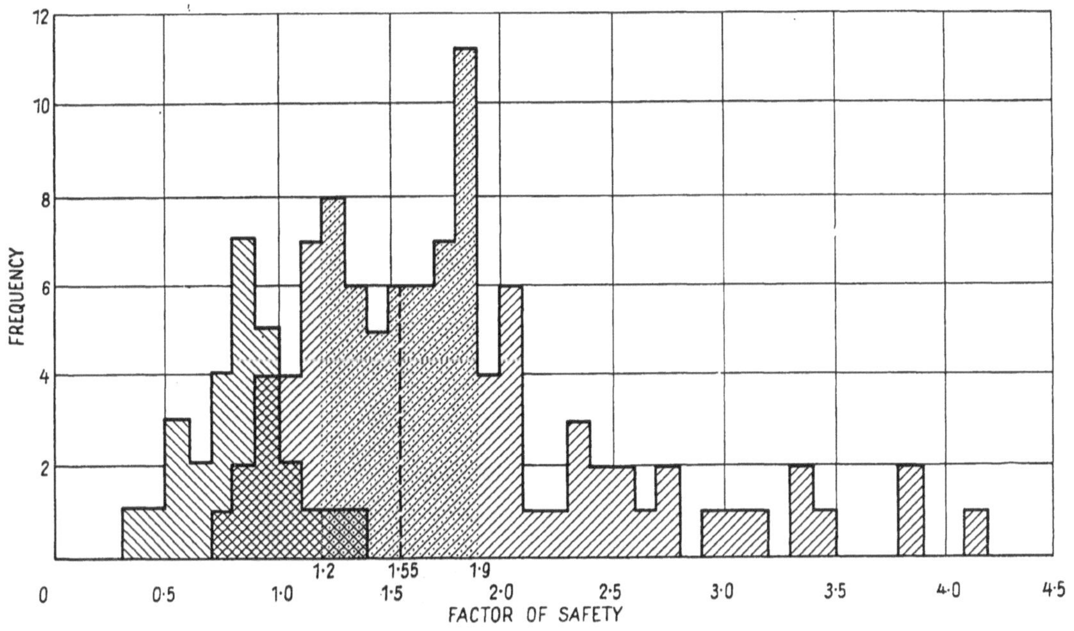

Bild 1. Sicherheitsfaktoren südafrikanischer Kohlengruben
Frequency = Häufigkeit des Auftretens
factor of safety = Sicherheitsfaktor
\\\ verbrochene Abbaue; /// standfeste Abbaue; ⁘ Bereich für 50% aller standfesten Abbaue

Werteskala von Sicherheitsfaktoren erstrecken — 50% aller standfesten Baue sich dicht im Bereich der Sicherheitsfaktoren von 1,2 bis 1,9 gruppieren. Dieser Bereich mit dem Mittelwert von 1,55 bietet sich daher als Richtschnur zur Wahl eines „erforderlichen Sicherheitsfaktors" für den Pfeilerbau in der Südafrikanischen Kohle an. Dabei muß betont werden, daß örtliche Erfahrungen und geologische Umstände zu beachten sind, wenn man sich für einen bestimmten Wert, mehr oder weniger innerhalb des obigen Bereiches, entschließt.

2.5. Stabilität im Pfeilerbau der Kohle

Auf Grund der bisher beschriebenen Ergebnisse und Betrachtungen wurde eine Entwurfsrichtlinie für Pfeilerbau in der Kohle aufgestellt [5].

Aus Gl. (9) ergibt sich:

$$Hf = \frac{1-e}{1.1}(400 + 220\,R)\,, \tag{10}$$

wobei R der Schlankheitsgrad des Pfeilers ist, d. h. das Verhältnis von Pfeilerbreite w zu Pfeilerhöhe h.

Diese Gleichung ist graphisch in Bild 2 dargestellt, die als Grundlage sowohl für den Entwurf neuer Baue als auch zur Prüfung der Stabilität bestehender Baue dienen kann.

Wenn neue Baue geplant werden, kann man zwei Fälle unterscheiden:

1. Ist das Flöz *nicht zu mächtig*, dann wird die Bauhöhe h gleich der Mächtigkeit gewählt. Dann entschließt man sich zu einem „erforderlichen Sicherheitsfaktor" f (z. B. 1,8) und zu einem erwünschten Abbaufaktor e. Mit diesen Werten kann bei gegebener Teufe H die erforderliche Pfeilerbreite w aus Bild 2 abgelesen (oder aus Gl. (10) berechnet) werden. Die Weitungsbreite ergibt sich dann aus Gl. (6) bzw. aus Bild 3, in der diese Gleichung graphisch dargestellt ist.
2. Ist das Flöz *sehr mächtig*, muß man sich aus der Erfahrung heraus entweder zu einer Bauhöhe h oder zu einer Pfeilerbreite w entschließen und davon ausgehen. Es wird jedoch empfohlen, sich zunächst lieber für ein Verhältnis von Pfeilerbreite zu Bauhöhe (w/h) zu entschließen als für die individuellen Werte von w und h, weil dies dem Planer es ermöglicht, die verschiedenen Möglichkeiten besser gegeneinander abzuwägen.

Wenn bestehende Baue auf ihre Standfestigkeit zu prüfen sind, kennt man natürlich alle Parameter (w, h, H), und der wirkliche Sicherheitsfaktor kann nach obigen Methoden ermittelt werden und mit denen von Gruben mit ähnlichen geologischen und anderen Bedingungen verglichen werden.

Ausstehend sind noch Richtlinien für die Standfestigkeit der Firste.

3. Entwurf untertägiger Hohlräume in festem Gebirge bei großer Teufe

3.1. Grundlagen

Die Schwierigkeiten, mit denen es der Goldbergbau im Quarzit bei großer Teufe zu tun hat, lassen sich in zwei Kategorien einordnen, nämlich *Gebirgsdruckprobleme*, wie Gebirgsschläge, Firstbrüche und Abschalen, und *Wasserprobleme*, das Eindringen von Wasser in Grubenbaue. Eine dritte Kategorie, *Bewetterungsprobleme*, sei hier auch genannt, obwohl sie nicht in das Gebiet der Gebirgsmechanik fällt.

Offensichtlich hängen die genannten gebirgsmechanischen Probleme hauptsächlich von der Art der Bruchzonen ab, die sich um die Hohlräume in der genannten Situation bilden. Das Verständnis des Mechanismus der Bruchzonenentwicklung ist daher eine Voraussetzung für die Aufstellung von Richtlinien zum Entwurf untertägiger Hohlräume unter den genannten Gegebenheiten.

Über den Fortschritt bei der Entwicklung von Verfahren und Geräten zur Ermittlung des Festigkeitsverhaltens des Gebirges wird im Beitrag zum Teilthema 1 des 10. Ländertreffens berichtet [3], während die Fortschritte bei der Entwicklung von Verfahren und Geräten zur Ermittlung der Spannungsverteilung in den Beiträgen zu Teilthemen 2 und 3 mitgeteilt werden [9], [10]. Das Ziel ist nun, die Kenntnisse über Festigkeitsverhalten mit denen über Spannungsverteilung zu „verheiraten", um damit in die Lage zu kommen, die Entwicklung von Bruchzonen vorausbestimmen zu können und schließlich einmal Sicherheitsfaktoren für Hohlräume der hier besprochenen Art vorschlagen zu können.

3.2. Ermittlung der potentiellen Bruchzonen um untertägige Hohlräume in festem Gebirge bei großer Teufe

Erste vage Ansätze zur Lösung des Problems der Vorausbestimmung der Bruchzonenausdehnung wurden bereits 1958 gemacht [6]. Später gelang es, ein Verfahren zu entwickeln, das wenigstens angenähert dieses Problem für zwei dimensionale Hohlräume zu lösen gestattet [7]. Obwohl das Verfahren a. O. [8] beschrieben wurde, wird es als wichtig genug erachtet, um es hier an einem Beispiel wieder zu behandeln.

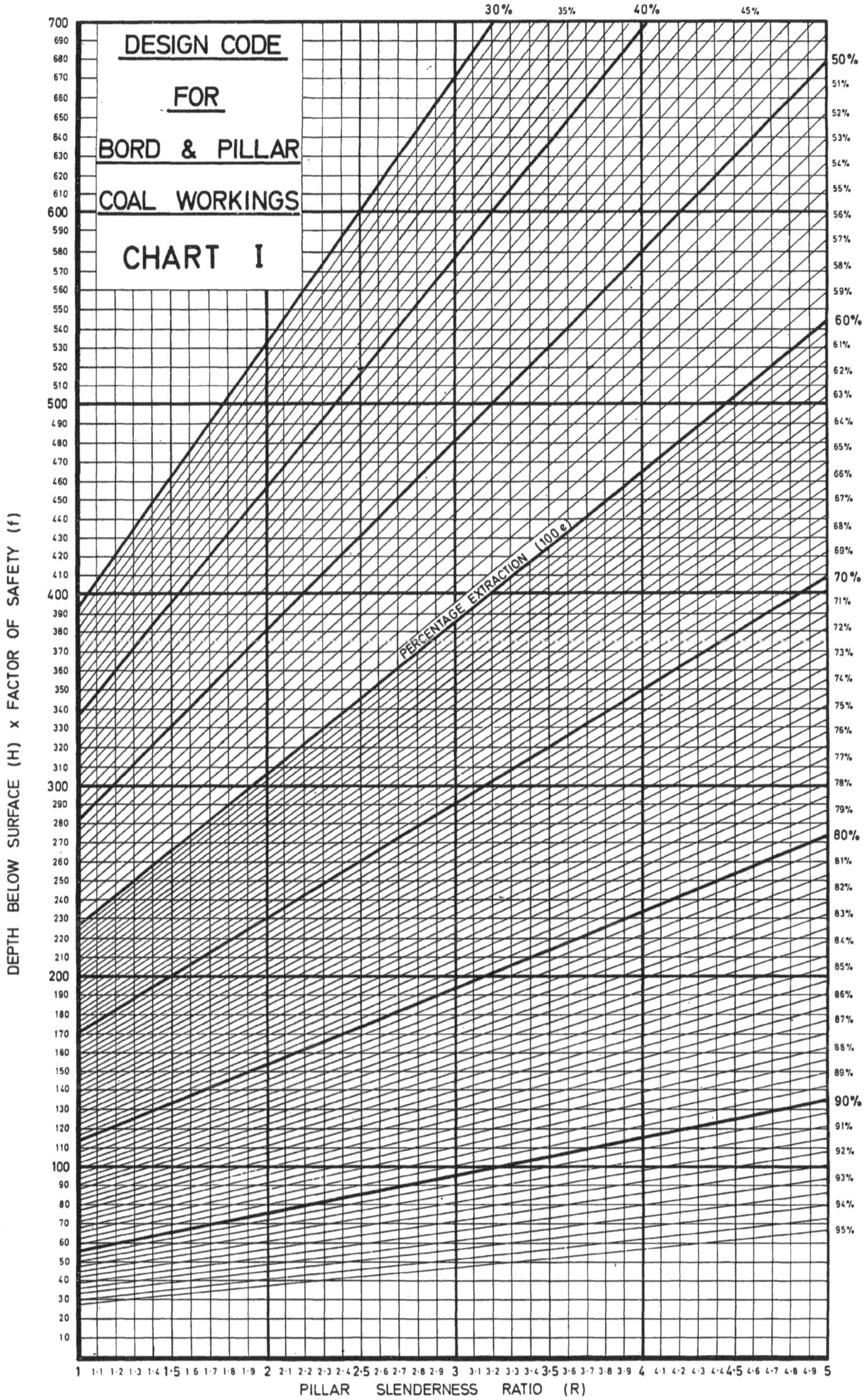

Bild 2. Richtlinie für den Entwurf von Pfeilerbauen in Kohle, Diagramm I

Depth below surface (H) $\times$ factor of safety (f) = Produkt aus Teufe (H) $\times$ Sicherheitsfaktor (f); Pillar slenderness ratio $R = w/h$ = Pfeilerschlankheitskoeffizient; Percentage extraction ($100\,e$) = Abbaufaktor [%]

Erstens muß das aus Triaxialversuchen ermittelte Festigkeitsverhalten des Gebirges in einem Festigkeitsdiagramm [3] dargestellt werden, das hier die Form einer Kurve „Hauptspannungs*differenz* beim Bruch“ versus „Hauptspannungs*summe* beim Bruch“ annimmt. Wie Bild 4 zeigt, kann diese Grenzkurve im Falle von Witwatersrand-Quarzit durch eine Gerade angenähert werden. Spannungszustände, die durch Punkte oberhalb dieser Grenzkurve gegeben sind, führen zum Bruch.

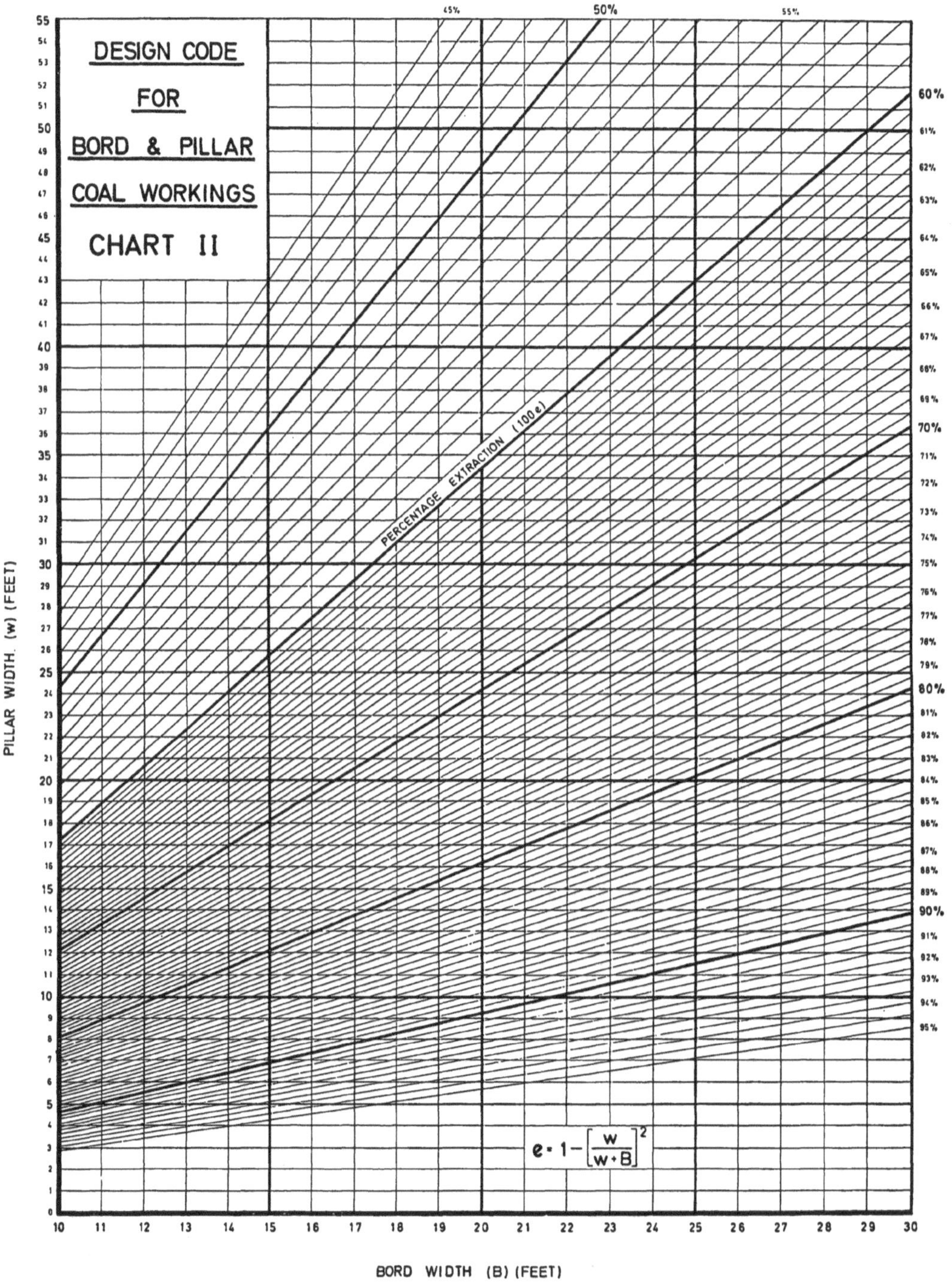

Bild 3. Richtlinie für den Entwurf von Pfeilerbauen in Kohle, Diagramm II
pillar width (w) (feet) = Kantenlänge der Pfeiler (engl. Fuß); bord width (B) (feet) = Strossenbreite (engl. Fuß); percentage extraction ($100\,e$) = Abbaufaktor [%]

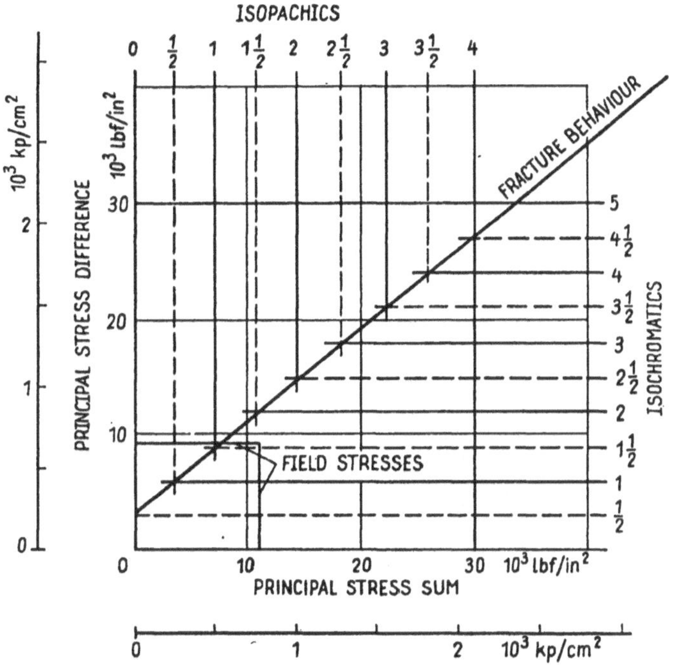

Bild 4. Beziehung zwischen Isochromaten und Isopachen beim Bruch von Quarzit
principal stress difference = Hauptspannungsdifferenz; isopachics = Isopachen; isochromatics = Isochromaten; principal stress sum = Hauptspannungssumme; fracture behaviour = Bruchgrenzkurve; field stresses = jungfräuliche Gebirgsspannungen

Zweitens muß die Spannung im undurchörterten Gebirge an der Stelle des geplanten Hohlraums entweder gemessen [9] oder geschätzt werden. Im hier behandelten Beispiel ergab sich eine (vertikale) größte Hauptspannung von 700 kp/cm² (10000 lbf/in²) und eine (horizontale) kleinste Hauptspannung von 38 kp/cm² (540 lbf/in²). Damit erhält man eine Hauptspannungsdifferenz von 662 kp/cm² (9460 lbf/in²) und eine Hauptspannungssumme von 738 kp/cm² (10540 lbf/in²). Diese Werte, auch in Bild 4 angedeutet, bestimmen nun die Randbedingungen für zweidimensionale Modelle des geplanten Hohlraumsystems, das in Bild 5 gezeigt ist.

Drittens muß die Verteilung der Hauptspannungsdifferenzen um das geplante Hohlraumsystem mit Hilfe eines spannungsoptischen Modells [10] ermittelt werden. Man erhält Linien gleicher Hauptspannungsdifferenz (Isochromaten), die sich durch ihre Interferenzordnung unterscheiden, d. h. Vielfache oder Teile der Hauptspannungsdifferenz mit der Ordnung „Eins", wie in Bild 5 gezeigt. Eichung des spannungsoptischen Materials ergibt jene Hauptspannungsdifferenz, die der Ordnung „Eins" entspricht, im gegenwärtigen Beispiel 422 kp/cm² (6000 lbf/in²). Die Isochromatenordnungen können nun auch im Bild 4 eingetragen werden. Da die Hauptspannungsdifferenz der jungfräulichen Gebirgsspannung 662 kp/cm² (9460 lbf/in²) war, ergibt sich die entsprechende Isochromatenordnung zu 662/422 = (9460/6000) = 1,6, welchen Wert man auch aus Bild 4 ablesen kann. Folglich muß das spannungsoptische Modell so belastet werden, daß an seinen Rändern Isochromaten der Ordnung 1,6 auftreten.

Viertens muß die Verteilung der Hauptspannungssummen um das geplante Hohlraumsystem mit Hilfe eines Analogmodells aus elektrisch leitendem Papier [10] ermittelt werden. Man erhält Linien gleicher Hauptspannungssumme (Isopachen), die sich durch ihre Ordnungszahl unterscheiden, d. h. durch Angabe des Vielfachen oder des Bruchteils der Hauptspannungssumme mit der Ordnung „Eins", wie ebenfalls in Bild 5 gezeigt. Da das Analogpapier nicht wie das spannungsoptische Material geeicht zu werden braucht, hat man es in der Hand zu entscheiden, welche Hauptspannungssumme der Ordnung „Eins" entsprechen soll. Um nun die Isopachen mit den Isochromaten *und* der Bruchgrenzkurve in Beziehung zu bringen wurde beschlossen, jenem Wert der Hauptspannungssumme, der dem Schnittpunkt der isochromatischen Interferenzordnung „1/2" mit der Bruchgrenzkurve in Bild 4 entspricht, die Isopachenordnung „Eins" zuzuordnen. Aus Bild 4 ergibt sich dieser Wert zu 527 kp/cm^2 (7500 lbf/in^2). Da die Hauptspannungssumme der jungfräulichen Gebirgsspannung 738 kp/cm^2 (10540 lbf/in^2) war, ergibt sich die entsprechende Isopachenordnung zu 738/527 = (10540/7500) = 1,4, welcher Wert auch aus Bild 4 abgelesen werden kann. Folglich muß man eine elektrische Spannung, die der Isopachenordnung 1,4 entspricht, an die Ränder des Analogmodells anlegen. Da auch beschlossen worden war, daß die Isopache erster Ordnung einem elektrischen Potential von 10 Mikrovolt entsprechen soll, muß eine elektrische Spannung von 14 Mikrovolt an die Modellränder gelegt werden.

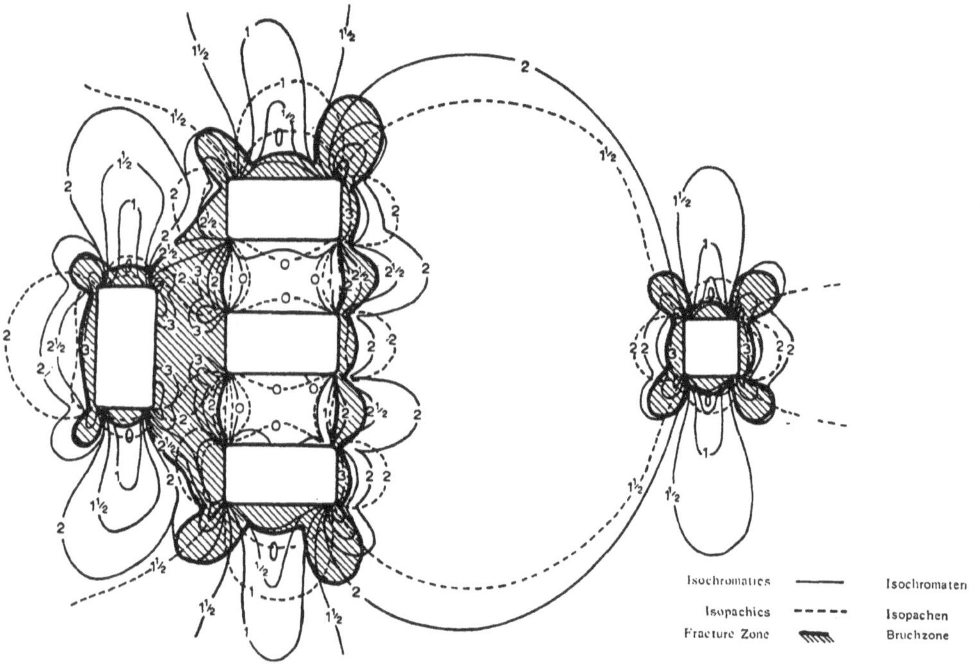

Bild 5. Isochromaten, Isopachen und Gestalt der zu erwartenden Bruchzone in der Umgebung benachbarter bergmännischer Hohlräume

Fünftens ist nun aus Bild 4 ersichtlich, daß — wegen der Entscheidung, die Isopachenordnung „1" der Isochromatienordnung „1/2" an der Bruchgrenzkurve zuzuordnen — Bruch immer dort erreicht wird, wo (in Bild 5) Isopachen der x-ten Ordnung Isochromaten der (x-1/2)ten Ordnung schneiden. Verbindet man all diese Schnittpunkte, so erhält man die Form und Ausdehnung der Bruchzone um das Hohlraumsystem nach Bild 5.

Das Verfahren erfordert zweifellos weitere Verfeinerung, ist aber sicher ein Schritt vorwärts in dem Bemühen, das Problem der Bruchzone analytisch-experimentell zu lösen.

3.3. Gebirgsschläge

Obwohl es eigentlich das Problem der Gebirgsschläge war, das den Anstoß zu gebirgsmechanischer Forschung in Südafrika gab, kann das Problem noch nicht als gelöst betrachtet werden. Die Forschungsergebnisse des letzten Jahrzehnts haben jedoch erheblich zum Verständnis des Mechanismus der Gebirgsschläge beigetragen [11]. Das Durchörtern des Gebirges stört das ursprüngliche Energiegleichgewicht im Gebirge, und da hierdurch ein gewisser Betrag elastischer, d. h. potentieller Energie in der Nähe der Hohlräume in Form von Spannungskonzentration aufgespeichert wird und ein Teil davon sich plötzlich in kinetische Energie umsetzen kann, wird stets Gebirgsschlaggefahr geschaffen. Ob ein Gebirgsschlag wirklich auftritt oder nicht, hängt von dem Betrag der zum plötzlichen Umsatz verfügbaren Energie ab und vor allem von zwei Bedingungen, nämlich

1. der Bereitschaft des Gesteins zu sprödem Bruch,
2. der Spannungsanhäufung um den Hohlraum.

Auf Grund der Beobachtung, daß Gebirgsschläge selten in „weichem" (zu zähem Bruch neigendem) Gebirge, wie im Tonschiefer des „Fernöstlichen" Witwatersrand, auftreten und auf Grund der These, daß die Bruchzone um die Hohlräume nicht so sehr zu Sprödbruch neigt wie das feste Gestein, hoffte man [12], die Gebirgsschlaggefahr durch Maßnahmen mindern zu können, die die Bruchzone vor dem Stoß genügend groß machen, so daß sie als ein Dämpfer zwischen der Zone hoher Spannung und dem Stoß dienen könne. Andererseits sollte die Bruchzone (vor allem im Hangenden) nicht so groß werden, daß sie in wasserführende Schichten stößt und dann Wasser in den Streb eindringt; auch sollte die Bergfeste zwischen übereinanderliegenden Streben durch Bruch nicht zu stark geschwächt werden. Der „Dämpfergedanke" führte zur Entwicklung des sogenannten Entspannungsschießens [12], welches später jedoch wieder aufgegeben wurde. Der Gedanke, dieses Verfahren weiter zu entwickeln, ist jedoch nicht aufgegeben worden; die Wiederaufnahme der Untersuchungen ruht jedoch, bis weitere Erkenntnisse auf dem Gebiet der Stabilität festen und gebrochenen Gebirges zu Verfügung stehen [3].

Die Entwicklung des elektrolytischen Analogtanks, der a. O. [10], [13] beschrieben ist, war ein weiterer Schritt vorwärts in dem Bemühen, Entwurfsregeln für Hohlräume mit verminderter Gebirgsschlaggefahr zu finden. Der Tank ermöglicht die Spannungs- und Verformungsanalyse und damit auch die Analyse der Verteilung der gebirgsschlagfördernden Energie [14] für Hohlraumsysteme mit verwickelter geometrischer Auslegung.

Literatur

[1] Denkhaus, H. G.: A critical review of the present state of scientific knowledge related to the strength of mine pillars. J. South Afr. Inst. Min. Metall. **63** (1962) p. 59–75.

[2] Bieniawski, Z. T.: Mechanism of brittle fracture of rock. Diss. Univ. Pretoria, August 1967.

[3] Denkhaus, H. G., und Bieniawski, Z. T.: Südafrikanischer Beitrag zu Teilthema 1. 10. Ländertreffen IBG, Leipzig Nov. 1968.

[4] Salamon, M. D. G., and Wilson, J. W.: An analysis based on a survey of mining dimensions in collieries. Rep. South Afr. Coal Min. Res. Contr. Counc., no. 72 (1966) 66.

[5] Bieniawski, Z. T.: A design code for bord-and-pillar coal workings. Rep. South Afr. Counc. Sci. Industr. Res., no. Meg 570, (1967).

[6] Denkhaus, H. G.: The application of the mathematical theory of elasticity to problems of stress in hard rock at great depth. Pap. Ass. Min. Mngrs. South Afr. (1958/59), p. 271–310; Bull. Ontario Dept., Min. Toronto, 155, Appendix A (1961) p. 93–100.

[7] Hoek, E.: A photoelastic technique for the determination of potential fracture zones in rock structures. Rep. South Afr. Counc. Sci. Industr. Res., no. Meg 467 (1966).

[8] Bieniawski, Z. T., und Denkhaus, H. G.: Der triaxiale Spannungszustand im Gebirge. Bericht 8. Ländertreffen IBG, Akademie-Verlag, Berlin 1967, S. 17–40.

[9] Denkhaus, H. G., und Leeman, E. R.: Südafrikanischer Beitrag zu Teilthema 2. 10. Ländertreffen IBG, Leipzig Nov. 1968.

[10] Denkhaus, H. G. u. Bieniawski, Z. T.: Südafrikanischer Beitrag zu Teilthema 3. 10. Ländertreffen IBG, Leipzig Nov. 1968.

[11] Denkhaus, H. G.: Erfahrungen und Gedanken zum Problem der Gebirgsschläge in Südafrika. Bericht 7. Ländertreffen IBG, Akademie-Verlag, Berlin 1966, S. 16–29.

[12] Roux, A. J. A., Leeman, E. R., and Denkhaus, H. G.: The concept of de-stressing and the results obtained from its application. Pap. Ass. Min. Mngrs. South Afr. (1956/57) p. 247–267; J. South Afr. Inst. Min. Metall. **58** (1957) p. 101–127.

[13] Cook, N. G. W., Hoek, E., Pretorius, J. P. G., Ortlepp, W. D., and Salamon, M. D. G.: Rock mechanics applied to the study of rockbursts — A synthesis of the results of rockburst research in South Africa up to 1965. J. South Afr. Inst. Min. Metall. **66** (1966) p. 435–528.

[14] Cook, N. G. W.: The design of underground excavations, in „Failure and breakage of rock", ed. C. Fairhurst, Amer. Inst. Min. Metall. Petr. Engrs, New York, 1967, p. 167–193.

Schlußfolgerungen aus gebirgsmechanischen Erkenntnissen für die Konstruktion und Standfestigkeit von untertägigen Hohlräumen

von H. K. Helfrich, Boliden

Die Entwicklung der gebirgsmechanischen Forschung hat dazu geführt, daß viele Bergbauzweige sich heute schon mehr oder weniger systematisch gebirgsmechanischer Erkenntnisse bedienen. Auch der schwedische Erzbergbau, dessen Abbauvolumen sich ständig vergrößert, wobei sukzessiv größere Teufen erschlossen werden, macht keine Ausnahme. Inspiriert durch den Fortschritt der Forschung auf dem Gebiete der Gebirgsmechanik wurden durch die schwedische Grubenforschung kräftige Impulse ausgestrahlt, die, in die Grubenbetriebe eingepflanzt, allmählich zur systematischen Bearbeitung gebirgsmechanischer Fragen und Probleme führten.

Innerhalb der Boliden Aktiengesellschaft wurde eine Sektion für Gebirgsmechanik eingerichtet, deren Aufgabe es ist, alle gebirgsmechanischen Aufgaben in enger Zusammenarbeit mit den Betriebsingenieuren zu behandeln und die Resultate als Vorschläge den Betriebsleitungen vorzulegen.

Die Vielfalt der Erzstrukturen und das unterschiedliche geologische Milieu [1], [2] in den Gruben der Gesellschaft lassen folgende Zusammenstellung der wichtigsten Aufgaben zu:

- Dimensionierung von Bergfesten in den Abbaugebieten, um Schächte und andere Auffahrungen;
- Dimensionierung von Firsten im Kammerbau;
- Stabilität des Hangenden und Liegenden;
- Planung von vertikalen und horizontalen Hohlräumen;
- Wahl der Stollenprofile;
- Planung von Restbauten;
- Entwässerung von Abbaugebieten;
- Stabilitätskontrolle der Abbaugebiete;
- Kontrolle der Absenkung der Tagesoberfläche über den Abbaugebieten;
- laufende Gebirgsbesichtigungen.

Aus den Erfahrungen der Untersuchungen in situ und im Laboratorium erscheint eine systematische Bearbeitung gebirgsmechanischer Probleme nach folgenden Gesichtspunkten angebracht:

Voraussetzung für die Lösung gebirgsmechanischer Fragen ist die genaue Kenntnis der geologischen Milieubedingungen. Vom Aufschluß bis zur Aufbereitung sind alle Arbeitsprozesse von diesen Bedingungen abhängig. Das geologische Milieu ist aus Körpern verschiedener Größenordnung zusammengesetzt, die unterschiedliche, durch geologische Strukturen gekennzeichnete Verbandsbeziehungen aufweisen, die in ihrem Raum- und Zeitbeziehungen zu betrachten sind. In den weiterhin vom Verfasser vorgelegten Arbeiten mit den Themen „Festigkeit von Gestein und Gebirge" und „Messungen der Bewegungen, Verformungen und Spannungen im Gebirge" konnte die eben gemachte Voraussetzung eingehend begründet werden. Es konnte aufgezeigt werden, wie die geologischen Milieubedingungen die technisch-mechanischen Eigenschaften der Gesteine und des Gebirges beeinflussen. Das gleiche gilt für die

Art der Bewegung, den Grad der Verformung und den herrschenden Spannungszustand im Gebirgskörper verschiedener Größenordnungen und deren Veränderungen im Zeitablauf. Auf die Bedeutung des Zeitfaktors in der Gebirgsmechanik wurde in einem speziellen Rahmenthema anläßlich des 5. Ländertreffens des Internationalen Büros für Gebirgsmechanik in Leipzig hingewiesen.

Die systematische Sammlung von gebirgsmechanischen Meß- und Beobachtungsdaten im laufenden Betrieb ist eine Voraussetzung für die kontinuierliche Erfassung eventueller Veränderungen der technisch-mechanischen Eigenschaften des Gebirges, des Deformations- und Spannungszustandes und der Stabilitätsveränderungen von Hohlräumen und Bergfesten. Helfrich und Stephansson [2] haben ein objektives Kontrollsystem ausgearbeitet, wonach beispielsweise die Stabilität von Pfeilern mittels Kennziffern festgelegt werden kann. Die Bewertung erfolgt nach fünf verschiedenen Faktoren, nämlich Dimension, Form, Position, Aufbau und Bindung sowie Kluftbild. In letzter Zeit wurde das System dahingehend erweitert, daß dem Kluftbild ein seiner Bedeutung entsprechender Einfluß zukommt [4]. Gleichzeitig wurde der Versuch unternommen, die Kennziffern zur Resttragfähigkeit eines Pfeilers in Beziehung zu setzen.

Aus diesen Ausführungen geht hervor, daß Schlußfolgerungen aus gebirgsmechanischen Erkenntnissen für die Konstruktion und Standfestigkeit von untertägigen Hohlräumen folgende Voraussetzungen erfüllen müssen:

1. Kenntnis des geologischen Milieus nach Größe, Orientierung und Altersbeziehungen.
2. Quantitative Erfassung der technisch wesentlichen Gebirgseigenschaften.
3. Systematische Messung von Bewegung, Verformung und Spannung im Gebirge.
4. Erfassung der zeitabhängigen Einflüsse auf die Optimierung von Hohlräumen und Bergfesten entsprechend deren Funktion und Bestandsdauer.

Diese Voraussetzungen können nicht durch einzelne Messungen oder Beobachtungen erfüllt werden, sondern erfordern statistische, sinngemäße Mittelwerte, wobei auf die natürlichen Streuungen der Gebirgseigenschaften entsprechend Rücksicht genommen werden muß. Daraus ergibt sich auch von selbst die Beobachtungs- und Meßgenauigkeit.

Abschließend kann zusammengefaßt werden, daß eine den lokalen Verhältnissen angepaßte gebirgsmechanische Untersuchungstätigkeit günstig auf die Entwicklung der Abbau- und Sicherungskosten einwirkt. Darüber hinaus kann die frühe Erkenntnis der wesentlichen Faktoren schon in naher Zukunft im Prospektionsstadium wertvolle Aussagen über die ökonomischen Voraussetzungen für Tiefenprospektionsobjekte geben. Von diesem Gesichtspunkt aus gesehen erscheint die Gebirgsmechanik auch als ein wichtiger ökonomisch-geologischer Bewertungsfaktor.

Für die Erlaubnis zur Veröffentlichung dieser Arbeit danke ich Herrn Direktor F. Agri, Boliden Aktiebolog, Boliden, Gruvförvaltningen. Mein Dank gilt auch meinem Mitarbeiter, Bergingenieur B. Jansson, der mir bei der Zusammenstellung der Meßergebnisse behilflich war.

Literatur

[1] Grip, E. und Wirstam, Å.: Hallfasthet, spircksystem och ras i nordsvenska sulfidmalmgruvor. Jernkontorets Annaler, Stockholm **133** (1949) 12.

[2] Helfrich, H. K.: Geologische Gesichtspunkte zur Gesteins- und Gebirgsfestigkeit mit Beispielen von Renström, Adak und Laisvall. Engineering Geol., Amsterdam, **2** (1967) 1.

[3] Helfrich, H. K., und Stephansson, O.: Eine Kennziffer für die Stabilität von Pfeilern im Kammerbau. Sitzungsberichte des 1. Kongresses der Int. Ges. für Felsmechanik, Lissabon 1966.

[4] Helfrich, H. K.: Unveröffentlichte Berichte im Archiv der Boliden Aktiengesellschaft, Boliden 1967.

Ein strukturelles Konzept über die Beeinflussung des Hangenden und den Entwurf von Gruben

von K. WARDELL und P. EYNON, Newcastle/Staffs

Einleitung

Während der letzten zwei Jahrzehnte wurden oft die Untersuchung und die Aussprache über die Senkung der Tagesoberfläche als Folge des untertägigen Abbaus unabhängig von der Gebirgsmechanik und der Lenkung des Hangenden geführt. Das ist jedoch nicht immer der Fall gewesen, und die Autoren fühlten sich berechtigt zu versuchen, nochmals die Probleme zu betrachten. Dafür gibt es zwei gute Gründe. Erstens ist es zweifelhaft, ob die Mechanik der Senkung als Folge des Bergbaus ohne eine eingehende Untersuchung der Abhängigkeit zwischen Ursache und Wirkung hinreichend verstanden werden kann. Zweitens glauben die Verfasser, daß Untersuchungen der Oberflächensenkung einen wesentlichen Beitrag zur Erklärung der Natur der Bewegung des Gebirges und seiner Beherrschung leisten können.

Tatsächlich gründeten sich viele der theoretischen und physikalischen Untersuchungen, die versucht haben, das Verhalten von Gesteinsmassen, die durch einen untertägigen Abbau beeinflußt wurden, auf einer Abhängigkeit zwischen Modellverhalten und beobachteter Oberflächensenkung als einem wichtigen Kriterium für ihre Gültigkeit. Beispiele sind die Untersuchungen von BERRY [1], SALAMON [2], LITWINISZYN [3], KING [4] und anderen. Von größerer Bedeutung ist die Tatsache, daß viele Fälle von umfassender struktureller Gestaltung von untertägigen Grubenbauen hauptsächlich erdacht worden sind, um die Auswirkungen der Oberflächensenkung zu lenken und so gering wie möglich zu halten.

Diese Vorkehrungen, die Senkung zu beeinflussen, scheinen in eigentlich allen Fällen ihren Zweck erfüllt zu haben. Daraus folgt, daß sie, wissentlich oder nicht, einige bedeutende Grundsätze der Gebirgsmechanik und der Beeinflussung des Hangenden ausgenutzt haben. Es ist die Aufgabe dieses Beitrages, diese Grundsätze zu untersuchen und zu begründen.

Überblick über die Untersuchung von Gesteinsproben im Laboratorium

Bevor solche Grundsätze der Gebirgsmechanik und der Beeinflussung des Hangenden diskutiert werden sollen, die aus einer Untersuchung der Senkung der Tagesoberfläche abgeleitet werden können, ist ein kurzer Überblick über einige der Schlußfolgerungen notwendig, die aus eingehenden Laboratoriumsuntersuchungen an Gesteinsproben, von vielen Forschern ausgeführt, abgeleitet wurden.

Bei dem einachsigen Druckversuch ist die Spannung im Moment des Bruchs in einer Gesteinsprobe von gleichmäßigen Abmessungen hauptsächlich von der Belastungsgeschwindigkeit abhängig; je höher die Belastungsgeschwindigkeit, um so niedriger die Spannung im Moment des Bruchs. Es ist jedoch unmöglich, Prüfkörper aus irgendeinem Gesteinsmaterial anzufertigen, die in den Abmessungen der Kristallgröße, der Verteilung von Schlechten und der Ausbildung der Bruchflächen sowie in anderen Diskontinuitäten identisch sind. Daraus folgt, daß bei der Ausführung von einachsigen Druckversuchen an solchen Proben ein Bereich von Bruchspannung invariabel gemessen wird. Die dabei gewonnenen Ergebnisse müssen jedoch nicht notwendigerweise eine statistische Bedeutung haben.

Die Bruchspannung hängt auch von Reibungskräften ab, die zwischen der Gesteinsprobe und den Druckplatten entstehen. Diese Tatsache ist durch zahlreiche Versuche, bei denen Schmierung an den Berührungsflächen vorgenommen wurde, bewiesen worden. Zusätzlich wird sie durch die Belastungsrichtung in bezug auf Schichtungsflächen oder Schlechten, die im Gestein vorhanden sind, beeinflußt.

Es gibt keine allgemein anerkannte Begriffsbestimmung des Bruchs. Wissenschaftler scheinen eine Vielzahl von Kriterien herangezogen zu haben, beispielsweise das Auftreten von ersten Brucherscheinungen, das Aufspalten der Probe, vollständige Zerstörung, den Augenblick, in dem die Proben keine weitere Last aufnehmen können, eine merkbare Störung in der Formänderungsgeschwindigkeit usw. Daraus folgt, daß eine Bestimmung der „wirklichen" mechanischen Eigenschaften eines bestimmten Gesteinsmaterials durch einachsige Druckversuche eigentlich unmöglich ist. Darüber hinaus ist nicht bei allen Gesteinsarten eine Lastzunahme notwendig, um Bruch herbeizuführen. Einige Gesteine (die meisten Evaporite beispielsweise) weisen Bruchcharakteristika auf, die zeitabhängig sind. Dabei zeigen die Proben bei gleichmäßiger Belastung eine mit der Zeit zunehmende Verformung. Das ist die Erscheinung des Kriechens, die in der technischen Literatur häufig erwähnt und diskutiert wurde.

Seit einiger Zeit wird vorausgesetzt, daß auch die Probengröße wesentlichen Einfluß auf die scheinbare einaxiale Druckfestigkeit von Gesteinen hat. Die neueren Veröffentlichungen von Tincelin u. a. [5] und von Bieniawski [6] scheinen diese Annahme zu bestärken. Der erstere zeigte, daß würfelförmige Proben aus Eisenerz mit einer Kantenlänge von etwa 2 m, die in einer Grube der Lorraine hergestellt und untersucht wurden, nur etwa die Hälfte der scheinbaren Bruchfestigkeit von im Laboratorium untersuchten würfelförmigen Proben mit etwa 0,5 m Kantenlänge hatten. In gleicher Weise führte Bieniawski Untersuchungen an großen Kohleproben in einer Grube aus und ermittelte dabei, daß würfelförmige Proben mit einer Kantenlänge von etwa 60″ (1,52 m) eine Bruchfestigkeit von etwa 650 p.s.i. (45,7 kp/cm^2) im Vergleich mit Werten von 1550 bis 2200 p.s.i. (109 bis 275 kp/cm^2) bei Proben mit einer Kantenlänge von 6″ (15,2 cm) aufwiesen. Auch wenn man zugesteht, daß Unterschiede in den Versuchsbedingungen unter Tage im Vergleich zu den im Laboratorium bestehen, ist es klar, daß es unkorrekt — und sogar gefährlich — ist, Ergebnisse von Laboratoriumsversuchen an Gesteinen mit geringen Abmessungen direkt auf eine reale bergmännische Gegebenheit zu übertragen. Einen solchen bemerkenswerten Maßstabseffekt scheinen jedoch nicht alle Gesteinsmaterialien aufzuweisen. Von Vigier [7] wird über Untersuchungen berichtet, aus denen beispielsweise hervorgeht, daß die Probengröße keine erhebliche Wichtigkeit besitzt, wenn würfelförmige Kaliprüfkörper mit mehr als 10 cm Kantenlänge untersucht werden.

Der Einfluß der Probenform — insbesondere des sogenannten Schlankheitsgrades — ist Gegenstand eingehender Laboratoriumsuntersuchungen gewesen. Ein typisches Beispiel dafür ist die Untersuchung von Dreyer [8], von dessen allgemeinen Versuchsergebnissen einige in Bild 1 angeführt sind. Die Autoren haben in diesem Diagramm einige ihrer Versuchsergebnisse mit anderen Materialien zusätzlich eingetragen. Dreyer untersuchte sowohl die Auswirkung von wechselnden Größen aller drei Dimensionen von Gesteinsproben als auch die Abhängigkeit zwischen deren Höhe und Breite (Schlankheitsgrad). Aus diesen Versuchsergebnissen entwickelte er seinen wohlbekannten Begriff des Formfaktors.

Bei Gesteinsproben mit einem sehr niedrigen H/W-Verhältnis ist eine Spekulation über den tatsächlichen Bruchmechanismus oder über die Bruchbelastung eine vorwiegend akademische Frage. Die Bestätigung, nicht allein bei Versuchen im Laboratorium gewonnen, sondern auch aus der bergbaulichen Praxis bekannt, beruht auf der einfachen praktischen Tatsache, daß sowohl Laboratoriumsproben als auch Pfeiler im Bergbau von sehr geringem H/W-Verhältnis in der Lage sind, außergewöhnlich hohe Belastungen ohne jegliche Zerstörung aufzunehmen. Selbstverständlich ist auch die umgekehrte Erscheinung gleichermaßen gültig.

Diese Tatsache bildet eine der wesentlichsten praktischen Bedeutungen, die aus der Untersuchung von Gesteinsproben abgeleitet werden können.

Die allgemeinen Auswirkungen von Temperatur und Feuchtigkeit auf die Bruchspannung in Gesteinsproben sind durch zahlreiche Forscher nachgewiesen worden. Es handelt sich dabei um Faktoren, die in qualitativer Hinsicht in einer Grube nicht unberücksichtigt bleiben sollten, die als heiß, feucht oder beides anzusehen ist.

Zusammenfassend kann der Untersuchung von Gesteinen im Laboratorium bestätigt werden, daß sie dazu gedient hat, zumindest qualitativ einige der Faktoren ermittelt zu haben, die geeignet sind, das Verhalten eines Gebirges zu beeinflussen. Deshalb darf gesagt werden,

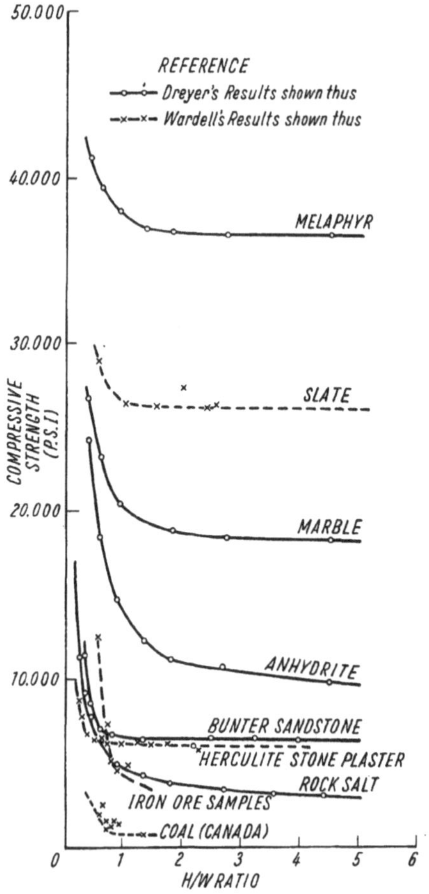

Bild 1. Schwankung der Druckfestigkeit verschiedener Gesteinsproben in Abhängigkeit vom Schlankheitsgrad

daß es bei der Beurteilung einer bergmännischen Situation, bei der der Bruchmechanismus und die Standfestigkeit von Gesteinskonstruktionen von lebenswichtiger Bedeutung sind, notwendig ist, die wahrscheinliche Größe, Richtung und Geschwindigkeit der Belastung, die Größe und Form von Gesteinskonstruktionen, die einer Belastung ausgesetzt sind, und die vorherrschenden Umwelteinflüsse zu berücksichtigen.

Nichtsdestoweniger ist es klar, daß die meisten Gesteinsarten ein Verhalten zeigen können, das zwischen Sprödigkeit und Plastizität liegt, und zwar in Abhängigkeit von der Belastung, der Größe, der Form und den Umwelteinflüssen, denen sie ausgesetzt sind. Deswegen ist es nicht überraschend, daß kein einzelnes, umfassend gültiges theoretisches Modell für alle bergmännischen Konstruktionen entwickelt werden kann. Selbstverständlich kann ein besonders theoretisches Modell relativ genau eine besondere bergmännische und geologische Situation darstellen. Das Problem liegt darin, zu bestimmen, ob ein theoretisches Modell einer gegebenen bergmännischen und geologischen Situation entspricht. Das ist aber eine Schlußfolgerung, die, allgemein gesprochen, nur zurückblickend gezogen werden kann.

Wenn die Verhaltensform (beispielsweise der genaue Mechanismus der Verformung und des Bruchs eines Gebirges) nicht mit Sicherheit vorausgesagt werden kann, erhebt sich die Frage, ob eine besondere Verhaltensform entwickelt werden kann, um mehr Sicherheit herbeizuführen. Der Versuch, eine besondere Verhaltensform im Gebirge herbeizuführen, macht eine geplante Annäherung in der Gestaltung notwendig, die beim gegenwärtigen Wissensstand eher eine breite qualitative als eine genaue quantitative Basis haben muß.

Gewölbebildung im Haupthangenden um untertägige Abbaugebiete

Die Bildung eines Gewölbes im Haupthangenden über untertägigen Abbaugebieten kann durch Beobachtungen der Senkung der Tagesoberfläche gut veranschaulicht werden. Bild 2a zeigt z. B. ein Gebiet, in dem in einer französischen Grube Strebbau betrieben wird. Der Abbau begann aus dem Unverritzten, und die Senkung von Festpunkten über Tage wurde

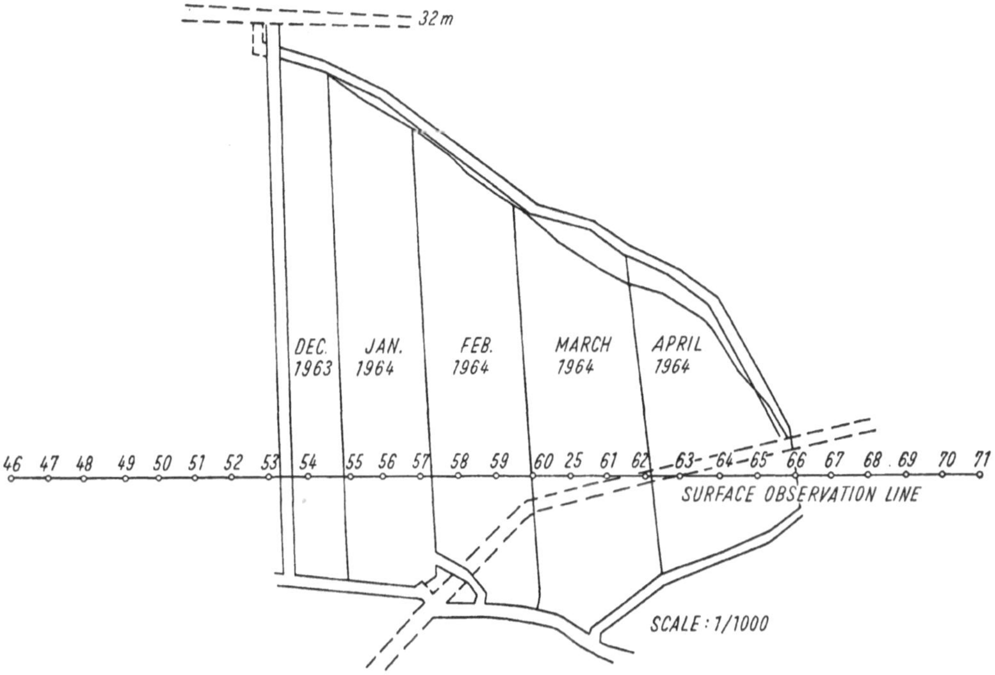

Bild 2a. Anordnung der Abbaue in der französischen Kohlengrube

in kurzen, mehr oder weniger regelmäßigen Abständen vorgenommen. Die Länge des Abbaues (das ist senkrecht zur Abbaurichtung) war größer als die Teufe.

Die Senkung begann nicht eher, bis sich der Streb 10 m vorwärts bewegt hatte. Danach erzeugte jeder weitere Abbaufortschritt einen tieferen und ausgeprägteren Senkungstrog im darüberliegenden Gelände, wie Bild 2b zeigt. Die maximale Senkung des Troges, der sich bei jeder Stufe des Abbaufortschritts bildet, ist in Abhängigkeit des Abstandes der Abbaufront vom Unverritzten in Bild 2c dargestellt.

Zu Vergleichszwecken wurden ähnliche Beobachtungen aus verschiedenen anderen Gruben untersucht und in Bild 3 angeführt. In den Fällen 1, 2 und 3 trat ein bemerkenswerter Wandel in der Senkungsgeschwindigkeit nicht eher ein, bis der Abstand der Abbaufront 0,2 bis 0,3 D betrug. In Fall 4 war dieser Wechsel bei etwa 0,5 D und in Fall 5 bei etwa 0,6 D zu beob-

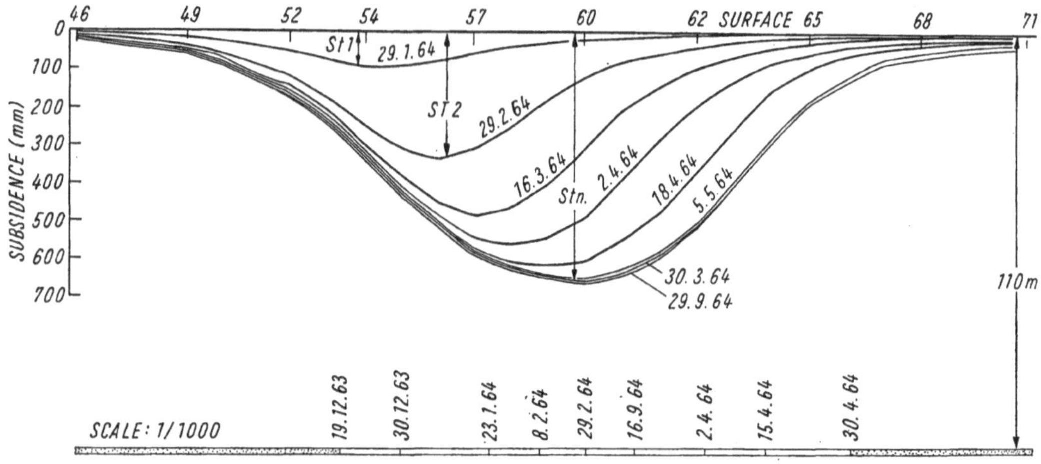

Bild 2b. Beobachtete Senkungsprofile für die französischen Kohlengruben

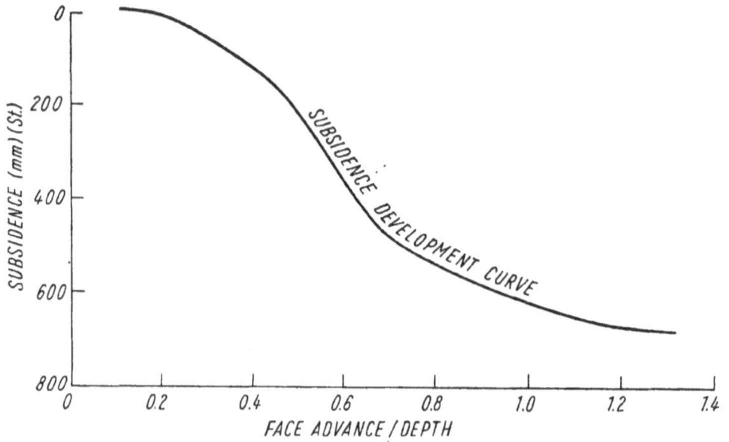

Bild 2c. Entwicklungskurve der Senkung für die französische Kohlengrube

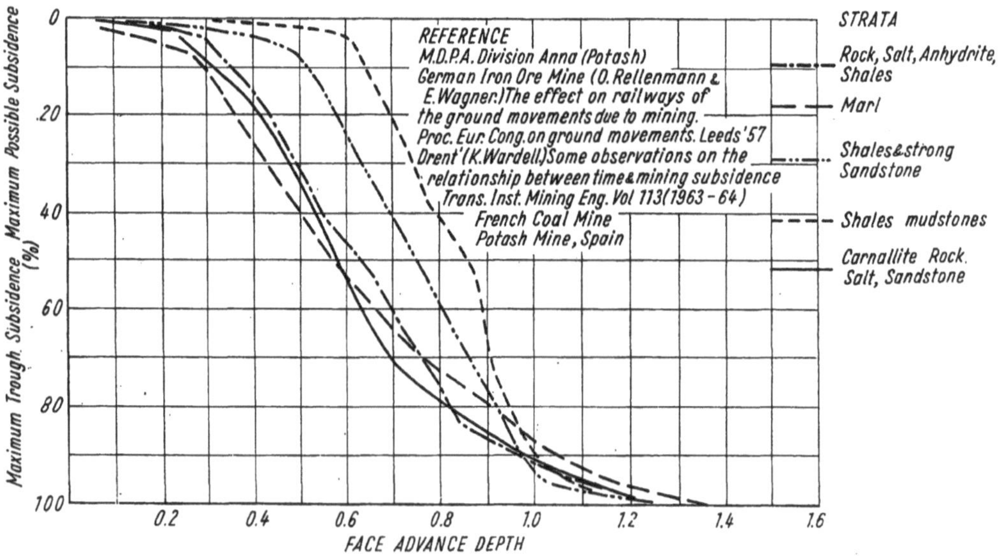

Bild 3. Vergleich der Senkungsentwicklung

achten. Mit den vier Beispielen wird eindeutig eine anfängliche Gewölbebildung nachgewiesen, aber die Spannweite des Gewölbes — in bezug auf die Teufe des jeweiligen Abbaues — ist in jedem einzelnen Fall unterschiedlich und zwischen den ersten drei und den letzten zwei Ergebnissen bemerkenswert.

Drei wesentliche Schlußfolgerungen können aus diesen Beobachtungen abgeleitet werden. Die erste ist, daß die Gewölbebildung beibehalten worden wäre, hätten sich die Abbaue nicht über die kritische Weite hinaus entfernt, bei der die Senkungsentwicklung merkbar wechselte; in anderen Worten, der Punkt, bei dem ein zunehmender Abstand des Abbaues einen Wechsel im strukturellen Verhalten des Gebirges, das den Abbau umgibt, herbeiführte.

Die zweite Schlußfolgerung ist, daß, solange die kritischen Abmessungen nicht überschritten wurden, die Hauptdrücke vom Abbaugebiet abgelenkt und in die an der Außenseite gelegenen Kämpfer geleitet wurden. Das würde umgekehrt ebenfalls wahr sein, d. h., daß die Spannungen in zunehmendem Maße im Abbaugebiet entstehen würden, wenn die Abmessungen des Abbaues progressiv über die kritische Grenze hinaus zunehmen würden. Das endgültige Gleichgewicht könnte im allgemeinen Sinne mit dem Aufhören der Oberflächensenkung gleichgesetzt werden.

Drittens sind die kritischen Abmessungen des Gewölbes im Haupthangenden im umfassenden qualitativen Sinn mit der Natur des Gebirges, das den Abbau umgibt — und insbesondere des Hangenden —, verbunden. Nichtsdestoweniger, wenn die kritischen Abmessungen einmal überschritten sind, scheint das Hauptverhalten des beeinflußten Gebirges in Biegung zu bestehen.

Verschiedene Untersuchungen führten zu Schlußfolgerungen, mit denen versucht wurde, eine theoretische Abhängigkeit entweder zwischen den Abmessungen der Gewölbebildung und den mechanischen Eigenschaften der überlagernden Gesteine oder zwischen den Verformungen und Spannungen in der Abbausohle, den Abmessungen des Abbaues und den mechanischen Eigenschaften der darüberliegenden Gesteine zu entwickeln. Erwähnenswert bei diesen Veröffentlichungen sind die von TINCELIN [9], HÖFER [10], DENKHAUS [11] und COATES [12].

Zweifelsohne tragen diese Untersuchungen zu einem umfassenden Verständnis der beteiligten Abmessungs-, mechanischen und physikalischen Parameter bei, ohne jedoch mehr als eine Spekulation über ihre quantitativen Werte oder ihre möglichen Wechselwirkungen zu bringen. Es ist eindeutig möglich, als Ausgangspunkt für die Lenkung des Hangenden und den Entwurf einer Grube einen Näherungswert (beispielsweise 0,25 D) in der Gewölbeweite bei der Mehrzahl der bergmännischen Gegebenheiten anzunehmen. Andererseits ist es möglich, die kritischen Abmessungen des Gewölbes bei gegebenen Umständen durch die Beobachtung der Senkung der Tagesoberfläche zu ermitteln.

Vielleicht besteht die einzige Einschränkung, die hier zu machen ist, darin, daß bei geringer Teufe ziemlich homogene und feste Hangendschichten in den Kämpfern abscheren könnten und eher als eine schrittweise Absenkung ein vollständiges und plötzliches Hereinbrechen in das Abbaugebiet eintreten würde. Das ist die Erfahrung gewesen, die in einer Schiefergrube in Nord-Wales und in der Grube Sullivan in Britisch-Columbien, Kanada, gemacht wurde.

Selbstverständlich erfolgt die Bildung eines Gewölbes, die hier diskutiert wird, analog dem „Druckgewölbe", das aus der Literatur und Diskussion über den Steinkohlenbergbau bestens bekannt ist. Für britische Kohlengruben wurde dem Druckgewölbe eine annähernde quantitative Form schon vor vielen Jahren gegeben [13]; die veröffentlichten Ergebnisse sind in Bild 4 dargestellt. Es ist nicht bekannt, ob diese Ergebnisse aus Konvergenz- und Druckmessungen in der Flözsohle ermittelt wurden oder ob sie nur auf visueller Beobachtung in einzelnen Gruben beruhen. Die meisten der Ergebnisse liegen im Bereich von 0,18 bis 0,33 D, aber es liegen wenig Informationen vor, um diesen Ergebnisbereich mit den vorher erwähnten Faktoren in Zusammenhang zu bringen.

Gebirgsbewegung an der Verhaulinie

Bei einer gegebenen Abbaufläche, die im Grundriß eine Abmessung hat, die gleich oder geringer als die kritische Spannweite des Gewölbes ist, müssen die Gebirgsbewegungen in und unmittelbar um diese Abbauzone berücksichtigt werden. Beobachtungen über die Senkung der Tagesoberfläche können darüber wenig oder nichts aussagen. Auf der anderen Seite sind auch theoretische Untersuchungen nicht besonders von Nutzen. Man ist im wesentlichen von der Auswertung von Messungen der Konvergenz und Versatzbelastung in Kohlengruben abhängig, von denen relativ wenige in Abbaugebieten durchgeführt worden sind, bei denen eine Abmessung auf die Spannweite des Gewölbes im Haupthangenden begrenzt ist. Sonst stehen nur allgemeine, zum großen Teil nicht dazu in Beziehung stehende visuelle Beobachtungen von Bergingenieuren zur Verfügung.

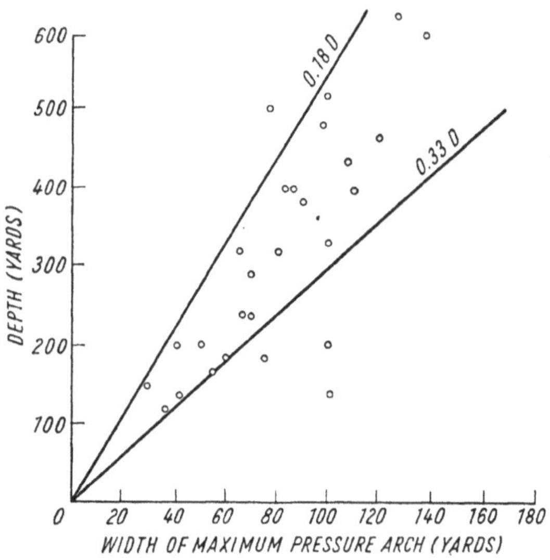

Bild 4. Diagramm der maximalen Werte des Druckgewölbes bei unterschiedlicher Teufe des Abbaus (nach [13])

Es kann als Verallgemeinerung aus Beobachtung, Ableitung und Erfahrung angenommen werden, daß die peripheren Kämpfer unter Belastung stehen. Die Gesamtbelastung wird vorwiegend, wenn nicht sogar völlig, durch das Gewicht des betroffenen Hangenden beeinflußt, wenn es auch gegenwärtig keine zuverlässige Methode zu ihrer Quantifizierung gibt. Darüber hinaus kann man mit Sicherheit weder die seitlichen Abmessungen der belasteten Kämpfer noch die genaue Lastverteilung in ihnen vorhersagen.

Im Abbaugebiet selbst können die Hangendschichten Zusammenhang zeigen oder nicht. Das bedeutet, daß sie sich entweder bloß durchbiegen und zwischen den Kämpfern hängen oder daß sie in das Abbaugebiet hereinbrechen. Auf der Basis der einfachen Trägertheorie würde der Grad des Kohäsionsvermögens der Hangendschichten von ihrer Mächtigkeit und Zugfestigkeit in Abhängigkeit von der Spannweite zwischen den Kämpfern beeinflußt werden.

Die einfache Trägertheorie besagt, daß

$$S = \sqrt{2\,T\,\sigma}\,,$$

worin S = maximale selbsttragende Bogenweite,
σ = Zugfestigkeit des Trägers,
T = die vertikale Dicke des Trägers.

In dem Fall, daß sich ein Gewölbe im Haupthangenden bildet, folgt, daß das Hereinbrechen der Hangendschichten unvermeidlich ist, wenn das Hangende nicht völlig homogen und isotrop ist oder eine dicke, feste Schicht unmittelbar über dem Abbau liegt oder das Abbaugebiet eine wesentliche Unterstützung entweder durch Versatz oder mechanischen Abbau erfährt.

Wenn die Schichten über dem Abbaugebiet geschichtet, geklüftet oder geschiefert sind und kein endgültiger Ausbau oder Versatz angewandt wird, werden die Hangendschichten zerstört und in den Abbau hereinbrechen. Die Bruchzone wird normalerweise in der Form eines Gewölbes zwischen den Kämpfern angenommen, wobei die maximale Höhe dieses Gewölbes von wesentlicher Bedeutung ist.

Es gibt zahlreiche Theorien über die Abmessungen dieses Gewölbes, aber die direkt beobachtete Aussage ist minimal, insbesondere in bezug auf Abbauflächen, die eine Dimension aufweisen, die gleich oder kleiner als die Spannweite des Gewölbes im Haupthangenden ist.

Man kann voraussetzen, daß die maximale Höhe des Bruchs von der Volumenzunahme des zerstörten Gesteins im Verhältnis zu seinem Volumen im ungestörten Zustand beeinflußt wird. Das würde zu einer Verfüllung des Bruchs sowohl im Abbau als auch im darüberliegenden Bruchgewölbe führen.

Wenn beispielsweise

t = Mächtigkeit des abgebauten Minerals,
d — die Dichte der Hangendschichten im ungestörten Zustand,
d_1 = die Dichte der zerstörten Hangendschichten,

dann ist

$$H = t\left(\frac{\frac{d_1}{d}}{1-\frac{d_1}{d}}\right),$$

wobei H die Gesamthöhe des Bruchs oder die Höhe, in der das unzerstörte Haupthangende im kritischen Gewölbe auf den Bruchmassen ruht, ist. Die Ableitung des obigen Ausdrucks ist in Anhang I gegeben und geht auf TINCELIN [14] zurück. Angenommen, daß $d_1/d = 0{,}8$ ist, d. h. eine Volumenzunahme der hereingebrochenen Dachschichten von 20% eintritt, und daß weiterhin die Mächtigkeit des abgebauten Minerals 5 ft beträgt, ist:

$$H = 5 \cdot \frac{0{,}8}{0{,}2} = 20 \text{ ft} .$$

Wenn das Abbaugebiet mit Fremdbergen versetzt wird, erhält der Ausdruck folgende Form:

$$H = a \cdot t\left(\frac{\frac{d_1}{d}}{1-\frac{d_1}{d}}\right),$$

wobei a ein Bruchteil der Mächtigkeit des abgebauten Minerals ist und vom Versatzmaterial und seiner Zusammendrückbarkeit abhängt.

Diese Analyse ist zu vereinfacht, um große praktische Bedeutung zu haben, sie deutet aber an, daß bei kleinem H im Verhältnis zur Abbauteufe die Abmessungen des Gewölbes im Haupthangenden im wesentlichen vom Grad des Kohäsionsvermögens der Schichten, die unmittelbar die Abbauzone umgeben, sein wird. Sie deutet auch an, daß bei einem gegebenen Gewölbe im Haupthangenden die Belastungen und Drücke im Abbaubereich wahrscheinlich hauptsächlich durch das Gewicht der hereinbrechenden oder hereingebrochenen Hangendschichten beeinflußt wird.

Einige Beobachtungen, die diese Schlußfolgerungen bestätigen, wurden vor einigen Jahren in einer Grube in Nottinghamshire gemacht (Bild 5a). Teleskopische Konvergenzschreiber mit Fernanzeige wurden in die unverhauenen Kohlekämpfer und in versatz- und stoßseitige Dämme eingebaut. Die Hangendschichten brachen unmittelbar hinter der hinteren Reihe der Strebstempel herein. Die Konvergenz quer zum Abbaustoß ist in Bild 5b dargestellt, während die Konvergenz in Strebmitte mit der Senkung der darüberliegenden Tagesoberfläche in Bild 5c verglichen wird.

Die Senkungsmessungen zeigen eine zweifellos vorhandene Gewölbebildung im Haupthangenden, während die Konvergenzmessungen Belastung und Verformung des Flözes in den Kämpfern nachweisen. In welchem Ausmaß die Konvergenz im Abbaubereich hauptsächlich durch das Gewicht der Hangendschichten, die zerstört wurden und gewölbeförmig hereinbrachen, bewirkt wurde, kann nicht gesagt werden.

Selbstverständlich muß auch das Verhalten der Schichten, die unter der Abbauzone liegen, berücksichtigt werden. Auf diese Schichten werden über die Kämpfer Drücke übertragen, während sie zur gleichen Zeit ihre vertikale Einspannung im Abbaubereich verlieren. Das

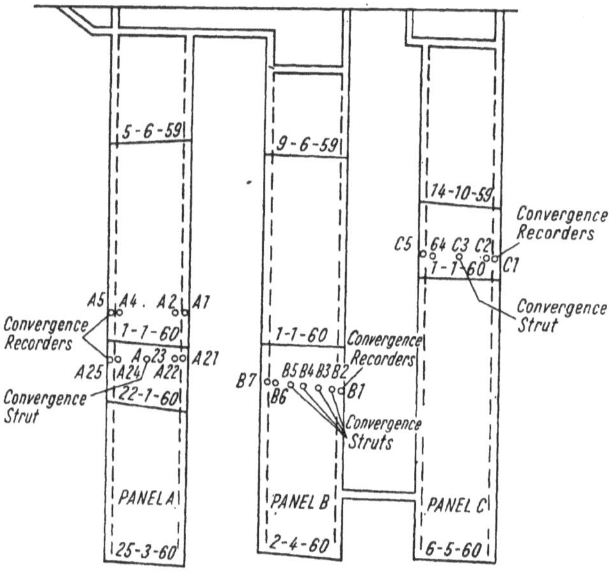

Bild 5a. Anordnung der Abbaue mit der Lage der Konvergenzschreiber

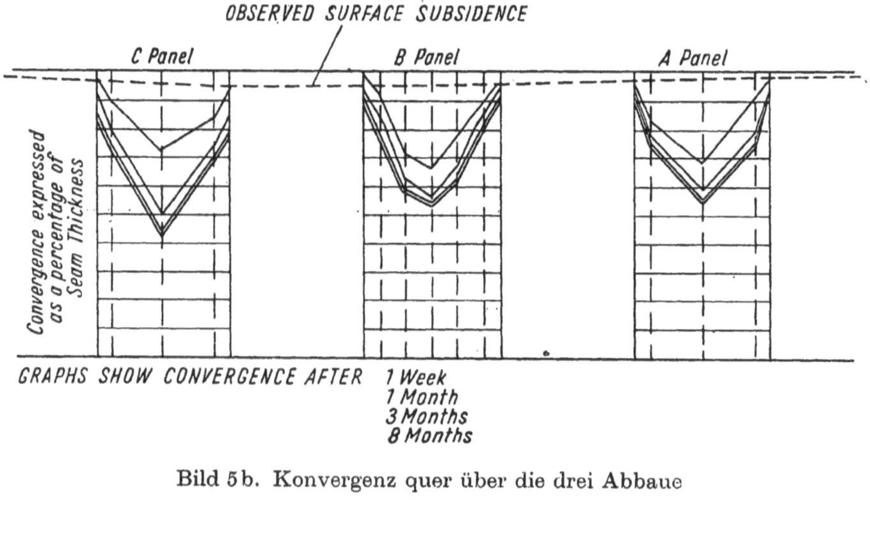

Bild 5b. Konvergenz quer über die drei Abbaue

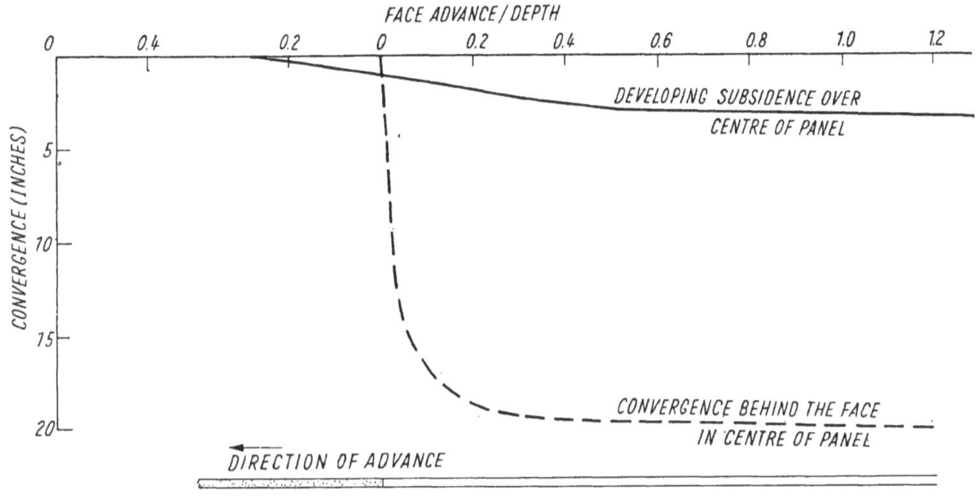

Bild 5c. Konvergenz und Senkung in der Mitte von Abbau B

Heben der Sohle im Abbaubereich ist eine häufig beobachtete Erscheinung in Kohlengruben; das Auftreten dieser Hebungen und anderer damit verbundener Erscheinungen muß eine Funktion der Natur und der Eigenschaften der Gesteine unter dem Abbaugebiet und der Drücke, die auf sie übertragen werden, sein. Diese Fragen werden im folgenden Abschnitt diskutiert.

Die Trennung von Gewölbebildung aufweisenden Abbaugebieten

Wenn das Gewölbe im Haupthangenden über einem bestimmten Abbaugebiet wirksam erhalten werden soll, muß, das ist klar, das Abbaugebiet genügend weit von jedem benachbarten Abbaugebiet sein. Eine gute Wechselwirkung zwischen benachbarten Abbaugebieten mag zugestanden werden, darf aber nicht die einzelnen Gewölbe, die sich gebildet haben, zerstören.

Wenn wir zwei solcher benachbarter Abbaugebiete betrachten, wie in Bild 6 gezeigt, ist zu erkennen, daß Spannungen um die peripheren und die gemeinsamen Kämpfer entstehen. Unter sonst gleichen Bedingungen werden die Spannungen um den gemeinsamen Kämpfer anwachsen, wenn der Abstand zwischen zwei Abbaugebieten kleiner wird. Es kann ein kritischer Zustand erreicht werden, bei dem diese Spannungen entweder Bruch des gemeinsamen Kämpfers oder Bruch der Gewölbe über den beiden Abbaugebieten oder beides verursachen. Darüber hinaus würden hohe Spannungen, die um den gemeinsamen Kämpfer entstehen, unerwünschte Zustände in benachbarten Zugangsstrecken und Abbaugebieten hervorrufen.

Die erwähnte Frage kann auch aus Beobachtungen der Oberflächensenkung von drei Gruben bestätigt werden, wie Bild 7 zeigt. Fall A bringt die Entwicklung der Senkung über einer Abbaufläche, die sich von einer nicht verhauenen Zone fortbewegt und eine Erstreckung von 0,48 D hat. Bis zu einem Fortschritt von etwa 0,25 D bestand ein Gewölbe im Haupthangenden, wobei zu bemerken ist, daß das unverhauene Gebiet genügend groß war, um einen entsprechenden Kämpfer abzugeben und irgendwelche bemerkenswerte Wechselwirkung zwischen den zwei Abbaugebieten zu verhindern.

Im Fall B bestand ebenfalls ein Gewölbe im Haupthangenden von annähernd gleichen Abmessungen mit einem ausreichenden Auflager, wobei sich die Abmessungen auf nur 0,23 D belief. Der Unterschied zwischen den zwei Kurven deutet darauf hin, daß zwischen den beiden Abbaugebieten nur eine geringe Wechselwirkung bestanden haben kann.

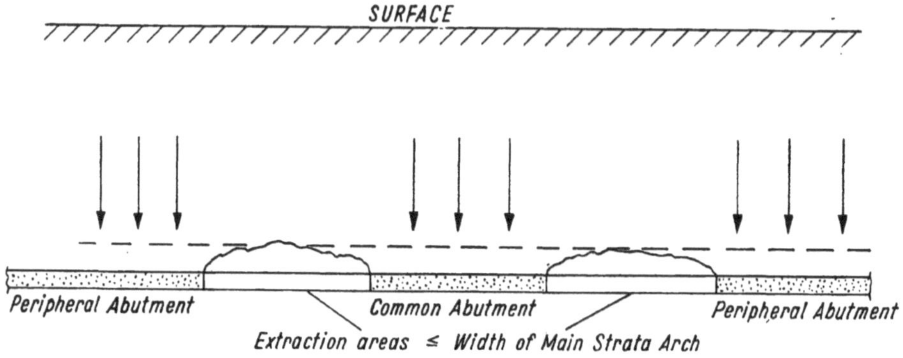

Bild 6. Darstellung des gemeinsamen Kämpfers von zwei Abbauen

Fall C läßt überhaupt keine Gewölbebildung im Haupthangenden erkennen. Es kann angenommen werden, daß die Größe des Kämpfers in der Abbausohle (0,11 D) zu gering war, um der aufgebrachten Last zu widerstehen, und daß eine wesentliche Wechselwirkung zwischen den zwei benachbarten Abbauzonen bestand. Das Verhältnis H/W (H = Flözmächtigkeit, W = Pfeilerbreite) auf der Abbausohle betrug etwa 1:8.

Diese drei Beispiele stammen aus benachbarten Gruben in einem Kohlenrevier. Sie liegen alle in einem Teufenbereich von 425 bis 550 feet (130 bis 168 m), haben Flözmächtigkeiten im Bereich von 4′—0″ bis 5′—6″ (1,22 bis 1,67 m) und Streblängen von 0,82—1,40 D. Die Gruben A und B sind geologisch vergleichbar, da die Schichten bis zur Oberfläche aus Karbon ohne größere Sandsteinbänke bestehen. Die Grube C war nur in bezug auf die Karbonschichten über dem Flöz vergleichbar, während an der Tagesoberfläche Gesteine des Trias in einer Mächtigkeit von etwa 100 feet (30 m) anstanden.

Die Betrachtung der Kämpfer und der hervorgerufenen Spannungen sollte nicht bloß auf das Mineralvorkommen selbst gelenkt werden. Es scheint wichtig genug, daß die Spannungen und Verformungen der Kämpfer auch die Schichten über und unter dem zu gewinnenden Flöz beeinflussen. Diese Ansicht wird durch einige neuere Beobachtungen in einer Kohlengrube in Nordfrankreich bekräftigt.

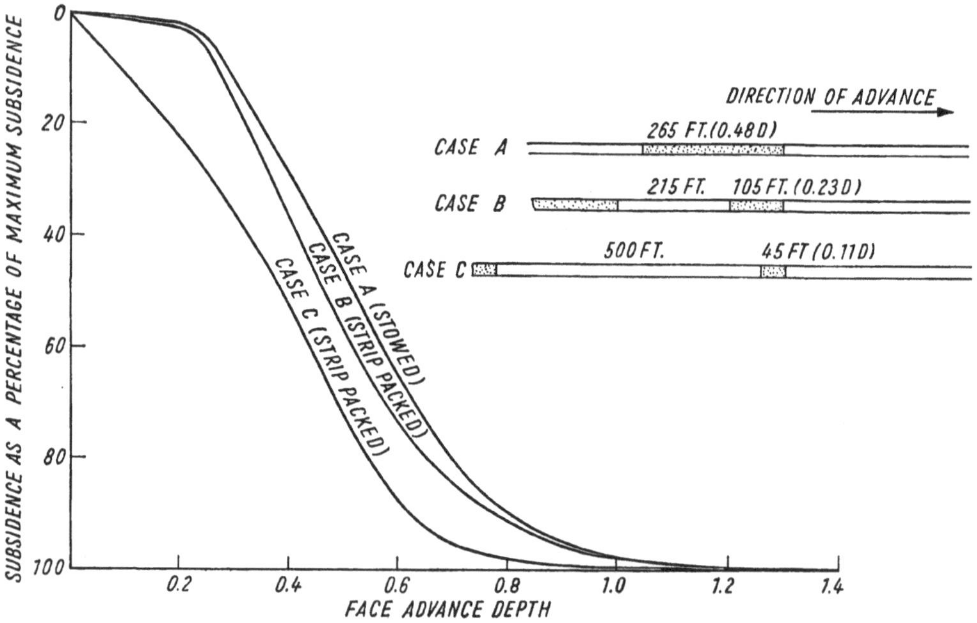

Bild 7. Senkungsentwicklungskurven

Die Umstände sind in Bild 8a und 8b dargestellt. Ein Schachtsicherheitspfeiler wurde in zwei benachbarten Abbaugebieten teilweise hereingewonnen, wobei keines der Abbaugebiete ausgedehnter als die Abmessung des Gewölbes im Haupthangenden ist. Zwischen diesen beiden Gebieten lag zentral ein Schacht, der bis unter die Abbausohle reichte. Die Messung der vertikalen Verformungen der Schichten um den Schacht wurde im Verlauf des fortschreitenden Abbaues vorgenommen.

Die Verformung im oberen Teil der Schichten war tatsächlich vernachlässigbar, während in den Schichten über, in und unter der Abbausohle starker Druck beobachtet wurde. Eine Sandsteinbank, die etwa 40 m über der Abbausohle lag, traf mit einer ausgebildeten Druckverminderung zusammen. Im übrigen bestanden die Schichten vorwiegend aus Schiefern mit

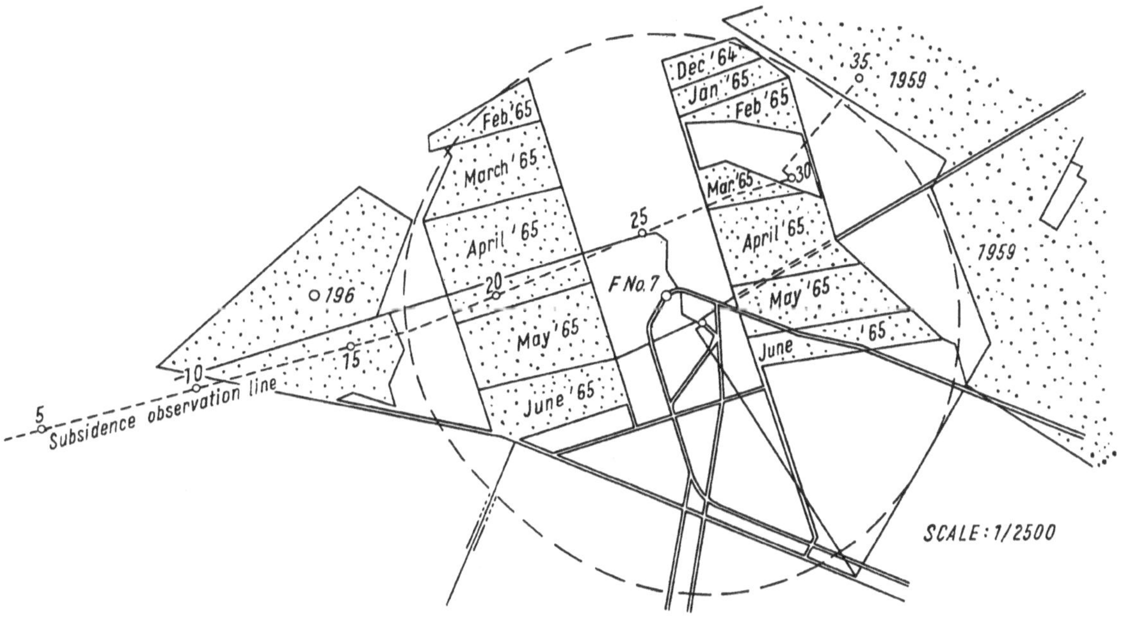

Bild 8a. Anordnung der Abbaue im Schachtsicherheitspfeiler einer französischen Kohlengrube

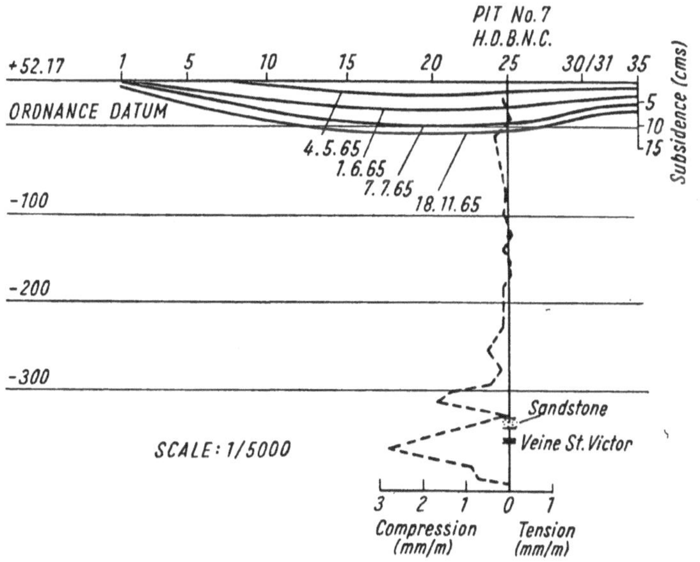

Bild 8b. Oberflächensenkung und Vertikalverformung des Schachtes

dem selbstverständlichen Einschluß des Kohlenflözes. Die Verformungen waren innerhalb etwa eines Monats, nachdem der Abbau aufgehört hatte, tatsächlich statisch. Die gesamte Vertikalverformung kam der beobachteten Senkung der Tagesoberfläche nahe.

Wir ziehen die Schlußfolgerung, daß jede Behandlung von Spannungen und Abmessungen von Kämpfern die Schichten über und unter der Abbausohle berücksichtigen muß. Es mag sein, daß unter gegebenen Umständen das Mineralvorkommen in der Abbausohle das schwächste von denen ist, die wahrscheinlich beeinflußt werden, aber dieses Problem muß berücksichtigt werden. Daraus folgt, daß das Verhältnis H/W der schwächsten Schicht wahrscheinlich die wichtigste Rolle in der strukturellen Stabilität des gemeinsamen Pfeilers zwischen zwei Abbaugebieten spielt.

Die erwartete Vertikalkomponente der Belastung des gemeinsamen Pfeilers kann nur aus der sogenannten Nebenflächentheorie bestimmt werden, die von Denkhaus und Coates entwickelt wurde. Es handelt sich dabei einfach um das Gewicht der überlagernden Schichten, gleichmäßig über einen oder mehrere Pfeiler verteilt. Sie ist eine rein empirische Annahme, die ein Maß der durchschnittlichen Belastung darstellt, aber keine Auskunft über die Verteilung der Belastung gibt. Darüber hinaus gibt sie auch keinen Hinweis auf die Richtung der Belastung, besonders dort, wo die Schichten gegenüber der Horizontale geneigt sind. Aus ihr vorgenommene Ableitungen müssen deshalb mit Vorbehalt betrachtet werden.

Wir wollen die Tragfähigkeit der Mineralschicht oder einer schwächeren Schicht in ihrer Nähe in bezug auf das H/W-Verhältnis betrachten. In diesem Zusammenhang ist die „strukturelle" Eigenschaft der Schicht von großem Einfluß, d. h. ihre Fähigkeit, hohe Lasten bei niedrigen H/W-Verhältnissen aufzunehmen. Es gibt keine Richtlinien für eine quantitative Einschätzung dazu, Laboratoriumsversuche oder die Extrapolation aus bergbaulicher Erfahrung sind die einzigen Anhaltspunkte. Die Untersuchung im Laboratorium wird einen Hinweis auf das H/W-Verhältnis geben, bei der die Lastaufnahmefähigkeit von Proben eine bemerkenswerte Änderung zeigt, das ist der Zustand, bei dem die Proben beginnen, eine strukturelle Eigenschaft zu zeigen. Bei der Verwendung solcher Ergebnisse aus Laboratoriumsversuchen ist es jedoch notwendig, Rücksicht auf den hohen Grad der Extrapolation durch Einführung eines ausreichenden Sicherheitsfaktors, wahrscheinlich in der Größenordnung von 4 bis 5, zu nehmen.

Bild 9 bringt zum Beispiel die Ergebnisse von Laboratoriumsuntersuchungen an Kohlenproben aus einer kanadischen Grube. Die errechnete durchschnittliche Vertikalspannung nach der Oberflächentheorie belief sich auf 1000 p.s.i. (70 kp/cm²). Mit einem Sicherheitsfaktor von 4 ergab sich ein Verhältnis H/W der Probe von annähernd 1:6. Dieses Verhältnis ist als Mindestabmessung der Pfeiler in der Grube verwendet worden.

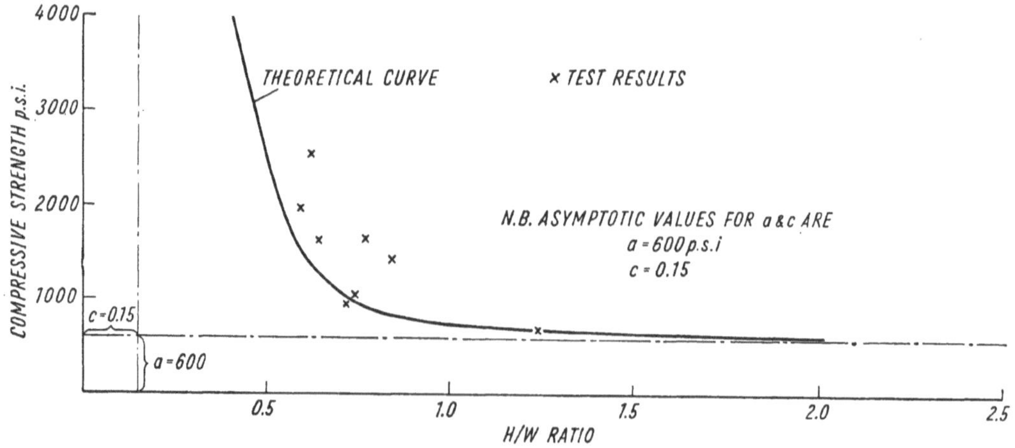

Bild 9. Ergebnisse von einachsigen Druckversuchen an kanadischer Kohle

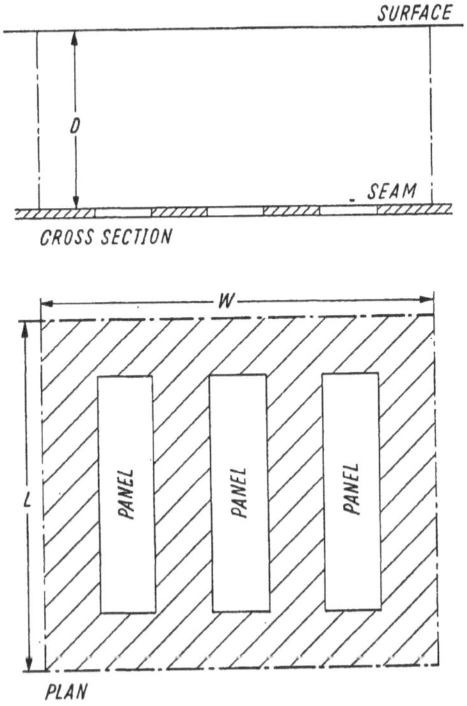

Bild 10. Diagramm der betrachteten Fläche bei der Bestimmung der durchschnittlichen Belastung beim „Panel and Pillar"-Abbauverfahren

Auf der anderen Seite können eine Untersuchung der Standfestigkeit von Pfeilern und Markscheiden, die in vergleichbaren Abbauen stehen, und Untersuchungen über die besonderen Probleme, die damit verbunden sind, ein zuverlässigerer Leitfaden als die bloße Laboratoriumsuntersuchung von Proben sein. Eine sorgfältige und vorurteilsfreie Auswertung solcher Angaben und der Erfahrungswerte ist häufig von beträchtlichem Wert.

Die Kombination von Abbaugebieten mit Gewölbebildung und die Trennung der Kämpfer bei der grundsätzlichen Planung einer Grube

Hierbei handelt es sich keineswegs um eine neue Vorstellung. Sie wurde bereits vor mehr als 30 Jahren zum Abbau unter der Stadt Sheffield verwendet und hat eine ausführliche Anwendung im Bergbau auf Kohle, Eisenerz und Kali in Großbritannien, Frankreich, Polen und der UdSSR erfahren. Ein Diagramm dieses Systems ist in Bild 10 gezeigt.

Die Senkung, die durch solche Systeme verursacht wird, ist durch einen flachen, niedrigen Senkungstrog gekennzeichnet, desssen Ausbildung nicht den scharfen Übergang von der Gewölbebildung, wie sie Bild 3 zeigt, aufweisen sollte. Einzelheiten aus zehn Beispielen sind in Tab. 1 angeführt. Der Grundsatz des Gewölbes im Haupthangenden wurde bei der Bestimmung der Größen der Abbaugebiete in diesen Beispielen entsprechend berücksichtigt, wie die Literatur [15], [16], [17] beweist. Üblicherweise wurde jedoch angenommen, daß die Kämpfer von gleicher Breite wie die Abbaue sein sollten. Diese „Faustregel" ergab einen nominellen Gewinnungsfaktor von 0,5, der beileibe nicht immer das Optimum darstellte, das hätte erreicht werden können.

Die Verbesserung in der Planung und im Gewinnungsfaktor hatte einer vernünftigen Analyse der Mechanik des Systems entgegenzusehen. Eine solche Analyse mußte dahinführen, entweder von irgendeiner Hypothese auszugehen oder zu einer Hypothese heranzuführen, die die wichtigsten Dimensions- und Strukturparameter zum Inhalt hat.

In einfachen Worten, das System besteht aus einer Reihe von Gewölben im Haupthangenden, die von einer Anzahl von Kämpfern getragen werden. Wenn die Kämpfer verformbar sind, wird ihre Verformung mit den in ihnen herrschenden Spannungen im Zusammenhang stehen. Das strukturelle Verhalten des Gebirges und der Kämpfer wird bedeutsam insofern sein, als das erstere die Weiten der Gewölbe im Haupthangenden und die Kämpferspannungen beeinflussen wird, während die Breiten der Kämpfer durch das letztere bestimmt werden.

Tabelle 1

Grube	D	P	W	H	S	$S\%$	R	L	n	$L \cdot \frac{H}{W}$	$L \cdot \frac{H}{W} \cdot P$
1 Handsworth	360	97	125	4,46	0,144	3,23	0,45	590	4	21,05	2040
2 Barbara[1])	558	164	131	3,94	0,197	5,00	0,55	916	3	27,55	4520
3 Hucknall[2])	576	145	145	4,50	0,208	4,63	0,50	861	3	26,72	3870
4 Glenochil[2])	666	125	190	2,84	0,151	5,30	0,40	918	2	13,72	1715
5 Wollaton	725	150	145	4,50	0,292	6,48	0,50	1070	3	33,21	4980
6 Snibston[2])	830	187	170	6,00	0,660	11,00	0,53	1205	3	42,53	7950
7 Wearmouth[2])	1800	240	250	2,92	0,260	9,00	0,48	2450	3	28,62	6869
8 Easthouses[2])	2020	545	550	5,92	0,940	15,90	0,50	3290	2	35,42	19300
9 Cadeby	2250	240	360	5,60	0,770	14,00	0,41	3210	5	48,95	11700
10 Bradford[2])	2700	210	300	5,84	0,920	15,70	0,42	3680	5	71,64	15050

[1]) mit Genehmigung von Prof. Knothe
[2]) nach Orchard

D = Teufe (ft)
P = Abbaubreite (ft)
W = Pfeilerbreite (ft)
H = Flözmächtigkeit (ft)
S = Senkung (ft)
$S\%$ = Senkung in % von H
R = nomineller Gewinnungsfaktor
L = durchschnittl. Belastung
n Anzahl der Abbaue

Eine erste Voraussetzung ist, daß das Gesamtgewicht eines Blocks von unendlicher Länge durch $W \cdot D$ (Bild 10) bestimmt und gleichmäßig auf die Kämpfer verteilt ist. Das ist ein Maßstab der mittleren vertikalen Spannung in den Kämpfern. Es ist notwendig vorauszusetzen, daß die Breiten der am Rand gelegenen Kämpfer größer als die Hälfte der Breite der Kämpfer ist, die im Abbaugebiet liegen. Wenn diese Voraussetzung nicht gemacht wird, nimmt die berechnete mittlere Vertikalspannung ab, wenn die Gesamtbreite des Abbaugebietes zunimmt. Diese Annahme ist selbstverständlich trügerisch.

Wenn die Schicht von nutzbarem Mineral als schwächste in den Kämpferzonen angenommen wird, wird das H/W-Verhältnis für diese Schicht ein bedeutsamer Parameter sein. Jedoch darf die Gesamthöhe des Kämpfers auch zur Höhe des Hereinbrechens des Hangenden im Gewölbebereich des Haupthangenden in Beziehung gesetzt werden, das umgekehrt wahrscheinlich mit dem Volumen eines Abbaugebietes in Beziehung steht.

In den vorausgehenden Annahmen wurde gefordert [18], daß:

$$S = f\,(L_a, H/W, P\,H)\,,$$

wobei

S = Maximalsenkung oder Durchbiegung der Tagesoberfläche,
L_a = durchschnittliche Vertikalspannung in den Kämpfern,
H = gebaute Mächtigkeit,
W = Breite des Kämpfers in der Abbausohle,
P = Breite der einzelnen Abbaubereiche.

Diese Kennziffern werden einzeln und in verschiedener Kombination betrachtet, bis durch einen Vorgang der statistischen Ausgleichung der folgende beste Zusammenhang gefunden wurde:

$$S = f\,(L_a \cdot H/W \cdot P\,H)$$

oder

$$S/H = f\,(L_a \cdot H/W \cdot P)\,.$$

Diese funktionelle Abhängigkeit ist in graphischer Form in Bild 11 dargestellt. Sie deutet einfach an, daß in den Abmessungs- und anderen Grenzen der Beobachtungen die betrachteten Parameter eine kombinierte strukturelle Bedeutung haben, für die die herbeigeführte maximale Senkung der Tagesoberfläche ein Indikator ist.

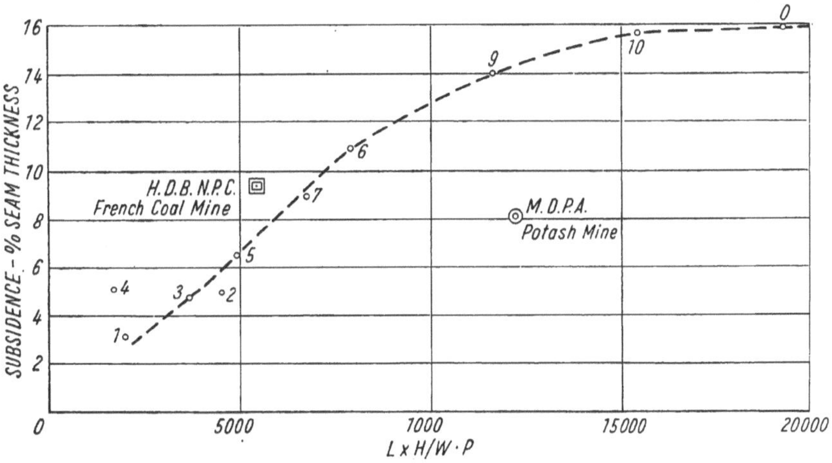

Bild 11. Abhängigkeit der beobachteten Maximalsenkung von L, H/W und P

Einige Beispiele der Anwendung von Grundsätzen der strukturellen Planung

In Zusammenarbeit mit Kollegen vom Kohlenrevier Nord et Pas-de-Calais in Frankreich wurden Abbaue für einen Teilabbau eines einfallenden Kohlenflözes mit einer zu bauenden Mächtigkeit von 3′—6″ (0,93 m) geplant. Die Grenzbedingungen waren:

a) einen maximal möglichen Gewinnungsfaktor zu erreichen, der mit einer maximalen Senkung der Tagesoberfläche von 4 inches (101,6 mm) in Übereinstimmung steht,
b) die langfristige strukturelle Standfestigkeit wegen des Vorhandenseins eines darunterliegenden abbauwürdigen Kohlenflözes zu sichern,
c) die bestmöglichen Arbeitsbedingungen unter Tage zu schaffen.

Die Abmessung des Gewölbes im Haupthangenden von 0,25 D wurde aus Senkungsbeobachtungen in einer Nachbargrube (Bild 2c) bestimmt. Die Kohle war sehr brüchig, obwohl nach Versuchen eine Druckfestigkeit von annähernd 4000 p.s.i. (280 kp/cm²) bei einem Probenverhältnis H/W von 1:16 zu erwarten war. Die berechnete durchschnittliche Vertikalspannung in der oberen Sohle belief sich auf etwa 1000 p.s.i. (70 kp/cm²). Die Abbaue wurden entsprechend den Bildern 12a und 12b geplant und hergestellt. Das Verhältnis H/W der Kämpfer wurde in der unteren Sohle auf 1:20 erhöht.

Der nominelle Gewinnungsfaktor belief sich auf 65%, die beobachtete maximale Senkung überstieg nur gering den Wert von 4 inches (101,6 mm). Die Abbaubedingungen waren ausgezeichnet und, was besonders hervorzuheben ist, Unterhaltungsarbeiten waren weder in den söhligen noch in den flachen Strecken im Flöz notwendig. Das Senkungsergebnis ist mit der funktionellen Abhängigkeit, die in Bild 11 dargestellt ist, in Beziehung gesetzt und eingetragen worden, um einen Vergleich mit der abgeleiteten Kurve zu ermöglichen. Es ist eine Abweichung festzustellen, die zu der Annahme führen könnte, daß in diesem Fall das Ergebnis durch die entsprechende strukturelle Eigenschaft der Kohle beeinflußt worden sein könnte.

Aus einer ähnlichen Zusammenarbeit mit Ingenieuren der Mines Domaniales de Potasse d'Alsace entstand der Abbauplan, der in Bild 13 dargestellt ist. Anfänglich lagen keine Senkungsbeobachtungen vor, aus denen Hinweise über die Gewölbebreite im Haupthangenden abzuleiten waren, und keine Versuchsergebnisse, die als Hilfe bei der Festlegung der Kämpferbreite hätten dienen können. Der erste geplante Verhieb betraf die Abbaue 108, 110, 112

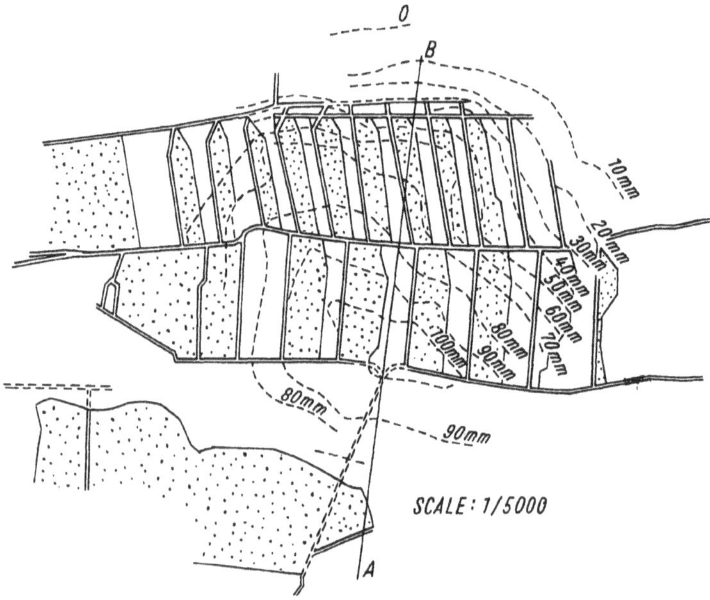

Bild 12a. Anordnung der Abbaue in einer französischen Kohlengrube mit den beobachteten Senkungskonturen

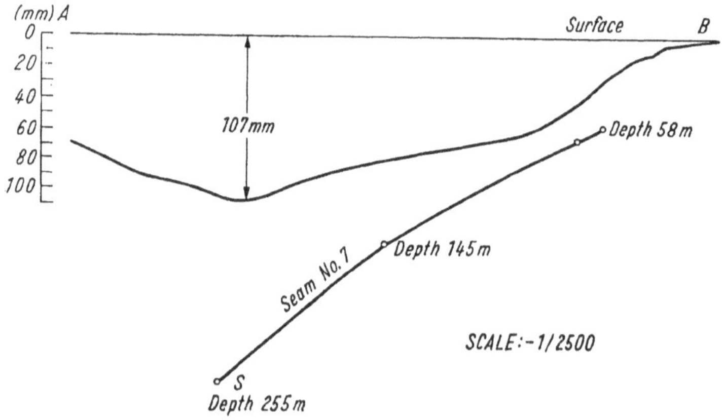

Bild 12b. Vertikalschnitt durch $A-B$ entspr. Bild 12a mit beobachteter Senkung über den Abbauen in einer französischen Kohlengrube

und 114 bei Breiten von 0,08 bis 0,09 D bei Kämpferbreiten im Flöz mit $H/W = 1:36$ bis $1:43$. Die Kammern waren durch einen mechanisierten Kammerpfeilerbau unter Zurücklassung von kleinen Pfeilern abzubauen. Die Kammern 110 und 114 wurden zuerst abgebaut, ihnen folgten die Kammern 108 und 112.

Nachdem die Kammern 108, 110 und 114 abgebaut worden waren und der Abbau in Kammer 112 etwa $^1/_3$ seiner geplanten Länge erreicht hatte, belief sich die beobachtete Maximalsenkung auf nur etwa 2 cm. Aus diesem Grund wurde die Kammer 112 verbreitert und

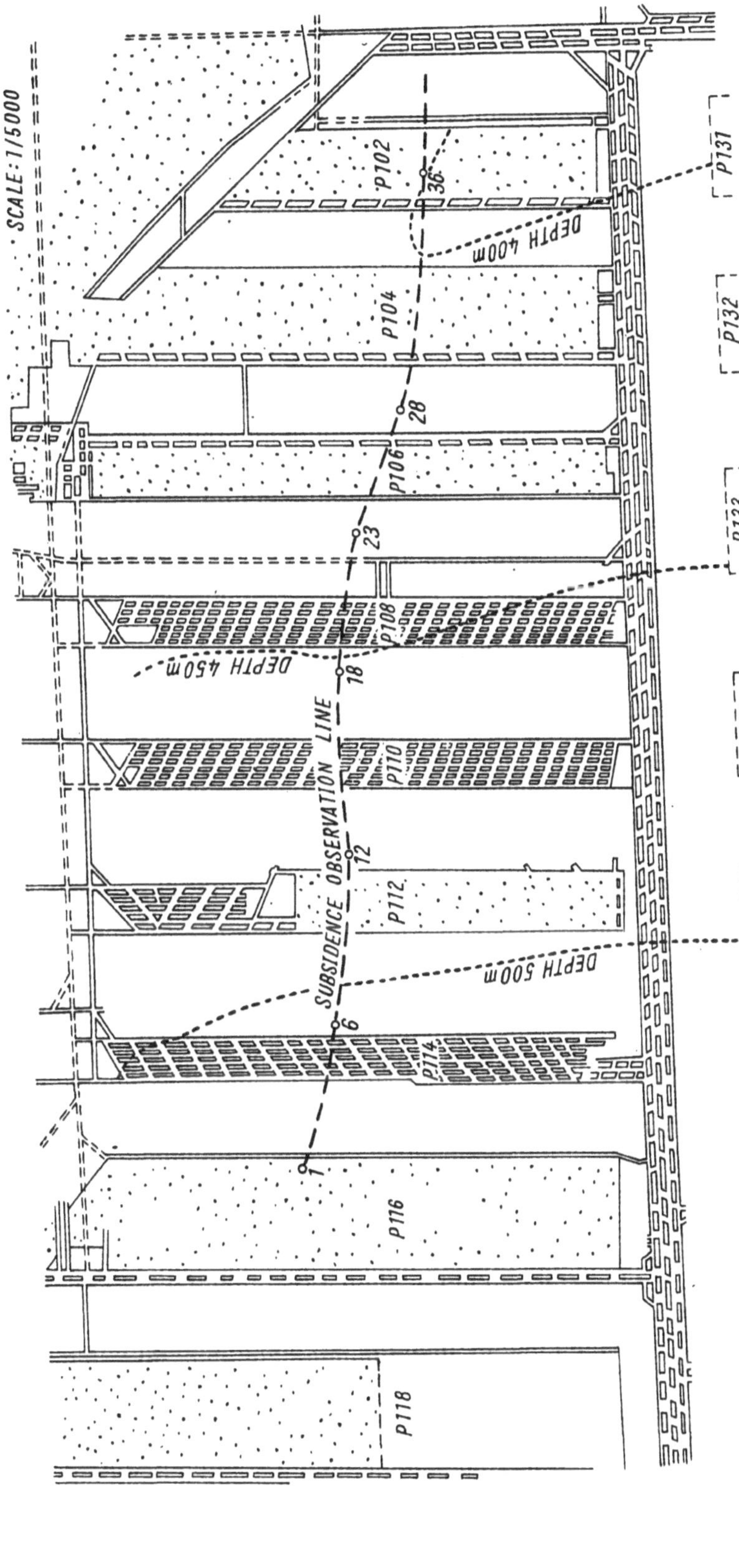

Bild 13a. Anordnung der Abbaue in einer französischen Kohlengrube

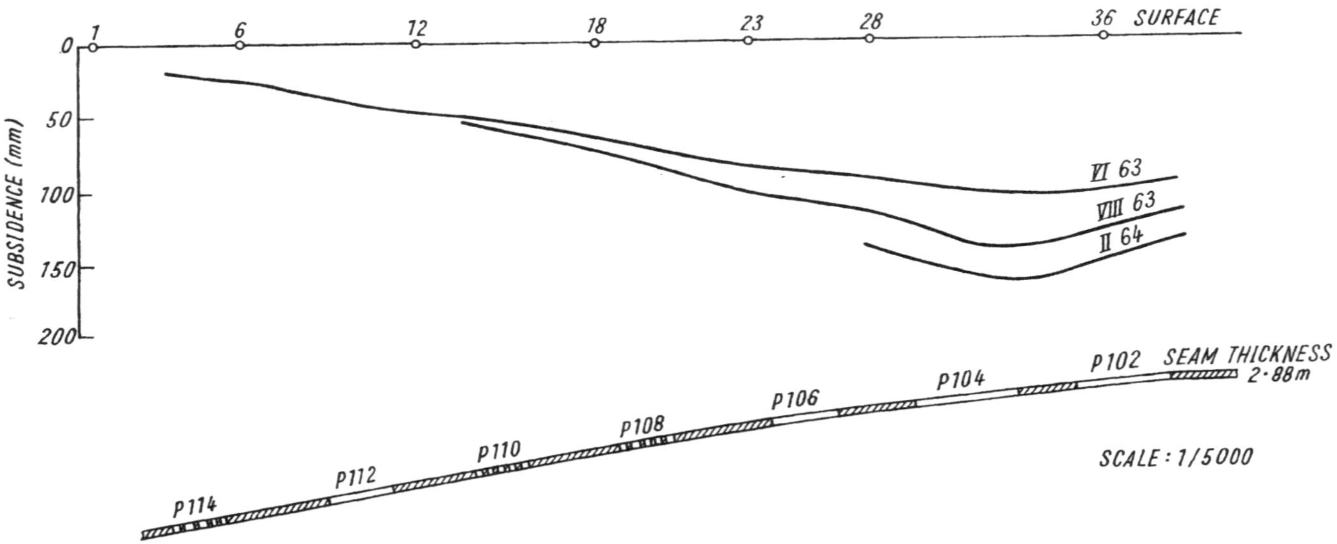

Bild 13b. Schnitt durch die Bausohle der französischen Kaligrube mit beobachteter Oberflächensenkung

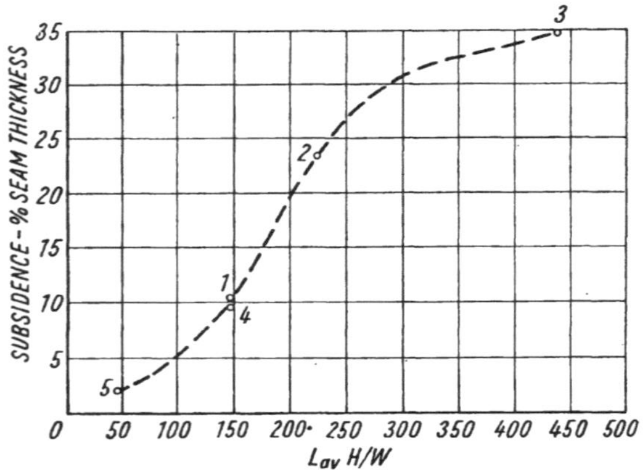

Bild 14a. Prozentuale Senkung in Abhängigkeit von durchschnittlicher Belastung mal H/W bei Kammerpfeilerbau

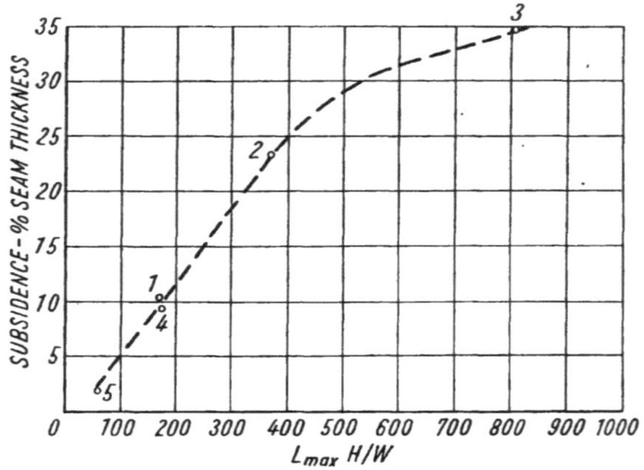

Bild 14b. Prozentuale Senkung in Abhängigkeit von maximaler Belastung mal H/W bei Kammerpfeilerbau

das Flöz in ihr vollständig abgebaut. Die Auswirkung war zu gering, um die Oberflächensenkung zu vergrößern.

Deswegen wurden die Kammern 102, 104 und 106 in der Breite vergrößert und die Kämpferbreiten wurden generell vermindert. Die maximale Abbaubreite belief sich bei Kammer 104 auf 0,18 D und die geringste Kämpferbreite, zwischen den Kammern 102 und 104, auf ein Verhältnis $H/W = 1:24$.

Das Endergebnis für die Kammern 102, 104 und 106 ist mit der funktionellen Abhängigkeit in Beziehung gesetzt und ebenfalls in Bild 11 dargestellt. Wieder würde die Unterschiedlichkeit darauf hinauslaufen, daß ziemlich unterschiedliche strukturelle Eigenschaften im Vergleich zum Kohlenbergbau bestehen, wie erwartet werden konnte. Nachfolgend ist der Abbau nach Westen und Süden geplant worden und wird gegenwärtig mit Kammern, die eine Breite von 0,20 D haben, und Flözkämpfern mit einem $H/W = 1:20$ durchgeführt. Der gegenwärtige nominelle Gewinnungsfaktor beläuft sich auf 66%. Die Strecken für Förderung und Bewetterung werden mit minimalem Ausbau in Form von Ankerausbau an örtlichen Schwächestellen aufgefahren, Unterhaltungsarbeiten sind bis jetzt noch notwendig gewesen.

Kammerpfeilerbau

Es liegen verhältnismäßig wenig Beobachtungsergebnisse über die Senkung bei Kammerpfeilerbau vor, und die, die uns zur Verfügung gestanden haben, beziehen sich auf den Kohlenbergbau. Jede Senkung zeigte einen flachen Senkungstrog, der sich über die Abbaugrenzen hinaus erstreckte. Eine Zusammenfassung dieser Ergebnisse ist in Tab. 2 angeführt.

Tabelle 2

Beispiel	Quelle	D	H	W	H/W	S	R	L_a	$S\%$	$L \cdot H_a/W$
1	N.Staffs	450/900	4,50	30	0,150	9	0,41	980	10,5	147
2	○	260	4,25	10	0,425	16	0,70	525	23,5	223
3	×	500	8,00	rd. 16	0,500	24	0,69	880	34,8	440
4	Cannock	870	7,00	50	0,140	10	0,31	1050	9,6	147
5	○	330	4,25	44	0,097	16	0,46	470	2,0	46

○ N.C.B. Production Department, Information Bulletin 61/231
× Herbert & Routledge, U.S. Department of Commerce, Bulletin 238

D = Teufe (ft)
H = Flözmächtigkeit
W = Pfeilerbreite (ft)
S = Kammerbreite (ft)
R = nomineller Gewinnungsfaktor
L_a = durchschnittl. Belastung
$S\%$ = beobachtete Senkung in % von H

Eine Untersuchung dieser Angaben deutete auf einen Zusammenhang zwischen der beobachteten Maximalsenkung und der durchschnittlichen Vertikalspannung in den Pfeilern hin; die folgende funktionelle Abhängigkeit wurde untersucht:

$$S = f(L_a, H/W, H)\,.$$

Der treffendste Zusammenhang schien folgender zu sein:

$$S = f\,(L_a \cdot H/W \cdot H)$$

oder

$$S/H = f\,(L_a \cdot H/W)\,.$$

Er ist in Bild 14a dargestellt. Die Abhängigkeit scheint ausgezeichnet zu sein, wenn auch die Anzahl der Beobachtungen gering ist. Darüber hinaus hatten in allen Fällen die Abbaugebiete geplante Abmessungen, die größer als die Abbauteufe waren, d. h., daß die vertikalen Spannungen wahrscheinlich zu ihrem Maximum strebten. Tatsächlich ist die Korrelation für

$$S/H = f\,(L_{\max} \cdot H/W).$$

unter Verwendung der errechneten maximalen Vertikalspannung aus der Nebenflächentheorie recht gut (siehe dazu Bild 14b). In beiden Fällen jedoch scheint eine bemerkenswerte Abhängigkeit zwischen Senkung, Vertikalbelastung der Pfeiler und dem H/W-Verhältnis der Pfeiler zu bestehen.

Ein Senkungsvergleich deutet darauf hin, daß der Örterpfeilerbau in struktureller Hinsicht stabiler als das Kammerpfeilerbauverfahren für vergleichbare Fälle von Spannung und Gewinnungsfaktor ist. In Fall Nr. 3 von Tab. 2 waren die Abmessungen des Gebietes, das im Pfeilerbauverfahren abgebaut wurde, 500 · 500 feet (152 · 152 mm), und der Gewinnungsfaktor betrug 0,69. Der gleiche Gewinnungsfaktor würde durch drei Totalabbaufelder von je 115 feet (35 m) in der Breite (0,225 D) und zwei Auflagern von 77,5 feet (23,6 m) erzielt, wobei $H/W = 1:10$. Im ersteren Fall belief sich die beobachtete Maximalsenkung auf 34,8%, im letzteren Fall beträgt die errechnete Maximalsenkung entsprechend Bild 11 15% der Flözmächtigkeit von 8 feet (2,4 m).

In den Fällen, in denen Kammerpfeilerbau angewandt wird und die stehenbleibenden Pfeiler dazu dienen, das unmittelbare Hangende zu unterstützen oder die Senkung der überlagernden Schichten oder der Tagesoberfläche zu begrenzen, wird das Problem der Abbauverluste zu einer wichtigen Frage in bezug auf Vorräte, Wirtschaftlichkeit und Sicherheit. Die Hauptprobleme bei ausgedehntem Kammerpfeilerbau liegen in der Unsicherheit, die bei der Voraussage der Pfeilerbelastung und der Tragfähigkeit von Pfeilern bei einem großen H/W-Verhältnis auftritt. Eben im letzteren Zusammenhang scheint der Sicherheitsfaktor von besonderer Bedeutung zu sein, worauf Zusammenbrüche in den Gruben Coalbrook und Champagnole sowie in bestimmten Kaligruben in der DDR hindeuten.

Es scheint eine logische Schlußfolgerung unserer Untersuchung zu sein, daß die Vertikalspannung in kleinen Pfeilern im Gewölbebereich des Haupthangenden nur ein Bruchteil des möglichen Maximums sein würde, wobei diese Feststellung durch die Beobachtungen bezüglich der Abbaue 108, 110 und 114 der französischen Kaligrube unterstützt zu werden scheint. Bei einer gegebenen niedrigen Pfeilerbelastung könnten unter diesen Umständen die H/W-Verhältnisse der bleibenden Pfeiler und folglich der Gewinnungsfaktor verhältnismäßig hoch sein. Jedoch würde es notwendig werden, solche Abbaugebiete durch ausreichende große Auflager abzutrennen, wodurch der Gesamtanteil der gewinnbaren Vorräte im Vergleich zum Gewinnungsfaktor in den Abbaugebieten abnehmen würde. Trotzdem könnte es möglich sein, mit dieser Anordnung einen besseren Gesamtgewinnungsfaktor als bei ausgedehntem Kammerpfeilerbau zu erreichen und gleichzeitig eine bessere Behandlung des Daches zu ermöglichen. Tatsächlich kann ein solches System unter gewissen Umständen, wo sehr hohe Spannungen entstehen können, beispielsweise bei großen Abbauteufen, das einzig mögliche Verfahren zur sicheren Anwendung von Kammerpfeilerbau sein.

Der tiefere Sinn eines strukturellen Herangehens an Hangendlenkung und Grubenentwurf

Die Hangendlenkung ist ein wesentliches Moment der Planung und des Entwurfs einer Grube in bergmännischer Sicht, und alle Untersuchungen der Gebirgsmechanik und über die Senkung der Tagesoberfläche sollten letztlich darauf gerichtet sein, dieses Vorhaben zu verwirklichen.

Die Fähigkeit des Haupthangenden über Grubenbauen, sich strukturell zu verhalten, wenn es entsprechenden Grenzbedingungen ausgesetzt wird, ist nachweisbar. Ebenso gilt, wenn die entsprechenden Grenzbedingungen überschritten werden, daß viele Manifestationen einer mangelhaften Gebirgsbeeinflussung zutage treten, wie Schichtenaufblätterung, große Ausbaubelastung, umfangreiche Unterhaltungsarbeiten an den Zugangsstrecken und deren Ausbau, Sohlenhebung, Gebirgsschläge, Beeinträchtigung der Wetterführung und Zusammenbruch von Pfeilern oder sogar der Grube. Die Wichtigkeit solcher Erscheinungen in bezug auf die Grubenbetriebskosten und die Grubensicherheit muß besonders betont werden.

Selbstverständlich muß ein Preis dafür gezahlt werden, um eine Lenkung des Haupthangenden zu bewirken; er spiegelt sich hauptsächlich im Mineralverlust, der in den Auflagerflächen entsteht, in kleinen bleibenden Pfeilern sowie in einigen Fällen in höheren Aus- und Vorrichtungskosten wider. Dabei sind jedoch zwei wichtige Faktoren zu berücksichtigen, die ein Gegengewicht ausüben. Der erste Faktor besteht darin, daß in vielen Gruben, besonders aber in Kohlenzechen, die Abbauverluste in Pfeilern, Markscheiden und Abbaugebieten — die oft aus verschiedenen Gründen abgeworfen werden müssen — recht hoch sind. In manchen Fällen übersteigen sie die, die in einem strukturellen Grubenentwurf wohlüberlegt in genau dimensionierten und plazierten Kämpferbereichen als Abbauverluste geplant werden. Wie die Erfahrung in französischen Kohlengruben gezeigt hat, ist es beispielsweise möglich, die geplanten Auflagergebiete so anzuordnen, daß sie in geologischen Störungen liegen.

Der zweite Faktor ist der, daß bei einer vernünftigen Einschätzung des Vorkommens nur die Vorräte betroffen werden können, die bauwürdig und mit Gewinn absetzbar sind. Deswegen ist es einfallslos, aus einer Grube die letzten Tonnen der Rohvorräte herauszuquetschen, weil dadurch unwirtschaftliche Gewinnungskosten entstehen würden.

Ein eindrucksvolles Beispiel einer geplanten Grubengestaltung auf der Basis von Grundsätzen, wie das Haupthangende zu pflegen ist, stellt der Strebrückbau in der Grube Easington dar [19]. Die Autoren haben versucht, die Gestaltungsgrundsätze, die dort angewandt wurden, mit dem Strebrückbau in anderen Gruben in Beziehung zu setzen [20]. Dabei scheint bemerkenswert zu sein, daß in allen betrachteten Fällen das maßgebende Entwurfsprinzip, die Streblänge in den Grenzen des Haupthangend- (oder Druck-)gewölbes zu halten, befolgt wurde, obgleich in den meisten Fällen zufällig.

Schlußfolgerungen und Anerkennung

Der Vortrag hat versucht, einige der wichtigsten Kenngrößen zu benennen, die bei der Planung von Grubenbauen zu berücksichtigen sind, soll eine vernünftige Dachbehandlung gewährleistet sein. Die Untersuchung baute in starkem Maße auf der Beobachtung von Oberflächensenkungen auf, wobei zu hoffen ist, daß diese Art der Betrachtung hilft, größere Klarheit bei Untersuchungen auf den Gebieten der Gebirgsmechanik, Dachbehandlung, Oberflächensenkung und Grubenplanung zu schaffen.

Die Senkung der Tagesoberfläche ist im Vergleich zu Spannungen und Bewegungen in der Grube relativ leicht zu messen. Darüber hinaus scheint es möglich zu sein, durch sorgfältige Auswertung eines ausreichend großen Umfangs von Senkungsbeobachtungen Hauptkennwerte und ihre gegenseitige Wechselwirkung zu bestimmen. Viele Messungen und Beobachtungen unter Tage sind für eine solche Analyse nicht geeignet, und zu oft ist es auch schwierig, genau zu wissen, was gemessen wird. Die Rolle der Oberflächensenkung als eines analytischen Werkzeugs bei der Beeinflussung des Hangenden und dem Entwurf von Gruben verlangt größere Anerkennung, sie sollte mehr genutzt werden.

Unsere grundsätzliche Meinung beruht in starkem Maße auf der Pionierarbeit, die beim North of England Safety in Mines Research Committee geleistet wurde, und auf den Veröffentlichungen, die erwähnt worden sind. Wir drücken unseren besonderen persönlichen Dank aus für die vielen unschätzbaren Aussprachen mit Prof. E. L. J. Potts von der Universität Newcastle-on-Tyne, Dr. P. Hackett von der Universität Nottingham und Herrn R. J. Orchard, Hauptmarkscheider des National Coal Board, und gleichermaßen für die Anregungen, die wir bei der Anwesenheit bei zahlreichen Ländertreffen und Sitzungen der Arbeitsgruppen des Internationalen Büros für Gebirgsmechanik, Berlin, bekommen haben.

Schließlich müssen wir dankbar auf die Zusammenarbeit mit Kollegen vom Houlleres du Bassin du Nord et du Pas-de-Calais, Mines Domaniales de Potasse d'Alsace und der Crows Nest Mining Company, Britisch-Columbien, Kanada, hinweisen, die uns vor manche Probleme von großer Bedeutung stellten und ihre Zustimmung zur Veröffentlichung einiger Senkungs- und anderer Beobachtungen, die in diesem Vortrag erwähnt wurden, gaben.

Literatur

[1] Berry, D. S.: Ground Movement considered as an Elastic Phenomena. Trans. Inst. Min. Eng. **123** (1963–64) 37.

[2] Salamon, M. D. G.: Elastic Analysis of Displacements and Stresses induced by the mining of seam or reef deposits. J. South African Inst. Min. and Met. (1963) November.

[3] Litwiniszyn, J.: The Theories and Model Research of Movements of Ground Masses. Proceedings European Congress on Ground Movement, Leeds, 1957.

[4] King, H. J.: An Investigation into the Factors that control Mine Subsidence. Dissertation 1958, Universität Leeds.

[5] Tincelin, E., u. a.: Zerdrücken eines kleinen Pfeilers in einer Eisenerzgrube. 9. Ländertreffen IBG, Akademie-Verlag, Berlin 1968.

[6] Bieniawski, Z. T.: In-situ-Untersuchung des Bruchmechanismus von Kohle. 9. Ländertreffen IBG, Akademie-Verlag, Berlin 1968.

[7] Vigier, G.: Private Mitteilung.

[8] Dreyer, W.: Die Bedeutung von Modellversuchen an Salzgesteine für die Beurteilung gebirgsmechanischer Probleme im Kalibergbau. Bergakademie **16** (1964) 2.

[9] Tincelin, E., and Sinou, P.: Collapse of areas worked by the small pillar meth Praktical conclusions and an attempt to formulate laws for the phenomena observed. Int. Conf. on Strata Control, Paris 1960.

[10] Höfer, K. H., and Menzel, W.: Comparative Study of pillar loads in potash mines established by calculation and by measurements below ground. Int. J. Rock Mechan. and Min. Sci. **1** (1964) 2.

[11] Denkhaus, H. G.: Critical Review of Strata Movement: Theories and their application to practical problems. J. South African Inst. Min. Met. **64** (1964) 8.

[12] Coates, D. F.: Pillar Loading. Department of Mines and Technical Surveys, Ottawa. Research Reports Nos. 168, 170 and 180.

[13] NORTH OF ENGLAND SAFETY IN MINES RESEARCH COMMITTEE: Seventh progress report of an investigation into the causes of falls and accidents due to falls – The improvement of working conditions by the controlled transference of roof load. Trans. Inst. Min. Eng. **108** (1948/49).

[14] Tincelin, E.: Conclusions de mesures de pression de terrain (Extrait de la Thèse „Pressions et Deformation de terrain dans le Mines de Fer de Lorrains").

[15] Alder, H., Walker, A., and Walker, L.: Subsidence and its bearing on Mining Methods. Trans. Inst. Min. Eng. **102** (1942/43).

[16] DIVISIONAL STRATA CONTROL RESEARCH COMMITTEE, N.C.B. DURHAM & NORTHERN (N. and C.) Div.: Memorandum on the Design of Mine Workings to secure effective strata control. Trans. Inst. Min. Eng. **110** (1950/51).

[17] Wardell, K., and Beevers, C.: Recent Research in Mining Subsidence. Trans. Inst. Min. Eng. **114** (1954/55).

[18] Wardell, K.: Surface Ground Movements Associated with the total and partial extraction of Stratified Mineral Deposits. Dissertation, Universität Nottingham.

[19] Thrower, W., and Holding, W.: Short Retrating Faces in the High Main Seam at Easington. Colliery Guardian **210** (1965) v. 18. 6.

[20] Anthracite Industry Survey, Mining Methods – Research – Preparation. Contribution to Project No. CR-68 for the Coal Research Board, Department of Mines and Mineral Industries, Commonwealth of Pennsylvania, U.S.A. Privater Bericht.

Neue Wege zur Beherrschung des Gebirgsdruckes im Ruhrbergbau

von O. Jacobi, Essen

Aufgabe der Forschungsstelle für Grubenausbau und Gebirgsmechanik ist, die Anforderungen an einen sicheren und wirtschaftlichen Ausbau von Streb und Strecke für das im westeuropäischen Steinkohlenbergbau häufig gebräche Gebirge zu erforschen[1]) und Wege zu ihrer Verwirklichung vorzuschlagen. Um diese Aufgabe zu erfüllen, befaßt sich die Forschungsstelle mit der Druckverteilung im Grubengebäude und ihrem Einfluß auf das Nebengestein, mit dem Verhalten der Dachschichten bei Bruchbau und ihrer Beeinflussung durch den Ausbau und durch betriebliche Vorgänge, sowie mit Prüfung und Erprobung und mit der Automatisierung des Strebausbaus. Im folgenden soll über einige Ergebnisse, die in den vergangenen zwei Jahren erarbeitet worden sind, berichtet werden.

1. Gebirgsdruck und Streckenführung

Der für die Strecken maßgebende Druck im Grubengebäude ist sehr unterschiedlich (Bild 1). Vor dem 1. Streb liegt ein voreilender Druck, der an den Strebenden abklingt. Neben den Abbaustrecken baut sich ein Randdruck auf. Der Druck vor dem 2. Streb ist an der vorspringenden Flözecke sehr groß, an der einspringenden Flözecke gering. Letzterer beeinflußt eine dort liegende vorgesetzte Strecke fast gar nicht. Statistische Aufnahmen ergaben, daß jede vierzigste derartiger Strecken (Bild 2a) Querschnittsverformungen über 40% und jede siebzehnte Strecke solche über 20% aufweisen. Diese waren entweder Strecken in besonders weichem Gestein, die bereits ohne Abbau zuquollen, oder Strecken, in denen Abbaukanten einen höheren Druck verursachten.

Der sich in einigem Abstand hinter dem Streb aufbauende Randdruck hinter dem Abbau (Bild 2b) zerdrückt Flöz und Nebengestein im anstehenden Stoß und schiebt sie in den Streckenhohlraum hinein. Das Streckenhangende ist durch die Absenkung bereits „durchgewalkt" und wird durch den Schub aus dem Stoß in die Strecke hinein gefaltet. Jede vierte Strecke zeigte zusätzlich zum Querschnittsverlust durch die Absenkung Verformungen über 30% und jede zweite Strecke solche über 20%.

Jede fünfte Strecke lag an einer vorspringenden Flözecke (Bild 2c), in der der Druck extrem hoch ist. Jede dritte derartiger Strecken wies Querschnittsverformungen über 40% und jede zweite solche über 20% auf.

Die Strecke ist hinter dem Abbau im Alten Mann (Bild 2d) zwar nicht mehr einem Druck, aber einer erneuten „Walkbewegung" ausgesetzt, die das Hangende vollständig zertrümmern kann.

Aus dieser Betrachtung geht hervor, daß alle Sorgfalt und alle Aufwendungen für den Ausbau keinen grundlegenden Erfolg gebracht haben, weil die Abbaustrecken in den ungünstigen Zonen der Walkbewegung und des Zusatzdruckes liegen. Die Strecken sollten in solche Zonen

[1]) Die Arbeiten werden von der Europäischen Gemeinschaft für Kohle und Stahl sowie vom Land Nordrhein-Westfalen gefördert.

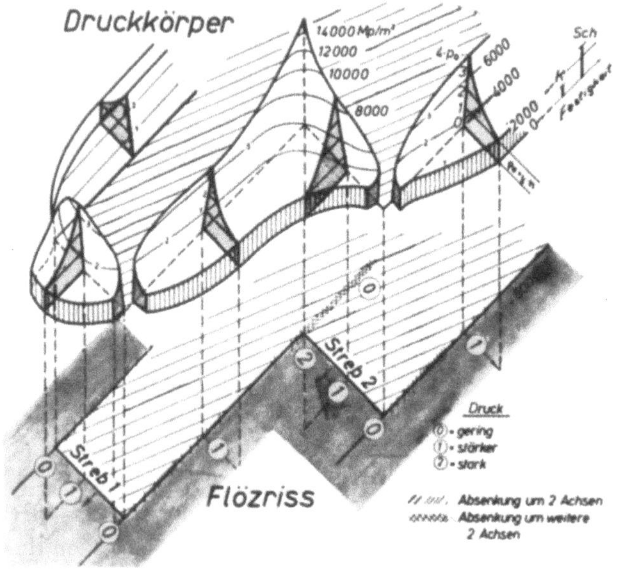

Bild 1. Druckverteilung über den Rändern eines Abbaues. Auf der vorspringenden Flözecke liegt ein hoher, auf der einspringenden ein niedriger Druck.

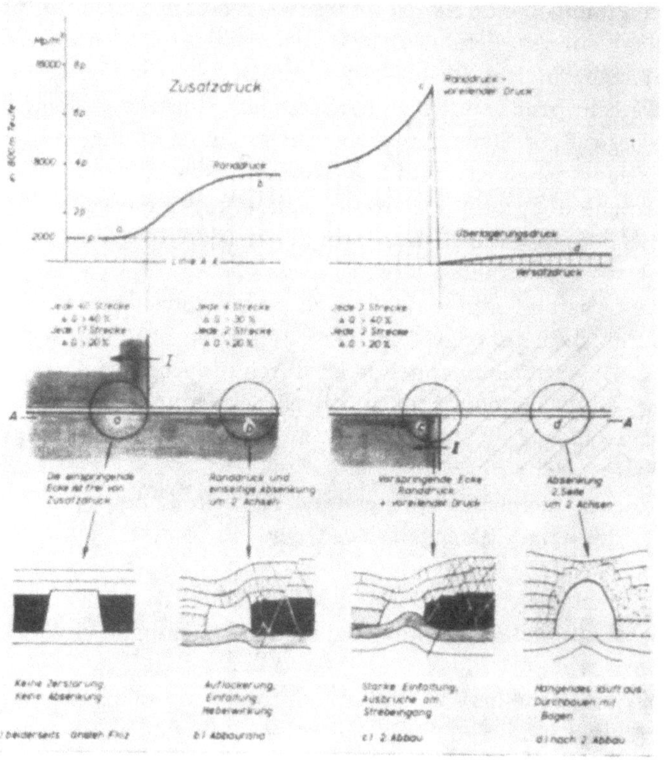

Bild 2. Herkömmliche Streckenführung. Druck über dem Rand eines Abbaues vor und hinter dem ersten und vor dem zweiten Streb. Druckwirkungen in der Abbaustrecke. Die statistischen Aufgaben sind das vorläufige Ergebnis einer Großzahluntersuchung

gelegt werden, die weder durch Zusatzdruck noch durch Walkbewegungen beansprucht werden. Ein Beispiel einer derartigen Streckenführung zeigt Bild 3. Die Strecke im Alten Mann ist nachgeführt und 15 m von der beanspruchten Zone abgesetzt. Das Hangende senkt sich ohne zusätzliche Beanspruchung ebenso wie das benachbarte Hangende im Alten Mann ab. An diesem Strebende — an der vorspringenden Flözecke — wäre eine Rückbaustrecke schwersten Beanspruchungen ausgesetzt. Am anderen Strebende — der einspringenden Flözecke — wird eine Rückbaustrecke dagegen weder durch Zusatzdruck (falls keine Abbaukanten unterbaut werden) noch durch Walkbewegungen beansprucht. Eine Vorbaustrecke müßte hier auch 15 m von der beanspruchten Zone am Flözrand abgesetzt werden. Günstiger im Hinblick auf Gewinnung und Förderung ist die dargestellte Z-förmige Streckenführung.

Durch Mulden und Sättel, Störungen und Abbaukanten sowie durch förder- und wettertechnische Bedingungen sind die jeweiligen örtlichen Bedingungen für die Planung von Abbau und Strecken häufig so verwickelt, daß jeder Betriebspunkt einer gesonderten Betrachtung bedarf, um die Lösung mit der günstigsten Druckverteilung zu finden und Zonen erhöhten Druckes, in denen der Ausbau besonderen Bedingungen gehorchen muß, im voraus angeben zu können.

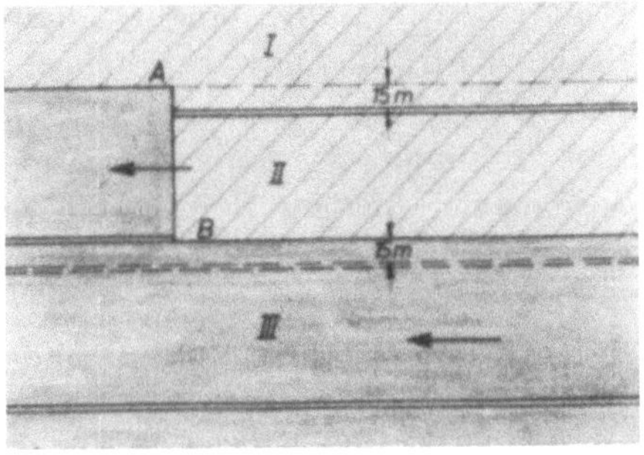

Bild 3. Strecken ohne Zusatzdruck. Die Strecke im Alten Mann ist nachgeführt und 15 m abgesetzt. An der vorspringenden Flözecke *A* soll sich keine Rückbaustrecke, hinter der einspringenden Flözecke *B* keine Vorbaustrecke befinden

2. Streckenform, Bruchverformung und Ausbauwiderstand

Bei einseitigem Abbau zerbricht der Stoß und schiebt in den Streckenhohlraum hinein. Dabei können Sohle und Firste eingefaltet werden (Bild 4a) oder, insbesondere bei mäßig geneigter Lagerung, einseitig hochbrechen (Bild 4b). Der Bogenausbau hat diesen Bruchverformungen des Gesteins nur wenig Ausbauwiderstand entgegenzusetzen.

Die schnell aufgefahrene, mit einfachem Ausbau ausgebaute breite und niedrige Strecke wird im künftigen Bergbau immer mehr Bedeutung gegenüber dem Bogenausbau erlangen. Der schichtparallele, rechteckige Streckenquerschnitt (Bild 5) hat u. a. den Vorteil, daß der Ausbau während der u. U. nur sehr kurzen Zeit der Abbaueinwirkung durch mehrere über den Querschnitt verteilte Mittelstempel verstärkt werden kann, was beim Bogenausbau schwierig ist.

Ein hoher Ausbauwiderstand ist dann erforderlich, wenn die Gesteinsfestigkeit geringer als der Gebirgsdruck ist. Ist dies der Fall, dann tritt eine Bruchverformung im Nebengestein auf. Dabei können zwei grundsätzlich unterschiedliche Bruchverformungen von Liegendem und Hangendem unterschieden werden. Beim Einfalten (Bild 5a) knicken die Schichten in den Hohlraum hinein aus. Einer verhältnismäßig geringen Verkürzung der Schichten entspricht dabei ein großes Stichmaß der Falten. Es ist aber auch möglich, daß anstelle der Falte eine flache Überschiebung (Bild 5b, rechts unten) auftritt, die bei gleicher Verkürzung der Sohle mit einer wesentlich geringeren Streckenkonvergenz verbunden ist. Die flache Überschiebung ist deshalb im Hinblick auf die verbleibende Streckenhöhe wesentlich günstiger

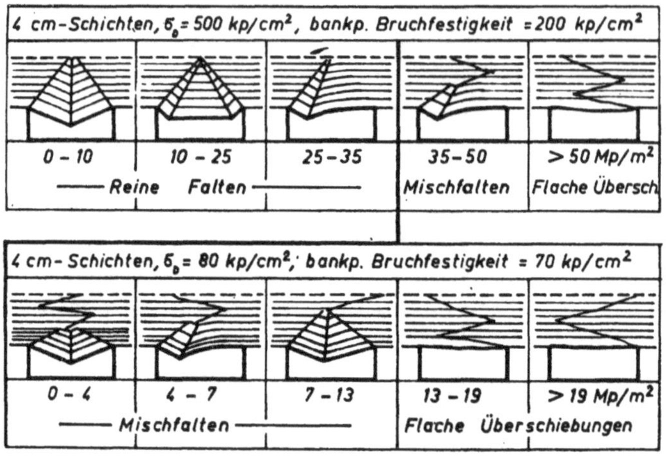

Bild 6. Bruchformen in festen und weichen Horizonten in Abhängigkeit vom Ausbauwiderstand

als die Faltung. Zahlreiche Modellversuche haben ergeben, daß die Faltung bei geringerem Ausbauwiderstand und die flache Überschiebung bei hohem Ausbauwiderstand auftritt (Bild 6) und daß das Ausknicken fester Schichten nur durch einen höheren Ausbauwiderstand als bei geringerer Festigkeit verhindert werden kann. Auch die Mächtigkeit der Einzelschichten ist von Einfluß; je geringer der Abstand der Lösen zwischen den Schichten voneinander und je geringer der Reibwert auf den Schichtflächen ist, desto höher muß der Ausbauwiderstand sein.

Auf Grund der verschiedenen Untersuchungen ist es somit möglich, eine Lage der Strecken im Abbau anzugeben, in der die Beanspruchung die geringste ist, die ausbautechnisch günstigste Streckenform zu wählen und den Ausbauwiderstand entsprechend dem räumlich und zeitlich auftretenden Gebirgsdruck und dem Schichtenaufbau so zu bemessen, daß die nicht zu verhindernde Bruchverformung die Streckenhöhe um das geringstmögliche Maß vermindert.

3. Gebirgsdruck im Streb und Ausbruchverhalten

Der Druck im Abbauvorfeld ist maßgebend für Anzahl und Größe der Ausbrüche im Strebhangenden. In Bild 7 ist die Ausbruchfläche in Prozent der Fläche des Strebhangenden über

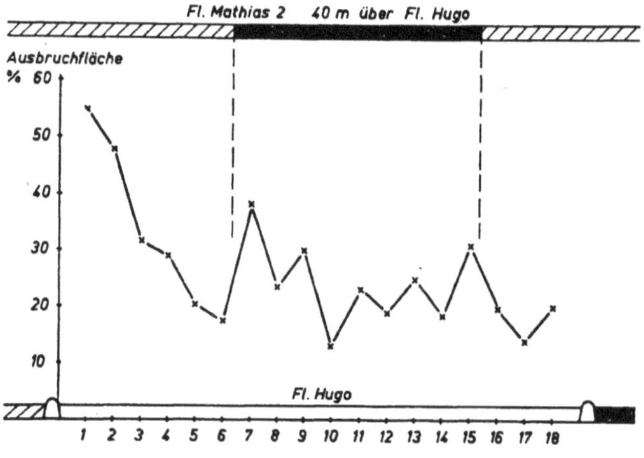

Bild 7. Ausbruchfläche in Prozent der Hangendfläche in einem Streb im Flöz Hugo. Die Maxima über den Punkten 7 und 13 entstanden durch die Abbaukanten des Restpfeilers in Flöz Mathias. Das Anwachsen der Ausbruchfläche am linken Strebende ist auf die Abbaukante im Flöz Hugo, die beim Abbau der benachbarten Bauhöhe in diesem Flöz entstand, zurückzuführen

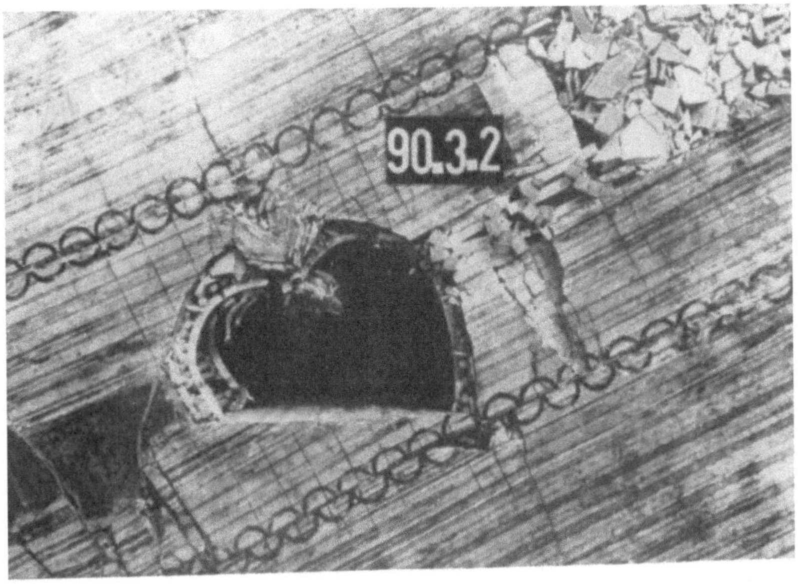

a

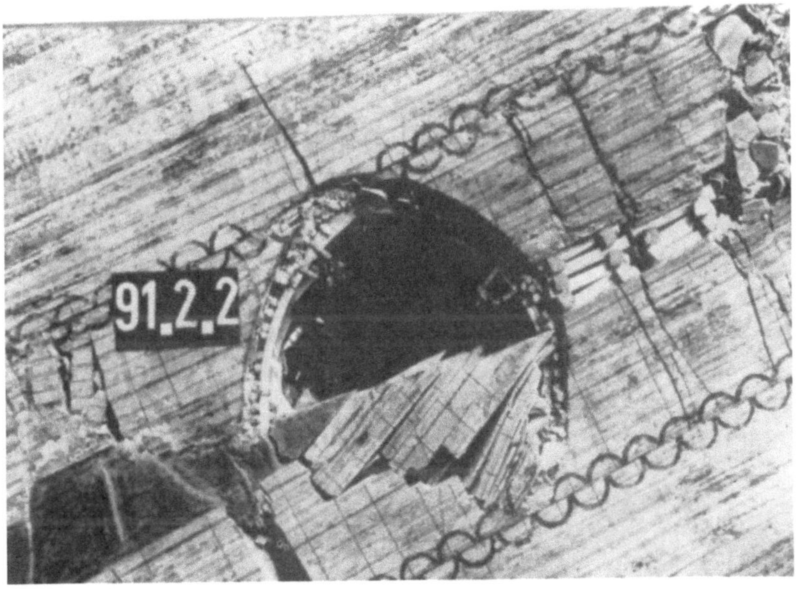

b

Bild 4. Einfluß unterschiedlicher Lage der Strecke zum Lösen im Hangenden und im Liegenden in geneigter Lagerung; Modellversuche

a) Ausbau berührt liegendes Lösen: Einfalten der Firste, Hochschieben der Sohle im Ganzen

b) Ausbau berührt hangendes Lösen: Einseitiges Hochbrechen der Sohle

a

b

Bild 5. Der Einfluß von Mittelstempeln und Ausbau der Sohle in einer breiten Strecke mit rechteckigem Querschnitt in der flachen Lagerung; Modellversuche

a) Dreischnittige Falte

b) Flache Überschiebung (rechts unten)

der Streblänge für ein Beispiel aufgetragen. In den letzten 40 m vom linken Strebende, dem Alter Mann benachbart, stieg die Ausbruchfläche von rd. 20% auf 54% an. Der Anstieg entspricht der Druckverteilung (Bild 1) mit der Druckspitze an der vorspringenden Flözecke.

Die Druckwirkungen im Streb werden häufig durch unterbaute Abbaukanten und Restpfeiler beeinflußt. Mit Hilfe von spannungsoptischen Untersuchungen wurde der Druck im Abbauvorfeld in Abhängigkeit vom bankrechten und bankparallelen Abstand von der unterbauten Abbaukante untersucht. Bild 8 zeigt den Druck unmittelbar vor dem Abbaustoß, wenn der Abbau auf den Versatz des unterbauten Flözes zuläuft, und zwar für eine Teufe von etwa 800 m. Auf der Ordinate ist die Höhe der Druckspitze für jeden Abstand des Strebs von der unterbauten Abbaukante aufgetragen. Für einen Flözabstand von 40 m ergab sich beispielsweise, daß der Druck 60 m vor der unterbauten Abbaukante das 4fache des Überlagerungsdruckes, 20 m davor das 6fache, 60 m dahinter nicht ganz das 3fache und 120 m dahinter wieder das 4fache beträgt. Bei entgegengesetzter Abbaurichtung sowie beim Unterbauen von Restpfeilern ergaben sich etwas andere Werte.

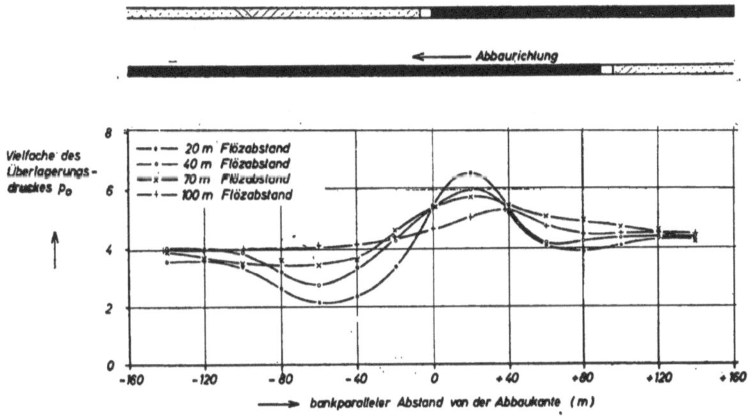

Bild 8. Der Druck auf den Abbaustoß für jeden Strebstand wird auf der zugehörigen Ordinate abgelesen

Unterbaute Restpfeiler und Abbaukanten machen sich ebenfalls in der Größe der Ausbruchfläche im Strebhangenden bemerkbar. In Bild 7 zeichnen sich die Abbaukanten des Restpfeilers in Flöz Mathias durch Vergrößerung der Ausbruchfläche in dem 40 m darunterliegenden Flöz Hugo deutlich ab. Die Ausbruchfläche wurde von rd. 20% auf 30 und 38% vergrößert. Die Druckspitzen im Restpfeiler liegen infolge seiner zerdrückten Stöße etwas innerhalb des Restpfeilers, und die Maxima der Ausbruchflächen liegen bankrecht darunter.

Um das Ausbruchverhalten des Hangenden verschiedener Streben miteinander vergleichen zu können, wurde der Begriff der „Ausbruchempfindlichkeit" als diejenige mittlere Ausbruchfläche definiert, die in dem noch nicht ausgebauten Streifen zwischen Kappenspitze und Abbaustoß entsteht, wenn die Breite dieses Streifens 1 m beträgt (Bild 9). Da diese Breite in jedem Streb stark schwankt und die Ausbruchfläche stets signifikant von ihr abhängt, ist die Bestimmung der Ausbruchempfindlichkeit durch eine Regressionsrechnung leicht möglich. Brechen in dem beschriebenen Streifen weniger als 15% der Hangendfläche aus, so sprechen wir von einem wenig empfindlichen Hangenden. Dieses fanden wir in 39% von 46 untersuchten Streben, von denen wir bereits behaupten können, daß sie repräsentativ für das Ruhrgebiet sind. Als sehr empfindlich bezeichnen wir ein Hangendes mit einer Ausbruchempfindlichkeit über 30%. Dazu gehörten 28% der untersuchten Streben. Die mittlere Ausbruchempfindlichkeit aller untersuchten Streben lag bei 26%; d. h. rd. 1/4 der Hangendfläche bricht in unseren Streben herein, wenn der Abstand zwischen Kappenspitze und Abbaustoß 1 m beträgt. Die Verteilung um dieses Mittel ist keine Normalverteilung; es werden mehr Flöze mit besserem Hangenden als solche mit schlechterem Hangenden gebaut. Schrei-

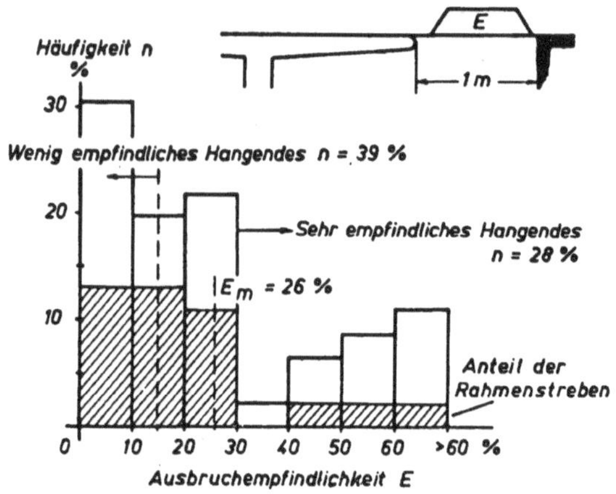

Bild 9. Unter Ausbruchempfindlichkeit wird die mittlere Ausbruchfläche zwischen Kappenspitze und Abbaustoß verstanden, wenn deren Abstand voneinander 1 m beträgt. Bei diesem Abstand brachen im Mittel aus 46 Streben, einem annähernd repräsentativen Querschnitt des Ruhrbergbaus, 26% der Hangendfläche aus. Mechanisierter Ausbau ist vorwiegend in Streben mit besserem Hangenden eingesetzt

tender Ausbau wird vorwiegend in Streben mit mittlerem und besserem Hangenden eingesetzt.

Der Abstand zwischen Kappenspitze und Abbaustoß von 1 m wurde, wie gesagt, aus Gründen der Vergleichsmöglichkeit gewählt. Bild 10 soll zeigen, in welchem Maß die Ausbruchfläche vom Abstand zwischen Kappenspitze und Abbaustoß abhängt und wie unterschiedlich dieser Abstand sein kann. Er ist auf der Abszisse aufgetragen, während die Ordinate die Ausbruchfläche vor dem Ausbau angibt. In dem Streb, dessen Hangendempfindlichkeit 20% betrug, wurden ein Abstand von 28 cm und eine Ausbruchfläche von 7% gefunden. Die Ausbruchfläche im gesamten Streb betrug 15,9%. In dem anderen Streb mit der Empfindlichkeit von 27% wurden ein Abstand zwischen Kappenspitze und Abbaustoß von 1,77 m und eine Ausbruchfläche von 48% vor dem Ausbau gemessen. Die Ausbruchfläche im gesamten Strebhangenden betrug in diesem Streb 50,3%.

Der mittlere Abstand in den untersuchten 46 Streben betrug 81 cm, und die mittlere Ausbruchfläche zwischen Kappenspitze und Abbaustoß betrug 22%: mehr als 1/5 des Hangenden bricht i. M. in unseren Streben herein, bevor das Hangende ausgebaut ist. Diese Aus-

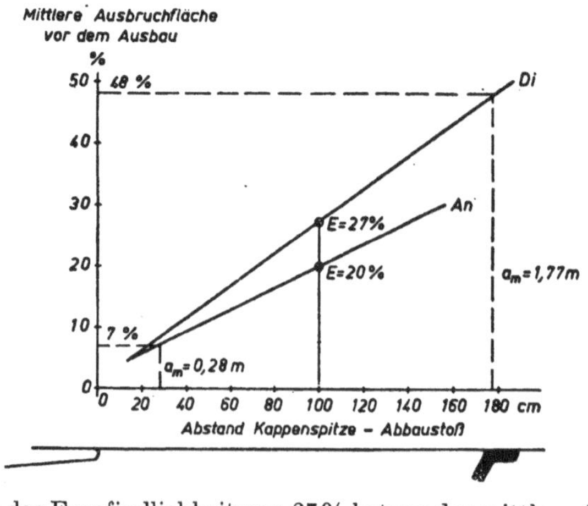

Bild 10. In einem Streb mit der Empfindlichkeit von 27% betrug der mittlere Abstand zwischen Kappenspitze und Kohlenstoß 1,77 m und die Ausbruchfläche zwischen beiden 48%. In einem anderen Streb mit einer Empfindlichkeit von 20% betrug der Abstand zwischen Kappenspitze und Abbaustoß 0,28 m und die Ausbruchfläche 7%

brüche werden, wie es üblich ist, sorgfältig mit Holz ausgefüllt. Leider nützt diese Ausfüllung nichts: Während in einem als Beispiel herausgegriffenen Streb die Wahrscheinlichkeit, daß ein Ausbruch fiel, wenn davor keiner vorhanden war, 8% betrug, entstand mit 46% Wahrscheinlichkeit ein Ausbruch durch Vergrößerung eines über der 1. Kappe bereits vorhandenen. Die Wahrscheinlichkeit des weiteren Ausbrechens wächst mit der Ausdehnung des vorhandenen Ausbruchs. In vielen Streben ist die Zeitdauer, in der das Hangende unausgebaut sich überlassen bleibt, von Einfluß auf die Größe der Ausbrüche. Um uns klarer ausdrücken zu können, haben wir den Begriff „Ausbauverspätung" geprägt. Die Ausbauverspätung ist die Zeitdauer zwischen Freilegen des Hangenden und Ausbauen. Sie beträgt i. M. 85 Minuten. Die Verringerung der Ausbauverspätung mit höherer Ausbaugeschwindigkeit ist eine Ursache für die bekannte Erfahrung, daß sich das Hangende mit größerer Abbaugeschwindigkeit

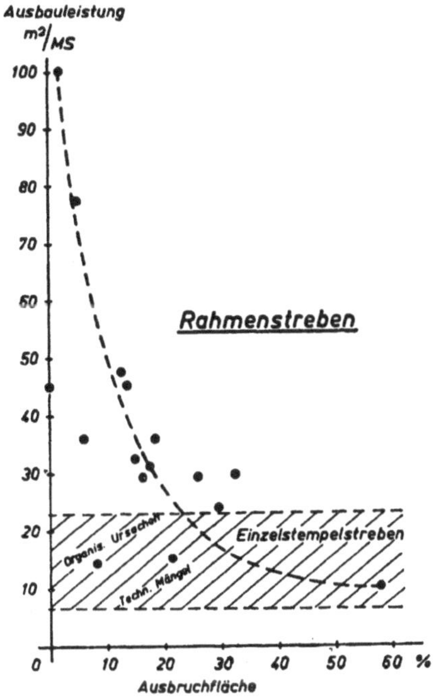

Bild 11. In Streben mit schreitendem Ausbau (nicht in solchen mit Einzelstempeln) sinkt die Ausbauleistung gesetzmäßig mit zunehmender Ausbruchfläche. Die gezeichnete Linie gibt eine erreichbare Ausbauleistung an. Beträgt die Ausbruchfläche zwischen 20 und 30% des Strebhangenden, so liegt die Ausbauleistung bei schreitendem Ausbau mit bisher üblicher Handsteuerung nicht mehr wesentlich über der in Einzelstempelstreben guter Ausbauleistung

bessert. In erster Linie ist die Ausbauverspätung jedoch von der Betriebsorganisation abhängig. Wir haben deshalb unsere Hangendbeobachtung mit Betriebsstudien gekoppelt, um der Betriebsleitung Vorschläge für den zur Hangendpflege günstigsten Arbeitsablauf und für die Einsatzbedingungen von schreitendem Ausbau machen zu können.

In den Streben mit schreitendem Ausbau fanden wir eine Abhängigkeit der Ausbauleistung von der Ausbruchfläche, wie sie in Streben mit Einzelstempeln nicht festzustellen war. Die in Bild 11 gezeichnete Linie gibt die Ausbauleistung an, die bei zweckmäßiger Betriebsorganisation erreicht werden kann. Bei einer Ausbruchfläche über 27% — der mittleren Ausbruchfläche im Ruhrgebiet — ist Gleichheit zwischen der Ausbauleistung von Streben mit schreitendem Ausbau mit der von gut organisierten Streben mit Einzelstempeln etwa erreicht. Daraus folgt, daß eine Wirtschaftlichkeit für schreitenden Ausbau *bisheriger Art* bereits bei einem mittleren Ruhrgebietshangenden nicht mehr gegeben ist.

4. Die Automatisierung des schreitenden Ausbaus

Eine grundsätzliche Besserung des Hangenden bringt die wesentliche Verkürzung des Abstandes zwischen Kappenspitze und Abbaustoß — von bisher i. M. 81 cm auf etwa 20 cm — und der Ausbauverspätung von z. Z. schätzungsweise 85 Minuten auf etwa 3 Minuten. So

Bild 12. Steuerzentrale für eine Gruppe von 12 Ausbaugespannen. Eine Luftturbine (unten) dreht eine Nockenwelle, die pneumatische Ventile öffnet

schnell nach dem Freilegen des Hangenden und so häufig kann der Ausbau von Hand nicht gerückt werden. Er muß automatisiert werden, und zwar in Abhängigkeit vom vorrückenden Abbaustoß. Auf diese Weise hoffen wir, die Ausbaufläche in einem Streb von bisher i. M. 27% auf unter 10% herabsetzen zu können. Damit das wiederholte Lösen des Ausbaus vom Hangenden nicht zu zusätzlichen Ausbrüchen führt, muß der Ausbau unter Andruck gerückt werden.

Die Steuerventile erhalten Impulse von einem Zeitschaltwerk in einer Gruppenzentrale, die eine Gruppe von 12 Ausbaugestellen bedienen kann (Bild 12). Sie besteht aus einer Luftturbine, die eine Nockenscheibe antreibt. Die Nocken öffnen und schließen die Ventile, die die Luftstöße den einzelnen Ausbaugestellen nacheinander zuführen. Diese Luftimpulse führen zum Abtasten der Abstände des Ausbaus zum Abbaustoß und zum Fördermittel (Bild 13). Ist der gewünschte Abstand von z. B. 30 cm erreicht, so gibt die baueigene Steuerzentrale (Bild 14), die unter der Kappe angebracht ist (Bild 15), die Luftimpulse zum Entlasten, Schreiten und Setzen an die hydraulischen Ventile.

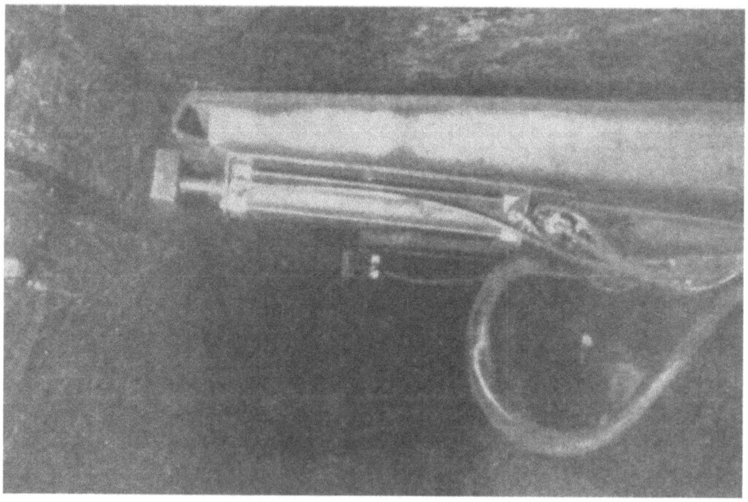

Bild 13. Der Abstandtaster besteht aus einem pneumatischen Zylinder. Bei vollem Ausfahren des Kolbens öffnet ein Nocken ein pneumatisches Ventil

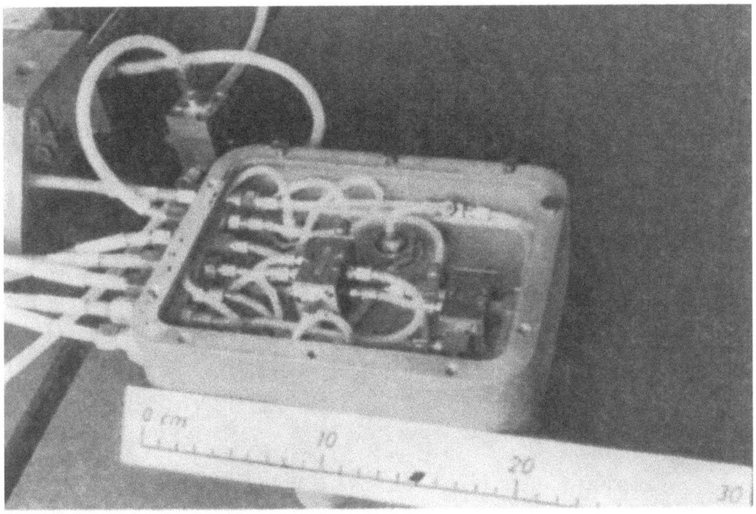

Bild 14. Steuerzentrale für ein Ausbaugestell. Die Luftimpulse der Abstandtaster werden zu Luftimpulsen mit zeitlicher Verzögerung für das Entlasten, Schreiten und Setzen verarbeitet

Ausbaugestelle für größere Mächtigkeit müssen, insbesondere wenn sie unter Andruck schreiten, automatisch in die Bankrechte gestellt werden. Hierfür haben wir einen „Pendelregler" (Bild 16) konstruiert, der bei Abweichungen von mehr als $0{,}5^g$ aus der Bankrechten hydraulische Richtzylinder betätigt. Der Pendelregler wird z. Z. miniaturisiert und im Stempelkopf untergebracht. -

5. Horizontale Verspannung des Strebhangenden und Gewölbeschild

Die Ausbruchfläche im Streb wird außer vom Zusatzdruck, den Gesteinseigenschaften und dem Ausbau auch von gewölbeartigen Verspannungen des Strebhangenden beeinflußt. Auf die besondere Bedeutung gewölbeartiger Verspannungen stießen wir bei der Untersuchung „nicht ordnungsgemäß verfüllter Hohlräume" infolge von Dachschichten, die hinter dem Strebausbau überhängen und bei deren Auftreten besondere Sicherungen vorgeschrieben

Bild 15. Die baueigene Steuerzentrale befindet sich unter der Kappe

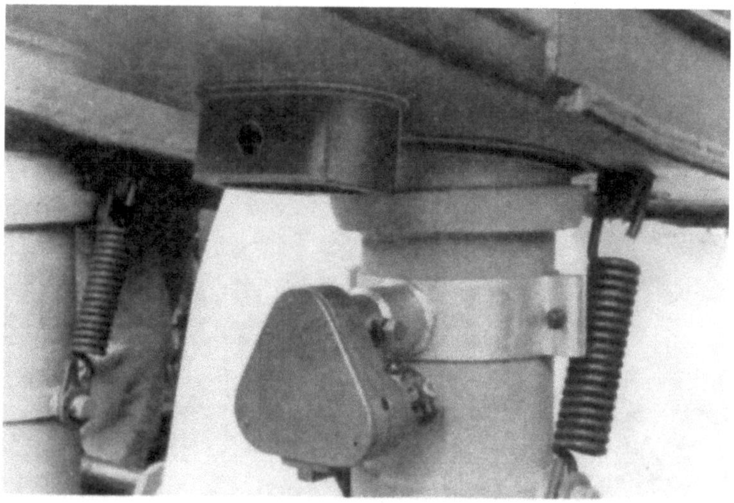

Bild 16. Im Pendelregler befindet sich ein Pendel, das bei Abweichungen von mehr als $0{,}5^g$ Öffnungen für Luftimpulse freigibt, durch die Automatikventile gesteuert und hydraulische Zylinder zum Ausrichten der Stempel betätigt werden

sein können. Bei einer Untersuchung von 57 Bruchbaustreben nach ihrer Anlaufzeit fanden wir in 29 Streben auf insgesamt 22% ihrer Länge bis zu 6 m lange „Überhänge". Die Streben mit schreitendem Ausbau und die mit Einzelstempeln, die mit gutem und die mit schlechtem Hangenden verteilten sich gleichmäßig auf die beiden Gruppen mit und ohne Überhänge. In 13 der 29 Streben, die Überhänge aufwiesen, bestanden signifikante Zusammenhänge zwischen der Größe des Überhangs mit der Größe der ausgebrochenen Fläche und mit der Zahl der geöffneten Risse. In 10 Streben wurde festgestellt, daß die Ausbruchfläche im gesamten Strebhangenden gesetzmäßig kleiner wurde, wenn die Länge des Überhanges zunahm. Bild 17 zeigt ein Beispiel für den Zusammenhang der Ausbruchfläche zwischen Kappenspitze und Abbaustoß mit dem Abstand zwischen beiden und mit der Länge des Überhanges im Flöz H1. Brachen z. B. bei einem Abstand von 0,5 m zwischen Kappenspitze und Abbaustoß rd. 0,2 m² Hangendes je m Streb aus, wenn der Überhang 0 m lang war, so brachen bei einem Überhang von 4 m Länge nur 0,1 m² aus.

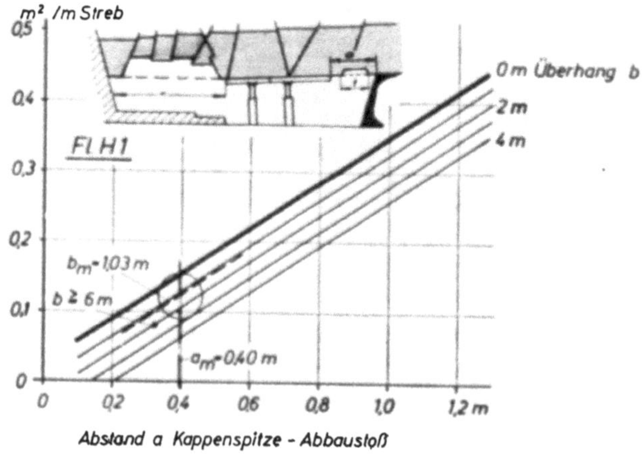

Bild 17. Die Ausbruchfläche f wächst mit dem Abstand a zwischen Kappenspitze und Abbaustoß; sie nimmt bei wachsendem Überhang b ab

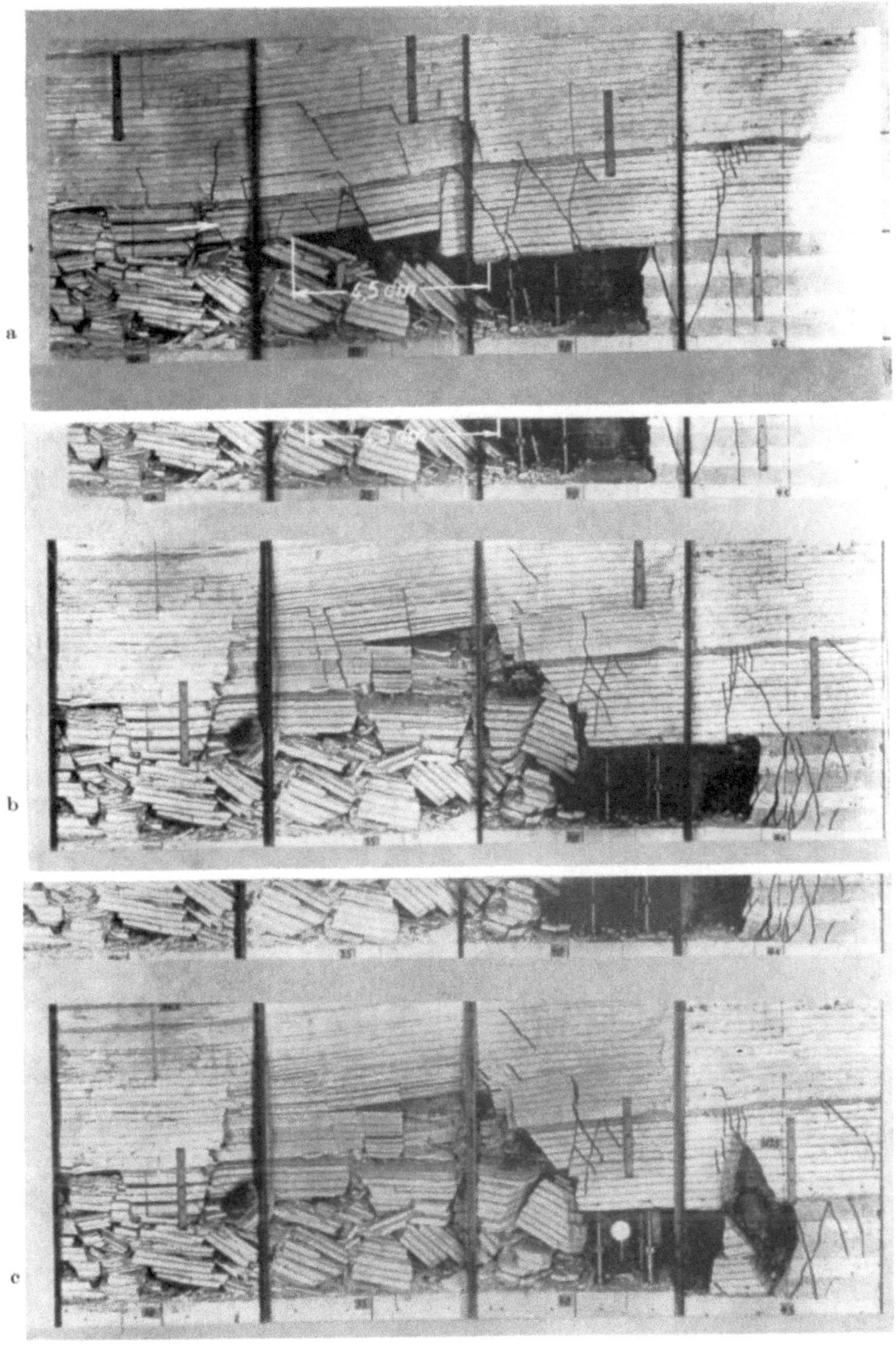

Bild 18. Rißbildung, Ausbrüche und Überhang werden von der horizontalen Verspannung der Dachschicht mit dem Bruchhaufwerk beeinflußt. Ausbauwiderstand entsprechend 7 Mp/m² unter Tage

Bild 18a. Die horizontale Verspannung zwischen überhängender Dachschicht und Haufwerk verhinderte die Ausbildung der in Abbaurichtung einfallenden Risse am Abbaustoß und davor

Bild 18b. Nach Hereinbrechen des Überhangs ist die Dachschicht nicht mehr horizontal verspannt; am Abbaustoß bildeten sich wieder Keilrisse

Bild 18c. Durch die fehlende horizontale Verspannung konnten sich die Risse öffnen und das Hangende zwischen Kappe und Abbaustoß ausbrechen

Tafel 7

a

b

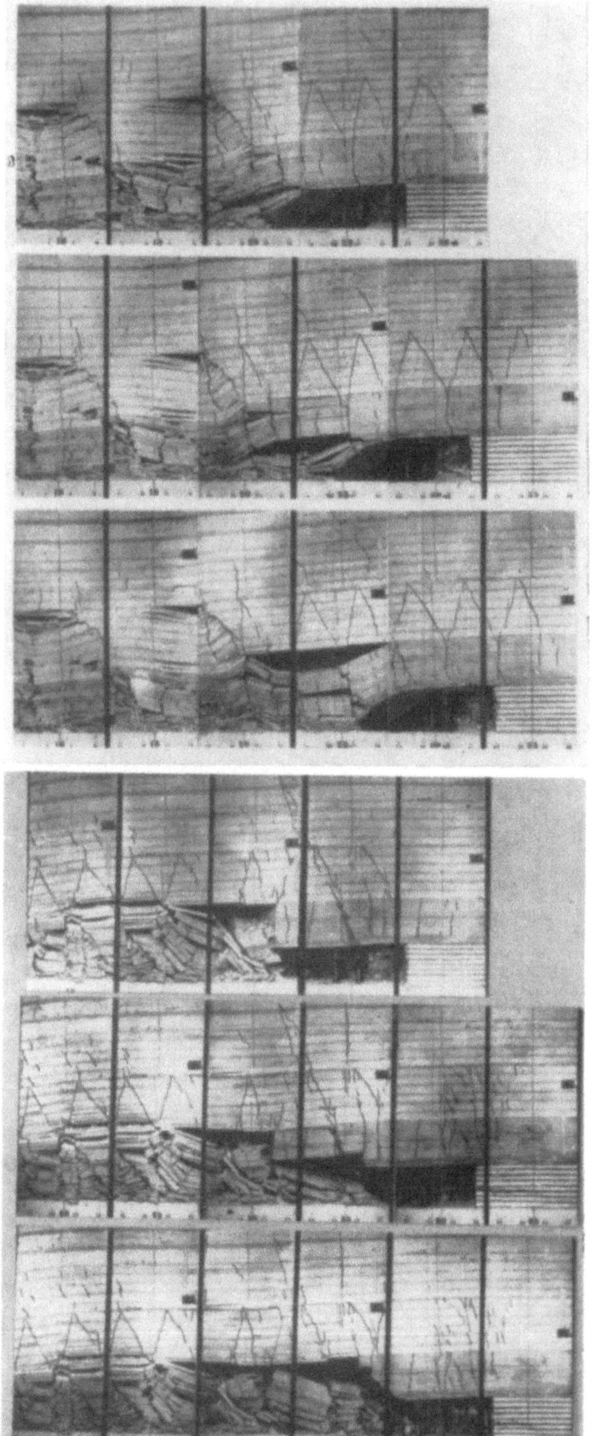

Bild 20. Bruchbildung mit und ohne Gewölbeschild

a) Die Dachschichten gleiten auf dem Schild herunter. Es bilden sich lange, gewölbeartig verspannte Überhänge

b) Steile Bruchkanten. Die Dachschichten verlieren häufig den Kontakt mit dem Bruchhaufwerk und können sich horizontal auflockern

Die Zahl der geöffneten Risse nahm ebenfalls in mehreren Fällen mit wachsender Länge des Überhanges ab. Die Urachen für diese Erscheinungen, über die wir zunächst lange herumrätselten, fanden wir mit Hilfe der Modellversuche. Sie zeigten, wie sich das Strebhangende in Richtung auf den Alten Mann verschieben und sich dabei mit dem Haufwerk verspannen kann. Infolge eines derartigen Verspannungszustandes schlossen sich in einem Modell (Bild 18a) die Risse, und der Reibungsschluß hielt die Bruchstücke in ihrer Lage fest; nur dadurch ist der Überhang zu erklären. Außerdem hatte sich ein Keilriß an der Abbaufront, der sich sonst regelmäßig bildete, infolge der starken horizontalen Verspannungen und des damit sich ändernden Gesteinsverhaltens nicht gebildet. Dann brach die Verspannung zusammen (Bild 18b) und die Keilrisse am Abbaustoß bildeten sich wieder vollständig. Bei weiterem Abbau (Bild 18c) brach der Bruchkeil am Abbaustoß infolge des mangelnden Reibungsschlusses herein.

Wir haben damit das bekannte Spackelersche Gewölbe wiederentdeckt. Aber seine Bedeutung liegt nicht — wie früher angenommen wurde — in einer ungünstigen vertikalen

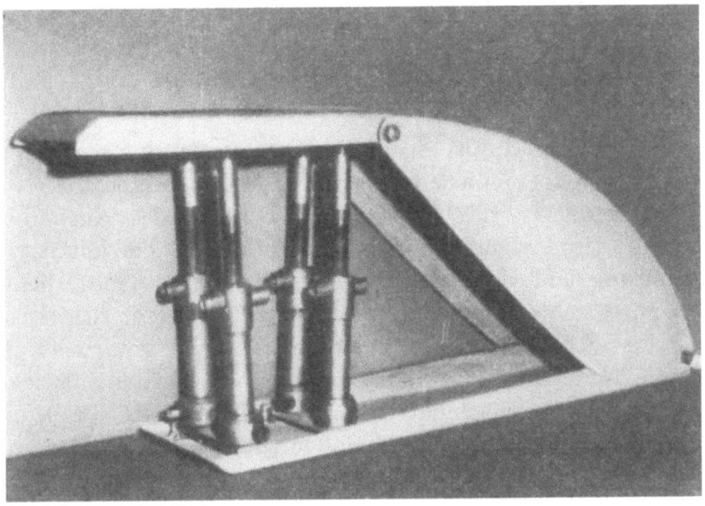

Bild 19. Ausbaubock mit Gewölbeschild

Druckwirkung der Gewölbeauflager, die in Form vermehrter Absätze am Hangenden oder Abböschungen des Abbaustoßes mit wachsender Überhanglänge nachweislich nicht auftrat, sondern in den günstigen horizontalen Verspannungen des Strebhangenden. Die Gewölbe bilden sich und brechen wieder zusammen in ziemlich unregelmäßigen Perioden (3), die sich in der Zahl der Risse und Ausbrüche am Abbaustoß und in deren Größe widerspiegeln: sie nehmen ab, wenn sich das Gewölbe aufbaut, und zu, wenn es zusammenbricht. Es gibt aber auch nicht verspannte Überhänge; sie vergrößern die Konvergenz und die Ausbruchneigung.

Der große Einfluß der horizontalen Verspannungen wirft die Frage auf, ob man sie mit Hilfe des Ausbaus beeinflussen kann. Tatsächlich zeigten die Modellversuche — unter Tage war es uns leider noch nicht möglich, den Ausbauwiderstand im gleichen Streb systematisch zu ändern — einen Einfluß des Ausbauwiderstandes auf die Länge des Überhangs und die Rißzahl, und zwar stärker bei geschichtetem Hangenden gleicher Festigkeit und weniger stark bei unterschiedlicher Festigkeit. Bei niedrigem Ausbauwiderstand bildeten sich größere Überhänge, und die Rißabstände waren größer als bei hohem Ausbauwiderstand. Bei geringem Ausbauwiderstand traten aber in den Modellen mit Hangendem gleicher Festigkeit zahlreiche Hebelbrüche und damit starke Zerstörungen der Dachschichten auf. Diese Hebelbrüche, die in der Vergangenheit, als Holzstempel und spättragende Reibungsstempel verwandt wurden, häufig waren, führten zu der bergmännischen Regel, daß die Abbaukante

„starr“ (im damaligen Sinne) ausgebaut werden müsse, um den Übergang zum Hereinbrechen zu zwingen und ein hohes Bruchgewölbe zu erzielen. Für den neueren Ausbau mit seinem wesentlich höheren Ausbauwiderstand gilt die Regel von dem anzustrebenden hohen Bruchgewölbe nicht mehr. Man sollte versuchen, die Bildung und Erhaltung der günstigen Verspannungsgewölbe durch besondere Ausbaumittel herbeizuführen.

Ein solcher Versuch wurde mit einem „Gewölbeschild“ (Bild 19) im Modell unternommen. Der Ausbau soll einen hohen Ausbauwiderstand haben, ohne daß eine starre Bruchkante entsteht. Die Dachschichten sollen auf dem Gewölbeschild langsam abgleiten und eine Verspannung zwischen Strebhangendem und Bruchhaufwerk aufrechterhalten. In den Modellversuchen wurde auch ein grundsätzlich anderes Bruchverhalten als bei herkömmlichem Ausbau erzielt (Bild 20). Über den ersten Dachschichten bildeten sich weite Gewölbe, die langsam eingedrückt wurden und nicht schlagartig hereinbrachen. Ob ein derartiger Ausbau auch unter Tage den gewünschten Erfolg bringt und ob dieser Erfolg den Aufwand lohnt, kann noch nicht gesagt werden. Er soll zunächst nur zeigen, daß die Herstellung von gewölbeartigen Verspannungen möglicherweise neue Wege für die Hangendbeherrschung öffnet.

6. Zusammenfassung

Die Forschungsstelle für Grubenausbau und Gebirgsmechanik versucht, das Problem des sicheren und wirtschaftlichen Offenhaltens bergmännischer Hohlräume von der Seite des Gebirges, des Abbauzuschnittes, des Streckenquerschnitts, des Ausbauwiderstandes, der Ausbaukonstruktion und des Arbeitsablaufes aufzurollen. Dabei konnten Regeln für eine drucklose Streckenführung und Größenordnungen des jeweils erforderlichen Ausbauwiderstandes in Strecken mit Rechteckquerschnitt aufgestellt werden. Die Druckwirkungen im Streb erfordern einen dem Abbaustoß in kurzen Schritten unter Andruck automatisch folgenden Ausbau, für den die Forschungsstelle die pneumatische Steuerung entwickelt. Die günstige horizontale Verspannung der Dachschichten kann möglicherweise durch ein Gewölbeschild hinter dem Ausbau verstärkt werden; erste Modellversuche brachten hierfür gute Ergebnisse.

Literatur

(Veröffentlichungen von Mitarbeitern der Forschungsstelle für Grubenausbau und Gebirgsmechanik ab 1960)

[1] Jacobi, O., und Everling, G.: Die Wirkung unterschiedlichen Streckenausbaus in Modellversuchen. Internat. Kongreß für Gebirgsdruckforschung Paris 1960.

[2] Everling, G.: 10. Kolloquium der Internat. Arbeitsgemeinschaft für Geomechanik. Glückauf **96** (1960) S. 188–192.

[3] Everling, G.: Der Spannungszustand im unverritzten Gebirge. Glückauf **96** (1960) S. 1119–1202.

[4] Jacobi, O., und Holtz, G.: Die Ableitung von Gesetzmäßigkeiten aus den Druck- und Konvergenzmessungen im Blasversatz. Glückauf **96** (1960) S. 419–428.

[5] Jacobi, O.: Der Druck auf Flöz und Versatz. Glückauf **96** (1960) S. 409–418.

[6] Jacobi, O., und Everling, G.: Die Wirkung unterschiedlichen Streckenausbaus in Modellversuchen. Internat. Tagung für Gebirgsdruckforschung, Paris 1960, Vortrag B 1.

[7] Everling, G.: Gesteinsmechanische Untersuchungen und Grundlagen zur Ermittlung des Gebirgsdruckes aus Bohrlochverformungen. Glückauf **96** (1960) S. 390–409.

[8] Everling, G.: Spannungsänderungen im Einflußbereich eines Abbaubetriebes. Glückauf **96** (1960) S. 428–434.

[9] Everling, G.: Bemerkungen zu der Arbeit von W. Beckmann „Festigkeitsuntersuchungen an Gesteinen des Ruhrkarbons“. Bergbau-Wiss. 8 (1961) S. 295–296.

[10/11] Everling, G.: Das Endflächenproblem beim Druckversuch. Bergbau-Archiv **22** (1961) H. 1, S. 27–37; (dasselbe Kurzfassung) Bericht 2. Ländertreffen IBG, Akademie-Verlag, Berlin 1961, S. 15–17, 141–144.

[12] Everling, G.: 12. Kolloquium der Internat. Arbeitsgemeinschaft für Geomechanik. Glückauf **97** (1961) S. 1616–1617.

[13/14] Everling, G.: Modellversuche über das Zusammenwirken von Gebirge und Ausbau in Abbaustrecken. Glückauf **98** (1962) S. 1471–1479; Int. J. Rock Mech. **1** (1964) S. 319–326.

[15] Jacobi, O.: Zur Entstehung von Strebbrüchen in anlaufenden Bruchbaubetrieben. Glückauf **98** (1962) S. 1479–1484.

[16] Jacobi, O.: Der Ausbauingenieur und der Arbeitskreis von Ausbauingenieuren. Glückauf **98** (1962) S. 86–91.

[17] Everling, G.: Diskussionsbeiträge, Bericht 3. Ländertreffen IBG, Akademie-Verlag, Berlin 1962, S. 154–158, 181–182, 184.

[18/19] Everling, G.: Zur Definition der Schubfestigkeit. Glückauf 98 (1962) S. 1110–1117. Int. J. Rock. Mech. Min. Sci. **1** (1964) S. 145–154; 155–157.

[20] Everling, G.: 13. Kolloquium der Internationalen Gesellschaft für Felsmechanik. Glückauf 98 (1962) S. 1505.

[21] Everling, G.: Ein Vorschlag zur Definition der Schubfestigkeit und damit zusammenhängender Begriffe. Felsmechanik **1** (1963) H. 3/4, S. 181–185.

[22] Everling, G.: Diskussionsbeitrag zum Vortrag von H. Jahns „Einfluß der Ausbaukräfte auf das pseudoplastische Hineinfließen von Karbongestein in Grubenräume in 1000 m Teufe". Felsmechanik **1** (1963) H. 3/4, S. 259–262.

[23] Everling, G.: Model tests on the co-action of rock pressures and road supports in gate-roads. Mining Engr. (1963), S. 621–623.

[24] Everling, G.: Discussion to R. H. Merrill „In situ determination of stress by relief techniques". Proc. Internat. Conf. 1963, Santa Monica, New York: Amer. Elsevier Publ. Co. Inc. 1964, S. 377 bis 378.

[25] Jacobi, O.: Die Konvergenzwelle, eine Erscheinung beim schreitenden Strebausbau. Glückauf **99** (1963) S. 636–639.

[26] Jacobi, O.: Ausbrüche aus dem Hangenden bei schreitendem Ausbau und ein Vorschlag für ihre Bekämpfung. Glückauf **99** (1963) S. 740–744.

[27] Baethmann, H.-J., und Rieschel, H.: Vorschlag für eine hydraulische Vorpfändung mit selbsttätiger Bewegungs- und Setzregelung. Glückauf **99** (1963) S. 749–750.

[28] Jacobi, O.: Betriebe als Regelkreise – Eine kybernetische Betrachtung. Fortschrittliche Betriebsführung **12** (1963) S. 50–56.

[29] Jacobi, O., Everling, G., und Irresberger, H.: Forschungsarbeiten zur Entwicklung des mechanisierten Strebausbaus. Internat. Gebirgsdrucktagung New York 1964.

[30] Jacobi, O.: Die Ermittlung des Ausbauwiderstandes bei der Planung von Bruchbaustreben. Glückauf **100** (1964) S. 337–342.

[31] Jacobi, O.: Gefährlicher oder ungefährlicher Bruchhohlraum? Bergfreiheit **29** (1964) S. 67–68.

[32] Everling, G.: Der Festigkeitskoeffizient. Glückauf **100** (1964) S. 155–146.

[33] Everling, G.: Richtlinien für Festigkeitsuntersuchungen an Gesteinen. Entwurf 1963 des Internationalen Büros für Gebirgsmechanik. Bergbau-Archiv **25** (1964) H. 1/2, S. 85–91.

[34] Jacobi, O.: Auftreten, Ursachen und Bekämpfung von Gebirgsschlägen im Ruhrgebiet. Glückauf **100** (1964) S. 741–750.

[35] Jacobi, O.: Die Zusammendrückung durchörterter und nicht durchörterter Gebirgsschichten über einem Abbauvorfeld und ihre Darstellung mit Hilfe von Kennlinien. Bergbau-Archiv **25** (1964) S. 17–26.

[36] Jacobi, O.: Das Sichern der Bruchkanten in Bruchbaustreben bei festen Dachschichten. Glückauf **100** (1964) S. 914–915.

[37] Jacobi, O., Everling, G., und Irresberger, H.: Ausbrüche aus dem Strebhangenden unter Tage und im Modell und Folgerungen für den schreitenden Ausbau. Glückauf **100** (1964) S. 1413–1424.

[38] Rieschel, H.: Der Einschub von hydraulischen Grubenstempeln infolge der Kompressibilität der Betriebsflüssigkeit. Bergbau-Archiv **25** (1964) H. 4, S. 47–48.

[39] Rätz, B. W.: Regelsteuerung eines hydraulischen Ausbaugespanns für den folgerichtigen Ablauf des Schreitvorganges unter größtmöglichem Stempelandruck. Bergbau-Archiv **25** (1964) H. 4, S. 49–50.

[40] Buschmann, N.: Modellversuche über den Einfluß von Gleitlösen im Streckenstoß. Bergbau-Archiv **25** (1964) H. 5, S. 33–39.

[41/42] Jacobi, O.: Die Zunahme der Ausbrüche im Strebhangenden beim Unterbauen von Abbaukanten und bei Randeinfluß durch benachbarten Abbau. Glückauf **101** (1965) S. 564–568; Int. J. Rock Mech. **3** (1966) S. 221–230.

[43] Jacobi, O.: Kybernetik. Brücke zwischen den Wissenschaften. Glückauf **101** (1965) H. 10, S. 631.

[44] Everling, G.: Der Periodendruck. Glückauf-Forschungsh. **26** (1965) S. 257–271.

[45/46] Jacobi, O.: Automatisierung des Strebausbaus zur besseren Pflege des Hangenden. Glückauf **101** (1965) S. 860–867; Int. J. Rock Mech. **3** (1966) S. 231–247.

[47] Irresberger, H.: Der automatische Strebausbau in Großbritannien und seine Anwendbarkeit im deutschen Steinkohlenbergbau. Glückauf **101** (1965) S. 715–720.

[48] Rieschel, H.: Die Prüfung von Überdruckventilen des hydraulischen Grubenausbaus. Glückauf-Forschungsh. **26** (1965) S. 315–325.

[49] Everling, G., und Baethmann, H. J.: Vorteile des rechteckigen Querschnitts von Abbaustrecken. Glückauf **101** (1965) S. 1531–1538.

[50] Jubt, W.: Das Verhalten von Strecken ohne Bergedämme beim Abbau mit Bruchbau im Modellversuch. Glückauf-Forschungsh. **27** (1966) S. 127–132.

[51] Irresberger, H.: Die Anwendbarkeit des sowjetischen OMKT-Schildausbaus im deutschen Steinkohlenbergbau und Vorschläge zu seiner Weiterentwicklung. Glückauf **102** (1966) S. 361–363.

[52] Irresberger, H.: Entwicklungsrichtungen des schreitenden Strebausbaus im Steinkohlenbergbau. Montan-Rundschau, Sonderheft Modernisierung, (1966) S. 121–124.

[53] Irresberger, H.: Untersuchungen über eine Anpassung des schreitenden Unterstützungsausbaus an die Abbaubedingungen der flachen und mäßig geneigten Lagerung des Steinkohlenbergbaues an der Ruhr. Diss. Leoben 1966.

[54] Baethmann, H. J.: Abbaueinwirkungen auf Flözstrecken und Wege zu ihrer Beherrschung. Diss. Berlin 1966.

[55] Klöckner, M.: Spannungsoptische Modellversuche zur Ermittlung von Spannungsüberlagerungen durch Kohlefesten und Abbaukanten im Rahmen der Gebirgsschlagforschung. Diss. TH Aachen 1967.

[56] Everling, G.: Plastizität der Festgesteine in technologischer Sicht. Veröff. Inst. Bodenmech. TH Karlsruhe (1967) H. 27, S. 117–138.

[57] Rätz, B. W.: Der technische Stand des schreitenden Strebausbaus im westdeutschen Steinkohlenbergbau. Glückauf **103** (1967) S. 620–630.

[58] Jacobi, O.: Die gebirgsmechanisch günstige Führung von Abbaustrecken. Glückauf **103** (1967) S. 1302–1309.

[59] Rätz, B. W.: Strebausbau im Zeichen der Entwicklung. Techn. Mitt. **60** (1967) Nr. 9, S. 384–390.

[60] Irresberger, H.: Untersuchungen über eine Anpassung der Kappen des schreitenden Strebausbaus an das Hangende im Steinkohlenbergbau des Ruhrreviers. Glückauf-Forschungsh. **28** (1967) S. 111 bis 116.

[61] Irresberger, H.: Die Automatisierung des schreitenden Ausbaus durch pneumatische Zeitplansteuerung mit Abtastregelung. Ann. Mines Belgique, H. 9 (1967) S. 891–906.

[62] Götze, W.: Bruchvorgänge und -verformungen um Strecken im geschichteten Gebirge (Ergebnisse aus Modellversuchen und Untertagebeobachtungen). Diss. Berlin 1968.

Untersuchung der Bewegungsfelder um den Strebbau

von L. KAPOLYI, Tatabánya

Bei den Untersuchungen gehen wir von der Voraussetzung aus, daß die Bewegungsfelder der Gebirgsbewegungen um den Strebbau in der Natur und im Modell immer einander ähnlich sein werden, solange die Funktionen, die die geometrische Gestalt — genauer gesagt die Firsten- und Sohlenlinien — der Hohlräume beschreiben, die in der Natur und im Modell hergestellt wurden, im Deutungsbereich mathematisch ähnlich und kontinuierlich sind. Die Größe des Deutungsbereiches ist beim Modell und in der Natur verschieden, in der Natur ist er wegen der praktischen Schranken der Messungen und Beobachtungen wesentlich geringer.

Wenn es zutrifft, daß die Funktionen, die die Bewegung innerhalb des Intervalls beschreiben, wo die Natur im Modell reproduzierbar ist, einander ähnlich sind, dann können wir innerhalb des im technisch-logisch annehmbaren Maße erweiterten Deutungsbereiches auf Grund der am Modell erhaltenen Ergebnisse auf die Natur extrapolieren. Daraus folgen einerseits die Berechnung der Modellierung, andererseits deren Zweckmäßigkeit wegen der Extrapolationsmöglichkeit. In diesem Falle deckt nämlich die mathematische Ähnlichkeit die Ähnlichkeit physikalischer Erscheinungen, wobei es sich hier um Formänderungserscheinungen handelt.

Folgende Formelzeichen sollen eingeführt werden:

x, y, z — Achsenrichtungen des Koordinatensystems, bestimmt und angepaßt an die geometrische Gestalt des Abbaus, bzw. an die Abbaurichtung

u, v, w — Verschiebungen in Koordinatenrichtungen.

Die Bewegung eines gegebenen Punktes im Raume oberhalb des Abbaus ist

$$t(x, y, z, t) = u(x, y, z, t) + v(x, y, z, t) + w(x, y, z, t) =$$
$$= u(x, y, z, t)\, e_x + v(x, y\ z, t)\, e_y + w(x, y, z, t)\, e_z\ .$$

Die Bewegungen an der Tagesoberfläche sind

$$t_0(x, y, t) \equiv t(x, y, z, t)|_{z=0}\,.$$

Die Bewegungen der Firste

$$t_H(x, y, t) = t(x, y, z, t)|_{z=H}\,.$$

Wird die Mittellinie des Abbaus ($y = 0$) gewählt und nur die vertikalen Bewegungen geprüft, so gilt

$$w(x, z, t) = w(x, y, z, t)|_{y=0}$$

und

$$w_0(x, t) = w(x, y, z, t)|_{y=0}|_{z=0}\,,$$

$$w(x, t) = w(x, y, z, t)|_{y=0}|_{z=H}\,.$$

Im folgenden wollen wir die Funktion

$$w_H(x, t)$$

bestimmen, die wir einfach mit w (ohne Index) bezeichnen.

Aus der Ähnlichkeit der Bewegungsfelder des Modells und der Natur ergibt sich die Ähnlichkeit der Funktionen:

$$w_t = w_t(x)|_{t\to\infty}$$

und

$$w_m = w_m(x)\,,$$

in denen die Indizes „t" und „m" die Natur bzw. das Modell bezeichnen.

Die oben abgeleitete Auffassung der Funktion w beschreibt die Gestaltung der Firstenlinie als Funktion des geometrischen Ortes ohne Berücksichtigung der Ursachen, die bei der Gestaltung von w eine wichtige Rolle spielen, wie z. B. die Stempeldichte, die offene Abbauweite usw.

Nachfolgend wollen wir diesen Faktoren größere Aufmerksamkeit schenken und werden die vertikale Bewegung w in Form einer Funktion von mehreren Variablen darstellen:

$$w = w(x_1, x_2, \ldots, x_p)\,.$$

Stochastisches Modellgesetz

Die Annahme der Ähnlichkeit des Bewegungsfeldes des Modells und desselben der Natur machte die Durchführung einer ausgedehnten Untersuchungsreihe möglich. Eine weitere Frage war, wie man die Versuchsergebnisse zu einem System zusammenfassen kann, das einerseits den Zweck der Versuche, also die Wirkung, des aktiven Ausbaus, beantwortet und anderseits die Untersuchung bzw. den Nachweis unserer Vermutungen bezüglich der Ähnlichkeit der Bewegungsfelder des Modells und der Natur ermöglicht.

Nachdem die Bestimmung des Spannungs- und Bewegungsfeldes um den Strebbau wegen der Vielzahl der Einflußgrößen theoretisch sehr schwer ist, haben wir unsere Untersuchungen mit stochastischem Charakter durchgeführt und haben unsere Ergebnisse in ein stochastisches System gefaßt und ausgewertet.

Als Ausgang diente folgendes mathematisches Modell:

Es wird angenommen, daß zwischen der Variablen w, die für das Bewegungsfeld um den Strebbau charakteristisch ist, und zwischen den unabhängigen Variablen $x_1, x_2, \ldots, x_p$, die den Wert w bestimmen, folgender funktioneller Zusammenhang besteht:

$$F(w, x_1, x_2, \ldots, x_p) = 0\,.$$

In der Natur und im photoelastischen Modell konnten wir nur für einige der Variablen $x_1, x_2, \ldots, x_p$ konkrete Messungen bzw. Beobachtungen durchführen. Bezeichnen wir die in der Natur untersuchten Variablen mit $x_1, x_2, \ldots, x_k$ und die am Modell untersuchten mit $x_i, x_{i+1}, \ldots, x_k, \ldots, x_r$, wobei $i \leqq k \leqq r \leqq p$ seien. Folglich erhalten wir über die Variablen $x_1, x_2, \ldots, x_{i-1}$ nur aus den Messungen in der Natur Aufklärung. Die Wirkung der Variablen $x_i\ x_{i+1}\ \ldots, x_k$ kann in der Natur und im Modell gleicherweise beobachtet werden, und die Veränderlichen $x_{k+1}, x_{k+2}, \ldots, x_r$ können nur am Modell untersucht werden. Der restlichen Variablen $x_{r+1}, x_{r+2}, \ldots, x_p$ bezüglich können wir keine Messungen bzw. Beobachtungen durchführen, oder wir wollen es auch nicht, denn der Annahme entsprechend kann deren Wirkung im Vergleich zur Wirkung der übrigen unabhängigen Variablen vernachlässigt werden.

Wir nehmen an, daß

$$F(w, x_1, x_2, \ldots, x_p) = 0$$

in folgender Form aufgeschrieben werden kann

$$w = \beta_0 + f_1(x_1) + f_2(x_2) + \cdots + f_p(x_p)\,, \tag{1}$$

daß also Gleichung (1) eine gute Annäherung an $F = 0$ gibt. Auf Grund des Vorgehenden geben die Messungen in der Natur den Wert von w durch die Gleichung

$$w_t = \beta_0 + f_1(x_1) + f_2(x_2) + \cdots + f_k(x_k) + \varphi_t(x_{k+1}, x_{k+2}, \ldots, x_p) \tag{2}$$

und die Messungen am Modell durch die Gleichung

$$w_m = \beta_0 + f_i(x_i) + f_{i+1}(x_{i+1}) + \cdots + f_r(x_r) + \varphi_m(x_1, x_{i-1}, x_{r+1}, \ldots, x_p) \,. \tag{3}$$

Wenn in den Beziehungen (2) und (3) die Glieder φ_t bzw. φ_m vernachlässigt werden, dann wird der Wert w durch die in der Natur bestimmten Werte $x_1, x_2, \ldots, x_k$ und durch die am Modell bestimmten Werte $x_i, x_{i+1}, \ldots, x_r$ nicht eindeutig bestimmt, da doch w durch die vernachlässigten Variablen ebenfalls beeinflußt wird. Nehmen wir an, daß die Veränderlichen $x_i, x_{i+1}, \ldots, x_r$ so gewählt wurden, daß sie sämtliche auf w einen wesentlichen Einfluß ausübende Veränderlichen umfassen und deshalb bei deren gegebenen Werten der Einfluß von φ_m (bzw. φ_t) als Zufallseinfluß betrachtet werden kann.

Im wesentlichen gehen wir von folgenden Funktionen aus:

$$\begin{aligned} w_t &= \beta_0 + \beta_1 x_1 + \beta_2 x_2 + \cdots + \beta_k x_k + l_t \,, \\ w_m &= \beta_0 + \beta_i x_i + \beta_{i+1} x_{i+1} + \cdots + \beta_r x_r l_m \,, \end{aligned} \tag{4}$$

wobei l_t und l_m als Zufallsvariablen vom Erwartungswert Null betrachtet werden können.

Die Linearität der Funktionen (4) ist nur scheinbar und bedeutet nicht eine Schmälerung der Allgemeinheit, $w_1, x_1, \ldots, x_r$ bedeuten ja nicht zwangsmäßig die direkt gemessenen Variablen, sondern können auch irgendeine Funktion davon bedeuten, und es können sogar mehrere Funktionen derselben Variablen unter ihnen vorkommen, wie z. B. $x_1 = t$, $x_2 = t^2$, $x_3 = \lg t$ usw.

Es ist nicht immer nötig, daß in den Funktionen (4) das konstante Glied vorkommt, also gewöhnlich ist

$$w = \Sigma \beta_i x_i + l \,.$$

Wenn wir eine Konstante einsetzen wollen, kann sie einfach $x_1 \equiv 1$ sein. Ob eine Konstante vorkommen soll oder nicht, hängt davon ab, welcher Fall dem Charakter des untersuchten Phänomens besser entspricht. Wenn z. B. der Wert einer jeden berücksichtigten Variablen und auch der Wert w gleich Null sind, kann als logische Folge kein konstantes Glied vorkommen. Wegen der willkürlichen Annahme des Beobachtungsbereiches ist in unserem Fall das Einsetzen einer Konstante notwendig.

Modellversuche und Messungen unter Tage

Wegen der Schwierigkeiten der praktischen Durchführung von Messungen in der Natur haben wir unsere Versuche durch Modellversuche eingeleitet. Bei diesen Versuchen haben wir angenommen, daß auf die geometrische Gestalt der Firste und der Sohle folgende, in dem Modell zu berücksichtigenden unabhängigen Veränderlichen einwirken:

l — offene Abbaubreite [mm]
k — der Abstand des Schwerpunktes der Stempelkräfte von der Kohlenwand [mm]
a — prozentuales Verhältnis der Randbelastung des Modells und der Vorspannung der Front [%]
z — Abstand der Stempel [mm]
p — die letzte Stempelkraft [kp]
x — Abstand von der Kohlenwand [mm].

Die abhängige Veränderliche ist — w — die vertikale Bewegung der Firstenpunkte.

Die bei den Grubenmessungen berücksichtigten unabhängigen Variablen sind:

p [kp] und x [m], die auch bei den Modellversuchen vorkamen, und außerdem noch

$$t \text{ — die Zeit [h]}.$$

Es ist offensichtlich, daß ein Teil der Variablen nur bei den Modellversuchen, ein anderer Teil der Messungen nur in der Natur und ein dritter Teil bei beiden vorkommt.

Da die Untersuchungen am Modell in einem monotonen Spannungsfeld ohne Eigenlast durchgeführt wurden, sind Firste und Sohle symmetrisch. Weil durch die Messungen in der Grube nur die Veränderung der Firstenform registriert werden konnte, werden wir uns im folgenden nur mit der geometrischen Form der Firstenlinie befassen.

Es wurden die vertikalen Bewegungen der an der Wand des Hohlraumes bezeichneten Punkte gemessen, wobei die Werte der einzelnen unabhängigen Veränderlichen einem festgelegten Plan entsprechend innerhalb eines rationellen Deutungsbereiches geändert wurden. Die erhaltenen Ergebnisse wurden mittels der Methode der regressiven Analyse durch folgende Funktion angenähert:

$$\begin{aligned} w_m = & -0{,}06439\, l + 0{,}001218\, l^2 - 320 \frac{l}{k} + 13\,070 \frac{l}{k^2} - 166\,000 \frac{l}{k^3} - 4{,}05\, a + \\ & + 0{,}06449\, a^2 - 60{,}82 \frac{l}{z} + 764{,}5 \frac{l}{z^2} - 1113 \frac{l}{z^3} - 0{,}3392\, p + 0{,}8089\, p^2 + 0{,}3116\, x - \\ & - 0{,}001237\, x^2 + 0{,}000001313\, x^3 + 25{,}92 \end{aligned} \tag{5}$$

und der für die Schmiegungsgüte charakteristische Korrelationsindex ergab sich zu $I = 96{,}58\%$.

Aus der Funktion (5) wird ersichtlich, daß die Konvergenz eine Funktion dritter Ordnung des Abstandes von der Kohlenwand (x) ist. Der Korrelationsindex zeigt, daß dieselbe innerhalb des Deutungsbereiches die Tendenz der Anordnung der Meßpunkte gut folgt. Obwohl die obige Kurve innerhalb des Deutungsbereiches der Variablen x eine Inflexion hat, nachdem die Konvergenz sich mit zunehmendem Abstand vom Stempel einer Asymptote nähert — eine Eigenheit, die eine Kurve dritter Ordnung nicht besitzt —, ist es erforderlich, die Punktmenge durch eine mathematische Funktion zu approximieren, die bei einer vielleicht schlechteren Annäherung diese Bedingung erfüllt und dadurch die Möglichkeit der Extrapolation schafft. Diese Eigenschaften können in der Funktion $th\,(x - \alpha)$ aufgefunden werden, und deswegen haben wir das diskrete Wertesystem, das uns zur Verfügung steht, durch die genannte Funktion auf Grund des Prinzips der kleinsten Quadrate approximiert.

$$\begin{aligned} w_m = & -0{,}0161 + 0{,}04579 \frac{l}{k} - 0{,}0273 \frac{l}{a} - 0{,}05911\, z - 0{,}003205 \frac{l}{z} - 0{,}0005453 \frac{l}{p} + \\ & + 0{,}2480\, th\,(x - 0{,}45578) + 0{,}1907\,. \end{aligned} \tag{6}$$

Der Korrelationsindex beträgt $I = 99{,}34\%$.

Die einzelnen Variablen sind in beiden Funktionen leicht verschiedenen Charakters, doch ist dies nicht Folge einer subjektiven Entscheidung, da wir bei beiden Funktionen die engsten Beziehungen anstrebten und deswegen für jede Veränderliche mehrere Typen von Funktionen prüften:

$$(\text{z. B. } t^{-2}, t^{-1}, t, t^2, t^3, t^5, \ln t, e^t, \text{usw.}).$$

Entsprechend der Messungen in der Natur (durchgeführt im Streb 134 der Grube XV/a von Tatabanya) beträgt die Konvergenz

$$\begin{aligned} w_t = & \; 0{,}000986\, p - 0{,}000006848\, p^2 + 0{,}08264\, th\,(x - 2{,}637) + \\ & + 0{,}002929\, t + 0{,}00006828\, t^2 - 0{,}000000268\, t^3 + 0{,}07307\,, \end{aligned} \tag{7}$$

wobei $I = 87{,}27\%$ ist.

Bei unseren Untersuchungen haben wir auch die aus der Literatur wohlbekannten Gewichtsfaktoren β ermittelt, die die relativen Gewichte der einzelnen Variablen bei der Gestaltung von w repräsentieren.

Dieselben sind beim Modell:

$$\beta_l = 0{,}2609\% \qquad \beta_z = 0{,}1370\%$$
$$\beta_k = 0{,}1642\% \qquad \beta_p = -\,0{,}0062\%$$
$$\beta_a = 0{,}2609\% \qquad \beta_x = 99{,}1769\%$$

und in der Natur

$$\beta_p = -\,1{,}2437\% \qquad \beta_x = 40{,}0200\% \qquad \beta_t = 61{,}2200\%\,.$$

Die bei den Messungen in der Grube beobachteten Werte x und t sind im wesentlichen die beiden Komponenten, welche die Abbaugeschwindigkeit determinieren und, wie ersichtlich, das Maß der Konvergenz praktisch vollkommen bestimmen.

Bei den Messungen hielten wir die gesonderte Berücksichtigung von x und t für grundlegend wichtig, weil der physikalische Inhalt der beiden Faktoren von dem der Abbaugeschwindigkeit $v_h = x/t$ verschieden ist. In v_h macht sich nämlich der rheologische Effekt von t nicht eindeutig geltend, denn derselbe Wert von v_h kann bei verschiedenen x und t zustande kommen; also die Berücksichtigung von x und t ist vollkommener. Sie enthält nämlich die Wirkung von x und t zusammen und auch einzeln.

Die Variable x kommt im Modell und in der Natur gleichfalls vor, die Veränderliche t aber nur in der Natur; demzufolge ist t die einzige unabhängige Veränderliche, welche eine auf dem statistischen Modell nicht berücksichtbare physikalische Eigenschaft enthält. Damit wird, wenn auch mit stochastischem Charakter, die Verbindung unter den Ergebnissen am Modell und in der Natur hergestellt.

Das relativ kleine Gewicht der Stützkräfte p ergibt sich aus der Anwendung von Reibungsstempeln, wobei eine bedeutende Vorspannung nicht auftritt. Deshalb können diese als passive Ausbausysteme betrachtet werden.

Dagegen ergibt sich der Gesamteffekt der Gewichtsfaktoren k, a und z, welche die Wirkung der Stützkraft vertreten, zu 0,8230%, d. h. im Modell, wo das Ausbausystem (k, a, z) eine bedeutende Rolle spielt, hat es ein viel größeres Gewicht als in der Natur.

Auf Grund der Gewichtsfaktoren ist es klar, daß der Abstand x zwischen dem Stempel und der Kohlenwand auf die Konvergenz eine große Wirkung ausübt.

Aus diesen Erfahrungen haben wir Korrelationsrechnungen durchgeführt, wobei w nur als Funktion von x untersucht wurde. Die auf das Modell bzw. auf die Natur bezogenen Funktionen lauten

$$w_n = 0{,}24733\; th\,(x - 0{,}45578) + 0{,}14215 \;(I = 99{,}25\%)$$

bzw.

$$w_t = 0{,}16107\; th\,(x - 2{,}6515) + 0{,}19441 \;(I = 77{,}59\%)\,. \tag{8}$$

Eine Serie unserer Messungen unter Tage zeigt die Zahlentafel auf S. 664.

Durch den Vergleich der Beziehungen (7) und (8) zeigen die Verformungskurven des Modells und der Natur eine mathematische Ähnlichkeit. Dies bestätigt jedoch unsere Annahme, daß aus der Verformung des Modells qualitative Folgerungen auf diejenige der Natur gezogen werden können.

Die Untersuchungen haben gezeigt, daß sich die obigen Funktionen bei hohem Signifikanzintervall bewegen.

Daraus ist ersichtlich, daß sich der mathematische Charakter und die Eigenschaften der Kurve weitgehend stabil erweisen.

Aus den Beziehungen (7) und (8) geht hervor, daß die Differenz zwischen den Koeffizienten der beiden Kurven mit dem linearen Maßverhältnis nicht gleichwertig ist. Die aus den Modell-

Feld	Stempel	Gleichung	Index I	Stand. Fehler S_w	Relat. Fehler Hr %
5	6027	$w = 0{,}277433\ th\ (x - 2{,}20) + 0{,}02637$	0,560	0,02366	8,5
	7237	$w = 0{,}087458\ th\ (x - 2{,}20) + 0{,}186105$	0,958	0,0164	7,8
6	8365	$w = 0{,}245489\ th\ (x - 2{,}20) + 0{,}343564$	0,992	0,00939	2,2
	3115	$w = 0{,}061868\ th\ (x - 2{,}80) + 0{,}134267$	0,995	0,00973	7,7
	3307	$w = 0{,}099318\ th\ (x - 2{,}40) + 0{,}146952$	0,980	0,01105	8,1
	3336	$w = 0{,}239923\ th\ (x - 0{,}64) - 0{,}029009$	0,999	0,00106	0,8
7	2943	$w = 0{,}085431\ th\ (x - 2{,}80) + 0{,}179938$	0,977	0,01466	7,7
8	3326	$w = 0{,}098945\ th\ (x - 2{,}05) + 0{,}157023$	0,915	0,00407	2,6
9	3209	$w = 1{,}197697\ th\ (x - 0{,}01) - 0{,}934543$	0,980	0,01267	6,0
10	3203	$w = 0{,}143461\ th\ (x - 2{,}80) + 0{,}399833$	0,977	0,01572	3,8
	3270	$w = 0{,}147117\ th\ (x - 0{,}93) + 0{,}010473$	0,999	0,00076	0,6
11	6051	$w = 0{,}129422\ th\ (x - 1{,}025) - 0{,}0001326$	0,963	0,00666	7,2
	3046	$w = 0{,}108650\ th\ (x - 1{,}95) + 0{,}195494$	0,947	0,01505	6,9
12	3287	$w = 0{,}016621\ th\ (x - 2{,}78) + 0{,}171860$	0,984	0,00183	1,0

versuchen gezogenen Schlußfolgerungen können also auf die Natur nur qualitativ übertragen werden. Daraus sieht man, daß das Verhältnis (w_m/w_t) eine Funktion des Abstandes vom Stoß darstellt. Gilt also

$$\frac{w_m}{w_t} = \text{const}\,,$$

so können die Ergebnisse der Modellversuche zur zahlenmäßigen Bestimmung der Verschiebungen unter Tage angewandt werden.

Der Interpretationsbereich der in der Natur gemessenen Resultate weicht wegen der unterschiedlichen Konvergenz der Firste und Sohle von demjenigen des Modells ab. Dieser Bereich ist nämlich in der Natur bedeutend kleiner, da er nur für diejenigen Strecken gültig ist, wo das Gebirge als ungestört betrachtet werden kann.

Dies bedeutet aber, daß, obwohl der Deutungsbereich der Natur viel kleiner als derjenige des Modells ist, die mathematische Ähnlichkeit beider Funktionen — bezogen auf die übereinstimmenden Strecken — als bewiesen angesehen werden kann.

Da in Richtung des gestundeten Grubenteiles im Modell und in der Natur verschiedene Verhältnisse gegeben sind, kann eine Extrapolation aus den für die Natur geltenden Beziehungen außerhalb des Beobachtungsintervalls nur in Richtung der anstehenden Kohlenwand vorgenommen werden.

Die Bestimmung der Verschiebungsfunktion w

Die Bestimmung der in der Natur und im Modell gültigen Beziehungen geschah auf Grund der Meßergebnisse mit Hilfe der Korrelationsrechnung.

Obwohl die Bestimmung der Ausgleichfunktion mit der Methode der kleinsten Quadrate sowohl bei mehreren Variablen als auch im nicht-linearen Fall bekannt ist, mußten wir jedoch zur Bestimmung des hyperbolischen Tangens, der den Abstand zwischen Stempel und Kohlenwand charakterisiert, eine neue Lösungsmethode finden. In den folgenden werden die Normalgleichungen und die Lösungsmethode kurz behandelt.

Es wird die Ausgleichsfunktion in Form

$$w = a\ th\ (x - b) + c$$

gesucht. Die Parameter a, b und c werden mit der Methode der kleinsten Quadrate bestimmt.

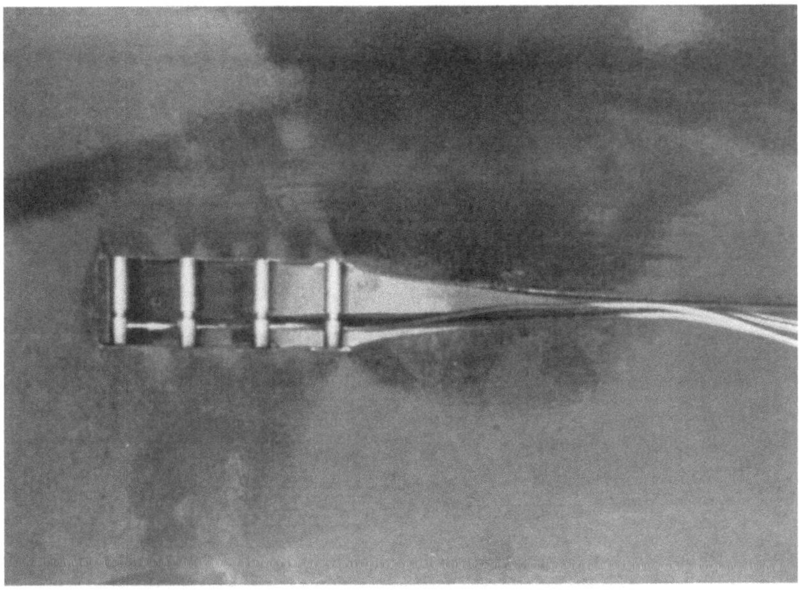

Bild 1

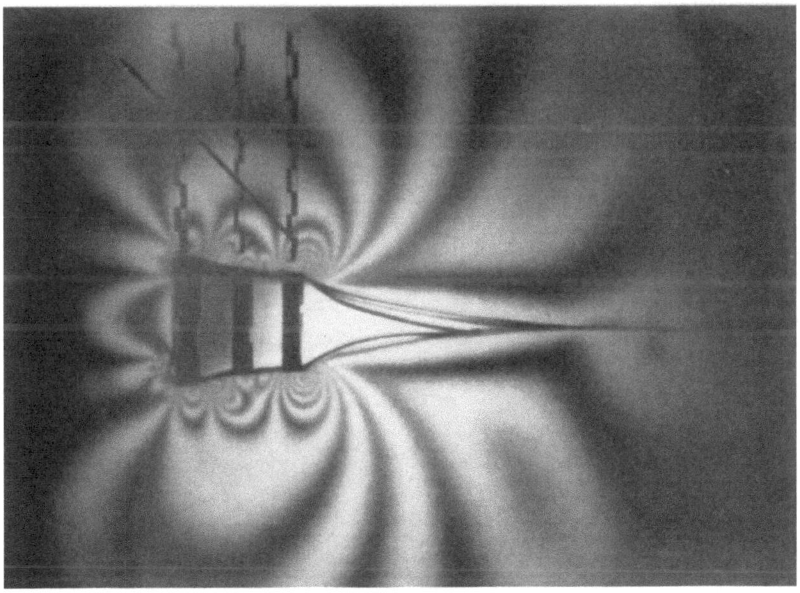

Bild 2

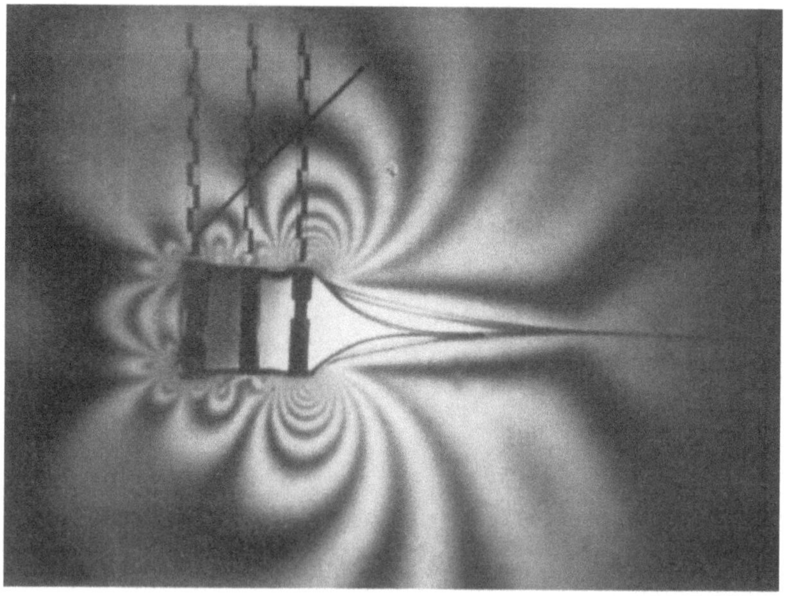

Bild 3

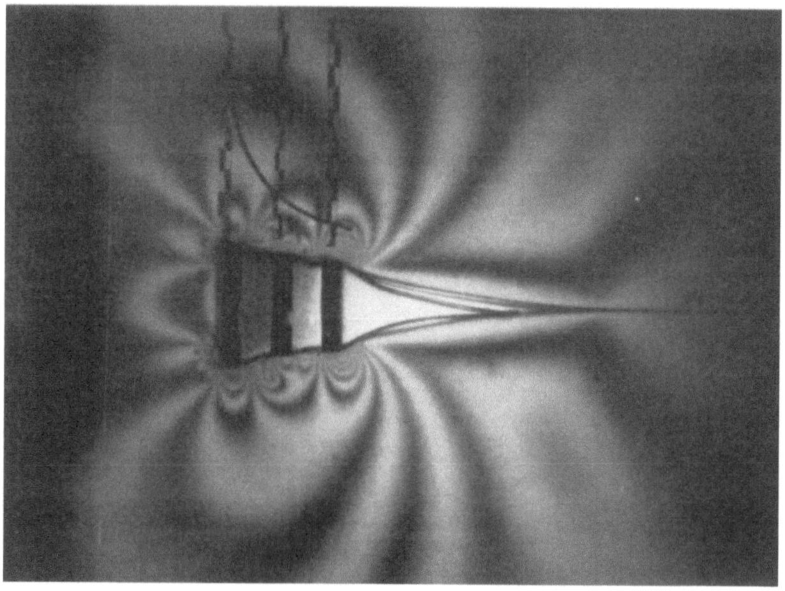

Bild 4

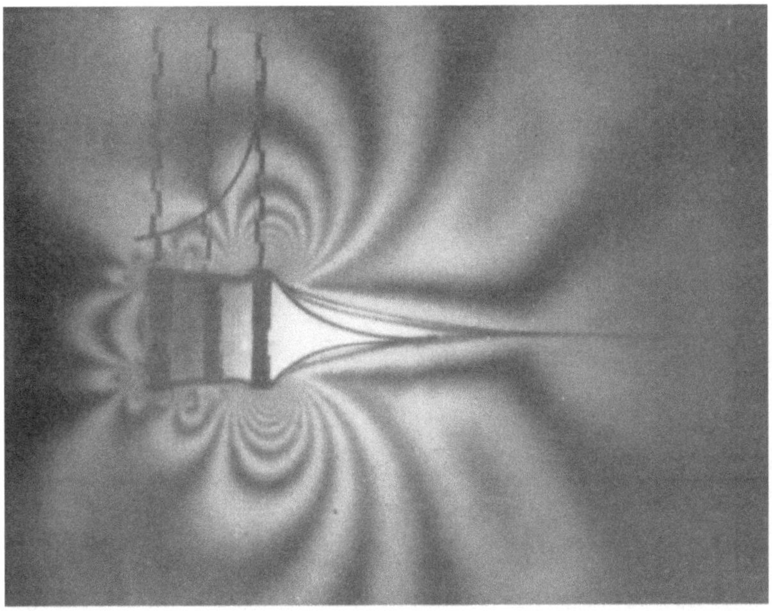

Bild 5

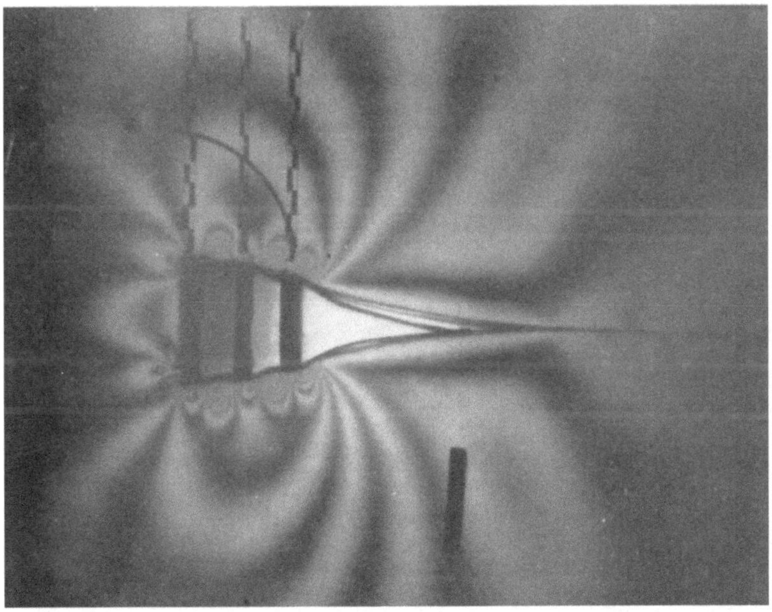

Bild 6

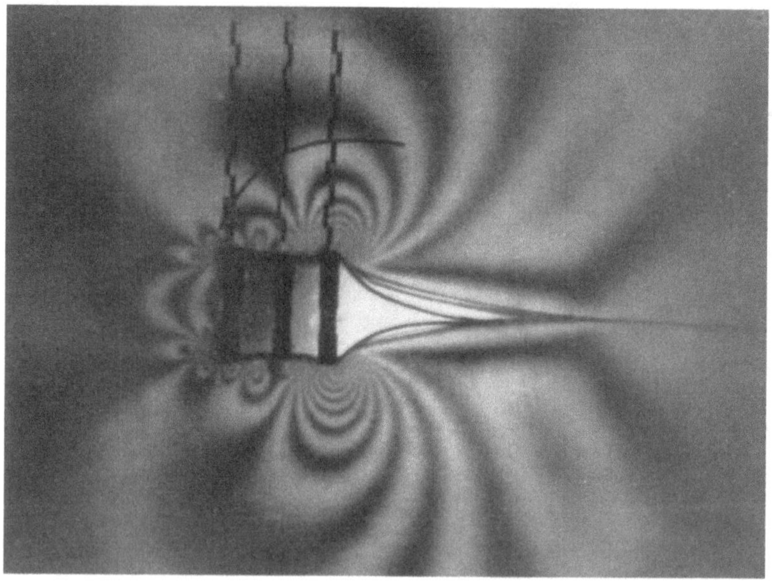

Bild 7

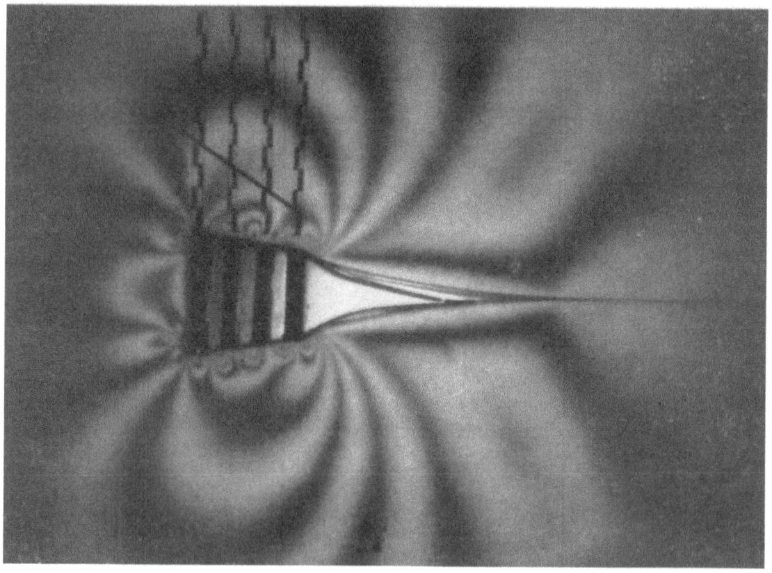

Bild 8

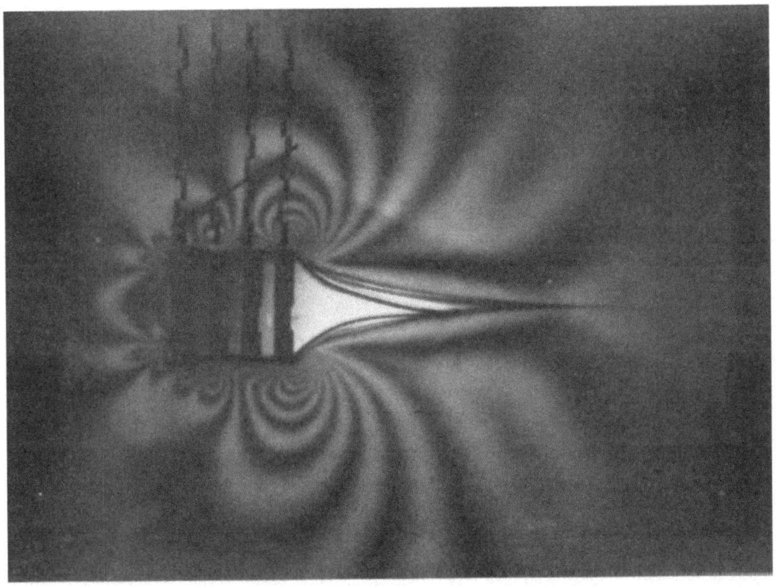

Bild 9

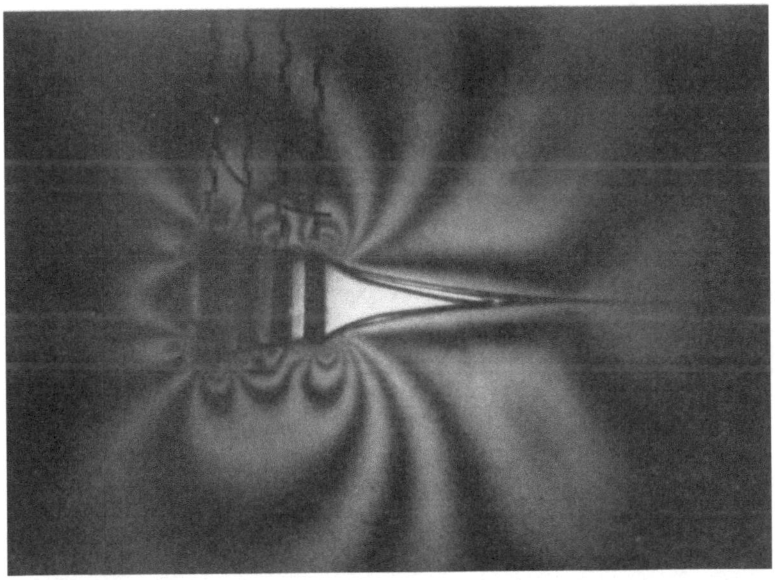

Bild 10

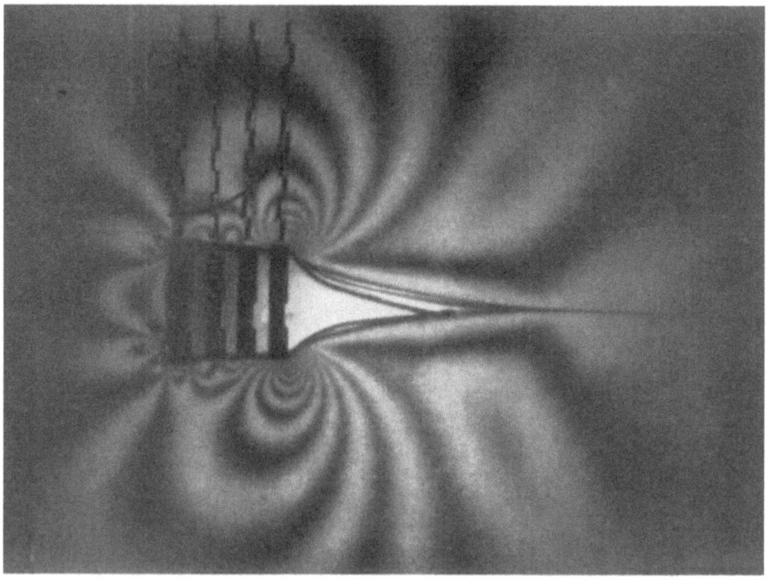

Bild 11

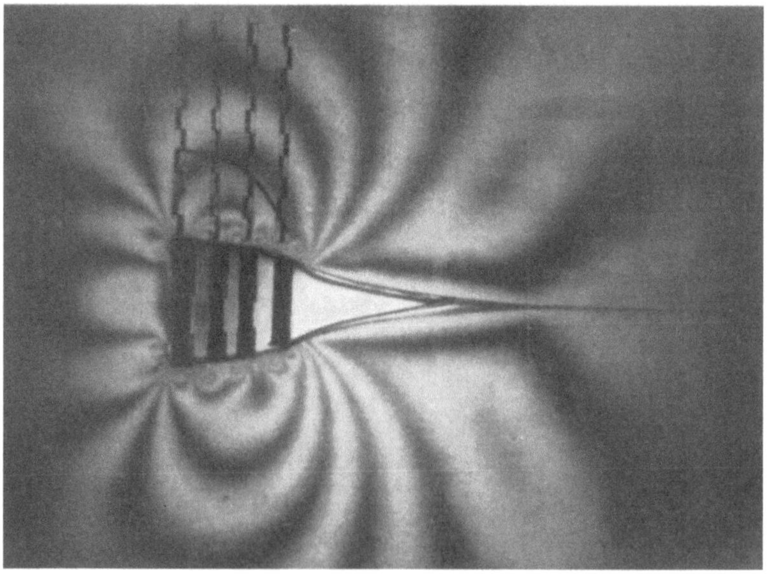

Bild 12

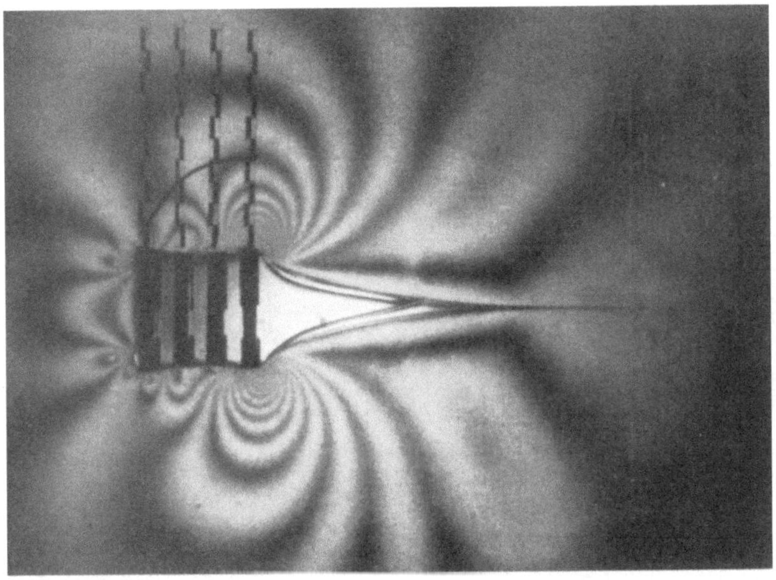

Bild 13

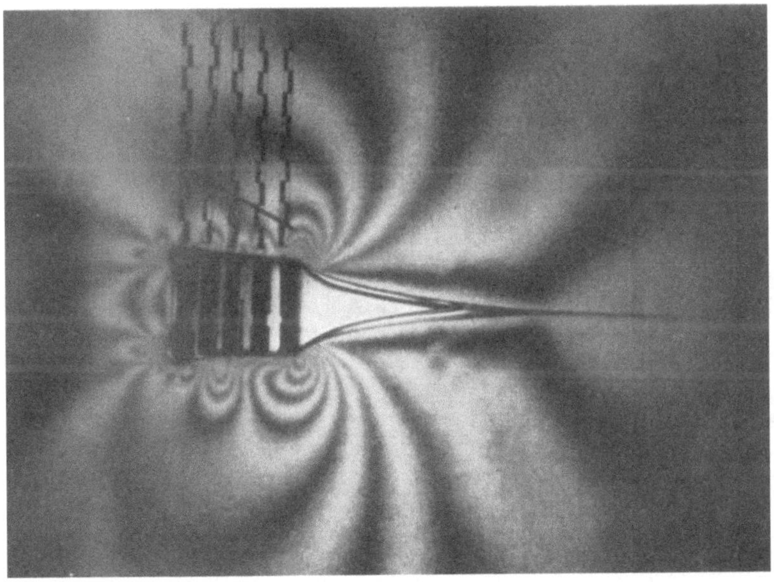

Bild 14

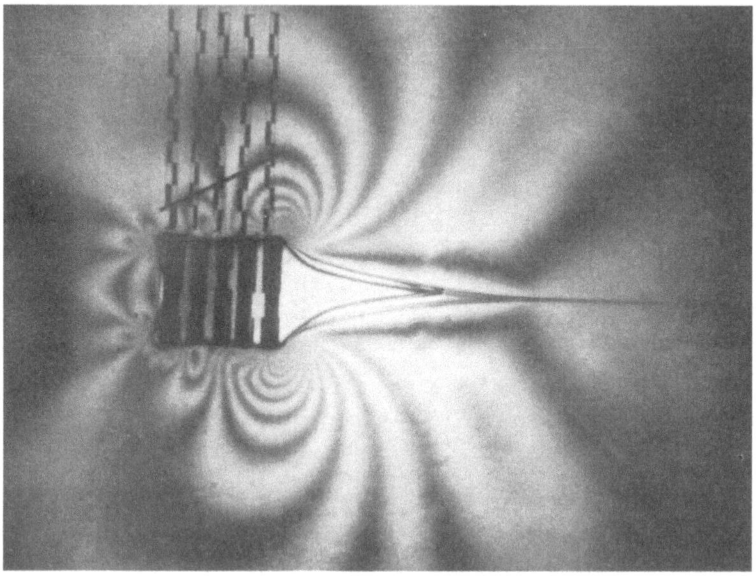

Bild 15

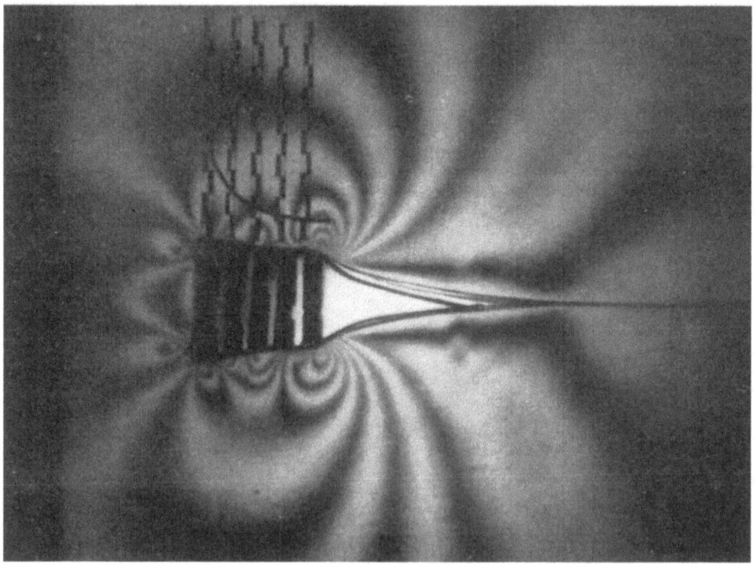

Bild 16

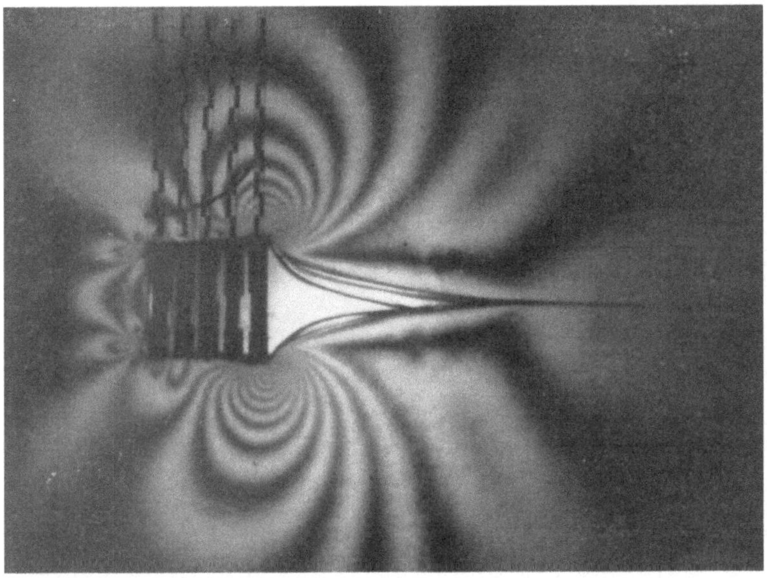

Bild 17

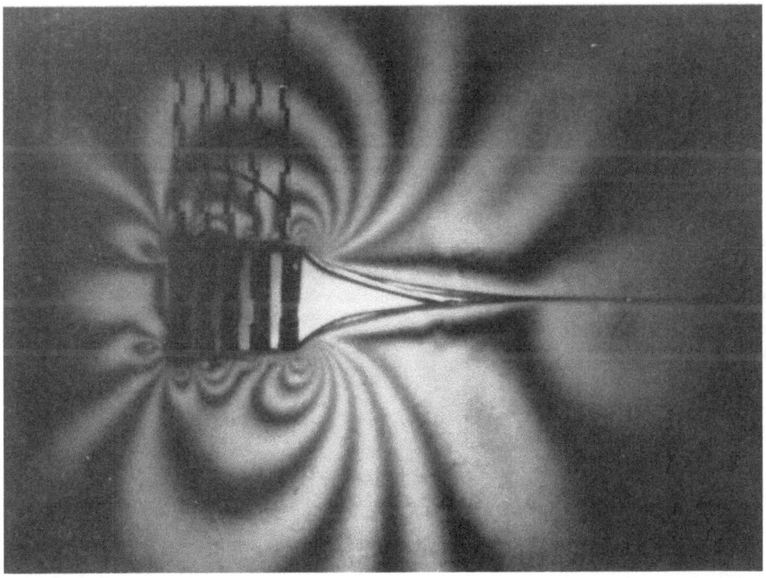

Bild 18

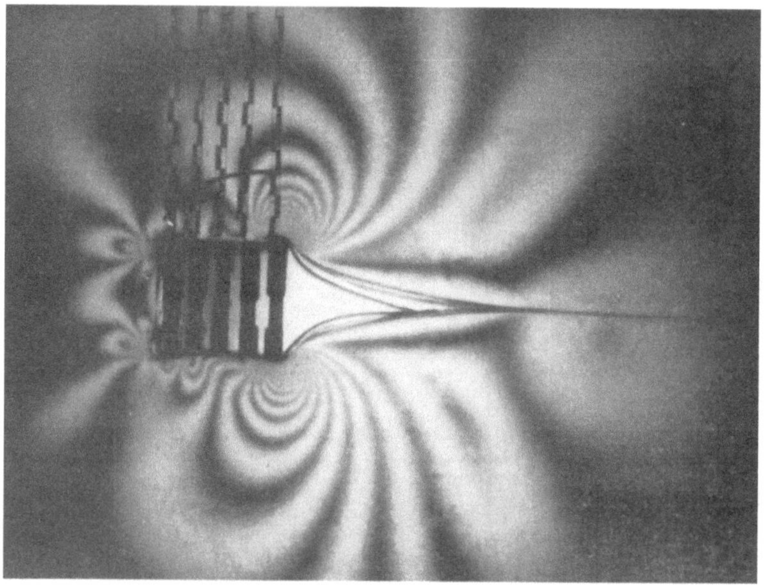

Bild 19

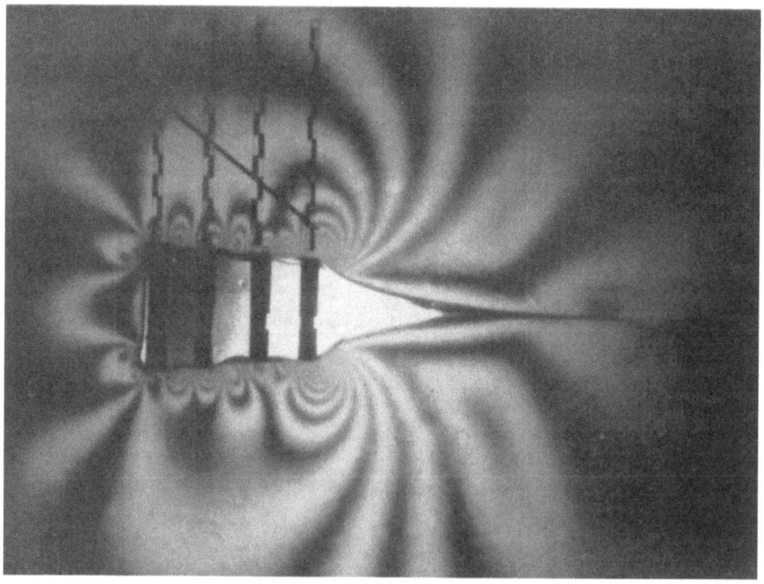

Bild 20

Bild 21

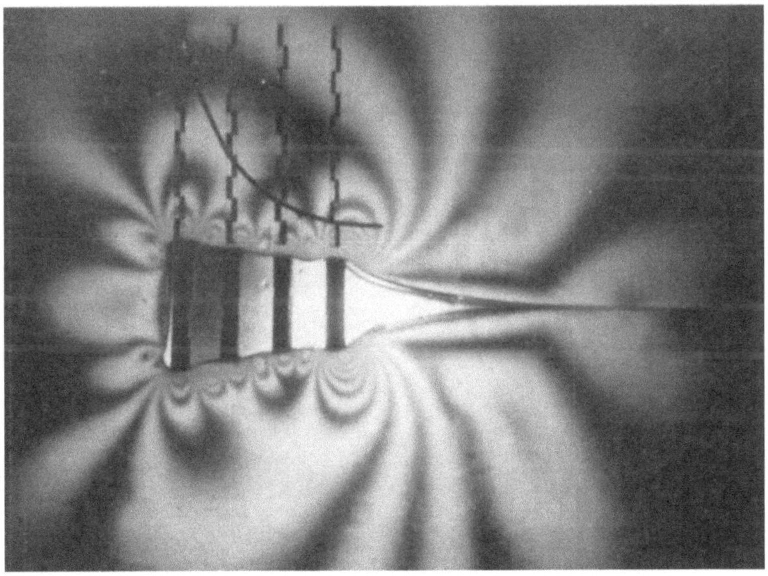

Bild 22

Bild 23

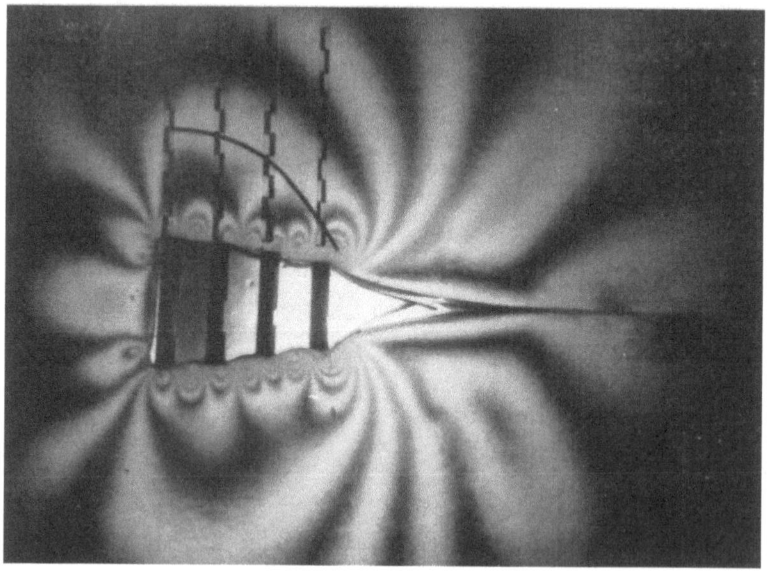

Bild 24

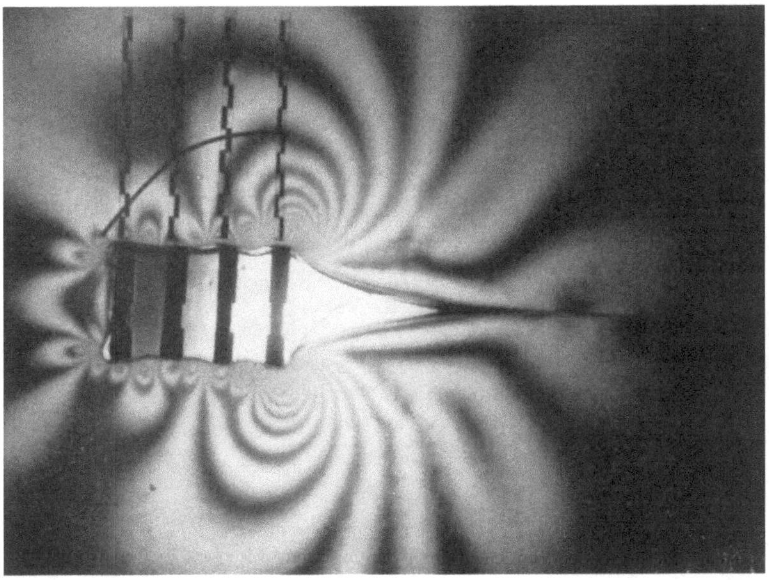

Bild 25

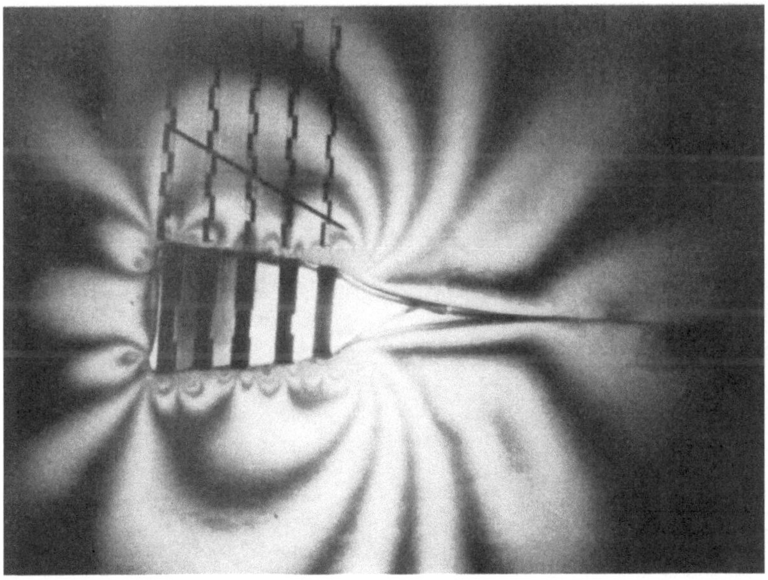

Bild 26

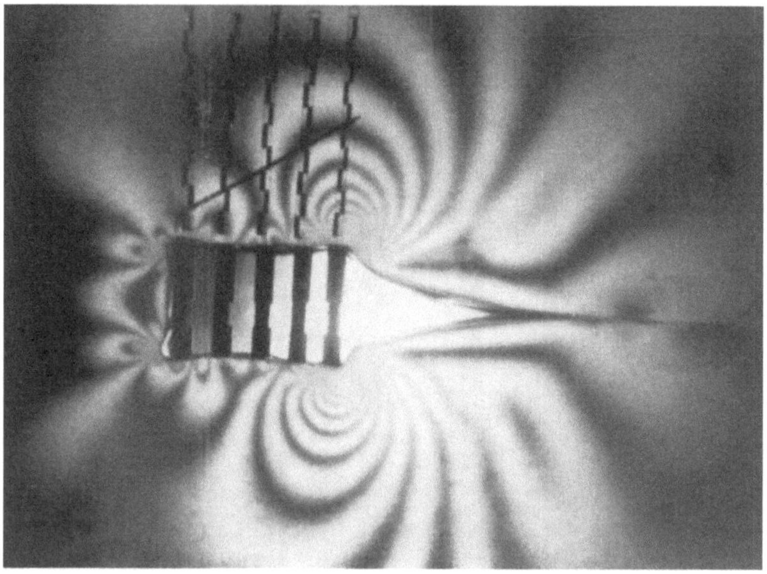

Bild 27

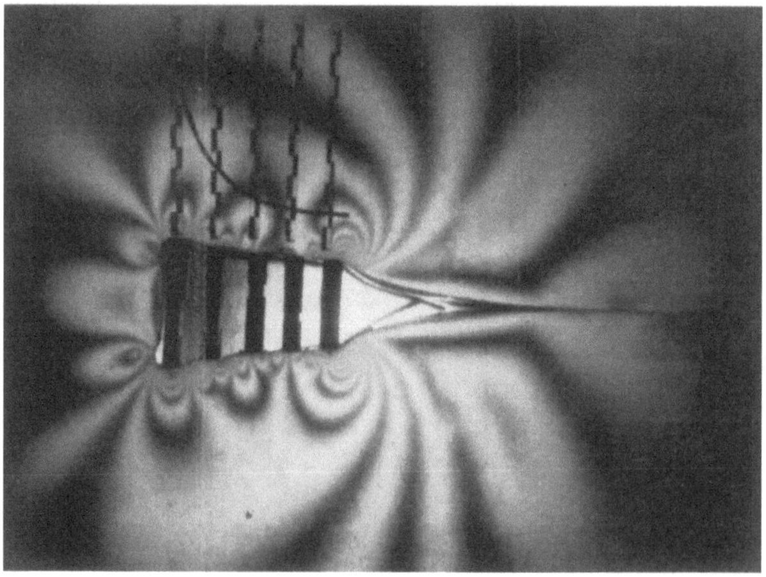

Bild 28

Bild 29

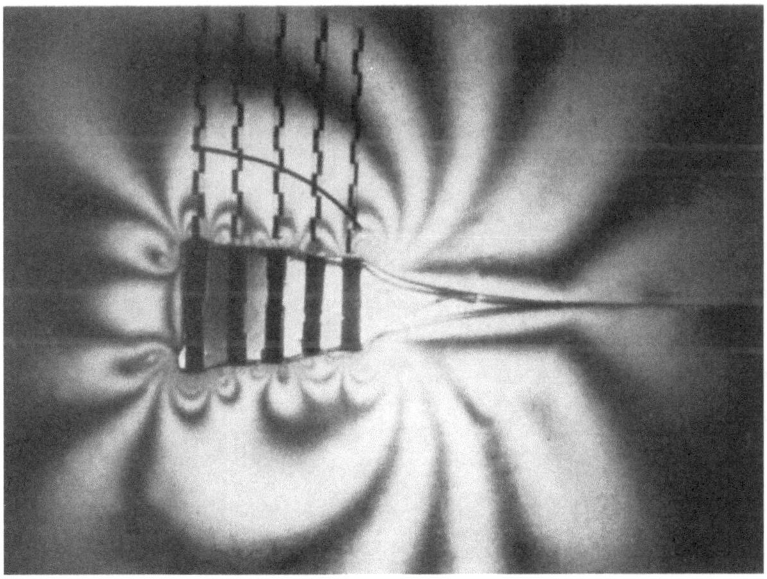

Bild 30

Bild 31

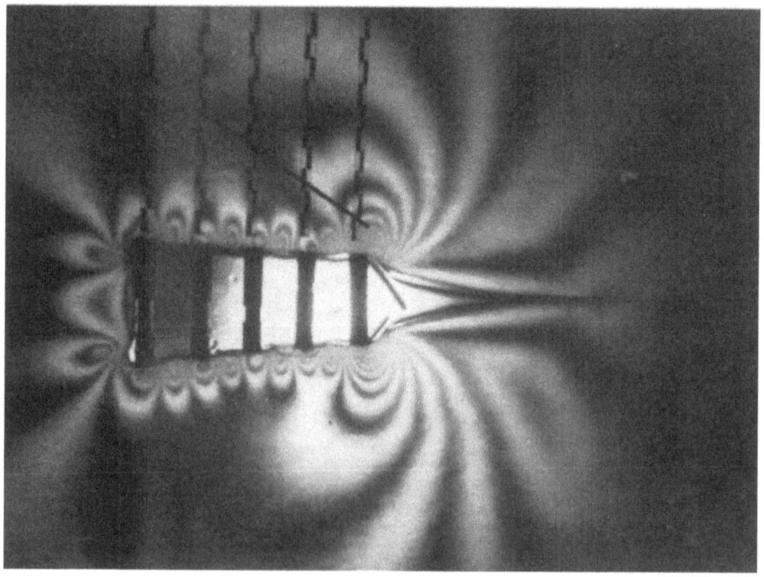

Bild 32

Bild 33

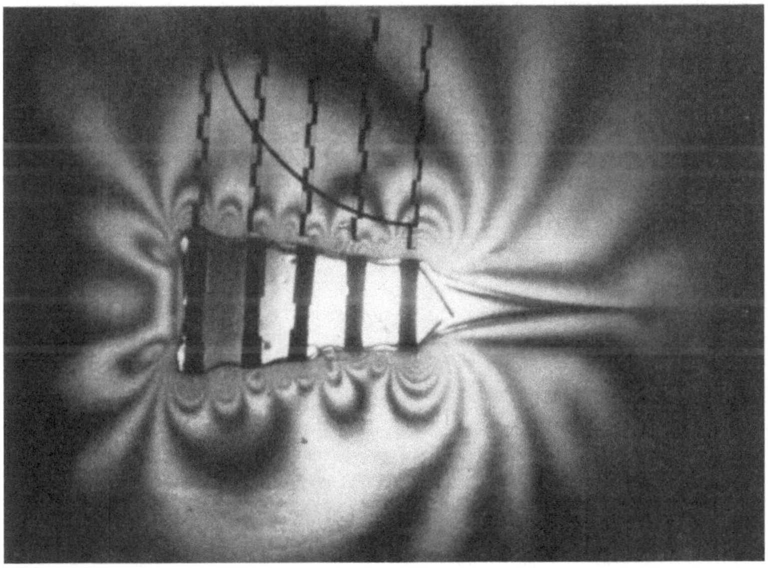

Bild 34

Bild 35

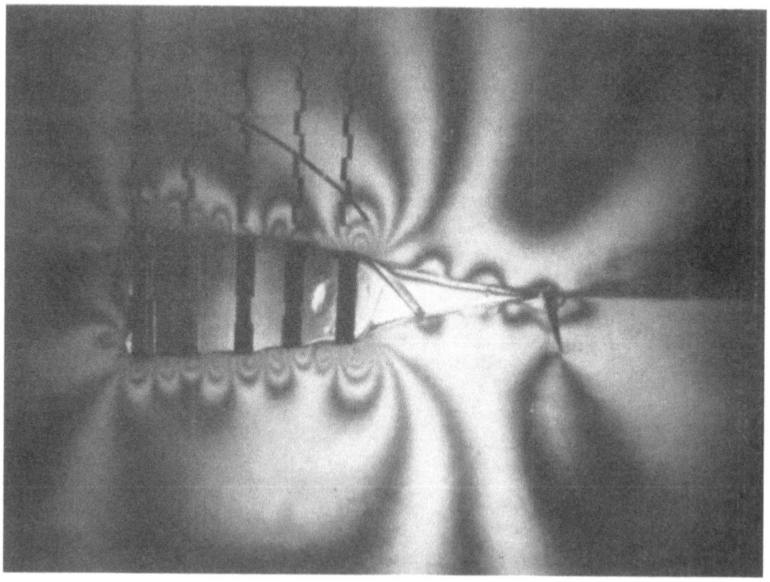

Bild 36

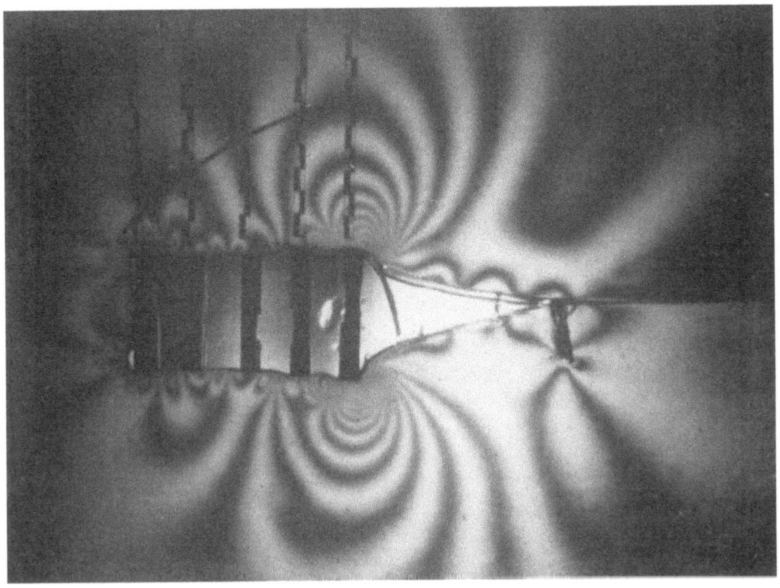

Bild 37

Die Quadratsumme der Differenzen ergibt sich zu

$$s(a, b, c) = \sum_{i=1}^{n} [w_i - a\, th\, (x_i - b) - c]^2 ,$$

und als erforderliche Minimumbedingungen können die folgenden Gleichungen aufgeschrieben werden:

$$\frac{\partial s}{\partial a} = -\, 2 \sum_{i=1}^{n} [w_i - a\, th\, (x_i - b) - c]\, th\, (x_i - b) = 0 ,$$

$$\frac{\partial s}{\partial b} = -\, 2 \sum_{i=1}^{n} [w_i - a\, th\, (x_i - b) - c]\, \frac{1}{c\, h^2\, (x_i - b)} = 0 ,$$

$$\frac{\partial s}{\partial c} = -\, 2 \sum_{i=1}^{n} [w_i - a\, th\, (x_i - b) - c] = 0 .$$

Werden diese geordnet, so ergibt sich das Ergebnis

$$\left.\begin{aligned} \sum_{i=1}^{n} w_i\, th\, (x_i - b) &= a \sum_{i=1}^{n} th^2\, (x_i - b) + c \sum_{i=1}^{n} \frac{1}{c\, h^2\, (x_i - b)} \\ \sum_{i=1}^{n} \frac{w_i}{c\, h^2\, (x_i - b)} &= a \sum_{i=1}^{n} \frac{th\, (x_i - b)}{c\, h^2\, (x_i - b)} + c \sum_{i=1}^{n} \frac{1}{c\, h^2\, (x_i - b)} , \\ \sum_{i+1}^{n} w_i &= a \sum_{i=1}^{n} th\, (x_i - b) + n\, c , \end{aligned}\right\} \tag{9}$$

wobei n die Zahl der vorliegenden Angaben bedeutet.

Nun wollen wir die folgenden Bezeichnungen einführen:

$$A_1 = \sum_{i=1}^{n} w_i\, th\, (x_i - b) \qquad A_5 = \sum_{i=1}^{n} \frac{th\, (x_i - b)}{c\, h^2\, (x_i - b)}$$

$$A_2 = \sum_{i=1}^{n} th^2\, (x_i - b) \qquad A_6 = \sum_{i=1}^{n} \frac{1}{c\, h^2\, (x_i - b)}$$

$$A_3 = \sum_{i=1}^{n} th\, (x_i - b) \qquad A_7 = \sum_{i=1}^{n} w_i$$

$$A_4 = \sum_{i=1}^{n} \frac{w_i}{c\, h^2\, (x_i - b)} ,$$

mit deren Hilfe die Gleichungen (9) auf folgende Form gebracht werden können:

$$\left.\begin{aligned} A_1 &= A_2\, a + A_3\, c , \\ A_4 &= A_5\, a + A_6\, c , \\ A_7 &= A_3\, a + n\, c . \end{aligned}\right\} \tag{10}$$

Werden a und c aus der ersten und zweiten Gleichung des Gleichungssystems (10) ausgedrückt, so ergibt sich das Ergebnis:

$$a = \frac{A_1\, A_6 - A_3\, A_4}{A_2\, A_6 - A_3\, A^6} , \tag{11}$$

$$c = \frac{A_2\, A_4 - A_1\, A_5}{A_2\, A_6 - A_3\, A_5} . \tag{12}$$

Setzt man sie in die dritte Gleichung von (10) ein, so bekommt man die folgende Gleichung

$$A_7 - \frac{A_1\, A_3\, A_6 - A_3\, A_3\, A_4}{A_2\, A_6 - A_3\, A^5} - n\, \frac{A_2\, A_4 - A_1\, A_5}{A_2\, A_6 - A_3\, A_5} = 0 . \tag{13}$$

Diese ist aber die Funktion des Parameters b. Der Wert von b wurde aus der Gleichung (13) mit Iteration, z. B. mit der NEWTONschen Interpolationsmethode bestimmt. Bei Kenntnis von b können die Konstanten a und c aus Gl. (11) und (12) bestimmt werden.

Praktische Schlußfolgerungen

Aus dem Obigen können für das Ausbausystem folgende Schlußfolgerungen gezogen werden:

1. Die Einbautechnologie und die ohne bedeutende Vorspannung eingesetzten Stahlstempel stellen zusammen im wesentlichen passive Ausbausysteme dar, die die Konvergenz nicht zufriedenstellend beeinflussen können. Auf diese Weise kann daher eine moderne Gebirgsdruckkontrolle nicht erreicht werden.
2. Es stellt offenbar einen großen Vorteil dar, wenn mit kleinerer, gleichzeitig offengehaltener Oberfläche gearbeitet werden kann. In dieser Hinsicht ist der schreitende Ausbau auch sehr vorteilhaft, wenn die gleichzeitig offengehaltene Breite sehr klein ist.
3. Es folgt aus dem auf die Abbaugeschwindigkeit bezogenen Zeitfaktor t, daß für den Ausbau eine kleine Zeitdauer am günstigsten zu sein scheint. Was den rheologischen Inhalt von t betrifft, so bilden der zeitliche Ablauf der Gebirgsverschiebungen und die gesteinsphysikalischen Beschaffenheiten in einem bestimmten Gebiet eine gesteinsphysikalische Einheit, welche durch den Ausbau beeinflußt werden kann und somit bei der Projektierung von Ausbausystemen beachtet werden muß.
4. Aus dem bisherigen folgt: Je größer die Geschwindigkeit x/t ist, um so günstiger ist der Konvergenzablauf und damit auch die Beanspruchung des Abbaus gestaltet.

Es müssen aber die wirtschaftlichen Grenzen der Steigerung der Abbaugeschwindigkeit beachtet werden. Bei gegebener Technologie werden nämlich die erreichbare maximale und die wirtschaftlich optimale Abbaugeschwindigkeit durch die Produktivität der lebendigen Arbeit und durch die Belegschaftsintensität — bezogen auf eine bestimmte Stoßlänge — gemeinsam bestimmt.

Die erforderliche und unerläßliche Beachtung jener Grenzen bestätigt auch die Unentbehrlichkeit der wirtschaftlichen Gesichtspunkte bei den modernen gebirgsmechanischen Überlegungen.

Bei den Modellversuchen haben sich noch ausgedehntere Untersuchungsmöglichkeiten ergeben, da viele Faktoren einbezogen wurden, welche für den aktiven Ausbau charakteristisch sind, jedoch bei der Anwendung von passivem Ausbau in der Natur nicht beobachtet werden können.

Nun wollen wir die Versuchsergebnisse der einzelnen Variablen zur Diskussion stellen.

Der Abstand x vom Stoß spielt eine ähnliche Rolle wie in der Natur. Der Unterschied besteht jedoch darin, daß der Modellwerkstoff seine Stetigkeit nicht verliert. Somit kann die Funktion praktisch bis zu der Konvergenz zwischen Firste und Sohle angewandt werden.

Es wird durch l gemeinsam mit x bestätigt: Je größer die offene Oberfläche ist, um so günstiger gestalten sich die Konvergenz und Beanspruchung des Ausbaus. Dies hebt aber die Bedeutung des schreitenden Ausbaus hervor.

Das prozentuale Verhältnis a zwischen Primärspannung und Strebvorspannung gibt sowohl für die Aktivität als auch Intensität des Ausbaus eine Erklärung.

Es wird mit k der Abstand des Schwerpunktes der Stützkräfte vom Stoß bezeichnet und er ist der Parameter der Verteilung der Reaktionskräfte. Liegt also der Schwerpunkt der Reaktionskraft des gleichzeitig eingesetzten Ausbaus weiter vom Stoß weg, so kann ein um so günstigerer Effekt erreicht werden, da der Ausbau aktiver wirkt.

Durch den auf z bezogenen Teil der Konvergenzfunktion wird anschaulich nachgewiesen: Auf je mehr Punkte die Ausbaureaktion übertragen wird, desto weniger Ausbauenergie wird zur Aufnahme bzw. Bekämpfung der Wirkung lokaler Spannungskonzentration verbraucht.

Im wesentlichen hat p ähnliche Eigenschaften wie k. Es wird nämlich durch p gezeigt, wie tragkräftig der letzte, in Richtung des Alten Mannes eingesetzte Stempel ist.

Es wurde neben k auch p in Betracht gezogen, um damit im Modell eine sehr interessante prinzipielle Untersuchung durchführen zu können.

Da zum Modell ein optisch aktiver Werkstoff verwendet wurde — weil die spannungsoptische Untersuchung die Verteilung der Hauptdehnungen wegen der Anisotropie des Brechindizes nach der Deformation angibt —, würde das optische Bild des Modells mit demjenigen der Natur übereinstimmen, wenn letzteres herstellbar wäre. Das optische Bild des Bewegungsfeldes zeigt die beigelegte Bildserie. In der Bildserie können die beim Modellversuch angewandten hydraulischen Stempel beobachtet werden, mit denen die Stützkräfte beliebig eingestellt werden können. Unsere Versuche wurden bei konstanter Strebhöhe, veränderter offener Oberfläche (l, $3/2\,l$, $2\,l$) und veränderter Stempeldichte und Vorspannung durchgeführt. Auf den Photos zeigt das Kräftediagramm (1 Teilstrich = 1 kp) die in den Stempeln erzeugte Stützkraft. Die Verteilung der Stützkräfte hat auf die Spannungsverteilung einen bestimmten Einfluß, d. h., je größer die Vorspannung des letzten Stempels ist, um so größere Schubkräfte entstehen über diesem Gebirge. Dies ist sowohl für den Bruchbau als auch für den Abbau günstig anzusehen.

Aus den Bildern geht hervor, daß mit der Veränderung der Intensität und Verteilung der Stützreaktion die Ordnung der Isochromaten, also die Gebirgsbeanspruchung bzw. die Ausbildung des Spannungsfeldes beeinflußt werden können. (Die Verschiedenheit der Ordnungen gleicher Vorspannung — wie diese an den Photos zu sehen ist — hat die Verschiedenheit der Modellwerkstoffe verursacht.)

Wie man aus den Versuchen sieht, kann das Spannungsfeld um den Strebbau beeinflußt bzw. zwischen bestimmten Grenzen verändert werden, wenn mit den aktiven Ausbausystemen das Verhältnis und die Verteilung der Stützkräfte, die Größe der gesamten Ausbaukraft, die offene Oberfläche etc. verändert werden.

Wegen bekannter elastischer Beziehungen ist die Differenz der Hauptdehnungen nach der MOHRschen Theorie der reduzierten Spannungen für die Beanspruchung des Werkstoffes charakteristisch. Andererseits wird mit diesen Beziehungen die maximale Schubspannungsverteilung bestimmt, d. h., es kann durch den Modellversuch auf den Zusammenhang der Aktivität der letzten Stützkraft und auf die in der Achsenlinie auftretende Kraft τ geschlossen werden.

Wird das Bild mit stochastischem Charakter bewertet, so ergibt sich die folgende Beziehung:

$$\tau = 0{,}94 + 4{,}5449 \log p \qquad (I = 92{,}58\%)\,.$$

Untersuchung der Bewegungsfelder um die Baue

von L. KAPOLYI, Tatabánya

Für den praktischen Nachweis der Wechselwirkung zwischen dem Abbau und dem Gesteinsmantel, für die in-situ-Meßbarkeit der ums Streckenprofil sich ausbildenden Bewegungsfelder und zur Ermittlung der Bewegungen in Abhängigkeit von den gesteinsphysikalischen Eigenschaften des Gesteinsmantels und den Zeitfaktoren wurden Messungen von uns durchgeführt.

Es wurde auf Grund der theoretischen Untersuchungen über Gesteinsbewegungen angenommen, daß der eine Teil der Vorgänge im Bewegungsfeld auch mit indirekten „geophysischen" Methoden zu untersuchen ist. Beim Planen unseres derartigen Forschungsprogramms sind wir davon ausgegangen, daß eine Änderung des Spannungszustandes

$$F'(x, y, z, t_0) \rightarrow F(x, y, z, t_i) ,$$

die durch die Hohlraumöffnung bzw. den Abbau unter Tage notwendigerweise eintritt, aber unmittelbar nicht meßbar ist, sich jederzeit in einem mit der Vektorfunktion

$$t = t(x, y, z, t)$$

beschreitbaren Bewegungsfeld widerspiegelt. Die Ausbildung und Kenngrößen des Bewegungsfeldes werden von der Wechselwirkung der angewandten Ausbaue und den physikalischen (elastischen und rheologischen) Eigenschaften der Gesteine eines Grubenraumes bestimmt.

Somit können die geometrischen und physikalischen Kenngrößen des Bewegungsfeldes durch die Untersuchungen der Vorgänge im Bewegungsfeld ermittelt werden. Die Vektorfunktion $t = t(x, y, z, t)$ kann angenähert, und dadurch die Ausarbeitung einer hinsichtlich der erwähnten Wechselwirkung optimalen Ausbautechnologie gefördert werden. Die Wirkung der Gesteinsbewegungen als die Änderung der Konsistenz der betriebenen Grubenräume äußert sich darin, daß einerseits sich die Punkte $P_i(x_i, y_i, z_i)$ verschieben, andererseits sich die tektonischen Verhältnisse der in elastischer und rheologischer Hinsicht verschiedenen Schichten und damit auch ihre physikalischen Parameter verändern können. Zur Ermittlung des Bewegungsfeldes und der Ausarbeitung der optimalen Technologie müssen beide erwähnten Komplexgruppen einer Komplexanalyse unterworfen werden.

Aus diesen Überlegungen folgt, daß die Vorgänge im Verformungsfeld sich auch in der Veränderung der physikalischen Eigenschaften des die Strecke umgebenden Gesteinsmantels widerspiegeln. Aus der Veränderung der physikalischen Parameter, welche für den 10—15 m mächtigen Gesteinsmantel charakteristisch sind, können wir auf den Charakter und den zeitlichen Ablauf der Vorgänge schließen.

Von dieser Annahme ausgehend, haben wir vor allem das Problem studiert, welche physikalisch-geophysikalischen Methoden wir anwenden können. Es ist evident, daß in erster Linie diejenigen Methoden in Betracht kommen können, die auf der Registrierung der gegen die Änderung der Bewegungsfelder empfindlichen Parameter beruhen, also die seismischen, elektrischen und radiometrischen Messungen.

In den folgenden Ausführungen werden diese Möglichkeiten kurz zusammengefaßt:

Seismische Messungen

Die physikalischen Eigenschaften eines Gesteins können in der angewandten Geophysik u. a. auch durch die Ausbreitungsgeschwindigkeit der seismischen Wellen charakterisiert werden. Die Ausbreitungsgeschwindigkeit der auf künstlichem Wege (mit Schuß oder auf mechanischem Wege) erzeugten Erschütterungswellen, der seismischen Wellen, wird aus den Werten der Elastizitätskoeffizienten λ und μ des die Erschütterungswellen befördernden Gesteins sowie aus der Gesteinsdichte ϱ bestimmt. Die Ausbreitungsgeschwindigkeit der longitudinalen Wellen ist

$$v_l = \sqrt{\frac{\lambda + \mu}{\varrho}}$$

und die der transversalen Welle

$$v_t = \sqrt{\frac{2 \cdot \mu}{\varrho}} .$$

In der angewandten Geophysik wird der Wert der Ausbreitungsgeschwindigkeit in einem Gestein für konstant angenommen. Die Laboratoriumsmessungen beweisen jedoch in Übereinstimmung mit den theoretischen Überlegungen, daß der Wert der die Ausbreitungsgeschwindigkeit bestimmenden Parameter von den Druckverhältnissen, d. h. vom jeweiligen sekundären tertiären Spannungszustand abhängig ist. Es ist ferner bekannt, daß λ und μ auf die Veränderung des Druckes bzw. des Spannungszustandes viel empfindlicher reagieren als der Dichtegrad.

Daraus kann die Schlußfolgerung qualitativer Art gezogen werden, daß die Erhöhung des Druckes auf das untersuchte Gestein eine Zunahme des Geschwindigkeitswertes bedingt, während mit einer Druckabnahme — z. B. einer Auflockerung — auch der Geschwindigkeitswert abnehmen muß.

Nun aber werden die im Gesteinsmantel um Strecken vorzunehmenden Messungen dadurch verhindert, daß wir kein schlagwettersicheres Gerät haben, das im stark schlagwettergefährlichen Kohlenbecken von Tatabánya eingesetzt werden könnte. Demzufolge kann dieses Problem erst zu einem späteren Zeitpunkt bei entsprechender Instrumentenausrüstung gelöst werden.

Um aber die Anwendbarkeit der Meßmethode beurteilen zu können, haben wir Messungen über Tage vorgenommen. Es wurden von diesen Messungen zwar keine Aufschlüsse über die Änderungen des Bewegungsfeldes erhalten, dennoch wurde damit bewiesen, daß die physikalischen Kenngrößen der Gesteine durch die sich im unendlichen Halbraum ausbildenden und bis zur Tagesoberfläche ausbreitenden Bewegungen verändert werden, und daß diese Parameteränderungen registriert werden können. So kann die Methode später zur Untersuchung des Zustandes um die Strecke eingesetzt werden.

Unsere Untersuchungen wurden auf eine sogenannte oberflächennahe Schicht von einigen Metern Mächtigkeit über einem Bruchbau beschränkt.

Vor Abbaubeginn zu einem Zeitpunkt t_0 ist die Ausbreitungsgeschwindigkeit in dieser Schicht $h_1 : V_{1(t_0)}$. Es ist bekannt, daß

$$V_{1(t_0)} = f[\lambda_1, \mu_1, \varrho_{1(t_0)}]$$

ist. Durch die zur Tagesoberfläche gerichteten Bewegungen zu einem späteren Zeitpunkt t_k wird sich der ursprüngliche Spannungszustand h_l der Schicht verändern. In erster Annäherung kann man sagen, daß sich die Schicht auflockert.

Es wird angenommen, daß die Veränderung des Spannungszustandes sich auch in der Veränderung der die Ausbreitungsgeschwindigkeit bestimmenden Parameter widerspiegeln soll, d. h.

$$\lambda_{1(t_0)} \neq \lambda_{1(t_k)}; \quad \mu_{1(t_0)} \neq \mu_{1(t_k)}; \quad \varrho_{1(t_0)} \neq \varrho_{1(t_k)} .$$

Folglich gilt

$$V_{1(t_0)} \neq V_{1(t_k)} .$$

Bei unseren Messungen hatte sich für den Ausbreitungswert die zeitliche Änderung, die der Wirkung einer Gesteinsbewegung zuzuschreiben ist, als ein registrierbarer Vorgang erwiesen. So hat ein Vergleich der zu den Zeitpunkten $t_0, \ldots, t_k, \ldots, t_n$ bestimmten Geschwindigkeitsbeiwerte qualitative, aber benützbare Informationen über die Vorgänge in der oberflächennahen Schicht gegeben. Demzufolge eignet sich diese Methode zum Untersuchen des Bewegungsfeldes.

Elektrische Messungen

Zur Untersuchung der Vorgänge im Verformungsfeld können grundsätzlich die elektrischen Methoden, insbesondere die Messungen des spezifischen Widerstandes ausreichend angewandt werden. Jedoch die bisherigen praktischen Meßerfahrungen sind ungenügend. Die Versuchsmessungen haben keine reproduzierbaren eindeutigen Ergebnisse gegeben. Die Ursachen dafür können folgende sein:

1. Die in den Strecken eingesetzten elektrischen Anlagen üben eine starke Störwirkung aus.
2. Der elektrische Widerstand des untersuchten Gesteins ist vom Feuchtigkeitsgehalt abhängig. Das Stabilisieren des Feuchtigkeitsgehaltes der Bohrlöcher bei monatelangen Meßserien ist praktisch noch in keiner Weise gelöst worden.

Radiometrische Messungen

Die Einführung der radiometrischen Meßmethode erschien am zweckmäßigsten. Sie sollte auf der Basis der Registrierung der zerstreuten Gamma-Strahlung durchgeführt werden. Die aus dem Radioisotop austretende Gamma-Strahlung von praktisch konstanter Stärke wird von den Gesteinen in der Umgebung des Isotopes teils absorbiert, teils reflektiert. Die Stärke der reflektierten Strahlung (die Anzahl der in einer Zeiteinheit registrierten Impulse [cpm]) hängt von der Dichte des Reflexionsgesteins ab und ist zu ihr umgekehrt proportional. Die Spannungsänderung bewirkt eine Deformation, die auch in der Dichteänderung sich äußert.

Daraus ergibt sich, daß mit der Gamma–Gamma-Methode, die auf dem Registrierungsprinzip der zerstreuten Gamma-Strahlung beruht, auf folgende Parameter geschlossen werden kann:

1. auf den Dichtewert des Reflexionsgesteines und
2. aus dem Vergleich des zum Zeitpunkt t_0 beobachteten Intensitätswertes I_0 und des zum Zeitpunkt t_l beobachteten Intensitätswertes I_1 können wir über die zufälligen relativen Dichteänderungen informiert werden.

Die radiometrischen Untersuchungsserien sollen unmittelbar die nachfolgenden Fragen erklären:

1. die Untersuchung der Empfindlichkeit der Meßanlage;
2. es muß entschieden werden, ob Änderungen größeren Ausmaßes als die reelle Fehlergrenze [cpm] bei den nacheinanderfolgenden Messungen nachweisbar sind;
3. ob bei der praktischen Anwendbarkeit des Meßverfahrens eine beidseitige Verformung des Gesteins und des Abbaus auch in der Praxis nachweisbar ist;

4. ist das letztere nachweisbar, so muß untersucht werden, ob außer den mit Modellversuchen und theoretisch nachgewiesenen Wechselwirkungen noch andere Faktoren eine Einwirkung auf das Verformungsfeld des Gesteinmantels ausüben. Dabei kommen in erster Linie solche Zeitfaktoren wie rheologische Wirkung und Konsolidationszeit in Betracht.

Aus dem statistischen Charakter der Emissionsstrahlung des Isotops folgt, daß sich in der Stärke der reflektierten Strahlen eine bestimmte Fluktuation zeigt. Davon ergibt sich ein statistischer Fehler, der aus der Formel

$$a = \sqrt{\frac{N}{T}}$$

zu berechnen ist, wobei
N = der registrierte Wert [cpm]
T = die Zeiteinheit bei unseren Messungen (z. B. 1 Minute).

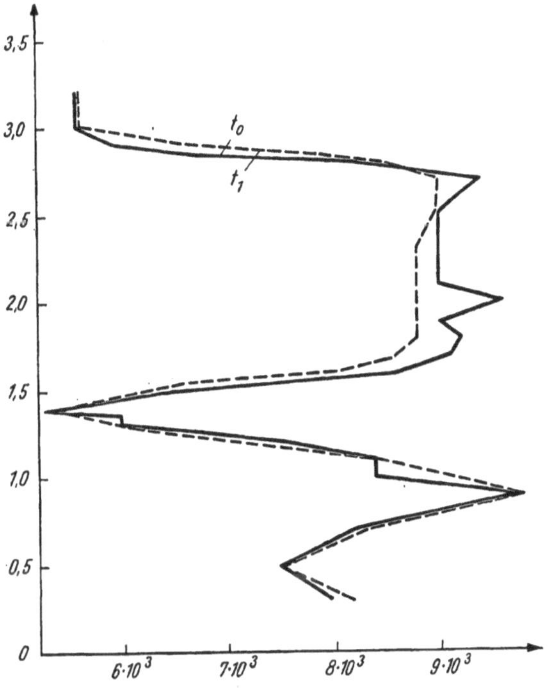

Bild 1

Bei der Registrierung 10000 cpm ist der statistische Fehler nach dieser Formel ±100 cpm. In der Meßpraxis — mit besonderer Rücksicht auf die Fehlerquellen für Reproduktion und Ablesung — werden nur diejenigen zeitlichen Änderungen berücksichtigt, deren Wert das Dreifache des statistischen Fehlers überschreitet, d. h. praktisch die Abweichungen größer als der Wert ±300 cpm.

Dabei soll erwähnt werden, daß sich unsere Instrumenteneinheit zum Nachweis von 5 cm mächtigen, aber nach cpm-Werten wohl abgesonderten Schichten als geeignet erwiesen hat. (Siehe Bild 1.) In der Periode der Messungen wurde bei unseren zahlreichen Bohrungen eine intensive Änderung des Wertes cpm beobachtet. Da die Intensität der reflektierten Strahlung zu der Dichte des Reflexionsgesteins umgekehrt proportional ist, kann grundsätzlich bei der Zunahme der Strahlungsstärke (der Zunahme der Werte [cpm]) auf eine Abnahme des Dichtewertes, also im wesentlichen auf eine Auflockerung, geschlossen werden. Es wurde dieser Vorgang an zahlreichen Stellen beobachtet. Andererseits wird bei der Abnahme der Werte [cpm] auf die Zunahme des Dichtewertes, d. h. auf eine Konsolidation hingewiesen (Bild 2).

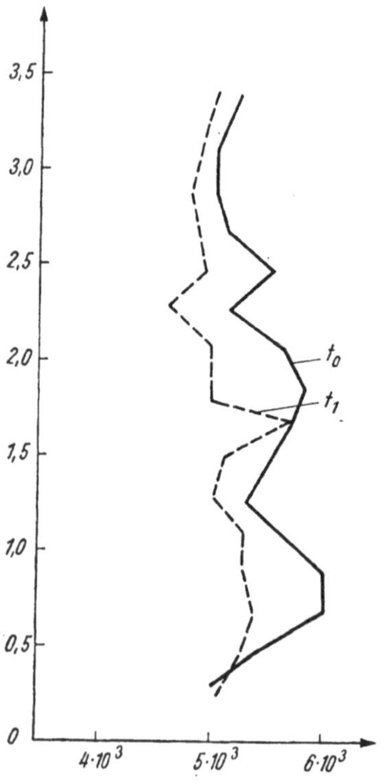

Bild 2

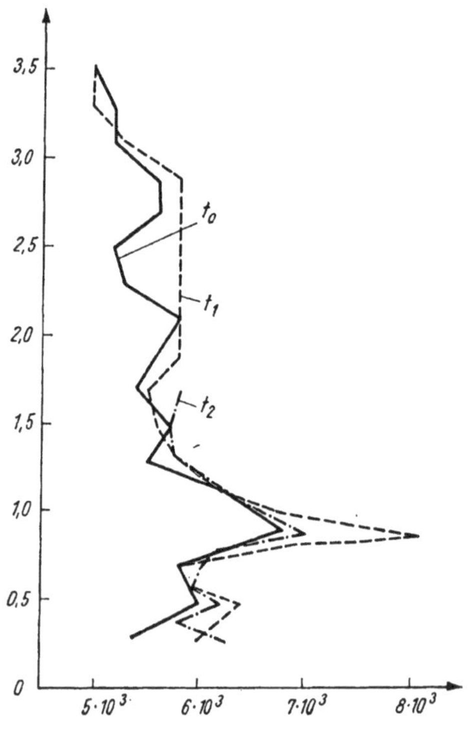

Bild 3

Es waren aber auch Änderungen mit Pulsierungscharakter zu finden, als deren charakteristisches Beispiel die Messung im Bild 3 angeführt werden soll, wobei wir in der Tiefe 0,9 m zunächst eine bestimmte Auflockerung, später dann an der gleichen Stelle eine Konsolidation beobachtet haben.

Die grundlegenden Ergebnisse der sehr umfangreich durchgeführten Messungen können in den folgenden Feststellungen zusammengefaßt werden:

a) Bei einer richtigen Meßtechnik konnte in jedem Falle eine bedeutende — den Wert ± 300 bis 400 cpm überschreitende — Änderung der Stärke der reflektierten Strahlung registriert werden.

b) Es ist ganz bestimmt nachzuweisen, daß diese Änderungen mit den Vorgängen im Verformungsfeld in Zusammenhang stehen.

c) Es ist zweifellos die Wechselwirkung zwischen dem Abbau und dem Gestein qualitativ bewiesen. Aber bei der jetzigen Einbautechnologie hängt all dies noch im ausschlaggebenden Maße von der Einbauqualität ab.

d) Außer der Beweisführung der Anwendbarkeit der Methode haben wir bestimmte rheologische Vorgänge auch schon bisher beobachtet (siehe z. B. Bild 4). Aber die theoretischen Ergebnisse können sich während einer bestimmten Zeitdauer ausbilden, und die von den abweichenden gesteinsphysikalischen Eigenschaften gewonnenen Gesetzmäßigkeiten werden über entgegengesetzten Tendenzen zur Geltung kommen.

Mechanische Messungen

Neben den radiometrischen Messungen haben wir auch mechanische Messungen zur Bestimmung des Bewegungsfeldes des Gesteinsmantels der Strecke vorgenommen. Dazu wurden in die für die radiometrischen Messungen verwendeten Bohrlöcher Beobachtungssonden in

Tiefen von 1, 2, 3, 4 und 5 Metern installiert, mit deren Hilfe die relative Bewegung in radialer Richtung in diesen Punkten des Gesteinsmantels beobachtet werden konnte. Außerdem wurden an den zu obigen Beobachtungsorten am nächsten stehenden Abbauringen beim Anschluß der rechten und linken Bögen das Zusammengleiten und die Längenänderung des waagerechten Durchmessers des Profils gemessen.

Bei unseren Messungen werden die Ergebnisse der Gesamtwirkung mehrerer Faktoren beobachtet. Das ist die Zustandsänderung von Ort zu Ort und von Meter zu Meter

bei den Gesteinen, die tektonisch und durch die alten Baue stark und im variabeln Maße beansprucht wurden,

die Änderung der Ausbildung des Grubenraumes für unseren Meßort,

die Veränderlichkeit der Ausbildung des Grubenraumes an unserem Meßort, worunter wir den Unterschied zwischen dem ausgebrochenen Querschnitt und dem Ausbau, die Art und Weise und das Maß der Ausfüllung des Hohlraumes zwischen beiden, die Einbauqualität des Ausbaus, die Festziehung der Klemmschrauben usw. verstehen.

Die relativen Verschiebungen an der von uns beobachteten Gesteinsstrecke sind bei Beobachtung einer Bohrung überwiegend eindeutig. Stellenweise aber kann die relative Wertänderung der Verschiebung der Sohle verschiedene Ausmaße erreichen.

In der Mehrzahl der Beobachtungen ist die Verschiebung der weiter innen gelegenen Punkte kleiner als die Verschiebung der dem Profilrand näherstehenden Punkte. Das kann auf die jetzige falsche Einbautechnologie zurückgeführt werden. Wenn die Bewegung des Hangenden größer ist als die Bewegung des Abbaus, kann die Ursache dafür — neben den vorerst erwähnten — auch die Zunahme der Beanspruchung sein. Ist die Bewegung des Abbaus größer, weist es auf Nachgiebigkeit hin, d. h., der Abbau wird beansprucht.

Vom meßtechnischen Gesichtspunkt ist noch zu erwähnen, daß die Daten der im Hangenden befestigten Verschiebungsgeber die Beobachtungen nur in einer Richtung verfälschen können. Die zunächst am Arbeitspunkt befestigten Geber können durch Schüttelwirkung einer Spren-

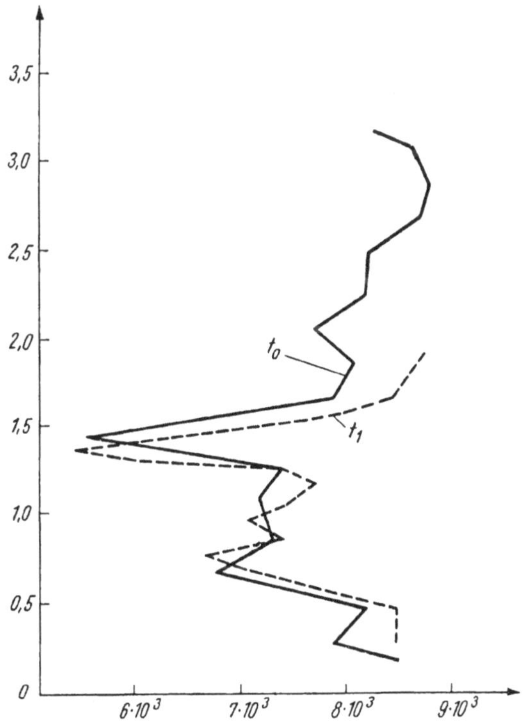

Bild 4

gung am Ort zufällig gleiten. Bei längerer Beobachtungsdauer können die Fixierfedern durch die Korrosion abgeschwächt werden, wodurch sie sich verschieben können. In beiden Fällen wird durch die meßbare Länge der an den Gebern befestigten ins Hangende gehenden Maßstäbe ein scheinbares Absenken des Hangenden angezeigt. Für eine Verschiebung in umgekehrter Richtung gibt es keine Ursache. Es besteht keine große Wahrscheinlichkeit, daß diese vom Gestein unabhängigen zufallsbestimmten Ursachen auf alle 3 oder 4 Verschiebungsgeber, die in einer Bohrung eingebaut sind, zugleich und annähernd die gleiche Wirkung ausüben. Bei unseren Beobachtungen hat die Mitbewegung der Verschiebungsgeber eine gemeinsame Ursache. Sie wird durch die Verschiebung des Gesteins oder durch die Verschiebung des als Bezugsbasis angenommenen Ausbaus hervorgerufen. In den miteinander verglichenen Verschiebungen kann man eine bestimmte Tendenz erkennen.

Wenn die Daten in ein Koordinationssystem mit der Befestigungstiefe und der relativen Verschiebung als Achsen eingetragen werden, dann wird es klar, daß die Verschiebung der Gesteine in der Streckennähe im allgemeinen am größten wird, während die Verschiebungsgröße vom Streckenstoß nach dem Innern des Gesteinsmassivs abnimmt (Bild 5).

Diese Erscheinung entspricht vollkommen der heimischen modernen gesteinsmechanischen Konzeption, als deren Untermauerung die in-situ-Messungen anzusehen sind.

Die oben beschriebene Tendenz der Verschiebungsgröße in Abhängigkeit vom Abstand von der Strecke ist aus unseren Messungen wohl herauszunehmen.

Wenn man die Bewegung des Gesteinsmassivs mit der Verformung des Ausbaus — mit dem Zusammengleiten der Ausbaubögen — vergleicht, kann man gleichfalls einen Zusammenhang finden. Im allgemeinen kann daraus gefolgert werden, daß einem zunehmenden Zusammengehen des Ausbaus zunehmende Verschiebungen folgen (Bild 6).

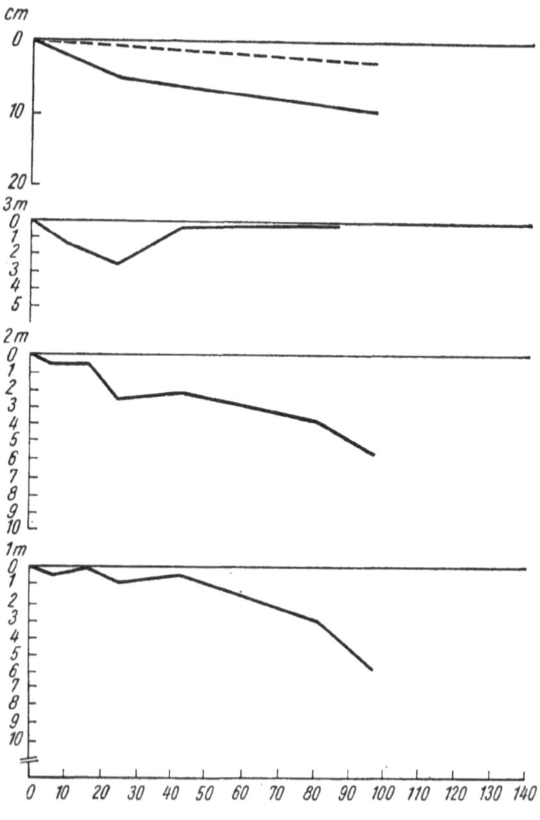

Bild 5

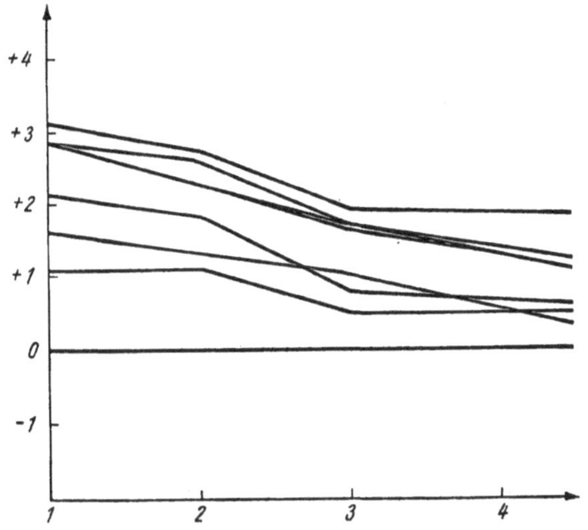

Bild 6

Zur Verwirklichung unserer Ziele haben wir eine komplexe Meßmethode mit Erfolg entwickelt, deren Richtigkeit durch die vorgenommenen Versuche bewiesen wurde. Diese Methode ergab sich aus der Verbindung der radioaktiven Methode und der mechanischen Verschiebungsmessung. Zwischen den beiden Messungen gibt es wesentliche Unterschiede. Mit der Gamma–Gamma-Methode können die physikalischen Änderungen gemessen werden, die durch die relativen Bewegungen in der Umgebung der untersuchten Punkte entstanden sind, während mit der anderen Methode die absoluten Verschiebungen der einzelnen Punkte gemessen werden können, wodurch sich beide Methoden ergänzen.

Von den durchgeführten Versuchen kann die Schlußfolgerung abgeleitet werden, daß die beiden Methoden zwar nicht einzeln, aber beide zusammen zur Untersuchung des Bewegungsfeldes geeignet erscheinen.

Gewölbewirkungen und Scherzonenbereiche in Abhängigkeit der Bruchphasen bei Tagebrüchen und Erdfällen hinsichtlich der Deutung von Vorsenkungen und Nachsetzungen

von H. Berger, Leipzig

Einleitung

Der eng lokalisierte, an der Oberfläche meist schlagartig auftretende Tagebruch oder Erdfall ist das Schlußbild einer oft wechselvollen Bruchfolge im Gebirge, deren gebirgsmechanisch-stratigraphischen Zusammenhänge noch wenig erforscht sind [1]. Gelegentlich wurde das Auftreten einer geringen Vorsenkung vor dem Bruch an der Oberfläche von Lockerböden beobachtet [6]. Auch in älteren Photographien, z. B. eines Erdfalls im Senkungskessel Rollsdorf, südlich der Mansfelder Mulde [10], kann bei schräger Beleuchtung noch die Randzone einer Vorsenkung dort erkannt werden, wo noch keine Böschungsbewegung stattfand, die unterschnittene Wand noch nicht eingestürzt ist. Diese flache Senkung läßt sich auch nicht durch zylindrisches stufenweises Abscheren mit Rißbildung erklären. Entsprechende Beobachtungen und Messungen in situ sind notwendig. Vorsenkungen können meßbar am Erdfall-Modell im Alu-Analogon nach Taylor-Schneebeli [1], vor dem Eintreten einer echten Gewölbebildung durch Verspannung, künstlich erzeugt werden.

In Bild 1 sind drei Beispiele der Entwicklung von Erdfällen in Abhängigkeit von der geologischen Situation im Schema vereinfacht dargestellt. Im Teilbild a ist eine Vorsenkung nachweisbar, während bei den Profilen in b Vorsenkungen möglich und in c nicht auftreten dürften.

Nach gebirgs- und bodenmechanischen Gesichtspunkten sollen in der Folge Vorsenkungen aus dem Verlauf einer oder mehrerer fiktiver Bruchfolgen gedeutet werden, da die Versuchung naheliegt, die Ursache nur der letzten Bruchphase in nächster Nähe der Oberfläche zuzuschreiben. Der hier oft anzutreffende Lockerbodenbereich, z. B. holozäne Bildungen, ermöglicht einfachere Modellversuche, die zunächst komplizierteren Gebirgsmodellen vorgezogen werden. Untersuchungen in situ sind mit den z. Z. vorhandenen Meßmöglichkeiten schwer durchführbar.

Bruchlose Vorsenkungen

Bei regulärer Auslaugung der tieferen Schicht und Vorhandensein einer mächtigen Deckschicht aus Lockergestein dürfte bei Erdfällen schon die zweite der drei Auslaugungsphasen nach Weber [14] zur Erklärung einer Vorsenkung ausreichen, weil die Ablaugung und der entsprechende Substanzverlust so gering sind, daß im Kornverband der Deckschicht über der Laugzone die bruchlos-plastischen Formänderungen gleichmäßig verlaufen und der Bruchzustand längst noch nicht erreicht wird. Erst steilere Fließwinkel können an der Oberfläche zu sichtbaren Senkungen führen. Ob diese Vorsenkungen zur Voraussage künftiger Erdfälle geeignet sind, hängt wohl von den Fortschritten der Meß- und Vermessungstechnik ab. Bei Unkenntnis des primären Massenschwundes und der Unregelmäßigkeit des Auftretens der Erdfälle können messungsmäßige Beobachtungslinien nicht rechtzeitig angelegt werden, ganz zu schweigen von deren Wirtschaftlichkeit. In Bereichen mit akuter Erdfallgefahr treten auch Senkungskessel und -wannen als ,,Endformen" auf.

Erdfallphasen und Spannungswirkungen

In Tab. 1 sind wenige Beispiele von geologischen, hydrologischen oder speläologischen Fakten zusammengestellt, die bei der Bildung von Erdfällen oder Tagebrüchen eine Rolle spielen können. Es sind im Rahmen dieses Themas längst nicht alle Möglichkeiten erfaßbar. In der letzten Spalte wurde versucht, einige Spannungswirkungen aus gebirgs- und bodenmechanischer Sicht diesen Gebirgsveränderungen zuzuordnen. Selbst bei evtl. notwendig

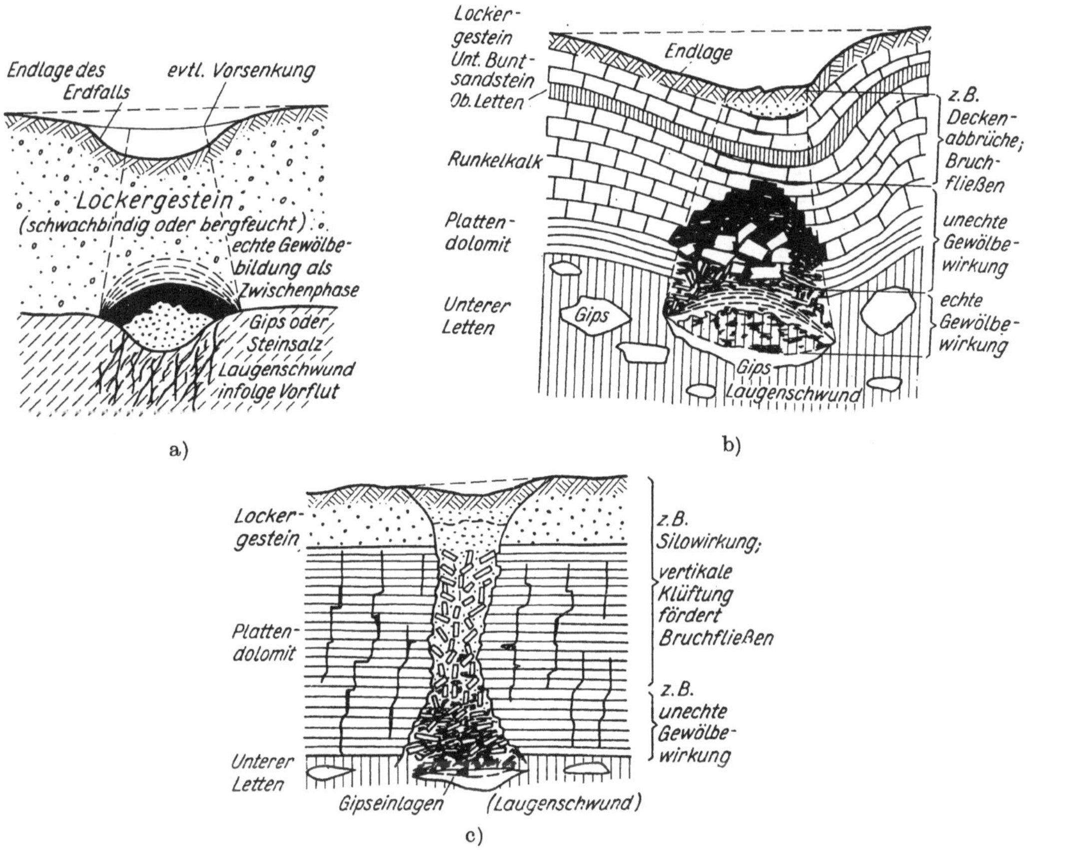

Bild 1. Beispiele von Erdfallbildungen (schematisiert) im Südharzgebiet und Ostthüringen. Sie sollen zeigen, daß die schichtanteilige Einwirkungsdauer sehr unterschiedlich sein kann
a) Echte Gewölbebildung; b) Scheingewölbe in der Zwischenphase; c) Silowirkung

werdender Änderung einiger dieser Bezeichnungen muß erkannt werden, daß diese willkürlich aufgezählten, beliebig ergänzbaren Spannungseinflüsse dem Gebirgs- und Bodenmechaniker wohlbekannt sind und schon viele Grundlagen und richtungweisende Forschungsvorschläge vorliegen[1]).

Vorsenkungen als Folge der Verspannung von Bodenkörpern

Für kohäsionsfreie bzw. -arme Böden oder Lockergestein läßt sich die Möglichkeit einer geringen Vorsenkung, vor Eintritt einer Gewölbewirkung, schon anhand der grundlegenden Feststellungen von Forchheimer, Engesser, Bierbaumer und Jakoby ableiten. Deutlich

[1]) Die vordringlichste Problematik der Erdfallbildung liegt z. Z. in der Frage der Ortung von Hohlräumen und Lockerzonen, der Schaffung ökonomisch vertretbarer Aufschlußmethoden und sicherheitstechnischen Untersuchungen.

Tabelle 1

Erdfallphasen	Gebirgsveränderung (Beispiele)	Substanzschwund (Beispiele)	Spannungswirkungen (Beispiele)
A. Geologisch, hydrologisch, speläologisch bedingte Erdfälle			
Erdfall (Oberfläche)	Erdfall, Einsturzdoline; Spaltenerdfall; Erdfallkessel; Erdrisse; Rutschung; Zuschotterungen; Böschungsfließen u. ä.	Nachbrechen oder Einfließen der Massen in untere Bereiche; Erosion	Sackung; Setzung; Knickung; Biegung; Zerrung; Pressung; Silowirkung; Fließwirkung; Böschungsrutschung
Zwischenwirkungen	Schlottenbildung; Kaminbildung; Auskolkung; Riss- und Spaltenbildung; Hangendhohlräume; Schichtenhöhlen u. ä.	Nachbrechen oder Einfließen der Massen in untere Bereiche Spülwirkungen	Setzungen; Senkungen; echte Gewölbewirkung; Scheingewölbe; Zerrung; Pressung; Scherflächenbildung; Dilatanz; Kontraktanz; Fließwirkung; Silowirkung
Anlaß (primäre Bedingung)	Lokales Spalt- oder Kluftsystem; Druckleitungsröhren; Ponorhöhlen; lokale Laughöhle; tektonische Wirkung; unterirdische Felsstürze; Suffosion u. ä.	Subrosion Laugentransport in Richtung Vorflut oder andere Bereiche; Spülwirkungen; Ausspülen von Feinstkorn in andere Bereiche	Verformungsdruck; statischer Druck; zeitabhängige Verformung; Querverformung; Scherflächenbildung; Knickung; Biegung; Schubbruch; Fließwirkung; Silowirkung; dynamische Wirkung
B. Tagebrüche, durch Bergbau und Salinen verursacht			
Tagebruch (Oberfläche)	Tagebruch; Pinge; Schlotte; Ringspaltsystem; Böschungsbewegung; Rutschung; Solifluktion u. ä.	Nachbrechen oder Einfließen der Massen in untere Bereiche; Erosion	Sackung; Setzung; Zerrung; Pressung; Deckenbrüche; Silowirkung; Böschungsrutschung
Zwischenwirkungen	Kaminbildung; Schlottenbildung; Spaltenbildung; Gebirgszerrüttung u. ä.	Nachbrechen oder Einfließen der Massen in untere Bereiche; Laugenschwund in fremde Abbaue	Beispiele wie unter A.
Anlaß (primäre Bedingung)	Ungeplanter oder geplanter Zusammenbruch künstlicher Hohlräume; Gebirgsschlag; Laugeneinbruch; Liegenddurchbruch; Setzungen in alten, verfüllten Schächten; tektonische Wirkungen u. ä.	Gewinnung und Förderung von Mineralien; Einsturz von Grubenräumen; Aussolen von Salzlagerstätten; Laugenschwund in fremde Abbaue	Beispiele wie unter A.

zeigen es die Versuche von Loos und Breth [7], die u. a. in der Feststellung gipfeln, daß „dem nachdrängenden Boden die erforderliche Bewegungsfreiheit gegeben werden sollte“ und eine Sofortversiegelung bzw. ein satt anliegender Ausbau „dem Boden oder Lockergestein nicht den erforderlichen Spielraum für die angestrebte Verspannung und Gewölbewirkung geben“.

Tschebotarioff [13] ist nicht einverstanden daß der Ausdruck „Gewölbewirkung“ bei Lockergestein zur Bezeichnung der Druckübertragung durch Scherkräfte jeder Art verwendet wird, da nicht „jeder Fall von Druckübertragung durch Scherkräfte eine echte Gewölbewirkung zustande bringt". Anhand seiner Versuche ist die Frage berechtigt, ob sich so ein „echtes Gewölbe" innerhalb eines als Ganzes abgleitenden Erdkeils überhaupt ausbilden kann. Eine mögliche Vorsenkung wird mit folgender These indirekt bejaht: „Die echte Gewölbewirkung kann sich am besten in einem ursprünglich sehr dicht gelagerten Sandboden entwickeln, wenn die darunter liegenden Schichten etwas absacken, d. h. eine kleine Bewegung durchmachen". In Bild 2 ist dies im Schema aufgezeichnet. Ein seitliches ($-y_w$) oder vertikales ($-y_L$) Nachgeben des Lockergesteins hebt eine echte Gewölbewirkung, auch eng gespannter Gewölbe, schnell auf, da die Verspannung der Bodenkörner ohnehin ein recht labiles System darstellt, das viele statisch ebenbürtige Gleichgewichtszustände zuläßt. Nur ein aus gänzlich druckfesten Körnern bestehender, konsolidierter feuchter oder kohäsiver

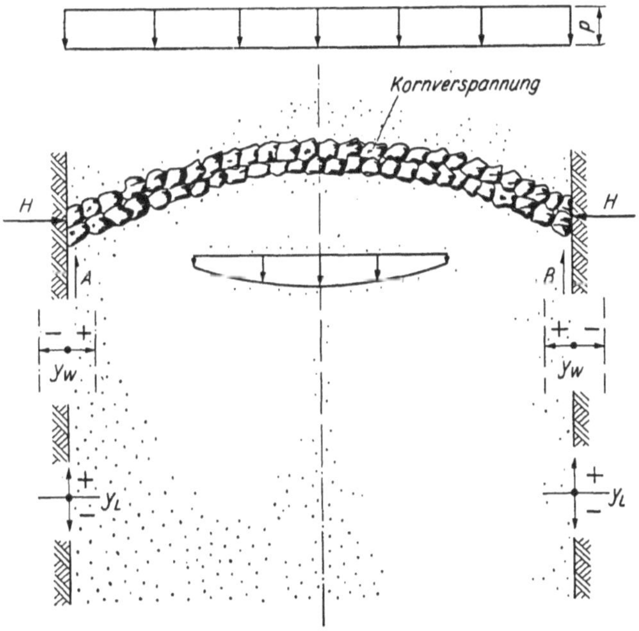

Bild 2. Echte Gewölbewirkung in waagerechter Richtung (Einfluß der Bewegungen der Widerlager und des Bodens) [6]

Boden, in dem sich mindestens zwei Widerlagerbereiche ausbilden können, ist für eine echte Gewölbewirkung denkbar. Wenn es auch hin und wieder beobachtet werden kann, daß die Hinterfüllung bei Wegnahme eines gemauerten Tonnengewölbes sich selbst noch trägt, wird man bei dieser Situation mit keinen größeren Standzeiten rechnen. Auch Modellversuche sind hinsichtlich der Tragfähigkeit eines solchen Mineralkorn- bzw. Alustabgewölbes anzweifelbar, weil der Rahmen, z. B. einer Sandscheibe oder eines Analogons, als unnachgiebige Wandfläche sich fehlerhaft auf den Modellstoff-Widerlagerbereich und damit auf die Kornverspannung auswirken kann. Um so wertvoller sind die Feststellungen, die PENNOYER [11] an einem defekten Zellen-Fangedamm (Bild 3) traf. In der Erdstoff-Füllung stellte sich eine 8,30 m weit gespannte, echte Gewölbewirkung ein. Mit denselben Wirkungen in den Nachbarzellen ergab sich eine Art Gurtbogen. Diese Gewölbe trugen sich selbst, allerdings in den Zellen oberhalb der Unterkante der Spundbohlen. Diese waren beim Rammen im steinhaltigen Untergrund so deformiert worden, daß strömendes Wasser die untere Zellenfüllung auswaschen konnte, wobei sich über dem Felsgrund ein 3,66 m hoher Hohlraum mit gewölbter Decke ausbildete. Im Sand und Kies hatte sich „ein einwandfreies, zwischen den Seiten-, Vorder- und Rückwänden verspanntes Gewölbe gebildet, wie man es absichtlich aus Ziegeln oder Steinen hergestellt haben könnte". Nach Entdeckung des Schadens, etwa 10—12 Tage später, mußte ein schwerer Baggerlöffel benutzt werden, um diese Gewölbe zu brechen und die Zellenfüllung ergänzen zu können. Vorsenkungen sind messungsmäßig nicht festgestellt und in dem Zusammenhang wohl gar nicht erwartet oder beachtet worden. Überträgt man diese Beobachtung auf die natürlichen Erdfallbildungen, z. B. in pleistozänen oder holozänen Deckschichten, können gewisse Rückschlüsse auf die Einwirkungsdauer vertikal nach oben wandernder Hohlzonen gezogen werden.

Man ist schon routinemäßig in der Lage, ungestörte Bohrloch-Probennahmen durchzuführen und labormäßig verläßlich die natürlichen Bodenkennwerte zu bestimmen. Das allein ermöglicht bereits eine Reihe wichtiger Feststellungen. Zudem ist die Modelltechnik so weit fortgeschritten, daß sich die gemessenen Kennwerte auf äquivalentes Modellmaterial übertragen lassen und generelle Aussagen über Festigkeit, Verspannungswilligkeit u. ä. gewinnbar sind. So einfach und ökonomisch vertretbar diese Probennahmen und Messungen in Lockerböden erscheinen, um so schwieriger sind diese Aufschlüsse und Probengewinnungen, einschließlich

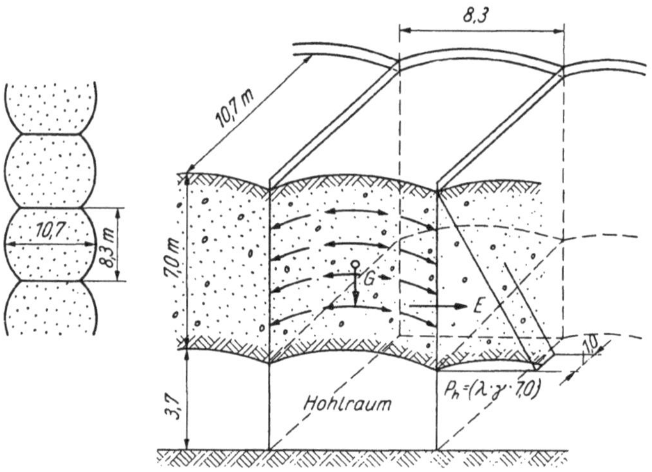

Bild 3. Echte Gewölbewirkung in einem Zeilen-Fangedamm [10]

a) Grundrißform; b) Erdstoffgewölbe

der Zurichtung für die festigkeitsmäßigen Untersuchungen, bei den Festgestein-Gruppen 1—3 nach MÜLLER. Diese Problematik betrifft aber das gesamte Gebiet der Gebirgs- und Felsmechanik, und es sind auch auf diesem Gebiet beachtliche Fortschritte erzielt und leistungsfähige Labors eingerichtet worden.

Bei der Betrachtung der Bildungsfähigkeit von Hohlräumen und Lockerzonen in lockeren Gebirgsschichten scheiden Bereiche unterhalb des Grundwasserspiegels schon einmal aus. Dasselbe gilt für wassergesättigte bindige oder schwachbindige Böden und kohäsionsfreie, rollige Erdstoffe. In diesen Schichten könnte man als Folge des Zusammenbrechens eines tiefer gelegenen Hohlraumes, in der Zwischen- und Endphase der Erdfallbildung, mit Fließzuständen bzw. Silowirkung rechnen.

Die bodenstatische Auswertung der Schichtenanteile von Punktaufschlüssen, die für ein Rayon repräsentativ sind, muß mit geophysikalisch-geologisch-hydrologischen Prüfungen sinnvoll verbunden und korrelativ ausgewertet werden. In den Erdfallgebieten des Bezirkes Halle ist schon der Beginn dieser Ermittlungen z. Z. noch mit einer Fülle technologisch-praktischer Schwierigkeiten verbunden, die schon bei der Aufschlußbohrung anfangen, wie es z. B. DETTE [2] für den Aufschluß Erdeborn bei Eisleben schildert.

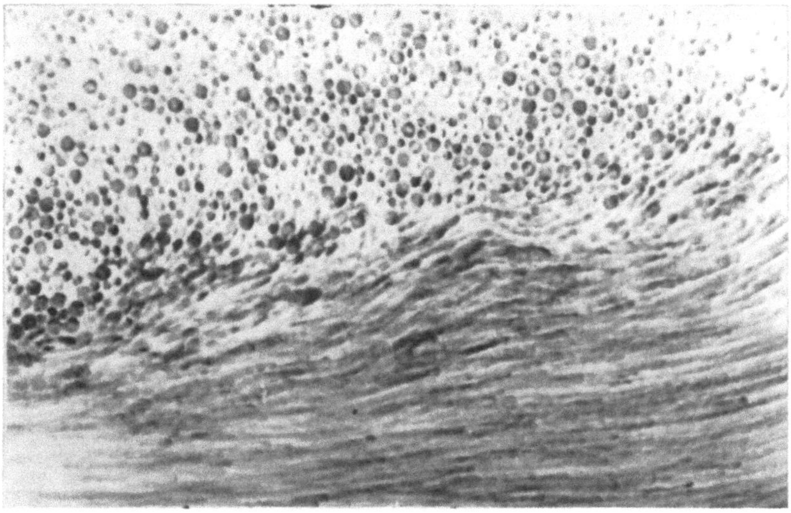

Bild 4. Breite, ungeregelte Fließzone in Hohlraumnähe, beim plötzlichen Einsturz der Decke. Dargestellt im Alu-Analogon

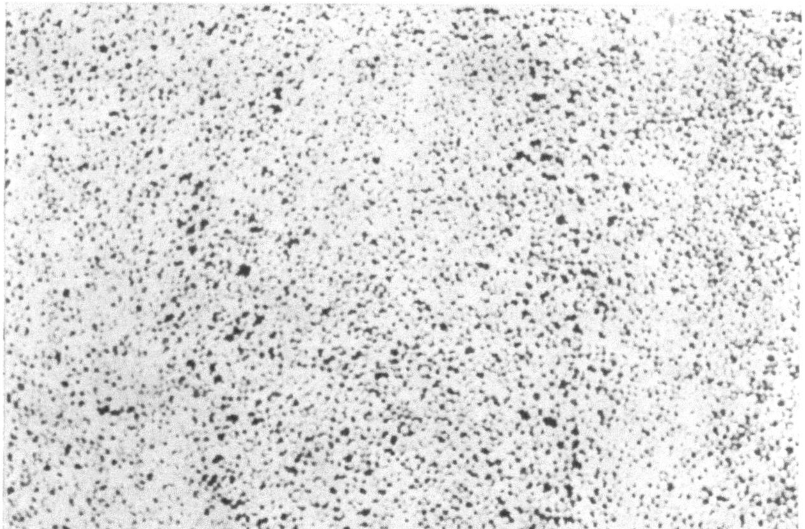

Bild 5. Porenvergrößerung im Bereich der unteren Scherzonen nach erfolgtem Bruch des Hohlraums. Dargestellt im Alu-Analogon

Echte und unechte Gewölbewirkungen im Mehr- und Vielkörpersystem (nach Müller)

In ähnlicher Weise wie in gekörnten Massen lassen sich im Gebirge, als Mehr- und Vielkörpersystem ausgebildet, anhand gebirgsmechanischer Wirkungen wichtige Rückschlüsse auf evtl. Vorsenkungen und auf die schichtenanteilige Einwirkungsdauer einer Erdfallphase ziehen, wie es Verfasser in [1], Bild 3 an einem Aufschluß im Oberen Zechstein Ostthüringens versuchsweise angedeutet hat. In geschichteten Gebirgspartien, z. B. im Bereich des Plattendolomits oder des Runkelkalks, bilden sich in der Zwischenphase und wohl auch noch in der Endphase eines Erdfalls unechte Gewölbewirkungen in Form von Schichthöhlen heraus, wobei durch den sich laufend vergrößernden primären Massenschwund im Untergrund (Unterer Letten) diesen Druckgewölben, im Zuge des Hochbrechens, die seitliche Auflage entzogen wird. Dieses Scheingewölbe als Auswirkung der Biegungsfestigkeit der Dolomit- oder Kalkschichten kann den endgültigen Oberflächen-Durchbruch lange Zeit verzögern. Im kluftreichen oder zerrütteten Gebirge sind auch echte Gewölbewirkungen, noch viel besser als bei gekörnten Massen, denkbar. Beide Möglichkeiten lassen das Auftreten von Vorsenkungen zu.

Scherkraftwirkungen und schichtenanteilige Erdfallphasen

Das Gleiten ist der entgegengesetzte Vorgang der gewölbeartigen Verspannung. Im Grenzzustand hohlraumgefährdeter Lockerböden treten, wie bekannt, Gleitebenen auf, die gegen die Horizontale unter einen Winkel $\pi/4 + \varphi/2$ geneigt sind. Beim weiteren Nachgeben des Hohlraumdaches bilden sich spitzbogenähnliche Bruchflächen zwischen den Gleitflächen aus, die einen Erdstoffkörper abteilen, der vertikal dem Hohlraum zustrebt. Beim langsamen Verkleinern des Hohlraumes (oder der Lockerzone) bewegen sich die Kornteilchen des Abschnittes zwischen den Gleit- und Bruchflächen schräg in Richtung zum absinkenden Bruchkörper. Beim schnellen Nachgeben oder plötzlichen Zusammenbruch eines Bodenbereiches werden auch die Teilchen des Zwischenabschnittes, nach anfänglicher horizontaler Bewegungstendenz, am Randgebiet des Bruchkörpers nach unten gerissen. Die Verteilung der Normal- und Scherspannungen auf die Scherfläche ist dabei außerordentlich ungleichmäßig. Auf diese Weise entsteht ein Bruchbild mit breiter Schubzone und wirbelartigem Fließen im unteren, hohlraumnahen Teil. Der Bruchzustand wird etwa zwischen der idealen Bruch- und Gleitfläche eintreten. Sehr rasche Spannungsumlagerungen, besonders in horizontaler Richtung, sind notwendig, um den Gleichgewichtszustand wieder zu erreichen und nicht noch weitere Nachbarbereiche in das Bruchbild einzubeziehen. Nahe der Oberfläche ist die Scherzone wesentlich schärfer ausgeprägt, weil der weniger belastete und vorbelastete Boden beim Abscheren dichter wird.

In Bild 4 ist die untere breite, ungeregelte Fließzone, im Alu-Analogon erzeugt, wiedergegeben. Der in der Regel geologisch stark vorbelastete natürliche Boden lockert sich beim Abscheren auf, es wird eine erhebliche Vergrößerung des Porenvolumens bewirkt. Über die Ausbildung von Scherzonen in dilatanten und kontraktanten Gebirgspartien hat Mencl [8] bereits grundlegendes Material veröffentlicht, das für die künftigen Untersuchungen der Erdfallwirkungen in lockerem und dichtem Gebirge noch einer eingehenden Auswertung bedarf.

In Bild 5 ist die Porenvergrößerung nach dem in Bild 4 dargestellten Bruchvorgang deutlich im unteren Bereich, zwischen den Gleit- und Bruchlinien sichtbar. In der Natur sind diese Vorgänge im vorbelasteten Feststoff–Luft–Wasser-System wesentlich komplizierter. Für das Porenwasser kann, bei schneller Steigerung der Normal- und Scherspannung, auch bei schwachbindigen Sanden die notwendige Zeit für das Zu- oder Abströmen fehlen, so daß geschlossene oder offene, konsolidierbare Systeme vorliegen.

Nach Abklingen der Scherwirkungen in einer schichtenanteiligen Erdfallphase hat sich eine setzungsempfindliche Erdstoffzone um den ab- und nachgesunkenen Bodenbereich gebildet. Das Volumen dieses durch Porenraumvergrößerung gekennzeichneten kuppel- bzw. hohltonnenförmigen Scherzonenkörpers kann für eine modellähnliche Situation, bei Annahme eines kreisförmigen Hohlraum-Grundrisses, anhand der Simpsonschen Regel wie folgt bestimmt werden:

$$V = \frac{\pi \cdot h}{15} [2 (d_{m1}^2 - d_{m2}^2) + (d_{m1} - d_{m2}) d_u] .$$

Darin bedeutet h die Höhe des Hohlkörpers; d_{m1} den äußeren größten Durchmesser; d_{m2} den inneren größten Durchmesser; d_u den unteren Durchmesser, entsprechend dem des ehemaligen Hohlraumes. Die Bestimmung des Porenanteils n_1 oder der Porenziffer ε_1 in der Lockerzone und n_2 bzw. ε_2 in den natürlich verdichteten Erdstoffen der Umgebung ermöglicht die Berechnung des Volumenunterschiedes:

$$V_2 = V_1 \frac{1 + \varepsilon_2}{1 + \varepsilon_1} = V_1 \frac{1 - n_1}{1 - n_2} .$$

Volumenverringerungen durch Kornumlagerungen, z. B. bei dynamischen Wirkungen (Einsturzbeben in Karstgebieten) oder späteren Setzungs- bzw. Verdichtungswirkungen, können sich in der Schwund-Bilanz des Erdfallgeschehens bemerkbar machen. Spätere Modellversuche sollen klären, wie weit Nachsetzungen bei der natürlichen Abböschung eines Erdfalltrichters oder bei künstlichen Auffüllungen in bebauten Gebieten von diesem Scherzonen-Reliktkörper beeinflußbar sind. Interessant ist der Vergleich der Scherzone in Bild 4 mit den von Roisin [12] beschriebenen Bruchbildern bei Erddruck gegen eine langsam nachgebende vertikale Wand. Die untere Fließzone ist weniger breit und die Kornbewegung wesentlich mehr richtungsgeregelt. Je plötzlicher der Deckeneinbruch in Lockergesteinen erfolgt, desto breiter und ungeregelter ist der untere Schubbereich, desto größer ist demnach auch der bleibende kuppelähnliche Auflockerungsbereich in der Umgebung des vorher stark durchbewegten, dabei wiederverdichteten inneren Erdstoffkerns.

Schlußfolgerungen

1. Der Tagebruch oder Erdfall ist das Schlußbild einer oft wechselvollen Bruchfolge im Gebirge.
2. Vorsenkungen sind nach der zweiten Auslaugungsphase nach Weber erklärbar.
3. Vorsenkungen sind kinematisch mit einer echten Gewölbewirkung verknüpft.
4. Vorsenkungen bei echter Gewölbewirkung sind modellmäßig nachweisbar.
5. Die mit den Erdfallphasen zusammenhängenden Gebirgsveränderungen sind in bezug auf die Spannungswirkungen in gebirgs- und bodenmechanischer Sicht weitgehend bekannt.
6. Einwandfrei verspannte Bodenkorn-Gewölbe mit größerer Stützweite können sich natürlich ausbilden.
7. Die bodenstatische und gebirgsmechanische Auswertung der Gebirgsschichtenbereiche eines Erdfalls läßt wichtige Teilerklärungen noch offener Fragen, z. B. Einwirkungsdauer, Auswirkung primärer Laugwirkungen auf die Übergangs- und Endphase usw., zu.
8. Unechte Gewölbebildungen als Auswirkung der Biegungsfestigkeit lassen Vorsenkungen zu.
9. Scherzonen in Lockergestein der Erdfall-Endphase sind scharf ausgeprägt, die Kornfließrichtung ist geregelt.
10. Im Hohlraum-(Lockerzonen-) Bereich bilden sich im Lockergebirge ungeregelte Schubzonen aus, deren Breite von der Geschwindigkeit des Bruchfließens abhängt.

11. Der hohlkuppelförmige Scherzonenkörper läßt sich im Modellfall berechnen.
12. Die Volumenvergrößerung (Porenraum) nach dem Schervorgang läßt sich berechnen.
13. In der Schwund-Bilanz eines Erdfalls können sich spätere, evtl. dynamisch bedingte Porenverengungen im Scherzonenkörper in der Übergangs- und Endphase auswirken.

Literatur

[1] Berger, H.: Zur Problematik des Bruchverhaltens im Gebirge über zu Erdfällen führenden Hohlräumen oder Lockerzonen. Bericht 9. Ländertreffen IBG, Akademie-Verlag, Berlin 1968.
[2] Dette, K.: Untersuchungen auf Setzungserscheinungen in Erdeborn. Ber. Geol. Ges. DDR (1959) H. 1.
[3] Eckardt, A.: Die mechanischen Einwirkungen des Abbaues auf das Verhalten des Gebirges. Glückauf (1913) Nr. 10.
[4] Jakoby, E.: Erddruck auf Stollen. Bautechnik 22 (1944) S. 155.
[5] Kammerer, F.: Setzungen und Senkungen im Baugrund. Z. angew. Geol. (1960) H. 4, S. 177–182.
[6] Kammerer, F.: Diskussion aus dem Kolloquium über Bauwerksschäden in Senkungsgebieten. Hochsch. f. Bauwesen, Instit. f. Grundbau u. Baugrundmechanik 1967.
[7] Loos, W., und Breth, H.: Kritische Betrachtung des Tunnel- und Stollenbaues und der Berechnung des Gebirgsdruckes. Bauing. 24 (1949) H. 5, S. 129 ff.
[8] Mencl, V.: Die Ausbildung der Scherzonen bei mehrachsiger Beanspruchung des Karbongebirges Bericht 8. Ländertreffen IBG, Akademie-Verlag, Berlin 1967.
[9] Mencl, V., und Paseka, A.: Zwei Faktoren bei der Festigkeit von Gebirgskörpern. Bericht 5. Ländertreffen IBG, Akademie-Verlag, Berlin 1964.
[10] Neumann, R.: Geologie für Bauingenieure. Verl. Wilh. Ernst, Berlin-München 1964.
[11] Pennoyer: Discussion, Stability and Stiffness of Cellular Cofferdams. Trans. Amer. Society of Civil Eng. (1945) S. 1128.
[12] Roisin, M. V.: Diskuss.-Beitrag, Sektion 5 (Erddruck) des 5. Int. Kongr. f. Bodenmechanik und Grundbau, Paris 1961, Bd. III, S. 316.
[13] Tschebotarioff, G. P.: Einfluß der Gewölbebildung auf die Erdruckverteilung. Dissertation Aachen 1952.
[14] Weber, H.: Die Oberflächenformen des festen Landes. Leipzig 1958.

Pfeiler als tragende Elemente beim Kammerpfeilerbau vom Gesichtspunkt der Grubenplanung

von A. M. Starfield und W. R. Wawersik, Minneapolis

Einführung

Die klassische Behandlungsweise des Kammerpfeilerbaus bei flachliegenden, tafelförmigen Erzkörpern beschränkt sich bei der Grubenplanung auf den speziellen Fall eines ausgedehnten und gleichförmigen Systems von Pfeilern. Es wird dann vorausgesetzt, daß jeder Pfeiler die gleiche Last trägt, und diese Last wird leicht aus dem Abbauverhältnis e und dem Gewicht des Deckgebirges berechnet gemäß:

$$\text{durchschnittliche Pfeilerspannung} = \frac{\varrho\, g\, H}{1 - e}, \tag{1}$$

wobei H = Teufe unterhalb der Tagesoberfläche,
ϱ = durchschnittliche Dichte des Deckgebirges,
g = Erdbeschleunigung.

Die durchschnittliche Pfeilerlast hängt in diesem Fall weder von den mechanischen Eigenschaften der Pfeiler noch von denen des umgebenden Deckgebirges ab. Die einzige erhebliche physikalische Eigenschaft der Pfeiler ist ihre Druckfestigkeit (d. h. ihre maximale Tragfähigkeit), und das Kriterium für die Planung besteht darin, daß die durchschnittliche Pfeilerspannung diese Druckfestigkeit nicht übersteigen soll. Je breiter der Pfeiler, desto höher ist seine Festigkeit, und die Planung des Systems läuft darauf hinaus, diese Zunahme an Festigkeit mit den Anforderungen, die die Beherrschung des Hangenden stellt, so in Einklang zu bringen, daß für den Abbau optimale Bedingungen herrschen [1].

Irgendeine Abweichung von einer gleichförmigen Verteilung der Pfeilerlasten macht die klassische Behandlungsweise ungültig. Solche Abweichungen können beispielsweise entstehen durch:

(I) eine ungleichförmige Anordnung von Pfeilern und Restpfeilern, die sich aus selektivem Abbau ergibt,
(II) geologische Veränderungen, die große Änderungen in den Eigenschaften von Teilen des Flözes oder des umgebenden Gebirges zur Folge haben,
(III) bewußte Verwendung von Auflagerausbau in engen Feldesteilen,
(IV) die Verwendung von nachgiebigen Pfeilern für die örtliche Stützung der Firste in Verbindung mit Bergfesten, die die Last des Deckgebirges tragen sollen.

In all diesen Fällen hängt die Verteilung der Lasten auf die Pfeiler und die Auflager sowohl von den Eigenschaften der Pfeiler und der Auflager selbst als auch von denen des umgebenden Gebirges und der benachbarten geologischen Inhomogenitäten ab. Außerdem wird das Kriterium für die Grubenplanung nicht länger auf die Druckfestigkeiten der einzelnen Pfeiler beschränkt bleiben. Breitere und stärkere Pfeiler können mehr als ihren Anteil am Deckgebirge tragen, kleinere Pfeiler können jenseits ihrer Druckfestigkeit zusammengedrückt werden und dennoch weiterhin die Firste stützen und einen Teil der Last des Deckgebirges tragen. Die einzige Forderung ist, daß diese Pfeiler sich in einer kontrollierten Weise deformieren und nicht spontan und heftig. Die Grubenplanung beschäftigt sich jetzt somit nicht mit der Festigkeit, sondern mit der *Stabilität* der Pfeiler.

Die obigen Bemerkungen werden veranschaulicht durch Druckprüfungen an Gesteinsproben im Laboratorium. Ob die Probe heftig zerbirst oder über ihre Druckfestigkeit hinaus sich bei verringerten Belastungen weiterhin deformiert, hängt (außer bei den relativ wenigen Gesteinsarten, die in kleinen Proben ein ihnen eigenes sprödes Verhalten zeigen) von der „Starrheit" oder Belastungslinie der Druckprüfmaschine ab. Nehmen wir an, daß die Kurve *OAB* in Bild 1a die vollständige Last-Dehnungskurve einer Gesteinsprobe mit der Druckfestigkeit σ_0 darstellt. (Die Kurve *OAC* stellt eine in sich spröde Probe dar.) Wenn die Belastungslinie der Prüfmaschine durch die Kurve *AD* dargestellt wird, wie das Bild 1b zeigt, dann kann die Maschine ihre überschüssige Energie zur Beschleunigung des heftigen Bruches

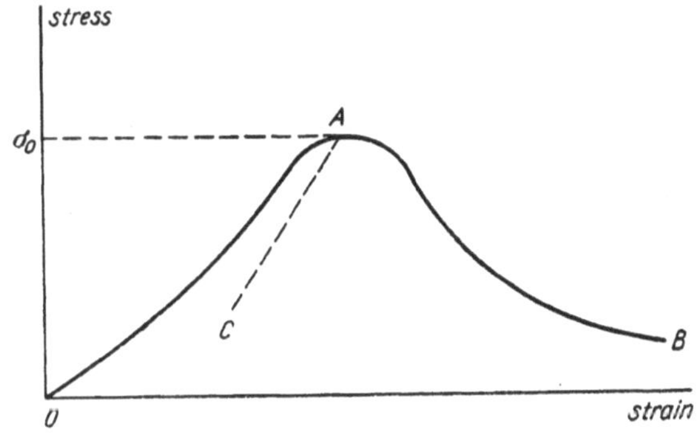

Bild 1a. Complete stress-strain curve for rock specimen

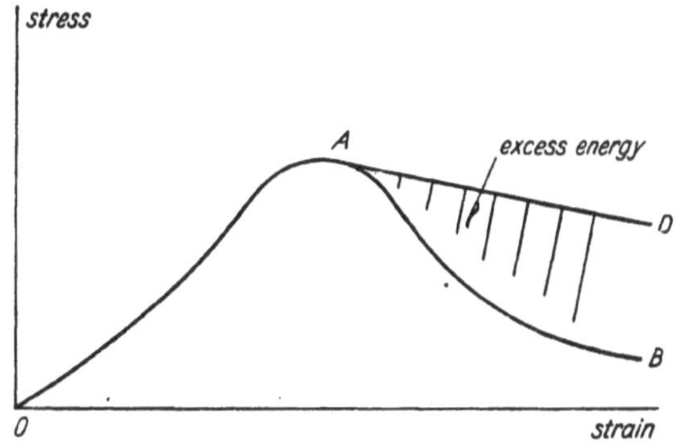

Bild 1b. Unstable loading

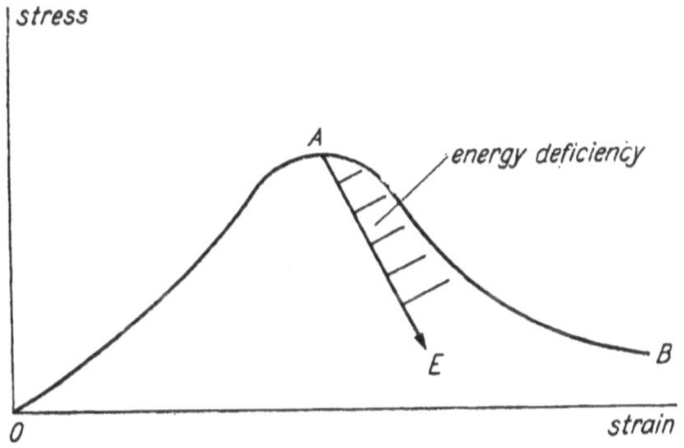

Bild 1c. Stable loading

der Gesteinsprobe nehmen, und ein stabiles Gleichgewicht wäre nur auf dem Stück *OA* der vollständigen Last-Dehnungskurve möglich. Wenn jedoch die Belastungslinie der Maschine durch die Kurve *AE* dargestellt wird, wie in Bild 1c gezeigt ist, dann steht keine überschüssige Energie zur Beschleunigung des Bruches zur Verfügung, und stabiles Gleichgewicht ist an jeder Stelle der Kurve *OAB* möglich.

Es besteht eine direkte Analogie zwischen der Gesteinsprobe und einem untertägigen Pfeiler, zwischen der Prüfmaschine und dem übrigen Grubenbau. An jedem einzelnen Pfeiler hat der übrige Grubenbau eine Starrheit oder Belastungslinie, die definiert werden kann als die Änderung der Kraft, die durch Hangendes und Liegendes am Pfeiler ausgeübt wird, pro Einheit der Konvergenzänderung zwischen Firste und Sohle. Die Starrheit der Grube wird sich von Punkt zu Punkt ändern und wird abhängen von der Deformation von Firste, Sohle, den Pfeilern und Auflagern überall in der Grube. Wenn zu einer beliebigen Zeit die Belastungslinie dergestalt ist, daß sie den Bruch eines Pfeilers beschleunigen kann, dann wird jener Pfeiler instabil. Setzt man jedoch voraus, daß die Grube an einem Pfeiler hinreichend starr ist, dann kann ein teilweise gestörter Pfeiler weiterhin eine Last in einer völlig stabilen Weise tragen.

Dieser Artikel wird sich befassen mit der Entwicklung einer Methode zur Berechnung der Lasten, die auf irgendein Pfeilersystem wirken, unter Berücksichtigung der vollständigen Last-Dehnungskurven der Pfeiler, ferner einer Methode zur Berechnung der Starrheit an verschiedenen Stellen der Grube. Es werden Beispiele dafür angeführt, wie die Pfeilerlasten und die Grubenstarrheit von den relativen Eigenschaften des umgebenden Gebirges und der Pfeiler sowie der tatsächlichen Anordnung der Grubenbaue abhängen. Schließlich wird aus Prüfungen im Laboratorium ein gewisser Aufschluß darüber erhalten, inwieweit man annehmen kann, daß die vollständige Last-Dehnungskurve eines Pfeilers von seinem Verhältnis von Breite zu Höhe abhängt.

Die Berechnung von Pfeilerlasten und der Grubenstarrheit

In früheren Untersuchungen von Flözproblemen [2, 3, 4] wird explizit oder implizit vorausgesetzt, daß die abgebauten Teile des Flözes vollständig starr sind. Die folgende Untersuchung läßt zu, daß sich die Pfeiler und Auflager nach irgendeinem Last-Dehnungsgesetz deformieren können.

Mathematische Behandlung

Wir wollen voraussetzen daß sich das Gebirge das einen flachliegenden tafelförmigen Erzkörper umgibt, wie ein homogenes, isotropes, linear elastisches Medium mit dem Elastizitätsmodul E und der Querdehnungszahl γ verhält. Wir wollen annehmen, daß sich der Erzkörper genügend weit unterhalb der Tagesoberfläche befindet, so daß:

(I) wir uns das umgebende Gebirge so vorstellen können, als dehne es sich in allen Richtungen bis ins Unendliche aus,

(II) die Mächtigkeit t des Flözes vernachlässigt werden kann gegenüber der Teufe unterhalb der Tagesoberfläche. Wenn wir somit ein Koordinatensystem einführen mit der x-Achse und der y-Achse in der Ebene des Flözes und der z-Achse senkrecht nach unten gerichtet, dann ist das Flöz selbst die Ebene $z = 0$ mit dem Unterschied, daß wir beim Annähern an die Ebene $z = 0$ von oben her (d. h. aus der negativen z-Richtung) auf die Firste des Flözes stoßen, während wir beim Annähern an $z = 0$ von unten her auf die Sohle des Flözes treffen.

Der Einfachheit halber wollen wir annehmen, daß die vertikale Grundspannung Q, die auf das Flöz wirkt, eine Hauptspannung ist, ferner daß die Abbauarbeiten so verlaufen, daß die y-Achse die Achse ist, in der sich alle durch den Abbau hervorgerufenen Änderungen horizontal auswirken können. Die Verschiebungskomponenten u und w längs der x-Achse bzw. z-Achse, die im Gebirge als Folge des Abbaus induziert werden, sind somit unabhängig von y und haben die beiden folgenden Gleichgewichtsgleichungen zu erfüllen:

$$\frac{\partial}{\partial x}\left(\frac{\partial u}{\partial x} + \frac{\partial w}{\partial z}\right) + (1 - 2\nu)\left(\frac{\partial^2 u}{\partial x^2} + \frac{\partial^2 u}{\partial z^2}\right) = 0$$

und

$$\frac{\partial}{\partial z}\left(\frac{\partial u}{\partial x} + \frac{\partial w}{\partial z}\right) + (1 - 2\nu)\left(\frac{\partial^2 w}{\partial x^2} + \frac{\partial^2 w}{\partial z^2}\right) = 0\,.$$

Es kann gezeigt werden, daß die Lösung dieser Gleichungen irgendeine harmonische Funktion Φ ist, sofern

$$u = -(1-2\nu)\frac{\partial}{\partial x} - z\frac{\partial^2 \varphi}{\partial x\,\partial z}$$

und

$$w = 2(1-\nu)\frac{\partial \Phi}{\partial z} - z\frac{\partial^2 \Phi}{\partial z^2}\,. \qquad (2)$$

Wir wollen die Eigenschaften der harmonischen Funktion

$$\Phi = B\log(x^2+z^2)\,,$$

in der B eine Konstante ist, betrachten. Aus (2) folgt, daß

$$\left.\begin{aligned} u &= 4\,B\,z^2\,x/(x^2+z^2)^2 - 2\,(1-2\,\nu)\,B\,x/(x^2+z^2)\,,\\ w &= 4\,B\,z^3/(x^2+z^2)^2 + 2\,(1-2\,\nu)\,B\,z/(x^2+z^2)\,, \end{aligned}\right\} \qquad (3)$$

und daß sowohl u als auch w gegen Null gehen, wenn entweder x oder z gegen Unendlich gehen. Die Größen u und w können somit zu Recht als durch den Abbau induzierte Verschiebungen betrachtet werden.

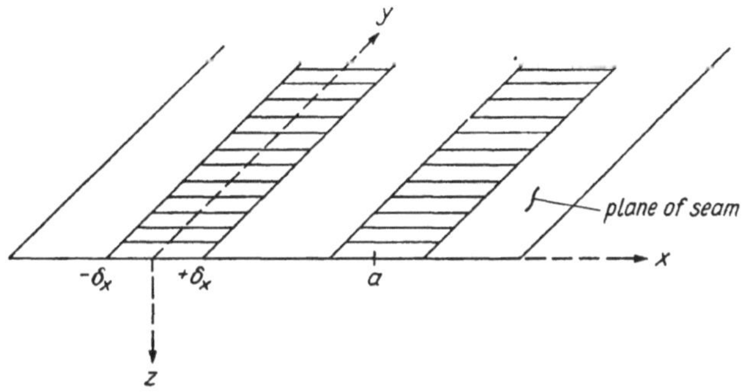

Bild 2. The coordinate axis system

Aus den Gleichungen (3) ist ersichtlich, daß die vertikale Verschiebung w in allen Punkten der Ebene $z = 0$ außer der y-Achse, wo w unbestimmt ist, gleich Null ist. Wenn wir jedoch die *durchschnittliche* Verschiebung w über einen Streifen von $-\delta x$ bis $+\delta x$ auf jeder Seite der y-Achse (siehe Bild 2) berechnen, dann ist

$$\bar{w} = \frac{1}{2\,\delta x}\int_{-\delta x}^{+\delta x} w\,\delta x = $$

$$= \frac{2\,B\,(1-\nu)}{\delta x}\left\{\arctan\left(\frac{\delta x}{z}\right) - \arctan\left(\frac{-\delta x}{z}\right)\right\}$$

für kleine z.

Wenn z von der positiven z-Richtung her gegen Null geht, d. h. an der Sohle:

$$\bar{w}_{\text{Sohle}} = -2\,B\,(1-\nu)\,\pi/\delta\,x\,,$$

während in dem Fall, wo z von der negativen z-Richtung her gegen Null geht, d. h. an der Firste:

$$\bar{w}_{\text{Firste}} = -2\,B\,(1-\nu)\,\pi/\delta x\,.$$

Wir haben somit einen Widerspruch längs dieses Streifens hineingebracht, der als die relative Bewegung zwischen Firste und Sohle des Flözes interpretiert werden kann. Wir können die durchschnittliche vertikale Querschnittsveränderung oder Mächtigkeitsveränderung S längs der y-Achse definieren als

$$\begin{aligned} S &= \overline{w}_{\text{Sohle}} - \overline{w}_{\text{Firste}} , \\ &= 4\, B\, (1 - \nu)\, \pi/\delta x . \end{aligned} \tag{4}$$

Es kann leicht gezeigt werden, daß die Verschiebungen u und w von Gleichungen (3) eine Vertikalspannung δ_z auf der Ebene $z = 0$ induzieren, die gegeben ist durch

$$\sigma_z = \frac{2\, B\, E}{(1 + \nu)\, x^2} .$$

Wenn wir jetzt einen Streifen der Breite $2\, \delta x$ im Gang betrachten, der zu beiden Seiten der Geraden x mit dieser als Mitte liegt (siehe Bild 2), dann ist die durchschnittliche Vertikalspannung $\overline{\sigma}$ über diesen Streifen:

$$\overline{\sigma} = \frac{1}{2\, \delta x} \int_{x-\delta x}^{x+\delta x} \sigma_z\, x = \frac{2\, E\, B}{1 + \nu}\, \frac{1}{x^2 - \delta x^2} .$$

Setzt man in diesen Ausdruck B aus Gl. (4) ein, so erhält man

$$\overline{\sigma} = \frac{E\, \delta x\, S}{2\, \pi\, (1 - \nu^2)}\, \frac{1}{x^2 - \delta x^2} . \tag{5}$$

Die Gleichung (5) gibt die durchschnittliche Spannung an, die auf einen Streifen im Abstand x von einem Streifen, wo die durchschnittliche Konvergenz S vorhanden ist, induziert wird. Wir wollen jetzt die ganze Fläche des Flözes, der vom Abbau betroffen wird, in N solche Streifen der Breite $2\, \sigma\, x$ unterteilen. Dabei sollen $S_1, S_2, \ldots, S_N$ die Konvergenzen zwischen Firste und Sohle eines jeden dieser Streifen bezeichnen. Die am j-ten Streifen durch die Konvergenz S_k am k-ten Streifen induzierte Spannung wird erhalten, wenn man in Gl. (5)

$$S = S_k$$

und

$$x^2 = 4\, (j - k)^2\, \delta x^2$$

setzt. Wenn wir dann ähnliche Ausdrücke am j-ten Streifen für die Spannungen, die durch jede der Konvergenzen S_1 bis S_N induziert werden, aufsummieren, folgt, daß die Gesamtspannung σ_j, die am j-ten Streifen als Folge des Abbaus induziert wird, gegeben ist durch

$$\sigma_j = \frac{E}{2\, \pi\, (1 - \nu^2)\, \delta x} \sum_{k=1}^{N} \frac{S_k}{4\, (j - k)^2 - 1} . \tag{6}$$

Wären die Konvergenzen S_1 bis S_N bekannt, würde Gl. (6) uns in die Lage versetzen, die Vertikalspannung an irgendeiner Stelle im Flöz zu bestimmen. In der Tat kennen wir aber diese Konvergenzen nicht, aber dafür haben wir gewisse Beziehungen, die an jedem der N Streifen erfüllt sein müssen, nämlich:

(I) Wenn der j-te Streifen abgebaut ist, dann muß die reine Vertikalspannung am Streifen gleich Null sein, so daß für die induzierte Vertikalspannung gelten muß

$$\sigma_j = -Q . \tag{7}$$

(II) Wenn der j-te Streifen einen Teil eines Pfeilers oder eines Auflagers darstellt, dann ist die Beziehung zwischen der induzierten Spannung σ_j und dem induzierten Lastweg $\varepsilon_j = S_j/t$ gegeben durch die zugehörige Last-Dehnungskurve (wie z. B. im Bild 1a). Im allgemeinen kann diese geschrieben werden als die Funktionalbeziehung

$$\sigma_j = f(S_j/t) . \tag{8}$$

Gl. (6), (7) und (8) führen zu einem System von N Gleichungen für die N unbekannten Konvergenzen mit der Einschränkung, daß keine Konvergenz die Mächtigkeit t des Flözes überschreiten kann. Die Gleichungen sind im allgemeinen nichtlinear, aber sie können durch Iterationsverfahren auf einem Digitalrechner gelöst werden.

Hat man einmal die Konvergenzen im Gleichgewichtszustand für ein bestimmtes Abbaumuster berechnet, kann die Grubenstarrheit an beispielsweise dem j-ten Streifen dadurch berechnet werden, daß man die Konvergenz S_j um einen kleinen bestimmten Betrag ΔS_j erhöht und dann die Gleichgewichtsbedingungen erneut berechnet und hieraus die Zunahme $\Delta\sigma_j$ der Spannung auf den j-ten Streifen. Die Grubenstarrheit oder Kraftänderung pro Konvergenzänderung ist dann gegeben durch

$$2\,\delta x\ \Delta\sigma_j/\Delta S_j\,.$$

Wir werden herausfinden, daß es besser ist, wenn man die Starrheit als einen Modul K auffaßt, der gegeben ist durch die Abnahme der Spannung pro Zunahme des Druckweges, d. h.

$$K = t\ \Delta\sigma_j/\Delta S_j\,. \tag{9}$$

Die Stabilität des j-ten Pfeilers kann dann bestimmt werden durch Vergleich von K mit dem negativen Anstieg der Last-Dehnungskurve jenseits der Druckfestigkeit des Pfeilers.

Erweiterungen dieser Methode

Obiges ist nur ein kurzer Umriß einer Technik, die in der Tat viel allgemeiner ist, für den allereinfachsten Fall. Es muß bemerkt werden, daß die Analyse ausgedehnt werden könnte auf die Fälle, die enthalten:

- Völlig dreidimensionale Probleme
- Transversal isotropes Verhalten des Gebirges
- Grundkomponenten der Scherspannung in der Ebene des Flözes
- Einfluß der freien Tagesoberfläche
- Zeitabhängige Deformation der Pfeiler
- Wechselwirkung von zwei oder mehreren Flözen auf verschiedenen Sohlen
- Geologische Inhomogenitäten im umgebenden Gebirge, die behandelt werden können in Form einer bestimmten Art von Unvereinbarkeit.

Somit könnte eine „reibungslose Störung“ betrachtet werden als eine Ebene, auf der das Gleiten dergestalt erfolgt, daß alle Scherungskomponenten verschwinden. Obgleich die Annahme einer Ebene mit reibungsloser Störung als unrealistisch betrachtet werden kann, so gestattet sie dennoch, eine obere Grenze für den Einfluß einer Störung auf den Grubenbetrieb festzulegen. Ein hartes Zwischenmittel oberhalb oder unterhalb des Flözes könnte als ein zweites „nichtabgebautes Flöz“ betrachtet werden, das die entsprechende Last-Dehnungsbeziehung für das Zwischenmittel erfüllt.

Die oben umrissenen Berechnungen sind auf die Ebene des Flözes beschränkt worden. Allgemeine Ausdrücke für die induzierten Spannungen und Verschiebungen an beliebigen Stellen im umgebenden Gebirge können aus den Konvergenzen S_1 bis S_N erhalten werden. Wenn S_1 bis S_N einmal bekannt sind, dann reduzieren sich diese Berechnungen auf die „Flächenelementtechnik“ von SALAMON [5]. Im besonderen könnte dann die Bodensenkung berechnet werden.

Programme für Rechenanlagen sind aufgestellt worden und werden noch aufgestellt, um die obigen Berechnungen durchzuführen. Einige Beispiele sind in Literaturstelle [6] angeführt. Ihre Anwendung im zweidimensionalen Fall wird am besten veranschaulicht durch die Behandlung von Pfeilerrippen in einem engen Feldesteil.

Pfeilerrippen in einem engen Feldesteil

Bild 3 zeigt ein 8 Fuß (2,4 m) mächtiges Flöz in einer Teufe von 1500 Fuß (460 m), wo die vertikale Grundspannung Q 1600 Pounds pro Quadratzoll (110 kg/cm²) beträgt. Ein langer

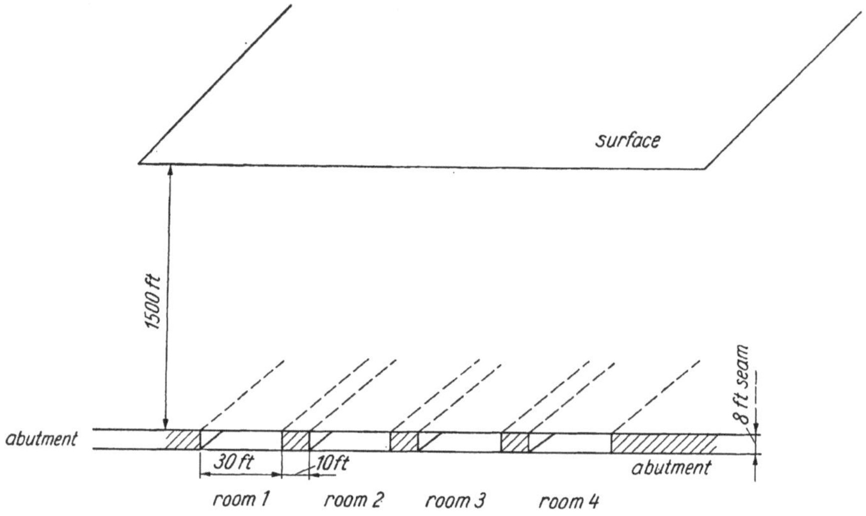

Bild 3

enger Feldesteil wird in gewisser Entfernung von jeglicher anderen Bergbautätigkeit abgebaut. Die Gassen oder Kammern in dem Feldesteil sind 30 Fuß (9 m) breit und sind durch 10 Fuß (3 m) breite Pfeilerrippen getrennt.

Es wird zunächst vorausgesetzt, daß sich die Pfeiler und Auflager in einer linear elastischen Weise mit dem Elastizitätsmodul E_s deformieren. Gl. (8) kann dann in der Form $\sigma_j = E_s S_j/t$ geschrieben werden, und der sich ergebende Satz von Gleichungen ist linear und kann nach dem Iterationsverfahren von GAUSS und SEIDEL gelöst werden. Einige Ergebnisse sind in Bild 4 aufgetragen.

Würde das Abbaumuster in Bild 3 über eine große Fläche ausgedehnt, dann würde nach (1) die Last auf jeden Pfeiler 6400 Pounds pro Quadratzoll (460 kg/cm²) betragen, und diesen Wert nennen wir $\sigma_{\max}$. Die graphischen Darstellungen in Bild 4 zeigen die Last auf dem am stärksten spannungsbeanspruchten Pfeiler (der der Mitte des Feldesteiles am nächsten steht) als Bruchteil von $\sigma_{\max}$ für Feldesteile von unterschiedlicher Breite mit zwei bis acht Kammern. Die Ergebnisse sind für verschiedene Verhältniszahlen des Moduls des umgebenden Gebirges zum Modul des Flözes (E/E_s) aufgetragen und zeigen, wie die Herabsetzung der Pfeilerlasten in einem engen Feldesteil von den relativen elastischen Eigenschaften der

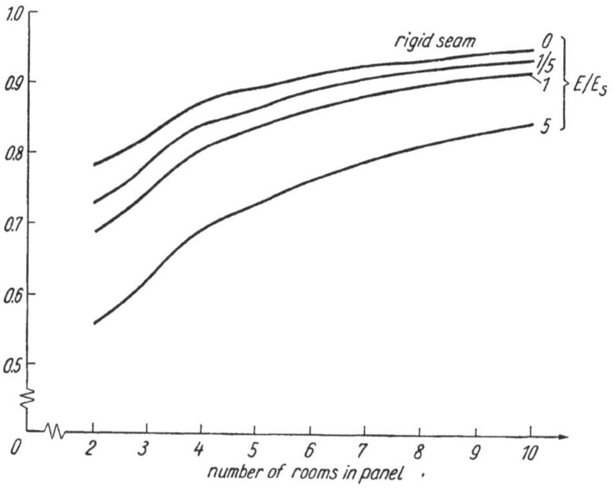

Bild 4

Pfeiler und des umgebenden Gebirges abhängt. Wenn ähnliche Feldesteile auf jeder Seite des bisherigen einen Feldesteiles aufgefahren würden (wobei große Bergfesten bleiben), dann würden die Pfeilerlasten natürlich leicht zunehmen, und diese Zunahme könnte auf der Rechenanlage als Funktion der Breite der Bergfeste berechnet werden. Die graphische Darstellung für $E/E_s = 0$ stellt ein vollständig starres Flöz dar und zeigt, daß die näherungsweise Annahme eines starren Flözes gut ist unter der Voraussetzung, daß das umgebende Gebirge weicher als der Erzkörper ist.

Würde man herauskriegen, daß die Druckfestigkeit der Pfeilerrippen im Bild 3 3000 Pounds pro Quadratzoll (210 kg/cm²) beträgt, dann wäre in fast jedem bisher berechneten Beispiel die Druckfestigkeit der Pfeiler überschritten. Daraus folgt nicht, daß der Feldesteil instabil ist. Nehmen wir an, daß die vollständige Last-Dehnungskurve für eine 10 Fuß (3 m) breite

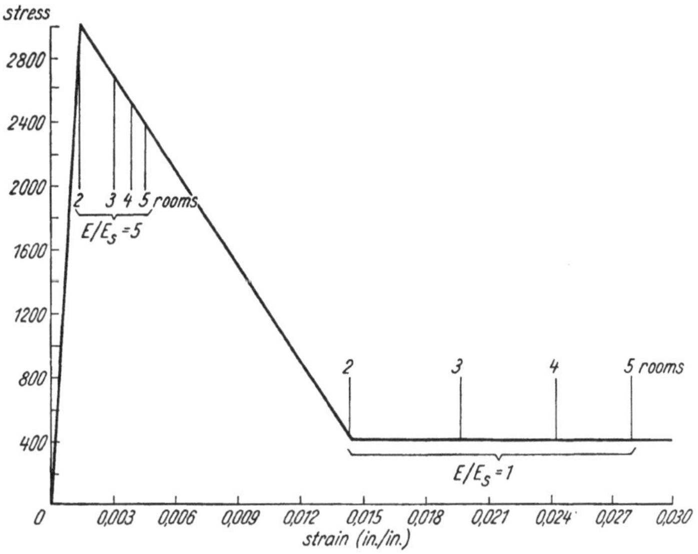

Bild 5

Pfeilerrippe durch die drei Geraden von Bild 5 angenähert werden kann. Wir wollen nunmehr die Deformation desjenigen Pfeilers betrachten, der durch die ersten beiden Kammern gebildet wird, und zwar mit fortschreitendem Abbau. Wenn dabei im ersten Fall der Modul des umgebenden Gebirges fünfmal größer ist als der Elastizitätsmodul des Pfeilers (vor dem „failure"-Bereich[1])) und wenn nur zwei Gassen aufgefahren worden sind, dann wird die Last auf den Pfeiler seine Druckfestigkeit nicht überschreiten. Wenn mehrere Kammern abgebaut werden, wird der Pfeiler in einer stabilen Weise zu kriechen beginnen, und an den Stellen, die auf dem Last-Dehnungsdiagramm eingezeichnet sind, wird sich Gleichgewicht einstellen. Ähnlich ist es im Fall $E/E_s = 1$, wo das Kriechverhalten stabil sein wird und Gleichgewicht bei etwas höheren Lastwegen herrschen wird. Wenn jedoch $E/E_s = 1/5$, dann wird der erste Pfeiler heftig Kriechbruch erleiden, bevor die zweite Gasse vollständig aufgefahren ist. Sollte dabei der Abbau weiter umgehen, werden die darauffolgenden Pfeiler weiterhin heftig Kriechbruch erleiden, und der ganze Feldesteil wird instabil.

Die Abnahme der Grubenstarrheit am Pfeiler mit zunehmender Breite des Feldesteils ist in Bild 6 aufgetragen. Aus dem Bild ist klar ersichtlich, daß, wenn einmal drei oder vier Kammern abgebaut sind, die Starrheit mit zunehmender Breite des Feldesteils nur noch sehr wenig abnimmt. Dies würde scheinbar bedeuten, daß ein stabiler Feldesteil, wenn der Modul des umgebenden Gebirges hinreichend groß ist, unendlich weit ausgedehnt werden

[1]) failure — bestimmter Bereich der Last-Dehnungskurve

könnte. Dies ist aber nicht wahr. Die Maximalbreite des Feldesteils hängt von der Fähigkeit der nachgiebigen Pfeiler ab, die unmittelbaren Hangendschichten, die den Feldesteil überspannen, zu stützen. Implizit ist in der bisherigen Diskussion die Voraussetzung enthalten, daß keine Schichtentrennung im Hangenden erfolgt. Wenn tatsächlich eine Spannung sich an einem Potentialsprung im Hangenden ausbildet, dann wird die Starrheit am Pfeiler abhängen von der Durchbiegung des losen Firstenbalkens, und der Pfeiler kann durch das Totgewicht dieser losen Schale zum vollständigen Bruch gebracht werden, wenn das Totgewicht den Pfeiler bis zu einem Wert beansprucht, der größer ist als die Restfestigkeit im waagerechten Teil der Last-Dehnungskurve von Bild 6. Die Planung eines Feldesteils mit nachgiebigen Pfeilern ist somit eng verstrickt mit der Beherrschung des Hangenden im selbigen Feldesteil.

Es könnten weitere Beispiele angeführt werden, um zu zeigen, wie die Pfeilerstabilität abhängt von den relativen Eigenschaften der Pfeiler, des umgebenden Gebirges sowie von Abbauschema und Abbaufolge. Die allgemeinen Gedankengänge sollten jedoch aus den bislang

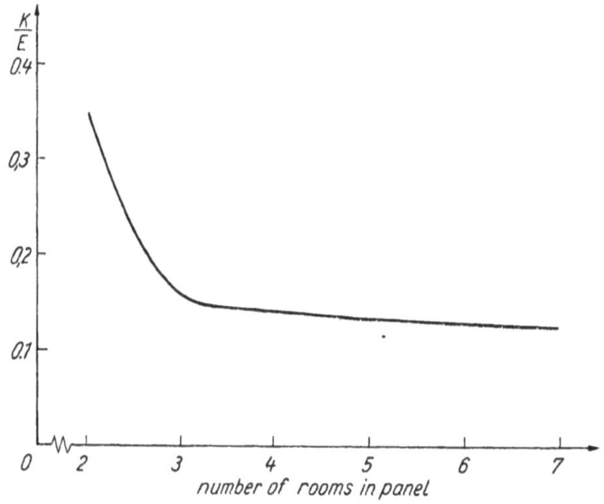

Bild 6

diskutierten Beispielen klar sein. Es ist aber angebracht, die umgekehrte Frage zu stellen: Wenn die Grubenstarrheit an einem bestimmten Punkt berechnet worden ist, welche Pfeilergröße wäre dann an jenem Punkt stabil? Eine qualitative Aussage darüber, wie die vollständige Last-Dehnungskurve für einen Pfeiler durch die Form des Pfeilers beeinflußt wird, kann aus Prüfversuchen im Laboratorium erhalten werden.

Kenndaten über die Deformation von Grubenpfeilern — Modelluntersuchungen in einer starren Prüfmaschine im Laboratorium

Die direkte Bestimmung des vollständigen Kraft-Deformationsverhaltens von Grubenpfeilern stößt auf unheimliche Schwierigkeiten. Es ist daher aufschlußreich, das Verhalten von Laborproben unter ähnlichen Belastungsbedingungen zu untersuchen. Um das Verhalten jenseits des Drucklastmaximums zu untersuchen, ist die herkömmliche weiche Druckprüfmaschine ersetzt worden durch ein Belastungssystem, das starr genug ist, um das üblicherweise beobachtete explosive Bersten der zu prüfenden Proben zu verhindern. Somit stellt die Belastungsmaschine selbst die örtliche Grubenfläche dar (Firste, Sohle und umgebende Pfeiler), und die Laborproben werden veranschaulicht als kleine Nachbildungen von geometrisch ähnlichen Grubenpfeilern. Es ist klar, daß, wenn die Ergebnisse solcher Prüfungen die Grundlage für wirkliche Planungskriterien darstellen sollen,

1. die Festigkeit der Proben (Modellpfeiler) zur Festigkeit der untertägigen Prototyp-Pfeiler in einer bestimmten Beziehung stehen muß und
2. die Kennlinien der Laborproben nach dem „failure" die gleichen sein müssen wie die der Grubenpfeiler, deren Abbild sie sind.

Sowohl die Festigkeit des Gesteins als auch seine Eigenschaften jenseits des „failure"-Bereiches sind eine Funktion der Materialstruktur, d. h. des Vorherrschens und der Größe von vorher vorhandenen Störstellen und der Randbedingungen während der Belastung. Experimente haben gezeigt, daß der strukturelle Aufbau und folglich die Festigkeit von Laborproben und Prototyp-Pfeilern wesentlich voneinander abweichen. Wenn man jedoch das Problem danach beurteilt, ob ein Kammerpfeilersystem stabil oder instabil ist, d. h. ob bei den Pfeilern augenblicklicher Bruch erfolgt oder sich das Kriechen allmählich ausbreitet, so

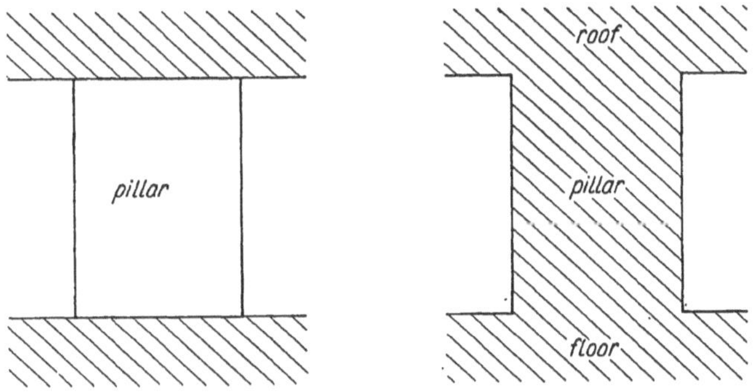

Bild 7 a—b

ist es nicht notwendig, daß die Festigkeit genau bekannt ist, sofern die Kennlinien jenseits des „failure"-Bereichs, speziell die Neigung der Kraft-Verformungsbeziehung jenseits des „failure"-Bereichs, bekannt sind. Weil die Eigenschaften des Gesteins jenseits des „failure"-Bereichs prinzipiell eine Funktion der induzierten Bruchbilder sind, die wiederum bestimmt werden durch die anfängliche Spannungsverteilung über den Pfeiler oder über die Probe und somit durch die Randbedingungen, die in beiden Fällen annähernd gleich sind, so erscheint es überhaupt nicht unrealistisch, wenn man eine Laborprobe als Pfeilermodell betrachtet. Sowohl bei der Laborprobe als auch beim Prototyp-Pfeiler wird das Gestein axial belastet. Zusätzlich werden seitliche Spannungen im allgemeinen infolge der Begrenzungen an den Enden durch Reibung induziert (wenn Firste und Sohle mit natürlichen Schichtfugen zusammenfallen) — Bild 7 (b). Obgleich weitere experimentelle Arbeit notwendig ist, bevor der Einfluß der Größe auf die Neigung der Kurve jenseits des „failure"-Bereichs endgültig festgestellt werden kann, sind dennoch Laborprüfungen an kleinen Proben wertvoll bei der phänomenologischen Feststellung des Einflusses von Geometrie und Begrenzungen auf die Pfeilerdeformation.

Experimentelles Verfahren und Ergebnisse

Um die Belastungsbedingung von Bild 7 (a) nachzubilden, wurden Kerne aus Tennessee-Marmor von 2″ Durchmesser und zwischen 1″ und 4″ Länge in einer starren Druckprüfmaschine zwischen stählernen Platten von 2″ Durchmesser geprüft. Die Werte für die Druckfestigkeit als Funktion des Verhältnisses von Länge zu Durchmesser sind in Tab. 1 zusammengefaßt. Proben in fortgeschrittenen Stadien des Kriechens werden in Bild 8 gezeigt, und die

Bild 8

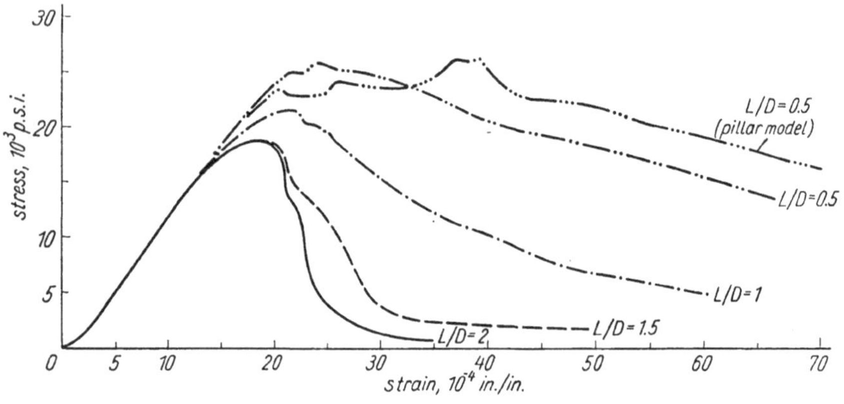

Bild 9

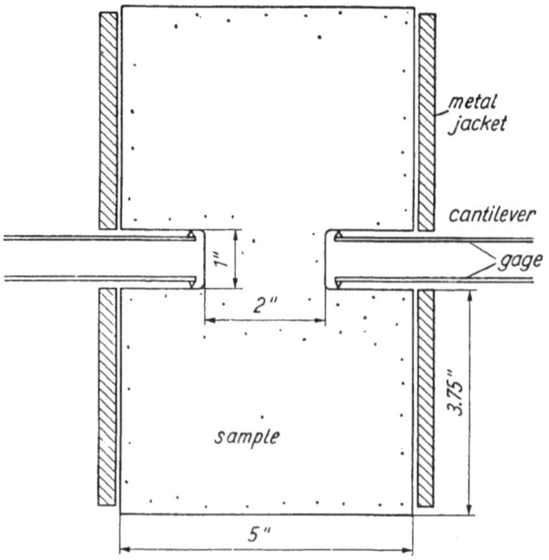

Bild 10

entsprechenden vollständigen Last-Dehnungskurven sind in Bild 9 abgebildet. Die Belastungsbedingung (b) in Bild 7 wurde angenähert durch Drehen einer pfeilerähnlichen Probe von 2″ Durchmesser und 1″ Höhe aus einem Kern von 5″ Durchmesser aus Tennessee-Marmor auf einer Drehbank, wobei die Enden der Probe in Metallringe eingefaßt wurden, die eine gewisse, wenn auch veränderliche, Begrenzung darstellen (Bild 10). Die genauen Abmessungen der Probe sind in Bild 10 gegeben. Wegen der Länge der Probenenden kann mit Sicherheit angenommen werden, daß die Endenbegrenzung an der Berührungsfläche zwischen Probe und Belastungsplatten keinerlei Wirkung auf das Verhalten des wirklichen Pfeilermodells hatte. Die Verformung des Pfeilermodells wurde mittels eines vierkomponentigen Hebelmeßwerks bestimmt (Bild 10).

Das sich ergebende Last-Dehnungsverhalten ist in Bild 9 dargestellt.

Tabelle 1

L/D	Druckfestigkeit Pounds/Zoll²	kg/cm²	K/K'
2	19 000	1330	−0,23
1,5	18 900	1320	−0,93
1	21 400	1500	−2,08
0,5	25,200	1760	−5,20
Pfeiler L	26 200	1830	−5,46

Diskussion der experimentellen Ergebnisse

Die Last-Dehnungskurven in Bild 9 und die Angaben in Tab. 1 zeigen den wohlbekannten Effekt, daß die Tragfähigkeit einer Laborprobe mit kleiner werdendem Verhältnis von Länge zu Durchmesser der Probe zunimmt. Außerdem veranschaulichen dieselben Kurven ganz deutlich eine rasche Änderung des Festigkeitsgradienten jenseits des „failure“-Bereichs, wenn das Verhältnis von Länge zum Durchmesser der Probe von 2 auf 0,5 abnimmt. Die Probe wechselt von einer potentiell sehr instabilen geometrischen Konfiguration ($L/D = 2$) in eine äußerst stabile Konfiguration ($L/D = 0{,}5$), wie durch die Verhältnisse K/K' (Tab. 1) der Starrheiten der anfangs vorliegenden Proben (K) zu den mittleren Neigungen der Kurven jenseits des „failure“-Bereichs (K') gezeigt wird. Dieses Ergebnis zeigt folglich, daß seitliche Grundspannungen im Bereich des Erzkörpers das Last-Verformungsverhalten des Pfeilers beeinflussen. Dieser Einfluß von seitlichen Spannungen, die bisher bei der mathematischen Behandlung vernachlässigt worden sind, kann leicht eingegliedert werden, indem man die Last-Verformungskennlinie des Pfeilers in passender Weise ändert. Dies setzt natürlich voraus, daß die seitlichen Spannungen nicht zu unelastischem Verhalten der Firste oder der Sohle in der Nähe der Pfeiler führen. Bild 9 veranschaulicht, daß sowohl die Festigkeit als auch das Verhalten jenseits des „failure“-Bereichs von zylindrischen Standard-Proben, die sich in direktem Kontakt mit den Belastungsplatten befanden, und vom Pfeilermodell fast identisch waren. Diese Beobachtung wird unterstützt durch die Ähnlichkeit der äußerlich sichtbaren Bruchbilder (Bild 8). Dies bedeutet, daß Pfeileruntersuchungen, die darauf hinauslaufen, den Festigkeitsgradienten als Funktion der Verformung jenseits des „failure“-Bereichs festzustellen, so durchgeführt werden können, daß man nur zylinderförmige Proben belastet. Es ist klar, daß dieses Verfahren die Probenherstellung beträchtlich erleichtert und zudem zuläßt, daß Änderungen der Bedingungen an den Enden (Herabsetzung der Reibung, vorbestimmte ungleichförmige Belastung) leichter vorgenommen werden können. Neuere Experimente in Südafrika lassen jedoch erkennen, daß Pfeilermodelluntersuchungen nützlich sein können auch zur Einschätzung des Schadens, der in der Firste und der Sohle über und unter einem Pfeiler auftritt und der in der Folge zum Bruch der Firste zwischen benachbarten Pfeilern führen kann.

Die angeführten Ergebnisse müssen als vorläufige Ergebnisse in dem Sinn betrachtet werden, als sie nur einfache Belastungsbedingungen, d. h. axiale Belastung und sehr geringe seitliche (Begrenzungs-) Spannungen (ca. 250 Pounds pro Quadratzoll (17,5 kg/cm^2) bei den Pfeilermodellprüfungen), die sich zudem mit steigender Axialbelastung kontinuierlich änderten, betreffen. Weitere Untersuchungen müssen durchgeführt werden unter konstanten und größeren seitlichen Spannungen und für umfassendere Belastungsbedingungen, um Parameter für das Verhalten jenseits des „failure"-Bereichs zu erhalten, die anwendbar sind auf die Planung von geneigten Abbausystemen und für Grubenbereiche in der Nähe von geologischen Störungen oder für mehrsöhligen Grubenbetrieb.

Schlußbetrachtung

Die Pfeilerstabilität ist als Wechselwirkung zwischen den Pfeilern und dem umgebenden Gebirge in einer Grube diskutiert worden. Ein Modell für eine Rechenanlage ist vorgeschlagen worden zur Berechnung dieser Wechselwirkung, und eine qualitative Aussage über das Verhalten von Grubenpfeilern ist aus Druckversuchen in einer starren Druckprüfmaschine erhalten worden.

Bevor diese Vorstellungen zu irgendeiner praktischen Anwendung kommen können, müssen reale Werte der Parameter für das Verhalten von Grube und Pfeiler aus Vergleichen der von der Rechenanlage erhaltenen Ergebnisse und Voraussagen (die von einem solchen Ausmaß sein müssen, daß sie untertage beobachtet werden können) mit Ergebnissen von Messungen in situ erhalten und somit die Gültigkeit dieser Behandlungsweise bewiesen werden. Das Rechnermodell kann als Leitfaden dienen, inwieweit Messungen bedeutsam sein können, während das Auftreten von plastisch verformten oder teilweise plastisch verformten Proben im Laboratorium bei der Interpretation des Zustandes von untertägigen Pfeilern behilflich sein kann.

Wenn das Rechnermodell einmal auf reale Bedingungen eingespielt ist, dann dürfte es von großem Nutzen sein beim Sammeln von ausreichenden nachgebildeten „Erfahrungen", um allgemeine Planungsprinzipien aufstellen zu können. Man kann die relativen Vorzüge von zwei oder mehreren vorgeschlagenen Grubenplänen, wie z. B. die eines gleichförmigen Systems von Pfeilern mit denen eines Systems von Bergfesten und nachgiebigen Pfeilern, vergleichen und den möglichen Einfluß einer besonderen geologischen Bedingung auf die Stabilität einer Grubenanlage angeben.

Die beschriebenen Experimente dieses Artikels sind ein Teil des Forschungsprogramms, das unter Zuschuß Nr. 1640-A2 des Petroleum Research Found der American Chemical Society durchgeführt wurde und dessen Unterstützung wir dankend anerkennen. Prof. C. Fairhurst war so freundlich und gab den Artikel im Namen der Verfasser heraus.

Literatur

[1] Salamon, M. D. G.: Eine Methode zur Planung des Kammerpfeilerbaus. J. South. Afr. Inst. Min. Met. **68** (1967) S. 68–79.

[2] Hackett, P.: Eine Elastizitätsuntersuchung von Gebirgsbewegungen, die durch den Abbau hervorgerufen wurden. Trans. Inst. Min. Engrs. **118** (1958/59) S. 421–435.

[3] Berry, D. S.: Der Erdboden als transvers isotropes Material. Int. J. Rock Mech. Min. Sci. **1** (1964) S. 159–167.

[4] Salamon, M. D. G.: Zweidimensionale Behandlung von Problemen, die sich aus dem Abbau von tafelförmigen Lagerstätten im isotropen oder transvers isotropen Gebirge ergeben. Int. J. Rock Mech. Min. Sci. **5** (1968) T. 2, S. 159–185.

[5] Salamon, M. D. G.: Eine Elastizitätsuntersuchung von Verformungen und Spannungen, die durch den Abbau von flöz- oder gangförmigen Lagerstätten induziert werden. Teil I und Teil II. J. South. Afr. Inst. Min. Met. **64** (1964), S. 128–149, 197–218.

[6] Starfield, A. M., und Fairhurst, C.: Wie schnelle Rechenanlagen die Planung von praktischen Grubenpfeilersystemen fördern. Enging: Mining J. (Mai 1968) S. 78–84.

Zur Bekämpfung von Gebirgsschlägen bei dem Auffahren bergmännischer Hohlräume im Granit

von K. Thoma, P. Knoll, W. Menzel, Leipzig; H. Milde, Karl-Marx-Stadt und G. Lorenz, Aue

Im April 1967 trat beim Abteufen eines Blindschachtes im sächsischen Erzbergbau ein plötzlicher Bruch an der freigelegten Kontur auf, der von heftigen Erschütterungen des Gebirges, Zerstörungen des endgültigen Ausbaues und Abschleudern von Gesteinsschalen begleitet war.

Die Sohle des Schachtes befand sich zu diesem Zeitpunk in einer absoluten Teufe von ungefähr 1700 m. Das anstehende Gestein bestand aus mittelkörnig ausgebildetem, teilweise porphyrischem Granit, der durch unregelmäßig angeordnete Aplit-Gänge und Quarzgänge durchsetzt ist.

Der Blindschacht ist als Rundschacht mit einem lichten Durchmesser von 7 m abgeteuft worden. Der Ausbau erfolgte in 2,5 m langen Sätzen aus monolithischem Beton, der mittels Gleitverschalung eingebracht wird. Die Wandstärke des Ausbaues beträgt im Durchschnitt 0,6 m.

Zum Zeitpunkt des Auftretens des plötzlichen Bruches ist das vor ungefähr 72 Stunden hereingesprengte Haufwerk abgefördert worden. Nach dem Bruch befanden sich auf der Schachtsohle Gesteinsmassen, die aus dem Stoß des Schachtes herausgeschleudert worden waren, wobei der vorläufige Ausbau, am Gebirge mittels Ankerausbau befestigtes Baustahlgewebe, stark deformiert wurde. Der bereits eingebrachte, endgültige Ausbau ist auf einer Länge von 15 m durch mehr oder weniger vertikale Risse zerstört worden (Bild 1). Die Gesteinsausbruchsstelle wird im SW durch eine das Schachtprofil tangierende Kluft begrenzt, die schon vor dem Bruch freigelegt war. Diese Kluft, die offensichtlich einem der drei dem Granit eigenen Kluftsysteme angehört, wird von einem rechtwinklig angeordneten Kluftsystem durchsetzt. In diesem System konnte eine ausgeprägte, beiderseits mit starkem Harnisch belegte Kluft nachgewiesen werden, in deren Umgebung der anstehende Granit, am Kontakt zu der zuerst beschriebenen Kluft, stark zersplittert war.

Auf Grund der aufgetretenen Erscheinungen und des Befundes an der Bruchstelle mußte auf einen stattgefundenen Gebirgsschlag geschlossen werden. Ein Gebirgsschlag wird als plötzlicher Bruch hochelastischer Gesteine definiert. Dabei wird ein Teil der im Gestein gespeicherten Energie zur Schaffung neuer Oberflächen verbraucht. Der übrige Teil der gespeicherten Energie, das ist das Spezifische des Gebirgsschlages, wird in kinetische Energie abgeschleuderter Gesteinsteile und in Schwingungsenergie umgewandelt. Letztere verursacht die bei diesen Vorgängen immer auftretenden Erschütterungen des Gebirges und die als starker Knall wahrzunehmenden Stoßwellen in der Luft.

Es mußte damit gerechnet werden, daß bei den folgenden horizontalen und vertikalen bergmännischen Auffahrungen unter ähnlichen Bedingungen mit weiteren Gebirgsschlägen zu rechnen ist. Zur Prognose und Bekämpfung dieses äußerst komplizierten gebirgsmechanischen Vorganges waren wissenschaftliche Untersuchungen sowohl im Labor als auch in situ unumgänglich.

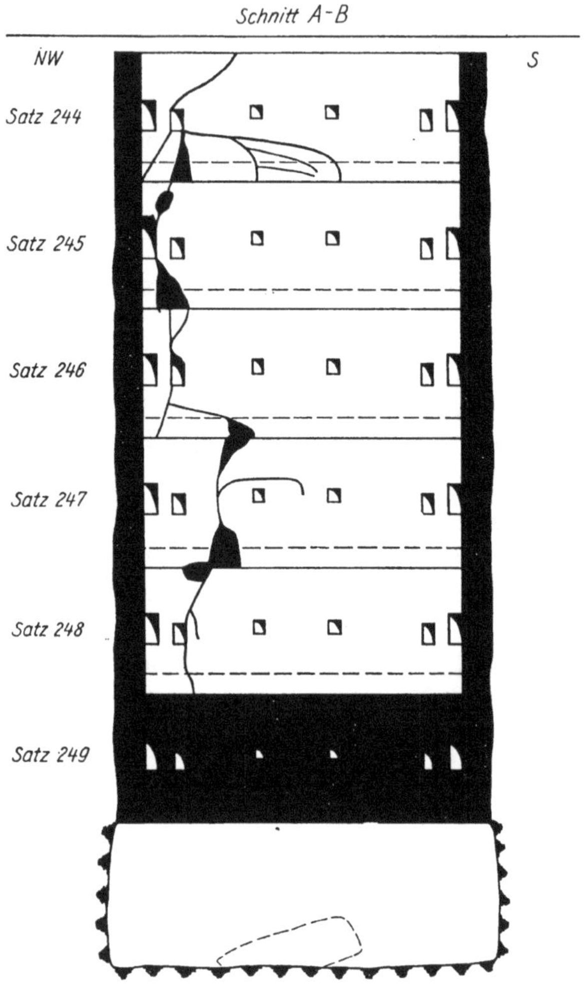

Bild 1. Zerstörung im Betonausbau des Blindschachtes

Untersuchung der Gesteinseigenschaften

Eine wichtige Kenngröße zur Einordnung des Gesteins ist die Bestimmung des Festigkeitsverhaltens bei einachsiger Beanspruchung. Zur Realisierung des einachsigen Belastungszustandes muß der Probenkörper in seiner Geometrie bestimmten Forderungen nachkommen. Das Verhältnis von Probendurchmesser und Probenhöhe (das sogenannte Schlankheitsmaß) ist abhängig vom Winkel der inneren Reibung. Da diese Größe vor den Untersuchungen nicht bekannt war, wurde die Festigkeit an Probenkörpern unterschiedlicher Schlankheitsgrade bestimmt. Dabei wird vorausgesetzt, daß die einachsige Beanspruchung dann gegeben ist, wenn eine Erhöhung des Schlankheitsgrades nicht mehr zu einer Abnahme der Festigkeit führt. Die Proben waren Zylinder mit dem Durchmesser 42 mm, die aus Bohrkernen hergestellt wurden; die Bohrkerne wurden aus Haufwerksbrocken gewonnen. Die Druckfestigkeit wurde für die Schlankheitsgrade 1, 2, 3 und 4, die Zugfestigkeit für den Schlankheitsgrad 2 bestimmt. Die Verformung der Proben bei der Belastung ist mit einem elektronischen Verformungsmeßgerät bestimmt worden. Die Belastungsgeschwindigkeit betrug 10 $kp/cm^2 \cdot s$. Die gemessenen Festigkeitswerte und die dazugehörigen mittleren Fehler sind in Tab. 1 angegeben. Aus der Tabelle ist zu entnehmen, daß die Bestimmung der einachsigen Druckfestigkeit bei dem vorliegenden Material mindestens bei einem Schlankheitsgrad von $\lambda = 3$ durchgeführt werden sollte.

Tabelle 1. Festigkeitswerte des untersuchten Granits

Beanspruchung	Schlankheitsgrad λ	Bruchspannung kp/cm²	Streuung kp/cm²	Variabilit. Koeffizient %
Druck	1	2475	± 209	8,4
Druck	2	1831	± 233	12,7
Druck	3	1795	± 264	14,7
Druck	4	1739	± 175	10,1
Zug	2	51	± 15,3	29,8

Zur Bestimmung der Ausgangswerte für die Konstruktion der MOHRschen Hauptspannungskreise sind Triaxialversuche nach dem KÁRMÁN-Prinzip, und zwar an Probenkörpern der Abmessungen 30 × 90 bzw. 25 × 75 mm durchgeführt worden. Das Ergebnis der Triaxialversuche ist in Tab. 2 zusammengestellt.

Tabelle 2. Ergebnisse von Triaxialversuchen

Manteldruck σ_3 [kp/cm²]	Vertikaldruck σ_1 [kp/cm²]	Streuung von σ_1 [kp/cm²]	Variabil. Koeff. von σ_1 [%] $v\,\sigma_1$	$\frac{\sigma_1 - \sigma_3}{2}$	$\frac{\sigma_1 + \sigma_3}{2}$
−51	0	—	—	25	−25
0	1739	± 175	10,1	870	870
50	2121	± 322	15,2	1036	1086
100	2569	± 299	11,6	1235	1335
150	2892	± 318	11,0	1371	1521
200	3328	± 407	12,2	1564	1764
250	3811	± 269	7,1	1781	2031

Die bei den Laboruntersuchungen ermittelten statischen und dynamischen Kennziffern sind durch dynamische Kennziffern ergänzt worden, die mit hammerschlagseismischen Methoden in dem Gebiet bestimmt wurden, aus dem das Gesteinsmaterial entnommen worden ist (Tab. 3).

Tabelle 3. Statische und dynamische Kennziffern des untersuchten Granits

	Laborwerte		Werte in situ gemessen
	statisch	dynamisch	dynamisch
POISSONsche Konstante	—	0,280	0,315 – 0,333
Elastizitätsmodul [kp/cm²]	408 500	454 100	413 000 – 500 000
Longitudinalwellengeschwindigkeit [m/s]	—	4670	4650 – 5400

Die gute Übereinstimmung der Kennziffern erlaubt u. E. die Schlußfolgerung, alle im Labor ermittelten Werte auf das Gebirge zu übertragen. Um den Einfluß der Kriechverformungen auf das Zustandekommen von Gebirgsschlägen zu untersuchen, sind Granitprobenkörper längere Zeit einer konstanten Druckspannung ausgesetzt worden. 20 Probenkörper wurden bei unterschiedlichen Spannungen je 2 Stunden und 3 Proben mehrere hundert Stunden lang überprüft. Dabei stellte sich heraus, daß sich bei Belastungen bis zu 95% der Bruchfestigkeit die Kriechkurven durch logarithmische Kriechfunktionen beschreiben lassen. Derartige Kriechvorgänge führen erfahrungsgemäß nicht zum Bruch. Aus diesem Grunde ist in Bereichen außerhalb tektonischer Störungen bei konstanten Beanspruchungen ein infolge Gesteinskriechens verzögerter Gebirgsschlag unwahrscheinlich.

Spannungsanalyse

Die Analyse der Spannungsverteilung bezieht sich auf das kreisrunde Schachtprofil, wobei die Spannungen um kreisförmige Hohlräume bekannt sind, und auf ein genormtes Querschlagprofil, das bei horizontalen Auffahrungen angewendet wird. Die Bestimmung der Spannungsverteilung um das Querschlagprofil wird auf ein ebenes Problem der Elastizitätstheorie zurückgeführt, wobei praktisch der Einfluß der Grubenbauenden vernachlässigt wird. Die Grubenbaue werden als isolierte Einzelhohlräume betrachtet. Auf Grund des gegenwärtigen Erkenntnisstandes ist eine derartige Beschränkung notwendig. Die Lösung von ebenen Problemen der Elastizitätstheorie führt bei Abwesenheit von Trägheitskräften auf die Integration eines Differentialgleichungssystems, das aus den Gleichgewichtsdifferentialgleichungen und der Kompatibilitätsbedingung besteht. Werden die Spannungskomponenten durch die Airysche Spannungsfunktion ausgedrückt, dann werden die Gleichgewichtsbedingungen identisch erfüllt, und die Kompatibilitätsbedingung führt auf die Integration der biharmonischen Differentialgleichung

$$\Delta\Delta F = 0\,,$$

wobei

Δ — der Laplace-Operator,
F — die Airysche Spannungsfunktion sind.

Anstelle der Airyschen Spannungsfunktion kann man unter Ausnutzung funktionstheoretischer Methoden zwei komplexe Spannungsfunktionen einführen, deren Bestimmung unter Verwendung der sogenannten konformen Abbildung für die unendlich ausgedehnte Ebene mit beliebig begrenzten Öffnungen möglich ist. Die Randwerte der Verschiebungen und Spannungen, die sich aus den gesuchten Spannungsfunktionen ergeben, müssen der vorgegebenen Randgeometrie und Randbelastung entsprechen. Diese Forderung führt auf eine Integralgleichung, deren Lösung mit Hilfe der Theorie der Cauchyschen Integrale in einfachen Fällen zu geschlossenen, bei vielen komplizierten Aufgaben zu gut konvergierenden Näherungslösungen führt. Für die konforme Abbildung des in Frage kommenden Querschlagprofils wurde nach der Methode von Melentjev [1] näherungsweise die folgende Abbildungsfunktion verwendet:

$$Z = \omega(\zeta) = R\left[\zeta + \sum_{v=1}^{5} c_v \zeta^{-v}\right]$$

mit: $C_4 = -0{,}171269;$ $C_4 = 0{,}003891;$
$C_2 = 0{,}116810;$ $C_5 = 0{,}018161;$
$C_3 = -0{,}085240;$ $R = 1;$ $\zeta = \varrho\, e^{i\Theta}.$

Für die komplexe Spannungsfunktion erhält man nach Lösung der entsprechenden Funktionsgleichungen nach Mušelišvili [2] folgende angenäherte Reihendarstellung:

$$\varphi(\zeta) = 0{,}25\, p\, (1 + \lambda) + \sum_{i=1}^{5} b_i \zeta^{-i}\,,$$

$$\psi(\zeta) = -0{,}5\, P\, (1 - \lambda) - 0{,}25\, p\, (1 + \lambda) \left[\frac{1}{\zeta} + \frac{\omega(1/\zeta)}{\omega'(\zeta)} + d_0 \zeta^5 + d_1 \zeta^4 + d_2 \zeta^3 + d_3 \xi^2 + d_4 \zeta\right]$$
$$+ P\, [b_1 d_0 \zeta^3 + (b_1 d_1 + 2 b_2 d_0) \zeta^2 + (b_1 d_2 + 2 b_2 d_1 + 3 b_3 d_0) \zeta] - \frac{\omega(1/\zeta)}{\omega'(\zeta)} \varphi_0'(\zeta)\,,$$

wobei: $b_1 = P\,(0{,}497285 - 0{,}442002\,\lambda);$ $b_5 = -P\,(1 + \lambda) \cdot 0{,}004540;$
$b_2 = -P\,(0{,}029222 + 0{,}032936\,\lambda);$ $d_0 = -0{,}018161;$
$b_3 = P\,(0{,}031122 + 0{,}014420\,\lambda);$ $d_1 = -0{,}003891$
$b_4 = -P\,(1 + \lambda) \cdot 0{,}000973;$ $d_2 = 0{,}088350;$
$d_3 = -0{,}120387$
$d_4 = 0{,}159872.$

Aus den Spannungsfunktionen erhält man die einzelnen Spannungskomponenten in Richtung der Koordinatenlinien $\varrho = \text{const}$ und $\Theta = \text{const}$

$$\sigma_\Theta + \sigma_\varrho = 2\,[\Phi(\zeta) + \bar{\Phi}(\zeta)]$$

aus folgenden Beziehungen:

$$\sigma_\Theta - \sigma_\varrho + 2\,i\,\tau_{\varrho\Theta} = \frac{2\,\zeta^2}{\varrho^2\,\omega'(\zeta)}\,[\omega(\zeta)\,\Phi'(\zeta) + \omega'(\zeta)\,\Psi(\zeta)]\,.$$

Insbesondere erhält man am lastfreien Lochrand mit $\sigma_\varrho = 0$, $\varrho = 1$

$$\sigma_\Theta = 4\,Re\,[\Phi(\zeta)]\,,$$

mit

$$\Phi(\zeta) = \frac{\varphi'(\zeta)}{\omega'(\zeta)}\,; \qquad \Psi(\zeta) = \frac{\psi'(\zeta)}{\omega'(\zeta)}\,,$$

und für $\Theta = 0°$ und $180°$ (Symmetrieebene) ergibt sich bei beliebigem $\varrho > 1$ mit $\tau_{\varrho\,\Theta} = 0$

$$\sigma_\Theta = 2\,\Phi(\zeta) + \frac{\omega(\zeta)}{\omega'(\zeta)}\,\Phi(\zeta) + \Psi(\zeta)\,.$$

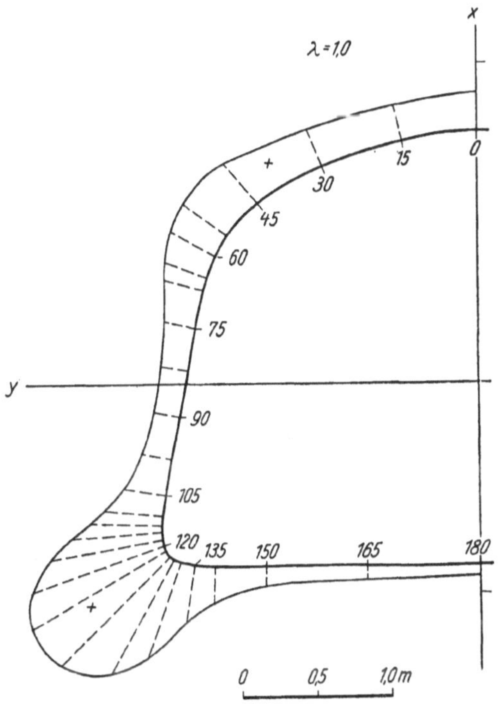

Bild 2. Spannungsverteilung um ein angegebenes Querschlagprofil

Wie aus den Formeln über die Spannungsfunktion ersichtlich wird, hängt die Spannungsverteilung um die Hohlraumkontur vom Grundspannungszustand, d. h. vom Verhältnis von Vertikal- zu Horizontaldruck λ, ab. Dieser Grundspannungszustand konnte bisher experimentell nicht gemessen werden. Deshalb ist man gezwungen, zur Beurteilung der zu erwartenden Spannungsverteilung makroskopische Beobachtungen und Erfahrungen aus anderen Bergbaurevieren heranzuziehen. Das Ergebnis der hierzu vorgenommenen Einschätzung rechtfertigt die Annahme, von einem hydrostatischen Grundspannungszustand ($\lambda = 1$) auszugehen. Bei der Annahme dieses Grundspannungszustandes erhält man beim Kreisprofil an der Kontur eine maximale Tangentialspannung von $2\,\gamma\,H$.

Die Spannungsverteilung für das Querschlagprofil ist in Bild 2 graphisch dargestellt.

Dabei wurde das Verhältnis σ_Θ/P, wobei $P = \gamma H$ ist, d. h. die jeweils wirkende relative Normalspannung, an der Hohlraumkontur als Vektor senkrecht auf ihre Wirkungsrichtung aufgetragen. Die Werte für die relativen Normalspannungen sind in Tab. 4 zusammengestellt. Zum Vergleich sind auch die Spannungsverteilungen für andere Grundspannungszustände mit angegeben.

Tabelle 4. Relative tangentiale Normalspannung an der Kontur des untersuchten Querschlagsprofils

Koordinate Θ in der ζ-Ebene	Koordinaten in der -Ebene X/R	Y/R	σ_Θ $\lambda = 0$	$\lambda = 0{,}5$	$\lambda = 1{,}0$	$\lambda = 1{,}5$
0	0,8824	0	−0,942	0,387	1,715	3,043
15	0,8480	0,2839	−0,699	0,474	1,646	2,818
30	0,7583	0,5573	−0,121	0,815	1,750	2,865
45	0,6294	0,7845	+1,041	1,675	2,310	2,943
55	0,5163	0,8925	2,052	2,262	2,473	2,683
60	0,4483	0,9324	2,313	2,298	2,285	2,270
65	0,3717	0,9643	2,353	2,171	1,989	1,807
67,5	0,3300	0,9779	2,318	2,077	1,837	1,596
75	0,1932	1,0115	2,143	1,802	1,462	1,121
82,5	0,0424	1,0359	2,021	1,639	1,257	0,875
90	−0,1129	1,0679	2,042	1,632	1,222	0,812
97,5	−0,2613	1,0963	2,272	1,828	1,384	0,940
105	−0,3914	1,1215	2,852	2,372	1,892	1,413
110	−0,4639	1,1325	3,586	3,116	2,647	2,178
112,5	−0,4952	1,1353	4,104	3,681	3,257	2,834
115	−0,5232	1,1356	4,717	4,404	4,090	3,777
117,5	−0,5469	1,1333	5,221	5,162	5,103	5,044
120	−0,5691	1,1278	5,692	5,991	6,290	6,590
122,5	−0,5866	1,1192	5,376	6,201	7,026	7,850
125	−0,6022	1,1070	4,218	5,530	6,842	8,153
127,5	−0,6144	1,0907	2,682	4,255	5,827	7,398
130	−0,6242	1,0706	1,361	2,963	4,566	6,168
135	−0,6372	1,0181	−0,025	1,281	2,663	4,043
140	−0,6436	0,9493	−0,628	0,525	1,670	2,817
150	−0,6455	0,7663	0,885	−0,002	0,882	1,765
165	−0,6418	0,4075	−0,943	−0,188	0,567	1,321
180	−0,6410	0	−0,994	−0,226	0,508	1,242

Bei sehr starken Temperaturunterschieden zwischen Gebirgsmassiv und Grubenwettern kann die ermittelte Spannungsverteilung durch Temperaturspannungen überprägt werden. Die durch die Wetter abgekühlten Teile des Gebirgsmassivs werden relativ zum unbeeinflußten Massiv ihr Volumen verringern. Dabei entstehen Temperaturspannungen, die ihrem Wesen nach Zugspannungen sein müssen. Zur Zeit ist es nur möglich, die Temperaturspannungen um einen kreisförmigen Hohlraum als ebene Aufgabe abzuschätzen.

Da die Temperaturspannungen im vorliegenden Fall von Druckspannungen überlagert sein werden, können sie an und für sich für die vorliegenden Verhältnisse nur eine entlastende Wirkung ausüben.

Bei Abweichung der Realkontur von der den analytischen Betrachtungen zugrunde gelegten glatten Idealkontur können örtlich Spannungsspitzen auftreten, die wesentlich höher sind als bei glatter Kontur. Die Spannungsverteilung bei willkürlich vorgegebenen Unregelmäßigkeiten an der Kontur des oberen Teils des Querschlages zeigt Bild 3.

Gerade diese Verhältnisse dürften Ursache für die häufig auftretenden, aber örtlich stark begrenzten Abplatzungen an der Kontur der Grubenhohlräume sein.

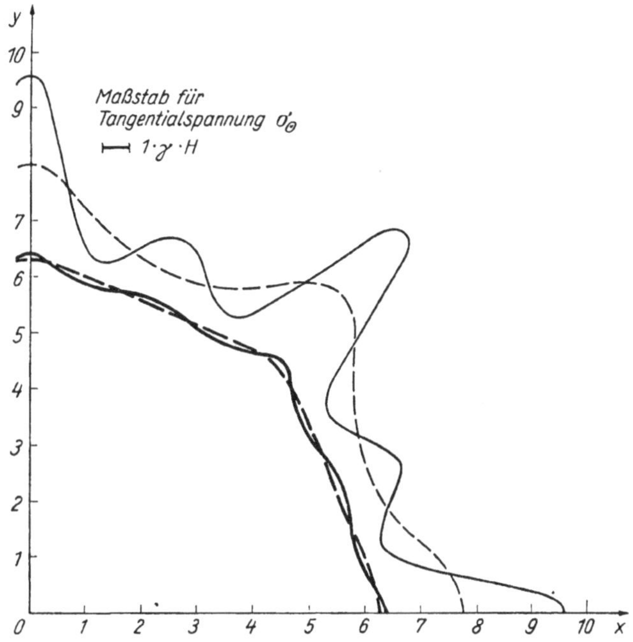

Bild 3. Spannungsverteilung um ein Profil bei glatter und unregelmäßiger Kontur

Bewertung der Standsicherheit bei den vorgegebenen Hohlraumprofilen

Den Betrachtungen über die Bewertung der Standsicherheit wird die MOHRsche Bruchhypothese zugrunde gelegt. Nach der MOHRschen Theorie treten ein Bruch oder ein Übergang in den plastischen Zustand dann ein, wenn die Schubspannung längs einer durch einen bestimmten Punkt gehenden Fläche dem Wert einer gewissen Funktion der Normalspannung gleichkommt, d. h. mathematisch ausgedrückt

$$\tau = f(\sigma) .$$

Die Bestimmung dieser Beziehung erfolgt durch die Konstruktion der Hüllkurve der MOHRschen Hauptspannungskreise, die einem den Bruch hervorrufenden Spannungszustand entsprechen. — Aus den Festigkeitsuntersuchungen ergibt sich das in Bild 4 dargestellte MOHRsche Diagramm.

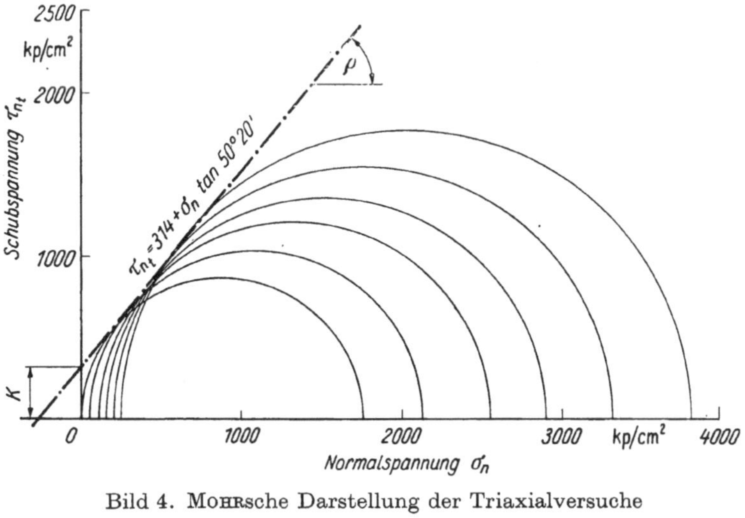

Bild 4. MOHRsche Darstellung der Triaxialversuche

Die Anwendung der MOHRschen Bruchhypothese für die Bewertung der Standfestigkeit erscheint gerechtfertigt, weil auch ein durchgeführter Vergleich der sich aus der modifizierten GRIFFITH-Theorie [3] ergebenden Bruchspannung mit der MOHRschen Hüllkurve eine gute Übereinstimmung gezeigt hat. Dabei ergab sich ein Riß-Reibungs-Koeffizient von $\mu_s = 1{,}33$ für das vorliegende Gestein.

Für die weiteren Untersuchungen wird die reale Hüllkurve der MOHRschen Kreise in den für die Standfestigkeitsbewertung interessierenden Bereich durch eine Gerade approximiert. Die Gleichung einer geradlinigen Hüllkurve kann in einem Koordinatensystem in folgender Weise geschrieben werden:

$$\tau_{n_t} = \sigma_n \tan \varrho + K .$$

Dabei wird K — Kohäsion und $\tan \varrho$ — Reibungsbeiwert bezeichnet.

Die Grenzgleichgewichtsbedingung entsprechend der geradlinigen Hüllkurve erhält — drückt man die Normal- und Schubspannung durch die einzelnen Spannungskomponenten aus — folgende Form [4]

$$(\sigma_\Theta - \sigma_\varrho)^2 + 4\,\tau_{\varrho\Theta}^2 \leqq \sin^2 \varrho\,(\sigma_\Theta + \sigma_\varrho + 2\,K \cot \varrho)^2 .$$

Für den untersuchten Granit ergeben sich aus Bild 4 für die weiteren Berechnungen für K und ϱ folgende Werte:

$$K = 314\ \text{kp/cm}^2 , \qquad \varrho = 50°20' .$$

An der Hohlraumkontur nimmt die Grenzgleichgewichtsbedingung mit $\sigma_\varrho = \tau_{\varrho\Theta} = 0$ folgende Form an:

$$\sigma_\Theta \leqq \frac{2\,K \cos \varrho}{1 - \sin \varrho} .$$

Ein relatives Spannungsmaximum im Firstbereich des Querschlagprofils tritt bei Θ ca. 55° auf. Für diese Zone wird die Standfestigkeitsbewertung durchgeführt. σ_Θ nimmt dort einen Wert von ungefähr $2{,}5\,\gamma\,H$ an. Die Spannungsmaxima in den unteren Ecken bleiben unberücksichtigt, weil sie bei der Auffahrung des Grubenbaues durch die Sprengtechnologie von vornherein weitgehendst entlastet werden.

Mit dem Wert des relativen Maximums von $\sigma_\Theta = 2{,}5\,\gamma\,H$ kann man eine Teufe bestimmen, bei welcher — unter Zugrundelegung der Mittelwerte der Gesteinsparameter — mit Brucherscheinungen im Firstbereich zu rechnen ist

$$H \leqq \frac{1}{2{,}5\,\gamma}\,\frac{2\,K \cos \varrho}{1 - \sin \varrho} .$$

Wenn Reibungswinkel und Kohäsion als konstante Größen aufgefaßt werden könnten, wäre die Standfestigkeitsbewertung damit abgeschlossen. Wie aber bekannt ist, sind solche Gesteinsparameter wie K und ϱ im Sinne der Wahrscheinlichkeitsrechnung Zufallsvariable, die in erster Näherung als normalverteilt angenommen werden können [5]. Folglich genügt die Feststellung nicht, daß die Ungleichung für diese Teufe von den Mittelwerten dieser Parameter erfüllt wird, sondern es muß überprüft werden, mit welcher Wahrscheinlichkeit diese Gleichung erfüllt wird, d. h. mit welcher Wahrscheinlichkeit das Einsetzen von Brüchen im Firstbereich zu erwarten ist. Die Berechnung der Bruchwahrscheinlichkeit erfolgt mit einschlägigen Methoden der Wahrscheinlichkeitsrechnung. Bei der ermittelten Variabilität der Gesteinsparameter ergibt sich die in Tab. 5 angegebene Bruchwahrscheinlichkeit in Abhängigkeit von der Teufe des Grubenbaues. Zwischen Bruchwahrscheinlichkeit und dem Sicherheitskoeffizienten besteht ein eindeutiger Zusammenhang.

Tabelle 5. Bruchwahrscheinlichkeit in der Firste des untersuchten Querschlagsprofils

Teufe H	Bruchwahrscheinlichkeit W
200	0,0002
400	0,0006
600	0,0015
800	0,0035
1000	0,0077
1200	0,0156
1400	0,0299
1600	0,0536
1800	0,0902
2000	0,1427
2200	0,2131
2400	0,3001
2600	0,4005
2800	0,5076
3000	0,6145
3500	0,8342
4000	0,9506

Das Entlastungsschießen als Präventivmaßnahme zur Beherrschung der Gebirgsschläge

Aus der ermittelten Wahrscheinlichkeit des Auftretens von Brüchen kann man, unter Berücksichtigung anderer Faktoren wie Bruchheftigkeit und Häufigkeit des Auftretens ausgeprägter tektonischer Elemente, eine kritische Teufe ableiten, ab der es nicht mehr möglich erscheint, die Brucherscheinungen allein durch geeignete Ausbauelemente zu beherrschen. Für diese Bereiche müssen Wege gefunden werden, die eine aktive Bekämpfung der Gebirgsschlaggefahr ermöglichen.

Aus den analytischen und Festigkeitsuntersuchungen geht hervor, daß die im Gestein akkumulierte Energie nicht durch Verformungen hinreichend wieder abgebaut wird. Deshalb gründen sich international mit Erfolg erprobte Verfahren zur aktiven Bekämpfung der Gebirgsschläge auf die künstliche Einleitung des Abbaues der Energie durch Verformungen der gefährdeten Bereiche. Die Verformung muß dabei vor dem Freilegen der jeweiligen Kontur des Grubenhohlraumes vonstatten gegangen sein. In anderen Bergbaudistrikten ist als Bekämpfungsmaßnahme gegen Gebirgsschläge das Stoßtränken und das Entlastungsschießen bereits angewandt worden. Im ersten Falle wird die Bewegung eines hinreichend geklüfteten Gesteinsmassivs durch die Verminderung der Reibung auf den Klüften verursacht. Im zweiten Falle werden bei einem vorwiegend kompakten Gebirge zusätzliche Trennflächen geschaffen und die Bewegung des Massiv auf diesen eingeleitet. Auf Grund der speziellen Verhältnisse erschien es zweckmäßig, das Entlastungsschießen als Präventivmaßnahme anzuwenden. Dazu war es notwendig, zunächst in einem weniger gefährdeten Bereich die Parameter zu bestimmen, die einen Erfolg dieser Präventivmaßnahme garantierten. Bei diesen Versuchen wurden die Anordnung der Bohrlöcher, die Sprengstoffmenge und -art variiert. Die Kontrolle über den erzielten Entlastungseffekt ist mit Hilfe seismischer Messungen vorgenommen worden. Dabei wurde der Einfluß der Klüftigkeit auf die Ausbreitungsgeschwindigkeit elastischer Wellen im Gebirge ausgenutzt. Der unterschiedliche Verlauf der gemessenen Longitudinalwellengeschwindigkeit in der Umgebung des Grubenhohlraumes in einem entlasteten und einem nichtentlasteten Abschnitt ist aus Bild 5 zu ersehen.

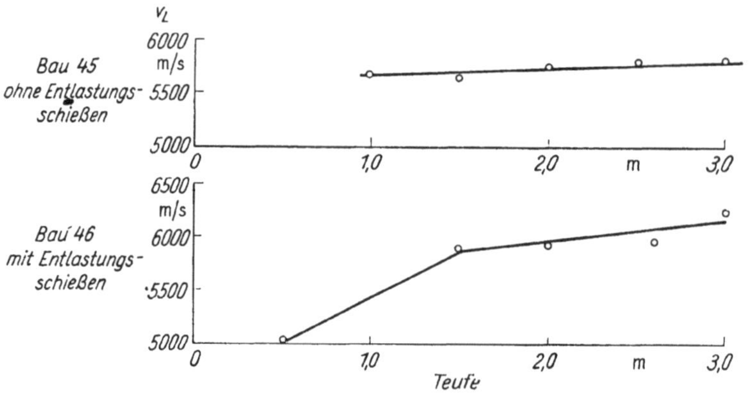

Bild 5. Longitudinalwellengeschwindigkeit in der Umgebung eines Querschlages

Außer den seismischen Untersuchungen sind die Bohrlöcher, in denen die Sprengladungen für den Entlastungsvorgang gezündet wurden, mit Hilfe von Bohrlochbeobachtungsgeräten — einem Strataskop der Firma VEB Medizinischer Gerätebau Berlin und einer am IfG entwickelten Bohrlochkamera — auf die Wirksamkeit der Sprengung hin untersucht worden. Es konnte dabei festgestellt werden, daß die Bohrlöcher nach dem Sprengen von einer Trennfläche durchsetzt sind, die vom Bohrlochmund bis ins Bohrlochtiefste zu verfolgen ist und die bis etwa 50 cm von der Bohrlochachse nach beiden Seiten in das Massiv hineinreicht. Im hochbeanspruchten Bereich der Firste sind die Bohrlöcher nach dem Entlastungssprengen mehr oder weniger stark defomiert und die durch die Trennfläche gebildeten Bohrlochhälften auf dieser gegeneinander verschoben (Bild 6). Es konnte nachgewiesen werden, daß der gewollte Effekt auch tatsächlich eintrat. Die Intensität der stattgefundenen Entlastung der Firste ist aus Bild 7 zu ersehen.

Im Ergebnis der Untersuchungen ist festgestellt worden, daß durch das Entlastungsschießen um den Grubenhohlraum eine diesem vorauseilende Zone im Gesteinsverband erzeugt wird, in der zusätzliche Trennflächen geschaffen werden und in der Bewegungen künstlich ausgelöst werden. Durch diesen Vorgang wird die im Gestein gespeicherte elastische Energie teilweise abgebaut und der Bereich erhöhter Spannungen in das Massiv verschoben. Dadurch entsteht um den Grubenhohlraum gewissermaßen eine Schutzhülle. Auf Grund internationa-

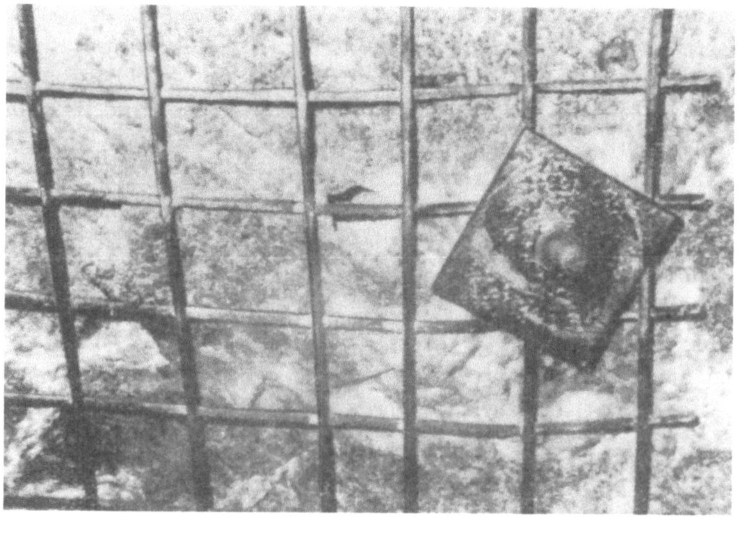

Bild 6. Bohrlochmund nach dem Entlastungssprengen

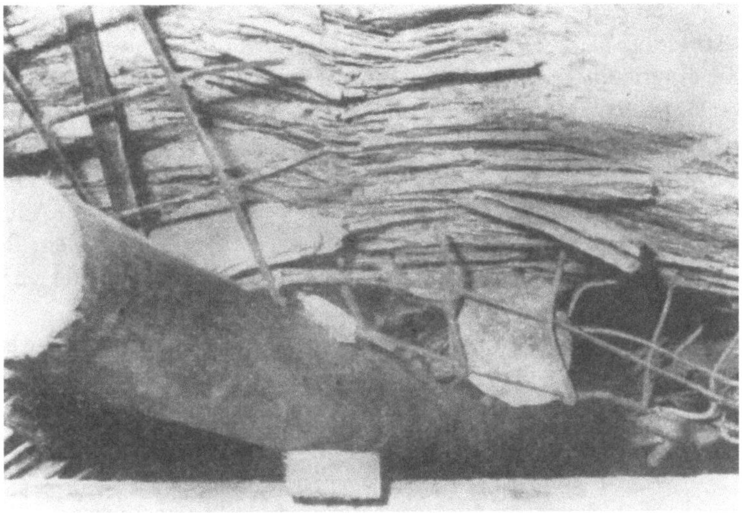

Bild 7. Entlastungserscheinungen in der Firste

ler Erfahrungen soll diese Schutzhülle ca. 2 m betragen. Unter Berücksichtigung dieses Umstandes und im Ergebnis der durchgeführten Untersuchungen zum Entlastungsschießen ist als vorläufige Technologie für das Entlastungsschießen empfohlen worden, die Löcher für das Entlastungssprengen an der Kontur im Bereich der Ortsbrust so anzusetzen, daß zwischen ihnen an den Ansatzpunkten ein Abstand von ca. 1 m besteht, daß die Löcher unter 45° zur Vortriebsrichtung fächerförmig nach außen mit einem Durchmesser von 40 mm gebohrt werden, daß sie zu 70% ihrer Länge mit einem hochbrisanten Sprengstoff geladen und momentan

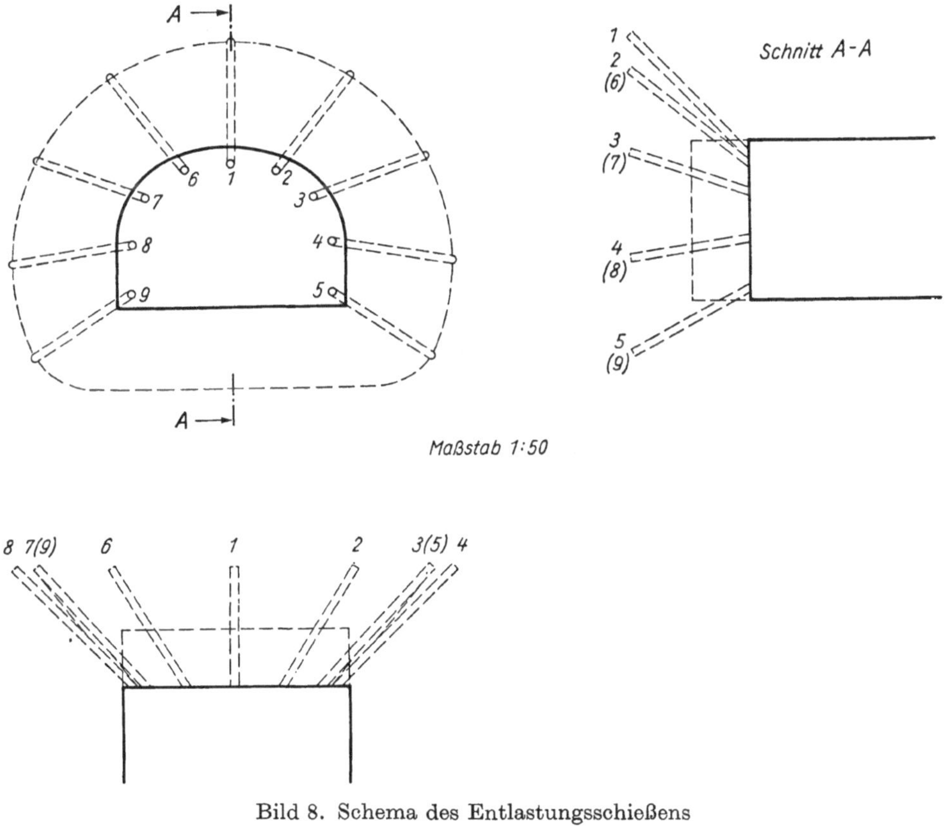

Bild 8. Schema des Entlastungsschießens

vor dem Abtun der Sprenglöcher für den Vortrieb gezündet werden. Die Abschlagtiefe des Vortriebes muß dabei auf ca. 1,3 ... 1,5 m beschränkt werden. Ein Schema der Anordnung der Bohrlöcher für ein idealisiertes Querschlagprofil zeigt Bild 8. Mit diesen Parametern sind in einem gebirgsschlaggefährdeten Bereich, bei dem auf Grund der vorangegangenen Untersuchungen und der bereits stattgefundenen Vorkommnisse die Notwendigkeit bestand, Präventivmaßnahmen anzuwenden, ca. 150 m Strecke aufgefahren worden. Dabei konnte das Gebirge durch das Entlastungsschießen und eine vom Betrieb entwickelte Ausbautechnologie, die das Entlastungsschießen ausgezeichnet ergänzte, so beherrscht werden, daß es zu keinen nennenswerten Störungen bei der Auffahrung und Beeinträchtigung der Sicherheit der bei der Auffahrung Beschäftigten gekommen ist.

Bei der genannten Auffahrung in einer überkritischen Teufe haben die wissenschaftlichen Untersuchungen erfolgreich ihre erste Bewährungsprobe bestanden.

Schlußfolgerungen

Mit diesen Untersuchungen wurde in relativ kurzer Zeit ein entscheidendes Problem des Bergbaues in gebirgsschlaggefährdeten Teufen einer Teillösung zugeführt. Ausschlaggebend für die erfolgreiche Bearbeitung der Problematik war die beispielhafte Zusammenarbeit mit der Industriezweigleitung, der Leitung des betreffenden Bergbaubetriebes und der mit der Durchführung der bergmännischen Arbeiten beauftragten Brigade Naumann.

Selbstverständlich sind durch die bisherigen Untersuchungsarbeiten noch nicht alle Fragen des äußerst komplizierten Problems der Gebirgsmechanik gelöst worden. In der nächsten Zeit geht es vor allem darum, durch genaue Bestimmung der Gesteinseigenschaften und anderer Untersuchungen den Bereich, in dem es notwendig ist, Präventivmaßnahmen anzuwenden, exakter einzugrenzen. Das Entlastungsschießen ist in Verbindung mit einer geeigneten Ausbautechnologie zu einem ausgereiften Verfahren zu entwickeln, das auch ökonomischen Betrachtungen standhält. Dabei muß selbstverständlich die Sicherheit der Werktätigen gewährleistet bleiben.

Literatur

[1] Kantorovitsch, L. W., und Krylov, W. I.: Näherungsmethoden der höheren Analysis. Deutscher Verlag der Wissenschaften, Berlin 1956.
[2] Muŝeliŝvili, N. I.: Einige grundlegende Aufgaben der mathematischen Elastizitätstheorie. Verlag Nauka, Moskau 1966.
[3] Walsh, I. B., und Brace, W. F.: A Fracture Criterion for Brittle Anisotropic Rock. J. Geophysical Res. 69 (1964) No. 16.
[4] Ruppenejt, K. V.: Einige Fragen der Gebirgsmechanik. Ugletechizdat, Moskau 1954.
[5] Menzel, W.: Der Spannungszustand im unmittelbaren Hangenden beim Langkammerbau. Freiberger Forschungsheft A 445 (1968).

Der Einfluß von Klüftung und Schichtung auf die Trompeter-Wiesmannsche Zone

von L. Müller, Salzburg

Zusammenfassung

Die Trompeter-Wiesmannsche Zone folgt in ihrer Ausformung der Grenze zwischen den Zonen elastischen und fließenden — gewöhnlich als plastisch angesprochenen — Gebirgsverhaltens. Die gängigen analytischen Darstellungen dieses Verlaufes gelten für das isotrope Kontinuum. Im anisotropen Diskontinuum wirkt sich jedoch der Umstand, daß die Fließgrenze in gewissen gefügebedingten Richtungen erhebliche Abminderungen erfährt, aus. Berücksichtigt man diese Abminderungen, wie sie sich z. B. aus dem gelegentlich der Forschungen Neumühl entwickelten Widerstandsziffer-Verfahren von Müller und Pacher ergeben und durch statistische Versuche an ein- und zweischarigen Modellversuchen bestätigt wurden, so werden auch für den Heimschen Spannungszustand (Seitendruckziffer $\lambda = 1$) zungenförmige Zonen besonders hoher Fließbereitschaft erhalten. Deren Richtungen hängen wesentlich von der Stellung der Gefügeflächen zur Stollenachse ab. Diese Zonen können sich bei primären Spannungszuständen mit $\lambda < 1$ den Kastnerschen „plastischen" Zonen überlagern oder sich zwischen sie einschieben und sie ausgleichen.

Stützzonen und Fließbereiche in der Umgebung kreiszylindrischer bergmännischer Hohlräume

Die Materialwanderungen und Lastumlagerungen, die sich beim (und nach dem) Auffahren eines unterirdischen Hohlraumes in dessen Umgebung vollziehen und im Begriff der Trompeterschen Zone oder Wiesmannschen Schutzhülle veranschaulicht wurden, sind durch die Ableitungen Schmids [1], Fenners [2] und Kastners [3] — zumindest für gewisse Bedingungen — analytisch darstellbar geworden. Diese Darstellungen sind mehrfach durch Modellversuche gestützt, seit einigen Jahren aber auch durch geophysikalische Messungen bestätigt worden, worauf vor einiger Zeit Rabcewicz [4] hingewiesen hat.

Beide Begriffe, der der Schutzhülle oder Trompeterschen Zone und der der „plastischen Zonen" nach Kastner und Fenner sind nicht identisch, aber miteinander verknüpft. Als plastische Zone wird jener mehr oder minder ringförmige Bereich angesprochen, innerhalb dessen die Grenzbedingung für das Fließen (bzw. „Bruchfließen") des Materials überschritten wurde, also im Diagramm des radialen Spannungsverlaufes (Bild 1) der Bereich zwischen der Hohlraumwandung und der Spitze der Tangentialspannung σ_t. Man könnte diese Zone nach dem Kastnerschen Kriterium überschrittener Scherfestigkeit wohl am besten als Scherzone bezeichnen, wenn dieser Ausdruck nicht schon in der geologischen Terminologie anderweitig festgelegt wäre. Meist wird sie „Plastische Zone" genannt; geomechanisch treffender wäre „Pseudoplastische" oder „Fließzone", da in ihr keineswegs immer plastisches Fließen stattfindet. Als Schutzhülle hingegen wird jene den Hohlraum gleichfalls ringförmig in einiger Entfernung umgebende Zone verstanden, innerhalb deren höhere Tangentialspannungen aufgenommen werden.

Form und Erstreckung der Fließzone

Diese eigentlich tragende Zone ist nach Kastner bei kreisrundem Stollenprofil für ein Seitendruck-Verhältnis $p_h/p_v = \lambda = 1{,}0$, also für den Heimschen Spannungszustand, ein

Kreisring, für λ-Werte zwischen 1,0 und 0,6 eine kreisringähnliche, den Hohlraum allerdings nicht mehr ganz umschließende Fläche (Bild 2).

Erst für kleine Seitendrücke von $p_h < 0{,}4\, p_v$ bildet die Kastnersche pseudoplastische Fließzone in den Durchmesserdiagonalen bei der 3., 9., 15. und 21. Stunde ohrenförmige Taschen (Bild 2), wodurch die Schutzhülle aufreißt, so daß ihr eigentlicher Charakter verloren geht. (Die Berechtigung, von einer eigentlich tragenden, die unmittelbare Stollenumgebung vor übergroßer Beanspruchung schützenden Hülle zu sprechen, resultiert ja doch wohl im wesentlichen daraus, daß sich diese Zone der höchsten Tangentialspannungen ringförmig schließt, in einem röhrenförmigen Bereich die Ausbildung einer Ringstützlinie ermöglicht.)

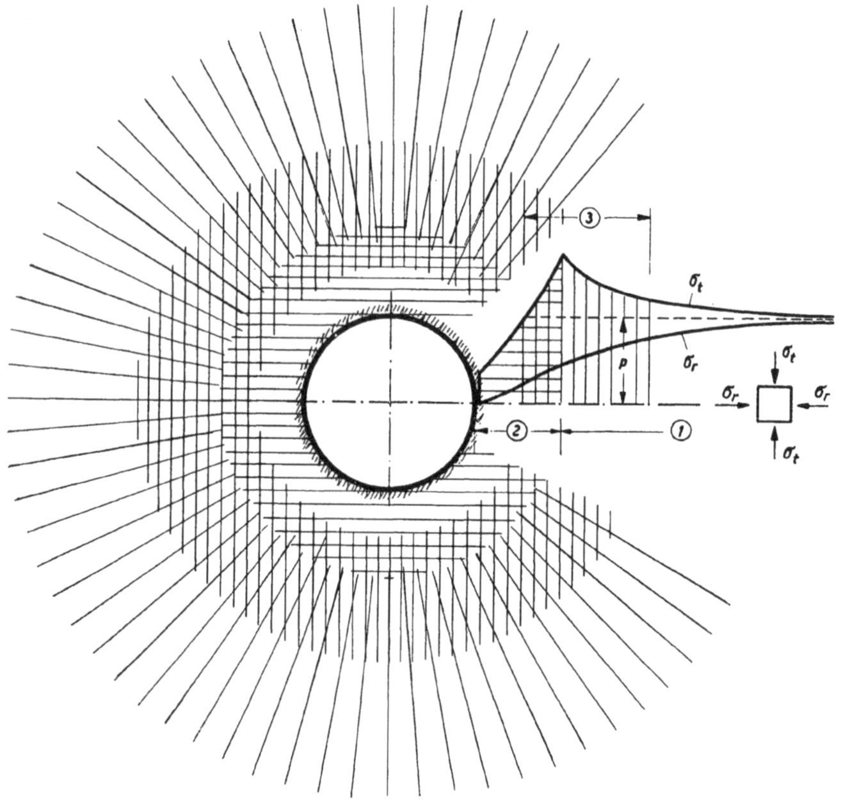

Bild 1. Spannungsverteilung und Schutzhülle in der Umgebung eines bergmännischen Hohlraumes
1 — Elastischer Bereich
2 — Zone des Materialfließens („Plastische Zone")
3 — Schutzhülle (senkrecht schraffiert)

Auch diese röhrenförmigen Ausbuchtungen der Fließzone (bzw. des Fließlinien-Feldes) sind durch Modellversuche (z. B. jene von Leon [5]) bestätigt. Dem steht aber gegenüber, daß die ohrenförmigen Scherzonen in Stollenvortrieben nur selten deutlich, viel häufiger gar nicht beobachtet worden sind, während andererseits die ringförmig geschlossene Schutzhülle den meisten Tunnelbauern als eine erlebte Realität gilt. Sehr deutlich wird diese etwa am negativen Beweis dort erkannt, wo man z. B. die Schutzhülle zerstört hat, wie es jüngst bei einer unangebrachten Anwendung der alten Kernbauweise geschehen ist (Bild 3); dort hat man den Fehler begangen, mehrere Stollen im Querschnitt so anzuordnen, daß ihre Schutzhüllen einander überschnitten, wodurch nicht nur zusätzliche Umlagerungen bereits ins Gleichgewicht gekommener Gesteinsbereiche provoziert, sondern auch das Gebirge doppelt hoch belastet worden ist, so daß sich mehrere unangenehmen Verbrüche ereigneten.

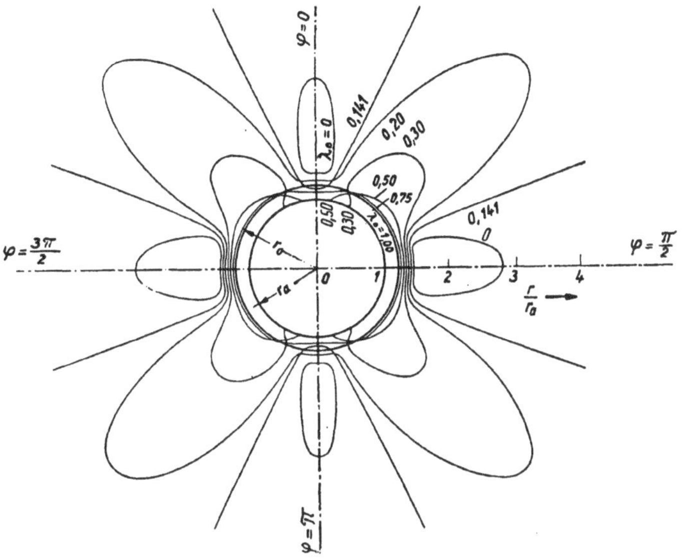

Bild 2. Ausformung der „Plastischen Zonen" nach KASTNER für einachsige Gebirgsdruckfestigkeit $\beta_D = 86{,}5$ b (bar), Winkel der MOHRschen Hülltangente $p_g = 30°$, lotrechter Gebirgsdruck $p_v = 150$ b, $\lambda = p_h/p_v$; $\lambda = 0$, 0,141, 0,2 0,3,, 0,5, 0,75 und 1,0

Auftreten und Ausbleiben der ohrenförmigen Scherzonen

Woran es nun liegen mag, daß die sich nach KASTNER ergebenden pseudoplastischen Diagonalzonen de facto weit seltener und die geschlossene Schutzhülle häufiger angetroffen wird als man nach den landläufigen Annahmen erwarten sollte, darüber hat sich noch keine schlüssige Meinung gebildet. Vielfach liegt es gewiß daran, daß schon in nicht sehr großen Teufen der HEIMsche Spannungszustand $p_h = p_v$ oder ein von diesem nicht erheblich abweichender herrscht.

Oft mag es an dem sein, daß dem Bergmann und Tunnelbauer nicht die Zonen selbst, sondern erst deren Auswirkungen beobachtbar werden: das Hereindrücken von Keilzonen an den Streckenstößen, wie es RABCEWICZ [6] schildert, oder von Firstkeilen, wie man es bei den

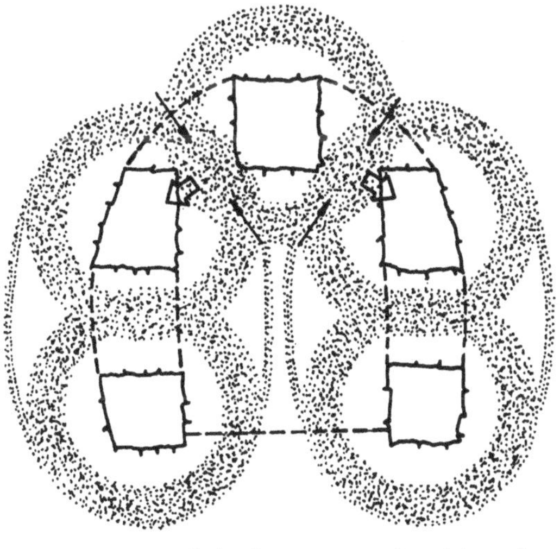

Bild 3. Überschneidung von Schutzzonen bei einer unangebrachten Anwendung der Kernbauweise; schädliche Zusatzbelastungen in den Überschneidungsbereichen und Ausquetschen von Verbrüchen

alten Tunnelbauweisen erlebte; auf diese Auswirkung kommen wir am Ende der Betrachtung noch zurück.

Sicherlich aber haben wir noch eine dritte mögliche Ursache zu dieser Problematik in Betracht zu ziehen, welche den Einfluß des Seitendruck-Verhältnisses überprägen und übertreffen kann: den Einfluß der Gebirgsanisotropie, welche vornehmlich durch das Flächengefüge geschaffen wird. Es lohnt sich, diesen Einfluß im gegebenen Zusammenhang einmal zu untersuchen.

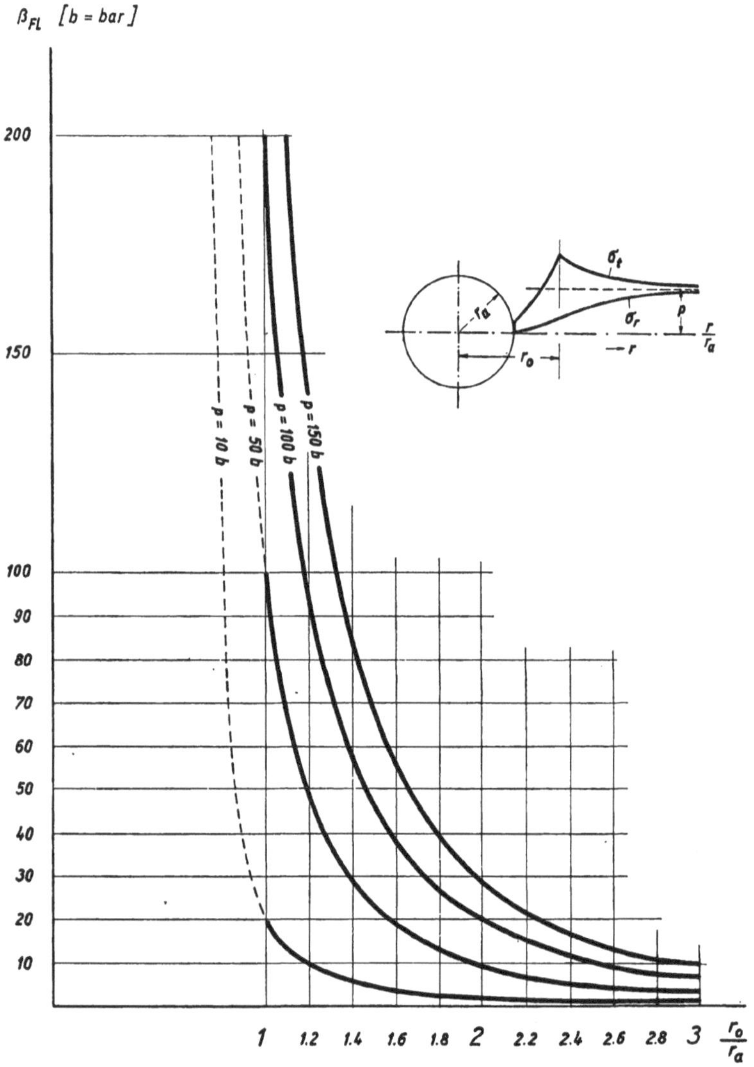

Bild 4. Radiale Erstreckung r_0 der „Plastischen Zone" nach KASTNER in Abhängigkeit von der Gebirgs-Fließgrenze β_{FL} und Primärer Gebirgslast p für $\lambda = 1$
(Im Zuge der gestrichelten Linien ist der elastische Bereich nicht überschritten.)

Die mechanische Anisotropie geklüfteter Medien

Die Deduktionen FENNERS und KASTNERS gelten ja zunächst für das isotrope Kontinuum. In diesem hängt der Radius der Fließzone ab: von der Felsfließgrenze β_{FL} (bei KASTNER angeschrieben als Funktion der einachsigen Druckfestigkeit β_D und des Winkels ϱ der als Gerade angenommenen Fließgrenzlinie im MOHRschen Diagramm), ferner von der größten Gebirgsbelastung p und dem Seitendruck-Verhältnis λ. Ein für $\lambda = 1$ gültiger Überblick im Diagramm des Bildes 4 zeigt, daß bei einigermaßen hoher Fließgrenze der Gebirgsmasse der Einfluß der

Gebirgslast auf den Schutzhüllenradius nicht sehr bedeutend ist, daß aber mit abnehmender Fließgrenze die Ausdehnung der Fließzone rasch zunimmt. Bei $\beta_{FL} = 10$ b (bar) hingegen bedeutet eine Erhöhung des primären Gebirgsdruckes p von 50 auf 150 b schon eine Vergrößerung der Fließzone von 1,94 r_a auf etwa 23,0 r_a. Bei einem Gebirgsdruck $p = 50$ b bringt ein Fließfestigkeits-Abfall von 100 b auf ein Drittel dieses Wertes eine Vergrößerung der Fließzone um 35% (von r_a auf 1,35 r_a), ein Abfall von 30 b auf ein Drittel jedoch bringt eine Vergrößerung um rd. 50% (von 1,38 r_a auf 1,95 r_a).

Im anisotropen Diskontinuum, in welchem die Fließgrenze keine richtungsunabhängige Konstante, sondern eine veränderliche Größe ist, spielen Festigkeits-Abminderungen dieser Größenordnung bei der Bildung einer Schutzzone schon eine bedeutende Rolle. Die theoretischen Untersuchungen über die Anisotropie klüftiger Medien, welche Müller und Pacher seinerzeit im Rahmen der Forschungsgemeinschaft Neumühl angestellt haben, sind in der Zwischenzeit durch zahlreiche Modellversuche von Müller und Pacher [7] sowie von Müller und Tess [8] an einscharig und zweischarig geklüfteten Medien, auch durch Donaths [9] Untersuchungen an Schiefern gut bestätigt worden. Diese haben gezeigt, daß die mechanische Anisotropie klüftiger Massen höher ist als die der Gesteine, welche diese Massen bilden.

Bezeichnet man als Anisotropiefaktor der Fließgrenze den Quotienten $a = \beta_{FL}/\beta_G$, also das Verhältnis der Fließgrenze der Felsmasse zu jener des Gesteines, so zeigte dieser in den Modellversuchen, über welche erst ein Teilbericht gegeben wurde, Werte zwischen 1,0 (Isotropie) und etwa 0,1 (hochgradige Anisotropie), je nachdem, unter welchem Anstellwinkel α die größere Hauptnormalspannung σ_3 zu den Kluftscharen gerichtet ist (Bild 5a). Insofern die Qualität des Beanspruchungszustandes, ausgedrückt durch das Verhältnis $n = \sigma_3 : \sigma_1 < 4$ ist, zeigt sich dieser Faktor vom Gefüge nur wenig beeinflußt; für Werte $n > 4$ jedoch ist der Gefügeeinfluß auf die Anisotropie höchst bedeutend; die Fließgrenze hängt dann empfindlich vom Anstellwinkel α ab. Bei hohem Durchtrennungsgrad bringt dieser Einfluß überdies eine allgemeine Festigkeitseinbuße, welche bei den gewählten Versuchsstoffen im Mittel 40 bis 70% der Materialfestigkeit betrug.

Im Zusammenhang mit unserer Fragestellung muß besonders die Abminderung der Fließgrenze in Abhängigkeit vom Anstellwinkel α interessieren, da ja die Ringstützkräfte in einer Schutzhülle auf allen Stunden des Stollenumfanges unter verschiedenen Winkeln auf die Gefügeflächen auftreffen, wie dies Bild 6 veranschaulicht.

Der Einfluß der Anisotropie auf Lage und Form der Fließzone

Angewendet auf die vorstehenden Betrachtungen über den Radius der Fließzone (bzw. „Plastischen" Zone) nach Kastner bedeutet eine in verschiedenen Beanspruchungsrichtungen unterschiedlich hohe Fließgrenze eine in der Richtung verschiedener Durchmesser erheblich variierende Erstreckung; selbst bei $\lambda = 1$ muß dann die Fließzone von der Kreisgestalt, die sie im Isotrop hat, erheblich abweichen. Diese Abweichung hängt nun beträchtlich vom Beanspruchungsverhältnis n, also von der Qualität des Spannungszustandes am jeweiligen Ort ab. Das kompliziert die Sache und macht zunächst eine genaue Ermittlung auf analytischem Wege unmöglich. Immerhin ist eine rohe Abschätzung der Beziehungen möglich, welche ja in Anbetracht der nie ganz regelmäßigen Gefügeverhältnisse genügt.

Wäre n im ganzen Fließfeld gleich groß, so ergäben sich z. B. für $\lambda = 1$ und die in der Abbildungsunterschrift genannten Bedingungen für den unverbauten Stollen und zwei einander unter 60° schneidende, auf der Bildebene etwa normal stehende Hauptkluftscharen vom Durchtrennungsgrad 1,0, für verschiedene n-Werte die in den Bildern 7a, 7b und 7c gezeigten Fließzonengrenzen, je nachdem die Symmetrale dieser Klüfte gegen die Vertikale 0°, 45° oder 90° geneigt ist. In gewissen Richtungen wird also Fließen nicht nur heftiger und tiefreichender, sondern auch früher eintreten. Für kleine n-Werte geht der Kreisring in eine

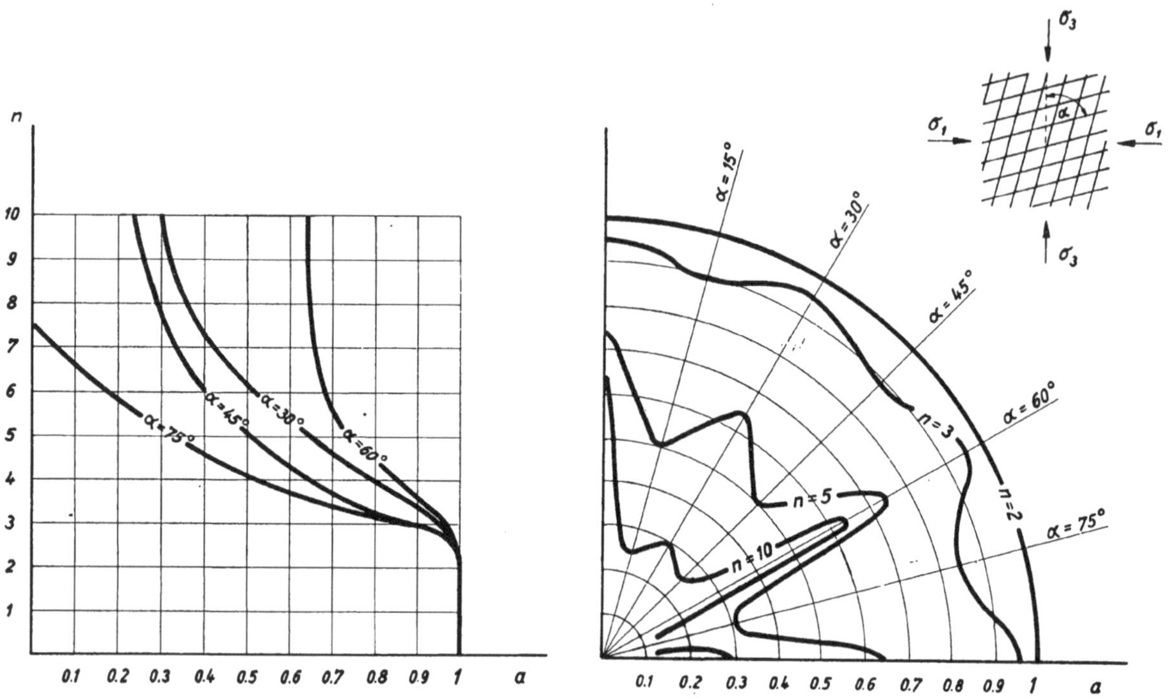

Bild 5 a—b. Abminderung der Fließgrenze β_{FL} eines zweischarig geklüfteten Mediums in Abhängigkeit von Belastungsrichtung α und Spannungsverhältnis $n = \sigma_3/\sigma_1$. Durchtrennungsgrad $\chi_e = 1$, a = Anisotropiefaktor der Fließgrenze (Modell-Versuch).

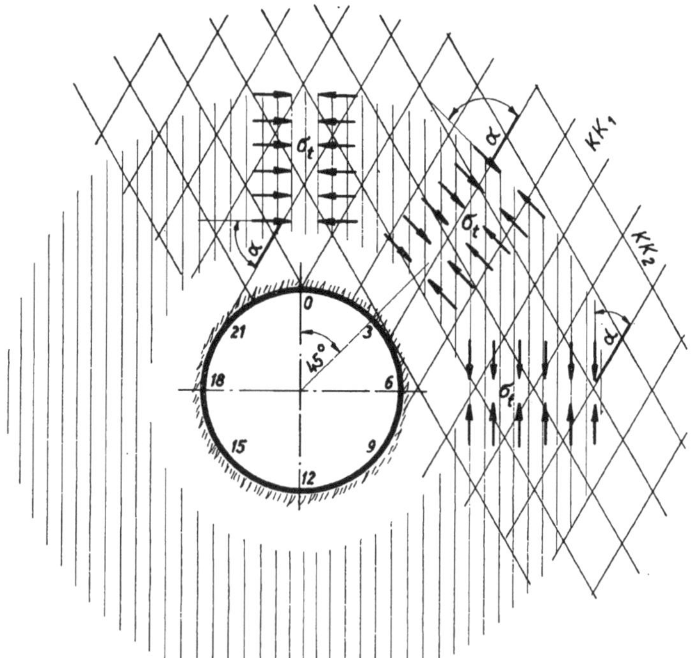

Bild 6. Anstellwinkel α zwischen Ringspannungen σ_t in der Schutzhülle und Gefügefläche $k\,k_1$ und $k\,k_2$

mehrfach gelappte Ringfläche über. Bei größeren n-Werten stellen sich zungenförmige Zonen besonders hoher Fließbereitschaft ein, nicht unähnlich denjenigen, welche sich nach KASTNER im Isotrop bei sehr kleinen λ-Werten ergeben; ihre Stundenrichtung ist aber nun nicht auf die 45°-Diagonalen beschränkt, sondern kann alle Drehlagen einnehmen. Für $\beta_{FL} < 5\,b$ wird der Einfluß der Kluftstellungen auf die Form der Fließzone noch deutlicher, selbst für kleine n-Werte.

Liegt nun ein primärer Spannungszustand vor, für welchen sich im Isotrop die KASTNERschen Ohrenzonen unter 45° zur Vertikalen einstellen sollten, so kann es je nach der Stellung des Kluftnetzes im Raume dazu kommen, daß die durch eine kleine Seitendruckziffer und die durch die Anisotropie bedingten Fließzonen-Zungen einander überdecken und verstärken bzw. verbreitern; oder es treten anstelle von 4 nun 8 solcher taschenförmiger Fließzonen auf; da diese z. T. einander übergreifen bzw. ineinander fließen werden, ergäbe sich diesfalls praktisch wieder eine mehr oder minder geschlossene ringflächenförmige Fließzone, aber diesmal eine solche ganz wesentlich vergrößerten Durchmessers.

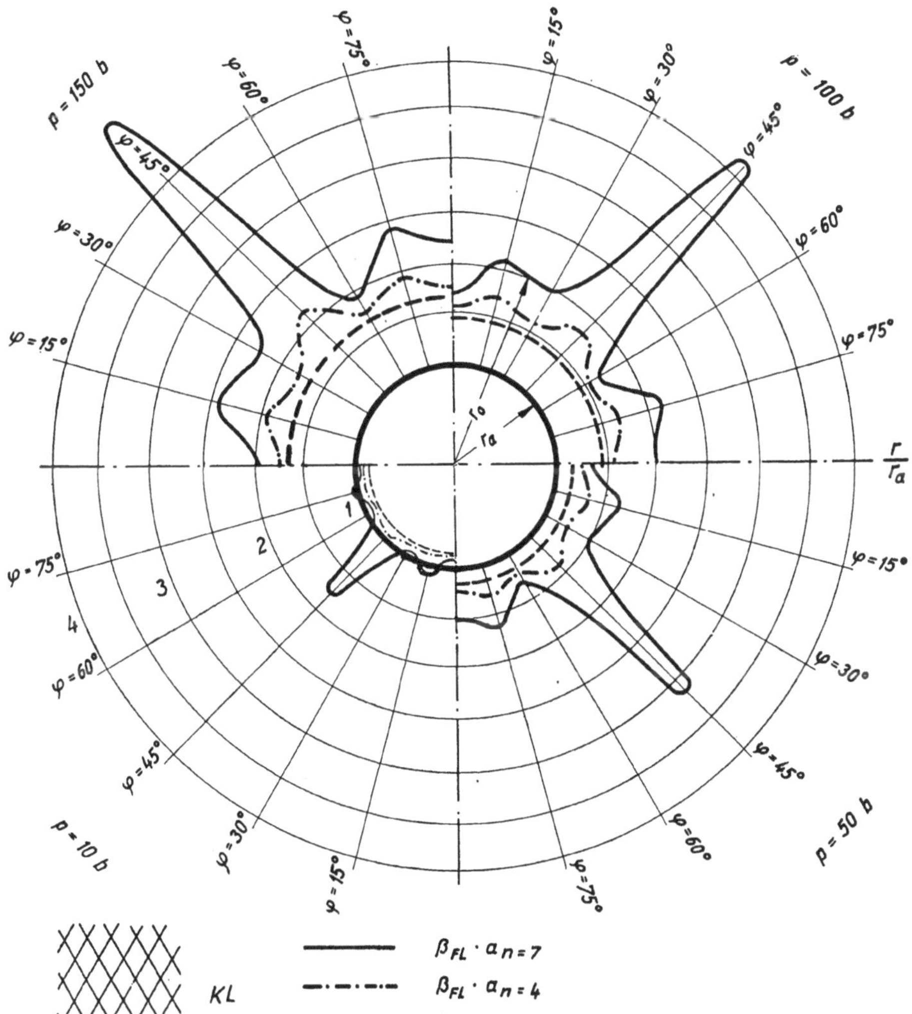

Abb. 7a

Beide Fälle können vielleicht eine Erklärung dafür geben, weshalb die KASTNERschen Ohrenzonen in der abgegrenzten Form, wie sie die Ableitung für das Isotrop ergibt, im Stollen so selten entdeckt werden.

Noch zu untersuchen ist die Frage, ob so große n-Werte auch nach großer Entfernung vom Hohlraum, wie sie etwa in den vorigen Abbildungen für $n = 7$ angegeben wird, wirklich auftreten können. Rein rechnerisch ergibt sich da zunächst ein Widerspruch, welcher für n-Werte über 4 zu einer Korrektur Anlaß zu geben scheint. In Entfernungen bis etwa $2\,r_a$ (gemessen vom Stollen-Mittelpunkt) ist, wie das durchgerechnete Beispiel des Bildes 8 illustriert, n tatsächlich sehr groß, am Ausbruchrand sogar ∞; unter der Spannungsspitze ist es bereits auf etwa 4 bis 5 abgesunken. Bei schwachem, fließfähigem Fels jedoch (Linie für $n = 7$) nimmt n mit zunehmender Entfernung bald auf Werte zwischen 2,5 und 3,5 ab. Verwendet man diese Werte zu einer Iteration, dann fällt die Grenze dieser Fließzonen von $4{,}2\,r_a$ auf etwa $2\,r_a$ zurück, so daß die langen Zungen zum Großteil verschwinden.

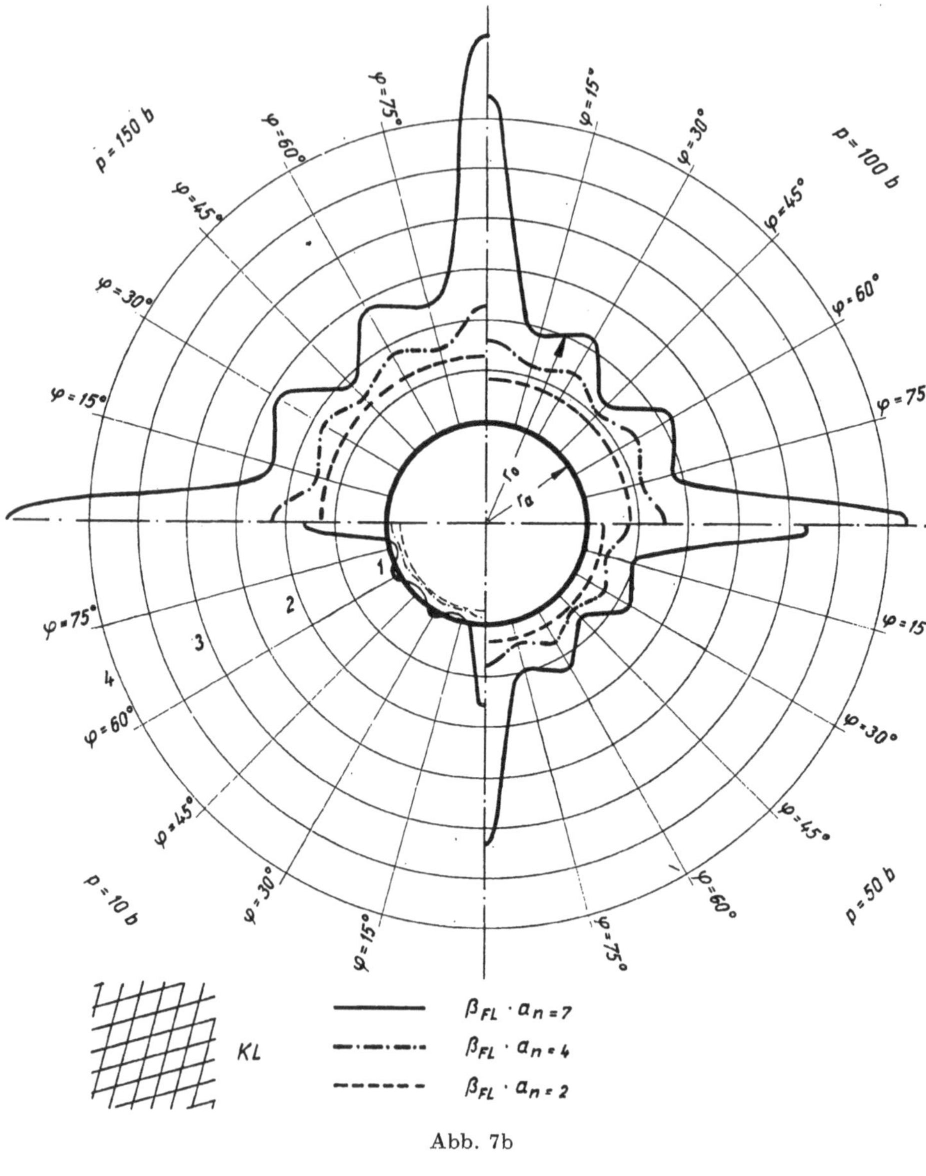

Abb. 7b

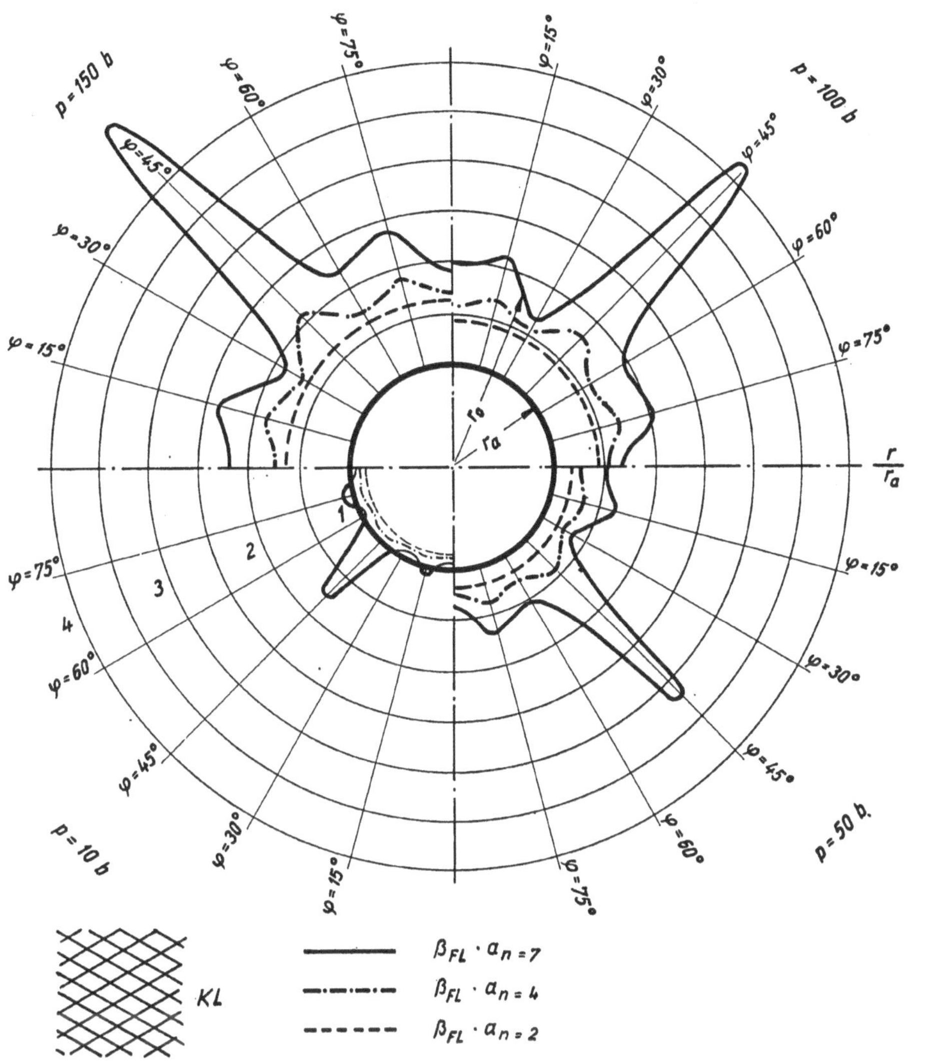

Abb. 7c

Bild 7 a—c. Fließzonen im Umkreis eines Rundstollens für verschiedene Stellungen KL des Kluftnetzes und für charakteristische Werte von p und n

$\chi_e = 1$, $\lambda = 1$, $\beta_{\mathrm{FL}} = 50$ b (bar), Anisotropiefaktor a gem. Abb. 5, Hülltangente $p_g = 35°$, Ausbauwiderstand $p_a = 0$

Nun kommt aber in einem solchen Fall noch ein weiterer Effekt hinzu: Ein so tief reichender Fließvorgang ist mit großer Formänderung, daher mit erheblicher Gefügelockerung und Entfestigung verbunden; Abschalungen treten ein. Da diese Erscheinungen einige Meter tief in das umgebende Gebirge hineinreichen, verlagert sich die σ r-Linie um ein beträchtliches nach dem Berginnern, weil der Aufbau größerer Radialspannungen erst weiter innen, nicht schon in der kontaktarmen aufgelockerten Zone erfolgen kann. Daher herrscht in der Nachbarschaft des Ausbruchs ein beinahe einachsiger Spannungszustand, so daß man wohl berechtigt ist, für die ganze Zone im Durchschnitt $n = 5$ bis 10 anzusetzen.

Nur wenn wir diese Radialauflockerung zu verhindern wissen, ihr rasch und wirksam entgegentreten, dann bleibt $n < 3{,}5$; dann reduzieren sich, wie die Abbildungen ausweisen, die Fließbereiche bedeutend; damit reduziert sich die Zone des Gebirgsfließens, die zungenförmigen Fließbereiche fallen weg, die Schutzhülle tritt wieder ohne räumliche Unterbrechungen in

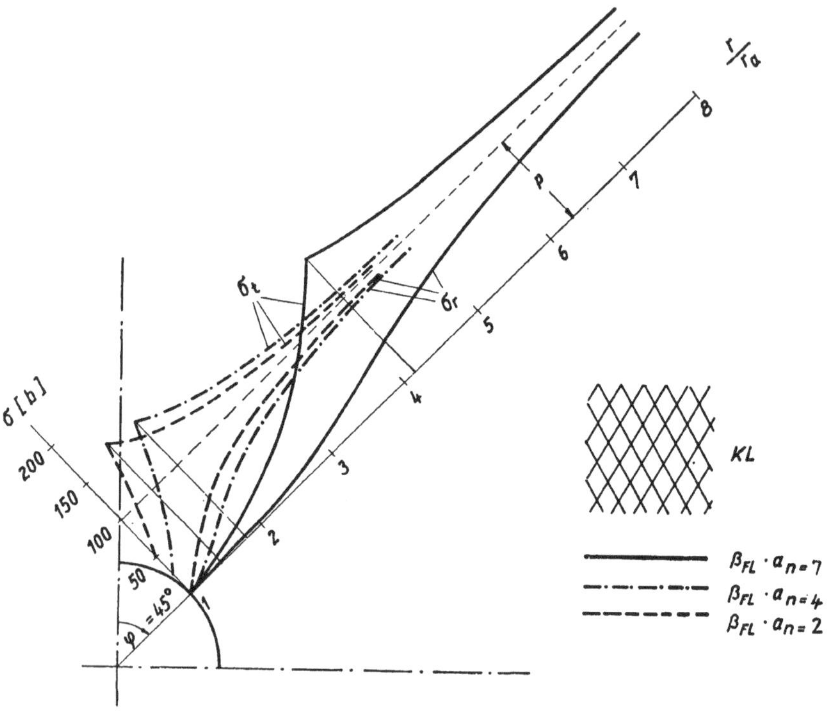

Bild 8. Verteilung der Tangential- und Radialspannungen σ_t und σ_z für die mit $n = 7$ bzw. 4 bzw. 2 gerechneten Anisotropie-Abminderungen der Fließgrenze β_{FL}, für $\varphi = 45°$, $p = 100$ b, $\beta_{FL} = 50$ b, $\lambda = 1$, $\chi_e = 1$ und $p_a = 0$

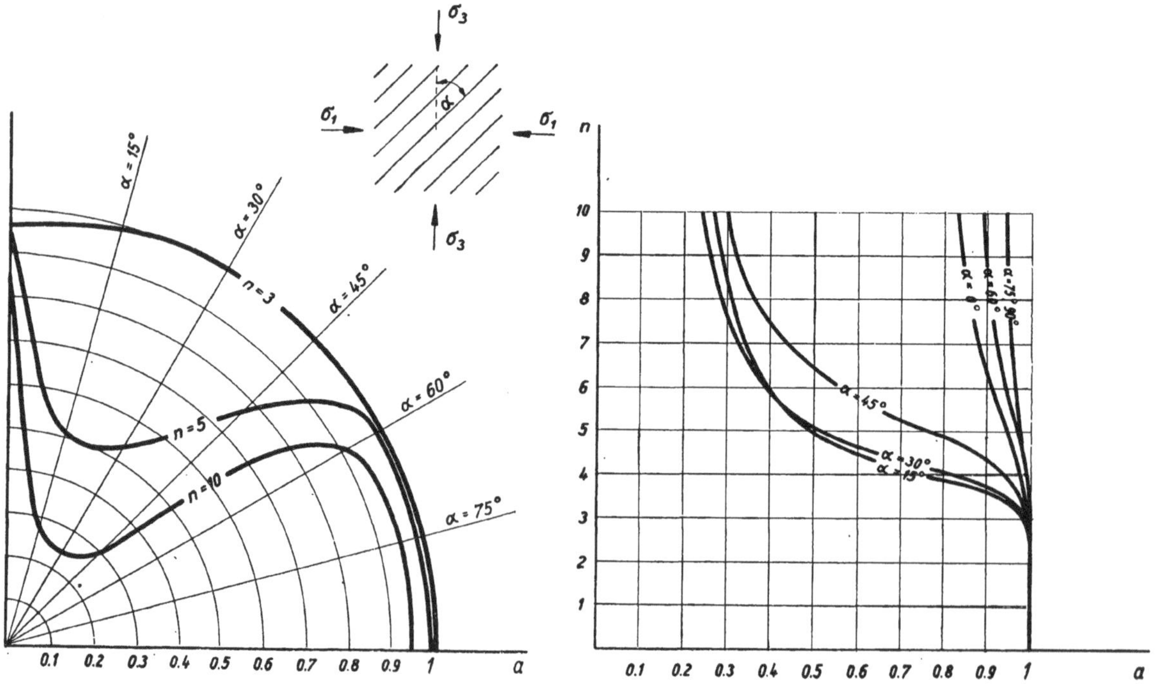

Bild 9 a—b. Abminderung der Fließgrenze β_{FL} eines einscharig geklüfteten Mediums in Abhängigkeit von Belastungsrichtung α und Spannungsverhältnis $n = \sigma_3/\sigma_1$. Durchtrennungsgrad $\chi_e = 1$, a = Anisotropiefaktor der Fließgrenze (Modell-Versuch)

Funktion und das Gebirge bewahrt seine volle druckabschirmende Wirkung. Eindringlich zeigt sich so der Vorteil einer raschen und nur wenig nachgiebigen Oberflächensicherung, wie sie z. B. die sogenannte Neue Österreichische Tunnelbauweise in der Form des Spritzbeton-Verbaues verwendet.

Die angezogenen Illustrations-Beispiele stützen sich auf Modelluntersuchungen an Massen mit zwei gleichwertigen, unter 60° zueinandergestellten Hauptkluftscharen. Häufig sind die beiden den Querschnitt maßgeblich kennzeichnenden Kluftscharen jedoch nicht gleichwertig, sondern eine von ihnen — z. B. eine Schichtfugen-Schar mit Durchtrennungsgrad 1 und geringer Flächenreibung — ist mechanisch wirksamer als die andere (wenn diese z. B. aus Kleinklüften höherer Rauhigkeit besteht). Dann nähern sich die Erscheinungen denjenigen der einscharigen Anisotropie. Die Bilder 9 a und b zeigen die anisotropiebedingten Festigkeitsabminderungen für einen solchen Fall. In den Bildern 10 a bis c sind die dadurch bedingten Formen der Fließzonen gleichfalls wieder für den Fall $\lambda = 1$ unter den gleichen mechanischen Bedingungen skizziert, welche für die Beispiele mit zweischariger Anisotropie galten. Die zugehörigen Spannungsverteilungen entlang radialer Halbstrahlen gibt Bild 11 wieder.

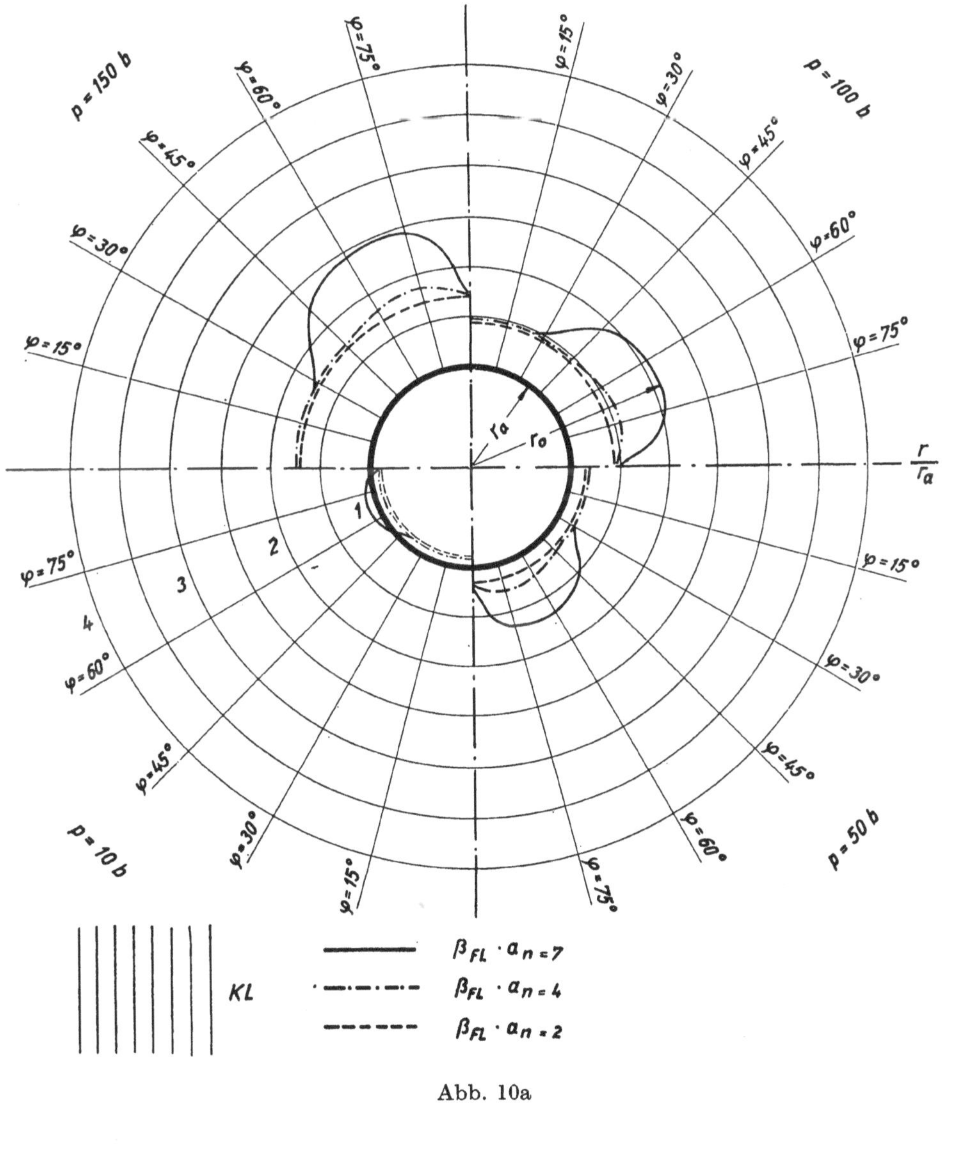

Abb. 10a

Praktische Auswirkungen

Diese Betrachtungen konnten zunächst nur halb-quantitativ angestellt werden. Eine in Arbeit befindliche rechnerische Auswertung mit Hilfe der Finite-Element-Methode verspricht eine exaktere Darstellung zu liefern. Aber schon jetzt liegen die praktischen Auswirkungen, die sich aus den gezogenen Schlüssen ergeben müssen, auf der Hand:

Für eine Ankersicherung, welche der Auflockerung und Entfestigung entgegenzutreten und innerhalb kurzer Frist einen Ausbauwiderstand aufzubringen hat, können sich unter diesen Gesichtspunkten ganz neue Konsequenzen hinsichtlich der Austeilung über den Stollenumfang und der Ankerlängen ergeben.

Deformationsmessungen am Stollenumfang, welche häufig eine recht befremdende Verteilung der Radialverformungen über den Stollenumfang zeigen und bisher nicht gedeutet werden konnten, können unter Berücksichtigung des Flächengefüges eine plausiblere Deutung erfahren und somit besser gesicherte Rückschlüsse auf Gebirgsdruck und Standsicherheit liefern.

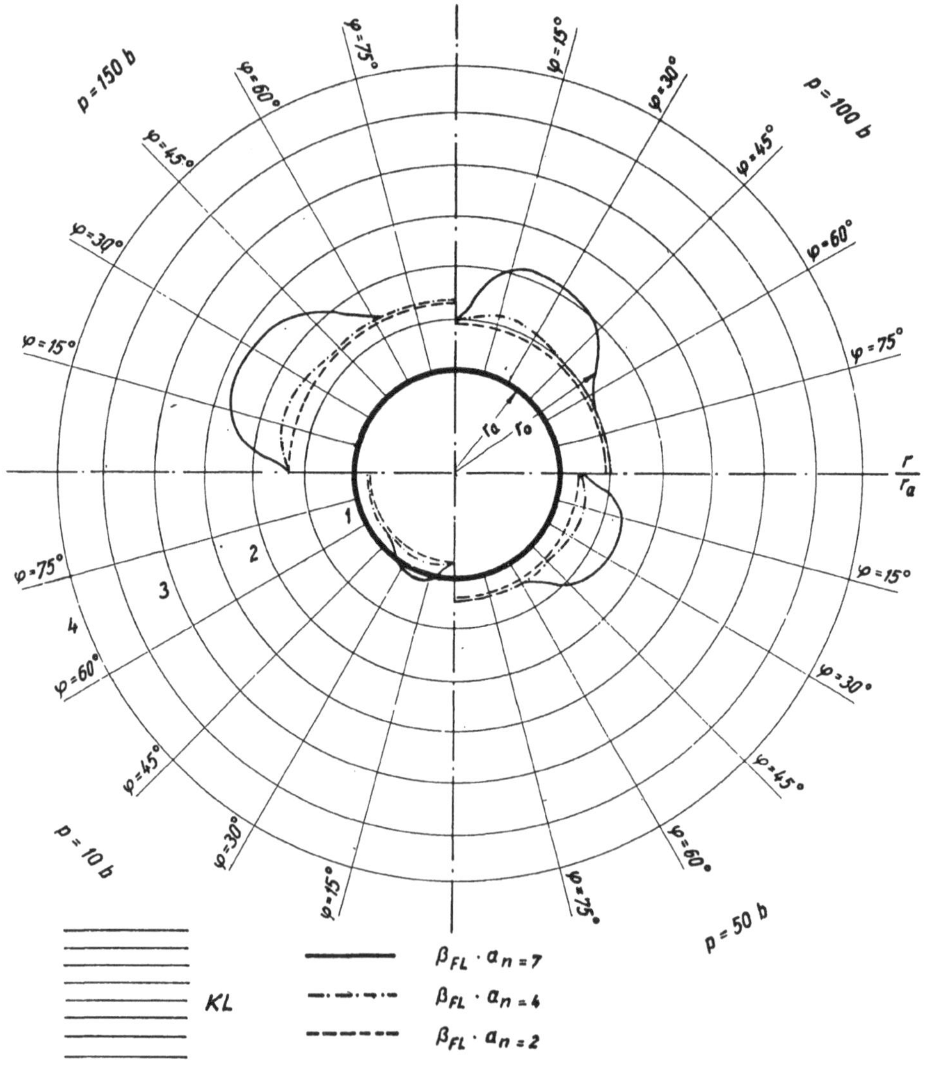

Abb. 10b

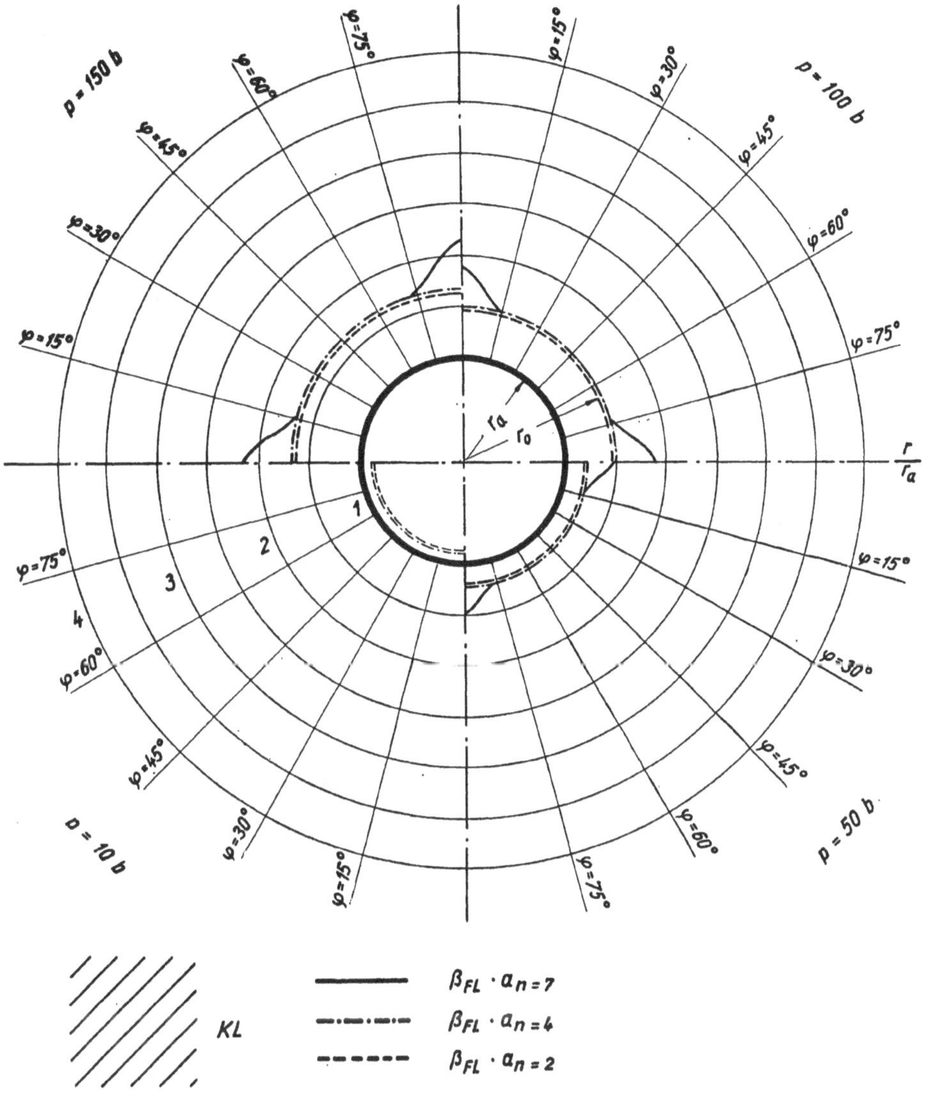

Abb. 10c

Bild 10 a—c. Fließzonen im Umkreis eines Rundstollens für verschiedene Stellungen der Schichtfugen *Kl* und für charakteristische Werte von *p* und *n*. $\chi_e = 1$, $\lambda = 1$, $\beta_{FL} = 50$ b (bar), Anisotropiefaktor *a* gem. Abb. 9, Hülltangente $p_g = 35°$, Ausbauwiderstand $p_a = 0$

Liegen die Fließzonen (annähernd) waagerecht und saiger, dann wird, wie RABCEWICZ gezeigt hat, nicht so sehr die Firste herabgedrückt (insofern man eine grobe Auflockerung durch raschen Verbau zu verhindern weiß), sondern ein zwischen der 3. und der 9. Stunde liegender Gebirgskeil. Für den häufigen Fall, daß die σ_3-Richtung des primären Gebirgsdruckes und die Symmetrale zweier schräg einfallender Kluftscharen parallel laufen — der Fall ist häufig, weil Restspannungen häufig mit den die Klüfte seinerzeit verursachenden Spannungen richtungsidentisch sind —, ergeben sich, ob nun die vorherrschenden Hauptspannungen annähernd lotrecht oder annähernd waagerecht gerichtet seien, auch bei λ-Werten, die nicht sehr von 1,0 verschieden sind, diagonal stehende Zonen erhöhten Bruchfließens. Die seitlich zwischen diesen Zonen liegenden Ulmkeile (Bild 12) können nun unter der Wirkung der Ringspannungen σ_t um so leichter gegen den Hohlraum zu herausgequetscht werden, als die Stellung der Kluftscharen eine solche Bewegung und die ihr entsprechenden schaufelförmigen Ablösungen geradezu begünstigt. Damit erscheint die von RABCEWICZ vorgebrachte Gebirgsdruckauffassung seitlich hereindrängender Ulmkeile eine weitere Bestätigung zu erhalten.

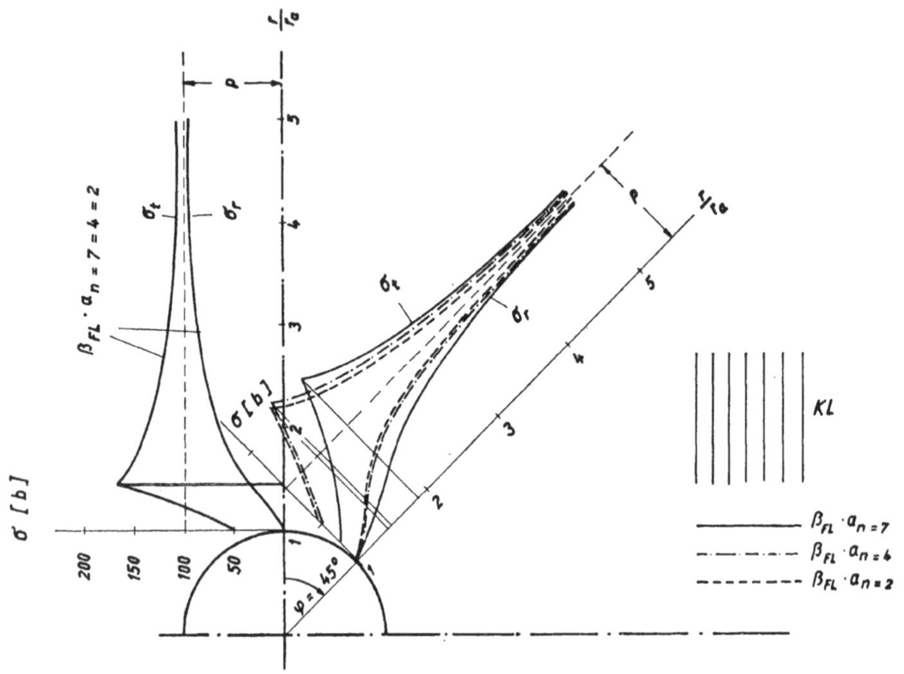

Bild 11. Verteilung der Tangential- und Radialspannungen σ_t und σ_r für die mit $n = 7$ bzw. 4 bzw. 2 gerechneten Anisotropie-Abminderungen der Fließgrenze β_{FL}, für $\varphi = 0°$, $45°$, $p = 100$ b, $\beta_{FL} = 50$ b, $\lambda = 1$, $\chi_e = 1$ und $p_a = 0$

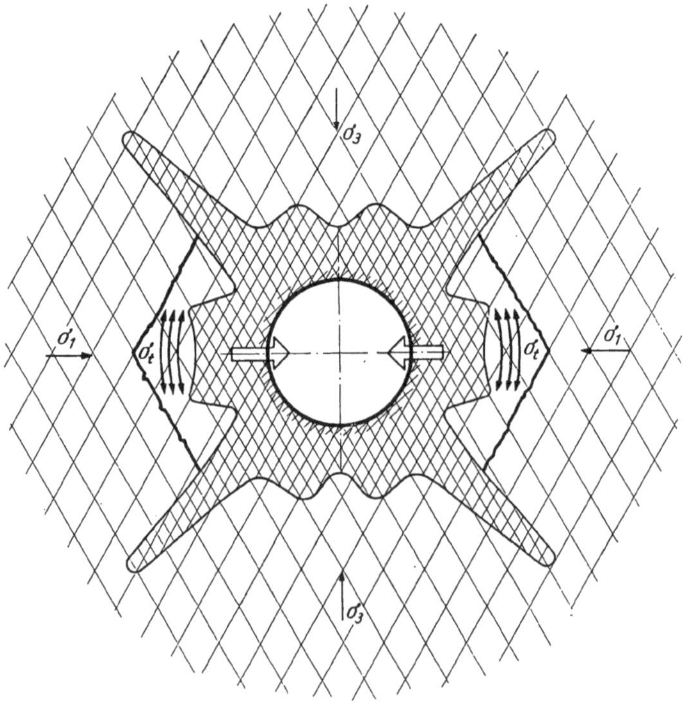

Bild 12. Ausquetschen von Ulmkeilen durch Wegfall einer adäquaten Ringspannung in den Fließzonen

Literatur

[1] SCHMID, H.: Statische Probleme des Tunnel- und Druckstollenbaues und ihre gegenseitigen Beziehungen. Springer-Verlag, Berlin 1926.

[2] FENNER, R.: Untersuchungen zur Erkenntnis des Gebirgsdruckes. Glückauf (1938) S. 681–695, 705–715.

[3] KASTNER, H.: Statik des Tunnel- und Stollenbaus auf der Grundlage geomechanischer Erkenntnisse. Springer-Verlag, Berlin, Göttingen, Heidelberg, 1962.

[4] RABCEWICZ, L. v.: Bemessung von Hohlraumbauten, Die „neue Österreichische Bauweise" und ihr Einfluß auf Gebirgsdruckwirkungen und Dimensionierung. Felsmechanik und Ingenieurgeologie, I, 3–4, S. 224–244.

[5] LEON, A., und WILLHEIM, F.: Über die Zerstörung in tunnelartig gelochten Gesteinen. Österr. Wochenschrift für den öffentl. Baudienst, H. 44 (1910), H. 16 (1912).

[6] RABCEWICZ, L. v.: Aus der Praxis des Tunnelbaus. Einige Erfahrungen über echten Gebirgsdruck. Geologie und Bauwesen **27** (1962) H. 3–4, S. 153.

[7] MÜLLER, L., und PACHER, F.: Modellversuche zur Klärung der Bruchgefahr geklüfteter Medien. Felsmechanik und Ingenieurgeologie, Suppl. II (1965), S. 7–24.

[8] MÜLLER, L., und TESS, C.: Modellversuche zur Klärung der Bruchgefahr zweischarig geklüfteter Medien. In Vorbereitung.

[9] DONATH, F. A.: Strength variation and deformational behavior in anisotropic rock. State of Stress in the Earth's Crust. Int. Conf. Santa Monica, June 1963. Elsevier, N.Y. 1964, pp. 281–297.

Untersuchung einer optimalen Einstellung von hydraulischen Einzelstempeln

von C. Chambon und J. P. Josien

In den letzten Jahren sind in den französischen Steinkohlengruben zahlreiche Untersuchungen durchgeführt worden mit dem Ziel, das Verhalten der Strebfirste je nach der Art der Einzelstempel, die den Ausbau bilden, zu vergleichen. Sie haben in äußerst deutlicher Weise die Überlegenheit der hydraulischen Stempel über jegliche Arten von Reibungsstempeln gezeigt. Dies erklärt sich im wesentlichen aus der größeren Homogenität in der Wirkung der ersteren und aus der sehr großen Empfindlichkeit der Firsten gegen Ungleichmäßigkeiten der Tragfähigkeit der Stempel.

Neuere Experimente haben zum Ziel gehabt, die optimalen Kenndaten für die Einstellung von hydraulischen Stempeln zu untersuchen: Setzlast und Einsinklast. Sie sind von hauptsächlichem Interesse bei der Konstruktion von Stempeln. Gegenstand dieser Mitteilung ist, die Ergebnisse, die in vier Streben von Kohlegruben der Becken Nord und Pas de Calais[1]) erhalten wurden, zu erörtern.

1. Durchgeführte Experimente

Das Verhalten der Firste ist sowohl längs einer Abbaufront als auch bei aufeinanderfolgenden Verhieben sehr veränderlich. Um unter diesen Bedingungen den Einfluß eines speziellen Faktors, wie zum Beispiel den des Ausbaus, feststellen und zahlenmäßig erfassen zu können, kann man sich nicht damit begnügen, eine Hälfte des Strebes mit dem Ausbau S_1 und die andere Hälfte mit dem Ausbau S_2 zu versehen:

S_1	S_2

Wie hoch in der Tat die Empfindlichkeit der Messungen oder die Aussagekraft der durchgeführten statistischen Untersuchungen auch sein mögen, so kann man doch nicht entscheiden, ob man die beobachteten Unterschiede den Änderungen des Ausbaus oder ganz einfach denen des Gebirges zuschreiben muß. Es ist daher notwendig, die Änderungen des Gebirges zu *überwachen* und deswegen für die Untersuchungen Schemata anzuwenden, bei denen sich Bereiche mit charakteristischem Ausbau einander abwechseln und wiederholen, und zwar gleichzeitig längs der Abbaufront:

S_1	S_2	S_1	S_2

und rechtwinklig zur Abbaufront:

S_1	S_2	S_1	S_2
S_2	S_1	S_2	S_1

[1]) Die Experimente sind im Rahmen von Untersuchungen durchgeführt worden, die durch eine finanzielle Beihilfe durch die Hohe Behörde der Europäischen Gemeinschaft für Kohle und Stahl gefördert wurden.

Bis jetzt hatte sich eine Art „Versuchstradition" herausgebildet, die darin besteht, daß man Bereiche von mindestens 30 m Länge einrichtet. Eine derartige Länge beschränkte jedoch die Zahl der längs einer Abbaufront möglichen Wiederholungen, wodurch erklärt wird, daß die Ergebnisse fast immer wenig aufschlußreich waren. Man hat sich daher entschlossen, mit dieser Tradition zu brechen, indem man für den Bereich eine Länge von nur noch 10 m wählt. Die Gefahr einer solchen Wahl besteht offenbar darin, daß eine Wechselwirkung zwischen zwei benachbarten Bereichen auftritt. *Alle durchgeführten Kontrollmessungen haben gezeigt, daß diese Wechselwirkung entweder gering oder gar vernachlässigbar ist.*

Jeder der untersuchten vier Strebe ist mit hydraulischen Ferromatik-Einzelstempeln ausgestattet gewesen. Längs der Abbaufront sind Bereiche von 10 m Länge abgegrenzt. Dabei wurden 30 m an der Kopfstrecke und 30 m an der Fußstrecke ausgeschlossen, wo die Nähe

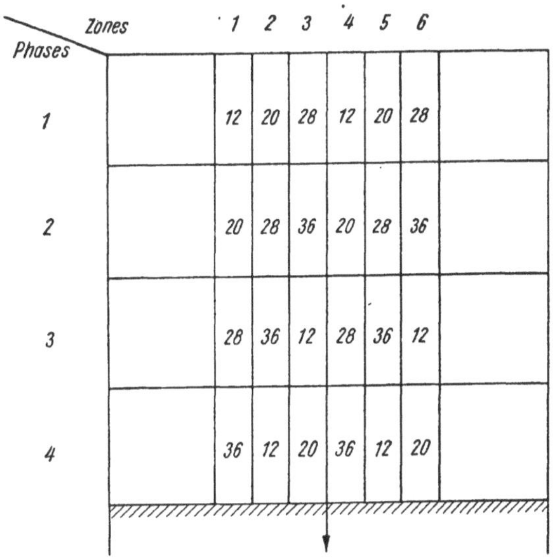

Bild 1. Versuchsschema, das im Streb Nr. 4 angewandt wurde

Das Versuchsprogramm 4 ist bestimmt zur Untersuchung des Einflusses der Einsinklast auf das Verhalten der Firste. Jedes kleine Rechteck stellt einen Bereich von 10 m Länge parallel zur Abbaufront dar, welcher von einer Phase (40 Zyklen) gefolgt wird. Die Zahlen geben den Wert der Einsinklast (in Tonnen) der Stempel an, mit denen der Bereich ausgestattet ist. Die Setzlast beträgt 10 Tonnen für alle Stempel des Strebs während der ganzen Versuchsdauer.

des anstehenden Gebirges oder des Alten Mannes Störungen im Verhalten der Firste bewirkt. In jedem Bereich werden die Stempel anfänglich mit einer *Setzlast P*, die durch die Einstellung des Druckes an der Setzpistole bestimmt ist, gesetzt. Die Ventile sind so eingestellt worden, daß man eine feste *Einsinklast Q* erhält. Die verschiedenen Bereiche haben 40 Zyklen (ungefähr 30 m), die eine sogenannte Phase bilden. Dann modifiziert man die charakteristischen Merkmale des Ausbaus entweder durch Vertauschen der Ventile oder durch Änderung der Pumpeneinstellung. Bild 1 zeigt als Beispiel das Versuchsschema, das im Streb Nr. 4 angewandt wurde.

Tabelle 1 liefert eine Anzahl von Angaben über die vier Strebe, in denen die Untersuchungen durchgeführt worden sind.

2. Nennlasten und Reallasten

Das Verhalten der Stempel ist durch Messungen des Einsinkweges, der Eindringtiefen in die Firste und in die Sohle und schließlich des inneren Druckes der Flüssigkeit analysiert

Tabelle 1. Einige Angaben über die untersuchten Strebe

Streb Nr.	1	3	4	5
Untersuchte Setzlasten (in Tonnen)	7, 10, 20	12, 18, 24	10	4, 10, 16, 22
Unters. Einsinklasten (in Tonnen)	14, 22, 30, 38	12, 18, 24, 30, 36	12, 20, 28, 36	25
Becken Revier Flöz	Nord, PdC Lens Marthe	Nord, PdC Hénin-Liét. Nachbar	Nord, PdC Hénin-Liét. Joséphine	Nord, PdC Cignies Jeanne
Teufe Mächtigkeit Länge	760 m 1,0 m 150 m	450 m 1,20 m 120 m	480 m 1,60 m 120 m	540 m 1,10 m 170 m
Gewinnung	Kohlenhobel	Walzenschräm-maschine	Walzenschräm-maschine	Kohlenhobel
Ausbau	Ferromatik und einzelne Metallkappen	Ferromatik und Gelenkkappen	Ferromatik und Gelenkkappen	Ferromatik und Gelenkkappen
Stempelzahl pro lfd. m Abbaufront	6	6	6	6
Stempelabstand (in Meter)	0,70 × 0,50	0,80 × 0,50	0,80 × 0,50	0,80 × 0,50
Rückwärtige Behandlung des Strebs	Bruchwerfen	Bruchwerfen	Bruchwerfen	Bruchwerfen

worden. Diese Messungen zeigen, daß der Ausbau nicht nur vom Stempel, sondern auch von der in unmittelbarer Nähe befindlichen Firste und Sohle gebildet wird.

Einige Augenblicke nach dem Setzen ist die Setzlast P_R, die tatsächlich von einem Stempel getragen wird, viel kleiner als seine Nennsetzlast P_N, die dem Druck der Setzpistole entspricht (Bild 2).

Die Nenneinsinklast Q_N (entspricht der Einstellung der Ventile) wird nur sehr langsam erreicht, und zwar nach einem und häufig sogar erst nach zwei Gewinnungszyklen. Daraus ergibt sich, daß die mittlere Last Q_R, die tatsächlich von einem Stempel zwischen dem Setzen

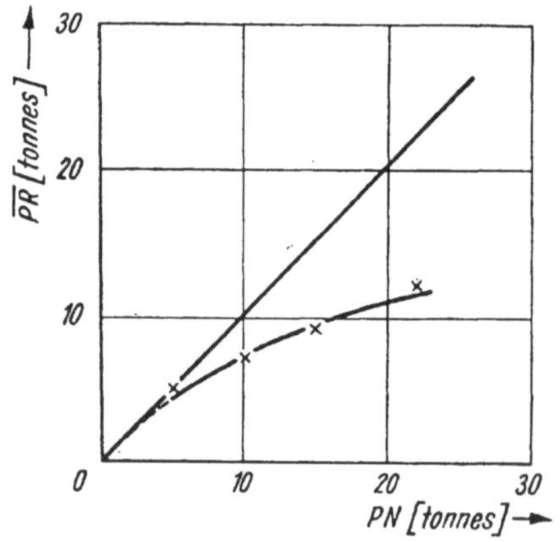

Bild 2. Realsetzlast in Abhängigkeit von der Nennsetzlast

Das Bild 2 bezieht sich auf Versuch 5. Es stellt P_R (Mittelwert der von den Stempeln einige Augenblicke nach dem Setzen getragenen Lasten) in Abhängigkeit von P_N (Nennsetzlast) dar. Die Nenneinsinklast Q_N ist gleich für alle Stempel und beträgt 25 Tonnen

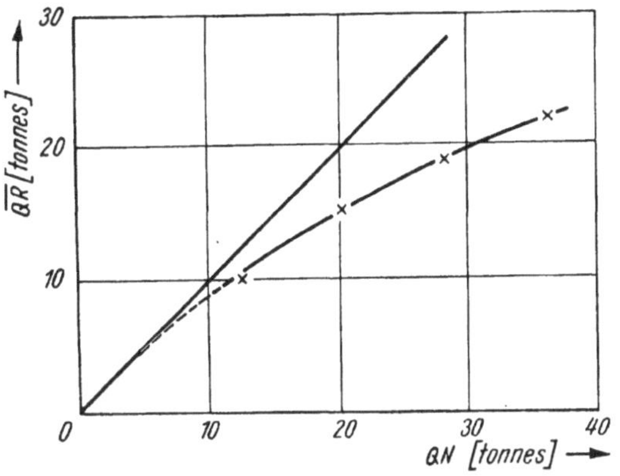

Bild 3. Mittlere Realeinsinklast in Abhängigkeit von der Nenneinsinklast

Bild 3 bezieht sich auf Versuch 4. Es stellt Q_R (Mittelwert der imttleren Lasten Q_R zwischen dem Setzen und Rauben des Stempels) in Abhängigkeit von Q_N (Nenneinsinklast) dar. Die Nennsetzlast P_N ist gleich für alle Stempel und beträgt 10 Tonnen

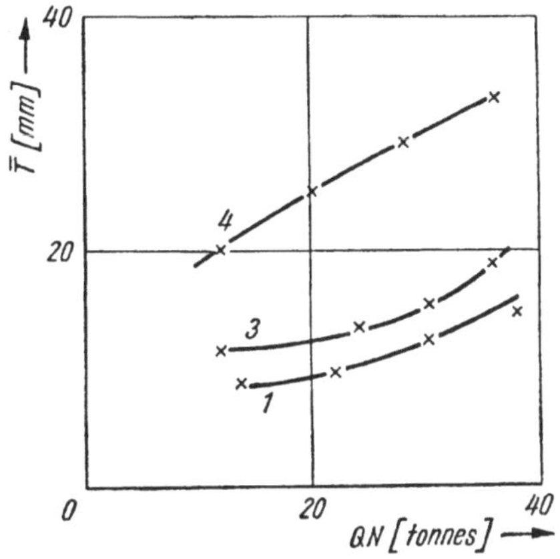

Bild 4. Eindringtiefe in die Firste in Abhängigkeit von der Nenneinsinklast

Bild 4 bezieht sich auf jeden der Versuche 1, 3 und 4. Es stellt $\overline{T}$ (Mittelwert der Eindringtiefen der Stempel in die Firste zwischen dem Setzen und dem Bruchwerfen) in Abhängigkeit von Q_N (Nenneinsinklast der Stempel) dar

und dem Rauben getragen wird, viel kleiner als die Nennlast Q_N ist. Der mittlere Nutzeffekt, den man als Quotienten Q_R/Q_N definieren kann, ist daher um so kleiner, je höher die Nennlast ist (Bild 3).

Dies ist in den vier untersuchten Streben zurückzuführen auf ein beträchtliches Eindringen des Stempels in die Firste, das in bestimmten Fällen bis zu 50% der Mächtigkeitsverringerung erreichen kann. Das Eindringen ist um so stärker, je größer die Nennlast Q_N ist (Bild 4).

3. Einfluß der Einstellkenndaten auf die Deformationen der Firste

Die Deformationen der Firste sind durch Messungen der Mächtigkeitsverringerung analysiert worden. Die Mächtigkeitsverringerung ist das gegenseitige Annähern von zwei Spindeln, von denen eine in der Firste und die andere in der Sohle verankert ist und die beide ein Meßpaar senkrecht zum Nebengestein bilden. Die Meßpaare werden hinter dem Panzer in Höhe der ersten Stempelreihe gleich nach ihrem Setzen angebracht. Die Mächtigkeitsverringerung „in Gasse 1" ist die Mächtigkeitsverringerung beim Übergang von der ersten Reihe zur zweiten Reihe. Die Mächtigkeitsverringerung „ in Gasse 2" ist der Annäherungsweg eines Meßpaares beim Übergang von der zweiten zur dritten Reihe.

Die Mächtigkeitsverringerungen sind — in Mittelwerten — um so geringer, je größer die Nennsetzlast und die Nenneinsinklast sind. Die *relativen* Abnahmen sind nahezu konstant für die verschiedenen untersuchten Strebe:

— eine Erhöhung der Setzlast von 10 auf 20 Tonnen führt zu einer relativen Abnahme der Mächtigkeitsverringerung von ungefähr 10%,
— eine Erhöhung der Einsinklast von 15 auf 30 Tonnen führt zu einer relativen Abnahme der Mächtigkeitsverringerung von ungefähr 15% (Bild 5).

4. Einfluß der Einstellkenndaten auf den Verfallszustand der Firste

In jedem Bereich und bei jedem Verhieb wird der Verfallszustand der Firste auf einer Fläche von 3 m Länge parallel zur Abbaufront zwischen der ersten Stempelreihe und der Abbaufront

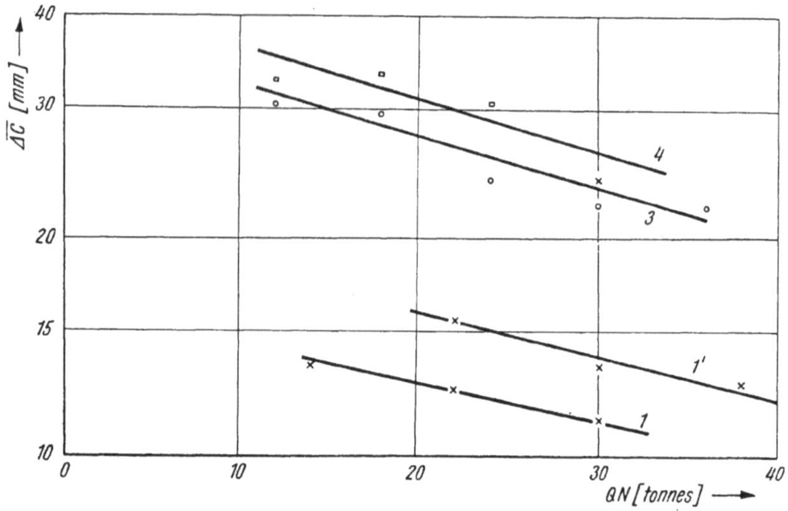

Bild 5. Einfluß der Nenneinsinklast auf die Mächtigkeitsverringerung

Bild 5 bezieht sich auf die Versuche 1, 3 und 4. Es stellt $\overline{\Delta C}$ (Mittelwert der Mächtigkeitsverringerungen in Gasse 1, gemessen in den Bereichen mit Stempeln, die auf eine bestimmte Einsinklast eingestellt sind) in Abhängigkeit von Q_N (Nenneinsinklast der Stempel) dar. Jeder Punkt der Kurve entspricht einem Mittelwert aus ungefähr 500 Messungen. Der Maßstab auf der Ordinatenachse ist logarithmisch, um die Tatsache hervorzuheben, daß Q_N multiplikativ eingeht. Die relativen Abnahmen der Mächtigkeitsverringerung sind von Streb zu Streb konstant

bestimmt. Die Meßmethode besteht in der Darstellung im Plan und im Aufriß und dann in der Kennzeichnung durch die Parameter Ausbrechen aus der Firste, Absätze und große Spalten.

Der Einfluß der Nenneinsinklast auf die Anzahl von Ausbrüchen aus der Firste wird bestätigt durch die statistische Analyse der Meßergebnisse. Aber dieser Einfluß ist sehr komplex (Bild 6), und der Mechanismus ist noch nicht völlig geklärt. Man kann jedoch behaupten, daß in der Einstellung der Einsinklast ein Optimum vorhanden ist, welches sich für alle unter-

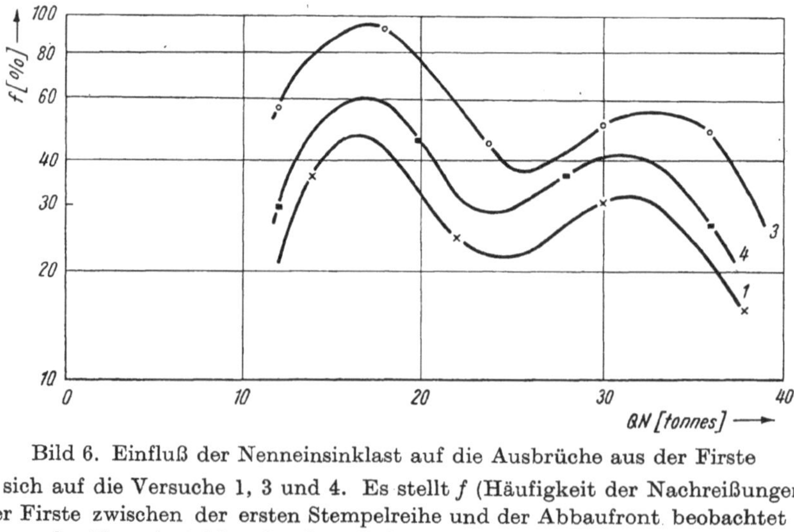

Bild 6. Einfluß der Nenneinsinklast auf die Ausbrüche aus der Firste

Bild 6 bezieht sich auf die Versuche 1, 3 und 4. Es stellt f (Häufigkeit der Nachreißungen, wo ein Ausbrechen aus der Firste zwischen der ersten Stempelreihe und der Abbaufront beobachtet worden ist) in Abhängigkeit von der Nenneinsinklast Q_N dar. Jeder Punkt entspricht einer Zahl von Nachreißungen zwischen 150 und 300. Der Maßstab auf der Ordinatenachse ist logarithmisch, um die Tatsache hervorzuheben, daß Q_N multiplikativ eingeht. Die relativen Änderungen des Verfallszustandes der Firste sind gleich für alle Strebe suchten Strebe in der Nähe von 25 Tonnen befindet. Beim Übergang von 15 auf 25 Tonnen beträgt die *relative* Zunahme in der Häufigkeit der Ausbrüche aus der Firste ungefähr 25%. Dagegen darf man die Einsinklast nicht über 25 Tonnen erhöhen, weil dann der Firstenzustand schlechter wird.

Die Setzlast hat einen viel geringeren Einfluß. Sie würde sich auf das Ausmaß der Ausbrüche aus der Firste (Höhe und Fläche) auswirken, und es würde ein Optimum in der Nähe von 15 Tonnen geben.

5. Einfluß der Bedingungen des Holzausbaus auf den Verfallszustand der Firste

Die Einstellung der Stempel hat einen Einfluß auf den Verfallszustand der Firste, aber dieser ist viel geringer als der anderer Faktoren, wie weitere Untersuchungen genauer feststellen sollen. Dieses Ergebnis ist ein wichtiges „Nebenprodukt" der Untersuchungen, die wir eben erörtert haben. Es ist die Konsequenz der folgenden Feststellung.

Es hat eine progressive Verbesserung des Zustandes der Firste fast aller untersuchten Strebe je nach Ablauf der Versuche stattgefunden (Bild 7). Daher nimmt die Zahl der Ausbrüche aus der Firste beispielsweise im Streb 3 von 3 auf 1 ab.

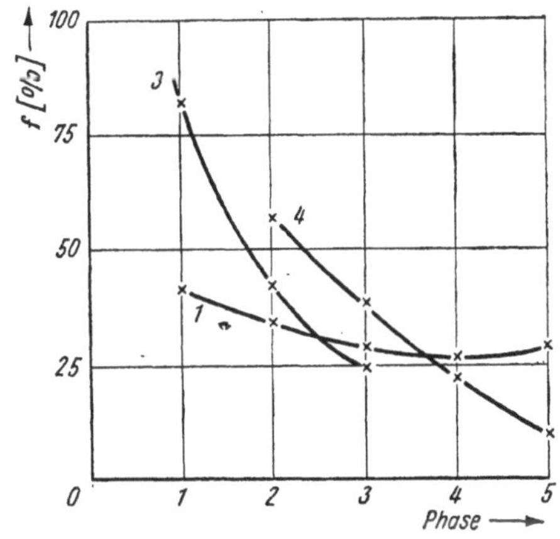

Bild 7. Verbesserung des Zustandes der Firste im Verlauf der durchgeführten Untersuchungen. Bild 7 bezieht sich auf die Strebe 1, 3 und 4. Es stellt *f* (Häufigkeit der Nachreißungen, wo ein Ausbrechen aus der Firste beobachtet worden ist) im Verlauf einer jeden Phase eines jeden Versuches dar. Eine Phase besteht aus 40 aufeinanderfolgenden Zyklen. Jeder Punkt entspricht ungefähr 3000 Nachreißungen

Die Erklärung ist allerdings unter den Bedingungen des Holzausbaus, die in den untersuchten Streben beträchtliche Abänderungen erlitten haben, zu untersuchen. Die Strebe waren anfangs mit Reibungsstempeln ausgebaut, die häufig heterogen waren. Bei jedem der Versuche

— sind diese Stempel ersetzt worden durch solche, die homogen waren sowohl vom Gesichtspunkt ihrer Einstellung als auch vom Gesichtspunkt ihrer Wirksamkeit;
— ist die Stempeldichte stark erhöht worden, bis sie 6 Stempel pro laufender Meter Abbaufront erreichte; wenn dieser Wert einmal erreicht wurde, ist er konstant gehalten worden;
— hat man sich besondere Mühe gegeben um die Pflege des Holzausbaus und um rasches Setzen nach Freilegung der Firste.

Man kann wohl annehmen, daß diese Umstände eine günstige und beträchtliche Rückwirkung auf den Zustand der Firsten gehabt haben, aber ihre Auswirkungen langsam und von langer Dauer sind.

Wissenschaftliche Aussprache

zum Thema:

Schlußfolgerungen aus gebirgsmechanischen Erkenntnissen für die Konstruktion und Standfestigkeit von untertägigen Hohlräumen

Diskussionsleiter: Herr Höfer

DISKUSSIONEN

Herr Höfer

Meine sehr geehrten Herren!

Wir kommen zur Diskussion des Themas 4, Schlußfolgerungen — ein Thema, das praktisch alle vier Teilthemen im Endeffekt berührt.

Wenn wir uns die bergbauliche Gesetzgebung ansehen, müssen wir feststellen, daß für alle möglichen Bereiche genaue Vorschriften und Verhaltensregeln angegeben werden. In der speziellen Arbeitsschutzanordnung, die für die DDR gilt, heißt es in bezug auf gebirgsmechanische Fragen: „Der Abbau ist nach den neuesten wissenschaftlichen Erkenntnissen zu führen". Das heißt, dieser Satz legt uns sehr große Verpflichtungen auf. Und wir haben es hier als erstrebenswert bezeichnet, Konstruktionsregeln und Dimensionierungsverfahren zu schaffen. Ich möchte von diesem Satz kein Wort wegnehmen, möchte aber andererseits sagen, daß auch wir als Spezialisten der Gebirgsmechanik nicht in der Lage sein werden, für alle irgendwie auftretenden Fälle in der Praxis ein Kochbuch zu schaffen.

Mein alter Lehrer, Professor Spackeler, sagte immer: „Erst der Ausbau, dann die Maschine". Dieser Satz ist im Grundsätzlichen richtig; aber, wie im Bericht schon ausgeführt wurde, die fortschreitende Mechanisierung bringt uns hier oftmals in Gewissenskonflikte. An uns werden für die Standfestigkeit der Hohlräume jetzt wesentlich höhere Anforderungen gestellt als früher.

Erlassen Sie mir bitte eine Zusammenfassung unseres Berichtes, sondern wir wollen möglichst schnell in die Diskussion einsteigen, da bis jetzt bei mir schon 15 Wortmeldungen vorliegen. Das zeigt wohl das große Interesse, das wir an diesem so wichtigen Thema haben, zu dem sowohl die Theoretiker als auch die Praktiker gleichermaßen zu Wort kommen können.

Als einzige Anregung möchte ich vorschlagen, daß wir in etwa nach der Gliederung des Generalberichtes unsere Diskussion einteilen, damit wir nicht vom Hundertsten ins Tausendste kommen. Ich schlage Ihnen vor, daß sich die Herren, die sich schon eingeschrieben haben, entsprechend zu den einzelnen Themata melden, die wir jetzt diskutieren werden, nämlich

1. Standfestigkeitsprobleme beim Abbau;
2. Standfestigkeitsprobleme bei Strecken im Zusammenhang mit der Abbauführung;
3. Standfestigkeitsprobleme bei langlebigen Grubenbauen, also nicht nur vom Bergbau, sondern auch von Kavernen und Stollen;
4. die sonstigen Probleme, die uns ja wieder überall berühren.

Wir wissen, daß wir schon viel geschafft haben. Wir wissen auch, daß wir noch eine ganze Reihe offener Fragen haben, die im Generalreport angetippt wurden. Ich möchte beispielsweise nur daran erinnern, daß die Frage der Kammerbreite einer rechnerischen Lösung noch nicht so zugänglich ist, wie wir das für die Pfeilerdimensionierung im homogenen Gebirge machen können. Hingegen bereiten uns die Pfeiler in zerklüftetem Gebirge auch viele Sorgen. Wir wissen, daß eventuelle pulsierende Belastungen uns vor ganz andere Probleme stellen können, als wir sie bei einer statischen Belastung haben.

Entschuldigen Sie. Ich möchte hier nicht mehr viel darüber sprechen, sondern Sie darum bitten, Wortmeldungen zum Thema: „Standfestigkeitsprobleme beim Abbau" abzugeben.

Herr Dreyer

Bezüglich der Abgrenzung des unter- und überkritischen Gebietes durch eine Grenzbelastungskurve möchte ich an Herrn Höfer bzw. Herrn Knoll die Frage richten, ob für den untersuchten Trümmercarnallitit diese Abgrenzung auf mathematischem Wege erfolgt ist, z. B. in eine Einstufung des Funktionstyps der bei unterschiedlicher Belastungshöhe ermittelten Kriechkurven in eine logarithmische Beziehung (α-creep) oder in ein Potenzgesetz (β-creep). Oder ist so vorgegangen worden, daß bei den longtime-creep-Tests das beobachtete bzw. nichtbeobachtete Auftreten des im β-creep stets folgenden r-creep als Kriterium herangezogen wurde? Die Eingrenzung der Lage der in Bild 2 Ihrer Arbeit „Untersuchungen zum Mechanismus der Kriechverformung von Carnallitit und praktische Anwendungen" mitgeteilten Grenzbelastungskurve, die meines Erachtens eine beachtliche Leistung auf diesem noch sehr jungen Forschungsgebiet darstellt, wird sicher je nach Art der Auswertung und Wahl des benutzten Kriteriums mehr oder minder gut gelingen.

In der mir zugänglichen internationalen Fachliteratur ist mir keine gleichwertige Arbeit bekannt, die das Problem der Standfestigkeitsbewertung mit auch nur annäherndem Erfolg angefaßt und vorangebracht hat.

Gestatten Sie mir, einen weiteren Punkt Ihrer Arbeit zu berühren, der von allgemeinem Interesse ist: das ist die von der Praxis geforderte Überprüfung der Labor-Ergebnisse mit den Fakten in situ. Sie haben ja selbst, Herr Höfer, diesen wichtigen Punkt erörtert und angemerkt, daß hier in der Hauptsache zwei Fragen zu klären sind:

1. Ist die Erweiterung der Gesetzmäßigkeiten auf noch größere Standzeiten erlaubt?
2. Welchen Einfluß übt der Übergang auf bedeutend größere Probenkörper (Pfeiler) aus?

Ich möchte hier keine gezielte Frage an Sie stellen, sondern Sie lediglich bitten, die in Ihrer Arbeit gegebene Antwort auf die beiden Fragen näher zu erläutern, besonders auch im Hinblick auf das in Ihrem Institut entwickelte Dimensionierungsverfahren tragender Gesteinspartien nach dem Einteilungsprinzip „kriechbruchgefährdet" und „standsicher".

Herr Knoll

Ich möchte ganz kurz zu den beiden aufgeworfenen Problemen Stellung nehmen. Erstens war die Frage nach dem Kriterium gestellt worden, ob die Unterscheidung nach dem logarithmischen Gesetz bzw. nach dem Potenzgesetz ausschlaggebend war.

Ich kann sagen, daß das Kriterium nicht dieses Stadium des Kriechens gewesen ist, sondern es wurde die Verformung im Zeitablauf aufgenommen und festgestellt, welcher mathematischer Gesetzmäßigkeit diese Kurven folgen. Und zwar kann das schon nach verhältnismäßig kurzer Zeit getan werden. Im allgemeinen genügten beim untersuchten Material Kriechversuche über 2 Stunden Dauer, um diese Unterscheidungen treffen zu können. Um das Ganze aber mehr zu untermauern, wurden die einzelnen Versuche über größere Zeiten ausgedehnt, zum Beispiel in einzelnen Fällen auf 2000 bis über 4000 Stunden. Die bereits in den kurzen Kriechversuchen getroffenen Unterscheidungen bestätigten sich auch über diese langen Zeiten hinweg. Was den zweiten Typ betrifft, der sich durch das Potenzgesetz beschreiben läßt, so ist zu sagen, daß das Stadium des beschleunigten Kriechens, des r-creeps, eine zusätzliche Erscheinung ist, die nach langen Belastungszeiten auftritt, die aber nicht das Kriterium für die Abgrenzung gegenüber dem logarithmischen Kriechen darstellt.

Wesentlich komplizierter ist der zweite Teil der Frage, inwieweit die Erweiterung auf praktisch unendlich große Zeiten und die Übertragbarkeit auf sehr große Proben (Pfeiler) erlaubt ist. Wenn man sich die Ergebnisse betrachtet, dann liegt eine solche Erweiterung, zumindest was die großen Zeiten betrifft, eigentlich nahe. Aber man kann sie aus den Versuchsergebnissen selbstverständlich nicht beweisen. Deshalb haben wir auch nicht aus den Versuchsergebnissen geschlußfolgert, daß sie auf lange Zeiten ausgedehnt werden können, sondern wir haben das Gegenbeispiel betrachtet, und zwar Pfeiler, die lange in Betrieb oder auch bereits zu Bruch gegangen sind. Deren Verhalten haben wir mit den Laborergebnissen verglichen. Die Ergebnisse dieses Vergleichs stimmen eigentlich recht optimistisch, so daß man doch annehmen kann, daß die Ausdehnung auf lange Zeiten und auf große Pfeiler erlaubt ist.

Die Laboruntersuchungen liefen zum Teil bereits über sechs bis sieben Zeitgrößenordnungen, also von sehr kurzen Zeiten bis zu 4000 und 5000 Stunden hin, so daß es, wenn man sich überlegt, daß eine Größenzeitordnung in der Gegend von etwa hundert Jahren liegt, an und für sich keinen Grund gibt, warum sich die Kurve bei diesen weiteren Größenzeitordnungen ändern sollte. Selbstverständlich ist das kein Beweis, aber der Vergleich mit den Pfeilern im Kalibergbau unterstützt diese Annahme.

Herr Höfer

Ich glaube, daß es doch notwendig ist, in diesem Zusammenhang darauf hinzuweisen, daß dieser Beitrag von Herrn Knoll und mir nur Teil eines großen Komplexes ist, eines großen Komplexes, der aus Messungen unter Tage, Untersuchungen im Labor, triaxialen Festigkeitsuntersuchungen, rheologischen Untersuchungen und mathematischen Behandlungen besteht.

In diesem Zusammenhang sei mir noch gestattet, auf die entsprechende Veröffentlichung über das am Institut für Grubensicherheit entwickelte Pfeilerdimensionierungsverfahren hinzuweisen, das in der „Bergakademie" Nr. 12, 1968 veröffentlicht ist, wo man noch weitere Vergleiche über andere Dimensionierungsfragen ziehen kann.

Ich darf aus meiner Kenntnis der Autoren jetzt vielleicht bitten, daß Herr Dr. Jacobi zu den aufgeworfenen Fragen spricht.

Herr Jacobi

Zunächst möchte ich sagen, daß diese blaue Mappe, die sich auf Ihrem Platz befindet, zu meinem Beitrag gehört. Sodann möchte ich kurz auf das eingehen, was Herr Höfer in der Einleitung sagte und was auch im Generalbericht der Herren Gimm und Höfer angeschnitten ist.

Durch die schärferen wirtschaftlichen Anforderungen an den Bergbau, insbesondere wegen der höheren Auffahr- und Abbaugeschwindigkeit, hat sich die Lage in bezug auf die Gebirgsmechanik in den letzten zehn Jahren grundlegend geändert. Wir müssen mit Auffahrgeschwindigkeiten von 30 m am Tag und künftig noch mehr rechnen. Im Streb haben wir schon Abbaugeschwindigkeiten bis zu 10 m am Tag. Andererseits muß der Ausbau Monate vorher bestellt werden. Die Einbaumannschaft muß den vorhergesehenen Organisationsplan bis ins einzelne erfüllen. Ein Spielraum für Änderungen des Ausbaus während des Auffahrens oder Abbauens ist kaum noch vorhanden. Man darf daraus nicht folgern, daß deshalb der ungünstigste Fall für die Bemessung des Ausbaus angenommen werden muß. Damit könnte die Wirtschaftlichkeit stark beeinträchtigt werden.

Es ist im allgemeinen nicht möglich, vor Auffahrung einer Strecke Kenntnis über die Gebirgseigenschaften zu erlangen. Wir stehen also vor der Aufgabe, den Bergingenieuren einen Rat zu erteilen, wie sie die Strecke oder den Streb ausbauen sollen, ohne eine Möglichkeit zu haben, das Gestein zu testen und ohne Möglichkeit, den Ausbau während des Auffahrens noch zu ändern und dem angetroffenen Gebirge anzupassen.

Wir müssen also entweder den Kampf aufgeben oder wir müssen uns neue Methoden einfallen lassen. Wir können zum Beispiel im voraus angeben, wo Zonen geringen und Zonen hohen Druckes sind. Und wir haben gewisse Möglichkeiten, einfache Meßinstrumente in der Strecke unterzubringen und während der Lebensdauer der Strecke die Standfestigkeit zu verfolgen und gegebenenfalls beim Herannahen des Abbaus Verstärkung anzubringen, wenn der Ausbau von vornherein hierfür eingerichtet ist.

Auch der Streckenquerschnitt ändert sich wesentlich. Während wir früher mit einer Sohlenbreite von 3,50 m, dann von 4,50 m auskamen, wird man in Zukunft Sohlenbreiten von 6 oder 8 m benötigen. Die Streckenhöhe wird wesentlich geringer werden, weil man vorwiegend im Flöz auffahren muß. Die Empfindlichkeit der Strecke gegenüber Verformungen des Gebirges wird aber größer werden, weil man mit Transportmitteln rechnen muß, die wesentlich höhere Geschwindigkeiten aufweisen und die Durchbaustellen nicht vertragen, weil sie zu erheblichen Betriebsstörungen führen können.

All das sind wesentliche Verschärfungen unserer Aufgaben. Auf der anderen Seite kann das auch bedeuten, daß die Gebirgsmechanik noch sehr an praktischer Bedeutung gewinnt. Ich glaube, wir werden uns in Zukunft besonders mit der Frage befassen müssen, welche Methoden der Gebirgsmechanik für diese Steigerung der Anforderungen in Frage kommen.

Herr Höfer

Ich danke Herrn Jacobi.

Die gleichen Tendenzen sind nicht nur im Steinkohlenbergbau festzustellen. Ich kann aus dem mir geläufigeren Kalibergbau berichten, daß beispielsweise auf unserer tiefsten Grube in Volkenroda mit über 1000 m Tiefe früher die Strecken 4 m breit und 2 m hoch waren. Jetzt sind durch den Einsatz neuer Geräte 6 m Breite und 4 m Höhe vorhanden. Das bringt die entsprechenden gebirgsmechanischen Schwierigkeiten.

Wir fahren in der Diskussion fort. Vielleicht darf ich Herrn Vigier bitten. Er ist Spezialist aus den Kalibergwerken im Elsaß.

Herr Vigier

Ich hatte aus verschiedenen Gründen leider keine Möglichkeit, mich für das heutige Gespräch schriftlich vorzubereiten. Ich werde hier schnell zusammentragen, was ich auf dem Gebiet zu sagen habe. Sie werden mir gestatten, auch einen Beitrag zu geben zu dem, was Herr Höfer vorgetragen hat, daß das Wissen allein nicht genügt, daß es auch erprobt werden muß.

In den Kalibergwerken im Elsaß hat die Gruppe, von denen ich die Arbeiten zusammengefaßt habe, nur beschränkte Mittel zur Verfügung. Das führte dazu, Wege zu verfolgen, die vor Jahren aufgezeigt wurden. Hinweise kamen insbesondere von den Herren Höfer, Schwarz, Wardell, Tincelin und Dreyer.

Zu den Messungen und Ergebnissen möchte ich einige Worte sagen in bezug auf die Abkehr von Langpfeilern und das Stehenlassen von Kurzpfeilern. Wir haben in den hangenden Schichten Nivellierungsmessungen durchgeführt, ebenso Nivellierungsmessungen über Tage. Die Nivellierungsmessungen ergeben Kurven, die eine S-Form haben. Wenn ich die entsprechende Kurve des Liegenden nehme, kommt sie durch ein Maximum und fällt dann langsam auf linearem Wege ab.

Wenn man vom Festen abgeht, so stellen wir fest, daß alle Punkte, die in dem Hangenden angebracht wurden, gleichzeitig das Maximum durchschreiten für einen bestimmten Abbauvortrieb. Andererseits, immer vom Festen ausgegangen, stellen wir beim Betrachten der Absenkungskurven fest, daß die Absenkungsgeschwindigkeiten ebenfalls gleichzeitig am größten sind. Die Länge, die man fortgeschritten ist, scheint die gleiche zu sein wie diejenige unter Tage. Eine einfache Erklärung ist, daß die Durchbiegung des Hangenden auf den Bruch zu liegen kommt und den Druck auf das Liegende erhöht. Dies ergibt dann eine Ausgleichung des Druckes im Liegenden und Hangenden.

Gewiß ist, daß wir in dieser Zeit Erscheinungen von Instabilität wahrnehmen, die bis zum Gebirgsschlag gehen. Bedeutet das, daß für die Gebirgsschläge das Problem gelöst wurde oder gibt das Auskunft darüber, wann sie stattfinden? Ich glaube das nicht. Aus dieser Grenze sind Gebirgsschläge nicht ausgeschlossen. In diesem Falle kann der unregelmäßige Abbauprozeß Einfluß haben (zum Beispiel: Stillstand während der Urlaubsperiode oder Veränderung im Produktionsprogramm oder Produktionsmethoden). Diese Punkte bleiben allerdings umstritten.

Ich möchte jetzt einige Worte zum Teilabbau sagen. Um uns zu diesem Schema zu führen, haben wir Messungen an Proben durchführen müssen. Wir haben erstens festgestellt, daß die Streuung der Messung an diesen Proben relativ schwach und annehmbar war, jedenfalls minimal, sofern die Abmessung der Probe, es handelt sich um kubische Proben, fünf- oder sechsmal größer als das Maß der größten Salzkristalle bleibt.

Danach haben wir eine Reihe Untersuchungen durchgeführt mit Schlankheitsgraden von 2,0; 1,3; 0,33 und 0,25. Wir haben Untersuchungen mit einer eigenen Presse durchführen können. Die Anzahl der Messungen war groß genug, um statistisch ausnutzbar zu sein. Ich gebe hier die Ergebnisse kurz an: Für den Faktor 2 erhält man ungefähr 250 kg/cm², für 1,3 als Faktor 310 kg/cm², für einen Faktor 0,33 698 und für 0,25 780 kg/cm² als Druckfestigkeit.

Um Formfaktoren unter 0,25 untersuchen zu können, waren wir gezwungen, eine stärkere Presse, und zwar die eines Hüttenwerkes, zu benützen. Die Streuung der Ergebnisse war groß und der Mittelwert der Druckfestigkeit für Formfaktoren von 0,10 bis 0,13, bei kubischen Proben von 6,4 und 3 cm lag um 1100 kg/cm². Man müßte also den Formfaktor durch 20 teilen, um für die Druckfestigkeit den vierfachen Wert zu erhalten.

Bei Abbauen in größeren Teufen ist es interessant, sich die Frage zu stellen, wie die Abschnitte einzuteilen sind. Für einen Abbau, der sich in über 1000 m Teufe befindet mit einer Ausbringung von 50%, wird der Druck von 400 kg/cm² auf den Pfeilern überschritten. Wenn man noch dazu annimmt, daß eine dynamische Belastung eine doppelte Auswirkung hat, so muß schon in diesem Falle der Formfaktor berücksichtigt werden.

Ein Formfaktor von 0,25 (750 kg/cm²) wäre der geringste, den man annehmen könnte, jedoch ohne jegliche Sicherheit. Mit minimaler Sicherheit wäre der Formfaktor 0,3 anzunehmen. Das sind die Fragen, die die Gebirgsmechanik dem Bergmann stellt.

Die unmittelbare Beobachtung der Voraussichten der Gebirgsmechanik in bezug auf die Standfestigkeit der Pfeiler ist schwierig und würde sich über eine lange Zeit erstrecken. Inzwischen muß jedoch eine Entscheidung getroffen werden. In dieser Perspektive scheinen mir die dargelegten Grundsätze von Wardell über Teilabbau mit starken Pfeilern im Einvernehmen mit den Ergebnissen der Gebirgsmechanik. Der günstige Formfaktor bringt anscheinend größere Sicherheit.

Ich ergänze an dieser Stelle die folgende Beobachtung:

Die Belastung der Probenkörper auf der großen Presse erfolgte mit sehr hoher Geschwindigkeit, was einen plötzlichen Bruch zur Folge hatte; dabei wurden zahlreiche Probenkörper feinst zerstört. Dieser Bruch wird von einem Gasgeruch begleitet und erinnert in mancher Hinsicht an unsere Gebirgsschläge. Ein solcher Versuch zeigt einmal mehr, daß Steinsalz, Sylvinit usw. sprödbrüchig sind.

Wenn die Möglichkeit einer Sprödbrüchigkeit bei diesen Gesteinen bei früheren Laborversuchen noch nicht festgestellt werden konnte, so ist das sicher darauf zurückzuführen, daß die mit Hilfe der vorhandenen Pressen erzeugten Belastungsgeschwindigkeiten nicht ausreichend waren.

Es handelt sich hierbei um eine bedeutende Feststellung, die anzeigt, daß sich alle Gesteine, die durch Auskristallisation entstanden sind, sehr vergleichbar verhalten.

Als wir in unserem Abbaubetrieb Kammern und Pfeiler einführten, verwendeten wir ein klassisches Schema, das in seinen Grundzügen nachfolgend dargestellt ist (Bild 1).

Diese Praxis wurde jedoch von zahlreichen Gebirgsschlägen und einer schlechten Standsicherheit des Nebengesteins begleitet. Die entlang der Bruchgrenze durchgeführten Messungen zeigen eine ungleiche Verteilung der Konvergenzschwankungen sowohl in der Zeit als auch im Raum. Dagegen haben Messungen in Langstreben ein gleichmäßigeres Regime gezeigt.

Wir sind zu der Schlußfolgerung gekommen, daß die Auflage des Hangenden auf die Pfeiler an der Bruchgrenze die gleiche sein müßte wie diejenige, die das Hangende auf den Stempeln

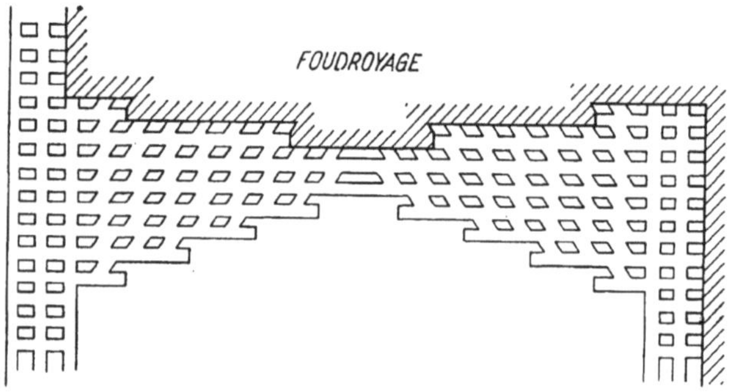

Bild 1

und Bergedämmen in Langstreben findet. Daher die Lösung des Pfeilerstrebes, dessen Schema auf Bild 2 des Vortrages von Prof. Gimm zu finden ist.

Diese neue Art der Vorrichtung hat auch in unseren Betrieben die Prüfung bestanden. Nachdem die Besitzer einer Boraxgrube in Amerika davon Kenntnis erhalten hatten, wurde dieses Verfahren dort angewendet und hat, den Mitteilungen zufolge, zu einer Verbesserung der Standsicherheit des Nebengesteins geführt.

Meine Meinung dazu ist: Wenn auch die Gebirgsmechanik als Wissenschaft Fortschritte gemacht hat, so ist sie doch noch nicht in der Lage, die in der Bergbaupraxis anfallenden Probleme durch die Theorie zu lösen. Trotzdem sind Bewegungsmessungen über die Zeit und auch Bruchversuche in der Lage, zur Verbesserung der Standsicherheit untertägiger Baue beizutragen.

Herr Helfrich

Anknüpfend an meine Ausführungen über das Stabilitätsfaktorproblem (Pfeilerdeformation) will ich zum besseren Verständnis meiner früheren Ausführungen 2 Bilder vorlegen, die ein weiteres im praktischen Betrieb verwendetes Pfeilerklassifizierungssystem erläutern sollen. Rücksichtnehmend auf die Vielfältigkeit der Faktoren, die bei der Pfeilerbelastung eine Rolle spielen, umfaßt dieses System (Bild 1) fünf Bestimmungsgruppen. Es sind dies die Dimension, die Form, die Position, der geologische Aufbau und das Kluftbild. Während in der ersten veröffentlichten Version die Gruppen gleichartig behandelt werden, ist in der jetzigen Fassung eine Änderung eingeführt, die jedoch nur das Kluftbild betrifft. Es ist verständlich, daß wir gerade den Klüften größere Bedeutung beimessen, da dieselben, ob tektonisch angelegt oder Äußerungen bereits eingeleiteter Deformation sind, wesentlich auf die Stabilität der Pfeiler einwirken. Die Punktebewertung erfolgt beim Kluftbild von 0—6.

Darüber hinaus wird die Öffnungsweite der Klüfte über den gesamten Pfeiler gemessen und nach Offenheitswerten zusammengestellt. Die Werte für die einzelnen Bestimmungsgruppen werden in speziellen Pfeilerkarten dargestellt (Bild 2, 3).

Aus den Bildern 2 und 3 ist zu ersehen, daß ein unregelmäßiger Pfeilerabsatz vorliegt, was besonders den Pfeilerdurchmesser betrifft. Hinzu kommt, daß bei der ursprünglichen Pfeilerdimensionierung von einer bestimmten Mächtigkeit des Erzkörpers ausgegangen wurde. Später erwiesen sich auch die umgebenden geringeren Haltzonen als bauwürdig (fluktierende Metallpreise), wodurch der erweiterte Abbau zu einer Vergrößerung des Schlankheitsgrades führte.

Die Pfeiler sind nach Stabilitätsgraden von 0—9 eingeteilt, wobei für die Gruppe 9 die ungünstigsten Bestimmungswerte gelten. Ungünstige Werte ergeben sich beispielsweise für kleine Pfeilerdimensionen.

Die Ergebnisse zeigen, daß das System mit den Erwartungen übereinstimmt. So ist beispielsweise im Zentrum, wo die größten Spannweiten herrschen, auch die größte Herabsetzung der Stabilität zu beobachten.

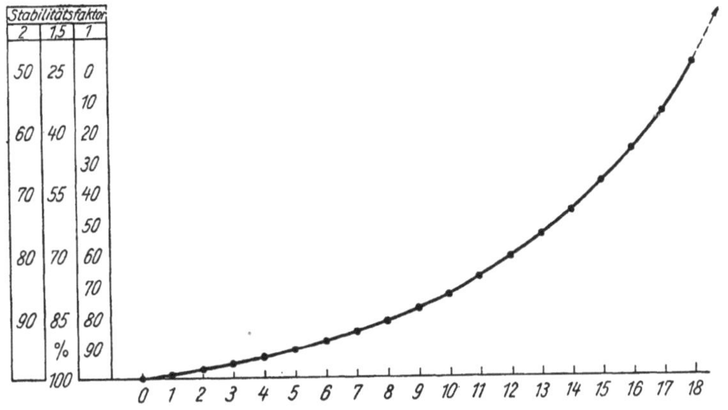

Bild 1. Resttragfähigkeit eines Pfeilers in Abhängigkeit von Stabilitätsfaktor und Stabilitätsklassifizierung (0—18)

Für den Betriebsingenieur ist diese Karte eine wesentliche Grundlage für die Planung von Verstärkungsarbeiten. Vor allem erhält er die Möglichkeit, auch den Zeitfaktor hereinzunehmen. Es läßt sich eindeutig verfolgen, wie sich die Stabilität des Grubengebäudes mit fortschreitendem Abbau verändert.

Angeregt durch Herrn Dr. Jacobi möchte ich noch etwas zur Ergänzung hinzufügen. Ich möchte bedeutend optimistischer sein hinsichtlich der Möglichkeit, auch im noch nicht aufgefahrenen Gebirge Aussagen über die Gebirgsfestigkeit machen zu können. Zwei Beispiele sollen dies zeigen.

Eine vertikal stehende Erzlagerstätte mit aufgefahrenen Förderstrecken erforderte einen Sturzschacht, der im Liegenden des Erzkörpers zu verlegen war. Auf Grund der allgemeinen geologischen Verhältnisse war mit schwachen Gebirgszonen zu rechnen. Tektonische Bohrkernanalysen in den Grubenabschnitten, die für die Verlegung des Schachtes in Frage kommen, gaben eindeutige Aussagen über den jeweiligen Gebirgsaufbau. Der Schacht konnte damit so verlegt werden, daß spezielle Schwierigkeiten vermieden werden konnten.

An einem zweiten Beispiel soll die Vorplanung von Verstärkungsarbeiten an einem Stollen erörtert werden. Eine Vorbohrung (Kernbohrung) längs der geplanten Stollenachse gestattete eine Bohrkernanalyse nach der Hansagi-Methode. Gleichzeitig serienmäßig ausgeführte

Bestimmungsgruppe	Bestimmungsmerkmal	Punktebewertung			
		0	1	2	3
Dimension	Höhe	0–8	8–12	12–20	>20
	effektive Pfeilerarea (m^2)	>40	30–40	20–30	<20
	zu tragende Firstenarea (m^2)	<150	150–250	250–350	>350
Form	Horizontalschnitt	rund, balkenförmig	elliptisch	quadratisch	unsymmetrisch
	Vertikalschnitt	gleichförmig	konisch	uhrglasförmig	unsymmetrisch
	Mantelfläche	glatt	wellig unregelmäßig	s-Flächen folgend	überhängig unterminiert
Position	Abweichung von der Pfeilernormalen	0°	5–10°	10–15°	>15°
	Pfeilerfuß-Sohle	horizontal	geneigt	Abbaukante bildend	Strossenbalken bildend
	Pfeilerkrone-Firste	horizontal	geneigt	stufenförmig	Abbaugrenze bildend
Aufbau und Bindung	Anzahl der geol. Schichten	1	2	3	>3
	Verwitterung	fehlt	lokal	Außenschicht erfassend	umfassend tiefgreifend
	Kontakt: Pfeiler-Firste/Sohle (%)	100–90	90–70	70–50	<50
Kluftbild	Bestimmungsmerkmal	Punktebewertung			
		0	1	2	6
	Klüftung		Kluftabstand (cm)		
		0	100–10	10–1	<1
	Kluftlänge	0	1/4	1/2	1
	Öffnungsweite (mm)	0	0–8	9–18	19–30

Σ Öffnungsweite in mm

31– 44 = + 4 → Offenheitswert
45– 60 = + 9
61– 80 = + 15
81–104 = + 22
105–132 = + 30
133–164 = + 39
165–200 = + 49
201–240 = + 60
241–284 = + 72
285–332 = + 85
333–384 = + 99

Punktesumme (max 9 resp. 18 Punkte Bestimmungsgruppe)

0– 5 = 0
6–10 = 1
11–15 = 2
16–20 = 3
21–25 = 4
26–30 = 5
31–35 = 6
36–45 = 7
46–55 = 8
55 = 9

27 – – – – – – Punktesumme
+4 – – – – – Offenheitswert

Bsp. Pfeiler 0–12 (35726) – – – Punktebewertung

Bild 2. Pfeilerklassifizierungstabelle

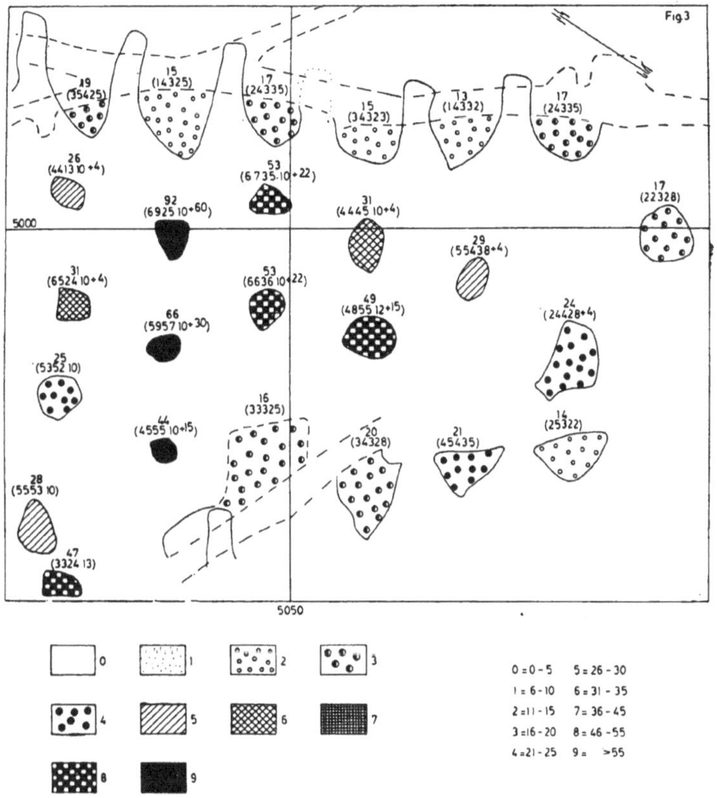

Bild 3. Pfeilerstabilitätskarte (0 = höchster, 9 = niedrigster Stabilitätsgrad)

Druckfestigkeitsuntersuchungen führten zur Errechnung der räumlichen Gebirgsfestigkeit. Die Festigkeitsbewertung des Stollens zeigte eine volle Übereinstimmung mit den während des Vortriebes erforderlichen Verstärkungsarbeiten.

Herr Kuznecov

Einige Ergänzungen hinsichtlich der Diskussionsbeiträge von Dr. Jacobi und Dr. Helfrich.

Dr. Jacobi hat die wichtige Frage der Notwendigkeit der Änderung der Methodik unserer Untersuchungen zu den Fragen der Gebirgsmechanik in Verbindung mit der neuen Technik zur Durchführung bergmännischer Arbeiten unterstrichen. Dabei hat er sich etwas pessimistisch geäußert speziell über die Möglichkeit der Voraussage der Bedingungen, mit denen der Bergmann in Berührung kommt, speziell beim Auffahren von Grubenbauen.

Dr. Helfrich hat darauf schon entsprechend entgegnet, daß man nicht so pessimistisch sein sollte. Ich meinerseits bin auch der Meinung, daß wir unsere Arbeiten so organisieren und durchführen müssen auf dem Gebiet der Gebirgsmechanik, daß wir in entsprechendem Maße diese Voraussagen gewährleisten können.

Eine große Bedeutung besitzt insbesondere eine vorherige systematische Untersuchung der Zusammensetzung der Gesteine, der Festigkeit, der Struktur usw.

In der UdSSR — speziell im Donbass — sind bereits einige Jahre Arbeiten durch spezielle Gruppen des geologischen Dienstes durchgeführt worden. Es werden systematische Untersuchungen an den neuen Feldern durchgeführt. Es wird nicht nur eine gewöhnliche geologische Beschreibung vorgenommen, wie das bisher erfolgte, sondern es wird auch eine ganze

Reihe charakteristischer Parameter — d. h. speziell zu den mechanischen Eigenschaften der Gesteine, der Struktur, des Vorhandenseins von Klüften — mit Hilfe von Bohrlochmessungen und von Prüfungen der Kernproben mit herangezogen.

Die statistische Bearbeitung des gesamten Materials dieses Ergebniskomplexes gestattet die Ermittlung der entsprechenden Korrelationsbeziehungen zwischen diesen einzelnen Kenngrößen. Dies erleichtert die Voraussage der Bedingungen für die Durchführung bergmännischer Arbeiten bereits ohne zusätzliche Untersuchungen.

Eine sehr wichtige Frage ist die einfache Beobachtung, die systematisch in Grubenbauen vorgenommen wurde, sowie die notwendige Information über den Zustand der Grubenbaue. Ich bin der Meinung, das ist eine sehr wichtige Aufgabe der Fachleute auf dem Gebiet der Gebirgsmechanik. Sie müssen einen solchen Komplex einfacher Beobachtungen erarbeiten, und zwar Beobachtungen, die nicht unbedingt von speziellen Forschungsgruppen durchgeführt werden müssen, sondern unmittelbar von den Betriebsleuten.

Um eine sehr breite Information zu gewinnen und vor allen Dingen um eine kontinuierliche Information zu erhalten, was besonders wichtig ist, versuchen wir bei uns in der UdSSR — das ist natürlich organisatorisch sehr schwierig, da es die Bergleute im Schacht nicht gewöhnt sind —, speziell den Gebirgsdruck systematisch zu registrieren. Es wäre deshalb sehr gut, wenn wir als eine der Aufgaben unserer zweiten Arbeitsgruppe des IBG die Erarbeitung solcher Methoden und Hilfsmittel formulieren könnten, um solche einfachen Messungen von seiten der Bergleute durchzuführen. Gemeinsam mit Bergleuten und Spezialisten der Gebirgsmechanik sollte dann eine Verallgemeinerung vorgenommen werden, um entsprechende praktische Hinweise zu geben und dieses gesamte Material für die weitere Entwicklung unseres Wissens auf dem Gebiet der Gebirgsmechanik zu nutzen.

Herr Höfer

Sie haben ein sehr wichtiges Gebiet angeschnitten, nämlich den ungeheuren Erfahrungsschatz, den wir durch die Einbeziehung der Bergleute in unsere Arbeit gewinnen können.

Herr Gramberg

Ich möchte etwas zum Element Bewegung bei der Bruchverformung in Gesteinen sagen. Bei der Beanspruchung, nachfolgender Entlastung und anschließend erneuter Belastung des Gesteins — um Hohlräume unter Tage, Druckstollen und Speicherungsanlagen oder auch über Tage bei Staubecken — entsteht im Gestein zuerst Kontraktion, danach Dilatation, danach wieder Kontraktion usw.

Die Gesteinsmasse führt infolge dieser wechselnden Belastung eine atmende Bewegung aus. Die einzelnen Elemente des Gesteins — die Gesteinsschichten, Gesteinsblöcke, Gesteinsplatten — führen dabei gegenseitige Schubbewegungen aus. Diese Bewegungen verursachen örtliche Scherspannungen. Diese Scherspannungen, superponiert auf den schon anwesenden Druckspannungen, veranlassen neue Bruchbildungen zweiter und dritter Ordnung.

Diese Wechselbelastung muß leider zur fortschreitenden Bruchbildung führen. Die Bewegungen werden bestimmte Bahnen wählen, es entstehen Zonen der Mikrobewegung. Die Bruchrichtungen innerhalb dieser Zonen werden einander schneiden, und im Laufe der Zeit können sich diese Bewegungsbahnen immer mehr ausprägen. Dadurch wird der Bewegung weniger Widerstand entgegengesetzt. Es kann sich ein Gleichgewicht im Gebirgsinneren einstellen. Es könnte aber auch zu Instabilität kommen, und dann entwickeln sich Scherzonen. Sie können zu Zerstörungen im Gebirge führen, wodurch Konstruktionen beschädigt werden. In der Geologie können gleichartige Vorgänge nachgewiesen werden, so z. B. bei der Bildung gewisser Schieferungsarten. Vielleicht könnte auch die Gneisbildung auf ähnliche Vorgänge zurückgeführt werden.

Das mechanische Element, das dabei zugrunde gelegt werden könnte, kann auf das kontinuierliche Hin- und Herbewegen infolge der kontinuierlichen Bewegungen in der Erdkruste zurückgeführt werden.

Herr ZNAŃSKI

Zur Untersuchung der Standfestigkeit der Grubenbaue in den zu Schlägen neigenden Flözen möchte ich einige Erläuterungen geben. Die Dynamik des Gebirges tritt in der Umgebung der Grubenbaue in Form des Zerfalls der Kohlenstöße in Blöcke und deren allmählicher Zerdrückung oder gewaltsamer schlagender Entspannung in Richtung zum Abbau hin in Erscheinung.

Abhängig vom Belastungssystem im Gebirge wurden die Schläge in Spannungsschläge (Flözschläge) und dynamische Gebirgsschläge (Schläge des Hangenden und Liegenden) eingeteilt.

In einem belasteten, zum Schlagen neigenden Flöz treten Trennungsbrüche unter Zerfall des Flözes in Blöcke in den Richtungen natürlich verminderter Festigkeit (Schichtung, Schlechten) sowie anderen vorbestimmten Stellen der Beanspruchung des Flözes auf.

Die das Flöz trennenden Brüche eilen den Spannungsschlägen voraus, wenn ein allmählich wachsender Druck vorliegt. Bei Schlägen des Hangenden und Liegenden jedoch tritt das Bersten des Flözes gleichzeitig mit ihrem Schlag auf, und zwar im Moment der Auslösung der elastischen Energie durch die berstenden Schichten des Hangenden bzw. Liegenden und die Übertragung dieser Energie auf das Flöz. In einem derartigen Falle treten außerordentlich intensive Schwingungen des Gebirges auf, die auf der Erdoberfläche als Erschütterungen fühlbar werden.

Befindet sich in einem zum Schlagen neigenden Flöz ein Grubenbau in einem Feld übermäßigen Druckes, der lokalisiert ist oder sich infolge des umgehenden Abbaus verschiebt, verändert das Bersten der Stöße den Spannungszustand der Blöcke in ihrer Verrückungszone mit wachsender Entfernung vom Stoß.

Das geschieht in Abhängigkeit von der Möglichkeit der freien Entspannung der Blöcke, begrenzt durch deren Zusammendrängung und ihre gegenseitige Reibung sowie die Reibung mit der anliegenden steiferen Firste und Sohle. In der zum anstehenden Flöz übergehenden Zone vergrößert sich der Abstand der entstehenden Trennbrüche, und es kommt zur Einspannung der Kohlenblöcke der Verrückungszone. Die Komponenten der Gestaltsänderungen nehmen hier ab, während die Komponenten der Volumenänderung wachsen.

Diese Zone wird deshalb zu einem Kämpfer der Druckkonzentration. Es kann unter diesen Umständen zu einem zufälligen Bersten eines der Kohlenblöcke infolge der Inhomogenität seiner Struktur bzw. seiner Überlastung kommen. Der Blockschlag pflanzt sich dann lawinenartig auf die benachbarten Blöcke fort. Die Blöcke dehnen sich dann in Richtung zum Grubenbau aus, brechen den Widerstand der Kohlenblöcke im Abbaustoß und verursachen gewissermaßen eine Explosion des Strebstoßes, also einen Spannungsschlag. Der Verlauf des Zerfalls einer in der Presse zerdrückten kleinen Kohlenprobe gleicht dem Schlag des ersten Blockes im Flöz.

Um sich von der Richtigkeit der obigen qualitativen und auch quantitativen Bestimmung der Elastizität und Festigkeit des Kohlenflözes zu überzeugen, war es begründet, das Flöz im Streb auf einer bestimmten Fläche einer durch eine hydraulische Kolbendruckmaschine verursachten und geleiteten Druckbeanspruchung auszusetzen.

Derartige Untersuchungen werden in Polen seit dem Jahre 1964 in der Steinkohlengrube „Wanda Lech" durchgeführt, anfänglich am Rande des Abbaustoßes und später immer weiter vom Rande entfernt in der Tiefe des anstehenden Flözes. Messungen am Rande des Strebs bewiesen, daß die Festigkeit des Flözes von der Ausbildung des vorher entstandenen Trennflächennetzes abhängt und geringer ist als die Festigkeit kleiner Proben. Der Wert der Elastizitätskennziffern weist auf einen Einfluß der nichtelastischen Verschiebung im Trennflächennetz hin.

Die Informationen aus den folgenden Untersuchungen der immer weiter vom Kohlenstoß entfernt ausgeübten Druckbeanspruchung, also in der Tiefe des anstehenden Flözes, bestätigten die Vermutung vom Anwachsen der Festigkeit und der Elastizitätskennziffer. Das steht wahrscheinlich mit dem immer besseren Übergang des Flözes in einen quasi-triaxialen Spannungszustand im Zusammenhang oder stellt das Problem von Boussinesq dar.

Die Verteilung der infolge der Druckbeanspruchung unter der Kolbendruckmaschine im Flöz erfolgenden Verformungen sowie der Elastizitätskennziffern und Festigkeitskennziffern wie auch der Verlauf des Berstens und der Entspannung des Flözes sind recht interessant.

Die Verteilung der Verformungen ist nicht gleichförmig, obwohl die von der Kolbendruckmaschine ausgeübte Beanspruchung gleichmäßig ist. Die Elastizitätskennziffer wächst und gleichzeitig wächst auch die Festigkeit des Flözes.

Die Forschungen werden weitergeführt. Deshalb ist eine vollständige Auswertung der quantitativen Ergebnisse noch nicht möglich.

Herr Mello Mendes

Mein Beitrag betrifft die in einigen Fällen bestehende Möglichkeit, mittels Konvergenzmessungen das Sich-Ereignen von Gebirgsschlägen vorauszusagen. Die Ergebnisse, die ich zeigen werde, gingen aus Arbeiten hervor, die ich vor einigen Jahren während meiner 12jährigen Tätigkeit als Bergbauingenieur in dem Bergwerk Panasqueira in Portugal durchführte. Diese Ergebnisse wurden 1960 veröffentlicht [1], doch da sie auf portugiesisch erschienen sind, denke ich, daß ihre Verbreitung sehr gering ist.

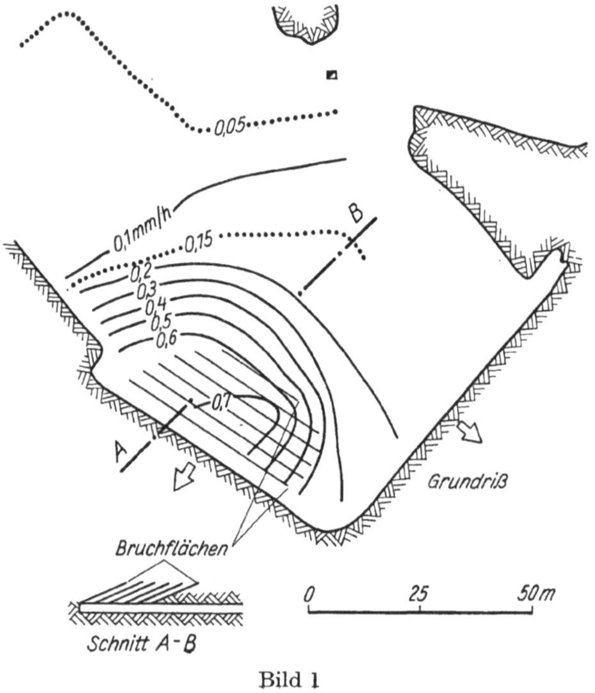

Bild 1

Das Bergwerk Panasqueira ist die größte Wolframgrube Portugals und, soviel ich weiß, die größte Wolframgrube der Welt als unabhängige Einheit. Sie liegt im Zentrum des Landes in den ältesten geologischen Formationen, welche aus harten und nur wenig verformbaren Phylliten bestehen, die in Laborversuchen Elastizitätsmoduln in der Größenordnung von $6 \cdot 10^5$ kg · cm^{-2} und Druckfestigkeiten zuweilen über 1500 kg · cm^{-2} ergaben. Es werden fast waagerechte Quarzgänge, deren Mächtigkeit zwischen 0,40 m und 1,20 m liegt, abgebaut.

Die flachen Abbauzonen, auf die die Forschung gezielt war, lagen in einer Teufe zwischen 250 m und 300 m und hatten im Grundriß ungefähr die Form, die in Bild 1 gezeigt wird. Die Abbaufronten schritten in der in Bild 1 angegebenen Richtung fort. Man hätte von einer langfrontartigen Bauweise sprechen können, jedoch war ihre Vortriebsgeschwindigkeit (sie überschritt selten 0,50 m/Tag) wegen der mit der Notwendigkeit einer maximalen Rückgewinnung der feinen Erzteile verbundenen besonderen Schwierigkeiten der Wolframgruben sehr gering.

Für die Behandlung der Hohlräume wurden verschiedene Methoden ausprobiert: Holzstöße, „pigsties", Betonpastillenpfeiler usw. Aus Sicherheitsgründen war das gebräuchlichste Verfahren jedoch die teilweise Ausfüllung mit „packwalls", die aus den großen Blöcken des Nebengesteins der Gänge, das mit diesen abgebaut werden mußte, hergestellt wurden.

Wegen seiner großen Steifheit übte das Hangende während der ersten Zeit eines Abbaues wenig oder keine Last auf die „packwalls" aus, und die Hohlräume verhielten sich praktisch, als ob es sich um offene Abbaue handelte. Jedoch sobald eine bestimmte freie Spannweite in der Größenordnung von 50 m bis 70 m erreicht wurde, ereignete sich unvermeidlich ein starker Gebirgsschlag mit einer Dauer in der Größenordnung von zehn Stunden, wobei eine begrenzte Zone in der Nähe einer der Abbaufronten Brüche erlitt.

Gleichzeitig entlud sich das Hangende auf die „packwalls", wobei Fälle eintraten, daß in weniger als 24 Stunden nach einem jener Gebirgsschläge die Höhe des Hohlraumes von 1,70 m auf 0,40 m zurückging. Nach diesen Gebirgsschlägen konnte der Abbau ohne weitere Schwierigkeiten fortschreiten.

Unter dem Gesichtspunkt der Sicherheit lag das Hauptproblem darin, zu wissen, wann und in welchen Zonen der Abbaufronten sich die ersten Brüche ereignen würden. Um dies zu klären, haben wir einen systematischen Konvergenzmessungsfeldzug vorgenommen. Wir konnten so feststellen, daß bei Überschreitung der Konvergenzgeschwindigkeit von 0,1 mm/h an einem der Meßpunkte es möglich wurde, in seiner Nähe Kurven gleicher Konvergenzgeschwindigkeit zu bestimmen, wie die schematisch in Bild 1 dargestellten. Sie lieferten gute Angaben über die Zonen, in welchen die Gebirgsschläge beginnen würden. Diese ereigneten sich jedoch nur, wenn die Geschwindigkeiten 0,7 mm/h überschritten.

Die Konvergenzgeschwindigkeit 0,1 mm/h wurde also als ein Sicherheitswert genommen, der eine verstärkte Beobachtung in der Nähe des Platzes, an dem sie auftrat, rechtfertigte. Im übrigen lagen die Brüche, wenn sich ein Gebirgsschlag ereignete, ungefähr in der Zone, die durch die Kurve 0,5 mm/h begrenzt wurde, welche den letzten Messungen, die durchgeführt werden konnten, entsprach (gestrichelte Zone in Bild 1).

Auf diese Weise gelang es uns, das Auftreten eines Gebirgsschlages mit einem Vorsprung von etwa 12 Stunden vor seinem Beginn vorauszusagen.

Ich halte es auch noch für interessant festzustellen, daß ungeachtet der Eigenarten des Gebirges, das durch starke senkrechte, nicht mit der Schichtung (diese war sehr wirr und sehr schwer festzustellen) übereinstimmende Schieferung beeinflußt wurde und durch verschiedenartige Kluft- und Störungsscharen (einige von ihnen noch jung, mit der alpinen Orogenese verbunden) zerschnitten wurde, die Brüche, die entstanden (siehe Schnitt in Bild 1) typische Scherbrüche waren, wie die, die vorausgesagt werden können, wenn man die Hohlräume so behandelt, als ob sie in einem völlig stetigen und elastischen Medium geöffnet werden. Im übrigen war das Auftreten der Gebirgsschläge nur in den freien Spannweiten der Hohlräume und von keinem anderen Faktor abhängig.

Aus diesen Gründen habe ich geglaubt, daß die Voraussage dieser Gebirgsschläge mittels Konvergenzmessungen von hinreichendem Interesse ist, um hier erwähnt zu werden.

Literatur

[1] MELLO MENDES, F.: Mechanisches Verhalten schieferiger Gesteine (Beitrag zur Erforschung des Gebirgsdruckseinflusses auf den Abbau des Gangfeldes Panasqueira). Imprensa Portuguesa, Porto, 1960.

Herr ROTTER

In Ergänzung zu dem ausgezeichneten Generalbericht möchte ich sagen, daß — wenn auch in sehr bescheidenem Maße, aber vielleicht doch etwas mehr, als es im Generalbericht zum Ausdruck kommt — die Geophysik versucht hat, bestimmte Beiträge zur Untersuchung der Standfestigkeit von Grubenbauen zu liefern, die eine unmittelbare praktische Anwendung gefunden haben.

Ohne Ihre Zeit lange in Anspruch nehmen zu wollen, lassen Sie mich das an einem ganz kurzen Beispiel aus dem Mansfelder Kupferschieferbergbau demonstrieren:

Die gegenwärtige Technologie im Mansfelder Kupferschieferbergbau besteht darin, daß beim Strebbau zusätzlich zu dem 20—30 cm mächtigen Flöz ungefähr 50 cm des Hangenden mit hereingewonnen werden mußten. Man hat nun aus ökonomischen Gründen versucht, Abbaumethoden zu finden, bei denen nur das dünne Flöz mit maschinellen Mitteln hereingewonnen werden kann. Eine derartige Methode ist der sogenannte Blockrückbau.

Das Prinzip dieser neuen, mechanischen Flözgewinnung besteht im folgenden: Ein Block in der Größenordnung von ungefähr 60 m Länge und 30 m Breite wird durch Strecken vorgerichtet. Eine Vorbehandlung des sehr festen Flözes durch Auflockerungsbohrungen soll bewirken, daß

a) die Flözfestigkeit soweit verringert wird, daß ein Schälschrapper ökonomisch sinnvoll einsetzbar ist,
b) eine Dachschonung durch stärkere Differenzierung der Flöz- und Fäuleschichten (mit „Fäule" werden die unmittelbar über dem Flöz anstehenden Dachschichten bezeichnet) und eine Verlagerung des Zusatzdruckes erreicht und damit eine ausbaubare Dachbeherrschung in der nur 20—30 cm breiten Schrappgasse bewirkt wird.

In welchem Umfang die Flözauflockerung diese Aufgabenstellung erfüllt, sollte durch den Einsatz geophysikalischer und gebirgsmechanischer Untersuchungen beurteilt werden. Die Messungen wurden in Gemeinschaftsarbeit von der Hauptmarkscheiderei des VEB Mansfeldkombinat „Wilh. Pieck" und vom damaligen Institut für Angewandte Geophysik, jetzt Teil der Sektion Geowissenschaften der Bergakademie Freiberg, durchgeführt.

Seitens der Geophysik wurden in zwei Bohrungen, deren Anordnung aus Bild 1 hervorgeht, schlagseismische Messungen vorgenommen. Die Messungen erstreckten sich von Dezember 1965 bis August 1966 und erfaßten alle technologischen Teilabschnitte des Blockrückbaus.

Bei der ersten Messung befand sich der Block quasi im unverritzten Zustand. Bei der zweiten Messung im Februar 1966 war der Block bis auf die im Bild 1 angedeutete Rippe aufgebohrt. Die Aufbohrung der Restrippe erfolgte im März 1966. Ab Mai ging der Block mit den angeführten Strebständen in Verhieb.

Bild 2 zeigt die bei Wiederholungsmessungen über ein Bohrlochprofil erzielten Ergebnisse. Dargestellt wird die jeweilige Veränderung der Intervallgeschwindigkeit, d. h. der mittleren Ausbreitungsgeschwindigkeit für das Bohrlochintervall zwischen zwei Meßpunkten.

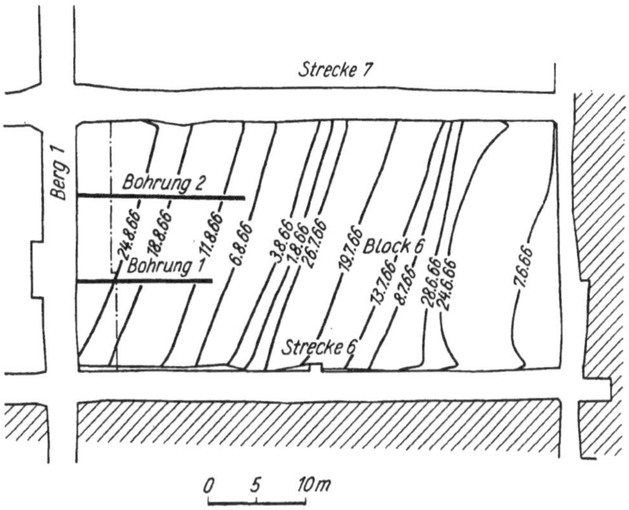

Bild 1

Zunächst ist nach unserer Ansicht recht gut belegt, daß vor Beginn der Flözauflockerung im genannten Blockbereich bis auf den Abschnitt unmittelbar im Streckeneinflußbereich eine nahezu konstante Geschwindigkeitsverteilung vorherrscht. Auftretende Anomalien boi Wiederholungsmessungen sind also eine unmittelbare Folge der bergmännischen Arbeiten.

Durch diese Arbeiten hervorgerufen, stellt sich infolge einer ungleichmäßigen Flözauflockerung ein wellenförmiger Geschwindigkeitsverlauf ein.

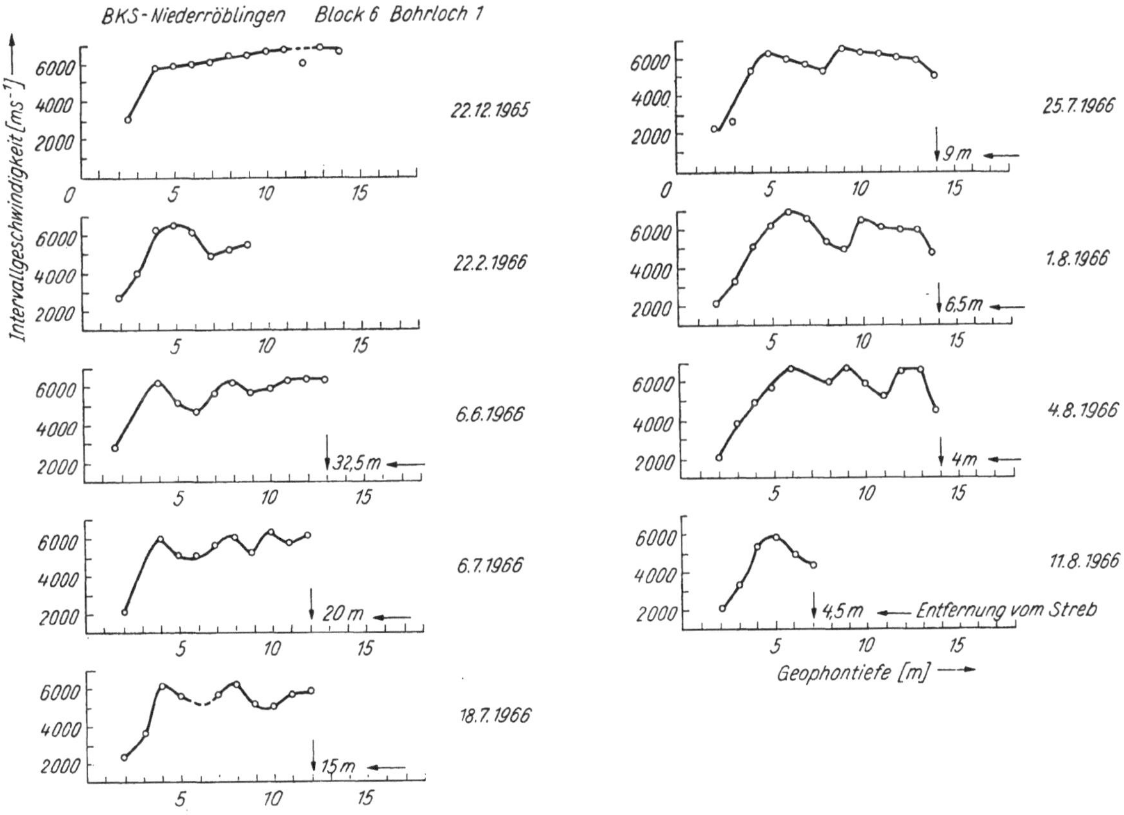

Bild 2

Der sich nähernde Abbau bewirkt außerdem Veränderungen in diesem Verlauf, insbesondere ist ein ausgeprägter Geschwindigkeitsabfall in einer Entfernung von der Strebkante feststellbar.

Aus den Messungen läßt sich ferner eine zerrüttete Zone in unmittelbarer Streckennähe bis etwa 4 bis 5 m verfolgen, die sich infolge der Abbauarbeiten ins Blockinnere verschiebt. Von Interesse dürfte weiterhin sein, daß die ersten vor dem Abbaustoß registrierten Maxima in einer Linie parallel zur Strebkante lagen und sich räumlich kontinuierlich mit dem Abbau veränderten. Vergleichende Bohrlochverformungsmessungen, die von der Hauptmarkscheiderei des Mansfeldkombinates durchgeführt wurden, zeigten, daß die schlagseismisch festgestellten räumlichen und zeitlichen Veränderungen im Dachverhalten außerhalb der unmittelbaren Einflußzone von Strecke und Abbau in erster Linie von der Wirksamkeit der Auflockerungsbohrungen abhängen.

Die Lage der Zusatzdruckzone vor dem Abbau und die sich einstellende zerklüftete Zone vor dem Abbaustoß konnten eindeutig ermittelt werden.

Die durchgeführten Messungen gaben somit wertvolle Hinweise für eine Verbesserung der angeführten Technologie. Auf Grund der von uns durchgeführten Testmessungen gehören jetzt schlagseismische Messungen zum Routineuntersuchungsprogramm des Kombinates.

Detaillierte Angaben über die hier angeführten sowie über weitere schlagseismische Messungen finden sich im Freiberger Forschungsheft C 240 „Hammerschlagseismische Untersuchungen zur Lösung geomechanischer Aufgaben (Prinzip und Ergebnisse)", auf das ich abschließend verweisen möchte.

Herr Militzer

Als Vertreter der Geophysik in diesem Kreise habe ich wie andere Kollegen auch nicht nur die Aufgabe, über die Anwendbarkeit geophysikalischer Methoden für die Belange der Gebirgsmechanik zu informieren, sondern auch die Leistungsgrenzen aufzuzeigen, die den einzelnen geophysikalischen Methoden anhaften, damit jederzeit auch deren sachgemäßer Einsatz richtig beurteilt wird. Unter diesem Gesichtspunkt einen Hinweis auf die Ermittlung der Auflockerungszone hinter aufgefahrenen Grubenbauen.

Dr. Rotter führte soeben aus, daß es in gegebenen Fällen zweckmäßig ist, diese Auflockerungszone mit Hilfe schlagseismischer Messungen in Bohrungen beispielsweise über die Ermittlung der Laufzeit elastischer Wellen bzw. deren Geschwindigkeit zu ermitteln. Dabei können Bohrkränze benutzt werden, wie sie aus Bild 1 ersichtlich sind, und die Geschwindigkeitsverteilung kann dabei einen Verlauf zeigen, wie er speziell aus dem linken Teil des Bildes 1 ersichtlich ist.

Untersuchungen dieser Art haben immer zu guten Ergebnissen geführt, wenn es sich um Relativmessungen handelte und wenn das Gebirge durch eine relativ gute Gleichförmigkeit ausgezeichnet war. Untersuchungen an Bohrkernen jedoch deuten zusätzliche Effekte an,

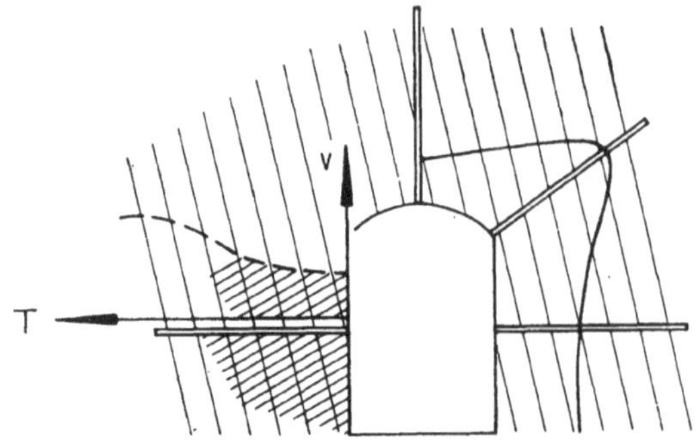

Bild 1. Bohrlochkranzanordnung für seismische Messungen in einer aufgefahrenen Strecke

——— Isochrone (Linie gleicher Laufzeit elastischer Wellen für T = const; T = Bohrlochtiefe

— — — Ausbreitungsgeschwindigkeit v elastischer Wellen in einer Bohrung

\ \ \ \ \ \ Hauptkluftrichtung

\≡\≡\≡\ Hauptkluftrichtung mit Auflockerungszone

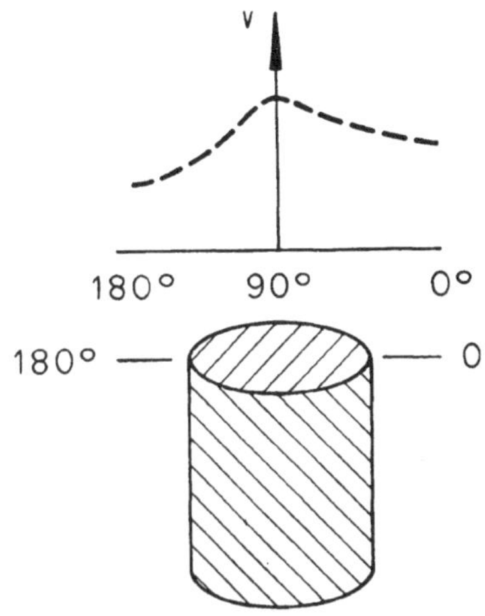

Bild 2

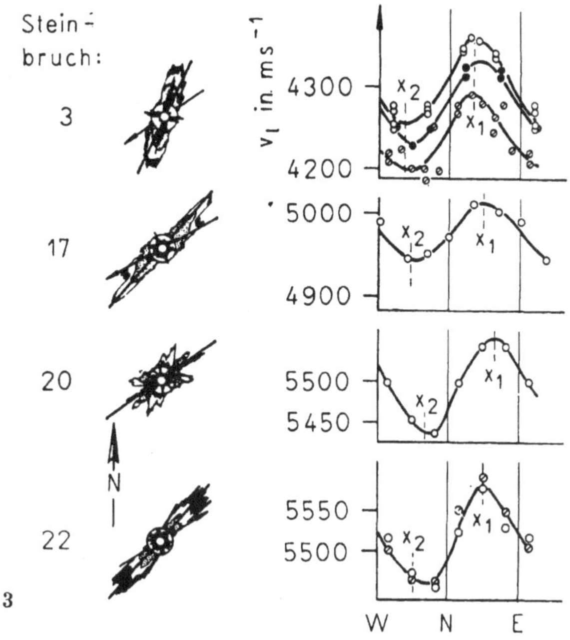

Bild 3

die einer Interpretation zugeführt werden müssen, die uns als Anisotropieeffekte bekannt sind und die bei Nichtberücksichtigung in der Interpretation der Meßergebnisse zu erheblichen Fehlleistungen Anlaß geben können.

Wird beispielsweise ein Bohrkern in unterschiedlichen Richtungen durchschallt, und wird die Ausbreitungsgeschwindigkeit in Abhängigkeit vom Azimut der Durchschallungsrichtung aufgetragen, dann kann sich eine Geschwindigkeitsverteilung ergeben, wie sie in Bild 2 dargestellt ist. Giesel hat diesen Befund mit Deformationsuntersuchungen an Krinoidenstielgliedern verglichen und ist zu der Feststellung gekommen, daß Geschwindigkeitsmaxima senkrecht zur Längsachse der deformierten Stielglieder aufgetreten sind (Bild 3).

Derartige „Anisotropieerscheinungen" treten also immer dann auf, wenn durch die Bildungsbedingungen, durch tektonische Vorgänge, durch Klüftung, Schieferung und Schlichtung die physikalische Homogenität des Gebirges gestört ist. Wird in diesen Fällen die Ausbreitungsgeschwindigkeit vom Azimut ermittelt, so ergeben sich immer senkrecht zur Schieferungs- oder Kluftrichtung geringere Werte in der Ausbreitungsgeschwindigkeit als parallel dazu (Bild 4).

Dieses Ergebnis auf das praktische Beispiel übertragen heißt: Tragen wir, wie in Bild 1 (rechter Teil), im Untersuchungsbereich die Schieferungs- und Kluftflächen ein, bringen Bohrungen zur Geschwindigkeitsbestimmung in den verschiedenen Azimuten an, dann kann es, wenn die Anisotropieeffekte nicht berücksichtigt werden, zur Festlegung von Kluftbereichen

Bild 4

kommen, die scheinbar vorhanden sind, in Wirklichkeit aber ausschließlich auf die Anisotropie zurückgeführt werden müssen.

Meine Empfehlung geht deshalb dahin, diesen Tatbestand ganz gezielt in unsere laborativen und in unsere Untersuchungen in situ einzubinden, um die bereits bewährten geophysikalischen Meßmethoden und bergmännisch notwendigen Aussagen exakter zu fassen, als das bisher der Fall gewesen ist.

Herr Schwellnus

In den letzten Tagen haben wir sehr viel über Methoden gehört. Wir leisteten eine sehr gute Arbeit aus der Sicht des Bergbaus. Wir begehen einen Fehler, wenn wir glauben, daß die Methoden nicht geeignet seien. Ich glaube, daß das ein falsches Herangehen ist, denn unsere Methoden eignen sich durchaus. Nur besteht beim Interpretieren der Resultate ein augenblicklich unlösbares Problem. Ich kann diesbezüglich nur dem zustimmen, was von Dr. Helfrich, Dr. Endersbee und Herrn Gramberg gesagt worden ist.

Ich möchte nur kurz anführen, wenn man z. B. das Kluftsystem in einem Gebirgsmassiv markiert, findet man, daß bestimmte Konzentrationen von Klüften erforderlich sind, um klare Ergebnisse zu erhalten. Professor Meyer vertrat die Meinung, daß man zumindest 200 Messungen braucht, um ein klares Strukturbild zu erhalten. Ich bin der Ansicht, daß sich die erforderliche Anzahl der Messungen danach richtet, wozu die Ergebnisse verwendet werden sollen.

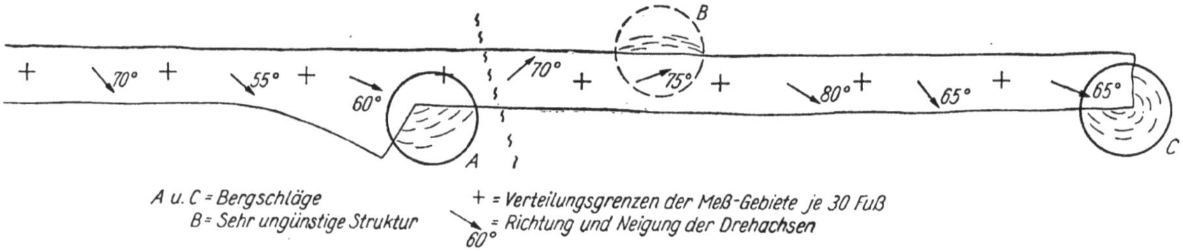

Bild 1

Wenn man zum Beispiel die Struktur von einem Gebiet mit der von einem anderen Gebiet vergleichen möchte, braucht man zumindest 200 Messungen pro Gebiet, um ein klares regionales Strukturbild zu bekommen. Wenn man aber die Struktur mehr im kleinen Maßstab untersuchen möchte, ist es viel einfacher, wenn man die Meßgebiete (structural units) kleiner macht und dann die Kluftschnittlinienmaxima vergleicht. Der Konzentrationspunkt der Schnittlinien bestimmt auch statistisch die Schwächelinie der Gebirgsstruktur und die Drehachse des Kluftsystems.

Wenn die Meßgebiete klein sind, kann man hierdurch die Bewegung der Richtung der Schwächelinien erkennen. Das ist öfters wichtig, um bestimmte Voraussagen zu machen. In einem unserer Bergwerke haben wir diese Tatsache benutzt, um die Richtung der Ausbreitung des zerbrochenen Gebirgsmassivs zu erkunden. In bezug auf Gebirgsschläge stellten wir fest, daß diese Richtungen, wenn sie in kleinen Einheiten gemessen werden, sich wie in Bild 1 gezeigt darstellen.

Wenn die Drehachse des Gesteins in der Richtung des Tunnels liegt, wie in *A*, *B* und *C* gezeigt, dann wird hier der Gebirgsschlag auftreten, wenn aber die Drehachse des Gesteins einen Winkel von mehr als 20 Grad mit der Richtung des Tunnels bildet, dann ist die Gefahr eines Gebirgsschlags weniger groß.

Zum Schluß kann ich nur anführen, daß, wenn keine Verwerfungen im Gebirgsmassiv bestehen, die Drehachse des Gesteins sich in einer Form windet, die eine gewisse Wellenlänge hat. Bei uns konnten wir Wellenlängen von 200, 500 und etwa 1000 Fuß feststellen.

Herr ENDERSBEE

Im Generalbericht von Prof. GIMM und Dr. HÖFER wurde auf das unterirdische Kraftwerk Poatina in Tasmanien eingegangen, und ich möchte einige weitere Daten über dieses Projekt vorlegen und einen Teil unserer jüngsten Arbeiten, die die Überschrift von Thema 4 betreffen, erwähnen.

Das Kraftwerk von Poatina ist ein Beispiel für einen großen, dauernden unterirdischen Hohlraum in einer Situation, wo die Spannungskonzentrationen des Gebirges wesentlich die Festigkeit des Gesteins überschritten. Das Gestein ist ein horizontal geschichteter verhärteter Schlammton, und ein Versagen des Gesteins unter der Wirkung der hohen horizontalen Gebirgsspannung wurde bei den ersten der Erkundung dienenden Hohlräumen beobachtet. Um sich diesen Bedingungen anzupassen, wurde eine Technik der Entspannung des Gebirges entwickelt, wodurch die Grenzspannungen auf sichere Werte begrenzt wurden. Mit dem Fortgang der Auffahrungsarbeiten wurden die Spannungen im kritischen Teil der Firste gemessen

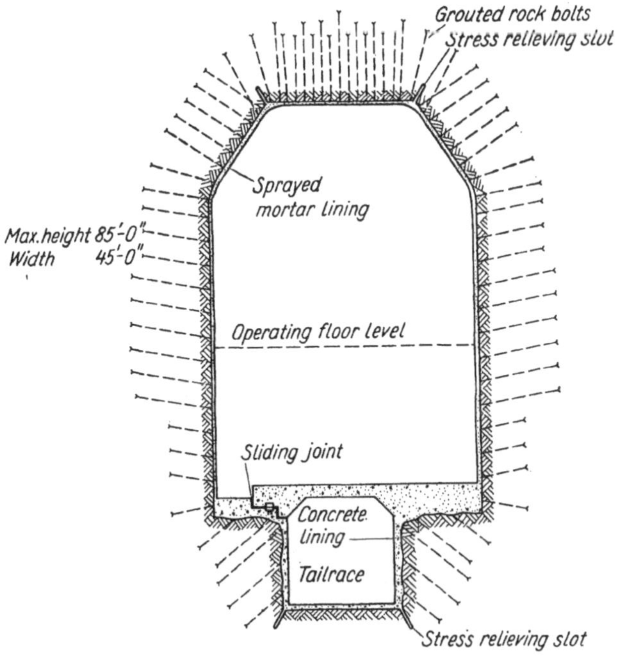

Bild 1. Poatina Power Station — Design Cross-Section

und mit den Vorhersagen aus der spannungsoptischen Analyse verglichen. Im allgemeinen wurde dabei eine gute Korrelation erhalten. Der permanente Ausbau des Hohlraumes wurde durch Anwendung von einzementierten Ankern und einer relativ dünnen und verstärkten Spritzbetonauskleidung erreicht.

Der Querschnitt des Kraftwerkes ist in Bild 1 dargestellt. Die trapezförmige Form der Firste wurde gewählt, um sich dem Gestein anzupassen, das an den horizontalen Schichtfugen eine sehr niedrige Scherfestigkeit hatte.

Die Technik der Entspannung wurde während des Ausbruchs des Firstenabschnittes angewandt und bestand darin, daß man einen Schlitz herstellte, indem man mit einem Diamant-

Bild 2. Poatina Underground Power Station — Drilling of Stress-Relief Slot in Roof

Bild 3. Poatina Underground Power Station — Excavation of Roof Section

Bild 4. Poatina Underground Power -- Station Completed Excavation

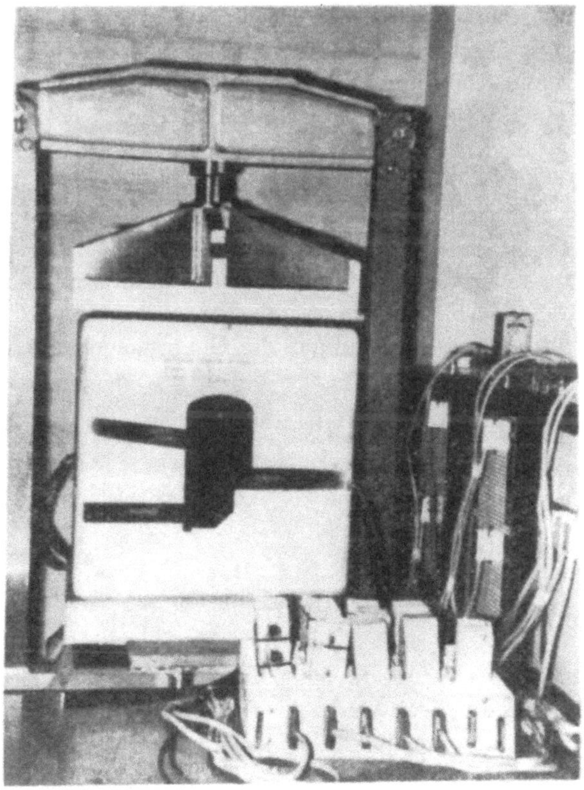

Bild 5. Example of Plaster Model Technique for three Dimensional Stress Analysis. For Compact Single-Machine Underground Power Station. Cethana Power Station, Tasmania

bohrer eine Reihe von Löchern bohrte und zwischen den einzelnen Löchern einen kleinen Pfeiler ließ. In jedes zweite Bohrloch wurde ein Holzpflock gesteckt. Mit fortschreitender Aushöhlung des Firstenabschnittes brachte der Aufbau von Spannungen an der Reihe von Bohrlöchern die Pfeiler zum Bruch und die Holzdübel zum Zerquetschen, wobei der Widerstand gegenüber einer Verformung sich mit dem Zusammendrücken des Holzes erhöhte. Diese Technik erwies sich in diesem besonderen Fall als recht wirksam und relativ billig.

Von den vorgeführten Photographien zeigen Bild 2 das Bohren des Schlitzes, Bild 3 den Verlauf der Ausbruchsarbeiten im Firstenteil des Kraftwerkes und Bild 4 den fertigen Hohlraum.

Für ein darauffolgendes kleines unterirdisches Kraftwerk in Tasmanien haben wir eine Gipsmodell-Technik angewandt, um eine dreidimensionale Lösung für die Spannungsverteilung um den unterirdischen Hohlraum herum zu erhalten. Der unterirdische Hohlraum wurde modellmäßig in einem Gipswürfel dargestellt, und die Oberflächen des Kraftwerkmodells wurden mit Dehnungsmessern ausgerüstet. Der Würfel wurde dann in jeder der drei Richtungskomponenten belastet, und eine dreidimensionale Lösung wurde durch Superposition erhalten. Die beigefügte Photographie Bild 5 zeigt die Versuchsanordnung, wobei die schwarzen Marken auf dem Gipswürfel die Projektionen der inneren Hohlräume sind.

Ein Aspekt der Gebirgsmechanik, auf den wir immer größere Aufmerksamkeit richten, ist die Frage der möglichen seismischen Auswirkungen der Füllung von Staubecken. Diese Auswirkung ist an einer ganzen Anzahl von Orten untersucht worden [1], und die Anzahl solcher Fälle hat sich mit der zunehmenden Zahl von großen Staudämmen, die gebaut worden sind, erhöht. Natürlich ist dies ein Aspekt der generellen Frage des Flusses und des Bruches der Erdkruste durch tektonische Kräfte, aber das Füllen eines großen Wasserreservoirs erzeugt eine äußerst starke zusätzliche Belastung auf der Erdkruste, die sich in vielen Fällen auf mehrere Milliarden Tonnen beläuft. Es ist zu erwarten, daß Lasten dieses Ausmaßes eine signifikante Krustenstörung hervorrufen würden und drohende Erdbeben aktivieren können. Es besteht somit das Problem der Vorhersage der Wahrscheinlichkeit einer seismischen Störung mit der Belastung eines Staubeckens und des Schutzes von Dämmen und nahegelegenen Bauwerken und natürlich der Schutz von Menschenleben. Es genügt wohl zu bemerken, daß kürzlich etwa 220 Menschen in Indien bei einem Erdbeben in einer ganzen Reihe von Erdbeben getötet wurden, wobei die Serie mit dem Füllen eines großen Staubeckens begann [2].

Beim gegenwärtigen Stand unseres Wissens über die Struktur, die physikalischen Eigenschaften und das Verhalten der Gesteine der Erdkruste sind wir noch nicht in der Lage zu berechnen, ob unsere Ingenieurbauten zu seismischen Störungen führen können. Dies ist daher ein Hauptgebiet für weitere Forschungen der Gebirgsmechanik.

Literatur

[1] Rothe, J. P.: Das Füllen eines Sees — der Beginn eines Erdbebens, New Scientist, 11. Juli 1968.

[2] Mane, P. M.: Erdbeben im Gebiet des Koyna-Projektes. Tag. ber. 9. Internationaler Kongreß über große Staudämme, Bd. V, S. 509—518.

Herr Serafim

Auf diesem Treffen hatten wir die Möglichkeit, uns an den Fortschritt der Gebirgsmechanik in den letzten Jahren zu erinnern. Wir sind sehr glücklich hier zu sein und diese Möglichkeit hier zu haben, uns über das zu vergewissern, was geschehen ist.

In verschiedenen Ländern wurden viele Versuche durchgeführt bei Gesteinsgründungen von Staumauern, schon lange Zeit vor einem Unglück. Auch die Bestimmung des Spannungszustandes in größeren Kavernen ist von Interesse nicht nur wegen der Gebirgsbrüche, sondern auch wegen der Unsicherheit beim Entwurf von Drucktunneln usw. In einigen dieser Auskleidungen wurden Meßinstrumente innerhalb des Betons eingerichtet. Vor 3 Jahren hatte ich die Gelegenheit, über einige Messungen, die in Portugal im Laboratorium Nacional de Engineering Civil gemacht wurden, zu berichten. Ich glaube, daß in der letzten Zeit sehr interessante Ergebnisse erzielt wurden.

Im Hangenden des unterirdischen Picote-Kraftwerkes sind einige Meßinstrumente angebracht worden, als dieser Teil im Beton ausgegraben wurde. Mir wurde kürzlich von meinen Kollegen im Labor mitgeteilt, daß die Spannung sehr ähnlich ist der Spannung, die vorher gemessen wurde mit den Meßinstrumenten, die in Beton eingebracht wurden.

Dieses Problem unterirdischer Bauwerke ist sehr wichtig. Sie wissen, daß jetzt sehr große Systeme, sehr komplizierte Systeme unterirdischer Transportanlagen betrachtet werden mit einer Leistung von 500 oder 1000 Meilen pro Stunde unter Tage.

Dr. Endersbee hat bereits auf einen Punkt hingewiesen, von dem ich glaube, daß er bei künftigen Treffen der Gebirgsmechanik eine Rolle spielen wird, und zwar, daß die Gebirgsmechanik nicht nur eine Wissenschaft des Bergbaus und der Ingenieurwissenschaft ist, sondern auch anderer Wissenschaften wie z. B. der Geologie und der naturalistischen Geologie.

Viele Leute und viel Geld werden für die Untersuchung der Ursachen von Erdbeben aufgewendet. Ich möchte vorschlagen, daß bei künftigen Sitzungen hier mehr Geologen vertreten sind, solche Fachleute, die gebirgsmechanische Probleme untersuchen und die Erdbeben interpretieren. Wir als Bauingenieure waren vor 21 Jahren etwas beunruhigt über die Erdbeben bei unseren Staumauern, und wir begannen Untersuchungen an großen Stauseen anzustellen. Es ist heute sehr umstritten.

In letzter Zeit hatte ich die Gelegenheit, einen Bericht zu hören über das Füllen dieser großen Hohlräume in Denver Colorado. Dasselbe Problem existiert in Jugoslawien und verdient diskutiert zu werden. Aber es ist zweifellos so, daß, wenn große Stauseen mit großen Wassermassen gefüllt werden, dann der Spannungszustand im Gestein beeinflußt wird. Wir kennen große Stauseen, die gebaut werden.

Ein Grund meiner Anwesenheit hier ist der, daß auf der Iberischen Halbinsel sehr große Staumauern gebaut werden, und es sehr interessant wäre, die Gelegenheit zu benutzen, um mögliche Erdbeben zu beobachten.

Herr da Costa Nunes

Meine Mitteilung bezieht sich auf einen Teil des Gesamtberichtes zum Thema 4.

Ich werde ein Thema behandeln, das für Brasilien wie auch für andere tropische Länder ein großes Problem darstellt. Es handelt sich um die Stabilisierung von Böschungen und Tiefbauwerken.

Unsere Probleme haben sich als besonders schwierig herausgestellt wegen der großen Mächtigkeit des gestörten und zerklüfteten Felsbodens und auch wegen der tropischen Sturzregen, die viele Abrutschungen verursachen.

Unsere größten Städte dehnen sich auf Berghängen aus und sind deshalb von Abrutschungen großen Ausmaßes bedroht. In den letzten 10 Jahren entwickelten wir in Brasilien eine Methode zur Stabilisierung der Böschungen und Tiefbauwerke durch Anwendung von vorgespannten Verankerungen, die sich als sichere und wirtschaftliche Lösung bewährt hat. Das hauptsächliche Forschungsproblem, das mit dieser Methode verbunden ist, besteht darin, die Spannung der Verankerungen permanent zu erhalten. Diese Erhaltung der permanenten Spannung hängt davon ab, wie sich das Massiv im Laufe der Zeit verhält, in Hinsicht auf seine plastischen Verformungen und hinsichtlich des Wirkungsgrades der Verankerungen, besonders in Böden, die zum Quellen neigen.

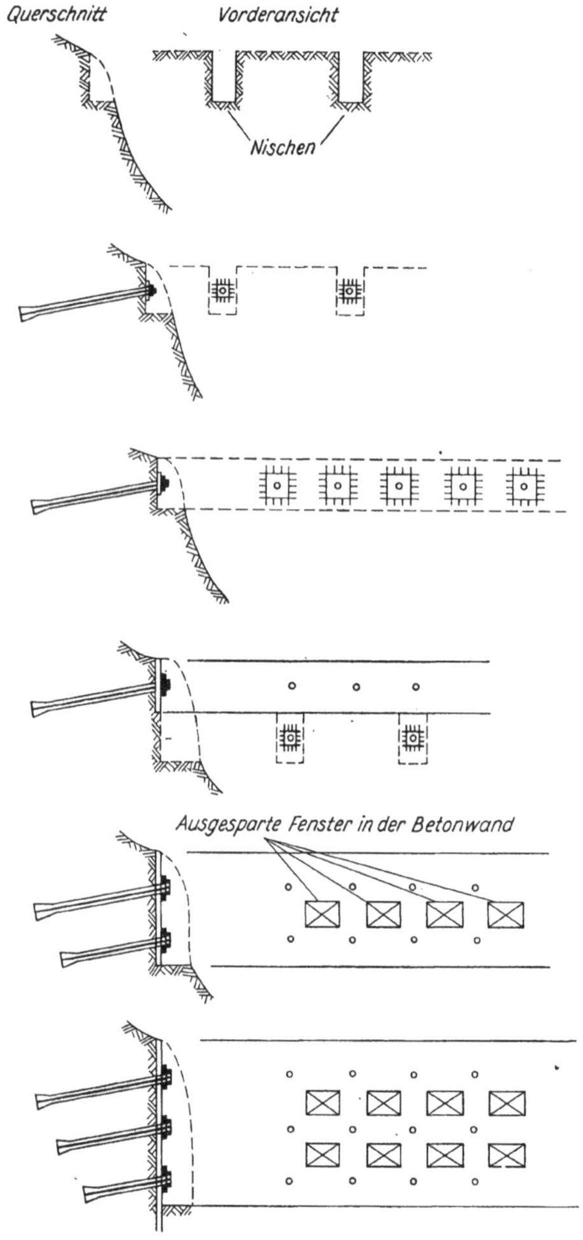

Phase 1 — Aushub von Nischen in abwechselnder Folge für das Anbringen der Spannankerplatten.

Phase 2 — Bohrung und Einbringen der Spannanker, Zementinjizierung in die Verankerungszone, Vorspannung mit Spannungsprobe, Verankerung der Spannplatte mit Arbeitsspannung, Zementinjizierung des restlichen Bohrloches.

Phase 3 — Wiederholung der Arbeitsvorgänge der Phasen 1 und 2 für die 2. Folge der 1. Reihe.

Phase 4 — Betonierung der Wand im Streifen, der zur 1. Reihe gehört. Wiederholung der Phase 1 und 2 für das Anbringen der Spannplatten der 2. Reihe.

Phase 5 — Wiederholung der Arbeitsvorgänge der Phase 3 in bezug auf die Spannplatten der 2. Reihe; Betonierung der Wand im Streifen, der zur 2. Reihe gehört.

Phase 6 — Fortsetzung aller Arbeitsvorgänge in derselben Art und Weise bis zur Fertigstellung der gesamten Spannanker — Betonstützwand.

Bild 1. Ausführungsphasen der Spannanker-Betonstützwand Brasilianisches System

Wir haben einige Forschungen über dieses Thema betrieben, die uns erlauben, zu diesen vorläufigen Folgerungen zu kommen:

a) Die Fortdauer der Spannung erhöht sich mit dem Verformungsmodul des Felsbodens und ist besonders groß in hartem Fels.

Bild 2a

Bild 2b

b) Die Spannung erzeugt beim Auftreten der Quellung im Felsboden eine günstige Wirkung, da sie sich dem Quellen entgegensetzt und auch das Eindringen von Wasser, das ja die Ursache des Quellens ist, erschwert.

c) Der Prozeß ist sehr wirkungsvoll für die Verstärkung von Stützbauwerken, sowohl über wie auch unter Tage.

d) Für die Stabilisierung von Böschungen ist der Prozeß sehr günstig, denn da die Arbeiten fortschreitend von oben nach unten ausgeführt werden, ist der in Ausführung befindliche Teil immer durch den bereits stabilisierten Teil der Böschung geschützt.

Bild 3

Im allgemeinen bringt man zunächst die Zuganker im oberen Teil der zu stabilisierenden Zone ein, dann werden die vorgeformten Spannplatten angebracht und die Spannung wird erzeugt. Danach betoniert man den Raum zwischen den Platten und erhält somit den ersten stabilisierten Horizontalstreifen. Im folgenden wiederholt man denselben Prozeß für die darunterliegenden Streifen.

Bild 1 zeigt die einzelnen Ausführungsphasen des Prozesses. Bild 2 zeigt die Anwendung des Prozesses bei einer Abrutschung von stark verwittertem Fels (Copacabana -- Rio de Janeiro).

Bild 3 zeigt eine weitere Anwendung in stark zerklüftetem Fels, bei der es möglich war, die Böschung zu stützen, indem die Spannankerplatten durch ein Betonstreifennetz verbun-

Bild 4

den wurden. Bild 4 zeigt die Anwendung des Prozesses bei der Stabilisierung von großen Felsplatten (Morro do Cantagalo — Rio de Janeiro).

Zuletzt zeigt Bild 5 den Probeversuch an einem Spannanker, der in Lehmboden eingebracht wurde, zusammen mit den Messungen der Verformung von Boden und Spannanker während der Versuchsdauer (in der Stadt Sao Paulo).

Bild 5

Ausführungsphasen der Spannanker-Betonstützwand

Phase 1: Aushub von Nischen in abwechselnder Folge für das Anbringen der Spannankerplatten.

Phase 2: Bohrung und Einbringen der Spannanker, Zementinjizierung in die Verankerungszone, Vorspannung mit Spannungsprobe, Verankerung der Spannplatte mit Arbeitsspannung, Zementinjizierung des restlichen Bohrloches.

Phase 3: Wiederholung der Arbeitsvorgänge der Phasen 1 und 2 für die 2. Folge der 1. Reihe.

Phase 4: Betonierung der Wand im Streifen, der zur 1. Reihe gehört. Wiederholung der Phase 1 und 2 für das Anbringen der Spannplatten der 2. Reihe.

Phase 4: Wiederholung der Arbeitsvorgänge der Phase 3 in bezug auf die Spannplatten der 2. Reihe; Betonierung der Wand im Streifen, der zur 2. Reihe gehört.

Phase 6: Fortsetzung aller Arbeitsvorgänge in derselben Art und Weise bis zur Fertigstellung der gesamten Spannanker-Betonstützwand.

Herr Berger

Die Beiträge von Jacobi und Höfer zeigten, daß der Bergbau noch größere Forderungen als bisher an die Gebirgsmechanik stellen muß. Trotzdem möchte ich wiederum den Blick auf Erdfallprobleme lenken. Langjährige Beobachtungen in Erdfallgebieten Mitteldeutschlands zeigten zuweilen das Auftreten geringer Vorsenkungen vor dem Bruch bis zur Tagesoberfläche. Da eine direkte Ortung der tiefliegenden Hohlräume oder Lockerzonen praktisch noch nicht möglich ist und wir bei der Gefährlichkeit der plötzlich auftretenden Erdfälle für alle Voranzeichen dankbar sein müssen, wurde versucht, die Ursachen dieser kleinen Vorsenkungen, die allerdings nicht in jedem Falle aufzutreten brauchen, zu deuten.

Beim Hochbrechen des Erdfalles durch einen geologischen Schichtenverband hindurch können viele Typen fester Felsmassen und Lockergesteinsarten betroffen werden. Es kann aber schon jetzt nachgewiesen werden, daß bezüglich der Spannungswirkungen ausreichende gebirgsmechanische Beschreibungs- und Berechnungsmöglichkeiten vorliegen.

Die von Herrn Professor Mencl und seiner Schule zur Verfügung gestellten Untersuchungsergebnisse über das dilatante und kontraktante Verhalten von Fels- und Lockergesteinsmassen im Bereich der Ausbildung unterirdischer Scherzonen erleichtern die gebirgsmechanischen Deutungsmöglichkeiten auch in Erdfallangelegenheiten sehr. Der Reifegrad des vorliegenden diesjährigen Referats läßt aber erkennen, daß in gebirgsmechanischer Hinsicht die Erforschung der Erdfallbildungen noch ganz am Anfang steht. Die vorläufigen Ergebnisse sollen aber auch schon eindringlich darauf hinweisen, daß die Erdfallentstehung ein echtes Kind der Gebirgsmechanik ist und nur hier in diesem Gremium komplex untersucht werden kann. Mir ist bekannt, daß in anderen Ländern, z. B. Jugoslawien, Spanien, Österreich, evtl. Portugal, ähnliche Probleme bestehen, wenn sie sich wohl dort auch nicht so hart auf das Bauwesen wie bei uns auswirken.

Wenn dies zutrifft, dieses Problem also einen größeren Kreis betrifft, möchte ich vorschlagen, daß entsprechende Auswertungen und Anregungen von Forschungen das IBG übernimmt.

Herr Fairhurst

Bei zahlreichen Bruchsituationen im Rahmen der Gebirgsmechanik spielt die Druckkomponente des Spannungstensors die dominierende Rolle. Es ist daher wichtig, die Unzulänglichkeit der Griffithschen Theorie zu berücksichtigen, wenn man sie auf den Bruch beim Druckversuch anwendet.

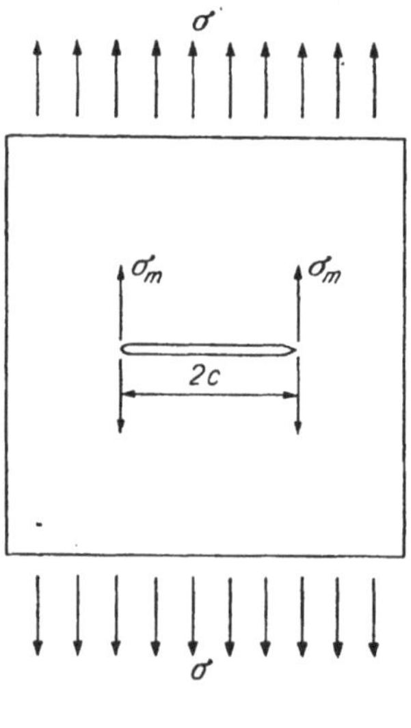

Bild 1

Griffith entwickelte ursprünglich eine Theorie des Bruches, die den Bruch einer dünnen Platte im einachsigen Zugversuch betrachtete. Das Kriterium für den Bruch stellte die Betrachtung der Energieänderung dar, die mit der Einführung eines normal zur angelegten Zugspannung gerichteten Risses der Länge 2 c verbunden ist (Bild 1). (Die „Steife“ der Zugspannung wurde als Null angenommen, d. h., die Last blieb konstant bei Verformung der Platte.)

GRIFFITHsche Theorie für den Bruch im Zugversuch

Bei Einführung des Risses nehmen die Verformungen in der Platte bei konstanter Spannung zu. Die potentielle Energie des Systems ändert sich daher um den Betrag ΔP. ΔP besteht aus 3 Anteilen: a) einer Abnahme der potentiellen Energie der angelegten Spannung (ΔW) (entsprechend der Ausdehnung der belasteten Grenzflächen unter konstanter Last), b) einer Zunahme der in der Platte gespeicherten Verformungsenergie (ΔU), c) einer Zunahme der Oberflächenenergie des Systems (ΔS), bedingt durch die Rißoberfläche. Man erhält so:

$$\Delta P = \Delta W + \Delta U + \Delta S \,. \tag{1}$$

GRIFFITH zeigte, daß die Abnahme der potentiellen Energie der angelegten Last dem Betrag nach doppelt so groß ist wie die Zunahme der Verformungsenergie der Platte, d. h.

$$\Delta W = -2\,\Delta U \,. \tag{2}$$

Aus Gl. (1) ergibt sich:

$$\Delta P = \Delta S - \Delta U \,. \tag{3}$$

GRIFFITH zeigte weiter, daß

$$\Delta U = \frac{\pi\, c^2\, \sigma^2}{E}\,; \qquad \Delta S = 4\, c\, \gamma \,. \tag{4), (5}$$

Gl. (5) ist graphisch für zwei Spannungen (σ_a, σ_b mit $\sigma_b > \sigma_a$) in Bild 2 dargestellt.

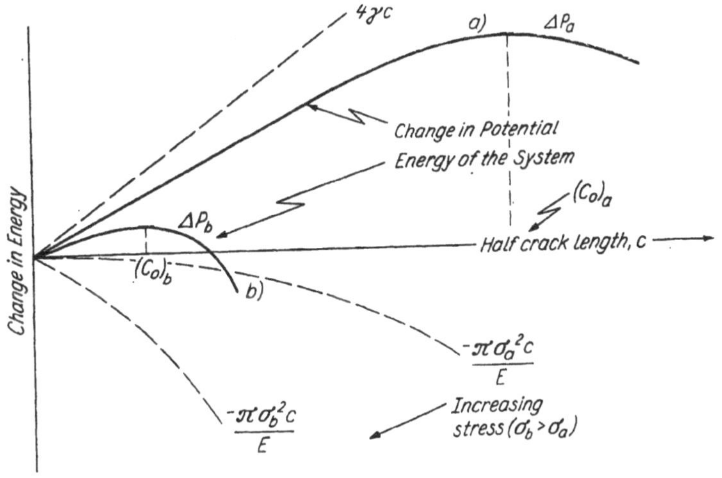

Bild 2. Kurve (a): Änderung der potentiellen Energie des Systems mit zunehmender Rißlänge für die angreifende Spannung a; Kurve (b): Änderung der potentiellen Energie des Systems mit zunehmender Rißlänge für die angreifende Spannung b

Man erkennt, daß über einen gewissen Bereich unter beiden Spannungen eine Zunahme der Rißlänge in einer Zunahme der potentiellen Energie des Systems resultiert. Bei Überschreiten einer kritischen Rißlänge führt die weitere Rißvergrößerung zu einer Abnahme der potentiellen Energie des Systems. Nach GRIFFITH erfolgt der Dehnungsbruch in diesem letztgenanntem Bereich, da Rißvergrößerung in einer Abnahme der System-Energie resultiert. Die kritische Rißlänge (c_0), die einer vorgegebenen angelegten Spannung entspricht, ist dann durch die Bedingung (6) bestimmt.

$$\frac{\partial}{\partial c}(\Delta P) = 0 \,. \tag{6}$$

Aus Gl. (5) folgt:

$$\frac{\partial}{\partial c}(\varDelta P) = 2\,\gamma - \frac{\pi\, c\, \sigma^2}{E} = 0\,, \qquad \text{falls} \quad c = c_0\,,$$

d. h.

$$c_0 = \frac{2\,E\,\gamma}{\pi\,\sigma^2}. \tag{7}$$

Anders ausgedrückt: Die Zugspannung für den Bruch für ein Material mit einer maximalen Anfangsrißlänge c_0 ist gegeben durch:

$$\sigma = \sqrt{\frac{2\,E\,\gamma}{\pi\,c_0}}\,. \tag{8}$$

σ ist die GRIFFITHsche Zugfestigkeit für eine Platte im einachsigen Zugversuch oder diejenige Spannung, bei der die Vergrößerung eines Risses der Länge 2 c_0 mit einer instabilen Energieänderung verbunden ist.

GRIFFITH' Kriterium für den Bruch im Druckversuch

Bei der Betrachtung des Bruches im Druckversuch nahm GRIFFITH das Vorhandensein gleicher Risse im Material wie im Zugversuch an. GRIFFITH betrachtete jedoch nicht die Möglichkeit, daß sich viele der Risse, die unter Zugbeanspruchung offen sind, unter Druckspannung schließen. Die Gestalt der Risse sollte die gleiche sein wie im Zugversuch, darstellbar durch eine Ellipse mit großer Exzentrizität. Zur Bestimmung der Verteilung der Tangentialspannungen (σ_Φ) um eine elliptische Öffnung in einer biaxial belasteten Platte (Bild 3) be-

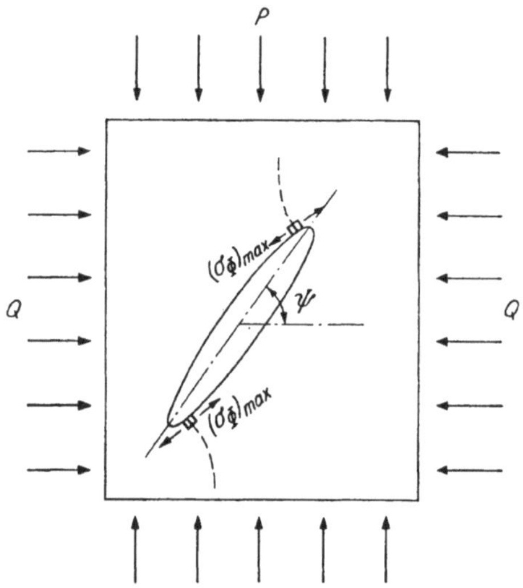

Bild 3

nützte GRIFFITH dann die elastische Lösung, die von INGLIS [1] angegeben ist (Hauptspannungen P und Q). Für den Fall $P \neq Q$ ergab sich dann, daß für Risse, die unter einem Winkel ψ zur größeren Druckspannung orientiert wären, die Tangentialspannungen (σ_Φ) um einen Teil der elliptischen Grenzfläche immer Zugspannungen waren. Bei der Untersuchung der Variation von σ_Φ entlang der Grenzfläche und mit der Orientierung ψ des Risses schloß GRIFFITH, daß die Zugspannung für einen Riß mit der Orientierung ψ_0 nahe den Rißenden ihren Maximalwert erreicht ($\sigma_{\Phi,\max}$) (Bild 3), wobei

$$\psi_0 = \cos^{-1} \frac{1}{2} \left| \frac{P - Q}{P + Q} \right|. \tag{9}$$

GRIFFITH verglich diese maximale Zugspannung ($\sigma_{\Phi,\max}$) mit der maximalen Zugspannung σ_m, die sich an den Enden eines Risses der gleichen Länge und der Orientierung wie in Bild 1 ergibt.[1]) Er schloß dann, daß die maximale Zugspannung σ_m sich elastisch um den Riß aufbaut (Bild 1), sobald die Bruchspannung (Gl. 8) angelegt war.

Für sehr schmale Risse ergab sich dann

$$\sigma_m = \sigma \sqrt{\frac{c}{\varrho}} = \sqrt{\frac{2\,E\,\gamma}{\pi\,\varrho}}\,,$$

wobei ϱ der (unbekannte) Krümmungsradius an den Rißenden ist. GRIFFITH *machte dann die Annahme*, daß, sobald die Zugspannung den Wert σ_m der Gl. 10 erreichte, d. h. $\sigma_{\Phi,\max} = \sigma_m$, um den Riß in Bild 3 der Bruch im Druckversuch erfolgt. Mit dieser Annahme verzichtete GRIFFITH stillschweigend auf den Hauptbestandteil seines Kriteriums für den Zugversuch, nämlich daß der Bruch erfolgt, sobald instabile Energie-Änderung auftritt. Er unternahm keinen Versuch für den Fall des Druckversuchs, die Änderung der potentiellen Energie des Systems zu betrachten, die durch die Erweiterung des Risses verursacht war. Er hätte in diesem Fall jedoch gefunden, daß die Vergrößerung des Risses (die entlang der gestrichelten Linie in Bild 3 erfolgt) *nicht* aus einer Energie-Instabilität resultiert. Man kann zeigen (FAIRHURST und COOK [2], Lissabon 1966), daß die Spannung, die zur Erweiterung eines solchen Risses erforderlich ist, kontinuierlich ansteigt und daß Instabilität nicht durch die Rißvergrößerung allein verursacht wird. Andere Mechanismen (z. B. makroskopischer Scherbruch oder Knickbruch) müssen evt. hinzukommen, um wirklich den Bruch der gesamten Struktur zu bewirken.

Im weiteren, hätte GRIFFITH die Energieänderungen im Druckversuch betrachtet, würde er automatisch auch die mittlere Hauptspannung in die Betrachtung eingeschlossen haben (die sich auf die Verformungs–Energie-Dichte auswirkt). Spätere Untersuchungen (z. B. SWEDLOW [3], WIEBOLS und COOK [4], JAEGER und HOSKINS [5]) haben nahegelegt, daß die mittlere Hauptspannung eine Rolle beim Bruch im Druckversuch an spröden Materialien spielt.

Schließlich ist es interessant zu bemerken, daß „axial splitting" entsprechend lokal wirkender Zugspannungen theoretisch wahrscheinlich ist und durch jede Art von struktureller Inhomogenität im Gestein (Poren, Hohlräume, „harte" Einschlüsse, Korngrenzen) verursacht werden kann, wenn das Gestein durch ein nicht-hydrostatisches Druckspannungsfeld beansprucht wird. Versuche scheinen jedoch darauf hinzudeuten, daß die Bedeutung des lokalen „axial splitting", das dem makroskopischen Scherbruch (oder dem makroskopischen Bruch auf Grund eines anderen Mechanismus) vorangeht, sehr rasch verschwindet, sobald man zusätzlich Manteldruck von nur etwa 50 bar anlegt, wobei dann lokaler Scherbruch die wesentliche Rolle bei der Verformung übernimmt.

Zusammenfassend kann gesagt werden, daß die GRIFFITHsche Theorie, für den Bruch im Zugversuch, eine Über-Vereinfachung zur Beschreibung des Bruchs im Zugversuch ist, obwohl sie, auf das Theorem der kleinsten potentiellen Energie basierend, eine physikalisch gefällige Erklärung für den Bruch darstellt. GRIFFITHs Erweiterung seines Kriteriums auf den Bruch im Druckversuch beinhaltet so schwerwiegende Fehler, daß sie für die Beschreibung des Bruchs im Druckversuch nicht verwendet werden kann.

---

[1]) Durch die Festsetzung, daß der Riß in beiden Fällen von „gleicher Länge und Gestalt" war, umging GRIFFITH das Problem, die exakte Länge und Gestalt des Risses zu spezifizieren (was er auch nicht tun konnte), und leitete so das Bruchkriterium im Druckversuch in Form des Kriteriums im Zugversuch ab, d. h., die Druckfestigkeit kann nur als eine Funktion der Zugfestigkeit angegeben werden.

Herr Höfer

Meine Herren!

Die überaus eifrige Diskussion zeigt, daß diesen Problemen große Aufmerksamkeit gewidmet wird. Es ist nicht das Ziel unserer Zusammenkunft hier, alle Regeln schon zusammenzustellen, sondern vielmehr Anregungen auch für unsere weitere Arbeit zu geben.

Ich glaube, das haben wir mit unserer Diskussion zu unserem Thema Nr. 4 „Schlußfolgerungen für die Konstruktion und Standsicherheit untertägiger Hohlräume" durchaus geschafft.

Ich danke Ihnen für Ihre rege Beteiligung und darf mein Amt als erfüllt betrachten. Ich darf den Herrn Vorsitzenden bitten, wieder die Tagungsleitung zu übernehmen.

ANHANG

zu den Berichten des Internationalen Büros für Gebirgsmechanik

Über ein experimentelles Verfahren zur Ermittlung von Elastizitätskonstanten stetiger orthotroper elastischer Medien unter Annahme der Linearität (Gültigkeit des Hookeschen Gesetzes)

von Iwan Chr. Ganev, Sofia

Die mathematische Behandlung von elastizitätstheoretischen Aufgaben bei stetigen orthotropen elastischen Medien unter Annahme des linearen Spannungs–Dehnungs-Gesetzes geht bekanntlich vom linearen partiellen Differentialgleichungssystem zweiter Ordnung

$$\left.\begin{aligned} D_1(u) + (A_{12} + A_{44})\frac{\partial^2 v}{\partial x\,\partial y} + (A_{31} + A_{66})\frac{\partial^2 w}{\partial x\,\partial z} + \gamma_x = 0\,, \\ D_2(v) + (A_{23} + A_{55})\frac{\partial^2 w}{\partial y\,\partial z} + (A_{12} + A_{44})\frac{\partial^2 u}{\partial y\,\partial x} + \gamma_y = 0\,, \\ D_3(w) + (A_{31} + A_{66})\frac{\partial^2 u}{\partial z\,\partial x} + (A_{23} + A_{55})\frac{\partial^2 v}{\partial z\,\partial y} + \gamma_z = 0 \end{aligned}\right\} \qquad (1)$$

aus. Hierin bedeuten

$$D_1 = D_{1,0} - \varrho\frac{\partial^2}{\partial t^2} \quad \text{und} \quad D_{1,0} = A_{11}\frac{\partial^2}{\partial x^2} + A_{44}\frac{\partial^2}{\partial y^2} + A_{66}\frac{\partial^2}{\partial z^2}\,,$$

$$D_2 = D_{2,0} - \varrho\frac{\partial^2}{\partial t^2} \quad \text{und} \quad D_{2,0} = A_{44}\frac{\partial^2}{\partial x^2} + A_{22}\frac{\partial^2}{\partial y^2} + A_{55}\frac{\partial^2}{\partial z^2}\,,$$

$$D_3 = D_{3,0} - \varrho\frac{\partial^2}{\partial t^2} \quad \text{und} \quad D_{3,0} = A_{66}\frac{\partial^2}{\partial x^2} + A_{55}\frac{\partial^2}{\partial y^2} + A_{33}\frac{\partial^2}{\partial z^2}\,,$$

u, v und w — die Verschiebungen in den Richtungen der drei zueinander senkrechten Koordinaten x, y und z;
γ_x, γ_y und γ_z — die Komponenten der auf die Volumeneinheit bezogenen Massenkraft;
ϱ — die Massendichte des orthotropen elastischen Mediums und A_{mn} — die Elastizitätskonstanten, welche im erweiterten nach den Spannungen aufgelösten und für orthotrope elastische Medien gültigen Hookeschen Gesetz

$$\left.\begin{aligned} \sigma_x &= A_{11}\,\varepsilon_x + A_{12}\,\varepsilon_y + A_{13}\,\varepsilon_z\,, \\ \sigma_y &= A_{21}\,\varepsilon_x + A_{22}\,\varepsilon_y + A_{23}\,\varepsilon_z\,, \\ \sigma_z &= A_{31}\,\varepsilon_x + A_{32}\,\varepsilon_y + A_{33}\,\varepsilon_z\,, \\ \tau_{xy} &= A_{44}\,\gamma_{xy}\,, \\ \tau_{yz} &= A_{55}\,\gamma_{yz}\,, \\ \tau_{zx} &= A_{66}\,\gamma_{zx} \end{aligned}\right\} \qquad (2)$$

auftreten und vom Vorzeichen der Spannungen und Verformungen unabhängig sind.

Es ist auch bekannt, daß

$$A_{mn} = A_{nm}\;(m \neq n) \qquad (m, n = 1, 2, 3)\,.$$

Die Gl. (1) und (2) sind auf ein Koordinatensystem bezogen, dessen Koordinatenebenen den Hauptebenen (den Ebenen elastischer Symmetrie) der Orthotropie parallel sind.

Die auf Grund des Differentialgleichungssystems (1) erhaltenen Lösungen können selbstverständlich nur dann praktisch verwertet werden, wenn die Werte der jeweiligen Elastizitäts-konstanten A_{mn} bekannt sind. Es ist aber auch selbstverständlich, daß diese Werte nur durch Verfahren richtig ermittelt werden können, welche mit dem Differentialgleichungssystem (1) in Einklang stehen.

Hier wird ein solches Verfahren vorgeschlagen, welches im Laboratorium schon so weit erprobt worden ist, daß seine Empfehlung an die weiten Kreise von Fachleuten gewagt werden kann.

Die theoretischen Grundlagen des Verfahrens sind in der Arbeit [1] des Verfassers gegeben. Hier sollen nur der Grundgedanke und die daraus abgeleiteten Ergebnisse, welche den Versuchen im Laboratorium zugrunde liegen, kurz skizziert werden.

Beim Übergang von räumlichen zu linearen Verhältnissen verwandeln sich die Gl. (1) und (2) wie folgt:

1. bei linearem Verformungszustand $||x$-Achse:

$$A_{11}\frac{\partial^2 u}{\partial x^2}+\gamma_x=\varrho\frac{\partial^2 u}{\partial t^2}\,;\qquad \gamma_y=0;\qquad \gamma_z=0\,, \tag{1^a}$$

$$\sigma_x=A_{11}\,\varepsilon_x;\qquad \sigma_y=A_{21}\,\varepsilon_x;\qquad \sigma_z=A_{31}\,\varepsilon_x\,. \tag{2^a}$$

2. bei linearem Spannungszustand $||x$-Achse:

$$\frac{\begin{vmatrix} A_{11} & A_{12} & A_{13}\\ A_{21} & A_{22} & A_{23}\\ A_{31} & A_{32} & A_{33}\end{vmatrix}}{\begin{vmatrix} A_{22} & A_{23}\\ A_{32} & A_{33}\end{vmatrix}}\frac{\partial^2 u}{\partial x^2}+\gamma_x=\varrho\frac{\partial^2 u}{\partial t^2}\,;\qquad \gamma_y=\varrho\frac{\partial^2 v}{\partial t^2}\,;\qquad \gamma_z=\varrho\frac{\partial^2 w}{\partial t^2}\,, \tag{1^a}$$

$$\sigma_x=\frac{\begin{vmatrix} A_{11} & A_{12} & A_{13}\\ A_{21} & A_{22} & A_{23}\\ A_{21} & A_{32} & A_{33}\end{vmatrix}}{\begin{vmatrix} A_{22} & A_{23}\\ A_{32} & A_{33}\end{vmatrix}}\,\varepsilon_x;\qquad \sigma_y=0;\qquad \sigma_z=0\,. \tag{2^b}$$

Für die zu den beiden anderen Koordinatenachsen parallelen linearen Zustände gelten ähnlich gebaute Ausdrücke. Die Zusammenstellung der für das Weitere grundlegenden 6 Beziehungen zwischen Spannungen und Dehnungen lauten:

$$\sigma_{x1}=A_{11}\,\varepsilon_{x1};\qquad \sigma_{y1}=A_{22}\,\varepsilon_{y1};\qquad \sigma_{z1}=A_{33}\,\varepsilon_{z1}\,, \tag{3}$$

$$\sigma_{x2}=\frac{D}{D_{11}}\,\varepsilon_{x2};\qquad \sigma_{y2}=\frac{D}{D_{22}}\,\varepsilon_{y2};\qquad \sigma_{z2}=\frac{D}{D_{33}}\,\varepsilon_{z2}; \tag{4}$$

wobei sich der Index 1 auf den linearen Verformungszustand und der Index 2 auf den linearen Spannungszustand bezieht. Die in den Gl. (4) auftretenden Beiwerte werden durch die Determinanten dritten bzw. zweiten Grades

$$D=\begin{vmatrix} A_{11} & A_{12} & A_{13}\\ A_{21} & A_{22} & A_{23}\\ A_{31} & A_{32} & A_{33}\end{vmatrix};\qquad D_{11}=\begin{vmatrix} A_{22} & A_{23}\\ A_{32} & A_{33}\end{vmatrix};\qquad D_{22}=\begin{vmatrix} A_{11} & A_{13}\\ A_{31} & A_{33}\end{vmatrix};\qquad D_{33}=\begin{vmatrix} A_{11} & A_{12}\\ A_{21} & A_{22}\end{vmatrix}$$

gegeben.

Werden nun die Spannungs–Dehnungs-Diagramme für die drei Koordinatenrichtungen in den beiden linearen Zuständen experimentell aufgenommen, so bilden sie das Ausgangsmaterial zur Ermittlung der 6 Elastizitätskonstanten A_{mn} $(m, n = 1, 2, 3)$, welche die Normalspannungen mit den Dehnungen verbinden. Die übrigen drei Elastizitätskonstanten A_{44}, A_{55} und A_{66}, welche die Schubspannungen mit den Winkeländerungen verbinden, können hierbei nicht erhalten werden. Ihre Werte können aber aus den Näherungsformeln

$$\left.\begin{aligned} A_{44} &\approx \frac{\sqrt{A_{11}\,A_{22}} - A_{12}}{2}, \\ A_{55} &\approx \frac{\sqrt{A_{22}\,A_{33}} - A_{23}}{2}, \\ A_{66} &\approx \frac{\sqrt{A_{33}\,A_{11}} - A_{31}}{2} \end{aligned}\right\} \qquad (5)$$

berechnet werden, deren Begründung in der Arbeit [3] des Verfassers enthalten ist.

Für orthotrope Medien ist es zweckmäßig, die für die experimentelle Ermittlung der Elastizitätskonstanten A_{mn} $(m, n = 1, 2, 3)$ zu verwendenden Probenkörper würfelförmig mit zu den Hauptebenen der Orthotropie nach bester Möglichkeit parallelen Seitenwänden zu gestalten.

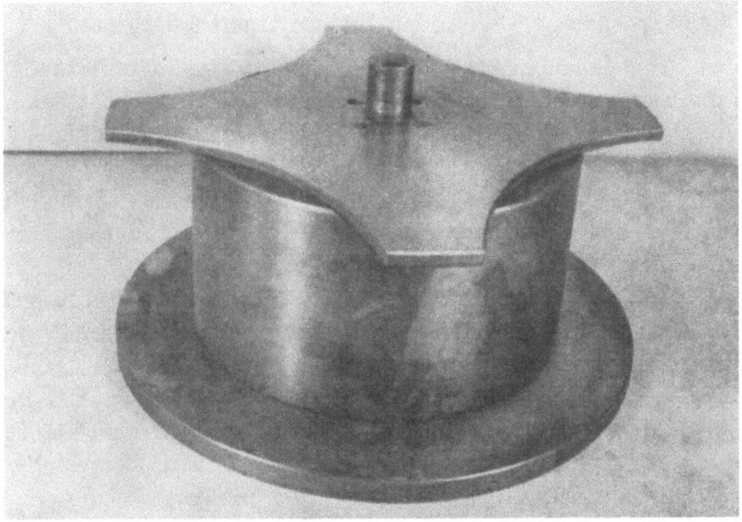

Bild 1. Druckgehäuse

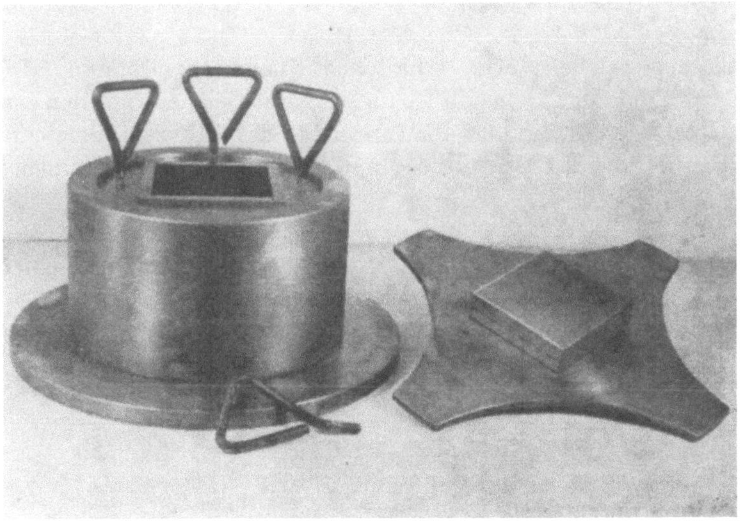

Bild 2. Druckgehäuse

Zur Erzielung guter Ergebnisse ist es natürlich von größter Wichtigkeit, die beiden linearen Zustände möglichst einwandfrei zu verwirklichen. Die Verwirklichung der beiden linearen Zustände wird wie folgt erreicht:

1. Für den linearen Spannungszustand ist als ausreichend anzusehen, die beiden Druckflächen des in der Prüfmaschine eingespannten Probenwürfels mit einem passenden Schmiermittel ganz leicht, aber doch genügend zu schmieren, um das Auftreten von Reibung nach Möglichkeit praktisch auszuschalten.
2. Für die Verwirklichung des linearen Verformungszustandes ist es aber notwendig, die seitliche Verformung des Probenwürfels zu verhindern, was durch ein passendes Hilfsgerät erreicht werden kann, wobei naturgemäß alle 6 Flächen des Probenwürfels mit dem passenden Schmiermittel zur praktischen Ausschaltung der Reibung ebenfalls ganz leicht aber doch genügend geschmiert werden müssen. Das nach zwei vorläufigen Konstruktionen und Erprobungen entwickelte Gerät zur Verhinderung der Querverformungen — das sogenannte Druckgehäuse — ist in den Bildern 1 und 2 dargestellt.

Die Wirkung des Druckgehäuses besteht in der größtmöglichen Verhinderung der Querdehnungen durch die Einfassung des geprüften Probenkörpers an allen 4 Seitenwänden durch Stahlplatten, die durch 4 aus einem Stahlzylinder ausgeschnittene Stahlkeile, welche zwischen die Stahlplatten und einen äußeren Stahlzylinder von Hand eingeschoben werden, zum anfänglich praktisch drucklosen Anliegen an den Seitenwänden des Probenwürfels gebracht werden. Auf diese Weise wird seine Querverformung auf ein Minimum reduziert, welches durch elastisches Nachgeben des Druckgehäuses selbst bedingt ist.

Die Konstruktion und der Bau des Druckgehäuses und die Durchführung aller bisherigen Versuche erfolgten in enger wissenschaftlicher Zusammenarbeit zwischen dem Institut für Grubensicherheit (IfG) in Leipzig und der Hochschule für Bergbau und Geologie (HfBuG) in Sofia. Die beiden ersten Druckgehäuse wurden in der Werkstatt des IfG in Leipzig hergestellt und das letzte — das vorläufig als endgültig anzusehende Druckgehäuse —, welches in den Bildern 1 und 2 gezeigt wird, wurde im Werk „SINO" in Sofia hergestellt. Alle Versuche wurden im Laboratorium des IfG in Leipzig ausgeführt, die Auswertung der Versuchsergebnisse erfolgte in der Hochschule für Bergbau und Geologie in Sofia.

Das letzte bei „SINO" in Sofia hergestellte Druckgehäuse wurde nach den Angaben und unter der Leitung des Verfassers von Dipl.-Ing. NIKOLAI RAIKOV und Dipl.-Ing. TODOR KOSSEV, beide Oberassistenten an der Hochschule für Bergbau und Geologie in Sofia, konstruiert.

Die, gleichgültig auf welche Weise, erhaltenen Spannungs–Dehnungs-Diagramme sind gradlinig nach der Methode der kleinsten Quadrate auszugleichen, um der Linearität sowohl des HOOKEschen Gesetzes (2), als auch der Linearität des Differentialgleichungssystems (1) zu entsprechen. Von den beiden Beiwerten a und b im ausgeglichenen linearen Spannungs–Dehnungs-Gesetz

$$\Delta l = a\,P + b$$

ist nur der Beiwert a für die Auswertung der Versuchsergebnisse von Bedeutung, nicht aber der Beiwert b, welcher einer Koordinatenverschiebung gleichbedeutend ist.

Nach der gradlinigen Ausgleichung der Spannungs–Dehnungs-Diagramme werden nach [2] und [4] die Elastizitätskonstanten A_{11}, A_{22} und A_{33} durch die Formeln

$$A_{11} = \frac{l_x}{a_{x1}\, l_y\, l_z}\,; \qquad A_{22} = \frac{l_y}{a_{y1}\, l_z\, l_x}\,; \qquad A_{33} = \frac{l_z}{a_{z1}\, l_x\, l_y} \tag{6}$$

bestimmt. Für die Bestimmung der Elastizitätskonstanten $A_{12} = A_{21}$, $A_{23} = A_{32}$ und $A_{31} = A_{13}$ sind zunächst die Verhältniszahlen

$$p = \frac{a_{x1}}{a_{x2}}\,; \qquad q = \frac{a_{y1}}{a_{y2}}\,; \qquad r = \frac{a_{z1}}{a_{z2}}$$

zu berechnen und dann die dimensionslose Größe M aus der quadratischen Gleichung

$$p^2\, q^2\, z^2\, M^2 + \left[(p + q + r) - \frac{(\varDelta N)^2}{4}\right] M + p\, q\, r = 0 \tag{7}$$

zu errechnen. Dann werden die Elastizitätskonstanten mit ungleichen Indizes durch die Formeln

$$\left.\begin{aligned} A_{12} &= A_{21} = \sqrt{1 + p\, q\, M} \cdot \sqrt{A_{11}\, A_{22}}\,, \\ A_{23} &= A_{32} = \sqrt{1 + q\, r\, M} \cdot \sqrt{A_{22}\, A_{33}}\,, \\ A_{31} &= A_{13} = \sqrt{1 + r\, p\, M} \cdot \sqrt{A_{33}\, A_{22}} \end{aligned}\right\} \tag{8}$$

erhalten. Zum Schluß sind noch die Poissonschen Beiwerte nach den Formeln

$$\left.\begin{aligned} \mu_{12} &= \sqrt{\frac{A_{22}}{A_{11}}}\, \frac{\varDelta N - 2\, p\, q}{2\, p\, r \sqrt{1 + p\, q\, M}}\,, & \mu_{21} &= \sqrt{\frac{A_{11}}{A_{22}}}\, \frac{\varDelta N - 2\, p\, q}{2\, p\, r \sqrt{1 + p\, q\, M}}\,, \\ \mu_{23} &= \sqrt{\frac{A_{33}}{A_{22}}}\, \frac{\varDelta N - 2\, q\, r}{2\, p\, q \sqrt{1 + q\, r\, M}}\,, & \mu_{32} &= \sqrt{\frac{A_{22}}{A_{33}}}\, \frac{\varDelta N - 2\, q\, r}{2\, r\, p \sqrt{1 + q\, r\, M}}\,, \\ \mu_{31} &= \sqrt{\frac{A_{11}}{A_{33}}}\, \frac{\varDelta N - 2\, r\, p}{2\, r\, q \sqrt{1 + r\, p\, M}}\,, & \mu_{13} &= \sqrt{\frac{A_{33}}{A_{11}}}\, \frac{\varDelta N - 2\, r\, p}{2\, p\, q \sqrt{1 + r\, p\, M}} \end{aligned}\right\} \tag{9}$$

zu berechnen.

Die in den Gl. (7) und (9) auftretende Größe $\varDelta N$ ist aus

$$\varDelta N = (p\, q + q\, r + r\, p) - p\, q\, r$$

zu bestimmen.

Dazu ist noch zu bemerken, daß die Verhältniszahlen p, q und r immer kleiner als 1 sind, und daß von den zwei Wurzeln der quadratischen Gleichung (7) die algebraisch größere (welche dem positiven Vorzeichen der Quadratwurzel entspricht) die brauchbare ist. Außerdem ist die Auflösung der quadratischen Gleichung (7) mit mindestens 6 Dezimalstellen zu führen, da sich der Wert der Diskriminante wenig von Null unterscheidet und leicht infolge von frühzeitigen Abrundungen negativ werden kann.

Zu der praktischen Durchführung der Versuche ist zu bemerken, daß die Art der Schmierung von sehr großer Bedeutung ist. Bei der ersten Versuchsgruppe im Januar–Februar 1965, welche mit dem zuerst gebauten Druckgehäuse ausgeführt wurde, waren die Probenwürfel mit Paraffin geschmiert. Bei der im November–Dezember 1966 folgenden zweiten Versuchsgruppe, bei welcher das zweite verbesserte Druckgehäuse benutzt wurde, wurde Wälzlagerfett C 3 als Schmiermittel verwendet. Endlich wurden bei der Versuchsgruppe im März–April 1968 die Probenwürfel mit Urs-mol-Feinmechaniköl geschmiert. In allen Fällen wurde vor der Ausführung der eigentlichen Versuche jeder Würfel vorbelastet und dann wieder vollkommen entlastet, um das überflüssige Schmiermittel herauszupressen.

Bei den Versuchen vom Januar–Februar 1965 wurden auch die vom Druckgehäuse immer nicht ganz verhinderten Querdehnungen gemessen. Da sich dabei herausgestellt hat, daß sie im Verhältnis zu den Längsdehnungen sehr gering sind, und demzufolge ihr Einfluß auf die Endergebnisse weit unter der Genauigkeitsgrenze derselben liegt, wurde bei den späteren Versuchen von der Messung der Querdehnungen abgesehen.

Zur Veranschaulichung der Anwendung des hier vorgeschlagenen Verfahrens sollen die Ergebnisse der Versuche vom März–April 1968 und deren zahlenmäßigen Auswertung angeführt werden.

Untersucht wurde das elastische Verhalten von bulgarischen Gesteinen, und zwar

a) an 3 Würfeln mit 10 cm Kantenlänge aus Marmor aus Ssitowo (Rhodopengebirge) — Probenwürfel I, II und II;

b) an 3 Würfeln mit 10 cm Kantenlänge aus Kalkstein aus Wratza (westlicher Teil des Balkangebirges) — Probenwürfel IV, V, und VI.

Bei allen 6 Probenwürfeln, die im IfG auf einer Drehbank hergestellt wurden, wurde die Z-Achse senkrecht zur sichtbaren (Marmor) oder angenommenen (Kalkstein) Schichtung angenommen. Die beiden anderen Koordinatenachsen lagen in der Ebene der sichtbaren oder angenommenen Schichtung.

Da der zur Druckplatte des Druckgehäuses gehörige Druckstempel einen Durchmesser von 28,1 mm hat, wurde der Lastbereich auf 0—10 Mp beschränkt, um den Druckstempel zu schonen. Die Versuche wurden auf einer ED-100-Maschine (Baujahr 1962) ausgeführt. Die Be- und Entlastung geschah mit einer Geschwindigkeit von 50 kp/s. Die Verformung in Belastungsrichtung wurde durch einen Induktivmeßgeber auf ein Mke-Gerät zur Aufzeichnung der Belastungs–Verformungs-Kurven übertragen. Das Übersetzungsverhältnis der Verformungen war 215:1 (215fache Vergrößerung).

Wie schon erwähnt, wurden zur Verwirklichung der beiden linearen Zustände alle Probenwürfel mit Urs-mol-Feinmechaniköl geschmiert. Zum Herauspressen des überflüssigen Schmiermittels wurden alle Probenwürfel unmittelbar vor dem Beginn der eigentlichen Elastizitätsuntersuchungen mit 1 Mp vorbelastet und dann wieder auf 0 entlastet.

Da das Druckgehäuse einen bedeutenden Einfluß auf die Gesamtverformung des Systems Druckgehäuse-Probenwürfel in Belastungsrichtung ausübt, besonders dadurch, daß die Druckkraft durch den Druckstempel, welcher einen kleinen Durchmesser und demzufolge eine große elastische Nachgiebigkeit besitzt, durchgeleitet wurde, wurde das Druckgehäuse geeicht, um seine Eigenverformung festzustellen, welche dann von der jeweiligen Gesamtverformung des Systems Druckgehäuse-Probenwürfel abgezogen wurde. Die Eichkurve des Druckgehäuses umfaßt denselben Lastbereich von 0—10 Mp, welcher durch den Durchmesser des Druckstempels des Druckgehäuses bedingt ist.

Jede vom Mke-Gerät aufgezeichnete Belastungs-Verformungs-Kurve besteht aus zwei Ästen, von denen der erste der Belastung und der zweite der Entlastung entspricht. Der Auswertung der Versuchsergebnisse wurde aber die gemittelte Kurve zugrunde gelegt, um dadurch zu mittleren Werten zu kommen, welche sowohl für Be- als auch für Entlastung gebraucht werden dürften. Die in den Anlagen gegebenen Ausgangszahlenwerte sind aus den Diagrammablesungen, welche den Laststufen 3, 4, 5, 6, 7, 8, 9 Mp entsprechen, gemittelt.

Die gemittelten Belastungs — Verformungs-Kurven wurden auf Grund der als Einzelbeobachtungen betrachteten Ablesungen nach der Methode der kleinsten Quadrate geradlinig ausgeglichen, indem für jede einzelne Kurve in den Lastbereichen 3—9, 4—9, 5—9 und 6—9 Mp vier Ausgleichungen ausgeführt wurden; von der Ausgleichung im Lastbereich 7—9 Mp wurde abgesehen, da hier nur eine überzählige Beobachtung vorhanden wäre. Von den so erhaltenen ausgeglichenen a-Werten wurden in die weitere Rechnung nur diejenigen eingeführt, welche mit den kleinsten mittleren Fehlern behaftet waren. Von dieser Regel wurde nur in den Fällen abgewichen, in welchen die Diskriminante der quadratischen Gleichung (7) negativ wurde und zu komplexen Werten der Größe M führte. In solchen Fällen wurden diejenigen ausgeglichenen a-Werte weiter benutzt, welche bei relativ kleinsten prozentualen Fehlern zu positiven Werten dieser Diskriminante führten.

Im einzelnen sind die Ausgangszahlenwerte und die Auswertung mit ihren Endergebnissen für jeden Probenwürfel in den folgenden 6 Anlagen zusammengestellt. Dabei sind die Ausgangszahlenwerte so angegeben, wie sie aus den direkten Ablesungen in den Diagrammen herauskamen.

Vollständigkeitshalber seien hier noch das spezifische Gewicht und die Druckfestigkeit der Probenwürfel angegeben.

Spezifisches Gewicht in kg/dm³

I	II	III	IV	V	VI
2,690	2,689	2,707	2,319	2,337	2,332

Druckfestigkeit in kp/cm²

I x	II y	III z	IV x	V y	VI z
641	615	762	1404	1374	1287

Die Druckfestigkeit der Probenwürfel I, II und II aus Marmor wurde auf der ZD-100-Maschine festgestellt. Die Probenwürfel IV, V und VI aus Kalkstein wurden dagegen auf dem großen Triaxialgerät des IfG, einer 600-Mp-Maschine, bis zum Bruch belastet. Die Indizes in der Bezeichnung der Probenwürfel in der Druckfestigkeitstabelle geben die Richtung an, in welcher die Druckfestigkeit geprüft wurde.

Unter den μ-Werten für Marmor kommt auch der Wert 0,5 vor, welcher als Grenzwert des Poissonschen Beiwertes für isotrope Medien gilt. Bei orthotropen Medien kann es aber vorkommen, daß einzelne μ-Werte den Wert 0,5 übersteigen, wie das bei früheren Versuchen im Laboratorium des IfG bei kristallinen orthotropen Gesteinen (Hartsalz) festgestellt wurde. Bei einer Hartsalzprobe aus Sollstedt ist sogar einmal der Wert 0,91 herausgekommen. Das Auftreten bei orthotropen Gesteinen von μ-Werten, welche größer als 0,5 sind, ist auch von Prof. Dr.-Ing. L. Müller in seinem Buch „Der Felsbau", 1963 Bd. I, 1. Teil, S. 200, bestätigt. Noch merkwürdiger ist es aber, daß sogar bei Steinsalz, welches als quasi-isotrop gilt, μ-Werte auftreten können, welche größer als 0,5 sind. So ist von Prof. Shosei Serata (Bericht Nr. 5, S. 7) bei Steinsalz festgestellt worden, daß „Poissonsche Beiwerte vom Wert 1, welcher viel größer als die theoretische Grenze 0,5 ist, bei kristallinen Gesteinen gefunden wurden. Dagegen ist der Poissonsche Beiwert, gemessen an einzelnen Kristallen desselben Verbandes, nicht größer als 0,5".

Es ist zum Schluß noch hinzuzufügen, daß sichtbar geschichtete Materialien (Marmor aus Szitowo) nur näherungsweise transversale Isotropie aufweisen. Die sichtbare Isotropie ist aber auch nur scheinbar, wie das beim Kalkstein aus Wratza festgestellt wurde, welcher sich als näherungsweise transversal isotrop erwiesen hat.

Zum Abschluß will ich noch hervorheben, daß der Direktor des Instituts für Grubensicherheit in Leipzig, Dr.-Ing. K.-H. Höfer, die wissenschaftliche Zusammenarbeit mit der Hochschule für Bergbau und Geologie in Sofia in höchst zuvorkommender Weise gefördert hat.

Literatur

[1] Ganev, I. H. C.: Übergang von räumlichen zu ebenen und linearen Verhältnissen bei den Elastizitäts-Grundgleichungen des orthogonal-anisotropen (orthotropen) elastischen Körpers und von der Benutzung der beiden linearen Zustände zur Ermittlung der technischen Konstanten — Bericht 5. Ländertreffen IBG, Akademie-Verlag, Berlin 1963.

[2] Ganev, I. H. C.: Vom Übergang von räumlichen zu ebenen und linearen Verhältnissen beim orthotropen elastischen Körper und von der Benutzung der beiden linearen Zustände zur experimentellen Ermittlung der technischen Konstanten. (In bulgarischer Sprache.) Handschrift, Archiv des Wissenschaftlichen Forschungssektors der Hochschule für Bergbau und Geologie in Sofia, Nr. 83 (1965).

[3] Ganev, I. H. C.: Über die allgemeine Lösung vom dreidimensionalen Problem bei orthotropen elastischen Medien in rechtwinkligen Koordinaten — Proceedings of the I. International Congress on Rock Mechanics, Lisbon 1966.

[4] Ganev, I. H. C.: Von der gemeinsamen experimentellen Bestimmung der Elastizitätskonstanten bei orthotropen Gesteinen durch einachsigen Druck. (In bulgarischer Sprache.) Jahrbuch der Hochschule für Bergbau und Geologie in Sofia, XI, H. 1 (1964/1965).

Anlage 1

Probenwürfel I — Marmor aus Szitowo

Abmessungen: $l_x = 100{,}25$ mm; $l_y = 100{,}05$ mm; $l_z = 99{,}95$ mm

Belastung in der x-Richtung

P	3	4	5	6	7	8	9	Mp
Δl_1	19,4	25,6	30,6	35,4	39,5	43,8	48,0	mm
Δl_2	13,4	16,7	18,6	21,0	22,9	24,4	25,7	mm*)

Belastung in der y-Richtung

P	3	4	5	6	7	8	9	Mp
Δl_1	16,3	22,0	27,2	32,0	36,5	40,7	44,8	mm
Δl_2	15,6	22,4	28,5	34,2	39,5	44,4	49,1	
	15,3	18,7	21,0	22,9	24,8	26,2	27,6	mm*)

Belastung in der z-Richtung

P	3	4	5	6	7	8	9	Mp
Δl_1	32,1	38,3	45,0	49,6	53,1	56,5	61,2	mm
Δl_2	6,6	9,1	10,9	12,5	13,8	14,8	15,8	mm*)

Ausgeglichene a-Werte in mm/Mp

$a_{x1} = 1{,}72000 \pm 0{,}22686\ (\pm 13{,}189\%)$; $a_{x2} = 1{,}83714 \pm 0{,}09494\ (\pm 5{,}168\%)$
$a_{y1} = 1{,}79000 \pm 0{,}23287\ (\pm 13{,}010\%)$; $a_{y2} = 2{,}09500 \pm 0{,}25865\ (\pm 12{,}346\%)$**)
$a_{z1} = 1{,}33000 \pm 0{,}25787\ (\pm 19{,}389\%)$; $a_{z2} = 1{,}49643 \pm 0{,}11387\ (\pm 7{,}607\%)$

$p = 0{,}936238$; $q = 0{,}854415$; $r = 0{,}888782$; $M = -1{,}176399$

A_{mn}-Werte in Mp/mm²

	1	2	3
1	1,253	0,298	0,206
2	0,298	1,199	0,454
3	0,206	0,454	1,611

μ_{mn}-Werte

	1	2	3
1	—	0,195	0,079
2	0,223	—	0,323
3	0,065	0,231	—

*) direkt zwischen den Druckplatten der Maschine.

**) gemittelt aus den Meßergebnissen im Druckgehäuse und direkt zwischen den Druckplatten der Maschine.

Anlage 2

Probenwürfel II — Marmor aus Szitowo

Abmessungen: $l_x = 99{,}95$ mm; $l_y = 100{,}10$ mm; $l_z = 100{,}15$ mm

Belastung in der x-Richtung

P	3	4	5	6	7	8	9	Mp
Δl_1	23,0	29,6	35,1	40,2	45,1	49,8	53,7	mm
Δl_2	16,6	22,6	29,3	34,3	39,0	43,6	48,8	mm

Belastung in der y-Richtung

P	3	4	5	6	7	8	9	Mp
Δl_1	18,5	25,2	31,3	36,4	41,1	45,2	49,7	mm
Δl_2	27,8	35,1	41,9	48,0	53,5	58,4	62,4	mm

Belastung in der z-Richtung

P	3	4	5	6	7	8	9	Mp
Δl_1	23,7	30,8	37,0	42,5	47,6	52,5	57,0	mm
Δl_2	15,1	24,7	34,2	41,8	48,0	52,9	59,3	mm

Ausgeglichene a-Werte in mm/Mp

$a_{x1} = 2{,}08000 \pm 0{,}25429$ ($\pm$ 12,226%); $a_{x2} = 2{,}23000 \pm 0{,}22412$ ($\pm$ 10,050%)
$a_{y1} = 1{,}96000 \pm 0{,}24027$ ($\pm$ 12,259%); $a_{y2} = 2{,}54000 \pm 0{,}32000$ ($\pm$ 12,598%)
$a_{z1} = 2{,}40000 \pm 0{,}24248$ ($\pm$ 10,103%); $a_{z2} = 3{,}19000 \pm 0{,}29682$ ($\pm$ 9,305%)

$p = 0{,}932735$; $q = 0{,}771654$; $r = 0{,}752351$; $M = -1{,}339273$

A_{mn}-Werte in Mp/mm²

	1	2	3
1	1,031	0,202	0,236
2	0,202	1,097	0,468
3	0,236	0,468	0,897

μ_{mn}-Werte

	1	2	3
1	—	0,081	0,215
2	0,093	—	0,399
3	0,151	0,500	—

Anlage 3

Probenwürfel III — Marmor aus Szitowo

Abmessungen: $l_x = 99{,}80$ mm; $l_y = 99{,}90$ mm; $l_z = 99{,}80$ mm

Belastung in der x-Richtung

P	3	4	5	6	7	8	9	Mp
Δl_1	18,5	24,1	29,7	34,5	39,3	43,5	47,0	mm
Δl_2	27,3	34,9	41,6	47,5	51,2	56,2	59,6	mm

Belastung in der y-Richtung

P	3	4	5	6	7	8	9	Mp
Δl_1	23.1	29,9	36,1	41,4	45,9	50,5	54,7	mm
Δl_2	22,0	28,5	34,4	39,3	44,4	48,8	53,4	mm

Belastung in der z-Richtung

P	3	4	5	6	7	8	9	Mp
Δl_1	23,2	30,2	36,3	41,8	47,1	51,7	56,5	mm
Δl_2	18,5	25,6	32,1	37,8	42,5	48,0	53,0	mm

Ausgeglichene a-Werte in mm/Mp

$a_{x1} = 1{,}99143 \pm 0{,}29762\ (\pm 14{,}945\%)$; $a_{x2} = 2{,}31143 \pm 0{,}39505\ (\pm 17{,}091\%)$
$a_{y1} = 1{,}90000 \pm 0{,}22671\ (\pm 11{,}932\%)$; $a_{y2} = 2{,}1500\ 0 \pm 0{,}22970\ (\pm 10{,}684\%)$
$a_{z1} = 2{,}43000 \pm 0{,}2434\ 2(\pm 10{,}010\%)$; $a_{z2} = 2{,}60000 \pm 0{,}23122\ (\pm 8{,}893\%)$

$p = 0{,}861558$; $q = 0{,}883721$; $r = 0{,}934615$; $M = -1{,}491607$

A_{mn}-Werte in Mp/mm²

	1	2	3
1	1,081	0,361	0,229
2	0,361	1,135	0,174
3	0,229	0,174	0,886

μ_{mn}-Werte

	1	2	3
1	—	0,309	0,179
2	0,287	—	0,097
3	0,202	0,117	—

Anlage 4

Probenwürfel IV — Kalkstein aus Wratza

Abmessungen: $l_x = 100{,}00$ mm; $l_y = 100{,}05$ mm; $l_z = 100{,}45$ mm

Belastung in der x-Richtung

P	3	4	5	6	7	8	9	Mp
Δl_1	13,9	20,0	26,1	30,9	35,8	39,7	43,0	mm
Δl_2	20,3	26,5	32,7	38,0	43,5	47,8	52,0	mm

Belastung in der y-Richtung

P	3	4	5	6	7	8	9	Mp
Δl_1	18,2	24,5	30,0	35,0	39,6	43,8	47,1	mm
Δl_2	17,0	23,9	28,8	33,7	39,1	42,8	46,9	mm

Belastung in der z-Richtung

P	3	4	5	6	7	8	9	Mp
Δl_1	18,0	25,5	31,5	37,4	42,6	47,4	51,8	mm
Δl_2	19,2	26,4	32,9	38,4	43,5	48,6	53,5	mm

Ausgeglichene a-Werte in mm/Mp

$a_{x1} = 2{,}15358 \pm 0{,}34674\ (\pm 16{,}100\%)$; $a_{x1} = 2{,}58572 \pm 0{,}31670\ (\pm 12{,}198\%)$

$a_{y1} = 1{,}70000 \pm 0{,}28728\ (\pm 16{,}899\%)$; $a_{y2} = 1{,}93000 \pm 0{,}28630\ (\pm 14{,}834\%)$

$a_{z1} = 2{,}25000 \pm 0{,}25278\ (\pm 11{,}235\%)$; $a_{z2} = 2{,}49000 \pm 0{,}22158\ (\pm 8{,}899\%)$

$p = 0{,}832874$; $q = 0{,}880083$; $r = 0{,}903614$; $M = -1{,}212810$

A_{mn}-Werte in Mp/mm²

	1	2	3
1	0,993	0,373	0,288
2	0,373	1,260	0,207
3	0,288	0,207	0,959

μ_{mn}-Werte

	1	2	3
1	—	0,342	0,257
2	0,256	—	0,088
3	0,245	0,113	—

, Anlage 5

Probenwürfel V — Kalkstein aus Wratza

Abmessungen: $l_x = 99{,}80$ mm; $l_y = 99{,}70$ mm; $l_z = 99{,}95$ mm

Belastung in der x-Richtung

P	3	4	5	6	7	8	9	Mp
Δl_1	17,1	22,3	28,3	32,6	37,4	41,6	44,5	mm
Δl_2	17,9	24,4	31,0	36,1	41,5	46,0	50,8	mm

Belastung in der y-Richtung

P	3	4	5	6	7	8	9	Mp
Δl_1	26,4	33,7	40,2	46,1	51,4	56,5	61,2	mm
Δl_2	17,8	25,4	32,2	37,8	43,3	48,8	53,2	mm

Belastung in der z-Richtung

P	3	4	5	6	7	8	9	Mp
Δl_1	18,6	24,4	28,8	33,9	38,8	43,0	47,6	mm
Δl_2	14,3	21,4	27,4	33,1	38,5	43,3	47,8	mm

Ausgeglichene a-Werte in mm/Mp

$a_{x1} = 1{,}92144 \pm 0{,}32135$ ($\pm$ 16,725%); $a_{x2} = 2{,}35000 \pm 0{,}23515$ ($\pm$ 10,007%)
$a_{y1} = 2{,}64000 \pm 0{,}25218$ ($\pm$ 9,552%*; $a_{y2} = 2{,}70000 \pm 0{,}25482$ ($\pm$ 9,438%)
$a_{z1} = 2{,}07000 \pm 0{,}23769$ ($\pm$ 11,483%); $a_{z2} = 2{,}50000 \pm 0{,}26229$ ($\pm$ 10,492%)

$p = 0{,}817634$; $q = 0{,}977778$; $r = 0{,}828000$; $M = -1{,}224583$

A_{mn}-Wert in Mp/mm²

	1	2	3
1	1,121	0,138	0,447
2	0,138	0,814	0,085
3	0,447	0,085	1,043

μ_{mn}-Werte

	1	2	3
1	—	0,110	0,394
2	0,126	—	0,038
3	0,418	0,035	—

Anlage 6

Probenwürfel VI – Kalkstein aus Wratza

Abmessungen: $l_x = 99{,}95$ mm; $l_y = 99{,}95$ mm; $l_z = 100{,}00$

Belastung in der x-Richtung

P	3	4	5	6	7	8	9	Mp
Δl_1	25,9	32,2	38,2	43,6	48,5	53,4	57,6	mm
Δl_2	20,3	26,9	32,5	38,1	43,1	48,0	52,4	mm

Belastung in der y-Richtung

P	3	4	5	6	7	8	9	Mp
Δl_1	21,6	28,7	34,8	40,7	45,6	50,4	55,3	mm
Δl_2	20,4	26,8	32,6	37,8	43,0	48,6	52,8	mm

Belastung in der z-Richtung

P	3	4	5	6	7	8	9	Mp
Δl_1	20,4	27,4	33,4	38,7	43,8	49,1	53,5	mm
Δl_2	20,9	28,2	34,3	40,2	45,6	50,3	55,4	mm

Ausgeglichene a-Werte in mm/Mp

$a_{x1} = 2{,}26000 \pm 0{,}24845$ ($\pm$ 10,993%); $a_{x2} = 2{,}37000 \pm 0{,}24999$ ($\pm$ 10,548%)
$a_{y1} = 2{,}31000 \pm 0{,}21932$ ($\pm$ 9,494%); $a_{y2} = 2{,}252000 \pm 0{,}24926$ ($\pm$ 09,891%)
$a_{z1} = 2{,}46000 \pm 0{,}23664$ ($\pm$ 9,619%); $a_{z2} = 2{,}63000 \pm 0{,}25159$ ($\pm$ 9,566%)

$p = 0{,}953586$; $q = 0{,}916667$; $r = 0{,}935361$; $M = -1{,}100568$

A_{mn}-Werte in Mp/mm²

	1	2	3
1	0,951	0,183	0,124
2	0,183	0,931	0,214
3	0,124	0,214	0,875

μ_{mn}-Werte

	1	2	3
1	–	0,164	0,089
2	0,174	–	0,213
3	0,099	0,222	–

Entwurf

Richtlinien für einfache gesteinsmechanische Untersuchungen

Steinkohlenbergbauverein, Essen

1. Allgemeines

Beobachtungen am Streckenausbau, insbesondere in Abbaustrecken, haben zu dem Hinweis geführt, daß bei gleichem Streckenausbau, gleichen abbautechnischen Bedingungen und ähnlichen Lagerungsverhältnissen die Standfestigkeit von Strecken sehr unterschiedlich sein kann. Auf die Verformung der Strecken wie auch auf das Gebirgsverhalten in Streben hat die Ausbildung des Gebirgsverbandes im engeren Bereich um den Grubenbau maßgeblichen Einfluß. Entscheidend für diese Verformungen sind die Gesteinsarten mit wechselnder Festigkeit, die Lösen und Klüfte und das Verhalten der Schiefergesteine bei Wassereinwirkung. Als engerer Bereich um den Grubenbau wird die Zone bezeichnet, in der sich sichtbare Verformungen bei Zusatzdruckeinwirkungen erkennen lassen. Sie reicht nach den bisherigen Erkenntnissen bis etwa 5 m ins Hangende und 3 m ins Liegende.

2. Zweck

Die gesteinsmechanischen Untersuchungen dienen vor allem der Planung der Lage der Strecken zum Flöz und der Planung des Ausbaus von Strecken und Streben. Anschließende Beobachtungen und Überwachungen des Grubenausbaus sollen Gesetzmäßigkeiten zwischen dem Zusammenwirken von Gebirge und Ausbau bei Druckauswirkungen erkennen lassen und so die Grundlagen der Planung vertiefen.

3. Gesteinsmechanische Untersuchungen

Die gesteinsmechanischen Untersuchungen erfordern folgende Feststellungen:

1. Aufnahme der petrographischen Zusammensetzung des Gesteins und der Trennfugen im Gebirgsverband,
2. Bestimmung der Festigkeit des anstehenden Gesteins,
3. Ermittlung der Festigkeit an Proben und Beobachtungen des Festigkeits- und Zerfallverhaltens der Proben bei Wassereinwirkung.

3.1. Aufnahme der Petrographie und der Trennfugen im Gebirgsverband

Die gesteinsmechanische Untersuchung beginnt mit der geologischen Feinaufnahme von Flöz und Nebengestein. Sie gibt Aufschluß über die Sedimentationsfolge und damit bereits einen ersten groben Hinweis auf die Festigkeit der Schichten. Dabei sollen außer den Trennfugen auch Schwächezonen, die auf Fossil- und Mineraleinlagerungen zurückzuführen sind, erfaßt werden.

3.1.1. Erforderliches Personal

Für die untertägigen Beobachtungen soll der Meßtrupp aus einem Steiger oder Techniker mit guten geologischen Kenntnissen und zwei Meßgehilfen bestehen.

3.1.2. Meßgeräte und Hilfsmittel

Für die Aufnahme sind folgende Meßgeräte, Werkzeuge und Hilfsmittel bereitzustellen:

Handbuch oder Ringhefter A 5 mit den vorgesehenen Formblättern,
Zollstock (2 m),
Geologenhammer,
Geologenkompaß,
Signierkreide,
Gesteinsmeißel oder kleiner Abbauhammer mit Zubehör zum Vorbereiten des Gebirgsstoßes,
Plastikbeutel,
Probenbegleitzettel,
2 Tragetaschen,
Schnur/Schießdraht,
Uhr,
Meßband.

3.1.3. Durchführung der Feinaufnahme

Die Aufnahme hat am frischen, berissenen Gebirgsstoß zu erfolgen. Werden ältere Aufschlüsse untersucht, so muß der Gebirgsstoß so weit berissen werden, daß er frei von verwitterten Gesteinsteilen ist. Zeigen sich an alten Aufschlußstellen bereits Gebirgsdruckerscheinungen, so sind sie für die gesteinsmechanische Untersuchung ungeeignet.

Die Aufnahme der Petrographie und der Trennfugen soll sich über das Flöz und die Nebengesteinsschichten bis mindestens 5 m ins Hangende und mindestens 3 m ins Liegende erstrekken. Die Aufnahme des Nebengesteins erfolgt zweckmäßig vom geologischen Flözhangenden aufwärts und vom geologischen Flözliegenden abwärts. Das Flöz selbst wird vom Hangenden zum Liegenden aufgenommen. Die Ergebnisse der Aufnahme werden unter Tage unmittelbar in die Formblätter 1 eingetragen.

Bei der Feinaufnahme werden folgende für das Gesteinsverhalten wesentlichen Merkmale erfaßt:

a) Gesteinsart und Mächtigkeit,
b) Unstetigkeitsbereiche,
c) Trennfugen,
d) Besonderheiten (Wasserzuflüsse, Bläser usw.)

Zu a):

Die Gesteinsarten und ihre Folge werden am Aufnahmeort bestimmt und die Mächtigkeiten mit dem Zollstock in bankrechter Richtung gemessen (Formblatt 1, Spalten 2 bis 4).

Bei der petrographischen Beschreibung von Flöz und Nebengestein gelten folgende Abkürzungen:

1. Kohle	= K	
2. unreine Kohle	= unr K	
3. Brandschiefer	= Bsch	
4. Sapropelkohle	= Sapk	
5. Sapropelbrandschiefer	= Sap Bsch	
6a. Kohle mit Bergen	= KmB	(evtl. Anteilsverhältnis
6b. Berge mit Kohle	= BmK	angeben (DIN 21941))
7. Berge (≧ 1 cm entsprechend der Aufschlüsselung 8 bis 18)	= B	

8. Schieferton, bituminös	(Schieferton)		= bit Sch
9. Schieferton (sandfrei)			= Sch
10. Schieferton, schwachsandig			= schw sd Sch
11. Schieferton, sandig	(Sandschieferton)		= sd Sch
12. Schieferton, sandstreifig			= sd str Sch
13. Sandstein			= Sst
14. Konglomerat			= Kgl
15. Toneisenstein			= TEst
16. Kohleneisenstein			= KEst
17. Schwefelkies			= Sks
18. Kaolinkohlentonstein			= KTst

Petrographische Aufnahme unter Tage — Formblatt 1

Zeche: Emil Mayrisch — Flöz: D III PC

Betriebspunkt: Hauptabteilung östliche Richtstrecke

Koordinaten: R: 25 16883 — H: 56 41665 — h: −588

Meßstellen-Nr.: 048 — Datum: 9.11.64 — Ausführender: Fischer

Lfd. Nr.	Petrographie: Gestein	Erläuterung (Hgd. / Flöz / Lg.)	Abstand zum geol. Hgd. bzw. Lgd. (cm)	Mächtigkeit (cm)	Lösen	Reibungswinkel φ	Kennziffer zu Spalte 6	Probennummer
1	2	3	4	5	6	7	8	9
1	Sch	dünnplattig	3	3				
2			3		bH			
3	schw sd Sch	bis 0,7 viele Pflanzen	143	140				1–4
		0,7–0,9 TEst-Knollen						
		0,9–1,4 TEst-Lagen						
		bis 0,3 mögl. Lösen 6 cm						
		0,3–1,4 " 12 cm						
4			33		L	24^g	4	
5			83		L	26^g	4	
6			143		L	30^g	3	
7	sd Sch	bis 0,4 wenige Pflanzen	325	182				5–9
		mögl. Lösen 15 cm						
8			177		L	31^g	2	
9			246		L	25^g	4	
10			325		L	31^g	3	
11	Sst	grobkörnig	360	35				10
12			360		L		4	
13	schw sd Sch	dünnplattig	365	5				
14			365		L		4	
15	sd str Sch	mögl. Lösen 18 cm		>145				
16			460		L	35^g	2	11

Streichen: 232^g — Einfallen: 27^g

Erläuterungen:
L = Lösen
bH = voraussichtl. betriebl. Hangende
bL = voraussichtl. betriebl. Liegende

Aufnahme der Klüfte und Schlechten bitte wenden

Formblatt 1

Zu b):

Fossile und mineralische Einlagerungen können Unstetigkeitsbereiche im Schichtenverband bilden, die bei Zusatzdruck oder Wassereinwirkung als zusätzliche Trennfugen aufreißen und den Verformungsprozeß eines Schichtenbereiches beeinflussen können. Man unterscheidet bei den Feinaufnahmen für gesteinsmechanische Untersuchungen zweckmäßig folgende Einlagerungen:

1. *Fossile Einlagerungen*
   Muschelhorizonte,
   Blätter (z. B. Farne), Pflanzenhäcksel,
   Stämme und Stielwerk (z. B. Calamiten, Lepidodendron, Sigillarien),
   Wurzeln (Stigmarien).
2. *Mineralische Einlagerungen*:
   Toneisensteinlagen,
   Toneisensteinknollen,
   Schwefelkieslagen,
   Schwefelkiesknollen.

Die Einlagerungen werden nach ihrer Art, Lage und Häufigkeit angesprochen und eingemessen; dabei ist die Häufigkeit zu bewerten: Eine dicht zusammenhängende Folge fossiler oder mineralischer Einlagerungen bekommt den Zusatz „viel". Kein Zusatz bedeutet zusammenhängende, aber weniger auffallende fossile und mineralische Unstetigkeiten, während mit dem Zusatz „wenig" nur vereinzelte, nicht zusammenhängend auftretende Einlagerungen zu kennzeichnen sind (Formblatt 1, Spalte 3).

Zu c):

Für die Aufnahme von Trennfugen gelten die „Richtlinien für die Aufnahme von Trennfugen im Gebirgsverband".

Im Formblatt 1 „Petrographische Aufnahme unter Tage" sind in Spalte 6 die Lösen (L) anzugeben.

In die Spalte 6 wird ebenfalls eingetragen, wo die Lage des betrieblichen Hangenden (Nachfall) und Liegenden (Nachriß) im Abbau zu erwarten ist (Kurzbezeichnung bH und bL).

Der Reibungswinkel φ wird an der Meßstelle an herausgelösten, orientierten Probenkörpern unter Eigenlast auf dem Meßbrett ermittelt und in Spalte 7 eingetragen.

Die Ausbildung der Trennfläche ist wie folgt zu kennzeichnen:

	Kennziffer
angebrannt	0
rauh, uneben	1
rauh, eben	2
glatt, uneben	3
glatt, eben, glänzend	4
Schmierschicht	5

Die Kennziffer ist in Spalte 8 einzutragen.

Mögliche (versteckte) Lösen sind ebenfalls aufzuführen. Sie werden bestimmt, indem Probenkörper aus dem Stoß herausgelöst und schichtparallel mit dem Geologenhammer angeschlagen werden.

Die Abstände der dadurch erzeugten Trennflächen sind unter Spalte 3 des Formblattes 1 „Petrographische Aufnahme unter Tage" zu vermerken.

Die Aufnahme der Klüfte und Schlechten wird auf die Hauptsysteme beschränkt.

Handskizzen zur Ergänzung der Kluft- und Schlechtenaufnahme werden auf die Rückseite des Formblattes gezeichnet.

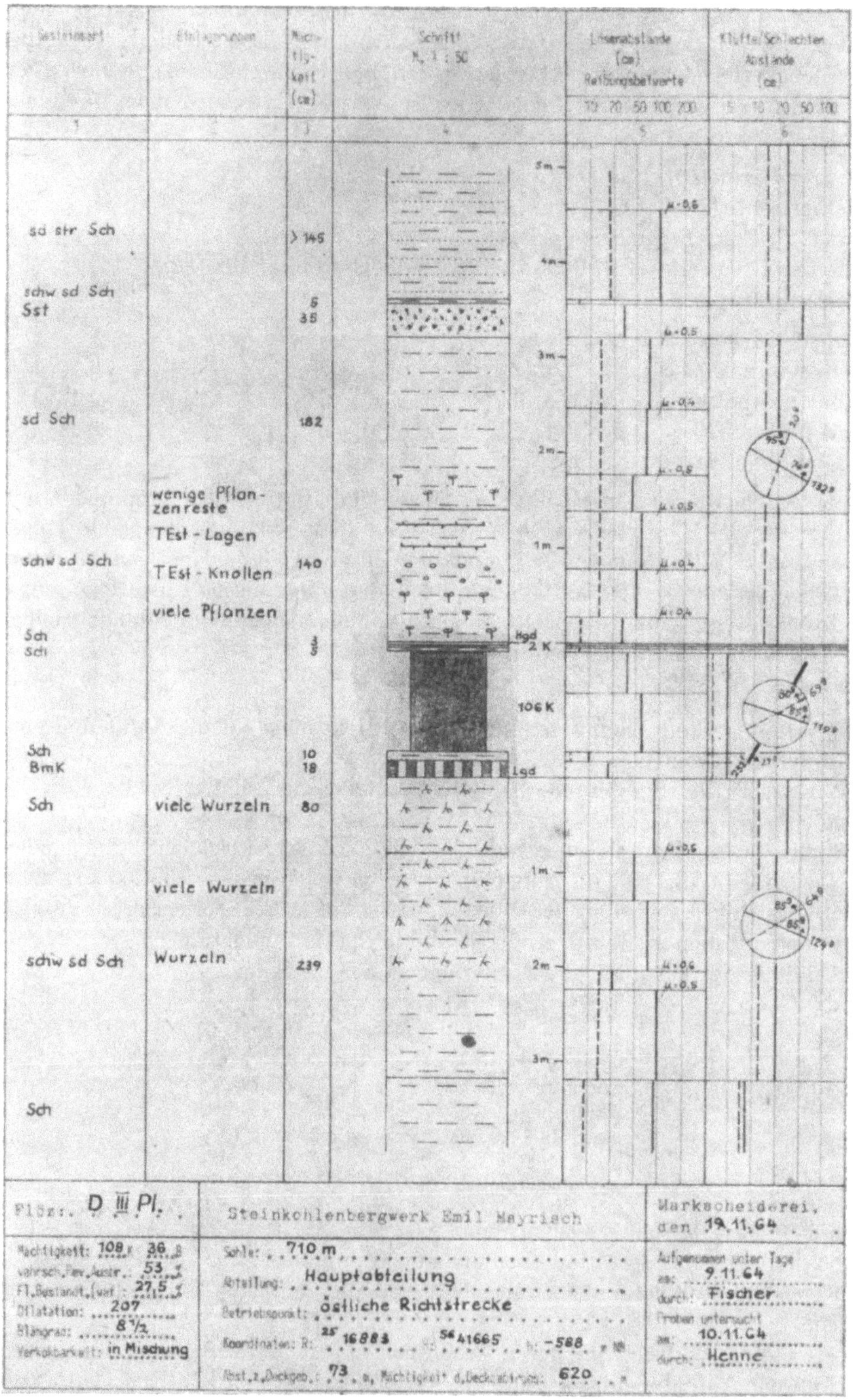

Formblatt 2 — linke Seite

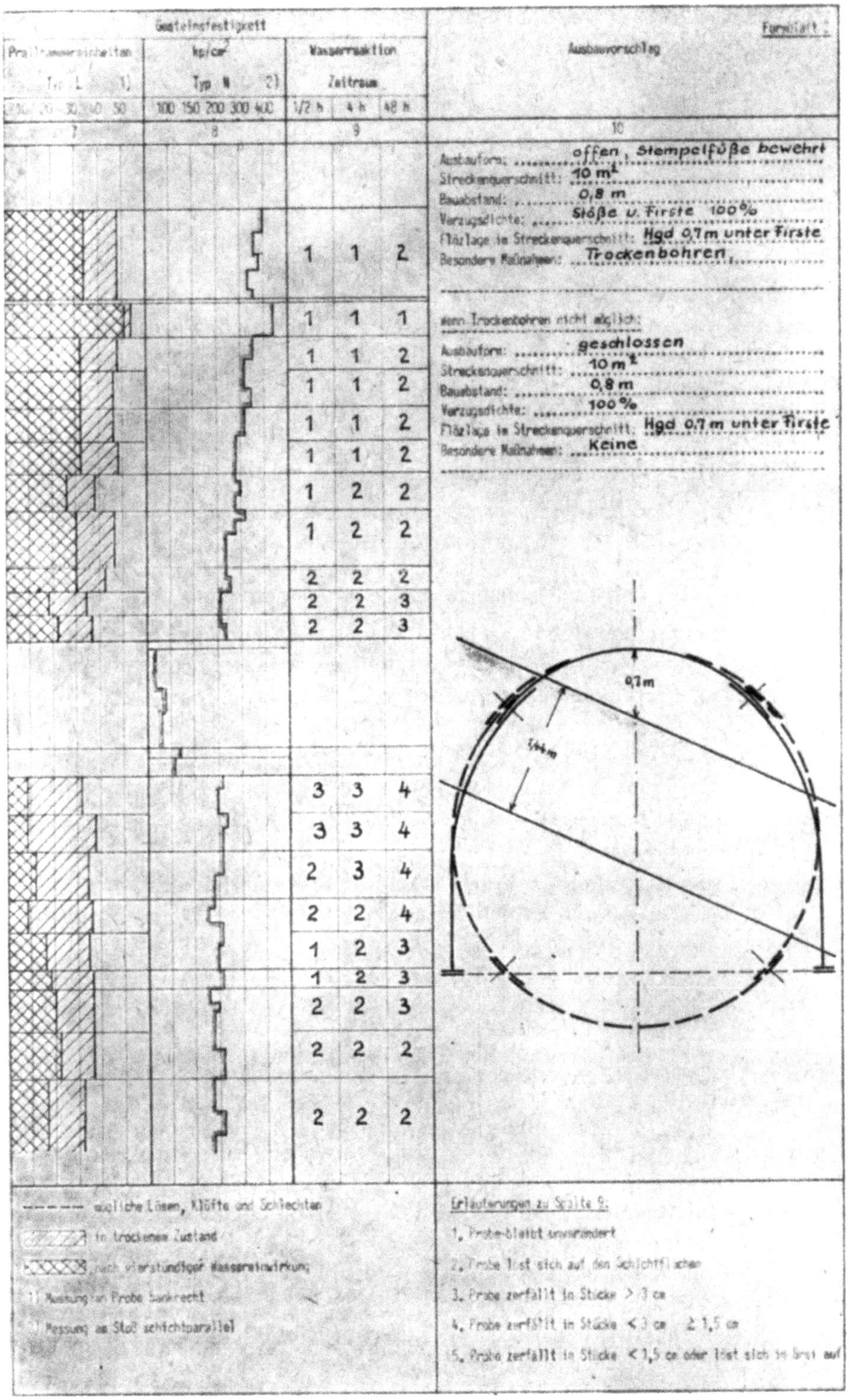

rechte Seite

Zu d):

Alle Besonderheiten, die von betrieblichem Interesse sind, werden auf der Rückseite des Formblattes 1 verzeichnet (Wasserzuflüsse, Bläser usw.).

3.1.4. Probennahme

Bei der Probennahme ist Ziffer 4 der „Vorläufigen Richtlinien zur Anwendung des Prallhammer" zu beachten.

4. Bestimmung der Gesteinsfestigkeit am Gebirgsstoß

Die Gesteinsfestigkeit am Stoß kann mit dem Prallhammer System Schmidt ermittelt werden. Dafür gelten die „Vorläufigen Richtlinien zur Anwendung des Prallhammers".

5. Ermittlung der Gesteinsfestigkeit an Gesteinsproben und Beobachtungen des Festigkeits- und Zerfallverhaltens der Proben bei Wassereinwirkung über Tage

5.1. Prallhammermessungen an gebirgsfeuchten Proben

Bei der Durchführung von Prallhammermessungen an Proben ist Ziffer 4 der „Vorläufigen Richtlinien zur Anwendung des Prallhammers" zu beachten.

5.2. Festigkeitsabnahme infolge Wasseraufnahme

Die Festigkeitsabnahme von Gesteinsproben infolge Wassereinwirkung wird ermittelt, indem die unter 5.1. genannten Proben vier Stunden in Wasser gelegt und anschließend in gleicher Weise mit dem Prallhammer getestet werden.

5.3. Untersuchung des Zerfallverhaltens

Zur Untersuchung des Zerfallverhaltens werden etwa faustgroße Gesteinsproben in Wasser gelegt. Die Zerfallform wird nach 1/2 Stunde, 4 Stunden, 24 und 48 Stunden beurteilt und durch Kennziffern beschrieben:

1 Probe bleibt äußerlich unverändert,
2 Probe löst sich auf den Schichtflächen,
3 Probe zerfällt in Stücke $\geqq 3$ cm Größe,
4 Probe zerfällt in Stücke $< 3 \geqq 1{,}5$ cm Größe,
5 Probe zerfällt in Stücke $< 1{,}5$ cm Größe

6. Darstellung der Untersuchungsergebnisse

Für die Darstellung der Untersuchungsergebnisse dient Formblatt 2.

Die Darstellung ist so geordnet, daß die Spalten 1 bis 6 die Ergebnisse der Feinaufnahme unter Tage zeigen. Die Spalten 7 bis 9 sind den Ergebnissen der übertägigen und untertägigen Festigkeitsmessungen vorbehalten, die Spalte 9 der Beurteilung des Zerfallverhaltens. Die Prallhammerwerte sind in Prallhammereinheiten dargestellt.

Die letzte Spalte gibt den Ausbauvorschlag wieder, der aus der Untersuchung abzuleiten ist (Ausbauform in Strecke und Streb und Lage des Flözes im Streckenquerschnitt). Hierfür sind die „Richtlinien zur Planung des Streckenausbaus auf Grund gesteinsmechanischer Untersuchungen" bzw. die „Richtlinien zur Planung des Strebausbaus auf Grund gebirgsmechanischer Untersuchungen" zu beachten[1]). Kommen mehrere Vorschläge in Betracht, so können diese zeichnerisch oder beschreibend aufgeführt werden.

---

[1]) Diese Richtlinien werden zur Zeit vorbereitet.

Vorschlag einer Gebirgsklassifikation

Die Klassifikation bezieht sich ausschließlich auf die mechanischen Eigenschaften der Gesteine und des Gebirgsverbandes. Sie beinhaltet nicht eine Beurteilung des Gebirges im Hinblick auf bestimmte technische Aufgabenstellungen.

Als erster Schritt zu einer Klassifikation werden folgende Eigenschaften von Gestein und Gebirge als wesentlich erachtet:

1. Geologische Situation mit Bezeichnung der Gesteinsart (Stratigraphische Kurzzeichen)
2. Mineralbestand von Korn- und Bindemitteln (Kurzzeichen)
3. Körnigkeit (mittlerer Korndurchmesser [Körnungsstufen nach H. BORCHERT, siehe Bericht über das 10. Ländertreffen S. 789] Siebkurve)
4. Homogenität, makroskopisch
5. Festigkeit des Gesteinsmaterials
   5.1. Festgestein
   5.1.1. „Einachsige" Druckfestigkeit σ_D senkrecht und parallel zur Schichtung (in kp · cm^{-2} gemäß Richtlinie des IBG, siehe Bericht über das 5. Ländertreffen, S. 21 ff.)
   5.1.2. Norm-Fließgrenze σ_{yn} (siehe Bericht über das 9. Ländertreffen, S. 275)
   5.1.3. Normkennziffer N für das Kriechverhalten (siehe Bericht über das 9. Ländertreffen, S. 276)
   5.1.4. Wasserempfindlichkeit (siehe Bericht über das 10. Ländertreffen, S. 791)
   5.2. Lockergestein
   5.2.1. Kohäsion c und Winkel ϱ der inneren Reibung
   5.2.2. Wasserempfindlichkeit (ATTENBERGsche Konsistenzgrenzen)
6. Beschreibung des Gebirgsverbandes
   6.1. Charakteristik der Klüfte und Schichtflächen (siehe Bericht über das 10. Ländertreffen, S. 280)
   6.2. Wenn möglich, Ergebnisse von Großversuchen, Kernbohrungen seismischen Messungen und anderen Untersuchungen am anstehenden Gebirge.

Erläuterung der Kurzzeichen

F = Festgestein
L = Lockergestein
r = rollig
b = bindig
$\sigma_{D\perp}$ = Einachsige Druckfestigkeit senkrecht zur Schichtung
$\sigma_{D\parallel}$ = Einachsige Druckfestigkeit parallel zur Schichtung
σ_{yn} = Normfließgrenze

N = Normkennziffer für das Kriechverhalten
ε = Stauchung
WE = Wasserempfindlichkeitsfaktor
c = Kohäsion
ϱ = Winkel der inneren Reibung oder der Scherfestigkeit
w = Wassergehalt
w_f = Fließgrenze
w_a = Ausrollgrenze
(w, w_f, w_a:) in Prozenten des Trockengewichtes

Vorschlag zur Darstellung der Gebirgsklassifikation in Kurzform

Stratigraphische Kurzzeichen (Gesteinsart, geol. Situation)				
Mineralbestand von Korn- und Bindemittel				
Körnigkeit [mm] Kornform				
Homogenität (makroskopisch)				
Festigkeit des Gesteinsmaterials	F		$\frac{\sigma_D \perp}{\sigma_{yn} \perp} / \sigma_D \parallel$ [kp/cm²]	
			$N = \frac{\Delta\varepsilon}{\Delta t}$ [%/h]	
			$WE = \frac{\sigma_D}{\sigma_{DW}}$ [kp/cm²]	
	L oder F	(Bei F Kluftfüllung)	c [kp/cm²]	
			ϱ [grd]	
			w [%] w_f [%] w_a [%]	
Geometrische Kluftparameter				
Untersuchungen am anstehenden Gebirge				

Vorschlag

zur Verbesserung der mineralogisch-petrographisch geeigneten Körnungsstufen nach H. Borchert (1962)

Körnungsbereich in mm	Benennung
> 300	gigantokörnig
30 – 300	riesenkörnig
10 – 30	großkörnig
3 – 10	grobkörnig
1 – 3	mittelkörnig
0,3 – 1	kleinkörnig
0,1 – 0,3	feinkörnig
0,03 – 0,1	dichtkörnig
0,001 – 0,03	mikrokristallin
0,0001 – 0,001	kryptokristallin
0,000001 – 0,0001	röntgenkristallin

Literatur

Borchert, H.: Ein Vorschlag zur Verbesserung der mineralogisch-petrographisch geeigneten Körnungsstufen. N. Ib. Miner., Mh. 6 (1962) S. 125–127.

Geometrische Kluftparameter

Streichen der Schnittfläche:	Winkel der Streichrichtung im Uhrzeigersinn (von Norden über Osten nach Süden) von der Nord–Süd-Linie aus gezählt
Klufttypen:	m — Typ, I — Typ, H — Typ, X — Typ, K — Typ, Y — Typ, O — Typ und Kombinationen dieser Typen (siehe Bericht über das 10. Ländertreffen, S. 280)
Kluftstellung:	Festlegung der Stellung eines Systems paralleler Klüfte durch einen auf die Horizontale bezogenen, im mathematischen Sinne positiv zählenden Winkel
Blockbreite:	Angabe in Metern
Kluftbreite:	Angabe in Zentimetern
Kluftfüllung:	Angabe der Eigenschaft des Füllungsmaterials wie tonig, sandig, etc.

Schema und Bezeichnung eines Kluftkörpers siehe Bericht über das 10. Ländertreffen, S. 280, Bild 1.

Vorläufige Richtlinie zur Ermittlung eines Wasserempfindlichkeitsfaktors

1. Definition

Als Wasserempfindlichkeitsfaktor *WE* der Gesteine wird der Quotient der bei natürlichem Wassergehalt und bei maximalem Wassergehalt gemessenen einachsigen Druckfestigkeiten gewählt:

$$WE = \frac{\sigma_D}{\sigma_{DW}} \tag{1}$$

mit σ_D = Druckfestigkeit im naturfeuchten Zustand nach den Richtlinien des IBG von 1961 (kp/cm²),

σ_{DW} = Druckfestigkeit der wassergesättigten Probe nach denselben Richtlinien.

2. Prüfmethode

Zur Ermittlung von σ_D und von σ_{DW} werden mindestens 6 Proben, davon die Hälfte senkrecht zur Schichtung und die andere Hälfte parallel zur Schichtung verwendet. Die Ermittlung der erforderlichen Probenzahl und die Herstellung der Proben erfolgen nach den Vorschlägen und mit den Maßtoleranzen der Richtlinien für Druckversuche von 1961.

An den Reststücken des Gesteins, aus dem die Prüfkörper hergestellt wurden, wird der natürliche Wassergehalt W_0 durch Wägen vor und nach Trocknung bei 105 °C ermittelt.

Die geometrischen Abmessungen der zu tränkenden Probenkörper werden mit 0,01 mm, ihr Gewicht mit 0,01 p Genauigkeit gemessen, dann werden diese Probenkörper bis auf 1 Probe in mit Leitungswasser gefüllte Gefäße gelegt. Wenn in Sonderfällen Grubenwasser verwendet werden muß, so ist seine Analyse anzugeben. Die Proben bleiben unter Wasser, bis die Wasseraufnahme beendet ist. Dieser Zeitpunkt ist an der Vergleichsprobe zu ermitteln. Dazu kann folgendes Verfahren angewendet werden:

Der Vergleichsprobenkörper wird in der in Bild 1 dargestellten Vorrichtung getränkt. Das Meßprinzip besteht darin, daß der mittels der Vorrichtung im Wasser schwebende Probenkörper proportional zur Wasseraufnahme sinkt. Wenn das Sinken aufhört, hat der Probenkörper den maximalen Wassergehalt erreicht.

Die Vorrichtung besteht aus einem durchsichtigen, wassergefüllten Standzylinder mit einem, dem Gewicht des Probenkörpers und der zu erwartenden Wasseraufnahme entsprechenden geschlossenen Schwimmer (Aräometer) mit Millimeterskala. Er dient zur Aufhängung des in einem oben offenen durchsichtigen Gefäß befindlichen Probenkörpers. Für die Einstellung der Skala auf Null oder einen anderen Anfangswert werden Zusatzgewichte verwendet.

Das Einsinkmaß wird zeitabhängig abgelesen. Bild 2 zeigt ein Senkungs–Zeit-Diagramm von sandigem Ton. Es ist ersichtlich, daß die Geschwindigkeit der Wasseraufnahme zu Beginn der Tränkung am höchsten war und dann allmählich abnahm. Am Ende der Prüfung kann die Senkung schwer beobachtet werden, deshalb soll mit dem Herausnehmen des Probenkörpers aus dem Wasser noch 15—20 Stunden gewartet werden. Der Einfluß weiterer langdauernder Lagerung im Wasser auf die Festigkeit bleibt unberücksichtigt.

Nach Herausnehmen des Probenkörpers aus dem Wasser werden seine geometrischen Abmessungen und sein Gewicht erneut bestimmt. Dann wird die einachsige Festigkeit des getränkten Probenkörpers ermittelt. Hieraus ergibt sich nach der Beziehung (1) der Wasserempfindlichkeitsfaktor.

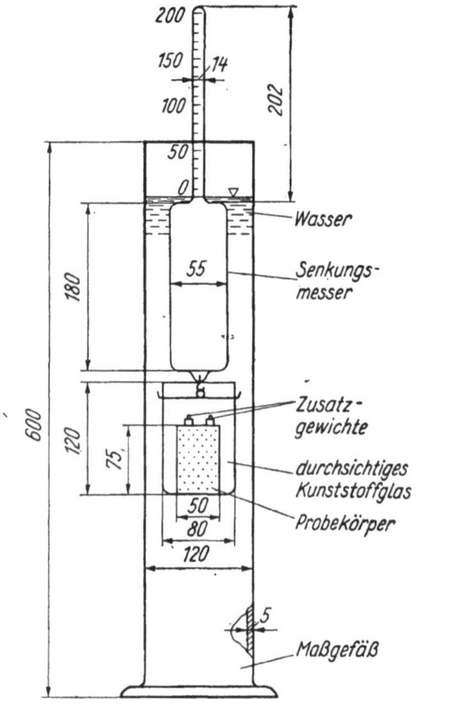

Bild 1. Vorrichtung zum Anzeigen des Erreichens des maximalen Wassergehalts

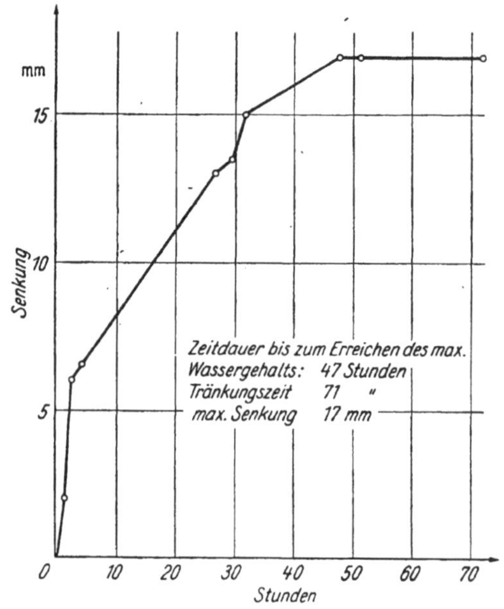

Bild 2. Senkungs-Zeit-Diagramm bei der Tränkung des Sandtons F 3

3. Bestimmung des maximalen Wassergehalts und der Wasseraufnahme des getränkten Probenkörpers

Der maximale Wassergehalt des Probenkörpers kann nach der folgenden, bekannten Formel bestimmt werden:

$$W_{\max} = \frac{G_W}{G_t} \cdot 100\% , \tag{2}$$

worin G_W = Gewicht des Wassers im (u. U. durch Abplatzen verkleinerten) getränkten Probenkörper,

G_t = Trockengewicht des (u. U. verkleinerten) getränkten Probenkörpers.

Das Gewicht G_{lt} der beim Tränken von der Probe abgelösten Gesteinsteile wird nach Trocknung bei 105 °C gesondert ermittelt.

Es ist

$$G_W = G_n - G_t = G_n - (G_t' - G_{lt}) .$$

Hierin sind Meßwerte:

G_n = Naßgewicht des Probenkörpers nach der Tränkung

G_{lt} = Trockengewicht des durch das Wasser abgelösten Gesteins.

Errechnet wird G_t' = Trockengewicht des Probenkörpers vor der Tränkung

$$G_t' = G_n' - G_W' ,$$

mit G'_n = Gewicht des Probenkörpers im naturfeuchten Zustand vor der Tränkung (Meßwert).

$G'_W = \dfrac{G'_n}{\dfrac{100}{W_0} + 1}$ = Gewicht des Wassers im Probenkörper vor der Tränkung;

W_0 = natürlicher Wassergehalt.

Nach Einsetzen der Werte in die ursprüngliche Formel (2) ergibt sich:

$$W = \left\{ \frac{G_n}{G'_n/l - \dfrac{W_0}{100 + W_0}/ - G_{lt}} - 1 \right\} \cdot 100\% \,.$$

Die Wasseraufnahme ist

$$\Delta W\% = W_{\max} - W_0 \,.$$

Aus den gemessenen Werten G'_n, G_n, G_{lt} und W_0 kann also der Wert von $W_{\max}$ und daraus ΔW ermittelt werden.

4. Ergebnis

Der Wasserempfindlichkeitsfaktor *WE* und der Wassergehalt $W_{\max}$ werden angegeben. Wenn die Druckfestigkeit nicht mehr bestimmbar ist, wird angegeben, daß das Gestein zerfällt bzw. löslich ist.

ARBEITSPROGRAMM FÜR 1969

ABSCHLUSSPROTOKOLL UND SCHLUSSWORT

Arbeitsprogramm des Internationalen Büros für Gebirgsmechanik für das Jahr 1969

Für das Jahr 1969 sind folgende Arbeiten geplant:

1. Organisation und Durchführung von Arbeitsgruppensitzungen.

1.1. Arbeitsgruppe II — „Untertagemessungen" — II. Qu. in der DDR
- Reaktivierung der Arbeitsgruppe
- Möglichkeiten und Grenzen der Spannungsmessungen in situ
- Weiterführung des Meßgerätekataloges

1.2. Arbeitsgruppe III — „Festigkeitsuntersuchungen" — III. Qu. in der SR Rumänien
- Spannungs-Verformungsmessungen an Gesteinen und ihre Auswertung (z. B. Elastizitätsmodul, Verformungsmodul, Poissonzahl)

1.3. Arbeitsgruppe IV — „Analytische Gebirgsmechanik" — II. Qu. in der VR Polen
- Einschätzung der Anwendungsmöglichkeiten, Anwendungsbereiche und Anwendungsbedingungen der Ergebnisse bereits existierender analytischer Lösungen
  Teilthema: Bewegungen der Tagesoberfläche

2. Organisation und Durchführung des 11. Ländertreffens des IBG vom 2. bis 6. 11. 1969 in Leipzig.
   Rahmenthema:
   Der Mechanismus der Gebirgsbewegungen.
   Mechanische Betrachtung der Gebirgsbewegungen vom Abbau bis zur Tagesoberfläche.
3. Erarbeitung und Druck des Berichtes über das 10. Ländertreffen des IBG.
4. Druck des Lexikons der Gebirgsmechanik.
5. Arbeiten am 13sprachigen Wörterbuch und Druck des Werkes.
6. Erarbeitung von 2 IBG-Informationen.

Abschlußprotokoll und Schlußwort

Das über den Tagungsablauf des 10. Ländertreffens des Internationalen Büros für Gebirgsmechanik angefertigte Protokoll wurde von den Teilnehmern gebilligt und unterzeichnet.

Die Schlußworte sprachen der Präsident der Internationalen Gesellschaft für Felsmechanik, Herr Rocha, die Herren Dr. Endersbee, Prof. Dr. Dr. Müller und der Vorsitzende des Weltbergbaukongresses, Herr Vizeminister Prof. Dr. Krupinski. Der Leiter des Internationalen Büros für Gebirgsmechanik, Herr Prof. Dr. Dr. Bilkenroth, schloß die Arbeitstagung.

Herr Rocha

Meine Herren!

Im Namen unserer Gesellschaft für Felsmechanik möchte ich meinen Dank und unser großes Interesse für die enge Zusammenarbeit mit dem Internationalen Büro für Gebirgsmechanik ausdrücken. Wir haben das Büro gebeten, Vertreter in die Kommissionen zu senden, die bis jetzt durch unsere Gesellschaft gegründet worden sind. Diese Kommissionen behandeln die folgenden Themen:

1. Kommission: Terminologie, Symbole und grafische Darstellungen
2. Kommission: Lehre der Gebirgsmechanik
3. Kommission: Standardisierung über in-situ-Untersuchungsverfahren
4. Kommission: Standardisierung von Labor- und Felsuntersuchungen
5. Kommission: Definition der am meisten versprechenden Forschungsrichtungen.

Ich glaube, daß durch unsere technischen Kommissionen eine Integrierung und Koordinierung der Arbeiten des Büros und der Gesellschaft leicht erreicht werden kann. Wie Sie wissen, hat die Gesellschaft ein Programm der internationalen Symposien aufgestellt. In der letzten Woche wurde eins in Madrid durchgeführt. Es hatte zum Thema die Bestimmung mechanischer Eigenschaften von Gebirgsmassen für Gründungen und Staumauer-Beobachtungen. Im Mai nächsten Jahres wird ein anderes Symposium in Lissabon stattfinden. Es wird sich mit Problemen der Spannungen im Gebirge beschäftigen, das heißt mit der Bestimmung und der Interpretation der Ergebnisse. Noch im September 1969 wird ein anderes Symposium in Oslo, Norwegen, abgehalten. Es wird die Probleme großer permanenter Öffnungen in Gebirgsmassen behandeln.

Die Gesellschaft wird sicherlich die Teilnahme der Mitglieder des Büros begrüßen. Das wird zur Verstärkung der Bindungen zwischen unseren beiden Organisationen beitragen. Der nächste Kongreß unserer Gesellschaft wird im Jahre 1970 in Belgrad stattfinden. Dieser bietet eine weitere Gelegenheit zur Zusammenarbeit.

Ich habe mit Unterstützung des Generalsekretärs heute vorgeschlagen, daß eine Ergänzung mit den Arbeiten veröffentlicht werden soll, die diesem Ländertreffen des Büros für Gebirgsmechanik vorgelegt worden sind. Das wird der Weg sein, um die ganze Welt besser über die Zusammenkünfte des IBG zu informieren.

Abgesehen davon, daß wir den gegenwärtigen Erfahrungsaustausch über unsere Arbeiten beibehalten, ist es — glaube ich — wichtig, für die Zukunft die Treffen zu koordinieren, die vom Büro und von unserer Gesellschaft durchgeführt werden, und uns gegenseitig darüber zu informieren. So glaube ich, daß wir weite Möglichkeiten für eine Zusammenarbeit zwischen dem Büro und der internationalen Gesellschaft erhalten werden.

Es ist mir ein großes Vergnügen, diese Gelegenheit zu benutzen, um meine tiefe Bewunderung für die Arbeit auszudrücken, die vom Büro für Gebirgsmechanik in den zehn Jahren seines Bestehens geleistet worden ist. Sehr selten hat eine internationale Gruppe so wirksam gearbeitet, mit einem so wertvollen Beitrag, wie das das Büro für Gebirgsmechanik getan hat. Am Schluß meiner Bemerkungen möchte ich Herrn Professor Bilkenroth und Herrn Dr. Höfer für die Gastfreundschaft danken, die uns dieses Zusammentreffen zu einem sehr angenehmen Erlebnis hat werden lassen.

Herr Müller

Meine Herren!

Ich bitte Sie um Ihre Zustimmung, wenn ich mich erdreiste, im Namen der Anwesenden und insbesondere im Namen der zahlreichen ausländischen Gäste einen Dank und eine Gratulation anzubringen. Meine Gratulation gilt einem jungen Wesen, das in diesen Tagen ein Teenager geworden ist, dem Internationalen Büro für Gebirgsmechanik. Alle unsere besten Wünsche geben wir diesem unserem Teenager für die nächsten zehn Jahre mit auf den Weg. Wenn nach drei Tagen harter Arbeit bei den Beteiligten noch kein stressrelief eingetreten ist, so ist das ein Zeichen dafür, daß die Beanspruchungen, wenngleich sie hoch und vielachsig gewesen sind, geschickt gelenkt und verteilt waren.

Mit Bewunderung haben wir gesehen, daß sogar die Felsen in der „Zauberflöte", welche dem X-Typ von Professor Mencl angehören, sich trotz ihrer Steilheit als absolut standfest bewiesen haben. Wie oft finden wir uns in der Geopraxis doch in der Lage des Papageno, welcher, als er von Serastro überrascht wird, die bange Frage ausspricht, was werden wir nun sagen. Die Antwort, die an seiner Stelle Pamina gibt, soll auch immer unsere Antwort sein: die Wahrheit. Diese Wahrheit herauszufinden zwischen dem Gestrüpp von Irrtümern, die sich rund herum anbieten, in Form oft so bestrickender, plausibler Lösungen und Formeln — diese Wahrheit herauszufinden, ist das Bemühen der Wissenschaft im allgemeinen und ganz speziell das Streben dieses fruchtbaren internationalen Kreises.

Es ist — und ich glaube, im Namen aller zu sprechen — unser herzlicher Wunsch, daß die nächsten zehn Jahre einen ebenso großen Fortschritt in der Gebirgsmechanik bringen mögen, wie wir diesen — ich glaube das ohne Schmeichelei und Eitelkeit sagen zu dürfen — in den vergangenen zehn Jahren erreicht haben.

Wir haben auf diesem Ländertreffen sehr viel gelernt. Wir haben drei Tage hart gearbeitet. Aber die meiste Arbeit ist ja wohl in den Monaten vor dem Ländertreffen geleistet worden, die große Kleinarbeit! Dafür und für die erfolgreiche Leitung dieses Ländertreffens möchten wir unseren ganz besonderen Dank aussprechen. Dieser Dank gilt der Deutschen Akademie der Wissenschaften zu Berlin für die große Förderung dieses internationalen Gespräches. Er gilt unserem verehrten Professor Bilkenroth und dem überaus tüchtigen Sekretariat und seinen jungen Mitarbeitern.

Die Führung eines solchen Büros und einer solchen Tagung weder zu locker noch zu straff zu halten, nicht bürokratisch, sondern flexibel zu handhaben, daran erkennen wir ebenso wie an dem Erfolg der Diskussionen, der wirklich hervorragend vorbereiteten Generalberichte und an der straffen Beherrschung des Faktors Zeit in der Gebirgsmechanik und bei der Tagung die bewährte Hand.

Wenn wir einen solchen Pack von Material wertvollster Art mitnehmen dürfen und einen noch viel größeren Pack geistiger Anregungen, so möchten wir dafür ebenso herzlich danken wie für die genossene Gastfreundschaft. Das wertvollste aber, was hier geboten wird, das ist — glaube ich — die Aussprache auf der Brücke von Mensch zu Mensch, von Land zu Land. Für dies alles nochmals unseren herzlichsten Dank.

Herr Endersbee

Im Namen aller, die von Übersee gekommen sind, möchte ich unsere Dankbarkeit gegenüber Professor Dr. Bilkenroth und allen seinen Kollegen ausdrücken, die beigetragen haben zum Erfolg dieses Anregung gebenden Symposiums.

Für viele von uns ist der Besuch von Leipzig eine Pilgerfahrt. Leipzig hat eine große kulturelle Tradition und ist ein großes kulturelles Zentrum vieler Jahrhunderte. Es ist die Gegend, in der Agricola wirkte, und das Zentrum der frühen wissenschaftlichen Tätigkeit für den Bergbau. Leipzig ist die Stadt in der Bach, Goethe, Schiller und viele andere zeitweilig lebten.

Agricola und Bach gehören der Welt, und es ist angemessen, daß wir vom ganzen Erdball zu diesem Symposium in diese Stadt kommen und uns zu gemeinsamem wissenschaftlichem Wirken zusammenfinden. Für mich, und ich nehme an für viele unserer Kollegen aus Übersee, war dieses Symposium eine Offenbarung. Es ist über so viel Arbeit berichtet worden, von der wir nichts wußten. Wir sind beeindruckt vom hohen Niveau der wissenschaftlichen Forschung auf diesem Gebiet. Wir alle glauben, daß wir die Zusammenarbeit, wie sie in diesem Symposium gepflegt wurde, weiterführen müssen.

Viel Wertvolles kann durch die Fortsetzung der Gespräche zwischen den Spezialisten aus der ganzen Welt in unsere Arbeit einfließen. Die Gebirgsmechanik ist eine junge und sich entwickelnde Wissenschaft, und wir müssen die Aussprache zwischen den Experten erwarten. Wenn wir alle der gleichen Meinung sind, dann steht unsere wissenschaftliche Forschung still und unsere Arbeit stirbt.

Wenn wir die Wissensgrenzen über unsere Arbeit erweitern, jeder von uns hat seinen eigenen Standpunkt, sind unsere Diskussionen innerhalb der Familie der Gebirgsmechaniker mit Leben erfüllt und unser Werk wird leben.

Wie Agricola und Bach der Welt gehören, so gehört auch diese Veranstaltung der Welt.

Herrn Prof. Dr. Bilkenroth und allen seinen Mitarbeitern übermitteln wir unsere höchste Anerkennung und Bewunderung und die besten Wünsche in der weiteren Arbeit auf dem Gebiet der Gebirgsmechanik.

Herr Krupinski

Ich möchte einige Worte sagen im Namen der Verbraucher, d. h. für einen solchen Menschen, der Ihre wissenschaftlichen Ideen verwertet und Ihre Werke in der Praxis anwendet. Wir hatten in diesen Tagen die Möglichkeit, Ihre wissenschaftliche Forschung zu prüfen.

Es waren sehr arbeitsreiche Tage. Heute, als ich mich eine Stunde in der Stadt befand, sagte mir mein Begleiter: „Sie eilen sehr schnell und Prof. Bilkenroth wird wahrscheinlich deshalb mit Ihnen nicht zufrieden sein“.

In seinem Eingangsvortrag sagte Herr Dr. Höfer, daß die Menschheit zu den Sternen strebt, aber von der Erde lebt. Man muß hier hinzufügen: Sie benutzt die Erde auf Grund des Bergbaues, aber der Bergbau hat als seine Grundlage die Gebirgsmechanik. Hier wird die große Bedeutung dessen klar, was in der Deutschen Akademie der Wissenschaften unter der Leitung des ausgezeichneten Organisators, des Prof. Bilkenroth, und seiner arbeitsliebenden Mitarbeiter vor sich geht.

Ich möchte noch hinzufügen, daß ich mich die ganze Zeit wie ein junger Student auf der Schulbank gefühlt habe. Die besten Professoren habe ich in Ihnen hier gesehen.

Hier ist die Wissenschaft zusammengekommen, speziell die Wissenschaftler der Gebirgsmechanik. Ich bin in erster Linie mit dem praktischen Bergbau verbunden. Ich verfolge begeistert alle Ihre Bemerkungen und Ihre Arbeiten. Sie helfen uns in der Praxis ausgezeichnet, die komplizierten Fragen zu lösen.

Sehr geehrter Herr Prof. Bilkenroth, gestatten Sie mir nochmals, die Dankbarkeit gegenüber der Deutschen Akademie der Wissenschaften zum Ausdruck zu bringen und speziell auch dafür, daß Sie aus der großen Anzahl von wissenschaftlichen Fragen das ausgewählt haben, was das Wichtigste ist, was diese Wissenschaft erfordert und gleich in der Praxis angewendet werden kann.

Ich danke Ihnen nochmals, Prof. Bilkenroth. Ich möchte Ihnen und allen Mitarbeitern meine Dankbarkeit zum Ausdruck bringen.

Herr Bilkenroth

Zumindest ist zum Protokoll zu ergänzen, daß Herr Prof. Rocha gesprochen hat, insbesondere über die Zusammenarbeit mit der Internationalen Gesellschaft für Felsmechanik in Kommissionen, Symposien und Tagungen und daß er seinen Dank ausgesprochen hat im Namen dieser Gesellschaft. Ich bitte uns die exakte Formulierung zu überlassen.

Weiter ist nachzutragen, daß die Herren Müller und Endersbee in schönen Vergleichen zum Abschluß des Ländertreffens den Dank der Teilnehmer zum Ausdruck brachten.

Als Abschluß ist die Ansprache von Herrn Krupinski zu erwähnen, der ja ebenfalls vom Standpunkt des gesamten Bergbaus unsere gemeinsame Arbeit so hervorragend anerkannt hat.

Und nun meine Herren, lassen Sie mich zum Abschluß kommen. Ich möchte den vier Herren ganz besonders danken für die schönen Worte, die Sie hier gefunden haben, für das, was wir getan haben, was wir insbesondere auf dieser Tagung getan haben. Ich möchte betonen, daß die erforderliche wissenschaftliche Arbeit von den Wissenschaftlern aus 25 Ländern durchgeführt wurde, die unsere Mitglieder und Mitarbeiter darstellen und die gemeinsam die Lösung der anstehenden Probleme in die Hand genommen haben.

Ich möchte deshalb allen für ihre Mitarbeit zum 10. Ländertreffen und in den vergangenen Jahren danken. Das gemeinsame Ziel, die Freude an der Mitarbeit, aber auch die gemeinsame Verantwortung für die Weiterentwicklung unserer Forschungs- und Untersuchungsmethoden zur weitgehenden Beherrschung des Gebirges und die gegenseitige persönliche und menschliche Anerkennung und Achtung bilden das solide Fundament für unser weiteres gemeinsames Arbeiten.

Wenn ich Ihnen gegenüber den Dank ausspreche, möchte ich auch den zahlreichen Institutionen in aller Welt, in den verschiedensten Ländern danken, die vorzugsweise Arbeitsgruppensitzungen von uns übernommen, organisiert und in großer Herzlichkeit und Gastfreundschaft durchgeführt haben.

Möge auch diese freudige Mithilfe immer weiter so bleiben, denn sie erweitern ja durch das Kennenlernen der anderen Länder, ihres Bergbaues und ihrer sonstigen geomechanischen Probleme — es sind ja gewöhnlich auch Exkursionen dabei — den Überblick für unsere gesamte Arbeit.

Es bleibt mir, allen zu danken, die organisatorisch an dem Gelingen unseres 10. Ländertreffens mitgearbeitet haben. Das gilt dem kleinen Büro, das ständig zusammensteht, das gilt allen Helfern, die hier in unserem Kreise da sind, die Sie alle kennengelernt haben, und das gilt ganz besonders — ich darf das hervorheben — für die mühevolle Arbeit der Herren und einer Dame, die dolmetschen.

Zum Abschluß möchte ich auch unserer Herberge danken. Damit meine ich das Hotel „Astoria". Wir sind 10 Jahre hier und diejenigen, die 10 Jahre mitgemacht haben, haben mir auch bei diesem 10. Ländertreffen bestätigt: Hier fühlen wir uns wie zu Hause. Das darf vielleicht für ein Hotel und Restaurant eine große Anerkennung sein.

Meine Herren!

Ehe ich abschließe, gestatten Sie mir eine persönliche Bemerkung: Ich habe jetzt auf meinen Schultern zehn Jahre die Last, die wir auf uns genommen haben, den Gebirgsdruck, tragen müssen. Ich möchte, da die Schultern nun wirklich alt sind, dafür sorgen, daß dieser Druck auf jüngere Schultern gelegt wird. Das heißt nicht, daß ich mich etwa müde hinlegen und in der Gebirgsmechanik nicht mehr mitarbeiten will. Aber ich möchte nicht mehr die Leitung der Dinge in jeder Hinsicht tragen müssen. Ich habe deshalb die Absicht, der Deutschen Akademie der Wissenschaften für den neuen Leiter des IBG Herrn Höfer vorzuschlagen, der dann hoffentlich das 11. Ländertreffen als Vorsitzender leitet. Ich selbst werde dann wie Sie als Teilnehmer dabei sein.

Ich schließe nunmehr unsere Tagung mit nochmaligem Dank an alle, die dabei waren und am Gelingen mitgeholfen haben und wünsche Ihnen persönlich, daß Sie gesund und munter bleiben und im nächsten Jahr alle wieder in diesem Kreise erscheinen werden.

Die Tagung ist geschlossen.

Nach Abschluß der wissenschaftlichen Beratung in Leipzig fand ein gemeinschaftlicher Ausflug ins Saale-Unstrut-Tal statt. — Dabei lernten die Teilnehmer kulturhistorische Stätten in Naumburg und Freiburg kennen. Die Exkursion bildete einen würdigen Abschluß der wissenschaftlich so reichhaltigen Tagung.

VERZEICHNIS DER TEILNEHMER AM 10. LÄNDERTREFFEN DES IBG VOM 27. BIS 31. OKTOBER 1968 IN LEIPZIG

BERGER, H.
Prof. Dipl.-Ing.
Direktor des Institutes für Grundbau und Baugrundmechanik, Hochschule für Bauwesen, Leipzig

BERRY, D.
Dr. phil.
Department of Theoretical Mechanics, University of Nottingham, Nottingham

BILKENROTH, G.
Prof. Dr.-Ing. Dr. h. c., Ordentliches Mitglied der Deutschen Akademie der Wissenschaften zu Berlin
Leiter des Internationalen Büros für Gebirgsmechanik, Berlin

BRÄUNER, G.
Dr.-Ing.
Wissenschaftlicher Mitarbeiter im Steinkohlenbergbauverein, Essen

BUCHHEIM, W.
Prof. Dr. phil. habil.
Sektion Physik, Lehrstuhl für Theoretische Physik, Bergakademie Freiberg, Freiberg

CHAMBON, C.
Prof. Dr.-Ing.
Ecole Nationale Supérieure de la Metallurgie et de l'Industrie des Mines, Université de Nancy, Nancy

COSTA NUNES, A. DA
Prof. Ing.
Ecole de Engenharia, Rio des Janeiro

DÖRFELT, H.
Bergingenieur
Leiter der Obersten Bergbehörde der DDR, Leipzig

DÖRING, T.
Dr.-Ing.
Wissenschaftlicher Sekretär des Rektors der Bergakademie Freiberg, Freiberg

DREYER, W.
Dr. rer. nat. habil.
Mineralogisch-Petrographisches Institut, Technische Universität Clausthal, Clausthal-Zellerfeld

ENDERSBEE, L. A.
Ingenieur
Hydro-Electric Commission Tasmania, Hobart

EVERLING, G.
Dr.-Ing.
Forschungsstelle für Grubenausbau und Gebirgsmechanik, Steinkohlenbergbauverein, Essen

EYNON, P.
Dr.-Ing.
Wardell and Partners, Newcastle, Staffs

FAIRHURST, C.
Prof.-Dr.-Ing.
Head of the Institute of Technology, School of Mineral and Metallurgical — Engineering, University of Minnesota, Minneapolis

FODOR, J.
Dr.-Ing.
Technischer Direktor des Bergbauforschungsinstitutes ICEMIN, Bucaresti

GANEV, I. CHR.
Prof. Dipl.-Ing.
Institut für Technische Mechanik der Bulgarischen Akademie der Wissenschaften, Sofia

GIMM, W.
Prof. Dr.-Ing.
Sektion Geotechnik und Bergbau, Lehrstuhl für Geomechanik, Bergakademie Freiberg, Freiberg

GOCMAN, R.
Dipl.-Ing.
Glowny Instytut Gornictwa, Katowice

GRAMBERG, J.
Dipl.-Ing.
Senior Scientific Officer, Laboratorium voor Mijnkunde, Technische Hochschule Delft, Delft

GRAY, K. E.
Professor
Chairman of the Department of Petroleum Engineering, The University of Texas, Austin

HÄRTIG, H.
Prof. Dr.-Ing. Ordentliches Mitglied der Deutschen Akademie der Wissenschaften zu Berlin
Prof. em. der Bergakademie Freiberg, Freiberg

HELFRICH, H. K.
Dr. phil.
Sektionschef für Gebirgsmechanik, Boliden Aktiebolag, Mining Division, Boliden

HOCHSTETTER, C.
Prof. Dr. mont.
Zivilingenieur für Bergwesen; Schriftleiter der Montan-Rundschau, Perchtoldsdorf

HÖFER, K.-H.
Dr.-Ing., Ordentliches Mitglied der Deutschen Akademie der Wissenschaften zu Berlin
Direktor des Institutes für Grubensicherheit, Leipzig; Wissenschaftlicher Sekretär des Internationalen Büros für Gebirgsmechanik

JABUREK, F.
Prof. Dipl.-Ing. Dr. techn.
Institut für Mechanik, Montanistische Hochschule Leoben, Leoben

JACOBI, O.
Dr.-Ing.
Leiter der Forschungsstelle für Grubenausbau und Gebirgsmechanik, Steinkohlenbergbauverein, Essen

JANELID, I.
Prof.-Dr. Ing.
Director of the Division of Mining with Mine Surveying, The Royal Institute of Technology, Stockholm

KERN, J.
Dipl.-Ing. Dr.-jur.
Sektionschef i. R., Wien

KNOLL, P.
Dipl.-Phys.
Wissenschaftlicher Mitarbeiter im Institut für Grubensicherheit, Leipzig

KNOTHE, ST.
Prof. Dr.-Ing. habil
Polnische Akademie der Wissenschaften, Zaklad Mechaniki Gorotworu, Krakow

KOBLISKA, M. A.
Prof. Dipl.-Ing. habil.
Abteilung für Bergbau und Geologie, Universität Beograd, Beograd

KOHOUTEK, J.
Dr.-Ing.
Wissenschaftlicher Arbeitsleiter, Hornicki Ustav, Tschechoslowakische Akademie der Wissenschaften, Praha

KRUPINSKI, B.
Prof. Dr.-Ing. Dr. h. c. Vizeminister, Mitglied der polnischen Akademie der Wissenschaften
Przwodoiozacy Panstwoweij Rady Gornictwa Warszawa; Vorsitzender der Kohlekomission der ECE, Genf

KUZNECOV, G. N.
Prof. Dr.-Ing. habil.
Vsesojuznyj Naucno-Issledovstelskij Institut Gornoj Geomechaniki i Marksejderskogo Dela VNIMI, Leningrad

LAUTER, E.-A.
Prof. Dr. rer. nat. habil., Ordentliches Mitglied der Deutschen Akademie der Wissenschaften zu Berlin
Generalsekretär der Deutschen Akademie der Wissenschaften zu Berlin, Berlin

LOOCK, E.
Oberbergrat a. D., Dipl.-Ing.
Naumburg/Saale

MARTOS, F.
Prof. Dr.-Ing.
Direktor des Banyaszati Kutato Intezet, Budapest

MELLO-MENDES, F. DE
Professor
Instituto Superior Tecnico, Lisboa

MENCL, V.
Prof. Dr. Sc.
Technische Hochschule Brno, Brno

MENZEL, W.
Dipl.-Math.
Sektorenleiter im Institut für Grubensicherheit, Leipzig

MILITZER, H.
Prof. Dr. habil.
Sektion Geowissenschaften, Lehrstuhl für Ingenieur- und Montangeophysik, Bergakademie Freiberg, Freiberg

MÜLLER, L.

Professor, Baurat h. c., Dr.-Ing. Dr. mont. h. c.
Institut für Bodenmechanik und Felsmechanik, Technische Hochschule Karlsruhe, Karlsruhe

NEUBERT, K.

Prof. Dr.-Ing. habil.
Prof. em. der Bergakademie Freiberg, Freiberg

PARAŠKEVOV, R.

Dr.-Ing.
Dozent an der Hochschule für Bergbau und Geologie, Sofia

PFORR, H.

Dr.-Ing.
Sektion Geotechnik und Bergbau, Bergakademie Freiberg, Freiberg

RAMMLER, E.

Prof. Dr.-Ing. Dr. Ing. h. c., Ordentliches Mitglied der Deutschen Akademie der Wissenschaften zu Berlin
Prof. an der Bergakademie Freiberg, Freiberg

RICHTER, R.

Prof. Dr.-Ing.
Dekan der Fakultät für Bergbau, Technische Hochschule Miskolc, Miskolc

ROCHA, M.

Ingenieur
Direktor des Laboratorio Nacional de Engenharia Civil, Lisboa; Präsident der Internationalen Gesellschaft für Felsmechanik

ROTTER, D.

Dr.-Ing.
Direktor für Forschung, Direktorat für Forschungsangelegenheiten der Bergakademie Freiberg, Freiberg

SCHWELLNUS, J. E. G.

Professor
Department of Mining Engineering and Applied Geophysics, McGill University, Montreal

SERAFIM, L. J.

Ing. Dr. h. c.
Präsident der Consulpresa, Lisboa

SMOLARSKI, A.

Dr.-Ing., Adjunkt
Polnische Akademie der Wissenschaften, Zaklad Mechaniki Gorotworu, Kraków

STRZODKA, K.

Prof. Dr.-Ing. habil.
Sektion Geotechnik und Bergbau, Lehrstuhl für Tagebautechnik, Bergakademie Freiberg, Freiberg; Leiter der Gruppe Geowissenschaften/Bergbau des Forschungsrates der DDR

TEDER, R. I.

Dr.-Ing.
Akademija Nauk SSSR, Institut Fisiki Zemli im. O. Ju. Schmidta, Moskwa

THOMA, K.

Dr.-Ing.
Leiter des Forschungsbereiches Geomechanik im Institut für Grubensicherheit, Leipzig

VIGIER, G.

Dipl.-Berging. D. Sc.
Direktor Formation et Recherches en Mecaniqus des Roches, Mines de Potasse S. A. Mulhouse

VOLAROVIC, M. P.

Prof. Dr.-Ing. habil.
Akademija Nauk SSSR, Institut Fisiki Zemli im. O. Ju. Schmidta, Moskwa

WAGNER, H.

Dipl.-Ing. Dr. mont.
Institut für Bergbaukunde, Montanistische Hochschule Leoben, Leoben

WATZNAUER, A.

Prof. Dr. rer. nat., Ordentliches Mitglied der Deutschen Akademie der Wissenschaften zu Berlin
Sektion Geologie, Lehrstuhl für Grundlagen- und Erkundungsgeologie, Bergakademie Freiberg.

WÖHLBIER, H.

Prof. Dr.-Ing. habil
Direktor des Institutes für Bergbau, Technische Universität Clausthal, Clausthal-Zellerfeld

ZNAŃSKI, J.

Prof. Dr.-Ing.
Akademia Gorniczo-Hutnicza, Krakow; Glowny Institut Gornictwa, Katowice.

FSC
www.fsc.org
MIX
Papier | Fördert
gute Waldnutzung
FSC® C083411

Kolibri 360 GmbH
Ferdinand-Jühlke-Straße 7
99095 Erfurt, Deutschland
produktsicherheit@kolibri360.de